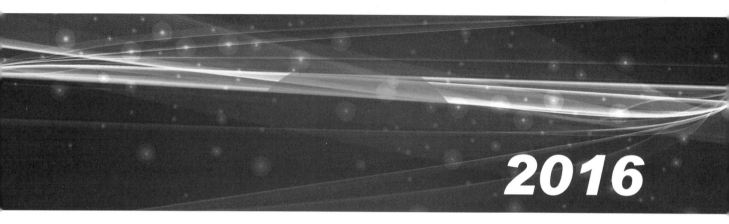

The
Key Forestry Majors Identified
by State Forestry Administration

2016

国家林业局
重点学科

（下册）

国家林业局人事司组织编写

中国林业出版社

图书在版编目（CIP）数据

国家林业局重点学科．2016/ 国家林业局人事司组织编写．—北京：中国林业出版社，2017.10

ISBN 978-7-5038-9130-4

Ⅰ．①国… Ⅱ．①国… Ⅲ．①林业—技术革新—科技成果—汇编—中国 Ⅳ．①S7

中国版本图书馆CIP数据核字（2017）第158147号

编写工作组

组　长	谭光明
副组长	郝育军　王　浩
成　员	吴友苗　邹庆浩　陈峥嵘　田　阳
	曾凡勇　杨洪国　贾笑微　高双林

学科是一定领域系统化的知识，是知识形态与组织形态的结合体。科学哲学家库恩（T. Kuhn）说过，"一门学科应有自己的范式，即包括定律、理论、规则、方法和一批范例的有内在结构的整体"。一流学科是一流大学建设最根本的基础和重要内容。纵观世界，每一所知名的大学都有一流的研究领域、学术专家和学术成果，为社会培养了大批高水平人才。

林业学科是林业人才培养与科学研究的基础和依托。新中国成立之后，特别是改革开放以来，经过广大林业教育工作者的不懈努力，林业学科建设取得了可喜成绩，一个以生物学、生态学为基础，以林学、林业工程、风景园林学为骨干，涵盖理学、工学、农学、管理学等学科门类，本科教育和研究生教育两个层次，学术型学位研究生教育与专业学位研究生教育两个类别的林业学科体系初步形成。林业学科学术队伍不断壮大，形成了由两院院士、长江学者、国家杰出青年基金获得者、"新世纪百千万工程"人选、国家级教学团队等不同层次人才构成的学术梯队。学科平台建设得到极大加强，人才培养规模和质量稳步提升，有力支撑了林业改革发展和生态文明建设。

林业建设是事关经济社会可持续发展的根本性问题。当前，我国林业科技创新能力和整体水平还不高，在生态文明和林业现代化建设等方面还存在许多瓶颈因素的制约。适应经济社会发展和生态文明建设需要，遵循学科发展规律，自觉践行创新、协调、绿色、开放、共享发展理念，加强林业学科顶层设计，统筹部署建设学科高峰，推动跨学科发展，集中力量形成学科优势，建设一流林业学科，是深入实施创新驱动发展战略，切实转变林业发展方式、推进林业现代化的迫切需要。

《国家林业局重点学科 2016》比较全面地反映了我国林业学科建设的概貌，汇聚了当前林业发展的最新成果。希望通过本书的出版发行，稳步推进林业学科建设和林业行业协同创新、协同培养人才，力争部分学科早日进入世界一流林业学科行列。

2017 年 6 月

C O N T E N T S

风景园林学

3.1　北京林业大学

3.1.1　清单表

I　师资队伍与资源

I-1　突出专家					
序号	专家类别	专家姓名	出生年月	获批年月	备注
1	中国工程院院士	孟兆祯	193209	199903	土木、水利与建筑工程学部
2	"863" 领域专家和主题专家	张启翔	195612	201203	
3	享受政府特殊津贴人员	王向荣	196305	2006	
4	享受政府特殊津贴人员	李　雄	196405	2012	
5	教育部新世纪人才	董　丽	196507	2006	
6	教育部新世纪人才	潘会堂	197106	2010	
合计	突出专家数量（人）			6	

I-3　专职教师与学生情况					
类型	数量	类型	数量	类型	数量
专职教师数	121	其中，教授数	22	副教授数	43
研究生导师总数	82	其中，博士生导师数	20	硕士生导师数	82
目前在校研究生数	736	其中，博士生数	149	硕士生数	587
生师比	8.98	博士生师比	7.45	硕士生师比	7.16
近三年授予学位数	902	其中，博士学位数	78	硕士学位数	824

I-4　重点学科					
序号	重点学科名称	重点学科类型	学科代码	批准部门	批准年月
1	城市规划与设计（含风景园林规划与设计）	北京市二级重点学科	081303	国家林业局	200804
2	城市规划与设计（含风景园林规划与设计）	国家林业局重点学科	081303	北京市教育委员会	200605
合计	二级重点学科数量（个）	国家级	—	省部级	2

I-5　重点实验室				
序号	实验室类别	实验室名称	批准部门	批准年月
1	国家工程研究中心	国家花卉工程技术研究中心	科技部	200501
2	省部级重点实验中心	园林专业国家级实验教学示范中心	教育部	2012
3	省部级重点实验中心	教育部园林环境工程研究中心	教育部	200103
4	省部级重点实验室	城乡生态环境北京实验室	北京市教育委员会	201408
5	省部级重点实验室	花卉种植创新与新品种选育北京市重点实验室	北京市科学技术委员会	201306
6	省部级重点实验室	林木花卉遗传育种教育部重点实验室	教育部	200311
7	省部级重点实验基地	北京市花卉育种创新团队和示范基地	北京市林业局	201004
合计	重点实验数量（个）	国家级	1　省部级	6

II 科学研究

II-1 近五年（2010—2014年）科研获奖

序号	奖励名称	获奖项目名称	证书编号	完成人	获奖年度	获奖等级	参与单位数	本单位参与学科数
1	国家科技进步奖	主要商品盆花新品种选育及产业化关键技术与应用	2011-J-202-2-04-D01	张启翔	2011	二等奖	1	2（10%）
2	教育部高校科研优秀成果奖（科学技术）	长江三峡库区森林植物群落水土保持功能及其营建技术	2011-KJ-2-08-R01	张洪江	2011	二等奖	2（1）	1
3	教育部高校科研优秀成果奖（科学技术）	菊花品种及近缘种间亲缘关系的遗传研究	2013-055	戴思兰	2014	二等奖	1	1
4	北京市科学技术奖	芍药科植物前低保户及开发利用	2012农-3-005	王莲英	2012	三等奖	1	1
5	国家级（第二届）"香远溢清风"——中华瑰宝窗面书画精品展评选	齐云山居图扇面	—	徐桂香	2013	一等奖	1	1
6	梁希奖	圆明园遗址公园保护利用现状调查研究	2012-LW-2-04	曹新	2012	二等奖	1	1
7	梁希奖	cDNA-AFLP analysis of salt-inducible genes expression in Chrysanthemum lavandulifolium under salt treatment	2012-LW-3-42	黄河	2012	三等奖	1	1
合计	科研获奖数量（个）	国家级	特等奖	一等奖	二等奖			
			—	1	3			
		省部级	一等奖	二等奖	三等奖			
			—	1	2			

II-2 代表性科研项目（2012—2014年）

II-2-1 国家级、省部级、境外合作科研项目（2012—2014年）

序号	项目来源	项目下达部门	项目级别	项目编号	项目名称	负责人姓名	项目开始年月	项目结束年月	项目合同总经费（万元）	属本单位本学科的到账经费（万元）
1	国家"863"计划	中国农村技术开发中心	一般项目	2013AA102607-2	梅花功能基因组学研究	张启翔	201301	201712	135	36
2	国家"863"计划	中国农村技术开发中心	一般项目	2013AA102706	菊花、百合期调控与高抗性转基因育种研究	高水河	201301	201712	749	225

（续）

序号	项目来源	项目下达部门	项目级别	项目编号	项目名称	负责人姓名	项目开始年月	项目结束年月	项目合同总经费（万元）	属本单位本学科的到账经费（万元）
3	国家"863"计划	中国农村技术开发中心	一般项目	2013AA102607	花卉、牧草、竹藤功能基因组学研究与应用	韩烈保	201301	201712	1 413	189
4	国家科技支撑计划	国家林业局	一般项目	2012BAD01B0705	紫薇、报春、菊花种业关键技术研究	张启翔	201201	201612	600	295
5	国家科技支撑计划	中国科学院	一般项目	2012BAJ24B05	村镇景观建设关键技术研究	李雄	201201	201512	680	0
6	国家科技支撑计划	国家林业局	一般项目	2013BAD01B0701	月季、紫薇种质资源发掘与创新利用	潘会堂	201301	201712	650	238
7	国家科技支撑计划	国家林业局	一般项目	2012BAD01B07	中国特色花卉种业关键技术研究	张启翔	201201	201612	780	0
8	国家科技支撑计划	国家林业局	一般项目	2012BAD01B0704	牡丹、月季种业关键技术研究	成仿云	201201	201612	180	126
9	国家科技支撑计划	中国科学院	一般项目	2012BAJ24B05-3	村镇景观建设模式	张玉钧	201201	201512	110.5	100
10	国家科技支撑计划	国家林业局	一般项目	2013BAD01B0705	菊花种质资源发掘与创新利用	孙明	201301	201712	103	47
11	国家科技支撑计划	科技部	一般项目	2013BAD01B07	重要花卉种质资源发掘与创新利用	潘会堂	201301	201712	753	—
12	国家科技支撑计划	中国科学院	一般项目	2012BAJ24B05-2	村镇景观规划与建设技术	李雄	201201	201512	569.5	230
13	国家自然科学基金	国家自然科学基金委员会	面上项目	31470706	基于城市绿地空间优化的园林博览会影响机制和指标评价体系研究	王向荣	201408	201802	80	36
14	国家自然科学基金	国家自然科学基金委员会	面上项目	31272192	菊花花青素苷代谢途径分支调控研究	戴思兰	201301	201612	80	56
15	国家自然科学基金	国家自然科学基金委员会	面上项目	41371189	荒漠绿洲区景观格局与生态水文耦合及调控	岳德鹏	201401	201712	85	51
16	国家自然科学基金	国家自然科学基金委员会	面上项目	31470106	光周期和糖信号诱导百合成花的调控机理研究	贾桂霞	201408	201612	30	18
17	国家自然科学基金	国家自然科学基金委员会	面上项目	31370693	花粉超低温保存差异蛋白氧化应激和细胞调亡关系研究	刘燕	201308	201712	76	45.6
18	国家自然科学基金	国家自然科学基金委员会	面上项目	31471906	梅花花香相关BAHD家族基因挖掘及功能分析	张启翔	201408	201812	85	38.25

（续）

序号	项目来源	项目下达部门	项目级别	项目编号	项目名称	负责人姓名	项目开始年月	项目结束年月	项目合同总经费（万元）	属本单位本学科的到账经费（万元）
19	国家自然科学基金	国家自然科学基金委员会	面上项目	31470695	利用转录组测序技术挖掘调控紫薇高性状的关键基因	潘会堂	201408	201812	95	42.75
20	国家自然科学基金	国家自然科学基金委员会	面上项目	31471898	牡丹花型等重要性状的QTLs定位研究	成仿云	201408	201812	85	38.25
21	国家自然科学基金	国家自然科学基金委员会	面上项目	31471907	菊花舌状花形态变异的遗传调控机制	戴思兰	201408	201812	98	44.1
22	国家自然科学基金	国家自然科学基金委员会	面上项目	31272204	不同种系百合鳞茎春化作用的分子调控机制研究	吕英民	201208	201612	82	65.6
23	国家自然科学基金	国家自然科学基金委员会	青年项目	41201570	CVM与TCM评估游憩资源价值的结合应用与效度检验研究	张茵	201301	201512	25	25
24	国家自然科学基金	国家自然科学基金委员会	青年项目	31400591	不同染色体倍性观赏芍药的遗传差异及亲缘关系研究	于晓南	201408	201712	25	15
25	国家自然科学基金	国家自然科学基金委员会	青年项目	31400610	基于景观格局分析的城市郊野公园空间规划的尺度与内容研究	崔柳	201410	201712	25	15
26	国家自然科学基金	国家自然科学基金委员会	青年项目	51308044	乡村移民回流对西部地区县城城镇空间结构的影响研究	钱云	201401	201612	25	15
27	国家自然科学基金	国家自然科学基金委员会	青年项目	41401650	结合微气候模拟和地面精测的道路植被对大气颗粒物扩散影响分析	王佳	201408	201712	25	15
28	国家自然科学基金	国家自然科学基金委员会	青年项目	31401900	梅花绿萼性状的遗传分析与分子标记定位	孙丽丹	201408	201712	24	14.4
29	部委级科研项目	科技部	一般项目	2013GB2360673	耐寒庭院月季新品种生产技术与示范	潘会堂	201309	201508	60	60
30	部委级科研项目	北京市科委	一般项目	2012-BJKJ-01	中国园林博物馆陈展系统和相关技术的研究与应用	李雄	201204	201312	196.5	196.5
合计	国家级科研项目	数量（个）	41	项目合同总经费（万元）	11 568			属本单位本学科的到账经费（万元）		3 605.88

II-2-2 其他重要科研项目

序号	项目来源	合同签订/项目下达时间	项目名称	负责人姓名	项目开始年月	项目结束年月	项目合同总经费（万元）	属本单位本学科的到账经费（万元）
1	中共中央办公厅毛主席纪念堂管理局	201206	毛主席纪念堂主体及庭院改造工程	孟兆祯	201206	201311	26.44	26.44
2	部委级科研项目	201205	城市林业发展战略研究	李雄	201205	201211	10	10
3	部委级科研项目	201301	菊花花期改良优异种质及育种技术引进	戴思兰	201301	201512	50	50
4	部委级科研项目	201201	百合野生资源评价与多倍体育种技术研究	贾桂霞	201201	201612	205	128
5	部委级科研项目	201309	美丽中国城市林业建设模式研究	刘志成	201309	201405	6	6
6	部委级科研项目	201311	牡丹籽用种苗生产技术规程	袁涛	201304	201402	8	8
7	部委级科研项目	201201	远缘杂种芍药重要亲本及高效繁育技术引进	于晓南	201201	201612	50	50
8	部委级科研项目	201405	'香端台'梅等抗寒梅花品种推广与示范	张启翔	201401	201612	50	5
9	省科技厅项目	201401	抗寒抗旱花灌木良品种引种与栽培技术研究	张启翔	201401	201412	50	50
10	省科技厅项目	201401	瓜叶菊花青素苷合成中的转座子调控机理	黄河	201401	201512	8	8
11	北京林业大学科技创新计划项目	201312	建筑文化遗产维修用材资源预测及其保障体系研究	殷伟达	201309	201509	7	7
12	北京林业大学科技创新计划项目	201301	西方景观规划发展及影响（19世纪之前）	赵晶	201301	201312	4	3.9
13	北京林业大学科技创新计划项目	201301	紫薇转录组测序与MADS-box基因鉴定	蔡明	201301	201412	12	12
14	北京林业大学科技创新计划项目	201407	建筑垃圾在绿地建设中应用的关键技术研究	戈晓宇	201407	201607	5	5
15	鄂尔多斯市规划局	201301	鄂尔多斯民族文化创意产业园园林景观总体规划及一、二号地块控制性详细规划	李雄	201302	201303	182.63	102.63
16	阜阳市颍州西湖风景名胜区管理委员会	201204	阜阳市西湖风景区修规	赵鸣	201204	201504	176	46.02
17	扎鲁特旗规划局	201311	扎鲁特旗鲁北镇周边山体景观改造工程	刘志成	201311	201412	95	95
18	新河县城市管理行政执法局	201307	新河公园景观设计	冯潇	201307	201406	37	20
19	陕西省林业技术推广总站	201407	陕西油用牡丹产业关键技术研究与示范项目	成仿云	201404	201412	70	70
20	奎屯优利特种油品有限公司	201312	优利北林抗寒梅花扩繁基地的建立	陈瑞丹	201401	201712	70	20
21	广西壮族自治区城乡规划设计院	201207	花山国家级风景名胜区总体规划1	魏民	201207	201212	80	10

（续）

序号	项目来源	合同签订/项目下达时间	项目名称	负责人姓名	项目开始年月	项目结束年月	项目合同总经费（万元）	属本单位本学科的到账经费（万元）
22	国家林业局调查规划设计院	201307	青海省生态系统服务功能监测与价值评估项目	张玉钧	201304	201507	60	50
23	大厂回族自治县城乡规划局	201201	中华民族文化之窗规划设计 A	李翅	201201	201212	60	54
24	北京市朝阳区城市管理监督指挥中心	201309	北京朝阳区社区绿化滞尘降温及降温增湿生态效益评价方法研究及标准设计合同	董丽	201303	201404	46	18.4
25	迁安市城乡规划局	201412	迁安市绿道绿廊体系总体规划	戈晓宇	201410	201501	50	40
26	迁安市城乡规划局	201306	迁安市城市绿地系统规划	李雄	201306	201309	70	66
27	井陉县旅游局	201302	河北苍岩山风景名胜区总体规划	魏民	201302	201512	50	35
28	湘阴县公用事业管理局	201204	湘阴县城市绿地系统规划	李翅	201204	201212	29	29
29	北京市密云县北庄镇	201404	干峪沟农业景观示范营造技术研究	曾洪立	201404	201505	8.5	8.5
30	北京市北海公园管理处	201312	北京市北海公园古树保护规划	薛晓飞	201312	201406	15	15

II-2-3　人均科研经费

人均科研经费（万元/人）	123.97

II-3　本学科代表性学术论文质量

II-3-1　近五年（2010—2014年）国内收录的本学科代表性学术论文

序号	论文名称	第一作者	通讯作者	发表刊次	发表刊物名称	收录类型	中文影响因子	他引次数
1	借景浅论	孟兆祯	—	201212	中国园林	XKPG	1.045	10
2	小尺度中的探索	王向荣	—	201204	中国园林	XKPG	1.045	8
3	关于植物多样性与人居环境关系的思考	张启翔	—	201201	中国园林	XKPG	1.045	15
4	展现地域自然景观特征的风景园林文化	朱建宁	—	201111	中国园林	XKPG	1.045	29

（续）

序号	论文名称	第一作者	通讯作者	发表刊次	发表刊物名称	收录类型	中文影响因子	他引次数
5	杭州江洋畈生态公园工程月历	王向荣	—	201109	风景园林	XKPG	0.301	9
6	论绿道在中国的社会意义及发展策略	刘晓明	—	201203	风景园林	XKPG	0.301	9
7	风景园林社会责任 LSR 的实现	张云路	李 雄	201201	中国园林	XKPG	1.045	4
8	当代植物园规划策略	郑 曦	—	201206	中国园林	XKPG	1.045	11
9	景观都市主义的涌现	刘东云	刘东云	201211	中国园林	XKPG	1.045	7
10	中国绿道与美国 Greenway 的比较研究	秦小萍	魏 民	201304	中国园林	XKPG	1.045	12
11	对中国城市公园绿地指标细化的一点设想	雷 芸	—	201003	中国园林	XKPG	1.045	27
12	野生园林植物筛选技术方法研究	任建武	—	201202	中国园林	XKPG	1.045	14
13	色彩与材料真实性	郑小东	—	201211	世界建筑	XKPG	0.551	4
14	紫薇属与散沫花远缘杂交亲和性的研究	蔡 明	张启翔	201004	园艺学报	CSCD	1.417	24
15	新疆疏花蔷薇的核型分析与探讨	罗 乐	张启翔	201112	西北植物学报	CSCD	1.232	10
16	可持续生计目标下的生态旅游发展模式——以河北白洋淀湿地自然保护区王家寨社区为例	王 瑾	张玉钧	201405	生态学报	CSCD	2.233	2
17	16 种室内观赏植物对甲醛净化效果及生理生化变化	安 雪	潘会堂	201002	生态环境学报	CSCD	1.807	40
18	城市绿地空气负离子评价方法——以北京奥林匹克森林公园为例	潘剑彬	董 丽	201009	生态学杂志	CSCD	1.635	19
19	赤峰地区紫斑牡丹的引种与抗寒性研究	赵雪梅	成仿云	201102	北京林业大学学报	CSCD	1.346	16
20	社区支持农业型市民农园休闲模式研究	邵 隽	张玉钧	201212	旅游学刊	CSSCI	2.396	8
合计		中文影响因子		23.669		他引次数		278

II-3-2 近五年（2010—2014年）国外收录的本学科代表性学术论文

序号	论文名称	论文类型	第一作者	通讯作者	发表刊次（卷期）	发表刊物名称	收录类型	他引次数	期刊SCI影响因子	备注
1	Isolation and expression analysis of proline metabolism-related genes in Chrysanthemum lavandulifolium	Article	张蜜	戴思兰	537（2）	Gene	SCI	1	2.196	通讯及第一署名单位
2	Transcriptomic analysis of cut tree peony with glucose supply using the RNA-Seq technique	Article	张超	董丽	33（1）	Plant Cell Reports	SCI	2	2.509	通讯及第一署名单位
3	Assessing the effects of landscape design parameters on intra-urban air temperature variability: The case of Beijing, China	Article	彦海	董丽	76	Building and Environment	SCI	1	2.43	通讯及第一署名单位
4	Construction and de novo characterization of a transcriptome of Chrysanthemum lavandulifolium: analysis of gene expression patterns in floral bud emergence	Article	王翯	戴思兰	116（3）	Plant cell Tissue and Organ Culture	SCI	2	3.633	通讯及第一署名单位
5	Involvement of glucose in the regulation of ethylene biosynthesis and sensitivity in cut Paeonia suffruticosa flowers	Article	王艳杰	董丽	169	Scientia Horticulturae	SCI	—	1.396	通讯及第一署名单位
6	Identification and profiling of novel and conserved microRNAs during the flower opening process in Prunus mume via deep sequencing	Article	王涛	张启翔	289（2）	Molecular Genetics and Genomics	SCI	2	2.881	通讯及第一署名单位
7	Transcriptome profiling of the cold response and signaling pathways in Lilium lancifolium	Article	王晶懋	吕英民	15	Bmc Genomics	SCI	—	4.397	通讯及第一署名单位
8	Photoperiodic control of FT-like gene ClFT initiates flowering in Chrysanthemum lavandulifolium	Article	付建新	戴思兰	74	Plant Physiology and Biochemistry	SCI	2	2.775	通讯及第一署名单位
9	Characterization of Chrysanthemum ClSOC1-1 and ClSOC1-2, homologous genes of SOC1	Article	付建新	戴思兰	32（3）	Plant Molecular Biology Reporter	SCI	—	5.319	通讯及第一署名单位

（续）

序号	论文名称	论文类型	第一作者	通讯作者	发表刊次（卷期）	发表刊物名称	收录类型	他引次数	期刊SCI影响因子	备注
10	Molecular phylogeny and genetic variation in the genus *Lilium native* to China based on the internal transcribed spacer sequences of nuclear ribosomal DNA	Article	杜云鹏	贾桂霞	127（2）	Journal of Plant Research	SCI	1	2.059	通讯及第一署名单位
11	*Lilium* spp. pollen in China (Liliaceae): Taxonomic and Phylogenetic Implications and Pollen Evolution Related to Environmental Conditions	Article	杜云鹏	贾桂霞	9（1）	Plos One	SCI	3	3.73	通讯及第一署名单位
12	Molecular Characterization and Expression of Ethylene Biosynthetic Genes During Cut Flower Development in Tree Peony (*Paeonia suffruticosa*) in Response to Ethylene and Functional Analysis of PsACS1 in *Arabidopsis thaliana*	Article	周 琳	董 丽	32（2）	Journal of Plant Growth Regulation	SCI	2	1.99	通讯及第一署名单位
13	Transcriptome Comparison Reveals Key Candidate Genes Responsible for the Unusual Reblooming Trait in Tree Peonies	Article	周 华	成仿云	8（11）	Plos One	SCI	1	3.73	通讯及第一署名单位
14	Cooling and humidifying effect of plant communities in subtropical urban parks	Article	张 哲	潘会堂	12（3）	Urban Forestry & Urban Greening	SCI	2	1.632	通讯及第一署名单位
15	Analysis of karyotype diversity of 40 Chinese chrysanthemum cultivars	Article	张 辕	戴思兰	51（3）	Journal of Systematics and Evolution	SCI	5	1.851	通讯及第一署名单位
16	Development of simple sequence repeat (SSR) markers from Paeonia ostii to study the genetic relationships among tree peonies (*Paeoniaceae*)	Article	于海萍	成仿云	164	Scientia Horticulturae	SCI	3	1.396	通讯及第一署名单位
17	Isolation and expression analysis of three EIN3-like genes in tree peony (*Paeonia suffruticosa*)	Article	王艳洁	董 丽	112（2）	Plant Cell Tissue and Organ Culture	SCI	7	3.633	通讯及第一署名单位
18	Isolation and functional analysis of a homolog of flavonoid 3',5'-hydroxylase gene from Pericallis x hybrida	Article	孙 毅	戴思兰	149（2）	Physiologia Plantarum	SCI	4	3.656	通讯及第一署名单位

（续）

序号	论文名称	论文类型	第一作者	通讯作者	发表刊次（卷期）	发表刊物名称	收录类型	他引次数	期刊SCI影响因子	备注
19	Genome-wide DNA polymorphisms in two cultivars of mei (*Prunus mume* Sieb. et Zucc.)	Article	孙丽丹	张启翔	14	Bmc Genetics	SCI	5	2.808	通讯及第一署名单位
20	Genome-Wide Characterization and Linkage Mapping of Simple Sequence Repeats in Mei (*Prunus mume* Sieb. et Zucc.)	Article	孙丽丹	张启翔	8（3）	Plos One	SCI	6	3.73	通讯及第一署名单位
21	Flower Colour Modification of *Chrysanthemum* by Suppression of F3′H and Overexpression of the Exogenous Senecio cruentus F3′5′H Gene	Article	黄河	戴思兰	8（11）	Plos One	SCI	2	3.73	通讯及第一署名单位
22	Reference gene selection for RT-qPCR analysis of *Chrysanthemum lavandulifolium* during its flowering stages	Article	付建新	戴思兰	31（1）	Molecular Breeding	SCI	9	3.251	通讯及第一署名单位
23	Genome-wide identification and analysis of late embryogenesis abundant (LEA) genes in *Prunus mume*	Article	杜东亮	张启翔	40（2）	Molecular Biology Reports	SCI	9	2.506	通讯及第一署名单位
24	Genome-Wide Analysis of the AP2/ERF Gene Family in *Prunus mume*	Article	杜东亮	张启翔	31（3）	Plant Molecular Biology Reporter	SCI	6	5.319	通讯及第一署名单位
25	The genome of *Prunus mume*	Article	张启翔	张启翔	3	Nature Communications	SCI	42	10.015	通讯及第一署名单位
26	Genetic Structure of the Tree Peony (*Paeonia rockii*) and the Qinling Mountains as a Geographic Barrier Driving the Fragmentation of a Large Population	Article	袁军辉	成仿云	7（4）	Plos One	SCI	13	3.73	通讯及第一署名单位
27	Transcriptome-wide survey and expression analysis of stress-responsive NAC genes in *Chrysanthemum lavandulifolium*	Article	黄河	戴思兰	193	Plant Science	SCI	9	2.922	通讯及第一署名单位
28	Expression Analysis of Nudix Hydrolase Genes in *Chrysanthemum lavandulifolium*	Article	黄河	戴思兰	30（4）	Plant Molecular Biology Reporter	SCI	4	5.319	通讯及第一署名单位

（续）

序号	论文名称	论文类型	第一作者	通讯作者	发表刊次（卷期）	发表刊物名称	收录类型	他引次数	期刊SCI影响因子	备注
29	cDNA-AFLP analysis of salt-inducible genes expression in Chrysanthemum lavandulifolium under salt treatment	Article	黄 河	戴思兰	169（4）	Journal of Plant Physiology	SCI	7	2.699	通讯及第一署名单位
30	Genetic diversity of Lagerstroemia (Lythraceae) species assessed by simple sequence repeat markers	Article	He D	潘会堂	11（3）	Genetics And Molecular Research	SCI	3	0.994	通讯及第一署名单位
合计	SCI影响因子 98.29					他引次数 153				

II—4 建筑设计获奖（2012—2014年）

序号	获奖项目名称	奖励类别	获奖等级	获奖人姓名	获奖年月	参与单位数	本单位参与学科数
1	四盒园	IFLA亚太地区年度奖	设计类优秀奖	王向荣、林箐	201208	2（1）	1
2	四盒园	BALI英国国家景观奖	年度奖	王向荣、林箐	201212	2（1）	1
3	心灵的花园	IFLA亚太地区年度奖	设计类杰出奖	王向荣、林箐	201304	2（1）	1
4	杭州江洋畈生态公园	IFLA亚太地区年度奖	景观管理类杰出奖	王向荣、林箐	201304	2（1）	1
5	杭州植物园椒树杜鹃园	BALI英国国家景观奖	年度奖	王向荣、林箐	201412	2（1）	1
6	深圳湾公园	全国优秀勘察设计奖	一等奖	何 昉	201310	3（2）	1
7	深圳大学生运动会体育中心景观设计	全国优秀勘察设计奖	一等奖	何 昉	201310	1	1
8	曹州牡丹园修建性详细规划与施工图设计	全国优秀勘察设计奖	一等奖	许健宇	201310	1	1
9	北京市丰台经仪冢野公园规划设计	全国优秀勘察设计奖	一等奖	赵铁楠	201310	1	1

（续）

序号	获奖项目名称	奖励类别	获奖等级	获奖人姓名	获奖年月	参与单位数	本单位参与学科数
10	北京京山铁路花园东区绿化景观设计	全国优秀勘察设计奖	二等奖	张璐	201310	1	1
11	漯河市沙澧河滨水区绿地景观规划设计	全国优秀勘察设计奖	二等奖	孔宪琨	201310	1	1
12	北京金科·廊桥水岸社区公园景观设计	全国优秀勘察设计奖	三等奖	张璐	201310	1	1
13	北京市人民政府览沟招待所"506"园林景观设计	全国优秀勘察设计奖	三等奖	田园	201310	1	1
14	华侨城欢乐海岸景观规划设计	全国优秀勘察设计奖	三等奖	于茜	201310	1	1
15	中国石油勘探开发研究院四区（青年园南侧新建区）景观设计	全国优秀勘察设计奖	三等奖	张璐	201310	1	1
合计	建筑设计获奖数量	国际（项）	5	国内（项）			10

Ⅱ-5　已转化或应用的专利（2012—2014年）

序号	专利名称	第一发明人	专利申请号	专利号	授权（颁证）年月	专利受让单位	专利转让合同金额（万元）
1	一种报春苣苔属植物的叶插繁殖方法	张启翔	201310018322.4	ZL201310018322.4	2014	云南西双版纳澜沧江园林有限责任公司	20
2	一种墨兰栽培基质	张启翔	200910235796.8	ZL200910235796.8	2012	东方市迦南兰花种植农民专业合作社	20
3	紫薇微卫星分子标记及在紫薇远缘杂交后代鉴定中的应用	张启翔	200910244438.3	ZL200910244438.3	2012	棕榈园林股份有限公司	20
合计	专利转让合同金额（万元）						60

Ⅲ 人才培养质量

Ⅲ-1 优秀教学成果奖（2012—2014年）

序号	获奖级别	项目名称	证书编号	完成人	获奖等级	获奖年度	参与单位数	本单位参与学科数
1	北京市级	风景园林实践创新型人才培养体系的探索	—	李雄、刘燕、张敬、王向荣、杨晓东	二等奖	2012	1	1
合计	国家级	一等奖（个） —		二等奖（个） —		三等奖（个） —		
	省级	一等奖（个） —		二等奖（个） 1		三等奖（个） —		

Ⅲ-4 学生国际交流情况（2012—2014年）

序号	姓名	出国（境）时间	回国（境）时间	地点（国家/地区及高校）	国际交流项目名称或主要交流目的
1	张 鹏	201108	201208	澳大利亚新南威尔士大学	国家公派研究生项目
2	皇冠荣	201209	201301	台湾中兴大学	校际交换生项目
3	郭彦丹	201309	201403	台湾中兴大学	校际交换生项目
4	傅伊倩	201209	201409	荷兰瓦格宁根国际植物育种研究中心	国家建设高水平大学公派研究生项目
5	张 洋	201307	201408	美国宾夕法尼亚大学	国家留学基金委公派留学项目
6	王春晓	201308	201410	美国宾夕法尼亚州立大学	国家留学基金委公派留学项目
7	辛泊雨	201110	201209	日本千叶大学	校际交换生项目
8	史 轩	201210	201309	日本千叶大学	校际交换生项目
9	汤金润	201310	201409	日本千叶大学	校际交换生项目
10	苏 畅	201410	201509	日本千叶大学	校际交换生项目
合计	学生国际交流人数			10	

Ⅲ-5 授予境外学生学位情况（2012—2014年）

序号	姓名	授予学位年月	国别或地区	授予学位类别
1	科纳雷	201307	科特迪瓦	工学博士
合计	授予学位人数	博士 1		硕士 —

3.1.2 学科简介

1. 学科基本情况与学科特色

（1）历史沿革

北京林业大学风景园林学科的前身是成立于1951年的造园组，是我国第一个有关风景园林的学科。本科、硕士、博士、博士后流动站的授权均为国内最早的风景园林学科点，是国家"211工程"重点建设学科，北京市重点建设学科。经过60余年的学科和专业建设，风景园林学科已经成为我国规模最大、教学与科研力量最强、人才培养质量最高，唯一能够多规格、多层次培养风景园林专业建设人才的综合型、高水平、产学研一体化的教学研究型学科。

（续）

（2）学术队伍

学科拥有中国高校中规模最大、研究领域最全、教育背景最为广泛、综合实力最强的风景园林师资力量，形成以院士、国家级有突出贡献专家、博士生导师为核心的学术水平高、学历结构合理的教师队伍。学科现有专职教师121 人，其中中国工程院院士 1 名，教授 24 人，副教授 46 人，讲师 53 人，36 名教师有海外学习或访问经历；拥有国家百千万人才工程人选 1 人，国家级、省部级有突出贡献专家 3 人，享受政府特殊津贴专家 13 人，宝钢奖优秀教师特等奖获得者 1 人，宝钢教育奖获得者 4 人，教育部新世纪优秀人才支持计划获得者 2 人；北京市青年英才计划获得者 7 人。

（3）学科设置

本学科的鲜明特色在于它的综合性、全面性和广泛性，在于学科具有不断发展、拓展与创新的强大的生命力。本学科历史悠久，在风景园林历史与理论、风景园林规划与设计、景观规划与生态、风景园林植物、风景园林建筑、风景园林工程与技术等领域都有深厚的基础与积累。形成以风景园林规划与设计、园林植物为核心，以风景园林历史与理论为基础，以风景园林工程、景观生态修复、园林建筑、城乡生态规划为侧翼，以生态旅游管理为补充的多学科人居环境建设学科方向群。

（4）现有平台

本学科现有国家级园林实验教学中心，园林植物综合实验室等一系列教学辅助实验室。依托国家花卉工程技术研究中心、城乡生态环境北京实验室、林木花卉遗传育种教育部重点实验室、花卉种质创新与新品种选育北京市重点实验室、教育部园林环境工程研究中心、中国插花花艺中心和北京市花卉育种创新团队和示范基地等一系重点实验室，北林地景和深圳北林苑 2 个具有甲级资质的设计研究院，形成了国内领先、国际著名的产学研一体化学科体系。

（5）人才培养

围绕一级学科背景下的研究生教育战略，风景园林学科开展专业研究生教育综合改革试点，对原有的研究生课程体系、培养目标、培养环节、毕业要求等方面进行了全面和深入的改革。研究生获得了联合国教科文组织与国际风景园林师联合会共同举办的国际学生设计竞赛第 1 名 10 次，成为全世界范围内获得国际学生竞赛奖最多最高的学科。60 年来，学科为国家培养了最多的风景园林高层人才，培养了国家风景园林领域最核心的人才队伍，现在仍然是国家风景园林高层次人才培养最重要的基地。现有博士生 112 人，硕士研究生 578 人，在职研究生 318 人，本科生 1 954 人。

2. 社会贡献

① 本学科在制定国家相关政策、规范、标准和规划中起到了非常关键的作用，完成了《中国风景园林发展研究》，制定和参与制定的行业标准有《国家园林城市标准》《城市湿地公园规划设计导则》《城市郊野公园规划设计导则》《动物园设计规范》《珠三角区域绿道规划设计技术指引》等。推进中国特有著名园林植物成为国际登陆权威事业。制定了数十种园林植物栽培与生产的国家或行业标准，申请了数十种园林植物栽培生产关键技术方面的专利。编写了风景园林专业的绝大部分教材。

② 依托于学科所属的风景园林研究院、北林地景和北林苑 2 个甲级设计院，进行了广泛的风景园林实践，设计项目覆盖了中国各地，并延伸到国外，参与了几乎所有重大事件的风景园林规划设计，如世博会、奥运会、亚运会、世园会、世界休闲博览会等。获得过国内外最重要的风景园林奖，包括国际风景园林师联合会奖、美国风景园林师协会奖、英国国家景观奖、全国优秀工程勘察设计奖等，在国内外产生了广泛的影响。

③ 作为中国风景园林学科的发源地，通过半个多世纪的发展，本学科在资源管理、城市生态环境建设、风景区、自然保护区、旅游区、城市绿地与公共空间，水系与湿地、棕地等规划设计方面的理论研究与社会实践都有丰硕的积累，学科为中国人居环境改善及自然文化遗产保育做出了突出贡献。

④ 在国际学术组织中任职的专家有 10 人，在国内一级学会中担任常务理事以上职务的专家 20 人，并一直担任国际风景园林师联合会唯一的中国代表理事。重要的社会兼职有：

孟兆祯院士：中国风景园林学会名誉理事长，北京市人民政府园林绿化顾问组组长，住房和城乡建设部风景园林专家委员会副主任。

张启翔：国际园艺生产者协会副主席，国际园艺学会执委、观赏植物遗传资源工作组主席，国际花品种登录权威，全国风景园林专业学位研究生教育指导委员会副主任委员，中国园艺学会副理事长、观赏园艺专业委员会主任，国家花卉产业技术创新战略联盟理事长等。

（续）

李雄：国务院学位委员会风景园林学科评议组召集人、全国风景园林专业学位研究生教育指导委员会秘书长、住房与城乡建设部风景园林学科专业指导委员会副主任委员，住房和城乡建设部风景园林专家、中国风景园林学会工程监理分会主任、北京屋顶绿化协会副会长等。
  王向荣：中国风景园林学会副理事长、住房和城乡建设部风景园林专家，住房与城乡建设部城乡规划学科专业指导委员会委员，《风景园林》主编、《中国园林》副主编。
  刘晓明：国际风景园林师联合会（IFLA）中国代表，住房和城乡建设部风景园林专家、中国风景园林学会副秘书长，国际风景园林师联合会亚太区教育委员会主任委员等。
刘燕：中国插花花艺协会会长、中国风景园林学会园林生态保护专业委员会副主任委员等。

3.2　东北林业大学

3.2.1　清单表

Ⅰ　师资队伍与资源

I-1　突出专家					
序号	专家类别	专家姓名	出生年月	获批年月	备注
1	新世纪百千万人才工程	阎秀峰	196503	2009	
合计	突出专家数量（人）			1	

I-3　专职教师与学生情况					
类型	数量	类型	数量	类型	数量
专职教师数	38	其中，教授数	9	副教授数	17
研究生导师总数	24	其中，博士生导师数	8	硕士生导师数	24
目前在校研究生数	165	其中，博士生数	23	硕士生数	142
生师比	6.88	博士生师比	2.88	硕士生师比	5.92
近三年授予学位数	162	其中，博士学位数	15	硕士学位数	147

I-4　重点学科					
序号	重点学科名称	重点学科类型	学科代码	批准部门	批准年月
1	风景园林学	工学	0834	黑龙江省学位办	201111

I-5　重点实验室				
序号	实验室类别	实验室名称	批准部门	批准年月
1	省级实验教学示范中心	园林实验教学中心	黑龙江省教育厅	200809
合计	重点实验数量（个）	国家级	—	省部级　1

II 科学研究

II-1 近五年（2010—2014年）科研获奖

序号	奖励名称	获奖项目名称	证书编号	完成人	获奖年度	获奖等级	参与单位数	本单位参与学科数
1	黑龙江省科技进步奖	黑龙江省公路路基边坡生态防护技术及景观建设	2013-070-08	刘铁冬 张彦妮	2013	二等奖	1	1
2	黑龙江省林业科学技术奖	城市彩叶树种引种研究	2011-10-03	刘晓东 何淼	2012年	二等奖	4	1
3	黑龙江优秀教育科研论文	新形势下城市规划专业发展趋势及教育体系改革对策	11057	杨艳茹	2010	三等奖	1	1
4	梁希林业科学技术奖	寒地彩叶花木引种鉴定及产业化试验示范	2011-KJ-3-26-R02	李文	2011	三等奖	3	1
5	哈尔滨市自然科学技术学术成果奖	新形势下的城镇体系规划变革——以哈尔滨城镇体系规划为例	2010420	张克军 杨艳茹	2010	优秀奖	2	1
合计	科研获奖数量（个）	国家级	特等奖	一等奖	一等奖	二等奖	二等奖	—
			—	—	—	—	—	
		省部级	一等奖	二等奖	三等奖	三等奖		2
			—	—	3	3		

II-2 代表性科研项目（2012—2014年）

II-2-1 国家级、省部级、境外合作科研项目

序号	项目来源	项目下达部门	项目级别	项目编号	项目名称	负责人姓名	项目开始年月	项目结束年月	项目合同总经费（万元）	属本单位本学科的到账经费（万元）
1	国家自然科学基金	国家自然科学基金委员会	一般项目	31470467	菊芋块茎萌芽成苗过程适应盐胁迫的生理机制解析	简令峰	2015	2018	86	38.7
2	国家自然科学基金	国家自然科学基金委员会	面上项目	31470698	低温解除细叶百合鳞茎休眠过程中的糖代谢动态及 ADP 核	周蕴薇	201501	201812	84	37
3	国家自然科学基金	国家自然科学基金委员会	一般项目	31400590	神农香菊 DiaMYB1s 基因对萜类芳香物质合成调控机制解析	何淼	201409	201709	25	15

（续）

序号	项目来源	项目下达部门	项目级别	项目编号	项目名称	负责人姓名	项目开始年月	项目结束年月	项目合同总经费（万元）	属本单位的本学科的到账经费（万元）
4	国家自然科学基金	国家自然科学基金委员会	青年项目	41105104	降水变化对原始红松阔叶林土壤微生物多样性影响的研究	冯富娟	201101	201412	24	24
5	国家自然科学基金	国家自然科学基金委员会	青年基金	31000318	花瓣质感光学机理的研究及相关基因 MIXTA 的功能分析	张旸	201101	201312	19	19
6	国家科技支撑计划	国家科技部	重大项目	2011BAD08B02-02-03	山地草原化退化生态系统恢复限制因素研究	孙广玉	201101	201512	15	15
7	国家科技支撑计划	国家科技部	重大项目	2014FY110600-9	辽西地区国家级自然保护区及毗邻区植物群落普遍调查	冯富娟	201401	201912	10	0
8	国家重大科技专项	国家林业局	重点项目	2010-29 号	高寒区桑园复合经营农林模式的推广	孙广玉	201001	201312	45	45
9	国家重大科技专项	国家林业局	重点项目	2011-032 号	石油污染地林草间（混）种配套植被恢复技术的推广	孙广玉	201101	201312	35	35
10	国家重大科技专项	中国医学科学院药用植物研究所	一般项目	—	中药材种子种苗种植（养殖）标准平台	刘晓东、何淼	200901	201512	13	13
11	国家林业公益性行业科研专项项目	国家林业局	一般项目	201004069	桦木醇高效利用的关键技术研究	阎秀峰	2010	2014	128	128
12	国家林业公益性行业科研专项项目	国家林业局	一般项目	201404202	城镇镇绿地系统规划及植物配置模式研究	周蕴薇	201401	201812	10	10
13	国家林业公益性行业科研专项项目	国家林业局	一般项目	201404703	寒地林菌菜定向培育及高效利用关键技术，子项目：林菌、林菜品质监测体系研究与应用	阎秀峰	2014	2017	66	66
14	"948" 项目	国家林业局	一般项目	—	羟基喜树碱控释载体硅制备技术引进	阎秀峰	201204	201504	50	50
15	"948" 项目	国家林业局	一般项目	41313201	植物固相基因提取技术引进	王玲	201301	201612	50	50
16	留学基金	国家林业局	一般项目	—	植物固相基因提取技术改造	王玲	201301	201612	3	3

（续）

序号	项目来源	项目下达部门	项目级别	项目编号	项目名称	负责人姓名	项目开始年月	项目结束年月	项目合同总经费（万元）	属本单位的本学科的到账经费（万元）
17	部委级科研项目	教育部	一般项目	411001	天人合一——哲学与中国传统园林	张俊玲	200809	201312	5	5
18	省级自然科学基金项目	黑龙江省科技厅	一般项目	C201137	细叶百合鳞茎休眠与萌发的蛋白调控机理	周蕴薇	201201	201412	5	5
19	省级自然科学基金项目	黑龙江省科技厅	面上项目	C201015	天然红松种群交配系统的时空动态研究	冯富娟	201001	201312	5	5
20	省级自然科学基金项目	黑龙江省科技厅	一般项目	E201217	预应力高强胶合木受弯构件试验及设计理论研究	左宏亮	201301	201512	5	5
21	省级自然科学基金项目	黑龙江省自然科学基金委员会	一般项目	C201343	地被菊抗寒性状高度关联分子标记的开发及新品种的创制	解莉楠	201401	201512	5	5
22	省级自然科学基金项目	黑龙江省自然科学基金委员会	一般项目	QC2009C52	利用生物技术培育农香菊花型菊花新品种的研究	何 淼	201001	201209	4	4
23	黑龙江省交通厅重点科技项目	黑龙江省交通厅	一般项目	HJZ-2009-50	寒区公路盐碱地路域优质绿化植物筛选及应用	阎秀峰	2009	2011	30	30
24	黑龙江省留学归国基金	黑龙江省科技厅	一般项目	LC201410	转PSARK::IPT基因矮牵牛的获得及其衰老和抗旱特性	张彦妮	201407	201707	6	6
25	省教育厅	省教育厅	一般项目	JG2013010096	风景园林规划设计基础课程的研究和教材体系建设	张俊玲	201306	201506	0.3	0.3
26	省教育厅	省教育厅	一般项目	12513028	哈尔滨市城市绿地系统布局动态监测与评价研究	刘铁冬	201101	201407	0	0
27	省级教改重点项目	省教育厅	重点项目		中美博士专业课授课形式比较	王 玲	201204	201303	0.5	0.5
28	科技部	哈尔滨工业大学	一般项目	2013BAJ12B02-2-01	严寒地区村镇绿化景观设施配置技术研究	李明宝、何淼	201301	201512	50	10
合计	国家级科研项目	数量（个） 28			项目合同总经费（万元） 778.8				属本单位本学科的到账经费（万元） 624.5	

Ⅱ-2-2 其他重要科研项目

序号	项目来源	合同签订/项目下达时间	项目名称	负责人姓名	项目开始年月	项目结束年月	项目合同总经费（万元）	属本单位的本学科的到账经费（万元）
1	哈尔滨市科技局	201011	绿化新品种黄花丁香引种研究与应用	许大为	201011	201312	40	30
2	哈尔滨工业大学	201204	吉林省辽源市东山住区生态规划研究	邱天怡	201112	201203	15	15
3	哈尔滨市科技局	201004	东北地区农村住宅节能关键技术研究	毛靓	201004	201412	6	3.2
4	"十二五"科技支撑项目协作项目	201205	长白山及周边黄檗主要化学成分测定与比较	胡远东	201205	201312	3.3	3.3
5	哈尔滨市科技创新人才研究专项资金项目（青年科技创新人才）	201306	地被菊抗寒性状高度关联分子标记的开发及新品种创制	解莉楠	201306	201512	3	3
6	中国博士后科学基金特别资助	201109	花瓣质感多样性机理与相关基因功能的解析	张旸	201109	201212	10	10
7	中央高校基本科研业务费专项资金	201301	菊花抗逆基因功能研究与应用	周蕴薇	201304	201504	10	8
8	中央高校基本科研业务费专项资金	201102	低温胁迫下毛百合 CBF2 基因的表达和功能研究	张彦妮	201109	201309	10	10
9	哈尔滨市太阳岛风景区管理局	201412	太阳岛外滩湿地景观修复规划设计	许大为	201412	201512	18	10
10	呼和浩特市政府	201210	南湖湿地公园改造方案深化设计	许大为	201210	201302	80	80
11	呼和浩特市政府	201210	乌素图召庙文化保护区方案初步设计	许大为	201210	201305	30	30
12	呼和浩特市政府	201210	动物园改造方案深化设计	许大为	201210	201401	45	45
13	呼和浩特市政府	201210	兴安路节点施工图	许大为	201210	201303	36	36
14	呼和浩特市政府	201210	湿地公园码头和归风广场施工图设计	许大为	201210	201312	123	123
15	呼和浩特市政府	201210	哈拉沁生态保护区方案初步设计	许大为	201210	201304	30	30
16	呼和浩特市政府	201210	驿林公园方案初步设计	—	201010	201312	20	20
17	哈西老工业区改造建设投资有限公司	201101	宁安路西昌路景观绿化及铺装施工图设计	许大为	201101	201206	39.1	39.1
18	黑龙江省红卫农场危房改造项目指挥部	201204	红卫农场别墅绿化设计	胡远东	201204	201210	22	22
19	大庆市规划建筑设计研究院	201201	大庆森林植物园方案设计	胡远东	201201	201312	15	15
20	黑龙江省城市规划勘测设计研究院	201101	通河县渊明池风景区开发前景研究	胡远东	201109	201208	6	6
21	黑龙江省城市规划勘测设计研究院	201104	扎赉诺尔新区开放式公园绿化工程设计	胡远东	201106	201205	9.52	9.52
22	双城市政府	201104	双城高铁站前广场景观设计	刘铁冬	201105	201204	20	20

（续）

序号	项目来源	合同签订/项目下达时间	项目名称	负责人姓名	项目开始年月	项目结束年月	项目合同总经费（万元）	属本单位本学科的到账经费（万元）
23	三亚市大隆水利工程管理局	201104	大隆水库生活区景观规划设计	路　毅	201109	201208	20	20
24	黑龙江工程学院教育发展基金会	201106	黑龙江工程学院校园景观规划设计	刘铁冬	201108	201205	20	20
25	克东县政府	201010	克东县部分绿地景观设计	吴　妍	201001	201101	15	15
26	克东县诚达房地产公司	201210	克东惠民小区景观生态规划设计	吴　妍	201201	201212	20	20
27	齐齐哈尔市园林局	200809	齐齐哈尔医学院教学楼设计策略	庞　颖	200810	201311	6	6
28	哈尔滨市园林局	200912	中国寒地野生花卉资源开发及应用研究	岳　桦	201001	201412	10	6
29	哈尔滨市园林局	201210	城市绿化彩叶树种的繁殖研究	周蕴薇	201204	201310	8	8
30	黑龙江省带岭林业实验局	201310	带岭林业实验局局址绿化总体规划	张俊玲	201305	201310	16	16

II-2-3　人均科研经费

人均科研经费（万元/人）	34.31

II-3　本学科代表性学术论文质量

II-3-1　近五年（2010—2014年）国内收录的本学科代表性学术论文

序号	论文名称	第一作者	通讯作者	发表刊次（卷期）	发表刊物名称	收录类型	中文影响因子	他引次数
1	重大事件对城市发展和景观建设的影响研究	许大为	张　欣	2011（02）	中国园林	CSCD	0.473	7
2	气候背景下寒地城市植物景观设计的价值取向	许大为	—	2012（05）	风景园林	CSCD	0.473	4
3	研究风景园林学科发展的源动力	许大为	—	2012（04）	风景园林	CSCD	0.473	1
4	基于SD-SBE法的专家与公众审美差异研究	许大为	—	2014（07）	中国园林	CSCD	0.473	—
5	莫斯科绿地系统规划建设经验研究	吴　妍	—	2012（05）	中国园林	CSCD	0.473	5

（续）

序号	论文名称	第一作者	通讯作者	发表刊次（卷期）	发表刊物名称	收录类型	中文影响因子	他引次数
6	论中国传统园林声景之构成	张俊玲	—	2012（02）	中国园林	CSCD	0.473	5
7	中国古典园林养生初探	张俊玲	—	2013（3）	中国风景园林2013年会	CSCD	0.121	1
8	Acoustic Characteristics and Noise Control of Typical Subway Stations	姜虹	姜虹	2011（9）	哈工大学报英文版	EI收录 2012215041585	0.159	2
9	GIS 和 Voronoi 图在哈尔滨城市公园绿地布局中的应用	李文	—	2012（07）	东北林业大学学报	CSCD	0.547	2
10	大庆市主要湖泊夏季藻类植物多样性及水质评价	胡远东	—	2012（4）	东北林业大学学报	CSCD	0.547	5
11	快速城市化背景下大庆城市湖泊湿地景观格局变化	胡远东	—	2011（1）	东北林业大学学报	CSCD	0.547	1
12	基于 RS 和 GIS 对龙凤湿地自然保护区景观格局变化特征定量分析	胡远东	—	2011（9）	东北林业大学学报	CSCD	0.547	1
13	生态学相关原理在哈尔滨都市圈旅游资源评价中的应用	吴妍	—	2012（07）	东北林业大学学报	CSCD	0.547	—
14	基于 GIS 技术的城市绿地景观格局动态变化——以哈尔滨市主城区为例	刘铁冬	—	2014.42（08）	东北林业大学学报	CSCD	0.547	—
15	3 种不同生境对鸡树条荚蒾光合生理及电导率的影响	岳桦	孙俊成	2013，41（8）	东北林业大学学报	CSCD	0.547	4
16	温度、光照及 PEC 6000 胁迫对绵枣儿种子萌发的影响	岳桦	原英东、李玉珠	2012，40（1）	东北林业大学学报	CSCD	0.547	6
17	历史文化名城圣彼得堡城市特色与保护经验研究	吴妍	马建章	2012（07）	城市发展研究	XKPG	0.815	2
18	杂谷脑河流域近 30 年景观格局时空演变研究	刘铁冬	—	2014，21（03）	水土保持研究	CSCD	1.018	—
19	翠南报春传粉生物学	周蕴薇	申丽丽、韩立群	38（3）	园艺学报	CSCD	0.940	6
20	细叶百合鳞茎在低温解除休眠过程中茎尖细胞超微结构的变化	周蕴薇	刘芳、王家艳、王晓丽	40（6）	园艺学报	CSCD	0.940	2
合计				中文影响因子 11.207		他引引次数 54		

表 II-3-2　近五年（2010—2014年）国外收录的本学科代表性学术论文

序号	论文名称	论文类型	第一作者	通讯作者	发表刊次（卷期）	发表刊物名称	收录类型	他引次数	期刊SCI影响因子	备注
1	Insights into the selective binding and toxic mechanism of microcystin to catalase	Article	Hu Yuandong	Da Liangjun	2012, 6（28）	Spectrochimica Acta Part A: Molecular and Biomolecular Spectroscopy	SCI	1	2.129	
2	Comparative proteomics of salt tolerance in *Arabidopsis thaliana* and *Thellungiella halophila*	—	Pang Qiuying, Chen Sixue, Dai Shaojun, Chen Yazhou	Yan Xiufeng	2010, 9（5）	Journal of Proteome Research	SCI	84	5.684	
3	Bioinformatic analysis of molecular network of glucosinolate biosynthesis	—	Chen Yazhou, Yan Xiufeng	Chen Sixue	2011, 35（1）	Computational Biology and Chemistry	SCI	7	1.37	
4	Proteomic identification of differentially expressed proteins in *Arabidopsis* in response to methyl jasmonate	—	Chen Yazhou, Pang Qiuying, Dai Shaojun, Wang Yang, Chen Sixue	Yan Xiufeng	2011, 168（10）	Journal of Plant Physiology	SCI	24	2.5	
5	Two new Infraspecific Taxa of *Orychophragmus violaceus* (Brassicaceae) in Northeast China	Article	Wang Ling, Ma Xijuan, Yang Chuanping	—	2012（7）	Novon	SCI	2	0.279	
6	Embryology of *Iris mandshurica* Maxim. (iridaceae) and its systematic relationships	Article	Zhang Di, Wang Ling, Zhuo Lihuan	—	2011（5）	Plant Systematics Evolution	SCI	1	1.154	
7	RNA-Seq-based transcriptome analysis of stem development anddwarfing regulation in *Agapanthus praecox*	Article	Orientalis Leighton	Wang Ling	2014（565）	Gene	SCI	—	2.196	
8	Effects of variation in precipitation on the distribution of soil bacterial diversity in the primitive Korean pine and broadleaved forests	Article	Wang Nannan	Feng Fujuan	2014（30）	World J Microbiol Biotechnol	SCI	—	1.353	

（续）

序号	论文名称	论文类型	第一作者	通讯作者	发表刊次（卷期）	发表刊物名称	收录类型	他引次数	期刊SCI影响因子	备注
9	Exogenous sodium sulfide improves morphological and physiological responses of a hybrid *Populus* species to nitrogen dioxide	Article	Hu Yanbo	Sun Guangyu	2013, 171（10）	Journal of Plant Physiology	SCI	—	2.77	
10	Leaf nitrogen dioxide uptake coupling apoplastic chemistry, carbon/sulfur assimilation, and plant nitrogen status	Article	Hu Yanbo	Sun Guangyu	2010, 29	Plant Cell Reports	SCI	5	2.936	
11	Effect of salt treatment on the glucosinolate-myrosinase system in *Thellungiella salsuginea*	—	Pang Quiying, Guo Jing, Chen Sixue, Chen Yazhou, Wang Yang	Yan Xiufeng	2012, 355（1-2）	Plant and Soil	SCI	5	2.773	
12	Novel insights into the function of *Arabidopsis* R2R3-MYB transcription factors regulating aliphatic glucosinolate biosynthesis	—	Li Yimeng, Yuji Sawada, Akiko Hirai, Muneo Sato, Ayuko Kuwahara	Yan Xiufeng, Masami Yokota Hirai	2013, 54（8）	Plant & Cell Physiology	SCI	9	4.978	
13	Response of aliphatic glucosinolate biosynthesis to signaling molecules in MAM gene knockout mutants of Arabidopsis	—	Li Yimeng, Tang Xiaoyan	Yan Xiufeng	2013, 30（4）	Plant Biotechnology	SCI	—	1.056	
14	Development and validation of an LC-ESI/MS/MS method with precolumn derivatization for the determination of betulin in rat plasma	Article	Hu Zhiwei, Guo Na, Wang Ziming, Liu Yong, Wang Yu, Ding Weimin, Zhang Dehui, Wang Yang	Yan Xiufeng	2013, 939	Journal of Chromatography B	SCI	—	2.694	
15	A Comparison Among Root Soil-Conservation Effects for Nine Herbs at the Cold Region Highway in North-Eastern China	—	Wen Yuanxu	Zhang Yanni	—	Eurasian Soil Science	SCI	—	0.603	

（续）

序号	论文名称	论文类型	第一作者	通讯作者	发表刊次（卷期）	发表刊物名称	收录类型	他引次数	期刊SCI影响因子	备注
16	Effects of variation in precipitation on the distribution of soil bacterial diversity in the primitive Korean pine and broadleaved forests	Article	Wang Nannan	Feng Fujuan	2014（30）	World J Microbiol Biotechnol	SCI	—	1.353	
17	Exogenous sodium sulfide improves morphological and physiological responses of a hybrid *Populus* species to nitrogen dioxide	Article	Hu Yanbo	Sun Guangyu	2013, 171(10)	Journal of Plant Physiology	SCI	—	2.77	
18	The application of plant biotechnology for non-food uses	Article	Hu Yanbo	Sun Guangyu	2011, 10（65）	African Journal of Biotechnology	SCI	—	0.31	
19	Leaf nitrogen dioxide uptake coupling apoplastic chemistry,carbon/sulfur assimilation, and plant nitrogen status	Article	Hu Yanbo	Sun Guangyu	2010, 29	Plant Cell Reports	SCI	5	2.936	
20	cloning and expression analysis of BPLSPL2, a novel SBP-BOX gene from *Betula platyphyphylla*	Article	Wei Jicheng	Sun Guangyu	2010, 24（2）	Biotechnol. & Biotechnol. Eq	SCI	—	0.39	
21	Phosphomannose Isomerase / Mannose Selection System to ScreenTransgenic Chrysanthemum Plants (*Chrysanthemum morifolium*)	Article	Xie Linan	Li Yuhua	2012	Acta Hort. ISHS	ISTP	—	0.895	
22	Research on the Urban Landscape Ecology Suitability Evaluation and the Sensitivity Analysis based on GIS Technologies	Article	Liu Tiedong	Liu Tiedong	2013, 12	International Journal of Applied Environmental Sciences	EI 检索	—	0.727	
23	Refractive Index Sensing by Using Nano Fiber Coupler	Article	Liu Tiedong	Liu Tiedong	2013, 12	Sensors and ransducers	EI 检索	—	0.725	
合计	SCI 影响因子		143		他引次数				44.58	

II-4 建筑设计获奖（2012—2014 年）

序号	获奖项目名称	奖励类别	获奖等级	获奖人姓名	获奖年月	参与单位数	本单位参与学科数
1	城市——候鸟的驿站	51 届国际 IFLA	入围奖	许大为（指导教师）	201406	1	1
2	拥暖魔方	中国风景园林学会大学生设计竞赛	二等奖	许大为（指导教师）	2014	1	1
3	第八届中国（重庆）国际园林博览会黑龙江展园设计	获第八届中国（重庆）国际园林博览会园林设计大奖	设计大奖	许大为	2012	1	1
4	"睡莲世界"山地主题性郊野公园规划设计	2011 "园冶杯"国际竞赛设计一等奖（本科生组）	一等奖	许大为	2011	1	1
5	大庆龙凤湿地公园景观资源保护与利用研究	2011 "园冶杯"国际竞赛论文一等奖（研究生组）	一等奖	许大为	2011	1	1
6	鸡西市穆棱河综合治理改造项目水上公园规划设计	黑龙江省城市规划优秀设计二等奖	二等奖	许大为	2011	1	1
合计	建筑设计获奖数量	国际（项）	3	国内（项）			3

II-5 已转化或应用的专利（2012—2014 年）

序号	专利名称	第一发明人	专利申请号	专利号	授权（颁证）年月	专利受让单位	专利转让合同金额（万元）
1	A method for producing betulinic acid	阎秀峰、王洋、丁为民、于涛	—	CA2705902	201305	加拿大发明专利	—
2	桦木醇的含氮杂环衍生物、制备方法及用途	王洋、丁为民、庞秋颖、国静、于涛、阎秀峰	—	ZL201210052425.8	201407	中国知识产权局	—
3	10-甲氧基喜树碱衍生物、制备方法和用途	王洋、阎秀峰、井立佳、丁为民、于涛、国静、庞秋颖	—	ZL201110169681.0	201408	中国知识产权局	—
合计	专利转让合同金额（万元）						—

Ⅲ 人才培养质量

Ⅲ-1 优秀教学成果奖（2012—2014年）								
序号	获奖级别	项目名称	证书编号	完成人	获奖等级	获奖年度	参与单位数	本单位参与学科数
1	国家级	第十三届全国多媒体课件大赛	—	许大为	优秀奖	2013	1	—
2	教育部	“室内花卉与装饰”教育部精品视频课程	—	岳　桦	—	2013	1	—
3	省级	植物学创新式野外实习教学的实践与成效	2013197	冯富娟	二等奖	2013	1	3（1）
4	省级	黑龙江省首届普通高等学校教学新秀奖	—	冯富娟	—	2011	1	1
合计	国家级	一等奖（个）	—	二等奖（个）	—	三等奖（个）		2
	省级	一等奖（个）	—	二等奖（个）	1	三等奖（个）		1

Ⅲ-2 研究生教材（2012—2014年）						
序号	教材名称	第一主编姓名	出版年月	出版单位	参与单位数	是否精品教材
1	风景园林工程	许大为	—	中国建筑工业出版社	1	是
2	中国古典园林象征文化	张俊玲、许大为、吴妍	—	中国林业出版社	1	—
3	常见园林花卉450种	张彦妮	—	东北林业大学出版社	1	—
4	风景园林艺术原理	张俊玲、吴妍、张敏	—	中国林业出版社	1	—
5	园林花卉	岳桦、张彦妮	—	高等教育出版社	1	—
合计	国家级规划教材数量	4		精品教材数量	1	

Ⅲ-4 学生国际交流情况（2012—2014年）					
序号	姓名	出国（境）时间	回国（境）时间	地点（国家/地区及高校）	国际交流项目名称或主要交流目的
1	胡志伟	201409	—	美国佛罗里达大学	CSC联合培养
2	冯　歆	201209	—	英国谢菲尔德大学	—
3	张　磊	201308	201412	台湾东海大学	交换学生交流
4	李　鑫	201411	201410	美国俄亥俄州立大学	国家公派出国留学项目
5	姜　波	201405	—	美国威斯康星大学	—
合计	学生国际交流人数			5	

3.2.2　学科简介

1.　学科基本情况与学科特色

目前本学科共有教师 38 人，其中教授 9 人，副教授 17 人，聘任兼职博士生导师 2 人，兼职硕士生导师（学术）4人。教育部新世纪"百千万人才工程"国家级人选入选者 1 人、国务院学位办风景园林学科评议组成员 1 人，国务院学位办风景园林专业学位教学指导委员会委员 1 人，国家土建类风景园林学科专业教学指导委员会委员 1 人。

学科建设以来承担国家科技攻关课题、国家自然科学基金面上项目、国家自然科学基金重点项目、国家林业局"948"项目、省市各级项目共计 47 项，总经费计 1 400 余万元。承担横向项目 43 项，总经费计 1 600 余万元。其中获得国家高校科技成果奖和黑龙江省级科研教学成果奖 5 项，学科培养研究生获得包括 IFLA、风景园林学会竞赛等各类风景园林设计奖项 20 余项。发表论文共计 200 篇，其中 SCI、EI 收录论文 26 篇。主编和参编专著及教材 40 部，其中国家规划教材 8 部。

本学科以我国寒地为主要研究区域，研究特色主要包括三个方面：寒地风景园林景观规划与设计、区域生态景观规划和园林植物应用。

特色之一：寒地风景园林景观规划与设计通过多学科、多领域的交叉和融合，探寻寒地风景园林景观规划与设计基本原理、研究相关的工程技术与方法。完成了大量的风景园林规划设计和相关技术研究项目，在东北地区优势明显。

特色之二：区域生态与景观规划是当今国际上生态学、环境科学、城市规划学、风景园林学相结合的学科研究前沿，本研究方向通过学科交叉和融合与 3S 技术应用、并结合我国快速城市化进程的特点、不同能级城市生态环境建设的重大需求，在寒冷地区大、中城市的复合生态系统、高速公路路域景观规划设计与生态修复、城市及区域生态评价、生物多样性保护、生态景观格局规划、生态修复、湿地保护等方面开展了持续的研究。

特色之三：园林植物种质资源及其应用研究方向立足寒地区域，重点开展抗寒、抗旱和耐盐碱观赏种质资源引种收集、种质资源的生理生态适应性、抗逆种质创新及其应用等研究。以东北特色种质资源为主要研究对象，目前已在地被菊、百合、鸢尾、百里香、黄花丁香、柽柳、喜树等种质资源引种、抗逆机理研究及种质创新方面取得了较多研究成果，为保护和开发寒地野生植物资源和丰富寒地城市绿化的园林植物种类提供了重要保障。

通过长期而持续地开展上述方向的研究，已经在区域风景园林研究中取得了丰硕成果，特别是针对寒地区域环境的研究在国内居于领先地位，为地方经济发展和区域生态环境建设作出了突出贡献。

学科在人才培养方面紧密结合学科前沿和社会需求，强化应用型高层次人才培养目标，注重风景园林规划设计和园林植物栽培与养护管理方面能力培养，提高了人才培养质量的竞争力。研究生在国内外风景园林设计竞赛中取得多项设计奖，在企业招聘中研究生的设计和植物应用能力得到了企业的普遍认可。

主要研究包括寒地观赏植物适应性的生理机制相关研究、寒地观赏植物引种与育种相关技术研究、区域性生态景观规划与生态修复技术研究、城市各类绿地景观规划与设计。上述的研究项目获得多项省部级以上科技奖励与科研项目，规划设计项目获得多项国际与国家级设计竞赛奖励，在同类院校具有一定竞争力，也体现了区域研究特色和服务于区域经济发展的宗旨，为寒地风景园林理论研究和相关技术应用提供了理论与实践支撑。

2.　社会贡献

本学科贡献在于结合我国城市风景园林建设的重大需求及寒地城市环境特点，瞄准风景园林研究的科学前沿，注重多学科理论与技术的交叉融合，经过不断的积累与发展形成了园林景观规划与设计、风景园林历史与理论、园林植物应用、地景与生态修复四个特色学科方向。主要针对寒地观赏植物种质资源收集管理与利用、抗逆性植物选择、功能植物群落模式构建、风景园林规划与设计、城市生态评价与规划、区域生态景观格局规划、区域风景园林历史资源保护与管理等方面开展研究，目的为我国特别是寒地人居环境建设、观赏植物资源管理、风景名胜资源保护与管理和区域生态环境建设提供理论基础和技术支持，研究特色鲜明，在东北地区区域优势明显。

主持和参加编制了《黑龙江省城市绿化植物栽培与养护管理技术规程》《黑龙江省城市绿化管理条例》《黑龙江省风景名胜区管理条例》《哈尔滨市城市绿化管理条例》等法规与规范。参加了《国家土建学科风景园林专业指导性专业规范》编写，完成的有影响的社会服务与横向项目包括哈尔滨市城市绿地总体规划、大庆市城市绿地系统总体规划、呼和浩特市大青山野生动物园规划设计、呼和浩特市植物园规划、呼和浩特市大黑河生态规划、七台河市生物多样性保护规划、大庆市长垣地区油田生态恢复技术研究、寒区高等级公路景观设计与生态修复、寒地野生花卉资源开

（续）

发及应用研究、低温解除细叶百合鳞茎休眠过程中的糖代谢动态及 ADP 核、寒区公路盐碱地路域优质绿化植物筛选及应用、城市湖泊湿地植物群落构建与景观营建技术研究等。

为加强校企合作、体现协同创新，服务于地方经济发展与环境建设，学院在黑龙江省建立两个研发基地，即与大庆市绿化有限公司合作建立了我国最大的寒地野生观赏植物研究基地，与哈尔滨景观园林公司建立的城市绿化苗木栽培与移植技术示范基地，为推行黑龙江省城市绿化标准化建设与管理提供了技术支持。自 2003 年起与哈尔滨城乡规划设计研究院和黑龙江省城乡规划设计研究院签订了学术性和专业学位研究生联合培养协议。

学院在传承风景园林历史与文化方面开展了相关规划与研究，主要完成了教育部项目天人合——哲学与中国传统园林、哈尔滨花园街历史街区保护规划、哈尔滨市极乐寺周边环境保护规划、长春市伪满皇宫环境保护与修复、哈尔滨阿城区金上京遗址保护规划、牡丹江宁安市古城保护规划等项目的规划与研究工作。

为体现风景园林教育面向社会的影响与作用，学院承担每年由哈尔滨市政府、黑龙江省政府和哈尔滨市政协的组织的植树节的宣传与启动活动，并提供技术指导。定期组织教师、学生参加面向社会的学校绿色使者学会的宣传与咨询活动，每年定期为黑龙江省提供城市园林绿化技术培训。

本学科专职教师部分重要的社会兼职：

许大为教授：博士导师学科带头人国务院风景园林专业学位教育指导委员会委员、国家土建类风景园林专业学科教学指导委员会委员、黑龙江省城乡建设环境委员会主任委员、中国风景园林学会理事。

周蕴薇教授：博士生导师学科建设负责人、国务院学科评议组成员、中国林学会树木分会理事。

阎秀峰教授：博士生导师。

左洪亮教授：博士生导师黑龙江省土建学会常务理事。

王玲教授：博士生导师中国林学会树木分会理事。

岳桦教授：中国插花协会常务理事。

3.3　南京林业大学

3.3.1　清单表

Ⅰ　师资队伍与资源

I-1　突出专家					
序号	专家类别	专家姓名	出生年月	获批年月	备注
1	享受政府特殊津贴人员	王　浩	196303	200902	
合计	突出专家数量（人）		1		

I-2　团队				
序号	团队类别	学术带头人姓名	带头人出生年月	资助期限
1	风景园林规划设计教育部创新团队	王　浩	196303	200901—201212
合计	团队数量（个）		1	

I-3　专职教师与学生情况					
类型	数量	类型	数量	类型	数量
专职教师数	52	其中，教授数	10	副教授数	28
研究生导师总数	38	其中，博士生导师数	7	硕士生导师数	38
目前在校研究生数	301	其中，博士生数	21	硕士生数	280
生师比	5.7	博士生师比	3	硕士生师比	7.4
近三年授予学位数	266	其中，博士学位数	—	硕士学位数	266

I-4　重点学科					
序号	重点学科名称	重点学科类型	学科代码	批准部门	批准年月
1	风景园林学	省级重点学科	0834	江苏省教育厅	201112
2	城市规划与设计（含：风景园林规划与设计）	部级重点学科	081303	国家林业局	200601
3	林学（园林植物与观赏园艺）	国家重点学科培育点	090706	江苏省人民政府	200701
合计	二级重点学科数量（个）	国家级	—	省部级	3

I-5　重点实验室				
序号	实验室类别	实验室名称	批准部门	批准年月
1	国家重点实验室	园林实验教学示范中心	财政部、教育部	200912
2	国家重点实验室	林学国家级人才培养模式创新实验基地（6/6）	财政部、教育部	200709
3	国家重点实验室	园林虚拟仿真实验教学中心	财政部、教育部	201412
4	省部级重点实验室 / 中心 / 基地	园林省级人才培养模式创新实验基地	省教育厅	200806
5	省部级重点实验室 / 中心 / 基地	江苏省彩色植物多角度开发工程技术研究中心	江苏省科技厅	201306
合计	重点实验数量（个）	国家级	3	省部级　2

II　科学研究

II-1　近五年（2010—2014年）科研获奖

序号	奖励名称	获奖项目名称	证书编号	完成人	获奖年度	获奖等级	参与单位数	本单位参与学科数
1	国家科技进步奖	听伯伯讲银杏的故事	2014-J-204-2-03-R02	祝遵凌	2014	二等奖	1	30%
2	江苏省科学技术奖	城市绿地规划设计理论与实践	2011-2-50-R1	王　浩	2011	二等奖	1	80%
3	江苏省科学技术奖	城镇退化生境生态修复技术研究与应用	2012-3-98-R7	田如男	2012	三等奖	1	10%
4	梁希科学技术奖	长三角城镇退化生境生态修复技术研究与应用	2013-KJ-2-09-R07 2013-KJ-2-09-R09	田如男 赵　兵	2013	二等奖	1	20%
合计	科研获奖数量（个）	国家级	特等奖 — 一等奖 —		一等奖	二等奖	1	
		省部级	一等奖 — 二等奖 —			三等奖	2	1

II-2　代表性科研项目（2012—2014年）
II-2-1　国家级、省部级、境外合作科研项目

序号	项目来源	项目下达部门	项目级别	项目编号	项目名称	负责人姓名	项目开始年月	项目结束年月	项目合同总经费（万元）	属本单位本学科的到账经费（万元）
1	国家自然科学基金	国家自然科学基金委员会	面上项目	30972414	城市避震减灾绿地体系研究	王　浩	201001	201212	32	32
2	国家自然科学基金	国家自然科学基金委员会	面上项目	31270746	基于3S技术的太湖风景名胜区中村落景观特色研究	唐晓岚	201301	201612	80	60
3	国家自然科学基金	国家自然科学基金委员会	面上项目	30972408	获属植物对重金属污染水体的净化能力及其机理研究	田如男	201001	201212	30	30
4	国家自然科学基金	国家自然科学基金委员会	面上项目	31270741	高速公路沿线湿地植物景观动态变化机理研究——以苏北里下地区为例	祝遵凌	201301	201612	75	60

（续）

序号	项目来源	项目下达部门	项目级别	项目编号	项目名称	负责人姓名	项目开始年月	项目结束年月	项目合同总经费（万元）	属本单位本学科的到账经费（万元）
5	国家自然科学基金	国家自然科学基金委员会	面上项目	31170660	湿地公园生态适宜性研究	汪 辉	201101	201512	60	60
6	国家自然科学基金	国家自然科学基金委员会	青年项目	31300590	城市湿地公园实施方案验证分析	杨云峰	201401	201612	20	20
7	国家自然科学基金	国家自然科学基金委员会	青年项目	31200529	城市公园绿地防灾避险适宜性研究	费文君	201401	201612	23	23
8	国家自然科学基金	国家自然科学基金委员会	青年项目	41101137	领域重构与大都市区管治研究：对南京大都市区行政区划调整的实证分析	殷 洁	201201	201412	23	23
9	国家自然科学基金	国家自然科学基金委员会	青年项目	41001086	空间政治学视角下小产权房的形成机制与调控政策研究	李志明	201101	201312	18	18
10	国家自然科学基金	国家自然科学基金委员会	青年项目	51308299	明清木构楼阁构架中拼柱榫卯及受力机制研究	乐 志	201301	201512	25	25
11	国家自然科学基金	国家自然科学基金委员会	青年项目	51208264	基于历史地理信息系统的城市开放空间形态研究	徐 振	201301	201512	25	25
12	国家自然科学基金	国家自然科学基金委员会	青年项目	41301150	基于恢复力理论的旅游历史街区演化过程及机制研究	沈苏彦	201401	201612	24	24
13	国家自然科学基金	国家自然科学基金委员会	青年项目	51408315	苏北地区农村住宅更新与适宜性发展模式研究	郭苏明	201501	201712	25	25
14	境外合作科研项目	特立尼达和多巴哥大学	重点项目	21010102	特立尼达和多巴哥大学校园景观文化研究	王 浩	200610	201312	400	400

（续）

序号	项目来源	项目下达部门	项目级别	项目编号	项目名称	负责人姓名	项目开始年月	项目结束年月	项目合同总经费（万元）	属本单位本学科的到账经费（万元）
15	国家自然科学基金	国家自然科学基金委员会	青年项目	31400594	两种典型水生植物从高海拔引入低海拔地区的生态适应性研究	曹加杰	201501	201712	24	24
16	部委级科研项目	国家林业局	一般项目	201204607	花用桂花优良品种选育与应用示范（公益项目）	王良桂	201101	201512	182	182
17	部委级科研项目	国家林业局	一般项目	201404109	耐盐碱观赏海州常山种质资源收集与良种选育（公益项目）	杨秀莲	201401	201812	132	52
18	部委级科研项目	国家林业局	一般项目	201304117	艳丽芳香型中国兰新品种定向培育及开发技术研究（公益项目）	胡凤荣	201301	201712	140	84
19	部委级科研项目	国家林业局	一般项目	2012-4-33	欧洲冬青优良资源及高效繁育技术引进（"948"项目）	田如男	201101	201512	45	45
20	部委级科研项目	国家林业局	一般项目	2009-4-12	风信子新品种创制技术引进	胡凤荣	200901	201212	50	50
21	部委级科研项目	国家林业局	一般项目	2011-4-44	观赏欧洲鹅耳枥优良种质资源与园艺栽培技术引进（"948"项目）	祝遵凌	201101	201512	60	60
22	部委级科研项目	国家林业局	一般项目	2013-4-30	观赏欧洲卫矛优良种质资源及繁育技术引进（"948"项目）	丁彦芬	201301	201612	50	40
23	部委级科研项目	国家林业局	一般项目	2014-4-17	美国流苏优良种质及繁育技术引进（"948"项目）	张鸽香	201401	201712	50	20
24	部委级科研项目	国家林业局	一般项目	2013-LY-195	日香桂盆栽矮化技术规程（标准制定）	王良桂	201301	201412	10	10

（续）

序号	项目来源	项目下达部门	项目级别	项目编号	项目名称	负责人姓名	项目开始年月	项目结束年月	项目合同总经费（万元）	属本单位本学科的到账经费（万元）
25	部委级科研项目	国家林业局	一般项目	2011-LY-128	悬铃木扦插繁殖技术（标准制定）	田如男	201101	201212	7	7
26	部委级科研项目	国家林业局	一般项目	2014-LY-211	海州常山扦插繁殖技术规程（标准制定）	杨秀莲	201401	201512	8	8
27	部委级科研项目	国家林业局	一般项目	2013-01	植物新品种特异性、一致性、稳定性测试指南木犀属（标准制定）	王良桂	201401	201512	15	15
28	国家科技支撑计划	科技部	一般项目	2013BAD01B06-4	桂花种质资源挖掘与创新利用（子专题）	王良桂	201301	201712	55.5	42
29	国家重点基础研究发展计划（"973"计划）	科技部	一般项目	2012CB416904	湿地人工林生产力及其碳氮磷循环机制研究（子专题）	曹加杰	201101	201512	15	15
30	部委级科研项目	教育部	一般项目	20100470217	风信子种质资源染色体分析	胡凤荣	201001	201212	10	10
31	部委级科研项目	教育部	一般项目	20113204120002	天然类城市湿地公园环境评价及设计方案验证分析	杨云峰	201201	201312	4	4
32	部委级科研项目	教育部	一般项目	20113204120003	"基于整合策略的城市轨道交通站点地区环境评价体系研究"	郭苏明	201201	201412	4	4
33	部委级科研项目	教育部	一般项目	20113204120003	基于GIS技术的中国城市古典园林遗产保护预警研究——以长三角为例	张青萍	201101	201412	12	12
34	部委级科研项目	教育部	一般项目	11YJCZH142	弹性思维下的文化遗产旅游开发研究	沈苏彦	201108	201409	7	7

（续）

序号	项目来源	项目下达部门	项目级别	项目编号	项目名称	负责人姓名	项目开始年月	项目结束年月	项目合同总经费（万元）	属本单位本学科的到账经费（万元）
35	部委级科研项目	教育部	一般项目	—	面向可持续发展的旅游地社会生态系统模型构建	沈苏彦	201212	201512	2	2
36	部委级科研项目	国家旅游局	一般项目	—	乡村旅游与特色乡村建设融合发展的路径研究	沈苏彦	201410	201612	9	9
37	省科技厅项目	江苏省科技厅	一般项目	BE2012345	观赏鹅耳枥良种选育	祝遵凌	201201	201512	40	40
38	省科技厅项目	江苏省科技厅	一般项目	BE2011367	传统特色名花桂花耐盐新品种选育	王良桂	201101	201412	40	40
39	省科技厅项目	江苏省科技厅	一般项目	CX（14）2031	耐盐碱海州常山种质资源与创新利用	王良桂	201401	201612	40	40
40	省级社会科学基金项目	江苏省哲学社会科学规划办公室	一般项目	11CSJ004	长江三角洲区域农村绿化规划研究	赵兵	201104	201304	3	3
41	省博士后基金项目	江苏省人力资源和社会保障厅	一般项目	1301002A	景观主义理论与实践研究	赵兵	201305	201512	7	7
42	省高校自然科学基础研究	江苏省教育厅	面上项目	2014KJB220005	苏南地区美丽乡村庭院绿化植物选择及配置模式研究	刘源	201401	201612	3	3
43	省高校自然科学基础研究	江苏省教育厅	面上项目	2014KJB220005	花用桂花优良品种选择和扦插繁殖技术研究	杨秀莲	201101	201312	3	3
44	省高校哲学社会科学研究一般项目	江苏省教育厅	一般项目	2014SJB041	南京城市水系格局演变与城市空间扩展研究	杨艺红	201401	201612	1	1
45	省高校哲学社会科学研究一般项目	江苏省教育厅	一般项目	2014SJB044	城市综合公园功能与艺术有机更新研究	刘源	201401	201612	1	1
合计	国家级科研项目	数量（个）	36	项目合同总经费（万元）	1 889.5	属本单位本学科的到账经费（万元）	1 665			

Ⅱ-2-2 其他重要科研项目

序号	项目来源	合同签订/项目下达时间	项目名称	负责人姓名	项目开始年月	项目结束年月	项目合同总经费（万元）	属本单位本学科到账经费（万元）
1	江苏省人才工作领导小组办公室（333工程）	201210	美丽城乡景观构建技术研究与示范（2013-60-41）	王浩	201301	201512	25	25
2	江苏省林业三新工程项目	201310	绿美乡村树种配置与景观构建方法与示范（YSX[2014]19）	王浩	201401	201612	90	30
3	江苏省林业三新工程项目	201310	杨树人工林抚育间伐运营模式与示范（LYSX[2014]2）	王良桂	201401	201612	40	20
4	江苏省林业三新工程项目	201210	优良乡土树种——香圆标准化繁殖技术示范推广（lysx[2013]37）	丁彦芬	201301	201512	30	30
5	江苏省林业三新工程项目	201210	玫瑰品种资源收集、保存与开发利用（lysx[2012]27）	祝遵凌	201201	201512	40	40
6	江苏省林业三新工程项目	201010	珍贵树种和刺槐种质资源引进和开发（lysx[2011]10）	杨秀莲	201101	201312	30	30
7	江苏省住房和城乡建设厅	201110	江苏乡村现状调查及人居环境改善策略研究（JS2012zx01-10）	张青萍	201201	201412	20	20
8	江苏省科技厅 BY2014006-06	201312	旅游型工业园区景观绿化技术研究	赵岩	201401	201612	45	45
9	南宁市政府委托项目	201309	南宁市城市品质形象提升工程概念性规划（nnzc2013-3212a）	王浩	201311	201512	170	80
10	扬州市政府委托项目	201407	扬州城市绿地系统规划	王浩	201407	201512	118	—
11	威海市政府委托项目	201407	威海市植物园园规划	王浩	201407	201512	260	120
12	盐城市政府委托项目	201207	盐城市绿地系统规划	王浩	201207	201312	60	60
13	山东省平邑县园林局	201301	山东平邑县浚河东岸景观带规划设计	王浩	201301	201412	190	190
14	江苏省泗阳县经济开发	201308	泗阳县经济开发区生态公园景观改造	孙新旺	201308	201410	38	38
15	南京市六合区政府委托项目	201105	六合新城23条道路及沿线绿化带景观设计	张青萍	201105	201312	125	125
16	中国移动通信集团江苏有限公司委托项目	201107	中国移动华东大区物流中心景观规划设计	张青萍	201107	201312	137	137
17	巴马中脉投资开发有限责任公司	201105	巴马中脉国际长寿养生都会一期景观设计工程	赵兵	201105	201205	221.8	221.8
18	靖江市城建局	201107	靖江市乡镇绿地系统规划及"长新公园"设计	赵兵	201107	201207	133.8	133.8
19	威海万发房地产开发有限公司	201101	威海草庙子住宅区绿化景观工程	张哲	201101	201205	110	110
20	河北省玉田县住建局	200908	河北省玉田县城市绿地系统规划及环城水系、公园绿地规划设计	王浩	200908	201207	278	278

（续）

序号	项目来源	合同签订/项目下达时间	项目名称	负责人姓名	项目开始年月	项目结束年月	项目合同总经费（万元）	属本单位本学科的到账经费（万元）
21	中山陵园管委会	201305	南京市紫金山国家级森林公园总体规划	王浩	201305	201412	40	40
22	镇江市丹徒区建设投资有限公司	201103	镇江市丹徒新城谷阳湖区块建设发展规划	许浩	201103	201412	80	80
23	南京市江宁区人民政府禄口街道办事处	201105	禄口休闲农业观光园总体规划	赵岩	201105	201412	46	46
24	安徽省芜湖市政府	201301	芜湖市绿道总体规划（2013—2020年）	杨云峰	201301	201412	80	70
25	常州市规划局武进区规划分局	201105	江苏省常州市武进新区绿地景观风貌研究	谷康	201106	201212	30	30
26	南京市园林局	201408	《南京市城市居住区附属绿地设计规范》编制	汪辉	201409	201412	25	25
27	南京市江宁麒麟街道	201204	南京市江宁镇石村生态旅游特色村规划	赵岩	201205	201305	65	65
28	溧阳市林业局	201202	宁杭高铁溧阳段景观规划设计	赵岩	201203	201303	28	28
29	靖江市西来镇政府	201111	靖江市西来镇等重点乡镇绿地系统规划	赵兵	201112	201410	164	164
30	贵溪市园林局	201410	贵溪市绿地广场工程规划设计	赵兵	201412	201512	122.22	122.22

Ⅱ.2-3 人均科研经费

人均科研经费（万元/人）	90.99

Ⅱ-3 本学科代表性学术论文质量

Ⅱ-3-1 近五年（2010—2014年）国内收录的本学科代表性学术论文

序号	论文名称	第一作者	通讯作者	发表刊次（卷期）	发表刊物名称	收录类型	中文影响因子	他引次数
1	景观蓝图：城市垃圾填埋场的生态恢复与景观重建	杨锐	王浩	2010（08）	城市发展研究	CSSCI	1.535	13
2	景观视角下中国低碳城市发展路径的思考	杨锐	—	2011（01）	城市发展研究	CSSCI	1.535	15

序号	论文名称	第一作者	通讯作者	发表刊次（卷期）	发表刊物名称	收录类型	中文影响因子	他引次数
3	南京明城墙周边开放空间形态研究	徐振	杜顺宝	2011（02）	城市规划学刊	CSSCI	1.3	6
4	游客对世界文化遗产的旅游意向研究	沈苏彦	沈苏彦	2011（10）	人文地理	CSSCI	1.844	17
5	雨水花园：雨水利用的景观策略	杨锐	—	2011（12）	城市问题	CSSCI	1.459	11
6	以绿地为介质的城市景观织补模型与方法	邱冰	—	2013（01）	城市问题	CSSCI	1.459	1
7	游客对世界文化遗产保护资金支付意愿的实证研究	沈苏彦	沈苏彦	2013（02）	西北农林科技大学学报（社会科学版）	CSSCI	1.006	2
8	日常生活视野下的城市开放空间评价模型研究——以南京主城区的2个市民广场为例	张帆	—	2014（09）	城市问题	CSSCI	1.459	—
9	地方及地方活化——南京近代基督教文化景观演化及保护策略研究	方程	—	2014（11）	城市发展研究	CSSCI	1.535	—
10	紧凑城市理论在城市规划中的发展研究	王晓晓	—	2014（12）	学术界	CSSCI	0.536	—
11	从园博会看园林展的规划与设计	谷康	—	2010（01）	中国园林	XKPG	1.343	31
12	玉田县城市避震减灾绿地体系规划研究	费文君	王浩	2010（03）	中国园林	XKPG	1.343	6
13	桂花种子休眠和萌发的初步研究	杨秀莲	—	2010（02）	浙江林学院学报	CSCD	1.168	12
14	集体林权制度改革绩效分析	王良桂	—	2010（05）	南京林业大学学报（自然科学版）	CSCD	1.113	26
15	基于生态学、社会学和美学的新农村景观规划	谷康	—	2010（06）	规划师	CSCD	1.343	16
16	中国古典园林中人、自然、园林三者关系之研究	龚道德	张青萍	2010（08）	中国园林	XKPG	1.343	6
17	基于绿色基础设施理论的城市绿地系统规划	苏同向	王浩	2011（01）	中国园林	XKPG	1.343	17
18	不同水生植物组合对水体氮磷去除效果的模拟研究	田如男	—	2011（06）	北京林业大学学报	CSCD	1.586	16
19	景观都市主义：生态策略作为城市发展转型的"种子"	杨锐	—	2011（09）	中国园林	XKPG	1.343	19
20	生态、节约、休闲的艺术展现——2011江苏省园博会连云港展览花园设计	赵兵	—	2013（03）	中国园林	XKPG	1.343	3
合计			26.936			中文影响因子	217 他引次数	

Ⅱ-3-2 近五年（2010—2014年）国外收录的本学科代表性学术论文

序号	论文名称	论文类型	第一作者	通讯作者	发表刊次（卷期）	发表刊物名称	收录类型	他引次数	期刊SCI影响子	备注
1	Transcriptome sequencing and analysis of sweet osmanthus	Article	毋洪娜	王良桂	2014（08）	Genes Genom	SCI	—	0.565	
2	Growth response of the submerged macrophyte *Myriophyllum spicatum* to sediment nutrient levels and water-level fluctuations	Article	曹家杰	祝遵凌	2012（3）	Aquatic Biology	SCI	3	1.118	
3	1,3-Dioxo-2,3-dihydro-1H-isoindol-2-yl2,3,4-tri-O-acetyl-β-D-xyloside	Article	田如男	—	2012（03）	Acta crystallographica Section E	SCI	—	0.683	
4	Diversity of plant communities of new rural public green spaces in Yangtze Deltaregion of China	Article	祝遵凌	—	2013（08）	Agriculture & Environment	SCI	—	3.203	
5	Evolvement of the Nanjing urban green land based on GIS analysis	Article	许浩	许浩	Volume 18, Issue 8	Computer Modeling & New Technologies	EI	—	0.862	
6	The Application of 3S Technology to the Tsukuba Bailin Landscape Project	Article	许浩	许浩	Volume 9, Issue 4	International Journal of Online Engineering	EI	—	0.753	
7	IAA increases anthocyanin content of cut Oriental Hybrid lily flowers	Article	耿兴敏	耿兴敏	2012（970）	Acta Hort.	EI	—	0.675	
8	Changes of carbohydrate content during *Lilium* and *Gladiolus* pollen cryopreservation	Article	耿兴敏	耿兴敏	2013（3）	Grana	SCI	1	0.936	
9	Chromosomes analysis of five diploid garden Hyacinth species	Article	胡凤荣	胡凤荣	2011（10）	Scientia Horticulturae	SCI	—	1.504	
10	Heavy metal tolerance and accumulation of *Triarrhena sacchariflora*, a large amphibious ornamental grass	Article	田如男	—	2013（3）	Water Science and Technology	SCI SSCI	—	1.212	
11	Intention to revisit traditional folk events: a case study of Qinhuai Lantern festival, China	Article	沈苏彦	—	2013（5）	International Journal of Tourism Research	SSCI	—	0.941	
12	Traditional chinese wood structure joints with an experiment considering regional differences	Article	乐志	—	2013（10）	International Journal of Architectural Heritage	SCI	—	0.846	

（续）

序号	论文名称	论文类型	第一作者	通讯作者	发表刊次（卷期）	发表刊物名称	收录类型	他引次数	期刊SCI影响因子	备注
13	From alnwick to China	Article	徐振	徐振	2010 (2)	Urban Morphology	SCI	—	0.836	
14	Non-Euclidian methods to replicate urban and garden patterns in P.R. of China	Article	乐志	—	2012 (9)	International Journal of Energy	SSCI	—	1.469	
15	Energy-saving analysis and update for S. R. Crown Hall	Article	王晓晓	—	2014 (4)	European Journal of Environmental and Civil Engineering	SCI	—	0.437	
16	Blue star: The proposed energy efficient tall building in Chicago AND Vertical city strategies	Article	王晓晓	—	2014 (7)	Renewable & Sustainable Energy Reviews	SCI	—	6.796	
17	Intention to Revisit Traditional Folk Events: A Case Study of Qinhuai Lantern Festival, China	Article	沈苏彦	沈苏彦	2014 (5)	International Journal of Tourism Research	SSCI	—	0.942	
18	Investigating the structural relationships among authenticity, loyalty, involvement and attitude toward world cultural heritage sites	Article	沈苏彦	沈苏彦	2014 (1)	Asia Pacific Journal of Tourism Research	SSCI	—	0.937	
19	Open space and Urban Morphologu	Article	韩凌云	王良桂	2014 (2)	Urban Morphology	AHCI	—	0.352	
20	A new species of *Placusa erichson* (Coleoptera, Staphylinidae, Aleocharinae) from China	Article	高江勇	—	2010 (1)	ZOOTAXA	SCI	1	1.06	
21	Validation of *Ctenitis jinfoshanensis* (Dryopteridaceae) and *Lepisorus simulans* (Polypodiaceae) for fern flora of China	Article	段一凡	—	2015, 205 (4)	Phytotaxa	SCI	—	1.376	
22	roposal to conserve the name *Ligustrum sempervirens* (Franch.) Lingelsh. (Oleaceae) against L. *sempervirens* Lindl	Article	段一凡	—	2014,63 (4)	Taxon	SCI	—	3.051	
23	Eight new names and lectotypification of six names in Lamianae (asterids I) for the Flora of China	Article	段一凡	—	2014, 170 (4)	Phytotaxa	SCI	2	1.376	
24	Nomenclatural notes on *Tectaria blepharorachis* (Comb. Nov.) and *T. fibrillosa* (Tectariaceae; Pteridophyta) for Malagasy fern flora	Article	段一凡	—	2014, 162 (2)	Phytotaxa	SCI	—	1.376	
25	*Megalastrum oppositum* and *Ctenitis canacae* (Dryopteridaceae): A new combination and a new synonym, respectively, for Mascarene fern flora	Article	段一凡	—	2014, 159 (4)	Phytotaxa	SCI	—	1.376	

（续）

序号	论文名称	论文类型	第一作者	通讯作者	发表刊次（卷期）	发表刊物名称	收录类型	他引次数	期刊SCI影响因子	备注
26	Genetic diversity of ancirodiocecious *Osmanthus fragrans* (Oleacae) cultivars using microsatellite markers	Article	段一凡	—	2013, 1（6）		SCI	2	0.849	
合计						他引次数		9		
		SCI 影响因子 35.531								

II-4 建筑设计获奖（2012—2014年）

序号	获奖项目名称	奖励类别	获奖等级	获奖人姓名	获奖年月	参与单位数	本单位参与学科数
1	The Urban Re[DNA] Land	IFLA 亚太地区年度奖	评委奖	马晨亮	201210	1	1
2	1+X——南京老城区农贸市场功能嵌入及景观改造	优秀风景园林规划设计奖	一等奖	李相逸、狄梦洁、李珊	201211	1	1
3	有机的复合——南京市建邺区某"城中村"改造概念设计	优秀风景园林规划设计奖	一等奖	顾铭、杨楠	201211	1	1
4	老公园更新演绎——以黄兴公园改造为例	优秀风景园林规划设计奖	一等奖	陈荻、荣南	201310	1	1
5	下一站：青春！——南京林业大学与地铁三号线新庄站的景观延伸与重塑	优秀风景园林规划设计奖	一等奖	熊思慧子、伍雯晶	201310	1	1
6	绿色中途岛	优秀风景园林规划设计奖	二等奖	成实、郭蓓	201310	1	1
7	铁路公社——南京浦口火车站改造设计分析	优秀风景园林规划设计奖	二等奖	高枫、车建安、刘熠	201310	1	1
8	希望的田野：矷子山垃圾填埋场生态恢复规划及妥村保护与更新规划	优秀风景园林规划设计奖	二等奖	张艺、王叶子	201310	1	1
9	Colorful Emergency System	优秀风景园林规划设计奖	二等奖	肖振东、郑路等	201412	1	1
10	重回水岸	优秀风景园林规划设计奖	二等奖	徐剑影、乐万行等	201412	1	1
合计	建筑设计获奖数量	国际（项）1 国内（项）9					

II-5 已转化或应用的专利（2012—2014年）

序号	专利名称	第一发明人	专利申请号	专利号	授权（颁证）年月	专利受让单位	专利转让合同金额（万元）
1	一种矮化型盆栽日季桂的栽培方法	王良桂	CN201310352273.8	ZL201310352273.8	2013	南京新灵海工贸实业有限公司	30
2	欧洲鹅耳枥的组培快繁技术	祝遵凌	—	ZL201311110563.1	2013	南京御瑞苗木种植专业合作社	20

Ⅲ 人才培养质量

Ⅲ-1 优秀教学成果奖（2012—2014 年）

序号	获奖级别	项目名称	证书编号	完成人	获奖等级	获奖年度	参与单位数	本单位参与学科数
1	国家级	基于"链式理论"的园林专业系列教材建设	—	王浩等	二等奖	2014	1	1
2	国家级	园林规划设计国家精品资源共享课	—	张青萍等	三等奖	2013	1	1
3	国家级	插花艺术国家精品视频公开课	—	田如男等	三等奖	2014	1	1
合计	国家级	一等奖（个）	—	二等奖（个）	1	三等奖（个）		2
	省级	特等奖（个）		二等奖（个）	—	三等奖（个）		—

Ⅲ-2 研究生教材（2012—2014 年）

序号	教材名称	第一主编姓名	出版年月	出版单位	参与单位数	是否精品教材
1	园林规划设计	王浩	200907	东南大学出版社	1	—
合计	国家级规划教材数量		1	精品教材数量		—

Ⅲ-4 学生国际交流情况（2012—2014 年）

序号	姓名	出国（境）时间	回国（境）时间	地点（国家/地区及高校）	国际交流项目名称或主要交流目的
1	王迪	201109	201401	英国邓迪大学	1+1+1 硕士联合培养
2	李兵	201109	201205	坦佩雷理工大学	中国与芬兰政府互换奖学金项目：联合培养博士研究生
3	申灵	201006	201206	瑞典布莱津理工大学	1+1 城市设计，联合培养项目
4	朱恒锐	201006	201206	瑞典布莱津理工大学	1+1 城市设计，联合培养项目
5	顾朦	201006	201206	瑞典布莱津理工大学	1+1 城市设计，联合培养项目
6	黄一鸣	201106	201401	美国佐治亚大学	园林规划设计联合培养，攻读硕士学位
7	陆轶纬	200906	201401	美国密歇根州立大学	城市规划设计联合培养，攻读硕士学位
合计	学生国际交流人数				7

Ⅲ-5 授予境外学生学位情况（2012—2014 年）

序号	姓名	授予学位年月	国别或地区	授予学位类别
1	Madzule Bajare Agnese	201206	拉脱维亚	学术学位硕士
2	Christian Bruce	201206	瑞典	学术学位硕士
3	Mohana Murugan	201206	印度	学术学位硕士
4	Peter Tomtlund	201206	瑞典	学术学位硕士
5	Johanna Kalmne	201301	瑞典	学术学位硕士
6	Jomante Valiulyt	201301	立陶宛	学术学位硕士
7	Robert Yngerrso	201301	瑞典	学术学位硕士
合计	授予学位人数	博士	0	硕士 7

3.3.2 学科简介

1. 学科基本情况与学科特色

（1）学科基本情况

南京林业大学风景园林学科可追溯到中央大学和金陵大学的造园研究室，创始人陈植（1899—1989）教授是我国著名造园学家、林学家、教育家，现代造园学的奠基人和学科基本框架的构筑者，所著《造园学概论》（商务印书馆，1935）是中国近代最早一部全面介绍本学科的专著。本学科由陈植教授打下了坚实的基础，于1956年创建城市居民区绿化专业，1980年恢复园林专业，1999年成立风景园林学院，经过近70年的发展，发展成一级学科。本学科是全国首批"风景园林学"博士学位授予权，全国首批"风景园林硕士"专业学位授予权，全国首个"风景园林学"博士后科研流动站，和江苏省首批"风景园林学"江苏省重点学科一级学科。在2013年教育部开展的第三轮学科评估中，我校风景园林学科"人才培养质量"排名全国第一。我校园林专业是首批国家级特色专业建设点，全国首批国家级"十二五"专业综合改革试点专业，全国首批国家级卓越农林人才教育培养计划改革试点专业。也经过近70年的发展，我校园林专业已建设成为全国园林专业的排头兵。

本学科专任教师中近90%具有博士学位，主要来自加拿大多伦多大学、日本九州大学等国外著名高校和国内985高校。其中享受国务院特殊津贴专家1名、江苏省333工程第二层次人选1名、第三层次人选1名、省教学名师1名、省"青蓝工程"中青年学术带头人和优秀青年骨干教师4名、省"六大人才高峰"入选者8名。学科聘请齐康院士为兼职教授。

学科拥有全国第一个"园林国家级实验教学示范中心"和全国第一个"园林国家级虚拟仿真实验教学中心"，还拥有中央与地方共建园林虚拟现实实验室，中央与地方共建园林基础实验室、以无人机（UAV）和三维扫描仪为核心的园林场地信息采集与分析实验室，以及园林植物组培、生理生化，低碳园林技术等24个专业实验室和教学实验室；江苏省企业研究生工作站等12个产学研合作基地。其中树木学标本馆，现存木本植物标本30余万份，在国内高校标本馆中位居第4，为世界知名树木标本馆之一。

学科和美国佐治亚大学、密歇根州立大学及瑞典布莱津理工大学签定交换攻读研究生学位协议，每年邀请国外知名教授来讲学，选派教师赴国际著名大学合作研究。

（2）学科特色

本一级学科设"风景园林规划与设计""风景园林建筑与工程""园林植物与应用""地景规划与生态修复"四个二级学科，形成了"以协调和谐自然与城市、人的关系为目的，以自然素材为主要研究对象，绿色空间规划设计与营造为手段，集科学、艺术、工程三位为一体"的工学与农学相结合的综合特色。

2. 社会贡献

① 拥有住房和城乡建设部风景园林专家1人、国家湿地科学技术专家委员会委员2人、国务院学科评议组成员1人、国务院学位委风景园林硕士专业学位指导委员会委员2人、江苏省住房和城乡建设厅风景园林专家3人，协助省住建厅参加制定"省级园林城市""生态园林城市""园林小城镇"的评选标准；《江苏省单位和居住区绿化》《江苏省绿线编制纲要》等行业标准；"长江三角洲地区的乡村景观营造和特色民居生态化改造技术规范"等7项技术标准；《节约型园林绿化研究与总结》等行业研究报告与发展规划，为国家和地方政府提供大量决策咨询和技术服务。

② 学科坚持理论与实践相结合的方针，近年来在城市绿地系统规划、风景名胜区及公园规划设计、科技示范园规划、附属绿地规划设计、园林植物与观赏园艺、园林工程与技术等领域充分发挥科研、人才与技术优势，完成国内外成果数百项，多项成果获得各类国家及省级优秀规划设计奖，推动了江苏乃至全国的人居环境建设，为和谐社会建设做出了重大的贡献。

③ 近5年来主办、承办"世界工程大会""江苏省风景园林规划设计博士研究生论坛""陈植造园思想国际研讨会"等国际、国内重要性学术会议8次，举办"南京市处级领导干部专业培训班""太原市园林系统领导干部培训班""苏州小城镇建设专题讲座"等多次，弘扬优秀园林文化、普及人居环境科学、服务社会大众。

（续）

④ 王浩：住房与城乡建设部风景园林专家顾问、国务院学位委员会风景园林专业硕士学位指导委员会委员、国家湿地科学技术专家委员会委员、中国风景园林学会常务理事、中国风景园林教育专业委员会委员，担任《中国园林》《南京林业大学学报》《风景园林》等杂志编委。

王良桂：国务院学科评议组成员、国家湿地科学技术专家委员会委员、江苏省风景园林学会副主任委会、江苏省林学会理事、植物造景专业委员会主任、江苏省花木协会常务理事。

张青萍：CIID 学会会刊 id+c《室内设计与装修》杂志主编、中国建筑文化研究会理事、CIID 中国室内设计学会理事。

赵兵：《中国园林》《森林与环境学报》编委、全国科学技术名词审定委员会"风景园林学名词审定委员会"委员、中国花卉园艺与园林绿化行业协会常务理事、江苏省建设厅专家咨询委员会委员。

⑤ 人才培养方面硕果累累，在全国风景园林学学科评议组 9 名成员中，有 3 位是我校培养。在全国风景园林学一级学科授予权的 66 个单位的学科带头人中，有 21 位是我校培养；在全国风景园林硕士专业学位指导委员会 30 个委员中，有 7 位是我校培养。另外，还培养了上海世博园园林绿化总负责人、上海辰山植物园主设计师等近年来国家重大建设工程的主要技术负责人；培养了"中国杰出景观园林设计师"等数百位园林设计师。

3.4 中南林业科技大学

3.4.1 清单表

Ⅰ 师资队伍与资源

I-3 专职教师与学生情况					
类型	数量	类型	数量	类型	数量
专职教师数	35	其中，教授数	13	副教授数	15
研究生导师总数	28	其中，博士生导师数	6	硕士生导师数	25
目前在校研究生数	196	其中，博士生数	9	硕士生数	187
生师比	7	博士生师比	1.5	硕士生师比	7.4
近三年授予学位数	245	其中，博士学位数	4	硕士学位数	241

I-4 重点学科					
序号	重点学科名称	重点学科类型	学科代码	批准部门	批准年月
1	园林植物与观赏园艺	省重点学科	090706	湖南省教育厅	200608
2	风景园林学	省重点学科	083400	湖南省教育厅	201112
合计	二级重点学科数量（个）	国家级	—	省部级	2

I-5 重点实验室				
序号	实验室类别	实验室名称	批准部门	批准年月
1	国家工程实验室	南方林业生态应用技术国家工程实验室	国家发展和改革委员会	200810
2	国家实验室	森林植物国家级实验教学示范中心	教育部	200711
3	省部级重点实验室	经济林育种与栽培实验室	国家林业局	199503
4	省部级重点实验室	城市森林生态湖南省重点实验室	湖南省科技厅	200609
5	省部共建实验室	中央财政与地方共建园林工程实验室	财政部	200710
6	省部共建实验室	中央财政与地方共建人居环境实验中心	财政部	201010
合计	重点实验数量（个）	国家级	2	省部级	4

II 科学研究

II-1 近五年（2010—2014年）科研获奖

序号	奖励名称	获奖项目名称	证书编号	完成人	获奖年度	获奖等级	参与单位数	本单位参与学科数
1	湖南省科学技术进步奖	畜禽养殖废弃物资源化综合利用处理技术	2014350-J-1-214-R01	谭益民	2014	二等奖	1	1
2	湖南省科学技术进步奖	桤木人工林生态系统结构功能及高效培育关键技术研究与应用	201144347-J1-214-R03	何功秀	2014	二等奖	2	3（3）
3	湖南省自然科学奖	茶油品质形成机理及油茶副产物利用化学基础研究	20102040-Z2-015-R05	文亚峰	2010	二等奖	1	2（5）
4	国家发展和改革委员会	西部大开发政策落实情况及实施效果评价与研究	201103003	何　平	2011	三等奖	2（1）	1
5	湖南省科学技术进步奖	榉树微繁及造林技术	20114079-J3-214-R02	金晓玲	2011	三等奖	1	1
合计	国家级	—	—	—	—	特等奖	一等奖	—
							一等奖	
	省部级	—	—	—	—	一等奖		1
							二等奖	
	科研获奖数量（个）				3	二等奖		
						三等奖		

II-2 代表性科研项目（2012—2014年）

II-2-1 国家级、省部级、境外合作科研项目

序号	项目来源	项目下达部门	项目级别	项目编号	项目名称	负责人姓名	项目开始年月	项目结束年月	项目合同总经费（万元）	属本单位本学科的到账经费（万元）
1	林业公益性行业科研专项	财政部	一般项目	201404710	抗寒常绿木兰科植物育种群体建立与种质创新	胡希军	201401	201712	113	113
2	林业公益性行业科研专项	财政部	一般项目	201204507	中国森林火灾碳释放评估技术研究	戴兴安	201201	201501	20	20
3	林业公益性行业科研专项	财政部	一般项目	201004029	杜仲育种群体建立与综合利用技术研究	杜红岩	201001	201402	63	63
4	林业公益性行业科研专项	财政部	一般项目	200904011	榉树优良种源选择及快速繁殖技术研究	张日清	200901	201312	181	60

（续）

序号	项目来源	项目下达部门	项目级别	项目编号	项目名称	负责人姓名	项目开始年月	项目结束年月	项目合同总经费（万元）	属本单位本学科的到账经费（万元）
5	国家林业局"948"项目	国家林业局	一般项目	2008-4-14	常绿杂交冬青分子育种及快繁技术引进	张冬林 金晓玲	200801	201212	60	60
6	国家林业局"948"项目	国家林业局	一般项目	2009-4-03	速生高抗榉树良种及培育技术引进	金晓玲	200901	201312	50	50
7	湖南省哲学社会科学基金	湖南省社会科学基金委员会	一般项目	2010CGB17	现代景观设计思潮研究	沈守云	201001	201312	9	9
8	湖南省科技厅	湖南省科技厅	重点项目	2010SK2005	市政污泥集中堆肥处理与综合利用关键技术及其产业化示范工程	沈守云	201008	201308	120	120
9	湖南省科技厅	湖南省科技厅	一般项目	2012GK3145	现代居室园艺文化主题挖掘与设计技术研究	彭重华	201206	201306	3	3
10	湖南省科技厅	湖南省科技厅	一般项目	2011NK3040	榉树新品种选育及应用示范研究	金晓玲	201103	201312	2	2
11	湖南省科技厅	湖南省科技厅	一般项目	2012FJ4258	两型社会下长沙市绿地系统节约化控制技术研发	周 旭	201206	201306	1	1
12	湖南省软科学研究计划	湖南省科技厅	重点项目	2010ZK2027	湖湘园林文化产业发展战略研究	胡希军	201012	201212	5	5
13	湖南省科技厅	湖南省科技厅	一般项目	2013NK3128	城市化背景下湿地生态系统健康及调控对策研究	戴兴安	2013	2014	2	2
14	湖南省科技厅	湖南省科技厅	一般项目	K1205016-21	美国山月桂优良品种及繁殖技术引进与开发应用	金晓玲	201211	201411	5	5
合计	国家级科研项目	数量（个）6			项目合同总经费（万元）634				属本单位本学科的到账经费（万元）513	

Ⅱ-2-2 其他重要科研项目

序号	项目来源	合同签订/项目下达时间	项目名称	负责人姓名	项目开始年月	项目结束年月	项目合同总经费（万元）	属本单位本学科的到账经费（万元）
1	广西青秀山风景名胜区管委会	200904	南宁青秀山植物园初步设计	沈守云	200904	201204	240	240
2	广西青秀山风景名胜区管委会	200909	南宁青秀山森林植物园修建性详细规划	沈守云	200909	201001	224	180
3	广西青秀山风景名胜区管委会	201008	南宁青秀山植物园（二期）初步设计	沈守云	201008	201308	40	30
4	广西青秀山风景名胜区管委会	201101	中国水城南宁青秀山风景区水系建设规划	沈守云	201101	201212	100	100
5	中南林业科技大学	201412	中南林业科技大学校园景观提质改造	沈守云	201412	201504	90	90
6	长沙市园林管理局	201007	长沙市城市绿地系统防灾避险规划	胡希军	201007	201209	70	70
7	衡阳安定房地产开发有限公司	201103	衡南天水蒙廷小区景观设计	胡希军	201103	201305	35	35
8	株洲市南方房地产开发有限公司	201105	中华仁家、新华仁家景观设计	胡希军	201105	201401	41	41
9	永州市凤凰园经济开发有限公司	201201	永州市亲水河滨河绿地及两侧道路绿地景观设计	胡希军	201201	201503	29	29
10	惠东县林业局	201304	惠东县莱场山森林公园可行性研究报告、总体规划编制项目	胡希军	201305	2014	108	108
11	龙岩市园林管理服务中心	200911	龙岩市城市生物（植物）多样性保护规划	胡希军	200911	201212	34	34
12	鹰潭市城管局	201211	虎岭公园景观设计	胡希军	201212	2014	162	162
13	江西中煤建设集团鹰潭市滨江景观工程项目部	201303	信江新区滨江景观工程二期景观提质	胡希军	201303	201406	180	180
14	湖南省株洲市政府	201107	株洲市清水塘霞湾港流域适种植物专题研究	彭重华	201107	201212	40	40
15	湖南省株洲市政府	201104	株洲市清水塘霞湾港流域景观生态修复专题研究	彭重华	201104	201212	28	28
16	湖南省株洲市政府	201103	株洲市职教城景观设计导则	彭重华	201103	201211	90	90
17	湖南芷江县政府	201308	芷江县城市已建成区绿化美化提质设计	彭重华	201308	201402	28	19
18	株洲市政府	201104	株洲云龙示范区森林生态及园林绿地系统规划	彭重华	201104	201205	185	185
19	株洲市规划局	201112	复合节约型宿根花卉在城市景观中的研究与应用	彭重华	201112	201204	25	25
20	湖南省湘西地区开发领导小组	201312	湘西地区民族文化景观吸引力及特色文化产业提升路径研究	彭重华	201312	201412	8	8
21	鹰潭市城管局	201211	枫山植物园景观设计	金晓玲	201212	2014	157.69	157.69
22	鹰潭市城管局	201212	鹰潭市小游园景观设计	金晓玲	201212	201304	20.8	20.8

（续）

序号	项目来源	合同签订/项目下达时间	项目名称	负责人姓名	项目开始年月	项目结束年月	项目合同总经费（万元）	属本单位本学科的到账经费（万元）
23	郴州市林科所	201102	南岭植物园修建性详细规划	杨柳青	201102	201208	20	20
24	怀化市林业调查设计队	201208	怀化市创建"全国绿化模范城市"总体规划	彭重华	201208	201212	23	23
25	湖南浔龙河农业科技公司	201305	湖南浔龙河农业科技公司花卉苗木评估咨询	戴兴安	201305	201310	10.5	10.5
26	四通逢源矿业公司	201308	衡东四方山自然保护生态旅游规划	戴兴安	201308	201312	12	12
27	湖南省长沙县政府	201309	长沙县空港城征占用林地可行性研究	戴兴安	201309	201401	16.5	16.5
28	湖南省耒阳市政府	201307	耒阳市狮子岭公园规划设计	刘破浪	201308	201310	14.8	14.8
29	浏阳市道然湖投资开发有限公司	201402	道然湖生态旅游养生度假景区风景林改造规划与设计	陈存友	201402	201407	38	38
30	长沙市国家税务局	201401	长沙市国家税务局办公大楼创意设计	陈存友	201401	201404	15	15

II-2-3　人均科研经费

人均科研经费（万元/人）	72.2

II-3　本学科代表性学术论文

II-3-1　近五年（2010—2014年）国内收录的本学科代表性学术论文

序号	论文名称	第一作者	通讯作者	发表刊次（卷期）	发表刊物名称	收录类型	中文影响因子	他引次数
1	我国城市防灾避险绿地系统规划工作体系	陈存友	胡希军	2010（3）	中国园林	XKPG	0.473	12
2	基于生态位理论的风景名胜区竞争力研究——以南宁青秀山为例	廖秋林	一	2013（29）	中国园林	XKPG	0.473	10
3	城市湖泊景观保护与利用规划研究——以益阳梓山湖为例	陈存友	胡希军	2014（9）	中国园林	XKPG	0.473	10
4	洪湖湿地生态系统土壤有机碳及养分含量特征	刘刚	沈守云	2011（12）	生态学报	CSCD	1.547	10

（续）

序号	论文名称	第一作者	通讯作者	发表刊次（卷期）	发表刊物名称	收录类型	中文影响因子	他引次数
5	长沙城市湿地植物多样性研究	戴兴安	—	2012（4）	草业科学	CSCD	0.811	4
6	厦门岛近十年热岛效应动态变化及预测分析	吴德政	胡希军	2014（3）	自然灾害学报	CSCD	0.944	7
7	湖南珍稀濒危植物——拱桐种群数量动态研究	刘海洋	金晓玲	2012（10）	生态学报	CSCD	1.547	6
8	14种植物对土壤重金属的分布、富集及转运特性	张丽	彭重华	2014（5）	草业科学	CSCD	0.944	6
9	长沙市区马尾松人工林生态系统碳储量及其空间分布	巫涛	彭重华	2002（13）	生态学报	CSCD	1.547	20
10	城市森林公园游客空间意象特征分析——以湖南省森林植物园为例	刘红梅	胡希军	2014（10）	经济地理	CSSCI	1.879	15
11	基于景观指数的青秀山森林公园生态完整性研究	杨强	沈守云	2012（9）	广东农业科学	CSCD	0.289	2
12	微卫星标记中的无效等位基因	文亚峰	—	2013（1）	生物多样性	CSCD	1.885	20
13	湘西北长果安息香群落区系组成与特征	张程	彭重华	2012（3）	南京林业大学学报	CSCD	0.794	1
14	夏热冬冷地区居住建筑绿化遮阳研究	金熙	沈守云	2012（3）	中南林业科技大学学报	CSCD	1.030	6
15	长沙市园林树木花季相特征及花浆季富度的充实对策	谢晓菲	沈守云	2012（11）	广东农业科学	CSCD	0.289	4
16	12种木兰科乔木的景观评价研究	于雅鑫	胡希军	2014（6）	西北林学院学报	CSCD	0.569	7
17	湖南大学校园公共空间新旧整合的研究	何玮	—	2011（5）	工业建筑	CSCD	0.290	4
18	基于GIS的树木三维模型研究	熊启明	杨柳青	2011（4）	中南林业科技大学学报	CSCD	1.030	5
19	基于特色景观视野的长沙理念识别系统创建	胡希军	—	2011（5）	城市发展研究	CSSCI	0.815	5
20	中国野漆树与日本野漆树油脂成分差异性分析	唐丽	—	2011（2）	林业科学	CSCD	1.028	11
合计					中文影响因子 18.946		他引次数 165	

II-3-2　近五年（2010—2014年）国外收录的本学科代表性学术论文

序号	论文名称	论文类型	第一作者	通讯作者	发表刊次（卷期）	发表刊物名称	收录类型	他引次数	期刊 SCI 影响因子	备注
1	Eco-sensitivity Appraisal and Protection Regionalization on Zishanhu park Based on GIS	Article	石求辉	胡希军	2011（4）	IEEE	EI	—	—	
2	Current Status *Davidia involucrata* Baill. wid populations in China	Article	金　熙	—	2010（8）	Science and Horticulture for People	EI	—	—	
3	rs10865331 Associated with Susceptibility and Disease Severity of Ankylosing Spondylitis in a Taiwanese Population	Article	文亚峰	—	2014（9）	Plos One	SCI	—	3.534	
4	Construction of ecological convalescent health plants field based on five elements Theory	Article	谢祀宇	胡希军	2012（174-177）	Applied Mechanics and Materials	EI	—	—	
5	Landscape Planning of the Changsha Cuckoo Theme Garden based on the Experience Design	Article	蒋云芳	胡希军	2012（174-177）	Applied Mechanics and Materials	EI	—	—	
6	Callus Induction and Plant Regeneration from Immature Embryos of *Zelkova sinica* Schneid	Article	金晓玲	胡希军	2012（6）	Hortscience	SCI	2	0.855	
7	Research of Ecological Restoration Xiawan Stream	Article	王海峰	彭重华	2012（7）	Advances in Environmental Science and Engineering	EI	—	—	
8	Plant Landscape Design in River Renovation Based on Site Characte-ristics——A Case Study of Plant Landscape Design in Renovation of Longwanggang River	Article	陈　湖	杨柳青	2013（10）	Journal of Landscape Research	EI	—	—	
9	The Effect of Water Stress on the Fluore-scence Parameters and Growth of *Sophora Japonica*'Golden Stem'	Article	廖飞勇	—	2013（395-396）	Advanced materials research	EI	—	—	
10	The Effect of Water Stress on the Physiology of *Vinca major*'Variegata'	Article	廖飞勇	—	2013（409-410）	Advanced materials research	EI	—	—	

序号	论文名称	论文类型	第一作者	通讯作者	发表刊次（卷期）	发表刊物名称	收录类型	他引次数	期刊SCI影响因子	备注
11	Selection and application of cultural landscape elements in reconstruction of the historical block	Article	周　旭	周　旭	2010（3）	MSE(2010)	EI	—	—	
12	Physiological Responses on *Sedum yvesii* under Water Stress	Article	曾　红	杨柳青	2015（1073-1076）	Advanced Materials Research	EI	—	—	
13	Current status of *Davidia involucrata* Baill. wild populations in China	Article	金晓玲	—	2010（8）	XXVIIIth International Horticultural Congress Book of Abstracts	EI	—	—	
14	2010. Natural populations of *Davidia involucrata* Baill. in Hupingshan Nature Reserve, China.	Article	刘海洋	金晓玲	2010（8）	XXVIIIth International Horticultural Congress Book of Abstracts	SCI	—	—	
15	Applications of Indigenous Plants in Water Landscape	Article	徐　琴	金晓玲	2011（4）	2011 International Conference on Consumer Electronics, Communications and Networks	EI	—	—	
16	The Research on Inheritance of Public Space in Zhang guying Village	Article	郑　霞	金晓玲	2011（9）	2011 International Conference on Electrical and Control Engineering	EI	—	—	
17	The landscape Situation and Ecological Improvement of Coal-Mined Collapse Area in Panji	Article	邱汉周	金晓玲	2011（9）	2011 International Conference on Electrical and Control Engineering	EI	—	—	
18	Assessment Model Design of Urban Ecosystem Based on Fuzzy Theory——A Case of Changsha	Article	胡伏湘	胡希军	2010（11）	Advanced Materials Research	EI	—	—	
19	Planning Innovation of Suburban Forest Park——A Case Study of Yiling ForestPark, Yichang	Article	陈存友	胡希军	2011（4）	2010 International Conference on Electric Technology and Civil Engineering	EI	—	—	
20	Analysis on Plant Landscape Characteristics of Monastery Garden in Fuzhou	Article	刘　枫	胡希军	2011（4）	2011 International Conference on Consumer Electronics, Communications and Networks	EI	—	—	

（续）

序号	论文名称	论文类型	第一作者	通讯作者	发表刊次（卷期）	发表刊物名称	收录类型	他引次数	期刊 SCI 影响因子	备注
21	Present Situation Analysis and Development Countermeasures of Park Green Space in Changsha	Article	胡希军	—	2011（4）	2011 International Conference on Consumer Electronics, Communications and Networks	EI	—	—	
22	Spatial Structure Construction of Urban Green Space System in Changsha	Article	陈存友	胡希军	2011（4）	2011 International Conference on Consumer Electronics, Communications and Networks	EI	—	—	
23	Types and Characteristics of Cultural Landscape in Traditional Village	Article	李旭生	胡希军	2011（7）	The 2th International Conference on Multimedia Technology	EI	—	—	
24	The Development Planning of Railway Port Economic Zone in Loudi	Article	陈存友	胡希军	2011（7）	The 2nd International Conference on Mechanic Automation and Control Engineering	EI	—	—	
25	Effect of Herbicides on the Photosynthesis Rate and Chlorophyll Fluorescence of Solidago canadensis L.	Article	杨柳青	—	2011（6）	Advanced Materials Research	EI	—	—	
26	Comparison research on post occupancy evaluation of opening parks in large and middle cities in Hunan	Article	金熙	—	2010（5）	IEEE	EI	—	—	
27	Summary and analysis on theories of social interaction and neighborhood environment in urban development in China	Article	金熙	—	2010（5）	IEEE	EI	—	—	
28	Studies on construction and evaluation of nightscape in Shanghai	Article	周旭	—	2010（6）	2010 ICECE	EI	—	—	
29	Preservation and renewal of historical block in Changsha under the situation of modern agriculture construction	Article	周旭	—	2011（3）	ICTA	EI	—	—	

（续）

序号	论文名称	论文类型	第一作者	通讯作者	发表刊次（卷期）	发表刊物名称	收录类型	他引次数	期刊SCI影响因子	备注
30	Determination of biomeedical constituents of 350℃ pyrolyzate from benzene/ethanol extractives of old bark from cinnamomum camphora trunk	Article	何玮	—	2011（5）	Advanced Materials Research	EI	—	—	
合计	SCI影响因子							4.389	他引次数	2

II-4　建筑设计获奖（2012—2014年）

序号	获奖项目名称	奖励类别	获奖等级	获奖人姓名	获奖年月	参与单位数	本单位参与学科数
1	第九届中国国际园林博览会长沙展园设计	第九届中国国际园林博览会长沙展园设计大奖	优秀创意奖	廖秋林	201111	1	1
2	长沙市常见行道树固碳释氧滞尘效应研究	"园冶杯"风景园林国际竞赛	一等奖	李冰冰	201209	1	1
3	南宁青秀山风景名胜区生态完整性研究	"园冶杯"风景园林国际竞赛	一等奖	杨强	201209	1	1
4	岭南乡村聚落景观空间形态研究——以广州番禺大岭村为例	"园冶杯"风景园林国际竞赛	三等奖	任艳妍	201209	1	1
5	遗产廊道构建研究——以湖南醴陵市为例	"园冶杯"风景园林国际竞赛	三等奖	沙迪	201209	1	1
6	玛莎·施瓦茨景观世界的色彩艺术研究	"园冶杯"风景园林国际竞赛	三等奖	石卉	201412	1	1
7	三种色系槭树叶色表达期叶片结构和叶色稳定性研究	"园冶杯"风景园林国际竞赛	三等奖	刘雪梅	201412	1	1
8	城市硬质景观设施可变性设计理念探索	"园冶杯"风景园林国际竞赛	三等奖	李杰	201412	1	1
9	中国古典诗歌与园林共通性研究	"园冶杯"风景园林国际竞赛	三等奖	杜媛媛	201412	1	1
10	仪式、空间与信仰——湖南张谷英村聚落景观"神性空间"研究	"园冶杯"风景园林国际竞赛	三等奖	敖依娜	201412	1	1
11	张谷英村聚落景观形态发展形成机制研究	"园冶杯"风景园林国际竞赛	二等奖	殷素兰	201412	1	1
12	梧州苍海古海湿地公园生态水体数值模拟研究	"园冶杯"风景园林国际竞赛	二等奖	刘祗柱	201412	1	1
13	基于水动力条件的生态水体设计研究——以南宁青秀山蜻蜓湖为例	"园冶杯"风景园林国际竞赛	一等奖	李根	201312	1	1

（续）

序号	获奖项目名称	奖励类别	获奖等级	获奖人姓名	获奖年月	参与单位数	本单位参与学科数
14	苏州园林意境的符号学研究	"园冶杯"风景园林国际竞赛	三等奖	欧阳雯倩	201312	1	1
15	基于世界遗产评价标准分析的景观设计原则探讨	"园冶杯"风景园林国际竞赛	三等奖	王 丹	201312	1	1
16	湖南张谷英祠建筑模式语言研究	"园冶杯"风景园林国际竞赛	三等奖	任奇伟	201312	1	1
17	12 种木兰科乔木的固碳释氧利降温增湿能力及景观评价研究	"园冶杯"风景园林国际竞赛	一等奖	于雅鑫	201312	1	1
合计	建筑设计获奖数量	国际（项）	16		国内（项）		1

II-5　已转化或应用的专利（2012—2014 年）

序号	专利名称	第一发明人	专利申请号	专利号	授权（颁证）年月	专利受让单位	专利转让合同金额（万元）
1	一种组合式墙体绿化花盆砖	杨柳青	CN20288219U	zl20122005483.6.6	201304	—	—
2	榉树组织培养快速繁殖方法	金晓玲	CN102792890B	201210273106.X	201406	—	—
合计	专利转让合同金额（万元）				—		

Ⅲ 人才培养质量

序号	教材名称	第一主编姓名	出版年月	出版单位	参与单位数	是否精品教材
Ⅲ-2 研究生教材（2012—2014年）						
1	植物景观设计	廖飞勇	201206	化学工业出版社	1	否
2	城市园林绿化植物选择应用指南	官群智	201211	中国林业出版社	2	否
3	植物景观设计——仿自然之形，塑园林之景	杨柳青	201308	中南大学出版社	1	否
4	城市园林绿地系统规划	陈存友	201402	华中科技大学出版社	2	否
合计	国家级规划教材数量	—	精品教材数量	—		

序号	姓名	出国（境）时间	回国（境）时间	地点（国家/地区及高校）	国际交流项目名称或主要交流目的
Ⅲ-4 学生国际交流情况（2012—2014年）					
1	李雨桐	201309	201409	日本琉球大学	风景园林规划与设计
2	廖秋林	201307	201308	澳大利亚、新西兰	风景园林规划与设计
3	胡莹冰	201310	201412	美国乔治亚大学	园林植物应用
4	朱思宁	201303	201306	美国	风景园林设计
5	黄幸	201404	201408	美国纽约州康奈尔大学	现代城市景观
6	严雪丹	201204	201208	德国	风景园林规划与设计
合计	学生国际交流人数			6	

3.4.2 学科简介

1. 学科基本情况与学科特色

（1）学科基本情况

我校园林专业创办于1965年，1986年开始招收本科生。2002年确定为湖南省重点建设专业，2005年被评为湖南省重点专业，2009年被评为湖南省特色专业。1992年与北京林业大学联合培养硕士研究生，1996年获得园林植物与观赏园艺学科硕士学位授予权，2005年获得园林植物与观赏园艺学科博士学位授予权，2010年获得风景园林专业硕士学位授予权，2011年获批风景园林一级学科博士点，2012年开始招生。园林植物与观赏园艺学为湖南省"十一五"重点学科，风景园林学为湖南省"十二五"重点学科。

学科现有专职教师或研究人员35人，其中教授13人，副教授15人。有博士生导师6人，硕士生导师25人。具有博士学位的教师16人，具有硕士学位的教师9人，还有10人正在攻读博士学位。

（续）

2010 年以来，本学科承担国家林业公益行业项目、国家自然科学基金、湖南省软科学重点项目、湖南省自然科学基金等纵向课题 37 项，研究经费 500 余万元；承担企事业单位委托项目 100 余项，总经费近 3 000 万元；共发表研究论文 200 余篇，其中一级期刊发表 20 余篇，核心期刊 100 余篇，SCI、EI、CSSCI、ISTP 等收录 54 篇，出版书籍 4 部；湖南省科技进步奖二等奖 2 项、三等奖 1 项、湖南省自然科学奖二等奖 1 项，获专利 2 项，获植物新品种授权 1 个。共享国家级实验室 2 个、省级实验室 2 个。

（2）学科特色

① 风景园林历史理论与遗产保护：主要围绕"风景园林文化艺术，风景园林环境、生态、自然要素理论，人类园林生理心理感受、行为与伦理理论"等方面展开研究，形成了南方地区民居宅院的类型风格特色与传承；湖湘文化与地域特征影响下的风景园林；中国南方城头山史前园林；基于园林要素的环境空间意象和园林美学等研究特色，并取得了系列研究成果。

② 大地景观规划与生态修复：主要从"宏观尺度（运用生态学原理对自然与人文景观资源进行保护性规划）、中观尺度（对绿色基础设施和城乡绿地系统进行规划）、微观尺度（对各类污染破坏了的城镇环境进行生态修复）三个层面进行探索，形成了农村文化景观及其保护与传承；城市绿地系统防灾避险规划；南方丘陵（岗）受损地区及高速公路边坡景观生态恢复技术；洞庭湖湿地生态系统演变规律及生态修复方法与技术；南方锰矿矿区污染控制与生态修复等研究特色。

③ 风景园林规划与设计：研究领域集中在传统园林设计理论与实践、专类公园的规划设计实践、地域性植物景观的营造理论等，并在景观格局过程、安全和可持续性；森林公园和植物园规划设计；中南地区特色植物景观的营造和传统景观元素的挖掘与传承等方面形成了自己的研究特色。

④ 园林植物与应用：包括园林植物资源收集评价与保存、园林植物新品种选育扩繁及应用、珍稀植物的生物学特性和保护利用、园林植物栽培养护及其生理生态等研究。形成了对榉树生物学特性、繁殖技术、造林模式、新品种选育，杜仲、冬青的快繁技术，珍稀濒危植物资源（主要为珙桐、篦子三尖杉等）的调查、生物学特性及濒危机理研究和抗污染植物及湿地植物的筛选等研究特色。

2. 社会贡献

本学科在多年的发展壮大下，为社会发展做出了较为突出的贡献，主要表现在以下几方面：

① 为政府提供决策咨询：风景园林学学科团队核心成员通过课题研究、专家咨询等多方面，广泛参与地方的发展与建设，并积极为地方政府提供决策咨询，起到智能团的作用。例如沈守云教授作为长沙市人大代表，为长沙市的园林建设出谋划策、献计献策；沈守云教授、胡希军教授、陈月华副教授等作为湖南省风景园林学会专家成员，积极地为地方园林事业的发展提供智能支撑和专家咨询。

② 技术成果转化方面：近 5 年期间，团队成员通过承担各类科研项目，如与美国缅因大学合作研究的"杂交冬青引种与繁殖技术研究"，与美国佛罗里达大学合作研究的"速生高抗榉树良种及培育技术引进""市政污泥集中堆肥处理与综合利用关键技术及其产业化示范工程""湖湘园林文化产业发展战略"等，取得了一系列的技术转化成果。例如《西部大开发政策落实情况及实施效果评价与研究》荣获国家发改委三等奖；何平、金晓玲、廖飞勇等的《榉树微繁技术及造林模式》被专家鉴定为国内领先。

③ 服务社会大众方面：近 5 年，学科团队共各类横向项目 100 多项，总经费达 3 000 余万元，为国家和地方社会经济发展做出了重大贡献。学科科研成果被采用 80 项，产生直接经济效益 2 000 余万元。学院与湖南省森林植物园、南宁青秀山风景区、广东棕榈园林公司、美国 EDSA 景观公司、湖南建科园林公司、湖南景然园林发展有限公司、湖南省嘉原景观建设有限公司等多家单位建立对口实习基地，既为学生培养创造了良好的科研和社会实践环境，同时也为这些公司的发展提供了强大的智力支撑。同时，学院还建立了导师工作室。由于学生在校期间得到了充分的锻炼和提高，本学科毕业生、研究生就业率达到 100%，深受用人单位好评，社会反响强烈，为国家输送了大量的高层次人才，社会经济效益非常显著。

④ 学术交流方面：本学科与国内外科研院所、著名高校进行了广泛的合作与交流，近年来先后与美国密歇根州立大学、美国乔治亚大学、EDSA Orient、美国德州农工大学、上海辰山植物园、南宁青秀山风景区、北京林类大学等积极开展学术交流活动，主办或承办多次国际、国内学术会议，如第一届中国花卉联盟产业联合会理事会、"园冶杯"国际竞赛等。同时聘请了国内外知名专家为我院兼职教师，并派学科成员到美国、加拿大、日本、澳大利亚、奥地利等国家进行学术交流与访问，提高了学科的影响力。

（续）

⑤ 教师重要的社会兼职方面：为了扩大学科影响，学科教师积极参与各类相关的社会兼职工作，35 位专任教师中有 80% 参与了中国风景园林学会、中国园艺学会、中国生态学会、中国城市规划学会、湖南省风景园林学会等重要学会组织，并在各学会中担任部分重要职务，如沈守云教授担任中国风景园林学会理事、省党外知识分子联谊会理事、湖南省园林绿化协会副会长、全国园林专业教材编写指导委员会委员、湖南省工业设计平台特聘专家、中国园林协会城市绿化树种委员会理事、长沙市第十三届人大常委等职务，谭益民教授担任省政协委员等职务。另外，许多教师还在省内外大型园林景观公司中担任总工程师、设计总监、设计高级顾问等职务，为产学研工作的推进和人才的培养提供了充足的空间和良好的条件。

3.5　西北农林科技大学

3.5.1　清单表

Ⅰ　师资队伍与资源

类型	数量	类型	数量	类型	数量
专职教师数	53	其中，教授数	9	副教授数	8
研究生导师总数	24	其中，博士生导师数	6	硕士生导师数	18
目前在校研究生数	122	其中，博士生数	17	硕士生数	105
生师比	5.1	博士生师比	2.8	硕士生师比	5.8
近三年授予学位数	402	其中，博士学位数	5	硕士学位数	397

Ⅰ-3　专职教师与学生情况

序号	重点学科名称	重点学科类型	学科代码	批准部门	批准年月
1	风景园林学	省部级重点学科	0834	陕西省	201108
合计	二级重点学科数量（个）	国家级	—	省部级	1

Ⅰ-4　重点学科

序号	实验室类别	实验室名称	批准部门	批准年月
1	国家工程技术研究中心	油用牡丹工程技术研究中心	国家林业局	201410

Ⅰ-5　重点实验室

Ⅱ 科学研究

Ⅱ-1 近五年（2010—2014年）科研获奖

序号	奖励名称	获奖项目名称	证书编号	完成人	获奖年度	获奖等级	参与单位数	本单位参与学科数
1	陕西省科学技术奖	毛乌素沙地长根苗造林技术体系研究	13-2-12-R2	康永祥	2013	二等奖	4（1）	2（2）
2	国家科技进步奖	干旱内陆河流域考虑生态的水资源配置理论与调控技术及其应用	13-2-65	栗晓玲	2013	二等奖	2（2）	1
合计	科研获奖数量（个）	国家级	特等奖	一等奖				
			一等奖	二等奖				
		省部级	一等奖					
			二等奖	1				

Ⅱ-2 代表性科研项目（2012—2014年）

Ⅱ-2-1 国家级、省部级、境外合作科研项目

序号	项目来源	项目下达部门	项目级别	项目编号	项目名称	负责人姓名	项目开始年月	项目结束年月	项目合同总经费（万元）	属本单位本学科的到账经费（万元）
1	国家自然科学基金	国家自然科学基金委员会	面上项目	31170652	单子叶植物蓝色花形成关键转录因子基因克隆与功能研究	刘雅莉	201201	201412	58	58
2	国家自然科学基金	国家自然科学基金委员会	青年项目	31100506	秦岭杜鹃花属种质资源野生种群样本保存策略研究	赵冰	201201	201412	22	22
3	国家林业局公益性行业重大专项	国家林业局	重大项目	201404701	油用牡丹新品种选育高效利用研究与示范	张延龙	201401	201812	1550	476
4	农业部公益性行业专项	农业部	面上项目	200903030	主要切花育种、栽培和采后技术的开发、集成与示范子项目	张延龙	200901	201412	112	112
5	国家"863"计划子课题	科技部	重大项目	2011AA100208	月季、菊花、百合分子育种与品质创制一子课题	张延龙	201101	201412	20	20
6	教育部博士点基金	教育部	青年教师项目	20120204120006	王族海棠MRLC基因克隆与功能鉴定	李厚华	201301	201512	5	5

（续）

序号	项目来源	项目下达部门	项目级别	项目编号	项目名称	负责人姓名	项目开始年月	项目结束年月	项目合同总经费（万元）	属本单位本学科的到账经费（万元）
7	国家林业局建设项目	陕西省林业厅	一般项目	陕林计字[2011]70	秦巴山区珍稀野生花卉种质资源收集保存利用	张延龙	201101	201501	120	120
8	陕西省林业厅重点攻关项目	陕西省林业厅	重点项目	20140428	陕西省秦巴山区珍稀野生花卉资源评价与利用研究	张延龙	201401	201612	50	50
9	陕西省农业攻关	陕西省科技厅	一般项目	2014K01-29-03	切花采前1-MCP处理及其物流保鲜关键技术研究与示范	弓弼	201401	201512	5	5
10	陕西省自然科学基金	陕西省科技厅	青年项目	2012JQ3008	陕西野生杜鹃花属植物资源调查与评价	赵冰	201201	201401	4	4
11	陕西省自然科学基金	陕西省科技厅	青年项目	2010JQ3009	红肉苹果MYD转录因子的克隆与功能鉴定	李厚华	201001	201112	4	4
合计	国家级科研项目		数量（个） 5		项目合同总经费（万元） 1762		属本单位本学科的到账经费（万元）	688		

Ⅱ-2-2 其他重要科研项目

序号	项目来源	合同签订/项目下达时间	项目名称	负责人姓名	项目开始年月	项目结束年月	项目合同总经费（万元）	属本单位本学科的到账经费（万元）
1	陕西省林业厅种苗站	201411	紫叶杜仲良种选育及繁育	刘建军	201406	201512	30	10
2	陕西秦龙电力股份有限公司	201201	天生桥水利风景区规划	樊俊喜	201201	201212	15	15
3	陕西省华阴市园林处	201401	华阴市道路绿化设计	樊俊喜	201401	201412	14	14
4	清华大学	201305	典型地区住区室外热环境测试	洪波	201305	201512	4	4
5	陕西省宝鸡市园林局	201305	宝鸡市金台区代家湾水土保持示范园边坡及陡崖治理初步设计	丁砚强	201305	201405	14	14
6	陕西省兴平市农牧局	201303	兴平市北塬现代都市农业走廊总体规划	张延龙	201303	201403	10	10
7	陕西省长安区政府	201203	长安区花卉产业规划	张延龙	201203	201303	10	10

	II-2-3	人均科研经费
人均科研经费（万元/人）		17.98

II-3　本学科代表性学术论文质量

II-3-1　近五年（2010—2014年）国内收录的本学科代表性学术论文

序号	论文名称	第一作者	通讯作者	发表刊次（卷期）	发表刊物名称	收录类型	中文影响因子	他引次数
1	基于实测和模拟的居住小区冬季植被优化设计研究	洪波	洪波	2014（09）	中国园林	XKPG	1.045	—
2	后碳时代城市的整体化营造	吉文丽	吉文丽	2010（10）	中国园林	XKPG	1.045	—
3	住区典型宅间绿地布局模式对室外热环境的影响研究	洪波	洪波	2014（3）	生态城市与绿色建筑	XKPG	0	—
4	风景园林的春天来了	张延龙	张延龙	2011（2）	风景园林	XKPG	0.301	—
5	低碳生态城绿地控制性规划研究与实践	洪波	洪波	2011（3）	生态城市与绿色建筑	XKPG	0	—
6	台湾台中市绿道规划设计及其功能的调查分析	李天颖	张延龙	2013（04）	城市发展研究	CSSCI	1.534	1
7	岷江百合中黄瓜花叶病毒诱导的LrPR10的克隆及表达分析	张响铃	张延龙	2014，41（6）	园艺学报	CSCD	1.417	—
8	不同产地"凤丹"牡丹籽油主要脂肪酸成分分析	韩雪源	张延龙	2014，35（22）	食品科学	CSCD	1.335	—
9	西安市4种城市绿化灌木单株生物量估算模型	姚正阳	刘建军	2014（25）	应用生态学报	CSCD	2.525	2
10	武当木兰中群遗传结构的ISSR分析	杨梅	刘建军	2014（50）	林业科学	CSCD	1.512	—
11	葡萄风信子二氢黄酮醇4-还原酶基N（DFR）的克隆与表达分析	焦淑珍	刘雅莉	2014，22（5）	农业生物技术学报	CSCD	0.947	—
12	水母雪莲红色细胞系黄酮含量和相关基因表达	王亚杰	李厚华	2014（30）	生物工程学报	CSCD	1.071	—
13	百合花瓣酚类物质及其抗氧化活性的分析	阎林茂	张延龙	2013，34（07）	食品科学	CSCD	1.335	3
14	中国西部四省15种野生百合花粉形态研究	顾欣	张延龙	2013，40（7）	园艺学报	CSCD	1.417	3
15	植物生长调节剂TDZ对"索邦"百合果实生长发育的影响	李改丽	张延龙	2013，40（2）	园艺学报	CSCD	1.417	1
16	3种生态型宜昌百合鳞茎提取物的抗菌及抗氧化作用	靳磊	牛立新	2013，13（2）	中国食品学报	CSCD	1.066	1
17	金银花花色变化原因分析	付林江	李厚华	2013，49（10）	林业科学	CSCD	1.512	—
18	矮牵牛编码F3'5'H的蓝色基因表达载体构建及转化	李莉	刘雅莉	2011，31（6）	西北植物学报	CSCD	1.232	2
19	秦岭野生苜草植物资源及评用价值	修娜	吉文丽	2011（7）	草业科学	CSCD	1.183	5
20	光周期对野生卷丹试管苗鳞茎形成及糖代谢的影响	张启翔	张延龙	2010，37（6）	园艺学报	CSCD	1.417	10

II-3-2 近五年（2010—2014年）国外收录的本学科代表性学术论文

序号	论文名称	论文类型	第一作者	通讯作者	发表刊次（卷期）	发表刊物名称	收录类型	他引次数	期刊SCI影响因子	备注
1	Genome-wide transcriptome analysis of genes involved in flavonoid biosynthesis between red and white strains of Magnolia sprengeri Pamp.	Article	师守国	刘建军	15（15）	BMC Genomics	SCI	—	4.04	第一作者
2	Anatomical and biochemical studies of bicolored flower development in Muscari latifolium	Article	齐银燕	刘雅莉	250（6）	Protoplasma	SCI	—	3.171	通讯作者
3	Characterization of cytochalasins from the endophytic Xylaria sp. And their biological functions	Article	张强	高锦明	62（45）	Journal of Chromatography A	SCI	—	3.107	通讯作者
4	Wightianines a-e, dihydro-beta-agarofuran sesquiterpenes from Parnassia wightiana, and their antifungal and insecticidal activities	Article	张强	高锦明	62（28）	Journal of Agricultural and Food Chemistry	SCI	1	3.107	通讯作者
5	Secondary metabolites from the endophytic botryosphaeria dothidea of Melia azedarach and their antifungal, antibacterial, antioxidant, and cytotoxic activities	Article	张强	高锦明	62（16）	Journal of Agricultural and Food Chemistry	SCI	3	3.107	通讯作者
6	Characterization of a chalcone synthase (chs) flower-specific promoter from Lilium orential 'sorbonne'	Article	刘雅莉	刘雅莉	30（12）	Plant Cell Reports	SCI	8	2.936	第一作者
7	The role of forest stand structure as biodiversity indicator	Article	高天	高天	830	Forest Ecology and Management	SCI	—	2.667	第一作者
8	Synthesis of 1-o-acetylbritannilactone analogues from Inula britannica and in vitro evaluation of their anticancer potential	Article	唐建江	高锦明	5（10）	Medchemcomm	SCI	—	2.626	通讯作者
9	Is biodiversity attractive?——on-site perception of recreational and biodiversity values in urban green space	Article	邱玲	邱玲	119	Landscape and Urban Planning	SCI	3	2.606	第一作者

（续）

序号	论文名称	论文类型	第一作者	通讯作者	发表刊次（卷期）	发表刊物名称	收录类型	他引次数	期刊SCI影响因子	备注
10	Simultaneous identification of multiple celangulins from the root bark of *Celastrus angulatus* using high-performance liquid chromatography-diode array detector-electrospray ionisation-tandem mass spectrometry	Article	魏少鹏	高锦明	23（1）	Phytochemical Analysis	SCI	1	2.45	通讯作者
11	Construction of flower-specific chimeric promotersand analysis of their activities in *Transgenic torenia*	Article	杜灵娟	刘雅莉	32（1）	Plant Molecular Biology Reporter	SCI	—	2.374	通讯作者
12	A methodological study of biotope mapping in nature conservation	Article	邱玲	邱玲	9（2）	Urban Forestry & Urban Greening	SCI	3	2.133	第一作者
13	Phenolic compounds and antioxidant activity of bulb extracts of six lilium species native to China	Article	靳磊	张延龙	17（8）	Molecules	SCI	4	2.095	通讯作者
14	Molecular characterization and expression analysis of dihydroflavonol 4-reductase (dfr) gene in *Saussurea medusa*	Article	李厚华	华学军	39（3）	Molecular Biology Reports	SCI	4	1.958	通讯作者
15	The importance of temporal and spatial vegetation structure information in biotope mapping schemes: a case study in helsingborg, Sweden	Article	高天	高天	49（2）	Environmental Management	SCI	2	1.848	第一作者
16	Agrobacterium-mediated transformation of embryogenic cell suspension cultures and plant regeneration in *Lilium tenuifolium* oriental × trumpet'robina'	Article	齐银燕	刘雅莉	36（8）	Acta Physiologiae Plantarum	SCI	—	1.524	通讯作者
17	Chromosome analysis and mapping of ribosomal genes by fluorescence in situ hybridization (fish) in four endemic lily species (*Lilium*) in qinling mountians, China	Article	王仙芝	张延龙	44（4）	Pakistan Journal of Botany	SCI	2	1.207	通讯作者

（续）

序号	论文名称	论文类型	第一作者	通讯作者	发表刊次（卷期）	发表刊物名称	收录类型	他引次数	期刊SCI影响因子	备注
18	Aflp analysis of genetic variation in wild populations of five rhododendron species in qinling mountain in China	Article	赵冰	王乔春	45	Biochemical Systematics and Ecology	SCI	2	1.17	通讯作者
19	Direct shoot regeneration from basal leaf segments of *Lilium* and assessment of genetic stability in regenerants by issr and aflp markers	Article	赵冰	王乔春	49（3）	In Vitro Cellular & Developmental Biology-Plant	SCI	6	1.162	通讯作者
20	Genetic diversity and structure of *Lilium pumilum* DC. In southeast of qinghai–tibet plateau	Article	唐楠	刘建军	300（300）	Plant Systematics and Evolution	SCI	1	1.154	通讯作者
21	Phenolic compounds and antioxidant properties of bulb extracts of *Lilium leucanthum* (baker) baker native to China.	Article	靳磊	张延龙	（8）	Quality Assurance and Safety of Crops & Foods	SCI	—	0.935	通讯作者
22	Expo2010: strategic transformation of former industrial areas by means of international events	Article	李鹏影	刘建军	140（2）	Journal of Urban Planning and Development	SCI	—	0.931	通讯作者
23	Cytogenetic studies on meiotic chromosome behaviors in sterile oriental × trumpet lily	Article	罗建让	牛立新	12（4）	Genetics and Molecular Research	SCI	—	0.85	通讯作者
24	Numerical study of the influences of different patterns of the building and green space on micro-scale outdoor thermal comfort and indoor natural ventilation	Article	洪波	林波荣	7（5）	Building Simulation	SCI	—	0.631	第一作者
25	Optimal tree design for sunshine and ventilation in residential district using geometrical models and numerical simulation	Article	洪波	林波荣	4（4）	Building Simulation	SCI	2	0.631	第一作者
26	Embryogenic cultures of lily (*Lilium* spp.): optimising callus initiation, maintenance, and plantlet regeneration	Article	杜灵娟	刘雅莉	89（2）	Journal of Horticulture Science & Biotechnology	SCI	—	0.509	通讯作者

（续）

序号	论文名称	论文类型	第一作者	通讯作者	发表刊次（卷期）	发表刊物名称	收录类型	他引次数	期刊SCI影响因子	备注
27	Gish analyses of backcross progenies of two *Lilium* species hybrids and their relevance to breeding	Article	罗建让	van Tuyl, JM	87（6）	Journal of Horticultural Science & Biotechnology	SCI	2	0.509	第一作者
28	Optimal design of vegetation in residential district with numerical simulation and field experiment	Article	洪波	林波荣	19（3）	Journal of Central South University of Technology	SCI	2	0.446	第一作者
29	Phenolic compounds and antioxidant property of petal extracts of six lilium species native to China	Article	郭鸿飞	张延龙	26（18）	Asian Journal of Chemistry	SCI	—	0.355	通讯作者
30	Effect of temperature and ga(3) on seed germination and seedling establishment of *Rhododendron purdomii* Rehd. et wils	Article	赵冰	赵冰	71（3）	Indian Journal of Horticulture	SCI	—	0.105	第一作者
合计			SCI影响因子 52.344			他引次数 46				

II-5 已转化或应用的专利（2012—2014年）

序号	专利名称	第一发明人	专利申请号	专利号	授权（颁证）年月	专利受让单位	专利转让合同金额（万元）
1	一种百合鲜切花保鲜方法	张延龙	ZL201210224917.0	ZL201210224917.0	201401	—	—
2	一种东方百合籽球及种球的培育方法	张延龙	ZL201210224777.7	ZL201210224777.7	201401	—	—
合计	专利转让合同金额（万元）			—			

Ⅲ　人才培养质量

Ⅲ-1　优秀教学成果奖（2012—2014 年）

序号	获奖级别	项目名称	证书编号	完成人	获奖等级	获奖年度	参与单位数	本单位参与学科数
1	省部级	陕西省教学成果	SJX132015-1	段渊古、曹宁、李志国、陈敏、	二等奖	2013	—	—
2	省部级	美丽奖世界园林景观规划设计大赛	—	刘媛、李哲琳	优秀奖	2013	—	—
3	省部级	美丽奖世界园林景观规划设计大赛	—	刘媛、李哲琳	优秀奖	2013	—	—
4	省部级	美丽奖世界园林景观规划设计大赛	—	陈敏、刘艺杰	优秀奖	2013	—	—
5	省部级	全国风景园林设计大赛	—	段渊古、李志国	三等奖	2013	—	—
6	省部级	全国风景园林设计大赛	—	段渊古、李志国	二等奖	2013	—	—
7	省部级	全国风景园林设计大赛	—	段渊古、李志国	优秀奖	2013	—	—
8	国家级	中国环艺学年奖	—	陈敏、刘艺杰	优秀奖	2012	—	—
9	省部级	第四届国际大学生雪雕大赛	—	段渊古、张顺	二等奖	2012	—	—
合计	国家级	一等奖（个）	—	二等奖（个）	—	三等奖（个）	—	
	省级	一等奖（个）	—	二等奖（个）	3	三等奖（个）	1	

Ⅲ-4　学生国际交流情况（2012—2014 年）

序号	姓名	出国（境）时间	回国（境）时间	地点（国家／地区及高校）	国际交流项目名称或主要交流目的
1	张 扬	201209	201609	荷兰格罗宁根大学	攻读学位
2	刘 婕	201209	201609	荷兰阿姆斯特丹大学	攻读学位
3	修 娜	201209	201609	瑞典农业大学	攻读学位
4	王润丰	201108	201508	加拿大萨斯喀彻温大学	联合培养
5	唐 楠	201109	201401	荷兰瓦赫宁根大学	联合培养
6	孙道阳	201202	201408	美国加州大学戴维斯分校	联合培养
7	贾 永	201109	201509	澳大利亚阿德莱德大学	攻读学位
8	周叶玲	201109	201509	荷兰乌特列支大学	攻读学位
9	马 婧	201202	201602	新西兰奥克兰大学	攻读学位
合计		学生国际交流人数			9

Ⅲ-5　授予境外学生学位情况（2012—2014 年）				
序号	姓名	授予学位年月	国别或地区	授予学位类别
1	古　虹	201206	蒙古	专业学位硕士

3.5.2　学科简介

1. 学科基本情况与学科特色

西北农林科技大学授予农学学士学位的园林（含风景园林方向）专业创办于 1986 年，2002 年成立园林植物与观赏园艺学科。2011 年学校设立了风景园林一级学科，并于 2014 年 9 月新成立了风景园林艺术学院。本学科自 2002 年开始招收研究生以来，招生规模由最初每年不到 10 名，迅速扩展为每年近 50 名，而风景园林专业硕士学位研究每年多达近百名。

目前，我校风景园林学科已形成独具特色的 3 个学科方向：

（1）风景园林植物资源与应用

围绕西部特色园林植物与花卉种类作为研究对象，以秦巴山区特有珍稀园林观赏植物为重点，加强园林植物与花卉种质资源的研究，突显种质资源又在园林植物研究中具有举足轻重的基础性作用。目前该学科研究方向已经在国家"国家科技支撑"、国家自然科学基金等国家重点科学研究项目的支持下，在园林植物种质资源研究方面，取得一大批成果。目前新收集秦巴山区野生百合、牡丹、杜鹃、兰科植物种质资源 40 多个种的 100 多个生态类型的 1000 余份；调查鉴定了秦岭分布的 82 个种的兰科植物，并发现命名了两个新种，此项研究获陕西省政府二等奖；先后从国内外引进百合、郁金香、朱顶红、唐菖蒲新品种 97 个，新选育品种 2 个。建立了百合、牡丹、郁金香、朱顶红、一品红、海棠及兰花的标准化栽培技术体系。

（2）园林与景观规划设计

本学科把传统园林和现代园林相互结合，更加体现本学科的应用性和适用性，更好的和现代城市建设、人们居住环境的改善、风景区的发展等结合起来。学科立足西北，注重我国西部干旱半干旱地区风景园林的具体特点，把乡土植物和新品种观赏性植物应用结合起来，营造特定气候情况下人们可居、可赏的生态环境，打造西北风景园林规划的新局面，先后完成城市绿地系统规划、森林公园、居住区、城市绿地的规划设计项目 300 余项。

（3）风景园林美学与文化

将我校多年来的传统园林专业和以园林为特色的新型学科艺术设计专业的办学特色融为一体，从艺术的角度出发与现代居住环境和社会环境有着密切的关系，更具有应用性。将人文历史，包括园林史、园林文化和园林美学等相互结合，在园林景观规划设计中更加注重体现本土文化，对传统园林文化继承和发展。近年来，该学科荣获国际性大赛奖励 3 项，国内大型专业获奖 78 项。编写国家级规划教材 4 部、专著教材 8 部。艺术作品和设计作品参加国际、国内展览和交流 40 多项，获奖 30 多项；学生参与国内国际高水平大赛 130 余次，获得国际金奖等大奖 50 多件次。

2. 社会贡献

一是立足于西北地区干旱半干旱的气候条件与区域特征。在风景园林与景观规划设计方面，以宏观区域景观规划层面以环境生态学为导向，研究西北地区生态修复的具体理论与方法；在具体园林设计层面，研究西北干旱半干旱地区生态环境设计途径以及园林工程建构技术，打造西北气候特征下节水生态园林景观的特色。在园林植物资源与应用方面，围绕西部特色园林植物与花卉种类作为研究对象，以秦巴山区特有珍稀园林观赏植物为重点，加强园林植物与花卉种质资源的研究，突显种质资源又在园林植物研究中具有举足轻重的基础性作用。在对当地园林植物种质资源调查的基础上，重点开展资源保存新技术，如超低温保存技术研究，建立园林观赏植物与花卉种质资源基因库、信息库，以保护和保存有开发利用价值的种质资源，形成区域性园林植物种质资源保护的特色；通过开展重要观赏植物与花卉的遗传育种工作，为西北园林与花卉产业提供新的品种，改变当地园林植物种类偏少与园林景观建设单调的局面。

（续）

二是立足于陕西悠久的地域文化。陕西悠久的历史文化，为研究古典园林提供了丰富的资源。因此以古典园林发展历史及景园文化遗产为研究重点，学科将在园林历史理论、景园建筑文化与历史沿革、风景园林遗产保护与历史风景资源恢复与再利用等方面，形成地域文化为主导的风景园林美学与文化研究特色。

三是立足于西北地区城市化进程中所带来一系列有关生态、经济和社会因素而引发城镇居民身心健康的问题。通过对西北地区城市绿色基础设施（包括草坪、草地、垂直绿化、屋顶花园、废弃地、棕地等立体式绿色开敞空间）的现状调查和评估，以维持和提高城市生物多样性为目的，通过城市环境使用者的偏好和认知来调整城市绿地系统规划的方向和思路，并通过结合当地医疗部门开展相关室外城市绿地环境对居民身心健康的跟踪调查。基于实际测量和数据模拟相结合的方法，探索城市绿地植物配置与改善空气质量之间的量化关系，优化植物结构配置。

另外，以西北地区城市居住区室外园林环境为研究对象，针对当地冬季寒冷、夏季炎热、相对干燥、季风型气候特点，考虑不同季节下的室外环境热舒适，基于可利用的园林设计形式，通过多学科交叉研究，分析不同密度和建筑布局形态下，不同景观构成元素（植物、水景、铺地等）、空间布局、园林植物群落特征对不同季节室外环境热舒适的影响，研究冬季防风、夏季和过渡季引风、导风、降低热岛效应和改善室外活动空间热舒适的技术措施，发掘可应用于指导以人类身心健康为导向的景观设计手法。

3.6　福建农林大学

3.6.1　清单表

Ⅰ　师资队伍与资源

Ⅰ-1　突出专家

序号	专家类别	专家姓名	出生年月	获批年月	备注
1	百千万人才工程国家级人选	郑郁善	196005	200405	
2	享受政府特殊津贴人员	兰思仁	196309	201301	
合计	突出专家数量（人）			2	

Ⅰ-3　专职教师与学生情况

类型	数量	类型	数量	类型	数量
专职教师数	33	其中，教授数	7	副教授数	7
研究生导师总数	28	其中，博士生导师数	8	硕士生导师数	28
目前在校研究生数	213	其中，博士生数	21	硕士生数	192
生师比	7.61	博士生师比	2.63	硕士生师比	6.86
近三年授予学位数	243	其中，博士学位数	6	硕士学位数	237

Ⅰ-4　重点学科

序号	重点学科名称	重点学科类型	学科代码	批准部门	批准年月
1	风景园林学	重点学科	0834	福建省政府	201211
合计	二级重点学科数量（个）	国家级	—	省部级	1

Ⅰ-5　重点实验室

序号	实验室类别	实验室名称	批准部门	批准年月
1	省部级重点实验室/中心	国家林业局森林公园工程技术研究中心	国家林业局	201412
2	省部级重点实验室/中心	国家水利部水利风景区研究中心	国家水利局	201402
3	省部级重点实验室/中心/基地	风景园林福建省高等学校重点实验室	福建省教育厅	201107
4	省部级重点实验室/中心/基地	财政部与地方共建风景园林综合实验室	财政部	201006
5	省部级重点实验室/中心/基地	海峡西岸艺术创意与景观设计中心	福建省发改委	201010
6	省部级重点实验室/中心/基地	"中华名特优植物园"全国科普教育基地	中国科协	201006
合计	重点实验数量（个）	国家级　　——	省部级	6

Ⅱ 科学研究

Ⅱ-1 近五年（2010—2014年）科研获奖

序号	奖励名称	获奖项目名称	证书编号	完成人	获奖年度	获奖等级	参与单位数	本单位参与学科数
1	省级科技进步奖	红豆树种质资源保育与栽培经营技术系列研究	—	兰思仁	2014	一等奖	1	1
2	省级科技进步奖	景观型南方红豆杉良种繁育及园林应用研究	2010-J-2-031-1	郑郁善	2010	二等奖	1	1
3	省级科技进步奖	泉州湾河口湿地保护与修复技术	2013-J-2-042-2	兰思仁	2013	二等奖	2（2）	1
4	省级科技进步奖	福州市古树名木保护与管理集成技术	2013-J-3-073-2	薛秋华	2013	三等奖	2（2）	1
5	省级科技进步奖	观赏型南方红豆杉培育及重塑关键技术研究与应用	2013-J-3-059-1	董建文	2013	三等奖	2（2）	1
6	省级科技进步奖	福建、海南省野生丹科植物种质资源保护与利用研究	2011-J-3-077-3	彭东辉	2011	三等奖	1	1
7	省级科技进步奖	中亚热带森林隙动态响应及驱动研究	2011-J-3-076-1	闫淑君	2011	三等奖	1	1
8	省级科技进步奖	中、南亚热带风景游憩林构建理论与技术研究	2010-J-3-068-1	董建文	2010	三等奖	1	1

合计	科研获奖数量（个）	国家级	特等奖 —	一等奖 —
		省部级	一等奖 1	二等奖 2
			三等奖 5	

Ⅱ-2 代表性科研项目（2012—2014年）

Ⅱ-2-1 国家级、省部级、境外合作科研项目

序号	项目来源	项目下达部门	项目级别	项目编号	项目名称	负责人姓名	项目开始年月	项目结束年月	项目合同总经费（万元）	属本单位学科的到账经费（万元）
1	国家科技支撑计划（国家级）	科技部	重点项目	2014BAD15B01	福建红壤区生态修复利持续经营关键技术集成与示范（子课题1花卉方向）	兰思仁	201401	201712	155	155
2	国家科技支撑计划（国家级）	科技部	重点项目	2011BAD38B03	"城镇景观防护林体系构建技术研究"子课题"城镇景观防护林游憩经营技术研究"	董建文	201101	201512	31	31

（续）

序号	项目来源	项目下达部门	项目级别	项目编号	项目名称	负责人姓名	项目开始年月	项目结束年月	项目合同总经费（万元）	属本单位本学科的到账经费（万元）
3	部委级科研项目（国家级）	科技部	重点项目（国家科技富民强县专项行动计划项目）	国科发农〔2014〕160号	名优花卉产业化核心技术集成示范与推广	陈清西	201407	201606	11.5	11.5
4	部委级科研项目（国家级）	科技部	重点项目（2013年科技部富民强县项目）	财教〔2013〕144号	漳浦县优势花卉产品开发与标准化生产示范	陈清西	201301	201512	90	90
5	国家自然科学基金（国家级）	国家自然科学基金委员会	青年项目	31400180	虾脊兰属及其近缘类群（兰科）的系统分类学研究	翟俊文	201501	201712	24	24
6	国家自然科学基金（国家级）	国家自然科学基金委员会	一般/面上项目	31372107	中国水仙花色形成功能基因的克隆分析与鉴定	陈晓静	201401	201412	15	15
7	国家自然科学基金（国家级）	国家自然科学基金委员会	一般/面上项目	31272149	龙眼体胚发生过程中RAN家族基因的表达调控	赖钟雄	201301	201601	80	80
8	国家自然科学基金（国家级）	国家自然科学基金委员会	青年项目	31201614	dlo-miR167家族在龙眼体胚发生过程中的作用机制研究	林玉玲	201301	201501	23	23
9	国家自然科学基金（国家级）	国家自然科学基金委员会	青年项目	31100303	朴树种群更新策略及其生态适应机制的研究	闫淑君	201201	201412	23	23
10	部委级科研项目	国家林业局科技司	重点项目（林业公益性行业科研专项）	201404315	森林公园绿色名录与森林风景资源培育技术	董建文	201401	201712	120	120
11	部委级科研项目	国家林业局科技司	重点项目（林业公益性行业科研专项）	201404030109	海西美丽城镇森林景观区域特征分析与构建技术集成示范（美丽城镇森林景观的构建技术研究与示范）	董建文	201401	201812	112	112
12	部委级科研项目	国家林业局科技司	重点项目	201404314	森林风景资源管理与游憩利用技术研究	黄启堂	201401	201612	10	10

（续）

序号	项目来源	项目下达部门	项目级别	项目编号	项目名称	负责人姓名	项目开始年月	项目结束年月	项目合同总经费（万元）	属本单位本学科的到账经费（万元）
13	部委级科研项目	农业部科技司	重点项目（"948"专项）	K4212002C	台湾功能型园林植物的引进消化与创新	邓传远	201201	201212	10	10
14	部委级科研项目	国家林业局科技司	重点项目	201104051	森林公园景观质量提升及资源保护关键技术	董建文	201101	201412	31	31
15	部委级科研项目	国家林业局科技司	重点项目（林业公益性行业科研专项）	201204604	亚热带野生观赏植物多样性保育及扩繁技术研究	兰思仁	201004	201304	140	140
16	部委级科研项目	教育部	青年项目	2010351512 0001	独蒜兰传粉生物学特性研究	彭东辉	201101	201312	4.8	4.8
17	部委级科研项目	教育部	青年项目	2013351512 0017	独蒜兰假鳞茎中营养物质代谢与花芽分化关系的研究	吴沙沙	201401	201612	4	4
18	省级自然科学基金项目	福建省省科技厅	青年项目（杰出青年基金）	2015J06004	龙眼体胚发生过程中内源诱捕靶标（eTM）调控miRNA的机制研究	林玉玲	201501	201812	30	30
19	省级自然科学基金项目	福建省省科技厅	一般/面上项目	2012J01083	花叶艳山姜叶片精油提取及抗氧化研究	吴少华	201201	201412	4	4
20	省级自然科学基金项目	福建省省科技厅	一般/面上项目	2011J01081	独蒜兰种群数量动态与生殖对策的相关性研究	彭东辉	201101	201412	4	4
21	省级自然科学基金项目	福建省省科技厅	青年项目	2009J01062	森林景观美景度及定量评价研究	董建文	200903	201212	5	5
22	省级自然科学基金项目	福建省省科技厅	青年项目	2014J05030	独蒜兰假鳞茎自然更新机理的研究	吴沙沙	201401	201612	3	3
23	省科技厅项目	福建省省科技厅	重点项目	2012R0017	福建旅游产业技术发展研究	兰思仁	201106	201406	10	10

（续）

序号	项目来源	项目下达部门	项目级别	项目编号	项目名称	负责人姓名	项目开始年月	项目结束年月	项目合同总经费（万元）	属本单位本学科的到账经费（万元）
24	省科技厅项目	福建省科技厅	重点项目	PCMXY2983365	丹桂高产培育及桂花干制（高产培育部分）	彭东辉	201301	201512	10.5	10.5
25	省科技厅项目	福建省科技厅	重点项目	2011S0082	切花百合种球脱毒与复壮技术推广应用	彭东辉	201201	201412	4.5	4.5
26	省科技厅项目	福建省科技厅	重大项目（省重大专项专题）	2013NZ0002-4	农业科技园区花果良种选育及集约化种植技术研究与示范	陈清西	201301	201612	100	100
27	省科技厅项目	福建省科技厅	重点项目（省星火计划项目）	2014S0058	台湾牛樟快繁和栽培技术研究与应用	陈清西	201401	201712	4	4
合计	国家级科研项目		数量（个）	9	项目合同总经费（万元）	452.5		属本单位本学科的到账经费（万元）	452.5	

II-2-2 其他重要科研项目

序号	项目来源	合同签订/项目下达时间	项目名称	负责人姓名	项目开始年月	项目结束年月	项目合同总经费（万元）	属本单位本学科的到账经费（万元）
1	福建省政府	201401	福建省特色花卉品种创新与种苗设施繁育产业化工程	兰思仁	201401	201612	1000	1000
2	福建农林大学	201401	中国水仙品种改良与产业化工程技术中心建设	陈晓静	201409	201708	160	160
3	福建省林业厅	201401	观赏荷花品种引进与繁育推广	彭东辉	201401	201612	30	30
4	省林业厅林业经济发展专项	201401	变叶木引种研究	潘东明	201401	201512	30	30
5	福州市农业局	201401	茉莉花香气形成机理与新品种筛选应用研究	叶乃兴	201401	201712	20	20
6	福建省林业科学研究项目	201401	夏鹃名优品种引进繁育与老桩盆景制作技术示范推广	陈清西	201406	201706	8	8

（续）

序号	项目来源	合同签订/项目下达时间	项目名称	负责人姓名	项目开始年月	项目结束年月	项目合同总经费（万元）	属本单位本学科的到账经费（万元）
7	福建省林业厅	201401	西洋杜鹃成花机理及花期调控技术研究	陈凌艳	201406	201706	5	5
8	福建省教育厅	201401	虾脊兰属及其近缘类群（兰科）的系统分类学	翟俊文	201401	201612	1	1
9	福建省财政厅	201305	森林风景评价及景观改造研究	董建文	201305	201412	70	30
10	省财政厅专项经费	201301	海峡观赏兰花栽培示范基地建设	兰思仁	201301	201312	40	40
11	福建省林业厅	201301	福建优势特色花卉水仙引种与产业化关键技术研究	佘文琴	201301	201412	40	40
12	福建省财政厅	201212	汀江河岸生态研究和规划科研专项	许贤书	201301	201312	20	20
13	福建省林业厅	201301	几种野生观赏植物繁育技术推广	彭东辉	201301	201512	20	20
14	福建省教育厅	201309	黄花独蒜兰引种、栽培与繁殖技术研究	吴沙沙	201309	201609	1	1
15	福建省林业厅	201301	盆栽观果花卉品种选育及产业化	陶萌春	201301	201512	15	15
16	福建省哲学社会科学规划领导小组办公室	201201	长汀水土流失治理经验总结与加快推进福建生态省建设研究	兰思仁	201206	201312	10	10
17	福建省教育厅	201201	西洋杜鹃组织培养及其机理研究	陈凌艳	201201	201412	1	1
18	福建省林业厅	201201	富贵籽疑似缩顶病、枯萎病防治技术	陶萌春	201201	201512	10	10
19	福建省教育厅	201201	城乡统筹背景下的福州城市绿地系统空间格局及功能研究	阙晨曦	201201	201412	1	1
20	福建省财政厅	201101	野生花卉多样性保育关键技术研究	兰思仁	201104	201305	30	30
21	福建省农科教结合协调领导小组办公室	201101	风景游憩林构建技术在旅游休闲型新农村建设中应用	董建文	201101	201412	9	9
22	福建省教育厅	201101	杜英科植物次生木质部附物纹孔的研究	邓传远	201101	201312	0.5	0.5
23	福建省林业厅	201101	野牡丹科植物种质资源保护与利用推广	彭东辉	201101	201312	5	5
24	福建省林业厅	201001	福建城市片林乡土树种与彩叶树种应用研究	谢祥财	201001	201212	5	5
25	三明市政府	201003	三明市野生观赏植物开发利用	董建文	201003	201201	20	20
26	福建省教育厅	200901	红树植物次生木质部附物纹孔的研究	邓传远	200901	201212	3	3

II-2-3 人均科研经费

人均科研经费（万元/人）	77.99

II-3 本学科代表性学术论文质量

II-3-1 近五年（2010—2014年）国内收录的本学科代表性学术论文

序号	论文名称	第一作者	通讯作者	发表刊次（卷期）	发表刊物名称	收录类型	中文影响因子	他引次数
1	福建省野生观赏植物资源调查与观赏花植物的观赏特性评价	兰思仁	兰思仁	2010（12）	中国园林	XKPG	1.045	17
2	东方百合'索邦'鳞茎源——库转化过程中碳水化合物代谢及相关酶活性变化	吴沙沙	吕英民	2013, 35（6）	北京林业大学学报	CSCD	1.346	—
3	风景园林展新颜 学科建设更辉煌	兰思仁	兰思仁	2011（2）	风景园林	XKPG	0.301	—
4	一甲子上岸桃李知山知水品学并重 六十载好手园丁树木树人山河披绿	兰思仁	兰思仁	2012（4）	风景园林	XKPG	0.301	—
5	武夷山风景名胜区景观生态安全度时空分异规律	游巍斌	何东进	2011, 31（21）	生态学报	CSCD	2.233	17
6	大城市边缘区人居环境系统演变的生态－地理过程——以广州市为例	祁新华	程 煜	2010, 30（16）	生态学报	CSCD	2.233	5
7	中国省域森林公园技术效率测算与分析	黄秀娟	黄福才	2011, 26（3）	旅游学刊	CSCD	2.589	13
8	福建省乡村道路林群分布特征及结构特征研究	邱尔发	董建文	2012, 34（6）	北京林业大学学报	CSCD	1.346	1
合计		中文影响因子		11.394		他引次数		53

Ⅱ-3-2　近五年（2010—2014 年）国外收录的本学科代表性学术论文

序号	论文名称	论文类型	第一作者	通讯作者	发表刊次（卷期）	发表刊物名称	收录类型	他引次数	期刊SCI影响因子	备注
1	A new phylogenetic analysis sheds new light on the relationships in the Calanthe alliance (Orchidaceae) in China	Article	Zhai Junwen	Xing Fuwu	2014, 77	Molecular Phylogenetics and Evolution	SCI	1	4.018	第一署名单位
2	Wild resource diversity and conservation strategies of orchidaceous plants in Fujian Province	Article	Lan Siren	Lan Siren	2013	Acta Horticulturae	SCI	—	1.504	通讯和第一署名单位
3	Changnienia malipoensis, a new species from China (Orchidaceae; Epidendroideae; Calypsoeae)	Article	Peng Donghui	Zhai Junwen	2013, 115（2）	Phytotaxa	SCI	1	1.376	通讯和第一署名单位
4	Goodyera malipoensis (Cranichideae, Orchidaceae), a new species from China: Evidence from morphological and molecular analyses	Article	Guan Qiuxiang	Chen Shipin	2014, 186（1）	Phytotaxa	SCI	—	1.376	通讯和第一署名单位
5	Identification of volatiles in leaves of Alpinia zerumbet 'Variegata' using headspace solid-phase microextraction-gas chromatography-mass spectrometry	Article	Chen Jianyan	Wu Shaohua	2014, 9（7）	Natural Product Communications	SCI	—	0.924	通讯和第一署名单位
6	Chemical composition, antioxidant and antibacterial activities of essential oil from leaves of Alpinia zerumbet 'Variegata'	Article	Chen Jianyan	Chen Jianyan	2014, 9（8）	Research Journal of BioTechnology	SCI	—	0.26	通讯和第一署名单位
7	In vitro induction and regeneration of callus from three inflorescence organs of Chinese narcissus (Narcissus tazetta L.var. chinensis Roem.)	Article	Wu X Q	Zeng Lihui	2014, 89（6）	Journal of Horticultural Science & Biotechnology	SCI	—	0.509	通讯和第一署名单位
合计		SCI影响因子	9.967			他引次数			2	

II—4 建筑设计获奖（2012—2014 年）

序号	获奖项目名称	奖励类别	获奖等级	获奖人姓名	获奖年月	参与单位数	本单位参与学科数
1	空间的层·时间的段—阿奇齐亚兵营战后景观修复	优秀风景园林规划设计奖（第四届艾景奖暨 2014 中国国际园林景观规划设计大赛）	研究生组城市公共空间园组银奖	李奕成、王隽、洪惠山、林心蕾	201410	1	1
2	"都市无悔策略"与多功能暴雨水管理实践—台北青年公园改建设计	优秀风景园林规划设计奖（第四届艾景奖暨 2014 中国国际园林景观规划设计大赛）	研究生组公园与花园设计组银奖	黄美云、王雅	201410	1	1
3	绿沈·月白——基于福州油纸伞工艺的 ST 系统概念性规划设计	优秀风景园林规划设计奖（第四届艾景奖暨 2014 中国国际园林景观规划设计大赛）	研究生组绿地系统规划组铜奖	庄晨薇、江育、吴心宇、王淞、黄诗佳	201410	1	1
4	生态学村——福建师范大学协和学院景观生态改造设计	优秀风景园林规划设计奖（第四届艾景奖暨 2014 中国国际园林景观规划设计大赛）	研究生组风景区规划组优秀奖	武月龙、王墨、谢鑫泉、张诚亮	201410	1	1
5	藏匿-穴居 福州五峰里规划设计	优秀风景园林规划设计奖（第四届艾景奖暨 2014 中国国际园林景观规划设计大赛）	本科生组风景区规划组铜奖	王益鹏	201410	1	1
6	生命的守望——杨源鲤鱼溪的保护和再生	优秀风景园林规划设计奖（2014 年美丽奖世界园林景观规划设计大赛）	学生组银奖	卢靖、黄河、高雅玲、胡清林、刘斌	201410	1	1
7	深度呼吸——福州肺科医院住院部景观设计方案	优秀风景园林规划设计奖（2014 年美丽奖世界园林景观规划设计大赛）	学生组银奖	苏若男、杨慧芬、邓钰桦、朱晓玥	201410	1	1
8	忘时·寻找永续的桃花源——宜宾竹产业园规划设计	优秀风景园林规划设计奖（2014 年美丽奖世界园林景观规划设计大赛）	学生组铜奖	朱启雁、丁雯琳、沈心妍、王益鹏、张栝	201410	1	1
9	生态学村——福建师范大学协和学院景观生态改造设计	优秀风景园林规划设计奖（2014 年美丽奖世界园林景观规划设计大赛）	学生组优秀奖	武月龙、王墨、张诚亮、谢鑫泉	201410	1	1
10	基于福州油纸伞工艺的 S.T. 系统概念性规划设计	优秀风景园林规划设计奖（2014 年美丽奖世界园林景观规划设计大赛）	学生组优秀奖	王隽、江育、庄晨薇、吴心宇、王淞	201410	1	1
11	城市自然景观的保护与延续	优秀风景园林规划设计奖（2014 年美丽奖世界园林景观规划设计大赛）	学生组优秀奖	陈浩	201410	1	1

（续）

序号	获奖项目名称	奖励类别	获奖等级	获奖人姓名	获奖年月	参与单位数	本单位参与学科数
12	低碳、低技、低生活——农民工工地生活空间景观策略	优秀风景园林规划设计奖（2013 "园冶杯"风景园林国际竞赛设计作品单项奖）	最佳人文奖	高东东	201311	1	1
13	桥与水的故事——福州洪山古桥遗址改造	优秀风景园林规划设计奖（2013 "园冶杯"风景园林国际竞赛设计作品单项奖）	最佳表现奖	蔡钢渤	201311	1	1
14	乡土红——古村落路径景观因子激活设计	优秀风景园林规划设计奖（2013 "园冶杯"风景园林国际竞赛设计作品）	一等奖	陈宽明	201309	1	1
15	大学·农村——福州大学城景观渗透地带	优秀风景园林规划设计奖（2013 "园冶杯"风景园林国际竞赛设计作品）	三等奖	许少怀	201309	1	1
16	水利工程，生态与景观的融合——山东省邹平县新月河景观规划设计	优秀风景园林规划设计奖（2013 "园冶杯"风景园林国际竞赛设计作品）	三等奖	王丹丹	201309	1	1
17	琅岐滩涂养殖区延伸景观设计	优秀风景园林规划设计奖（2013 "园冶杯"风景园林国际竞赛设计作品）	鼓励奖	刘婷艳	201309	1	1
18	水上"蜘蛛网"编织慢生活——福州市仓山区上渡洋洽河景观改造设计	优秀风景园林规划设计奖（2013 "园冶杯"风景园林国际竞赛设计作品）	鼓励奖	郑小芳	201309	1	1
19	珠连绿带滨河景区规划设计	优秀风景园林规划设计奖（2013 "园冶杯"风景园林国际竞赛设计作品）	鼓励奖	韩国强	201309	1	1
20	城市公园暴雨水最佳管理措施BMPs应用研究	优秀风景园林规划设计奖（2013 "园冶杯"风景园林国际竞赛规划设计论文组）	二等奖	王墅	201309	1	1
21	艺圃空间量化研究	优秀风景园林规划设计奖（2013 "园冶杯"风景园林国际竞赛规划设计论文组）	二等奖	徐雷	201309	1	1
22	居住区景观架空层空间界面设计研究	优秀风景园林规划设计奖（2013 "园冶杯"风景园林国际竞赛规划设计论文组）	三等奖	李浩然	201309	1	1

（续）

序号	获奖项目名称	奖励类别	获奖等级	获奖人姓名	获奖年月	参与单位数	本单位参与学科数
23	城市河流型绿道规划与设计研究——以福州市江北城区内河为例	优秀风景园林规划设计奖（2013“园冶杯”风景园林国际竞赛规划设计论文组）	三等奖	黄倩竹	201309	1	1
24	城市铁路废弃地景观更新设计研究	优秀风景园林规划设计奖（2013“园冶杯”风景园林国际竞赛规划设计论文组）	鼓励奖	林双毅	201309	1	1
25	城市更新背景下文化创意产业园区的景观规划研究	优秀风景园林规划设计奖（2013“园冶杯”风景园林国际竞赛规划设计论文组）	鼓励奖	张　欢	201309	1	1
26	台湾森林游乐区生态文化景观的塑造	优秀风景园林规划设计奖（2013“园冶杯”风景园林国际竞赛规划设计论文组）	鼓励奖	李文苑	201309	1	1
27	福州市主城区城市绿地可达性研究	优秀风景园林规划设计奖（2013“园冶杯”风景园林国际竞赛规划设计论文组）	鼓励奖	缪绿琳	201309	1	1
28	杭州城市河道人文景观保护研究	优秀风景园林规划设计奖（2013“园冶杯”风景园林国际竞赛规划设计论文组）	鼓励奖	黄榜斌	201309	1	1
29	威海市城市公园绿地布局研究	优秀风景园林规划设计奖（2013“园冶杯”风景园林国际竞赛规划设计论文组）	鼓励奖	周　璐	201309	1	1
30	台北大安森林公园暴雨水最佳管理措施景观设计	优秀风景园林规划设计奖（艾景奖第三届国际园林景观规划设计大赛）	设计杰出奖	王墨、黄倩竹	201309	1	1
31	再生 / 演绎——福建工程学院旗山南校区节水系统与景观规划设计	优秀风景园林规划设计奖（艾景奖第三届国际园林景观规划设计大赛）	金奖（园区景观设计组）	张甜甜、江鸣涛、傅伟聪、朱丽雪、高宝明	201309	1	1
32	驿畲不舍—福州芋坑休闲度假村概念性规划设计	优秀风景园林规划设计奖（艾景奖第三届国际园林景观规划设计大赛）	铜奖（旅游度假区规划组）	尹学平	201309	1	1
33	Move·碧水蓝天·绿韵翱翔—九宫格滨水景观空间设计	优秀风景园林规划设计奖（艾景奖第三届国际园林景观规划设计大赛）	优秀奖（公园设计组）	曹光玉	201309	1	1

（续）

序号	获奖项目名称	奖励类别	获奖等级	获奖人姓名	获奖年月	参与单位数	本单位参与学科数
34	循环水细胞——福建培田古村水景观修复提升方案	优秀风景园林规划设计奖（艾景奖第三届国际园林景观规划设计大赛）	优秀奖（城市规划设计组）	王淞薇、于硕、庄晨、李宵宁、黄凌、周亮	201309	1	1
35	微碳小空间构想——福州中能电气会所景观设计	优秀风景园林规划设计奖（艾景奖第三届国际园林景观规划设计大赛）	优秀奖（本科组城市规划设计组）	林伟斌	201309	1	1
36	生态乌托邦——城市中央边缘化立体湿地	优秀风景园林规划设计奖（美丽奖世界园林景观规划设计大赛）	优秀奖	卢婧	201309	1	1
合计	建筑设计获奖数量	国际（项）	—			国内（项）	36

II-5 已转化或应用的专利（2012—2014年）

序号	专利名称	第一发明人	专利申请号	专利号	授权（颁证）年月	专利受让单位	专利转让合同金额（万元）
1	室内植物释放大量负离子的装置	郑金贵	201110009140.1[P]. 2011.05.25	ZL.201110009140.1	201304	福建百卉花艺公司	300
2	一种异叶南洋杉水培根高效诱导与培养方法	彭东辉	201310074378.1[P]. 2013.03.09	ZL.201310074378.1	201405	无偿转让	—
3	一种万代兰品种的繁育方法	何碧珠	2012105777629	CN103004604B	201309	无偿转让	—
4	以幼嫩花掌作为中国水仙快繁料转基因的外植体	曾黎辉	2010101644101	ZL2010101644410.1	201210	无偿转让	—
5	一种诱导铁皮石斛试管开花的方法	赖钟雄	2012100492543	CN102577963B	201307	无偿转让	—
合计						专利转让合同金额（万元）	300

Ⅲ 人才培养质量

Ⅲ-1 优秀教学成果奖（2012—2014 年）

序号	获奖级别	项目名称	证书编号	完成人	获奖等级	获奖年度	参与单位数	本单位参与学科数
1	省教学成果奖	低碳背景下生态校园建设与风景园林学科应用型人才培养模式的研究与实践	闽教高〔2014〕13 号	兰思仁	一等奖	2014	1	1
合计	国家级	一等奖（个）	—	二等奖（个）	—	三等奖（个）		—
	省级	一等奖（个）	1	二等奖（个）	—	三等奖（个）		—

Ⅲ-2 研究生教材（2012—2014 年）

序号	教材名称	第一主编姓名	出版年月	出版单位	参与单位数	是否精品教材
1	中南亚热带风景游憩林构建理论与技术	董建文	201312	中国林业出版社	1	否
合计	国家级规划教材数量		—	精品教材数量		—

Ⅲ-4 学生国际交流情况（2012—2014 年）

序号	姓名	出国（境）时间	回国（境）时间	地点（国家/地区及高校）	国际交流项目名称或主要交流目的
1	林静瑜	201109	201201	台湾中兴大学	闽台园林专业交换生培养
2	李文苑	201109	201201	台湾中兴大学	闽台园林专业交换生培养
3	魏筱珑	201109	201201	台湾中兴大学	闽台园林专业交换生培养
4	王墨	201202	201206	台湾中国文化大学	闽台园林专业交换生培养
5	黄倩竹	201202	201206	台湾中国文化大学	闽台园林专业交换生培养
6	曾辉	201202	201206	台湾中国文化大学	闽台园林专业交换生培养
7	齐津达	201209	201301	台湾中国文化大学	闽台园林专业交换生培养
8	曾明亮	201209	201301	台湾中国文化大学	闽台园林专业交换生培养
9	李根	201209	201301	台湾中国文化大学	闽台园林专业交换生培养
10	吴小燕	201209	201301	台湾中国文化大学	闽台园林专业交换生培养
11	廖颜姣	201209	201301	台湾大学	闽台园林专业交换生培养
12	张怡	201302	201306	台湾中国文化大学	闽台园林专业交换生培养
13	王雅	201309	201401	台湾中国文化大学	闽台园林专业交换生培养
14	黄美云	201309	201401	台湾中国文化大学	闽台园林专业交换生培养
15	卢婧	201402	201406	台湾中兴大学	闽台园林专业交换生培养
16	林伟斌	201409	201501	台湾中国文化大学	闽台园林专业交换生培养
17	许鹏	201409	201501	台湾中国文化大学	闽台园林专业交换生培养
18	高艺园	201409	201501	台湾中国文化大学	闽台园林专业交换生培养
合计	学生国际交流人数			18	

Ⅲ-5　授予境外学生学位情况（2012—2014 年）			
序号	姓名	授予学位年月	国别或地区	授予学位类别
1	周张德堂	201307	台湾	学术学位硕士
2	李坤地	201307	台湾	学术学位硕士
3	林德国	201412	台湾	学术学位硕士
4	罗国宾	201412	台湾	学术学位硕士
合计	授予学位人数	博士	—	硕士 4

3.6.2　学科简介

1. 学科基本情况与学科特色

2011 年 7 月成功申报风景园林一级学科，成为全国农林院校中 10 所具有风景园林一级学科博士点的高校之一。风景园林学科于 2012 年申请获批成为福建省重点学科，并在 2012 年全国学科评估排名中位列农林院校第六名。风景园林学科团队成员知识结构上涵盖生态学、城市规划与设计、森林培育（风景林营造方向）、园林植物与观赏园艺等方向，各方向相互渗透、相互交叉、相互影响，逐渐形成了包括风景园林与景观遗产保护、风景园林生态与修复、园林植物、园林规划与景观设计四大研究方向，并具有以下特点：

（1）研究领域综合性强，教学科研成果丰硕

除科研经费、科研获奖和发明专利外，本学科现近四年来发表被 CSCD 等数据库收集的论文 30 多篇，中文影响因子合计 15.909，他引 115 次，出版专著、编著 12 部。在学科教学建设方面，2014 年，园林复合应用型卓越农林人才培养教育计划国家级教改项目获立项，园林专业分获 2009 年和 2010 年省级、国家级"特色专业"；并于 2010 年建立省级"园林专业人才培养模式创新实验区"；"园林植物资源与分类"为省优质硕士学位课程。近年来，学生在风景园林国内外竞赛中获奖 50 项。园林本科专业在全国 134 高校中名列 11 名，获 A 级专业。

（2）对台对外交流合作密切

除招收台籍学生和选派本校学生做交换生在台湾各大高校学习外，风景园林学科与台湾近 10 家花卉生产企业、公司进行产学研合作，为引进台湾名特优园林植物并研究出适宜在福建及全国不同地区推广的园林植物提供了平台。在科研交流方面，尤其注重名特优风景园林植物的引种和森林游憩方面的对台交流合作，完成了对台合作项目 6 项。

2014 年与加拿大戴尔豪西大学"3+1"风景园林本科合作项目获批，2015 年开始招生。风景园林学科教学与科研人员每年赴国外访学人数 3 人左右。2013 年主办了第九届亚洲兰花多样性与保育国际学术研讨会。

（3）区域地带性特色显著

本学科研究内容新颖，具有地域性、前瞻性和推广性：学科在亚热带园林植物景观方面（特别是区域地带性植物应用）的研究处于国内领先地位；关于野生观赏植物和针对闽台本土特点开展的相关园林植物的研究，充分体现了"海西特色"；关于森林景观美景度评价等景观评价体系的研究搭建了相关领域的理论框架；关于园林植物应用方面的实践项目将各类科研成果予以了很好的推广和应用；关于园林植物康健功能及园林植物应用方面的研究从全新的角度出发，体现了以人为本的理念等。

（4）积极创造科研平台，促进学科加速发展

自 2011 年风景园林一级学科成功申报以来，本学科积极争取搭建科研平台，在现有的各类重点实验室 / 中心的基础上，不断提升优化，获批了"风景园林学科博士后流动站"等研究平台。

2. 社会贡献

多年来，本学科一直致力于科研成果的转化，将其应用于社会实践项目中去，承担了大量的社会服务项目，充分展示了本学科成员的科研素质和技术水平，增强了社会影响。

（续）

（1）制定相关发展规划、行业标准，推进相关产业发展

本学科成员充分利用项目成果服务社会，大力推进了风景园林相关行业的发展：参与编写了《福建省风景园林"十二五"发展规划》《福建省花卉产业规划》《泉州市花卉产业规划》等发展规划十余项；参与制订了《古树名木管理技术规程》和《古树名木评估鉴定标准》等风景园林相关省地方标准7项。

协助福建省建设厅开展各类园林相关职业技能的培训（景观规划师、造价员、施工监理等技术人员的培训）；积极参加福建6·18项目成果交易会、9·8中国国际投资贸易洽谈会等，推进风景园林专业的成果转化。

（2）弘扬生态文化、服务社会大众

长期以来，本学科致力于在各类风景园林规划项目中对生态文化的推广，推进了人与自然和谐的环境景观建设，参与了滨水景观设计项目、城市总体规划设计项目、森林公园申报项目、生态景区规划项目、城市绿地系统规划、城市森林建设等类型的设计任务200多项。在社会服务方面，利用节假日（寒暑假）深入群众，开展专家咨询会，针对植物种植养护、插花艺术等方面服务大众；为多个贫困地区义务服务，开展新农村规划设计，尤其是在"助推长汀水土流失治理"（规划建设）项目中，本学科承担了大量的规划设计工作，为福建省发展做出了贡献。

（3）本学科专职教师部分重要社会兼职

兰思仁教授，中国风景园林学会教育工作委员会副主任委员、中国森林风景资源评价委员会委员、中国林学会森林公园分会副理事长、中国兰花协会理事、中国林学会竹子分会副理事长、福建省林学会理事长。

董建文教授，IUCN绿色名录最佳管理保护地中国评审专家、中国森林公园标准化委员会副秘书长、国家水利风景区评审专家组成员、全国花卉咨询专家（野生观赏植物方向）、福建省风景园林学会常务理事，福建省花卉协会专家委员会副主任，福州市园林局专家委员会副主任。

黄启堂教授，福州市风景园林学会名誉副理事长、中国林学会森林公园分会理事。

薛秋华教授，福建省及福州市建设工程招标评标专家；福建、福州花卉协会常务理事。

彭东辉教授，福建省花卉协会理事、福建省花卉咨询专家、南平市延平区农业科技顾问、福建省花卉协会花文化与教育分会副会长。

谢祥财副教授，水利部水利风景区专家组成员、中国风景园林学会专家库成员、福建省风景园林学会常务理事。

陶萌春教授，全国花卉咨询专家（非洲菊）。

3.7　河南农业大学

3.7.1　清单表

Ⅰ　师资队伍与资源

序号	专家类别	专家姓名	出生年月	获批年月	备注
			I-1　突出专家		
1	百千万人才工程国家级人选	何松林	196501	200710	
合计	突出专家数量（人）			1	

			I-3　专职教师与学生情况		
类型	数量	类型	数量	类型	数量
专职教师数	41	其中，教授数	9	副教授数	12
研究生导师总数	21	其中，博士生导师数	5	硕士生导师数	21
目前在校研究生数	220	其中，博士生数	12	硕士生数	209
生师比	10.48	博士生师比	2.4	硕士生师比	9.95
近三年授予学位数	166	其中，博士学位数	3	硕士学位数	163

			I-4　重点学科		
序号	重点学科名称	重点学科类型	学科代码	批准部门	批准年月
1	风景园林学	一级	0834	河南省政府	2012
2	园林植物与观赏园艺	二级	090706	河南省政府	2006
合计	二级重点学科数量（个）	国家级	—	省部级	2

		I-5　重点实验室		
序号	实验室类别	实验室名称	批准部门	批准年月
1	省部共建国家重点实验室	中央与地方共建观赏植物实验室	教育部	200804
2	省部级重点研究中心	河南省优质花卉蔬菜种苗工程研究中心	河南省发展改革委员会	2003
合计	重点实验数量（个）	国家级	— 省部级	2

II 科学研究

II-1 近五年（2010—2014年）科研获奖

序号	奖励名称	获奖项目名称	证书编号	完成人	获奖年度	获奖等级	参与单位数	本单位参与学科数
1	河南省科技进步奖	宝天曼国家级自然保护区森林生物多样性保育技术研究	2010-J-050-R01/10	叶永忠	2010	二等奖	1	3
2	河南省科技进步奖	牡丹盆栽的生理营养基础及其关键技术研究	—	李永华	2012	二等奖	2	2
3	河南省科技成果	河南省高速公路网络生态防护体系及养护管理研究	—	田国行	201103	—	4	3
4	河南省科技成果	植物组织培养高效节能照光系统及应用技术研究	豫科鉴委字[2011]第2187号	何松林	2011	—	1	2
合计	科研获奖数量（个）	国家级 特等奖 / 一等奖；省部级 一等奖 / 二等奖	— / — / — / 2					

II-2 代表性科研项目（2012—2014年）

II-2-1 国家级、省部级、境外合作科研项目

序号	项目来源	项目下达部门	项目级别	项目编号	项目名称	负责人姓名	项目开始年月	项目结束年月	项目合同总经费（万元）	属本单位本学科的到账经费（万元）
1	国家自然科学基金	—	—	31272189	牡丹内源酚类物质与IAA反应产物结构与生理功能解析	何松林	2013	2016	84	84
2	国家自然科学基金	—	—	31140057	牡丹PsARRO-1基因的表达特性及功能分析	何松林	2012	2012	10	10
3	国家自然科学基金	—	—	31470029	郑州市绿色空间布局对城市微气候的影响机制	何瑞珍	2014	2016	34	34
4	国家自然科学基金	—	—	31100272	连翘的亲缘地理学研究	李永	2012	2014	22	22

（续）

序号	项目来源	项目下达部门	项目级别	项目编号	项目名称	负责人姓名	项目开始年月	项目结束年月	项目合同总经费（万元）	属本单位的本学科的到账经费（万元）
5	国家自然科学基金	—	—	31101562	光合电子链的redox信号在花色素苷诱导中的作用及与ABA信号的关系	张开明	2012	2014	23	23
6	国家自然科学基金	—	—	31400596	牡丹PsSERK基因在体胚发生过程中的功能解析	王 政	2014	2016	25	25
7	科技部农业成果转化资金项目	—	—	2011GB2D000014	玉米秸秆生物基质规模化生产技术中试	杨秋生	2011	2013	60	60
8	国家林业局公益性行业科研专项	—	—	201004031	大叶女贞、广玉兰等华北常绿阔叶乔木树种良种选育技术研究	杨秋生	2010	2014	30	30
9	国家科技部科技成果转化项目	—	—	2012GB2D000283	植物组织培养高效节能照光系统及应用技术中试	何松林	2012	2014	60	60
10	河南省重大科技专项	—	—	102102110033	河南特色花卉苗木新型盆栽基质的研究与利用	杨秋生	2010	2012	10	10
11	河南省重大科技专项	—	—	0911001110200	菊花产业化技术研究与开发	李永华	2009	2012	50	50
12	河南省科技厅	—	—	—	银鹊引种与高效栽培技术的研究开发	孔德政	2012	2014	15	15
13	河南省交通厅	—	—	2013J49	高速公路高效节约绿地景观构建关键技术研究	田国行	2013	2016	40	40
14	河南省交通厅	—	—	2014Z06	高速公路景观的可持续性和稳定性研究	田国行	2014	2016	50	50
15	河南省科技厅软科学项目	—	—	142400410134	郑州市街道边缘空间模式研究	冯 艳	2014	2015	2	2
16	河南省科技厅	—	—	112102110027	基于3S技术的河南省土壤侵蚀定量评估研究	田国行	2010	2012	10	10
17	郑州市科技局	—	—	096SYJH32108	城市景观生态安全格局与3S技术应用研究	田国行	2010	2012	50	50

（续）

序号	项目来源	项目下达部门	项目级别	项目编号	项目名称	负责人姓名	项目开始年月	项目结束年月	项目合同总经费（万元）	属本单位本学科的到账经费（万元）
18	交通厅教育厅	—	—	2010B180014	高速公路边坡人工植被恢复力与植被群落稳定性研究	田国行	2009	2012	72	72
19	郑州市科技创新团队计划	—	—	10CXTD147	名优花木新品种选育与种苗工厂化生产技术研究	何松林	2010	2012	80	80
合计		数量（个）		6	项目合同总经费（万元）		727	属本单位本学科的到账经费（万元）		727

II-2-2 其他重要科研项目

序号	项目来源	合同签订/项目下达时间	项目名称	负责人姓名	项目开始年月	项目结束年月	项目合同总经费（万元）	属本单位本学科的到账经费（万元）
1	洛阳市规划局	2014	洛阳市绿地系统规划	田国行	201401	201412	170	60
2	南阳市城管局	2013	南阳市绿地系统规划	田国行	201301	201312	60	60
3	漯河市林业园林局	2013	漯河市城市边缘区绿色综合体规划	田国行	201301	201512	50	50
4	漯河市林业园林局	2014	漯河市城乡绿地资源数据库与管理系统建设	田国行	201401	201412	30	30

II-2-3 人均科研经费

人均科研经费（万元/人）	22.609

II-3 本学科代表性学术论文质量

II-3-1 近五年（2010—2014年）国内收录的本学科代表性学术论文

序号	论文名称	第一作者	通讯作者	发表刊次（卷期）	发表刊物名称	收录类型	中文影响因子	他引次数
1	牡丹栽培品种群花粉形态的比较	杨秋生	杨秋生	2010（6）	林业科学	CSCD	1.028	3
2	文心兰试管苗低温贮藏条件	王政	何松林	2010（10）	林业科学	CSCD	1.028	—
3	干旱胁迫对不同品种菊花叶片光合生理特性的影响	孔德政	李永华	2010（11）	西北农林科技大学学报	CSCD	0.569	22
4	牡丹试管苗生根过程剖结构观察及相关激素与酶变化的研究	贺丹	何松林	2011（4）	园艺学报	CSCD	0.940	11
5	鸡冠花品种间耐热性差异的光合生理机制	张开明	何松林	2011（5）	浙江大学学报	CSCD	0.857	2
6	伏牛山区连翘遗传多样性研究	李永	李永华	2011（5）	西北植物学报	CSCD	0.790	3
7	蜡梅品种的花粉形态学分类	万卉敏	杨秋生	2012（1）	林业科学	CSCD	1.028	2
8	10个秋菊品种的光合特性及净光合速率与部分生理生态因子的相关性分析	李永华	李永华	2012（1）	植物资源与环境学报	CSCD	0.790	3
9	植物生长延缓剂对盆栽月季生长发育的影响	武荣花	武荣花	2012（4）	西北植物学报	CSCD	0.790	2
10	从"天时、地利、人和"看古代洛阳私家园林兴盛	卫红	卫红	2012（2）	中国园林	XKPG	0.473	—
11	不同红蓝光质比LED光源对铁皮石斛试管苗生长的影响	尚文倩	何松林	2013（5）	西北农林科技大学学报	CSCD	0.569	5
12	EDTA对黄菖蒲和马蔺cu吸收积累的影响	张开明	张开明	2013（5）	浙江农业学报	CSCD	0.630	1
13	蕙兰MADS基因APETALA1/FRUITFUL L-like的克隆和时空表达特性	田云芳	苏金乐	2013（2）	生物工程学报	CSCD	0.671	4
14	洛阳牡丹花期预测模型构建与检验	陈琪	苏金乐	2013（1）	浙江农业学报	CSCD	0.630	1
15	鹤壁市故县湿地公园景观生态规划研究	裴文	杨秋生	2013（2）	浙江农业学报	CSCD	0.630	—
16	低温下4种秋菊叶片和根系膜脂脂肪酸组分比较	李永华	李永华	2013（5）	植物生理学报	CSCD	0.690	8
17	植物景观树冠肌理的量化与排序研究	田朝阳	田朝阳	2013（5）	中国园林	XKPG	0.473	—
18	荷花LEAFY基因的克隆及表达分析	刘艺平	孔德政	2014（2）	植物生理学报	CSCD	0.690	—
19	牡丹不定根形成相关基因PsARRO-1的克隆比较及其展望	贺丹	何松林	2014（8）	植物生理学报	CSCD	0.690	1
20	国内外城绿带规划案例比较及其展望	王旭东	杨秋生	2014（12）	规划师	XKPG	0.699	1
合计		中文影响因子	14.665		他引次数		69	

II-3-2 近五年（2010—2014 年）国外收录的本学科代表性学术论文

序号	论文名称	论文类型	第一作者	通讯作者	发表刊次（卷期）	发表刊物名称	收录类型	他引次数	期刊SCI影响因子	备注
1	Effects of a new light source (cold cathode fluorescent lamps) on the growth of tree peony plantlets in vitro	Article	丁 义	何松林	2010（6）	Scientia Horticulturae	SCI	4	1.045	通讯单位
2	Effect of cold cathode fluorescent lamps (CCFLs) on growth of Gerbera jamesonii plantlets in vitro	Article	王 政	何松林	2011（5）	Scientia Horticulturae	SCI	3	1.527	通讯单位
3	Dynamic changes in enzyme activities and phenolic content during in vitro rooting of tree peony (Paeonia suffruticosa Andr.) plantlets	Article	付珍珠	何松林	2011（5）	Maejo International Journal of Science and Technology	SCI	4	0.258	通讯单位
4	Population genetic structure and gene flow of Forsythia suspensa（Oleaceae）in Henan revealed by nuclear and chloroplast DNA	Article	李 永	何松林	2011（6）	African Journal of Biotechnology	SCI	3	0.573	通讯单位
5	Influence of short-term temperature drops on the cold resistance of Michelia maudiae	Article	王 宁	苏金乐	2011（6）	African Journal of Agricultural Research	SCI	—	0.263	通讯单位
6	The study and application of corn straw organic growing substrate in ornamental nurseries	Article	刘晓娟	杨秋生	2011（6）	International Conference on New Technology of Agricultural Engineering	EI	—	—	通讯单位
7	Effect of yard wastes organic mulches on soil nutrient	Article	刘晓娟	杨秋生	2011（6）	Proceedings 2011International Symposium on Water Resource and Environmental Protection	EI	—	—	通讯单位
8	Effect of IBA Concentration, Carbon Source, Substrate, and Light Source on Root Induction Ability of Tree Peony (Paeonia suffruticosa Andr.) Plantlets in Vitro	Article	王海云	何松林	2012（3）	European Journal of Horticultural Science	SCI	1	0.381	通讯单位
9	Phylogeographic analysis and environmental niche modeling of widespread shrub Rhododendron simsii in China reveals multiple glacial refugia during the last glacial maximum	Article	李 永	葛学军	2012（4）	Journal of Systematics and Evolution	SCI	9	1.851	第一署名单位
10	Carbohydrate accumulation may be the proximate trigger of anthocyanin biosynthesis under autumn conditions in Begonia semperflorens	Article	张开明	张开明	2013（6）	Plant Biology	SCI	2	2.395	通讯单位

（续）

序号	论文名称	论文类型	第一作者	通讯作者	发表刊次（卷期）	发表刊物名称	收录类型	他引次数	期刊SCI影响因子	备注
11	Molecular data and ecological niche modeling reveal population dynamics of widespread shrub *Forsythia suspensa* (Oleaceae) in China's warm-temperate zone in response to climate change during the Pleistocene	Article	付子真	李永	2014（5）	BMC evolutionary biology	SCI	—	3.407	通讯单位
12	Isolation and Characterization of Microsatellite Markers for *Cotinus coggygria* Scop. (Anacardiaceae) by 454 Pyrosequencing	Article	王玮	李永	2014（3）	Molecules	SCI	1	2.428	通讯单位
13	Molecular data and ecological niche modelling reveal the phylogeographic pattern of *Cotinus coggygria* (Anacardiaceae) in China's warm-temperate zone	Article	王玮	李永	2014（6）	Plant biology	SCI	—	2.405	通讯单位
14	Isolation and characterization of microsatellite markers for *Forsythic suspensa* (Thunb.) Vahl (Oleaceae) using 454 sequencing technology	Article	付子真	李永	2014（12）	Biochemical Systematics and Ecology	SCI	—	1.170	通讯单位
合计					SCI 影响因子 17.703	他引次数		27		

II-4 建筑设计获奖（2012—2014年）

序号	获奖项目名称	奖励类别	获奖等级	获奖人姓名	获奖年月	参与单位数	本单位参与学科数
1	燕山水库枢纽工程建设管理关键技术研究与实践	水利部奖	二等奖	田国行	2011	1	3
2	第二届绿化博览会郑州绿博园景观工程设计	全国优秀勘察设计奖	三等奖	田国行	2013	3	3
3	郑州绿博园园林景观专项设计	中国风景园林学会	三等奖	田国行	2013	3	3
4	郑州都市区森林公园体系规划（2011—2015年）	中国风景园林学会	三等奖	田国行	2013	3	3
5	郑州绿道游憩系统规划	全国优秀勘察设计奖	三等奖	田国行	2013	3	3
6	第二届绿化博览会郑州绿博园景观工程设计	全国优秀勘察设计奖	三等奖	田国行	2013	3	3
7	郑州绿道游憩系统规划	全国优秀勘察设计奖	三等奖	田国行	2013	3	3
合计	建筑设计获奖数量	国际（项）	—		国内（项）	7	

Ⅲ 人才培养质量

Ⅲ-1　优秀教学成果奖（2012—2014 年）

序号	获奖级别	项目名称	证书编号	完成人	获奖等级	获奖年度	参与单位数	本单位参与学科数
1	国家级	高等院校卓越农林人才培养的研究与实践	教高司函〔2014〕34 号	何松林	二等奖	2014	1	3（2）
2	省级	新型学位类别——全日制农业推广硕士培养体系建立及实践	教高〔2012〕22 号	杨秋生	二等奖	2012	1	3（1）
3	省级	园林专业英语教学探讨	豫教〔2013〕4965 号	张开明	一等奖	2013	1	3（1）
4	省级	园林专业创业型人才培养模式探索	豫教〔2013〕5140 号	刘艺平	二等奖	2013	1	3（1）
合计	国家级	一等奖（个）	—	二等奖（个）	1	三等奖（个）	—	
	省级	一等奖（个）	1	二等奖（个）	2	三等奖（个）	—	

Ⅲ-4　学生国际交流情况（2012—2014 年）

序号	姓名	出国（境）时间	回国（境）时间	地点（国家 / 地区及高校）	国际交流项目名称或主要交流目的
1	穆　博	201312	201501	美国密歇根理工大学	博士生联合培养
2	胡艳芳	201409	201509	美国密歇根理工大学	博士生联合培养
合计	学生国际交流人数				2

3.7.2　学科简介

1. 学科基本情况与学科特色

风景园林学学科是河南农业大学优势学科之一，历史悠久，积淀深厚。早在 20 世纪 30 年代，我国著名的造园学家李驹和造园学奠基人之一陈植先生就任教于我校。本学科依托园林、林学两个国家级特色专业，以河南自然资源和地域景观为研究对象，结合中国传统文化，运用现代景观设计理念，开展风景园林规划设计理论研究与工程实践。通过多年的探索，形成了优势突出、特色鲜明的风景园林规划理论与数字化技术、风景园林植物资源及应用、风景园林设计及理论、风景园林历史与遗产保护和风景园林技术科学五个方向。瞄准城市尺度扩大的趋势，以区域尺度视野，围绕城乡绿地资源规划与管控技术进行了深入研究，建立了城乡绿地空间信息指标和绿地环境信息数据库，成立河南省城乡绿地资源建设与管控工程技术中心，提出以生态为基础、形态为指导、文态为内涵、心态为宗旨的规划与设计思想，丰富了具有中原特色的景观设计理论；针对牡丹、腊梅、银杏等地方特色园林植物，开展了种质资源收集和新品种培育工作，开发了光合自养试管苗培养技术；开展了河南省典型历史园林遗产的造园艺术和保护方法的研究；疏理了地方园林发展的历史脉络；把传统风水学的方法与现代生态学的理论相结合，提出了"相地寻根、查水问源""通风、透气、采光加视觉美学"的规划原理；自主研发了生物质有机基质生产技术工艺和设备，成果已广泛应用于种苗工厂化生产、屋顶绿化和困难地的植被恢复；构建了生态恢复过程、景观演替动态评价和生物多样性保育技术体系。本学科现为全国首批 19 所风景园林学一级博士学位授权单位之一，也是 10 所农林院校中唯一的非 211 省属院校，在相同学科中居于全国前列。近年来，立足服务中原经济区建设，主要完成了中原城市群景观生态资源的数字化、河南省园林城市创建中的绿地资源数字化、各类城乡园林

（续）

绿地的规划与设计 100 余项；主持完成了"世界有影响、国内著名"的第二届中国郑州绿化博览会郑州绿博园的选址、景观工程设计；完成了泌阳县铜山省级风景名胜区的总体规划、河南郏县临沣寨古村落的景观规划等 10 余项，为保护、修复和展示中原园林的艺术风格提供了案例依据。园林植物栽培生理及采后生理的技术应用，园林植物新品种选育及生物技术推广与应用，提升了我省花卉苗木主产区的市场竞争力；学科拥有河南省优质花卉、蔬菜种苗工程技术研究中心，河南农大风景园林规划设计院等学术技术平台，对提高河南省园林植物产业化水平与风景园林规划设计的竞争力做出了重要贡献。

2. 社会贡献

参与制定了河南省花卉产业发展规划，郑州都市区环城苗木花卉产业发展规划，为河南花卉产业发展做出了重要贡献；结合河南地域特点，开展了园林景观规划设计理论研究与工程实践，以"生态、形态、文态、心态"协调统一为理念，提出了以生态为基础、形态为指导、文态为内涵、心态为宗旨的设计思想，丰富了具有中原特色的景观设计理论；研制了基于航空遥感数据的绿地信息提取与制图系统，构建了多尺度城市绿地信息"快速、规范、标准化"获取与分析技术体系；在河南太行山区风景名胜区，通过风景资源分析，剖析生态演替过程，构建了生态恢复过程的评价指标体系和演替模型，为评价和预测生态演替和景观恢复进程提供了科学依据；结合风景名胜区生态建设，开展生物多样性保育、珍稀物种保护和野生生物资源利用技术研究，提出风景名胜区生物多样性保育关键技术。

参与了第二届中国郑州绿化博览会策划，主持了绿博园选址及景观设计，完成了各类城乡园林绿地的规划与设计 100 余项；利用 ENVI 软件开发平台，进行了洛阳、漯河等 21 个城市绿地系统规划及绿地资源综合评价；开发了光合自养试管苗培养技术；研制出搅拌、上料一体化的玉米秸发酵生产园艺基质的设备；发明了完整的玉米秸发酵基质生产工艺，建立了相应的技术研发平台。开发出的玉米秸秆生物基质可以替代草炭，在园林植物育苗、植物容器栽培、屋顶绿化和困难地植被恢复中推广应用，在一定程度上解决了草炭资源匮乏和农业废弃物的利用问题。研发了适用于中原地区气候、树木应用的抗蒸腾剂。为促进河花卉产业的发展，与省内各兄弟单位联合成立河南省花卉创新联盟，并成为理事单位。

社会兼职：

杨秋生：高等学校林科园林专业教学指导委员会委员，国家花卉工程技术研究中心工程技术委员会委员，河南省园艺学会副理事长、河南省风景园林学会副理事长。

何松林：河南省风景园林学会园林植物与观赏园艺专业委员会主任委员，河南省园艺学会花卉专业委员会主任委员，河南省花协常务理事，河南省牡丹、芍药协会常务副会长，河南省菊花协会副秘书长，河南省盆景艺术家协会副会长，中国园艺学会理事，国家花卉工程中心客座研究员。

苏金乐：中国林学会银杏研究会理事，河南省植物学会理事，河南省风景园林学会理事。

孔德政：河南省插花花艺协会常务副会长，河南省中州盆景学会副会长。

田国行：河南省风景园林学会常务理事、科研与设计专业委员会主任，河南省生态学会常务理事，《中外景观》与《人文园林》编委。

生 物 学

4.1 北京林业大学

4.1.1 清单表

Ⅰ 师资队伍与资源

			I-1 突出专家		
序号	专家类别	专家姓名	出生年月	获批年月	备注
1	中国工程院院士	尹伟伦	194509	200503	农业学部
2	千人计划入选者	邬荣领	196401	201001	
3	国家杰青基金获得者	林金星	196103	200209	C0201
4	百千万人才工程国家级人选	蒋湘宁	195804	199912	
5	百千万人才工程国家级人选	张德强	197312	200912	
6	教育部高校青年教师奖获得者	陈少良	196906	200302	
7	教育部新世纪人才	夏新莉	196912	200707	
8	教育部新世纪人才	高宏波	197509	200912	
9	教育部新世纪人才	陆 海	197406	200812	
10	教育部新世纪人才	高 伟	196808	200812	
11	教育部新世纪人才	夏新莉	196912	200707	
12	教育部新世纪人才	王 君	198208	201312	
合计	突出专家数量（人）			12	

		I-2 团队		
序号	团队类别	学术带头人姓名	带头人出生年月	资助期限
1	教育部创新团队	林金星	196103	2013—2016
合计	团队数量（个）		1	

		I-3 专职教师与学生情况			
类型	数量	类型	数量	类型	数量
专职教师数	71	其中，教授数	22	副教授数	27
研究生导师总数	49	其中，博士生导师数	19	硕士生导师数	48
目前在校研究生数	285	其中，博士生数	95	硕士生数	190
生师比	5.8	博士生师比	5	硕士生师比	4
近三年授予学位数	187	其中，博士学位数	39	硕士学位数	148

I-4　重点学科					
序号	重点学科名称	重点学科类型	学科代码	批准部门	批准年月
1	植物学	国家级二级重点学科	071001	教育部	200708
2	生物学	北京市一级重点（培育）学科	0710	北京市教育委员会	201204
合计	二级重点学科数量（个）	国家级	1	省部级	1

I-5　重点实验室				
序号	实验室类别	实验室名称	批准部门	批准年月
1	省部级重点实验室／中心	树木花卉育种与生物工程实验室	国家林业局	199503
2	省部级重点实验室／中心	林木、花卉遗传育种重点实验室	教育部	200311
合计	重点实验数量（个）	国家级　—	省部级	2

II　科学研究　赵端负责

II-1　近五年（2010—2014 年）科研获奖

序号	奖励名称	获奖项目名称	证书编号	完成人	获奖年度	获奖等级	参与单位数	本单位参与学科数
1	国家科技进步奖	杨树高产优质高效工业资源材新品种培育与应用	J-202-2-01	沈应柏	2014	二等奖	7（3）	1（1）
2	教育部高校科研优秀成果奖（科学技术）	木本粮油新品种选育和高效栽培技术研究与示范	2010-218	尹伟伦	2010	二等奖	10（1）	1（1）
3	教育部高校科研优秀成果奖（科学技术）	沙棘等灌木林衰退机理、抗逆育种及虫害防治的理论与技术	2014-224	尹伟伦	2014	二等奖	6（1）	1（1）
4	省级科技进步奖	相思抗逆新品系选择及再生和转基因技术研究	B01-2-2-01	谢响明	2010	二等奖	3（2）	1
5	梁希林业科学技术奖	杨树种质资源创新与利用及功能分子标记开发	2011-KJ-1-03	沈应柏	2011	一等奖	9（6）	1（1）
6	科技成就奖	第十三届中国青年科技奖	—	张德强	2013	一等奖	1	1
7	梁希青年论文奖	Polymorphic simple sequence repeat (SSR) loci within cellulose synthase (*PtoCesA*) genes are associated with growth and wood properties in *Populus tomentosa*	2014-0102	杜庆章	2014	一等奖	1	1
8	梁希青年论文奖	Sexual dimorphic floral development in dioecious plants revealed by transcriptome, phytohormone, and DNA methylation analysis in *Populus tomentosa*	2014-0107	宋跃朋	2014	二等奖	1	1
9	梁希青年论文奖	Induction of unreduced megaspores with high temperature during megasporogenesis in *Populus*	2014-0111	王　君	2014	三等奖	1	1
10	梁希青年论文奖	Temperature regulation of floral buds and floral thermogenicity in *Magnolia denudata* (Magnoliaceae)	2014-0135	王若涵	2014	三等奖	1	1
11	梁希青年论文奖	Comparative analysis of telomeric restriction fragment lengths in different tissues of *Ginkgo biloba* trees of different age	2012-LW-3-40	刘　顺	2012	三等奖	1	1

| 合计 | 科研获奖数量（个） | 国家级 | 特等奖 — | 一等奖 — | 二等奖 1 | 二等奖 | — |
| | | 省部级 | 一等奖 — | 二等奖 2 | 三等奖 | 三等奖 | — |

II-2 代表性科研项目（2012—2014年）

II-2-1 国家级、省部级、境外合作科研项目

序号	项目来源	项目下达部门	项目级别	项目编号	项目名称	负责人姓名	项目开始年月	项目结束年月	项目合同总经费（万元）	属本单位本学科的到账经费（万元）
1	国家"973"计划	科技部	国家级	2012CB114506	木材品质性状的联合遗传学研究	张德强	201201	201612	506	235
2	国家"973"计划	北京大学	国家级	2009CB119100	杨树速生与细胞周期调控的分子机理	尹伟伦	200901	201312	55	30
3	国家"973"计划	中国科学院植物研究所	国家级	2009CB119104	杨树海藻糖代谢基因家族对胁迫的表达调控研究	杨海灵	200901	201312	50	50
4	国家"973"计划	中国科学院植物研究所	国家级	2009CB119104	杨属抗逆能力的分子改良	陆 海	200901	201312	20	20
5	国家"863"计划	中国林业科学研究院林业研究所	国家级	2011AA10020102	杨树抗性分子育种与材性分子标记	张德强	201101	201512	148	125.8
6	国家"863"计划	中国林业科学研究院林业研究所	国家级	2011AA10020303	杉木、马尾松分子育种及品种创制	蒋湘宁	201101	201512	130	104
7	国家"863"计划	中国林业科学研究院林业研究所	国家级	2013AA102702	林木优质速生候选基因SNP的开发及功能标记辅助育种共性技术的建立	张德强	201301	201712	186	50
8	国家"863"计划	东北林业大学	国家级	2013AA102701-4	杨树抗旱关键基因的鉴定及分子育种技术研究	夏新莉	201301	201712	178	50
9	国家"863"计划	贵州大学	国家级	2013AA102605-05	杜仲功能基因组学研究与应用	王华芳	201405	201712	30	30
10	国家科技支撑计划项目	西藏农牧学院	国家级	2011BAI13B06	喜马拉雅紫茉莉有效成分分离纯化研究	卢存福	201101	201412	15	10.5
11	国家科技支撑计划项目	国家林业局	国家级	2011BAD38B01	逆境生态林树木种质优选与示范	尹伟伦	201101	201312	511	230
12	国家科技支撑计划项目	中国林业科学研究院林业研究所	国家级	2012BAC09B03	废弃矿区微生物生态修复与安全建设关键技术试验与示范	彭霞薇	201201	201412	20	20

（续）

序号	项目来源	项目下达部门	项目级别	项目编号	项目名称	负责人姓名	项目开始年月	项目结束年月	项目合同总经费（万元）	属本单位本学科的到账经费（万元）
13	国家重大科技专项	中国医学科学院药用植物研究所	国家级	2012ZX093074006	紫苏种子质量标准研究	刘玉军	201201	201512	7	6.3
14	国家重大科技专项	东北农业大学	国家级	2009ZX09009-089B	抗大豆菌核病重要基因克隆及功能验证	谢响明	200901	201212	101.11	1.65
15	国家重大科技专项	东北农业大学	国家级	2009ZX09009-089B	抗逆、抗病 MtDREBs、PAPs 等 8 个基因的大豆转基因育种价值研究	王华芳	200901	201212	110	100.58
16	国家自然科学基金	国家自然科学基金委员会	国家级	30971439	ARC5 与叶绿体分裂过程中外膜动态变化的分子机理	高宏波	201001	201212	30	30
17	国家自然科学基金	国家自然科学基金委员会	国家级	30972339	NF-Y 基因家族调控杨树抗旱和水分利用效率性状的分子机制	夏新莉	201001	201212	35	35
18	国家自然科学基金	国家自然科学基金委员会	国家级	30900854	多能性转录因子和 KDMs 的相互关系及在重编程过程中的作用	郭允倩	201001	201212	20	14
19	国家自然科学基金	国家自然科学基金委员会	国家级	30901141	银杏端粒酶调控端粒修复延伸的分子机制研究	刘颖	201001	201212	20	20
20	国家自然科学基金	国家自然科学基金委员会	国家级	31093440	中国孢子植物志编研	赵国柱	201101	201512	56	51
21	国家自然科学基金	国家自然科学基金委员会	国家级	31070597	胡杨非生物逆境胁迫响应中 ABA 信号途径相关的 PYL 基因功能分析	尹伟伦	201101	201312	30	30
22	国家自然科学基金	国家自然科学基金委员会	国家级	31070591	高海拔发生油松、云南松、高山松种群及种间杂种适应性研究	李悦	201101	201312	35	35
23	国家自然科学基金	国家自然科学基金委员会	国家级	31070635	厚荚相思体细胞胚胎发生相关 miRNA 功能分析研究	谢响明	201101	201312	33	33

（续）

序号	项目来源	项目下达部门	项目级别	项目编号	项目名称	负责人姓名	项目开始年月	项目结束年月	项目合同总经费（万元）	属本单位本学科的到账经费（万元）
24	国家自然科学基金	国家自然科学基金委员会	国家级	31070162	叶绿体分裂基因 CPD19 的鉴定和功能研究	高宏波	201101	201312	40	40
25	国家自然科学基金	国家自然科学基金委员会	国家级	31000306	高温诱导导树木花粉染色体加倍的伤害机理研究	王 君	201101	201312	18	18
26	国家自然科学基金	国家自然科学基金委员会	国家级	31000202	兰属建兰属植物中传粉综合征有效性检测及其花部构成吸引作用的量化研究	程 瑾	201101	201312	18	18
27	国家自然科学基金	国家自然科学基金委员会	国家级	51108029	典型城市饮用水体系中轮状病毒的分布与健康风险	何晓青	201201	201412	25	25
28	国家自然科学基金	国家自然科学基金委员会	国家级	31170563	油松胚珠发育关键基因的表达组织特异性及功能研究	郑彩霞	201201	201512	63	31.5
29	国家自然科学基金	国家自然科学基金委员会	国家级	31170622	杨树木质部差异表达基因内插入、缺失的发生及其遗传效应	张德强	201201	201512	70	35
30	国家自然科学基金	国家自然科学基金委员会	国家级	31100450	木兰科植物开花生热效应表型及调控机制研究	王若涵	201201	201412	23	6.9
31	国家自然科学基金	国家自然科学基金委员会	国家级	31170574	AGAMOUS（AG）等 MAD S-box 基因调控樱花、玉簪单重瓣花形成机制研究	陆 海	201201	201512	59	29.5
32	国家自然科学基金	国家自然科学基金委员会	国家级	31170570	胡杨木葡糖聚糖内转糖苷酶/水解酶基因与组织肉质化发生及离子平衡调控机制研究	陈少良	201201	201212	10	10
33	国家自然科学基金	国家自然科学基金委员会	国家级	J1210075	国家基础科学人才培养基金"能力提高"项目（野外实践）项目	林金星	201301	201612	51	40.8

（续）

序号	项目来源	项目下达部门	项目级别	项目编号	项目名称	负责人姓名	项目开始年月	项目结束年月	项目合同总经费（万元）	属本单位本学科的到账经费（万元）
34	国家自然科学基金	宁夏大学	国家级	31260036	甘草叶片对 UV-B 辐射增强的响应机制研究	沈应柏	201301	201612	20	20
35	国家自然科学基金	国家自然科学基金委员会	国家级	31271807	热激转录因子 HSF 调控种子耐脱水性获得的机理研究	汪晓峰	201301	201612	80	64
36	国家自然科学基金	国家自然科学基金委员会	国家级	31200207	钙依赖型蛋白激酶在杨树耐旱和耐盐中的调节作用	赵　瑞	201301	201512	22	22
37	国家自然科学基金	国家自然科学基金委员会	国家级	31271433	植物向光素 phot1 调控的内吞信号支路的研究	万迎朗	201301	201612	85	59.5
38	国家自然科学基金	国家自然科学基金委员会	国家级	31270641	杨树 SABATH 和 MES 基因家族的功能分化及其在系统获得性抗性反应中的进化意义	杨海灵	201301	201612	80	64
39	国家自然科学基金	国家自然科学基金委员会	国家级	31270656	胡杨 peu-miR129 及其靶基因调控杨树干旱胁迫适应性的分子机制	夏新莉	201301	201612	83	66.4
40	国家自然科学基金	国家自然科学基金委员会	国家级	31270655	昆虫取食诱导蒙古沙冬青细胞跨膜离子流对代谢组的影响	沈应柏	201301	201612	85	68
41	国家自然科学基金	国家自然科学基金委员会	国家级	31270698	毛白杨转录因子 PtWRKY01 调控靶标基因表达的分子机制	林善枝	201301	201612	82	65.6
42	国家自然科学基金	国家自然科学基金委员会	国家级	31270654	胡杨耐盐盐调控的 eATP 信号途径研究	陈少良	201301	201612	80	64
43	国家自然科学基金	国家自然科学基金委员会	国家级	31270224	植物类受体激酶 FLS2 内吞途径的研究	林金星	201301	201612	98	78.4
44	国家自然科学基金	国家自然科学基金委员会	国家级	31270737	沙冬青脱水素基因家族的功能性进化研究	卢存福	201301	201612	85	51

（续）

序号	项目来源	项目下达部门	项目级别	项目编号	项目名称	负责人姓名	项目开始年月	项目结束年月	项目合同总经费（万元）	属本单位本学科的到账经费（万元）
45	国家自然科学基金	吉首大学	国家级	—	绞股蓝人参皂苷合成部位的研究	郭惠红	201303	201603	13	10
46	国家自然科学基金	国家自然科学基金委员会	国家级	31370669	胡杨再生能力的QTL定位和转录组测序分析	郭允倩	201401	201712	76	45.6
47	国家自然科学基金	国家自然科学基金委员会	国家级	31370212	应用单分子技术研究细胞膜微区调节水通道蛋白活性的机制	李晓娟	201401	201712	82	41.2
48	国家自然科学基金	国家自然科学基金委员会	国家级	31371348	细胞骨架对植物膜蛋白运动形式与胞内存作用调控机制的研究	荆艳萍	201401	201712	80	48
49	国家自然科学基金	国家自然科学基金委员会	国家级	31370590	银杏等木本植物端粒结合蛋白对端粒保护的分子机制的研究	刘 顺	201401	201712	83	49.8
50	国家自然科学基金	国家自然科学基金委员会	国家级	31300498	杨树细胞壁多糖与木质素消长关系机理研究	盖 颖	201401	201612	22	13.2
51	国家自然科学基金	国家自然科学基金委员会	国家级	31370598	胡杨PeXET靶基因调控根系生长干旱适应性分子机制	王华芳	201401	201712	80	40.8
52	国家自然科学基金	国家自然科学基金委员会	国家级	31470675	基于林木动态数量性状的GWAS云计算平台及其在杨树中的应用	王 忠	201501	201812	95	42.75
53	国家自然科学基金	国家自然科学基金委员会	国家级	31400221	拟南芥CJP1蛋白参与茉莉素调控的诱导型抗性的分子机理研究	单晓昳	201501	201712	26	15.6
54	国家自然科学基金	国家自然科学基金委员会	国家级	31401149	拟南芥Flot1蛋白参与介导的囊泡转运的调控研究	李瑞丽	201501	201712	24	14.4
55	国家自然科学基金	国家自然科学基金委员会	国家级	31400210	DAC11调控Cyt b6/f复合物组装的功能研究	肖建伟	201501	201712	26	15.6

（续）

序号	项目来源	项目下达部门	项目级别	项目编号	项目名称	负责人姓名	项目开始年月	项目结束年月	项目合同总经费（万元）	属本单位本学科的到账经费（万元）
56	国家自然科学基金	国家自然科学基金委员会	国家级	31400085	基于微流控液滴的放线菌高通量筛选培养和分离	何湘伟	201501	201712	24	14.4
57	国家自然科学基金	国家自然科学基金委员会	国家级	31400553	小叶杨响应高温与干旱复合逆境胁迫DNA甲基化表观遗传调控	宋跃朋	201501	201712	25	15
58	国家自然科学基金	国家自然科学基金委员会	国家级	31401138	胡杨应答盐迫转录组测序分析及基因表达调控网络的构建	司婧娜	201501	201712	22	13.2
59	国家自然科学基金	国家自然科学基金委员会	国家级	31470662	杨树全同胞异源异倍性群体表型变异及遗传调控机制研究	王君	201501	201812	92	41.4
60	部委级科研项目	北京市自然科学基金委员会	省部级	2011033	木本药用植物源新型、高效抗植物真菌害生物活性物质的筛选与性能研究	马玉超	201112	201412	20	20
61	部委级科研项目	北京市科学技术委员会	省部级	Z141105001814007	北京市科技新星计划	王君	201407	201706	10	10
62	部委级科研项目	北京松山国家级自然保护区管理处	省部级	PXM2013-154313-000003-1	松山兰花资源保护、恢复研究及观赏开发项目	程瑾	201304	201410	48.7646	48.765
63	部委级科研项目	北京市园林绿化局	省部级	京科绿研2014-4-9	北京濒危植物资源槭叶铁线莲繁育苗设备的研发	王晓旭	201409	201609	6	6
64	部委级科研项目	北京市教育委员会	省部级	—	北京风景生态林树木高效水分利用分子调控机理研究	夏新莉	201201	201212	69.9	69.9
65	部委级科研项目	教育部	省部级	—	杨树抗逆机理研究	尹伟伦	201306	201406	20	20
66	省级自然科学基金项目	北京市自然科学基金委员会办公室	省部级	5102022	真核起源的叶绿体分裂基因的鉴定和功能研究	高宏波	201001	201212	11	2.2
67	省级自然科学基金项目	北京市自然科学基金委员会办公室	省部级	6112017	盐诱导过氧化氢调控胡杨细胞离子平衡机理研究	陈少良	201101	201312	11	7.15

（续）

序号	项目来源	项目下达部门	项目级别	项目编号	项目名称	负责人姓名	项目开始年月	项目结束年月	项目合同总经费（万元）	属本单位本学科的到账经费（万元）
68	省级自然科学基金项目	北京市自然科学基金委员会办公室	省部级	6112016	常绿抗逆灌木沙冬青 AmCIP 基因功能研究	卢存福	201101	201312	11	7.15
69	省级自然科学基金	北京市自然科学基金委员会	省部级	8142029	北京市机动车尾气中硝基苯酚和戊基苯酚类物质干扰大鼠性腺功能的生殖内分泌学研究	翁　强	201401	201612	15	12
70	部委级科研项目	教育部科技发展中心	省部级	2010001412014	红色红球菌腈水合酶转录调控机制的探索	马玉超	201101	201312	3.6	1.8
71	部委级科研项目	教育部科技发展中心	省部级	2011001412014	胡杨根中特异表达基因的定位研究及其应用	杜　芳	201201	201412	4	4
72	部委级科研项目	教育部科技发展中心	省部级	2011001411014	油松胚珠珠孔端游离核细胞化的分子调控机制	郑彩霞	201201	201412	12	35.2
73	部委级科研项目	教育部科技发展中心	省部级	2011001411011	小叶杨基因组热激转录因子基因的 SNP 发现和连锁不平衡作图	张德强	201201	201412	12	12
74	部委级科研项目	教育部科技发展中心	省部级	2012001412011	毛白杨基因表达与生长动态的表型可塑性模型	司婧娜	201301	201512	4	4
75	部委级科研项目	教育部科技发展中心	省部级	2012001411006	板栗壳斗鞣质的结构特征及降雄活性研究	刘玉军	201301	201512	12	12
76	部委级科研项目	教育部	省部级	2013	树木发育及逆境适应性的分子机制	林金星	201301	201712	450	180
77	部委级科研项目	国家林业局	省部级	2012-LYSJWT-09	林业入侵生物多维双向风险评价研究	沈应柏	201211	201312	8	8
78	部委级科研项目	野生动植物保护与自然保护区管理司	省部级	2013-LYSJWT-33	大兴安岭山地南端湉稀物种群保护及生境维护	鲍伟东	201301	201412	10	10
79	部委级科研项目	国家林业局	省部级	2013-LYSJWT-05	不同种群大小兰科植物的生长监测和保护策略	程　瑾	201301	201312	15	15

（续）

序号	项目来源	项目下达部门	项目级别	项目编号	项目名称	负责人姓名	项目开始年月	项目结束年月	项目合同总经费（万元）	属本单位本学科的到账经费（万元）
80	部委级科研项目	国家林业局	省部级	—	迁地保护中兰科植物生长和保护现状的调查和评估	程瑾	201401	201412	15	15
81	部委级科研项目	国家林业局科技司	省部级	2011-4-43	伯尔硬胡桃优质资源及培育技术引进	刘玉军	201101	201512	60	30
82	部委级科研项目	国家林业局科技司	省部级	2011-4-54	千年种子库林木种植资源设施保存核心技术引进	汪晓峰	201101	201512	60	60
83	部委级科研项目	国家林业局科技司	省部级	2012-4-58	三倍体红叶卫矛定向育种技术引进	王华芳	201201	201612	45	45
84	部委级科研项目	东北林业大学	省部级	K2013104	控制胡杨再生能力的关键基因的发掘	郭允倩	201311	201611	10	10
85	部委级科研项目	东北林业大学	省部级	K2013201	毛白杨基因表达与环境互作网络调控模型	司婧娜	201311	201611	6	6
86	部委级科研项目	教育部	省部级	IRT13047	树木发育遗传调控与抗逆分子机制	林金星	201401	201612	300	150
87	部委级科研项目	教育部	省部级	313008	杉木椎管形成层发育过程中 microRNA 调控机制的研究	万迎朗	201301	201512	50	50
88	部委级科研项目	教育部	省部级	113013A	胡杨盐胁迫响应与离子平衡调控的信号网络研究	陈少良	201401	201612	100	50
89	部委级科研项目	教育部	省部级	NCET-09-0221	叶绿体的分裂、增殖和发育的分子机制及转录因子研究	高宏波	201001	201212	50	25
90	部委级科研项目	教育部	省部级	NCET-12-0785	PHOT1 和 NPH3 蛋白为核心的信号小体的聚集内容过程研究	万迎朗	201301	201512	50	25
91	部委级科研项目	教育部	省部级	NCET-13-0672	倍性效应对杨树低温胁迫抗性的影响及调控机制研究	王君	201401	201612	50	25

（续）

序号	项目来源	项目下达部门	项目级别	项目编号	项目名称	负责人姓名	项目开始年月	项目结束年月	项目合同总经费（万元）	属本单位本学科的到账经费（万元）
92	部委级科研项目	国家林业局	省部级	201104024	种子超干及包覆技术在沙区生态修复中的应用研究	汪晓峰	201101	201512	175	175
93	部委级科研项目	国家林业局	省部级	201104022	油松高世代育种关键技术研究	李　悦	201101	201512	187	105
94	部委级科研项目	国家林业局	省部级	201004081	山杏加工利用产业链技术体系研发	王建中	201101	201412	133	98
95	部委级科研项目	广西壮族自治区林业科学研究院	省部级	201204612	珍贵林药多穗柯资源培育及开发利用研究	沈应柏	201201	201612	63	51
96	部委级科研项目	国家林业局	省部级	201204306	抗逆基因资源功能性评价关键技术研究	张德强	201201	201512	93	75
97	部委级科研项目	国家林业局	省部级	201304301-4	增强森林滞留PM2.5等颗粒物的能力调控技术研究（4）社区绿化散生林木降低PM2.5危害的合理结构与管理技术	林金星	201301	201612	65	32
98	部委级科研项目	国家林业局	省部级	20130430102	树木阻滞吸收PM2.5的机理及生理生态调控	夏新莉	201301	201612	350	185
99	部委级科研项目	国家林业局	省部级	201304409	抗树木枝干溃疡病活性物质的筛选与性能分析	马玉超	201301	201512	71	50
100	部委级科研项目	南京林业大学	省部级	201304102	杨树、油桐高产、优质、抗病虫性状基因解析	张德强	201301	201612	99	58.38
合计	国家级科研项目	数量（个）		59	项目合同总经费（万元）			4 273.1	属本单位本学科的到账经费（万元）	2 570.4

II-2-2　其他重要科研项目

序号	项目来源	合同签订/项目下达时间	项目名称	负责人姓名	项目开始年月	项目结束年月	项目合同总经费（万元）	属本单位本学科的到账经费（万元）
1	黑龙江省农科院	201201	科研费 2	尹伟伦	201201	201212	40	40
2	华南理工大学	201201	测试费 1	蒋湘宁	201201	201212	2	2
3	贵州省林业资源管理站	201201	贵州不同森林植被下养鸡技术的研究与示范	金 一	201201	201212	16	16
4	唐山师范学院	201201	柴胡种质遗传多样性	史玲玲	201201	201212	2	2
5	中国科学院生态环境研究中心	201201	武隆县自然保护区土壤纤维素降解菌株鉴定及测试	赵国柱	201201	201212	7	7
6	朔黄铁路局	201201	建设规划项目	姚红军	201201	201212	15	8
7	南京农业大学	201301	水稻花和颖果中植物激素 IAA 和 Gas 含量分析测定研究	盖 颖	201301	201312	2	2
8	逊克县翠宏山矿业有限公司	201301	逊克县翠宏山铁多金属矿样方调查分析	荆艳洋	201301	201312	50	25
9	北京师范大学	201301	汉石桥湿地浮游动植物生态鉴定	荆艳洋	201301	201412	2.902 5	2.902 5
10	中国环境科学研究院	201301	国家重大环境问题决策支持	尹伟伦	201301	201312	5	5
11	内蒙古金河森林工业有限责任公司	201301	植物组织相关化学成分提取、价值分析与产业化开发	王建中	201301	201312	26	13
12	北京农学院	201301	植物样品中植物激素 IAA 含量分析测定研究	盖 颖	201301	201312	2.16	2.16
13	山东省水稻研究所	201301	植物样品激素分析检测	盖 颖	201301	201312	1.56	1.56
14	北京市理化分析测试中心	201301	天然产物标准样品分离纯化技术测试及验证	刘玉军	201301	201312	7.51	7.51
15	山东宝莫生物化工股份有限公司	201301	生物法生产化学品：丙烯酰胺和 3-羟基丙酸	马玉超	201301	201612	30	15
16	贵阳市黔灵山公园管理处	201301	贵阳市黔灵山公园散养猕猴种群生态研究及主要人畜共患病的监测及预警	金 一	201301	201612	21	21

序号	项目来源	合同签订/项目下达时间	项目名称	负责人姓名	项目开始年月	项目结束年月	项目合同总经费（万元）	属本单位本学科的到账经费（万元）
17	中国农业大学	201301	植物样品激素分析检测	盖颖	201301	201312	2.16	2.16
18	岷县天昊黄金有限责任公司	201303	岷县鹿峰金矿样方调查分析	荆艳萍	201303	201309	55	33
19	漳州市林木种苗站	201304	优良相思营林技术推广应用	谢响明	201304	201612	5	5
20	北京农学院	201307	植物激素分析检测	蒋湘宁	201307	201312	1.8	1.8
21	国家林业局调查规划设计院	201407	济南小清河流域湿地生物多样性本底资源调查研究报告	刘忠华	201310	201512	25	15
22	中国农业科学院饲料科研所	201311	木聚糖酶在造纸工业的应用	谢响明	201311	201611	15	15
23	内蒙古通辽市林业科学研究院	201311	青杨品种指纹图谱构建	王君	201312	201507	6	6
24	北京国色天成生物科技有限公司	201312	牡丹矮化盆栽方法	王华芳	201405	201605	30	30
25	北京奥北美生物菌肥研究中心	201405	园林绿化废弃物循环利用微生物肥料开发	彭霞薇	201405	201509	15	5
26	中天集团天水七四五二工厂	201407	生物质综合利用项目产品性状分析及应用研究	王晓旭	201406	201706	80	40
27	中国农业科学院饲料科研所	201410	碱性甘露聚糖酶在造纸工业应用试验	谢响明	201410	201510	19	19
28	中国林业科学研究院	201412	林科院植物激素分析	蒋湘宁	201412	201512	2.6	2.6
29	中国农业科学研究院	201412	农科院植物激素分析	蒋湘宁	201412	201512	2.4	2.4
30	中国农业科学院作物科学研究所	201301	水稻样品中植物激素 IAA 和 Gas 含量分析测定研究	盖颖	201301	201312	1.08	1.08

II-2-3　人均科研经费

人均科研经费（万元/人）
73.4

II-3　本学科代表性学术论文质量

II-3-1　近五年（2010—2014年）国内收录的本学科代表性学术论文

序号	论文名称	第一作者	通讯作者	发表刊次（卷期）	发表刊物名称	收录类型	中文影响因子	他引次数
1	葛根净光合速率日变化及其与环境因子的关系	丁友芳	刘玉军	2010, 32（5）	北京林业大学学报	CSCD	1.242	8
2	珙桐苗木叶片光合特性对土壤干旱胁迫的响应	王宁宁	沈应柏	2011, 31（1）	西北植物学报	CSCD	1.414	7
3	内蒙乌海胡杨异形叶水分及叶绿素荧光参数的比较	郝建卿	郑彩霞	2010, 32（5）	北京林业大学学报	CSCD	1.242	4
4	沙冬青胚胎晚期发生基因富蛋白基因序列及表达特性分析	师静	尹伟伦	2012, 34（4）	北京林业大学学报	CSCD	1.318	4
5	虫食与熏蒸对马尾松苗木针叶酚酸含量的影响	郑文红	蒋湘宁	2010, 32（1）	北京林业大学学报	CSCD	1.242	3
6	牡丹试管苗生根与移栽技术研究进展	张倩	王华芳	2012, 39（9）	园艺学报	CSCD	1.094	3
7	毛白杨 PtDREB2A 基因的克隆、表达及单核苷酸多态性分析	郭琦	张德强	2011, 47（4）	林业科学	CSCD	1.026	3
8	胡杨谷胱甘肽过氧化物酶 PeGPX 基因的克隆及转化植株耐盐性分析	王菲菲	陈少良	2012, 31（3）	基因组学与应用生物学	CSCD	1.043	2
9	用改进的 TRAP 法测定树木端粒酶活性	王瑾瑜	卢存福	2012, 18（4）	应用与环境生物学报	CSCD	1.215	2
10	741 杨生长与材品质特性	田晓明	蒋湘宁	2013, 49（3）	林业科学	CSCD	1.169	2
11	毛白杨木材形成功能基因内 SSR 标记的开发及评价	杜庆章	张德强	2010, 46（11）	林业科学	CSCD	1.087	2
12	转沙冬青锌指蛋白基因 AmZFPG 烟草非生物胁迫抗性分析	智冠华	卢存福	2013, 40（4）	园艺学报	CSCD	1.194	2
13	日本晚樱花器官特征基因 CIAP1 的克隆与表达分析	刘志雄	李凤兰	2010, 37（4）	园艺学报	CSCD	1.417	2
14	油松离体花粉管的生长及微丝骨架分布	尚峰男	王君	2013, 49（4）	林业科学	CSCD	1.169	1
15	沙冬青 AmLEA5 基因的生物信息学分析及非生物胁迫下的表达模式	赵晓鑫	卢存福	2013, 14（3）	植物遗传资源学报	CSCD	1.396	1
16	内蒙古灌木叶性状关系及不同尺度的比较	刘超	尹伟伦	2012, 34（6）	北京林业大学学报	CSCD	1.318	1
17	干旱胁迫对宁夏枸杞叶片蔗糖代谢及光合特性的影响	赵建华	王华芳	2013, 33（5）	西北植物学报	CSCD	1.321	1
18	毛白杨两个 Phi 类 GST 基因的克隆及生化特性	李迪	杨海灵	2012, 47（3）	植物学报	CSCD	1.049	1
19	毛白杨蔗糖合酶基因 PtSUSI 的克隆、表达及单核苷酸多态性分析	潘炜	张德强	2011, 47（3）	林业科学	CSCD	1.026	1
20	高山松及其亲本种群在油松生境下的苗期性状	梁冬	李悦	2013, 37（2）	植物生态学报	CSCD	1.881	1
合计						中文影响因子 24.8	他引次数	51

II-3-2　近五年（2010—2014年）国外收录的本学科代表性学术论文

序号	论文名称	论文类型	第一作者	通讯作者	发表刊次（卷期）	发表刊物名称	收录类型	他引次数	期刊SCI影响因子	备注
1	A model framework for identifying genes that guide the evolution of heterochrony	Article	孙丽丹	邬荣领	2014, 31 (8)	Molecular Biology and Evolution	SCI	2	14.308	通讯单位和第一署名单位
2	Probing plasma membrane dynamics at the single-molecule level	Review	李晓娟	林金星	2013, 18 (11)	Trends in Plant Science	SCI	9	13.479	通讯单位和第一署名单位
3	The cysteine protease CEP1, a key executor involved in tapetal programmed cell death, regulates pollen development in arabidopsis	Article	张丹丹	陆海	2014, 26 (7)	Plant Cell	SCI	2	9.575	通讯单位和第一署名单位
4	Reconstructing regulatory networks from the dynamic plasticity of gene expression by mutual information	Article	王建新	邬荣领	2013, 41 (8)	Nucleic Acids Research	SCI	10	8.808	通讯单位和第一署名单位
5	Arabidopsis FRS4/CPD25 and FHY3/CPD45 work cooperatively to promote the expression of the chloroplast division gene ARC5 and chloroplast division	Article	高岳芳	高宏波	2013, 75 (5)	Plant Journal	SCI	6	6.815	通讯单位和第一署名单位
6	Paxillus involutus strains MAJ and NAU mediate K^+/Na^+ homeostasis in ectomycorrhizal populus x canescens under sodium chloride stress	Article	李　静	陈少良	2012, 159 (4)	Plant Physiology	SCI	19	6.555	通讯单位和第一署名单位
7	The regulation of cambial activity in Chinese fir (Cunninghamia lanceolata) involves extensive transcriptome	Article	邱宗波	林金星	2013, 199 (3)	New Phytologist	SCI	12	6.373	通讯单位和第一署名单位
8	Polymorphic simple sequence repeat (SSR) loci within cellulose synthase (PtoCesA) genes are associated with growth and wood properties in Populus tomentosa	Article	杜庆章	张德强	2013, 197 (3)	New Phytologist	SCI	14	6.373	通讯单位和第一署名单位

（续）

序号	论文名称	论文类型	第一作者	通讯作者	发表刊次（卷期）	发表刊物名称	收录类型	他引次数	期刊SCI影响因子	备注
9	A synthetic framework for modeling the genetic basis of phenotypic plasticity and its costs	Article	翟毅	邬荣领	2014,201（1）	New Phytologist	SCI	10	6.373	通讯单位和第一署名单位
10	A unifying framework for bivalent multilocus linkage analysis of allotetraploids	Article	杨晓霞	邬荣领	2013, 14（1）	Briefings in Bioinformatics	SCI	5	5.919	通讯单位和第一署名单位
11	Shape mapping: genetic mapping meets geometric morphometrics	Article	薄文浩	邬荣领	2014, 15（4）	Briefings in Bioinformatics	SCI	3	5.919	通讯单位和第一署名单位
12	Systems mapping: how to map genes for biomass allocation toward an ideotype	Article	薄文浩	邬荣领	2013,18（11）	Briefings in Bioinformatics	SCI	3	5.919	通讯单位和第一署名单位
13	The nitrate transporter NRT2.1 functions in the ethylene response to nitrate deficiency in *Arabidopsis*	Article	郑冬超	尹伟伦	2014, 31（8）	Plant Cell and Environment	SCI	8	5.906	通讯单位和第一署名单位
14	*Populus euphratica* XTH overexpression enhances salinity tolerance by the development of leaf succulence in transgenic tobacco plants	Article	韩彦莎	陈少良	2014, 26（7）	Journal of Experimental Botany	SCI	10	5.794	通讯单位和第一署名单位
15	Overexpression of the poplar NF-YB7 transcription factor confers drought tolerance and improves water-use efficiency in *Arabidopsis*	Article	韩潇	尹伟伦	2013, 41（8）	Journal of Experimental Botany	SCI	12	5.794	通讯单位和第一署名单位
16	Genome-wide identification and functional prediction of novel and drought-responsive lincRNAs in *Populus trichocarpa*	Article	帅鹏	尹伟伦	2013, 75（5）	Journal of Experimental Botany	SCI	7	5.794	通讯单位和第一署名单位
17	Two highly validated SSR multiplexes (8-plex) for Euphrates' poplar, *Populus euphratica* (Salicaceae)	Article	徐放	杜芳	2012,159（4）	Molecular Ecology Resources	SCI	15	5.626	通讯单位和第一署名单位

（续）

序号	论文名称	论文类型	第一作者	通讯作者	发表刊次（卷期）	发表刊物名称	收录类型	他引次数	期刊SCI影响因子	备注
18	Genome-wide characterization of new and drought stress responsive microRNAs in *Populus euphratica*	Article	李博生	尹伟伦	2013, 199（3）	Journal of Experimental Botany	SCI	103	5.364	通讯单位和第一署名单位
19	Functional mapping of ontogeny in flowering plants	Article	赵曦阳	邬荣领	2013, 197（3）	Briefings in Bioinformatics	SCI	4	5.298	通讯单位和第一署名单位
20	H_2O_2 and cytosolic Ca^{2+} signals triggered by the PM H^+-coupled transport system mediate K^+/Na^+ homeostasis in NaCl-stressed *Populus euphratica* cells	Article	孙 健	陈少良	2014, 201（1）	Plant Cell and Environment	SCI	62	5.145	通讯单位和第一署名单位
21	Spatial and temporal nature of reactive oxygen species production and programmed cell death in elm (*Ulmus pumila* L.) seeds during controlled deterioration	Article	胡 蝶	汪晓峰	2013, 14（1）	Plant Cell and Environment	SCI	11	5.135	通讯单位和第一署名单位
22	An ATP signalling pathway in plant cells: extracellular ATP triggers programmed cell death in *Populus euphratica*	Article	孙 健	陈少良	2014, 15（4）	Plant Cell and Environment	SCI	29	5.135	通讯单位和第一署名单位
23	Development and Application of Microsatellites in Candidate Genes Related to Wood Properties in the Chinese White Poplar (*Populus tomentosa* Carr.)	Article	杜庆章	张德强	2013, 20（1）	Dna Research	SCI	6	4.975	通讯单位和第一署名单位
24	The salt- and drought-inducible poplar GRAS protein SCL7 confers salt and drought tolerance in *Arabidopsis*	Article	马洪双	尹伟伦	2010, 61（14）	Journal of Experimental Botany	SCI	65	4.818	通讯单位和第一署名单位
25	Modeling phenotypic plasticity in growth trajectories: a statistical framework	Article	王 忠	邬荣领	2014, 68（1）	Evolution	SCI	2	4.659	通讯单位和第一署名单位
26	Transcriptional profiling by cDNA-AFLP analysis showed differential transcript abundance in response to water stress in *Populus hopeiensis*	Article	宋跃朋	张德强	2012, 13（1）	Bmc Genomics	SCI	12	4.397	通讯单位和第一署名单位

（续）

序号	论文名称	论文类型	第一作者	通讯作者	发表刊次（卷期）	发表刊物名称	收录类型	他引次数	期刊 SCI 影响因子	备注
27	Genome-wide comparison of two poplar genotypes with different growth rates	Article	郝 爽	尹伟伦	2011, 76（6）	Plant Molecular Biology	SCI	5	4.15	通讯单位和第一署名单位
28	Salt-induced expression of genes related to Na^+/K^+ and ROS homeostasis in leaves of salt-resistant and salt-sensitive poplar species	Article	丁明全	陈少良	2010, 73（3）	Plant Molecular Biology	SCI	48	4.149	通讯单位和第一署名单位
29	Identification and functional characterisation of the promoter of the calcium sensor gene CBL1 from the xerophytes *Ammopiptanthus mongolicus*	Article	郭丽丽	尹伟伦	2010, 10（1）	Bmc Plant Biology	SCI	30	4.085	通讯单位和第一署名单位
30	Sexual dimorphic floral development in dioecious plants revealed by transcriptome, phytohormone, and DNA methylation analysis in *Populus tomentosa*	Article	宋跃朋	张德强	2013, 83（6）	Plant Molecular Biology	SCI	6	4.072	通讯单位和第一署名单位
31	Populus euphratica: the transcriptomic response to drough: stress	Article	汤 沙	尹伟伦	2013, 83（6）	Plant Molecular Biology	SCI	15	4.072	通讯单位和第一署名单位
32	Global identification of miRNAs and targets in *Populus euphratica* under salt stress	Article	李博生	尹伟伦	2013, 81（6）	Plant Molecular Biology	SCI	25	4.072	通讯单位和第一署名单位
33	De novo sequencing and transcriptome analysis of the desert shrub, *Ammopiptanthus mongolicus*, during cold acclimation using Illumina/Solexa	Article	庞 涛	尹伟伦	2013, 14（1）	Bmc Genomics	SCI	16	4.041	通讯单位和第一署名单位
34	Identification of drought-responsive and novel *Populus trichocarpa* microRNAs by high-throughput sequencing and their targets using degradome analysis	Article	帅 鹏	尹伟伦	2013, 14（1）	Bmc Genomics	SCI	29	4.041	通讯单位和第一署名单位

（续）

序号	论文名称	论文类型	第一作者	通讯作者	发表刊次（卷期）	发表刊物名称	收录类型	他引次数	期刊 SCI 影响因子	备注
35	Satellite RNA reduces expression of the 2b suppressor protein resulting in the attenuation of symptoms caused by Cucumber Mosaic Virus infection	Article	侯薇娜	周晓阳	2011, 12 (6)	Molecular Plant Pathology	SCI	19	3.899	通讯单位和第一署名单位
36	Two CBL genes from *Populus euphratica* confer multiple stress tolerance in transgenic triploid white poplar	Article	李旦旦	尹伟伦	2012, 109 (3)	Plant Cell Tissue and Organ Culture	SCI	12	3.633	通讯单位和第一署名单位
37	Simultaneous determination of 24 or more acidic and alkaline phytohormones in femtomole quantities of plant tissues by high-performance liquid chromatography-electrospray ionization-ion trap mass spectrometry	Article	刘士畅	蒋湘宁	2013, 405 (4)	Analytical and Bioanalytical Chemistry	SCI	12	3.578	通讯单位和第一署名单位
38	Exogenous hydrogen peroxide, nitric oxide and calcium mediate root ion fluxes in two non-secretor mangrove species subjected to NaCl stress	Article	鲁彦君	陈少良	2013, 33 (1)	Tree Physiology	SCI	17	3.405	通讯单位和第一署名单位
39	Systems mapping: how to improve the genetic mapping of complex traits through design principles of biological	Article	邬荣领	邬荣领	2011, 5 (1)	Bmc Systems Biology	SCI	20	3.148	通讯单位和第一署名单位
40	PdERECTA, a leucine-rich repeat receptor-like kinase of poplar, confers enhanced water use efficiency in *Arabidopsis*	Article	邢海涛	尹伟伦	2011, 234 (2)	Planta	SCI	26	3	通讯单位和第一署名单位
合计	SCI 影响因子	223.6				他引次数		他引次数 721		

Ⅱ-5 已转化或应用的专利（2012—2014年）

序号	专利名称	第一发明人	专利申请号	专利号	授权（颁证）年月	专利受让单位	专利转让合同金额（万元）
1	牡丹矮化盆栽方法	王华芳	CN200410069368	ZL200410069368.X	200702	北京国色天成生物科技有限公司	30
2	美国红枫的繁殖方法	罗晓芳	CN200810239943	ZL0810239943.4	201201	—	—
3	利用甘薯淀粉废水生产有机磷农药降解菌剂的方法	彭霞薇	CN200910241356	ZL0910241356.3	201205	—	—
4	一种石油烃类污染物降解剂的生产方法	彭霞薇	CN201010581783	ZL1010581783.9	201208	—	—
5	监测植物花芽分化或开花过程中温度变化的活体成像方法	王若涵	CN201110094369.X	ZL201110094369.X	201306	—	—
6	苜蓿木聚糖转葡糖苷酶（mtxet）及其编码基因与应用	王华芳	200910093301.2	ZL200910093301.2	201306	—	—
7	一种巨尾桉转化方法	夏新莉	201210019229.0	ZL201210019229.0	201312	—	—
8	一种草莓微扩繁的液体培养方法	郑彩霞	201220470675.9	ZL201220470675.9	201304	—	—
9	一种治沙飞播用种子包衣剂、包衣种子及其制备方法	汪晓峰	CN201310030169	ZL201310030169.7	201404	—	—
合计	专利转让合同金额（万元）						30

Ⅲ 人才培养质量

		Ⅲ-3 本学科获得的全国、省级优秀博士学位论文情况（2010—2014 年）				
序号	类型	学位论文名称	获奖年月	论文作者	指导教师	备注
1	全国优秀博士学位论文	胡杨在盐胁迫下差异表达基因的筛选以及胡杨 PeSCL7 基因功能分析	2012	马洪双	尹伟伦	提名奖
2	北京市优秀博士学位论文	胡杨在盐胁迫下差异表达基因的筛选以及胡杨 PeSCL7 基因功能分析	2011	马洪双	尹伟伦	
合计	全国优秀博士论文（篇）	—		提名奖（篇）		1
	省优秀博士论文（篇）	1				

		Ⅲ-4 学生国际交流情况（2012—2014 年）			
序号	姓名	出国（境）时间	回国（境）时间	地点（国家/地区及高校）	国际交流项目名称或主要交流目的
1	周 方	201209	201209	波兰	第 6 届国际工业材料微生物生物降解与生物侵蚀会议
2	王 松	201210	201310	美国威斯康星大学麦逊校区	国家建设高水平大学公派研究生项目
3	赵 莹	201309	201403	美国克莱姆森大学	国家建设高水平大学公派研究生项目
4	帅 鹏	201309	201409	美国北卡罗莱纳州立大学	国家建设高水平大学公派研究生项目
5	韩 潇	201409	201609	美国加州大学戴维斯分校	国家建设高水平大学公派研究生项目
合计	学生国际交流人数				5

4.1.2 学科简介

1. 学科基本情况与学科特色

学科源于 1902 年京师大学堂的森林植物学与森林动物学、2003 年获一级博士学位授予权，是北京市重点建设学科。设博士后流动站，植物学（国家重点）、生化与分子生物学、细胞生物学、微生物学、森林生物资源利用学 5 个博士点，遗传学、动物学和生物物理学 3 个硕士点。支撑教育部、国家林业局 2 个重点实验室。团队现有教授 22 人，副教授 27 人，中国工程院院士 1 人、"千人计划"学者 1 人、"长江学者"1 人、国家杰出青年基金获得者 1 人、国家"百千万人才工程"人选 2 人，教育部新世纪优秀人才支持计划学者 6 人及 3 名全国百篇"优秀博士论文"获得者。任国际和国内二级以上学会副秘书长以上职务 12 人，担任国际学术刊物主编与副主编人员有 10 人。学科具较强发展实力，在国内外享有较高学术声誉。

学科是林学、生态学和风景园林等的支撑学科。主要研究方向有：①树木发育与抗逆分子生理；②重要经济性状的遗传调控和计算生物学；③资源生物的物种形成与进化；④森林天然产物与资源利用。借助现代生化、物理、分子生物学，生物组、生物信息、激光切割、单细胞测序及计算生物学等先进理论与检测分析技术，研究重要森林生物的性状表观、组织结构建成、生命活力和生物行为等特质的细胞、蛋白、核酸、代谢、产物等形成的生物学机理与调控机制，自然规律与影响因素，探索人工利用、改造、修饰、调控、优化、开发其生物学特性的途径，研发相应的关键技术与开发工艺流程，为森林生物资源的保育、培植、开发及林业生态与产业工程建设提供理论与技术支撑。

学科在阐明植物生殖与发育的分子机理，树木耐盐、耐旱节水的分子调控机制，染色体组诱变的细胞机理，物种特异的多态性标记发掘，重要经济性状的 QTL 与表观遗传调控，植物 DNA 同源重组机制、树木的系统进化等方面取得了系列突破性成果。在上述生物学机理与机制研究基础上，研发了基于特定频率电波定量测定干旱引起细胞膜损伤

（续）

导致透性变化的植物抗逆性定量评价的技术体系，植物细胞需水信号探测技术及分子辅助优良种质遗传设计等应用技术。奠定了学科在树木抗逆分子生理机制、细胞遗传与染色体组调控、计算生物学等领域的国际前列地位。在细胞与发育、后基因组、林源天然产物开发、植物防御响应、分子与群体遗传等领域具一定国际学术显示度。学科在森林资源保护与开发利用，林木生态工程与良种工程建设中发挥了重要作用。培养出数百名硕士和博士，一些成长为院士、杰出青年基金获得者与长江学者等杰出人才，是国家森林生物学高层次人才的重要培养基地。

2. 社会贡献

① 承担《北京市"十二五"林木种苗发展规划》《内蒙古赤峰市百万亩经济林建设规划》《北京市黄垡苗圃"十二五"发展规划》《北京市十三陵林场国家白皮松良种基地发展规划》《泰安市 2013—2015 林业产业发展规划》《北京市科技奖指标体系》《包沙地云杉良种基地规划设计》《黑里河林场国家油松良种基地发展规划》《林学学科研究方向与关键词》（国家自然科学基金委）等起草与修订工作。

② 承担"北方省区国际重点林木良种基地主任培训会""南方省区国际重点林木良种基地主任培训会""甘肃省重点林木良种基地建设交流会""吉林省林木良种培育技术培训班""全国油松良种基地技术协作组培训与研讨会""山西种苗站良种基地干部培训班"和"吉林省生态经济培训班"的培训任务；为国家林业局"林木种苗创新发展""杨树花絮控制""主要林木育种规划调研"，宁夏"黄河国家生态定位站"立项，吉林省白城市"樟子松大树移栽问题""大兴安岭红花尔基樟子松良种基地建设"等科技咨询服务；与广西柳州市、内蒙古赤峰市、山东省泰安市分别建立了油茶产业、优良经济树种引进试验与示范、林业产业科技合作项目，支持了相关产业发展。

③ 承担"六部一委"组织的山东省临沂市"振兴老区、服务三农、科技列车沂蒙行"大型科普活动，举办森林生物科技夏令营。

④ 全国政协委员 2 人。多人分别任中国工程院农业学部主任，教育部科技委农林学部常务副主任、生命学二部常务副主任，北京市学位委员会委员、科学技术协会副主席，国际杨树委员会执委，中国林学会副理事长，中国杨树委员会主席、副秘书长，中国植物学会常务理事，植物结构与生殖生物学专业委员会主任、中国植物生理学及分子生物学会理事，北京植物学会理事长，中国林学会树木生理生化专业委员会、林木遗传育种专业委员会秘书长。多人分别任 Forestry Studies in China《北京林业大学学报》主编；Forest Science（美国）执行主编；BMC Plant Biology, Canadian Journal of Forest Research, Recent Patents on Biotechnology, Plos One, Plant Signaling & Behavior,《林业科学》《植物学报》《植物科学进展》副主编；BMC genetics, Trees-Structure & Function, Plant Physiology & Biochemistry, Annals of Forest Science, Journal of Forest Research,《科学通报》《植物学通报》等编委。

⑤ 国家中长期科技发展战略研究专家、中国可持续发展林业战略研究的首席专家、中科院植物所"植被与环境变化"国家重点实验室学术委员会主任。国务院应急管理专家组专家、国家环境咨询委员会委员、全国荒漠化和沙化监测专家顾问、河南辉县油松国家重点林木良种基地、北京市黄垡彩叶树种国家重点林木良种基地、内蒙古自治区宁城县黑里河林场等国家油松良种基地科技支撑专家。

4.2 东北林业大学

4.2.1 清单表

Ⅰ 师资队伍与资源

序号	专家类别	专家姓名	出生年月	获批年月	备注
			I-1 突出专家		
1	百千万人才工程国家级人选	祖元刚	195402	198901	
2	长江学者特聘教授	付玉杰	196709	201501	
3	长江学者特聘教授	柳参奎	196309	200909	
4	中科院百人计划入选者	王文杰	197402	201310	
5	教育部新世纪人才	戴绍军	197205	200701	
6	教育部新世纪人才	张欣欣	197904	201106	
7	享受政府特殊津贴人员	李玉花	196104	201006	
合计	突出专家数量（人）		7		

序号	团队类别	学术带头人姓名	带头人出生年月	资助期限
		I-2 团队		
1	教育部创新团队	柳参奎	196309	2014—2016
合计	团队数量（个）		1	

类型	数量	类型	数量	类型	数量
			I-3 专职教师与学生情况		
专职教师数	98	其中，教授数	29	副教授数	42
研究生导师总数	69	其中，博士生导师数	21	硕士生导师数	69
目前在校研究生数	389	其中，博士生数	61	硕士生数	328
生师比	3.97	博士生师比	2.9	硕士生师比	4.75
近三年授予学位数	331	其中，博士学位数	63	硕士学位数	268

I-4　重点学科					
序号	重点学科名称	重点学科类型	学科代码	批准部门	批准年月
1	生物学	省部级重点学科	0710	黑龙江省教育厅	200304
2	植物学	国家级重点学科	071001	教育部	198912
3	生物化学与分子生物学学科	省部级重点学科	071010	黑龙江省教育厅	200612
4	细胞生物学	省部级重点学科	071009	黑龙江省教育厅	200612
合计	二级重点学科数量（个）	国家级	1	省部级	3

I-5　重点实验室					
序号	实验室类别	实验室名称	批准部门		批准年月
1	国家级工程研究中心	生物资源生态利用国家地方联合工程实验室	国家发展和改革委员会		201111
2	省部级重点实验室 / 中心	森林植物生态学教育部重点实验室	教育部		199201
3	省部级重点实验室 / 中心	东北油田盐碱植被恢复与重建	教育部		201001
4	国家林业局重点实验室	国家林业局野生动物保护学重点开放性实验室	林业部（现国家林业局）		199503
合计	重点实验数量（个）	国家级	1	省部级	3

II 科学研究

4 生 物 学 677

II-1 近五年（2010—2014年）科研获奖

序号	奖励名称	获奖项目名称	证书编号	完成人	获奖年度	获奖等级	参与单位数	本单位参与学科数
1	省级自然科学奖	功能森林化学成分高效分离理论与方法的创新研究	2014-035-01	付玉杰	2014	二等奖	1	1
2	省级自然科学奖	东北盐碱植物抗旱、耐盐碱特异基因挖掘与抗逆机理研究	2011-044-01	柳参奎	2011	二等奖	1	1
3	省级科技进步奖	寒地抗逆花卉种质资源创新及新品种选育	2014-089	李玉花	2014	二等奖	3（1）	1
4	省级科技进步奖	肠溶性双歧杆菌微胶囊制备技术及其微生态制剂研制	2012-135-02	赵 敏	2012	二等奖	2（1）	1
5	省级科技进步奖	高寒地区青蒿引种栽培技术及药效物质分析方法研究	2010-154-01	赵 敏	2010	二等奖	1	1
6	省级科技进步奖	黑龙江省典型地区森林碳汇功能、组分特征及其对气候变化的响应	2013-157-01	王文杰	2013	三等奖	1	1
7	省技术发明奖	重度盐碱地营造杨树人工林	2012-274-01	祖元刚	2012	三等奖	1	1
8	梁希林业科学技术奖	主要毛皮动物优良种源培育及规模化养殖技术研究	2011-KJ-2-29	张 伟	2011	二等奖	1	2（1）
9	梁希林业科学技术奖	森林植物生态适应的理论与应用	2011-KJ-2-35-R03	于景华	2011	二等奖	1	1
合计	国家级	特等奖	—	一等奖		二等奖	三等奖	—
	省部级	一等奖	—	二等奖		一等奖	7	2

科研获奖数量（个）

II-2 代表性科研项目（2012—2014年）

II-2-1 国家级、省部级、境外合作科研项目

序号	项目来源	项目下达部门	项目级别	项目编号	项目名称	负责人姓名	项目开始年月	项目结束年月	项目合同总经费（万元）	属本单位本学科的到账经费（万元）
1	国家重大科技专项	科技部	子课题	2010CB951301	温带针阔混交林的脆弱性及评价指标（专题）	毛子军	201001	201412	96	44
2	国家重大科技专项	科技部	子课题	2009ZX08008-004B	优质高繁转基因肉羊新品种培育子项目高产肉率转基因肉羊新品种培育	安铁洙	200906	201205	58	58
3	国家重大科技专项	科技部	子课题	2013FY110600-2	典型植物群落常规动态与空间分布	于景华	201405	201904	95	22.98
4	国家重大科技专项	科技部	子课题	2007FY110400-5	数据综合分析与植物种质资源变化评估	祖元刚	200701	201212	152.75	44
5	国家"863"计划	科技部	子课题	2013AA102706	菊花抗性及花期调控相关基因克隆、功能鉴定、高效的菊花转基因平台体系建立及转基因植株获得	李玉花	201301	201712	140	140
6	国家"863"计划	科技部	子课题	2013AA102701-7	蒙古柳耐盐基因克隆及基因功能研究	柳参奎	201301	201712	60	60
7	国家"863"计划	科技部	子课题	2011AA100202-1-3	白桦木质素合成关键4CL、CesA基因的遗传转化	刘雪梅	201101	201512	30	—
8	国家科技支撑计划	科技部	一般项目	2012BAD21B05	杜仲和喜树珍贵材用和药用林定向培育关键技术研究与示范	祖元刚	201201	201612	920	213
9	国家科技支撑计划	科技部	一般项目	2011BAD33B0203	从刺五加中高效分离纯化目的活性物质的研究	祖元刚	201101	201512	67	61
10	公益性行业科研专项	国家林业局	重点项目	201204601	目的林药组分资源定向培育与高值化产品开发	祖元刚	201201	201412	804	327

（续）

序号	项目来源	项目下达部门	项目级别	项目编号	项目名称	负责人姓名	项目开始年月	项目结束年月	项目合同总经费（万元）	属本单位本学科的到账经费（万元）
11	公益性行业科研专项	国家林业局	一般/面上项目	201404616	塔拉果多酚生物绿色分离及高值产品加工研究与示范	杨逢建	201401	201612	191	11
12	公益性行业科研专项	国家林业局	子课题	20140470102	油用牡丹新品种选育及高效利用研究与示范	祖元刚	201401	201812	415	104
13	公益性行业科研专项	国家林业局	子课题	2011040002-3	松嫩平原重度盐碱地造林绿化研究	祖元刚	201101	201512	100	88
14	公益性行业科研专项	国家林业局	子课题	2010040072	羟基喜树碱水性化环境友好关键技术研究	祖元刚	201001	201212	298	50
15	国家自然科学基金	国家自然科学基金委员会	一般/面上项目	31270618	改性纤维素基固载化杂多酸催化体系的构建表征及其催化林木种子油转化生物柴油反应动力学研究	付玉杰	201301	201612	80	80
16	国家自然科学基金	国家自然科学基金委员会	一般/面上项目	31370393	黑斑侧褶蛙抗菌肽进化与微生物群落关系的研究	徐艳春	201401	201712	78	78
17	国家自然科学基金	国家自然科学基金委员会	一般/面上项目	31370007	乙烯和一氧化氮信号协同调控盐胁迫条件下拟南芥种子萌发的作用机制	唐中华	201401	201712	80	48
18	国家自然科学基金	国家自然科学基金委员会	一般/面上项目	31271324	Tβ-4抑制梅花鹿茸生长顶端同充质细胞软骨分化作用机制研究	邢 丽	201301	201612	38	38
19	国家自然科学基金	国家自然科学基金委员会	一般/面上项目	30970347	毛欲性状及物理性能对黄鼬扩散潜力作用的研究	张 伟	201001	201312	30	30
20	国家自然科学基金	国家自然科学基金委员会	面上项目	31370630	黄檗种子休眠解除的生理与蛋白质组响应	张玉红	201401	201712	80	48

（续）

序号	项目来源	项目下达部门	项目级别	项目编号	项目名称	负责人姓名	项目开始年月	项目结束年月	项目合同总经费（万元）	属本单位本学科的到账经费（万元）
21	国家自然科学基金	国家自然科学基金委员会	一般/面上项目	31071940	斑背大尾莺种群遗传结构及其扩散机制研究	李 枫	201101	201312	34	34
22	国家自然科学基金	国家自然科学基金委员会	一般/面上项目	31372221	岩羊的性别分离机制：生境分离还是社群避免	滕丽微	201401	201712	60	60
23	国家自然科学基金	国家自然科学基金委员会	一般/面上项目	31170518	基于多重分形理论的木材缺陷断层扫描检测研究	戚大伟	201201	201512	64	64
24	国家自然科学基金	中国科学院东北地理与农业生态研究所	一般/面上项目	40830535	兴凯湖湿地系统铁盐与浮游植物生产力时空耦合及其上行效应研究	于洪贤	201201	201515	85	20
25	国家自然科学基金	国家自然科学基金委员会	一般/面上项目	31070234	拟南芥新离子转运蛋白家族（AtCCX 家族）成员 -AtCCX5 基因的生物学功能研究	张欣欣	201101	201312	30	30
26	国家自然科学基金	国家自然科学基金委员会	一般/面上项目	31270311	碱茅（Puccinellia tenuiflora）Ca^{2+}/H^+ 反向转运蛋白（Put CAX）转运 Ba^{2+} 和 Ca^{2+} 分子机制的研究	张欣欣	201301	201612	78	62.4
27	国家自然科学基金	国家自然科学基金委员会	一般/面上项目	31270310	利用蛋白质组学策略分析星星草根盐胁迫应答氧化还原敏感蛋白质	戴绍军	201301	201612	78	78
28	国家自然科学基金	国家自然科学基金委员会	一般/面上项目	31170368	盐芥应答盐胁迫的 miRNA 鉴定与功能解析	王 洋	201201	201512	55	55
29	国家自然科学基金	国家自然科学基金委员会	一般/面上项目	31170553	具漆酶活性的芽孢蛋白 CotA 基因的异源分泌表达及处理废水的初步研究	赵 敏	201201	201512	60	60

（续）

序号	项目来源	项目下达部门	项目级别	项目编号	项目名称	负责人姓名	项目开始年月	项目结束年月	项目合同总经费（万元）	属本单位本学科的到账经费（万元）
30	国家自然科学基金	国家自然科学基金委员会	一般/面上项目	31270923	转录因子 jumu 基因在果蝇细胞免疫中的功能及机制研究	金丽华	201301	201612	80	80
31	国家自然科学基金	国家自然科学基金委员会	一般/面上项目	31170568	四倍体刺槐线粒体防御和清除过剩电子能力与其耐盐性关系的研究	孟凡娟	201107	201512	50	50
32	国家自然科学基金	国家自然科学基金委员会	一般/面上项目	31170569	干旱胁迫下欧李叶黄素循环的响应机制及与抗性的关系	宋兴舜	201201	201512	56	56
33	国家自然科学基金	国家自然科学基金委员会	一般/面上项目	31471911	蓝光与 UV-B 复合协同效应诱导花青素合成的光信号转导	李玉花	201501	201812	80	37.35
34	国家自然科学基金	国家自然科学基金委员会	一般/面上项目	31272200	UV-A、蓝光＋UV-B 诱导芜菁花青素合成不敏感型突变体的遗传分析	李玉花	201301	201612	80	80
35	国家自然科学基金	国家自然科学基金委员会	一般/面上项目	31070275	自交不亲和信号转导途径中磷酸化蛋白质的研究	李玉花	201101	201312	33	33
36	国家自然科学基金	国家自然科学基金委员会	一般/面上项目	31272520	miR-17-92 基因簇对胰腺祖细胞增殖分化的调控研究	滕春波	201301	201612	80	80
37	国家自然科学基金	国家自然科学基金委员会	一般/面上项目	31272441	筱毛特异表达蜘蛛拖丝蛋白基因 Spidroin I 克隆绵羊的研究	安铁洙	201301	201312	15	15
38	国家自然科学基金	国家自然科学基金委员会	一般/面上项目	31270494	温带针阔混交林演替阶段土壤碳通量及特征	毛子军	201301	201612	84	67.2
39	国家自然科学基金	国家自然科学基金委员会	一般/面上项目	31070350	干旱与氮沉降对兴安落叶松干表面 CO$_2$ 释放通量的影响及其机理	毛子军	201101	201312	33	—

（续）

序号	项目来源	项目下达部门	项目级别	项目编号	项目名称	负责人姓名	项目开始年月	项目结束年月	项目合同总经费（万元）	属本单位本学科到账经费（万元）
40	国家自然科学基金	国家自然科学基金委员会	青年项目	31000176	盐胁迫诱导拟南芥细胞程序化死亡受乙烯调控的生理生化机制研究	唐中华	201101	201312	22	22
41	国家自然科学基金	国家自然科学基金委员会	青年项目	31300305	角果碱蓬适应碱性盐土壤的分子基础初探	庞秋颖	201401	201612	22	13
42	国家自然科学基金	国家自然科学基金委员会	青年项目	31400337	长春花生物碱生物合成受钾元素调控的代谢和分子基础	郭晓瑞	201501	201712	25	15
43	国家自然科学基金	国家自然科学基金委员会	青年项目	31000133	紫外辐射增强条件下 NO 对南方红豆杉次生代谢过程的调控作用	李德文	201101	201312	19	19
44	国家自然科学基金	国家自然科学基金委员会	青年项目	31200394	地衣芽孢杆菌漆酶的定向进化及在染料脱色中的应用	卢磊	201301	201512	22	22
45	国家自然科学基金	国家自然科学基金委员会	青年项目	31300573	野生越橘杜鹃花类菌根真菌定殖相关基因筛选及定殖机理初探	杨洪一	201401	201612	22	10.6
46	国家自然科学基金	国家自然科学基金委员会	青年项目	31100449	白桦雄花早期发育转录组分析及重要基因功能鉴定	刘雪梅	201201	201412	23	23
47	国家自然科学基金	国家自然科学基金委员会	青年项目	31170568	盐胁迫下四倍体刺槐的基因表达和生理响应机制	孟凡娟	200907	201212	19	19
48	国家自然科学基金	国家自然科学基金委员会	青年项目	31401907	表观遗传修饰参与 UV-A 特异诱导羌菊花青素合成机制研究	王宇	201501	201712	26	15.6
49	国家自然科学基金	国家自然科学基金委员会	青年项目	30900115	自交不亲和信号传递因子 ARC1 相互作用蛋白的筛选及功能分析	蓝兴国	201001	201212	18	18

（续）

序号	项目来源	项目下达部门	项目级别	项目编号	项目名称	负责人姓名	项目开始年月	项目结束年月	项目合同总经费（万元）	属本单位本学科的到账经费（万元）
50	国家自然科学基金	国家自然科学基金委员会	青年项目	31301543	本源乳酸菌对东北酸菜发酵微生物区系影响的分子解析	杨洪岩	201401	201612	22	13.2
51	国家自然科学基金	国家自然科学基金委员会	青年项目	31000990	源因子诱导绵羊体细胞重编程及其多能性基因启动子甲基化的研究	王春生	201101	201312	19	19
52	部委级科研项目	国家林业局	重点项目	2010004040	木豆叶活性成分高效生产加工关键技术研究	付玉杰	201001	201312	190	190
53	部委级科研项目	科技部	一般/面上项目	2012GB2360641	黄芪资源精深加工关键技术中试与示范	付玉杰	201204	201404	60	60
54	部委级科研项目	大连名威貂业有限公司	一般/面上项目	201304809	紫貂驯养繁殖关键技术研究	张 伟	201301	201512	154	104
55	部委级科研项目	国家林业局	一般/面上项目	2011-4-18	计算机断层扫描检测木材特性技术引进	戚大伟	201101	201412	50	50
56	部委级科研项目	国家林业局	一般/面上项目	201404220	盐碱土壤"草－灌渐进式"植被恢复技术与示范	柳参奎	201401	201812	120	24
57	部委级科研项目	国家林业局	一般/面上项目	2012-4-3	漆酶高产菌株及配套发酵、纯化技术引进	赵 敏	201201	201512	50	50
58	部委级科研项目	科学技术部	一般/面上项目	2014FY210400	东北大小兴安岭地区菌物资源考察	赵 敏	201405	201904	100	20
59	部委级科研项目	国家林业局	一般/面上项目	2008-4-34	寒冷地区石油污染土壤电动辅助微生物修复技术引进	王秋玉	200801	201303	50	50
60	部委级科研项目	国家林业局	一般/面上项目	2011BAD37B02-1-6	东北碳汇林高碳树种选育技术体系研究（子课题）	王秋玉	201101	201512	10	10

（续）

序号	项目来源	项目下达部门	项目级别	项目编号	项目名称	负责人姓名	项目开始年月	项目结束年月	项目合同总经费（万元）	属本单位本学科到账经费（万元）
61	部委级科研项目	国家林业局	一般/面上项目	2014-4-60	药用植物规模化繁殖生产技术与加工工艺引进	李玉花	201401	201712	50	50
62	部委级科研项目	国家林业局	一般/面上项目	2011-17	北方耐寒花卉良种繁育及品种推广	李玉花	201101	201312	35	35
63	部委级科研项目	国家林业局	一般/面上项目	2012-4-6	特异性木豆内生真菌生产木豆芪酸技术引进	付玉杰	201201	201412	50	50
64	部委级科研项目	国家林业局	一般/面上项目	2010-4-20	喜树碱纳米胶粒新材料关键技术引进创新	祖元刚	201001	201312	100	100
65	部委级科研项目	国家林业局	一般/面上项目	[2011] 08 号	紫杉醇高效诱导号、提取技术推广	祖元刚	201101	201312	35	20
66	部委级科研项目	全国教育科学规划办公室	青年项目	EIA120391	基于数据挖掘策略的农林类硕士研究生就业影响因素分析	杨洪一	201301	201512	1.2	0.8
67	省级自然科学基金项目	黑龙江省自然科学基金委员会	重点项目	ZD201016	多重分形频谱理论在木材断层扫描缺陷识别检测中的应用	戚大伟	201101	201312	20	20
68	省级自然科学基金项目	黑龙江省自然科学基金委员会	重点项目	GB09C103	高寒地区饮用水生物保护技术研究	于洪贤	201001	201212	45	45
69	省级自然科学基金项目	黑龙江省自然科学基金委员会	一般/面上项目	ZJN0604-02	两栖类皮肤抗病毒活性肽的筛选与基因克隆	肖向红	200701	201312	10	10
70	省级自然科学基金项目	黑龙江省自然科学基金委员会	一般/面上项目	F201017	纳米尺寸半导体（MnSi1.7, Si, FeSi2, CrSi2）物理性能研究	韩亚萍	201101	201312	5	5
71	黑龙江省自然科学基金	黑龙江省自然科学基金委员会	一般/面上项目	C201117	氮形态和水平调控长春花碱在长春花植株中合成和积累特点及机制研究	郭晓瑞	201201	201412	5	5

（续）

序号	项目来源	项目下达部门	项目级别	项目编号	项目名称	负责人姓名	项目开始年月	项目结束年月	项目合同总经费（万元）	属本单位本学科科的到账经费（万元）
72	省级自然科学基金项目	黑龙江省自然科学基金委员会	一般／面上项目	C201338	RBF 神经网络在木材缺陷检测中的应用	牟洪波	201401	201612	5	5
73	省级自然科学基金项目	黑龙江省自然科学基金委员会	一般／面上项目	C201406	碱茅类萌发素蛋白基因（PutGLP）的生物学功能研究	李 莹	201407	201707	6	6
74	省级自然科学基金项目	黑龙江省自然科学基金委员会	一般／面上项目	C201025	具细菌漆酶活性的芽胞外壁蛋白 CotA 基因克隆及异源表达研究	汪春蕾	201101	201312	5	5
75	省级自然科学基金项目	黑龙江省自然科学基金委员会	一般／面上项目	E201148	树脂固定化漆酶及其降解刚果红染料废水的技术研究	张 杰	201201	201312	5	5
76	省级自然科学基金项目	黑龙江省自然科学基金委员会	一般／面上项目	C201040	白桦花粉发育重要基因的功能分析	刘雪梅	201101	201312	5	5
77	省级自然科学基金项目	黑龙江省自然科学基金委员会	留学项目	LC2013C10	拟南芥 ATPRP-a 基因与植株耐盐性的关系研究	罗秋香	201401	201612	5	5
78	省级自然科学基金项目	黑龙江省自然科学基金委员会	青年项目	QC2011C091	外来入侵水貂皮毛性状环境适应性研究	华 彦	201201	201412	3	3

| 合计 | 国家级科研项目 | 数量（个） | | 51 | 项目合同总经费（万元） | 6 380.95 | 属本单位本学科科的到账经费（万元） | | | 3 649.13 |

II-2-2 其他重要科研项目

序号	项目来源	合同签订/项目下达时间	项目名称	负责人姓名	项目开始年月	项目结束年月	项目合同总经费(万元)	属本单位本学科的到账经费(万元)
1	上海动物园	201401	发酵床养殖技术在动物展区中的研究与应用	徐艳春	201401	201612	7.5	7.5
2	黑龙江省林业厅	201107	扎龙保护区补水后鸟类资源监测	李枫	201106	201406	10	10
3	黑龙江省科技厅	201201	高含量目的活性成分黄檗无性系繁育和高效培育技术研究	张玉红	201201	201412	10	10
4	黑龙江宾县林业局	201204	黑龙江宾县沿江湿地保护区总体规划	李枫	201201	201312	12	12
5	黑龙江鹤岗市林业局	201302	黑龙江鹤岗摩天岭狩猎场总体规划	李枫	201301	201412	21	21
6	国家林业局	201210	湿地监测与管理	于洪贤	201210	201212	10	10
7	国家林业局	201406	湿地监测与管理	于洪贤	201406	201412	20	20
8	黑龙江省农垦总局	201406	挠力河自然保护区野生动物资源调查	于洪贤	201405	201412	5	5
9	国家林业局	201301	黑鹳种群及其栖息地调查	李枫	201301	201412	30	30
10	南京环境科学研究所	201105	黑龙江省繁殖鸟类监测	李晓民	201105	201412	6	6
11	黑龙江省农垦总局	201405	黑龙江挠力河自然保护区野生动物综合调查	李晓民	201405	201512	30	30
12	黑龙江省林业厅	201305	黑龙江省陆生鸟类同步调查	李晓民	201305	201412	10	10
13	额尔古纳国家级自然保护区管理局	201201	额尔古纳国家级自然保护区动、植物多样性研究	赵敏	201201	201306	35	35
14	黑龙江省兴隆林业局	201402	龙胆、防风优质高产综合栽培技术推广与示范	赵敏	201402	201511	30	4.7
15	国家林业局	201212	履约司法鉴定规划编制	张伟	201212	201312	30	30
16	东北林业大学林木遗传育种国家重点实验室开放基金	201401	杨树低温应答相关miRNA及其靶基因的鉴定与功能研究	周波	201401	201612	5	5
17	教育部博士点基金	201001	草莓轻型黄边病毒组织定位研究	杨洪一	201001	201212	3.6	3.6
18	国家林业局	201101	野生动物执法检测鉴定技术研究与应用	张伟	201101	201412	54	54
19	黑龙江省教育厅科学技术研究项目	201101	中度嗜盐菌产功能酶菌株的筛选及工程菌构建结题	张杰	201101	201312	1	1

（续）

序号	项目来源	合同签订/项目下达时间	项目名称	负责人姓名	项目开始年月	项目结束年月	项目合同总经费（万元）	属本单位本学科的到账经费（万元）
20	哈尔滨市科技创新人才研究专项资金项目	201201	蛹虫草有性子实体产生机理研究及优良菌株选育	张 杰	201201	201412	3	3
21	国家林业局科技司项目	201301	东北林蛙产品质量技术规程	肖向红	201301	201412	10	10
22	阿拉善盟悦禾科技生态有限责任公司	201312	水溶性甘草粉体及其系列产品制备技术研究	路 祺	201312	201512	50	50
23	阿拉善盟悦禾科技生态有限责任公司	201312	淡水鱼系列产品深度加工技术研究	路 祺	201312	201512	50	50
24	阿拉善盟悦禾科技生态有限责任公司	201411	生物产品线上－线下"OTO"全产业链经营模式的研究	王洪政	201411	201611	10	10
25	国家林业局保护司项目	201301	中国濒危野生植物迁地保护设施现状	杨逢建	201301	201412	7	7
26	国家林业局保护司项目	201301	中国珍稀野生植物人工培植的现状	郭晓瑞	201301	201412	7	7
27	国家林业局保护司项目	201301	工业化和城镇化对野生植物种群影响调查	于景华	201301	201412	7	7
28	林业科学技术推广项目	201205	黑龙江省重度盐碱地生态治理与植被恢复技术（研究）示范	唐中华	201205	201412	50	50
29	国家林业局	201201	野生动物狩猎管理政策研究	李 枫	201201	201312	15	15
30	国家林业局	201101	野生动物执法检测鉴定技术研究与应用	张 伟	201101	201412	54	54

Ⅱ-2-3　人均科研经费

人均科研经费（万元/人）	43.03

II-3 本学科代表性学术论文质量

II-3-1 近五年（2010—2014年）国内收录的本学科代表性学术论文

序号	论文名称	第一作者	通讯作者	发表刊次（卷期）	发表刊物名称	收录类型	中文影响因子	他引次数
1	我国东北土壤有机碳、无机碳含量与土壤理化性质的相关性	祖元刚	王文杰	2011（18）	生态学报	CSCD	1.421	43
2	兴安落叶松林生物量、地表枯落物量及土壤有机碳储量随林分生长的变化差异	王洪岩	王文杰	2012（3）	生态学报	CSCD	1.421	24
3	好氧反硝化菌脱氮特性研究进展	梁书诚	赵敏	2010（6）	应用生态学报	CSCD	1.638	23
4	不同氮素水平下增温及 CO_2 升高综合作用对蒙古栎幼苗生物量及其分配的影响	马立祥	毛子军	2010（3）	植物生态学报	CSCD	1.881	19
5	小兴安岭4种原始红松林群落类型生长季土壤呼吸特征	陆彬	毛子军	2010（15）	生态学报	CSCD	1.421	17
6	菊科几种入侵植物种子需光发芽特性差异	许慧男	王文杰	2010（13）	生态学报	CSCD	1.421	16
7	温度增高、CO_2 浓度升高、施氮对蒙古栎幼苗非结构碳水化合物积累及其分配的综合影响	毛子军	毛子军	2010（10）	植物生态学报	CSCD	1.881	15
8	不同时间尺度下兴安落叶松树干液流密度与环境因子的关系	王文杰	祖元刚	2012（1）	林业科学	CSCD	1.169	14
9	斑背大尾莺繁殖期鸣声行为分析	曲文慧	李枫	2011（2）	动物学研究	CSCD	0.811	12
10	白桦基因表达半定量 RT-PCR 中内参基因的选择	戴超	刘雪梅	2011（1）	经济林研究	CSCD	1.543	11
11	漠河地区养殖的北极狐冬季被毛性状与保温性能的关系	程志斌	张伟	2010（11）	生态学报	CSCD	1.421	10
12	蛋白质组学研究揭示植物根盐胁迫响应机制	赵琪	戴绍军	2012（1）	生态学报	CSCD	1.421	10
13	林火对大兴安岭典型林型林下植被被与土壤的影响	张玉红	周志强	2012（2）	北京林业大学学报	CSCD	0.833	10
14	基于 mtDNA 控制区新单倍型的斑背大尾莺新遗传结构分析	赵雪琼	李枫	2012（1）	东北林业大学学报	CSCD	0.547	9
15	环境因子对蕨类植物孢子萌发的影响	张正修	戴绍军	2010（7）	生态学报	CSCD	1.421	9
16	外源 NO 对 UV-B 助迫下红豆杉抗氧化系统的影响	李德文	祖元刚	2012（9）	生态学杂志	CSCD	1.63	9
17	崇明东滩斑背大尾莺繁殖生态分析	丛日杰	李枫	2012（3）	东北林业大学学报	CSCD	0.547	8
18	植物盐胁迫适应应答蛋白质组学分析	张恒	戴绍军	2011（22）	生态学报	CSCD	1.421	8
19	湿法消解－火焰原子吸收法测定动物样品中六种金属元素	刘明家	张玉红	2012（7）	光谱学与光谱分析	CSCD	0.903	8
20	木豆叶中黄酮微波提取工艺研究	金时	付玉杰	2011（11）	中草药	CSCD	1.224	8
合计		中文影响因子	25.975		他引次数		中文影响因子	283 他引次数

II-3-2 近五年（2010—2014 年）国外收录的本学科代表性学术论文

序号	论文名称	论文类型	第一作者	通讯作者	发表刊次（卷期）	发表刊物名称	收录类型	他引次数	期刊 SCI 影响因子	备注
1	AtPID: the overall hierarchical functional protein interaction network interface and analytic platform for Arabidopsis	Article	Li Peng	Li Yuhua	2011, 39	Nucleic Acids Research	SCI	9	8.808	第一署名单位
2	Construction of glycoprotein multilayers using the layer-by-layer assembly technique.	Article	Wang Bo	An Tiezhu	2012, 22	Journal of Materials Chemistry	SCI	2	6.101	第一署名单位
3	Rapid microwave assisted transesterification of yellow horn oil to biodiesel using a heteropolyacid solid catalyst	Article	Zhang Su	Fu Yujie	2010, 101	Bioresource Technology	SCI	111	4.98	第一署名单位
4	Supercritical carbon dioxide extraction of seed oil from yellow horn (Xanthoceras sorbifolia Bunge.) and its anti-oxidant activity	Article	Zhang Su	Fu Yujie	2010, 101	Bioresource Technology	SCI	45	4.98	第一署名单位
5	Preliminary enrichment and separation of genistein and apigenin from extracts of pigeon pea roots by macroporous resins	Article	Liu Wei	Fu Yujie	2010, 101	Bioresource Technology	SCI	49	4.98	第一署名单位
6	Desiccation Tolerance Mechanism in Resurrection Fern-Ally Selaginella tamariscina Revealed by Physiological and Proteomic Analysis	Article	Wang Xiaonan	Dai Shaojun	2010, 9	Journal of Proteome Research	SCI	19	5.46	第一署名单位
7	MAG2 and three MAG2-INTERACTING PROTEINs form an ER-localized complex to facilitate storage protein transport in Arabidopsis thaliana	Article	Li Lixing	Ikuko Hara Nishimura	2013, 10	Plant Journal	SCI	3	6.815	第一署名单位
8	Biodiesel production from Camptotheca acuminata seed oil catalyzed by novel Brönsted-Lewis acidic ionic liquid	Article	Li Ji	Fu Yujie	2014, 115	Applied Energy	SCI	—	5.261	第一署名单位

（续）

序号	论文名称	论文类型	第一作者	通讯作者	发表刊次（卷期）	发表刊物名称	收录类型	他引次数	期刊SCI影响因子	备注
9	Integrative Identification of *Arabidopsis* Mitochondrial Proteome and Its Function Exploitation through Protein Interaction Network	Article	Cui Jian	Li Yuhua	2011, 6	PLOS computational biology	SCI	1	5.215	第一署名单位
10	Physiological and Proteomic Analysis of Salinity Tolerance in *Puccinellia tenuiflora*	Article	Yu Juanjuan	Dai Shaojun	2011, 10	Journal of Proteome Research	SCI	19	5.113	第一署名单位
11	Evolutionary and ortogenetic changes in RNA editing in human, chimpanzee, and macaque brains	Article	Li Zhongshan	Zhao Min	2013, 19	RNA	SCI	6	5.088	第一署名单位
12	Sequence-specific inhibition of microRNA via CRISPR/CRISPRi system	Article	Zhao Yicheng	Teng Chunbo	2014, 4	Scientific Report	SCI	3	5.078	第一署名单位
13	Mechanisms of Plant Salt Response: Insights from Proteomics	Article	Zhang Heng	Dai Shaojun	2012, 11	Journal of Proteome Research	SCI	52	5.056	第一署名单位
14	Oil removal from water with yellow horn shell residues treated by ionic liquid	Article	Li Ji	Fu Yujie	2013, 128	Bioresource Technology	SCI	6	5.039	第一署名单位
15	Biotransformation of polydatin to resveratrol in *Polygonum cuspidatum* roots by highly immobilized edible *Aspergillus niger* and Yeast	Article	Jin Shuang	Fu Yujie	2013, 136	Bioresource Technology	SCI	6	5.039	第一署名单位
16	Biodiesel from *Forsythia suspense* [(Thunb.) Vahl (Oleaceae)] seed oil	Article	Jiao Jiao	Fu Yujie	2013, 143	Bioresource Technology	SCI	2	5.039	第一署名单位
17	Characterization and dye decolorization ability of an alkaline resistant and organic solvents tolerant laccase from *Bacillus licheniformis* LS04	Article	Lu Lei	Zhao Min	2012, 115	Bioresource Technology	SCI	11	4.98	第一署名单位
18	Biodiesel production from yellow horn (*Xanthoceras sorbifolia* Bunge.) seed oil	Article	Li Ji	Fu Yujie	2012, 108	Bioresource Technology	SCI	28	4.98	第一署名单位

（续）

序号	论文名称	论文类型	第一作者	通讯作者	发表刊次（卷期）	发表刊物名称	收录类型	他引次数	期刊 SCI 影响因子	备注
19	Ultrasound-assisted extraction of flaxseed oil using immobilized enzymes	Article	Long Jingjing	Fu Yujie	2011, 102	Bioresource Technology	SCI	13	4.98	第一署名单位
20	Enhanced extraction of astragalosides from Radix Astragali by negativepressure cavitation-accelerated enzyme pretreatment	Article	Yan Mingming	Fu Yujie	2010, 101	Bioresource Technology	SCI	8	4.98	第一署名单位
21	BrMYB4, a suppressor of genes for phenylpropanoid and anthocyanin biosynthesis, is downregulated by UV-B but not by pigment-inducing sunlight in turnip cv. Tsuda	Article	Zhang Lili	Li Yuhua	2014, 55	Plant and Cell Physiology	SCI	1	4.962	第一署名单位
22	Cloning and expression of thermo-alkali-stable laccase of *Bacillus licheniformis* in *Pichia pastoris* and its characterization	Article	Lu Lei	Zhao Min	2013, 134	Bioresource Technology	SCI	9	4.75	第一署名单位
23	UV-A Light Induces Anthocyanin Biosynthesis in a Manner Distinct from Synergistic Blue ＋ UV-B Light and UV-A/Blue Light Responses in Different Parts of the Hypocotyls in Turnip Seedlings	Article	Wang Yu	Li Yuhua	2012, 53	Plant & Cell Physiology	SCI	—	4.702	第一署名单位
24	Determination and quantification of active phenolic compounds in pigeon pealeaves and its medicinal product using liquid chromatography-tandem mass spectrometry	Article	Liu Wei	Fu Yujie	2010, 1217	Journal of Chromatography A	SCI	17	4.612	第一署名单位
25	Rapid analysis of Fructus forsythiae essential oil by ionic liquids-assisted microwave distillation coupled with headspace single-drop microextraction followed by gas chromatography-mass spectrometry	Article	Jiao Jiao	Fu Yujie	2013, 804	Analytica Chimica Acta	SCI	2	4.517	第一署名单位

（续）

序号	论文名称	论文类型	第一作者	通讯作者	发表刊次（卷期）	发表刊物名称	收录类型	他引次数	期刊SCI影响因子	备注
26	Hydrothermal Synthesis of Histidine-Functionalized Single-Crystalline Gold Nanoparticles and Their pH-Dependent UV Absorption Characteristic	Article	Liu Zhiguo	Zu Yuangang	2010, 76	Colloids and Surfaces B: Biointerfaces	SCI	11	4.287	第一署名单位
27	Microbial community structures in mixed bacterial corsortia for azo dye	Article	Cui Daizong	Zhao Min	2012, 221	Journal of Hazardous Materials	SCI	7	4.173	第一署名单位
28	Characterisation of a novel white laccase from the deuteromycete fungus Myrothecium verrucaria NF-05 and its decolourisation of dyes	Article	Zhao Dan	Zhao Min	2012, 7	Plos One	SCI	3	3.73	第一署名单位
29	Identification and profiling of microRNAs from skeletal muscle of the common carp	Article	Yan Xuechun	Teng Chunbo	2012, 7	Plos One	SCI	19	3.73	第一署名单位
30	Evolution of mammalian and avian bornaviruses	Article	He Mei	Teng Chunbo	2014, 79	Molecular Phylogenetics and Evolution	SCI	4	4.066	第一署名单位
31	Evolution of the viral hemorrhagic septicemia virus: Divergence, selection and origin	Article	He Mei	Teng Chunbo	2014, 77	Molecular Phylogenetics and Evolution	SCI	—	4.066	第一署名单位
32	Proteomic insights into seed germination in response to environmental factors	Article	Tan Longyan	Dai Shaojun	2013, 13	Proteomics	SCI	6	3.973	第一署名单位
33	Proteomics-based investigation of salt-responsive mechanisms in plant roots	Article	Zhao Qi	Dai Shaojun	2013, 82	Journal of Proteomics	SCI	14	3.929	第一署名单位
34	Preparation of alginate/chitosan/carboxymethyl chitosan complex microcapsules and application in Lactobacillus casei ATCC 393	Article	Li Xiaoyan	Chen Xiguang	2011, 83	Carbohydrate Polymers	SCI	18	3.916	第一署名单位
35	An effective negative pressure cavitation	Article	Zhang Dongyang	Fu Yujie	2013, 138	Analyst	SCI	—	3.906	第一署名单位

（续）

序号	论文名称	论文类型	第一作者	通讯作者	发表刊次（卷期）	发表刊物名称	收录类型	他引次数	期刊SCI影响因子	备注
36	Composition diversity and nutrition conditions for accumulation polyhydroxyalkanoate (PHA) in a bacterial community from activated sludge	Article	Changli Liu	Liu Changli	2013, 97	Applied Microbiology Biotechology	SCI	1	3.811	第一署名单位
37	Genetic transformation and analysis of rice OsAPx2 gene in Medicago sativa	Article	Guan Qinjie	Liu Shengkui	2012, 7	Plos One	SCI	2	3.73	第一署名单位
38	Characterization of five fungal endophytes, producing Cajaninstilbene acid, isolated from Pigeonpea [Cajanus cajan (L.) Millsp.]	Article	Gao Yuan	Fu Yujie	2011, 6	Plos One	SCI	3	4.092	第一署名单位
39	Ethylene improves Arabidopsis salt tolerance mainly via retaining K^+ in shoots and roots rather than decreasing tissue Na^+	Article	Yang Lei	Tang Zhonghua	2013, 86	Environmental and Experimental Botany	SCI	10	3.003	第一署名单位
40	Arabidopsis cysteine proteinase inhibitor AtCYSb interacts with a Ca^{2+}-dependent nuclease, $AtCaN_2$	Article	Guo Kunyuan	Zhang Xinxin	2013, 587	FEBS Letters	SCI	1	3.341	第一署名单位
合计		SCI 影响因子		189.268		他引次数			521	

II-5　已转化或应用的专利（2012—2014年）

序号	专利名称	第一发明人	专利申请号	专利号	授权（颁证）年月	专利受让单位	专利转让合同金额（万元）
1	一种用于规模化培养药用植物的生物反应器系统	李玉花	CN 201110221272.0	ZL.201110221272.0	201411	亿阳集团	150
合计	专利转让合同金额（万元）			150			150

Ⅲ　人才培养质量

序号	教材名称	第一主编姓名	出版年月	出版单位	参与单位数	是否精品教材
1	分子生态学概论	刘雪梅	201203	哈尔滨工业大学出版社	1	否
合计	国家级规划教材数量	1	精品教材数量		—	

Ⅲ-2　研究生教材（2012—2014 年）

序号	姓名	出国（境）时间	回国（境）时间	地点（国家 / 地区及高校）	国际交流项目名称或主要交流目的
1	卜媛媛	201010	201209	日本东京大学	国家公派专项研究生奖学金项目
2	骆沙曼	201408	201608	美国华盛顿州立大学	国家公派专项研究生奖学金项目
3	尹赜鹏	201410	201610	美国佛罗里达大学	国家公派专项研究生奖学金项目
4	胡志伟	201410	201610	美国佛罗里达大学	国家公派专项研究生奖学金项目
5	王靖瑶	201309	201401	台湾国立屏东大学	交换生
6	李凡姝	201402	201403	台湾国立屏东大学	交换生
7	张　昊	201501	201506	芬兰赫尔辛基大学	交换生
8	孙　梅	201201	201401	日本东京大学	CSC 联合培养博士
9	王　宇	201211	201311	日本东京大学	CSC 联合培养博士
10	王　晶	201401	201506	日本东京大学	CSC 联合培养博士
11	谭胜男	201210	201310	美国德州大学奥斯丁分校	交流学习
合计	学生国际交流人数			11	

Ⅲ-4　学生国际交流情况（2012—2014 年）

4.2.2　学科简介

1. 学科基本情况与学科特色

　　东北林业大学生物学一级学科是以林草植物、动物、微生物等东北特色生物资源为研究对象的黑龙江省一级重点学科。近年来通过加强学科交叉与整合、基础与应用研究并举、面向行业和区域实践的发展模式，学科的影响力和创新力不断加强，根据教育部公布的 2012 年一级学科评估结果，本学科核心竞争力综合得分在全国高校生物一级学科中排名第 10 位，位列各林业高校前列。

　　本学科目前拥有二级学科博士学位授权点 8 个。其中，植物学国家重点二级学科 1 个，省级二级重点学科 3 个；拥有博士后科研流动站 3 个，省部级重点实验室（工程中心）5 个，共有科研用房面积 12 000m² 以及总价为 9 000 万元的配套仪器设备；在师资队伍方面，本学科现有两院院士 4 名（外聘），博士生导师 22 名，其中，"何梁何利"科技进步奖获得者、"长江学者奖励计划"特聘教授、中国科学院"百人计划"入选者、教育部新（跨）世纪优秀人才支持计划入选者、黑龙江省龙江学者特聘教授等高层次人才共 15 人（次）；在科学研究方面，本学科近五年共承担科技部"973"专项子课题、国家林业局公益重大等省部级以上纵向科研项目 150 余项及横向合作课题 30 余项，到位经费超过 4 200 万元，获得省部级以上科研奖励 9 项，共在 Global Chang Biology，The Plant Journal，Bioresource Technology 等国际代表性学术期刊上发表学术论文 515 篇，其中高被引论文 2 篇，单篇 SCI 他引超过 100 的 1 篇；同时还先后申请获得国家发明专利 50 余项；在国际学术交流和人才培养方面，已与美国丹佛斯植物科学研究中心、美国佛罗里达大学遗传研究所、德国癌症研究中心、德国海德堡大学分子生态研究所、英国洛桑研究所、日本东京大学亚洲生物资源环境研究中心等 40 多个国家或地区的 20 多所大学及学术机构建立了长期稳定的学术合作关系，合作培养研究生 19 名。

（续）

本学科多年来按照一级学科管理模式进行建设，基本实现了仪器平台和技术服务共享，为学科整体协调发展提供了合力，有力保障了学科特色研究方向的形成和发展。围绕东北森林、草原、湿地等区域特色生物资源开发与利用问题，以服务生态保护、生物医药、生物食品、生物能源等创新产业为学科目标，已在①野生植物保护与利用，②森林生态建设与信息化管理，③林源药用植物活性成分筛选和分离，④林下经济植物资源培育与利用，⑤动植物遗传与发育，⑥林源、湿地野生动物保护与繁育利用，⑦草原特种耐盐碱植物逆境种质资源创新与利用，⑧林源大型真菌筛选及降解污染物功能，⑨林源、湿地野生动物疫情监测的预警机制等方面形成了稳定的、系统的特色研究方向。

2. 社会贡献

学科致力于理论与实践相结合、基本科学数据的积累和重大关键技术开发相结合、系统集成与原始创新相结合，深入开展森林植被和生物资源可持续发展生态学方面的应用基础研究，为不断满足国家经济与社会发展对森林植被和生物资源的战略性需求提供了高效的社会服务。

首先，本学科在中国野生保护与利用方面为国家的植物发展战略提供了有效的咨询服务。以"中国野生植物保护研究院"为依托平台，本学科通过持续开展中国野生植物濒危物种调查、中国野生植物发展战略、中国野生植物人工培植对策与贸易等方面的研究，倡导成立了"中国野生植物保护协会"，在国家林业局的支持下由本学科祖元刚教授牵头起草和出版了《中国野生植物保护战略》，为国家在植物保护战略宏观决策提供科学建议方面做出了重要贡献。

其次，本学科注重基础研究和应用研究相结合，及时将研究成果推广应用，为我国植物资源开发产业提供了强有力的技术支撑。本学科以"生物资源生态利用国家地方联合工程实验室"和"教育部林业生物制剂工程研究中心"为依托平台，研制的高含量目的生物活性物质的野生植物新品种生态筛选技术、目的生物活性物质增量的植物人工资源生态培育技术，高纯度、高得率目的生物活性物质的生态分离技术等成果已在浙江海正药业集团有限公司进行了多年的应用推广，建成了高纯度长春碱和紫杉醇等抗癌原料药的先进生产线，每年产值规模已超过 1 亿元人民币。

第三，本学科依托"国家林业局野生动物保护学重点开放性实验室""国家林业局野生动植物检测中心"等平台，开展毛皮动物优良种源培育及规模化养殖技术、湿地保护区鸟类资源监测与规划等研究，为全国的野生动植物执法提供技术鉴定服务，着力保障国家野生动物性产品科技含量和质量，建立迅速有效的野生动物疫情监测的预警机制，为野生动物保护和可持续利用提供技术和理论支撑。

第四，本学科依托"森林植物生态学教育部重点实验室""东北油田盐碱植被恢复与重建教育部重点实验室"及"大庆生物技术研究院"等平台，通过盐碱地特种植物遗传资源基因功能挖掘和开发、重度盐碱地生态治理和人工林营造等技术研究，一整套重度盐碱地生态治理后高效利用的自主创新技术体系，有效地解决了重度盐碱地进行生态治理时面临的"周期长、投入大、效益差、风险高"的社会经济瓶颈制约问题的原始创新技术成果。上述成果已在黑龙江省大庆、肇东等盐碱化重度发生地区开展了推广应用，使 $100hm^2$ 的重度盐碱地植被得到了有效恢复，产生了显著的生态和经济效益，为区域生态环境的改良和社会发展提供了技术支撑。

4.3　南京林业大学

4.3.1　清单表

Ⅰ　师资队伍与资源

Ⅰ-1　突出专家					
序号	专家类别	专家姓名	出生年月	获批年月	备注
1	教育部新世纪优秀人才	陈金慧	197605	201212	
合计	突出专家数量（人）			1	

Ⅰ-3　专职教师与学生情况					
类型	数量	类型	数量	类型	数量
专职教师数	53	其中，教授数	22	副教授数	16
研究生导师总数	38	其中，博士生导师数	22	硕士生导师数	38
目前在校研究生数	208	其中，博士生数	49	硕士生数	159
生师比	5.5	博士生师比	2.2	硕士生师比	4.2
近三年授予学位数	199	其中，博士学位数	32	硕士学位数	167

Ⅰ-4　重点学科					
序号	重点学科名称	重点学科类型	学科代码	批准部门	批准年月
1	植物学	国家林业局重点学科	071001	国家林业局	200606
		林业部重点学科		林业部	199505
2	生物学	江苏高校优势学科	0710	江苏省人民政府	201101
合计	二级重点学科数量（个）	国家级	—	省部级	2

Ⅰ-5　重点实验室				
序号	实验室类别	实验室名称	批准部门	批准年月
1	国家级	林学国家级实验教学示范中心	教育部	2007
2	省部级重点实验室 / 中心	江苏省林木遗传与基因工程重点实验室	江苏省人民政府	200009
3	省部级重点实验室 / 中心	生物入侵预防与控制重点实验室	江苏省教育厅	200710
4	省部级重点实验室 / 中心	南方现代林业协同创新中心	江苏省教育厅	201305
5	省部级重点实验室 / 中心	林木遗传与生物技术省部共建重点实验室	教育部	2008
合计	重点实验数量（个）	国家级	1	省部级　4

Ⅱ 科学研究

Ⅱ-1 近五年（2010—2014年）科研获奖

序号	奖励名称	获奖项目名称	证书编号	完成人	获奖年度	获奖等级	参与单位数	本单位参与学科数
1	国家科技进步奖	听伯讲银杏的故事	2014-J-204-2-03-R04	郁万文	2014	二等奖	2（1）	2（4）
2	梁希林业科学技术奖	竹资源保育关键技术研究与创新	2013-KJ-1-02-R07	丁雨龙	2013	一等奖	3（2）	1
3	梁希林业科学技术奖	银杏等重要经济生态树种快繁技术研究及推广	2013-KJ-2-11-R02	陈颖	2013	二等奖	1	2（2）
4	梁希林业科学技术奖	长三角典型退化生境生态修复技术研究与应用	2013-KJ-2-09-R04	方炎明	2013	二等奖	2（1）	2（4）
5	梁希林业科学技术奖	林木促生抗逆优良根真菌的作用机制应用技术	2011-KJ-3-30-R01	吴小芹	2011	三等奖	2（1）	2（1）
合计	科研获奖数量（个）	国家级	一	—		特等奖		一
			1	2		一等奖		二等奖
		省部级				一等奖	二等奖	
						1	三等奖	1

Ⅱ-2 代表性科研项目（2012—2014年）

Ⅱ-2-1 国家级、省部级、境外合作科研项目

序号	项目来源	项目下达部门	项目级别	项目编号	项目名称	负责人姓名	项目开始年月	项目结束年月	项目合同总经费（万元）	属本单位本学科的到账经费（万元）
1	国家"863"计划	科技部	一	2013AA102705	桉树、鹅掌楸转基因育种技术研究	陈金慧	201301	201512	768	400
2	国家"863"计划	科技部	一	2013AA102703	杨树转基因育种技术研究	诸葛强	201301	201712	160	100
3	国家"973"计划	科技部	一	2012CB114500	木材形成的调控机制研究	陈金慧	201201	201512	115	115
4	国家科技支撑计划	科技部	重大项目	2012BAD23B05	竹子优良种质选育技术研究与示范	丁雨龙	201201	201612	752	722
5	国家自然科学基金	国家自然科学基金委员会	面上项目	31370666	麻栎遗传变异与分子亲缘地理学研究	方炎明	201401	201712	78	46.8

（续）

序号	项目来源	项目下达部门	项目级别	项目编号	项目名称	负责人姓名	项目开始年月	项目结束年月	项目合同总经费（万元）	属本单位本学科的到账经费（万元）
6	国家自然科学基金	国家自然科学基金委员会	面上项目	31270683	松材线虫内生细菌与宿主种群增殖和致病力变异的相互关系及作用机制研究	吴小芹	201301	201612	80	80
7	国家自然科学基金	国家自然科学基金委员会	面上项目	31270628	基于废纸脱墨性能要求的新型双功能嵌合酶的分子设计、作用机制及其应用基础	丁少军	201301	201612	77	77
8	国家自然科学基金	国家自然科学基金委员会	面上项目	31170561	杨树休眠的分子机理研究	诸葛强	201201	201512	53	53
9	国家自然科学基金	国家自然科学基金委员会	青年项目	31300510	弱光逆境下两种园林植物叶黄素循环及其关键酶的调控机制	张　强	201401	201612	22	22
10	国家自然科学基金	国家自然科学基金委员会	青年项目	31300558	中国特有植物短丝木犀（*Osmanthus serrulatus* Rehd.）群体遗传结构研究	陈　林	201401	201612	23	23
11	国家自然科学基金	国家自然科学基金委员会	面上项目	31300572	银杏雌雄株对干旱胁迫的光合特性和叶绿体蛋白响应机制	施大伟	201401	201612	23	23
12	国家自然科学基金	国家自然科学基金委员会	青年项目	31301808	平安竹节间形成的分子机理	魏　强	201401	201612	23	23
13	国家自然科学基金	国家自然科学基金委员会	青年项目	31200233	井栏边草配子体对三叶鬼针草根系分泌物的响应	张开梅	201301	201512	23	23
14	国家自然科学基金	国家自然科学基金委员会	青年项目	31200499	中国特有珍稀植物青檀的保育遗传学研究	李雪霞	201301	201512	23	23

（续）

序号	项目来源	项目下达部门	项目级别	项目编号	项目名称	负责人姓名	项目开始年月	项目结束年月	项目合同总经费（万元）	属本单位本学科的到账经费（万元）
15	国家自然科学基金	国家自然科学基金委员会	青年项目	31100081	细菌 sRNA Igr3927 在植物根系分泌物刺激时调控靶标基因表达的研究	樊奔	201201	201412	25	25
16	国家自然科学基金	国家自然科学基金委员会	青年项目	31100448	根瘤菌诱导豆科植物分化根表层传递细胞的信号通路研究	赵银娟	201201	201412	21	21
17	国家自然科学基金	国家自然科学基金委员会	青年项目	31000294	竹子开花败育机理研究	林树燕	201101	201312	20	20
18	部委级科研项目	国家发展改革委员会	—	发改投资〔2014〕1393号	亚热带优质林木种质资源保存中心	徐立安	2014	2015	1 381	500
19	部委级科研项目	国家林业局	行业专项重点	201204403-3	银杏长期育种技术研究	徐立安	2012	2015	270	200
20	部委级科研项目	国家林业局	—	201004049	杉木优异种质资源挖掘、创新和新品种定向培育技术研究（林业公益专项）	陈金慧	201001	201412	182	182
21	部委级科研项目	国家林业局	一般项目	201004056	石蒜属植物新品种选育和产业化技术研究（林业公益专项）	周坚	201001	201412	139	139
22	部委级科研项目	国家林业局	一般项目	201004061	林木解磷细菌与菌根互作机理及促生抗逆效应研究（林业公益专项）	吴小芹	201001	201412	139	139
23	部委级科研项目	国家林业局	一般项目	201304102	杨树、油桐高产、优质、抗病虫性状基因解析（林业公益专项）	诸葛强	201301	201612	100	100

（续）

序号	项目来源	项目下达部门	项目级别	项目编号	项目名称	负责人姓名	项目开始年月	项目结束年月	项目合同总经费（万元）	属本单位本学科的到账经费（万元）
24	部委级科研项目	科技部	境外合作科研项目	2014DFG32440	应对气候变化和生物能源开发的杨树遗传改良合作研究（国家国际科技合作专项）	诸葛强	201401	201712	94	94
25	部委级科研项目	环保部	一般项目	2014P116	环保部全国生物多样性野外监测示范修缮项目（黄山）	方炎明	201301	201412	100	70
26	部委级科研项目	国家林业局	一般项目	2014-4-61	落叶型冬青物规模化组培快繁关键技术引进（948）	陈 颖	201401	201712	50	50
27	部委级科研项目	国家林业局	一般项目	2013-4-16	植物酚酸类活性成分阿魏酸的高效绿色提取技术的引进（948）	丁少军	201301	201612	50	50
28	部委级科研项目	国家林业局	一般项目	BE 201204501	抗松材线虫病赤松优良无性系筛选及其快繁技术研究	吴小芹	201201	201612	20	20
29	部委级科研项目	国家林业局	一般项目	2012〔54〕	茎干重组中性纤维素酶的绿色生物脱墨技术的应用推广	丁少军	201201	201412	50	50
30	部委级科研项目	国家林业局	一般项目	2014〔41〕	地被类观赏竹快速繁育技术推广	丁雨龙	201405	201612	50	50
31	省科技厅项目	江苏省	一般项目	BE2014405	抗松材线虫病优良家系体细胞胚胎发生与繁殖技术研究	吴小芹	201401	201612	50	50
32	省级自然科学基金项目	江苏省	面上项目	BK2012818	盐胁迫下胞外蛋白在胡杨和黑杨中的差异表达	陈 颖	201207	201506	10	10

（续）

序号	项目来源	项目下达部门	项目级别	项目编号	项目名称	负责人姓名	项目开始年月	项目结束年月	项目合同总经费（万元）	属本单位本学科的到账经费（万元）
33	省级自然科学基金项目	江苏省	面上项目	BK20141470	茶树铁吸收和转运基因的克隆与功能分析	李文凤	201407	201706	10	10
34	省级自然科学基金项目	江苏省	面上项目	BK20141472	花楸属直脉组分类与系统研究	陈　昕	201407	201706	10	10
35	省级自然科学基金项目	江苏省	青年项目	BK20130972	中国特有植物短丝木犀遗传多样性与种群动态研究	陈　林	201307	201606	20	20
36	国家自然科学基金	国家自然科学基金委员会	面上项目	31170619	杂交鹅掌楸胚胎发生体系的比较蛋白质组学研究	陈金慧	201201	201512	61	61
合计	国家级科研项目	数量（个）	36	项目合同总经费（万元）	5 072	属本单位本学科的到账经费（万元）	3 601.8			

II-2-2　其他重要科研项目

序号	项目名称	项目来源	合同签订/项目下达时间	负责人姓名	项目开始年月	项目结束年月	项目合同总经费（万元）	属本单位本学科的到账经费（万元）
1	基于转录组的植物系磷系铁互作研究	土壤与农业可持续发展国家重点实验室开放课题	2014	李文凤	201406	201705	12	12
2	珍稀特色种树种质资源收集、繁育、应用示范推广（lysx [2013] 07）	江苏省林业三新工程	2013	方炎明	201307	201506	180	10
3	青奥水上赛区周边环境生态修复与景观重建（SBE201270594）	江苏省科技发展计划重大项目	2013	许晓岗	201301	201412	100	30
4	松材线虫致病相关基因克隆及RNA干扰和miRNA的表达调控（11KJA220002）	江苏高校自然科学研究重大项目	2011	吴小芹	201101	201412	15	15
5	松树内生细菌对松材线虫病的生防潜能研究（14KJA220002）	江苏高校自然科学研究重大项目	2014	谈家金	201408	201712	19	19

（续）

序号	项目来源	合同签订/项目下达时间	项目名称	负责人姓名	项目开始年月	项目结束年月	项目合同总经费（万元）	属本单位本学科的到账经费（万元）
6	江苏省高校自然科学研究面上项目	2013	水榆花楸及其变种的遗传多样性研究（13KJB180007）	陈　昕	201308	201512	3.2	3.2
7	江苏省	2014	生态经济竹种选育与示范 LYXS［2014］18	丁雨龙	201407	201612	150	150
8	中国林学会	2014	古树名木认定标准	方炎明	201401	201412	20	20
9	福建省武夷山生物研究所	2013	武夷山10公顷样地植物多样性监测	方炎明	201301	201312	30	30
10	土壤与农业可持续发展国家重点实验室	2012	农田生态系统中磷素拦截与固持技术研究	方炎明	201206	201506	10	10
11	福建省林业厅	2012	马尾松遗传改良	徐立安	201201	201412	20	20
12	江苏省科技厅	2012	柽柳定向选育及配套培育研究	徐立安	201201	201512	30	30
13	江苏省科技支撑项目	2014	高稳性紫海棠花色系观赏海棠良种选育	谢寅峰	201407	201706	50	30
14	江苏省农业科技自主创新资金	2012	耐热型园林用海棠杜鹃新品种选育	谢寅峰	201208	201507	70	50
15	江苏省科技发展计划（重大项目）	2012	青奥水上赛区周边环境生态修复与景观重建	许晓岗	201101	201412	100	100
16	江苏绿馨园林工程公司	2012	木瓜海棠新品种花剪调控技术研究	谢寅峰	201204	201405	9	9
17	江苏省野生动植物保护站	2013	全国第二次重点保护野生植物资源调查	伊贤贵	201309	201508	67.5	67.5
18	游子山国家森林公园规划建设	2013	游子山国家森林公园生物多样性保护研究	许晓岗	201301	201401	22	22
19	深圳市城建局	2012	木犀属新品种开发	王贤荣	201201	201412	8	8
20	国家国际科技合作专项	2013	应对气候变化和生物能源开发的杨树遗传改良合作研究（2014DFG32440）	诸葛强	201401	201712	94	35
21	省科技支撑计划项目	2009	高产、多抗转基因杨树新品系培育及开发	诸葛强	200907	201207	30	30
22	南京市六合区林业局	2012	南京市六合区林地保护利用规划编制	陈　林	201204	201305	26	26
23	常州市环境科学研究院	2014	常州市小黄山生物资源调查评价	陈　林	201406	201504	18	9
24	南京市六合区雄州街道	2012	南京市六合区雄州钟路道路绿化设计	陈　林	201204	201210	21	21

（续）

序号	项目来源	合同签订/项目下达时间	项目名称	负责人姓名	项目开始年月	项目结束年月	项目合同总经费（万元）	属本单位本学科到账经费（万元）
25	昆山花桥经济开发区规划建设局	2013	昆山花桥植物资源调查	伊贤贵	201301	201401	5	5
26	南京市林业站	2014	南京市野生动物资源调查编写	鲁长虎	201501	201512	10	10
27	江苏省环境保护厅	2013	江苏省鸟类多样性编撰研究	鲁长虎	201401	201412	15	15
28	江苏省银宝盐业有限公司	2013	银宝公司湿地恢复可行性研究	鲁长虎	201401	201412	15	15
29	江苏省科技厅	2012	迎春樱等新优品种选育	王贤荣	201206	201405	4	4
30	中国博士后基金	2012	平安竹矮秆形成机理	魏 强	201212	201306	5	5

Ⅱ-2-3 人均科研经费

人均科研经费（万元/人）	83.25

Ⅱ-3 本学科代表性学术论文质量

Ⅱ-3-1 近五年（2010—2014 年）国内收录的本学科代表性学术论文

序号	论文名称	第一作者	通讯作者	发表刊次（卷期）	发表刊物名称	收录类型	中文影响因子	他引次数
1	遮荫处理对红叶石楠和洒金桃叶珊瑚吸光特性的影响	张聪颖	方炎明	2011, 22（7）	应用生态学报	CSCD	2.525	7
2	紫湖溪流域重金属污染风险与植物富集特征	陈 勤	方炎明	2014, 30（14）	农业工程学报	CSCD	2.525	—
3	芦苇收割对太湖国家湿地公园冬季鸟类多样性和空间分布的影响	孙 勇	鲁长虎	2014, 12（6）	湿地科学	CSCD	2.271	—
4	植物种群更新限制——从种子生产到幼树建成	李 宁	鲁长虎	2011, 31（21）	生态学报	CSCD	2.233	14
5	7种树木的叶片微形态与空气悬浮颗粒形态及重金属累积特征	刘 玲	方炎明	2013, 34（6）	环境科学	CSCD	2.041	2
6	盐城自然保护区射阳河口潮间带大型底栖动物空间分布与季节变化	侯森林	鲁长虎	2011, 30（2）	生态学杂志	CSCD	1.635	11

（续）

序号	论文名称	第一作者	通讯作者	发表刊次（卷期）	发表刊物名称	收录类型	中文影响因子	他引次数
7	青钱柳茎段腋芽萌发和丛生芽增殖	谢寅峰	—	2011, 47（1）	林业科学	CSCD	1.512	16
8	竹叶锈病重寄生现象及重寄生菌鉴定	叶小芹	吴小芹	2011, 30（3）	菌物学报	CSCD	1.432	5
9	乌冈栎地理分布与六热环境因子的关系	谢春平	方炎明	2011, 18（1）	水土保持研究	CSCD	1.427	8
10	行道树对重金属污染的响应及其功能型分组	王爱霞	方炎明	2010, 32（2）	北京林业大学学报	CSCD	1.346	11
11	苹果属山荆子地理分布模拟	王雷宏	汤庚国	2011, 33（3）	北京林业大学学报	CSCD	1.346	7
12	乌冈栎群落乔木层种群生态位分析	谢春平	方炎明	2011, 9（1）	中国水土保持科学	CSCD	1.241	11
13	干旱胁迫下石灰花楸幼苗叶片的解剖结构和光合生理响应	陈昕	—	2012, 32（1）	西北植物学报	CSCD	1.232	20
14	4种外生菌根真菌对难溶性磷酸盐的溶解能力	刘辉	吴小芹	2010, 30（1）	西北植物学报	CSCD	1.232	14
15	美洲黑杨×小叶杨杂种多倍体诱导研究	高彩云	方炎明	2010, 30（1）	西北植物学报	CSCD	1.232	8
16	麻栎成熟合子胚外植体体胚发生和植株再生	廖婧	方炎明	2012, 32（2）	西北植物学报	CSCD	1.232	7
17	低温胁迫下西番莲叶片的生理反应及超微结构变化	陈颖	—	2012, 32（3）	西北植物学报	CSCD	1.232	6
18	江西官山自然保护区四种雉类的生境选择差异	刘鹏	鲁长虎	2012, 33（2）	动物学研究	CSCD	1.184	10
19	盐胁迫对乌桕幼苗光合特性及叶绿素含量的影响	金雅琴	丁雨龙	2011, 35（1）	南京林业大学学报（自然科学版）	CSCD	1.113	34
20	水稻抗白叶枯基因及其应用研究进展	虞玲锦	谢寅峰	2012, 48（3）	植物生理学报	CSCD	1.006	11
合计						中文影响因子	30.997	他引次数　202

II-3-2　近五年（2010—2014年）国外收录的本学科代表性学术论文

序号	论文名称	论文类型	第一作者	通讯作者	发表刊次（卷期）	发表刊物名称	收录类型	他引次数	期刊SCI影响因子	备注
1	Positive supercoiling affiliated with nucleosome formation repairs non-B DNA structures	Article	李大为	李大为	2014, 50（73）	Chemical Communications	SCI	—	6.718	
2	Isolation and functional analysis of the poplar RbcS gene promoter	Article	王立科	诸葛强	2013, 31（1）	Plant Molecular Biology Reporter	SCI	4	5.319	

（续）

序号	论文名称	论文类型	第一作者	通讯作者	发表刊次（卷期）	发表刊物名称	收录类型	他引次数	期刊SCI影响因子	备注
3	Specific and Functional Diversity of Endophytic Bacteria from Pine Wood Nematode *Bursaphelenchus xylophilus* with Different Virulence	Article	吴小芹	吴小芹	2013, 9（1）	International Journal of Biological Sciences	SCI	8	4.372	
4	Cadmium and mercury removal from non-point source wastewater by a hybrid bioreactor	Article	颜 蓉	方炎明	2011, 102（21）	Bioresource Technology	SCI	2	4.365	
5	Expression changes of ribosomal proteins in phosphate- and iron-deficient *Arabidopsis* roots predict stress-specific alterations in ribosome composition	Article	王金彦	李文凤	2013, 14	BMC Genomics	SCI	8	4.041	
6	Biosafety and colonization of *Burkholderia multivorans* WS-FJ9 and its growth-promoting effects on poplars	Article	李冠喜	吴小芹	2013, 97（24）	Applied Microbiology and Biotechnology	SCI	3	3.811	
7	Enhanced expression of vacuolar H$^+$-ATPase subunit E in the roots is associated with the adaptation of *Broussonetia papyrifera* to salt stress	Article	颜 蓉	方炎明	2012, 7（10）	Plos One	SCI	3	3.73	
8	An investigation into the kinetics and mechanism of the removal of Cyanobacteria by extract of *Ephedra equisetina* root	Article	张 敏	方炎明	2012, 7（8）	Plos One	SCI	5	3.73	
9	Identification of an NAP-like transcription factor BeNAC1 regulating leaf senescence in bamboo (*Bambusa emeiensis* 'Viridiflavus')	Article	陈云霞	丁雨龙	2013, 142（4）	Physiologia Plantarum	SCI	10	3.656	

（续）

序号	论文名称	论文类型	第一作者	通讯作者	发表刊次（卷期）	发表刊物名称	收录类型	他引次数	期刊 SCI 影响因子	备注
10	Ectopic-overexpression of an HD-Zip IV transcription factor from *Ammopiptanthus mongolicus* (Leguminosae) promoted upward leaf curvature and non-dehiscent anthers in *Arabidopsis thaliana*	Article	魏 强	魏 强	2012, 110（2）	Plant Cell Tissueand Organ Culture	SCI	—	3.633	
11	Ectopic expression of an *Ammopiptanthus mongolicus* H$^+$- pyrophosphatase gene enhances drought and salt tolerance in *Arabidopsis*	Article	魏 强	魏 强	2012, 110（3）	Plant Cell Tissue and Organ Culture	SCI	4	3.633	
12	Effects of ectomycorrhizal fungus *Boletus edulis* and mycorrhiza helper *Bacillus cereus* on the growth and nutrient uptake by *Pinus thunbergii*	Article	吴小芹	吴小芹	2013, 9（1）	Biology and Fertility of Soils	SCI	7	3.396	
13	Isolation and characterization of a mycorrhiza helper bacterium from rhizosphere soils of poplar stands	Article	赵 柳	吴小芹	2014, 50（4）	Biology and Fertility of Soils	SCI	4	3.396	
14	NOS-like-mediated nitric oxide is involved in *Pinus thunbergii* response to the invasion of *Bursaphelenchus xylophilus*	Article	俞禄珍	吴小芹	2012, 31（10）	Plant Cell Reports	SCI	4	2.936	
15	First Report of Brown Culm Streak of *Phyllostachys praecox* Caused by *Arthrinium arundinis* in Nanjing, China	Article	陈 凯	吴小芹	2014, 98（9）	Plant Disease	SCI	—	2.742	
16	Development of polymorphic microsatellite markers in *Camellia chekiangoleosa* (Theaceae) using 454-ESTs	Article	温 强	徐立安	2012, 99（5）	American Journal of Botany	SCI	—	2.664	

（续）

序号	论文名称	论文类型	第一作者	通讯作者	发表刊次（卷期）	发表刊物名称	收录类型	他引次数	期刊SCI影响因子	备注
17	Micropropagation of *Pinus massoniana* and mycorrhiza formation in vitro	Article	朱丽华	吴小芹	2013, 102（1）	Plant Cell Tissueand Organ Culture	SCI	13	2.612	
18	Expression of the chickpea CarNAC3 gene enhances salinity and drought tolerance in transgenic poplars	Article	Movahedi Ali	诸葛强	2014, 120（1）	Plant Cell, Tissue and Organ Culture	SCI	—	2.612	
19	Identification of an AtCRN1-like chloroplast protein BeCRN1 and its distinctive role in chlorophyll breakdown during leaf senescence in bamboo (*Bambusa emeiensis* 'Viridiflavus')	Article	魏 强	丁雨龙	2013, 114（1）	Plant Cell, Tissue and Organ Culture	SCI	1	2.612	
20	Molecular structure, chemical synthesis, and antibacterial activity of ABP-dHC-cecropin A from drury (*Hyphantria cunea*)	Article	张嘉鑫	诸葛强	2014（9）	Peptides	SCI	1	2.546	
21	Responses of *Populus trichocarpa* galactinol synthase genes to abiotic stresses	Article	周 洁	诸葛强	2015, 127（2）	Journal of Plant Research	SCI	—	2.507	
22	Molecular characterizing and genetic structure analysis of *Quercus acutissima* germplasm in China using microsatellites	Article	张元燕	方炎明	2013, 40（6）	Molecular Biology Reporter	SCI	2	2.506	
23	Characterization of masson pine (*Pinus massoniana* Lamb.) microsatellite DNA by 454 genome shotgun sequencing	Article	白天道	徐立安	2014, 10（2）	Tree Genet Genomes	SCI	—	2.435	
24	Overexpression of PtSOS2 Enhances Salt Tolerance in Transgenic Poplars	Article	周 洁	诸葛强	2014, 32（1）	Plant Molecular Biology Reporter	SCI	4	2.374	

（续）

序号	论文名称	论文类型	第一作者	通讯作者	发表刊次（卷期）	发表刊物名称	收录类型	他引次数	期刊 SCI 影响因子	备注
25	The decoction of *Radix Astragali* inhibits the growth of Microcystis aeruginosa	Article	颜 蓉	方炎明	2011, 74（4）	Ecotoxicology and Environmental Safety	SCI	3	2.34	
26	An Efficient Agrobacterium-Mediated Transformation System for Poplar	Article	Movahedi Ali	诸葛强	2014, 15（6）	International Journal of Molecular Sciences	SCI	1	2.339	
27	Untangling the transcriptome from fungus-infected plant tissues	Article	朱 嵊	黄敏仁	2013, 519（2）	Gene	SCI	4	2.196	
28	Deep sequencing of the *Camellia chekiangoleosa* transcriptome revealed candidate genes for anthocyanin biosynthesis	Article	王仲伟	徐立安	2014, 538（1）	Gene	SCI	—	2.082	
29	Molecular cloning and characterization of a chlorophyll degradation regulatory gene from bamboo	Article	陈云霞	丁雨龙	2013, 57（1）	Biologia Plantarum	SCI	—	1.692	
30	Effects of Perchlorate Stress on Growth and Physiological Characteristics of Rice (*Oryza sativa* L.) Seedlings	Article	谢寅峰	谢寅峰	2014, 225（8）	Water Air and Soil Pollution	SCI	—	1.685	
31	Tree ring based Pb and Zn contamination history reconstruction in East China: a case study of *Kalopanax septemlobus*	Article	许晓岗	许晓岗	2014, 71（1），（S1）	Environmental Earth Sciences	SCI	—	1.572	
32	Effect of varying NaCl doses on flavonoid production in suspensioncells of *Ginkgo biloba*: relationship to chlorophyll fluorescence, ion homeostasis, antioxidant system and ultrastructure	Article	陈 颖	陈 颖	2014, 36（12）	Acta Physiologiae Plantarum	SCI	—	1.524	

（续）

序号	论文名称	论文类型	第一作者	通讯作者	发表刊次（卷期）	发表刊物名称	收录类型	他引次数	期刊SCI影响因子	备注
33	A genetic linkage map of *Populus adenopoda* Maxim.× *P. alba* L. hybrid based on SSR and SRAP markers	Article	王源秀	徐立安	2010, 173（2）	Euphytica	SCI	—	1.405	
34	Characterization and evaluation of major anthocyanins in pomegranate (*Punica granatum* L.) peel of different cultivars and their development phases	Article	招雪晴	方炎明	2013, 236（1）	European Food Research and Technology	SCI	3	1.387	
35	Isolation and Identification of Phosphobacteria in Poplar Rhizosphere from Different Regions of China	Article	刘 辉	吴小芹	2011, 21（1）	Pedosphere	SCI	11	1.379	
36	Effects of lanthanum nitrate on growth and chlorophyll fluorescence characteristics of *Alternanthera philoxeroides* under perchlorate stress	Article	谢寅峰	谢寅峰	2013, 31（8）	Journal of Rare Earths	SCI	—	1.363	
37	Isolation and identification of phytatedegrading rhizobacteria with activity of improving growth of poplar and Masson pine	Article	李桂娥	吴小芹	2013, 29（11）	World Journal of Microbiology and Biotechnology	SCI	1	1.353	
38	Analysis of aynonymous codon usage patterns in seven different *Citrus* species	Article	续 晨	诸葛强	2013, 9	Evolutionary Bioinformatics	SCI	—	1.326	
39	Molecular characterization of sawtooth oak (*Quercus acutissima*) germplasm based on randomly amplified polymorphic DNA	Article	张元燕	方炎明	2013, 299（10）	Plant Systematics and Evolution	SCI	1	1.312	
40	Cloning and characterization of a thaumatin-like protein gene PeTLP in *Populus deltoides* × *P. euramericana* cv. 'Nanlin895'	Article	王立科	诸葛强	2013, 35（10）	Acta Physiologiae Plantarum	SCI	—	1.305	
合计			SCI影响因子		108.606		他引次数		107	

Ⅱ-5 已转化或应用的专利（2012—2014 年）

序号	专利名称	第一发明人	专利申请号	专利号	授权（颁证）年月	专利受让单位	专利转让合同金额（万元）
1	金缕梅的组织培养方法	方炎明	2010100181545	ZL201010018154.5	201204	—	—
2	一种贯众的繁殖方	张开梅	2012104101341	ZL201210410134.1	201307	江苏美尚生态景观股份有限公司	15
3	一种渐尖毛蕨修复土壤重金属铜污染的方法	方炎明	2013101244935	ZL201310124493.5	201405	江苏美尚生态景观股份有限公司	15
4	一种提取三叶鬼针草根系分泌物的方法	沈 羽	2013100720120	ZL201310072012.0	201410	—	—
5	一种用膜透性法验证蕨类植物配子体化感作用的方法	张开梅	2013101413800	ZL201310141380.0	201411	—	—
6	一种高效植酸盐降解细菌水拉恩氏菌及其在促进植物生长中的应用	吴小芹	201210549945X	ZL201210549945.X	201401	—	—
7	一种马尾松根际解磷真菌泡盛曲霉及其应用	吴小芹	2012102351821	ZL201210235182.1	201308	—	—
8	一种多噬伯克霍尔德氏菌及其在促进松树生长中的应用	吴小芹	2012100267117	ZL201210026711.7	201305	—	—
9	一种林木外生菌根真菌彩色豆马勃的分子检测方法	吴小芹	2011100887651	ZL201110088765.1	201211	—	—
10	一种短小芽孢杆菌及其在毒杀松材线虫中的应用	吴小芹	2010102128938	ZL201010212893.8	201207	—	—
11	一种通过组织培养获得大量小佛肚竹再生植株的方法	丁雨龙	2012100437777	ZL201210043777.7	201307	—	—
12	一种删除转基因杨树选择标记基因的方法	诸葛强	2011100634380	ZL201110063438.0	201206	—	—
13	一种植物维管组织红木特异表达启动子及其表达载体和应用	诸葛强	2012103828448	ZL201210382844.8	201310	—	—
14	一种柳杉组织培养快速繁殖方法	诸葛强	2012103833836	ZL201210383383.6	201310	—	—
合计						专利转让合同金额（万元）	30

Ⅲ 人才培养质量

Ⅲ-1 优秀教学成果奖（2012—2014 年）

序号	获奖级别	项目名称	证书编号	完成人	获奖等级	获奖年度	参与单位数	本单位参与学科数
1	省级	依托优势学科培养林学本科拔尖创新人才的探索和实践	—	方炎明丁雨龙	二等奖	2013	1	2（50%）
合计	国家级	一等奖（个）	—	二等奖（个）	—	三等奖（个）	—	
	省级	一等奖（个）	—	二等奖（个）	1	三等奖（个）	—	

Ⅲ-2 研究生教材（2012—2014 年）

序号	教材名称	第一主编姓名	出版年月	出版单位	参与单位数	是否精品教材
1	生物化学实验（双语）	何开跃	201310	科学出版社	3（1）	否
2	植物生理学实验	何开跃	201306	科学出版社	5（1）	否
合计	国家级规划教材数量	1	精品教材数量			—

Ⅲ-3 本学科获得的全国、省级优秀博士学位论文情况（2010--2014 年）

序号	类型	学位论文名称	获奖年月	论文作者	指导教师	备注
1	省级	长筒石蒜花色变异的分子基础	201009	何秋伶	王明庥、黄敏仁	
合计	全国优秀博士论文（篇）		—	提名奖（篇）		—
	省优秀博士论文（篇）			1		

Ⅲ-4 学生国际交流情况（2012—2014 年）

序号	姓名	出国（境）时间	回国（境）时间	地点（国家/地区及高校）	国际交流项目名称或主要交流目的
1	颜蓉	201205	201304	美国亚利桑那州立大学	省生物学优势学科建设项目
2	周洁	201206	201212	日本理化所	国际科技合作项目
3	刘无双	201206	201212	日本理化所	国际科技合作项目
4	成亮	201310	201507	美国奥本大学	省生物学优势学科建设项目
5	段一凡	2013	2013	美国密苏里植物园	省生物学优势学科建设项目
6	毛俐惠	201409	201508	美国杜克大学	省生物学优势学科建设项目
7	宋雪晴	201405	201504	日本理化所	省生物学优势学科建设项目
合计	学生国际交流人数			7	

Ⅲ-5 授予境外学生学位情况（2012—2014 年）

序号	姓名	授予学位年月	国别或地区	授予学位类别
1	Nguyen Hai Ha	201107	越南	理学博士
2	Ali Movahedi	201407	伊朗	理学博士
3	Nguyen Van Viet	201307	越南	理学博士
合计	授予学位人数	博士	3	硕士 —

4.3.2　学科简介

1. 学科基本情况与学科特色

（1）学科基本情况

生物学一级学科历史可追溯到 20 世纪 20 年代钱崇澎教授和陈嵘教授在东南大学、金陵大学开设的植物学和树木学课程。1952 年学校独立办学，1955 年中科院学部委员郑万钧教授等开始招收研究生。1981 年学校获首批博、硕士授予权，植物学（1981 硕士点、1986 博士点）成为全国早期生物学研究生培养点。2001 年建成生物学博士后流动站，2002 年建成生物学一级学科博士点，生物学科先后两期（2010-13、2014-17）列为江苏省优势学科。2012 年全国第三轮学科评估，生物学在 100 所参评高校中位列第 42，相对排名比 2009 年提高 4%。

95% 的教师具有博士学位，其中有教育部新世纪优秀人才、林业部跨世纪学术带头人、省特聘教授、省"333 人才培养工程"学术带头人和省"青蓝工程"学术带头人。拥有国际木犀属栽培品种登录中心 1 个，树木标本 13 余万份。

（2）学科特色

凝练了新的研究方向，取得了一批重大研究成果。形成了杨树、桉树和鹅掌楸转基因育种技术，经济林木农艺性状相关基因的克隆、表达与验证，桂花、樱花品种分类与利用，中亚热带森林生物多样性保护与有害生物监控，植物营养分子生物学等特色研究领域。承担了桉树、鹅掌楸转基因育种技术研究"（国家"863"）、木材形成的调控机制研究（国家"973"）、竹子优良种质选育技术研究与示范（国家科技支撑）等重大科研项目，"长江中下游山丘区森林植被恢复与重建的理论与实践""鹅掌楸属种间杂交育种与杂种优势产业化开发利用"和"松材线虫分子检测鉴定及媒介昆虫防治关键技术"等科研成果获国家科技进步二等奖。

组建了具有国际影响力的创新团队。形成了植物学、微生物学、遗传学、发育生物学、生物化学与分子生物学等研究团队。引进了 2 名江苏省特聘教授，聘请多名国外知名学者为校特聘教授，整体提升植物分子生物学等领域的研究水平与国际影响力。在 Genome Biology，Plant Physiology 等期刊上发表了一批高水平论文。作为主要成员的"林木重要性状遗传解析与分子育种"获 2012 年教育部创新团队。作为主要成员的"森林保护学"获 2011 年省级优秀教学团队。

打造形成了优质资源。建成国际一流的生物学公共实验平台，购置了透射电子显微镜、自动氨基酸分析仪、荧光定量 PCR 仪、流式细胞仪等大型先进设备，拥有辐射全国的现代化大型仪器共享中心。

增强了学科可持续发展能力。从海内外高水平大学和研究所引进了 10 余名博士和博士后，派遣了 10 余名青年教师、10 名研究生赴美国康奈尔大学、加拿大英属哥伦比亚大学等 10 余所国外学术机构进行学术访问，学科发展的后劲增强。

2. 社会贡献

（1）行业标准

制定林业行业标准 2 项：①《红桤木育苗技术规程》（Technical Regulations for Seedling Cultivation of Alnus rubra Bong.）（方炎明等，2014）；②制定了林业行业标准《古树名木鉴定标准》（Code for Identification of Old and Notable Trees）（中国树木学会方炎明起草，2014）。

（2）技术支持

近三年授权了 14 件发明专利。2014 年：一种用渐尖毛蕨修复土壤重金属铜污染的方法（ZL20131012493.5）、一种提取三叶鬼针草根系分泌物的方法（ZL201310072012.0）、一种用膜透性法验证蕨类植物配子体化感作用的方法（ZL201310141380.0）、一种高效植酸盐降解细菌水拉恩氏菌及其在促进植物生长中的应用（ZL201210549945.X）。2013 年：一种贯众的繁殖方法（ZL201210410134.1）、一种马尾松根际解磷真菌泡盛曲霉及其应用（ZL201210235182.1）、一种多噬伯克霍尔德氏菌及其在促进松树生长中的应用（ZL201210026711.7）、一种通过组织培养获得大量小佛肚竹再生植株的方法（ZL201210043777.7）、一种植物维管组织特异表达启动子及其表达载体和应用（ZL201210382844.8）、一种柳杉组织培养快速繁殖方法（ZL201210383383.6）。2012 年：金缕梅的组织培养方法（ZL201010018154.5）、一种林木外生菌根真菌彩色豆马勃的分子检测方法（ZL201110088765.1）、一种短小芽孢杆菌及其在毒杀松材线虫中的应用（ZL201010212893.8）、一种删除转基因杨树选择标记基因的方法（ZL201110063438.0）。

成果"长江中下游山丘区森林植被恢复与重建的理论与实践""鹅掌楸属种间杂交育种与杂种优势产业化开发利用"和"松材线虫分子检测鉴定及媒介昆虫防治关键技术"分别获国家科技进步二等奖，"银杏资源高效利用技术"和"松材线虫 SCAR 标记与系列分子检测技术及试剂盒研制"分别获梁希林业科学技术奖一、二等奖。

（续）

（3）著作、教材

①《中国桂花品种图志》（向其柏、刘玉莲，2008，浙江科学技术出版社）；②《中国樱花品种图志》（王贤荣，2014，科学出版社）；③《植物学》（"十一五"国家级规划教材，方炎明主编，2006，中国林业出版社）；④《树木学》（全国高等农林院校教材，汤庚国主编，2005，中国林业出版社）；⑤双语生物化学实验（何开跃，2013，科学出版社）。

（4）重要学术兼职

方炎明：中国林学会第十一届理事会理事、中国林学会树木学分会主任委员、中国林学会树木生理专业委员会副主任委员、中国野生植物保护协会第二届常务理事、江苏省植物学会副理事长。

吴小芹：中国林学会森林病理分会常务理事、全国植检标准委林业植物检疫分会委员、江苏省植物病理学会副秘书长。

丁雨龙：国际竹藤研究中心兼职教授、中国林学会竹子分会副主任委员，世界竹子组织（World Bamboo Organization，WBO）荣誉理事。

诸葛强：中国农业生物技术学会生物安全分会常务理事、国家自然科学基金委员会第十二届专家评审组成员。

王贤荣：中国林学会树木分会副主任委员兼秘书长。

4.4 西北农林科技大学

4.4.1 清单表

Ⅰ 师资队伍与资源

序号	专家类别	专家姓名	出生年月	获批年月	备注
	Ⅰ-1 突出专家				
1	千人计划入选者	奚绪光	195811	201012	
2	千人计划入选者	赵 辛	195908	201006	
3	千人计划入选者	许金荣	196508	201103	
4	长江学者特聘教授	韦革宏	196908	2015	
5	长江学者特聘教授	单卫星	196710	2015	
6	教育部新世纪人才	陈红英	197006	2009	
7	教育部新世纪人才	雷 鸣	197007	2013	
8	教育部新世纪人才	陈坤明	197105	2011	
9	教育部新世纪人才	徐 虹	197304	2007	
10	教育部新世纪人才	王永华	197308	2013	
11	教育部新世纪人才	郁 飞	197505	2009	
12	教育部新世纪人才	王进义	196902	2008	
合计	突出专家数量（人）			12	

类型	数量	类型	数量	类型	数量
		Ⅰ-3 专职教师与学生情况			
专职教师数	77	其中，教授数	16	副教授数	20
研究生导师总数	51	其中，博士生导师数	15	硕士生导师数	36
目前在校研究生数	281	其中，博士生数	51	硕士生数	230
生师比	5.5	博士生师比	3.4	硕士生师比	6.4
近三年授予学位数	146	其中，博士学位数	28	硕士学位数	118

序号	重点学科名称	重点学科类型	学科代码	批准部门	批准年月
		Ⅰ-4 重点学科			
1	生物化学与分子生物学	省级	071010	陕西省学位办	200012
2	植物学	省级	071001	陕西省学位办	200012
合计	二级重点学科数量（个）	国家级	—	省部级	2

I-5 重点实验室				
序号	实验室类别	实验室名称	批准部门	批准年月
1	国家重点实验室	旱区作物逆境生物学国家重点实验室	科技部	201107
2	省部级重点实验室 / 中心	陕西省农业分子生物学重点实验室	陕西省	200106
3	省部级重点实验室 / 中心	农业部作物病虫综合治理与系统学重点开放实验室	农业部	200211
4	国家工程技术研究中心	国家杨凌农业生物技术育种中心	科技部	1999
5	省部级重点实验室 / 中心	陕西省生物农药工程技术研究中心	陕西省	2001
6	省部级重点实验室 / 中心	陕西省干细胞工程技术研究中心	陕西省	2002
7	省部级重点实验室 / 中心	陕西省中药指纹图谱与天然产物库研究中心	陕西省	2004
8	省部级重点实验室 / 中心	农业部动物生物技术重点实验室	农业部	2011
合计	重点实验数量（个）	国家级	2	省部级	6

II　科学研究

II-1　近五年（2010—2014年）科研获奖

序号	奖励名称	获奖项目名称	证书编号	完成人	获奖年度	获奖等级	参与单位数	本单位参与学科数
1	省级科技进步奖	氮钾甜菜碱提高玉米抗旱性的机理研究和抗旱型叶面肥开发与示范	2011-2-76-D4	张立新	2011	二等奖	3（1）	1
2	省级科技进步奖	20种大宗药材规范化生产技术体系的推广	2011-2-66-R1	梁宗锁	2011	二等奖	1	1
合计	科研获奖数量（个）	国家级	特等奖	—	一等奖	—		
		省部级	一等奖	—	二等奖	2		

II-2　代表性科研项目（2012—2014年）

II-2-1　国家级、省部级、境外合作科研项目

序号	项目来源	项目下达部门	项目级别	项目编号	项目名称	负责人姓名	项目开始年月	项目结束年月	项目合同总经费（万元）	属本单位本学科的到账经费（万元）
1	国家重大科技专项	科技部	重大项目	2012YQ030261	核酸自动化定量检测与高分辨率分析设备研制及应用	雷　鸣	201201	201512	91	56
2	部委级科研项目	国家林业局	重大项目	201206403	秦巴山区林药泛素化筛选与规范化栽培关键技术研究	雷　鸣	201201	201512	769	693
3	境外合作科研项目	康奈尔大学	一般项目	2013KW-29	基于全基因组测序的布洛芬降解调节因子基因定位研究	卫亚红	201301	201501	10	10
4	部委级科研项目	科技部	重大项目	2010DFA34380	秦岭水源涵养区森林可持续培育合作研究	刘西平	201001	201412	100	100
5	国家自然科学基金	国家自然科学基金委员会	面上项目	31170100	基于双分子互补的细菌动态蛋白相互作用网络技术研究	王　瑶	201201	201512	61	61
6	国家自然科学基金	国家自然科学基金委员会	面上项目	31171606	苦荞种子芦丁降解酶的基因沉默及其对次生代谢物累积的调控	陈　鹏	201201	201512	57	57
7	国家自然科学基金	国家自然科学基金委员会	面上项目	31172279	牛Nanog基因启动子区负调控元件功能的研究	郭泽坤	201201	201512	61	61

（续）

序号	项目来源	项目下达部门	项目级别	项目编号	项目名称	负责人姓名	项目开始年月	项目结束年月	项目合同总经费（万元）	属本单位本学科的到账经费（万元）
8	国家自然科学基金	国家自然科学基金委员会	面上项目	61178084	双分子光学成像技术对活细胞内PML核体三维动态结构和功能的研究	雷 鸣	201201	201512	60	60
9	国家自然科学基金	国家自然科学基金委员会	面上项目	31370150	细菌VI型分泌系统抗环境胁迫新功能研究及其作用机制解析	王 瑶	201301	201612	78	78
10	国家自然科学基金	国家自然科学基金委员会	面上项目	31370798	Werner和RHAU解旋酶解四螺旋核酸的分子作用机理与结构基础的研究	奚绪光	201401	201712	90	90
11	国家自然科学基金	国家自然科学基金委员会	面上项目	31372075	一个全新miRNA介导番茄灰霉病菌侵染的分子机制研究	金伟波	201401	201712	78	78
12	国家自然科学基金	国家自然科学基金委员会	面上项目	81373908	MYB转录因子对丹参酚酸类成分生物合成的调控作用及其机制研究	梁宗锁	201401	201712	60	60
13	国家自然科学基金	国家自然科学基金委员会	面上项目	31170274	H_2O_2对水杨酸诱导丹酚酸B生物合成的响应及作用机制	董娟娥	201201	201512	60	60
14	国家自然科学基金	国家自然科学基金委员会	面上项目	30972335	土壤干旱条件下树木的氮代谢生理	刘西平	201001	201212	30	30
15	国家自然科学基金	国家自然科学基金委员会	面上项目	31070538	干旱胁迫下C3木本植物的光合结构和C4光合特征	龚春梅	201101	201312	33	33
16	国家自然科学基金	国家自然科学基金委员会	面上项目	31370599	猪毛菜属C4木本种与C3近缘种的C4光合进化研究	龚春梅	201401	201712	86	51.6
17	国家自然科学基金	国家自然科学基金委员会	面上项目	31070444	刺槐根瘤菌新种（Mesorhizobium robiniae）及共生体系强化植物对锌污染土壤的生物修复作用	韦革宏	201101	201312	40	40
18	国家自然科学基金	国家自然科学基金委员会	面上项目	31270530	刺槐-根瘤菌共生体系对铜锌矿区污染土壤的生物修复机理研究	林雁冰	201301	201612	81	81
19	国家自然科学基金	国家自然科学基金委员会	面上项目	31470534	基于宏基因组学的黄土高原退耕还林区土壤微生物群落的时空响应	林雁冰	201501	201812	86	86

（续）

序号	项目来源	项目下达部门	项目级别	项目编号	项目名称	负责人姓名	项目开始年月	项目结束年月	项目合同总经费（万元）	属本单位本学科的到账经费（万元）
20	国家自然科学基金	国家自然科学基金委员会	面上项目	31070453	布洛芬降解基因克隆、功能分析及降解机理研究	卫亚红	201101	201312	32	32
21	国家自然科学基金	国家自然科学基金委员会	面上项目	31170796	细胞分子网络混合尺度动力学理论及其在系统生物学上的应用	王永华	201201	201512	60	60
22	国家自然科学基金	国家自然科学基金委员会	面上项目	31270078	谷氨酸棒杆菌对木质纤维素糖化液中酚类抑制物质的耐受机理研究	沈锡辉	201301	201612	72	72
23	国家自然科学基金	国家自然科学基金委员会	面上项目	31170121	假结核耶尔森氏菌 VI 型分泌系统的动力学分泌机制研究	沈锡辉	201201	201512	60	60
24	国家自然科学基金	国家自然科学基金委员会	面上项目	31170219	拟南芥花斑突变体 var2 修饰基因的克隆和功能研究	郁 飞	201201	201512	60	60
25	国家自然科学基金	国家自然科学基金委员会	面上项目	31470290	拟南芥 HD-Zip 转录因子 GL2 调控植物表皮毛发育的分子机制	安丽君	201501	201812	80	80
26	国家自然科学基金	国家自然科学基金委员会	面上项目	31270293	植物中 MAPK-WRKY 途径调控植物钾营养的分子机制	江元清	201301	201612	75	37.5
27	国家自然科学基金	国家自然科学基金委员会	面上项目	31471153	一条全新的蛋白激酶与转录因子信号通路调整 ABA 与干旱应答的分子机制研究	江元清	201501	201812	86	43
28	国家自然科学基金	国家自然科学基金委员会	青年项目	31300654	G4 解旋酶 G4R1 通过解旋 G4 调控基因表达和在细胞增殖中的作用机制研究	黄伟伟	201401	201612	25	15
29	国家自然科学基金	国家自然科学基金委员会	青年项目	31000292	持绿特性差异国槐及其芽变体叶绿体基因组与蛋白质组学比较	李绍军	201101	201312	18	18
30	国家自然科学基金	国家自然科学基金委员会	青年项目	31100001	秦岭"太白七药"内生菌多样性及其功能菌株筛选	张 磊	201201	201412	21	21
31	国家自然科学基金	国家自然科学基金委员会	青年项目	31101476	生防菌 Hhs.015 防治苹果腐烂病的机理研究	颜 霞	201201	201412	24	24
32	国家自然科学基金	国家自然科学基金委员会	青年项目	31300988	拟南芥叶绿体发育必需基因 PAC 的功能研究	齐亚飞	201401	201612	25	25

（续）

序号	项目来源	项目下达部门	项目级别	项目编号	项目名称	负责人姓名	项目开始年月	项目结束年月	项目合同总经费（万元）	属本单位本学科的到账经费（万元）
33	国家自然科学基金	国家自然科学基金委员会	青年项目	31400216	一个拟南芥叶绿体镁离子转运蛋白AtMGT10/VAR5 的功能研究	赵 军	201501	201712	24	24
34	国家自然科学基金	国家自然科学基金委员会	青年项目	31301648	一条全新的 MPK-WRKY 途径调控的油菜防御核盘菌的分子机制解析	杨 博	201401	201612.	25	15
35	国家自然科学基金	国家自然科学基金委员会	青年项目	31301632	黄单胞菌 TAL 类效应蛋白 AvrXa27 与特异 DNA 互作的结构及动力学基础	傅 晶	201401	201612	23	23
36	国家自然科学基金	国家自然科学基金委员会	青年项目	31301797	蜀葵细胞自噬作用对小孢子发育的影响	罗鑫娟	201401	201612	22	22
37	国家自然科学基金	国家自然科学基金委员会	青年项目	21302153	基于靶标 BRI1 的新型油菜素内酯受体激动剂的合理设计	雷蓓蕾	201401	201612	25	15
38	国家自然科学基金	国家自然科学基金委员会	青年项目	31301938	奶山羊精子发生过程相关 microRNA 分子作用通路的生物信息学挖掘分析	廖明帜	201401	201612	24	14.4
39	国家自然科学基金	国家自然科学基金委员会	青年项目	31100209	一个丝/苏类蛋白激酶 HTA1 调控植物 ABA 反应的分子机理研究	谢长根	201201	201412	22	22
40	国家自然科学基金	国家自然科学基金委员会	青年项目	31100455	西北旱区柠条干旱适应性中光呼吸的作用研究	白 娟	201201	201412	23	23
41	国家自然科学基金	国家自然科学基金委员会	青年项目	31100864	一个新的 BAHD 家族酰基转移酶介导植物蜡化株型调控途径	刘夏燕	201201	201412	25	25
42	国家自然科学基金	国家自然科学基金委员会	青年项目	31000099	秦岭硅藻植物的分类学研究	程金凤	201101	201312	21	21
43	国家自然科学基金	国家自然科学基金委员会	青年项目	31300158	毛茛科植物不同花器官排列式样的形成和演化规律研究	赵 亮	201401	201612	23	13.8
44	国家自然科学基金	国家自然科学基金委员会	青年项目	31400246	硫化氢通过调节生长素运输影响拟南芥主根生长的机制研究	李积胜	201501	201712	24	14.4
45	省科技厅科技项目	陕西省科技厅	一般项目	2014K14-01-04	黄精种子有性繁殖障碍研究	张跃进	2014	2015	5	5

（续）

序号	项目来源	项目下达部门	项目级别	项目编号	项目名称	负责人姓名	项目开始年月	项目结束年月	项目合同总经费（万元）	属本单位本学科的到账经费（万元）
46	省科技厅项目	陕西省科技厅	一般项目	2011K16-02-06	丹参优良品种选育	舒志明	2011	2012	4	4
47	省科技厅项目	陕西省科技厅	一般项目	2011K01-18	优质果蔬新品种选育及栽培技术研究示范	郭宏波	2011	2012	4	4
48	省科技厅项目	陕西省科技厅	一般项目	2014K02-12-01	秸秆糖化液高效利用微生物细胞工厂的构建技术研究	沈锡辉	201401	201612	10	10
49	省科技厅项目	陕西省科技厅	一般项目	2014K02-04-05	无选择标记线性基因转化技术研究	张小红	201401	201512	10	10
50	省级自然科学基金项目	陕西省科技厅	一般项目	2013K01-45	苹果腐烂病的生物防治及无公害生防菌剂的开发与应用	颜霞	201301	201412	8	8
51	省级自然科学基金项目	陕西省科技厅	青年项目	2013JQ3014	拟南芥锌指蛋白基因整合养分信号调控植物根毛发育的分子机制	安丽君	201301	201412	4	4
52	省级自然科学基金项目	陕西省科技厅	青年项目	2012JQ3015	一个拟南芥叶色突变体基因的鉴定及功能研究	齐亚飞	201201	201412	4	4
53	省级自然科学基金项目	陕西省科技厅	青年项目	2014JQ3093	拟南芥 B3 家族转录因子 ABS2 调控叶极性和叶边缘发育机理研究	邵景侠	201401	201512	4	4
54	省级自然科学基金项目	陕西省科技厅	青年项目	2012JQ3006	秦岭大白红杉林土壤宏基因文库构建及生物活性筛选	张磊	201201	201412	4	4
55	省级自然科学基金项目	陕西省科技厅	面上项目	2010JM3011	陕西省布洛芬降解菌多样性及降解基因克隆	卫亚红	201001	201212	3	3
56	省级自然科学基金项目	陕西省科技厅	一般项目	2014JQ3098	G4R1 靶 DNA 基因组分析及在基因表达和细胞增殖中的作用研究	黄伟	201401	201512	3	3

（续）

序号	项目来源	项目下达部门	项目级别	项目编号	项目名称	负责人姓名	项目开始年月	项目结束年月	项目合同总经费（万元）	属本单位本学科的到账经费（万元）
57	部委级科研项目	国家中医药管理局	一般项目	201207002	我国代表性区域特色中药资源保护利用	张跃进	201301	201512	21	21
58	部委级科研项目	教育部	一般项目	2012020412036	PAC基因参与叶绿体发育的分子机制	齐亚飞	201301	201512	4	4
59	部委级科研项目	教育部	一般项目	20110204120024	一个拟南芥叶绿体翻译延伸因子突变体冷敏感机制研究	刘夏燕	201301	201512	4	4
合计	国家级科研项目	数量（个）	59	项目合同总经费（万元）	8 350	属本单位本学科的到账经费（万元）				3 676.9

II-2-2　其他重要科研项目

序号	项目来源	项目名称	合同签订/项目下达时间	负责人姓名	项目开始年月	项目结束年月	项目合同总经费（万元）	属本单位本学科的到账经费（万元）
1	西北农林科技大学	引进人才科研启动费	2013	李竞	201401	201812	500	500
2	陕西省委组织部人才办	陕西省"百人计划科研经费"	2014	李竞	201412	201912	100	100
3	科技部"863"子课题	旱区主要作物生长调节剂应用技术研发	2012	刘西平	201301	201712	76.86	15.37
4	中央财政林业科技示范推广项目	高二氧化碳核桃气调鲜贮技术示范与推广	2014	马惠玲	201401	201612	100	33
5	公益性行业（农业）科研专项经费	陕西雨养农田苹果水分高效利用技术研究与示范	2013	张立新	201301	201712	65	65
6	陕西省重大科学技术难题攻关项目子课题	肥水耦合（水肥一体化）高效利用技术研究	2010	张立新	201101	201412	36	36

II-2-3　人均科研经费

人均科研经费（万元/人）	60.17

II-3 本学科代表性学术论文质量

II-3-1 近五年（2010—2014年）国内收录的本学科代表性学术论文

序号	论文名称	第一作者	通讯作者	发表刊次（卷期）	发表刊物名称	收录类型	中文影响因子	他引次数
1	豆科植物共生结瘤的分子基础和调控研究进展	丑敏霞	丑敏霞	2010, 34（7）	植物生态学报	CSCD	2.813	14
2	丹参品质与主导气候因子的灰色关联度分析	李倩	梁宗锁	2010, 30（10）	生态学报	CSCD	2.233	29
3	杜仲雄花茶加工中护绿工艺响应面优化	付卓锐	董娟娥	2010, 41（4）	农业机械学报	EI	1.669	9
4	H$_2$O$_2$-NOX系统：一种植物体内重要的发育轮制与胁迫响应机制	周从义	陈坤明	2010, 45	植物学报	CSCD	1.529	14
5	天麻属（兰科）一新变种——卵果天麻	张跃进	张跃进	2010, 30（6）	西北植物学报	CSCD	1.232	2
6	美国海滨桤木和薄中桤木水分生理特性的比较	李秀媛	刘西平	2011, 35（1）	植物生态学报	CSCD	2.831	6
7	不同干燥方法对杜仲雄花茶品质的影响	董娟娥	马希汉	2011, 42（8）	农业机械学报	EI	1.669	9
8	不同产地竹黄酮提取物体外抗氧化活性研究	张轩铭	张跃进	2011, 31（3）	西北植物学报	CSCD	1.232	13
9	马蔺籽化学成分研究	席鹏洲	张跃进	2011, 39（8）	西北农林科技大学学报（自然版）	CSCD	0.875	3
10	接种两种固氮菌增强小麦幼苗抗渗透胁迫及生长能力	刘华伟	郭蔼光	2012, 37（1）	植物生态学报	CSCD	2.813	2
11	镉胁迫对菜豆幼苗基因组DNA多态性的影响	吕金印	吕金印	2012, 32（5）	中国环境科学	CSCD	1.566	3
12	杜仲雄花提取物的体外抗氧化活性评价	邱高翔	董娟娥	2013, 49（3）	林业科学	CSCD	1.512	5
13	不同光质对丹参生长及有效成分积累和相关酶活性的影响	梁宗锁	梁宗锁	2012, 37（14）	中国中药杂志	CSCD	1.417	18
14	3种胡枝子抗氧化酶和渗透调节物质对干旱和增强UV-B辐射的动态响应	郝文芳	杨东风	2013, 8	环境科学学报	CSCD	1.406	4
15	Ca^{2+}在水杨酸诱发的丹参培养细胞培养基碱化过程中的作用	刘连成	董娟娥	2013, 29（7）	生物工程学报	CSCD	1.071	4
16	甲基紫精对丹参培养细胞抗氧化防护系统的影响	行冰玉	董娟娥	2014, 38（5）	植物生态学报	CSCD	2.813	0
17	地黄HPLC-DAD多波长指纹图谱的建立及其在熟地黄炮制中的应用	曹建军	梁宗锁	2014, 45（2）	中草药	CSCD	1.224	3
合计						中文影响因子 33.726	他引次数 142	

II-3-2 近五年（2010—2014年）国外收录的本学科代表性学术论文

序号	论文名称	论文类型	第一作者	通讯作者	发表刊次（卷期）	发表刊物名称	收录类型	他引次数	期刊SCI影响因子	备注
1	Deficiency of Liver Adipose Triglyceride Lipase in Mice Causes Progressive Hepatic Steatosis	Article	吴江维	杨公社	2011, 54（1）	Hepatology	SCI	69	10.885	第一作者
2	Zinc-finger nickase-mediated insertion of the lysostaphin gene into the beta-casein locus in cloned cows	Article	刘旭	张涌	2013, 4（4）	Nature Communications	SCI	12	10.015	通讯作者
3	Conservation and evolution in and among SRF- and MEF2-type MADS domains and their binding sites	Article	吴文武	陶士珩	2011, 28（1）	Molecular Biology and Evolution	SCI	10	9.87	通讯作者
4	Identification of BAMBI as a Potent Negative Regulator of Adipogenesis and Modulator of Autocrine/Paracrine Adipogenic Factors	Article	罗晓	杨公社	2012, 61（1）	Diabetes	SCI	4	8.889	通讯作者
5	A large-scale association study for nanoparticle C60 uncovers mechanisms of nanotoxicity disrupting the native conformations of DNA/RNA	Article	徐雪	王永华	2012, 40（16）	Nucleic Acid Research	SCI	9	8.278	通讯作者
6	Deciphering the rules by which dynamics of mRNA secondary structure affect translation efficiency in Saccharomyces cerevisiae	Article	毛圆辉	陶士珩	2014, 42（8）	Nucleic Acids Research	SCI	7	8.278	通讯作者
7	Vitamin C Enhances Nanog Expression Via Activation of the JAK/STAT Signaling Pathway	Article	吴海波	郭泽坤	2014, 32（1）	Stem Cell	SCI	4	7.133	通讯作者
8	A bioluminescence resonance energy transfer (BRET) system for measuring dynamic protein-protein interactions in bacteria	Article	崔博宇	沈锡辉	2014, 5（3）	mBio	SCI	1	6.875	通讯作者

（续）

序号	论文名称	论文类型	第一作者	通讯作者	发表刊次（卷期）	发表刊物名称	收录类型	他引次数	期刊 SCI 影响因子	备注
9	TaADF7, an actin-depolymerizing factor, contributes to wheat resistance against *Puccinia striiformis* f. sp. *tritici*	Article	傅艳萍	康振生	2014, 78（1）	Plant Journal	SCI	1	6.815	通讯作者
10	FliS modulates FlgM activity by acting as a noncanonical chaperone to control late flagellar gene expression, motility and biofilm formation in *Yersinia pseudotuberculosis*	Article	徐胜娟	王瑶	2014, 16（4）	Environmental Microbiology	SCI	—	6.24	通讯作者
11	A type VI secretion system regulated by OmpR in *Yersinia pseudotuberculosis* functions to maintain intracellular pH homeostasis	Article	张伟鹏	沈锡辉	2014, 16（4）	Environmental Microbiology	SCI	4	6.24	通讯作者
12	Systems pharmacology in drug discovery and therapeutic insight for herbal medicines	Article	黄超	王永华	2014, 15（5）	Briefings in Bioinformatics	SCI	2	5.919	通讯作者
13	Identification and functional analysis of mitogen-activated protein kinase kinase (MAPKKK) genes in canola (*Brassica napus* L.)	Article	孙云	杨博	2014, 25（8）	Journal of Experimental Botany	SCI	3	5.794	通讯作者
14	Mechanism of MicroRNA-Target Interaction: Molecular Dynamics Simulations and Thermodynamics Analysis	Article	王永华	王永华	2010, 6（7）	PLoS Computational Biology	SCI	23	5.515	第一作者
15	Overexpression of a putative *Arabidopsis* BAHD acyltransferase causes dwarfism that can be rescued by brassinosteroid	Article	王梦姣	郁飞	2012, 63（16）	Journal of Experimental Botany	SCI	11	5.364	通讯作者
16	Lower Levels of Expression of FATA2 Gene Promote Longer Siliques with Modified Seed Oil Content in *Arabidopsis thaliana*	Article	王倩	赵惠贤	2013, 31（6）	Plant Molecular Biology Report	SCI	—	5.319	第一作者

（续）

序号	论文名称	论文类型	第一作者	通讯作者	发表刊次（卷期）	发表刊物名称	收录类型	他引次数	期刊SCI影响因子	备注
17	Dynamic mechanisms for pre-miRNA binding and export by Exportin-5	Article	王 霞	王永华	2011, 17（8）	RNA-A Publication of the RNA Society	SCI	16	5.095	通讯作者
18	Number variation of high stability regions is correlated with gene functions	Article	毛圆辉	陶士珩	2013, 5（3）	Genome Biol Evol	SCI	4	4.68	通讯作者
19	Biological Activity of the tzs Gene of Nopaline *Agrobacterium tumefaciens* GV3101 in Plant Regeneration and Genetic Transformation	Article	韩召奋	Tian Lining	2013, 26（11）	Molecular Plant-Microbe Interactions	SCI	2	4.307	通讯作者
20	The Remodeling of seedling development in response to long-term magnesium toxicity and regulation by ABA-DELLA signaling in *Arabidopsis*	Article	郭万里	陈坤明	2014, 55（10）	Plant and Cell Physiology	SCI	—	4.978	通讯作者
21	Extracellular polymeric substances from copper-tolerance *Sinorhizobium meliloti* immobilize Cu^{2+}	Article	侯文洁	韦革宏	2014, 80（6）	Journal of Hazardous Materials	SCI	5	4.331	通讯作者
22	Identification, expression and interaction analyses of calcium-dependent protein kinase (CPK) genes in canola (*Brassica napus* L.)	Article	张海峰	江元清	2014, 15（1）	BMC Genomics	SCI	—	4.041	通讯作者
23	Impacts of mutation effects and population size on mutation rate in asexual populations: a simulation study	Article	姜小倩	陶士珩	2010, 10（298）	BMC Evolutional Biology	SCI	6	4.34	通讯作者
24	Biosorption of Zn (II) by live and dead cells of *Streptomyces ciscaucasicus* Strain CCNWHX 72-14	Article	赵龙飞	韦革宏	2010, 179（1-3）	Journal of Hazardous Materials	SCI	33	4.173	通讯作者

（续）

序号	论文名称	论文类型	第一作者	通讯作者	发表刊次（卷期）	发表刊物名称	收录类型	他引次数	期刊 SCI 影响因子	备注
25	A var2 leaf variegation suppressor locus, SUPPRESSOR OF VARIEGATION3, encodes a putative chloroplast translation elongation factor that is important for chloroplast development in the cold	Article	刘夏燕	郁 飞	2010, 10 (12)	BMC Plant Biology	SCI	16	4.085	通讯作者
26	Base-and Structure-Dependent DNA Dinucleotide-Carbon Nanotube Interactions: Molecular Dynamics Simulations and Thermodynamic Analysis	Article	肖正涛	王永华	2011, 115 (4)	Journal of Physical Chemistry C	SCI	15	4.805	通讯作者
27	The influence of deleterious mutations on adaptation in asexual populations	Article	姜小倩	陶士珩	2011, 6 (11)	Plos One	SCI	3	4.35	通讯作者
28	Vertebrate paralogcus MEF2 genes: origin, conservation, and evolution	Article	吴文武	陶士珩	2011, 6 (3)	Plos One	SCI	10	4.35	通讯作者
29	SUPPRESSOR OF VARIEGATION4, a new var2 suppressor locus, encodes a pioneer protein that is required for chloroplast biogenesis	Article	郁 飞	Rodermel SR	2011, 4 (2)	Molecular Plant	SCI	13	4.296	第一作者
30	Two TPX2-dependent switches control the activity of aurora A	Article	徐 雪	王永华	2011, 6 (2)	Plos One	SCI	8	4.092	通讯作者
31	Coevolution in RNA moleculesdriven by selective constraints: evidence from 5S rRNA	Article	程 楠	陶士珩	2012, 7 (9)	Plos One	SCI	3	4.092	通讯作者
32	SUMOylation represses nanog expression via modulating transcription factors Oct4 and Sox2	Article	吴勇延	郭泽坤	2012, 7 (6)	Plos One	SCI	6	4.092	通讯作者
33	The over-expression of an arabidopsis B3 transcription factor, ABS2/NGAL1, leads to the loss of flower petals	Article	邵景侠	郁 飞	2012, 7 (7)	Plos One	SCI	1	4.092	通讯作者

（续）

序号	论文名称	论文类型	第一作者	通讯作者	发表刊次（卷期）	发表刊物名称	收录类型	他引次数	期刊SCI影响因子	备注
34	Metabolic profiles and cDNA-AFLP analysis of Salvia miltiorrhiza and Salvia castanea Diel f. tomentosa Stib.	Article	杨东风	梁宗锁	2012, 7 (1)	Plos One	SCI	5	4.092	通讯作者
35	Genome sequence and mutational analysis of plant-growth-promoting bacterium Agrobacterium tumefaciens CCNWGS0286 isolated from a Zinc-Lead mine tailing	Article	郝秀丽	韦革宏	2012, 78 (15)	Applied and Environmental Microbiology	SCI	11	3.952	通讯作者
36	Genes conferring copper resistance in Sinorhizobium meliloti CCNWSX0020 also promote the growth of Medicago lupulina in copper-contaminated soil	Article	李哲斐	韦革宏	2014, 80 (6)	Applied and Environmental Microbiology	SCI	2	3.952	通讯作者
37	NrdH-redoxin enhances resistance to multiple oxidative stresses by acting as a peroxidase cofactor in Corynebacterium glutamicum	Article	司美茹	沈锡辉	2014, 80 (5)	Applied and Environmental Microbiology	SCI	2	3.952	通讯作者
38	Identification and characterization of CBL and CIPK gene families in canola (Brassica napus L.)	Article	张海峰	江元清	2014, 14 (8)	BMC Plant Biology	SCI	3	3.942	通讯作者
39	Draft genome of streptomyces zinciresistens K42, a novel metal-resistant species isolated from copper-zinc mine tailings	Article	林雁冰	韦革宏	2011, 193	Journal of Bacteriology	SCI	3	3.825	第一作者
40	From shake flasks to bioreactors: survival of E. coli cells harboring pGST-hPTH through auto-induction by controlling initial content of yeast extract	Article	贾良辉	颜 华	2011, 90 (4)	Applied Microbiology & Biotechnology	SCI	2	3.811	通讯作者
合计	SCI 影响因子			219.154		他引次数			329	

II-5 已转化或应用的专利（2012—2014年）

序号	专利名称	第一发明人	专利申请号	专利号	授权（颁证）年月	专利受让单位	专利转让合同金额（万元）
1	一种杏鲍菇栽培工艺	杜双田	ZL201210327369.4	ZL201210327369.4	201311	杨凌金麒麟生物科技有限公司	40
2	一株酵母菌株及其用于酿制虫草酒的方法	杜双田	2013.10153338.6	2013.10153338.6	201407	杨凌金麒麟生物科技有限公司	46
合计	专利转让合同金额（万元）					86	

Ⅲ 人才培养质量

序号	获奖级别	项目名称	证书编号	完成人	获奖等级	获奖年度	参与单位数	本单位参与学科数
		Ⅲ-1　优秀教学成果奖（2012—2014 年）						
1	陕西省	农林高校生命科学实验教学体系的创新与实践	SJX132013-4	郭泽坤 刘华伟 文建雷	二等奖	2013	1	1
合计	国家级	一等奖（个）	—	二等奖（个）	—	三等奖（个）		—
	省级	一等奖（个）	—	二等奖（个）	1	三等奖（个）		—

序号	姓名	出国（境）时间	回国（境）时间	地点（国家/地区及高校）	国际交流项目名称或主要交流目的
		Ⅲ-4　学生国际交流情况（2012—2014 年）			
1	柴呈森	2012	2014	加拿大阿尔伯塔大学	攻读博士
2	闫　妍	2012	2015	丹麦奥胡斯大学	攻读博士
3	董　珊	2013	2015	英国利物浦大学	攻读博士
4	黄伟伟	2008	2010	美国维克森林大学	联合培养博士生
5	魏砚明	2008	2011	美国肯塔基州立大学	联合培养博士生
6	马燕春	2011	2013	美国宾州州立大学	联合培养博士生
7	王蕴菲	2011	2013	美国佛罗里达大学	联合培养博士生
合计	学生国际交流人数			7	

序号	姓名	授予学位年月	国别或地区	授予学位类别
		Ⅲ-5　授予境外学生学位情况（2012—2014 年）		
1	费　索	201306	巴基斯坦	博士
2	骄　傲	201406	喀麦隆	博士
3	Mohamad，Osama Abdalla	201206	埃及	博士
4	Tamgue Ousman	201406	喀麦隆	博士
合计	授予学位人数	博士	4	硕士　—

4.4.2　学科简介

1. 学科基本情况与学科特色

生物学学科始于 20 世纪 30 年代国立西北农林专科学校建校之初，现拥有生物学一级学科博士授予权，为陕西省一级重点学科，下设植物学、动物学、微生物学、生理学、细胞生物学、生物化学与分子生物学、遗传学、神经生物学、生物物理学、水生生物学和发育生物学等 11 个二级学科以及生物信息学、化学生物学 2 个自主设置的二级学科。在 2012 年全国学科评估中，我校生物学学科在参评的 100 个单位中，学科整体水平排在第 16 位。

（续）

生物学学科是林业学科重要的基础支撑学科之一，特别是近些年现代生物技术的快速发展，生物学对林业科学的基础性地位日益明显。我校生物学学科坚持与农林学科有机结合，多层次开展研究工作，取得了一批重大的研究成果，形成了鲜明的学科特色与优势，主要体现在以下几个方面：

（1）植物分类与系统进化研究

继承西北植物研究所在植物分类研究形成的优势与特色，依托秦岭丰富的植物资源开展研究工作，完成了《秦岭植物志》《黄土高原植物志》等专著，摸清了秦岭植物资源的种类分布等规律。建成的植物标本馆馆藏标本 70 多万份，居全国第四。已建立的数字化植物标本馆是中国数字植物标本馆（CVH）的重要成员单位。

（2）植物逆境生物学与生态修复研究

立足西部干旱与半干旱地区丰富的抗逆种质资源，在植物水分代谢的生理生态机理、植物抗旱抗盐碱等关键基因克隆与功能分析、植物光合机构逆境适应特征与发育等方面形成了鲜明的研究特色，取得了一系列重要进展。

针对当前农业生境污染的严峻现实，开展了农业微生物资源多样性、微生物与重金属和有机污染物等生物途径治理的基础和应用基础研究。借助现代生物学的技术和手段，在豆科植物根瘤菌研究上形成了特色和优势；在重金属污染生物修复研究上，采用转基因技术对杨树等植物重金属耐受和累积机制进行了系统的探讨，研究成果形成了一定的国际影响。

（3）药用植物资源与次生代谢调控机制研究

该领域在药用植物次生代谢物合成积累规律、药用植物种质资源与良种选育、药用植物成分分析与提纯技术、中药材规范化栽培理论与技术、中药材质量控制等方面取得了系列重要成果。依赖于药物靶点筛选和设计的思路，开展了秦巴山区林药泛素化筛选与规范化栽培关键技术研究，进行了大量的林药筛选工作，在雷公藤甲素治疗肿瘤的生物学机理研究上取得了突破性进展。采用系统药理学原理，开展中药老方优化和新药发现等研究工作，建立的中药系统药理学数据库成为国内药理学研究重要的基础平台，每年发表的文章占到全球系统药理学研究论文总数的 30% 以上，这些成果为开展中药，特别是林业相关药物的研发奠定了良好的基础。

2. 社会贡献

产学研紧密结合办学来创建世界一流农业大学是我校一直秉承的办学特色。本学科坚持面向国民经济主战场，促进重大成果和技术的推广，服务社会发展。其社会贡献主要体现在以下几个方面：

（1）科学普及

植物博物馆、药用植物园作为西北农林科技大学博览园的重要组成部分，在服务教学和科研的同时，每年接待来自海内外数以万计的游客，面向公众开展科普教育，针对青少年的爱国主义教育。在传承优秀文化、创建和谐社会方面发挥着重要作用。

（2）社会服务

陕西省中药指纹图谱与天然产物研究中心建立了 20 多种中药 GAP 认证体系，与天津天士力药业集团等 20 余家企业建立了科研合作关系，技术服务 23 个基地 80 余万亩，编制规范化生产 SOP20 个，2014 年主持完成农业部颁布植物新品种审定国家标准 2 个。对大宗药材丹参资源、育种、规范化栽培、质量标准体系与质量控制技术等研究居全国前列；动物学学科每年培训各类种植养殖技术人员近 5 000 人次，有效地带动了陕西乃至西北地区的发展，如安康水产试验示范站注重开发地区特色水产养殖资源，通过举办淡水养殖培训，累计培训技术人员 800 余人。食用菌研究中心专家坚持服务"三农"，受邀为全国 16 个省份农民进行杏鲍菇、蛹虫草等经济价值较高的食用菌栽培技术培训，累计培训 1 200 人次。

（3）社会兼职

韦革宏：国际根瘤菌与土壤杆菌多样性及分类分委员会委员、中国微生物学会农业微生物专业委员会副主任、中国微生物学会环境微生物专业委员会委员。

梁宗锁：天士力集团公司中药现代化研究院技术顾问，陕西省人民政府中药现代化领导小组专家顾问。

许金荣：微生物学研究学报编委，分子微生物学学报咨询编委。美国植病学会、真菌学会、微生物学会和遗传学会的会员，美国植病学会遗传组委和真菌学组委的成员。

杨公社：全国政协委员、国务院学位委员会学科评议组成员、教育部高等学校动物生产类教学指导委员会副主任。

昝林森：国家肉牛改良中心主任、国家畜禽遗传资源委员会牛品种审定委员会委员、中国畜牧业协会常务理事兼牛业分会副会长、中国良种黄牛育种委员会副理事长、陕西省肉牛业工程技术研究中心主任、陕西省现代牛业工程研究中心主任。

（续）

罗军：国际山羊学会中国代表，全国动物育种学会理事、养羊学会理事。

吉红：世界鲟鱼保护学会会员，亚洲水产学会会员，中国水产学会水产动物营养与饲料专业委员会委员，陕西省水产良种场审定委员会委员。

张涌：国务院学位委员会学科评议组成员，陕西省学位委员会委员、陕西省政府决策咨询委员会特邀委员、陕西省政协委员，陕西省动物学会副理事长，陕西省畜牧兽医学会副理事长。

周恩民：中国农业部基因克隆与转基因技术执行专家组成员，中国农业部全国动物卫生风险评估专家委员会委员，中国畜牧兽医学会兽医公共卫生学分会常务理事。

（4）主办的会议

2012 年全国植物生物学大会；第一届全国植物逆境生物学学术研讨会。

4.5 福建农林大学

4.5.1 清单表

Ⅰ 师资队伍与资源

序号	专家类别	专家姓名	出生年月	获批年月	备注
\multicolumn{6}{c}{**I-1 突出专家**}
1	教育部新世纪优秀人才	汪世华	197601	201010	
2	享受政府特殊津贴人员	谢宝贵	196209	200810	
合计	突出专家数量（人）		\multicolumn{3}{c}{2}

I-1 突出专家

序号	专家类别	专家姓名	出生年月	获批年月	备注
1	教育部新世纪优秀人才	汪世华	197601	201010	
2	享受政府特殊津贴人员	谢宝贵	196209	200810	
合计	突出专家数量（人）		2		

I-3 专职教师与学生情况

类型	数量	类型	数量	类型	数量
专职教师数	83	其中，教授数	20	副教授数	28
研究生导师总数	36	其中，博士生导师数	13	硕士生导师数	36
目前在校研究生数	291	其中，博士生数	88	硕士生数	203
生师比	8.08	博士生师比	6.77	硕士生师比	5.64
近三年授予学位数	425	其中，博士学位数	24	硕士学位数	401

I-4 重点学科

序号	重点学科名称	重点学科类型	学科代码	批准部门	批准年月
1	生物学	福建省特色重点学科	0710	福建省教育厅	201210
2	生物化学与分子生物学	福建省特色重点学科	071010	福建省教育厅	200510
合计	二级重点学科数量（个）	国家级	—	省部级	2

I-5 重点实验室

序号	实验室类别	实验室名称	批准部门	批准年月
1	省部级重点实验室	福建省病原真菌与真菌毒素重点实验室	福建省科技厅	201210
2	省部级良繁基地	国家食用菌品种改良中心福建分中心	农业部	201010
3	省部级工程技术研究中心	福建省食用菌工程技术研究中心	福建省科技厅	200809
合计	重点实验数量（个）	国家级 —	省部级	3

II 科学研究

II-1 近五年（2010—2014年）科研获奖

序号	奖励名称	获奖项目名称	证书编号	完成人	获奖年度	获奖等级	参与单位数	本单位参与学科数
1	福建省技术发明奖	主要生物毒素的系列检测方法及其检测试剂盒	闽政文〔2015〕55号	汪世华、高跃明、黄加栋、张静、汪斌	2014	二等奖	1	1
2	福建省自然科学奖	基于基因工程单链抗体的生物毒素及其病原物检测	2010Z20051	汪世华、王宗华、庄振宏、廖宪彪、陈涵	2010	二等奖	3（1）	1
3	福建省科技进步奖	活性多糖加工工艺优化与质量控制技术	2012J30482	叶舟、汪世华、吕干、赖建美、俞白楠	2012	三等奖	1	1
4	福建省科技进步奖	金针菇遗传机制研究及工厂化栽培专用新品种选育与应用	2012J30672	江玉姬、谢宝贵等	2012	三等奖	1	1
5	福建省科技进步奖	生物杀虫剂座壳孢菌新资源及其创新研究与应用	2012-J-3-071-1	邱君志、关雄、何学友、宋飞飞、苏玉斌	2012	三等奖	1	1
合计	科研获奖数量（个）	国家级	特等奖	—				
			一等奖	—				
		省部级	一等奖	—				
			二等奖	2				
			三等奖	3				

II-2 代表性科研项目（2012—2014年）

II-2-1 国家级、省部级、境外合作科研项目

序号	项目来源	项目下达部门	项目级别	项目编号	项目名称	负责人姓名	项目开始年月	项目结束年月	项目合同总经费（万元）	属本单位本学科的到账经费（万元）
1	国家科技支撑计划	科技部	国家科技支撑计划课题	2013BAD16B03	食用菌生产质量安全控制关键技术研究	江玉姬	201301	201612	864	864
2	国家自然科学基金	国家自然科学基金委员会	面上项目	31070026	座壳孢多基因系统发育与分类系统重建	邱君志	201101	201312	36	36
3	国家自然科学基金	国家自然科学基金委员会	面上项目	31070542	秋茄耐盐分子网络解析及抗盐相关功能基因研究	陈伟	201101	201312	35	35

（续）

序号	项目来源	项目下达部门	项目级别	项目编号	项目名称	负责人姓名	项目开始年月	项目结束年月	项目合同总经费（万元）	属本学科的到账经费（万元）
4	国家自然科学基金	国家自然科学基金委员会	面上项目	51071745	苏云金杆菌 Cry 毒素抗假眼小绿叶蝉的定向筛选与改造	关 雄	201101	201312	35	35
5	国家自然科学基金	国家自然科学基金委员会	面上项目	31170025	莫氏菌的分类与系统发育研究	邱君志	201201	201512	61	61
6	国家自然科学基金	国家自然科学基金委员会	青年科学基金项目	21205015	基于无酶循环放大策略的多通道纳米电化学生物传感器用于肝癌多元肿瘤标志物的联合检测	张 静	201301	201512	23	23
7	国家自然科学基金	国家自然科学基金委员会	青年科学基金项目	31201574	基于基因搜索和转座子组学的生物被膜新基因克隆及其生防功能分析	黄天培	201301	201512	23	23
8	国家自然科学基金	国家自然科学基金委员会	青年科学基金项目	31201669	外源基因在银耳生物反应器中表达调控研究	孙淑静	201301	201512	25	25
9	国家自然科学基金	国家自然科学基金委员会	青年科学基金项目	31301858	根系分泌物介导特异微生物对连作太子参的致害机制研究	张樑原	201401	201612	22	22
10	国家卫生计生委共建科学研究基金	国家卫生计生委	联合攻关计划项目	WKJ-FJ-25	杀蚊 BT 菌株 LLP29 高效制剂的研发及其侵染蚊虫的分子机制研究	关 雄	201301	201612	27	27
11	科技部农业科技成果转化项目	科技部	成果转化项目	2011GB2C400012	基于新型基因工程单链抗体的海洋生物毒素检测试剂盒	汪世华	201101	201312	60	60
12	教育部重点项目	教育部	重点项目	212088	虫生真菌座壳孢属的分类及分子系统学	邱君志	201201	201412	5	5
13	农业部产业体系	农业部	产业体系	CARS24	育种与菌种繁育研究室－草菇育种	谢宝贵	201101	201512	70	70

（续）

序号	项目来源	项目下达部门	项目级别	项目编号	项目名称	负责人姓名	项目开始年月	项目结束年月	项目合同总经费（万元）	属本单位本学科的到账经费（万元）
14	省自然科学基金项目	省科技厅	一般项目	2011J05048	群体感应介导粘质沙雷氏菌代谢流迁移规律的研究	张媒原	201101	201312	2	2
15	省自然科学基金项目	省科技厅	一般项目	2011J05047	黄孢原毛平革菌抗营养阻遏产漆酶分子机制研究	邱爱连	201101	201312	3	3
16	省自然科学基金项目	省科技厅	一般项目	2011J05046	长果黄麻遗传连锁图谱构建及其重要性状的基因定位研究	徐建堂	201101	201312	3	3
17	省自然科学基金项目	省科技厅	一般项目	2011J05018	5-羟基苯并三氮唑构筑的金属配位聚合物的合成及生物活性的研究	曹高娟	201101	201412	3	3
18	省自然科学基金项目	省科技厅	一般项目	2012J01079	拟南芥与核盘菌互作过程中草酸作用的分子机制研究	陈晓婷	201201	201412	4	4
19	省自然科学基金项目	省科技厅	一般项目	2012J01076	多重置换扩增技术构建植物单染色体末克隆文库探索	谢小芳	201201	201412	4	4
20	省科技计划	省科技厅	重点项目	2013I01360	叶下珠多糖化学结构及其抗肝炎活性研究	谢勇平	201301	201612	6	6
21	省科技计划	省科技厅	重点项目	2013I01362	绣毛莓抗肝损伤物质基础及作用机制研究	叶齐	201301	201612	6	6
22	省科技计划	省科技厅	重点项目	2013N0002	福建特有珍稀竹种质资源保存评价及快繁技术研究与应用	荣俊冬	201301	201612	10	10
23	省科技计划	省科技厅	重点项目	2013N0003	苏云金杆菌防治蕈蚊关键技术及应用研究	张灵玲	201301	201612	10	10

序号	项目来源	项目下达部门	项目级别	项目编号	项目名称	负责人姓名	项目开始年月	项目结束年月	项目合同总经费（万元）	属本单位本学科的到账经费（万元）
24	省自然科学基金项目	省科技厅	一般项目	2013J01078	苏云金杆菌叶片分离株LLP29在白玉兰植株上的定位分析	张灵玲	201301	201512	4	4
25	省自然科学基金项目	省科技厅	一般项目	2013J01079	苏云金芽胞杆菌几丁质酶ChBD与几丁质互作分子机制研究	沙 莉	201301	201512	4	4
26	省自然科学基金项目	省科技厅	一般项目	2013J01082	圆果种黄麻叶片全长cDNA文库构建及EST序列分析	陶爱芬	201301	201512	5	5
27	省自然科学基金项目	省科技厅	一般项目	2013J05043	果蔗抗病信号传导因子SoSGT1与SoRAR1的互作蛋白研究	林 生	201301	201512	3	3
合计	国家级科研项目	数量（个）	25	项目合同总经费（万元）	2 245		属本单位本学科的到账经费（万元）	2 245		2 245

II-2-2　其他重要科研项目

序号	项目来源	合同签订/项目下达时间	项目名称	负责人姓名	项目开始年月	项目结束年月	项目合同总经费（万元）	属本单位本学科的到账经费（万元）
1	国家重点基础研究计划（"973"计划）二课题	2013	储藏过程中真菌毒素形成机理——黄曲霉素合成与调控机制	汪世华	201301	201712	120	120
2	高等学校博士学科点专项科研基金（博导类）	2012	茶树芽叶紫化的转录组和蛋白质组整合分析及相关基因功能研究	陈 伟	201201	201412	12	12
3	高等学校博士学科点专项科研基金（新教师类）（联合）	2014	根际特异微生物群体效应与太子参互作研究	张朦原	201401	201612	4	4

（续）

序号	项目来源	合同签订/项目下达时间	项目名称	负责人姓名	项目开始年月	项目结束年月	项目合同总经费（万元）	属本单位本学科的到账经费（万元）
4	省教育厅中青年教育科研项目（科技A类）（新世纪人才支持计划）	2013	伏马毒素B1等主要真菌毒素检测技术研发	庄振宏	201301	201512	5	5
5	省教育厅中青年教育科研项目（科技A类）（新世纪人才支持计划）	2013	基于DNA自组装和DNA模拟酶技术的多通道电化学适体传感器用于农产品中多种真菌毒素的协同检测	张 静	201301	201512	5	5
6	省教育厅中青年教育科研项目（科技A类）（新世纪人才支持计划）	2013	凝集素在埃及伊蚊抵御Cry11A毒素过程的作用及其机理	张灵玲	201301	201512	5	5
7	省教育厅中青年教育科研项目（科技A类）（产学研）	2013	荒漠化地区菌草治理技术的研究及应用	林冬梅	201301	201512	5	5
8	省教育厅中青年教师教育科研项目（科技A类）	2013	基于谷氨酸电聚合固定葡萄糖氧化酶的葡萄糖传感器研制	周学酬	201301	201512	1	1
9	省环保厅省级环保科技专项资金	2013	福建省重金属污染治理技术体系研究	张金彪	201301	201512	15	15
10	省教育厅资助省属高校科研专项	2011	昆虫病原真菌座壳孢分子系统发育与分类系统研究	邱君志	201101	201312	5	5
11	省教育厅科技项目	2011	双重靶向性筛选食用菌新品种体系的建立	孙淑静	201101	201312	2	2
12	省教育厅科技项目	2011	手性纯乙偶姻基因工程生产菌的构建及发酵过程机制	张燎原	201101	201312	1	1
13	省发改委"五新工程"项目	2012	珍稀食用菌真姬菇新品种闽真1号工厂化栽培技术熟化与中试研究	孙淑静	201201	201512	25	25
14	福建省高校杰出青年科研人才培育计划	2012	源自植物叶片的Bt分离菌株在其宿主植物上的定殖机制	张灵玲	201201	201412	2	2
15	福建省教育厅资助省属高校科研专项	2012	太子参毛状根诱导及培养技术体系研究	陈观水	201201	201412	5	5
16	福建省财政厅农业综合开发土地治理项目	2012	利用薏苡秸秆进行灵芝栽培技术推广	谢宝贵	201201	201412	24	24

Ⅱ-2-3 人均科研经费

人均科研经费（万元/人）	40.4

Ⅰ-3 本学科代表性学术论文质量

Ⅱ-3-1 近五年（2010—2014年）国内收录的本学科科代表性学术论文

序号	论文名称	第一作者	通讯作者	发表刊次（卷期）	发表刊物名称	收录类型	中文影响因子	他引次数
1	竹焦油对植物病原真菌的抑制作用	江茂生	陈礼辉	2010，46（4）	林业科学	CSCD	1.512	2
2	铁、镍催化活化杉木屑制备中孔碳与孔结构表征	黄明堦	黄 彪	2010，44（1）	华中师范大学学报	CSCD	0.412	—
3	生防菌 en5 的定殖能力及其强根际土壤微生物类群的影响	连玲丽	林奇英	2011（2）	植物保护	CSCD	0.848	14
4	硫酸盐竹浆两段氧脱木素目标脱木素率的确定	陈秋艳	黄六莲	2012，27（4）	中国造纸学报	CSCD	0.736	1
5	竹焦油对植物病原细菌的抑制作用	江茂生	陈礼辉	2012，41（5）	福建农林大学学报	CSCD	0.864	1
6	竹子溶解浆制备过程的浆料性能和结构表征	陈秋艳	黄六莲	2013，41（8）	东北林业大学学报	CSCD	0.902	—
7	紫芝不亲和性因子分析	刘新锐	谢宝贵	2014，33（2）	菌物学报	CSCD	1.432	—
8	苏云金芽胞杆菌 BRC-ZLL5 类细菌素的抑菌谱和理化特性	黄天培	关 雄	2014，20（5）	应用与环境生物学报	CSCD	1.215	—
9	不同条件下斑玉蕈菌丝生长及产酶特性	郭艳艳	孙淑静	2014，33（3）	菌物学报	CSCD	1.432	—
10	植物 Whirly 蛋白调控叶片衰老的研究进展	林文芳	缪 颖	2014，50（9）	植物生理学报	CSCD	1.006	—
合计					中文影响因子	21.429	他引次数	62

II-3-2 近五年（2010—2014年）国外收录的本学科代表性学术论文

序号	论文名称	论文类型	第一作者	通讯作者	发表刊次（卷期）	发表刊物名称	收录类型	他引次数	期刊SCI影响因子	备注
1	Proteomic analysis of salt-responsive proteins in the leaves of mangrove Kandelia candel during short-term stress	Article	Wang Lingxia	陈 伟	2014, 9（1）	Plos One	SCI	12	3.534	通讯单位
2	Dynamics of Chloroplast Proteome in Salt-Stressed Mangrove Kandelia candel (L.) Druce	Article	Wang Lingxia	陈 伟	2013, 12（11）	Journal of Proteome Research	SCI	11	5.001	通讯单位
3	Proteomic characterization of Cd stress response in Kandelia candel roots	Article	Weng Zhaoxia	陈 伟	2013, 27（3）	Trees-Structure and Function	SCI	3	1.925	通讯单位
4	Comparative proteomic and physiological analysis of diurnal changes in Nostoc flagelliforme	Article	Liang Wenyu	陈 伟	2013, 25（6）	Journal of Applied Phycology	SCI	2	2.326	通讯单位
5	Ultrastructural, physiological and proteomic analysis of Nostoc flagelliforme in response to dehydration and rehydration	Article	Liang Wenyu	陈 伟	2012, 75（18）	Journal of Proteomics	SCI	11	4.088	通讯单位
6	Floral reversion mechanism in longan (Dimocarpus longan Lour.) revealed by proteomic and anatomic analyses	Article	You Xiangrong	陈 伟	2012, 75（4）	Journal of Proteomics	SCI	16	4.088	通讯单位
7	Molecular cloning and characterization of a chitinase gene up-regulated in longan buds during flowering reversion	Article	Xie Dongli	陈 伟	2011, 10（59）	African Journal of Biotechnology	SCI	2	0.573	通讯单位
8	Optimization of two-dimensional gel electrophoresis for kenaf leaf proteins	Article	Chen Tao	陈 伟	2011, 10（11）	Agricultural Sciences in China	SCI	8	0.449	通讯单位
9	Comparative proteomic analysis of longan (Dimocarpus longan Lour.) seed abortion	Article	Liu Hao	陈 伟	2010, 231（4）	Planta	SCI	21	3.098	通讯单位
10	Identification and analysis of differentially expressed proteins during cotyledon embryo stage in longan	Article	Wang Jing	陈 伟	2010, 126（4）	Scientia Horticulturae	SCI	6	1.396	通讯单位

（续）

序号	论文名称	论文类型	第一作者	通讯作者	发表刊次（卷期）	发表刊物名称	收录类型	他引次数	期刊 SCI 影响因子	备注
11	Comparative expression profiling reveals novel gene functions in female meiosis and gametophyte development in Arabidopsis	Article	Zhao Lihua	秦 源	2014, 80（4）	The Plant Journal	SCI	—	6.815	通讯单位
12	Optimization of the medium composition of a biphasic production system for mycelial growth and spore production of Aschersonia placenta using response surface methodology	Article	Qiu Junzhi	邱君志	2013, 112（2）	Journal of Invertebrate Pathology	SCI	2	2.601	通讯单位
13	Time-Dose-Motality Data and Modeling for the entomopathogenic fungus Aschersonia placenta Against the Whitefly Bemisia tabaci	Article	Qiu Junzhi	邱君志	2013, 59（2）	Canadian Journal of Microbiology	SCI	—	1.182	通讯单位
14	Proteins differentially expressed in conidia and mycelia of the entomopathogenic fungus Metarhizium anisopliae sensu stricto	Article	Su Yubin	邱君志	2013, 59（7）	Canadian Journal of Microbiology	SCI	3	1.182	通讯单位
15	Proteomic analysis of proteins differentially expressed in conidia and mycelium of the entomopathogenic fungus Aschersonia placenta	Article	Qiu Junzhi	邱君志	2012, 58（12）	Canadian Journal of Microbiology	SCI	—	1.182	通讯单位
16	A Fluorescent Aptasensor based on DNA Scaffolded Silver-Nanocluster for Ochratoxin A Detection	Article	Chen J	汪世华	2014, 57	Biosensors and Bioelectronics	SCI	2	6.451	通讯单位
17	A new pathogen of scale insects, Aschersonia fusispora sp. nov. (Clavicipitaceae) from Guangxi Province, China	Article	Qiu Junzhi	关 雄	2010, 113	Mycotaxon	SCI	2	0.643	通讯单位
18	A new species of Aschersonia (Clavicipitaceae, Hypocreales) from China	Article	Qiu Junzhi	关 雄	2010, 111	Mycotaxon	SCI	1	0.643	通讯单位
19	An electrochemical biosensor based on hairpin-DNA aptamer probe and restriction endonuclease for ochratoxin A detection	Article	Zhang Jing	汪世华	2012, 25	Electrochemistry Communications	SCI	5	4.287	通讯单位

（续）

序号	论文名称	论文类型	第一作者	通讯作者	发表刊次（卷期）	发表刊物名称	收录类型	他引次数	期刊SCI影响因子	备注
20	Thrombolytic effects of Douchi fibrinolytic enzyme from *Bacillus subtilis* LD-8547 in vitro and in vivo	Article	Yuan Jun	汪世华	2012（2）	BMC Biotechnology	SCI	9	2.592	通讯单位
21	Screening of a ScFv Antibody that can Neutralize Effectively the Cytotoxicity of *Vibrio parahaemolytucs* TLH	Article	Wang Rongzhi	汪世华	2012, 78（14）	Applied and Enviromental Microbiology	SCI	2	3.952	通讯单位
22	A Monoclonal Antibody against F1-F0 ATP Synthase Beta Subunit	Article	Yuan Jun	汪世华	2012, 31（5）	Hybridoma	SCI	2	0.333	通讯单位
23	Propylbenzmethylation at Val-1(α) markedly increases the tetramer stability of the PEGylated hemoglobin: A comparison with propylation at Val-1(α)	Article	Hu Tao	汪世华	2012, 1820（12）	Biochimica et Biophysica Acta - Geneal Subject	SCI	2	3.829	通讯单位
24	Sequence and comparative analysis of he MIP gene in Chinese straw mushroom, *Volvarilla volvacea*	Article	Chen B Z	谢宝贵	2012（9）	Genome	SCI	2	1.558	通讯单位
25	The novel role of fungal intracellular laccase: used to screen hybrids between *Hypsizigus marmoreus* and *Clitocybe maxima* by protoplasmic fusion	Article	Xu Jianzhong	胡开辉	2012, 28（8）	World J Microbiol Biotechnol	SCI	5	1.353	通讯单位
26	Efficient acetoin production by optimization of medium components and oxygen supply control using a newly isolated *Paenibacillus polymyxa* CS107	Article	Zhang Liaoyuan	胡开辉	2012, 87（11）	Journal of Chemical Technology and Biotechnology	SCI	4	2.494	通讯单位
27	A novel beeding strategy for new strains of *Hypsizygus marmoreus* and *Grifola frondosa* based on ligninolyti enzymes	Article	Sun Shujing	孙淑静	2014, 30（7）	World J Microbiol Biotech	SCI	—	1.353	通讯单位

（续）

序号	论文名称	论文类型	第一作者	通讯作者	发表刊次（卷期）	发表刊物名称	收录类型	他引次数	期刊SCI影响因子	备注
28	Construction of a Single Chain Variable Fragment Antibody (scFv) against Tetrodotoxin (TTX) and its Interaction with TTX	Article	Wang Rongzhi	汪世华	2014, 83	Toxicon	SCI	5	2.246	通讯单位
29	Composition and Expression of Genes Encoding Carbohydrate-Active Enzymes in the Straw-Degrading Mushroom *Volvariella volvacea*	Article	Chen E	谢宝贵	2013, 8（3）	Plos One	SCI	8	3.534	通讯单位
30	Genome-wide miRNA-profiling of aflatoxin B1-induced hepatic injury using deep sequencing	Article	Yang Weiqiang	汪世华	2014, 226（2）	Toxicology Letters	SCI	3	3.355	通讯单位
31	Preparation and identification of monoclonal antibody against fumonisin B1 and development of detection by Ic-ELISA	Article	Ling Sumei	汪世华	2014, 80	Toxicon	SCI	2	2.246	通讯单位
32	A signal-on fluorescent aptasensor based on Tb^{3+} and structure switching aptamer for label-free detection of Ochratoxin A in wheat	Article	Zhang Jing	汪世华	2013, 41	Biosensors and Bioelectronics	SCI	10	6.451	通讯单位
33	Study on the Apoptosis Mechanism Induced by T-2 Toxir	Article	Zhuang Zhenhong	庄振宏	2013, 8（12）	Plos One	SCI	2	3.534	通讯单位
34	The role of NAD^+-dependent isocitrate dehydrogenase 3 subunit α in AFB1 induced liver lesion	Article	Yang Chi	汪世华	2013, 224（3）	Toxicology Letters	SCI	15	3.355	通讯单位
35	Aflatoxin B1 Negatively Regulates Wnt/β-Catenin Signaling Pathway through Activating miR-33a	Article	Fang Yi	汪世华	2013, 8（8）	Plos One	SCI	3	3.534	通讯单位
36	Heterogeneity among Orf Virus Isolates from Goats in Fujian Province, Southern China	Article	Chi X	汪世华	2013, 8（10）	Plos One	SCI	1	3.534	通讯单位

（续）

序号	论文名称	论文类型	第一作者	通讯作者	发表刊次（卷期）	发表刊物名称	收录类型	他引次数	期刊SCI影响因子	备注
37	Development of functional antibody using green fluorescence protein (GFP) frame as template	Article	Wang Rongzhi	汪世华	2014, 80 (14)	Applied and Environmental Microbiology	SCI	1	3.952	通讯单位
38	Identification and expression analysis of a new glycoside hydrolase family 55 exo – β -1, 3 –glucanase -encoding gene in *Volvariella volvacea* suggests a role in fruiting body development	Article	Tao Y	谢宝贵	2013, 527 (1)	Gene	SCI	2	2.578	通讯单位
39	Inhibition of aflatoxin metabolism and growth of *Aspergillus flavus* in liquid culture by a DNA methylation inhibitor	Article	Wang Rongzhi	汪世华	2014, 10	Food Additives & Contaminants: Part A	SCI	1	2.341	通讯单位
40	RNA-Seq-based transcriptome analysis of aflatoxigenic *Aspergillus flavus* in response to water activity	Article	Zhang Feng	汪世华	2014, 6 (11)	Toxins	SCI	9	2.48	通讯单位
合计	SCI影响因子		105.253			他引次数			195	

Ⅲ 人才培养质量

				Ⅲ-1 优秀教学成果奖（2012—2014 年）					
序号	获奖级别	项目名称	证书编号		完成人	获奖等级	获奖年度	参与单位数	本单位参与学科数
1	省级	《分子生物学》课程教学改革与实践	闽教高〔2014〕13 号		汪世华	二等奖	2014	1	1
合计	国家级	一等奖（个）	—	二等奖（个）	—	三等奖（个）		—	
	省级	一等奖（个）	—	二等奖（个）	1	三等奖（个）		—	

			Ⅲ-4 学生国际交流情况（2012—2014 年）		
序号	姓名	出国（境）时间	回国（境）时间	地点（国家 / 地区及高校）	国际交流项目名称或主要交流目的
1	方静平	201307	201407	美国伊利诺伊大学香槟校区	博士研究生出国合作研究计划
2	张承康	20103	201503	美国普渡大学	博士研究生出国合作研究计划
3	刘 宇	201108	201201	台湾中兴大学	研究生赴台湾高校交流学习
4	蔡焕焕	201108	201201	台湾中兴大学	研究生赴台湾高校交流学习
合计	学生国际交流人数			4	

4.5.2 学科简介

1. 学科基本情况与学科特色

（1）学科基本情况

福建农林大学生物学一级学科是福建农林大学重点发展的学科之一。2006 年，生物学一级学科正式批准成立。目前本学科拥有生物学一级学科博（硕）士学位授权点、"国家理科基础科学人才培养基地"生物学专业点、7 个二级学科博（硕）士学位授予点、1 个省级教学团队。2009 年，经国家人事部和全国博士后管委会批准设立生物学博士后科研流动站，是福建省属院校生物学博士后流动站第一个设站点。从 2012 年开始，本专业开始接受来自巴基斯坦、肯尼亚等第三世界国家的留学生来校深造，到 2014 年已有来自 10 个国家和地区的在读硕士生 12 人，博士生 20 人，增强了本学科的国际影响力。

（2）学科特色

近年来，生物学学科承担了大批国家"973"计划、国家自然科学基金、各部委及企业委托的科技项目，获得了显著的社会效益和经济效益。本学科取得了大量具有影响力的研究成果。其中林木生理生态、林业生化与分子生物学、林业微生物和林业遗传工程 4 个特色突出、优势明显且相对稳定的研究方向与林业密切相关。

①林木生理生态方面。本学科主要研究林木生理生态及其分子机制，在食用菌和菌草技术研究方面，用菌草代替部分木屑或全部木屑栽培木生型食用菌，对解决菌林矛盾具有重要意义。在龙眼等植物生长发育、衰老与细胞死亡的细胞信号传导领域有突出成果。

②林业生化与分子生物学方面。运用现代分子生物学的理论和方法，解决基因表达、蛋白质功能、蛋白质翻译后修饰等重大科学问题，在诸如龙眼种子败育和成花逆转的蛋白质组学研究方面处于国际领先水平。

③林业微生物方向。研究在生长发育不同时期，病原微生物对现代林业的危害，并建立快速、高灵敏度的林业病原菌检测方法；对林业病原菌的次生代谢产物形成机制和和检测方法进行深入研究。

（续）

④林业遗传工程方向。在林业遗传基因克隆与转基因方面，主要侧重于植物重要功能基因的鉴定克隆与应用，特别是林业生殖发育、抗逆方面及我国南方特有的林木植物（荔枝、龙眼、枇杷、香蕉）的转基因研究具有鲜明的特色。

生物学学科拥有较好的硬件条件、良好的科研平台建设和独具特色的研究领域。在省部共建政策和海西建设的大背景下，学科将迎来新的发展契机，学科的壮大发展对林业相关学科方向发展，海西建设的人才培养、生态建设和科学研究方面具有重要意义。

2. 社会贡献

本学科自创建以来，一直坚持立足海西、服务全国、走向国际的学科建设理念，坚持学科建设与人才培养紧密结合，以多学科交叉合作、理农渗透、服务社会、和谐发展为宗旨，以福建省具有区域特色的生物资源为研究靶标，推动了本学科建设的可持续发展和服务能力整体水平的提高，已形成了具有区域优势和明显特色的研究方向，在福建省属高校同类学科中处于领先地位，具有相对较强的学科优势。

在服务我省经济建设方面，生物学专业为优化我省产业结构、推进海峡西岸经济建设和实现福建省经济可持续发展做出贡献。尤其在林业、林业生物技术、食用菌和菌草技术研究方面，在国家自然科学基金、国际合作项目、省部级重大科技项目或重点科技项目高强度资助下，已经取得了一系列研究成果：

（1）发明了菌草技术

用菌草代替部分木屑或全部木屑栽培木生型食用菌，对解决菌林矛盾具有重要意义，在我国西部、非洲和南美洲等得到大规模推广应用；建立了谷秆两用稻栽培木生食用菌和草生食用菌的产业化技术。

（2）建立了林木功能基因组和蛋白组平台

综合应用现代分子生物学的理论和方法，解决林木功能基因、蛋白质翻译后修饰等重大科学问题，在诸如龙眼种子败育和成花逆转的蛋白质组学研究方面处于国际领先水平。

（3）建立了林业病原微生物检测技术

病原微生物特别是病原真菌对林业造成极大危害，本研究建立了基因免疫学和分析化学的方法，建立了快速、高灵敏度的林业病原菌检测方法；并建立了林业病原微生物的次生代谢产物检测技术。

（4）深入进行了南方特有植物研究

主要侧重于南方特有植物（如荔枝、龙眼、枇杷等）的重要功能基因的鉴定克隆与应用，特别是林业生殖发育、抗逆方面及我国南方特有的林木植物的转基因研究具有鲜明的特色。

生 态 学

5.1 北京林业大学

5.1.1 清单表

Ⅰ 师资队伍与资源

I-1 突出专家					
序号	专家类别	专家姓名	出生年月	获批年月	备注
1	教育部新世纪人才	刘俊国	197701	200903	
2	教育部新世纪人才	于飞海	197412	201003	
合计	突出专家数量（人）			2	

I-3 专职教师与学生情况					
类型	数量	类型	数量	类型	数量
专职教师数	32	其中，教授数	11	副教授数	14
研究生导师总数	25	其中，博士生导师数	11	硕士生导师数	22
目前在校研究生数	184	其中，博士生数	59	硕士生数	125
生师比	7.36	博士生师比	5.36	硕士生师比	5.68
近三年授予学位数	93	其中，博士学位数	24	硕士学位数	68

I-4 重点学科					
序号	重点学科名称	重点学科类型	学科代码	批准部门	批准年月
1	生态学	北京市二级重点学科	0713	北京市教育委员会	200804
2	生态学	国家林业局重点学科	0713	国家林业局	2005
合计	二级重点学科数量（个）	国家级	—	省部级	2

II 科学研究

II-1 近五年（2010—2014年）科研获奖

序号	奖励名称	获奖项目名称	证书编号	完成人	获奖年度	获奖等级	参与单位数	本单位参与与学科数
1	国家科技进步奖	我国北方几种典型退化森林的恢复技术研究与示范	2010-J-202-2-01-R01	李俊清、宋国华、卢琦、刘艳红、赵雨森	2010	二等奖	7（1）	2（1）
2	教育部高校科研优秀成果奖	大熊猫栖息地保护技术研究与示范	2011-201	李俊清、宋国华、申国珍、任毅、桂占吉	2012	二等奖	6（1）	2（1）
3	梁希青年论文奖	Ecosystem carbon exchange over a warm-temperate mixed plantation in the lithoid hilly area of the North China	2012-LW-3-77	同小娟	2012	三等奖	1	1
4	梁希青年论文奖	More introgression with less gene flow: chloroplast vs. mitochondrial DNA in the Picea asperata complex in China, and comparison with other Conifers	2014-LY-3-45	杜芳	2014	三等奖	1	1
合计	科研获奖数量（个）	国家级	特等奖	特等奖	—			
			一等奖	一等奖	—			
			二等奖	二等奖				
		省部级	一等奖	一等奖	1			
			二等奖	二等奖				
			三等奖	三等奖				

II-2 代表性科研项目（2012—2014年）

II-2-1 国家级、省部级、境外合作科研项目

序号	项目来源	项目下达部门	项目级别	项目编号	项目名称	负责人姓名	项目开始年月	项目结束年月	项目合同总经费（万元）	属本单位学科的到账经费（万元）
1	国家"973"计划	科技部	专题	2012CB417005-02	江湖关系改变对珍稀候鸟栖息地生境的影响	雷光春	201201	201712	98	70
2	国家"973"计划	科技部	专题	2005CB421103	重点区域湿地生态系统服务功能综合评价	雷光春	200901	201312	95	20

（续）

序号	项目来源	项目下达部门	项目级别	项目编号	项目名称	负责人姓名	项目开始年月	项目结束年月	项目合同总经费（万元）	属本单位本学科的到账经费（万元）
3	国家"973"计划	科技部	专题	2011CB403203	森林经营对天然次生林土壤碳截获影响机制研究	赵秀海	201101	201512	83.95	83.95
4	国家"973"计划	科技部	课题	2011CB403205	土壤碳截获生物过程和机理	孙建新	201101	201512	480	115
5	国家科技支撑计划	环境保护部	课题	2012BAC01B03	长白山阔叶红松林生物多样性保护关键技术研究与示范	赵秀海	201201	201412	530	294
6	国家科技支撑计划	科技部	任务	2012BAD22B0203	阔叶红松和云冷杉过伐林可持续经营技术研究与示范	赵秀海	201201	201612	180	110
7	国家科技支撑计划	科技部	专题	2011BAD32B05	森林可燃物调控及灾火灾损失评估技术研究	刘晓东	201101	201512	450	60
8	国家自然科学基金	国家自然科学基金委员会	国际（地区）合作与交流项目	4161140353	基于灰水足迹的水资源短缺评价	刘俊国	201201	201512	60	60
9	国家自然科学基金	国家自然科学基金委员会	重大研究计划培育项目专题	91025009	黑河流域蓝绿水研究	刘俊国	201101	201312	50	30
10	国家自然科学基金	国家自然科学基金委员会	面上项目	31270696	森林可燃物生态调控基础研究	刘晓东	201301	201612	80	80
11	国家自然科学基金	国家自然科学基金委员会	面上项目	31370620	阔叶红松林恢复演替中功能性状和功能多样性对生态系统功能的影响机制	王襄平	201401	201712	80	48
12	国家自然科学基金	国家自然科学基金委员会	面上项目	41471072	洞庭湖小白额雁越冬种群栖息地选择策略	雷光春	201410	201812	90	40.5
13	国家自然科学基金	国家自然科学基金委员会	面上项目	41071329	不同恢复模式下若尔盖泥炭湿地固碳效益研究	高俊琴	201101	201312	38	38
14	国家自然科学基金	国家自然科学基金委员会	面上项目	31470475	基因型多样性对外来植物入侵性的影响机制	李红丽	201410	201812	80	36
15	国家自然科学基金	国家自然科学基金委员会	面上项目	31070371	克隆多样性与物种多样性的相关性及机制	于飞海	201101	201312	35	35

（续）

序号	项目来源	项目下达部门	项目级别	项目编号	项目名称	负责人姓名	项目开始年月	项目结束年月	项目合同总经费（万元）	属本单位本学科的到账经费（万元）
16	国家自然科学基金	国家自然科学基金委员会	青年基金项目	41201051	川滇高山栎遗传变异的地理分布规律及其对环境的适应研究	杜　芳	201301	201512	30	30
17	国家自然科学基金	国家自然科学基金委员会	面上项目	31070553	额济纳绿洲胡杨根系分布特征与根蘖发生机制研究	李景文	201101	201312	29	29
18	国家自然科学基金	国家自然科学基金委员会	青年项目	31200314	河岸带植物功能性状、水淹耐受能力与丰度的相关性研究	罗芳丽	201301	201512	24	24
19	国家自然科学基金	国家自然科学基金委员会	青年项目	31200313	湿地外来克隆植物大米草种群扩张和自然衰退的水文驱动机制	李红丽	201301	201512	24	24
20	国家自然科学基金	国家自然科学基金委员会	青年基金项目	31200315	雌雄异株树种生殖资源分配与种群建立、适应和竞争关系研究	张春雨	201301	201512	24	24
21	国家自然科学基金	国家自然科学基金委员会	青年基金项目	31100322	华北低丘山地人工林碳收支和水碳耦合关系对干旱的响应	同小娟	201301	201412	24	24
22	国家自然科学基金	国家自然科学基金委员会	青年项目	20110101	北京山区栎类群落空间三维结构指数研究	张振明	201101	201312	19	19
23	国家自然科学基金	国家自然科学基金委员会	青年基金项目	31000263	暖温带辽东栎主要树种功能性状的种内分异及其对更新环境的适应	侯继华	201101	201312	18	18
24	国家自然科学基金	国家自然科学基金委员会	青年项目	41301077	水情变化对鄱阳湖湿地食物链长度的影响机理	王玉玉	201401	201612	26	15.6
25	国家自然科学基金	国家自然科学基金委员会	境外合作项目	2012DFA91530	我国典型湿地生态服务功能时空演变及驱动机制合作研究	刘俊国	201206	201505	193	193
26	科技部基础科技基础专项	科技部	专题	2013FY111800X	温带干旱半干旱区湿地资源及其主要生态环境效益综合调查	雷光春	201306	201806	235	28.62
27	部委级科研项目	教育部	重点项目	NCET-12-0781	种群建立和种间竞争对雌雄异株树种生殖分配过程影响	张春雨	201301	201512	50	50
28	部委级科研项目	国家林业局	重点项目	200904022	典型森林生态系统样带监测与经营技术研究	赵秀海	200901	201312	459	320

（续）

序号	项目来源	项目下达部门	项目级别	项目编号	项目名称	负责人姓名	项目开始年月	项目结束年月	项目合同总经费（万元）	属本单位本学科的到账经费（万元）
29	部委级科研项目	国家林业局	一般／面上项目	201204101-1	森林生态服务功能分布式定位观测与模型模拟	韩海荣	201201	201612	114	114
30	部委级科研项目	国家林业局	专题	201104008	典型森林土壤碳储量分部格局及变化规律研究	孙建新	201101	201412	90	90
31	部委级科研项目	国家林业局	一般／面上项目	201204204	基于阈值理论的湿地生态退化与生态需水研究	刘俊国	201201	201412	89	89
32	部委级科研项目	国家林业局	专题	201404201	气候变化对森林碳水平衡影响及适应性生态恢复	孙建新	201401	201712	79	79
33	部委级科研项目	国家林业局	重点项目	201004078	我国湖泊湿地植被恢复与重建的关键技术	于飞海	201101	201312	119	71
34	部委级科研项目	国家林业局	一般／面上项目	20100400204	东北阔叶红松过伐林健康经营技术	张春雨	201001	201412	67	67
35	部委级科研项目	国家林业局	一般／面上项目	2010-4-15	基于森林生态系统管理的人工林经营技术引进	韩海荣	201001	201412	60	60
36	部委级科研项目	国家林业局	一般／面上项目	201404213	华北典型山地森林景观格局优化关键技术研究	韩海荣	201401	201712	131	42
37	部委级科研项目	国家林业局	一般／面上项目	201104008	华北典型林分类型土壤碳储量分布格局及变化规律的研究	韩海荣	201101	201412	40	40
38	部委级科研项目	国家林业局	一般／面上项目	[2011] 30 号	长白山次生林区生态采伐更新技术推广	赵秀海	201101	201312	35	35
39	部委级科研项目	国家林业局	一般／面上项目	20110400903	华北地区森林生态系统碳氮水耦合观测、模拟与应用技术	赵秀海	201101	201412	32	32
40	部委级科研项目	国家林业局	专题	201404304-6	戈壁区植物木底调查与定位监测	李景文	201301	201512	31	31
41	部委级科研项目	国家林业局	一般／面上项目	2014-4-75	地表高程测量平台技术引进	雷霆	201401	201712	50	30

合计	国家级科研项目		数量（个）		项目合同总经费（万元）		属本单位本学科的到账经费（万元）			
			26		3 075.95		1 549.67			

II-2-2　其他重要科研项目

序号	项目来源	合同签订/项目下达时间	项目名称	负责人姓名	项目开始年月	项目结束年月	项目合同总经费（万元）	属本单位本学科的到账经费（万元）
1	德国国际合作机构驻华代表处	201407	国际重要湿地管理办法编制	张明祥	201408	201410	13	13
2	湖南省林业厅	201209	城陵矶综合枢纽工程对洞庭湖湿地与候鸟的作用、影响及对策研究	雷光春	201208	201312	200	180
3	国家林业局湿地保护管理中心	201308	鄱阳湖水利枢纽项目对湿地生态系统演进趋势影响研究	雷光春	201308	201401	120	120
4	清水镇政府	201201	北京市门头沟区清水湿地公园建设项目研究	张明祥	201201	201212	70	57
5	北京市科学技术委员会	201407	针阔混交林生物多样性保护关键技术研究	张春雨	201407	201506	50	50
6	吉林查干湖国家级自然保护区管理局	201301	吉林查干湖国家级自然保护区总体规划编制	雷光春	201301	201312	49.83	49.83
7	益阳市林业局	201411	南洞庭湖自然保护沪区科学考察	雷光春	201411	201506	55	45
8	东洞庭湖国家级自然保护区管理局	201410	东洞庭湖国家级自然保护区科学考察	雷光春	201411	201601	65.8	40
9	江西省遂川县林业局	201407	江西南风面自然采护区科学考察与总体规划	于飞海	201407	201505	100	40
10	北京市园林绿化局	201201	北京保护植物核挑椒资源调查	李景文	201201	201412	40	40
11	国家林业局湿地保护管理中心	201406	国际重要湿地生态特征监测、评估及相应机制制度	张明祥	201406	201506	36.86	36.86
12	欧政部	201201	中国森林火灾碳释放评估技术研究	刘晓东	201201	201512	150	30
13	国家林业局	201206	湿地保护规划咨询	雷光春	201206	201212	30	30
14	世界自然基金会（瑞士）北京代表处	201301	鄱阳湖水利枢红工程调整方案论证研讨会与生态影响评估及应对措施研究	吕偲	201301	201312	31.48	25
15	北京市园林绿化局	201204	北京市林业种苗信息化管理系统的建设方案制定	李景文	201204	201312	20	20
16	北京市门头沟区小龙门林场	201204	北京市门头沟区小龙门林场生态旅游规划设计	于飞海	201204	201212	30	20

（续）

序号	项目来源	合同签订/项目下达时间	项目名称	负责人姓名	项目开始年月	项目结束年月	项目合同总经费（万元）	属本单位本学科的到账经费（万元）
17	湖北神农溪省级自然保护区管理局	201303	湖北巴东金丝猴自然保护区科学考察	张明祥	201303	201404	20	20
18	国家林业局	201203	湿地有机碳在全球气候变化中的作用评估	雷光春	201201	201212	20	20
19	国家林业局调查规划设计院	201311	河南南阳唐河国家湿地公园总体规划	高俊琴	201311	201411	16	16
20	国家林业局调查规划设计院	201311	新疆霍城伊犁河国家湿地公园总体规划	高俊琴	201311	201411	16	16
21	甘肃张掖黑河湿地国家级自然保护区管理局	201503	张掖黑河湿地申报国际重要湿地可行性研究及管理计划编制	雷光春	201407	201512	25.5	15
22	北京市教育委员会	201301	北京高等学校"青年英才计划"	张春雨	201301	201512	15	15
23	国家林业局	201401	退耕还林工程生态效益监测项目	韩海荣	201401	201412	15	15
24	国家林业局	201401	鹤类栖息地过火后改造试点	刘晓东	201401	201412	12	12
25	青海湖国家级自然保护区管理局	201407	青海湖保护区信息管理系统平台设计	雷光春	201406	201506	20	10
26	国家林业局	201201	中国森林认证—团体认证操作指南	刘晓东	201201	201212	10	10
27	青海可可西里国家自然保护区管理局	201301	可可西里保护区信息管理系统平台设计	雷光春	201301	201312	37	10
28	中国科学院地理科学与资源研究所	201406	黑河流域蓝绿水转换分析模型研发与数据模拟	刘俊国	201406	201712	24	9.6
29	中国科学院地理科学与资源研究所	201407	滨海湿地保护与管理的优化模式研究 -2	雷光春	201403	201508	26.916	8.05
30	中国科学院地理科学与资源研究所	201408	滨海湿地保护与管理的优化模式研究 -1	张明祥	201403	201508	26.085	7.8

Ⅱ-2-3　人均科研经费

人均科研经费（万元/人）	115.02

Ⅰ-3　本学科代表性学术论文质量

Ⅱ-3-1　近五年（2010—2014年）国内收录的本学科代表性学术论文

序号	论文名称	第一作者	通讯作者	发表刊次（卷期）	发表刊物名称	收录类型	中文影响因子	他引次数
1	生态系统服务价值研究进展	张振明	刘俊国	2011，31（9）	环境科学学报	CSCD	2.162	38
2	永定河（北京段）河流生态系统服务价值评估	张振明	刘俊国	2011，31（9）	环境科学学报	CSCD	2.162	21
3	若尔盖高原三种湿地土壤有机碳分布特征	高俊琴	高俊琴	2010，8（4）	湿地科学	CSCD	2.271	18
4	长江中游生态区湿地保护现状及保护空缺分析	高俊琴	高俊琴	2011，9（1）	湿地科学	CSCD	2.271	18
5	改变C源输入对油松人工林土壤呼吸的影响	汪金松	赵秀海	2012，（5）	生态学报	CSCD	2.233	17
6	中国第二次湿地资源调查的技术特点和成果应用前景	刘平	雷光春	2011，9（3）	湿地科学	CSCD	2.271	15
7	光照对鄂东南2种落叶阔叶树种幼苗生长、光合特性和生物量分配的影响	杨莹	刘艳红	2010，30（22）	生态学杂志	CSCD	2.233	12
8	若尔盖河不同地下水位沼泽湿地土壤有机碳和全氮分布规律	李丽	雷光春	2011，30（11）	生态学杂志	CSCD	1.635	9
9	吉林蛟河42hm²针阔混交林地植物种—面积关系	姜俊	赵秀海	2012，（1）	植物生态学报	CSCD	2.813	8
10	长白山原始阔叶红松林林下草本植物多样性格局及其影响因素	夏富才	赵秀海	2012，（2）	西北植物学报	CSCD	1.232	7
11	DNA条形码技术及其在保护生物学中的应用	杨帆	雷光春	2011，（5）	生物技术通报	CSCD	0.667	7
12	太岳山不同郁闭度油松人工林降水分配特征	周彬	韩海荣	2013，5	生态学报	CSCD	2.233	6
13	北京地区重要古树土壤物理性状分析	文璐	张振明	2011，18（5）	水土保持研究	CSCD	1.427	6
14	中国东南沿海弹涂鱼科常见鱼类的遗传多样性和DNA条形码	杨帆	雷光春	2012，31（3）	生态学杂志	CSCD	1.635	6

（续）

序号	论文名称	第一作者	通讯作者	发表刊次（卷期）	发表刊物名称	收录类型	中文影响因子	他引次数
15	中国东南沿海弹涂鱼科常见鱼类的遗传多样性和DNA条形码	杨帆	雷光春	2012，31（3）	生态学杂志	CSCD	1.635	6
16	地下水位和土壤含水量对若尔盖木里苔草沼泽甲烷排放通量的影响	李丽	雷光春	2011，9（2）	湿地科学	CSCD	2.271	5
17	太岳山油松人工林土壤呼吸对强降雨的响应	金冠一	赵秀海	2013，（3）	生态学报	CSCD	2.233	5
18	长白山阔叶红松林共存树种径向生长对气候变化的响应	高露双	赵秀海	2013，（5）	北京林业大学学报	CSCD	1.346	5
19	阔叶红松林两种主要树种的生物量分配格局及异速生长模型	代海军	赵秀海	2013，8	应用与环境生物学报	CSCD	1.215	5
20	长白山森林不同演替阶段植物与土壤氮磷的化学计量特征	胡耀升	刘艳红	2014，25（3）	应用生态学报	CSCD	2.525	5
合计					中文影响因子		38.47	他引次数 219

表II-3-2　近五年（2010—2014年）国外收录的本学科代表性学术论文

序号	论文名称	论文类型	第一作者	通讯作者	发表刊次（卷期）	发表刊物名称	收录类型	他引次数	期刊SCI影响因子	备注
1	A high-resolution assessment on global nitrogen flows in cropland	Article	刘俊国	刘俊国	2010，107（17）	PNAS	SCI	113	9.771	
2	Spatially explicit assessment of global consumptive water uses in cropland: Green and blue water	Article	刘俊国	刘俊国	2010，384（3-4）	Journal of Hydrology	SCI	77	2.514	
3	Water conservancy projects in China: Achievements, challenges and way forward	Article	刘俊国	刘俊国	2013，23（3）	Global Environmental Change-Human and Policy Dimensions	SCI	22	6	
4	Food losses and waste in China and their implication for water and land	Article	刘俊国	刘俊国	2013，47（18）	Environmental Science & Technology	SCI	10	5.481	

（续）

序号	论文名称	论文类型	第一作者	通讯作者	发表刊次（卷期）	发表刊物名称	收录类型	他引次数	期刊 SCI 影响因子	备注
5	Predicting soil respiration using carbon stock in roots, litter and soil organic matter in forests of Loess Plateau in China	Article	周志勇	周志勇	2013,（57）	Soil Biology & Biochemistry	SCI	15	4.41	
6	Short-term effects of thinning on soil respiration in a pine (Pinus tabulaeformis) plantation	Article	程小琴	韩海荣	2014, 50（2）	Biology and Fertility of Soils	SCI	—	3.396	
7	Forest biomass patterns across northeast China are strongly shaped by forest height	Article	王襄平	王襄平	2013, 293	Forest Ecology and Management	SCI	2	2.667	
8	Analysing structural diversity in two temperate forests in northeastern China	Article	倪瑞强	赵秀海	2014, 316	Forest Ecology and Management	SCI	1	2.667	
9	Effects of forest patch type and site on herb-layer vegetation in a temperate ecosystem	Article	余 敏	孙建新	2013, 300	Forest Ecology and Management	SCI	5	2.667	
10	Analyzing selective harvest events in three large forest observationalstudies in North Eastern China	Article	张春雨	张春雨	2014, 316	Forest Ecology and Management	SCI	—	2.667	
11	Scale dependent structuring of spatial diversity in two temperate forest communities	Article	张春雨	赵秀海	2014, 316	Forest Ecology and Management	SCI	6	2.667	
12	Spatiotemporal variations affect uptake of inorganic and organic nitrogen by dominant plant species in an alpine	Article	高俊琴	于飞海	2014, 381（1-2）	Plant and Soil	SCI	—	3.235	
13	Burial depth and stolon internode length independently affect survival of small clonal fragments	Article	董必成	于飞海	2011, 6（9）	Plos One	SCI	13	4.092	
14	Heterogeneous light supply affects growth and biomass allocation of the understory fern diplopterygium glaucum at high patch contrast	Article	高 伟	于飞海	2011, 6（11）	Plos One	SCI	11	4.092	

（续）

序号	论文名称	论文类型	第一作者	通讯作者	发表刊次（卷期）	发表刊物名称	收录类型	他引次数	期刊 SCI 影响因子	备注
15	Nitrogen level changes the interactions between a native (*Scirpus triqueter*) and an exotic species (*Spartina anglica*) in Coastal China	Article	李红丽	李红丽	2011，6（10）	Plos One	SCI	4	4.092	
16	Spatial heterogeneity in light supply affects intraspecific competition of a stoloniferous clonal plant	Article	王 普	于飞海	2012，7（6）	Plos One	SCI	12	3.73	
17	A hybrid wetland map for China: a synergistic approach using census and spatially explicit datasets	Article	马 坤	刘俊国	2012，7（10）	Plos One	SCI	3	3.73	
18	Trend analysis for the flows of green and blue water in the Heihe River basin, northwestern China	Article	臧传富	刘俊国	2013，502	Journal of Hydrology	SCI	5	2.693	
19	Ecosystem water use efficiency over a warm-temperate mixed plantation in the hilly area of the North China	Article	同小娟	同小娟	2014，512	Journal of Hydrology	SCI	—	2.693	
20	Assessing water footprint at river basin level: a case study for the Heihe River Basin in northwest China	Article	曾 昭	刘俊国	2012，16（8）	Hydrology and Earth System Sciences	SCI	33	3.587	
21	Assessment of spatial and temporal patterns of green and blue water flows under natural conditions in inland river basins in Northwest China	Article	臧传富	刘俊国	2012，16（8）	Hydrology and Earth System Sciences	SCI	23	3.587	
22	Recent evolution of China's virtual water trade: analysis of selected crops and considerations for policy	Article	史 进	刘俊国	2014，18（4）	Hydrology and Earth System Sciences	SCI	2	3.642	
23	Does mechanical disturbance affect the performance and species composition of submerged macrophyte communities?	Article	张 倩	张明祥	2014，4	Scientific Reports	SCI	—	5.078	

（续）

序号	论文名称	论文类型	第一作者	通讯作者	发表刊次（卷期）	发表刊物名称	收录类型	他引次数	期刊SCI影响因子	备注
24	Sediment type affects competition between a native and an exotic species in Coastal China	Article	李红丽	张明祥	2014, 4	Scientific Reports	SCI	—	5.078	
25	Effects of orientation on survival and growth of small fragments of the invasive, clonal plant *Alternanthera philoxeroides*	Article	董必成	张明祥、于飞海	2010, 5（10）	Plos One	SCI	15	4.411	
26	Effects of soil nutrient heterogeneity on intraspecific competition in the invasive, clonal plant *Alternanthera philoxeroides*	Article	周建	于飞海	2012, 109（4）	Annals of Botany	SCI	18	3.449	
27	A global and spatially explicit assessment of climate change impacts on crop production and consumptive water use	Article	刘俊国	刘俊国	2013, 8（2）	Plos One	SCI	17	3.534	
28	Two highly validated SSR multiplexes (8-plex) for Euphrates poplar, *Populus euphratica* (Salicaceae)	Article	徐放	杜芳	2013, 13	Molecular Ecology Resources	SCI	7	5.626	
29	Constraining null models with environmental gradients: a new method for evaluating the effects of environmental factors and geometric constraints on geographic diversity patterns	Article	王襄平	王襄平	2012, 35	Ecography	SCI	6	5.124	
30	Optimising hydrological conditions to sustain wintering waterbird populations in Poyang Lake National Natural Reserve: implications for dam operations	Article	王玉玉	雷光春	2013, 58（11）	Freshwater Biology	SCI	5	2.905	
31	Patch-level based vegetation change and environmental drivers in Tarim River drainage area of West China	Article	孔维静	孙建新	2010, 25	Landscape Ecology	SCI	7	3.2	
32	Shifting effects of physiological integration on performance of a clonal plant during submergence and de-submergence	Article	罗芳丽	于飞海	2014, 113（7）	Annals of Botany	SCI	1	3.295	

（续）

序号	论文名称	论文类型	第一作者	通讯作者	发表刊次（卷期）	发表刊物名称	收录类型	他引次数	期刊 SCI 影响因子	备注
33	A simple approach to assess water scarcity integrating water quantity and quality	Article	曾 昭	刘俊国	2013，34	Ecological Indicators	SCI	3	3.23	
34	Modeling productivity in mangrove forests as impacted by effective soil water availability and its sensitivity to climate change using Biome-BGC	Article	罗忠奎	孙建新	2010，13	Ecosystems	SCI	5	3.679	
35	Influence of ground flora on *Fraxinus mandshurica* seedling growth on abandoned land and beneath forest canopy	Article	汪金松	赵秀海	2013，132（2）	European Journal of Forest Research	SCI	1	1.682	
36	How internode length, position and presence of leaves affect survival and growth of *Alternanthera philoxeroides*	Article	董必成	于飞海	2010，24（6）	Evolutionary Ecology	SCI	33	2.398	
37	Exploiting the transcriptome of Euphrates Poplar, *Populus euphratica* (Salicaceae) to develop and CharacterizeNew EST-SSR Markers and Construct an EST-SSR Database	Article	杜 芳	杜 芳	2013，8（4）	Plos One	SCI	14	3.534	
38	Effects of fragmentation on the survival and growth of the invasive, clonal plant *Alternanthera philoxeroides*	Article	董必成	于飞海	2012，14（6）	Biological Invasions	SCI	13	2.509	
39	Effects of clonal integration on species composition and biomass of sand dune communities	Article	于飞海	于飞海	2010，74（6）	Journal of Arid Environments	SCI	13	1.535	
40	Changes in soil microbial biomass and community structure with addition of contrasting types of plant litterin a semiarid grassland ecosystem	Article	靳红梅	孙建新	2010，3	Journal of Plant Ecology	SCI	12	1.549	
合计								他引次数	527	
					SCI 影响因子			145.896	他引次数		

Ⅲ　人才培养质量

序号	获奖级别	项目名称	证书编号	完成人	获奖等级	获奖年度	参与单位数	本单位参与学科数
		Ⅲ-1　优秀教学成果奖（2012—2014 年）						
1	省部级	大众化教育背景下农林院校精英型人才培养模式的研究与实践	—	韩海荣	一等奖	2012	1	1
2	省部级	实行本科生导师制，培养创新型专业人才	—	雷光春、王艳青、徐基良	二等奖	2013	1	2（2）
3	省部级	高等林业院校"气象学"课程教学改革与实践	—	同小娟	三等奖	2013	1	1
合计	国家级	一等奖（个）　—		二等奖（个）　—		三等奖（个）　—		
	省级	一等奖（个）　1		二等奖（个）　1		三等奖（个）　1		

序号	类型	学位论文名称	获奖年月	论文作者	指导教师	备注
		Ⅲ-3　本学科获得的全国、省级优秀博士学位论文情况（2010—2014 年）				
1	北京市优秀博士学位论文	长白山针阔混交林种群结构及环境解释	201007	张春雨	赵秀海	
2	全国优秀博士论文提名奖	长白山针阔混交林种群结构及环境解释	2011	张春雨	赵秀海	
合计	全国优秀博士论文（篇）　—			提名奖（篇）　1		
	省优秀博士论文（篇）　1					

序号	姓名	出国（境）时间	回国（境）时间	地点（国家／地区及高校）	国际交流项目名称或主要交流目的
			Ⅲ-4　学生国际交流情况（2012—2014 年）		
1	宋娅丽	201201	201401	美国新泽西州立大学	国家基金委资助公派留学
2	宁磊	201310	201509	德国康斯坦茨大学	国家公派联合培养博士项目
3	张信信	201305	201308	奥地利 IIASA	暑期青年科学家项目（YSSP）
4	王普	201410	201610	美国麻省大学阿莫赫斯特分校	国家公派联合培养博士项目
5	马坤	201406	201409	奥地利 IIASA	暑期青年科学家项目（YSSP）
6	杨萌	201409	201509	英国爱丁堡大学	国家基金委资助公派留学
合计	学生国际交流人数			6	

5.1.2 学科简介

1. 学科基本情况与学科特色

（1）学科基本情况

本学科是学校"211工程"和"优势学科创新平台"重点建设学科，现有专职教师32人，其中教授11人，副教授14人。2003年被评为北京市重点学科，并在北京市重点学科一期（2008年）、二期中期（2010年）建设评估中获得优秀。

经过半个多世纪的凝练和积累，已经形成了以森林生态学为核心，湿地生态学为特色，生物多样性与恢复生态学和生态规划为重点的4个研究方向，在我国北方退化森林生态恢复、自然保护理论与保护体系研究方面取得突破性进展，为国家天然林保护工程、自然保护区建设工程和湿地保护工程等重大生态工程的规划和实施，提供了重要的科技支撑。

拥有实验室面积约1 000m²，10万元以上仪器设备167台（套），总值6 540万元，野外长期研究基地和网络台站5处，其中国家级1处，部省级1处。2012—2014年期间，本学科承担"973"、国家自然科学基金和科技支撑等项目70余项，属本单位本学科的到账经费3 600余万元；获国家科技进步奖1项，省部级科技奖3项，省部级教学奖励3项。发表学术论文184篇，培养博士和硕士93名。

（2）学科方向与特色

① 森林生态学。以森林群落和森林生态系统为主要研究对象，通过建立全国尺度的固定样带、大样方和生态研究定位站的长期观测，系统深入地研究森林生态系统结构和功能特征及其变化规律，揭示森林群落深层次的动态规律。主要集中在森林生态系统碳循环及碳水耦合机制、森林土壤生物过程及其生态效应、植被物候对气候波动及其变化的响应、气候变化情景下物种间关系演变与适应策略等四个方面。在碳汇计量与评估、制定国家碳汇战略等方面提供了技术支持。

② 湿地生态学。重点研究湿地演化的基础理论与保护实践，包括湿地水文与水足迹、湿地植物克隆生态学与湿地植被重建、湿地生态系统评估与湿地保护管理，以及湿地与全球气候变化的研究，取得了一些具有国际影响的重要成果。

③ 生物多样性与恢复生态。重点研究保护区规划与管理基础理论、野生动植物种群动态和濒危机制及其克隆性外来入侵植物的防治与管理等，也关注森林与荒漠植被退化的关键驱动因素与作用机理，恢复、保护、重建和经营模式，水源地保护与水质调控机理。在我国天然林保护、荒漠化防治、自然保护区布局以及城市水生态修复及生态城市建设工程中的一系列关键性科学与技术问题取得了突破性进展。

④ 生态规划。以林火生态学与林火管理，景观生态学与森林持续经营，城市生态学与景观规划相结合的生态系统管理与规划为研究重点，为国家生态系统管理提供科技支撑和人才。

2. 社会贡献

本学科在制定国家相关政策、规范、标准和规划中起到了非常关键的作用。学科主持或参与了《森林采伐更新规程》《湿地分类》《重要湿地监测指标体系》《湿地保护与恢复工程建设标准》《自然保护区生态旅游规划技术规程》等20多个自然保护的技术标准的制定工作。6人担任国家林业局国家级自然保护区评审委员、国家湿地公园评审委员，在国家生态保护、天然林保护、自然保护区建设等方面提供了全方位的技术支持和行业服务，尤其是中国生态系统管理战略研究等成为了国家制定未来生态建设目标的重要科学依据。完成我国林业行业本科教育的第一本系统的《保护生态学》教材，同时出版了《森林生态学》《生态旅游学》《自然保护区建设与管理》《湿地保护与管理》等教材，对我国林业生态工程建设人才培养提供重要的理论支撑。

本学科依托所属的林学院、自然保护区学院，开展了深入的科学研究和生产实践，产生了广泛的影响。2005年以来本学科开展的基于大面积固定样地的森林群落动态监测研究为中国群落生态学发展做出了积极贡献；将森林经营后的森林生态学过程纳入长期定位监测，有助于揭示森林生态系统管理的生态学基本规律和过程。通过碳循环研究，阐明了森林生态系统土壤碳固持能力随林分发育和气候的变化规律；揭示了土地利用对草地生态系统生物多样性、植被和土壤资源的空间变异规律以及碳贮存的影响机制。在自然保护方面，本学科提出了"三区二带"保护—恢复格局和

（续）

自然保护小区保护体系。在生态系统恢复方面，提出重建退化森林和荒漠植被技术。刘俊国教授在国际上首次提出氮元素短缺的评价标准，并在全球尺度进行氮元素短缺评价；否认了科学界"土壤氮元素耗竭是导致营养不良的原因"的观点，提出"氮元素短缺是造成粮食低产和营养不良的重要原因"。这一成果发表在美国科学院院刊 PNAS（2010）上，受到国际社会的高度关注。该文被评为"中国百篇最具影响的国际学术论文"。

本学科有 10 人次在国内外重要的学术组织、专家委员会、大学和国际知名期刊中担任重要职务。有 5 人分别担任中国生态学会理事、专委会副主任、委员，*Flora*，*The Open Forest Science Journal*，*Ecosystem Services*，*Journal of Natural Resources* and *Ecology*，*Hydrology*，*Journal of Integrative Plant* Biology，*Hydrology and Earth System Sciences* 等国际学术期刊的编委，杜芳讲师被评选为 2014*Molecular Ecology* 最佳审稿人。雷光春教授担任国家湿地科学委员会副主任，刘俊国教授 2009 年获欧洲地理协会杰出青年科学家奖和"2011 青年科学之星"，孙建新教授担任第五届国际地圈生物圈计划中国全国委员会（CNC-IGBP）委员。

5.2 东北林业大学

5.2.1 清单表

Ⅰ 师资队伍与资源

Ⅰ-1 突出专家

序号	专家类别	专家姓名	出生年月	获批年月	备注
1	长江学者特聘教授	王传宽	196311	200803	
2	百千万人才工程国家级人选	胡海清	196108	200001	
3	教育部新世纪人才	金 森	197004	201001	
4	教育部新世纪人才	王晓春	197510	201211	
合计	突出专家数量（人）			4	

Ⅰ-2 团队

序号	团队类别	学术带头人姓名	带头人出生年月	资助期限
1	教育部创新团队	王传宽	196311	201101—201312
合计	团队数量（个）		1	

Ⅰ-3 专职教师与学生情况

类型	数量	类型	数量	类型	数量
专职教师数	32	其中，教授数	12	副教授数	9
研究生导师总数	22	其中，博士生导师数	15	硕士生导师数	19
目前在校研究生数	136	其中，博士生数	44	硕士生数	92
生师比	6.2	博士生师比	2.9	硕士生师比	4.8
近三年授予学位数	114	其中，博士学位数	24	硕士学位数	90

Ⅰ-4 重点学科

序号	重点学科名称	重点学科类型	学科代码	批准部门	批准年月
1	生态学科	国家重点学科	071012	教研函〔2007〕4号	200708
2	生态学科	省重点一级学科	0713	黑政发〔2011〕85号	201111
合计	二级重点学科数量（个）	国家级	1	省部级	1

Ⅰ-5 重点实验室

序号	实验室类别	实验室名称	批准部门	批准年月
1	国家野外观测站	黑龙江帽儿山森林生态系统野外科学观测研究站	科技部	200611
2	野外观测站	黑龙江漠河森林生态系统定位研究站	国家林业局	200909
3	野外观测站	黑龙江三江湿地生态站	国家林业局	200909
合计	重点实验数量（个）	国家级	1	省部级	2

II 科学研究

II-1 近五年（2010—2014年）科研获奖

序号	奖励名称	获奖项目名称	证书编号	完成人	获奖年度	获奖等级	参与单位数	本单位参与学科数
1	国家科技进步奖	森林资源综合监测技术体系	2013-J-202-2-03-R06	邸雪颖	2013	二等奖	7（3）	1
2	省级科技进步奖	黑龙江省林业生态工程构建技术	2013-013-05	蔡体久	2013	一等奖	4（1）	2（2）
3	省级科技进步奖	黑龙江省公路路基边坡生态防护技术及景观建设	2013-070-03	孙 龙	2013	二等奖	2（1）	1
4	省级自然科学奖	落叶松人工林长期生产力维持的研究	2012-037-01	孙志虎	2012	二等奖	1	1
5	省级科技进步奖	森林资源信息化测计关键技术研究	2011-092-04	蔡体久	2011	二等奖	4（4）	1
6	梁希林业科学技术奖	森林资源综合监测技术体系研究	2011-KJ-1-01-R06	邸雪颖	2011	一等奖	7（3）	1
7	梁希林业科学技术奖	森林火灾致灾机理与综合防控技术	2011-KJ-2-09-R02	邸雪颖	2011	二等奖	5（2）	1
8	省级科技进步奖	森林地被可燃物用火管理及生物防火技术的研究	2010-083-01	胡海清	2010	二等奖	3（1）	1
合计	科研获奖数量（个）	国家级	特等奖 —	一等奖 —	二等奖 1	三等奖 1		
		省部级	特等奖 —	一等奖 2	二等奖 5	三等奖 —		

II-2 代表性科研项目（2012—2014年）

II-2-1 国家级、省部级、境外合作科研项目

序号	项目来源	项目下达部门	项目级别	项目编号	项目名称	负责人姓名	项目开始年月	项目结束年月	项目合同总经费（万元）	属本单位本学科的到账经费（万元）
1	国家重大科技专项	科技部	重大项目	2012FYI2000-1	东北温带针阔混交林区生物多样性调查——黑龙江省分布区	国庆喜	201205	201705	210	140
2	国家重大科技专项	科技部	国家科技基础性工作专项（A类项目）	2014FYI0600-4	东北森林国家级自然保护区及毗邻区植物群落和土壤生物调查：土壤生境调查	宋金凤	201401	201812	58	8

（续）

序号	项目来源	项目下达部门	项目级别	项目编号	项目名称	负责人姓名	项目开始年月	项目结束年月	项目合同总经费（万元）	属本单位本学科的到账经费（万元）
3	国家"973"计划	科技部	团队任务	2011CB403202	天然森林和草地土壤固碳功能与潜力研究：基于群落演替的温带森林土壤固碳功能与潜力	崔晓阳	201101	201512	100	41
4	国家"973"计划	科技部	团队任务	2011CB403203	过火林（草）地植被恢复与土壤碳截获能力研究	胡海清	201101	201512	83	35
5	国家科技支撑计划	科技部	重点项目	2011BAD08B01-03	重点林区森林火灾监测预警技术研究	郎雪颖	201101	201512	125	110
6	国家科技支撑计划	科技部	重点项目	2011BAD37B01	东北森林碳汇增汇调控技术研究	王传宽	201101	201512	886	238
7	国家科技支撑计划	科技部	子课题	2011BAD08B010102	水源涵养林流域生态系统经营技术	孙志虎	201101	201512	20	20
8	国家科技支撑计划	科技部	子课题	2011BAD08B02-4	森林湿地生态系统功能恢复及优化技术研究与示范	牟长城	201101	201512	22	22
9	国家自然科学基金	国家自然科学基金委员会	青年项目	30901145	多重土壤逆境胁迫下落叶松根系有机酸的分泌行为及其适应意义	宋金凤	201001	201212	25	5
10	国家自然科学基金	国家自然科学基金委员会	重点项目（子课题）	40930107	氮沉降增加对原始阔叶红松林细根周转机制的影响	崔晓阳	201001	201412	50	13
11	国家自然科学基金	国家自然科学基金委员会	一般/面上项目	31270473	阔叶红松林粗木质残体对幼苗更新的影响	金光泽	201301	201612	76	60.8
12	国家自然科学基金	国家自然科学基金委员会	一般/面上项目	31270666	阔叶红松混交林树种凋落物分解养分释放和他感作用对红松天然更新的影响	陈立新	201301	201612	80	64
13	国家自然科学基金	国家自然科学基金委员会	重点项目（子课题）	41330530	基于群落发育的温带森林土壤碳截获及其对气候变化响应机制	崔晓阳	201401	201812	45	10
14	国家自然科学基金项目	国家自然科学基金委员会	一般/面上项目	31370463	西南高山林区树木生长对气候响应的分异及其驱动机制	王晓春	201401	201712	35	20

（续）

序号	项目来源	项目下达部门	项目级别	项目编号	项目名称	负责人姓名	项目开始年月	项目结束年月	项目合同总经费（万元）	属本单位本学科的到账经费（万元）
15	国家自然科学基金项目	国家自然科学基金委员会	青年项目	31300507	干旱（致死）过程中兴安落叶松水力特征动态变化	孙慧珍	201401	201612	22	22
16	国家自然科学基金	国家自然科学基金委员会	一般/面上项目	31370656	地表细小死可燃物含水率日变化过程的半物理模型研究	金　森	201401	201712	80	35
17	国家自然科学基金	国家自然科学基金委员会	一般/面上项目	31370613	寒温带地衣酸类有机配位体与裸岩生物风化效应机理研究	宋金凤	201401	201712	75	38
18	国家自然科学基金	国家自然科学基金委员会	一般/面上项目	31370617	寒温带林区植物氮营养的多元化与土壤氮有效性的综合评价	郭亚芬	201401	201712	78	39
19	国家自然科学基金项目	国家自然科学基金委员会	一般/面上项目	31370460	大兴安岭森林积雪特征及融雪径流模拟	蔡体久	201401	201712	80	40
20	国家自然科学基金项目	国家自然科学基金委员会	一般/面上项目	31370461	中国东北森林湿地碳源/汇及其对人为活动干扰响应研究	牟长城	201401	201712	85	85
21	部委级科研项目	国家林业局	重大项目（专题）	200804004	气候变化对东北林火的影响及防控技术研究：火烧后土壤变化研究	崔晓阳	200801	201212	30	—
22	部委级科研项目	国家林业局	重大项目（专题）	200804001-401	中国温带森林碳源汇及其模拟	王传宽	200801	201212	199	20
23	部委级科研项目	国家林业局	课题	201004303-6	森林可燃物调控关键技术及植物源杀虫剂开发与应用技术	胡海清	201001	201312	67	27
24	部委级科研项目	国家林业局	农业科技成果转化资金项目	2011GB23600010	退化草牧场防护林营造综合配套技术及示范	陈立新	201101	201312	60	—
25	部委级科研项目	国家林业局	课题	201104c09-05	东北东部山区典型森林生态系统碳氮水耦合观测、模拟与应用技术	张全智	201101	201412	32	32
26	部委级科研项目	国家林业局	国家林业局推广项目	[2012] 45	退化草牧场防护林营造与植被恢复技术推广	陈立新	201201	201412	50	30
27	部委级科研项目	国家林业局	项目专题	201204320	红松果材兼用林定向培育技术研究：红松果材兼用林营养机理与技术	崔晓阳	201201	201512	45	38

序号	项目来源	项目下达部门	项目级别	项目编号	项目名称	负责人姓名	项目开始年月	项目结束年月	项目合同总经费（万元）	属本单位本学科的到账经费（万元）
28	部委级科研项目	国家林业局	项目专题	201204320	红松果材兼用林定向培育技术研究：红松果材兼用林碳增汇量化培育技术研究	金光泽	201201	201512	45	38
29	部委级科研项目	国家林业局	一般/面上项目	201204508	国家火险等级系统关键计算技术研究	金森	201201	201612	168	101
30	部委级科研项目	国家林业局	子课题	201404303-02	兴安落叶松林和红松阔叶林生态要素全指标体系观测技术研究	蔡体久	201401	201712	75	45
31	部委级科研项目	国家林业局	重点项目	201404402	基于地面与遥感观测的森林火险预报技术	胡海清	201401	201812	679	301
32	部委级科研项目	教育部	长江学者创新团队项目	IRT1054	森林碳增汇理论与育种技术	王传宽	201101	201412	300	200
33	部委级科研项目	教育部	留学归国基金	教外司留（2012）940号公函	热扩散法测定树干液速度可能误差来源	孙慧珍	201301	201512	3.5	3.5
34	部委级科研项目	教育部	留学归国基金	LC2012C09	小兴安岭红松年轮气候响应及其衰退机制探讨	王晓春	201301	201512	5	5
35	部委级科研项目	教育部	新世纪优秀人才支持计划	NCET-12-0810	小兴安岭不同生境红松年轮-气候关系及其衰退的气候驱动机制	王晓春	201301	201512	50	50
36	省级自然科学基金项目	黑龙江省科学技术委员会	一般/面上项目	LC201344	光强对东北红豆杉中紫杉醇生物合成相关酶基因表达及含量影响	刘彤	201401	201612	5	5
合计	国家级科研项目		数量（个）	20	项目合同总经费（万元）	4 048.5	属本单位本学科的到账经费（万元）		1 941.3	

II-2-2 其他重要科研项目

序号	项目来源	合同签订/项目下达时间	项目名称	负责人姓名	项目开始年月	项目结束年月	项目合同总经费（万元）	属本单位本学科的到账经费（万元）
1	哈尔滨市科技局创新人才基金项目	201104	热扩散法准确性评价 2011RFLXN020	孙慧珍	201104	201412	3	3
2	中国博士后基金	201205	兴安落叶松林碳循环对降水变化的响应	韩 轶	201205	201512	5	5
3	中央高校基本科研业务费专项资金项目	201201	Pb、Cd复合污染下落叶松根系分泌的有机酸及其对苗木生态适应性的影响	宋金凤	201201	201412	10	10
4	中央高校基本科研业务费专项资金项目	201401	红松林土壤呼吸及其组分的长期连续测定	韩 轶	201401	201612	5.5	2.75
5	中央高校基本科研业务费专项资金项目	201401	大兴安岭森林不同演替阶段湿地土壤有机碳汇聚对温度和降水量变化的响应	刘 曦	201401	201612	5	2.5
6	中央高校基本科研业务费专项资金项目	201401	东北三大硬阔年轮—气候响应的时空规律	王晓春	201401	201712	29	11.6
7	中央高校基本科研业务费专项资金项目	201301	干扰对典型阔叶红松林碳动态的影响	金光泽	201301	201512	50	40
8	中央高校基本科研业务费专项资金项目	201401	气孔行为对活体叶片气体交换特征影响的研究	孙志虎	201401	201612	7	4
9	中央高校基本科研业务费专项资金项目	201101	东北主要针叶树种树轮对气候变化响应与分歧性研究	王晓春	201101	201212	8	4
10	中央高校基本科研业务费专项资金项目	201010	不同种源兴安落叶松光合可塑性研究	全先奎	201010	201310	3	—
11	中央高校基本科研业务费专项资金项目	201001	黑龙江森林碳动态的模拟研究	刘 曦	201001	201212	3.2	—

II-2-3 人均科研经费

人均科研经费（万元/人）	63.3

II-3 本学科代表性学术论文质量

II-3-1 近五年（2010—2014年）国内收录的本学科科代表性学术论文

序号	论文名称	第一作者	通讯作者	发表刊次（卷期）	发表刊物名称	收录类型	中文影响因子	他引次数
1	5种温带森林土壤微生物生物量碳氮的时空格局	刘爽	王传宽	2010, 12	生态学报	CSCD	2.233	56
2	4种温带森林非生长季土壤二氧化碳、甲烷和氧化亚氮通量	刘实	王传宽	2010, 15	生态学报	CSCD	2.233	36
3	6种温带森林碳密度与碳分配	张全智	王传宽	2010, 7	中国科学：生命科学	CSCD	0.756	30
4	东北东部5种温带森林的春季土壤呼吸	杨阔	王传宽	2010, 12	生态学报	CSCD	2.233	15
5	小兴安岭阔叶林沼泽土壤CO_2、CH_4和N_2O排放规律及其影响因子	牟长城	牟长城	2010, 17	生态学报	CSCD	2.233	14
6	采伐对小兴安岭落叶松—泥炭藓沼泽温室气体排放的影响	牟长城	牟长城	2010, 2	应用生态学报	CSCD	2.525	20
7	小兴安岭红松林粗木质残体空间分布的点格局分析	金光泽	金光泽	2010, 22	生态学报	CSCD	2.233	13
8	小兴安岭阔叶红松林粗木质残体基础特征	刘妍妍	金光泽	2010, 4	林业科学	CSCD	1.512	12
9	小兴安岭落叶松沼泽林土壤CO_2, N_2O和CH_4的排放规律	牟长城	牟长城	2010, 7	林业科学	CSCD	1.512	15
10	东北天然次生林下木树种生物量的相对生长	李晓娜	国庆喜	2010, 8	林业科学	CSCD	1.512	31
11	小兴安岭典型阔叶红松林不同演替阶段凋落物分解及养分变化	陈金玲	金光泽	2010, 9	应用生态学报	CSCD	2.525	28
12	基于负二项和零膨胀负二项回归模型的大兴安岭地区雷击火发生与气象因素的关系	郭福涛	胡海清	2010, 5	生态学报	CSCD	2.233	19
13	三种温带树种非结构碳水化合物的分配	于丽敏	王传宽	2011, 12	植物生态学报	CSCD	2.813	13
14	大兴安岭山地樟子松天然林土壤水分物理性质及水源涵养功能研究	李奕	蔡体久	2011, 2	水土保持学报	CSCD	1.612	16
15	大庆地区不同土地利用类型土壤重金属分析及生态危害评价	赵淑苹	陈立新	2011, 5	水土保持学报	CSCD	1.612	16
16	模拟氮沉降对温带典型森林土壤氮有效态和含量的影响	陈立新	段文标	2011, 22	应用生态学报	CSCD	2.525	15
17	小兴安岭凉水典型阔叶红松林动态监测样地：物种组成与群落结构	徐丽娜	金光泽	2012, 4	生物多样性	CSCD	2.456	13
18	大兴安岭北部试验林火影响下土壤有机碳含量的时空变化	崔晓阳	崔晓阳	2012, 5	水土保持学报	CSCD	1.612	13
19	大兴安岭北部试验林火影响下土壤有机碳含量的时空变化	崔晓阳	崔晓阳	2012, 26	水土保持学报	CSCD	1.052	13
20	1965—2010年大兴安岭森林火灾碳排放的估算研究	胡海清	孙龙	2012, 7	植物生态学报	CSCD	2.813	17
合计	中文影响因子						40.235	
	他引次数							405

Ⅱ-3-2 近五年（2010—2014年）国外收录的本学科代表性学术论文

序号	论文名称	论文类型	第一作者	通讯作者	发表刊次（卷期）	发表刊物名称	收录类型	他引次数	期刊SCI影响因子	备注
1	Dynamics of fine roots in five Chinese temperate forests	Article	全先奎	王传宽	2010, 123	Journal of Plant Research	SCI	6	1.512	
2	Carbon density and distribution of six Chinese temperate forests	Article	张全智	王传宽	2010, 53	SCIENCE CHINA Life Sciences	SCI	11	1.345	
3	Heartwood and sapwood allometry of seven Chinese temperate tree species	Article	王兴昌	王传宽	2010, 67	Annals of Forest Science	SCI	3	1.441	
4	Seasonal and spatial variations of methane emissions from montane wetlands in northeast China	Article	孙晓新	牟长城	2011, 45	Atmospheric Environment	SCI	9	3.062	
5	Simulating net primary production and soil-surface CO_2 flux of temperate forests in northeastern China	Article	刘曦	国庆喜	2011, 26	Scandinavian Journal of Forest Research	SCI	—	0.949	
6	Inter-specific and seasonal variations in photosynthetic capacity and water use efficiency of five temperate tree species in northeastern China	Article	桑运荣	王传宽	2011, 26	Scandinavian Journal of Forest Research	SCI	1	0.949	
7	Imprint of the atlantic multidecadal oscillation on tree-ring widths in northeastern asia since 1568	Article	王晓春	王晓春	2011, 6	Plos One	SCI	5	4.411	
8	Evidence of solar signals in tree rings of smith fir from sygera mountain in southeast Tibet	Article	王晓春	王晓春	2011, 73	Journal of Atmospheric and Solar-Terrestrial Physics	SCI	8	1.579	
9	Estimate of leaf area index in an old-growth mixed broadleaved-Korean pine forest in northeastern China	Article	刘志理	金光泽	2012, 7	Plos One	SCI	3	3.534	
10	A simple calibration improved the accuracy of the thermal dissipation technique for sap flow measurements in juvenile trees of six species	Article	孙慧珍	孙慧珍	2012, 26	Trees-Structure and Function	SCI	3	1.685	
11	Stem CO_2 efflux of ten species in temperate forests in northeastern China	Article	杨金艳	杨金艳	2012, 26	Trees-Structure and Function	SCI	1	1.685	

（续）

序号	论文名称	论文类型	第一作者	通讯作者	发表刊次（卷期）	发表刊物名称	收录类型	他引次数	期刊 SCI 影响因子	备注
12	Modelling drying processes of fuelbeds of Scots pine needles with initial moisture content above the fiber saturation point by two-phase models	Article	金 森	金 森	2012，21	International Journal of Wildland Fire	SCI	2	2.12	
13	Application of QuickBird imagery in fuel load estimation in the daxinganling region, China	Article	金 森	金 森	2012，21	International Journal of Wildland Fire	SCI	1	2.12	
14	Permanence and global attractivity of a discrete logistic model with impulses	Article	高春雨	国庆喜	2013	Journal of Applied Mathematics	SCI	—	0.834	
15	Density dependence across multiple life stages in a temperate old-growth forest of northeast China	Article	朴铁峰	金光泽	2013，172	Oecologia	SCI	7	3.248	
16	Optical and litter collection methods for measuring leaf area index in an old-growth temperate forest in northeastern China	Article	戚玉娇	金光泽	2013，18	Journal of Forest Research	SCI	—	1.009	
17	Profile distribution and seasonal dynamics of water-extractable carbohydrate in soils under mixed broad-leaved Korean pine forest on Changbai mountain	Article	赵姗姗	崔晓阳	2013，24	Journal of Forestry Research	SCI	—	—	新增
18	Short-term effects of harvesting on carbon storage of boreal *Larix gmelinii—Carex schmidtii* forested wetlands in Daxing'anling, northeast China	Article	牟长城	牟长城	2013，293	Forest Ecology and Management	SCI	2	2.667	
19	Seasonality of soil CO_2 efflux in a temperate forest: biophysical effects of snowpack and spring freeze-thaw cycles	Article	王传宽	王传宽	2013，177	Agricultural and Forest Meteorology	SCI	1	3.421	
20	Impact of understorey on overstorey leaf area index estimation from optical remote sensing in five forest types in northeastern China	Article	戚玉娇	金光泽	2014，198	Agricultural and Forest Meteorology	SCI	—	3.894	
21	Changes in soil total organic carbon after an experimental fire in a cold temperate coniferous forest: a sequenced monitoring approach	Article	崔晓阳	崔晓阳	2014，226	Geoderma	SCI	—	2.509	

（续）

序号	论文名称	论文类型	第一作者	通讯作者	发表刊次（卷期）	发表刊物名称	收录类型	他引次数	期刊SCI影响因子	备注
22	Exogenous organic acids protect changbai larch (Larix olgensis) seedlings against cadmium toxicity	Article	宋金凤	崔晓阳	2014, 23	Fresenius Environmental Bulletin	SCI	—	0.527	
23	Spatial patterns and associations of four species in an old-growth temperate forest	Article	刘妍妍	金光泽	2014, 9	Journal of Plant Interactions	SCI	—	0.865	
24	Spatial variations in non-structural carbohydrates in stems of twelve temperate tree species	Article	张海燕	王传宽	2014, 28	Trees-Structure and Function	SCI	—	1.869	
25	Decreased sensitivity of tree growth to temperature in southeast china after the 1976/77 regime shift in pacific climate	Article	王晓春	王晓春	2014, 43	Sains Malaysiana	SCI	—	0.408	
26	The effect of fire disturbance on short-term soil respiration in typical forest of Greater xing'an Range, China	Article	孙 龙	胡海清	2014, 3	Journal of Forestry Research	SCI	—	—	新增
合计	SCI影响因子		47.643			他引次数			63	

II-5 已转化或应用的专利（2012—2014年）

序号	专利名称	第一发明人	专利申请号	专利号	授权（颁证）年月	专利受让单位	专利转让合同金额（万元）
1	一种确定林区地表可燃物负荷量的方法	杨 光	CN201110196005	ZL201110196005.2	201404	—	—
2	一种盛雨器水量快速测量方法	孙志虎	CN102866437A	ZL20121040501O.4	201406	—	—
合计	专利转让合同金额（万元）				—		

Ⅲ 人才培养质量

Ⅲ-1 优秀教学成果奖（2012—2014年）

序号	获奖级别	项目名称	证书编号	完成人	获奖等级	获奖年度	参与单位数	本单位参与学科数
1	国家级	林学专业多元化人才培养模式改革与实践	20148291	邸雪颖	二等奖	2014	1	2（2）
2	省级	林学国家级实验教学示范中心建设及实践	2013056	杨 光	一等奖	2013	1	2（2）
3	省级	林业高校土壤、水保、生态类实践教学课程的建设与示范	2013200	张韫、孙龙、辛颖、胡海清、崔晓阳	二等奖	2013	1	2（1）
合计	国家级	一等奖（个）	—	二等奖（个）	1	三等奖（个）		—
	省级	一等奖（个）	1	二等奖（个）	1	三等奖（个）		—

Ⅲ-3 本学科获得的全国、省级优秀博士学位论文情况（2010—2014年）

序号	类型	学位论文名称	获奖年月	论文作者	指导教师	备注
1	国家级	基于空间分析和模型理论的大兴安岭林火分布与预测模型研究	201210	郭福涛	胡海清	提名奖
合计	全国优秀博士论文（篇）		—	提名奖（篇）		1
	省优秀博士论文（篇）			—		

Ⅲ-4 学生国际交流情况（2012—2014年）

序号	姓名	出国（境）时间	回国（境）时间	地点（国家/地区及高校）	国际交流项目名称或主要交流目的
1	及 莹	201111	201203	加拿大英属哥伦比亚大学	国家基金委联合博士培养项目
2	刘志理	201309	201503	加拿大多伦多大学	国家基金委联合博士培养项目
3	蔡慧颖	201309	201503	加拿大阿尔伯特大学	国家基金委联合博士培养项目
合计	学生国际交流人数				3

5.2.2 学科简介

1. 学科基本情况与学科特色

东北林业大学生态学科创建于 1952 年；1962 年成为我国高等林业院校最早开始招收研究生的学科；1981 年获得首批硕士点、博士点授予权；1992 年被评为林业部重点学科；1995 年设立生物学一级学科博士后流动站；2002 年入选国家级重点学科；2011 年被评为博士点一级学科；2007 年遴选为教育部国家重点学科；2011 年评为黑龙江省重点一级学科；2012 年设立生态学一级学科博士后流动站。在阳含熙院士、王战、周重光、王业蘧、周晓峰等老一辈生态学家的不懈努力下，经过 60 余年的建设，本学科已形成了以森林生态学为特色、国家野外台站为平台、瞄准国际研究前沿、服务国家生态安全和生态资源保育、学术力量雄厚的学科，为我国林业生态环境建设培育出一批高层次人才。

本学科现有突出专家 4 人、长江学者创新团队 1 个、国家级重点学科 1 个、省部级重点学科 1 个；国家科技进步二等奖 1 项、省部级一等奖 2 项；承担国家级科研项目 20 项，合同总经费 4 049 万元，人均科研经费 63 万元；发表中文论文影响因子 40、他引 405 次，SCI 论文影响因子 48、他引 63 次；省级优秀教学成果一等奖、二等奖各 1 项。形成 5 个特色鲜明的稳定研究方向：

① 全球生态学。主要研究多时空尺度生态系统结构、功能过程及其动态对全球变化的响应、适应和反馈机理，为林业应对气候变化、维护国家和区域生态安全、发挥森林生态系统服务功能提供科学依据。

② 生态系统生态学。主要研究温带和北方森林生态系统碳、氮、水循环及其耦联关系，为东北地区森林资源保育和可持续经营提供理论依据和技术支撑。

③ 恢复生态学。重点研究困难立地和干扰后森林生态系统重建和恢复中干扰生态学理论与实践，为低产天然林和人工林的恢复、保育和可持续发展提供技术支持。

④ 树木生理生态学。主要研究东北主要树种对环境变化和干扰的响应、适应和进化机理，为树种筛选、森林营造等提供科学依据。

⑤ 林火生态与管理。重点研究东北林区林火预测预报、火行为、计划用火、生物防火、林火对森林生态系统的影响等林火调控理论与技术。

本学科已拥有国际一流的森林生态研究平台和仪器设备。研究平台包括：帽儿山森林生态站、漠河森林生态站和三江湿地生态站。其中，帽儿山森林生态站是国家林业局历史最悠久的生态站之一（建于 1974 年），是科技部和国家林业局的重点生态站。拥有原子吸收光谱仪、气相色谱仪、红外气体分析系统等价值 3 600 余万元的先进仪器设备。这为学科承担国家重大科研项目和人才培养提供了保障。

2. 社会贡献

（1）为东北林区天然林保育和林业生态环境建设提供技术咨询和指导

本学科教师积极深入东北林区，为森林经营和生态建设提供技术咨询与服务。为黑龙江省政府提供"发挥森林生态系统服务功能、实现生态安全和可持续发展"的咨询报告。先后参与编制了"大兴安岭森林生态旅游发展规划""东北红豆杉国家级自然保护区建设规划"等规划可研 10 余项。举办森林生态旅游培训班 2 期，培训基层森林旅游从业人员 200 余人。

（2）以帽儿山生态站为龙头，培训和推动我国森林生态站的建设和发展

帽儿山森林生态站为国家林业局建站最早的台站之一，多年来积累了宝贵的监测、管理和运行经验。随着国家对生态环境建设和科研研究基地平台建设的重视，帽儿山站为黑龙江小兴安岭森林生态站、吉林松江源森林生态站、辽宁冰砬山森林生态站、牡丹江森林生态站等 12 个生态站的建设提供咨询和技术支持。

（3）为东北森林防火提供了理论基础和实践指导

完成"塔河林业局重点火险区综合治理规划""兴隆林业局重点火险区综合治理规划"等规划和可研报告 4 余项。在哈尔滨、加格达奇、伊春、黑河等地举办森林防火培训班 6 期，培训基层森林防火从业人员 1 000 余人。

（续）

（4）大力推广生态文明宣讲和生态理念普及

黑龙江帽儿山森林生态站每年接待本地区的大、中、小学生及社会人士来站进行参观和学习，年均人数达1 200余人，并对其进行生态学知识讲解和生态理念传授。

（5）专职教师兼职，服务社会

①王传宽教授担任国务院学位委员会第六届学科评议组生物学组成员、国家自然科学基金委员会第十一届生命科学部评审专家、国际地圈生物圈计划中国全国委员会（CNC-IGBP）第六届委员会委员、国际北方森林研究会（IBFRA）常务委员会委员、中国生态学会第八届理事会常务理事、中国林学会森林生态分会第七届委员会副主任委员、中国植物学会第十四届理事会植物生态学专业委员会委员。②邸雪颖教授担任国家森林防火指挥部专家组成员，教育部高等学校林学类专业教学指导委员会副秘书长，黑龙江省人民政府森林防火指挥部森林防火专家组组长。③胡海清教授担任第六届国务院学位委员会林学学科评议组成员，黑龙江省生态学会副理事长，黑龙江省气象学会副理事长。④崔晓阳教授中国林学会和中国土壤学会森林土壤专业委员会副主任委员，中国土壤学会土壤环境专业委员会委员，黑龙江省土壤肥料学会副理事长，国家林业局跨世纪学术与技术带头人（森林土壤学）。

5.3　南京林业大学

5.3.1　清单表

I　师资队伍与资源

I-1　突出专家					
序号	专家类别	专家姓名	出生年月	获批年月	备注
1	享受政府特殊津贴人员	张金池	196110	201002	
2	享受政府特殊津贴人员	李萍萍	195612	200902	
3	享受政府特殊津贴人员	王国聘	195810	200602	
合计	突出专家数量（人）			3	

I-3　专职教师与学生情况					
类型	数量	类型	数量	类型	数量
专职教师数	41	其中，教授数	16	副教授数	13
研究生导师总数	26	其中，博士生导师数	14	硕士生导师数	26
目前在校研究生数	121	其中，博士生数	34	硕士生数	87
生师比	3	博士生师比	2.4	硕士生师比	3.3
近三年授予学位数	78	其中，博士学位数	17	硕士学位数	61

I-4　重点学科					
序号	重点学科名称	重点学科类型	学科代码	批准部门	批准年月
1	生态学	国家重点学科	0713	教育部	198908
2	生物学	江苏省优势学科	0712	江苏省人民政府	201001
3	生态学	江苏省重点学科	0713	江苏省教育厅	201202
合计	二级重点学科数量（个）	国家级	1	省部级	2

		I-5　重点实验室		
序号	实验室类别	实验室名称	批准部门	批准年月
1	国家级重点实验室	林学实验教学示范中心	教育部	200709
2	省部级重点实验室	林业生态工程	江苏省教育厅	200509
3	省部级重点实验室	生态工程	国家林业局	199509
4	省部级重点实验室	长三角城市森林生态系统定位研究站	国家林业局	198501
5	省部级重点实验室	苏州太湖湿地生态定位站	国家林业局	200901
6	省部级重点实验室	生态与环境教学示范中心	江苏省教育厅	200912
7	省部级重点中心	南方现代林业协同创新中心	江苏省教育厅	201305
8	省部级重点中心	环境与可持续发展研究中心	江苏省教育厅	200906
合计	重点实验数量（个）	国家级	1　　省部级	7

Ⅱ 科学研究

Ⅱ-1 近五年（2010—2014年）科研获奖

序号	奖励名称	获奖项目名称	证书编号	完成人	获奖年度	获奖等级	参与单位数	本单位参与学科数
1	国家科技进步奖	东南部区域森林生态体系快速构建技术	2010-J-202-2-03-R07	张金池	2010	二等奖	7（5）	1
2	梁希林业科技奖	长三角城镇退化生境生态修复技术研究与应用	2013-KJ-2-09-R01	薛建辉	2013	二等奖	1	2（1）
3	教育部科技进步奖二等奖	设施园艺有机基质栽培的高效精准管控技术	—	李萍萍	2014	二等奖	2（2）	1
4	江苏省科学技术奖	城镇退化生境生态修复技术与应用	2012-3-98-R01	薛建辉	2012	三等奖	1	2（1）
5	江苏省科学技术奖	以废弃物为原料的设施园艺栽培基质开发及精细化应用技术	2014-3-93-R1	李萍萍	2014	三等奖	2（1）	1
6	梁希林业科技奖	泉州湾河口湿地红树林生态修复原理与技术	2011-KJ-3-18-R05	李萍萍	2011	三等奖	2（5）	1
合计	科研获奖数量（个）		特等奖	一等奖	二等奖	三等奖		
		国家级	—	—	1	1		
		省部级	—	1	2	2		

Ⅱ-2 代表性科研项目（2012—2014年）

Ⅱ-2-1 国家级、省部级、境外合作科研项目

序号	项目来源	项目下达部门	项目级别	项目编号	项目名称	负责人姓名	项目开始年月	项目结束年月	项目合同总经费（万元）	属本单位学科的到账经费（万元）
1	国家"973"计划	科技部	一般项目	2012CB416904	人工林生态系统生物多样性和生产力关系	阮宏华	201201	201512	576	400
2	部委级科研项目	财政部	重点项目	200104002	生境胁迫立地植被恢复与重建技术研究	薛建辉	200901	201312	752	360
3	国家科技支撑计划	科技部	一般项目	2008BAJ10B04	城镇绿地特殊生境植被修复技术研究与开发	薛建辉	200801	201206	440	440

（续）

序号	项目来源	项目下达部门	项目级别	项目编号	项目名称	负责人姓名	项目开始年月	项目结束年月	项目合同总经费（万元）	属本单位本学科的到账经费（万元）
4	部委级科研项目	财政部	重点项目	200804006	中国森林净生产力多尺度长期观测与评价研究	阮宏华	200801	201212	629	315
5	部委级科研项目	科技部	一般项目	2014BAD08B04	设施园艺清洁高效生产配套装备研制与产业化示范	李萍萍	201401	201712	768	768
6	部委级科研项目	科技部	一般项目	2011BAD38B0404	长江中上游典型地区植被恢复与可持续经营示范	薛建辉	201101	201412	45	45
7	国家科技支撑计划	科技部	一般项目	2011BAD38B03-2	资源节约型城镇景观防护林培育技术研究	关庆伟	201101	201312	25	25
8	国家科技支撑计划	科技部	一般项目	2009BAC62B0402	园区碳排放监测与碳平衡测算	吴永波	200901	201212	30	27
9	国家自然科学基金	国家自然科学基金委员会	面上项目	30970470	动物对南方红豆杉种子的传播机制及二者间互惠关系	鲁长虎	200901	201212	35	35
10	国家自然科学基金	国家自然科学基金委员会	青年基金	31300531	湖滨林草复合缓冲带削减农田氮素流失的作用与机制	卜晓莉	201401	201612	23	23
11	国家自然科学基金	国家自然科学基金委员会	面上项目	31174017	武夷山森林溪流系统DOC沿海拔梯度的变化及机理	阮宏华	201201	201512	57	57
12	国家自然科学基金	国家自然科学基金委员会	面上项目	41171020	大气环流异常对长江流域极端水文事件的影响及机制研究	张增信	201201	201512	60	60
13	国家自然科学基金	国家自然科学基金委员会	面上项目	31270489	杨树和杉木人工林细根生长动态对氮沉降的响应机制	于水强	201301	201612	82	82
14	国家自然科学基金	国家自然科学基金委员会	青年基金	31400494	我国南方林区云地闪特征和落区预估研究	杨艳蓉	201501	201712	24	24
15	国家自然科学基金	国家自然科学基金委员会	青年基金	31200444	爬行动物的卵胎生进化：卵滞留的选择利益与生理制约	王征	201301	201512	22	22
16	国家自然科学基金	国家自然科学基金委员会	青年基金	31400456	秸秆黑炭对竹林土壤氮行为的影响机制	刘国华	201501	201712	24	24

（续）

序号	项目来源	项目下达部门	项目级别	项目编号	项目名称	负责人姓名	项目开始年月	项目结束年月	项目合同总经费（万元）	属本单位本学科的到账经费（万元）
17	国家自然科学基金	国家自然科学基金委员会	青年基金	31420348	全球气候变化下黄脊竹蝗 Ceracris kiangsu Tsai 发生的物候学模型	时培建	201501	201712	23	23
18	部委级科研项目	财政部	一般项目	200904001-3	环太湖植被带削减面源污染机理与模式研究	薛建辉	200901	201312	174	174
19	部委级科研项目	财政部	一般项目	201204106	上调下竹复合生态系统构建及优化技术研究	王福升	201201	201612	165	165
20	部委级科研项目	财政部	一般项目	20080528-13	安徽与四川省生物能源林碳汇计量与监测	阮宏华	200901	201312	36	36
21	部委级科研项目	财政部	一般项目	201104006	提高南方杨树人工林碳汇能力的关键技术研究	阮宏华	201101	201312	52	52
22	部委级科研项目	财政部	一般项目	200904015	南方低效生态公益林改造与恢复技术研究与示范	关庆伟	200901	201212	58	58
23	部委级科研项目	财政部	一般项目	201104075	提高城市森林固碳能力的关键技术研究与示范	关庆伟	201101	201512	109	80
24	部委级科研项目	国家林业局	一般项目	[2011] 34	石质丘陵山地植被恢复技术示范推广	关庆伟	201101	201312	35	35
25	部委级科研项目	国家林业局	一般项目	2013-4-63	富营养化湿地茶岸植被缓冲带构建技术引进	吴永波	201301	201712	50	50
26	省重大基础研究项目	江苏省教育厅	重大项目	12KJA220003	酸雨与富营养化复合胁迫对水生植物氮吸收能力的影响	薛建辉	201301	201612	30	30
27	省重大基础研究项目	江苏省教育厅	重大项目	14KJA180002	间伐对杉木人工林细根形态和调转的调控机制研究	关庆伟	201401	201712	15	15
28	省级自然科学基金	江苏省科技厅	面上项目	BK2012819	刺槐和构树抗氧化性能对高温与干旱复合胁迫的响应机制	吴永波	201201	201512	10	10

5 生 态 学 781

（续）

序号	项目来源	项目下达部门	项目级别	项目编号	项目名称	负责人姓名	项目开始年月	项目结束年月	项目合同总经费（万元）	属本单位本学科的到账经费（万元）
29	省级自然科学基金	江苏省科技厅	青年基金	BK20140977	基于多源信息的我国南方林区云地闪特征和落雷预估研究	杨艳蓉	201401	201712	20	20
30	省级自然科学基金	江苏省科技厅	青年基金	BK20130973	氮沉降对杨树人工林SOC同位素效应的影响	葛之葳	201307	201612	20	20
合计	国家级科研项目				数量（个）	23	项目合同总经费（万元）	4 389	属本单位本学科的到账经费（万元）	3 475

II-2-2 其他重要科研项目

序号	项目来源	合同签订／项目下达时间	项目名称	负责人姓名	项目开始年月	项目结束年月	项目合同总经费（万元）	属本单位本学科的到账经费（万元）
1	江苏省林业局	200805	榉树种质资源保护与棱枝山矾优良种源引进	薛建辉	200801	201212	50	50
2	江苏省林业局	200901	能源竹品种筛选及综合利用技术集成	王福升	200901	201212	30	30
3	江苏省盐城市人民政府	201012	江苏省盐城珍禽自然保护区调整与规划	薛建辉	201012	201212	160	160
4	江苏省林业局	201003	马陵山健康型森林构建技术集成示范	阮宏华	201004	201307	100	15
5	苏州吴中区三山岛农业生态旅游专业合作社	201001	苏州太湖三山岛湖滨湿地生态保护与恢复项目可行性研究	阮宏华	201001	201206	26	26
6	浙江长宁市林业局	201004	长宁竹海自然保护区规划	吴永波	201005	201012	15	15
7	江苏省常州市规划院	201012	常州市生物多样性规划	薛建辉	201012	201206	40	40
8	中国科学院南京土壤研究所	201006	快速城市化地区城市林业土壤质量特征及其演变机制——以南京市为例	俞元春	201006	201306	10	10
9	江苏省林业局	201002	苏州太湖三山岛湖滨湿地生态保护与恢复工程可行性研究	阮宏华	201004	201307	40	40
10	江苏省林业局	201005	马陵山健康型森林构建技术集成示范	阮宏华	201001	201312	50	15
11	江苏省江都市林业局	201012	江都渌洋湖湿地研究	鲁小珍	201101	201212	14	14

（续）

序号	项目来源	合同签订/项目下达时间	项目名称	负责人姓名	项目开始年月	项目结束年月	项目合同总经费（万元）	属本单位本学科的到账经费（万元）
12	雨花台烈士陵园管理局	201101	城市生物多样性培育的生态环境效应	鲁小珍	201102	201212	15	10
13	江苏省泗洪县农委	201104	洪泽湖湿地公园生态旅游规划	张金池	201105	201205	60	60
14	徐州市风景园林局	201105	徐州市城市绿地资源调查	关庆伟	201106	201203	42	42
15	苏州市林业站	201108	苏州市森林生态系统生态环境定位监测与评估	阮宏华	201108	201212	15	15
16	江苏省林业局	201012	侧柏人工林健康经营技术研究	关庆伟	201101	201312	21	15
17	江苏省林业局	201205	盱眙农业三项工程	关庆伟	201201	201412	24	24
18	内蒙古自治区林业厅	201112	湿地生态恢复与重建技术研究	阮宏华	201201	201512	40	40
19	江苏省泗洪县农委	201110	洪泽湖地理暨无动物资源	阮宏华	201201	201412	45	45
20	江苏省环境保护厅	201111	苏州园区鸟类多样性	鲁长虎	201201	201312	14	14
21	江苏省林业局	201201	宜兴阳山荡湿地恢复可行性研究报告	吴永波	201201	201212	30	30
22	江苏省林业局	201205	高速公路绿气通道次生化演替人工促进技术集成示范	阮宏华	201201	201412	100	20
23	江苏省林业局	201212	江苏省野生动物普查	鲁长虎	201301	201312	18	18
24	江苏省林业局	201205	江苏省主要造林树种碳汇计量模型构建与应用	葛之葳	201301	201512	20	20
25	江苏省宜兴市林业局	201307	珍稀观赏竹选育技术开发	王福升	201310	201406	26	26
26	浙江省温州市林业局	201301	浙江温州市森林经营碳汇计量项目	阮宏华	201301	201405	80	80
27	江苏省溧水林场	201212	森林抚育间伐生态成效监测项目	阮宏华	201301	201812	18	10
28	江苏省苏州吴中区林场	201211	森林抚育间伐生态成效监测项目	阮宏华	201301	201812	20	10
29	江西省武夷山国家级自然保护区	201406	武夷山典型森林生态效益监测	薛建辉	201408	201612	40	20
30	江苏省昆山市建设局	201312	昆山市城市绿地系统生态效益评估	吴永波	201401	201512	30	15

II-2-3 人均科研经费

人均科研经费（万元/人）	107.41

5 生 态 学

II-3 本学科代表性学术论文质量

II-3-1 近五年（2010—2014年）国内收录的本学科代表性学术论文

序号	论文名称	第一作者	通讯作者	发表刊次（卷期）	发表刊物名称	收录类型	中文影响因子	他引次数
1	应用修正的 Gash 解析模型对岷江上游亚高山川滇高山栎林林冠截留的模拟	何常清	薛建辉	2010，30（5）	生态学报	CSCD	1.547	21
2	南湖造田不同土地利用方式土壤活性有机碳的变化	王 莹	阮宏华	2010，29（4）	生态学杂志	CSCD	1.123	21
3	干旱胁迫条件下 6 种喀斯特主要造林树种苗木叶片水势及吸水潜能变化	王 丁	薛建辉	2011，31（8）	生态学报	CSCD	1.547	18
4	2008 年雪灾对武夷山毛竹林土壤微生物生物量氮和可溶性氮的影响	丁九敏	阮宏华	2010，29（3）	生态学杂志	CSCD	1.123	9
5	喀斯特石漠化山地不同类型人工林土壤的基本性质和综合评价	刘成刚	薛建辉	2011，35（10）	植物生态学报	CSCD	2.022	9
6	苏北沿海土地利用变化对土壤易氧化碳含量的影响	王国兵	阮宏华	2013，24（4）	应用生态学报	CSCD	1.719	5
7	间伐对杉木不同根序细根形态、生物量和氮含量的影响	王祖华	关庆伟	2013，24（6）	应用生态学报	CSCD	1.742	4
8	刺槐滇柏混交林及纯林土壤酶与养分相关性研究	刘成刚	薛建辉	2012，43（6）	土壤通报	CSCD	0.717	4
9	4 种地被物对枯落物的水文特征及其截持降雨过程研究	刘国华	王福升	2012，32（2）	水土保持通报	CSCD	0.549	4
10	用积压法研究竹子的耐旱、耐寒性	王福升	万贤崇	2011，47（8）	林业科学	CSCD	1.028	4
11	城市土壤压实对树木叶片绿素及光合生理特性的影响	刘 爽	吴永波	2010，19（1）	生态环境学报	CSCD	1.204	3
12	喀斯特地区 4 种造林幼苗的抗旱性评价	姚 健	薛建辉	2010，26（4）	生态与农村环境学报	CSCD	1.122	3
13	Cd^{2+} CTAB 复合污染对枫香幼苗生长与生理生化特征的影响	章 芹	薛建辉	2011，31（19）	生态学报	CSCD	1.547	3
14	筇竹叶片活性成分含量的季节变化	苏春花	薛建辉	2011，22（9）	应用生态学报	CSCD	1.742	2
15	不同林龄杨树细根生物量分配及其对氮沉降的响应	徐 钰	于水强	2014，33（3）	生态学杂志	CSCD	1.123	2
16	高温干旱复合胁迫对刺槐幼苗生理生化性能的影响	邵 维	吴永波	2014，30（4）	中国农学通报	CSCD	0.559	1
17	高温干旱复合胁迫对复叶槭幼苗光合特性和叶绿素荧光参数的影响	叶 波	吴永波	2014，33（9）	生态学报	CSCD	1.123	1
18	不同施氮水平下杨树一苋菜间作系统对土壤氮素流失的影响	褚 军	薛建辉	2014，25（9）	应用生态学报	CSCD	1.742	—
19	斑块生境中食果鸟类对南方红豆杉种子的取食和传播	李 宁	鲁长虎	2014，34（7）	生态学报	CSCD	1.547	—
20	基于地统计学的广东省和广西省森林生物量和 NPP 空间格局分析	刘 双	阮宏华	2013，32（9）	生态学杂志	CSCD	1.123	—
合计							中文影响因子 25.949	他引次数 114

II-3-2 近五年（2010—2014年）国外收录的本学科代表性学术论文

序号	论文名称	论文类型	第一作者	通讯作者	发表刊次（卷期）	发表刊物名称	收录类型	他引次数	期刊 SCI 影响因子	备注
1	Selective Removal of Cu(II) Ions by Using Cation-exchange Resin-Supported Polyethyleneimine (PEI) Nanoclusters	Article	Chen Yingliang	Pan Bingcai	2011, 44（9）	Environment Science & Technology	SCI	50	5.4	
2	Temperature sensitivity increases with soil organic carbon recalcitrance along an elevational gradient in the Wuyi Mountains, China	Article	Xu Xia	RuanHonghua	2010, 42（10）	Soil Biology and Biochemistry	SCI	22	4.41	
3	Immobilization of polyethylenimine nanoclusters onto a cation exchange resin through self-crosslinking for selective Cu(II) removal	Article	Chen Yingliang	Pan Bingcai	2011, 190（1）	Journal of Hazardous Materials	SCI	16	4.1	
4	Changes of excitation/emission matrixes of wastewater caused by Fenton- and Fenton-like treatment and their associations with the generation of hydroxyl radicals, oxidation of effluent organic matter and degradation of trace-level organic pollutants	Article	Li Wei	Li Wei	2013, 244（1）	Journal of Hazardous Materials	SCI	3	4.1	
5	Understanding the changing characteristics of droughts in Sudan and the corresponding components of the hydrologic cycle	Article	Zhang Zengxin	Zhang Zengxin	2012, 13（5）	Journal of Hydrometeorology	SCI	2	3.75	
6	Provenance and temporal variations in selected flavonoids in leaves of Cyclocarya paliurus	Article	Fang Shengzuo	Fang Shengzuo	2011, 124（4）	Food Chemistry	SCI	15	3.655	
7	The role of cations in homogeneous succinoylation of mulberry wood cellulose in salt-containing solvents under mild conditions	Article	Chen Jianqiang	Hong Jianguo	2014, 21（6）	Cellulose	SCI	—	3.6	
8	Temperature sensitivity of soil organic carbon mineralization along an elevation gradient in the Wuyi Mountains, China	Article	Wang Guobing	Ruan Honghua	2013, 8（1）	Plos One	SCI	3	3.534	
9	Tree Species Composition Influences Enzyme Activities and Microbial Biomass in the Rhizosphere: A Rhizobox Approach	Article	Fang Shengzuo	Fang Shengzuo	2013, 8（4）	Plos One	SCI	3	3.534	

（续）

序号	论文名称	论文类型	第一作者	通讯作者	发表刊次（卷期）	发表刊物名称	收录类型	他引次数	期刊SCI影响因子	备注
10	Dissolved organic carbon in headwater streams and riparian soil organic carbon along an altitudinal gradient in the Wuyi Mountains, China	Article	Wang Wei	Ruan Honghua	2013，8（11）	Plos One	SCI	—	3.534	
11	Long term effect of land reclamation from lake on chemical composition of soil organic matter and its mineralization	Article	He Dongmei	Ruan Honghua	2014，9（6）	Plos One	SCI	—	3.534	
12	Viviparity in high altitude *Phrynocephalus* lizards is adaptive because embryos cannot fully develop without maternal thermoregulation	Article	Wang Zheng	Ji Xiang	2014，174（3）	Oecologia	SCI	2	3.248	
13	Clonal variation in growth, chemistry and calorific value of new poplar hybrids at nursery stage	Article	Fang Shengzuo	Fang Shengzuo	2013，54（7）	Biomass & Bioenergy	SCI	3	2.975	
14	Evaluating the non-stationary relationship between precipitation and streamflow in nine major basins of China during the past 50 years	Article	Zhang Zengxin	Zhang Zengxin	2011，409（1-2）	Journal of Hydrology	SCI	17	2.514	
15	Spectroscopic characterization of hot-water extractable organic matter from soils under four different vegetation types along an elevation gradient in the Wuyi Mountains	Article	Bu Xiaoli	Ruan Honghua	2010,159（1-2）	Geoderma	SCI	22	2.509	
16	Soil organic matter in density fractions as related to vegetation changes along an altitude gradient in the Wuyi Mountains, southeastern China	Article	Bu Xiaoli	Ruan Honghua	2012，52（1）	Applied Soil Ecology	SCI	10	2.206	
17	Nutlet dimorphism in individual flowers of two cold desert annual *Lappula* species (Boraginaceae): implications for escape by offspring in time and space	Article	Ma Wenbao	Tan D Y	2010，209（2）	Plant Ecology	SCI	8	2.324	

（续）

序号	论文名称	论文类型	第一作者	通讯作者	发表刊次（卷期）	发表刊物名称	收录类型	他引次数	期刊SCI影响因子	备注
18	Seasonal and clonal variations of microbial biomass and processes in the rhizosphere of poplar plantations	Article	Liu Dong	Fang Shengzuo	2014, 78（6）	Applied soil Ecology	SCI	—	2.206	
19	Influence of thinning time and density on sprout development, biomass production and energy stocks of sawtooth oak stumps	Article	Liu Zhilong	Fang Shengzuo	2011, 262（2）	Forest Ecology and Management	SCI	7	2.167	
20	Biodegradation and chemical characteristics of hot-water extractable organic matter from soils under four different vegetation types in the Wuyi Mountains, southeastern China	Article	Bu Xiaoli	Ruan Honghua	2011, 47（2）	European Journal of Soil Biology	SCI	17	2.146	
21	Spatial-seasonal variation of soil denitrification under three riparian vegetation types around the Dianchi Lake in Yunnan, China	Article	Wang Shaojun	Ruan Honghua	2013, 15（5）	Environmental Science: Processes & Impacts	SCI	1	2.109	
22	A preliminary study on the relationship between cloud to ground lightning and precipitation	Article	Yang Yanrong	Yang Yanrong	2013, 6（11）	Disaster advances	SCI	—	1.886	
23	Effects of mulching materials on nitrogen mineralization, nitrogen availability and poplar growth on degraded agricultural soil	Article	Fang Shengzuo	Fang Shengzuo	2011, 41（2）	New Forests	SCI	7	1.78	
24	Statistical properties of moisture transport in East Asia and their impacts on wetness/dryness variations in north China	Article	Zhang Zengxin	Zhang Zengxin	2011,104（3-4）	Theoretical and Applied Climatology	SCI	6	1.742	
25	Dynamic response of the scenic beauty value of different forests to various thinning intensities in central eastern China	Article	Deng Songqiu	Guan Qingwei	2014,186（11）	Environmental Monitoring and Assessment	SCI	—	1.679	
26	A survey of root pressure in 53 Asian species of bamboo	Article	Wang Fusheng	Wan Fusheng	2011, 68（4）	Annals of Forest Science	SCI	2	1.536	

（续）

序号	论文名称	论文类型	第一作者	通讯作者	发表刊次（卷期）	发表刊物名称	收录类型	他引次数	期刊 SCI 影响因子	备注
27	Moisture budget variations in the Yangtze River basin, China, and possible associations with large-scale circulation	Article	Zhang Zengxin	Zhang Zengxin	2010, 24（5）	Stochastic Environmental Research and Risk Assessment	SCI	9	1.523	
28	Effects of microclimate, litter type, and mesh size on leaf litter decomposition along an elevation gradient in the Wuyi Mountains, China	Article	Wang Shaojun	Ruan Honghua	2010, 25（6）	Ecological Research	SCI	12	1.513	
29	Fruit consumption and seed dispersal by birds in intive vs. ex situ individuals of the endangered Chinese yew, *Taxus chinensis*	Article	Li Ning	Lu Changhu	2014, 29（5）	Ecological Research	SCI	1	1.513	
30	Coastal wetland vegetation classification with a Landsat Thematic Mapper image	Article	Zhang Yinlong	Lu Dengsheng	2011, 32（2）	International Journal of Remote Sensing	SCI	8	1.359	
31	Biomass production and carbon stocks in poplar-crop intercropping systems: a case study in northwestern Jiangsu, China	Article	Fang Shengzuo	Fang Shengzuo	2010, 79（2）	Agroforestry Systems	SCI	9	1.24	
32	Semi-supervised Ultrasound Image Segmentation Based on Direction Energy and Texture Intensity	Article	Yun Ting	Yun Ting	2012, 6（3）	Applied Mathematics & Information. Sciences	SCI	1	1.232	
33	Effects of salt-drought stress on growth and physiobiochemical characteristics of *Tamarix chinensis* seeding	Article	Liu Junhua	Fang Yanming	2014, 2014	The Scientific World Journal	SCI	1	1.219	
34	Soil labile organic carbon at different land uses under reclaimed land area from Taihu lake	Article	Wang Ying	Ruan Honghua	2010, 175（12）	Soil science	SCI	9	1.201	
35	Changes in Chemical Composition and Spectral Characteristics of Dissolved Organic Matter From Soils Induced by Biodegradation	Article	Bu Xiaoli	Bu Xiaoli	2014, 179（4）	Soil Science	SCI	—	1.201	
36	An optimization approach to the two-circle method of estimating ground-dwelling arthropod densities	Article	Shi Peijian	Shi Peijian	2014, 97（2）	Florida Entomologist	SCI	1	1.056	

（续）

序号	论文名称	论文类型	第一作者	通讯作者	发表刊次（卷期）	发表刊物名称	收录类型	他引次数	期刊SCI影响因子	备注
37	Short-term effects of thinning intensity on scenic beauty values of different stands	Article	Deng Scngqiu	Guan Qingwei	2013, 18（3）	Journal of Forest Research	SCI	3	1.009	
38	Enzymatic activity and nutrient availability in the rhizosphere of poplar plantations treated with fresh grass mulch	Article	Fang Shengzuo	Fang Shengzuo	2010, 56（3）	Soil Science and Plant Nutrition	SCI	4	0.99	
39	Effects of soil mesofauna and microclimate on nitrogen dynamics in leaf litter decomposition along an elevation gradient	Article	Wang Shaojun	Ruan Honghua	2011, 10（35）	African Journal of Biotechnology	SCI	—	0.9	
40	Unhatched and hatched eggshells of the Chinese cobra Naja atra	Article	Wang Zheng	Ji Xiang	2014, 5（4）	Asian Herpetological Research	SCI	—	0.671	
合计						SCI影响因子 92.805		他引次数 274		

Ⅱ-5 已转化或应用的专利（2012—2014年）

序号	专利名称	第一发明人	专利申请号	专利号	授权（颁证）年月	专利受让单位	专利转让合同金额（万元）
1	一种便携式竹或树兜清理机	刘国华	—	ZL201110175816.4	201109	江苏金叶子生物科技有限公司	20
2	竹子专用采伐机	刘国华	—	ZL201110361070.6	201109	江苏金叶子生物科技有限公司	20
3	一种地被竹工厂化育苗方法	王福升	201110390327.0	—	—	—	—
4	一种小蓬竹组织培养快速繁殖方法	郭婷婷	201310205554.0	—	—	—	—
5	"森林生态系统净初生产力在线查询系统"软件著作权	阮宏华	—	2014SR039007	201404	—	—
6	"苏州市吴中区高速公路绿道次生演替群落植物模式设计"文字著作权	阮宏华	—	苏作登字-2014-A-00015620	201405	—	—
合计						专利转让合同金额（万元）	40

Ⅲ 人才培养质量

Ⅲ-1 优秀教学成果奖（2012—2014 年）

序号	获奖级别	项目名称	证书编号	完成人	获奖等级	获奖年度	参与单位数	本单位参与学科数
1	国家级	基于"链式理论"的园林专业系列教材建设	201318	严　军	二等奖	2014	1	2（7）
2	省级	依托优势学科培养林学本科拔尖创新人才的探索和实践	—	阮宏华	二等奖	2013		3（2）
3	江苏省优秀硕士学位论文	苏北沿海不同土地利用方式土壤氮矿化动态	—	陈书信	—	2014	1	1
合计	国家级	一等奖（个）	—	二等奖（个）	1	三等奖（个）	—	
	省级	一等奖（个）	—	二等奖（个）	1	三等奖（个）	—	

Ⅲ-3 本学科获得的全国、省级优秀博士学位论文情况（2010—2014 年）

序号	类型	学位论文名称	获奖年月	论文作者	指导教师	备注
1	省级	苏南丘陵山区主要森林类型防水蚀功能评价	201209	黄　进	张金池	
合计	全国优秀博士论文（篇）		—	提名奖（篇）		—
	省优秀博士论文（篇）			1		

Ⅲ-4 学生国际交流情况（2012—2014 年）

序号	姓名	出国（境）时间	回国（境）时间	地点（国家/地区及高校）	国际交流项目名称或主要交流目的
1	何冬梅	201306	201406	美国德州农工大学	土地利用形态对土壤有机质
2	黄　玮	201108	201203	美国 New Hampshire 大学	武夷山不同海拔溪流 DOC 时空分异规律研究
3	李媛媛	201503	未回国	美国佐治亚大学	人工林微生物多样性
4	吴国训	2013	2014	美国南密西西比大学	全球气候变化与人工林生产力
5	张　波	201107	未回国	美国 Miami 大学	森林水文调控机制研究
6	戚维隆	201411	201412	阿根廷 Tucuman 大学	入侵植物女贞的生态位研究
合计	学生国际交流人数			6	

Ⅲ-5 授予境外学生学位情况（2012—2014 年）

序号	姓名	授予学位年月	国别或地区	授予学位类别
1	Nguyen Hai Ha	201107	越南	学术学位博士
合计	授予学位人数	博士	1	硕士　—

5.3.2 学科简介

1. 学科基本情况与学科特色

（1）学科基本情况

南京林业大学生态学科创建于 1952 年，经过 60 年的建设，成为在国内外享有较高学术地位的国家级重点学科。1981 年成为国家首批博士学位授予点，1989 年成为教育部首批国家级重点学科，2001 年、2006 年先后两次被评为教育部国家级重点学科。1985 年设立国家林业局"下蜀森林生态系统定位研究站"；1995 年设立国家林业局"生态工程重点开放实验室"；2005 年经江苏省教育厅批准设立"江苏省林业生态工程重点实验室"。与林学学科共建"国家级林学实验教学示范中心"。2011 年，生态学科调整为一级学科博士点。学科研究方向：包括森林生态学、土壤生态学、恢复生态学、湿地生态学和城市生态学。

近五年来，主持"973"国家重点基础研究课题和专题，国家"十一五"科技支撑计划课题，国家自然科学基金等国家、省部级课题 30 项，合同经费达 4 300 多万元，获国家科技进步奖二等奖 2 项、省部级科学技术二等奖 2 项，省级科学技术三等奖 3 项。取得鉴定成果 10 项。授权"一种便携式竹或树篼清理机"等发明专利或软件著作权 6 项。发表中文核心期刊论文 700 多篇，SCI、EI 论文共计 50 多篇。

学科注重国内外学术交流与国际合作，先后与美国 North Carolina State University、加拿大 University of British Columbia、日本东京农工大学和南京大学、中国林业科学研究院等 10 多所国内外著名大学、研究机构建立了长期合作关系。5 年来，有 40 多人次国外著名专家来本学科访问、讲学及开展合作研究；邀请 30 多位中国科学院和工程院院士及著名学者来本学科讲学、开展合作研究；主办或协办了 3 次国际学术会议和 8 次国内学术会议。同时，派出 50 余人次到国外进修、合作研究及参加国际学术会议。

近 5 年来，学科共获江苏省投入的国家级重点学科、江苏省优势学科和江苏省重点实验室建设经费 3 000 多万元，购置了等离子发射光谱仪、气相色谱仪、LI-6400 光合测定系统等一批较为先进的仪器设备，为学科承担国家和省部级重大科研项目起到支撑作用。

（2）学科特色

① 学科特色。以森林为对象，以森林生态系统结构和功能、困难立地植被恢复、防护林构建、人工林生态调控为研究重点，形成鲜明的森林生态学研究特色；研究森林土壤生态系统对气候变化的响应和适应机理和森林碳汇计量；湿地生态保护、水岸植被缓冲带结构与功能、城市绿地景观格局与结构配置以及生态学与社会学交叉领域研究等也是本学科特色。

② 学科优势。在困难立地森林植被恢复机理与重建技术、土壤的生物和生态学过程以及对全球气候变化的响应和适应机制、人工林生态调控、山丘区水土流失治理、防护林体系构建等领域的研究具有明显优势。拥有国家林业局生态工程重点开放实验室和江苏林业生态工程重点实验室、2 个国家林业局生态研究站、湿地生态研究中心和森林碳汇计量中心等学术平台。学科设备先进、设施完善，在同类学科中具有明显优势。

2. 社会贡献

学科专家学者积极参与国家和地方相关规划、行业标准和条例的制定，包括森林生态系统定位观测指标体系、生态江苏发展规划研究、江苏省公益林条例等，为国家和地方环境保护和生态建设作出显著的贡献。

学科以项目研发为载体，在注重理论的原始创新基础上，高度重视成果的转化与技术推广，为地方创造了巨大的经济效益和生态效益。把"麋鹿与丹顶鹤保护及栖息地恢复技术研究"的研究成果成功应用于大丰麋鹿自然保护区资源管理和栖息地恢复实践中，在保护区建立试验示范区 10hm²，有效扩大了麋鹿种群的栖息地范围，达 2 666.7hm²，野放回归种群数量达 118 头。同时也在河南原阳、泰州姜堰等地实现异地分群放养。应用项目研究成果，在丹顶鹤自然保护区核心区周边建立了浅水芦苇湿地 300hm²，生态养殖塘 200hm²，有效减缓了丹顶鹤越冬种群栖息面积不足的压力，探索出一条湿地自然保护与周边社区经济发展互利共惠的新途径，并为类似的沿海自然保护区提供示范功能。"长江中下游山丘区森林植被恢复与重建技术"研究成果，建立了 30 多种植被恢复与重建的模式，在安徽、江西、江苏等省推广 60万hm²，产生直接经济效益 14 亿元。

（续）

　　承办或协办"国际湿地生态工程学术研讨会"等国际学术会议 3 次，协办"首届中国湖泊论坛"，主办 4 届"江苏省生态文明建设高层学术论坛"，积极展示湿地恢复研究成果，弘扬生态文明建设文化，学科的学术地位和知名度在国内外得到有效提升。主办水土保持方案编制培训班 3 次，分别为江苏南京、安徽蚌埠、四川攀枝花林业或园林局干部职工举办高校选课培训，参加人数达 600 人次，为地方林业和生态环境建设提供科技支撑和咨询服务。充分发挥学科人才优势，主办了以"走进低碳生活，拥抱绿色未来"等主题的四次大型科普活动，参与人数达 3 万余人次，累计征集小论文 2 万余篇，多家新闻媒体均作了现场报道。该活动也进一步塑造了江苏省生态教育的特色，在全省起到了示范和辐射作用。

　　学科带头人薛建辉教授是第六届国务院学科组评议成员，中国生态学会副理事长，中国林学会森林生态分会副主任委员，生态学杂志副主编，江苏省人大常委，江苏省民盟副主委。李萍萍教授现任江苏省生态学会副理事长，中国农业机械学会副理事长。张金池教授现任江苏省水土保持学会理事长，中国林学会森林水文与流域治理专业委员会副主任委员。阮宏华教授现任第七届国务院学科组评议成员，江苏省生态学会理事长，江苏省政协委员。城市生态学方向关庆伟教授入选江苏省"六大人才高峰"高层次人才项目。

5.4　中南林业科技大学

5.4.1　清单表

Ⅰ　师资队伍与资源

序号	专家类别	专家姓名	出生年月	获批年月	备注
	Ⅰ-1　突出专家				
1	千人计划	刘曙光	196312	201208	
2	教育部新世纪人才	项文化	196702	200702	
3	教育部新世纪人才	闫文德	196909	201002	
4	享受政府特殊津贴人员	赵运林	195908	200904	
5	享受政府特殊津贴人员	吴晓芙	195309	199702	
6	享受政府特殊津贴人员	田大伦	193907	199210	
7	享受政府特殊津贴人员	康文星	194712	199810	
8	享受政府特殊津贴人员 / 湖南省"百人计划"	谌小勇	195812	201003	
合计	突出专家数量（人）		8		

序号	团队类别	学术带头人姓名	带头人出生年月	资助期限
	Ⅰ-2　团队			
1	湖南省高校科技创新团队	项文化	196702	200901—201212
2	湖南省自然科学创新研究群体	闫文德	196909	201401—201612
合计	团队数量（个）		2	

类型	数量	类型	数量	类型	数量
		Ⅰ-3　专职教师与学生情况			
专职教师数	40	其中，教授数	15	副教授数	14
研究生导师总数	29	其中，博士生导师数	12	硕士生导师数	29
目前在校研究生数	137	其中，博士生数	26	硕士生数	111
生师比	4.7	博士生师比	2.2	硕士生师比	3.8
近三年授予学位数	85	其中，博士学位数	10	硕士学位数	75

I-4　重点学科					
序号	重点学科名称	重点学科类型	学科代码	批准部门	批准年月
1	生态学	二级重点（培育）学科	071012	教育部	200711
2	生态学	二级重点学科	071012	湖南省教育厅	200311
3	生态学	二级重点学科	071012	国家林业局	200610
4	生态学	二级重点学科	071012	湖南省教育厅	200701
5	生态学	一级重点学科（优势特色重点学科）	0713	湖南省教育厅	201112
合计	二级重点学科数量（个）	国家级	1	省部级	3

I-5　重点实验室				
序号	实验室类别	实验室名称	批准部门	批准年月
1	国家工程实验室	南方林业应用技术国家工程实验室	国家发展和改革委员会	200810
2	国家级野外科学观测研究站	湖南会同杉木林生态系统国家野外科学观测研究站	科技部	200611
3	湖南省重点实验室	城市森林生态湖南省重点实验室	湖南省科技厅	200609
4	湖南省高等学校重点实验室	亚热带森林生态湖南省高校重点实验室	湖南省教育厅	200312
5	湖南省高等学校重点实验室	土水污染控制与资源化技术湖南省高校重点实验室	湖南省教育厅	200806
合计	重点实验数量（个）	国家级	2	省部级	3

Ⅱ 科学研究

Ⅱ-1 近五年（2010—2014年）科研获奖

序号	奖励名称	获奖项目名称	证书编号	完成人	获奖年度	获奖等级	参与单位数	本单位参与学科数
1	湖南省科技进步奖	组合人工湿地污水处理技术开发与产业化应用	20114025-J1-214-R01	吴晓芙	2011	一等奖	1	1
2	湖南省科技进步奖	泡桐大径材速生丰产林养分效应与专用肥研究与示范	20114100-J2-214-R01	吴晓芙	2011	二等奖	1	1
3	湖南省自然科学奖	酸雨与重金属对土壤－农作物系统的复合污染及影响因素	20133049-Z3-216-R02	廖柏寒	2013	三等奖	2（1）	1

合计	科研获奖数量（个）		特等奖	一等奖	二等奖	三等奖
		国家级	—	—	—	—
		省部级		1	1	1

Ⅱ-2 代表性科研项目（2012—2014年）

Ⅱ-2-1 国家级、省部级、境外合作科研项目

序号	项目来源	项目下达部门	项目编号	项目级别	项目名称	负责人姓名	项目开始年月	项目结束年月	项目合同总经费（万元）	属本单位本学科的到账经费（万元）
1	国家自然科学基金	国家自然科学基金委员会	31070410	面上项目	多环芳烃在城市森林干湿沉降中的生态过程研究	闫文德	201001	201312	32	32
2	国家自然科学基金	国家自然科学基金委员会	311070426	面上项目	亚热带树种根系觅养生态位分异及产量变动态规律	项文化	201101	201412	60	60
3	国家自然科学基金	国家自然科学基金委员会	31200346	青年项目	混交林不同年龄阶段地下根系生态位的竞争与分化	雷丕锋	201201	201412	26	26

（续）

序号	项目来源	项目下达部门	项目级别	项目编号	项目名称	负责人姓名	项目开始年月	项目结束年月	项目合同总经费（万元）	属本单位本学科的到账经费（万元）
4	国家自然科学基金	国家自然科学基金委员会	青年项目	31300524	根际微生物群落特征影响亚热带森林细根分解的机理	曾叶霖	2014	2016	23	23
5	国家自然科学基金	国家自然科学基金委员会	面上项目	31470629	亚热带典型森林土壤可溶性有机氮特征与转化淋溶机制	彭佩钦	201401	201612	80	80
6	部委级科研项目	科技部	一般项目	2011BAD38B0604	西南及中南低山区水土保持型农林复合系统调控技术研究	闫文德	201101	201312	120	120
7	部委级科研项目	科技部	一般项目	2012BAC09B03-4	铝锌矿区废弃地植被生态修复与安全屏障建设技术试验示范	吴晓芙	201201	201512	194	194
8	部委级科研项目	科技部	一般项目	2012GS430203	株洲清水塘重金属污染区绿色园生态恢复重建技术应用示范	吴晓芙	201201	201412	200	200
9	部委级科研项目	科技部	一般项目	GW2012926	湖南会同杉木林生态系统国家野外科学观测研究站台站运行服务	项文化	201201	201312	42	42
10	部委级科研项目	科技部	一般项目	2013FA32190	南岭森林土壤甲烷吸收及其检测技术合作研究	沈 燕	201301	201512	200	200
11	部委级科研项目	科技部	一般项目	20131223	国家生态网络研究建设会同国家站研究	项文化	201301	201312	17	17
12	部委级科研项目	科技部	一般项目	20141027-10	国家生态系统观测研究网络平台运行服务项目	项文化	201401	201512	72	72
13	部委级科研项目	科技部	一般项目	2013zx07504-001-02-01	铝锌矿采选业污染综合防治技术评估与示范	陈永华	201301	201512	80	80

（续）

序号	项目来源	项目下达部门	项目级别	项目编号	项目名称	负责人姓名	项目开始年月	项目结束年月	项目合同总经费（万元）	属本单位本学科的到账经费（万元）
14	部委级科研项目	科技部	一般项目	200804006	华南主要森林优势种群净生产力多尺度长期观测与评价研究	黄志宏	200901	201212	10	10
15	国家"973"课题	科技部	一般项目	2010CB833504-X	湖南省典型人工林碳氮水通量空间分异规律及对气候变化响应模拟预测	彭长辉	201001	201412	20	20
16	国家"973"子课题	科技部	一般项目	2010CB833501-01-17	会同亚热带杉木林生态系统碳水通量观测研究	项文化	201001	201412	10	10
17	部委级科研项目	科技部	一般项目	201358411	会同杉木人工林生态系统碳氮水通量观测	赵仲辉	201301	201612	10	10
18	部委级科研项目	科技部	一般项目	2013/5/1	会同杉木人工林生态系统碳氮水通量观测	赵仲辉	201401	201712	10	10
19	部委级科研项目	科技部	一般项目	1013-12-15	会同杉木人工林生态系统碳水通量观测	赵仲辉	201401	201512	4	4
20	部委级科研项目	国家林业局、科技部、财政部	重点项目	201104009	森林生态系统碳氮水耦合观测、模拟与应用技术	田大伦	201101	201512	588	588
21	部委级科研项目	国家林业局、科技部、财政部	一般项目	200804030	亚热带森林生态系统碳通量及其驱动机制研究	闫文德	200801	201212	240	240
22	部委级科研项目	国家林业局、科技部、财政部	一般项目	201204512	南方几种森林类型公益林经营技术研究	张合平	201201	201612	140	140
23	部委级科研项目	国家林业局、科技部、财政部	一般项目	201304317	亚热带饮生阔叶林结构及生态功能研究	项文化	201301	201512	190	190
24	部委级科研项目	国家林业局、科技部、财政部	一般项目	201404316	亚热带人工林固碳潜力及增汇途径研究	闫文德	201401	201712	125	125

（续）

序号	项目来源	项目下达部门	项目级别	项目编号	项目名称	负责人姓名	项目开始年月	项目结束年月	项目合同总经费（万元）	属本单位的本学科的到账经费（万元）
25	部委级科研项目	国家林业局、科技部、财政部	一般项目	200904031-01	喀斯特地区城市森林碳吸存分析	闫文德	200901	201312	48	48
26	部委级科研项目	国家林业局、科技部、财政部	一般项目	201104005	典型森林植被对水资源形成过程的调控研究	闫文德	201101	201312	48	48
27	部委级科研项目	国家林业局、科技部、财政部	一般项目	201304406	杜仲主要食叶害虫综合防控技术研究	闫文德	201301	201712	25	25
28	部委级科研项目	国家林业局	一般项目	2010/4/3	人工林经营决策智能化三元混合通量模型的技术引进	彭长辉	201001	201312	50	50
29	部委级科研项目	国家林业局	一般项目	20130457	森林甲烷检测与模拟技术合作研究	沈 燕	201301	201512	50	50
30	部委级科研项目	国家林业局	一般项目	2014-4-62	耐重金属胁迫木本植物快速筛选技术体系引进	朱 凡	201401	201812	50	50
31	部委级科研项目	国家林业局	一般项目	20080408	国家林业局石漠化定位监测项目	邓湘雯	200801	201512	45	45
32	部委级科研项目	国家林业局	一般项目	2009-81	湖南会同国家级森林生态系统定位研究项目	田大伦	200901	201212	141	141
33	部委级科研项目	国家林业局	一般项目	2008-81	湘中岩溶地区石漠化综合治理技术推广	田大伦	200901	201312	30	30
34	部委级科研项目	国家林业局	一般项目	[2010]42号	困难地（紫色砂砾岩山地、矿区废弃地）森林植被恢复技术推广	田大伦	201001	201212	45	45
35	部委级科研项目	国家林业局	一般项目	[2010]43号	湿地技术在重金属污染区植被修复中的推广应用	吴晓芙	201001	201212	35	35

（续）

序号	项目来源	项目下达部门	项目级别	项目编号	项目名称	负责人姓名	项目开始年月	项目结束年月	项目合同总经费（万元）	属本单位本学科的到账经费（万元）
36	部委级科研项目	国家林业局	一般项目	[2011] 22 号	薜荔新品系繁育与栽培技术示范推广	闫文德	201101	201312	35	35
37	部委级科研项目	国家林业局	一般项目	[2012] 61	湘江流域山丘区红壤重金属污染区森林植被恢复技术推广	方 晰	201201	201412	50	50
38	部委级科研项目	国家林业局	一般项目	[2012] 64	困难地栎树定向培育技术推广	朱 凡	201201	201412	50	50
39	部委级科研项目	国家林业局	一般项目	[2014] 52	湘西南石漠化地区植被恢复模式优化技术推广	邓湘雯	201401	201612	50	50
40	部委级科研项目	国家林业局	一般项目	—	中国绿化基金，湖南、四川、河南、江西省能源林碳汇计量与监测	康文星	200901	201212	43	43
41	部委级科研项目	国家林业局	一般项目	—	石漠化植被恢复效益监测	邓湘雯	201201	201312	10	10
42	部委级科研项目	国家林业局	一般项目	20138843	湘西南石漠化植被恢复植物多样性与碳汇效益	邓湘雯	201301	201612	10	10
43	部委级科研项目	国家林业局	一般项目	2013-R09	城市森林生态效益评估及数字化管理策略研究	梁小翠	201301	201512	5	5
44	部委级科研项目	国家林业局	一般项目	2013-R10	湖南集体林权制度改革的绩效评价研究	余 蓉	201301	201512	5	5
45	部委级科研项目	国家林业局	一般项目	2014-R11	湖南省森林综合效益的计量及评价	方 晰	201401	201512	10	10
46	部委级科研项目	环境保护部	一般项目	200909066	长株潭矿区污染控制与生态修复技术研究	吴晓芙	200901	201312	353	353

（续）

序号	项目来源	项目下达部门	项目级别	项目编号	项目名称	负责人姓名	项目开始年月	项目结束年月	项目合同总经费（万元）	属本单位本学科的到账经费（万元）
47	部委级科研项目	环境保护部	一般项目	201009047	重金属污染耕地农业利用风险控制技术研究	廖柏寒	201001	201412	368	368
48	部委级科研项目	农业部、财政部	一般项目	XNYL2014-112-2	水稻镉吸收、运输与积累机理研究	廖柏寒	201401	201612	160	160
49	部委级科研项目	农业部、财政部	一般项目	XNYL2014-112-4	稻米镉污染防控技术集成与示范	廖柏寒	201401	201612	180	180
50	部委级科研项目	教育部	新世纪优秀人才计划	NCET-10-0151	城市森林生态系统碳吸存及测算技术研究	闫文德	200901	201212	50	50
51	全国教育科学规划课题	教育部	一般项目	2013M540646	亚热带不同树种土壤微生物群落结构及其对细根分解影响	曾叶霖	201301	201412	8	8
52	部委级科研项目	教育部	一般项目	—	细根混合分解加与非叠加效应切割及调控机理	项文化	201301	201512	12	12
53	部委级科研项目	教育部	一般项目	ZG00373	教育部"专业综合改革项目"	王光军	201301	201412	30	30
54	境外合作科研项目	Martin Luther 大学、中国科学院植物研究所	一般项目	FOR891/1	中德森林生物多样性与功能试验项目	项文化	200901	201212	10	10
55	境外合作科研项目	Robert Bosh Foundation（德国）	一般项目	—	The effect of tree diversity on phosphorus cycling in subtropical and temperate soils	Juergen Bauhus、项文化	201201	201312	10	10
56	省级自然科学基金项目	湖南省自然科学基金	一般项目	10JJ3003	樟树林生态系统土壤 CO_2 通量及其驱动机制的研究	朱 凡	201001	201212	2	2

（续）

序号	项目来源	项目下达部门	项目级别	项目编号	项目名称	负责人姓名	项目开始年月	项目结束年月	项目合同总经费（万元）	属本单位本学科的到账经费（万元）
57	省科技厅项目	湖南省科技厅	一般项目	2011SK3120	湘中地区养殖场面源重金属污染的植物修复及阻隔技术	方 晰	201101	201212	3	3
58	省科技厅项目	湖南省科技厅	一般项目	—	城市森林生态湖南省重点实验室运行经费	闫文德	201301	201312	10	10
合计										
数量（个）	55				项目合同总经费（万元）	4 509			属本单位本学科的到账经费（万元）	4 509

II-2-2 其他重要科研项目

序号	项目来源	合同签订/项目下达时间	项目名称	负责人姓名	项目开始年月	项目结束年月	项目合同总经费（万元）	属本单位本学科的到账经费（万元）
1	广东省林业调查规划院	201405	深圳市龙华新区绿化资源调查项目	项文化	201405	201412	12	12
2	广东省林业调查规划院	201405	深圳市南山区绿化资源调查项目	雷丕锋	201405	201412	17.7	17.7
3	广东省林业调查规划院	201405	深圳市宝安区绿化资源调查项目	张胜利	201405	201412	17	17
4	广东省林业调查规划院	201405	深圳市罗湖区绿化资源调查项目	邓湘雯	201405	201412	10.5	10.5
5	广东省林业调查规划院	201405	深圳市福田区绿化资源调查项目	黄志宏	201405	201412	10	10
6	广东省林业调查规划院	201405	深圳市盐田区绿化资源调查项目	邓湘雯	201405	201412	7.3	7.3
7	黄桑国家级自然保护区	201404	黄桑国家级自然保护区城市生态旅游规划	王光军	201404	201412	25	25
8	湖南省住房和城乡建设厅	201401	湖南地区城市立体绿化体系综合功能效益及系统规划设计的研究	张合平	201401	201612	10	10
9	河南省林业科学研究院	201401	豫东农林复合生态系统碳储量研究	闫文德	201401	201412	12	12
10	广东省岭南综合勘察设计院	201301	清远市属国营林场林地林木资产评估	邓湘雯	201301	201512	30	30

（续）

序号	项目来源	合同签订/项目下达时间	项目名称	负责人姓名	项目开始年月	项目结束年月	项目合同总经费（万元）	属本单位本学科的到账经费（万元）
11	广东省林业调查规划院	201201	国家森林资源和生态状况综合监测试点专项调查	项文化	201201	201212	50	50
12	兴宁市林业局	201201	广东省林业碳汇计量监测体系建设试点	项文化	201201	201212	30	30
13	广东省岭南综合勘察设计院	201201	兴宁市林地保护数据库建设	项文化	201201	201212	18.6	18.6
14	广东省林业调查规划院	201201	编制征占用林地可研报告（东莞）技术服务和野外调查合作协议书	邓湘雯	201201	201212	13.3	13.3
15	湖南省林业厅	201201	广东省岭南森林资源清查项目	朱 凡	201201	201312	8	8
16	株洲市云龙示范区管委会	201101	湖南省生态公益林森林植被碳储量研究	田大伦	201101	201212	185	185
17	长沙市政府	201101	株洲云龙示范区森林生态及园林绿地系统规划	田大伦	201101	201212	45	45
18	湖南省教育厅	201201	长沙市创建生态文明示范城市研究	王光军	201201	201412	30	30
19	湖南省教育厅	201201	湖南省普通高校"十二五"专业综合改革试点	陈建国	201201	201412	3	3
20	湖南省教育厅	201201	樟树林地腐生物在土壤团聚体固碳作用中的生态学过程研究	闫文德	201201	201512	6	6
21	湖南省教育厅	201201	亚热带典型森林生态系统碳汇功能研究	朱 凡	201201	201412	8	8
22	湖南省教育厅	201303	栾树细根生长和周转与多环芳烃交互作用机理研究	沈 燕	201301	201412	10	10
23	湖南省教育厅	201401	冰雪灾害后常绿阔叶林植被恢复	雷丕锋	201401	201612	1.5	1.5
24	湖南省教育厅	201401	湖南省普通高等学校青年骨干教师培养对象	雷丕锋	201401	201712	4	4
25	湖南省教育厅	201401	杉木林根系生长与周转及其对气候变化的响应	王光军	201401	201412	6	6
26	湖南省财政厅	201401	施肥对杉木林C：N：P生态化学计量特征的研究	朱 凡	201401	201812	6	6

II-2-3　人均科研经费

人均科研经费（万元/人）	127.5

II-3　本学科代表性学术论文质量

II-3-1　近五年（2010—2014年）国内收录的本学科代表性学术论文

序号	论文名称	第一作者	通讯作者	发表刊次（卷期）	发表刊物名称	收录类型	中文影响因子	他引次数
1	湖南会同5个亚热带树种的细根构型及功能特征分析	刘佳	项文化	2010（8）	植物生态学报	CSCD	2.022	39
2	中亚热带森林植物多样性增加导致细根生物量"超产"	刘聪	项文化	2011（5）	植物生态学报	CSCD	2.022	29
3	湖南省杉木林植被碳贮量、碳密度及碳吸存潜力	李斌	方晰	2013（3）	林业科学	CSCD	1.512	5
4	亚热带4种森林凋落物数量及其动态特征	徐旺明	闫文德	2013（23）	生态学报	CSCD	2.233	2
5	中亚热带石栎-青冈群落种组成、结构及其区系特征	赵丽娟	项文化	2013（12）	林业科学	CSCD	1.512	4
6	长沙市区马尾松人工林生态系统碳储量及其空间分布	巫涛	田大伦	2012（13）	生态学报	CSCD	2.233	19
7	湘中丘陵区4种森林类型土壤有机碳和可矿化有机碳的比较	辜翔	方晰	2013（10）	生态学杂志	CSCD	1.635	2
8	4种绿化树种盆栽土壤微生物对柴油污染应及对PAHs的修复	闫文德	闫文德	2012（7）	生态学报	CSCD	2.233	1
9	长沙城市森林土壤7种重金属含量特征及其潜在生态风险	方晰	方晰	2012（23）	生态学报	CSCD	2.233	8
10	2种土组配改良剂对稻田土壤重金属有效性的效果	周航	廖柏寒	2014（2）	中国环境科学	CSCD	1.523	5
11	4种木本植物在潜流人工湿地环境下的适应性与去污效果	陈永华	吴晓芙	2014（4）	生态学报	CSCD	2.233	1
12	PAHs污染土壤植物修复对酶活性的影响	朱凡	朱凡	2014（2）	生态学报	CSCD	2.233	1
13	湘潭锰矿废弃地不同林龄栾树人工林碳储量变化趋势	田大伦	田大伦	2014（4）	生态学报	CSCD	2.233	3
14	氮素添加对樟树林土壤微生物的影响	郁培义	朱凡	2013（8）	环境科学	CSCD	1.541	4
15	施氮对亚热带樟树林土壤呼吸的影响	郑威	闫文德	2013（11）	生态学报	CSCD	2.233	3
16	中亚热带4种森林类型土壤有机碳氮贮量及分布特征	路翔	项文化	2012（3）	水土保持学报	CSCD	1.712	22
17	喀斯特地区不同植被恢复模式幼林生态系统碳量及其空间分布	田大伦	田大伦	2011（9）	林业科学	CSCD	1.512	20
18	喀斯特城市杨树人工林微量元素的生物循环	王新凯	田大伦	2011（13）	生态学报	CSCD	2.233	4
19	湘西南石漠化地区不同植被恢复模式的土壤有机碳研究	徐杰	邓湘雯	2012（6）	水土保持学报	CSCD	1.612	1
20	地形、邻株植物及自身大小对红椎幼生长与存活的影响	童跃伟	项文化	2013（3）	生物多样性	CSCD	2.456	2
合计					中文影响因子 39.156		他引次数	175

Ⅱ-3-2 近五年（2010—2014年）国外收录的本学科代表性学术论文

序号	论文名称	论文类型	第一作者	通讯作者	发表刊次（卷期）	发表刊物名称	收录类型	他引次数	期刊SCI影响因子	备注
1	Use of near-infrared reflectance spectroscopy to predict species composition in tree fine-root mixtures	Article	雷丕锋	雷丕锋	2010, 333	Plant and Soil	SCI	14	3.235	
2	Soil N forms and gross transformation rates in Chinese subtropical forests dominated by different tree species	Article	曾叶霖	项文化	2014, 384	Plant and Soil	SCI	1	3.235	
3	Standing fine root mass and production in four Chinese subtropical forests along a succession and species diversity gradient	Article	刘聪	项文化	2014, 376	Plant and Soil	SCI	3	3.235	
4	Soil microbial biomass carbon and nitrogen in pure and mixed stands of *Pinus massoniana* and *Cinnamomum camphora* differing in stand age	Article	文丽	雷丕锋	2014, 328	Forest Ecology and Management	SCI	—	2.667	
5	Effects of combined amendments on heavy metal accumulation in rice (*Oryza sativa* L.) planted on contaminated paddy soil	Article	周航	廖柏寒	2014, 101	Ecotoxicol. Environ. Saf	SCI	6	2.482	
6	Diagnosing climate change and hydrological responses in the past decades for a minimally-disturbed headwater basin in South China	Article	吴一平	闫文德	2014, 28	Water Resources Management	SCI	1	2.463	
7	Applying an artificial neural network to simulate and predict Chinese fir (*Cunninghamia lanceolata*) plantation carbon flux in subtropical China	Article	温旭丁	邓湘雯	2014, 294	Ecological Modelling	SCI	—	2.07	
8	Prediction of tree species composition in fine root mixed samples using near-infrared reflectance spectroscopy	Article	童洁	项文化	2014, 148	Plant Biosystems	SCI	—	1.912	
9	Variations of wood basic density with tree age and social classes in the axial direction within *Pinus massoniana* stems in Southern China	Article	邓湘雯	邓湘雯	2014, 71	Annals of Forest Science	SCI	1	1.536	

（续）

序号	论文名称	论文类型	第一作者	通讯作者	发表刊次（卷期）	发表刊物名称	收录类型	他引次数	期刊SCI影响因子	备注
10	Soil CO_2 flux in different types of forests under a subtropical microclimatic environment	Article	闫文德	谌小勇	2014，24	Pedosphere	SCI	2	1.379	
11	Polyhydroxyl-aluminum pillaring improved adsorption capacities of Pb^{2+} and Cd^{2+} onto diatomite	Article	朱健	朱健	2014，21（6）	J. Cent. South Univ	SCI	—	0.464	
12	Effects of increased nitrogen deposition and rotation length on long-term productivity of Cunninghamia lanceolata plantation in southern China	Article	赵梅芳	项文化	2013，9（2）	Plos One	SCI	2	3.73	
13	Assessment of heavy metal contamination and bioaccumulation in soybean plants from mining and smelting areas of southern Hunan province, China	Article	周航	廖柏寒	2013，32（12）	Environ. Tox. Chem	SCI	7	2.826	
14	Application of TRIPLEX model for predicting Cunninghamia lanceolata and Pinus massoniana forest stand production in Hunan Province, southern China	Article	赵梅芳	项文化	2013，250	Ecological Modelling	SCI	2	2.326	
15	Microbial biomass, activity, and community structure in horticultural soils under conventional and organic management strategies	Article	彭佩钦	彭佩钦	2013，58	Europ. J. Soil Biol	SCI	4	2.146	
16	Plant phenological modeling and its application in global climate change research: overview and future challenges	Review	赵梅芳	彭长辉	2013，21（1）	Environmental Reviews	SCI	8	1.705	
17	Differences in fine root traits between early and late successional tree species in a Chinese subtropical forest	Article	项文化	项文化	2013，86（3）	Forestry	SCI	2	1.677	
18	Impacts of changed litter inputs on soil CO_2 efflux in three forest types in central south China	Article	闫文德	谌小勇	2013，58	Chinese Science Bulletin	SCI	3	1.321	
19	Analysis of the Adsorption Behavior of Cadmium on Aluminium-Pillared Diatomite in a Solid/Liquid System Using Classical Adsorption Theory	Article	朱健	朱健	2013，31（8）	Adsorp. Sci. Technol	SCI	—	0.93	

（续）

序号	论文名称	论文类型	第一作者	通讯作者	发表刊次（卷期）	发表刊物名称	收录类型	他引次数	期刊SCI影响因子	备注
20	Decontamination efficiency and root structure change in the plant- intercropping model in vertical-flow constructed wetlands	Article	陈永华	吴晓芙	2013, 7 (12)	Front. Environ. Sci. Eng.	SCI	—	0.881	
21	Secondary forest floristic composition, structure, and spatial pattern in subtropical China	Article	项文化	项文化	2013, 18 (1)	Journal of Forest Research	SCI	4	0.838	
22	The effect of tree species diversity on fine-root production in a young temperate forest	Article	雷丕锋	雷丕锋	2012, 169	Oecologia	SCI	25	3.412	
23	Simulations of runoff and evapotranspiration in Chinese fir plantation ecosystems using artificial neural networks	Article	刘泽麟	彭长辉	2012, 226	Ecological Modelling	SCI	2	2.326	
24	Effects of applied urea and straw on various nitrogen fractions in two Chinese paddy soils with differing clay mineralogy	Article	彭佩钦	彭佩钦	2012, 48	Biology and Fertility of Soils	SCI	2	3.396	
25	Belowground facilitation and competition in young tree species mixtures	Article	雷丕锋	雷丕锋	2012, 265	Forest Ecology and management	SCI	25	2.487	
26	Determining stem biomass of *Pinus massoniana* L. through variations in basic density	Article	张丽云	邓湘雯	2012, 85	Forestry	SCI	4	1.337	
27	Tree species effects on fine root decomposition and nitrogen release in subtropical forests in southern China	Article	童洁	项文化	2012, 5 (3)	Plant Ecology and Diversity	SCI	—	1.036	
28	Adsorption of Pb^{2+} ions on diatomite modified by polypropylene acetamide and barium chloride in aqueous solution	Article	朱健	朱健	2012, 7 (24)	Afri. J. Microbiol. Res.	SCI	11	0.539	
29	Study on microbial community and diversity of an abscisic acid wastewater anaerobic granular sludge system	Article	赵希锦	赵希锦	2012, 6 (49)	Afri. J. Microbiol. Res.	SCI	—	0.539	
30	Study on the Identification and Bio-corrosion Behavior of one Anaerobic Thermophilic Bacterium Isolated from Dagang Oil Field	Article	赵希锦	赵希锦	2012, 6 (32)	Afri. J. Microbiol. Res.	SCI	2	0.539	

（续）

序号	论文名称	论文类型	第一作者	通讯作者	发表刊次（卷期）	发表刊物名称	收录类型	他引次数	期刊 SCI 影响因子	备注
31	Contribution of autotrophic and heterotrophic respiration to soil CO_2 efflux in Chinese fir plantations	Article	田大伦	谌小勇	2011，59	Australian Journal of Botany	SCI	9	1.681	
32	A long-term evaluation of biomass production in first and second rotations of Chinese fir plantations at the same site	Article	田大伦	谌小勇	2011，84（4）	Forestry	SCI	8	1.46	
33	General allometric equations and biomass partitioning of *Pinus massoniana* trees at regional scale in southern China	Article	项文化	项文化	2011，26（4）	Ecological Research	SCI	8	1.279	
34	Ion Adsorption Model Related to the Change in the Standard Chemical Potential of Adsorption Reactions	Article	吴晓芙	吴晓芙	2011，29（8）	Adsorp. Sci. Technol.	SCI	—	0.93	
35	Application of artificial neural networks in global climate change and ecological research: An overview	Review	刘泽麟	彭长辉	2010，（55）	Chinese Science Bulletin	SCI	3	1.321	
36	Soil respiration dynamics in *Cinnamomum camphora* forest and a nearby *Liquidambar formosana* forest in Subtropical China	Article	田大伦	田大伦	2010，（55）	Chinese Science Bulletin	SCI	4	1.321	
37	Effects of thinning and litter fall removed on fine root production and soil organic carbon content in Masson Pine plantations	Article	田大伦	闫文德	2010，20（4）	Pedosphere	SCI	5	1.379	
38	Removal of Cadmium from Red Soil by Electrokinetic Method	Article	汤春芳	汤春芳	2012	Advanced Materials Research	EI	—	—	
39	Short-term response of *Koelreuteria paniculata* seedlings to simulated soils polluted by Manganese mining wasteland in central south China	Article	赵坤	赵坤	2011	iCBBE2011.ISSN: 2151-7614	EI	—	—	
40	Impact of Cultivating *Cinnamomum camphora* (L.) Presl. on PAHs Dissipation in Diesel-contaminated Soils	Article	朱凡	朱凡	2011	RSETE，ISBN: 978-1-4244-9169-8	EI	—	—	
合计						SCI 影响因子		68.04	他引次数	168

II-5 已转化或应用的专利（2012—2014 年）

序号	专利名称	第一发明人	专利申请号	专利号	授权（颁证）年月	专利受让单位	专利转让合同金额（万元）
1	森林生长与水文数据自动集成检测装置	闫文德	201220291383.9	ZL201220291383.9	201305	—	—
2	森林水文自动集成检测装置	闫文德	201220291368.4	ZL201220291368.4	201304	—	—
3	一种适用于南方重金属污染区的土壤渗漏液与地表径流拦截净化系统及方法	吴晓芙	201210550670.1	ZL201210550670.1	201405	—	—
4	一种用于稻田土壤的铝镉复合改良剂及其制备和应用方法	廖柏寒	201310106543.7	ZL201310106543.7	201505	—	—
5	木本植物在潜流型人工湿地环境中的根系诱导方法	陈永华	201210370141.3	ZL201210370141.3	201405	—	—
合计	专利转让合同金额（万元）						—

Ⅲ　人才培养质量

序号	教材名称	第一主编姓名	出版年月	出版单位	参与单位数	是否精品教材
1	城乡生态规划学	王光军	201412	中国林业出版社	1	—
合计	国家级规划教材数量	—	精品教材数量		—	

Ⅲ-2　研究生教材（2012—2014 年）

Ⅲ-4　学生国际交流情况（2012—2014 年）

序号	姓名	出国（境）时间	回国（境）时间	地点（国家/地区及高校）	国际交流项目名称或主要交流目的
1	宁　晨	201308	201412	地点（国家/地区及高校）	大气氮沉降对湿地松菌根的影响
2	黄志宏	201210	201303	美国 South Dakota State University	森林生态系统碳、氮、水耦合观测模型与应用技术
合计	学生国际交流人数			2	

5.4.2　学科简介

1. 学科基本情况与学科特色

（1）学科基本情况

本学科是中南林业科技大学创建较早、优势突出、特色鲜明的支柱学科，1984 年获硕士学位授予权，2000 年获二级学科博士学位授予权，2011 年获一级学科博士授予权。2003 年起，一直为湖南省重点学科和优势特色学科，2006 年为国家林业局重点学科，2007 年为国家重点培育学科。

本学科起源于 20 世纪 50 年代，亚热带木本植物调查和杉木林群落结构研究为学科发展奠定了坚实的基础。国内率先对亚热带典型森林生物量、小集水区径流封闭技术、养分循环与水文过程进行了研究，取得了系列成果。目前，在亚热带人工林可持续经营生态学理论、城市多抗植物筛选、南方退化地生态恢复等领域享有一定的学术地位。经过 60 多年的积淀和建设，形成了融科学研究、专业教育和社会服务为一体的学科发展体系，具备从本科到博士后各层次人才培养格局，培养了一批国内外知名学者，其中国家生态站站长 5 人，入选"千人计划" 3 人。

建有 2 个国家级、3 个省级学科平台。1978 年建立会同森林生态站，1982 年纳入林业部 11 个重点站，2000 年被列为国家重点野外科学观测试验站，2006 年科技部评估认证为国家野外科学观测研究站。2008 年国家发改委批建"南方林业生态应用技术国家工程实验室"。

现有教师 40 人，其中国家突出贡献专家 1 人，全国优秀教师 1 人，湖南省优秀专家 1 人，湖南省教学名师 1 人，湖南省青年科技奖、中国林业青年科技奖各 1 人，湖南省高校学科带头人 5 人、青年骨干教师 8 人。"六五"以来，承担科研项目 587 项，经费 15 860 万元，发表论文 1 200 余篇，出版专著 27 部，科研成果奖 34 项，其中获国家科技进步奖 3 项，专利 10 余项。

（2）学科特色

学科立足亚热带森林特点，服务生态文明建设和经济社会发展，凝练了森林生态学、环境生态学、恢复生态学、生态规划与管理 4 个学科方向：

① 森林生态学。积累了 40 多年长期定位观测数据，在杉木、马尾松等人工林生产力、生物地球化学循环和水文学过程，次生林生物多样性保护与生态功能关系研究方面独具特色。

② 环境生态学。在南方城市森林生态系统服务功能、城市多抗植物特性、组合人工湿地技术、重金属离子吸附技术等

（续）

方面取得了新的突破。

③ 恢复生态学。在南方矿区废弃地、石漠化、低效次生林等生态恢复胁迫因子诊断、抗逆树种筛选与优化配置技术、生态恢复效益评价等方面达到同类研究国内领先水平。

④ 生态规划和管理。在亚热带森林资源评价、环境承载力及生态环境影响评价、森林公园和自然保护区规划设计原理等方面取得了系列研究成果，突显出我校生态规划与管理方向的区域优势特色。

2. 社会贡献

（1）决策咨询

① 马尾松通用生长方程被联合国 FAO、UNDP 和 UNEP 的中国地区 REDD 减排估算报告引用。

② 承担长沙市政府"长沙市生态文明城市生态研究"和"株洲云龙示范区森林生态及园林绿地系统规划"等项目，出版了《长沙市创建生态文明示范城市研究》著作，参加编写《株洲市绿色发展规划》，为长株潭城市群"两型"社会和"生态文明"建设提供决策咨询。

③ 参加深圳市绿化资源调查、湖南地区城市立体绿化体系综合功能效益及系统规划设计的研究、广东省林业碳汇计量监测体系建设试点专项调查等 20 多个项目，合作出版《国家森林资源与生态状况综合监测》1 部，在区域森林资源的开发和城市绿色发展提供服务。

（2）产学研及行业科技支持

① 在南方人工林可持续经营和提高林地生产力方面，获国家科技进步二等奖 1 项、湖南省科技进步一等奖 1 项、二等奖 1 项，研究成果在湖南、广东、广西等省份推广应用，取得显著的经济和生态效益。

② 通过石漠化综合治理、困难地（紫色砂砾岩山地、矿区废弃地）森林植被恢复、重金属污染区湿地植被修复等项目，建立南方退化生态系统植被恢复示范基地 18 个，为南方林业生态工程建设做出较大贡献。

③ 在城市森林建设、多环芳烃等持久有机污染、城市污水综合治理、抗污耐酸植物等方面，对城市绿化树种及森林生态系统结构和功能研究、组合人工湿地污水处理技术等获湖南省科学技术进步一等奖 1 项、二等奖 1 项，起到引领示范作用。

（3）科学普及和学术交流

本学科科研平台已成为中南林业科技大学重要科研和教学基地，承担生态学、林学、环境科学等 8 个本科专业的教学实习任务，在生态学科学普及和大学生创新研究等方面发挥重要作用。与国内国际科研院所进行广泛的合作与交流，例如与德国 Freiburg 大学、Goettingen 大学、奥地利农业大学（BOKU）、加拿大 Quebec 大学、美国 USGS 等学术交流和科研合作，联合发表 SCI 论文 28 篇，与国内中国林科院、清华大学、北京大学、北京师范大学和中国科学院等合作，联合发表 SCI 论文 15 篇。积极开展学术交流，主办国际学术会议 1 次，承办国内学术会议 4 次。聘请国外专家讲学每年 6 人次，学科成员到国外进行学术访问每年 8 人次。

（4）社会兼职

本学科为湖南省生态学会副理事单位，学科教师担任了中国林学会森林生态学分会常务理事、林业科学和生态学报编委等学术职务，湖南省林业厅专家顾问、湖南省重点学科建设专家委员 2 人，为国内学术期刊《生态学报》《植物生态学报》《林业科学》及国际学术期刊 *Journal of Forest Research*，*Soil Science and Plant Nutrition*，*Environmental Review*，*Ecology and Evolution* 等杂志的审稿人。

5.5 西南林业大学

5.5.1 清单表

I 师资队伍与资源

I-3 专职教师与学生情况					
类型	**数量**	**类型**	**数量**	**类型**	**数量**
专职教师数	56	其中，教授数	8	副教授数	40
研究生导师总数	24	其中，博士生导师数	1	硕士生导师数	24
目前在校研究生数	72	其中，博士生数	—	硕士生数	72
生师比	3	博士生师比	—	硕士生师比	3
近三年授予学位数	70	其中，博士学位数	—	硕士学位数	70

I-5 重点实验室				
序号	**实验室类别**	**实验室名称**	**批准部门**	**批准年月**
1	省部级野外观测站	云南玉溪森林生态系统国家定位观测研究站	国家林业局	201201
2	省部级野外观测站	云南滇池湿地生态系统国家定位观测研究站	国家林业局	201201
3	省部级重点实验中心	国家高原湿地研究中心	国家林业局	200710
合计	重点实验数量（个）	国家级	—	省部级	3

Ⅱ 科学研究

Ⅱ-1 近五年（2010—2014年）科研获奖

序号	奖励名称	获奖项目名称	证书编号	完成人	获奖年度	获奖等级	参与单位数	本单位参与学科数
1	云南省科技进步奖	云南省重要自然保护区综合科学考察成果集成及应用	2011BC058-D-001	田 昆	2011	二等奖	2（1）	3（3）
2	云南省科技进步奖	吉贝木棉良种选育及干热河谷人工林根瘤化技术应用	2013BCD016-D-001	欧光龙	2013	二等奖	1	3（9）
3	云南省自然科学奖	滇西北高原湿地湖滨深化及其关键生态过程	2012BA012-R-001	田 昆	2012	三等奖	1	1
合计	科研获奖数量（个）	国家级	特等奖	—	一等奖	—	二等奖	1
							三等奖	—
		省部级	一等奖	—	二等奖	2	三等奖	1

Ⅱ-2 代表性科研项目（2012—2014年）

Ⅱ-2-1 国家级、省部级、境外合作科研项目

序号	项目来源	项目下达部门	项目级别	项目编号	项目名称	负责人姓名	项目开始年月	项目结束年月	项目合同总经费（万元）	属本单位本学科的到账经费（万元）
1	国家"973"计划（前期）	科技部	"973"前期	2012CB426509	筑坝扩容下滇西北典型湿地湖滨带植被演替机制	田 昆	201301	201712	68	68
2	国家"973"计划（子课题）	科技部	"973"子课题	2012CB416904	林分结构与经营措施对土壤动物多样性的影响	王郡军	201201	201612	20	20
3	部委级科研项目	科技部	基础性工作专项（子课题）	2013FY111803-2	西南高原区湿地资源及其主要生态环境效益综合调查	田 昆	201401	201612	90	90
4	部委级科研项目	国家林业局	面上项目	2011-4-45	无籽果实应用技术引进	蓝增全	201001	201512	60	60

（续）

序号	项目来源	项目下达部门	项目级别	项目编号	项目名称	负责人姓名	项目开始年月	项目结束年月	项目合同总经费（万元）	属本单位本学科的到账经费（万元）
5	部委级科研项目	国家林业局	一般项目	2012LY201	沿江（河）、滨海（湖）沙荒地生态系统定位观测指标体系	王妍	201201	201312	8	8
6	部委级科研项目	科技部	面上项目	2014GA830016	金花茶种苗繁育与茶青加工技术的示范推广	蓝增全	201401	201512	30	30
7	国家自然科学基金	国家自然科学基金委员会	青年项目	41001337	滇西北高原典型退化湿地纳帕海氮的迁移转化规律研究	郭雪莲	201012	201312	20	20
8	国家自然科学基金	国家自然科学基金委员会	一般项目	40971285	滇西北典型高原湿地退化规律与机理研究	田昆	201001	201212	40	40
9	国家自然科学基金	国家自然科学基金委员会	青年项目	31100520	全球变化背景下干热河谷地区乡土树种生殖生长策略研究	王妍	201101	201412	22	22
10	国家自然科学基金	国家自然科学基金委员会	一般项目	31070631	哈尼梯田水源区林水涵养功能与梯田保水保土机理研究	宋维峰	201101	201312	33	33
11	国家自然科学基金	国家自然科学基金委员会	一般项目	31060093	干热河谷水电站工程弃渣场废弃地植被恢复生态学过程研究	陈奇伯	201101	201312	21	21
12	国家自然科学基金	国家自然科学基金委员会	青年项目	31201173	西南高原季节性干旱区多熟种植模式的水分生态过程与调控	胡兵辉	201201	201512	24	24
13	国家自然科学基金	国家自然科学基金委员会	一般项目	31160048	基于不同纬度、海拔种群的生殖权衡和遗传变异式样探讨青藏苔草的生态适应性	刘文胜	201201	201512	56	56
14	国家自然科学基金	国家自然科学基金委员会	青年项目	41101097	若尔盖高原典型沼泽湿地冬季土壤呼吸及其对冻融变化的响应	张昆	201201	201412	28	28
15	国家自然科学基金	国家自然科学基金委员会	面上项目	31270751	云南典型人工植被的时空演变及其生态需水与区域性干旱的关系	黄新会	201301	201412	15	15

（续）

序号	项目来源	项目下达部门	项目级别	项目编号	项目名称	负责人姓名	项目开始年月	项目结束年月	项目合同总经费（万元）	属本单位本学科的到账经费（万元）
16	国家自然科学基金	国际自然科学基金委员会	一般项目	31360122	滇西北高原湿地生态安全动态格局及其与碳源／汇功能的耦合关系——以纳帕海流域为例	栗忠飞	201401	201712	53	31.8
17	国家自然科学基金	国家自然科学基金委员会	面上项目	31370497	滇西北高原典型湿地湖滨带植物物候、生长与繁殖对增温的响应	肖德荣	201401	201712	80	56
18	国家自然科学基金	国家自然科学基金委员会	面上项目	41371066	基于氢氧同位素技术的哈尼梯田水源区土壤水分运移规律研究	宋维峰	201401	201712	71	28.4
19	国家自然科学基金	国家自然科学基金委员会	一般项目	51469030	普者黑岩溶湖湿地磷的垂向迁移转化及动态模拟研究	刘云根	201501	201812	56	22.4
20	国家自然科学基金	国家自然科学基金委员会	一般项目	41463012	紫外线照射对高原湖泊富里酸—重金属相互作用的影响机制	孙孝龙	201501	201812	49	19.6
21	国家自然科学基金	国家自然基金委员会	一般项目	41461052	蚂蚁在西双版纳不同演替阶段热带森林土壤二氧化碳排放中的作用及其机制	王邵军	201501	201812	51	20.4
22	国家自然科学基金	国家自然科学基金委员会	青年项目	C031202	滇池中华青鳉的分布、行为及生理对克氏原螯虾、食蚊鱼入侵的响应	陈国柱	201501	201712	21	12.6
23	国家自然科学基金	国家自然科学基金委员会	一般项目	31460166	外来种钳嘴鹳在我国西南地区的分布和扩散规律	刘　强	201501	201812	49	19.6
24	国家自然科学基金	国家自然科学基金委员会	一般项目	31460191	云南省典型植被的水分适宜性及其生态需水与区域旱灾的关系	黄新会	201501	201812	48	19.2

（续）

序号	项目来源	项目下达部门	项目级别	项目编号	项目名称	负责人姓名	项目开始年月	项目结束年月	项目合同总经费（万元）	属本单位本学科的到账经费（万元）
25	省科技厅项目	云南省科技厅	面上项目	2013FE053	高原湿地纳帕海不同水位梯度土壤微生物特性研究	陆 梅	201301	201609	10	10
26	省科技厅项目	云南省科技厅	面上项目	2011FZ135	滇池水体中有机物复合污染早期预警的生物标志物研究	张海珍	201110	201409	5	5
27	省科技厅项目	云南省科技厅	面上项目	2009CD069	滇西北矿区土壤种子库结构及种子萌发影响因素的研究	刘文胜	200912	201212	7.5	7.5
28	省科技厅项目	云南省科技厅	面上项目	2009ZC084M	云南典型阔叶林生态系统幼树 C：N：P 化学计量生态机理	栗忠飞	201001	201212	5	5
29	省科技厅项目	云南省科技厅	面上项目	2010CD066	基于人工湿地基质的固体废弃物资源化研究	梁启斌	201012	201312	7.5	7.5
30	省科技厅项目	云南省科技厅	面上项目	2014FB149	外来种钳嘴鹳在云南及周边地区的分布和扩散趋势研究	刘 强	201501	201712	10	10
31	省科技厅项目	云南省科技厅	面上项目	2010ZC090	采矿行为的水土污染及安全性评价方法研究	贝荣塔	201012	201312	5	5
合计	国家级科研项目	数量（个）24			项目合同总经费（万元）1 013				属本单位本学科的到账经费（万元）765	

II-2-2 其他重要科研项目

序号	项目来源	项目名称	合同签订/项目下达时间	负责人姓名	项目开始年月	项目结束年月	项目合同总经费（万元）	属本单位本学科的到账经费（万元）
1	中国林业科学研究院森林生态环境与保护研究所	滇中高原 5 个优势树种分林龄和起源的生态服务功能分布式观测研究	201201	陈奇伯	201201	201612	34	34
2	中国科学院成都生物研究所	澜沧江中下游流域典型生态系统本底考察	200911	李小英	200911	201310	25	15
3	云南省林业科学研究院	高山草甸湿地恢复技术应用研究与示范	201201	肖德荣	201201	201312	30	30
4	香格里拉县林业局	碧塔海湿地保护补助资金技术支持	201201	郭雪莲	201201	201312	60	60

（续）

序号	项目来源	合同签订/项目下达时间	项目名称	负责人姓名	项目开始年月	项目结束年月	项目合同总经费（万元）	属本单位本学科的到账经费（万元）
5	昆明睿清水土保持咨询有限公司	201101	G213线会泽县江底至钢厂段公路改造项目水土保持方案报告书编制	黄新会	201101	201212	50	50
6	国家林业局湿地保护管理中心	201201	云南国际重要湿地现状及对策研究	田昆	201201	201212	10	10
7	云南新储物流配送中心有限公司	201307	云南新储物流配送中心项目水土保持方案编制	黎建强	201307	201312	10.8	10.8
8	洱源县环境保护局	201201	洱源县大庄村农村环境综合整治工程实施方案编制技术咨询协议书	刘云根	201202	201212	22	22
9	大理洱海保护投资建设有限责任公司	201201	大理市洱海流域生态湿地建设一期工程	刘云根	201201	201312	70	70
10	北京大学	201201	高原湖泊河口湿地磷在"水－底质－植物"中的输移关键过程及截留效应定量评估研究	刘云根	201201	201412	34.3	34.3
11	云南恒安电冶有限公司	201402	云南恒安电冶有限公司4×5万t/年电石项目水保监测及验收	黎建强	201402	201412	18	18
12	云南电网公司文山供电局	201301	220kV路德输变电工程水土保持监测及验收	黎建强	201301	201407	12	12
13	云南电网公司文山供电局	201307	220kV莲城输变电工程水土保持方案编制	黎建强	201307	201312	10.8	10.8
14	丽江市旅游投资有限公司	201306	玉龙县中黎公路中兴段交叉口改线工程水土保持方案编制	黎建强	201306	201401	13	13
15	玉溪市红塔区水利局	201301	红塔区二龙潭小流域水土保持监测	王克勤	201301	201512	39	29
16	昆明市水务局	201101	松华坝水源区迤者小流域水土保持监测	王克勤	201101	201512	41	33
17	澄江县水利局	201001	抚仙湖澄江尖山河小流域水土保持监测	王克勤	201001	201512	37.5	28
18	大理州祥姚公路建设指挥部	201104	祥云至大姚公路工程水保监测	李小英	201107	201309	54	54
19	大理旅游古镇开发有限公司	201308	大理市喜洲龙湖湿地施工设计	齐丹丹	201308	201507	54	54
20	大理旅游古镇开发有限公司	201308	大理市喜洲龙湖湿地生态恢复工程实施方案	齐丹丹	201308	201507	15	15

（续）

序号	项目来源	合同签订/项目目下达时间	项目名称	负责人姓名	项目开始年月	项目结束年月	项目合同总经费（万元）	属本单位本学科的到账经费（万元）
21	洱源县环境保护局	201308	洱源县大佛村湿地公园规划及实施方案	齐丹开	201308	201312	17.8	17.8
22	大唐观音岩水电开发有限公司	200810	金沙江观音岩水电站"三通一平"（云南部分）水土保持监测	李艳梅	200810	201301	116	60
23	怒江州贡山县独龙江公路改建工程建设指挥部	201108	怒江州贡山独龙江公路改扩建工程水土保持监测	李艳梅	201108	201412	40	40
24	会泽县人民医院	201306	会泽县第一人民医院与第二人民医院合并整体搬迁建设项目	黄新会	201201	201212	13	13
25	云南省呈贡体育基地	201112	呈贡体育训练基地修建项目水土保持方案编制	马建刚	201112	201204	17	17
26	大唐新能源曲靖市麒麟区风力发电有限公司	201206	云南省曲靖干朗目山 49.5MW 风电项目水土保持监测	马建刚	201104	201312	14	14
27	新疆泽普县林业局	201206	新疆叶尔羌河泽普国家湿地公园总体规划	田昆	201206	201212	30	30
28	北海湿地生态旅游投资有限公司	201201	腾冲北海湿地保护现状和未来发展调研报告	田昆	201201	201212	25	25
29	武定新立钛业有限公司	201310	武定新立钛业有限公司 250 万 t/年精选厂项目水土保持监测	脱云飞	201310	201410	24.5	24.5
30	云南陆良杨梅山资家风电项目筹建处	200903	云南陆良杨梅山资家风电项目水土保持监测	李艳梅	200903	201209	22	12

II-2-3　人均科研经费

人均科研经费（万元/人）	28.95

II-3 本学科代表性学术论文质量

II-3-1 近五年（2010—2014年）国内收录的本学科代表性学术论文

序号	论文名称	第一作者	通讯作者	发表刊次（卷期）	发表刊物名称	收录类型	中文影响因子	他引次数
1	武夷山典型植被类型土壤动物群落的结构特征	王邵军	—	2010，19	生态学报	CSCD	2.233	20
2	高原湿地若尔盖国家级自然保护区景观变化及其驱动力	邓茂林	田昆	2010，1	生态与农村环境学报	CSCD	1.547	21
3	不同空间配置的湿地植物群落对生活污水的净化作用研究	李莎莎	田昆	2010，8	生态环境学报	CSCD	1.807	19
4	长期污水灌溉后林地土壤中磷的含量与移动	胡慧蓉	—	2010，8	环境科学	CSCD	2.041	3
5	滇西北纳帕海湿地景观格局变化及其对土壤碳库的影响	李宁云	田昆	2011，24	生态学报	CSCD	2.233	17
6	反坡水平阶对坡耕地径流和泥沙的调控作用	王洋	王克勤	2011，5	应用生态学报	CSCD	2.525	14
7	毛乌素沙地生物结皮对水分入渗和再分配的影响	熊好琴	—	2011，4	水土保持研究	CSCD	1.427	12
8	基于修正的 GASH 模型模拟缙云山毛竹林降雨截留	赵洋毅	—	2011，9	林业科学	CSCD	1.512	10
9	湖南紫鹊界梯田区森林土壤水源涵养功能初步研究	段兴凤	宋维峰	2011，1	水土保持研究	CSCD	1.427	17
10	毛乌素沙地油蒿群落不同演替阶段的物种多样性研究	王妍	—	2011，2	干旱区资源与环境	CSCD	1.673	14
11	筑坝扩容下高原湿地拉市海植物群落分布格局及其变化	肖德荣	—	2012，3	生态学报	CSCD	2.233	3
12	金沙江干热河谷典型区段水土流失特征研究	刘海	陈奇伯	2012，5	水土保持学报	CSCD	1.612	2
13	长江上游不同植物篱系统土壤抗冲、抗蚀特征	黎建强	—	2012，7	生态环境学报	CSCD	1.807	13
14	滇中退耕地周边桉树光合生理特性研究	王艳霞	—	2012，5	生态环境学报	CSCD	1.807	3
15	不同施肥水平下植草对坡地径流氮素流失的调控作用	唐佐芯	王克勤	2012，1	水土保持学报	CSCD	1.612	4
16	滇西北高原纳帕海湿地湖滨带优势植物生物量及其凋落物分解	郭绪虎	田昆	2013，5	生态学报	CSCD	2.233	4
17	2010 年中国西南特大干旱灾害：从生态学视角的审视	黄新会	—	2013，4	水土保持研究	CSCD	1.427	3
18	纳帕海湿地土壤有机碳和微生物量碳研究	赖建东	田昆	2014，01	湿地科学	CSCD	2.271	3
19	西南地区退耕还林工程主要林分 50 年碳汇潜力	姚平	—	2014，11	生态学报	CSCD	2.233	2
20	纳帕海高原湿地不同干扰程度下土壤真菌的分布格局	曹洋麟	陆梅	2014，11	植物生态学报	CSCD	2.813	—
合计	中文影响因子			38.473	他引次数			184

表 II-3-2 近五年（2010—2014年）国外收录的本学科代表性学术论文

序号	论文名称	论文类型	第一作者	通讯作者	发表刊次（卷期）	发表刊物名称	收录类型	他引次数	期刊SCI影响因子	备注
1	Quantitative determination of environmental estrogens of effluent from municipal wastewater treatment plants, in Nanjing	Article	张海珍	—	2010, 9	2010 International Conference on E- Product, E-Service and E-Entertainment	EI	—	—	第一署名单位
2	Soil nutrient patchiness affects nutrient use efficiency, though not photosynthesis and growth of parental Glechoma longituba ramets: both patch contrast and direction matter	Article	熊好琴	—	2010, 2	Journal of Plant Ecology	SCI	4	2.284	第一署名单位
3	An assessment of estrogenic activity by in vitro and in vivo bioassays of effluent from wastewater treatment plants	Article	张海珍	—	2010, 1	Roceedings of International Symposium on Statistics and Management Science 2010	ISTP	—	—	第一署名单位
4	Measuring and evaluating the environmental noise in the campus of Southwest Forestry University	Article	张海珍	—	2011, 9	2011 international Conference on Electrical and control Engineering	EI	—	—	第一署名单位
5	Spatial-seasonal variation of soil denitrification under three riparian vegetation types around the Dianchi Lake in Yunan, China	Article	王郖军	—	2013, 5	Environmental Science: Processes & Impacts	SCI	2	2.109	第一署名单位
6	Assessment of plant species diversity of ancient tea garden communities in Yunnan, Southwest of China	Article	齐丹卉	—	2012, 11	Agroforestry Systems	SCI	1	1.24	第一署名单位
7	Phosphorus and nitrogen removal from sewage by modified honeycomb cinder	Article	梁启斌	—	2013, 1	Advanced materials research	EI	—	—	第一署名单位
8	Spatial-temporal evolution of regional vegetation in Xishuangbanna	Article	黄新会	—	2014, 6	Ecological Engineering	SCI	—	3.479	第一署名单位
9	Synthesized Attributes of Water Use by Regional Vegetation: A Key to Cognition of "Water Pump" Viewpoint	Article	黄新会	—	2014, 7	The Scientific World Journal	SCI	1	2.219	第一署名单位

（续）

序号	论文名称	论文类型	第一作者	通讯作者	发表刊次（卷期）	发表刊物名称	收录类型	他引次数	期刊SCI影响因子	备注
10	Soil improvement of *Pinus yunnanensis* forest at different age in Central Yunnan Plateau	Article	吴蕴霞	陈奇伯	2013, 10	Environmental Engineering	EI	—	2.706	第一署名单位
11	The range expansion patterns of *Spartina alterniflora* at saltmarshes in the Yangtze Estuary, China	Article	肖德荣	—	2010, 1	Estuarine, Coastal and Shelf Scienc	SCI	22	2.253	第一署名单位
12	Soil infiltration character under different land at western Yunnan plateau	Article	齐丹卉	—	2014, 1	Advanced Materials Research	EI	—	—	第一署名单位
合计			SCI 影响因子 13.584			他引次数		30		

Ⅱ—5 已转化或应用的专利（2012—2014 年）

序号	专利名称	第一发明人	专利申请号	专利号	授权（颁证）年月	专利受让单位	专利转让合同金额（万元）
1	元宝枫保健酒及其制备方法	李小英	201210121017	ZL201210121901.7	201309	昆明海之灵生物科技有限公司	—
2	元宝枫中草药唇膏及其制备方法	李小英	201210305125	ZL201210305712.5	201404	昆明海之灵生物科技有限公司	—
合计	专利转让合同金额（万元）						—

Ⅲ 人才培养质量

序号	获奖级别	项目名称	证书编号	完成人	获奖等级	获奖年度	参与单位数	本单位参与学科数
		Ⅲ-1　优秀教学成果奖（2012—2014 年）						
1	国家级	林业类本科人才培养模式改革的理论与路径创新	20148405	姚孟春	二等奖	2014	1	6（2）
2	省级	林业特色类专业建设的研究与实践	—	王克勤	二等奖	2013	1	2（5）
合计	国家级	一等奖（个）	—	二等奖（个）	1	三等奖（个）		—
	省级	一等奖（个）	—	二等奖（个）	1	三等奖（个）		—

5.5.2　学科简介

1. 学科基本情况与学科特色

（1）学科基本情况

西南林业大学生态学学科 1997 年开始招收硕士研究生，2011 年获一级学科硕士学位授予权，同年获批为云南省高校优势特色重点建设学科。学科近 5 年来，获省科技进步二等奖 2 项，三等奖 1 项，完成 / 在研国家级项目达 20 多项，总经费达 1 000 余万元。学科队伍有教授 8 人，副教授 40 人，具有博士学位 40 人，有云南省突出贡献优秀人才 1 人，云南省中青年学术与技术带头人 2 人，云南省高等院校教学、科研带头人 1 人，博士生导师 4 人。学科现拥有国家高原湿地中心、国家林业局玉溪生态定位站和滇池湿地定位站、云南省环境科学与工程创新人才培养基地，云南省实验教学示范中心等科研与技术服务平台；与"世界自然基金会（WWF）""瑞尔保护协会（Rare）""大自然保护协会（TNC）""湿地国际（WI）"等组织开展了一系列卓有成效的科研合作。

（2）学科特色

生态学科的建设和发展依托西南地区的区位优势，以云南省生态建设重大需求为导向，注重区域特色和学科交叉，特色主要体现在以下研究方向：

① 湿地生态。系统调查研究了西南高原湿地资源及其生态环境效益；研究高原湿地演化规律及其氮迁移转化规律、磷的垂向迁移规律、土壤呼吸特征和土壤微生物特性等关键生态过程；研究了高原湿地生物多样性及其维持机制；开展了高原湿地生态系统对气候变化的响应及其反馈机制、高原湿地保护与恢复关键技术研究，提出了应用人工湿地处理生活污水的技术规程。

② 生态修复。系统研究了水源区流域面源污染控制理论与技术，研究出以微区域集水系统为核心技术的山区水土流失面源污染控制技术体系；针对西南山区水土流失现状，开展了坡耕地改造的水土保持机理和种植模式及水分生态过程及调查技术研究。

③ 森林生态。研究了创造世界山地森林调水用水奇迹工程——哈尼梯田水源区森林涵养水源特征及其环境效应，揭示了哈尼梯田千年不衰的机埋，并为其提出了可持续发展森林与梯田的配置比例、梯田田埂稳定和梯田水量平衡等技术措施；研究全球变化背景下干热河谷乡土植物生态对策；研究了经济植物繁育及产品深加工技术；研究揭示了人工植被的生态需水与区域性干旱的关系。

④ 矿山复垦。研究云南水电站工程建设和采矿区等不同类型典型废弃地土壤种子库动态与地上植被恢复动态规律，揭示了土壤种子库对废弃地植被恢复的驱动机制；研究了采矿行为所致的水土污染特征，并提出对其安全性的评价技术与方法，开展了矿区废弃地植被恢复中适生乔灌木树草种优选及配置技术及土地整治及复垦技术研究。

2. 社会贡献

西南林业大学生态学一级学科以立足云南、服务西南为己任，为地方的经济社会发展做出了积极的贡献，主要体现在以下方面：

① 提供决策咨询。制定高原湿地生态环境保护行业标准；建立用于云南高原污染湖泊治理水生植物配置模式，为云南省高原退化湿地的修复提供技术示范，示范区域面积约 1 000hm²；编制了多个湿地生态恢复工程方案和湿地公园建设规划方案；提出了在保护前提下合理利用的国家公园形式，并率先在全国推行了国家公园建设试点，建立了普达措国家公园、西湖国家湿地公园等一批保护与利用的新模式，并被写进了云南省政府工作报告；为云南省水土保持规划发展提供决策咨询，为云南省水土保持法实施条例提供决策咨询，为云南省十三五科技规划提供水土保持相关政策建议，制定了林业行业标准 1 项；建立了云南农村生活污水生态处理工程建设标准体系，为农村生活污水处理提供决策咨询，制定了剑湖、普者黑等编制流域生态环境保护规划，为地方发展服务。

② 服务产业发展。学科充分利用西南林业大学的水土保持方案编制和水土保持监测资质，服务于西南山地水土保持和生态修复，为云南省水土保持科技示范园提供技术服务；利用我单位的水土保持行业资质，开展各类开发建设项目水土保持方案编制和水土保持监测服务，服务行业涉及大型电站建设、公路建设、农林业土地开发等，累计服务价值超过 300 万元。

③ 弘扬文化与科学普及。建立科谱网页，对高原湿地分布与功能价值等进行系统宣传，提高人们湿地保护意识；积极宣传水土保持相关的基础知识，面向非水土保持专业学生编写出版了《水土保持与荒漠化防治概论》；组织学生宣传水土保持基础知识，多年来积极参加云南省水土保持上岗人员技术培训，与大春河水土保持科技示范园合作开展中小学水土保持科普教育达 600 人次。

④ 学科成员社会兼职。中国水土保持学会会员，云南省水土保持学会牵头和核心会员，云南省土地复垦协会会员。学科成员学术现有国家湿地科学专家委员会委员 1 人，云南省"保护母亲河"行动策划首席专家 1 人，云南省水土保持学会副理事长 1 人，南方水土保持研究会理事 1 人，云南省水土保持协会秘书长 1 人，云南省岩溶协会副秘书长 1 人，云南省湿地保护协会副会长 1 人。

5.6　西北农林科技大学

5.6.1　清单表

I　师资队伍与资源

	I-1　突出专家				
序号	专家类别	专家姓名	出生年月	获批年月	备注
1	千人计划入选者	Melvin Tyree	194611	201108	
2	百千万人才工程国家级人选	上官周平	196404	200406	
3	中科院百人计划入选者	杜　盛	196501	200709	
4	教育部新世纪人才	徐炳成	197310	201107	
5	享受政府特殊津贴人员	邓西平	195908	200401	
6	享受政府特殊津贴人员	张硕新	195904	201501	
7	享受政府特殊津贴人员	廖允成	196912	201501	
合计	突出专家数量（人）			7	

	I-3　专职教师与学生情况				
举型	数量	类型	数量	类型	数量
专职教师数	27	其中，教授数	14	副教授数	6
研究生导师总数	30	其中，博士生导师数	10	硕士生导师数	20
目前在校研究生数	91	其中，博士生数	25	硕士生数	66
生师比	3	博士生师比	2.5	硕士生师比	3.3
近三年授予学位数	105	其中，博士学位数	11	硕士学位数	94

	I-4　重点学科				
序号	重点学科名称	重点学科类型	学科代码	批准部门	批准年月
1	生态学	重点学科	0713	陕西省教育厅	200012
合计	二级重点学科数量（个）	国家级	—	省部级	1

I-5　重点实验室				
序号	实验室类别	实验室名称	批准部门	批准年月
1	国家野外观测站	陕西秦岭森林生态系统国家野外科学观测研究站	科技部	200611
2	省部级重点实验室 / 中心	西部环境与生态教育部重点实验室	教育部	200311
3	省部级重点实验室 / 中心	国家林业局西北自然保护区研究中心	国家林业局	200404
4	省部级重点实验室 / 中心	水利部水土保持生态工程技术研究中心	水利部	200504
合计	重点实验数量（个）	国家级	1	省部级　3

II　科学研究

II-1　近五年（2010—2014年）科研获奖

序号	奖励名称	获奖项目名称	证书编号	完成人	获奖年度	获奖等级	参与单位数	本单位参与学科数
1	国家自然科学奖	黄土区土壤－植物系统水动力学与调控机制	2013-Z-104-2-05-R03	邵明安、张建华、上官周平等	2013	二等奖	3（1）	1
2	陕西省科学技术奖	黄土区植被对坡面水蚀过程调控的生态学机理	2010-1-021-R1	上官周平	2010	一等奖	4（1）	1
3	陕西省科学技术奖	木本植物木质部栓塞恢复与限流耐旱机理研究	2011-2-006-R1	张硕新	2011	二等奖	1	1
4	陕西省科学技术奖	陕西生态经济型防护林树种评价体系与利用技术研究	2012-2-013-R3	刘建军	2012	二等奖	2（1）	2（1）
合计	科研获奖数量（个）	国家级	特等奖	一等奖	一	二等奖		1
		省部级	1	二等奖	2	三等奖		—

II-2　代表性科研项目（2012—2014年）

II-2-1　国家级、省部级、境外合作科研项目

序号	项目来源	项目下达部门	项目级别	项目编号	项目名称	负责人姓名	项目开始年月	项目结束年月	项目合同总经费（万元）	属本单位本学科的到账经费（万元）
1	国家科技支撑计划	科技部	重点项目	20:1BAD38B0603	晋陕黄土丘陵沟壑区生态经济型水土保持林研究与示范	刘建军	201101	201312	150	75
2	国家科技支撑计划	科技部	一般项目	2011BAD31B05-02	梁骱丘陵沟壑区农田耕作与林草生物措施防蚀及资源高效利用关键技术集成与示范	陈云明	201101	201512	118	118

（续）

序号	项目来源	项目下达部门	项目级别	项目编号	项目名称	负责人姓名	项目开始年月	项目结束年月	项目合同总经费（万元）	属本单位本学科的到账经费（万元）
3	国家自然科学基金	国家自然科学基金委员会	一般项目	31270646	限流耐旱树种木质部结构与耐旱性关系研究	蔡靖	201301	201612	80	64
4	国家自然科学基金	国家自然科学基金委员会	面上项目	41371509	黄土丘陵区天然草地群落及其优势种对脉冲降雨的响应	徐炳成	201401	201712	75	75
5	国家自然科学基金	国家自然科学基金委员会	面上项目	41371507	黄土高原水蚀风蚀交错带典型灌木林水分利用过程对降雨改变的响应	李秧秧	201401	201712	75	75
6	国家自然科学基金	国家自然科学基金委员会	面上项目	41371506	黄土丘陵区森林植物－凋落物－土壤化学计量特征耦合关系及对非生物环境因子的响应	陈云明	201401	201712	75	75
7	国家自然科学基金	国家自然科学基金委员会	面上项目	41171419	黄土高原森林－森林草原区过渡带天然辽东栎林耗水特性研究	杜盛	201201	201512	65	65
8	国家自然科学基金	国家自然科学基金委员会	面上项目	41071339	黄土丘陵区乡土草优势种对水分变化的响应	徐炳成	201101	201312	40	40
9	国家自然科学基金	国家自然科学基金委员会	面上项目	40971174	干旱及复水后植物根系吸水调控机制	张岁岐	201001	201212	34	34
10	国家自然科学基金	国家自然科学基金委员会	面上项目	31070541	黄土高原"小老树"形成过程中的水分利用特征及其传输模拟	李秧秧	201101	201312	33	33
11	国家自然科学基金	国家自然科学基金委员会	面上项目	31070570	秦岭中山带松栎混交林健康及维护机理研究	王得祥	201101	201312	32	32
12	国家自然科学基金	国家自然科学基金委员会	青年项目	41101182	海拔和坡位对森林土壤 N_2O 和 NO 排放的调控机理研究	庞军柱	201201	201412	26	26

（续）

序号	项目来源	项目下达部门	项目级别	项目编号	项目名称	负责人姓名	项目开始年月	项目结束年月	项目合同总经费（万元）	属本单位本学科的到账经费（万元）
13	国家自然科学基金	国家自然科学基金委员会	青年项目	31200206	2-烯醛还原酶基因（AER）在提高植物抗旱抗盐中的作用和机理	殷利娜	201301	201512	26	26
14	部委级科技项目	财政部、国家林业局	重点项目	200904004	秦岭林药资源保护及开发利用技术研究	刘建军	200901	201312	1 221	1 011
15	部委级科研项目	中国科学院	一般项目	XDA05050403	北方暖温性草地固碳现状、速率、机制和潜力	上官周平	201101	201512	650	650
16	部委级科研项目	中国科学院	一般项目	XDA05050202	中西部温带植被区域森林固碳现状、速率、机制和潜力研究	杜盛	201101	201512	395	395
17	部委级科研项目	中国科学院	一般项目	XDA05050203-5	暖温带落叶阔叶混交林区域陕西省森林固碳现状速率和潜力研究	陈云明	201101	201512	245	245
18	部委级科研项目	科技部	一般项目	2007FY110800	秦岭山地植物生态群落结构特征调查研究	王得祥	200801	201212	230	230
19	部委级科研项目	国家林业局	一般项目	201004036	秦岭山地森林蓄汇理水技术体系研究	张硕新	201001	201412	226	226
20	部委级科研项目	国家林业局	一般项目	201104045	干旱区城市森林质量评估及空间配置技术研究	王得祥	201101	201512	192	192
21	部委级科研项目	国家林业局	面上项目	201204502	秦岭天然次生公益林抚育经营关键技术研究	党坤良	201201	201612	180	92
22	部委级科研项目	国家林业局	一般项目	201204308	秦岭观赏树种资源保护、选育与繁育技术研究	蔡靖	201201	201612	191	159
23	部委级科研项目	国家林业局	一般项目	200804022B	秦岭山地典型森林生态系统健康维护与经营技术研究	王得祥	200801	201212	135	135
24	部委级科研项目	科技部	一般项目	2010DFA91930	用于沙漠化防治的耐旱植物分子育种生物技术开发研究	邓西平	201008	201210	100	97

（续）

序号	项目来源	项目下达部门	项目级别	项目编号	项目名称	负责人姓名	项目开始年月	项目结束年月	项目合同总经费（万元）	属本单位本学科的到账经费（万元）
25	部委级科研项目	中国林业科学研究院	一般项目	2010400206	秦岭水源林健康经营技术	王得祥	201001	201412	84	84
26	部委级科研项目	中国科学院	一般项目	KZCX2-YW-QN412	黄土丘陵区乡土草优势种对土壤水分变化的响应	徐炳成	201001	201212	50	50
27	部委级科研项目	国家林业局	一般项目	2013-4-56	森林对大气质量影响评价模型应用研究	王得祥	201301	201512	50	50
28	部委级科研项目	国家林业局	一般项目	[2014]43	困难立地造林及植被恢复生物活性治沙剂技术推广应用	张硕新	201401	201612	50	50
29	部委级科研项目	教育部	一般项目	NECT-11-0444	黄土丘陵区草地群落优势种生物量形成对降雨格局变化的响应	徐炳成	201201	201412	50	50
30	部委级科研项目	国家林业局	一般项目	201104009-07	秦岭南坡典型森林生态系统碳氮水耦合观测，模拟与应用	张硕新	201101	201412	28	28
31	部委级科研项目	国家林业局调查规划设计院	一般项目	201204504	天保工程区公益林抚育经营关键技术研究	王得祥	201201	201512	27	27
32	部委级科研项目	中国科学院	一般项目	XDA05050203-05-03	陕西关中森林生态系统固碳现状、速率、机制和潜力研究	张硕新	201101	201512	15	15
33	部委级科研项目	中国科学院	一般项目	XDA05050000	秦岭火地塘森林生态系统碳水通量观测研究	张硕新	201101	201512	10	10
34	部委级科研项目	中国科学院	一般项目	KFJ-EW-STS-006-4	黄土高原监测数据集成	陈云明	201405	201604	70	40
合计	国家级科研项目	数量（个）	13	项目合同总经费（万元）	829	属本单位本学科的到账经费（万元）	738			

II-2-2 其他重要科研项目

序号	项目来源	合同签订/项目下达时间	项目名称	负责人姓名	项目开始年月	项目结束年月	项目合同总经费（万元）	属本单位本学科的到账经费（万元）
1	北京林业大学	200801	秦岭山地典型森林生态系统健康维护与经营技术研究	王得祥	200801	201212	180	180
2	中国科学院创新团队国际合作伙伴计划	200801	流域生物过程模拟	李秋秋	200801	201212	20	20
3	国家林业局西北林业勘察规划设计院	201401	黄帝陵古柏群保护技术研究	刘建军	201401	201412	50	10

II-2-3 人均科研经费

人均科研经费（万元/人）	177.19

II-3 本学科代表性学术论文

II-3-1 近五年（2010—2014年）国内收录的本学科代表性学术论文

序号	论文名称	第一作者	通讯作者	发表刊次（卷期）	发表刊物名称	收录类型	中文影响因子	他引次数
1	秦岭山地天然油松群落主要植物种群生态位特征	柴宗政	王得祥	2012, 31（8）	生态学杂志	CSCD	1.635	15
2	秦岭山地典型次生林幼苗更新特征研究	康 冰	王得祥	2011, 22（12）	应用生态学报	CSCD	1.742	16
3	蒙古栎果实相对丰富度对小兴安岭五种木本植物种子扩散的影响	于 飞	王得祥	2013, 24（6）	应用生态学报	CSCD	1.742	2
4	立地条件和树龄对刺槐和小叶杨叶水力性状及抗旱性的影响	李俊辉	李秋秋	2012, 23（9）	应用生态学报	CSCD	1.742	6
5	黄土丘陵区不同林龄刺槐人工林碳、氮储量及分配格局	艾泽民	陈云明	2014, 25（2）	应用生态学报	CSCD	1.742	4
6	秦岭小陇山锐齿栎林皆伐迹地土壤呼吸特征	康永祥	刘建军	2014, 25（2）	应用生态学报	CSCD	1.742	2

（续）

序号	论文名称	第一作者	通讯作者	发表刊次（卷期）	发表刊物名称	收录类型	中文影响因子	他引次数
7	盐胁迫对木瓜叶绿素合成及净光合速率的影响	王宇超	王得祥	2012，（10）	农业工程学报	EI/CSCD	1.725	13
8	秦岭大熊猫栖息地巴山木竹生物量	党坤良	党坤良	2014，32（12）	生态学报	CSCD	1.547	2
9	融入植被结构因子的生态单元制图法在城市生物多样性信息采集中的应用	邱玲	张硕新	2010，30（14）	生态学报	CSCD	1.547	1
10	1999—2003年陕西省森林生态系统固碳释氧服务功能价值评估	马长欣	刘建军	2010，30（6）	生态学报	CSCD	1.547	39
11	秦岭山地锐齿栎次生林幼苗更新特征研究	康冰	王得祥	2012，32（9）	生态学报	CSCD	1.547	16
12	散孔材与环孔材树种枝干、叶水力学特性的比较研究	左力翔	李秧秧	2012，32（16）	生态学报	CSCD	1.547	3
13	秦岭天然次生油松林冠层降雨再分配特征及延滞效应	陈书军	陈存根	2012，32（4）	生态学报	CSCD	1.547	19
14	不同海拔梯度油松和锐齿栎群落能量分布特征	李晶晶	党坤良	2013，32（10）	生态学杂志	CSCD	1.123	3
15	秦岭火地塘林区倒木及其土壤化学元素含量特征	袁杰	张硕新	2011，47（11）	林业科学	CSCD	1.028	6
16	秦岭火地塘天然次生油松林倒木储量与分解	袁杰	张硕新	2012，48（6）	林业科学	CSCD	1.028	1
17	乙烯利刺激橡胶树增产机制研究进展	庄海燕	张硕新	2010，46（4）	林业科学	CSCD	1.028	11
18	银露梅叶片有效成分及抗氧化活性与气候因子的灰色关联分析	刘伟	康永祥	2012，48（8）	林业科学	CSCD	1.028	4
19	4个杨树无性系木质部导管结构与栓塞脆弱性的关系	张海昕	张硕新	2013，49（5）	林业科学	CSCD	1.028	2
20	秦岭大熊猫栖息地选择与森林群落	孙飞翔	党坤良	2013，49（5）	林业科学	CSCD	1.028	2
合计		中文影响因子	28.64		他引次数			167

II-3-2 近五年（2010—2014 年）国外收录的本学科代表性学术论文

序号	论文名称	论文类型	第一作者	通讯作者	发表刊次（卷期）	发表刊物名称	收录类型	他引次数	期刊SCI影响因子	备注
1	Land-use conversion and changing soil carbon stocks in China's 'Grain-for-Green' Program: a synthesis	Article	邓蕾	上官周平	2014, 20 (11)	Global Change Biology	SCI	3	8.224	通讯作者
2	Recalcitrant vulnerability curves: methods of analysis and the concept of fibre bridges for enhanced cavitation resistance	Article	蔡靖	Melvin Tyree	2014, 37 (1)	Plant, Cell and Environment	SCI	3	5.906	第一作者
3	Water relations of Robinia pseudoacacia L.: do vessels cavitate and refill diurnally or are R-shaped curves invalid in Robinia?	Article	王瑞庆	蔡靖	2014, 37 (12)	Plant, Cell and Environment	SCI	6	5.906	通讯作者
4	A computational algorithm addressing how vessel length might depend on vessel diameter	Article	蔡靖	Melvin Tyree	2010, 33 (7)	Plant, Cell and Environment	SCI	4	5.081	第一作者
5	The impact of vessel size on vulnerability curves: data and models for within-species variability in saplings of aspen, Populus tremuloides Michx	Article	蔡靖	Melvin Tyree	2010, 33 (7)	Plant, Cell and Environment	SCI	39	5.081	第一作者
6	Net ammonium and nitrate fluxes in wheat roots under different environmental conditions as assessed by scanning ion-selective electrode technique	Article	钟杨权威	上官周平	2014, 4	Scientific Reports	SCI	—	5.078	通讯作者
7	"Grain for Green" driven land use change and carbon sequestration on the Loess Plateau, China	Article	邓蕾	上官周平	2014, 4 (11)	Scientific Reports	SCI	—	5.078	通讯作者
8	Soil microbial biomass, basal respiration and enzyme activity of main forest types in the Qinling Mountains	Article	程飞	张硕新	2013, 8 (6)	Plos One	SCI	4	3.73	通讯作者
9	Some soybean cultivars have ability to induce germination of sunflower broomrape	Article	张维	马永清	2013, 8 (3)	Plos One	SCI	—	3.73	通讯作者

（续）

序号	论文名称	论文类型	第一作者	通讯作者	发表刊次（卷期）	发表刊物名称	收录类型	他引次数	期刊SCI影响因子	备注
10	Water consumption characteristics and water use efficiency of winter wheat under long-term nitrogen fertilization regimes in northwest China	Article	钟杨权威	上官周平	2014, 9（6）	Plos One	SCI	—	3.534	通讯作者
11	Soil microbes are linked to the allelopathic potential of different wheat genotypes	Article	左胜鹏	马永清	2014, 378（1-2）	Plant and soil	SCI	—	3.235	通讯作者
12	Biomass production and relative competitiveness of a C-3 legume and a C-4 grass co-dominant in the semiarid Loess Plateau of China	Article	徐炳成	徐炳成	2011, 347（1-2）	Plant and Soil	SCI	4	2.773	第一作者
13	What happens when stems are embolized in a centrifuge? Testing the cavitron theory	Article	蔡靖	Melvin Tyree	2010, 140（4）	Physiologia Plantarum	SCI	5	2.708	第一作者
14	Changes in the yield and associated photosynthetic traits of dry-landwinter wheat (*Triticum aestivum* L.) from the 1940s to the 2010s in Shaanxi Province of China	Article	孙婴婴	张岁岐	2014, 16（7）	Field Crops Research	SCI	1	2.608	通讯作者
15	Long-term fencing effects on plant diversity and soil properties in China	Article	邓蕾	上官周平	2014, 137（4）	Soil & Tillage Research	SCI	—	2.575	通讯作者
16	Adaptability evaluation of switchgrass (*Panicum virgatum* L.) cultivars on the Loess Plateau of China	Article	马永清	马永清	2011, 181（6）	Plant Science	SCI	5	2.481	第一作者
17	Induction of seed germination in *Orobanche* spp. by extracts of traditional Chinese medicinal herbs	Article	马永清	马永清	2012, 55（3）	Science China Life Sciences	SCI	2	2.024	第一作者
18	Wild food plants used by the Tibetans of Gongba Valley (Zhouqu County, Gansu, China)	Article	康永祥	Lukasz Luczaj	2014, 10（2）	Journal of Ethnobiology and Ethnomedicine	SCI	3	1.978	第一作者

（续）

序号	论文名称	论文类型	第一作者	通讯作者	发表刊次（卷期）	发表刊物名称	收录类型	他引次数	期刊SCI影响因子	备注
19	Grassland responses to grazing disturbance: Plant diversity changes with grazing intensity in a desert steppe	Article	邓蕾	上官周平	2014, 69（3）	Grass and Forage Science	SCI	1	1.934	通讯作者
20	Soil organic carbon storage capacity positively related to forest succession on the Loess Plateau, China	Article	邓蕾	上官周平	2013, 110（1）	Catena	SCI	1	1.881	通讯作者
21	Measuring vessel length in vascular plants: can we divine the truth? History, theory, methods, and contrasting models	Article	蔡靖	Melvin Tyree	2014, 28（3）	Trees Structure and Function	SCI	1	1.869	第一作者
22	Long-term effects of natural enclosure: carbon stocks, sequestration rates and potential for grassland ecosystems in the Loess Plateau	Article	邓蕾	上官周平	2014, 42（5）	Clean-Soil Air Water	SCI	1	1.838	通讯作者
23	Genotypic data changes family rank for growth and quality traits in a black walnut (Juglans nigra L.) progeny test	Article	赵鹏	Woeste, Keith	2013, 44（3）	New Forests	SCI	—	1.636	通讯作者
24	Biomass production. relative competitive ability and water use efficiency of two dominant species in semiarid Loess Plateau under different water supplying and fertilization	Article	徐炳成	徐炳成	2013, 28（5）	Ecological Research	SCI	—	1.55	第一作者
25	Seedling biomass partition and water use efficiency of switchgrass and milkvetch in monocultures and mixtures in response to various water availabilities	Article	徐炳成	徐炳成	2010, 46（4）	Environmental Management	SCI	3	1.408	第一作者
26	Allelopathic potential of switchgrass (Panicum virgatum L.) on perennial ryegrass (Lolium perenne L.) and alfalfa (Medicago sativa L.)	Article	税军峰	马永清	2010, 46（4）	Environmental Management	SCI	5	1.408	通讯作者

（续）

序号	论文名称	论文类型	第一作者	通讯作者	发表刊次（卷期）	发表刊物名称	收录类型	他引次数	期刊 SCI 影响因子	备注
27	A comparison of pressure—volume curves with and without rehydration pretreatment in eight woody species of the semiarid Loess Plateau	Article	闫美杰	杜 盛	2013, 35（4）	Acta Physiologiae Plantarum	SCI	—	1.305	通讯作者
28	Long-term natural succession improves nitrogen storage capacity of soil on the Loess Plateau, China	Article	邓 蕾	上官周平	2014, 53（3）	Soil Research	SCI	—	1.235	通讯作者
29	Responses of leaf gas exchange, water relations, and water consumption in seedlings of four semiarid tree species to soil drying	Article	闫美杰	杜 盛	2010, 33（1）	Acta Physiologiae Plantarum	SCI	4	1.232	通讯作者
30	Temperature sensitivity of soil carbon and nitrogen mineralization: impacts of nitrogen species and land use type	Article	孙尚华	刘建军	2013, 372（5）	Plant and Soil	SCI	2	2.638	通讯作者
31	Mapping the global potential geographical distribution of black locust (*Robinia pseudoacacia* L.) using herbarium data and a maximum entropy model	Article	李国庆	杜 盛	2014, 2（11）	Forests	SCI	—	1.139	通讯作者
32	Effects of the grain-for-green program on soil erosion in China	Article	邓 蕾	上官周平	2012, 27（1）	International Journal of Sediment Research	SCI	16	1.082	通讯作者
33	Similar quality and quantity of dissolved organic carbon under different land use systems in two Canadian and Chinese soils	Article	孙尚华	刘建军	2013, 13（1）	J Soils Sediments	SCI	—	1.965	通讯作者
34	Spatial patterns and associations of dominant woody species in desert-oasis ecotone of South Junggar Basin, NW China	Article	楚光明	张硕新	2014, 9（1）	Journal of Plant Interactions	SCI	1	0.865	通讯作者

（续）

序号	论文名称	论文类型	第一作者	通讯作者	发表刊次（卷期）	发表刊物名称	收录类型	他引次数	期刊SCI影响因子	备注
35	Isolation and identification of allelochemicals in rhizosphere and adjacent soil under walnut (*Juglans regia* L.) trees	Article	崔 翠	张硕新	2012, 29（1）	Allelopathy Journal	SCI	1	0.846	通讯作者
36	Application of Gash analytical model and parameterized Fan model to estimate canopy interception of a Chinese red pine forest	Article	陈书军	Zou, Chris B	2012, 18（4）	Journal of Forestry Research	SCI	1	0.838	通讯作者
37	Allelopathic effects of walnut leaves leachate on seed germination, seedling growth of medical plants	Article	李 茜	张硕新	2010, 26（2）	Allelopathy Journal	SCI	3	0.793	通讯作者
38	Effects of foliar sprays of gibberellin A4/7, 6-benzylaminopurine and chlormequat chloride on the number of male and female strobili and immature cones in Chinese Pine (*Pinus tabulaeformis*)	Article	赵 鹏	张硕新	2011, 22（3）	Journal of Forestry Research	SCI	1	0.767	通讯作者
39	Allelopathic effects of walnut (*Juglans regia* L.) rhizospheric soil extracts on germination and seedling growth of turnip (*Brassica rapa* L.)	Article	崔 翠	张硕新	2013, 32（1）	Allelopathy Journal	SCI	—	0.685	通讯作者
40	Effect of walnut (*Juglans regia* L.) root exudates on germination, seedling growth and enzymatic activities of turnip (*Brassica rapa* L.)	Article	崔 翠	张硕新	2011, 28（2）	Allelopathy Journal	SCI	4	0.635	通讯作者
合计	影响因子		101.279			他引次数			124	

Ⅲ 人才培养质量

				Ⅲ-4 学生国际交流情况（2012—2014 年）	
序号	姓名	出国（境）时间	回国（境）时间	地点（国家 / 地区及高校）	国际交流项目名称或主要交流目的
1	占 爱	201209	201410	美国宾夕法尼亚州立大学	国家基金委公派研究生项目，联合培养，攻博
2	牛富荣	201209	201603	德国哥廷根大学	国家基金委公派研究生项目，联合培养，攻博
3	杨凤萍	201409	—	瑞典农业大学	国家基金委公派研究生项目，联合培养，攻博
合计			学生国际交流人数		3

	Ⅲ-5 授予境外学生学位情况（2012—2014 年）			
序号	姓名	授予学位年月	国别或地区	授予学位类别
1	Imran Javed	201206	巴基斯坦	博士
合计	授予学位人数	博士	1	硕士	—

5.6.2 学科简介

1. 学科基本情况与学科特色

（1）学科基本情况

西北农林科技大学生态学学科创建于 1979 年，并于同年获批硕士学位授予权；2000 年获批博士学位授予权，同年被评为陕西省重点学科。学科点现有科教人员 27 人，其中博士生导师 10 人，硕士生导师 20 人，具有博士学位的 21 人，有 1 人入选"千人计划"，出国留学人员比例达 70%。近 3 年共承担科研课题近 40 项，研究经费 4 000 多万元，发表学术论文 100 多篇，取得国家级奖励 2 项，省部级奖励 3 项，培养硕、博士 100 多名。拥有 3 个国家野外观测站和 4 个省部级重点实验室（中心）。

（2）学科特色

西北农林科技大学生态学科立足干旱半干旱地区生态环境建设和林业资源高效可持续利用研究，形成了特色鲜明的森林生态、生理生态和流域生态 3 个学科方向。

① 森林生态方向。以厘清森林生态系统结构与功能和探索森林资源高效可持续利用技术体系为目标，主要研究领域包括：森林生态系统的碳、氮、水循环；林木生理生态；森林经营理论与实践；气候变化与森林生态系统响应；森林植被恢复与生物多样性等。在森林理水、栎类林分地力衰退、林木逆境生理生态、近自然林经营的理论与实践等方面成果斐然。

② 生理生态方向。针对干旱半干旱区林地生产力较低，开展林木抗旱性及水分高效利用生理生态机制研究，主要涉及干旱逆境下提高树木抗旱性与水分利用效率的生理生态基础研究和林木对缺水环境的整体适应性及适应机理研究。在逆境胁迫下，植物保持高生产力的生物物理机理和分子机理研究方面成果突出。

③ 流域生态方向。以退化生态系统恢复及重建原理与技术为研究目标，以流域生态系统结构功能与生产力、流域生态系统健康诊断、流域生态系统管理等为研究重点，系统研究以水土流失为主的物质迁移、转化和循环过程，探索流域生态系统结构、功能与调控措施，诠释自然与人为干预下的植被演替规律，揭示人为活动对环境演变过程的影响机理，在水土流失治理、生态恢复和流域生态系统科学管理理论和技术方面成绩突出，具有鲜明的区域特色。

2. 社会贡献

（1）为制定相关政策法规、发展规划、行业标准提供决策咨询

① 雷瑞德教授参与完成《推广十项先进技术发展环保产业加快我省环境治理》重大决策咨询课题；雷瑞德教授参与南水北调中线工程论证。

② 提交的"森林水资源保护"被陕西省人民政府采纳。

③ "陕西省森林生态系统服务功能"文件为"国家森林生态系统服务功能白皮书"发布提供了支撑；完成的"植被工程监测方法及评价系统研究"项目，为黄土高原水土保持世界银行项目的建设、评价、管理提供了指导和技术支撑。

④ 近年来，向陕西省森林资源管理局提供了森林抚育作业设计与技术咨询。

（2）在弘扬优秀文化、推进科学普及和服务社会大众等方面的贡献

① 为陕西省天华山、平河梁、摩天岭和黄柏塬自然保护区申报提供了气象、水文、植物资源等背景资料；为陕西省太白、汉西和宁东林业局天然林保护项目提供了技术支持、技术咨询和人员培训；为多名游客提供了森林与气候变化的关系、森林水源涵养功能、珍稀濒危动植物资源保护与利用、生态旅游等方面生态学基本知识介绍。

② 每年 7 月，在秦岭生态站参与举办"秦岭生态文明教育活动"。

③ 2014 年 4 月，对陕西省森林资源管理局的干部和职工进行了森林抚育技术培训；2014 年 6 月，向新疆大学资源与环境学院的师生介绍了秦岭南坡植被的垂直地带性和秦岭生态站的观测和研究情况。

（3）本学科专职教师部分重要的社会兼职

① 张硕新教授为国务院学位委员会学科评议组成员，中国农业科技国际交流协会第三届理事会理事，国家林业局林业学科建设专家咨询组专家；陕西省学位委员会学科评议组成员，青海大学—清华大学三江源研究院学术委员会委员，陕西省引智专家咨询委员会专家。

② Tyree 教授为加拿大植物生理学会会员，美国植物生理学会会员，英国实验生物学会会员，国际树木解剖学会会员，国际树木科学研究会（德国）成员。

③ 雷瑞德教授为陕西省决策咨询委员会委员。

（4）其他方面

① "森林生态学"课程 2010 年获批国家级精品课程，2013 年被评为国家精品资源共享课；"森林生态学教学团队"2011 年获批陕西省教学团队。

② 张硕新教授主持完成的"锐齿栎林地力衰退机理的研究"成果获 1998 年陕西省科技进步三等奖。

③ 2014 年，利用高频感应燃烧炉对国家林业局西北林业勘察规划院提供的植物样品进行了热值和碳灰分的测定；2014 年，对青海省林业工程咨询中心提供的样品进行了检测。

5.7 中国林业科学研究院

5.7.1 清单表

I 师资队伍与资源

I-1 突出专家					
序号	专家类别	专家姓名	出生年月	获批年月	备注
1	中国科学院院士	蒋有绪	193205	199910	生命科学和医学学部
2	国家杰青基金获得者	刘世荣	196203	2001	学科代码 C030602
3	百千万人才工程国家级人选	卢 琦	196302	2006	
4	享受政府特殊津贴人员	孟 平	196107	1993	
5	享受政府特殊津贴人员	李意德	196110	2002	
6	享受政府特殊津贴人员	肖文发	196412	201302	
7	百千万人才工程省部级人选	吴 波	196802	2013	国家林业局
8	百千万人才工程国家林业局	崔丽娟	196802	201405	国家林业局
合计	突出专家数量（人）				8

I-3 专职教师与学生情况					
类型	数量	类型	数量	类型	数量
专职教师数	159	其中，教授数	35	副教授数	55
研究生导师总数	61	其中，博士生导师数	25	硕士生导师数	61
目前在校研究生数	134	其中，博士生数	65	硕士生数	69
生师比	2.15	博士生师比	2.6	硕士生师比	1.13
近三年授予学位数	116	其中，博士学位数	56	硕士学位数	60

I-4 重点学科					
序号	重点学科名称	重点学科类型	学科代码	批准部门	批准年月
1	生态学	二级学科	0713	国家林业局	200605
合计	二级重点学科数量（个）	国家级	—	省部级	1

		I-5 重点实验室		
序号	实验室类别	实验室名称	批准部门	批准年月
1	国家野外观测站	江西大岗山森林生态系统国家野外科学观测研究站 / 江西大岗山森林生态系统国家定位观测研究站	林业部 / 科技部 国科发基字［2006］451 号	国家级 20061115 部级 1984
2	国家野外观测站	海南尖峰岭森林生态系统国家野外科学观测研究站 / 海南尖峰岭森林生态系统国家定位观测研究站	林业部 / 科技部 国科发基字［2006］451 号	国家级 20061115 部级 1984
3	国家野外观测站	民勤荒漠草地生态系统国家定位观测研究站	林业部	国家级 200512 部级 1959
4	省部级野外观测站	青海共和荒漠生态系统国家定位观测研究站	国家林业局	2004
5	省部级野外观测站	海南东寨港红树林湿地生态系统国家定位观测研究站	国家林业局	200412
6	省部级野外观测站	长江三峡库区（秭归）森林生态国家定位观测研究站	国家林业局	200509
7	省部级野外观测站	河南宝天曼森林生态系统国家定位观测研究站	国家林业局	200509
8	省部级野外观测站	四川若尔盖高寒湿地生态系统国家定位观测研究站	国家林业局	200410
9	省部级野外观测站	浙江杭州湾湿地生态系统国家定位观测研究站	国家林业局	200509
10	省部级野外观测站	宁夏六盘山森林生态系统国家定位观测研究站	国家林业局	200906
11	省部级野外观测站	库姆塔格荒漠生态系统国家定位观测研究站	国家林业局	200907
12	省部级野外观测站	贵州普定石漠生态系统国家定位观测研究站	国家林业局	201111
13	省部级野外观测站	浙江钱江源森林生态系统国家定位观测研究站	国家林业局	201210
14	省部级野外观测站	海南霸王岭森林生态系统国家定位观测研究站	国家林业局	201311
15	省部级野外观测站	华东沿海防护林生态系统国家定位观测研究站	国家林业局	201311
16	省部级野外观测站	北京汉石桥湿地生态系统国家定位观测研究站	国家林业局	201401
17	省部级野外观测站	山东昆嵛山森林生态系统国家定位观测研究站	国家林业局	200509
18	省部级重点实验室	森林生态环境实验室	林业部	199503
19	省部级重点实验室	湿地生态功能与恢复北京市重点实验室	北京市科学技术委员会	201306
20	省部级重点中心	中国林业科学研究院环境影响评价中心	国家环境保护总局	199406
合计	重点实验数量（个）	国家级	3	省部级 17

II　科学研究

II-1　近五年（2010—2014 年）科研获奖

序号	奖励名称	获奖项目名称	证书编号	完成人	获奖年度	获奖等级	参与单位数	本单位参与学科数
1	国家科技进步奖	天然林保护与生态恢复技术	2012-J-202-2-03-R01	刘世荣等	2012	二等奖	10（1）	1
2	国家科技进步奖	紫胶资源高产培育与精加工技术体系创新集成	2013-J-202-2-01-D01	陈晓鸣等	2013	二等奖	1	1
3	国家科技进步奖	我国北方几种典型退化森林的恢复技术研究与示范	J-202-2-01	李俊清等	2010	二等奖	7（3）	1
4	广东省科学技术奖	红树林快速恢复与重建技术研究	粤府〔2015〕1330 号 B01-2-1-01	廖宝文等	2014	一等奖	6（1）	1
5	黑龙江省科学技术奖	东北寒带湿地评价与恢复技术	2010 环-3-001	马玲、崔丽娟等	2013	二等奖	2（1）	1
6	浙江省科学技术奖	杭州湾典型湿地资源监测与恢复技术研究	1302062-1	吴明等	2013	二等奖	4（1）	1
7	北京市科学技术奖	城市典型退化湿地功能恢复技术体系	2013-107-02	崔丽娟等	2011	三等奖	1	1
8	梁希奖	中国森林生态系统服务功能评估	2011-KJ-2-02	王兵等	2011	二等奖	1	1
9	梁希奖	库姆塔格沙漠综合科学考察及其主要科学发现	2011-KJ-2-01	卢琦等	2011	一等奖	7（1）	—
10	梁希奖	中国荒漠植物资源调查与图鉴编撰	2013-KJ-2-07	褚建民、卢琦等	2013	二等奖	7（1）	2（2）
11	梁希奖	安徽省林农复合经营技术研究	2011-KJ-3-15-R02	虞木奎	2011	三等奖	2（1）	1
12	中国林业科学研究院科技奖	长江上游岷江流域森林植被生态水文过程的耦合与长期演变机制	J2014-2-02-D01	刘世荣等	2014	二等奖	4（1）	1
合计	科研获奖数量（个）	国家级	特等奖	—	一等奖	—	二等奖	2
			一等奖	1			三等奖	2
		省部级	一等奖	6		二等奖		
			二等奖	1		三等奖		

II-2　代表性科研项目（2012—2014年）

II-2-1　国家级、省部级、境外合作科研项目

序号	项目来源	项目下达部门	项目级别	项目编号	项目名称	负责人姓名	项目开始年月	项目结束年月	项目合同总经费（万元）	属本单位本学科的到账经费（万元）
1	国家"973"计划	科技部	重点项目	2011CB403201	天然森林和草地土壤碳储量及其空间格局	王兵	2011	2015	216	60.5
2	国家"973"计划	科技部	一般项目	2013CB429905-04	景观尺度的植被稳定性分析及其阈值界定	冯益明	201303	201703	50	22
3	国家科技支撑计划	科技部	重点项目	2009BADB2B00	高效防灾减灾治海防护林体系构建优化技术与示范	廖宝文	200901	201312	1 676	326
4	国家科技支撑计划	科技部	重点项目	2012BAD22B01	西南和热带森林可持续经营技术研究与示范	刘世荣	201201	201612	919	699
5	国家科技支撑计划	科技部	重点项目	2011BADB32B04	长江流域防护林体系整体优化调整技术研究	肖文发	201101	201512	685	427
6	国家科技支撑计划	科技部	重点项目	2009BADB2B03	沿海陆地防台风防护林体系研究与示范	虞木奎	200901	201312	549	269
7	国家科技支撑计划	科技部	重点项目	2012BAD16B0101	荒漠化监测预警、防沙治沙工程效益监测评估与国家履约战略研究	卢琦	201201	201612	315	249
8	国家科技支撑计划	科技部	重点项目	2011BAC02B03	乌梁素海湿地生态系统恢复与重建关键技术研究与示范	张曼胤	201101	201312	273	273
9	国家科技支撑计划	科技部	一般项目	2012BAD16B0105	高寒干旱沙区沙化土地综合治理技术研究与试验示范	王学全	201201	201612	150	119
10	国家科技支撑计划	科技部	重点项目	2012BA24B05	村镇环境监测与景观建设关键技术研究	陈光才	201201	201512	85	85
11	国家科技支撑计划	科技部	一般项目	2011BAD38B0605	华北中山区高效水土保持林构建技术研究与示范	辛学兵	201101	201312	42	42

（续）

序号	项目来源	项目下达部门	项目级别	项目编号	项目名称	负责人姓名	项目开始年月	项目结束年月	项目合同总经费（万元）	属本单位本学科到账经费（万元）
12	国家科技支撑计划	科技部	一般项目	2012BAC01B03-4	生物多样性保护与濒危物种保育技术研究与示范	法 蕾	201201	201412	22	22
13	国家自然科学基金	国家自然科学基金委员会	重大项目	31290223	植物对森林生态系统碳—氮—水耦合循环的作用机制	刘世荣	201301	201712	458.25	458.25
14	国家自然科学基金	国家自然科学基金委员会	重点项目	41230852	气候变化背景下黄土高原土地利用影响径流的空间尺度效应	王彦辉	201301	201712	300	120
15	国家自然科学基金	国家自然科学基金委员会	重点项目	U1402263	角倍蚜虫瘿形成的分子机理及其瘿的生态学意义	陈晓鸣	201501	201812	220	220
16	国家自然科学基金	国家自然科学基金委员会	重点项目	91225302	黑河流域上游生态水文过程耦合机理及模型研究	于澎涛	201301	201612	210	150
17	国家自然科学基金	国家自然科学基金委员会	重大项目	41390461	黄土高原森林生态系统水源涵养机理及尺度效应	王彦辉	201401	201812	110	44
18	国家自然科学基金	国家自然科学基金委员会	面上项目	41471096	高寒沙区生物土壤结皮碳收支对增温的响应	贾晓红	201501	201712	95	42.75
19	国家自然科学基金	国家自然科学基金委员会	面上项目	41471151	戈壁荒漠多尺度耦合的景观格局及其形成机制	吴 波	201501	201712	95	42.75
20	国家自然科学基金	国家自然科学基金委员会	面上项目	31470619	土壤淹水抑制柳树根系 Cu 转运的作用机制研究	陈光才	201401	201612	90	90
21	国家自然科学基金	国家自然科学基金委员会	面上项目	31470627	南亚热带典型人工混交林土壤碳化学稳定性及其形成机制	王 晖	201501	201812	88	88
22	国家自然科学基金	国家自然科学基金委员会	面上项目	31470493	互利关系影响生态系统服务的途径和机制探讨	陈又清	201501	201912	87	87
23	国家自然科学基金	国家自然科学基金委员会	面上项目	41471029	基于景观格局演变的泾河上游土壤水空间格局形成机制与尺度效应	徐丽宏	201501	201812	85	85

（续）

序号	项目来源	项目下达部门	项目级别	项目编号	项目名称	负责人姓名	项目开始年月	项目结束年月	项目合同总经费（万元）	属本单位本学科的到账经费（万元）
24	国家自然科学基金	国家自然科学基金委员会	面上项目	31370481	三峡库区小流域土壤养分氮磷流失的景观控制机制研究	黄志霖	201401	201712	83	83
25	国家自然科学基金	国家自然科学基金委员会	面上项目	41471048	中国特有木本种子植物分布区的空间分布规律	黄继红	201501	201812	82	36.9
26	国家自然科学基金	国家自然科学基金委员会	面上项目	31370708	戈壁表面砾石粒径遥感定量反演及其空间分异机制研究	冯益明	201401	201712	82	49.2
27	国家自然科学基金	国家自然科学基金委员会	面上项目	31370712	基于多角度高光谱遥感数据的高寒湿地植被生物量反演机理与模型研究	韦　玮	201401	201712	82	40
28	国家自然科学基金	国家自然科学基金委员会	面上项目	31370463	西南高山林区树木生长对气候响应的分异及其驱动机制	张远东	201401	201712	80	45
29	国家自然科学基金	国家自然科学基金委员会	面上项目	31370145	海拔梯度变化对高寒草甸土壤 N_2O 微生物的影响	张于光	201401	201712	80	40
30	国家自然科学基金	国家自然科学基金委员会	面上项目	31370651	角倍蚜虫瘿内世代蜜露分解途径及与寄主植物之间互利关系研究	陈晓鸣	201401	201712	80	80
31	国家自然科学基金	国家自然科学基金委员会	面上项目	31470705	基于同位素技术的城市绿地植物碳吸存动态差异及溯源研究	孙守家	201501	201812	79	87
32	国家自然科学基金	国家自然科学基金委员会	面上项目	31270561	蚂蚁功能多样性对山地土地利用方式的响应机制	陈文清	201201	201612	79	79
33	国家自然科学基金	国家自然科学基金委员会	面上项目	31270474	基于植物功能性状的热带山地雨林群落构建规律	丁　易	201301	201612	79	79
34	国家自然科学基金	国家自然科学基金委员会	面上项目	41271033	毛乌素沙地油蒿丛空间自由组织格局及其生态水文响应机制	杨晓晖	201301	201612	75	60

（续）

序号	项目来源	项目下达部门	项目级别	项目编号	项目名称	负责人姓名	项目开始年月	项目结束年月	项目合同总经费（万元）	属本单位本学科的到账经费（万元）
35	国家自然科学基金	国家自然科学基金委员会	面上项目	41371240	土壤蒸发的内部过程机制与水汽运动模拟研究	陆 森	201401	201712	75	75
36	国家自然科学基金	国家自然科学基金委员会	面上项目	31170306	常绿阔叶林主要树种幼苗叶片和细根功能性状的环境驱动与关联性	赵广东	201201	201512	72	64
37	国家自然科学基金	国家自然科学基金委员会	面上项目	31170409	基于水碳同位素及植物液流信息的华北低丘林药复合系统种间水分关系的研究	孟 平	201201	201512	70	—
38	国家自然科学基金	国家自然科学基金委员会	面上项目	41371500	基于荒漠生态服务评估的沙尘暴危害区域碳尘规律及溯源研究	郭 浩	201401	201712	70	42
39	国家自然科学基金	国家自然科学基金委员会	面上项目	31170661	基于氢氧碳稳定同位素的西鄂尔多斯珍稀濒危植物水分利用机理的研究	徐 庆	201201	201512	69	65.5
40	国家自然科学基金	国家自然科学基金委员会	面上项目	41171040	台风干扰对海南岛热带雨林生态系统固碳功能的影响研究	陈德祥	201201	201512	64	64
41	国家自然科学基金	国家自然科学基金委员会	面上项目	41176084	海南东寨港主要红树林群落快速退化机制的研究	廖宝文	201201	201512	55	55
42	国家自然科学基金	国家自然科学基金委员会	面上项目	41071023	干旱缺水地区森林生长固碳与生态耗水的关系	于澎涛	201101	201312	55	55
43	国家自然科学基金	国家自然科学基金委员会	面上项目	41130640	青海湖流域生态水文过程与水分收支研究	王学全	201203	201612	40	28
44	国家自然科学基金	国家自然科学基金委员会	面上项目	30972426	基于生态地理区划的森林生态系统观测网络典型抽样布局	王 兵	201001	201212	30	30

（续）

序号	项目来源	项目下达部门	项目级别	项目编号	项目名称	负责人姓名	项目开始年月	项目结束年月	项目合同总经费（万元）	属本单位本学科的到账经费（万元）
45	国家自然科学基金	国家自然科学基金委员会	青年基金	41201192	热带雨林物种、功能和系统发育多样性的关联性及影响因素	许涵	201201	201512	26	26
46	国家自然科学基金	国家自然科学基金委员会	青年项目	41301056	基于组合方法的物种生境模拟预测可靠性与物种特征的关系	张雷	201401	201612	26	26
47	国家自然科学基金	国家自然科学基金委员会	青年项目	31400520	桑寄生科植物的系统发育与性状演化研究	林若竹	201501	201712	26	26
48	国家自然科学基金	国家自然科学基金委员会	青年项目	31400421	模拟增雨对荒漠植物新固定碳分配机制的影响研究	鲍芳	201501	201712	26	15.6
49	国家自然科学基金	国家自然科学基金委员会	青年项目	41401212	浑善达克沙地榆树疏林景观格局分析与模拟	姚雪玲	201501	201712	26	15.6
50	国家自然科学基金	国家自然科学基金委员会	青年项目	31400474	珍稀濒危树种崖柏的保护遗传学研究	秦爱丽	201501	201712	25	25
51	国家自然科学基金	国家自然科学基金委员会	青年项目	31400531	混合调落物分解的非加合效应对基质质量的响应机制	曾立雄	201501	201712	25	25
52	国家自然科学基金	国家自然科学基金委员会	青年项目	41403069	植物氮同位素组成对植林及氮沉降氮同位素信息的指示	李嘉竹	201501	201712	25	15
53	国家自然科学基金	国家自然科学基金委员会	青年项目	31400620	氮素对荒漠 C3 植物异养器官富集 ^{13}C 的调控机制	张金鑫	201501	201712	25	25
54	国家自然科学基金	国家自然科学基金委员会	青年项目	31100321	华北低丘山区人工林水规律及水分利用效率变化的环境影响机制	黄辉	201201	201412	25	25
55	国家自然科学基金	国家自然科学基金委员会	青年项目	31400385	荆条对太行山南麓裸岩立地的水分生理生态适应机制研究	何春霞	201501	201712	24	24

（续）

序号	项目来源	项目下达部门	项目级别	项目编号	项目名称	负责人姓名	项目开始年月	项目结束年月	项目合同总经费（万元）	属本单位本学科的到账经费（万元）
56	国家自然科学基金	国家自然科学基金委员会	青年基金	31400422	氮沉降对热带山地雨林地固碳能力的影响研究	周璋	201401	201612	24	24
57	国家自然科学基金	国家自然科学基金委员会	青年项目	31300105	水淹厌氧环境丛枝菌根真菌多样性维持机制	张倩	201401	201612	24	24
58	国家自然科学基金	国家自然科学基金委员会	青年项目	31200533	不同叶形树种幼苗气体交换对模拟风迫的响应机制	吴统贵	201301	201512	23	23
59	国家自然科学基金	国家自然科学基金委员会	青年项目	31300589	城市绿地多种生态服务功能时空变异及关键景观驱动因素	滕明君	201401	201612	23	23
60	国家自然科学基金	国家自然科学基金委员会	青年项目	31300519	间伐对杉木人工林土壤有机碳组分及周转的影响	成向荣	201401	201612	21	21
61	国家自然科学基金	国家自然科学基金委员会	青年项目	31300496	高山林线树种分子适应对林线形成的作用	施征	201401	201612	20	20
62	国家自然科学基金	国家自然科学基金委员会	青年基金	30901143	海南岛热带雨林群落对季节性干旱的生态适应性与物种多样性调节机制	丁易	201001	201212	20	20
63	国家自然科学基金	国家自然科学基金委员会	青年项目	31100380	调落物输入对南亚热带典型人工林土壤碳化结构及稳定性的影响	王晖	201201	201412	20	20
64	境外合作科研项目	挪威	一般项目	—	中国南方的森林：一个重要的活性氮的汇和氧化亚氮的区域热点	王彦辉	201201	201412	20	12
65	境外合作科研项目	GEF	一般项目	—	农业、林业和土地利用领域减缓气候变化的技术需求评估	朱建华	201402	201504	39	39

（续）

序号	项目来源	项目下达部门	项目级别	项目编号	项目名称	负责人姓名	项目开始年月	项目结束年月	项目合同总经费（万元）	属本单位本学科的到账经费（万元）
66	部委级科研项目	国家林业局	重大项目	200804001	中国森林对气候变化的响应与林业对策研究	李育才、刘世荣	200801	201212	2 882	1789
67	部委级科研项目	科技部	重大项目	2C12FY111700	库姆塔格沙漠综合科学考察（二期）	吴波	201205	201705	1 067	288.9
68	部委级科研项目	国家林业局	重大项目	201204101	森林生态服务功能分布式定位观测与模型模拟	王兵	201201	201612	849	184
69	部委级科研项目	国家林业局	重大项目	2012	资源昆虫高效培育与新产品研发	陈晓鸣	201201	201612	801	361
70	部委级科研项目	国家林业局	重大项目	200904001	太湖流域湿地生态系统功能作用机理及调控与恢复技术研究	崔丽娟	200901	201312	799	799
71	部委级科研项目	科技部	重点项目	2014FY120700	中国森林土壤调查、标准规范及数据库构建	王彦辉	201505	201804	717	573
72	部委级科研项目	国家林业局	重大项目	201104006	森林增汇技术、碳计量与碳贸易市场机制研究	刘世荣	201101	201312	559	161
73	部委级科研项目	国家林业局	重大项目	201304308	天然林保护等林业工程生态效益评价研究	臧润国	201301	201512	543	254
74	部委级科研项目	国家林业局	重大项目	201104008	典型森林土壤碳储量分布格局及变化规律研究	肖文发	201101	201412	508	224
75	部委级科研项目	国家林业局	重大项目	201204201	典型湖沼湿地生态服务功能评价	崔丽娟	201201	201412	421	421
76	部委级科研项目	国家林业局	重大项目	201404201	气候变化对森林水碳平衡影响及适应性生态恢复	刘世荣	201401	201712	404	201
77	部委级科研项目	国家林业局	重大项目	2013430101	森林对PM2.5等颗粒物的调控功能监测方法学研究及样带观测	王兵	201301	201612	369	369

（续）

序号	项目来源	项目下达部门	项目级别	项目编号	项目名称	负责人姓名	项目开始年月	项目结束年月	项目合同总经费（万元）	属本单位本学科的到账经费（万元）
78	部委级科研项目	国家林业局	重大项目	201404304	戈壁生态系统长期定位观测研究	卢 琦	201401	201612	362	87
79	部委级科研项目	国家林业局	重大项目	20130430102	增强森林滞留 PM2.5 等颗粒物的能力调控技术研究	王彦辉	201301	201612	352	148
80	部委级科研项目	国家林业局	重大项目	201404305	滨海湿地生态系统服务功能与评估技术研究	崔丽娟	201401	201612	350	135
81	部委级科研项目	国家林业局	重大项目	201404303	东北林生态要素全指标体系观测技术研究	王 兵	201401	201812	350	140
82	部委级科研项目	国家林业局	一般项目	200904056	西北典型区域基干水分管理的森林植被承载力研究	王彦辉	200901	201312	326	199
83	部委级科研项目	科技部	一般项目	2013FY111600-2	华中及新疆森林植被调查	臧润国	201306	201805	257	228
84	部委级科研项目	国家林业局	一般项目	200804022-6	江西大岗山森林生态系统健康维护与经营技术	王 兵	200801	201212	247	247
85	部委级科研项目	国家气象局	面上项目	GYHY201406035	气候和土地利用变化对森林的影响响及适应对策	肖文发	2014	2016	240	135
86	部委级科研项目	国家林业局	面上项目	201104055	长三角水源区面源污染林业生态修复技术研究	张建锋	201101	201412	230	116
87	部委级科研项目	国家林业局	面上项目	201204105	黄淮海农田防护林体系多尺度水分利用的同步监测与评价	张劲松	201201	201512	201	201
88	部委级科研项目	国家发展和改革委员会	一般项目	201314	中国碳汇潜力与林业发展战略研究	肖文发	2013	2014	200	136
89	部委级科研项目	国家林业局	面上项目	201304313	森林对 O₃ 和大气 N 沉降胁迫的响应	尚 鹤	201301	201512	193	163
90	部委级科研项目	国家林业局	重点项目	201104057	热带雨林生物多样性维持与自然恢复策略研究	李意德	201101	201412	164	164

（续）

序号	项目来源	项目下达部门	项目级别	项目编号	项目名称	负责人姓名	项目开始年月	项目结束年月	项目合同总经费（万元）	属本单位本学科的到账经费（万元）
91	部委级科研项目	国家林业局	面上项目	201304315	应对气候变化重大国际林业问题的技术与对策研究	朱建华	201301	201412	160	83
92	部委级科研项目	国家林业局	面上项目	201404206	华北山区针阔混交林种间水分关系及结构优化技术	孙守家	201401	201712	145	145
93	部委级科研项目	国家林业局	面上项目	20114072	红树林湿地动态监测健康评价技术研究	郭志华	201101	201512	128	128
94	部委级科研项目	国家林业局	一般项目	—	珍稀濒危物种野外救护与人工繁育	陆军、江红星、刘冬平	201301	201312	120	120
95	部委级科研项目	国家林业局	一般项目	—	珍稀濒危物种野外救护与人工繁育	陆军、江红星、刘冬平	201301	201312	120	120
96	部委级科研项目	国家林业局	一般项目	—	珍稀濒危物种调查监管与行业规范—珍稀濒危鸟类、迁飞调查监测、生境评估和履约	侯韵秋	201301	201312	72	52
97	部委级科研项目	科技部	一般项目	2008-4-37	湿地生态系统保护与管理关键技术引进湿地生态系统保护与管理关键技术引进	尚　鹤	200801	201212	60	60
98	部委级科研项目	科技部	一般项目	2013GB24320620	淡水森林湿地植被恢复适生树种筛选技术应用示范	徐　庆	201309	201508	60	60
99	部委级科研项目	科技部	一般项目	2011GB24320013	亚热带典型人工林质量提升关键技术集中示范	虞木奎	201101	201312	60	60
100	部委级科研项目	国家林业局	一般项目	2012-4-78	林业碳收支模型 CBM-CFS3 引进	朱建华、肖文发	201201	201412	50	50
合计	国家级科研项目	数量（个）158			项目合同总经费（万元）25 008.22				属本单位本学科的到账经费（万元）15 880.92	

Ⅱ-2-2 其他重要科研项目

序号	项目来源	合同签订/项目下达时间	项目名称	负责人姓名	项目开始年月	项目结束年月	项目合同总经费（万元）	属本单位本学科的到账经费（万元）
1	中国工程院办公厅	201201	旱涝事件对地表水水质及水生态系统影响与应对战略	蒋有绪	201201	201312	73	26
2	国务院三峡建委办公室移民安置规划司	200901	三峡后续工作规划编制	肖文发	200901	201212	540	540
3	中国长江三峡集团公司	201110	长江三峡水利枢纽工程竣工环境保护验收调查——陆生植物调查专题	肖文发	201110	201212	140	105
4	北京市园林绿化局项目	201201	北京湿地生态质量调查与评价	崔丽娟	201201	201312	80	80
5	森林资源清查与动态监测	201301	三峡陆栖野生脊椎动物生态监测	肖文发	201301	201412	70	70
6	北京市园林绿化局项目	201001	北京市湿地公园发展规划	崔丽娟	201001	201212	61.3	61.3
7	三峡工程生态与环境监测系统重点站项目	201110	陆生动物监测重点站	肖文发	201110	201212	60	60
8	四川马边大风顶国家级自然保护区管理局	201409	马边大风顶国家级自然保护区本底资源调查采购项目	郭志华	201409	201509	55	55
9	北京市科学技术委员会	201212	科技北京百名领军人才培养工程	崔丽娟	201301	201512	55	55
10	北京市科学技术委员会	201304	人工净化湿地磷去除动力学关键问题研究	崔丽娟	201306	201406	50	50
11	国家林业局专项	201306	履行《国际森林文书》战略研究	肖文发	201303	201403	20	20
12	国家林业局专项	201307	履行《国际森林文书》培训项目	肖文发	201307	201407	20	20
13	国家林业局防沙治沙办公室	2013	编制荒漠化公约第六次《国家履约报告》	卢 琦	201401	201512	10	10
14	国家林业局森林资源管理与检查	201201	蒙特利尔进程报告编制	肖文发	201201	201212	85	85
15	国家林业局森林资源管理与检查	201301	蒙特利尔进程报告编制	肖文发	201301	201312	40	20
16	国家林业局专项	201301	跟踪蒙特利尔进程及标准指标推广应用	肖文发	201301	201312	40	40

（续）

序号	项目来源	合同签订/项目下达时间	项目名称	负责人姓名	项目开始年月	项目结束年月	项目合同总经费（万元）	属本单位本学科的到账经费（万元）
17	国家林业局防沙治沙办公室	201201	关于编制《2012 年国家履约报告》	卢 琦	201201	201212	12	12
18	国家应对气候变化战略研究和国际中心	201401	中国低碳发展宏观战略研究总结报告撰写	肖文发	201401	201412	10	10
19	国家林业局调查规划设计院	201301	第八次全国森林资源清查项目的全国森林生态服务功能效益评估	牛 香	201301	201412	80	80
20	四川马边大风顶国家级自然保护区管理局	201409	马边大风顶国家级自然保护区本底资源调查采购项目	郭志华	201409	201509	55	55
21	湖北神农架国家级自然保护区管理局	201201	神农架森林生态系统碳储量及其空间格局调查与计量	肖文发	201201	201312	50	50
22	北京市园林绿化局项目	201406	北京湿地保护发展规划编制	李 伟	201406	201412	51.32	51.32
23	北京市园林绿化局项目	201201	北京市湿地生态质量调查与评价	崔丽娟	201201	201312	80	80
24	北京市园林绿化局项目	201001	北京市湿地公园发展规划	崔丽娟	201001	201212	61.3	61.3
25	北京林业工程咨询公司	201208	非洲加蓬草地调查与数据分析	李意德	201208	201303	130	130
26	广州市林业和园林局	201310	广州市森林碳汇计量与监测研究	李意德	201310	201612	799.5	316.5
27	陕西省林业厅	201405	陕西关中地区林业治污减霾成效评估	王 兵	201405	201412	50	50
28	浙江省林业厅	201206	葛藤和五节芒危害机理及防治关键技术研究	成向荣	201206	201412	30	20
29	浙江省林业厅	201106	林下山野菜复合经营研究与示范	虞木奎	201106	201312	30	20
30	浙江省森林生态创新团队项目	201407	沿海防护林防风效益监测与评价	吴统贵	201407	201506	8	8

II-2-3 人均科研经费

人均科研经费（万元/人）
113.98

II-3 本学科代表性学术论文质量

II-3-1 近五年（2010—2014年）国内收录的本学科代表性学术论文

序号	论文名称	第一作者	通讯作者	发表刊次（卷期）	发表刊物名称	收录类型	中文影响因子	他引次数
1	泾河上游流域实际蒸散量及其各组分的估算	张淑兰	于澎涛	2011, 66 (3)	地理学报	CSCD	2.994	6
2	复合人工湿地运行2a净化水禽污水效果	崔丽娟	崔丽娟	2011	农业工程学报	EI检索	2.329	11
3	库姆塔格沙漠地区景观格局与动态研究	吴波	吴波	2013, 33 (1)	中国沙漠	CSCD	2.298	7
4	海南尖峰岭不同热带雨林类型与物种多样性变化关联的环境因子	许涵	李意德	2013, 37 (1)	植物生态学报	CSCD	2.203	11
5	华北落叶松树体水利用及其对土壤水分和潜在蒸散的响应：基于模型模拟的分析	孙林	王彦辉	2011, 35 (4)	植物生态学报	CSCD	2.2	9
6	陆地水—碳耦合模拟研究进展	余振	刘世荣	2010 (3)	植物生态学报	CSCD	2.022	27
7	南北样带不同植被属种功能性状间的关系及其对气象因子的响应	冯秋红	史作民	2010 (6)	植物生态学报	CSCD	2.022	23
8	中国北亚热带天然次生林与杉木人工林土壤活性有机碳库的比较	刘荣杰	李正才	2012, 36 (5)	植物生态学报	CSCD	2.022	15
9	近50a海南岛不同气候区气候变化特征研究	许格希	郭泉水	2013, 28 (5)	自然资源学报	CSCD	1.904	3
10	南亚热带不同植被恢复模式下土壤理化性质	康冰	刘世荣	2010	应用生态学报	CSCD	1.742	51
11	杭州湾滨海湿地几种人工林生态系统碳含量及其分布格局	邵学新	吴明	2011, 22 (3)	应用生态学报	CSCD	1.742	39
12	我国南亚热带几种人工林生态系统氮储量	王卫霞	史作民	2013 (3)	生态学报	CSCD	1.547	24
13	中国森林土壤碳储量与土壤碳过程研究进展	刘世荣	刘世荣	2011	生态学报	CSCD	1.547	64
14	不同湿地植物对污水中氮磷去除的贡献	崔丽娟	崔丽娟	2011	湖泊科学	CSCD	1.503	29
15	三峡库区兰陵溪小流域养分流失特征	曾立雄	黄志霖	2013, 34 (8)	环境科学	CSCD	1.365	1
16	基于"源—汇"景观的大湖宜兴大湖港口水质时空变化	王瑛	张建锋	2012, 31 (2)	生态学杂志	CSCD	1.123	88
17	林业生态工程措施对滨海盐碱地草本植物的影响	单奇华	张建锋	2012, 31 (6)	生态学杂志	CSCD	1.123	45
18	三峡库区栲属群落主要乔木种群的种间联结性	程瑞梅	肖文发	2013, 49 (5)	林业科学	CSCD	1.09	2
19	华北低丘山地人工混交林净生态系统碳交换的变化特征	同小娟	孟平	2010, 46 (3)	林业科学	CSCD	1.09	4
20	国家级自然保护区信息管理系统设计与实现——以小五台山为例	郭慧	王兵	2014, 12 (4)	中国水土保持科学	CSCD	0.717	4
合计						中文影响因子 34.583	他引次数	463

Ⅱ-3-2　近五年（2010—2014年）国外收录的本学科代表性学术论文

序号	论文名称	论文类型	第一作者	通讯作者	发表刊次（卷期）	发表刊物名称	收录类型	他引次数	期刊 SCI 影响因子	备注
1	Assessing effects of afforestation projects in China	Correspondence	Yang Xiaohui	Yang Xiaohui	2010, 466	Nature	SCI	9	42.351	
2	The Extraordinary Collapse of Jatropha as a Global Biofuel	Viewpoint	Kant Promode	Wu Shuirong	2011, 45（17）	Environmental Science & Technology	SCI	36	5.228	
3	Variations in carbon isotope ratios of plants across a temperature gradient along the 400mm isoline of mean annual precipitation in north China and their relevance to paleovegetation reconstruction	Article	Wang Guoan	Li Jiazhu	2013, 63	Quaternary Science Reviews	SCI	8	4.571	
4	Recovery of woody plant diversity in tropical rain forests in southern China after logging and shifting cultivation	Article	Ding Yi	Zang Runguo	2012, 145（1）	Biological Conservation	SCI	20	4.115	
5	Transcriptome analysis of the Chinese white wax scale *Ericerus pela* with focus on genes involved in wax biosynthesis	Article	Yang Fu	Chen Xiaoming	2012, 7（4）	Plos One	SCI	8	4.092	
6	Partitioning oak woodland evapotranspiration in the rocky mountainous area of north China was disturbed by foreign vapor, as estimated based on non-steady-state180 isotopic corrposition	Article	Sun Shoujia	Meng Ping	2014, 184	Agricultural and Forest Meteorology	SCI	1	3.894	
7	Influence of sub-surface irrigation on soil conditions and water irrigation efficiency in a cherry orchard in a hilly semi-arid area of northern China	Article	Gao Peng	Wang Bing	2013, 8（9）	Plos One	SCI	2	3.534	

（续）

序号	论文名称	论文类型	第一作者	通讯作者	发表刊次（卷期）	发表刊物名称	收录类型	他引次数	期刊 SCI 影响因子	备注
8	An Integrated Study to Analyze soil Microbial Community Structure and Metabolic Potential in Two Forest Types	Article	Zhang Yuguang	Li Diqiang	2014, 9（4）	Plos One	SCI	1	3.534	
9	Responses of Nutrients and Mobile Carbohydrates in *Quercus variabilis* Seedlings to Environmental Variations Using In Situ and Ex-Situ Experiments	Article	Lei Jingpin	Xiao Wenfa	2013, 8（4）	Plos One	SCI	1	3.534	
10	Spatial Patterns and Natural Recruitment of Native Shrubs in a Semi-arid Sandy Land	Article	Wu Bo	Wu Bo	2013, 8（3）	Plos One	SCI	5	3.534	
11	Multiple Ant Species Tending Lac Insect *Kerria yunnanensis* (Hemiptera: Kerriidae) Provide Asymmetric Protection against Parasitoids	Article	Chen Youqing	Chen Youqing	2014, 9（6）	Plos One	SCI	—	3.534	
12	Within- and among-species variation in specific leaf area drive community assembly in a tropical cloud forest	Article	Long Wenxing	Zang Runguo	2011, 167（4）	Oecologia	SCI	21	3.517	
13	The effect of site conditions on flow after forestation in a dryland region of China	Article	Yu Pengtao	Wang Yanhui	2013, 178-179	Agricultural and Forest Meteorology	SCI	—	3.421	
14	Disturbance regime changes the trait distribution, phylogenetic structure and community assembly of tropical rain forests	Article	Ding Yi	Zang Runguo	2012, 121（8）	Oikos	SCI	29	3.39	

（续）

序号	论文名称	论文类型	第一作者	通讯作者	发表刊次（卷期）	发表刊物名称	收录类型	他引次数	期刊 SCI 影响因子	备注
15	A stochastic model of tree architecture and biomass partitioning: application to Mongolian Scots pines	Article	Wang Feng	Lu Qi	2011, 107（5）	Annals of Botany	SCI	13	3.295	
16	Variations in nitrogen-15 natural abundance of plant and soil systems in four remote tropical rainforests, southern China	Article	Wang Ang	Fang Yunting, Chen Dexiang	2014, 174（2）	Oecologia	SCI	1	3.248	
17	Environmental filtering of species with different functional traits into plant assemblages across a tropical coniferous-broadleaved forest ecotone	Article	Zhang Junyan	Zang Runguo	2014, 380（1-2）	Plant and Soil	SCI	1	3.235	
18	Eradicating invasive Spartina alterniflora with alien Sonneratia apetala and its implications for invasion controls	Article	Chen H ai	Liao Baowen	2014, 73	Ecological Engineering	SCI	3	3.2	
19	Combating desertification in China: past, present and future	Viewpoint	Wang Feng	Lu Qi	2013, 31	Land Use Policy	SCI	17	3.134	
20	Phytoaccumulation of copper in willow seedlings under different hydrological regimes	Article	Chen G C	Chen G C, Zhang J F	2012, 44	Ecological Engineering	SCI	10	3.11	
21	Geochip-based analysis of microbial communities in alpine meadow soils in the Qinghai-Tibetar Plateau	Article	Zhang Yuguang	Li Diqiang	2013, 13	BMC Microbiology	SCI	6	2.976	
22	Annual runoff and evapotranspiration of forestlands and non-forestlands in selected basins of the loess plateau of China	Article	Wang Yahui	Wang Yanhui	2011, 4（2）	Ecohydrology	SCI	39	2.775	

（续）

序号	论文名称	论文类型	第一作者	通讯作者	发表刊次（卷期）	发表刊物名称	收录类型	他引次数	期刊SCI影响因子	备注
23	Soil-atmosphere exchange of greenhouse gases in subtropical plantations of indigenous tree species	Article	Wang Hui	Liu Shirong	2010，335	Plant and Soil	SCI	7	2.773	
24	Correlation between leaf litter and fine root decomposition among subtropical tree species	Article	Wang Hui	Liu Shirong	2010，335	Plant and Soil	SCI	9	2.773	
25	Assessing non-parametric and area-based methods for estimating regional species richness	Article	Xu Han	Liu Shirong	2012，23（6）	Journal of vegetation science	SCI	6	2.77	
26	Effects of tree species mixture on soil organic carbon stocks and greenhouse gas fluxes in subtropical plantations in China	Article	Wang Hui	Liu Shirong	2013，300	Forest Ecology and Management	SCI	7	2.766	
27	Variations of carbon stock with forest types in subalpine region of southwestern China	Article	Zhang Yuandong	Zhang Yuandong	2013，（300）	Forest Ecology and Management	SCI	11	2.744	
28	Ecosystem water use efficiency in a warm-temperate mixed plantation in the north China	Article	Tong Xiaojuan	Zhang Jingsong	2014，512（6）	Journal of Hydrology	SCI	14	2.693	
29	Identifying spatio-temporal variation and controlling factors of chemistry in groundwater and river water recharged by reclaimed water at Huai River, north China	Article	Yu Yilei	Song Xianfang	2014，7	Stochastic Environmental Research And Risk Assessment	SCI	1	2.67	
30	Carbon storage capacity of monoculture and mixed-species plantations in subtropical China	Article	He Youjun	Tan Lin	2013，295	Forest Ecology and Management	SCI	9	2.667	

（续）

序号	论文名称	论文类型	第一作者	通讯作者	发表刊次（卷期）	发表刊物名称	收录类型	他引次数	期刊 SCI 影响因子	备注
31	Leaf nitrogen and phosphorus stoichiometry of *Quercus* species across China	Article	Wu Tonggui	Yu Mukui	2012, 284	Forest Ecology and Manangement	SCI	4	2.667	
32	Cadmium adsorption by willow root: the role of cell walls and their subfractions	Article	Chen G C	Chen G C, Zhang J F	2013, 20	Environmental Science and Pollution Research	SCI	8	2.61	
33	A short-term study to evaluate the uptake and accumulation of arsenic in Asian willow (*Salix* sp.) from arsenic-contaminated water	Article	Chen G C	Chen G C, Zhang J F	2014, 21（5）	Environmental Science and Pollution Research	SCI	1	2.61	
34	Exploring the hydrologic relationships in a swamp-dominated watershed-a network-environ-analysis based approach	Article	Mao Xufeng	Cui Lijuan	2012	Ecological Modelling	SCI	1	2.326	
35	Photosynthetic and physiological responses of native ard exotic tidal woody seedlings to simulated tidal immersion	Article	Wu Tonggui	Wu Tonggui	2013, 135	Estuarine, Coastal and Shelf Science	SCI	1	2.253	
36	Ant diversity and bio-indicators in land management of lac insect agroecosystem in southwestern China	Article	Chen Youqing	Chen Youqing	2011, 20（13）	Biodiversity & Conservation	SCI	8	2.065	
37	Patterns of leaf nitrogen and phosphorus stoichiometry among *Quercus acutissima* provenances across China	Article	Wu Tonggui	Yu Mukui	2014, 17	Ecological Complexity	SCI	1	2	
38	Economical assessment of forest ecosystem services in China: Characteristics and implications	Article	Niu Xiang	Wang Bing	2012, 11	Ecological Complexity	SCI	8	1.96	

（续）

序号	论文名称	论文类型	第一作者	通讯作者	发表刊次（卷期）	发表刊物名称	收录类型	他引次数	期刊 SCI 影响因子	备注
39	Identification and modelling the HRT distribution in subsurface constructed wetland	Article	Cui Lijuan	Cui Lijuan	2012, 14（11）	Journal of Environmental Monitoring	SCI	2	1.91	
40	Reductions in non-point source pollution through different management practices for an agricultural watershed in Three Gorges Reservoir Area	Article	Tian Yaowu	Xiao Wenfa	2010, 22（2）	Journal of Environmental Sciences-China	SCI	26	1.66	
合计		SCI 影响因子	161.139		他引次数	355				

II-5 已转化或应用的专利（2012—2014 年）

序号	专利名称	第一发明人	专利申请号	授权（颁证）年月	专利号	专利受让单位	专利转让合同金额（万元）
1	一种新型树干木质部液流测量装置	森环森保所	CN201220388947.0	201301	2666986	已应用于本单位科学研究	—
2	一种用于矫正树干木质部液流测定的装置	森环森保所	CN201210279109.4	201311	1305372	已应用于本单位科学研究	—
3	川西亚高山低效云杉人工幼林的改造方法	森环森保所	CN 201210521881	2012.12.07		已应用于本单位科学研究	—
合计	专利转让合同金额（万元）					—	

Ⅲ 人才培养质量

				Ⅲ-2 研究生教材（2012—2014 年）			
序号	教材名称	第一主编姓名	出版年月	出版单位	参与单位数	是否精品教材
1	荒漠生态学	卢 琦	2015	待定	3	—
合计	国家级规划教材数量	—		精品教材数量		—

			Ⅲ-4 学生国际交流情况（2012—2014 年）		
序号	姓名	出国（境）时间	回国（境）时间	地点（国家 / 地区及高校）	国际交流项目名称或主要交流目的
1	卢志兴	201410	201504	澳大利亚联邦科工组织	联合培养博士
合计	学生国际交流人数			1	

5.7.2 学科简介

1. 学科基本情况与学科特色

中国林业科学研究院生态学科创建于 20 世纪 50 年代，伴随响应国际 IBP、IGBP 等研究计划及生物多样性保护、全球变化、可持续发展等全球浪潮，多年连续研究，取得了丰硕成果，有力支撑了国家生态环境建设。现学科团队科研人员 159 人，近 3 年承担项目 200 余项，经费 19 793.04 万元，人均 124.48 万元，培养硕博研究生 250 名；发表论文 300 余篇（120 余篇 SCI）。设立了森林生态学、荒漠生态学、湿地生态学、动物生态学、昆虫生态学、生态工程与技术 6 个二级学科，主要的特色和优势方向有：

① 气候变化与生态系统管理。主要研究森林生态系统的碳、氮、水耦合机制及其全球变化响应与适应机制；气候变化对树木生长、森林健康的影响；森林碳减排增汇机理与策略；森林碳汇计量与监测方法学，森林生态系统适应性综合管理的理论、技术和模式。

② 植被与恢复生态。主要研究天然林动态干扰及生物多样性保育，首次在我国系统开展了林隙动态研究，提出了森林生物多样性动态维持的理论框架。

③ 森林水文与水土资源管理。主要研究森林植被的格局与结构的水文过程与功能调控及区域分异，尤其在干旱半干旱区研究了森林植被与水分的相互作用，评价了植被生态用水和主要由水分决定的植被承载力，探索了水源林多功能评价与经营管理，提出了林水协调的理念和技术。

④ 生态系统长期定位观测。经历了单点半定位、生态站长期定位到生态站联网的研究阶段，主要研究森林生态系统的结构、功能、效益、健康状况评估等，建立了森林生态连清体系，开展森林生态体系服务核算。

⑤ 森林生态系统功能及全球变化响应。在不同时空尺度上研究森林的结构动态与其初级生产力、生态水文功能和森林影响下的碳、氮、水循环过程与机制，建立了考虑植被格局—生态过程—生态系统与景观尺度转换的生态水文耦合模型，提出满足区域生态安全的森林植被结构及景观优化配置格局。

⑥ 湿地生态与管理。主要进行湿地生态系统的结构和功能、生物地球化学循环、生物多样性等基础研究及退化湿地恢复重建和人工湿地构建等应用研究，提出湿地健康与保护等方面的管理对策。

⑦ 荒漠生态与管理。主要从事逆境植物生理生态、生物土壤结皮、荒漠生态水文、荒漠景观生态、荒漠生态恢复及荒漠管理战略规划研究，为荒漠地区生物资源利用与保护提供科学依据。

⑧ 动物生态。主要研究鸟类迁徙、濒危兽类、动物保护、森林土壤动物、濒危动物分子生态学等方面的内容。

⑨ 昆虫生态。研究与害虫暴发和自然调控相关的生态学问题、天敌对害虫的调控机制、外来昆虫入侵机理、全球气候变化对昆虫的影响及适应对策。

⑩ 综合研究平台方面。建立了森林、湿地、荒漠等生态系统类型的长期固定野外台站网络。

2. 社会贡献

（1）为制定相关政策法规、发展规划、行业标准提供决策咨询

积极参与"三峡后续工作规划""京津风沙源治理工程二期规划"等规划编制工作，组织编写《中国森林可持续经营国家报告》《国家温室气体清单—土地利用和林业》《中国森林绿色核算报告》《退耕还林工程生态效益监测国家报告》等，深入开展生物碳汇扩增、大敦煌生态保护与区域发展战略等林业发展与生态建设重大战略研究，为国家提供决策支持。

发挥在森林生态、碳汇、湿地和荒漠化方面的成果及权威专家优势，积极参与我国履行气候变化、生物多样性保护、荒漠化防治、湿地等国际公约的谈判及对策研究，提升谈判话语权、维护国家利益。制定国家、行业和地方标准60余项，有力地促进了林业生态监测和建设的标准化。

（2）加强产学研用结合、技术成果转化，为产业发展提供技术支持

积极推广科技成果，促进提高林业科技水平，如："三峡库区高效防护林体系构建及优化技术集成与示范"建立防护林体系和优化技术5套、模式100多种、示范基地4个，实验区土壤侵蚀模数降低了60%～81%；重要珍稀濒危树种保育、退化天然林分类与恢复、天然林景观恢复与经营规划等技术在9省份天然林资源工程推广218 872hm^2；"基于水资源管理的黄土高原植被承载力确定及调控途径"成果应用于宁夏林区及北京德援营林项目；"退化湿地恢复技术体系"等成果应用在多个项目中。

支持地方林业科研，与多地开展科研合作，如森环森保所发挥"人才、信息、科研和平台"四大优势，与宁夏农林科学院合作成立"宁夏生态修复与多功能林业综合研究中心"。

（3）弘扬优秀文化、推进科学普及、服务社会大众

野外台站、重点实验室、标本馆等向社会开放，为中小学生等提供科普基地，为西部培养大批林业科技人才。在每年的世界森林日、候鸟日、湿地日、荒漠化日开展丰富多彩的科普宣传活动。

（4）本学科专职人员重要社会兼职

蒋有绪，中国科学院院士，中国生态学会顾问、国际生物多样性计划中国委员会科学咨询委员会委员；刘世荣，国际林联执委、森林环境学部和森林与水特别工作组副协调员、中国生态学会理事长；孟平，中国林学会林业气象专业委员会主任委员、中国气象学会理事；肖文发，森林可持续经营蒙特利尔进程中方联络员、国家林业局生态环境监测总站站长、中国生态学会理事、中国林学会森林生态分会副主任委员；王彦辉，国际林联"供水与水质"学科组协调人、九三学社北京海淀区委副主委、北京海淀区政协常委等；卢琦，联合国防治荒漠化公约秘书处独立专家和GEF、ADF等机构咨询专家、国土资源部特邀监察专员、全国防沙治沙标准化技术委员会秘书长、民进中央人口资源与环境委员会副主任；陈晓鸣，中国昆虫学会资源昆虫专业委员会主任、中国林学会资源昆虫专业委员会主任委员、云南省昆虫学会副理事长；崔丽娟，《湿地公约》科技委委员及科技评审委员会特邀专家、"湿地与全球气候变化"工作组组长；还有多位专家在生态学会、林学会等一级学会中担任秘书长、理事等职务，并在多个国内外知名刊物担任主编、副主编或编委职务。

5.8　福建农林大学

5.8.1　清单表

Ⅰ　师资队伍与资源

Ⅰ-1　突出专家					
序号	专家类别	专家姓名	出生年月	获批年月	备注
1	百千万人才工程国家级人选	林文雄	195705	199912	
2	教育部新世纪优秀人才	曾任森	196508	200410	
3	享受国务院政府特殊津贴人员	林占熺	194312	199210	
4	享受国务院政府特殊津贴人员	王联德	196806	201105	
合计	突出专家数量（人）			4	

Ⅰ-3　专职教师与学生情况					
类型	数量	类型	数量	类型	数量
专职教师数	31	其中，教授数	14	副教授数	5
研究生导师总数	22	其中，博士生导师数	15	硕士生导师数	22
目前在校研究生数	59	其中，博士生数	19	硕士生数	40
生师比	2.68	博士生师比	1.26	硕士生师比	1.82
近三年授予学位数	72	其中，博士学位数	16	硕士学位数	56

Ⅰ-4　重点学科					
序号	重点学科名称	重点学科类型	学科代码	批准部门	批准年月
1	生态学（二级科学）	福建省重点学科	0713	省教育厅、省财政厅	200503
2	生态学（一级学科）	福建省重点学科	0713	省教育厅、省财政厅	201210
合计	二级重点学科数量（个）	国家级	—	省部级	2

Ⅰ-5　重点实验室				
序号	实验室类别	实验室名称	批准部门	批准年月
1	国家级工程中心	国家菌草工程技术研究中心	科技部	201112
2	省部级重点实验室	"农业生态过程与安全监控"省级重点实验室	福建省科技厅	201303
3	省部级重点实验室	"作物生理与分子生态学"省级高校重点实验室	福建省教育厅	201008
合计	重点实验数量（个）	国家级　1	省部级	2

II　科学研究

II-1　近五年（2010—2014年）科研获奖

序号	奖励名称	获奖项目名称	证书编号	完成人	获奖年度	获奖等级	参与单位数	本单位参与学科数
1	福建省科学技术发明奖	菌草栽培灵芝及其关键技术的研究	闽政文［2015］55号	林占熺等	2014	二等奖	1	2（1）
2	福建省科学技术发明奖	菌草技术及应用	—	林占熺等	2013	三等奖	1	2（1）
3	神农福建农业科技奖	菌草栽培灵芝及其多糖肽的研究	FJKJ12-1-01-D02	林占熺等	2013	二等奖	1	2（1）
4	国家科技进步奖	十字花科蔬菜主要害虫灾变机理及其持续控制关键技术	2011-J-251-2-05-R02	尤民生、侯有明、杨广等	2011	二等奖	7（1）	1
合计	科研获奖数量（个）	国家级	特等奖 — 一等奖 —				二等奖	1
		省部级	一等奖 — 二等奖 2				三等奖	1

II-2　代表性科研项目（2012—2014年）

II-2-1　国家级、省部级、境外合作科研项目

序号	项目来源	项目下达部门	项目级别	项目编号	项目名称	负责人姓名	项目开始年月	项目结束年月	项目合同总经费（万元）	属本单位本学科的到账经费（万元）
1	国家科技支撑计划	科技部	一般项目	2014BAD15B01-6	中轻度侵蚀区菌草特色生态循环产业集成与示范	刘　斌	201401	201712	90	90
2	国家自然科学基金	国家自然科学基金委员会	面上项目	31370609	不同杉木混交种植模式对土壤一杉木系统中铝的化学形态、含量的影响及其机理研究	张金彪	201401	201712	80	80

（续）

序号	项目来源	项目下达部门	项目级别	项目编号	项目名称	负责人姓名	项目开始年月	项目结束年月	项目合同总经费（万元）	属本单位本学科的到账经费（万元）
3	国家自然科学基金	国家自然科学基金委员会	青年项目	31300336	硅调控特定基因提高水稻修复UV-B伤害的分子机制研究	方长旬	201401	201612	24	14
4	国家自然科学基金	国家自然科学基金委员会	青年项目	81303170	根系分泌物介导的连作太子参根际互作用机制研究	吴林坤	201401	201612	23	13
5	国家自然科学基金	国家自然科学基金委员会	青年项目	3120169	地黄自毒物质与根际微生物互作研究	李振方	201301	201512	21	21
6	境外合作科研项目	国家自然科学基金委员会（海峡联合基金）	重点项目	U1205021	太子参连作介导根际土壤灾变的机制与控制新策略	林文雄	201301	201612	256	176
7	国家"973"计划	"973"计划	"973"前期专项项目	2012CB126309	药用植物单一化栽培介导土壤环境灾变机理与调控机制研究	林文雄	201301	201412	63	63
8	国家自然科学基金	国家自然科学基金委员会	面上项目	81274022	地黄转录文库构建及响应连作障碍关键基因的鉴定	张重义	201301	201612	70	70
9	国家自然科学基金	国家自然科学基金委员会	青年项目	31200105	致病性嗜水气单胞菌在生物膜状态下的耐药机制研究	林向民	201301	201512	23	23
10	国家自然科学基金	国家自然科学基金委员会	面上项目	31270146	发酵草本能源植物产甲烷植物群的宏基因组与宏蛋白质学研究	刘　斌	201401	201712	30	30

（续）

序号	项目来源	项目下达部门	项目级别	项目编号	项目名称	负责人姓名	项目开始年月	项目结束年月	项目合同总经费（万元）	属本单位本学科的到账经费（万元）
11	国家自然科学基金	国家自然科学基金委员会	面上项目	31071639	降解甘蔗渣产乙醇嗜热菌群宏基因组文库构建及功能基因研究	刘　斌	201101	201312	30	30
12	福建省科技攻关项目	福建省科技厅	重大专项	2014NZ2002-1	菌草食药用菌产业化关键技术研究与示范	刘　斌	201409	201709	400	400
13	福建省校企合作项目	福建省科技厅	重大专项	2010N5005	耐热纤维素酶、半纤维素酶工程菌构建及产业化研究	刘　斌	201001	201312	40	40
14	福建省高校科技项目	福建省教育厅	重点项目	JA11073	纤维素酶高产菌株选育及生产工艺研究	刘　斌	201101	201312	5	5
15	福建省产业技术开发项目	福建省发展和改革委员会	重点项目	闽发改高技〔2010〕1002号	利用植物内生真菌提高人工栽培南方红豆杉产紫杉醇、多西紫杉醇产量的技术研究	王联德	201001	201312	200	200
16	部委级科研项目	教育部博士点基金	博导类	20123515110005	钙信号在地黄连作障碍中的作用及分子机制	张重义	201301	201512	12	12
17	部委级科研项目	国家卫计委科研基金	一般项目	WKJ-FJ-34	太子参连作根际生物学退变过程可持续生产技术研究	张重义	201301	201612	20	20
18	省科技厅项目	福建省区域重大专项	重大项目	2013N3016	平潭水仙花种质资源研究利用和创新	林文雄	201301	201512	30	30
19	省级自然科学基金项目	福建省科技厅	面上项目	2013J01083	紫苏富集重金属镉的分子机理研究	林端余	201301	201512	5	5

（续）

序号	项目来源	项目下达部门	项目级别	项目编号	项目名称	负责人姓名	项目开始年月	项目结束年月	项目合同总经费（万元）	属本单位本学科的到账经费（万元）
20	省级自然科学基金项目	福建省科技厅	面上项目	2011J01074	福建马蓝有效成分累积的分子基础	魏道智	201201	201412	4	4
21	省级自然科学基金项目	福建省科技厅	面上项目	2014J05013	利用血糖仪构建便携式 DNA 传感器用于土壤中重金属污染的检测	朱希	201401	201612	3	3
22	省级自然科学基金项目	福建省科技厅	面上项目	2014J01078	具抑草功能粘细菌的筛选及其抑草机理分析	熊君	201401	201612	4	4
23	省级自然科学基金项目	福建省科技厅	面上项目	2011J01077	土壤微生物及其代谢物在竹挬连作障碍中的作用机制	叶舟	201101	201412	4	4
24	福建省农业"五新工程"项目	福建省农业厅	一般项目	闽发改投资[2012]931号	农业生态种养殖技术－生态果茶园风能提水技术的示范与推广	何华勤	201301	201512	20	20
25	国家林业局引智成果示范推广项目	国家林业局	部级	K43NA901a	茉莉托绿洲一号引种及繁育栽培技术推广示范	林占熺	201301	201412	10	10
26	国家公益性行业专项子课题	科技部	国家级	201304205	亚热带常绿阔叶林碳增汇技术与政策研究研究	邹双全	201301	201621	100	100
27	商务部	商务部	部级	商合促批[2012]154号	援卢旺达农业技术示范中心项目	林占熺	201301	201612	673	673
28	商务部	商务部	部级	商合'泹招授函[2C13]33	菌草技术援莱索托项目	林占熺	201301	201512	325	325

（续）

序号	项目来源	项目下达部门	项目级别	项目编号	项目名称	负责人姓名	项目开始年月	项目结束年月	项目合同总经费（万元）	属本单位本学科的到账经费（万元）
29	福建省财政厅	福建省财政厅	省级	政字157号	菌草技术国际研究与发展中心	林占熺	201301	201612	400	400
30	福建省政府农村工作办公室	福建省政府农村工作办公室	省级	闽财指〔2013〕1126号	2013年福建省菌草产业试点项目	林占熺	201301	201312	30	30
合计	国家级科研项目			数量（个）	25	项目合同总经费（万元）	2 453		属本单位本学科的到账经费（万元）	2 353

II-2-2 其他重要科研项目

序号	项目来源	项目名称	合同签订/项目下达时间	负责人姓名	项目开始年月	项目结束年月	项目合同总经费（万元）	属本单位本学科的到账经费（万元）
1	福建省教育厅	荒漠化地区菌草治理技术的研究及应用	201301	林冬梅	201301	201512	5	5
2	福建省环境保护厅	福建省重金属污染治理技术体系研究	201301	张金彪	201301	201512	15	15
3	福建省发展和改革委员会	绿色优质柰果栽培技术研究与示范推广	201001	邱栋梁	201001	201212	46	46
4	福建省科技厅星火计划办公室	闽东金银花规范化栽培技术及推广	201201	魏道智	201201	201512	3	3
5	福建省科技厅	福建灵芝深加工技术	201301	魏道智	201301	201612	10.5	10.5

II-2-3 人均科研经费

人均科研经费（万元/人）
132.55

II-3 本学科代表性学术论文质量

II-3-1 近五年（2010—2014年）国内收录的本学科代表性学术论文

序号	论文名称	第一作者	通讯作者	发表刊次（卷期）	发表刊物名称	收录类型	中文影响因子	他引次数
1	中亚热带森林土壤微生物群落多样性随海拔梯度的变化	吴则焰	林文雄	2013, 37（5）	植物生态学报	CSCD	2.203	3
2	武夷山国家自然保护区不同植被类型土壤微生物群落特征	吴则焰	林文雄	2013, 24（8）	应用生态学报	CSCD	1.904	1
3	荒坡地种植巨菌草对土壤微生物群落功能多样性及土壤肥力的影响	林兴生	林占熺	2014, 34（15）	生态学报	CSCD	1.547	—
4	根系分泌物介导下植物－土壤－微生物互作关系研究进展与展望	吴林坤	林文雄	2014, 38（3）	植物生态学报	CSCD	2.203	3
5	外源水杨酸对马蓝叶片中蛋白水平表达的影响	向小亮	魏道智	2010, 21（3）	应用生态学报	CSCD	2.464	1
6	森林土壤微生物总DNA的提取方法	梁文贤	邹双全	2014, 34（2）	福建林学院学报	CSCD	0.702	—
7	3种杉木林分不同季节细菌类群动态分析	梁文贤	邹双全	2014, 34（3）	福建林学院学报	CSCD	0.702	—
8	施用人工菌剂对圆齿野鸦椿幼苗移栽生长的影响	黄铭星	邹双全	2013, 33（1）	福建林学院学报	CSCD	0.702	2
9	五种菌草苗期对碱胁迫的生理响应及抗碱性评价	林兴生	林占熺	2013, 49（2）	植物生理学报	CSCD	0.69	3
10	竹荪不同生育期土壤生物动态变化	常颖萃	叶 舟	2013, 34（7）	热带作物学报	CSCD	0.87	—
合计				中文影响因子	35.839		他引次数	72

II-3-2 近五年（2010—2014年）国外收录的本学科代表性学术论文

序号	论文名称	论文类型	第一作者	通讯作者	发表刊次（卷期）	发表刊物名称	收录类型	他引次数	期刊SCI影响因子	备注
1	Sensitive and portable detection of telomerase activity in HeLa cells using the personal glucose meter	Article	朱 希	杨桂娣	2014, 50（58）	Chemical Communication	SCI	3	6.718	第一署名单位
2	Characterization of Metaproteomics in Crop Rhizospheric Soil	Article	王海斌	林文雄	2011, 10（3）	Journal of Proteome Research	SCI	38	5.113	第一署名单位
3	Comparative Metaproteomic Analysis on Consecutively Rehmannia glutinosa-Monocultured Rhizosphere Soil	Article	吴承坤	林文雄	2011, 6（5）	Plos One	SCI	22	4.092	第一署名单位

（续）

序号	论文名称	论文类型	第一作者	通讯作者	发表刊次（卷期）	发表刊物名称	收录类型	他引次数	期刊SCI影响因子	备注
4	Genome-wide identification of heat shock proteins (Hsps) and Hsp interactors in rice: Hsp70s as a case study	Article	王勇飞	何华勤	2014, 15（344）	BMC Genomics	SCI	1	4.041	第一署名单位
5	Simultaneous determination of ascorbic acid, dopamine and uric acid using poly (4-aminobutyric acid) modified glassy carbon electrode	Article	郑新宇	林文雄	2013, 178	Sensors and Actuators B: Chemical	SCI	23	3.84	第一署名单位
6	Identification of autotoxic compounds in fibrous roots of Rehmannia (Rehmannia glutinosa Libosch)	Article	李振方	林文雄	2012, 7（1）	Plos One	SCI	9	3.73	第一署名单位
7	Separation of allelopathy from resource competition using rice/barnyardgrass mixed-cultures	Article	何海斌	林文雄	2012, 7（5）	Plos One	SCI	12	3.73	第一署名单位
8	A proteomic study on molecular mechanism of poor hrain-filling of rice (Oryza sativa L.) inferior spikelets	Article	张志兴	林文雄	2014, 9（2）	Plos One	SCI	2	3.534	第一署名单位
9	Transcriptome immune analysis of the invasive beetle Octodonta nipae (Maulik) (Coleoptera: Chrysomelidae) parasitized by Tetrastichus brontispae Ferrière (Hymenoptera: Eulophidae)	Article	汤宝珍	侯有明	2014, 9（3）	Plos One	SCI	—	3.534	第一署名单位
10	Transcriptome/Degradome-Wide Identification of R. glutinosa miRNAs and Their Targets: The role of miRNA activity in the replanting disease	Article	李明杰	张重义	2013, 8（7）	Plos One	SCI	1	3.534	第一署名单位
11	Fluctuation of multiple metabolic pathways is required for Escherichia coli in response to chlortetracycline stress	Article	林向民	彭宣宪	2014, 10（4）	Molecular Biosystems	SCI	—	3.183	第一署名单位

（续）

序号	论文名称	论文类型	第一作者	通讯作者	发表刊次（卷期）	发表刊物名称	收录类型	他引次数	期刊SCI影响因子	备注
12	Metaproteomic analysis of ratoon sugarcane rhizospheric soil	Article	林文雄	林文雄	2013, 13（135）	BMC Microbiology	SCI	3	2.976	第一署名单位
13	Proteomic and phosphoproteomic determination of ABA's effects on grain-filling of Oryza sativa L. inferior spikelets	Article	张志兴	林文雄	2012, 6（73）	Plant Science	SCI	8	2.922	第一署名单位
14	Barnyard grass stress up regulates the biosynthesis of phenolic compounds in allelopathic rice	Article	何海斌	林文雄	2012, 169（17）	Journal of Plant Physiology	SCI	3	2.77	第一署名单位
15	PhosphoRice: a meta-predictor of rice-specific phosphorylation sites	Article	阙树福	何华勤	2012, 8（5）	Plant Methods	SCI	2	2.667	第一署名单位
16	Effects of rearing conditions on the parasitism of Tetrastichus brontispae on its pupal host Octodonta nipae	Article	汤宝珍	侯有明	2014, 59（6）	Bio Control	SCI	1	2.253	第一署名单位
17	Allelopathy: the solution is indirect	Article	曾任森	曾任森	2014, 40（6）	Journal of chemical ecology	SCI	1	2.24	通讯单位
18	Changes in rice allelopathy and rhizosphere microflora by inhibiting rice phenylalanine ammonia-lyase gene expression	Article	方长旬	林文雄	2013, 39（2）	Journal of Chemical Ecology	SCI	12	2.239	第一署名单位
19	Assessment of shifts in microbial community structure and catabolic diversity in response to Rehmannia glutinosa monoculture	Article	吴林坤	林文雄	2013, 67	Applied Soil Ecology	SCI	4	2.206	第一署名单位
20	DNA concatamers-based biosensor for Pb (II) using electrochemical impedance spectroscopy	Article	朱希	杨桂娣	2014, 6（22）	Analytical Methods	SCI	—	1.938	第一署名单位
21	Differential Proteomic Analysis of Temperature-Induced Autolysis in Mycelium of Pleurotus tuber-regium	Article	黄碧芳	林文雄	2011, 62（4）	Curr Microbiol	SCI	5	1.815	第一署名单位

（续）

序号	论文名称	论文类型	第一作者	通讯作者	发表刊次（卷期）	发表刊物名称	收录类型	他引次数	期刊 SCI 影响因子	备注
22	Positive allelopathic stimulation and underlying molecular mechanism of achyranthe under continuous monoculture	Article	李振方	林文雄	2011, 33（6）	Acta Physiologiae Plantarum	SCI	4	1.639	第一署名单位
23	Genomic analysis of allelopathic response to low nitrogen and barnyardgrass competition in rice (Oryza sativa L.)	Article	方长旬	林文雄	2010, 61（3）	Plant Growth Regulation	SCI	5	1.625	第一署名单位
24	Suppression and overexpression of Lsi1 induce differential gene expression in rice under ultraviolet radiation	Article	方长旬	林文雄	2011, 65（1）	Plant Growth Regulation	SCI	3	1.604	第一署名单位
25	Tillage, crop rotation, and nitrogen management strategies for wheat in central Montana	Article	林瑞余	林瑞余	2014, 106（2）	Agronomy Journal	SCI	1	1.542	第一署名单位
26	Method for RNA extraction and cDNA library construction from microbes in crop rhizosphere soil	Article	方长旬	林文雄	2014, 30（2）	World Journal of Microbiology and Biotechnology	SCI	1	1.353	第一署名单位
27	Effects of two species of inorganic arsenic on the nutrient physiology of rice seedlings	Article	王海斌	林文雄	2010, 32（2）	Acta Physiologiae Plantarum	SCI	6	1.344	第一署名单位
28	A Proteomic Analysis of Leaf Responses to Enhanced Ultraviolet-B Radiation in Two Rice (Oryza sativa L.) Cultivars Differing in UV Sensitivity	Article	吴杏春	林文雄	2011, 54（4）	Journal of Plant Biology	SCI	12	1.068	第一署名单位
29	Impact of applied phenolic acids on the microbes, enzymes and available nutrients in paddy soils	Article	林瑞余	林文雄	2011, 28（2）	Allelopathy Journal	SCI	4	0.846	第一署名单位
30	Effects of consecutively monocultured Rehamannia glutinosa L. on diversity of fungal community in rhizospheric soil	Article	张重义	林文雄	2011, 10（9）	Agricultural Sciences in China	SCI	5	0.82	第一署名单位

（续）

序号	论文名称	论文类型	第一作者	通讯作者	发表刊次（卷期）	发表刊物名称	收录类型	他引次数	期刊SCI影响因子	备注
31	Protein Extraction Methods for Two-Dimensional Electrophoresis from *Baphicacanthus cusia* (Nees) Bremek Leaves - A Medicinal Plant with High Contents of Interfering Compounds	Article	向心亮	魏道智	2010, 9 (10)	Agricultural Sciences in China	SCI	6	0.82	第一署名单位
32	Proteomic profiling of rice roots from a super-hybrid rice	Article	向心亮	魏道智	2013, 6 (5)	Plant Omics	SCI	10	0.777	第一署名单位
33	Characterization of a Recombinant Thermostable Xylanase from Hot SpringThermophilic *Geobacillus* sp. TC-W7	Article	刘斌	刘斌	2012, 22 (10)	J. Microbiol. Biotechnol	SCI	7	1.32	第一署名单位
34	Chemical properties of a polysaccharide purified from solid state fermentation of *Auricularia auricular* and its biological activity as a hypolipidaemic agent	Article	曾芳	刘斌	2013, 78 (9)	J Food Sci	SCI	1	1.791	第一署名单位
35	In vitro antioxidant and antitumor activities of polysaccharides extracted from the mycelia of liquid-cultured *Flammulina velutipes*	Article	赵超	刘斌	2013, 19 (4)	Food Sci Techmol Res	SCI	—	0.355	第一署名单位
36	Isolation, Purification, and Structural Features of a Polysaccharide from *Phellinus linteus* and Its Hypoglycemic effect in Alloxan-induced Diabetic Mice	Article	赵超	刘斌	2014, 79 (5)	J Food Sci	SCI	—	1.791	第一署名单位
37	Identification and Characterization of an Anaerobic Ethanol-Producing Cellulolytic Bacterial Consortium from Great Basin Hot Springs With Agricultural Residues and Energy Crops	Article	赵超	刘斌	2014, 24 (9)	J. Microbiol. Biotechnol	SCI	1	1.32	第一署名单位
38	Pretreatment of spent mushroom substrate for enhancing the conversion of fermentable sugar	Article	吴松青	邹双全	2013, 148	Bioresour Technol	SCI	2	4.7	第一署名单位

（续）

序号	论文名称	论文类型	第一作者	通讯作者	发表刊次（卷期）	发表刊物名称	收录类型	他引次数	期刊SCI影响因子	备注
39	Isolation and characterization of a novel native *Bacillus thuringiensis* strain BRCHZM2 capable of degrading chlorpyrifos	Article	吴松青	邹双全	2013，55	J Basic Microb	SCI	—	1.198	第一署名单位
40	Use of spent mushroom substrate for production of *Bacillus thuringiensis* by solid state fermentation	Article	吴松青	邹双全	2014，107	J Econ Entomol	SCI	—	1.6	第一署名单位
合计	SCI影响因子 96.588				他引次数 218					

Ⅱ-5 已转化或应用的专利（2012—2014年）

序号	专利名称	第一发明人	专利申请号	专利号	授权（颁证）年月	专利受让单位	专利转让合同金额（万元）
1	一种黑木耳菌丝菌球的制备方法及其产品	刘斌	201210005999X	ZL201210005999X	2012	井冈山菌草生态科技股份有限公司	8万，年纯利润抽成10%
2	利用能源草湿干联合发酵制备沼气和生产有机肥的方法	刘斌	201310035972X	ZL201310035972X	2013	井冈山菌草生态科技股份有限公司	7万，年纯利润抽成10%
合计	专利转让合同金额（万元）						15

Ⅲ 人才培养质量

Ⅲ-1 优秀教学成果奖（2012—2014 年）

序号	获奖级别	项目名称	证书编号	完成人	获奖等级	获奖年度	参与单位数	本单位参与学科数
1	省级	强化"四位一体"和教研相长理念培养生态学创新型人才	闽教高〔2014〕13 号	林文雄、魏道智、吴则焰等	特等奖	2014	1	1
合计	国家级	一等奖（个）	—	二等奖（个）	—	三等奖（个）	—	
	省级	一等奖（个）	1	二等奖（个）	—	三等奖（个）	—	

Ⅲ-2 研究生教材（2012—2014 年）

序号	教材名称	第一主编姓名	出版年月	出版单位	参与单位数	是否精品教材
1	生态学	林文雄	201308	科学出版社	15（1）	是
合计	国家级规划教材数量	1		精品教材数量	1	

Ⅲ-4 学生国际交流情况（2012—2014 年）

序号	姓名	出国（境）时间	回国（境）时间	地点（国家/地区及高校）	国际交流项目名称或主要交流目的
1	吴松青	201309	201405	美国加州大学欧文分校	博士研究生出国合作研究计划
2	尤燕春	201402	201408	新加坡国立大学	博士研究生出国合作研究计划
3	刘斌辉	201108	201201	台湾大学生物资源暨农学院植物病理与微生物学系	研究生赴台湾高校交流学习
4	张燕群	201108	201201	台湾中兴大学	研究生赴台湾高校交流学习
合计	学生国际交流人数				4

5.8.2 学科简介

1. 学科基本情况与学科特色

福建农林大学生态学是在老一辈科学家俞新妥、吴志强和吴仲孚开创的森林生态学、农业生态学、和昆虫生态学等基础上，由他们的学生洪伟、尤民生、林文雄教授等接力，经过几代人的努力而成的。本学科 1998 年获得生态学硕士学位授予权，2000 年开始招收本科生，2003 年获生态学二级学科博士学位授予权，2005 年获福建省重点学科，2008 年开始招收生态学博士后，2011 年获准设立生态学一级学科博、硕士点，2012 年获生态学博士后科研流动站，是生态学升格为一级学科后国家批准增设的首批生态学博士点和博士后科研流动站的单位之一。学科带头人是福建农林大学林文雄教授。

学科先后承担国家"973""863"计划专项和国家自然科学基金等科研项目近百项，近 5 年在国内外刊物上发表论文近 250 多篇（SCI 收录上 100 篇）。"生态学"课程被评为国家级精品课程，"生态文明——撑起美丽中国梦"被评为国家级精品视频公开课，"农业生态学"被评为国家级双语示范课程，"森林生态学"被评为省级精品课程。"生态学教学团队"和"森林生态学教学团队"获福建省优秀教学团队。学科近几年共培养硕士研究生 130 位，博士生 29 位，招收国外博、硕士留学生 4 人。学科与上百家国（境）外学术机构、企业进行合作与交流，并将菌草技术推广到全球 80 多个国家，

（续）

派出援外专家25人，实施援外项目和国际合作项目近30项，先后举办国际学术研讨会和培训班近十余次，在国际上产生较大的影响力。学科坚持立足区域，面向全国，重视对国际合作与交流，经过多年的发展，形成了4个稳定的研究方向。

① 森林生态学方向。以邹双全、林占熺教授，刘斌、魏道智和吴则焰副教授等为主要学术骨干，开展森林生态系统生物多样性保护与利用、以草代木栽培食（药）用菌，并开展菌棒废弃物循环利用、生物质等新型能源开发利用研究，探索菌、草在水土保持、植被恢复和生态建设中的作用；同时积极开展林下药用植物栽培等生态经济模式与技术研究，为实现“生态美、百姓富”的有机结合做出了贡献。

② 农业生态学方向。以林文雄、张重义、黄锦文教授和沈荔花副教授等为学术骨干，围绕福建人多地少等资源约束型农业特点，开展水稻特别是再生稻高产优质安全栽培的分子生态机理与关键技术、根际生物学及其调控技术等研究，成果显著。林文雄教授现为中国农业生态专业委员会主任委员。

③ 化学生态学方向。以曾任森、杨广、何海斌教授和宋圆圆副教授等为主要学术骨干，重点研究植物化感作用、植物抗虫、抗病的化学生态学机理及其信号转导途径、土壤中菌根菌丝网络生态学功能、农业害虫持续生态控制等，研究特色明显，带头人曾任森院长现为国际化感作用学会理事长。

④ 环境生态学方向。以林瑞余、林向民、杨桂娣和孙小霞副教授等为学术骨干，重点研究生态系统中微生物抗药性、重金属及农残等污染物的分布与迁移规律； 污染物的毒理作用及生物适应性；污染生态系统的控制、改造和修复生物技术，为区域生态环境保护做出了积极贡献。

学科始终坚持崇德、善学、传承、创新的学科文化和立足本省、面向全国、走向国际的学科建设理念，以人才培养与引进相结合，注重共享研究平台建设，形成了以项目为纽带，以教授、青年学者为学术骨干的一支科研教学团队，奠定了坚实的学科建设可持续发展基础。

2. 社会贡献

（1）为制定相关政策法规、发展规划、行业标准提供决策咨询

作为国家菌草工程技术研究中心的依托学科之一，负责起草菌草行业的各项标准，为菌草行业的健康发展提供保证。作为中国生态学会农业生态学专业委员会主任单位，积极参与国家标准和行业标准的审定。同时作为专家组副组长单位积极参与福建生态省建设及其发展纲要起草完善工作，同时为主参加福建省13个生态农业试点县的规划和技术指导工作。学科团队还负责建立了国内首个省级农业土壤重金属环境质量基准体系，制定的《福建省农业土壤重金属污染分类标准》已于2008年颁布实施，此外还制定了多个省级作物规范化生产标准，并颁布实施。

（2）发挥多学科交叉优势，为我国生态学科的教学与研究做出贡献

吴志强教授编著的《农业生态基础》（1985年出版）是我国第一本农业生态学教科书，是全国13所农林院校开设农业生态学课程的通用教材，培养和影响了我国早期从事农业生态学领域的研究人员。率先采用现代系统生物学技术研究农业生态系统过程与调控机制，特别是林文雄教授系统开展作物高产优质安全栽培的根际生物过程及其分子调控机制，在全国率先提出了“分子生态栽培学”的理论与思想，引起了国内同行的广泛关注，带动了学科的发展。

（3）加强产学研用结合、技术成果转化，为产业发展提供技术支持

依托本学科的国家菌草工程技术研究中心发明的“以草代木”栽培食、药用菌，从根本上解决了食用菌产业与生态平衡之间的“菌林矛盾”，既开拓了一条菌业生产不受林木资源制约的新路，又保护了生态环境；其次，通过菌草技术在水土保持治理上的应用与推广，使生态保护事业可持续发展。研制的菌草工程技术已在国内32个省份的370个县（市）推广应用，并传播到五大洲的90多个国家，成为南南合作，科技援外扶贫，取得重要的国际影响，为促进国内欠发达地区、尤其是西部地区以及发展中国家农村经济发展中发挥了积极作用。

（4）弘扬优秀文化、推进科学普及、服务社会大众

多年来，学科教师与学生积极参与每年的“三下乡”活动，积极推进科学普及；并配合各种公众媒介，积极宣传生态环保法规；借助承担的国家公益性行业科技项目，福建省的“强县富民”工程项目等下乡机会向农民普及生态学知识，为福建农林大学连续20年获得共青团中央授予的“暑期大学生三下乡”先进单位做出了重要贡献。

（5）发挥学科专业优势，参与各种学术兼职，促进学科发展

学科教师中有国家教指委委员2人，国家教指委分委会副主任委员1人，兼任国际化感作用学会理事长1人，国际化学生态学理事1人，中国生态学会常务理事1人、中国生态学会农业生态专业委员会主任委员1人 *Annual Review of Entomology*，*Journal of Chemical Ecology* 编委，*Plos One* 杂志学术编辑，*Allelopathy Journal* 地区编辑，*Journal of Integrated Omics* 亚洲区副主编、《生态学报》《应用生态学报》《中国生态农业学报》和《作物学报》等杂志编委。

农业资源与环境

6.1　南京林业大学

6.1.1　清单表

Ⅰ　师资队伍与资源

类型	数量	类型	数量	类型	数量
专职教师数	22	其中，教授数	6	副教授数	7
研究生导师总数	13	其中，博士生导师数	6	硕士生导师数	13
目前在校研究生数	90	其中，博士生数	17	硕士生数	73
生师比	7	博士生师比	3	硕士生师比	7
近三年授予学位数	76	其中，博士学位数	11	硕士学位数	65

表题：Ⅰ-3　专职教师与学生情况

序号	实验室类别	实验室名称	批准部门	批准年月	
1	国家级实验室	林学实验教学示范中心	—	200209	
2	省部级中心	南方林业协同创新中心	—	201208	
3	省部级重点实验室	水土保持与生态修复重点实验室	—	201409	
合计	重点实验数量（个）3	国家级	1	省部级	2

表题：Ⅰ-5　重点实验室

Ⅱ　科学研究

Ⅱ-1　近五年（2010—2014年）科研获奖

序号	奖励名称	获奖项目名称	证书编号	完成人	获奖年度	获奖等级	参与单位数	本单位参与学科数
1	国家科技进步二等奖	银杏等工业原料林种资源高效利用技术体系创新集成及产业化	—	张往祥（4）	2012	二等奖	2	3
2	梁希林业科学技术二等奖	特种工业原料类培育技术	—	汪贵斌（1）	2011	二等奖	2	2
3	梁希林业科学技术二等奖	银杏等重要经济生态树种快繁技术研究及推广	—	张往祥（3）	2013	二等奖	2	2
4	江苏省农业技术推广二等奖	速生抗逆杨树、柳树新品种及增益技术推广	—	陈金林（20）	2011	二等奖	10	1
5	江苏省水利厅科技进步二等奖	江苏省小流域综合治理技术及其效益评价研究	—	林杰（5）	2014	一等奖	2	1
合计	科研获奖数量（个）	国家级	特等奖	一等奖	二等奖	1		
		省部级	特等奖 1	一等奖 3				

Ⅱ-2　代表性科研项目（2012—2014年）

Ⅱ-2-1　国家级、省部级、境外合作科研项目

序号	项目来源	项目下达部门	项目级别	项目编号	项目名称	负责人姓名	项目开始年月	项目结束年月	项目合同总经费（万元）	属本单位本学科的到账经费（万元）
1	国家科技支撑计划	科技部	一般项目	2009 3ADB2B06	防侵蚀和防污染治海防护林体系研究和示范	胡海波	2009	2014	720	380
2	国家科技支撑计划	科技部	一般项目	2012E-AD21B0503	喜树材用和药用林定向培育关键技术研究	汪贵斌	2012	2016	180	180

（续）

序号	项目来源	项目下达部门	项目级别	项目编号	项目名称	负责人姓名	项目开始年月	项目结束年月	项目合同总经费（万元）	属本单位本学科的到账经费（万元）
3	国家国际科技合作	科技部	一般项目	2011DFA30490	杨树人工林可持续经营的养分机制研究	唐罗忠	2011	2014	100	100
4	国家自然科学基金	国家自然科学基金委员会	面上项目	31270664	城市林业土壤黑碳累积机理、稳定性及生态效应	俞元春	2013	2016	80	80
5	国家自然科学基金	国家自然科学基金委员会	面上项目	31370618	基于根际微生物过程的杨树混交氮素效应机制研究	田　野	2014	2017	80	80
6	国家自然科学基金	国家自然科学基金委员会	面上项目	31170566	池杉形成膝根的生理机制及其功能研究	唐罗忠	2012	2015	63	63
7	国家自然科学基金	国家自然科学基金委员会	面上项目	31170663	安徽大别山区GIS技术支持下的土壤侵蚀模型研究	庄家尧	2012	2015	57	57
8	国家自然科学基金	国家自然科学基金委员会	青年基金	31200472	不同杨农复合经营模式下土壤溶解性有机碳的动态及行为	王良梅	2013	2015	22	22
9	国家自然科学基金	国家自然科学基金委员会	青年基金	31200534	基于多角度遥感信息的土壤侵蚀模型植被覆盖与管理措施因子C定量反演研究	林　杰	2012	2015	23	23
10	国家"973"计划	科技部	一般	2012CB416904/ZHC	林分结构和调控对土壤氮磷养分动态的影响	张焕朝	2012	2016	60	60
11	国家科技支撑计划	科技部	一般	2011BAD38B0104	耐水湿生态林树木种质优选与示范	张往祥	2011	2013	62	62

（续）

序号	项目来源	项目下达部门	项目级别	项目编号	项目名称	负责人姓名	项目开始年月	项目结束年月	项目合同总经费（万元）	属本单位本学科的到账经费（万元）
12	科技部科技基础性工作专项	科技部	一般	2014FY120700	东南地区森林土壤调查、标准规范及数据库构建	陈金林	2014	2018	45	45
13	国家林业局重点项目	国家林业局	一般	2010	长江三角洲城市森林生态系统定位研究	胡海波	2010	2014	180	80
14	国家林业局行业公益专项	国家林业局	一般	201104068	黄淮海平原生态经济型防护林技术经营技术研究	林　杰	2011	2014	173	173
15	国家林业局行业公益专项	国家林业局	一般	200804040	人工林土壤质量演变机制与持续利用技术研究	俞元春	2008	2012	123	25
16	国家林业局行业公益专项	国家林业局	一般	201104005	华东长江三角洲地区典型森林植被对水资源形成过程的调控研究	林　杰	2011	2014	54	54
17	国家林业局"948"引进项目	国家林业局	一般	2011-4-63	林用高效有机－无机复合肥生产工艺及施用技术引进	陈金林	2011	2015	60	60
18	国家林业局"948"引进项目	国家林业局	一般	2009-4-18	观赏海棠新品种及乔木繁育技术引进	张往祥	2009	2012	48	48
19	国家林业局推广项目	国家林业局	一般	[2011] 10号	杨树专用高效复合肥及施用技术示范推广	陈金林	2011	2013	35	35
20	国家林业局推广项目	国家林业局	一般	[2012] 49号	油茶专用生物有机肥与土壤质量维护技术集成示范推广	俞元春	2012	2014	50	50
合计	国家级科研项目			数量（个） 20	项目合同总经费（万元） 2 215				项目合同总经费（万元）	属本单位本学科的到账经费（万元） 1 677

II-2-2　其他重要科研项目

序号	项目来源	合同签订/项目下达时间	项目名称	负责人姓名	项目开始年月	项目结束年月	项目合同总经费（万元）	属本单位本学科的到账经费（万元）
1	江苏省发展和改革委员会项目	2011	江苏省土地利用变化与林业温室气体清单编制	胡海波	2011	2014	25	25
2	江苏省科技创新与成果转化专项引导资金项目	2012	竹柳速生丰产栽培技术研究及产业化	陈金林	2012	2014	100	25
3	福建省林业科技项目	2012	无患子施肥技术研究	陈金林	2012	2014	10	10
4	江苏省林业局	2014	杨－药间作经济效益及施肥技术研究	张焕朝	2014	2015	15	15
5	国家林业局	2012	"银杏叶和外种皮加工产业化关键技术研究"专题——银杏生物有机肥研究	张焕朝	2012	2016	35	35
6	高等学校博士学科点专项科研基金	2013	城市林业土壤黑碳积累机理及稳定性	俞元春	2013	2015	12	12
7	内蒙古自治区林业厅重点科研项目（南京林业大学－内蒙古自治区南京土壤科技公关项目）	2011	播种造林种子丸粒化关键技术研究与示范	俞元春	2011	2014	60	60
8	江苏省林业三新工程项目	2012	杨树等人工林地沼液施肥技术集成示范推广	俞元春	2012	2015	50	50
9	"土壤与农业可持续发展国家重点实验室"（中国科学院南京土壤研究所）开放基金课题	2014	果胶对可变电荷土壤表面镉铜化学行为的影响	俞元春	2014	2017	8	8
10	南京市水利科技项目	2011	南京市小流域综合治理技术及其效益评价研究	林　杰	2011	2013	30	30
11	江苏省林业三新工程项目	2014	杨树木材加工废弃物栽培食用菌高产技术及循环再利用研究	王良梅	2014	2016	30	10
12	社会服务项目	2013	江苏洪泽湖大堤森林公园总体规划	胡海波	2013	2013	20	20
13	社会服务项目	2012	张家港暨阳湖湿地公园总体规划	胡海波	2012	2012	30	30
14	江苏省林业三新工程项目	2012	城市污泥堆肥在杨树林丰产栽培中的培肥技术及推广	王良梅	2012	2013	30	30
15	江苏省林业局	2012	苗木生产对苗圃土壤肥力质量的影响	张焕朝	2012	2013	8	8
16	江西省林业厅	2012	油茶配方施肥研究	俞元春	2012	2013	10	10

（续）

序号	项目来源	合同签订/项目下达时间	项目名称	负责人姓名	项目开始年月	项目结束年月	项目合同总经费（万元）	属本单位本学科的到账经费（万元）
17	南京市园林局	2013	城市森林的生态效益评价	俞元春	2013	2014	8	8
18	江苏省科技支撑项目	2013	沿海滩涂银杏用材林可持续性经营技术研究与示范	汪贵斌	2013	2016	50	50
19	江苏省自然科学基金	2011	杨树根际土壤微生物群体特征及其对氮转化的影响	田 野	2012	2014	11	11
20	委托连云港市嘉禾农业发展有限公司	2013	柳树速生丰产施肥试验研究	陈金林	2013	2014	12	12
21	委托江苏省绿陵化工集团公司	2012	杨树复合肥的配方研究	陈金林	2012	2013	10	10
22	委托安溪大坪绿色食品有限公司	2012	富硒乌龙茶施肥试验研究	陈金林	2012	2013	9	9
23	江苏省林业三新工程项目	2013	岩质边坡生态修复关键技术研究与示范	胡海波	2013	2015	35	35
24	江苏省六大高峰人才项目	2012	北亚热带毛竹林碳汇功能研究	胡海波	2012	2014	25	25
25	社会服务项目	2012	安徽全椒现代苗木花卉基地总体规划	胡海波	2012	2012	20	20
26	社会服务项目	2013	宜兴云湖度假村云湖墅院项目水土保持技术方案	胡海波	2013	2013	20	20
27	江苏省农业科技自主创新项目	2010	观赏海棠种质基因库建立及良种选育	张往祥	2010	2012	50	50
28	江苏省农业科技自主创新项目	2011	枫香亚科耐寒常绿阔叶行道树新品种选育	张往祥	2011	2014	60	60
29	江苏省科技厅农业科技支持计划	2012	高重瓣型观赏海棠新品种选育	张往祥	2012	2015	40	40
30	江苏省林业三新工程项目	2012	观赏海棠品种群区域化栽培技术集成与示范	张往祥	2012	2014	40	40

II-2-3　人均科研经费

人均科研经费（万元/人）
111.13

II-3　本学科代表性学术论文质量

II-3-1　近五年（2010—2014年）国内收录的本学科代表性学术论文

序号	论文名称	第一作者	通讯作者	发表刊次（卷期）	发表刊物名称	收录类型	中文影响因子	他引次数
1	两种立地条件下麻栎人工林地上部分养分的积累和分配	唐罗忠	—	2010，34（6）	植物生态学报	CSCD	2.813	28
2	南方型杨树人工林土壤呼吸及其组分分析	唐罗忠	—	2012，32（22）	生态学报	CSCD	2.786	7
3	盐胁迫下白蜡根际微域的营养元素状况	王利民	陈金林	2010，16（6）	植物营养与肥料学报	CSCD	2.086	2
4	喀斯特峡谷区不同恢复阶段土壤微生物量及呼吸商	崔晓晓	俞元春	2011，25（5）	水土保持学报	CSCD	1.829	7
5	不同栽培代次、林龄的桉树人工林土壤渗透性	王纪杰	俞元春	2011，25（2）	水土保持学报	CSCD	1.829	14
6	添加凋落物对杨树人工林土壤氮、磷矿化的影响初探	葛晓敏	唐罗忠	2013，27（3）	水土保持学报	CSCD	1.829	1
7	基于叶面积指数的植被覆盖管理措施因子C的遥感定量估算	林杰	—	2013，（2）	林业科学	CSCD	1.743	1
8	转基因抗虫棉对赤子爱胜蚓生长、生殖及SOD活性的影响	冷春龙	俞元春	2012，20（7）	中国生态农业学报	CSCD	1.63	1
9	铜和草甘膦对蚯蚓的毒性效应研究	周垂帆	俞元春	2012，20（8）	中国生态农业学报	CSCD	1.63	6
10	污泥施用对林地土壤基本性质及酶活性的影响	王良梅	—	2010，19（8）	生态环境学报	CSCD	1.61	16
11	改良剂对重金属复合污染土壤中菜用大豆品质及生理特性的影响	王意锟	张焕朝	2011，27（3）	生态与农村环境学报	CSCD	1.547	6
12	毛乌素沙地飞播造林植被恢复特征及土壤性质变化	钱洲	俞元春	2014，34（4）	中南林业科技大学学报	CSCD	1.338	—
13	基于模糊综合评价的若尔盖湿地生态安全评价	邹长新	陈金林	2012，36（3）	南京林业大学学报（自然科学版）	CSCD	1.329	4
14	黄麻秸秆及有机肥对滨海盐土生物性质的影响	王利民	陈金林	2010，34（1）	南京林业大学学报（自然科学版）	CSCD	1.329	7
15	平茬更新代次对杞柳生长及柳条产量和质量的影响	田野	—	2012，36（2）	南京林业大学学报（自然科学版）	CSCD	1.329	—

（续）

序号	论文名称	第一作者	通讯作者	发表刊次（卷期）	发表刊物名称	收录类型	中文影响因子	他引次数
16	苏北不同代次和林龄杨树人工林土壤酶活性季节变化特征	王良梅	—	2014, 38 (4)	南京林业大学学报（自然科学版）	CSCD	1.329	1
17	污泥有机氮在林地土壤中的矿化动态	王良梅	—	2012, 36 (5)	南京林业大学学报（自然科学版）	CSCD	1.329	2
18	不同连栽代次及龄组杨树林土壤微生物量氮动态	王良梅	张焕朝	2012, 36 (3)	南京林业大学学报（自然科学版）	CSCD	1.329	4
19	有机物料在重金属污染农田土壤修复中的应用研究	王意锟	张焕朝	2010, 41 (5)	土壤通报	CSCD	1.187	9
20	林地施用污泥对杨树生长和土壤环境的影响	王良梅	—	2010, 27 (3)	浙江林学院学报	CSCD	1.168	3
合计					他引次数	32 999	中文影响因子	118

表 II-3-2　近五年（2010—2014 年）国外收录的本学科代表性学术论文

序号	论文名称	论文类型	第一作者	通讯作者	发表刊次（卷期）	发表刊物名称	收录类型	他引次数	期刊 SCI 影响因子	备注
1	Carbon uptake by a microbial community during 30-day treatment with ^{13}C-glucose of a sandy loam soil fertilized for 20 years with NPK or compost as determined by a GC-C-IRMS analysis of phospholipid fatty acids	Article	Zhang Huanjun	—	2013, 57	Soil Biology & Biochemistry	SCI	10	4.41	
2	Nitrous oxide emission and nitrogen use efficiency in response to nitrophosphate, N- (n-butyl) thiophosphoric triamide and dicyandiamide of a wheat cultivated soil under sub-humid monsoon conditions	Article	Zhang Huanjun	—	2015, 12	Biogeosciences	SCI	—	3.75	
3	Pathogenicity of aseptic *Bursaphelenchus xylophilus*	Article	Zhu Lihua	—	2012, 7 (5)	Plos One	SCI	17	3.534	

（续）

序号	论文名称	论文类型	第一作者	通讯作者	发表刊次（卷期）	发表刊物名称	收录类型	他引次数	期刊SCI影响因子	备注
4	Influence of 20-year organic and inorganic fertilization on organic carbon accumulation and microbial community structure of aggregates in an intensively cultivated sandy loam soil	Article	Zhang Huanjun	—	2014, 9（3）	Plos One	SCI	4	3.53	
5	Limiting factors for lodgepole pine (*Pinus contorta*) and white spruce (*Picea glauca*) growth differ in some reconstructed sites in the Athabasca oil sands region	Article	Duan Min	—	2015, 75	Ecological Engineering	SCI	—	3.5	
6	Textural interfaces affected the distribution of roots, water, and nutrients in some reconstructed forest soils in the Athabasca oil sands region	Article	Duan Min	—	2014, 64	Ecological Engineering	SCI	1	3.5	
7	Linking organic carbon accumulation to microbial community dynamics in a sandy loam soil: result of 20 years compost and inorganic fertilizers repeated application experiment	Article	Zhang Huanjun	—	2015, 51	Biology and Fertility of Soils	SCI	2	3.396	
8	Nitrogen fertilization and tillage reversal affected water-extractable organic carbon and nitrogen differentially in a Black Chernozem and a Gray Luvisol	Article	Sun Lei	—	2015, 146	Soil and Tillage Research	SCI	—	3.3	
9	Acid deposition strongly influenced element fluxes in a forested karst watershed in the upper Yangtze River region, China	Article	Tian Ye	—	2013, 310	Forest Ecology and Management	SCI	—	2.667	
10	Micropropagation of *Pinus massoniana* and mycorrhiza formation in vitro	Article	Zhu Lihua	—	2010, 102（1）	Plant Cell Tiss Organ Cult	SCI	19	2.612	
11	The dynamics of glucose-derived 13C incorporation into aggregates of a sandy loam soil fertilized for 20 years with compost or inorganic fertilizer	Article	Zhang Huanjun	—	2015, 148	Soil & Tillage Research	SCI	—	2.57	
12	Does glyphosate impact on Cu uptake by, and toxicity to, the earthworm *Eisenia fetida*	Article	Zhou Chuifan	Yu Yuanchun	2012, 21（8）	Ecotoxicology	SCI	7	2.5	

（续）

序号	论文名称	论文类型	第一作者	通讯作者	发表刊次（卷期）	发表刊物名称	收录类型	他引次数	期刊 SCI 影响因子	备注
13	Temperature has more effects than soil moisture on biosynthesis of flavonoids in Ginkgo (*Ginkgo biloba* L.) leaves	Article	Wang Guibin	—	2014, 45	New Forests	SCI	—	1.783	
14	Soil fertility indices of citrus orchard land along topographic gradients in the Three Gorges area of China	Article	Wu Dian-Ming	Yu Yuan chun	2011, 21（6）	Pedosphere	SCI	5	1.379	
15	Formation and function of aerenchyma in baldcypress (*Taxodium distichum* (L.) Rich.) and Chinese tallow tree (*Sapium sebiferum* (L.) Roxb.) under flooding	Article	Wang Guibin	—	2012, 81	South African Journal of Botany	SCI	1	1.34	
16	Integrated evaluation of soil fertility in Ginkgo (*Ginkgo biloba* L.) agroforestry systems in Jiangsu, China	Article	Wang Guibin	—	2011, 83（1）	Agroforestry Systems	SCI	4	1.24	
17	pH and substrate regulation of nitrogen and carbon dynamics in forest soils in a karst region of the upper Yangtze River basin, China	Article	Tian Ye	—	2013, 18（3）	Journal of Forest Research	SCI	2	1.009	
18	A New Approach of Assessing Soil Erosion using the Remotely Sensed Leaf area Index and its Application in the Hilly Area	Article	Lin Jie	—	2014, 27（2）	Vegetos	SCI	—	0.042	
合计		SCI 影响因子	46.062			他引次数		72		

Ⅲ　人才培养质量

序号	获奖级别	项目名称	证书编号	完成人	获奖等级	获奖年度	参与单位数	本单位参与学科数
1	国家级	张起风获 2014 年全国林业优秀专业学位论文	—	胡海波（导师）	全国林业优秀专业学位论文	2014	1	1
2	省级	南京林业大学水土保持与荒漠化防治教学改革创新体会	—	庄家尧	全国生态环境类教学指导委员会，教改优秀论文，一等奖	2012	1	1
3	省级	不同森林类型水源涵养功能研究	—	庄家尧	大学生省级科研创新项目，优秀	2014	1	1
4	省级	模拟降雨条件下不同凋落物覆盖径流产沙响应研究	—	庄家尧	江苏省优秀本科毕业论文，三等奖	2014	1	1
5	省级	韩李荃获 2013 年江苏省优秀专业学位论文	—	胡海波（导师）	江苏省优秀专业学位论文	2013	1	1
合计	国家级	一等奖（个）　1		二等奖（个）　—		三等奖（个）　—		
	省级	一等奖（个）　3		二等奖（个）　—		三等奖（个）　—		1

Ⅲ-1　优秀教学成果奖（2012—2014 年）

6.1.2　学科简介

1. 学科基本情况与学科特色

（1）学科基本情况

本学科起源于原中央大学森林系和金陵大学森林系，创建于 1952 年独立建校初期，1986 年批准为土壤学硕士点，2006 年曾参加高校学科评估并获排名第 6，2010 年批准为硕士学位授权一级学科点。现有专职教师 22 名均具博士学位，其中，教授 6 名、副教授 7 名、讲师 9 名。

（2）学科特色

学科最大特色是突出我国南方森林土壤，特别是亚热带森林土壤研究，在我国东南地区林业土壤研究和实践中具有重要的作用。学科主要包括林木营养与施肥（林木营养与诊断、肥料特性及其施用技术）、森林土壤质量与利用（森林土壤资源及分析方法研究、森林立地分类和评价、人工林土壤质量和持续利用、城市林业土壤研究）、土壤污染与生态修复（土壤重金属的迁移、转化和积累，土壤重金属污染的生态修复技术，农业面源污染的形成机制和调控技术，水土流失监测与控制技术，酸沉降及其对土壤的影响）、森林土壤生态学（森林土壤呼吸特征、森林土壤生物对土壤养分生物地球化学循环等生态学过程的调节、森林土壤 N 的固化与矿化特征、土壤根系生物学）4 个学科方向，覆盖面宽、特色鲜明。

（3）学科优势

学科共享国家林业局重点实验室 2 个、国家级实验教学示范中心 1 个，拥有等离子发射光谱仪、气相色谱仪等先进仪器设备。多年来的研究工作和成果，奠定了学科优势。首先，成熟应用电子探针技术阐明林木养分吸收及需肥规律，率先在国内应用矢量诊断法开展林木营养诊断，成功指导杉木、银杏、杨树等施肥实践。其次，提出了森林土壤非地带性分布的多重交叠地带性观点，出版《森林土壤学》，参与编写《中国红壤》《中国土壤》；在国内首次系统提

（续）

出了南方森林土壤微量元素的背景值。第三，在酸沉降、重金属污染、工矿弃地污染对土壤影响及修复技术等方面也做了大量工作，在国内率先提出施用秸秆炭（秸秆炭化处理）缓解土壤重金属污染的重要措施，为污染土壤的修复和生态安全提供依据。另外，提出了"林木根系与土壤微生物之间的土壤养分竞争，导致微生物生物量与森林凋落物生物量非同步波动"新理论假说，丰富了森林土壤生态学理论基础。

2. 社会贡献

本学科的主要社会贡献归纳为技术成果、规范、新品种、专利等，具体如下：

① 银杏等工业原料林树种资源高效利用技术体系创新集成及产业化（国家科技进步二等奖，2012）；

② 特种工业原料林培育技术（梁希林业科技二等奖，2011）；

③ 银杏等重要经济生态树种快繁技术研究及推广（梁希林业科学技术二等奖，2013）；

④ 速生抗逆杨树、柳树新品种及增益技术推广（江苏省农业技术推广二等奖，2011）；

⑤ 江苏省小流域综合治理技术及其效益评价研究（江苏省水利厅科技进步一等奖，2014）；

⑥ 落羽杉资源引进及培育技术的研究与推广（梁希林业科技二等奖，2009）；

⑦ 南方地区杨树人工林定向培育技术体系的研究与应用（梁希林业科技二等奖，2009）；

⑧ 衢州市柯城区生态公益林建设成效评价系统研究（浙江省林业厅、浙江省林学会科技三等奖，2009）；

⑨ 承办或举办了第一届中国银杏节、第二届中国银杏节；

⑩ 建立银杏种质资源平台；

⑪ 棱枝山矾扦插繁殖技术规程，江苏省地方标准（DB32/T 1963—2011）；

⑫ 制定植物新品种特异性、一致性、稳定性（DUS）测试指南——银杏；

⑬ 江苏省农委、教育厅和科技厅联合授予"挂县强农富民工程先进个人"称号；

⑭ '芙蓉'海棠，江苏省林木良种（苏 R-SV-MM-008-2012）；

⑮ '露易莎'海棠，江苏省林木良种（苏 R-ETS-ML-004-2013）；

⑯ '冬绿'细柄蕈树，江苏省林木良种（苏 R-SP-AG-008-2014）；

⑰ '南林果 4'银杏，植物新品种（品种权号：20120120）；

⑱ '南林果 5'银杏，植物新品种（品种权号：20120121）；

⑲ '南林外 1'银杏，植物新品种（品种权号：20120122）；

⑳ '南林外 2'银杏，植物新品种（品种权号：20120123）；

㉑ '南林外 3'银杏，植物新品种（品种权号：20120124）；

㉒ '南林外 4'银杏，植物新品种（品种权号：20120125）；

㉓ 一种称重自动排液式树干径流测定系统（2014，发明专利：CN 201210259059.3）；

㉔ 探针读数式压力室植物水势测定装置，实用新型（专利号：ZL 201220698593.X）；

㉕ 便携式手动充气植物水势测定用压力钢瓶，实用新型（专利号：ZL 201220699229.5）；

㉖ 一种基于重力原理的盆栽自动浇水装置，实用新型（专利号：ZL 201220698691.3）；

㉗ 套盆栽培土壤水分含量监测装置，实用新型（专利号：ZL 201220698692.8）。

6.2 西北农林科技大学

6.2.1 清单表

Ⅰ 师资队伍与资源

		I-1 突出专家			
序号	专家类别	专家姓名	出生年月	获批年月	备注
1	中国科学院院士	朱显谟	191512	199105	地学部
2	国家杰青基金获得者	邵明安	195611	200109	
3	教育部高校青年教师奖获得者	李世清	196303	200205	
4	教育部新世纪人才	王朝辉	196809	200512	
5	教育部新世纪人才	黄明斌	196802	200512	
6	教育部新世纪人才	田霄鸿	196712	200612	
7	教育部新世纪人才	高亚军	196812	200812	
8	教育部新世纪人才	安韶山	197209	201209	
9	教育部新世纪人才	魏孝荣	197810	201209	
10	享受政府特殊津贴人员	谷 洁	196305	2008	
合计	突出专家数量（人）		10		

		I-2 团队		
序号	团队类别	学术带头人姓名	带头人出生年月	资助期限
1	教育部创新团队	邵明安	195611	200701—200912
合计	团队数量（个）		1	

			I-3 专职教师与学生情况			
类型	数量	类型	数量	类型	数量
专职教师数	141	其中，教授数	46	副教授数	52
研究生导师总数	140	其中，博士生导师数	45	硕士生导师数	95
目前在校研究生数	618	其中，博士生数	162	硕士生数	456
生师比	4.4	博士生师比	3.6	硕士生师比	4.8
近三年授予学位数	651	其中，博士学位数	69	硕士学位数	582

I-4　重点学科					
序号	重点学科名称	重点学科类型	学科代码	批准部门	批准年月
1	土壤学	国家重点学科	090301	教育部	200201
2	土壤学	省重点学科	090301	陕西省政府	199901
3	植物营养学	省重点学科	090302	陕西省政府	199901
合计	二级重点学科数量（个）	国家级	1	省部级	2

I-5　重点实验室				
序号	实验室类别	实验室名称	批准部门	批准年月
1	国家重点实验室	黄土高原土壤侵蚀与旱地农业重点实验室	科技部	199101
2	国家野外观测站	杨凌国家黄土肥力与肥料效益定位监测基地	科技部	200612
3	省部级重点实验室	农业部西北植物营养与农业环境重点实验室	农业部	201107
4	省部级野外观测站	农业部合阳农业环境与耕地保育科学观测实验站	农业部	201107
合计	重点实验数量（个）	国家级　　2	省部级	2

Ⅱ　科学研究

Ⅱ-1　近五年（2010—2014年）科研获奖

序号	奖励名称	获奖项目名称	证书编号	完成人	获奖年度	获奖等级	参与单位数	本单位参与学科数
1	国家科技进步奖	黄土高原旱地氮磷养分高效利用理论与实践	2011-J-251-2-07-R01	李生秀、王朝辉、高亚军、李世清、田霄鸿、周建斌、曹翠玲、翟丙年、李文祥、梁东丽	2011	二等奖	1	1
2	省级科技进步奖	苹果园土壤养分综合管理技术研究与应用	2013-2-2-R1	同延安、高义民、张金水、石磊、李雅真、梁连友、赵二龙、王青苹、吕辉、师海斌、武昌盛	2013	二等奖	2（1）	1
3	省级科技进步奖	土壤热力学研究	13-2-94-R	张一平、吕家珑、白锦鳞、朱铭莪、杨亚提、孟昭福、王国栋、王旭东、和文祥	2013	二等奖	1	2（1）
4	省级科技进步奖	农业废弃物肥料化利用关键技术研究与应用	证书待发	谷洁、高华、沈玉芳、王小娟、李小玲、甄丽莎、孙薇、钱勋、胡婷、李鸣雷、张亚建	2014	二等奖	1	1
5	省级科技进步奖	硝酸盐盐污染控制及氮素高效利用技术研究与示范	证书待发	同延安、张树兰、高鹏程、李茹、李文祥、梁连友、高义民、张金水、吕殿青、刘宗院、雷金繁	2014	二等奖	2（1）	1
合计	国家级		特等奖	—	—	一等奖	二等奖	1
科研获奖数量（个）	省部级		一等奖	—	—	二等奖	三等奖	—
					4			

II-2 代表性科研项目（2012—2014年）

II-2-1 国家级、省部级、境外合作科研项目

序号	项目来源	项目下达部门	项目级别	项目编号	项目名称	负责人姓名	项目开始年月	项目结束年月	项目合同总经费（万元）	属本单位本学科的到账经费（万元）
1	国家"973"计划	科技部	重大项目	2010CB732202	生物质解离与低分子片段绿色单体化及转化	佘 雕	201001	201412	60	30
2	国家"973"计划	科技部	子课题	2007CB407204	区域水土流失植被因子研究	温仲明	200705	201212	38.5	8
3	国家科技支撑计划	科技部	课题	2011BAD31B01	农田水土保持工程与耕作关键技术研究	谢永生	201101	201512	595	208
4	国家科技支撑计划	科技部	课题	2012BAB02B05	黄河中游主要来沙区林草减沙作用分析	温仲明	201201	201512	70	55
5	国家科技支撑计划	科技部	课题	—	西北干旱区高效施肥关键技术研究与示范	王朝辉	201201	201512	346	290
6	国家自然科学基金	国家自然科学基金委员会	重点项目	—	黄土坡面水土养分流失控制措施内在机理与综合模型	王 力	201401	201812	60	10
7	国家自然科学基金	国家自然科学基金委员会	重大项目	91025018	黑河中游绿洲生态系统木同景观单元SPAC水过程研究	邵明安	201101	201412	280	140
8	国家自然科学基金	国家自然科学基金委员会	国际（地区）合作与交流项目	31410303027	第四届农业土壤固碳与气候变化国际学术研讨会	周建斌	201409	201412	6	6
9	国家自然科学基金	国家自然科学基金委员会	面上项目	31070630	黄土高原人工林土壤极化动态模拟与调控机理	刘增文	201001	201312	36	24
10	国家自然科学基金	国家自然科学基金委员会	面上项目	31170411	旱地秸秆覆盖冬小麦收获指数偏低的机理	张树兰	201201	201512	63	45

（续）

序号	项目来源	项目下达部门	项目级别	项目编号	项目名称	负责人姓名	项目开始年月	项目结束年月	项目合同总经费（万元）	属本单位本学科的到账经费（万元）
11	国家自然科学基金	国家自然科学基金委员会	面上项目	31170579	耐旱树种对铅和节律性干旱双重胁迫的共存耐性交叉适应机制	王进鑫	201201	201512	58	45
12	国家自然科学基金	国家自然科学基金委员会	面上项目	41171203	养殖场废弃物中残留的抗生素对土壤微生物种群和酶活性的影响	谷洁	201201	201512	70	52
13	国家自然科学基金	国家自然科学基金委员会	面上项目	41171379	旱地土壤中硒的形态转化及其对有效性的影响	梁东丽	201201	201512	53	39
14	国家自然科学基金	国家自然科学基金委员会	面上项目	51179161	基于环境同位素的黄土高原沟壑区水循环机制研究	李志	201201	201512	53	39
15	国家自然科学基金	国家自然科学基金委员会	面上项目	41271244	两性复配修饰土对有机、重金属污染物的同时吸附及构效机制	孟昭福	201301	201612	75	37
16	国家自然科学基金	国家自然科学基金委员会	面上项目	41271288	黄土坡耕地地表糙度对产汇流的影响研究	吴发启	201301	201612	75	37
17	国家自然科学基金	国家自然科学基金委员会	面上项目	31372137	黄土区旱地夏季休闲期土壤剖面残留肥料氮的损失途径及机理	周建斌	201401	201712	84	21
18	国家自然科学基金	国家自然科学基金委员会	面上项目	41371273	微地形条件下黄土耕作黄土坡面水蚀发育过程的三维数值模拟与机理研究	张青峰	201401	201712	75	19
19	国家自然科学基金	国家自然科学基金委员会	面上项目	41171186	黄土高原降水梯度带生态水文过程演变与最佳植被盖度研究	黄明斌	201201	201512	70	42

（续）

序号	项目来源	项目下达部门	项目级别	项目编号	项目名称	负责人姓名	项目开始年月	项目结束年月	项目合同总经费（万元）	属本单位本学科的到账经费（万元）
20	国家自然科学基金	国家自然科学基金委员会	面上项目	41171226	黄土丘陵区枯落物对土壤微生物多样性及碳固定的影响机理	安韶山	201201	201512	70	42
21	国家自然科学基金	国家自然科学基金委员会	面上项目	41171422	黄土高原深层土壤有机碳固存及对土地利用／覆被变化的响应	许明祥	201201	201512	56	33.6
22	国家自然科学基金	国家自然科学基金委员会	面上项目	40971174	黄土丘陵区生物结皮土壤抗侵蚀机理研究	赵允格	201001	201212	40	13
23	国家自然科学基金	国家自然科学基金委员会	面上项目	40971171	宁南山区植被恢复对土壤不同粒径团聚体中微生物群落分异特征的影响	安韶山	201001	201212	40	12
24	国家自然科学基金	国家自然科学基金委员会	面上项目	41071156	黄土高原地区土壤干层的空间分布研究	邵明安	201101	201312	65	26
25	国家自然科学基金	国家自然科学基金委员会	面上项目	41071338	黄土区植被恢复过程中根系对深层土壤活性有机碳的影响	郭胜利	201101	201312	40	7.5
26	国家自然科学基金	国家自然科学基金委员会	面上项目	41171420	基于相同气候条件的人类活动对河流水沙影响定量评价——以黄土高原延河流域为例	王 飞	201201	201512	65	65
27	国家自然科学基金	国家自然科学基金委员会	面上项目	41271298	黄土丘陵区生物结皮对坡面产汇流过程的影响及模拟	赵允格	201301	201612	80	48
28	国家自然科学基金	国家自然科学基金委员会	面上项目	41271239	水蚀风蚀交错带不同植物利用水源的差异与共存机制	樊 军	201301	201612	75	67.5

（续）

序号	项目来源	项目下达部门	项目级别	项目编号	项目名称	负责人姓名	项目开始年月	项目结束年月	项目合同总经费（万元）	属本单位学科的到账经费（万元）
29	国家自然科学基金	国家自然科学基金委员会	面上项目	41271043	黄土丘陵区环境因子对土壤水分的贡献率及其尺度效应	焦　峰	201301	201612	75	67.5
30	国家自然科学基金	国家自然科学基金委员会	面上项目	41271315	黄土高原农牧交错带典型草地群落碳循环对降水变化的响应	魏孝荣	201301	201612	75	67.5
31	国家自然科学基金	国家自然科学基金委员会	面上项目	41271297	黄土丘陵区植物对侵蚀环境的适应与抗侵蚀植物群落构建	温仲明	201301	201612	75	67.5
32	国家自然科学基金	国家自然科学基金委员会	面上项目	41371279	侵蚀－沉积过程中土壤轻组有机碳的变化机制	郭胜利	201401	201712	75	37.5
33	国家自然科学基金	国家自然科学基金委员会	青年项目	41301451	多源观测信息与陆表水碳通量过程模型的数据同化研究	张廷龙	201401	201612	25	8
34	国家自然科学基金	国家自然科学基金委员会	青年项目	41301602	沙漠化逆转过程土壤碳库演变对环境水热变化的响应机制	佟小刚	201401	201612	25	8
35	国家自然科学基金	国家自然科学基金委员会	青年项目	41101022	GCM统计降尺度中气象变量空间相关性的重建	李　志	201201	201412	25	25
36	国家自然科学基金	国家自然科学基金委员会	青年项目	41101254	宁南山区植被恢复中氨化微生物群落对土壤氮素矿化的影响及机制	黄懿梅	201201	201412	26	26
37	国家自然科学基金	国家自然科学基金委员会	青年项目	21207106	灌溉水质对污染土壤中重金属迁移及再分配的影响机理	孙慧敏	201301	201512	26	17

（续）

序号	项目来源	项目下达部门	项目级别	项目编号	项目名称	负责人姓名	项目开始年月	项目结束年月	项目合同总经费（万元）	属本单位本学科的到账经费（万元）
38	国家自然科学基金	国家自然科学基金委员会	青年项目	21207107	钒（V）在土壤中微纳米胶体易化运移机制研究	殷宪强	201301	201512	25	16
39	国家自然科学基金	国家自然科学基金委员会	青年项目	31200058	斜卧青霉转录调控蛋白 Hac1 在蛋白分泌调控中的功能研究	韦小敏	201301	201512	23	15
40	国家自然科学基金	国家自然科学基金委员会	青年项目	41201238	夏闲期日光温室土壤氧化亚氮排放及驱动机制	邱炜红	201301	201512	25	16
41	国家自然科学基金	国家自然科学基金委员会	青年项目	41201280	含锌有机肥对典型缺锌土壤的增锌制剂初探	毛晖	201301	201512	24	16
42	国家自然科学基金	国家自然科学基金委员会	青年项目	41201470	基于认知注记图的地图汉字注记配置规则及其形式化表达研究	王玲	201301	201512	25	16
43	国家自然科学基金	国家自然科学基金委员会	青年项目	41201573	基于分层视角工业用地集约利用机理研究	赵小风	201301	201512	25	16
44	国家自然科学基金	国家自然科学基金委员会	青年项目	41001130	秸秆和地膜覆盖下土壤水热耦合运移机制	赵英	201001	201312	22	11
45	部委级科研项目	农业部	公益性行业专项	201303104	黄土高原区雨养农田水分高效利用技术研究与示范	王朝辉	201301	201712	1727	540
46	部委级科研项目	农业部	"948"项目	2010-Z19	生物炭技术引进及消化	耿增超	201001	201212	70	70
47	部委级科研项目	农业部	"948"项目	—	农业废弃物的无害化处理及肥料化利用技术引进	谷洁	201001	201212	60	60
48	部委级科研项目	农业部	农业生态环境保护	—	矿区苹果重金属含量污染监测评估	同延安	201001	201212	35	35

（续）

序号	项目来源	项目下达部门	项目级别	项目编号	项目名称	负责人姓名	项目开始年月	项目结束年月	项目合同总经费（万元）	属本单位本学科的到账经费（万元）
49	部委级科研项目	水利部	一般项目	201201048	工程堆积体水土流失测算技术研究	谢永生	201201	201412	116	116
50	部委级科研项目	水利部	一般项目	201201047	风力作用下扰动地表侵蚀预报关键技术研究	谢永生	201201	201412	62	62
51	部委级科研项目	农业部	"农业科研杰出人才及其创新团队"支持计划	—	旱地土壤培肥与高效施肥	王朝辉	201201	201612	80	80
52	部委级科研项目	中国科学院	中国科学院院长基金特别支持项目	—	黄土高原土壤干层分布与形成机制	邵明安	201101	201312	30	20
53	陕西省科技厅	陕西省	重大项目	—	陕北煤油气开采区水土流失治理研究与技术集成	张兴昌	201101	201312	500	190
54	陕西省青年科技新星	陕西省	一般项目	2011KJXX25	陕北水蚀风蚀交错带土壤有机库对土地利用变化的响应特征	魏孝荣	201101	201312	10	6
55	陕西省自然科学基金	陕西省	面上项目	2011JM5007	黄土坡面水蚀过程中土壤侵蚀形态演化数值模拟	张青峰	201001	201212	3	1
56	中国科学院"西部之光"	中国科学院	重点项目	—	基于点面尺度转换的延河流域土壤水分监测与评价	焦　峰	201001	201212	50	20

序号	项目来源	项目下达部门	项目级别	项目编号	项目名称	负责人姓名	项目开始年月	项目结束年月	项目合同总经费（万元）	属本单位本学科的到账经费（万元）
57	中国科学院"西部之光"	中国科学院	重点项目	—	干旱半干旱区主要耐旱藓生态适应性及在沙漠化防治中的应用	赵允格	201301	201612	50	50
58	中国科学院"西部之光"	中国科学院	重点项目	—	黄土高原侵蚀坡地退耕还林草综合评价与可持续对策研究	王飞	201401	201612	65	65
59	中国科学院"西部之光"	中国科学院	一般项目	—	秃尾河源区沙地湿地退化原因及其土壤生态要素响应特征研究	申卫博	201101	201312	25	15
60	中国科学院"西部之光"	中国科学院	一般项目	—	农林生物质组分高效分离及转化利用	佘雕	201401	201612	30	30
61	中国科学院青年创新促进会	中国科学院	一般项目	—	农牧交错带草地生态系统气体交换研究	魏孝荣	201401	201612	40	20
62	中国科学院西部行动计划项目	中国科学院	一般项目	KZCX2-XB3-13	晋陕蒙能源基地受损生态系统恢复重建关键技术与示范	张兴昌	201201	201512	750	600
63	中国科学院战略性先导科技专项	中国科学院	一般项目	XDA0505504	西北农田土壤固碳潜力与速率研究	赵世伟	201101	201512	400	148
64	中国科学院重点部署项目	中国科学院	重点项目	KZZD-EW-04-07-04	黄土高原可持续性评价与适应对策	王飞	201201	201512	50	35
65	中国科学院、国家外国专家局创新团队、国际合作伙伴计划	中国科学院	一般项目	—	流域水土过程模拟	邵明安	200708	201212	600	100
合计	国家级科研项目	数量（个） 63			项目合同总经费（万元） 4 503.5			属本单位本学科的到账经费（万元） 2 389.2		

II-2-2 其他重要科研项目

序号	项目来源	合同签订/项目下达时间	项目名称	负责人姓名	项目开始年月	项目结束年月	项目合同总经费（万元）	属本单位本学科的到账经费（万元）
1	浙江省电力公司	2012	皖电东送淮南—上海输变电工程水土保持项目	张兴昌	201201	201512	261	199
2	中国石油天然气有限公司管道建设项目经理部	2012	西气东输管道工程水土保持工程	张兴昌	201201	201212	171	171
3	黄陵县果业局	2012	黄陵县苹果园土壤养分信息查询与管理系统建设	李会科	201207	201412	115	105
4	陕西省固体废弃物管理中心	2012	凤翔县东岭冶炼有限公司周边居民搬迁场地环境调查和风险评估	孟昭福	201203	201212	105	80
5	江苏省神洲环境工程有限公司	2013	潼关县重金属污染防治重点示范区	张增强	201305	201512	100	70
6	金堆城钼业集团有限公司	2014	陕西省钼尾矿多元素缓释BB肥料肥效试验	何绪生	201404	201711	70	42
7	山东省金正大生态工程股份有限公司	2011	陕西主要果树专用生物肥研究与示范	谷 杰	201101	201512	60	47
8	湖北省新洋丰肥业股份有限公司	2011	2011年配方肥整村推进模式研究与示范工作	王朝辉	201107	201312	60	39
9	陕西省惠端环保科技工程有限公司	2011	陕西省凤县重金属污染土壤修复示范工程	张增强	201111	201212	50	50
10	陕西省林业厅	2013	核桃低产园综合改造技术研究与示范	谷 杰	201301	201412	30	21
11	宁强县广坪镇铜矿有限责任公司	2014	大茅坪矿区重金属（Cu, Zn, Cd）污染土壤的植物—物理化学修复技术研究	吕家珑	201407	201412	25	2.5
12	西安浐灞国家湿地公园建设运营有限公司	2013	西安浐灞国家湿地公园土壤水质调查分析	王林权	201308	201408	22	22
13	青海省锦昌生物科技有限公司	2014	以城市污泥为主料生产有机肥新产品技术开发	张增强	201401	201812	20	10

II-2-3 人均科研经费

人均科研经费（万元/人）
50.65

II-3　本学科代表性学术论文质量

II-3-1　近五年（2010—2014年）国内收录的本学科代表性学术论文

序号	论文名称	第一作者	通讯作者	发表刊次（卷期）	发表刊物名称	收录类型	中文影响因子	他引次数
1	黄土高原沟壑区苜蓿生产力及养分特性的研究	折凤霞	郝明德	2013，02	草业学报	CSCD	2.471	6
2	黄土区被草土质路面产流产沙过程及防蚀效果	张　强	张　强	2010，21（7）	应用生态学报	CSCD	1.742	3
3	一维马尔可夫链模拟黑河中游流域土壤质地垂向变异	李丹凤	邵明安	2013，05	农业工程学报	CSCD	1.725	1
4	适量砒砂岩改良风沙土的吸水和保水特性	摄晓燕	张兴昌	2014，14	农业工程学报	CSCD	1.725	—
5	绿洲边缘土壤水分与有机质空间分布及变异特征	张帅普	邵明安	2014，05	干旱区研究	CSCD	1.722	—
6	基于数据同化的哈佛森林地区水、碳通量模拟	张廷龙	孙　睿	2013，24（10）	应用生态学报	CSCD	1.742	—
7	宁南山区典型植物根际与非根际土壤微生物功能多样性	安韶山	安韶山	2011，31（18）	生态学报	CSCD	1.547	23
8	应用 Le Bissonnais 法研究黄土丘陵区植被类型对土壤团聚体稳定性的影响	刘　雷	安韶山	2013，20	生态学报	CSCD	1.547	9
9	地表覆盖对土壤热参数变化的影响	米美霞	邵明安	2014，01	土壤学报	CSCD	1.202	—
10	利用热脉冲技术研究石子覆盖对土壤内部蒸发的影响	米美霞	邵明安	2013，01	土壤学报	CSCD	1.202	3
11	黄土塬区小流域深层土壤有机碳变化的影响因素	郭胜利	郭胜利	2010，31（5）	环境科学	CSCD	1.365	12
12	砒砂岩对 Pb（Ⅱ）的吸附特性研究	温　婧	张兴昌	2014，10	环境科学学报	CSCD	1.406	1
13	质地和根系深度对水分探头埋设的仿真模拟	樊　军	樊　军	2013，01	排灌机械工程学报	CSCD	1.188	1
14	黄土丘陵区不同退耕方式土壤有机碳密度的差异及其空间变化	李俊超	郭胜利	2014，06	农业环境科学学报	CSCD	1.108	—
15	生物炭对宁南山区土壤持水能影响的定位研究	王丹丹	张兴昌	2013，02	水土保持学报	CSCD	1.052	8
合计				中文影响因子			22.74	他引次数　67

II-3-2　近五年（2010—2014年）国外收录的本学科代表性学术论文

序号	论文名称	论文类型	第一作者	通讯作者	发表刊次（卷期）	发表刊物名称	收录类型	他引次数	期刊SCI影响因子	备注
1	Maintenance of chloroplast structure and function by overexpression of the OsMGD gene leads to enhanced salt tolerance in tobacco	Article	王仕稳	殷俐娜	2014, 165 (7)	Plant Physiology	SCI	—	7.394	通讯单位
2	Global pattern of soil carbon losses due to the conversion of forests to agricultural land	Article	魏孝荣	魏孝荣	2014, 4 (4)	Scientific Reports	SCI	3	5.078	通讯单位
3	Physicochemical characterization of extracted lignin from sweet sorghum stem	Article	佘雕	许凤	2010, 32 (1)	Industrial Crops and Products	SCI	14	2.103	第一作者单位
4	Nutrient transformations during composting of pig manure with bentonite	Article	李荣华	张增强	2012, 121	Bioresource Technology	SCI	5	4.98	通讯单位
5	Effects of Cu on metabolisms and enzyme activities of microbial communities	Article	郭星亮	谷洁	2012, 108	Bioresource Technology	SCI	7	4.98	通讯单位
6	A new framework for multi-site weather generator: a two-stage model combining a parametric method with a distribution-free shuffle procedure	Article	李志	李志	2014, 43 (3-4)	Climate Dynamics	SCI	—	4.619	通讯单位
7	Influence of humic substances on bioavailability of Cu and Zn during sewage sludge composting	Article	康军	张增强	2011, 102 (17)	Bioresource Technology	SCI	10	4.365	通讯单位
8	Evaluation of the potential of soil remediation by direct multi-channel pulsed corona discharge in soil	Article	王铁成	王铁成	2014, 264	Journal of Hazardous Materials	SCI	—	4.331	通讯单位
9	Removal of phosphorus by a composite metal oxide adsorbent derived from manganese ore tailings	Article	刘婷	刘婷	2012, 217-218	Journal of Hazardous Materials	SCI	9	4.331	通讯单位
10	Effect of common ions on nitrate removal by zero-valent iron from alkaline soil	Article	唐次来	张增强	2012, 231-232	Journal of Hazardous Materials	SCI	6	4.331	通讯单位
11	The accumulation of organic carbon in mineral soils by afforestation of abandoned farmland	Article	魏孝荣	魏孝荣	2012, 7 (3)	Plos One	SCI	5	4.092	通讯单位
12	Depth Dependence of p-nitrophenol Removal in Soil by Pulsed Discharge Plasma	Article	王铁成	屈广周	2014, 293 (1)	Chemical Engineering Journal	SCI	—	4.058	通讯单位
13	Isolation, structural characterization, and potential applications of hemicelluloses from bamboo: A review	Article	彭湃	佘雕	2014, 112	Carbohydrate Polymers	SCI	2	3.916	通讯单位

（续）

序号	论文名称	论文类型	第一作者	通讯作者	发表刊次（卷期）	发表刊物名称	收录类型	他引次数	期刊SCI影响因子	备注
14	The dynamics of soil OC and N after conversion of forest to cropland	Article	魏孝荣	魏孝荣	2014,194（194）	Agricultural and Forest Meteorology	SCI	1	3.894	通讯单位
15	Land Suitability Assessment on a Watershed of Loess Plateau Using the Analytic Hierarchy Process	Article	易小波	王力	2013, 8（7）	Plos One	SCI	—	3.73	通讯单位
16	Effects of contrasting soil management regimes on total and labile soil organic carbon fractions in a loess soil in China	Article	张维	马永清	2013, 8（3）	Plos One	SCI	—	3.73	通讯单位
17	Influence of Residue and Nitrogen Fertilizer Additions on Carbon Mineralization in Soils with Different Texture and Cropping Histories	Article	陈鲜妮	王旭东	2014, 9（7）	Plos One	SCI	—	3.534	通讯单位
18	Effects of crop canopies on rain splash datachment	Article	马波	吴发启	2014, 9（7）	Plos One	SCI	—	3.534	通讯单位
19	Effect of Drying on Heavy Metal Fraction Distribution in Rice Paddy Soil	Article	齐雁冰	齐雁冰	2014, 9（5）	Plos One	SCI	1	3.534	通讯单位
20	Simultaneous removal of cadmium ions and phenol from water solution by pulsed corona discharge plasma combined with activated carbon	Article	屈广周	屈广周	2013, 228	Chemical Engineering Journal	SCI	3	3.473	通讯单位
21	Assessing the applicability of six precipitation probability distribution models on the Loess Plateau of China	Article	李志	李志	2014, 34（2）	Internatial Journal of Climatology	SCI	1	3.389	通讯单位
22	Spatially downscaling GCMs outputs to project changes in extreme precipitation and temperature events on the Loess Plateau of China during the 21st Century	Article	李志	李志	2012,82-83（1）	Global and Planetary Change	SCI	6	3.351	通讯单位
23	Selenium fractionation and speciation in agriculture soils and accumulation in corn (Zea mays L.) under field conditions in Shaanxi Province, China	Article	王松山	梁东丽	2012, 427-428	Science of The Total Environment	SCI	7	3.286	通讯单位

（续）

序号	论文名称	论文类型	第一作者	通讯作者	发表刊次（卷期）	发表刊物名称	收录类型	他引次数	期刊 SCI 影响因子	备注
24	Nitrous oxide emission from highland winter wheat field after long-term fertilization	Article	魏孝荣	郝明德	2010，7（10）	Biogesciences	SCI	11	3.246	通讯单位
25	Spatial distribution of roots in a dense jujube plantation in the semiarid hilly region of the Chinese Loess Plateau	Article	马理辉	吴普特	2012，354（4）	Plant and Soil	SCI	2	2.733	通讯单位
26	Spatiotemporal characteristics of reference evapotranspiration during 1961-2009 and its projected changes during 2011-2099 on the Loess Plateau of China	Article	李 志	李 志	2012，147-155	Agricultural and Forest Meteorology	SCI	20	3.228	通讯单位
27	Response of nitrous oxide emission to soil mulching and nitrogen fertilization in semi-arid farmland	Article	刘建亮	李世清	2014，188（4）	Agriculture ecosystem and environment	SCI	1	3.203	第一署名单位
28	Growth and development of maize (Zea mays L.) in response to different field water management practices: Resource capture and use efficiency	Article	刘 毅	李世清	2010，150（4）	Agricultural and Forest Meteorology	SCI	17	3.197	第一署名单位
29	Effects of planting soybean in summer fallow on wheat grain yield, total N and Zn in grain and available N and Zn in soil on the Loess Plateau of China	Article	杨 宁	王朝辉	2014，58	European Journal of Agronomy	SCI	10	2.918	通讯单位
30	Effects of contrasting soil management regimes on total and labile soil organic carbon fractions in a loess soil in China	Article	杨学云	张树兰	2012，177（5）	Geoderma	SCI	16	2.318	通讯单位
合计	SCI 影响因子	114.88				他引次数		157		

Ⅱ-5 已转化或应用的专利（2012—2014年）

序号	专利名称	第一发明人	专利申请号	专利号	授权（颁证）年月	专利受让单位	专利转让合同金额（万元）
1	一种降雨雨滴动能测定装置	王健	2013103347440X	ZL201320487279.1	201403	—	—
2	一种氮磷肥比例混合排肥机构	王钖辉	201420193193.2	ZL201420193193.2	201410	—	—
3	一种同时去除废水中重金属离子和有机污染物的水处理装置	屈广周	CN202785727U	ZL201220148744.4	201303	—	—
4	一种用于植物分根试验的组合式水培装置及用该装置进行水培的方法	王杯权	CN201010225628.3	ZL201010225628.3	201306	—	—
5	一种土壤样品采集装置	吉普辉	CN201320172276.9	ZL201320172276.9	201309	—	—
6	一种有机全营养施肥方法	刘存寿	201010101027	ZL201010101027.1	201301	—	—
7	利用天然有机物快速降解生产水溶性腐植酸肥料的方法	刘存寿	201010101286	ZL201010101028.6	201301	—	—
8	一种自走式肥料联合粉碎机	呼世斌	201220116503.1	ZL201220116503.1	201301	—	—
9	一种有机肥肥破碎筛六一体机	呼世斌	201320063356.0	ZL201320063356.0	201311	—	—
10	一种原状土柱采集器	郑纪勇	CN201220549749.8	ZL201201079596.8	201305	—	—
11	一种铝锰复合氧化性改性分子筛的制备方法	刘婷	201010543259.2	ZL201010543259.2	201207	—	—
12	一种肥料粉碎机	呼世斌	201120419827.8	201120419827.8	201206	—	—
13	一种简式介质阻挡放电活性炭再生装置	屈广周	201220104279.4	ZL201220104279.4	201211	—	—
合计	专利转让合同金额（万元）				—		

Ⅲ 人才培养质量

Ⅲ-1 优秀教学成果奖（2012—2014 年）

序号	获奖级别	项目名称	证书编号	完成人	获奖等级	获奖年度	参与单位数	本单位参与学科数
1	省级	生态文明理念下的生物学综合实践教学模式构建与实践	SJX131011-7	赵忠、陈玉林、黄德宝、王国栋、胡景江、姜在民、耿增超	一等奖	2013	1	2（2）
合计	国家级	一等奖（个）　—		二等奖（个）　—		三等奖（个）　—		
	省级	一等奖（个）　1		二等奖（个）　—		三等奖（个）　—		

Ⅲ-4 学生国际交流情况（2012—2014 年）

序号	姓名	出国（境）时间	回国（境）时间	地点（国家 / 地区及高校）	国际交流项目名称或主要交流目的
1	邹俊亮	201209	派出中	德国都柏林大学	攻读博士学位
2	康康	201209	派出中	加拿大萨斯喀彻温大学	攻读博士学位
3	高佳佳	201210	派出中	荷兰阿姆斯特丹大学	攻读博士学位
4	杨楠	201209	派出中	德国哥廷根大学	攻读博士学位
5	孙汉印	201209	派出中	德国亥姆霍兹国家环境与健康研究中心	攻读博士学位
6	刘栋	201209	派出中	奥地利维也纳自然资源与应用生命技术大学	攻读博士学位
7	王将	201209	派出中	加拿大西安大略大学	攻读博士学位
8	徐雯	201212	201501	加拿大曼尼托巴大学	攻读硕士学位
9	毕巍扬	201201	201401	美国路易斯安那州立大学	攻读硕士学位
10	唐敏	201212	201501	比利时鲁汶大学	攻读硕士学位
11	占敏	201209	201508	韩国国立金乌工科大学	攻读硕士学位
12	石瑾	201207	201309	英国曼彻斯特大学	攻读硕士学位
13	高航	201109	201207	奥地利维也纳农业大学	学习交流
14	庞妍	201109	201207	奥地利维也纳农业大学	学习交流
15	樊良新	201208	201211	荷兰瓦赫宁根大学	项目合作学习
16	贾小旭	201206	201207	日本北海道大学	项目合作学习
17	田胄	201209	201409	美国路易斯安那州立大学	联合培养博士
18	刘帅	201208	201502	美国路易斯安那州立大学	联合培养博士
19	赵龙山	201209	201408	美国普渡大学	联合培养博士
20	李富翠	201210	201310	丹麦奥胡斯大学	联合培养博士
21	吴秋菊	201211	201404	美国普渡大学	联合培养博士
22	张维	201309	派出中	新西兰梅西大学	攻读博士学位

（续）

序号	姓名	出国（境）时间	回国（境）时间	地点（国家/地区及高校）	国际交流项目名称或主要交流目的
23	高航	201307	派出中	澳大利亚墨尔本大学	攻读博士学位
24	郑潇逸	201309	派出中	日本北海道大学	攻读博士学位
25	宋建潇	201310	派出中	丹麦哥本哈根大学	攻读博士学位
26	侯廷渝	201409	派出中	美国普渡大学	联合培养博士
27	周阳雪	201410	派出中	加拿大西安大略大学	联合培养博士
28	梁颖	201409	派出中	美国北卡罗来纳大学教堂山分校	联合培养博士
29	胡腾	201409	派出中	丹麦奥胡斯大学	攻读博士学位
30	高雅洁	201409	派出中	丹麦哥本哈根大学	攻读博士学位
31	翟夏斐	201409	派出中	英国基尔大学	攻读博士学位
32	秦睿	201410	派出中	美国奥本大学	攻读博士学位
33	段骏	201409	派出中	美国奥本大学	攻读博士学位
合计		学生国际交流人数		33	

Ⅲ-5　授予境外学生学位情况（2012—2014 年）				
序号	姓名	授予学位年月	国别或地区	授予学位类别
1	Osama Abd Alshafi Mohamad	201206	埃及	学术学位博士
2	Tran Le Linh	201206	越南	学术学位硕士
3	Jumoke Esther Ogunniyi	201306	尼日利亚	学术学位硕士
4	Mosha Honest Augustine	201306	坦桑尼亚	学术学位硕士
5	Mohammad Amin Ahmadzai	201406	阿富汗	学术学位硕士
合计	授予学位人数	博士	1	硕士　4

6.2.2　学科简介

1. 学科基本情况与学科特色

（1）基本情况

西北农林科技大学农业资源与环境一级学科始于 1934 年国立西北农林专科学校的土壤农业化学系。经过 80 余年的建设和发展，形成土壤学、植物营养学、土地资源与空间信息技术、资源环境生物学 4 个特色鲜明、优势突出的学科方向和学科体系，其中土壤学科为国家二级重点学科，植物营养学为陕西省重点学科。目前，师资队伍由 141 组成，其中教授 46 名，副教授 52 名；拥有国家级重点实验室和野外台站 4 个，省部级重点实验室 2 个；近 3 年承担国家、省部级科研项目 97 项，科研经费 1.1 亿元；获国家和省部级科技成果奖 8 项，国家专利 19 项；在国内外刊物发表学术论文 900 余篇，其中 SCI、EI 论文 300 余篇。

（续）

（2）学科特色

学科点立足西北，瞄准国家西部大开发及生态环境建设的战略需求，以西北旱区水土资源保护与利用和荒漠化土地生态恢复为中心，解决西北旱区有限天然降水资源、土壤资源、养分资源、特色微生物、林草植被资源保护和高效利用的重大理论和技术问题，在以下几个研究领域形成了明显学科优势和特色。

① 西北旱区土壤水分植被承载力。系统研究了西北黄土高原不同植被带土壤干层形成机理、水分植被承载力、土壤水分时空分布、水分运动和有效性等理论问题，为水土资源合理利用、植被建设及生态环境修复提供了科学依据。

② 农牧交错带土地荒漠化过程与生态修复。阐明了西北生态脆弱区农牧交错带土地荒漠化形成过程及机制，查明了该地区土地荒漠化演变的主要驱动因子，揭示了土地生产力变化趋势和改善途径，开发和建立了评价和预警监测系统。

③ 不同生态系统土壤质量演变。提出了人工林地"土壤极化"理论，探明了人工林地土壤极化趋势和调控措施；揭示了草地生态系统土壤质量特征；构建了不同类型农地土壤质量评价体系，探明了土壤质量演变趋势。深刻揭示了黄土区土壤质量演变的人为和环境驱动力根源，为本区域土壤可持续利用奠定了基础。

④ 旱区植物水肥高效利用和调控。从微观层面揭示了不同养分及水分调控措施在提高旱地作物养分及水分利用效率的效应及其机制，阐明了旱地植物适应胁迫因子的生物学效应及生理生化基础；从宏观层面提出了一系列水肥调控关键技术并应用推广，为西北旱区水分、养分资源的持续高效利用提供了理论和技术支撑。

⑤ "3S"技术在农林资源调查管理中的应用。采用"3S"技术，从植被恢复和区域水循环等角度研究了黄土高原退耕还林（还草）的生态环境效应，建立了一系列区域范围的农林资源信息管理系统。

2. 社会贡献

农业资源与环境一级学科点一直以来坚持产学研相结合，不断强化社会服务意识，重视研究成果的转化应用。

① 积极与地方农、林推广部门开展广泛协作，为科技推广工作做出重要贡献。积极争取各类横向科研课题，5年来共获批各类推广项目37项，经费达1 461万元。以项目为载体，先后与数十家单位进行密切合作，加速农、林、果业科技成果的转化；制定了2项技术标准，助推农、林业技术示范推广工作不断取得新进展。

② 借力企业实施新型实用技术的产业化，解决特色农、林产品生产难题。针对特色优势农、林产品生产中的瓶颈问题，采用新理念研发了有机全营养配方肥，生产工艺已被内蒙古鄂尔多斯金驼药业有限公司规模化实施，年产"安奇乐"牌有机营养肥数十万吨，被中国生态联盟定为生态农业基地首选肥料。目前，在陕西乾县苹果和榆林马铃薯上也得到大面积应用推广，对彻底根除苹果落叶病、防治马铃薯连作障碍做出了突出贡献。利用特殊生境微生物资源，在辣椒、草莓、棉花等作物连作障碍防治方面，开发出效果独特的微生物制剂产品，已与多家企业进行合作与联合，申报了23项专利，其中授权6项，产生了巨大的社会、经济和生态环境效益。

③ 深度参与全国测土配方施肥和特色优势农林产业施肥技术指导工作，博览园土壤馆成为推进科学普及的重要场所。本学科点2名科教人员，以测土配方施肥项目专家组成员身份参与了全国测土配方施肥项目工作，为我国粮食和特色林、果产品生产做出了重要贡献。10多位专家参与苹果、红枣、核桃、猕猴桃、花椒、甜瓜等西北特色优势经济林果产品生产中的施肥技术指导工作。

博览园土壤馆收集了半个世纪以来我校土壤科学工作者采集自全国各地的典型土壤剖面，包括整段标本200余个、微型盒装标本和反映土壤发生演化过程的形态标本等；不仅承担着全校16个专业土壤学课程的教学实习任务，每年还接待各类参观者40万人次，成为省内多所大学和中学的爱国主义教育基地。

④ 广泛参与各类社会兼职工作。学科点有30余人次担任各级学会领导工作，从中国土壤学会、植物营养与肥料学会等全国级学会的理事或专业委员会主任，到陕西省土壤学会、植物营养与肥料学会理事会主要负责人。还有不少成员担任本专业领域重要学术期刊编委。学科点成员在社会上广泛兼职：如担任农业部岗位科学家、教育部环境生态类教学指导委员会委员、国家测土配方施肥专家组成员及陕西省测土配方施肥首席专家等。

6.3　浙江农林大学

6.3.1　清单表

Ⅰ　师资队伍与资源

I-1　突出专家					
序号	专家类别	专家姓名	出生年月	获批年月	备注
1	国家千人计划入选者	裴建川	197209	201303	
2	新世纪百千万人才工程国家级人选	朱祝军	196311	200712	
合计	突出专家数量（人）			2	

I-3　专职教师与学生情况					
类型	数量	类型	数量	类型	数量
专职教师数	45	其中，教授数	16	副教授数	15
研究生导师总数	31	其中，博士生导师数	4	硕士生导师数	31
目前在校研究生数	96	其中，博士生数	—	硕士生数	96
生师比	3.1	博士生师比	—	硕士生师比	3.1
近三年授予学位数	62	其中，博士学位数	—	硕士学位数	62

I-4　重点学科					
序号	重点学科名称	重点学科类型	学科代码	批准部门	批准年月
1	土壤学	浙江省重点学科	0903/090301	浙江省教育厅	200910
合计	二级重点学科数量（个）	国家级	—	省部级	1

I-5　重点实验室				
序号	实验室类别	实验室名称	批准部门	批准年月
1	国家重点实验室	亚热带森林培育国家重点实验室培育基地	科技部	201002
2	省级重点实验室	浙江省森林生态系统碳循环与固碳减排重点实验室	浙江省科技厅	200909
合计	重点实验数量（个）	国家级　　1	省部级	1

II 科学研究

II-1 近五年（2010—2014年）科研获奖

序号	奖励名称	获奖项目名称	证书编号	完成人	获奖年度	获奖等级	参与单位数	本单位参与完成人数
1	浙江省科学技术奖	竹林生态系统碳过程、碳监测与增汇技术研究	1201005	姜培坤（2/13）	2012	一等奖	1	3（2）
2	梁希林业科学技术奖	森林食品种植环节质量安全生态控制技术体系的建立与应用	2013-KJ-1-04-R14	姜培坤（4/15）	2013	一等奖	9（4）	1
3	第四届中国梁希林业科学技术奖	南方特色商品林土壤质量退化机理与修复技术研究	2011-KJ-2-21-R01	徐秋芳（1/5）	2011	二等奖	1	1
4	浙江省科学技术奖	杨桐优新品种选育及产业化示范	1002092-1	吴家森（6/7）	2010	二等奖	2（1）	2（2）
5	浙江省科学技术奖	天目山植物多样性与珍稀濒危物种保育关键技术研究	1302066-3	吴家森（4/9）	2013	二等奖	5（3）	2（1）
6	浙江省科学技术奖	太湖水系源头林区面源污染监测预警与持续控制技术研究	1003225-1	姜培坤（2/7）	2010	三等奖	1	2（2）
7	环保部环境保护科学技术奖	沼液生物药肥开发与生态网槽处理关键技术研究	KJ2012-3-15-D01	曹玉成（4/5）	2012	三等奖	2（1）	1
合计	科研获奖数量（个）	国家级	特等奖 —	一等奖 —	二等奖 —	三等奖 —	一等奖 —	—
		省部级	一等奖 2	二等奖 3	三等奖 2			2

II-2 代表性科研项目（2012—2014年）

II-2-1 国家级、省部级、境外合作科研项目

序号	项目来源	项目下达部门	项目级别	项目编号	项目名称	负责人姓名	项目开始年月	项目结束年月	项目合同总经费（万元）	属本单位本学科的到账经费（万元）
1	国家自然科学基金	国家自然科学基金委员会	面上项目	41471197	中国重要毛竹丛生土壤硅体碳积累特征与稳定性机制	姜培坤	201501	201812	90	40.5
2	国家自然科学基金	国家自然科学基金委员会	面上项目	41271274	毛竹林土壤氮循环相关微生物群落结构特征及其演变规律与土壤氮转化关系	徐秋芳	201301	201612	75	60

（续）

序号	项目来源	项目下达部门	项目级别	项目编号	项目名称	负责人姓名	项目开始年月	项目结束年月	项目合同总经费（万元）	属本单位本学科的到账经费（万元）
3	国家自然科学基金	国家自然科学基金委员会	面上项目	41271337	生物质炭对酞酸酯类增塑剂污染土壤的原位修复及机理研究	王海龙	201301	201612	75	60
4	国家自然科学基金	国家自然科学基金委员会	面上项目	31470626	生物质炭输入对毛竹林土壤有机碳组分与 CO_2 通量的影响及其机理	李永夫	201501	201812	84	37.8
5	国家自然科学基金	国家自然科学基金委员会	面上项目	31170576	不同土地利用方式对亚热带森林土壤碳库构成及 CO_2 通量的影响	李永夫	201201	201512	50	5
6	国家自然科学基金	国家自然科学基金委员会	青年项目	31300520	毛竹林根际土壤重金属活化机制研究	柳 丹	201401	201612	25	13.2
7	国家自然科学基金	国家自然科学基金委员会	青年项目	41301228	基于时间序列的玄武岩发育土壤大气沉降物源贡献研究	李建武	201401	201612	26	15.6
8	国家自然科学基金	国家自然科学基金委员会	青年项目	21207116	室内典型含卤半挥发性有机物的迁移转化机制研究	翁冠离	201301	201512	25	10
9	国家自然科学基金	国家自然科学基金委员会	青年项目	31200473	集约经营雷竹林土壤真菌群落生态特征及其响应机制	李永春	201301	201512	23	23
10	国家自然科学基金	国家自然科学基金委员会	青年项目	41201323	山核桃对产地环境质量的空间响应及其适生生环境机制	赵科理	201301	201512	26	26
11	国家自然科学基金	国家自然科学基金委员会	青年项目	31101585	miR398 介导的 CSD 基因表达对番茄耐盐性影响机理研究	何 勇	201201	201412	24	24
12	国家自然科学基金	国家自然科学基金委员会	青年项目	31100087	恶臭假单胞菌 ONBA-17 邻硝基苯甲醛降解基因的克隆与酶学特性研究	虞方伯	201201	201412	23	6.9
13	国家自然科学基金	国家自然科学基金委员会	青年项目	41101243	丛枝菌根真菌介导的多氯联苯根际修复机理的研究	秦 华	201201	201412	26	7.8

（续）

序号	项目来源	项目下达部门	项目级别	项目编号	项目名称	负责人姓名	项目开始年月	项目结束年月	项目合同总经费（万元）	属本单位本学科的到账经费（万元）
14	国家自然科学基金	国家自然科学基金委员会	青年项目	41103042	毛竹林土壤中植硅体的地球化学稳定性与碳汇潜力研究	宋照亮	201201	201412	24	7.2
15	国家自然科学基金	国家自然科学基金委员会	青年项目	30900190	毛竹林生态系统碳汇功能及其调控机制	李永夫	201001	201212	18	—
16	浙江省自然科学基金	浙江省自然科学基金委员会	一般项目	Y3100578	雷竹林集约经营措施对土壤甲烷排放及其相关微生物群落结构的影响	徐秋芳	201006	201206	10	—
17	浙江省自然科学基金	浙江省自然科学基金委员会	一般项目	Y3100018	硫丹微生物降解关键基因克隆及其功能研究	虞方伯	201006	201206	8	—
18	浙江省科技厅	浙江省科技厅	公益类项目	2011C23066	多环芳烃污染土壤的生物联合修复技术研究	秦 华	201107	201306	15	—
19	浙江省科技厅	浙江省科技厅	创新团队项目子项	2012R10030-04	浙江省森林碳储空间分布规律及影响因素研究	傅伟军	201101	201312	5	2
20	浙江省科技厅	浙江省科技厅	创新团队项目子项	2012R10030-05	毛竹林生态系统硅体碳汇计量	宋照亮	201101	201312	23	20
21	浙江省科技厅	浙江省科技厅	创新团队项目子项	2012R10030-09	退化林地土壤碳库最大化及肥力最佳化的生物质焦炭使用技术研发	徐秋芳	201101	201312	12	4.8
22	浙江省科技厅	浙江省科技厅	创新团队项目子项	2012R10030-10	农林废弃物使用与土壤培肥增汇技术研究	李永夫	201101	201312	5	2
23	浙江省科技厅	浙江省科技厅	创新团队项目子项	2012R10030-11	人工林土壤呼吸对土壤碳库特征研究	刘 娟	201101	201312	20	4
24	浙江省自然科学基金	浙江省自然科学基金委员会	重点项目	Z12C160006	雷竹林生态系统植硅体碳汇及其对有机物覆盖的响应机制	姜培坤	201201	201412	30	20
25	浙江省自然科学基金	浙江省自然科学基金委员会	一般项目	Y12C160028	雷竹对铅锌复合污染土壤的修复机理研究	柳 丹	201201	201412	8	8

（续）

序号	项目来源	项目下达部门	项目级别	项目编号	项目名称	负责人姓名	项目开始年月	项目结束年月	项目合同总经费（万元）	属本单位本学科的到账经费（万元）
26	浙江省科技厅	浙江省科技厅	公益类项目	2012C32006	TiO₂/生物质炭复合型土壤修复剂的制备及应用技术研究	宋成芳	201206	201406	10	10
27	浙江省自然科学基金	浙江省自然科学基金委员会	一般项目	LY13C160030	丛生绿竹植硅体硅碳汇特征研究	吴家森	201301	201512	8	5
28	浙江省科技厅	浙江省科技厅	公益类项目	2013C33016	低压交流电场诱导－超积累植物联合修复镉污染土壤技术研究	叶正钱	201307	201506	15	15
29	国家外专局教科文卫引智项目	国家外专局	重点项目	W2014330031	生物质炭的环境功能	王海龙	201401	201412	5	5
30	浙江省科技厅	浙江省科技厅	创新团队项目子项目	2013TD12-011	生物炭修复汞污染土壤技术研究	梁 鹏	201401	201612	20	6.5
31	浙江省科技厅	浙江省科技厅	创新团队项目子项目	2013TD12-012	生物炭重金属生物有效性钝化技术研究	张 进	201401	201612	20	6.5
32	浙江省自然科学基金	浙江省自然科学基金委员会	一般项目	Y14C16007	常绿阔叶林改造为毛竹林对土壤碳库构成与 CO_2 通量的影响及其机理	李永夫	201401	201612	9	9
33	浙江省自然科学基金	浙江省自然科学基金委员会	一般项目	LY14E030016	PAEs 新型核－壳结构分子印迹微球的制备及超分子识别性能研究	孙立苹	201401	201612	8	3
34	浙江省自然科学基金	浙江省自然科学基金委员会	青年项目	LQ14B07007	水中典型氧化纳米颗粒和重金属对细菌的复合毒性效应及机制	李 梅	201401	201612	5	5
35	浙江省科技厅	浙江省科技厅	公益类项目	2014C33043	重金属污染土壤毛竹－东南景天同作修复强化技术研究	柳 丹	201407	201606	15	15

| 合计 | 国家级科研项目 | 数量（个） | 15 | | 项目合同总经费（万元） | 1 102 | | 属本单位本学科的到账经费（万元） | | 658.45 |

II-2-2　其他重要科研项目

序号	项目来源	合同签订/项目下达时间	项目名称	负责人姓名	项目开始年月	项目结束年月	项目合同总经费（万元）	属本单位本学科的到账经费（万元）
1	浙江省水利厅	201001	山区面源污染对水源安全影响及控制技术研究	姜培坤	201001	201212	19	12
2	平阳县农业局	201101	平阳县土壤样品质量检测	徐涌	201101	201412	52.15	36.15
3	广东大众农业科技股份有限公司	201201	新型生物质炭土壤改良剂的研发	王海龙	201201	201212	10	10
4	兰溪市诸葛旅游发展有限公司	201201	兰溪市诸葛村休闲观光采摘果园规划方案	柳丹	201201	201212	10	10
5	浙江大学	201201	施肥对雷竹和稻田系统水体质量影响	姜培坤	201201	201412	30	15
6	浙江省临安市林科所	201201	笋壳资源化肥料研发	叶正钱	201201	201312	10	10
7	温州市龙湾区人民政府永中街道办事处	201201	横渎中心河、王宅寮东溪河生态修复技术研究与工程师范	楮淑祎	201201	201312	60.867	60.867
8	台州东发园林工程有限公司	201302	台州湾循环经济产业集聚区东部新区盐碱土生态改良技术研究	王海龙	201302	201502	36	18
9	贵州烟草毕节公司	201303	烟秆生物质炭还田对烤烟产量与质量的影响及机理研究	王海龙	201303	201512	143	92.5
10	广东大众农业科技有限公司	201301	新型生物质炭土壤改良剂的研发	王海龙	201301	201412	10	10
11	浙江省临安市林业科技推广总站	201401	临安市雷竹、山核桃典型区域土壤肥力及环境质量评价	姜培坤	201401	201512	22	22
12	临安市林业科技推广总站	201401	临安市山核桃测土配方施肥研究推广	叶正钱	201401	201512	16	12.8
13	温州市龙湾河综合开发有限公司	201401	上庄、屿田河生态修复技术研究与工程示范	楮淑祎	201401	201512	25	25
14	温州市龙湾区温瑞塘河保护管理委员会	201401	永忠街道沧头河、蒲州街道屿田河、状元街道十字河3个市控以上站位生态修复工程	楮淑祎	201401	201512	75	71.04
15	临安市林业科技推广总站	201401	临安山核桃生态经营基地建设总体规划	吴家森	201401	201412	10	10
16	临安市农业技术推广中心	201401	土壤样品采集及分析测定	钱新标	201401	201512	20	13.5
17	德清信诺食品有限公司	201401	竹笋储藏技术研究	郑剑	201401	201512	15	15

II-2-3　人均科研经费

人均科研经费（万元/人）	42.05

II-3　本学科代表性学术论文质量

II-3-1　近五年（2010—2014年）国内收录的本学科代表性学术论文

序号	论文名称	第一作者	通讯作者	发表刊次（卷期）	发表刊物名称	收录类型	中文影响因子	他引次数
1	竹炭对三叶草生长及土壤细菌群落的影响	李松昊	徐秋芳	2014（8）	应用生态学报	CSCD	2.525	一
2	施用竹叶生物质炭对板栗林土壤 CO_2 通量和活性有机碳年的影响	王战磊	李永夫	2014（11）	应用生态学报	CSCD	2.525	一
3	不同施肥对雷竹林径流及渗漏水中氮形态流失的影响	陈美裴	姜培坤	2013（18）	生态学报	CSCD	2.233	1
4	雷竹覆盖物的分解速率及其硅含量的变化动态	黄张婷	姜培坤	2013（23）	生态学报	CSCD	2.233	2
5	不同竹龄雷竹中的硅和其他营养元素吸收和累积特征	黄张婷	姜培坤	2013（5）	应用生态学报	CSCD	2.525	8
6	亚热带不同林分土壤表层有机碳组成及其稳定性	商素云	姜培坤	2013（2）	生态学报	CSCD	2.233	3
7	施肥对板栗林土壤 N_2O 通量动态变化的影响	张蛟蛟	李永夫	2013（16）	生态学报	CSCD	2.233	3
8	施肥对板栗林土壤活性碳年利温室气体排放的影响	张蛟蛟	李永夫	2013（3）	植物营养与肥料学报	CSCD	2.086	5
9	亚热带四种主要植被类型土壤细菌群落结构分析	刘卜榕	徐秋芳	2012（6）	土壤学报	CSCD	1.777	2
10	不同植物篱在减少雷竹林氮磷渗漏流失中的作用	许开平	姜培坤	2012（5）	土壤学报	CSCD	1.777	5
11	西天目集约经营雷竹林土壤硅存在形态与植物有效性研究	赵送来	宋照亮	2012（2）	土壤学报	CSCD	1.777	7
12	长期集约经营雷竹林土壤碳氮磷库特征的影响	张涛	李永夫	2012（6）	土壤学报	CSCD	1.777	2
13	不同施肥山核桃林氮磷径流流失特征	黄程鹏	姜培坤	2012（1）	水土保持学报	CSCD	1.612	11
14	不同施肥对雷竹林土壤氮肥力及肥料利用率的影响	陈闻	姜培坤	2011（5）	土壤学报	CSCD	1.777	24
15	退化板栗林（套）改种茶树和毛竹后土壤生物学性质变化	徐秋芳	徐秋芳	2011（3）	水土保持学报	CSCD	1.612	6
16	不同施肥雷竹林氮磷径流流失比较研究	许开平	姜培坤	2011（3）	水土保持学报	CSCD	1.612	8
17	缓冲带在减少集约经营雷竹林养分渗漏流失中的作用	吴家森	姜培坤	2010（4）	土壤学报	CSCD	1.777	15
18	集约种植雷竹林土壤细菌群落结构的演变及其影响因素	秦华	秦华	2010（10）	应用生态学报	CSCD	2.525	18
合计						中文影响因子	40.461	他引次数 135

II-3-2 近五年（2010—2014年）国外收录的本学科代表性学术论文

序号	论文名称	论文类型	第一作者	通讯作者	发表刊次（卷期）	发表刊物名称	收录类型	他引次数	期刊SCI影响因子	备注
1	The production of phytoliths in the grasslands of China: implications to biogeochemical sequestration of atmospheric CO_2	Article	宋照亮	宋照亮	2012（18）	Global Change Biology	SCI	18	8.224	通讯单位
2	Plant impact on the coupled terrestrial biogeochemical cycles of silicon and carbon: implications to biogeochemical carbon sequestration	Review	宋照亮	王海龙	2012（115）	Earth-Science Reviews	SCI	22	7.135	通讯单位
3	The production of phytolith-occluded carbon in China's forests: implications to biogeochemical carbon sequestration	Article	宋照亮	宋照亮	2013（19）	Global Change Biology	SCI	8	8.224	通讯单位
4	Biogeochemical silicon cycle and carbon sequestration in agricultural ecosystems	Review	宋照亮	宋照亮	2014（109）	Earth-Science Reviews	SCI	—	7.135	通讯单位
5	Rapid soil fungal community response to intensive management in a bamboo forest developed from rice paddies	Article	秦华	王海龙	2014（68）	Soil Biology & Biochemistry	SCI	3	4.41	通讯单位
6	Converting paddy fields to Lei bamboo (*Phyllostachys praecox*) stands affected soil nutrient concentrations, labile organic carbon pools, and organic carbon chemical compositions	Article	张涛	李永夫	2013（367）	Plant and Soil	SCI	7	3.235	通讯单位
7	Understory vegetation management affected greenhouse gas emissions and labile organic carbon pools in an intensively managed Chinese chestnut plantation	Article	张敏敏	李永夫	2014（376）	Plant and Soil	SCI	3	3.235	通讯单位
8	Occluded C in rice phytoliths: implications to biogeochemical carbon sequestration	Article	李自民	宋照亮	2013（370）	Plant and Soil	SCI	14	3.235	通讯单位
9	Contrasting effects of bamboo leaf and its biochar on soil CO_2 efflux and labile organic carbon in an intensively managed Chinese chestnut plantation	Article	王峨磊	李永夫	2014（50）	Biology and Fertility of Soils	SCI	3	3.396	通讯单位
10	Seasonal soil CO_2 efflux dynamics after land use change from a natural forest to Moso bamboo plantations in subtropical China	Article	刘娟	周国模	2011（262）	Forest Ecology and Management	SCI	37	2.667	通讯单位

（续）

序号	论文名称	论文类型	第一作者	通讯作者	发表刊次（卷期）	发表刊物名称	收录类型	他引次数	期刊SCI影响因子	备注
11	Long-term management effects on soil organic carbon pools and chemical composition in Moso bamboo (Phyllostachys pubescens) forests in subtropical China	Article	李永夫	李永夫	2013（303）	Forest Ecology and Management	SCI	7	2.667	通讯单位
12	Converting native shrub forests to Chinese chestnut plantations and subsequent intensive management affected soil C and N pools	Article	李永夫	李永夫	2014（312）	Forest Ecology and Management	SCI	5	2.667	通讯单位
13	Long-term intensive management increased carbon occluded in phytolith (PhytOC) in bamboo forest soils	Article	黄张婷	姜培坤	2014（4）	Scientific Reports	SCI	7	5.078	通讯单位
14	Phylogenetic variation of phytolith carbon sequestration in bamboos	Article	李蓓蕾	宋照亮	2014（4）	Scientific Reports	SCI	2	5.078	通讯单位
15	Lithological control on phytolith carbon sequestration in moso bamboo forests	Article	李蓓蕾	宋照亮	2014（4）	Scientific Reports	SCI	2	5.078	通讯单位
16	Effect of bamboo and rice straw biochars on the bioavailability of Cd, Cu, Pb and Zn to Sedum plumbizincicola	Article	陆扣萍	王海龙	2014（191）	Agriculture, ecosystems & Environment	SCI	5	3.203	通讯单位
17	Using Moran's I and GIS to study the spatial pattern of forest litter carbon density in a subtropical region of southeastern China	Article	傅伟军	姜培坤	2014（11）	Biogeosciences	SCI	1	3.753	通讯单位
18	Responses of seasonal and diurnal soil CO_2 effluxes to land-use change from paddy fields to Lei bamboo (Phyllostachys praecox) stands	Article	张涛	李永夫	2013（77）	Atmospheric Environment	SCI	3	3.062	通讯单位
19	Phytolith carbon sequestration in China's cropland	Article	宋照亮	宋照亮	2014（53）	European Journal of Agronomy	SCI	3	2.918	通讯单位
20	Increase of available soil silicon by Si-rich manure for sustainable rice production	Article	宋照亮	宋照亮	2014（34）	Agronomy for Sustainable Development	SCI	—	2.841	通讯单位
21	Organic mulch and fertilization affect soil carbon pools and forms under intensively managed bamboo (Phyllostachys praecox) forests in southeast China	Article	李永夫	姜培坤	2010（10）	Journal of Soils and Sediments	SCI	22	2.107	通讯单位

序号	论文名称	论文类型	第一作者	通讯作者	发表刊次（卷期）	发表刊物名称	收录类型	他引次数	期刊SCI影响因子	备注
22	Dissolved soil organic carbon and nitrogen were affected by conversion of native forests to plantations in subtropical China	Article	吴家森	姜培坤	2010（90）	Canadian Journal of Soil Science	SCI	20	1	通讯单位
23	Improvement of biochemical and biological properties of eroded red soil by artificial revegetation	Article	徐秋芳	姜培坤	2010（10）	Journal of Soils and Sediments	SCI	11	2.107	通讯单位
24	Biotreatment of o-nitrobenzaldehyde manufacturing wastewater and changes in activated sludge flocs in a sequencing batch reactor	Article	刘畅	虞方伯	2012（104）	Bioresource Technology	SCI	12	5.039	通讯单位
25	Change of PAHs with evolution of paddy soils from prehistoric to present over the last six millennia in the Yangtze River Delta region, China	Article	张进	张进	2013（449）	Science of the Total Environment	SCI	1	3.163	通讯单位
26	Life cycle assessment of two emerging sewage sludge-to-energy systems: Evaluating energy and greenhouse gas emissions implications	Article	曹玉成	曹玉成	2013（127）	Bioresource Technology	SCI	16	5.039	通讯单位
27	Chemistry of decomposing mulching materials and the effect on soil carbon dynamics under a *Phyllostachys praecox* bamboo stand	Article	张艳	姜培坤	2013（13）	Journal of Soils and Sediments	SCI	4	2.107	通讯单位
28	Field-scale variability of soil test phosphorus and other nutrients in grasslands under long-term agricultural managements	Article	傅伟军	赵科理	2013（51）	Soil Research	SCI	2	1.235	通讯单位
29	Using biochar for remediation of soils contaminated with heavy metals and organic pollutants	Review	张小凯	王海龙	2013（12）	Environmental Science and Pollution Research	SCI	36	2.757	通讯单位
30	The carbon storage in moso bamboo plantation and its spatial variation in Anji county of southeastern China	Article	傅伟军	姜培坤	2014（14）	Journal of Soils and Sediments	SCI	2	2.107	通讯单位
合计	SCI影响因子			113.902		他引次数		276		

Ⅱ-5　已转化或应用的专利（2012—2014 年）

序号	专利名称	第一发明人	专利申请号	专利号	授权（颁证）年月	专利受让单位	专利转让合同金额（万元）
1	一株硫丹降解菌及其在土壤修复方面的应用	虞方伯	—	ZL201210106224.1	201307	—	—
2	一株三氯杀螨醇降解菌及其土壤修复应用	虞方伯	—	ZL201210140502.5	201307	—	—
3	一株丙烯菊酯降解菌及其土壤修复应用	虞方伯	—	ZL201210141886.2	201307	—	—
4	一株胺菊酯降解菌及其应用	虞方伯	—	ZL201210140489.3	201305	—	—
5	一种多功能生物质炭钾肥的制备方法	宋成芳	—	ZL201310238339.0	201407	—	—
合计	专利转让合同金额（万元）						—

6.3.2 学科简介

1. 学科基本情况与学科特色

学科前身为 1958 年建立的土壤学教研组，2005 年获土壤学硕士学位授予点，2009 年被评为省级重点学科，2011 年获农业资源与环境一级学科硕士学位授予点。现有专职教师 45 人，其中教授 16 人，副教授 15 人，具有博士学位 39 人。2006 年"土壤学"课程被评为国家级精品课程，2007 年被评为省级教学团队。近 5 年来，学科先后承担国家级、省部级项目 59 项，科研总经费达 1 890 万；发表学术论文 169 篇，其中 SCI 收录 72 篇，出版专著和教材 10 部；获各类奖励 19 项，其中省部级以上科技奖 8 项。经过多年努力，学科在以下五个方向上形成了研究特色与优势：

（1）土水资源利用与环境修复

以亚热带气候条件下土壤地力调控与土壤污染修复为立足点，通过土壤资源清单建立与评价、土壤重金属及有机污染的微生物强化、外源添加物调控、多植物群落联合修复等多种技术手段，解决农林生态系统面源污染物再利用与养分需求耦合重大关键技术，为浙江省土水资源合理利用、农业可持续发展和生态环境建设等提供决策依据和技术支撑。

（2）土壤生物与生态功能调控

以森林土壤微生物多样性与生态系统过程和功能为研究核心，系统开展了经济林集约经营过程中土壤微生物群落演替规律及其影响因素研究；揭示了土壤功能菌群的群落特征及其与碳、氮转化、土壤质量因子的相互关系；形成了有效控制经济林土壤质量退化的专利技术；建立了有机污染土壤生物联合修复的技术体系；为土壤质量提升和生态功能维持提供技术支撑。

（3）植物营养综合管理与农产品安全

以土壤养分调控与农产品安全生产为研究核心，系统开展了经济林土壤－作物系统养分的循环规律和诊断技术研究，实施了林地土壤测土配方施肥理论，开发了林地土壤新型肥料资源与养分调控技术，建立了经济林施肥咨询系统；研究了土壤－作物系统污染物的污染特征、污染途径和迁移规律，探讨了农产品安全生产的调控技术，为林地养分高效综合利用和农产品安全生产提供科学依据与技术支撑。

（4）土壤碳汇与全球气候变化

以亚热带森林土壤碳库演变及其调控为核心，系统开展了经营措施对土壤碳库组分与温室气体排放的影响研究，探索了碳－硅生物地球化学循环、植硅体碳汇及其调控技术的内在机制；构建了土壤固碳和温室气体减排－稳产高产－生态系统健康相结合的技术体系，为评测与提升亚热带森林的碳汇功能作出重要贡献。

（5）农林废弃物资源化与利用

以农林废弃物的生态化处理与能源化、资源化利用为研究核心，着眼于废弃物高效循环利用、生态环境保护和土壤生产力培育，系统开展了包括生活垃圾、畜禽粪便、农作物秸秆、农林产品加工废弃物等的循环利用技术研究，探索了畜禽养殖废弃物污染关键过程与控制机制，形成了适用于山区农林废弃物处置与利用的多项专利技术，为浙江省农村环境治理、清洁能源利用提供技术支撑，为生态省建设作出贡献。

2. 社会贡献

（1）开展森林增汇减排研究，构建森林生态系统碳库模型

积极整合校内资源，利用"浙江省森林生态系统碳循环与固碳减排"重点实验室等创新平台，积极开展森林生态系统增汇减排的研究，举办"林生态系统碳汇计量方法与技术高级研讨班""森林碳汇与全球气候变化学术会议"等多场森林碳汇研究学术会议，参会人员达 300 余人，有效促进了森林碳汇研究的广泛合作与交流；与国家林业局、浙江省林业厅等政府部门加强合作，在全省、全国范围内开展了森林生态系统碳库时空过程的研究；与浙江省林业厅共同开展了全省范围森林土壤碳库调查研究，构建全省森林土壤、枯落物的碳库图件，估算全省森林土壤碳库分布；为综合评价森林土壤的碳汇功能提供数据支持，并为政府应对全球气候变化发展低碳经济、改善生态环境提供决策依据。

（2）积极参与沃土工程，有效实施土壤管理

密切结合现实需求，研发了山核桃施肥专家系统和雷竹施肥与估产系统；申获笋壳有机无机复合肥及其生产技术、

（续）

改良雷竹园土壤活性有机碳的肥料施肥方法、抑菌型有机无机复合肥及其生产方法和板栗林地退化土壤修复方法 4 项专利，并在浙江省各地区进行推广应用，推广面积达 80 余万亩，减少肥料投入 1.16 亿元。同时制作配方施肥电视宣传片 2 部，《测土配方施肥技术》20 000 册，彩印技术资料 50 000 张随肥发放，举办各类技术培训班 102 期，培训人员 12 505 人。

（3）废弃物资源化利用与水土污染修复

积极与浙江省各地区、县、市农业部门合作，开展了山区农业废弃物能源化资源化实用技术、桑枝屑袋料露地黑木耳接茬水稻模式与技术、笋壳减量化资源化肥料利用与开发、畜禽养殖废弃物污染关键过程与控制机制、土壤典型重金属污染与农产品品质的关系及其调控等技术的研发和集成工作，为浙江省农林业废弃物的无公害处置及生态综合利用提供理论支持，获得的有关技术集成通过示范和推广，对于浙江省清洁土壤、节能环保型生态农业的发展起到积极推动作用。参与浙江省"五水共治"技术指导手册编制、浙江省组织部"五水共治"专家基层挂职服务、浙江省政协"五水共治"专家技术服务，为浙江省环境保护工作贡献力量。

（4）积极参与各项社会兼职

学科老师积极参与科研团体工作，承担多项学会要职。其中王海龙老师为国际 SCI 期刊 Environmental Science and Pollution Research 和 Journal of Soils and Sediments 的编委及责任编辑，国际林业研究组织联盟（IUFRO）森林土壤及养分循环分部副主任，国际生物质炭联盟（IBI）咨询委员会委员；姜培坤老师为中国森林土壤专业委员会副主任，浙江省土壤肥料学会常务理事、林业土壤专业委员会主任，浙江省政府应急管理专家组成员；徐秋芳老师担任教育部高校"自然保护与环境生态类专业"教学指导委员会委员，并担任中国土壤学会森林土壤专业委员会、土壤生物与生物化学专业委员会委员。学科老师通过在科研团体任职等形式，有力的促进和提升了学科在本领域中的学术交流和科研地位。

6.4 福建农林大学

6.4.1 清单表

Ⅰ 师资队伍与资源

序号	专家类别	专家姓名	出生年月	获批年月	备注
	I-1 突出专家				
1	百千万人才工程国家级人选	陈立松	196507	200609	
2	享受政府特殊津贴人员	熊德忠	195511	199709	
3	享受政府特殊津贴人员	黄炎和	196207	199809	
4	享受政府特殊津贴人员	孙威江	196402	201009	
5	享受政府特殊津贴人员	周顺桂	197511	201501	
合计	突出专家数量（人）		5		

类型	数量	类型	数量	类型	数量
		I-3 专职教师与学生情况			
专职教师数	45	其中，教授数	12	副教授数	13
研究生导师总数	32	其中，博士生导师数	10	硕士生导师数	32
目前在校研究生数	115	其中，博士生数	11	硕士生数	104
生师比	3.59	博士生师比	1.1	硕士生师比	3.25
近三年授予学位数	129	其中，博士学位数	18	硕士学位数	111

序号	重点学科名称	重点学科类型	学科代码	批准部门	批准年月
		I-4 重点学科			
1	农业资源与环境	省级重点学科	0903	福建省教育厅 福建省财政厅	201210
2	环境科学与工程	省级重点学科	0830	福建省教育厅 福建省财政厅	201210
合计	二级重点学科数量（个）	国家级	—	省部级	2

序号	实验室类别	实验室名称	批准部门	批准年月
		I-5 重点实验室		
1	教育部重点实验室	作物遗传育种与综合利用教育部重点实验室	教育部	201112
2	国家地方联合工程研究中心	菌草综合开发利用技术国家地方联合工程研究中心（福建）	国家发展和改革委员会	201212
3	福建省高效重点实验室	土壤生态系统健康与调控	福建省教育厅	201404
合计	重点实验数量（个）	国家级 —	省部级	3

Ⅱ　科学研究

Ⅱ-1　近五年（2010—2014 年）科研获奖

序号	奖励名称	获奖项目名称	证书编号	完成人	获奖年度	获奖等级	参与单位数	本单位参与学科号数
1	福建省科技进步奖	乌龙茶清洁化自动化精加工关键技术及产业化	2013-J-1-007-4	金心怡、张敬强、郝志龙、孙云、陈济斌、陈寿松、于国锋、郭玉琼、吴光兴、李天习	2013	一等奖	3	1
2	福建省科技进步奖	枇杷果实有机酸代谢调控及降酸关键技术研究与应用	2012-J-2-035-1	陈发兴、陈立松、吴德官、刘星辉、陈秀萍、林炳炷、钟秋珍	2012	二等奖	1	1
3	梁希青年论文奖	Partitioning soil respiration of subtropical forests with different successional stages in south China	2010-LW-2-06	易志刚、傅声雷、蚁伟民、周国逸、莫江明、张德强、丁明懋、王新明、周丽霞	2010	二等奖	3	1
4	全国农牧渔业丰收奖农业技术推广成果奖	福建农业用地优化利用信息管理系统研究与推广应用	农科教发〔2013〕3 号	邢世和、周碧青、张黎明、黄偁、唐莉娜、沈金泉、陈国奖、陈宗献、张居德、华村章、黄建诚、张兴长、张清燗、廖海霞、邓长男、庄招男、李招德、黄毓娟、施桂清、陈士伟、陈秋生、陈良锋、郭学清、吴荣生、李小龙	2013	二等奖	3	1

合计	科研获奖数量（个）							
		国家级	特等奖	一等奖	—	二等奖	—	—
		省部级	一等奖	二等奖	3	三等奖		
				1				

II-2 代表性科研项目（2012—2014 年）

II-2-1 国家级、省部级、境外合作科研项目

序号	项目来源	项目下达部门	项目级别	项目编号	项目名称	负责人姓名	项目开始年月	项目结束年月	项目合同总经费（万元）	属本单位本学科的到账经费（万元）
1	部委级科研项目	农业部	产业体系	闽财指〔2012〕537 号	栽培研究室－东南部果园栽培与土肥	陈立松	201108	201512	350	350
2	国家自然科学基金	国家自然科学基金委员会	促进海峡两岸科技合作联合基金项目	U1305232	矿区铝镉复合污染农田土壤的钝化与低富集水稻联合修复技术研究	王果	201401	201712	260	130
3	省科技厅项目	福建省科技厅	重大专项专题	2012NZ0002	水土流失初步治理区典型区域特色产业提升先进适用技术集成与应用	邢世和	201201	201512	200	200
4	国家自然科学基金	国家自然科学基金委员会	面上项目	31271782	Cry 基因工程甘蔗杆的分子特征与生物学研究	许莉萍	201301	201612	82	58
5	国家自然科学基金	国家自然科学基金委员会	面上项目	31270676	不同化感型杉木无性系连栽过程根际酚类物质动态变化及其代谢机制	陈爱玲	201301	201612	70	52
6	国家自然科学基金	国家自然科学基金委员会	面上项目	41173090	土壤簇生地气交换及其影响机理研究	易志刚	201201	201512	66	66
7	国家自然科学基金	国家自然科学基金委员会	面上项目	31171947	柑橘缺铁响应 microRNAs 分离及其生理功能鉴定	陈立松	201201	201512	60	60
8	国家自然科学基金	国家自然科学基金委员会	面上项目	40971260	茶园有机氯农药和多环芳烃来源及界面迁移研究	易志刚	201001	201212	44	44
9	国家自然科学基金	国家自然科学基金委员会	面上项目	41071218	酸性耕作土壤镉植物毒害临界值稳定性的关键影响因子的研究	王果	201101	20131	40	40
10	国家自然科学基金	国家自然科学基金委员会	面上项目	30972346	不同土地利用方式下土壤团聚体碳组分稳定性研究	毛艳玲	201001	201212	32	32

（续）

序号	项目来源	项目下达部门	项目级别	项目编号	项目名称	负责人姓名	项目开始年月	项目结束年月	项目合同总经费（万元）	属本单位本学科的到账经费（万元）
11	国家自然科学基金	国家自然科学基金委员会	面上项目	30970532	核苷二磷酸激酶在调控植物响应多环芳烃胁迫中的作用机制	刘　泓	201001	201212	28	28
12	国家自然科学基金	国家自然科学基金委员会	青年项目	31301740	磷缓解酸柚铝毒的蛋白质组学研究	杨林通	201401	201612	24	18
13	国家自然科学基金	国家自然科学基金委员会	青年项目	30901131	内生真菌对宿主雷公藤化感作用的影响及调控效应研究	封　磊	201001	201212	20	20
14	部委级科研项目	福建省发展和改革委员会	"五新工程"项目	闽发改投资 [2012] 931号	低碳经济下闽南坡地果园生态利用模式构建与示范	毛艳玲	201201	201412	20	20
15	部委级科研项目	教育部	博士点基金（博导类）	20113500000000	不同品种茶园生态系统土壤可溶性有机氮特征及其生态功能	邢世和	201201	201412	12	12
16	省科技厅项目	福建省科技厅	重点项目	2010N0007	固定化细胞生产雷公藤甲素的调控策略及其分离耦合工艺的构建	封　磊	201005	201212	10	10
17	国家自然科学基金	国家自然科学基金委员会	面上项目	31170485	不同品种茶园生态系统土壤可溶性氮动态及其生物地球化学机理	邢世和	201201	201212	10	10
18	省教育厅项目	福建省教育厅	资助省属高校科研专项	JK2010015	茶园土壤可溶性有机氮及其特性研究	周碧青	201005	201204	5	5
19	省教育厅项目	福建省教育厅	省高校新世纪优秀人才支持计划	JA11070	农杆菌介导的雷公藤次生代谢物形成与调控优化	封　磊	201105	201304	5	5

（续）

序号	项目来源	项目下达部门	项目级别	项目编号	项目名称	负责人姓名	项目开始年月	项目结束年月	项目合同总经费（万元）	属本单位本学科的到账经费（万元）
20	部委级科研项目	教育部	重点项目	212089	内生真菌对药用植物雷公藤连栽自毒效应的调控作用研究	封磊	201208	201412	5	5
21	省教育厅项目	福建省教育厅	福建省高校新世纪优秀人才支持计划	JA12087	猴基硫地气交换机理的室内模拟研究	易志刚	201205	201412	5	5
22	省教育厅项目	福建省教育厅	福建省高校新世纪优秀人才支持计划	JA14097	亚热带耕地土壤碳固碳速率、潜力和适宜模拟尺度研究	张黎明	201405	201612	5	5
23	省级自然科学基金	福建省科技厅	面上项目	2011J01259	亚热带茶园生态系统土壤可溶性有机氮特征及其生物地球化学机理	周碧青	201108	201412	4	4
24	省级自然科学基金	福建省科技厅	面上项目	2011J01087	应用 ^{13}C 研究有机残体输入对杉木林土壤有机碳稳定性的影响	毛艳玲	201108	201312	4	4
25	省级自然科学基金	福建省科技厅	面上项目	2014J01143	持久性有机物污染土壤的纳米铁与人工湿地联合修复研究	范立维	201408	201612	4	4
26	部委级科研项目	教育部	博士点基金（新教师类）	2010351520014	基于大比例尺数据库的亚热带耕地土壤有机碳演变模拟研究	张黎明	201001	201212	3.6	3.6
合计	国家级科研项目	数量（个）	17		项目合同总经费（万元）985				属本单位本学科的到账经费（万元）794	

II-2-2 其他重要科研项目

序号	项目来源	合同签订/项目目下达时间	项目名称	负责人姓名	项目开始年月	项目结束年月	项目合同总经费（万元）	属本单位本学科的到账经费（万元）
1	"十二五"农村领域国家科技计划课题	201101	福建茶区茶园标准化生产关键技术集成与应用	孙威江	201102	201312	38	38
2	福建鑫地钼业有限公司	201101	福安赤路钼矿矿区土壤重金属污染现状调查与评价	王 果	201101	201212	38	38
3	武平县中堡镇人民政府	201204	武平县紫金山银多金属矿区附近土壤重金属污染现状调查与评价	王 果	201206	201312	25	25
4	福建省水利厅	201201	水土流失综合治理工程（K81MKA01a）	黄炎和	201201	201312	20	20
5	福建省水利厅水土保持试验站	201301	福建省水土保持科技支撑规划（K89NBP001）	林金石	201301	201412	15	15
6	龙岩市连城县水利局	201302	水土保持生态建设规划费	黄炎和	201305	201410	15	15
7	福建省长汀县水土保持事业局	201401	福建长汀红壤丘陵区水土流失综合治理关键技术（Kh140116C）	蒋芳市	201401	201512	13	13
8	福建省建瓯县水利局	201302	锥栗园侵蚀防治新技术研究（Kh1400520）	林金石	201204	201412	10	10
9	武平县中堡镇人民政府	201301	武平县中堡镇岭头村周边农田土壤镉承镉木底值的调查与评价	王 果	201301	201312	10	10
10	诏安县绿缘茶业有限公司	201103	汇人诏安县乌龙茶品质改良技术集成及产业	孙威江	201201	201312	10	10

II-2-3 人均科研经费

人均科研经费（万元/人）	82.57

Ⅱ-3 本学科科技论文质量

Ⅱ-3-1 近五年（2010—2014年）国内收录的本学科代表性学术论文

序号	论文名称	第一作者	通讯作者	发表刊次（卷期）	发表刊物名称	收录类型	中文影响因子	他引次数
1	Cd Pb 污染土壤中蛋白酶酸性磷酸酶脱氢酶活性的变化	王涵	王果	3	农业环境科学学报	CSCD	1.739	17
2	福建铁观音茶园土壤中铅、汞、铜、砷、铬、镉的环境质量现状分析	郭雅玲	王果	3	中国生态农业学报	CSCD	1.63	14
3	崩岗崩积体土壤渗透特性分析	蒋芳市	黄炎和	3	水土保持学报	CSCD	1.612	10
4	福建茶园茶叶中六六六和滴滴涕残留水平及来源分析	易志刚	易志刚	1	农业环境科学学报	CSCD	1.739	7
5	福州地区不同土地利用类型土壤中六六六和滴滴涕的残留特征	毕峻奇	易志刚	9	农业环境科学学报	CSCD	1.739	7
6	不同坡度地表径流中污泥氮素流失规律的研究	陈泼辉	王果	10	环境科学	CSCD	2.041	6
7	动电修复不同形态重金属污染土壤效果研究	林君锋	王果	11	环境工程学报	CSCD	0.994	6
8	乌龙茶振动做青环境调控设备研制与做青性能试验	郝志龙	金心怡	29	农业工程学报	CSCD	2.329	5
9	福州城市及郊区冬、夏两季大气中多环芳烃特征研究	易志刚	易志刚	4	环境科学	CSCD	2.041	5
10	南方不同类型土壤侵蚀量与降雨各因子的关系研究	张黎明	张黎明	2	水土保持通报	CSCD	0.849	4
11	福建省铁观音茶园土壤铝含量状况调查与分析	叶欣	王果	6	植物营养与肥料学报	CSCD	2.086	2
12	福建省不同耕地土壤和土地利用类型对"碳源/汇"的贡献差异研究	龙军	毛艳玲	4	土壤学报	CSCD	1.777	2
13	酸性土壤有效氮提取方法研究	黄玉芬	王果	8	农业环境科学学报	CSCD	1.739	1
14	外源含硫化合物对土壤挥发性有机化合物交换通量的影响	易志刚	易志刚	8	环境科学	CSCD	2.041	—
15	酸雨区不同林龄杉木林土壤酶活性季节动态	罗飞	陈爱玲	2	福建林学院学报	CSCD	0.993	—
16	南方茶园红壤施用PAM对土壤理化性质和茶叶安全的影响	王玺洋	黄炎和	5	生态环境学报	CSCD	1.807	—
17	柚子皮制备生物炭吸附苯酚的特性和动力学	何秋香	陈祖亮	9	环境工程学报	CSCD	0.994	—
18	多场次降雨对崩岗崩积体细沟侵蚀的影响	蒋芳市	黄炎和	9	中国水土保持科学	CSCD	1.241	—
合计							中文影响因子 33.044	他引次数 113

II-3-2　近五年（2010—2014年）国外收录的本学科代表性学术论文

序号	论文名称	论文类型	第一作者	通讯作者	发表刊次（卷期）	发表刊物名称	收录类型	他引次数	期刊SCI影响因子	备注
1	Mechanisms of aluminum-tolerance in two species of citrus: Secretion of organic acid anions and immobilization of aluminum by phosphorus in roots	Article	Yang L T	Chen L S	180（3）	Plant Science	SCI	17	4.114	第一署名单位
2	Leaf cDNA-AFLP analysis of two citrus species differing in manganese tolerance in response to long-term manganese-toxicity	Article	Zhou C P	Chen L S	14	Bmc Genomics	SCI	4	4.041	第一署名单位
3	cDNA-AFLP analysis reveals the adaptive responses of citrus to long-term boron-toxicity	Article	Guo P	Chen L S	14	Bmc Plant Biology	SCI	—	3.942	第一署名单位
4	Identification of boron-deficiency-responsive microRNAs in Citrus sinensis roots by Illumina sequencing	Article	Lu Y B	Chen L S	14	Bmc Plant biology	SCI	—	3.942	第一署名单位
5	iTRAQ protein profile analysis of Citrus sinensis roots in response to long-term boron-deficiency	Article	Yang L T	Chen L S	93	Journal of Proteomics	SCI	12	3.929	第一署名单位
6	Effects of Soil Data and Simulation Unit Resolution on Quantifying Changes of Soil Organic Carbon at Regional Scale with a Biogeochemical Process Model	Article	Zhang L M	Xing S H	9（2）	Plos One	SCI	1	3.534	第一署名单位
7	Mechanisms on boron-induced alleviation of aluminum-toxicity in Citrus grandis seedlings at a transcriptional level revealed by cDNA-AFLP analysis	Article	Zhou X X	Chen L S	10（3）	Plos One	SCI	—	3.534	第一署名单位
8	Air-soil exchange of dimethyl sulfide, carbon disulfide, and dimethyl disulfide in three subtropical forests in south China	Article	Yi Z G	Yi Z G	115	Journal of Geophysical Research-atmospheres	SCI	4	3.44	第一署名单位
9	Effects of boron deficiency on major metabolites, key enzymes and gas exchange in leaves and roots of Citrus sinensis seedlings	Article	Li Y B	Chen L S	34（6）	Tree Physiology	SCI	—	3.405	第一署名单位

（续）

序号	论文名称	论文类型	第一作者	通讯作者	发表刊次（卷期）	发表刊物名称	收录类型	他引次数	期刊SCI影响因子	备注
10	Stress signaling in response to polycyclic aromatic hydrocarbon exposure in *Arabidopsis thaliana* involves a nucleoside diphosphate kinase, NDPK3	Article	Liu H	Liu H	241（1）	Planta	SCI	—	3.376	第一署名单位
11	Effects of phosphorus supply on the quality of green tea	Article	Lin Z H	Chen L S	130（4）	Food Chemistry	SCI	9	3.259	第一署名单位
12	Effects of granulation on organic acid metabolism and its relation to mineral elements in *Citrus grandis* juice sacs	Article	Wang X Y	Chen L S	145	Food Chemistry	SCI	1	3.259	第一署名单位
13	Distribution of HCHs and DDTs in the soil-plant system in tea gardens in Fujian, a major tea-producing province in China	Article	Yi Z G	Yi Z G	171	Agriculture Ecosystems & Environment	SCI	1	3.203	第一署名单位
14	Transfer characteristics of cobalt from soil to crops in the suburban areas of Fujian Province, southeast China	Article	Luo D	Wang G	91（11）	Journal of Environmental Management	SCI	2	3.188	第一署名单位
15	Nitric oxide protects sour pummelo (*Citrus grandis*) seedlings against aluminum-induced inhibition of growth and photosynthesis	Article	Yang L T	Chen L S	82	Environmental and Experimental Botany	SCI	3	3.003	第一署名单位
16	Roles of organic acid anion secretion in aluminium tolerance of higher plants	Article	Yang L T	Chen L S	2013	Biomed Research International	SCI	5	2.88	第一署名单位
17	Root release and metabolism of organic acids in tea plants in response to phosphorus supply	Article	Lin Z H	Chen L S	168（7）	Journal of Plant Physiology	SCI	10	2.77	第一署名单位
18	Nitrogen runoff under simulated rainfall from a sewage-amended lateritic red soil in Fujian, China	Article	Chen Y H	Wang G	123	Soil & Tillage Research	SCI	6	2.575	第一署名单位
19	Simulation soil organic carbon change in China's Tai-Lake paddy soils	Article	Zhang L M	Yu D S	121	Soil & Tillage Research	SCI	5	2.575	第一署名单位
20	Nitrogen runoff under simulated rainfall from a sewage-amended lateritic red soil in Fujian, China	Article	Chen Y H	Wang G	123	Soil & Tillage Research	SCI	6	2.575	第一署名单位

（续）

序号	论文名称	论文类型	第一作者	通讯作者	发表刊次（卷期）	发表刊物名称	收录类型	他引次数	期刊SCI影响因子	备注
21	Copper and arsenic (enargite) contamination of soils along a toposequence in Chinkuashih, northern Taiwan	Article	Chen Y H	Wang G	170	Geoderma	SCI	1	2.509	第一署名单位
22	Distribution of α-, β-, γ-, and δ-hexachlorocyclohexane in soil-plant-air system in a tea garden	Article	Yi Z G	Yi Z G	91	Ecotoxicology and Environmental Safety	SCI	—	2.482	第一署名单位
23	Dynamics of caesium in aerated and flooded soils: experimental assessment of ongoing adsorption and fixation	Article	Wang G	Wang G	61（6）	European Journal of Soil Science	SCI	3	2.387	第一署名单位
24	Phosphorus Runoff from Sewage Sludge Applied to Different Slopes of Lateritic Soil	Article	Chen Y H	Wang G	40（6）	Journal of Environmental Quality	SCI	1	2.345	第一署名单位
25	Soil soluble organic nitrogen and active microbial characteristics under adjacent coniferous and broadleaf plantation forests	Article	Xing S H	Xing S H	10（4）	Journal of Soils and Sediments	SCI	20	2.107	第一署名单位
26	Transfer of Cd, Pb, and Zn to water spinach from a polluted soil amended with lime and organic materials	Article	Han D F	Guo Wang	13（8）	Journal of Soils and Sediments	SCI	1	2.107	第一署名单位
27	Effects of Rainfall Intensity and Slope Gradient on Steep Colluvial Deposit Erosion in Southeast China	Article	Jiang F S	Huang Y H	78（5）	Soil Science Society of America Journal	SCI	1	2	第一署名单位
28	Differential expression of genes involved in alternative glycolytic pathways, phosphorus scavenging and recycling in response to aluminum and phosphorus interactions in citrus roots	Article	Yang L T	Yang L T	39（5）	Molecular Biology Reports	SCI	7	1.958	第一署名单位
29	Carbonyl sulfide (COS) and dimethyl sulfide (DMS) fluxes in an urban lawn and adjacent bare soil in Guangzhou, China	Article	Yi Z G	Yi Z G	23（5）	Journal of Environmental Sciences	SCI	2	1.922	第一署名单位
30	Physiological impacts of magnesium-deficiency in Citrus seedlings: photosynthesis, antioxidant system and carbohydrates	Article	Yang G H	Chen L S	26（4）	Trees-structure and Function	SCI	7	1.869	第一署名单位
合计			SCI影响因子	38.23		他引次数		129		

Ⅱ-5　已转化或应用的专利（2012—2014 年）

序号	专利名称	第一发明人	专利申请号	专利号	授权（颁证）年月	专利受让单位	专利转让合同金额（万元）
1	一株产雷公藤甲素的内生真菌	封　磊	200910124566.5	ZL201110320850.6	201306	福建金山生物制药股份有限公司	100
2	一种茶叶含水率在线快速检测装置	金心怡	201020323375.7	ZL201220732297.7	201407	福建福安市坦湖茶叶有限公司	80
3	茶叶做青自动控制系统	孙威江	201120424355.8	CN201310124588.7	201412	福建铁观音茶叶有限公司	110
合计	专利转让合同金额（万元）					290	

Ⅲ 人才培养质量

Ⅲ-1 优秀教学成果奖（2012—2014 年）

序号	获奖级别	项目名称	证书编号	完成人	获奖等级	获奖年度	参与单位数	本单位参与学科数
1	省级	以实践促成长，培养高水平水土保持人才	闽教高〔2014〕13号（证书未下发）	林金石、黄炎和、葛宏力、范胜龙、阮章陆	二等奖	2014	1	1
合计	国家级	一等奖（个）	—	二等奖（个）	—	三等奖（个）	—	
	省级	一等奖（个）	—	二等奖（个）	1	三等奖（个）	—	

Ⅲ-2 研究生教材（2012—2014 年）

序号	教材名称	第一主编姓名	出版年月	出版单位	参与单位数	是否精品教材
1	土地生态学	黄炎和	201308	中国农业出版社	6（1）	否
合计	国家级规划教材数量	—	精品教材数量		—	

Ⅲ-3 本学科获得的全国、省级优秀博士学位论文情况（2010—2014 年）

序号	类型	学位论文名称	获奖年月	论文作者	指导教师	备注
1	省级	钴镍在土壤植物系统中的转移规律及健康风险研究	201209	罗 丹	王 果	
2	省级	茶树对缺磷的生理生化反应与适应	201209	林郑和	陈立松	
合计	全国优秀博士论文（篇）	—		提名奖（篇）	—	
	省优秀博士论文（篇）	2				

Ⅲ-4 学生国际交流情况（2012—2014 年）

序号	姓名	出国（境）时间	回国（境）时间	地点（国家/地区及高校）	国际交流项目名称或主要交流目的
1	翁青青	201202	201207	台湾大学生物资源暨农学院农业化学系	研究生合作交流
2	刘彦杰	201202	201207	中国文化大学环境设计学院景观学系	研究生合作交流
3	程 甫	201310	201411	美国德克萨斯 A & M 大学	国家公派硕士研究生项目
4	关夏玉	201404	201503	美国佛罗里达大学	博士研究生出国合作研究计划
合计	学生国际交流人数		4		

Ⅲ-5 授予境外学生学位情况（2012—2014 年）

序号	姓名	授予学位年月	国别或地区	授予学位类别
1	金永淑	201306	韩国	农学博士
合计	授予学位人数	博士	1	硕士 —

6.4.2 学科简介

1. 学科基本情况与学科特色

（1）学科基本情况

福建农林大学农业资源与环境学科由著名土壤学家林景亮教授和果树营养学家李来荣教授等在 20 世纪中叶创建，经过半个多世纪发展，已经成为一个拥有农业资源与环境博士点、农业资源与环境博士后流动站的省级重点建设学科，是全国拥有"农业资源与环境一级学科博士点"的 13 个科研机构之一，同类省属高等院校 4 个"农业资源与环境一级学科博士点"中排名前列。

（2）学科定位

针对全球气候变化、森林土壤资源保育、农林废弃资源利用等重大需求，瞄准世界森林土壤学前沿科学问题，重点开展南方水土保持与生态修复、森林土壤碳循环和固碳减排、森林土壤养分循环与植物营养调控、农林废弃物生态循环利用等四个核心领域研究，形成前瞻性基础研究—关键共性技术—行业服务创新的完整发展模式，提升我省生态强省建设的科技服务能力，促进海峡两岸农业资源与环境领域的合作，为海西经济区可持续发展提供科技支撑。

（3）学科特色

① 鲜明区域特色：针对亚热带和海峡西岸的特点，在南方酸性土壤重金属环境质量基准、森林红壤侵蚀与退化土地恢复、亚热带山地土壤和森林生态、亚热带特色果茶逆境生理响应与调控等方面开展了长期系统的研究，具有鲜明的地域性特色。

② 面向区域发展：针对福建森林资源丰富、土地资源锐减、水土流失严重特点，本学科在林地红壤侵蚀规律与退化土地修复、矿山土壤污染控制、农林土壤碳氮循环、亚热带果茶土壤培肥改良等重点科学方向开展了系列研究；紧密结合固碳减排和农林废弃资源循环利用等面向国家重大需求，在能源甘蔗和菌草品种选育、栽培及工程化等方面开展了系统应用研究。

③ 基础/应用结合：结合学科发展前沿，在国内首次采用宏基因组学和宏蛋白质组学技术研究了根际土壤微生态过程，系统地研究了森林土壤，尤其是在全球变化条件下土壤碳氮循环研究，开展了水土保持及崩岗侵蚀的成因机理研究，并在福建长汀和安溪建立了水土保持示范基地，系统开展了矿区土壤–植物系统中重金属的转移规律研究，并在福建龙岩和三明建立了重金属污染修复示范区，开展了亚热带特色果树与茶叶逆境生理响应机制研究及土壤培肥改良工程示范。

在上述基础之上，构建了全国首个省级土壤重金属污染分类标准，提出了侵蚀退化红壤的生态重建模式，建立了福建特色果/茶园土壤养诊断指标及高产优质施肥技术体系，建立了亚热带人工林地生产力长期维持技术体系，培育了糖能两用甘蔗和特色菌草品种，并建立资源化产业技术体系。

（4）对外交流合作

本学科闽台交流十分活跃，与美国俄克拉荷马大学、美国麻省大学、德国马普化学所、德国马普生物地球化学所、澳大利亚格里菲斯大学、台湾大学等建立了紧密的合作关系，双方科研工作者科研合作较多，并开展了研究生联合培养。

2. 社会贡献

自 20 世纪 50 年代，福建农林大学农业资源与环境学科一直是我国南方农林环境人才培养、科学研究和社会服务重要基地，已形成"南方水土保持与生态修复""森林土壤碳循环和固碳减排""土壤养分循环与营养调控""农林废弃物生态循环利用"四个优势学科方向。

（续）

　　① 南方水土保持与生态修复方向，带头人黄炎和教授：对红壤区土壤侵蚀规律与退化土地生态恢复方面开展了长期定位研究；对南方崩岗侵蚀成因机理开展了系统研究，在崩壁侵蚀形式、岩土特征与土壤水分的关系、崩岗土层水分对降雨的响应等方面取得进展；提出了一系列生态恢复重建模式，在福建长汀、安溪等建立了水保保持示范区。与福建省土地开发整理中心、诏安县人民政府、长汀县国土资源局、惠安县国土资源局开展项目合作，为地方提供技术支持等达 300 余万元。

　　② 森林土壤碳氮循环与固碳减排方向，带头人邢世和教授：研究了森林土壤碳储量和循环，包括森林土壤碳动态、碳组分和残留研究；研究了不同土地利用变化对森林土壤碳储量和循环的影响，开展了碳源 / 汇分析评价；开展了气候变化对土壤生态系统碳循环和碳平衡影响的研究；通过分子生物学技术，筛选了固碳较强且适合南方酸性土壤生长的树木和微生物。为福建省尤溪国有林场、三明国有林场等提供技术支撑，并开展横向合作研究达 180 余万元。

　　③ 土壤污染与修复方向，带头人王果教授：对酸性土壤 – 植物系统重金属转移、土壤重金属环境质量基准进行了长期研究，制定了《福建省农业土壤重金属污染分类标准》；在重金属污染土壤修复利用、土壤农药降解与安全生产技术示范、污染物植物分子生物学方面开展了一系列研究；在福建龙岩和尤溪采矿区建立了近 500 亩重金属污染土壤修复示范基地，并与福建省农业厅、福建省环保厅及中国烟草公司福建省分公司、福建鑫地钼业有限公司、武平县中堡镇人民政府开展项目合作，提供技术支持等达 800 余万元。

　　④ 森林土壤养分循环与植物营养调控方向，带头人陈立松教授：研究了水分及氮、镁、铁、硼等胁迫下南方主要果树生理生化变化；明确了果树叶片光合作用与营养元素的关系及果树对胁迫的响应机理等，为亚热带果树合理栽培和施肥提供了重要技术支持，并在福建、江西、湖南和广东等省与中国农业大学、华中科技大学等高校合作建立了示范基地，为福建平和、浙江衢州开展柑橘产业体系合作并提供技术支撑。

　　⑤ 农林废弃物生态循环利用方向，带头人周顺桂教授：首届国家优秀青年基金获得者、中国青年科技奖获得者，兼任中国环境资源与生态保育学会秘书长。发现了高效处理农林固体废弃物的 2 个微生物新属、15 个新种，建立了我国第一个土著胞外呼吸菌菌种资源库；设计并研制了农林废弃物资源化的系统工艺与成套装备，提升了我国废弃物资源化利用技术及装备国产化水平；发明了生物肥、生物气、生物炭和生物饲料技术；研制出污泥生物肥、土壤调理剂、轻型营养栽培基质、生物炭肥等高值化环保产品，在我国福建、广东、湖南等 8 个省份的 31 家企业推广应用，累计推广面积达 500 万亩，减排温室气体 95 万 t。

农林经济管理

7.1　北京林业大学

7.1.1　清单表

I　师资队伍与资源

序号	专家类别	专家姓名	出生年月	获批年月	备注
1	享受政府特殊津贴人员	宋维明	195712	2006	北京市教学名师
2	享受政府特殊津贴人员	刘俊昌	195705	2014	北京市教学名师
3	享受政府特殊津贴人员	陈建成	196311	2012	北京市优秀教师
4	北京市教学名师	温亚利	196306	2011	
5	教育部新世纪人才	张　颖	196403	2006	
6	陕西省百人计划学者	曹世雄	196502	2012	陕西省三秦人才
7	北京高等学校青年英才	秦　涛	198204	2013	
8	北京高等学校青年英才	马　宁	197911	2013	
9	北京高等学校青年英才	樊　坤	197810	2013	
10	北京高等学校青年英才	张玉静	197807	2013	
11	享受政府特殊津贴人员	李　周	195209	1994	外聘
12	享受政府特殊津贴人员	刘东升	1962	1998	外聘
13	百千万人才工程国家级人选	张新伟	196505	2006	外聘
14	国家杰出青年基金获得者	邓祥征	197109	2012	外聘
15	梁希学者	孙昌友	196906	2015	外聘
16	梁希学者	公培臣	—	2013	外聘
17	梁希学者	张耀启	1964	2012	外聘
18	教育部新世纪人才	宋马林	197210	2012	外聘
合计	突出专家数量（人）			18	

表标题：I-1　突出专家

序号	团队类别	学术带头人姓名	带头人出生年月	资助期限
1	北京市优秀教学团队	温亚利	196306	3
2	教育部农林经济管理特色专业建设点	刘俊昌	195902	3
3	北京市农林经济管理特色专业建设点	刘俊昌	195902	3
合计	团队数量（个）		3	

表标题：I-2　团队

I-3　专职教师与学生情况

类型	数量	类型	数量	类型	数量
专职教师数	64	其中，教授数	23	副教授数	32
研究生导师总数	61	其中，博士生导师数	27	硕士生导师数	54
目前在校研究生数	193	其中，博士生数	106	硕士生数	87
生师比	3.16	博士生师比	3.93	硕士生师比	1.61
近三年授予学位数	197	其中，博士学位数	85	硕士学位数	112

I-4　重点学科

序号	重点学科名称	重点学科类型	学科代码	批准部门	批准年月
1	林业经济管理	国家林业局重点学科	120302	国家林业局	200605
2	林业经济管理	国家重点（培育）学科	120302	教育部	200711
3	农林经济管理	北京市一级重点学科	1203	北京市教育委员会	201204
合计	二级重点学科数量（个）	国家级	1	省部级	2

I-5　重点实验室

序号	实验室类别	实验室名称	批准部门	批准年月
1	国家级	农林业经营管理虚拟仿真实验教学中心	教育部	201501
2	省部级	北京市高等学校实验教学示范中心	北京市教育委员会	200608
3	省部级	农村林业改革发展研究基地	国家林业局	201504
4	省部级	全国林业预算资金绩效研究考评中心	国家林业局	201309
5	省部级	中国绿色碳汇基金会碳汇经济研究中心	国家林业局	201212
合计	重点实验数量（个）	国家级	1	省部级　4

II 科学研究

II-1 近五年（2010—2014年）科研获奖

序号	奖励名称	获奖项目名称	证书编号	完成人	获奖年度	获奖等级	参与单位数	本单位参与学科数
1	甘肃省自然科学奖	中国干旱区关键地表过程及其调控研究	2012-Z1-002	曹世雄	2013	一等奖	2（2）	1
2	北京市第十一届哲学社会科学优秀成果奖	北京城市湿地现状与保护管理对策研究	2009110709	温亚利	2010	二等奖	2（1）	1
3	北京市科学技术奖	我国林业重点工程与消除贫困问题研究	2013基-3-011	北京林业大学	2014	三等奖	4（3）	1
4	山西省第八次社会科学优秀成果奖	中国政策性森林保险发展研究	晋社科奖证字第0803017	陈建成	2014	三等奖	2（2）	1
5	梁希科学研究奖	林业重点工程与消除贫困问题研究	2011-KJ-2-07	温亚利（6）	2011	二等奖	6（3）	1
6	梁希科学研究奖	森林绿色核算和绿色政策研究	2011-KJ-3-14	张颖等	2011	三等奖	1	3（1）
7	第五届梁希青年论文奖	Impact of policy measures on the development of forest resource in northeast China: theoretical analysis and empirical evidence	2014-LW-1-10	姜雪梅等	2014	一等奖	4（1）	1
8	第三届梁希青年论文奖	基于资本形成机制的林业金融支持体系构建研究	2010-LW-3-35	秦涛	2010	三等奖	1	1
9	第三届梁希青年论文奖	集体林权制度改革中农户流转收益和理性分析——以江西省遂川县为例	2010-LW-3-27	谢屹	2010	三等奖	1	1
10	第四届梁希青年论文奖	The dynamic economic equilibrium model and uncertainty applied study about forest resources sustainable utilization	2012-LW-2-48	陈文汇	2012	二等奖	1	1
11	第四届梁希青年论文奖	林业金融的研究进展述评与分析框架	2012-LW-3-104	秦涛	2012	三等奖	1	1
12	第四届梁希青年论文奖	林木生态价值损失额计量方法研究	2012-LW-2-37	米锋	2012	二等奖	1	1
13	第四届梁希青年论文奖	中国木材产业资源基础转换探析	2012-LW-2-38	印中华	2012	二等奖	1	1
14	第五届梁希青年论文奖	中国木材价格波动的动态均衡模型及实证分析	2014-LW-3-43	陈文汇等	2014	三等奖	1	1

（续）

序号	奖励名称	获奖项目名称	证书编号	完成人	获奖年度	获奖等级	参与单位数	本单位参与学科数
15	第五届梁希青年论文奖	我国森林保险财政补贴政策及其对林农保险需求的影响	2012-LW-3-52	邓　晶	2014	三等奖	1	1
16	Federal Assistance Award, U.S. Department of State	Forest Statistics and Accounting Models and Green Policy Analysis in China	S-CH500-11-GR035	张　颖	2011	特等奖	1	1
17	Science and Practice of Ecology and Society Award 2014	Scientific Symbiosis 基金 和 Ecology and Society 设立，颁发给在生态与社会科学实践中做出突出贡献的学者	—	曹世雄	2014	—	1	1
18	全国第十届优秀环境科技工作者奖	表彰和奖励在环境科技领域有关突出贡献的人员	—	张　颖	2014	—	1	1
19	第六届"中国农村发展研究奖"专著奖提名奖	草原持续利用经营模式与产业组织优化研究	—	张立中	2014	—	3（1）	1
20	German DAAD-K.C. Wong Postdoctoral Fellowship Award	Statistics and Accounting Optimization Models for Forest Resources and Green Policies	A1490008	张　颖	2014	—	1	1
21	第十届中国林业经济论坛论文奖	基于投入产出模型的林业产业发展的动态分析	—	陈文汇等	2012	二等奖	1	1
22	第十届中国林业青年学术年会大会论文奖	经济、生物双重约束下野生动物资源动态均衡管理研究	—	陈文汇等	2012	一等奖	1	1
23	北京市园林绿化科技进步奖	北京市山区生态补偿机制的理论与实践	2010YLJB-8-2-01	米锋等	2010	一等奖	3（1）	1
24	2011年度北京市园林绿化科技奖	北京市森林风险影响因素分析及其管理研究	2011YLJB-17-3-01	张颖等	2011	三等奖	3（1）	3（1）
合计	科研获奖数量（个）			6（含梁希奖4项）			8（含梁希奖5项）	—
	国家级	特等奖 —	一等奖 —	二等奖 2（含梁希奖1项）				
	省部级	特等奖 —	一等奖 一等奖	二等奖 二等奖				

II-2 代表性科研项目（2012—2014年）

II-2-1 国家级、省部级、境外合作科研项目

序号	项目来源	项目下达部门	项目级别	项目编号	项目名称	负责人姓名	项目开始年月	项目结束年月	项目合同总经费（万元）	属本单位本学科的到账经费（万元）
1	国家社会科学基金	全国哲学社会科学规划办公室	重大项目	11&ZD042	我国西部林业生态建设政策评价与体系完善研究	宋维明	201110	201312	80	80
2	国家自然科学基金	国家自然科学基金委员会	面上项目	71373024	保护与发展：社区视角下协调机制研究	温亚利	201311	201712	52	52
3	国家自然科学基金	国家自然科学基金委员会	面上项目	71472015	本土化需求驱动企业破坏性创新的机制研究	程鹏	201408	201812	60	60
4	国家自然科学基金	国家自然科学基金委员会	青年项目	71003006	基于最优管理的野生动物资源价值动态计量方法及应用研究	陈文汇	201101	201312	17	17
5	国家自然科学基金	国家自然科学基金委员会	青年项目	71202144	新企业绿色创业导向的驱动因素和绩效转化机制研究	李华晶	201208	201512	21.6	21.6
6	国家自然科学基金	国家自然科学基金委员会	青年项目	71302026	关系、参考群体行为和销售人员灰色营销决策	彭茜	201308	201612	22	22
7	国家自然科学基金	国家自然科学基金委员会	青年项目	41401192	环渤海地区农业地域类型格局及其优化途径研究	鲁莎莎	201408	201712	23	23
8	国家自然科学基金	国家自然科学基金委员会	青年项目	71403022	基于风险区划的中国森林火灾险费率厘定研究	秦涛	201408	201712	20	20
9	国家自然科学基金	国家自然科学基金委员会	青年项目	71003007	"分林到户"后的农户林地流转行为及影响因素研究	谢屹	201101	201312	17	17
10	国家自然科学基金	国家自然科学基金委员会	青年项目	71403023	市民化进程中新生代农民工的职业选择与收入差距研究：基于样本自选择的校正	汪雯	201408	201712	20	20
11	国家自然科学基金	国家自然科学基金委员会	青年项目	71350008	基于集成理论的中国产业创新模式、路径与策略研究	余吉安	201309	201412	10	10
12	国家自然科学基金	国家自然科学基金委员会	青年项目	71402006	竞合网络对C2C市场网络零售商的创业绩效影响研究	尤薇佳	201408	201712	19	19

（续）

序号	项目来源	项目下达部门	项目级别	项目编号	项目名称	负责人姓名	项目开始年月	项目结束年月	项目合同总经费（万元）	属本单位本学科的到账经费（万元）
13	国家自然科学基金	国家自然科学基金委员会	科学部主任基金	70940024	我国应对气候变化行动的林业碳汇市场机制及管理政策的研究	宋维明	201001	201101	10	10
14	国家社会科学基金	全国哲学社会科学规划办公室	一般项目	11BJY097	农产品价格波动与调控对策研究	张立中	201107	201309	15	15
15	国家社会科学基金	国家哲学社会科学管理办公室	一般项目	14BJY172	基于"影子银行"渠道的房地产泡沫与系统性金融风险关系研究	张宝林	201406	201706	20	20
16	国家社会科学基金	全国哲学社会科学规划办公室	一般项目	13BTJ021	中国城乡住户调查一体化数据准确性评估与修正研究	庞新生	201306	201412	18	18
17	国家社会科学基金	全国哲学社会科学规划办公室	青年项目	10CGL046	基于林权改革的林业金融服务体系研究	秦涛	201007	201204	10	10
18	国家社会科学基金	全国哲学社会科学规划办公室	青年项目	13CGL089	林区农户生态创业机理与培育路径研究	薛永基	201306	201506	18	18
19	林业公益性行业科研专项	国家林业局	重大项目	200904003	基于林改的南方集体林区森林资源经营与技术研究	宋维明	200901	201412	680	61
20	林业公益性行业科研专项	国家林业局	重点项目子项目	20094	多功能林业发展的政策保障体系研究	温亚利	2009	2012	17	17
21	林业公益性行业科研专项	国家林业局	面上项目	201004008	林改后南方林地可持续高效经营关键技术研究与集成示范	温亚利	201001	201312	340	340
22	林业公益性行业科研专项	国家林业局	面上项目	201404422	自然保护地成效监测、评估与预警关键技术研究	温亚利	201401	201612	178	178
23	公益性行业科研专项	农业部	面上项目	200903060	不同区域草地承载力与家畜配置的经济分析与效益核算	张立中	200901	201312	65	65

（续）

序号	项目来源	项目下达部门	项目级别	项目编号	项目名称	负责人姓名	项目开始年月	项目结束年月	项目合同总经费（万元）	属本单位本学科的到账经费（万元）
24	公益性行业科研专项	国家质检总局	面上项目	201010269	森林食品质量安全管理制度及标准研究	刘俊昌	201101	201212	37	37
25	林业公益性行业科研专项	西北农林科技大学	一般项目	2014HXFWJGXY027	油用牡丹新品种选育及高效利用研究与示范—子项目	刘萍	201401	201812	25	25
26	境外合作科研项目	FAO	一般项目	CHN/2011/077/LOA	Conducting Research and Survey on Stakeholder's Views about the Forestry Law and Propose Suggestions for the Revised Draft of the Current Forestry Law	温亚利	201110	201204	13.23	13.23
27	境外合作科研项目	FAO	一般项目	20120101	联合国粮农组织合作科研费	温亚利	201201	201212	4.0068	4.0068
28	境外合作科研项目	FAO	一般项目	20120101	（GCP-CPR-038）FAO-SFA-EC3	王立群	201201	201212	8.2122	8.2122
29	教育部人文社科基金	教育部	面上项目	09YJA910001	森林碳汇的经济核算及其市场化研究	张颖	201001	201212	7	7
30	教育部人文社科基金	教育部	一般项目	10YJC630112	基于绿色技术转移的企业社会创业路径选择与可持续发展研究	李华晶	201011	201311	7	7
31	教育部人文社科基金	教育部	一般项目	11YJCZH25号	农村政策性小额林权抵押贷款模式研究	周莉	201107	201412	7	7
32	教育部人文社科基金	教育部	一般项目	11YJAZH09号	我国农户对农村信息服务技术的采纳行为研究	温继文	201109	201312	8.9	8.9
33	教育部人文社科基金	教育部	一般项目	11YJA630127	京津风沙源治理工程生态影响价值计量及后续政策研究	王立群	201109	201412	9	9
34	教育部人文社科基金	教育部	一般项目	12YIAZH090	森林保险制度选择及保费补贴试点实证与仿真	马宁	201201	201412	8.9	8.9
35	教育部人文社科基金	教育部	一般项目	11YJC790264	我国城镇住宅市场泡沫测度研究	张宝林	201201	201412	7	7
36	教育部人文社科基金	教育部	一般项目	12JDGC002	我国林业创新工程技术人才培养模式研究	李勇	201202	201312	10	10

（续）

序号	项目来源	项目下达部门	项目级别	项目编号	项目名称	负责人姓名	项目开始年月	项目结束年月	项目合同总经费（万元）	属本单位本学科的到账经费（万元）
37	教育部人文社科基金	教育部	一般项目	12YJC790221	集体林权改革后林区农户集群创业的机理与培育路径研究	薛永基	201202	201412	7	7
38	教育部人文社科基金	教育部	一般项目	12YJC630302	基层公职人员离职意愿识别及作用机理研究：基于离职扩展准则视角	张玉静	201202	201412	7	7
39	教育部人文社科基金	教育部	一般项目	13YJCZH131	林木生物质能源产业链优化路径研究	米锋	201301	201512	8	8
40	教育部人文社科基金	教育部	一般项目	13JHQ047	中国林业金融需求与供给问题研究	秦涛	201310	201512	10	10
41	教育部人文社科基金	教育部	一般项目	14YJC790022	我国森林保险政策实施效果评价与优化对策研究	邓晶	201401	201612	7	7
42	教育部人文社科基金	教育部	一般项目	14YJC630030	考虑产品质量抽检的随机 MJSP 嵌入式仿真与风险决策研究	樊坤	201407	201706	8	8
43	教育部人文社科基金	教育部	一般项目	14YJCZH106	北京市森林生态安全评价与预警调控研究	鲁莎莎	201408	201612	8	8
44	国家林业局软科学项目	国家林业局	重点项目	—	典型国有林场森林资源经营管理模式及技术体系	刘俊昌	201201	201512	37	37
45	国家林业局林业软科学	国家林业局	一般项目	2014-R09	基于生态视角的林业企业社会责任信息披露研究	张卫民	201401	201512	10	10
46	国家林业局林业软科学	国家林业局	一般项目	2010-R03	人力资本对中国林业经济增长的作用研究	陈建成	201001	201212	5	5
47	国家林业局林业软科学	国家林业局	一般项目	2012-R10	我国林业系统干部能力素质现状与培训开发研究	陈建成	201206	201301	5	5
48	国家林业局林业软科学	国家林业局	一般项目	2012-R10	我国林业系统干部能力素质现状与培训开发研究	陈建成	201101	201301	5	5
49	国家林业局软科学项目	国家林业局	一般项目	2012-R09	林业生态建设与山区综合开发协调发展模式研究	温亚利	201001	201212	15	15

（续）

序号	项目来源	项目下达部门	项目级别	项目编号	项目名称	负责人姓名	项目开始年月	项目结束年月	项目合同总经费（万元）	属本单位本学科的到账经费（万元）
50	国家林业局林业软科学	国家林业局	一般项目	2011-R01	对我国国有森工企业改制与发展的理论与实践研究	刘洋	201101	201301	8	8
51	国家林业局林业软科学	国家林业局	一般项目	2012-R11	低碳中国的林业选择——地位、潜力、挑战与对策研究	刘洋	201206	201509	5	5
52	国家林业局林业软科学	国家林业局	一般项目	2013-R06	我国自然保护区生态旅游管理问题的调查研究	刘洋	201309	201412	5	5
53	国家林业局林业软科学	国家林业局	一般项目	2010-R04	对我国集体林区林权制度改革的理论与实践研究	刘洋	201001	201201	5	5
54	国家林业局业务委托	国家林业局	一般项目	1105-LYSJWT-094	林业企业会计核算指南和国有林场苗圃会计核算制度及模式的研究（总报告部分）	田治威	201001	201212	50	50
55	国家林业局业务委托	国家林业局	一般项目	2011-LYSJWT-09	林业重大问题研究与政策制定（林业项目目标准研究制定）	田治威	201103	201203	50	50
56	国家林业局业务委托	国家林业局	一般项目	2011-LYSJWT-32	野生动物驯养繁殖资质评定标准研究	温亚利	201105	201205	10	10
57	国家林业局业务委托	国家林业局	一般项目	2011-LYSJWT-31	农村地区野生动物驯养繁殖扶持技术政策研究	温亚利	201105	201205	18	18
58	国家林业局业务委托	国家林业局	一般项目	2011-LYSJWT-22	林业行业建设项目经济评价财务基准参数测算（营造林部分）	张绍文	201106	201206	5	5
59	国家林业局业务委托	国家林业局	一般项目	2011-LYSJWT-25	林业植物新品种保护行政执法管理问题研究	杨桂红	201107	201207	6	6
60	国家林业局业务委托	国家林业局	一般项目	2011-LYSJWT-26	林业科技成果国家级项目推广、全国湿地资源普查（项目绩效评价）	田治威	201112	201212	14.4	14.4
61	国家林业局业务委托	国家林业局	一般项目	2012-LYSJWT-32	自然保护区社区政策效应调查研究	宋维明	201201	201212	10	10
62	国家林业局业务委托	国家林业局	一般项目	2013-LYSJWT-02	集体林权制度改革与自然保护区内集体林制度背景下的自然保护生态补偿管理政策研究	谢屹	201201	201311	9.5	9.5

（续）

序号	项目来源	项目下达部门	项目级别	项目编号	项目名称	负责人姓名	项目开始年月	项目结束年月	项目合同总经费（万元）	属本单位本学科的到账经费（万元）
63	国家林业局业务委托	国家林业局	一般项目	FRJ2012-002	森林资源资产评估咨询人员知识体系构建研究	张卫民	201202	201312	10	10
64	国家林业局业务委托	国家林业局	一般项目	FRJ2012-006-01	我国森林保险制度设计运行机制研究子课题	张卫民	201203	201312	10	10
65	国家林业局业务委托	国家林业局	一般项目	2012FMA-1	辽宁省集体林权制度改革跟踪监测	温亚利	201204	201212	16	16
66	国家林业局业务委托	国家林业局	一般项目	2012-LYSJWT-45	国有林场贫困标准研究	刘俊昌	201204	201412	26	26
67	国家林业局业务委托	国家林业局	一般项目	ZDWT-2012-14	农林业财政补贴政策比较研究	田治威	201205	201212	10	10
68	国家林业局业务委托	国家林业局	一般项目	2012-R09	林业生态建设与山区综合开发协调发展模式研究	温亚利	201206	201312	15	15
69	国家林业局业务委托	国家林业局	一般项目	2012-LYSJWT-21	研究建立林业有害生物损失核算及其预警模型	张颖	201209	201212	8	8
70	国家林业局业务委托	国家林业局	一般项目	2012-LYSJWT-10	林下经济理论和政策研究	陈建成	201210	201310	9.9	9.9
71	国家林业局业务委托	国家林业局	一般项目	2012-LYSJWT-07	"十三五"时期社会对林业需求变化及影响因素	温亚利	201201	201410	10	10
72	国家林业局业务委托	国家林业局	一般项目	2013-LYSJWT-25	林业重大问题研究及政策制定（林业项目标准研究制定）	田治威	201212	201312	60	60
73	国家林业局业务委托	国家林业局	一般项目	2013-LYSJWT-26	林业科技成果国家级项目推广、全国湿地资源普查等（绩效评价）	潘焕学	201212	201312	50.13	50.13
74	国家林业局业务委托	国家林业局	一般项目	2012-LYSJWT-31	（林业）生态安全指数研究	张大红	201212	201308	10	10
75	国家林业局业务委托	国家林业局	一般项目	—	大熊猫项目管理系统维护及数据采集	鲁莎莎	201301	201312	10	10
76	国家林业局业务委托	国家林业局	一般项目	2013-LYSJWT-11	辽宁省集体林权制度改革跟踪监测	温亚利	201301	201312	16	16

（续）

序号	项目来源	项目下达部门	项目级别	项目编号	项目名称	负责人姓名	项目开始年月	项目结束年月	项目合同总经费（万元）	属本单位本学科的到账经费（万元）
77	国家林业局业务委托	国家林业局	一般项目	—	2012中国林产品市场研究	胡明形	201304	201312	3	3
78	国家林业局业务委托	国家林业局	一般项目	ZDWT-2013-18	设立我国林业产业投资基金可行性调研	田治威	201304	201405	10	10
79	国家林业局业务委托	国家林业局	一般项目	2130211	农村地区野生动物驯养扶持政策研究	温亚利	201306	201412	12	12
80	国家林业局业务委托	国家林业局	一般项目	—	政府在林下经济（非木质林产品）认证中的地位与作用研究	温亚利	201307	201406	9.8	9.8
81	国家林业局业务委托	国家林业局	一般项目	—	北京市农民林业收入监测	谢屹	201308	201401	10	10
82	国家林业局业务委托	国家林业局	一般项目	—	（林业）生态安全指数研究	张大红	201309	201409	10	10
83	国家林业局业务委托	国家林业局	一般项目	LG2013-023	林业生态文明示范乡村创建标准研究	吴成亮	201309	201402	4	4
84	国家林业局业务委托	国家林业局	一般项目	2130211	珍稀濒危物种野外救护与人工繁育－亚洲象保护及生境维护－亚洲象社会经济价值计量及应用研究	陈文汇	201310	201412	10	10
85	国家林业局业务委托	国家林业局	一般项目	—	涉林气候谈判议题跟踪对策研究	谢屹	201312	201405	6	6
86	国家林业局业务委托	国家林业局	一般项目	—	大熊猫项目管理系统维护及数据采集（2014）	贺超	201401	201412	10	10
87	国家林业局业务委托	国家林业局	一般项目	201401	非正常来源野生植物资源及其制品处理办法研究	杨桂红	201401	201412	10	10
88	国家林业局业务委托	国家林业局	一般项目	20140000	野生动物保护志愿者参与现状及对策调研	谢屹	201401	201412	8	8
89	国家林业局业务委托	国家林业局	一般项目	2014-LYSJWT-1	基本建设项目预算绩效评价办法、评价指标研究制定（资金审计与稽查）	田治威	201401	201512	50	50

（续）

序号	项目来源	项目下达部门	项目级别	项目编号	项目名称	负责人姓名	项目开始年月	项目结束年月	项目合同总经费（万元）	属本单位本学科的到账经费（万元）
90	国家林业局业务委托	国家林业局	一般项目	2014-LYSJWT-3	荒漠化监测、野生动物疫病监测和预警系统维护项目（项目绩效评价）	王富炜	201401	201512	18	18
91	国家林业局业务委托	国家林业局	一般项目	2014-LYSJWT-5	森林公安管理经费项目（项目绩效评价）	邓 晶	201401	201512	6.3	6.3
92	国家林业局业务委托	国家林业局	一般项目	2014-LYSJWT-2	国家森林病虫害预测预报补助经费、森林资源清查与动态监测项目（项目绩效评价）	秦 涛	201401	201512	26.59	26.59
93	国家林业局业务委托	国家林业局	一般项目	20140726	野生动物驯养繁殖资质评定标准研究 2014	温亚利	201401	201512	8	8
94	国家林业局业务委托	国家林业局	一般项目	20140725	农村地区野生动物驯养扶持政策研究 2014	温亚利	201401	201512	12	12
95	国家林业局业务委托	国家林业局	一般项目	SG1410	生态旅游对大熊猫栖息地影响监测指标体系与评价研究	温亚利	201401	201512	20	20
96	国家林业局业务委托	国家林业局	一般项目	20140721	我国湿地保护与退耕还湿政策专题研究	温亚利	201407	201412	10	10
97	国家林业局业务委托	国家林业局	一般项目	—	亚洲象保护及生境维护试点－基于亚洲象种群数量变化的损失补偿标准研究	陈文汇	201407	201607	8	8
98	国家林业局业务委托	国家林业局	一般项目	林护发[2014]104号	大熊猫栖息地土地权属现状及管理机制研究	谢 屹	201409	201509	15.25	15.25
99	国家林业局业务委托	国家林业局	一般项目	ZDWT-2014-16	林业生态安全指数研究（新增3）	张大红	201411	201610	30	30
100	国家林业局业务委托	国家林业局	一般项目	CPZZZZ2014-1121	"十三五"林业种苗发展战略和政策研究	吴成亮	201411	201503	15	9
合计	国家级科研项目		数量（个）	25	项目合同总经费（万元）	1 794.6		属本单位本学科的到账经费（万元）		1 175.6

II-2-2 其他重要科研项目

序号	项目来源	合同签订/项目下达时间	项目名称	负责人姓名	项目开始年月	项目结束年月	项目合同总经费（万元）	属本单位本学科的到账经费（万元）
1	环境保护部环境保护对外合作中心	20140715	中国生物多样性保护性保护资金投入评估方法及试点研究项目	温亚利	201407	201412	33	33
2	中国国际经济技术交流中心	20140515	生物质颗粒燃料替代化石燃料科技商业化应用模式研究	张彩虹	201310	201510	54	54
3	重庆市涪陵林权交易所	20120101	重庆涪陵林业交易体系设计与制度研究	张大红	201201	201212	50	50
4	内蒙古自治区准格尔旗林业局	20140217	内蒙古准格尔旗林业生态建设与经济协调发展研究	李红勋	201402	201510	40	40
5	北京市园林绿化局	20130531	京冀生态水源保护林建设成效监测与评估	张大红	201305	201412	24.9	24.9
6	内蒙古自治区扎兰屯市发展和改革委员会	20140516	内蒙古扎兰屯市发展和改革委员会课题	张颖	201406	201506	20	20
7	广西壮族自治区林业厅林业改革发展处	20120101	林下经济学	温亚利	201201	201201	20	20
8	环境保护部环境保护对外合作中心	20130517	爱知生物多样性目标 2 和目标 3 相关问题研究项目	温亚利	201305	201406	20	20
9	中国林产工业协会	20130307	林业产业经济带重点发展领域及区域研究	朱永杰	201304	201410	10	10
10	陕西省自然保护区和野生动物管理站	20120101	陕西省第四次大熊猫调查社会经济专项调查	贺超	201201	201212	30.87	30.87
11	中国经济改革研究基金会	20140330	新形势下我国湿地资源有效管理体制和运行效率研究——以北京市湿地为例	吴成亮	201403	201503	20	20
12	北京林学会	20130731	密云水库流域生态补偿试点	姜雪梅	201307	201312	10	10
13	中国科学院寒区旱区环境与工程研究所	20121201	河西走廊及邻近沙漠生态环境演变的可持续发展能力评价和适应对策	曹世雄	201201	201512	50	50
14	中国科学院寒区旱区环境与工程研究所	20120101	祁连山涵养水源生态系统恢复技术集成试验	曹世雄	201201	201212	20	20
15	北京市海淀区园林绿化局	20130201	生态文明建设下"绿色"科技的示范和推广	吴成亮	201302	201406	10	10

（续）

序号	项目来源	合同签订/项目下达时间	项目名称	负责人姓名	项目开始年月	项目结束年月	项目合同总经费（万元）	属本单位本学科的到账经费（万元）
16	国家林业局	20130101	台湾南部野生动物保护和繁育管理人员大陆考察交流	曹芳萍	201301	201312	10	10
17	国家林业局	20130717	我国自然保护区生态旅游管理问题的调查研究	刘洋	201309	201412	5	5
18	中国扶贫发展中心	20131224	减贫与生物多样性保护推进途径研究	温亚利	201212	201504	6	6
19	国家林业局人才开发交流中心	20140916	新时期我国林业人才队伍老化断层问题及对策研究	李淑艳	201409	201506	7	7
20	国家林业局经济经济发展研究中心	20131118	2012中国林产品市场研究	胡明形	201304	201312	3	3
21	北京市教育委员会	20121001	林农社会关系网络模型及信息传播模式仿真研究	马宁	201210	201610	15	15
22	福建省连江陀市国有林场	20130308	福建省连江陀市国有林场信息化建设	张莉莉	201101	201606	5	5
23	南京林业大学	20120101	集体林林地和林木的规范流转及政策建议	周建华	201201	201212	3	3
24	环保部南京环境科学研究所	20120501	中国生物多样性国情研究报告	张颖	201205	201312	5	5
25	中国环保产业协会重金属污染防治与土壤修复委员会，北京腾骧时代科技有限公司	20131008	《中国环保产业研究》项目	曹芳萍	201310	201510	10	10
26	北京建业科创科技投资管理有限公司	20130503	珠江马驹桥科研项目（D北地块）产业定位研究	张绍文	201305	201405	25	25
27	北京中通瑞恒科技投资管理有限公司	20130503	珠江马驹桥科研项目（A北地块）产业定位研究	张绍文	201305	201405	25	25
28	中国科学院大学	20130101	中国创新生态系统评价研究	程鹏	201301	201312	10	10
29	北京中兴物业管理有限公司	20141125	物业服务企业人才培训体系建立研究	韩朝	201411	201511	28.06	28.06
30	北京市教育委员会	20130701	绿色行政管理分析机理分析及其实施路径研究	张玉静	201307	201610	15	15

Ⅱ-2-3　人均科研经费

人均科研经费（万元/人）	49.46

Ⅱ-3　本学科代表性学术论文质量

Ⅱ-3-1　近五年（2010—2014 年）国内收录的本学科代表性学术论文

序号	论文名称	第一作者	通讯作者	发表刊次（卷期）	发表刊物名称	收录类型	中文影响因子	他引次数
1	集体林权制度改革对农户采伐行为的影响	张　英	宋维明	2012（7）	林业科学	CSCD	窗体顶端 1.512 窗体底端 1.512	6
2	碳汇市场对林业经济发展的影响研究	陈建成	陈建成	2014（3）	中国人口·资源与环境	CSSCI 自然科学基金委 B 类期刊	3.059	—
3	基于 MGM（1，N）模型的北京创意农业发展灰色预测	刘笑冰	陈建成	2013（4）	中国人口·资源与环境	CSSCI 自然科学基金委 B 类期刊	3.059	5
4	社会公众对绿色行攻的认知状况调查研究	张玉静	陈建成	2013（1）	中国行政管理	CSSCI	1.677	3
5	高中教育还是中等职业教育更有利于增加西部地区农村劳动力非农收入?——基于异质性的处理效应估计	栾　江	陈建成	2014（9）	中国农村经济	CSSCI 自然科学基金委 B 类期刊	3.183	—
6	湘西山区林业生态建设与经济发展的相互制约分析	申津羽	温亚利	2014（12）	林业科学	CSCD	1.512	—
7	秦岭自然保护区群保护成本计量研究	王昌海	温亚利	2012（3）	中国人口·资源与环境	CSSCI 自然科学基金委 B 类期刊	3.059	6
8	秦岭自然保护区群依社会效益计量研究	王昌海	温亚利	2011（7）	中国人口·资源与环境	CSSCI 自然科学基金委 B 类期刊	3.059	7
9	基于农户调查的林权改革政策对生态环境影响的评价分析	张　颖	张　颖	2012,34（3）	北京林业大学学报	CSCD	1.346	7

（续）

序号	论文名称	第一作者	通讯作者	发表刊次（卷期）	发表刊物名称	收录类型	中文影响因子	他引次数
10	不同草原类型区畜牧业适度经营规模测度	张立中	—	2012（4）	农业经济问题	自然科学基金委 A 类期刊	2.924	3
11	权属结构对森林资源采伐影响的实证研究	王兰会	王兰会	2013（S2）	中国人口·资源与环境	CSSCI 自然科学基金委 B 类期刊	3.059	39
12	林农合作组织的合作联盟博弈分析	乔 羽	宋维明	2012（5）	西北农林科技大学学报（社会科学版）	CSSCI	1.006	3
13	创业环境与新企业竞争优势：CPSED 的检验	王秀峰	李华晶	2013（10）	科学学研究	自然科学基金委 A 类期刊	2.769	3
14	农户森林保险需求的影响因素分析	秦 涛	—	2013（7）	中国农村经济	CSSCI 自然科学基金委 B 类期刊	3.183	1
15	知识整合能力与本土企业的快速追赶——基于华星光电的分析	程 鹏	程 鹏	2014（7）	科学学研究	自然科学基金委 A 类期刊	2.769	—
16	C2C 市场网商发展模式及其影响因素研究	尤薇佳	尤薇佳	2013（12）	管理学报	CSSCI	1.854	—
17	突发事件 Web 信息传播渠道信任比较研究	尤薇佳	—	2014（2）	管理科学学报	自然科学基金委 A 类期刊	2.876	3
18	农户选择林业不同经营形式的意愿及影响因素分析——基于福建省三明市的实证研究	申津羽	温亚利	2014（11）	林业科学	CSCD	1.512	—
19	森林参与碳循环的 3 种模式：机制与选择	赵海凤	张大红	2014（10）	林业科学	CSCD	1.512	0
20	缺失数据插补处理方法的比较研究	庞新生	庞新生	2012（12）	统计与决策	CSSCI	0.847	5
合计					中文影响因子 45.777	他引次数	91	

II -3-2 近五年（2010—2014 年）国外收录的本学科代表性学术论文

序号	论文名称	论文类型	第一作者	通讯作者	发表刊次（卷期）	发表刊物名称	收录类型	他引次数	期刊 SCI 影响因子	备注
1	Distributed Risk Aversion Parameter Estimation for First-Price Auction in Sensor Networks	Article	An Xin	Chen Jiancheng	2013（12）	International Journal of Distributed Sensor Networks	SCI	—	0.727	
2	Coupling relationship analysis on households' production behaviors and their influencing factors in nature reserves: A structural equation model	Article	Wang C	Wen Y	2013，23（4）	Chinese Geographical Science	SCI	1	0.500	
3	Impact of property rights reform on household forest management investment: An empirical study of southern China	Article	Xie Y	Wen Y	2013，34	Forest Policy and Economics	SCI	—	2.210	
4	A Shared Interest Discovery Model for Co-author Relationship in SNS	Article	An Xin	Wen Y	2014（6）	International Journal of Distributed Sensor Networks	SCI	—	0.923	
5	Asian Medicine: Exploitation of Plants	Letter	Cao Shixiong	Cao Shixiong	2012（335）	Science	SCI	5	32.452	
6	A degradation threshold for irreversible loss of soil productivity: a long-term case study in China	Article	Gao Yang	Cao Shixiong	2011（5）	Journal of Applied Ecology	SCI	—	4.97	
7	Carbon Sequestration May Have Negative Impacts on Ecosystem Health	Article	Wang Yafeng	Cao Shixiong	2011（5）	Environmental Science & Technology	SCI	2	4.825	
8	Excessive reliance on afforestation in China's arid and semi-arid regions: Lessons in ecological restoration	Article	Cao Shixiong	Cao Shixiong	2011（4）	Earth-Science Reviews	SCI	3	5.833	
9	Socioeconomic Road in Ecological Restoration in China	Article	Cao Shixiong	Cao Shixiong	2010（14）	Environmental Science & Technology	SCI	3	4.63	

序号	论文名称	论文类型	第一作者	通讯作者	发表刊次（卷期）	发表刊物名称	收录类型	他引次数	期刊SCI影响因子	备注
10	Comment on "Chromium Contamination Accident in China: Viewing Environment Policy of China"	Article	Zheng Heran	Cao Shixiong	2011（23）	Environmental Scienc and Technology	SCI	—	4.825	
11	The Challenge to Sustainable Development in China Revealed by "Death Villages"	Article	Zheng Heran	Cao Shixiong	2011（23）	Environmental Scienc and Technology	SCI	—	4.825	
12	Cost-effective Compensation Payments: a Model Based on Buying Green Cover to Sustain Ecological Restoration	Article	Cao Shixiong	Cao Shixiong	2012（14）	Forest Policy and Economics	SCI	6	0.895	
13	Complexity of ecological restoration in China	Article	Ma Hua	Li Hongxun	2013（1）	Ecological Engineering	SCI	10	2.958	
14	Impact of property rights reform on household forest management investment: An empirical study of southern China	Article	Xie Yi	Xie Yi	2013	Forest Policy and Economics	SCI	—	1.638	
15	An effective modified binary particle swarm optimization (mBPSO) algorithm for multi-objective resourceallocation problem (MORAP)	Article	Fan Kun	Fan Kun	2013	Applied Mathematics and Computation	SCI	—	1.349	
16	Land Resources Allocation Strategies in an Urban Area Involving Uncertainty: A Case Study of Suzhou, in the Yangtze River Delta of China	Article	Lu Shasha	Lu Shasha	2014	Environmental Management	SCI	5	1.648	
17	Spatio-Temporal Patterns and Policy Implications of Urban Land Expansion in Metropolitan Areas: A Case Study of Wuhan Urban Agglomeration, central China	Article	Lu Shasha	Lu Shasha	2014	Sustainability	SCI	2	1.077	

（续）

序号	论文名称	论文类型	第一作者	通讯作者	发表刊次（卷期）	发表刊物名称	收录类型	他引次数	期刊 SCI 影响因子	备注
18	The effect of collective forestland tenure reform in China: Does land parcelization reduce forest management intensity?	Article	Xie Yi	Xie Yi	2014	Journal of Forest Economics	SCI	—	1.786	
19	Study on the Algorithm for Train Operation Adjustment Based on Ordinal optimization	Article	Chen Yongjun	Yu Jian	2013（10）	Advances in Mechanical Engineering	SCI	1	0.5	
20	Multi-Task Least-Squares Support Vector Machines	Article	Xu Shuo	An Xin	2014（2）	Multimedia Tools and Applications	SCI	—	0.268	
21	The Situations and Potentials of Forest Carbon Sinks and Employment Creation from Afforestation in China	Article	Ke Shuifa	Ke Shuifa	2010（3）	International Forestry Review	SCI	—	0.84	
22	Bioenergy Power Generation in Inner Mongolia, China: Supply Logistics and Feedstock Cost	Article	Zhang L	Zhang C H	2012,（4）	International Forestry Review	SCI	—	0.84	
23	The Theoretical Analysis on Wetland Ecological Benefit Compensation	Article	H Chunxu	W Yali	2012, 5（4）	Disaster Advances	SCI	1	0.692	
24	Why China's Approach to Institutional Change has Begun to Succeed	Article	Cao	Shi Xiong	2012（29）	Economic Modeling	SSCI	4	0.514	
25	Socioeconomic Value of Religion and Ideological Changing in China	Article	Cao	Shi Xiong	2012（29）	Economic Modeling	SSCI	9	0.514	
26	Customer knowledge discovery from online reviews	Article	You Weijia	You Weijia	2012	Electronic Markets	SSCI	6	1.32	
27	Assessment of Ngo SARA activities on Sustainable Agricultural and poverty reduction in Benty	Article	Camara Moussa	Wen Yali	2011	Guinea African Journal of Agricultural Research	SSCI	3	—	

（续）

序号	论文名称	论文类型	第一作者	通讯作者	发表刊次（卷期）	发表刊物名称	收录类型	他引次数	期刊 SCI 影响因子	备注
28	The Multiplier Effect of the Development of Forest Park Tourism on Employment Creation in China	Article	Ke Shuifa	Ke Shuifa	2011（3）	Journal of Employment Counseling	SSCI	3	0.512	
29	Impact of policy measures on the development of forest resource in northeast China: theoretical analysis and empirical evidence	Article	Jiang X M	—	2014	Environment and Development Economics	SSCI	—	0.985	
30	China's Labor Transition and the Future of Chinas Rural Wages and Employment	Article	Li Qiang	Luo Renfu	2013，21（3）	China & World Economy	SSCI	—	0.772	
合计					SCI 影响因子	85.828	他引次数		64	

Ⅱ—5　已转化或应用的专利（2012—2014 年）

序号	专利名称	第一发明人	专利申请号	专利号	授权（颁证）年月	专利受让单位	专利转让合同金额（万元）
1	矢量栅格一体化可达性测度软件	鲁莎莎	—	2014SR005671	2014	—	—
2	多维社会经济数据可视化系统	鲁莎莎	—	2014RS005673	2014	—	—
合计	专利转让合同金额（万元）				—		

Ⅲ 人才培养质量

		Ⅲ-1 优秀教学成果奖（2012—2014 年）						
序号	获奖级别	项目名称	证书编号	完成人	获奖等级	获奖年度	参与单位数	本单位参与学科数
1	国家级（教育部）	"构建多维人才体系，培育树型生态人才"高等教育国家教学成果奖	教高司函〔2014〕34 号	宋维明	二等奖	2014	1	1
2	省级（教指委）	"林业政策学：理论、过程与体系"全国高等学校农林经济管理类本科教学改革与质量建设优秀成果奖	—	姜雪梅等	一等奖	2014	2（2）	1
3	省级（教指委）	"嘉汉林业财务造假案"全国会计专业学位教学案例库第三批入库案例	全国会计专业学位研究生教育指导委员会官网公布	张卫民	—	2014	1	1
4	省级（教指委）	"南方食品发放自产产品的经济实质及会计处理"全国会计专业学位教学案例库第三批入库案例	全国会计专业学位研究生教育指导委员会官网公布	田治威等	—	2014	1	1
5	省级（北京市教委）	《林业经济学》北京市精品教材	京教函〔2013〕524 号	刘俊昌	—	2013	1	1
6	省级（共青团北京市委等）	第七届"挑战杯"首都大学生课外学术科技作品竞赛	—	李 强	一等奖	2013	1	1
7	省级（林业教育学会）	全国林科优秀毕业生	—	侯一蕾	—	2014	1	1
8	省级（林业教育学会）	全国林科优秀毕业生	—	潘文婧	—	2014	1	1
9	省级（林业教育学会）	全国林科优秀毕业生	—	江晏时	—	2014	1	1
10	省级（林业教育学会）	全国林科"十佳毕业生"	—	张 翔	—	2014	1	1
合计	国家级	一等奖（个）	1	二等奖（个）	1	三等奖（个）	—	
	省级	一等奖（个）	1	二等奖（个）	—	三等奖（个）	—	

Ⅲ-2　研究生教材（2012—2014年）

序号	教材名称	第一主编姓名	出版年月	出版单位	参与单位数	是否精品教材
1	绿色管理	陈建成	201310	中国林业出版社	1	否
2	林业职业经理人理论与实践	陈建成	201310	东北林业大学出版社	1	否
3	统计学——统计数据分析理论与方法	陈建成	201212	中国林业出版社	1	否
4	绿色战略	陈建成	—	中国林业出版社	1	否
5	农业经济前沿	张立中	201212	中国林业出版社	5（1）	否
6	综合环境经济核算与计量分析——从国际经验到中国实践	张　颖	201210	经济科学出版社	3（1）	否
7	区域经济学基础及应用	张　颖	201210	中国经济出版社	1	否
8	统计软件应用案例——以SPSS为例	张　颖	201306	知识产权出版社	1	否
9	林业经济学	刘俊昌	201309	中国林业出版社	4（1）	否
10	林业政策学	柯水发	201307	中国林业出版社	2（2）	否
11	林业统计、监测与评价指标体系和方法研究	陈文汇	201308	中国林业出版社	1	否
12	技术经济学	米　锋	201211	中国林业出版社	2（1）	否
13	企业财务业务一体化实训教程（用友ERP-U8.72版）	张莉莉	201307	清华大学出版社	2（1）	否
14	企业财务业务一体化实训教程（用友ERP-U8V10.1版）	张莉莉	201403	清华大学出版社	2（1）	否
15	电子商务物流管理	马　宁	201304	人民邮电出版社	4（1）	否
16	电子商务概论	樊　坤	201309	人民邮电出版社	2（1）	否
合计	国家级规划教材数量	—		精品教材数量		0

Ⅲ-3　学生国际交流情况（2012—2014年）

序号	姓名	出国（境）时间	回国（境）时间	地点（国家/地区及高校）	国际交流项目名称或主要交流目的
1	金香花	2012	2013	日本鸟取大学	交流学习
2	黄晗露	2012	2013	加拿大不列颠哥伦比亚大学	交流学习
3	段　伟	2012	2013	芬兰赫尔辛基大学	交流学习
4	凌　棱	2012	2013	台湾中兴大学	交流学习
5	申津羽	201209	201308	加拿大多伦多大学	联合培养博士
6	朴小锐	201209	201308	加拿大英属哥伦比亚大学	攻读博士学位
7	唐　帅	2013	2014	美国华盛顿大学	联合培养博士
8	王佳遇	2013	—	瑞典农业大学	交流学习
9	李　烨	2013	2014	芬兰赫尔辛基大学	交流学习
10	徐海燕	2013	2014	台湾中兴大学	交流学习
11	邹　玉	2013	2014	台湾中兴大学	交流学习
12	赵鲁燕	2013	2014	台湾中兴大学	交流学习
13	杜　婧	2013	2014	芬兰赫尔辛基大学	交流学习

（续）

序号	姓名	出国（境）时间	回国（境）时间	地点（国家/地区及高校）	国际交流项目名称或主要交流目的
14	田思雨	201310	201403	日本鸟取大学	交流学习
15	臧良震	2014	尚未回国	美国密歇根州立大学	联合培养博士
16	许单云	2014	尚未回国	芬兰赫尔辛基大学	联合培养博士
合计	学生国际交流人数			16	

Ⅲ-5　授予境外学生学位情况（2012—2014 年）				
序号	姓名	授予学位年月	国别或地区	授予学位类别
1	Haron Jeremiah	201206	巴布亚新几内亚	硕士
2	Ouch Kemly	201206	柬埔寨	硕士
3	Prak Ousopha	201206	柬埔寨	硕士
4	杜　蕾	201206	几内亚	博士
5	穆　萨	201206	几内亚	博士
6	莱　拉	201306	马来西亚	硕士
7	巴亚坤	201306	蒙古	硕士
8	何萨文	201306	柬埔寨	硕士
9	达　浩	201406	尼泊尔	硕士
10	诺　彬	201406	香港	硕士
合计	授予学位人数	博士	2	硕士　8

7.1.2　学科简介

1. 学科基本情况与学科特色

本学科点的教学研究活动始于 1952 年，其底蕴可以追溯到京师大学堂农科林目。经过 60 年的建设和发展，在国内享有较高学术地位和一定国际影响。1984 年获得林业经济硕士学位授予权，1996 年获林业经济博士学位授予权，2003 年建林业经济博士后流动站；2006 年获得农林经济管理一级学科博士学位授予权。林业经济管理是国家"211 工程"重点建设学科，2006 年成为国家林业局重点学科，2007 年被评为国家重点培育学科。2011 年本一级学科点成为北京市重点学科。农林经济管理专业被评为首批教育部特色专业建设点。2008 年农林经济管理专业教学团队被评为北京市优秀教学团队，农林经济管理专业被评为北京市特色专业，先后为原林业部林业经济管理专业教学指导委员会主任单位和教育部农林经济管理教学指导委员会副主任单位，国务院农林经济学科评议组成员单位，中国技术经济委员会林业技术经济专业委员会，中国林业经济学会林业技术经济专业委员会，中国林业经济学会林产品贸易专业委员会，中国林牧渔业经济学会林业经济专业委员会，国家木材储备战略联盟研究基地挂靠单位；中国林业经济学会、中国林牧渔业经济学会和中国企业管理研究会副理事长单位。本学科点目前拥有农林经济管理一级学科博士点学位授予权；农业经济与管理、林业经济与管理以及林业资源经济与环境管理二级学科博士点学位授予权；农林经济管理博士后流动站；农林经济管理一级学科硕士学位授予权；农业经济与管理，林业经济与管理，人口、资源与环境经济学三个二级学科硕士学位授予权；以及农村与区域发展专业硕士学位授予权。承担"亚太森林恢复与可持续管理网络"留学项目，拥有国内唯一全英文林业经济硕士点。本学科点目前有专任教师 64 人，其中拥有高级职称的 55 人，中级职称 9 人，具有博士学位 64 人，博士生导师 27 人（其中外聘博导 7 人）；聘请国外梁希学者 3 人。本学科目前在站博士后 9 人，博士生 106 人，硕士生（含专业学位）87 人，留学生 17 人，本科生 292 人；年招生规模博士研究生约 23 人，硕士研究生（含专业学位）约 23 人，本科生约 70 人。

（续）

本学科业已形成了农业经济理论与政策，区域经济与农村发展，文化传播与农村发展，林业经济理论与政策（主要包括林业产权制度、林业市场化等方面的理论与政策问题），林业区域经济与可持续发展，林业产业经济与林产品贸易，森林资源经济理论与林业政策，林业管理工程（包括林业企业管理理论、森林资源管理、自然保护区与生物多样性保护管理），林业统计与核算（主要包括森林资源核算与资产化管理、森林资源价值核算、森林资源资产评估和资产管理、绿色 GDP 等），林业财务与会计和绿色经济与发展等特色鲜明的研究方向。本学科优势主要体现在后续发展中具有研究基础扎实、成果积累丰厚、研究团队实力突出、研究资源渠道丰富、研究条件保障充分等方面。近 3 年，本学科点累计完成国家各类基金、行业公益项目、部委委托和有关横向项目 200 余项，科研到账经费 3280 余万元。近5 年累计发表 CSSCI、CSCD 收录论文 470 余篇；SCI/SSCI 收录 30 余篇，EI 收录 25 篇。本学科点多名教师分别担任WB、WWF、FAO、UNDP、GIZ、国家林业局、北京市林业局等国际组织和国内省部级政府机构的咨询专家或者项目合作伙伴，与相关研究资助机构保持通畅的联系渠道；学院确立明确长远的学科发展规划战略，在研究条件方面给予了充分的支持和保障。

2. 社会贡献

本学科多项研究成果为新时期中国的林业发展和环境建设提供了有效的理论指导和实践保障，促进了我国林业政策体系的进一步完善。

① 学科点直接承担了国家林业相关立法、发展规划、行业标准和重要林业经济管理政策的制定、起草与决策咨询工作，如《森林法》《野生动物保护法》修订，《野生植物保护条例》《自然保护区法》《国有林场管理办法》《湿地保护管理规定》《林业工作站管理办法》《中央财政林业补助资金管理办法》等法律法规的立法调研、起草和咨询；先后承担了国家林业"九五"至"十三五"规划，国家林业科技发展规划、国家林地保护利用规划、全国林业生物质能源发展规划、林业发展中长期规划、林业产业振兴规划、国家木材战略储备规划，北京市林业发展规划编制的专题调研和起草工作；先后承担并完成了《林业及相关产业分类（试行）》《中国林业重点工程社会经济效益监测与评价指标体系》《野生动物产业产品分类导则》《国有贫困林场界定指标与方法》起草工作。本学科点关于森林资源损失计量研究成为北京市地方标准制定依据。学科点还参与了六大林业重点生态工程、集体林权制度改革、自然保护区管理、国有林场改革、森林资源资产管理、湿地保护、全国大熊猫调查社会经济专项技术规程、濒危物种进出口管理等方面政策制定和决策咨询工作。

② 本学科点积极与中国林业产业联合会、中国林产工业协会、中林天合森林认证中心、吉林森工集团、福建金森林业、江西南方林权交易所等行业组织、龙头企业密切合作，加强学科点有关研究成果的应用转化，为相关林业产业企业改善经营管理水平提供技术支持。学科点长期承担国家林业局林业重大问题调研及其报告编制、中国林业发展报告撰写，林业产业发展监测、重点生态工程社会经济效益监测、集体林权制度改革跟踪监测及其报告撰写工作。

③ 本学科点发起成立的中国林业经济论坛、林业经济国际论坛、全国高校林业经济管理学科建设高端论坛、在京青年林业经济学者沙龙、全国林产品贸易教学与科研协作组，创办"林业经济评论"已经成为国内外林业经济与管理学科学术交流的重要平台，对推动本学科领域的发展交流起到了重要作用。连续承担商务部委托的三期"发展中国家林业管理官员研修班"，两期上海合作组织林业管理官员研修班，2010 年招收"亚太森林恢复与可持续管理网络"外国留学生。8 人次赴新疆农业大学、新疆职业大学、新疆昌吉学院、西藏农牧学院等进行支教；为海南省林业局、陕西省林业厅、江西省林业厅、新疆阿勒泰林业局、海淀区园林绿化局、福建三明林业局、杭州水务局、山西潞安集团等开展了人员培训与政策咨询等社会服务工作。

④ 学科点多名教师分别担任了教育部高等学校农业经济管理类教学指导委员会副主任委员，中国林牧渔业经济学会、林业产业联合会副会长、副秘书长，中国企业管理研究会副理事长，中国技术经济学会林业技术经济专业委员会、中国林业经济学会林业技术经济专业委员会、中国林牧渔业经济学会林业经济专业委员会理事长、副理事长、常务理事、秘书长、副秘书长和理事职务。此外，学科教师还在其他非林机构如生态经济学会、中国基本建设优化研究会、商业统计学会、中国自然博物馆协会等担任理事。

⑤ 本学科点是我国高级林业经济人才的孵化器，培养了以上海市长杨雄、中国社会科学院农村发展研究所所长李周、国家林业局副局长刘东升、北京大学教授徐晋涛等为代表的一大批高级人才。

7.2　东北林业大学

7.2.1　清单表

Ⅰ　师资队伍与资源

序号	专家类别	专家姓名	出生年月	获批年月	备注
\multicolumn{6}{c}{**Ⅰ-1　突出专家**}
1	教育部新世纪人才	佟光霁	196308	200901	
2	教育部新世纪人才	李　英	196809	201301	
3	享受政府特殊津贴人员	尚　杰	196211	201008	
合计	突出专家数量（人）			3	

类型	数量	类型	数量	类型	数量
\multicolumn{6}{c}{**Ⅰ-3　专职教师与学生情况**}
专职教师数	35	其中，教授数	24	副教授数	8
研究生导师总数	32	其中，博士生导师数	18	硕士生导师数	32
目前在校研究生数	143	其中，博士生数	108	硕士生数	35
生师比	4.09	博士生师比	6	硕士生师比	1.09
近三年授予学位数	79	其中，博士学位数	51	硕士学位数	28

序号	重点学科名称	重点学科类型	学科代码	批准部门	批准年月
\multicolumn{6}{c}{**Ⅰ-4　重点学科**}
1	林业经济管理	国家林业局重点学科	120302	国家林业局	200605
2	农林经济管理	黑龙江省重点学科	1203	黑龙江省人民政府	201111
合计	二级重点学科数量（个）	国家级	1	省部级	1

序号	实验室类别	实验室名称	批准部门	批准年月
\multicolumn{5}{c}{**Ⅰ-5　重点实验室**}
1	黑龙江省研究生培养创新实践（示范）基地	东北林业大学林业领域研究生培养创新实践基地	黑龙江省教育厅	201412
合计	重点实验数量（个）	国家级	—	省部级　1

Ⅱ　科学研究

Ⅱ-1　近五年（2010—2014 年）科研获奖

序号	奖励名称	获奖项目名称	证书编号	完成人	获奖年度	获奖等级	参与单位数	本单位参与学科数
1	黑龙江省社会科学优秀科研成果奖	黑龙江省免征农业税后农村财政问题研究	14006	田国双	2010	一等奖	1	1
2	黑龙江省社会科学优秀科研成果奖	小康社会的就业模式选择	14025	赵　鑫	2010	一等奖	1	1
3	黑龙江省社会科学优秀科研成果奖	黑龙江省林区森林资源循环利用模式与发展途径研究	15024	吕洁华	2013	一等奖	1	1
4	黑龙江省社会科学优秀科研成果奖	国有林经营模式与天然林保护工程后经营政策研究	16017	曹玉昆	2014	一等奖	1	1
5	黑龙江省社会科学优秀科研成果奖	提升东北地区县域经济竞争力的思考	14060	佟光霁	2010	二等奖	1	1
6	黑龙江省社会科学优秀科研成果奖	论会计诚信治理体系建设	14081	岳上植	2010	二等奖	1	1
7	黑龙江省社会科学优秀科研成果奖	基于循环经济的黑龙江省林业区域经济发展战略研究	14116	于波涛	2010	二等奖	1	1
8	黑龙江省社会科学优秀科研成果奖	国有林区经济生态社会系统协同发展机理研究	14123	王玉芳	2010	二等奖	1	1
9	黑龙江省社会科学优秀科研成果奖	东北老工业基地循环经济发展模式研究	15064	尚　杰	2013	二等奖	1	1
10	黑龙江省社会科学优秀科研成果奖	闭锁与破解——中国城镇化进程中的城乡协调问题研究	15065	佟光霁	2013	二等奖	1	1
11	黑龙江省社会科学优秀科研成果奖	行为金融理论的产生与发展概述	15116	李　烨	2013	二等奖	1	1
12	黑龙江省社会科学优秀科研成果奖	中国森林资源战略储备问题研究	16064	王玉芳	2014	二等奖	1	1
13	黑龙江省科技进步奖	基于循环经济构建黑龙江省国有林区经济体系研究	2011-271-01	于波涛	2011	三等奖	2（1）	1
14	梁希奖	中国森林自然资本指数的构建及其实证研究	2010-LW-3-43	朱洪革	2010	三等奖	1	1

（续）

序号	奖励名称	获奖项目名称	证书编号	完成人	获奖年度	获奖等级	参与单位数	本单位参与学科数
15	梁希奖	国有林权制度改革后承包户投资行为及其影响因素分析	2012-LW-3-102	朱洪革	2012	三等奖	1	1
16	梁希奖	国有林区林权改革后续配套政策与制度研究	2013-KJ-3-08-R03	曹玉昆	2013	三等奖	2（1）	1
17	黑龙江省社会科学优秀科研成果奖	中俄合作开发利用森林资源研究	14148	田　刚	2010	三等奖	1	1
18	黑龙江省社会科学优秀科研成果奖	黑龙江省城市生态文明建设中的居民参与机制及保障体系研究	15186	李　英	2013	三等奖	1	1
19	黑龙江省社会科学优秀科研成果奖	伊春国有林权改革主体行为与政策的博弈分析	15217	曹玉昆	2013	三等奖	1	1
20	黑龙江省社会科学优秀科研成果奖	动态环境下管理认知τ-战略竞争优势的效应研究	16142	尚航标	2014	三等奖	1	1
21	黑龙江省社会科学优秀科研成果奖	基于循环经济的林业资源型城市产业生态化发展研究	16147	田昕加	2014	三等奖	1	1
22	黑龙江省社会科学优秀科研成果奖	基于农户响应行为的黑龙江省农业自然灾害风险管理研究	16161	朱丽娟	2014	三等奖	1	1
23	黑龙江省社会科学优秀科研成果奖	中国农村劳动力转移的制度的完善研究	16198	佟光霁	2014	三等奖	1	1
24	黑龙江省社会科学优秀科研成果奖	要素禀赋对区域环保产业竞争力的影响研究——基于 Kim-Marior 模型和 Moreno 模型的实证研究	16272	尚　杰	2014	三等奖	1	1
25	黑龙江省社会科学优秀科研成果奖	区域科技与经济系统协调发展研究	15333	姜　钰	2013	佳作奖	1	1
26	黑龙江省社会科学优秀科研成果奖	黑龙江省森林食品认证与产业化对策研究	15369	陈　红	2013	佳作奖	1	1
合计	科研获奖数量（个）	国家级	特等奖	一等奖	—	一等奖	—	12
			—	二等奖	8	二等奖		
		省部级	一等奖					
			4			三等奖		

II-2 代表性科研项目（2012—2014年）

II-2-1 国家级、省部级、境外合作科研项目

序号	项目来源	项目下达部门	项目级别	项目编号	项目名称	负责人姓名	项目开始年月	项目结束年月	项目合同总经费（万元）	属本单位本学科的到账经费（万元）
1	国家自然科学基金	国家自然科学基金委员会	面上项目	70973016	基于要素禀赋与政府规制的区域环保产业竞争力研究	尚 杰	201001	201212	28	28
2	国家自然科学基金	国家自然科学基金委员会	专项项目	71140011	基于生态区位测度的东北重点国有林区森林生态资产价值多级评估研究	李 英	201201	201212	10	10
3	国家自然科学基金	国家自然科学基金委员会	专项项目	11126080	基于汉语文本数据的统计分析	郝立丽	201201	201212	3	3
4	国家自然科学基金	国家自然科学基金委员会	面上项目	71373039	大小兴安岭生态功能区林产工业生态产业链演进分析及评价研究	李 英	201401	201712	50	50
5	国家自然科学基金	国家自然科学基金委员会	青年项目	71302065	转型经济背景下 B2B 品牌资产的来源路径、形成机理及溢出效应	卢宏亮	201401	201612	20.5	20.5
6	国家自然科学基金	国家自然科学基金委员会	青年项目	71403046	不同灌溉方式下种粮大户的技术效率、差异及影响因素研究：以黑龙江省为例	朱丽娟	201412	201712	22	22
7	国家自然科学基金	国家自然科学基金委员会	青年项目	71402022	外部 CEO 与原管理团队的管理认知融合过程与策略：基于案例的方法	尚航标	201412	201712	21	21
8	国家自然科学基金	国家自然科学基金委员会	专项项目	71440008	主体功能区间生态补偿的冲突、协调与优化研究	田国双	201412	201512	12	12
9	国家社科基金	全国哲学社会科学规划办公室	一般项目	11BGL059	应对林产品贸易保护政策《雷斯法案》的长效机制研究	曹玉昆	201107	201312	15	15
10	国家社科基金	全国哲学社会科学规划办公室	一般项目	11BGY101	食用农产品协会治理行为及绩效研究	秦 利	201107	201312	15	15
11	国家社科基金	全国哲学社会科学规划办公室	青年项目	11CJY021	基于生态功能区建设的国有林区社会经济转型问题研究	王玉芳	201107	201312	15	15

（续）

序号	项目来源	项目下达部门	项目级别	项目编号	项目名称	负责人姓名	项目开始年月	项目结束年月	项目合同总经费（万元）	属本单位本学科的到账经费（万元）
12	国家社科基金	全国哲学社会科学规划办公室	一般项目	13BJY032	国有林区生态经济模式建设研究	于波涛	201307	201612	18	18
13	部委级科研项目	教育部	一般项目	11YJA630148	金融危机后国际林产品贸易壁垒新趋势及中国林业企业的应对策略研究	吴国春	201112	201312	9	9
14	部委级科研项目	教育部	一般项目	2011006211Q010	基于博弈视角的中国林业碳汇项目激励机制研究	曹玉昆	201112	201312	12	12
15	部委级科研项目	教育部	一般项目	2011006211Q011	我国城镇化与新农村建设统筹发展问题研究	孙正林	201107	201307	12	12
16	部委级科研项目	教育部	青年项目	10YJCZH096	基于主体功能区划得林业生态建设补偿机制研究	刘晓光	201101	201312	7	7
17	部委级科研项目	教育部	一般项目	12YJA790218	大小兴安岭林区发展林下经济的扶持政策构建：基于可持续生计框架的研究	朱洪革	201201	201412	9	9
18	部委级科研项目	教育部	青年项目	12YJC790150	高阶投资组合优化研究	彭胜志	201201	201412	7	7
19	部委级科研项目	教育部	一般项目	2012006211Q004	农业现代化进程中的职业农民培育研究	佟光霁	201301	201512	12	12
20	部委级科研项目	教育部	一般项目	2012006211Q015	基于 TRIZ 理论的中国农村生物质能产业链整合模式及支撑体系研究	尚　杰	201301	201512	12	12
21	部委级科研项目	教育部	一般项目	13YJA630019	东北国有林区林业产业生态位演化机制及适应性战略搜寻——基于关键种企业识别视角	耿玉德	201306	201512	10	10
22	部委级科研项目	教育部	专项项目	13JDSZ1006	大学生中国优秀传统文化教育的长效机制研究	孙正林	201306	201512	5	5

（续）

序号	项目来源	项目下达部门	项目级别	项目编号	项目名称	负责人姓名	项目开始年月	项目结束年月	项目合同总经费（万元）	属本单位本学科的到账经费（万元）
23	部委级科研项目	教育部	一般项目	201300621100007	碳减排约束下企业碳信息披露实证研究	田国双	201401	201612	12	12
24	部委级科研项目	国家林业局	重大项目	2010-G16	林业企业会计核算指南和国有林场苗圃会计核算制度及模式的研究（林业企业会计核算指南部分）	田国双	201001	201201	40	40
25	黑龙江省社科基金项目	黑龙江省哲学社会科学规划办公室	重大项目	11G001	黑龙江森林碳汇增汇研究	曹玉昆	201111	201206	1	1
26	黑龙江省社科基金项目	黑龙江省哲学社会科学规划办公室	重大项目	11G001	黑龙江省大小兴安岭林区林产工业低碳经济发展模式研究	李英	201111	201206	1	1
27	黑龙江省社科基金项目	黑龙江省哲学社会科学规划办公室	重大项目	11G001	黑龙江省低碳经济发展路径及创新体系研究	尚杰	201111	201206	1	1
28	部委级科研项目	国家林业局	一般项目	2008-R37	国家林业局碳汇计量与监测项目	李顺龙	200809	201209	12	12
29	部委级科研项目	国家林业局	一般项目	2013-04	东北天然林资源可持续保护与经营技术开发	吴国春	201301	201512	50	50
30	部委级科研项目	国家统计局	一般项目	2011LY054	新兴服务业生态统计调查体系与核算研究	吕洁华	201112	201212	—	—
31	黑龙江省科技厅项目	黑龙江省科技厅	一般项目	GC10C101	城市湿地生态保护功能修复技术的研究	于波涛	201012	201212	40	40
32	黑龙江省自然科学基金项目	黑龙江省科技厅	一般项目	LC09C16	节能减排评价的国际比较研究	许俊杰	201001	201212	6	6
33	黑龙江省自然科学基金项目	黑龙江省科技厅	一般项目	LC201039	黑龙江省新林区建设中的创业型林农的培育机制——组织与制度创新	黄颖利	201001	201212	5	5
34	黑龙江省自然科学基金项目	黑龙江省科技厅	一般项目	G201105	黑龙江省林产品加工业产业集群形成机理及培育路径研究	万志芳	201201	201412	3	3

（续）

序号	项目来源	项目下达部门	项目级别	项目编号	项目名称	负责人姓名	项目开始年月	项目结束年月	项目合同总经费（万元）	属本单位本学科的到账经费（万元）
35	黑龙江省自然科学基金项目	黑龙江省科技厅	一般项目	G201120	黑龙江省生态功能区森林生态资产多级评估及运营管理政策研究	李英	201201	201412	3	3
36	黑龙江省自然科学基金项目	黑龙江省科技厅	一般项目	G200903	大小兴安岭生态功能区建设补偿机制研究	田国双	201001	201212	4	4
37	黑龙江省自然科学基金项目	黑龙江省科技厅	一般项目	G200907	哈尔滨都市圈内促进城乡一体化体制对策研究	佟光霁	201001	201212	—	—
38	黑龙江省自然科学基金项目	黑龙江省科技厅	一般项目	G200917	黑龙江省国有林林业扶持性政策结构优化研究	王玉芳	201001	201212	4	4
39	黑龙江省自然科学基金项目	黑龙江省科技厅	一般项目	G200923	黑龙江省森林资源可持续发展的基础核算模式研究	岳上植	201001	201212	4	4
40	黑龙江省自然科学基金项目	黑龙江省科技厅	青年项目	QC2010095	黑龙江省国有林区生物质能源发展战略研究	姜洋	201001	201212	3	3
41	黑龙江省科技厅项目	黑龙江省科技厅	一般项目	GC12D306	交通类公共项目社会评价指标体系及评价模型研究	李洪山	201201	201312	3	3
42	黑龙江省科技厅项目	黑龙江省科技厅	一般项目	GC12D114	黑龙江省大小兴安岭生态功能区生态主导型经济模式与产业优化研究	吕洁华	201201	201312	3	3
43	黑龙江省自然科学基金项目	黑龙江省科技厅	面上项目	G201202	黑龙江省人口分布与经济发展空间协调性研究	吕洁华	201301	201512	3	3
44	黑龙江省自然科学基金项目	黑龙江省科技厅	面上项目	G201208	农村合作经济组织建设模式及运行机制研究	田昕加	201301	201512	3	3

（续）

序号	项目来源	项目下达部门	项目级别	项目编号	项目名称	负责人姓名	项目开始年月	项目结束年月	项目合同总经费（万元）	属本单位本学科的到账经费（万元）
45	黑龙江省自然科学基金项目	黑龙江省科技厅	留学项目	LC2012C26	黑龙江省公共支出对经济增长和三次产业增加值的贡献效应研究	徐怡红	201301	201512	5	5
46	黑龙江省自然科学基金项目	黑龙江省科技厅	青年项目	QC2012C047	生态功能区建设下黑龙江国有林区低碳经济转型模式及绩效评价研究	姜钰	201301	201512	3	3
47	黑龙江省自然科学基金项目	黑龙江省科技厅	面上项目	G201316	基于老龄化发展趋势的黑龙江省农村养老服务需求与供给分析	王红姝	201401	201612	4	4
48	黑龙江省科技厅项目	黑龙江省科技厅	一般项目	GC13D409	黑龙江省农业科技资源配置与可持续发展能力协同发展对策研究	陈红	201310	201610	5	5
49	黑龙江省科技厅项目	黑龙江省科技厅	一般项目	GC14D104	同步推进黑龙江省县域"三化"问题研究	佟光霁	201410	201610	5	5
50	黑龙江省科技厅项目	黑龙江省科技厅	一般项目	GC14D101	黑龙江省国有林区全面停伐后经济社会转型及发展对策研究	曹玉昆	201406	201612	7	7
51	黑龙江省社科基金项目	黑龙江省哲学社会科学规划办公室	一般项目	11B082	黑龙江省低碳农业经济发展途径与支撑机制研究	陈红	201111	201212	1.5	1.5
52	黑龙江省社科基金项目	黑龙江省哲学社会科学规划办公室	面上项目	12B036	黑龙江省林业生态产业链稳定及拓展对策研究	田国双	201201	201412	1.5	1.5
53	黑龙江省社科基金项目	黑龙江省哲学社会科学规划办公室	面上项目	2012B037	农村合作经济组织发展基础及创新模式研究	田昕加	201201	201412	1.5	1.5
54	黑龙江省社科基金项目	黑龙江省哲学社会科学规划办公室	面上项目	2012B038	基于产业安全的外资进入对黑龙江省农业升级及对策研究	王红姝	201201	201412	1.5	1.5
55	黑龙江省社科基金项目	黑龙江省哲学社会科学规划办公室	面上项目	13B002	黑龙江省生态功能区林产工业生态产业链运作模式及产业政策研究	李英	201301	201412	2	2

（续）

序号	项目来源	项目下达部门	项目级别	项目编号	项目名称	负责人姓名	项目开始年月	项目结束年月	项目合同总经费（万元）	属本单位本学科的到账经费（万元）
56	黑龙江省社科基金项目	黑龙江省哲学社会科学规划办公室	面上项目	13B005	黑龙江省林业产业集群升级的机理及路径研究	全 良	201301	201412	2	2
57	黑龙江省社科基金项目	黑龙江省哲学社会科学规划办公室	专项项目	13D003	基于大美龙江构想的黑龙江省发展森林碳汇交易市场研究	黄颖利	201301	201412	0.3	0.3
58	黑龙江省社科基金项目	黑龙江省哲学社会科学规划办公室	重点项目	13H003	生态文明建设的制度机制研究	曹玉昆	201301	201412	3	3
59	黑龙江省社科基金项目	黑龙江省哲学社会科学规划办公室	扶持共建项目	14E074	以需求为导向的黑龙江省新型职业农民培育研究	朱丽娟	201401	201512	—	—
60	黑龙江省社科基金项目	黑龙江省哲学社会科学规划办公室	面上项目	14B121	小兴安岭生态旅游产业的政府行为研究	高玉娟	201401	201612	1	1
61	黑龙江省社科基金项目	黑龙江省哲学社会科学规划办公室	面上项目	14B124	大小兴安岭国有林区林业产业转型研究——基于生态位视角	万志芳	201401	201612	1	1
62	黑龙江省社科基金项目	黑龙江省哲学社会科学规划办公室	面上项目	14B123	基于林业产业生态位的黑龙江国有林区林业产业结构优化与对策研究	吕洁华	201401	201612	1	1
63	黑龙江省社科基金项目	黑龙江省哲学社会科学规划办公室	面上项目	14B125	黑龙江省林下经济发展的战略规划	朱洪革	201401	201612	1	1
64	黑龙江省社科基金项目	黑龙江省社会科学界联合会	重点项目	0106	创新黑龙江省农业经营主体的对策研究	田昕加	201404	201504	1	1
65	黑龙江省社科基金项目	黑龙江省社会科学界联合会	重点项目	0114	建立黑龙江省森工现代林业综合配套改革试验区研究	朱洪革	201404	201504	1	1
66	黑龙江省社科基金项目	黑龙江省社会科学界联合会	重点项目	0201	黑龙江省林产品发展研究	田 刚	201404	201504	1	1
67	黑龙江省社科基金项目	黑龙江省社会科学界联合会	重点项目	0202	黑龙江省房地产税收信息稽查研究	陈 红	201404	201504	1.5	1.5
合计	国家级科研项目		数量（个）	12	项目合同总经费（万元）	229.5		属本单位本学科的到账经费（万元）		229.5

II-2-2　其他重要科研项目

序号	项目来源	项目名称	合同签订/项目下达时间	负责人姓名	项目开始年月	项目结束年月	项目合同总经费（万元）	属本单位本学科的到账经费（万元）
1	国家林业局	国有林区民生问题重大调研项目	201301	曹玉昆	201301	201312	15	15
2	国家林业局经研中心	中国林业碳汇扩增的经济制度分析与评价	201303	王玉芳	201303	201412	8.5	8.5
3	国家林业局	重点国有林区民生问题研究	201201	朱洪革	201201	201212	10	10
4	国家林业公益性行业科研专项项目子课题	长白山山区天然林资源恢复及珍稀树种保护技术研究	201012	曹玉昆	201101	201312	8.2	8.2
5	黑龙江省博士后管理研究规划决策项目	博士后科研工作站促进地方经济发展的模式研究	201101	曹玉昆	201101	201212	3	3
6	哈尔滨市科技攻关计划项目	促进中国与俄乌白哈四国科技合作对策研究	201108	佟光霁	201108	201206	8.7	8.7
7	内蒙古乌奴耳林业局	内蒙古乌奴耳林业局天然林资源保护工程效益监测与评价	201301	耿玉德	201301	201512	20	20
8	黑龙江省林业厅	林业碳汇规划编制	201301	朱洪革	201301	201412	10	10
9	肇州县发改委	肇州县杏山工业园区循环经济试点实施方案	201306	尚　杰	201306	201312	8	8
10	哈尔滨市国际技术转移服务中心	制定《哈尔滨国际科贸可行性研究报告》	201308	佟光霁	201308	201312	6.4	6.4
11	北大荒集团	粮食运输购销网络系统和粮食电子交易结算	201305	王红姝	201305	201512	6	6
12	中林天合森林认证中心	东北地区林下经济作物分类与认证重点	201105	曹玉昆	201105	201205	5	5
13	黑龙江省国际经济贸易学会	我国对俄罗斯森林资源合作开发利用研究	201312	田　刚	201312	201606	5	5
14	牡丹江市驿博再生资源开发有限公司	牡丹江市再生资源开发战略研究	201312	田　刚	201312	201606	5	5
15	中国邮政储蓄银行黑龙江省分行	黑龙江省林区发展林下经济的金融支持研究	201401	朱洪革	201401	201612	5	5
16	大兴安岭松岭林业局	大兴安岭森林食品产业化对策研究	200912	陈　红	200912	201412	5	5

II-2-3　人均科研经费

人均科研经费（万元/人）
20.14

Ⅱ-3 本学科代表性学术论文质量

Ⅱ-3-1 近五年（2010—2014年）国内收录的本学科代表性学术论文

序号	论文名称	第一作者	通讯作者	发表刊次（卷期）	发表刊物名称	收录类型	中文影响因子	他引次数
1	企业管理认知变革的微观过程：两大国有森工集团的跟踪性案例分析	尚航标	田国双	2014（6）	管理世界	CSSCI	1.949	—
2	要素禀赋对区域环保产业竞争力的影响研究——基于 Kim-Marion 模型和 Moreno 模型的实证分析	尚　杰	—	2012（2）	中国软科学	CSSCI	2.036	10
3	国有林区低碳循环经济耦合发展测度分析	姜　钰	—	2012（1）	中国软科学	CSSCI	2.036	7
4	基于系统动力学的冰下经济可持续发展战略仿真分析	姜　钰	—	2014（1）	中国软科学	CSSCI	2.036	1
5	伊春国有林权改革主体行为与政策的博弈分析	曹玉昆	—	2010（5）	农业经济问题	CSSCI	1.900	7
6	基于循环经济的林业产业生态化模式构建——以伊春市为例	田昕加	—	2011（9）	农业经济问题	CSSCI	1.900	5
7	二氧化碳排放的国际比较及对我国低碳经济发展的启示	许俊杰	—	2011（1）	中国人口·资源与环境	CSSCI	1.771	4
8	中国畜牧业脱钩分析及影响因素研究	陈　瑶	尚　杰	2014（3）	中国人口·资源与环境	CSSCI	1.771	2
9	四大牧区畜禽业温室气体排放估算及影响因素分解	陈　瑶	尚　杰	2014（12）	中国人口·资源与环境	CSSCI	1.771	—
10	兴凯湖旅游区植被影响评价与旅游环境管理	苏金豹	—	2010（10）	生态学报	CSCD	1.547	7
11	森林生态服务资产化与多级交易市场体系初探	于波涛	—	2011（1）	林业科学	CSCD	1.028	5
12	区域性森林涵养水源生态效益补偿——以大庆地区为例	刘晓黎	曹玉昆	2010（4）	林业科学	CSCD	1.028	9
13	基于生态区位测度的伊春林区森林生态服务功能价值评估	李　英	—	2013（8）	林业科学	CSCD	1.028	3
14	基于二次相对评价的伊春林业资源型城市经济转型效率测度	耿玉德	—	2013（7）	林业科学	CSCD	1.028	1
15	基于马尔科夫二次规划模型的黑龙江省林业产业结构的有序度测算与优化	吕洁华	—	2014（9）	林业科学	CSCD	1.028	—
16	基于条码的林下经济产品质量可追溯管理系统	李　丹	曹玉昆	2013（1）	北京林业大学学报	CSCD	0.873	2
17	环境要素内生化的工业运行 CRE 效率研究	于波涛	—	2010（11）	哈尔滨工程大学学报	CSCD	0.509	2
18	两类环境中的管理认知与战略变革关系研究	尚航标	—	2014（11）	科技管理研究	CSSCI	0.413	—
19	生态补偿机制的博弈分析——基于主体功能区视角	李　炜	—	2012（6）	学习与探索	CSSCI	0.361	7
20	产业合作的机制构建：基于城乡一体化的视角	佟光霁	—	2012（2）	学习与探索	CSSCI	0.361	4

II-3-2 近五年（2010—2014年）国外收录的本学科代表性学术论文

序号	论文名称	论文类型	第一作者	通讯作者	发表刊次（卷期）	发表刊物名称	收录类型	他引次数	期刊SCI影响因子	备注
1	Anthropogenic Halo Disturbances Alter Landscape and Plant Richness: A Ripple Effect	Article	苏金豹	—	2013（2）	Plos One	SCI	—	3.534	
2	Decoupling indicators of CO_2 emissions from the tourism industry in China	Article	尚 杰	—	2014（11）	Ecological Indicators	SCI	—	3.23	
3	An analysis of potential investment returns and their determinants of poplar plantations in state-owned forest enterprise of China	Article	王洋阳	—	2014（1）	New Forests	SCI	—	1.783	
4	Market-oriented forestry in China promotes forestland productivity	Article	柏广新	王洋阳	2014（8）	New Forests	SCI	—	1.783	
5	Research on residents'selection on supplying urban forestry ecological service Empirical analysis on sampling survey in Harbin	Article	李 英	孟 瑶	2012（2）	Forest Policy and Economics	SCI	—	1.81	
6	Differential expression of ozone-induced gene during exposures to salt stress in *Polygonum ciborium* Laxm leaves, stem and underground stem	Article	那守海	—	2010（9）	African Journal of Biotechnology	SCI	—	0.6	
7	Female Educational in Chinese Countryside	Article	曹玉昆	—	2010（4）	Proceedings of 2010 Information systems for crisis response and management	EI	—	—	
8	A Effective Way to Improve the Performance of Food Safety Governance Based on Cooperative Game	Article	秦 利	—	2010（2）	Agriculture and Agriculture science Procedia	EI	—	—	
9	Research on Developing Environmental Protection Industry Based on TRIZ Theory	Article	张 靖	尚 杰	2010（4）	Procedia Environmental Sciences	EI	—	—	
10	The Application Research of *Fuzzy* Comprehensive Evaluation Method on Virtuous Circle of Forestry Eco-economic System	Article	吕洁华	—	2010（8）	Management Engineering and Applications Aussino Academic Publishing House	EI	—	—	

（续）

序号	论文名称	论文类型	第一作者	通讯作者	发表刊次（卷期）	发表刊物名称	收录类型	他引次数	期刊 SCI 影响因子	备注
11	Research on residents' selection on supplying urban forestry ecological service Empirical analysis on sampling survey in Harbin	Article	李 英	孟 瑶	2011（9）	Forest Policy and Economics	EI	—	—	
12	The study on the relationship between Hyper competition and organizational innovation: the role of organizational learning（Key Engineering Materials）	Article	尚航标	田国双	2011（8）	Key Engineering Materials Vols	EI	—	—	
13	The Analysis of the Policy of Chinese Development of Low-Carbon Economy	Article	梁悦晨	曹玉昆	2011（5）	Springer-Verlag Berlin Heidelberg	EI	—	—	
14	Empirical Analysis of Impact of Conversion of Convertible Bonds on Corporate Performance of Different Industries in China	Article	卢学文	丁 华	2011（7）	Open journal of statistics	EI	—	—	
15	The Control Mechanism of Vegetable Safety Based on Multipartite Cooperative Governance	Article	秦 利	—	2011（1）	Applied Mechanics & Materials	EI	—	—	
16	Study on the Forestry Industrial Cluster in Muling City	Article	王玉芳	—	2011（6）	International Conference on Information Systems for Crisis Response and Management	EI	—	—	
17	Research on Regional Industry Competitiveness of Biomass Energy Based on Entropy Weight and TOPSIS	Article	尚 杰	—	2011（11）	Applied Mechanics and Materials	EI	—	—	
18	Study on Sustainable Competitiveness of the Forestry Resources Urban-A Case Study of Yichun City	Article	付存军	—	2011（9）	International Conference on Management Science and Engineering - Annual Conference Proceedings	EI	—	—	
19	The Game Analysis for agricultural associations Influencing Government's products safety regulation	Article	秦 利	—	2012（10）	Advance Journal of Food Science and Technology	EI	—	—	

（续）

序号	论文名称	论文类型	第一作者	通讯作者	发表刊次（卷期）	发表刊物名称	收录类型	他引次数	期刊SCI影响因子	备注
20	Analysis on the Development of China's Financial Derivative Market under the Background of Financial Crisis	Article	苏蕾	—	2011（8）	International Conference on Information Systems for Crisis Response and Management	EI	—	—	
21	Research on WBS-based Risk Identification and the Countermeasures for Real Estate Projects' Entire Process	Article	苏蕾	—	2011（10）	Information Systems for Crisis Response and Management	EI	—	—	
22	Comprehensive Evaluation on the Urban-Rural Integration Process within Harbin Metropolitan Area Based on the Grey Multi-level Evaluation Model	Article	韩立红	—	2011（9）	Lecture Notes in Electrical Engineering	EI	—	—	
23	Evaluating the environmental productivity growth of Heilongjiang province based on TFECI	Article	白世秀	田国双	2012（9）	Advances in Information Sciences and Service Sciences	EI	—	—	
24	Sustainable value research of forestry enterprises	Article	白世秀	张德刚	2012（9）	International Journal of Advancements in Computing Technology	EI	—	—	
25	Analysis to the carbon emission efficiency of Chinese provinces	Article	田国双	—	2012（7）	Journal of Convergence Information Technology	EI	—	—	
26	Research on analysis of agricultural engineering information system	Article	李慧静	—	2012（6）	Key Engineering Materials	EI	—	—	
27	The defect detection of fiber boards gluing system based on TRIZ	Article	于慧玲	范德林	2011（7）	IFIP Advances in Information and Communication Technology	EI	—	—	
28	Analysis of the Eco-efficiency change of Chinese provinces: An approach based on effect matrix analysis	Article	白世秀	—	2014（10）	International Journal of Agricultural and Environmental Information Systems	EI	—	—	
合计	SCI影响因子							他引次数		
	12.74								0	

Ⅲ　人才培养质量

序号	获奖级别	项目名称	证书编号	完成人	获奖等级	获奖年度	参与单位数	本单位参与学科数
\multicolumn{9}{c}{**Ⅲ-1　优秀教学成果奖（2012—2014 年）**}								
1	省级	管理学精品课程建设	2013198	曹玉昆	二等奖	2013 年	1	—
2	省级	主题推进式大学生日常思想政治教育的研究与实践	2013059	孙正林	一等奖	2013 年	1	—
3	省级	三级实验教学示范中心体系建设的研究与实践	2013202	顾凤岐	二等奖	2013 年	1	—
4	省级	校院两级建制职能划分与高校内部管理体制改革研究	2011057	吴国春	一等奖	2011 年	1	—
5	省级	高等学校统计学专业人才培养模式与学生专业素质和能力提高的相关研究	2011201	吕洁华	二等奖	2011 年	1	—
6	省级	农林高等院校公共事业管理专业定位与学生职业素质培养研究	2011206	高玉娟	二等奖	2011 年	1	—
7	省级	黑龙江省普通高等学校第七届教学名师奖	—	吕洁华	—	2013 年	—	—
8	省级	黑龙江省首届高等学校青年教学能手奖	—	李明娟	—	2012 年	—	—

合计	国家级	一等奖（个）	—	二等奖（个）	—	三等奖（个）	—
	省级	一等奖（个）	2	二等奖（个）	4	三等奖（个）	—

序号	教材名称	第一主编姓名	出版年月	出版单位	参与单位数	是否精品教材
\multicolumn{7}{c}{**Ⅲ-2　研究生教材（2012—2014 年）**}						
1	林业经济管理	朱洪革	201208	中国林业出版社	1	否
2	林业经济学	万志芳	201305	中国林业出版社	1	否
3	森林资源经济学	朱洪革	201309	科学出版社	3（1）	否
合计	国家级规划教材数量	0	\multicolumn{2}{c}{精品教材数量}		0	

序号	姓名	出国（境）时间	回国（境）时间	地点（国家/地区及高校）	国际交流项目名称或主要交流目的
\multicolumn{6}{c}{**Ⅲ-3　学生国际交流情况（2012—2014 年）**}					
1	宋司宇	201411	未回国	澳大利亚墨尔本大学	攻读硕士学位
2	徐　茜	201409	未回国	香港浸会大学	攻读硕士学位

（续）

序号	姓名	出国（境）时间	回国（境）时间	地点（国家/地区及高校）	国际交流项目名称或主要交流目的
3	宋　悦	201409	未回国	香港理工大学	攻读硕士学位
4	陈麓亦	201409	未回国	英国谢菲尔德大学	攻读硕士学位
5	李凤姣	201409	未回国	香港中文大学	攻读硕士学位
6	刘依扬	201309	201409	芬兰凯门拉森应用技术大学	学校交换生
7	刘露蔚	201409	未回国	芬兰凯门拉森应用技术大学	学校交换生
8	冯　雪	201301	201305	芬兰赫尔辛基大学	学校交换生
9	张默涵	201401	201404	芬兰赫尔辛基大学	学校交换生
10	胡　南	201409	201412	芬兰赫尔辛基大学	学校交换生
11	徐　莹	201403	201407	韩国江原大学	学校交换生
12	郭文彤	201309	201401	台湾屏东教育大学	学校交换生
13	王　玥	201209	201301	台湾东海大学	学校交换生
14	魏晨曦	201309	201401	台湾东海大学	学校交换生
15	王新妍	201309	201401	台湾明道大学	学校交换生
16	王景欣	201309	201401	台湾明道大学	学校交换生
17	楼尔基	201309	201401	台湾明道大学	学校交换生
18	蔺志虹	201309	201401	台湾台北大学	学校交换生
19	胡颖飞	201309	201401	台湾台北大学	学校交换生
20	乔婷婷	201202	201206	台湾东海大学	学校交换生
21	佐　贺	201202	201206	台湾东海大学	学校交换生
22	于宏洋	201202	201206	台湾东海大学	学校交换生
23	申韩丽	201202	201206	台湾东华大学	学校交换生
24	朱晓彤	201209	201301	台湾东华大学	学校交换生
25	徐　茜	201209	201301	台湾东华大学	学校交换生
26	刘可人	201209	201301	台湾东华大学	学校交换生
27	范迪莘	201202	201206	台湾台北大学	学校交换生
28	孟儒欣	201202	201206	台湾义守大学	学校交换生
29	石林鑫	201202	201206	台湾义守大学	学校交换生
30	张　维	201302	201306	台湾义守大学	学校交换生
31	李舒娴	201309	201401	台湾义守大学	学校交换生
32	谭　素	201209	201301	台湾中国文化大学	学校交换生

（续）

序号	姓名	出国（境）时间	回国（境）时间	地点（国家 / 地区及高校）	国际交流项目名称或主要交流目的
33	付楚楚	201302	201306	台湾中国文化大学	学校交换生
34	邢　悦	201302	201306	台湾中国文化大学	学校交换生
35	戴明禹	201302	201306	台湾中国文化大学	学校交换生
36	刘翘楚	201309	201401	台湾中国文化大学	学校交换生
合计	学生国际交流人数			36	

Ⅲ-5　授予境外学生学位情况（2012—2014 年）				
序号	姓名	授予学位年月	国别或地区	授予学位类别
1	WAQAS ASLAM	—	巴基斯坦	博士
2	LATEEF MAJID	—	巴基斯坦	博士
3	ELSAMOAL ELZAKI ABDALLA ELZAKI	—	苏丹	博士
4	ALIF MUHAMMAD	—	巴基斯坦	博士
合计	授予学位人数	博士	4	硕士　—

7.2.2　学科简介

1. 学科基本情况与学科特色

　　东北林业大学林业经济管理学科是中国林业经济学科的发源地，该学科历史积淀深厚，1955 年在苏联林业经济专家马利谢夫教授指导下，在东北林学院举办了全国第一个林业经济管理研究生班，培养了新中国第一批林业经济管理人才，为全国其他林业高校开设林业经济专业提供了师资，标志着我国林业经济管理学科的创立。1959 年东北林学院招收第一届林业经济管理专业本科生，1962 年招收第一批林业经济管理专业研究生，1981 年获首批林业经济管理硕士学位授权点，1995 年培养出第一批外国留学生，1996 年获首批林业经济管理博士学位授权点，2003 年建立农林经济管理博士后科研流动站，2005 年建立省级研究生培养创新示范基地，2006 年建立农林经济管理一级学科博士点，同年林业经济管理博士点学科荣获黑龙江省优秀研究生导师团队。2002 年获农村与区域发展专业硕士学位授权点，2010 年获农村科技组织与服务专业硕士学位授权点，2014 年与黑龙江省森林工业总局合作建立的林业经济管理研究生培养创新实践基地被评为黑龙江省研究生培养创新实践（示范）基地。本学科分别于 1992 年和 2005 年被评为原林业部和国家林业局重点学科，于 2000 年和 2006 年分别被评为黑龙江省重点学科。

　　目前本学科已建成农、林经管学科齐全，研究方向特色鲜明，师资队伍力量雄厚、科研实力强的一级学科。本学科现有教授 24 名，其中博士生导师 17 名。1 名国务院农林经济管理学科评议组成员、1 名黑龙江省政府政府津贴获得者、1 名教育部农林经济管理专业教学指导委员会副主任委员、2 名教育部新世纪优秀人才、2 名龙江学者、2 名黑龙江省优秀研究生导师、1 名黑龙江省教学名师、1 名黑龙江省教学能手。近五年，本学科共承担国家自然科学基金项目 8 项、国家社科基金项目 4 项，国际合作项目以及省部级各类科研项目共 426 项，获省部级以上科研奖励 49 项；出版学术专著 78 部；公开发表学术论文 586 篇。

（续）

本学科地缘特点明显，研究特色与优势突出。本学科地处我国重点国有林区和农区腹地，有广袤的林区和农区作为教学与科研的实践平台。目前本学科拥有四个主要研究方向，其研究特色为：①林业经济理论与政策研究。这是本学科点的主干研究方向，其研究特色体现在对国有林区（包括国有林场）体制改革，国有林区生态、经济、社会协调发展，中俄林业经济合作，国有森林资源产权及国有林权改革，国有林区社会经济转型，国有林区林下经济发展等重点和难点问题的研究。②农业经济理论与政策。本方向的主要研究领域集中在：转型期农业经济理论与政策研究；区域经济理论与规划；生态与资源经济理论在区域经济与农业企业发展中的应用研究；新型农村城镇化与城乡协调问题研究。其中农村城镇化与城乡协调、生态与资源经济理论应用方面的代表性成果已居国内领先水平。③林业企业管理研究。依托我国主要林区——东北、内蒙古国有林区这一地缘优势，对以东北、内蒙古国有林区森工企业为代表的国有森工企业管理和制度创新等方面的研究，在理论和实践上都具有前瞻性、指导性，并在全国处于前列。创造性地提出了产权多元化、营林与采运分制、森林资源监督管理独立、林产工业及多种经营推向社会、国有森工企业现代企业制度建立等问题，为国有森工企业改革探索出新的途径。④森林资源、环境核算与资金管理。主要研究森林资源环境核算理论与方法，森林资源环境核算与资金管理，森林资源环境会计核算体系与综合核算体系，森林资源环境评估与补偿机制，森林资源环境基金制度与税费改革，公共财政理论与森林资源环境投入保障体系等。

长期以来，本学科服务地方、扎根国有林区，社会贡献突出。多次参与国有林区改革、地方经济发展的政策咨询与论证，通过承办的两个杂志和两个学会，定期组织研讨，为林区改革和发展献言献策，同时广泛参与地方的科技培训与服务工作。

2. 社会贡献

（1）农林经济管理学科凭借雄厚的研究实力和创新性的研究成果，积极服务于地方经济建设和行业发展，为国有林区改革、地方经济发展提供政策咨询与建议

提出黑龙江省发展林业碳汇的政策建议，并刊登在黑龙江省委、省政府内参2012年第12期《决策建议》，为黑龙江省碳汇林业的发展提供了理论支撑。2011年参与黑龙江省实施《大小兴安岭林区生态保护与经济转型规划》的政策对接研究工作，2012年与黑龙江省林业厅合作并参与共同制定《黑龙江省林业碳汇发展规划》，参与黑龙江省多个林业局的专项规划制定与论证工作。从2012年到2014年，已连续3年向国家林业局提交《重点国有林区民生状况调查报告》和《关于改善重点国有林区民生状况的政策建议》。承办《中国林业经济》《绿色财会》两个全国性学术期刊，积极宣传党的林业改革政策。中国林经学会林业企业管理研究会、黑龙江省林业经济学会挂靠在本学科，学科以两个学会为依托，积极开展学术活动。2011年举办了"黑龙江省应对气候变化：天保工程、林业碳汇、林权改革"等学术报告会。2014年与黑龙江省委宣传部共同主办"大小兴安岭林区生态保护与经济转型政策和对策研究"高层论坛。本学科已成为重点国有林区林业经济管理理论研究、信息咨询的中心。

（2）学科在产学研用结合、为产业发展提供技术支持上具有突出贡献

2014年，东北林业大学林下经济资源研发与利用协同创新中心成立，并被批准为省级协同创新中心，由本学科骨干成员组成了林业经济产业政策研究团队，作为该省级协同创新中心的平台之一，深入黑龙江省多个林业局（县）进行调研，并形成了《黑龙江省国有林区发展林下经济的金融支持研究》的研究报告，为黑龙江省国有林区林下经济的发展提供了重要的理论与技术支撑。

（3）学科在科学普及、服务社会等方面取得丰硕成果

学科组织专家学者深入基层林区进行调研考察，从2012年到2014年连续3年承担国家林业局"林业重大问题调研项目——重点国有林区民生监测"，每年深入黑龙江、吉林、内蒙古3省（自治区）的12个森工林业局进行调研。从2014年起，承担国家林业局"黑龙江省林业补贴监测项目"，深入黑龙江省4个林业局（县）进行调研。学科积极服务社会，广泛参与培训工作。先后派专家为佳木斯市、大兴安岭地区以及延边林业管理局的干部进行现代林业建设的专题培训。

（4）学科的骨干教师有着重要的社会兼职和社会影响力

学科成员中有1名兼任国务院学位办农林经济管理学科评审组成员、全国博士后管委会专家组成员，有5名兼任黑龙江省科技经济顾问委员会专家，有3名兼任全国优秀博士学位论文通讯评议评审专家，有1名兼任黑龙江省政协委员。有多名专家兼任如黑龙江省林业经济学会、黑龙江省数据经济与技术经济学会、全国资源与环境经济专业委员会、黑龙江省可持续发展研究会、中国会计学会林业分会等学术团体的理事长、副理事长等职务。有多名专家兼任《林业经济》《东北林业大学学报》《林业经济问题》《中国林业经济》等学术期刊编委。

7.3 南京林业大学

7.3.1 清单表

I 师资队伍与资源

I-1 突出专家					
序号	专家类别	专家姓名	出生年月	获批年月	备注
1	享受政府特殊津贴人员	张智光	195808	2012	
合计	突出专家数量（人）			1	

I-3 专职教师与学生情况					
类型	数量	类型	数量	类型	数量
专职教师数	42	其中，教授数	13	副教授数	18
研究生导师总数	29	其中，博士生导师数	11	硕士生导师数	29
目前在校研究生数	110	其中，博士生数	30	硕士生数	80
生师比	3.8	博士生师比	2.7	硕士生师比	2.7
近三年授予学位数	110	其中，博士学位数	30	硕士学位数	80

I-4 重点学科					
序号	重点学科名称	重点学科类型	学科代码	批准部门	批准年月
1	农林经济管理	培育学科	1203	江苏省教育厅	201107
2	林业经济管理	重点学科	120302	国家林业局	200607
3	林业经济管理	重点学科	120302	江苏省教育厅	200606
合计	二级重点学科数量（个）	国家级	—	省部级	3

I-5 重点实验室				
序号	实验室类别	实验室名称	批准部门	批准年月
1	省部级重点实验室 / 中心	国家林业局林产品经济贸易研究中心	国家林业局	199211
2	教育部人文社科重点基地	国家大学生文化素质教育基地	教育部	199901
3	江苏省部共建国家重点实验室	江苏省经济管理实验示范中心	江苏省教育厅 国家财政部	200512
4	江苏省级哲学人文社科基地	江苏高校哲学社会科学重点研究基地 生态经济研究中心	江苏省教育厅	201008
合计	重点实验数量（个）	国家级	—	省部级	4

II 科学研究

II-1 近五年（2010—2014年）科研获奖

序号	奖励名称	获奖项目名称	证书编号	完成人	获奖年度	获奖等级	参与单位数	本单位参与学科数
1	江苏省哲学社会科学优秀成果奖	管理金字塔—成功企业三维集成管理体系研究	110027	张智光	2011	一等奖	1	1
2	江苏省哲学社会科学优秀成果奖	中国木材资源安全论	130162	杨红强	2014	二等奖	1	1
3	梁希林业科学技术奖	基于三维集成管理理论的绿色中国战略、模式与运作技术研究	2013-KJ-2-08-R01	张智光	2013	二等奖	1	1
4	梁希青年论文奖	Study on China's Timber Resource Shortage and Import Structure: National Forest Protection Program Outlook, 1998 to 2008	2012-LW-2-39	杨红强	2012	三等奖	1	1
5	高等学校科学研究优秀成果奖（人文社会科学）	管理金字塔—成功企业三维集成管理体系研究	教社科证字（2013）第610号	张智光	2013	三等奖	1	1
6	江苏省哲学社会科学优秀成果奖	农村土地承包经营权流转制度的政策与法律研究	120304	张红霄	2012	三等奖	1	1
7	江苏省哲学社会科学优秀成果奖	林业供应链协同发展的机理与模式研究	120397	张智光	2012	三等奖	1	1
8	江苏省哲学社会科学优秀成果奖	森林生态会计	110317	温作民	2011	三等奖	1	1
9	江苏省哲学社会科学优秀成果奖	贸易开放对我国工农产品贸易条件及农民福利的影响	110325	洪伟	2011	三等奖	1	1
10	梁希青年论文奖	林业产业链绩效测试体系构建及应用研究	2010-LW-3-57	杨加猛	2010	三等奖	1	1
合计	科研获奖数量（个）	国家级	特等奖	—		一等奖	—	
			一等奖	1		二等奖	三等奖	
		省部级	一等奖	1		二等奖	三等奖	
			二等奖	3		三等奖	6	

II-2 代表性科研项目（2012—2014年）

II-2-1 国家级、省部级、境外合作科研项目

序号	项目来源	项目下达部门	项目级别	项目编号	项目名称	负责人姓名	项目开始年月	项目结束年月	项目合同总经费（万元）	属本单位本学科的到账经费（万元）
1	国家自然科学基金	国家自然科学基金委员会	面上项目	71373125	基于利益相关者视角的森林生态系统服务恢复力及调控模拟研究	赵庆建	201401	201712	55	33
2	国家自然科学基金	国家自然科学基金委员会	青年项目	11301266	模性范畴的 Brauer 群的计算及其应用	朱海星	201401	201612	22	13
3	国家自然科学基金	国家自然科学基金委员会	青年项目	71303113	基于多 agent 方法林权交易市场关键影响因素及其仿真研究	谢 煜	201401	201612	20	12
4	国家自然科学基金	国家自然科学基金委员会	青年项目	71303112	粮价上涨对中国农村家庭微观粮食可获性的影响及其群体间影响差异研究：基于静态与动态视角	洪 伟	201401	201612	20	12
5	国家自然科学基金	国家自然科学基金委员会	青年项目	71403122	基于茶特不确定性理论的流域水资源脆弱性分析与适应性治理研究	陈 岩	201401	201612	20	12
6	国家自然科学基金	国家自然科学基金委员会	青年项目	71203090	城市铜资源社会存量时空分布格局及其影响机制研究	张 玲	201301	201512	19	12
7	国家自然科学基金	国家哲学社会科学规划办公室	中－芬国际合作项目	31361l3034	生态系统服务与林业企业的交互作用研究——基于经济评价和可持续报告	温作民	201309	201608	100	50
8	国家社会科学基金	全国哲学社会科学规划办公室	重点项目	14AJY014	应对气候变化的中国林业国家碳库构建与预警机制研究	杨红强	201406	201706	35	32
9	国家社会科学基金	全国哲学社会科学规划办公室	青年项目	13CZZ050	国家生态县生态文明建设的激励机制与引领范式	杨加猛	201306	201606	18	16
10	科技部国际科技合作项目	科技部	国际合作	2011DFA30490	长江中下游地区林特植物资源高效培育及开发利用技术	周玉新	201106	201412	100	70

（续）

序号	项目来源	项目下达部门	项目级别	项目编号	项目名称	负责人姓名	项目开始年月	项目结束年月	项目合同总经费（万元）	属本单位本学科的到账经费（万元）
11	部委级科研项目	教育部	博导类基金	2012JDXM006	林业碳汇市场多要素组合机理研究	温作民	201206	201506	12	12
12	部委级科研项目	教育部	新教师类基金	20123204120017	农业TFP可持续性增长目标下中国农业政策选择研究：基于TFP增长结构视角	洪伟	201301	201512	4	4
13	部委级科研项目	教育部	新教师类基金	20123204120018	公益林政策对林区贫困影响研究——基于劳动力转移的视角	张晖	201212	201512	4	4
14	部委级科研项目	教育部哲学社科基金	一般项目	14YJAZH113	小农户视角下参与型式森林管理政策研究	郑宇	201407	201707	9.8	7
15	部委级科研项目	教育部哲学社科基金	一般项目	14YJCZH053	面向粮食安全粮食供应链整合研究	胡非凡	201407	201707	8	6
16	部委级科研项目	教育部哲学社科基金	一般项目	14YJCZH133	雾霾污染下农作物秸秆生态转化的困境破解与激励机制	苏世伟	201407	201707	8	6
17	部委级科研项目	教育部哲学社科基金	一般项目	14YJC630018	基于影响因素风险预测的流域水资源脆弱性分析与适应性治理研究	陈岩	201407	201707	8	6
18	部委级科研项目	教育部哲学社科基金	一般项目	13YJAZH114	IPCC气候框架下中国林产品国际贸易碳流动问题研究	杨红强	201305	201605	10	7
19	部委级科研项目	教育部哲学社科基金	青年项目	13YJA630121	劳动密集型产业区域转移力与粘性形成及相互作用机理——以家具产业为例	曾杰杰	201305	201605	10	7
20	部委级科研项目	教育部哲学社科基金	一般项目	12YJA630182	林地使用权流转价格评估测算	曾华锋	201202	201412	9	9
21	部委级科研项目	教育部哲学社科基金	一般项目	12YJA790003	农户商品林地转出行为决策过程研究	蔡志坚	201202	201412	9	9
22	部委级科研项目	教育部哲学社科基金	青年项目	12YJCZH275	环境规制约束下生猪生产布局演变及影响研究	张晖	201202	201412	7	7

（续）

序号	项目来源	项目下达部门	项目级别	项目编号	项目名称	负责人姓名	项目开始年月	项目结束年月	项目合同总经费（万元）	属本单位本学科的到账经费（万元）
23	部委级科研项目	教育部哲学社科基金	青年项目	12YJC630265	高耗能产业的碳减排潜力与路径研究——以林纸一体化为例	杨加猛	201202	201412	7	7
24	部委级科研项目	教育部哲学社科基金	青年项目	12YJCZH273	不同林农合作模式下违约机理的博弈仿真研究	张浩	201202	201412	7	7
25	省科技厅项目	江苏省科技厅	科技支撑计划	BE2014404	苏北杨农复合经营模式的优化选择与示范推广	周玉新	201406	201606	70	50
26	省级自然科学基金项目	江苏省科技厅	青年基金	BK2014980	流域水资源关键脆弱性分析与适应性治理研究	陈岩	201408	201708	20	10
27	省科技厅项目	江苏省科技厅	一般项目	BR2012048	低碳经济背景下江苏现代林业战略主导产业确定与培育研究	丁胜	201206	201306	3	3
28	省科技厅项目	江苏省科技厅	一般项目	BR2012047	江苏高新技术产业发展政策环境研究	沈文星	201206	201306	3	3
29	境外合作科研项目	Rights and Resources Initiative	国际合作项目	2014-09	Impact analysis on customary forest management in ethnic communities	张红霄	201402	201412	24	20
30	境外合作科研项目	FAO	国际合作项目	2012-08	The application of the draft guidelines on FFCs in the pilot villages; The application of the manual on village-level participatory forest management in collective forest areas	张敏新	201209	201311	15.5	15.5
合计	国家级科研项目		数量（个）	13	项目合同总经费（万元）	657		属本单位本学科的到账经费（万元）		462

Ⅱ-2-2 其他重要科研项目

序号	项目来源	合同签订/项目下达时间	项目名称	负责人姓名	项目开始年月	项目结束年月	项目合同总经费（万元）	属本单位本学科的到账经费（万元）
1	国家林业局	201307	我国林业实施绿色经济的多层次测度体系与管理机制研究	张智光	201307	201507	5	5
2	国家林业局	201204	完善公益林生态补偿机制研究	张敏新	201206	201212	10	10
3	国家林业局	201201	长江三角洲区域进口热带木材资源利用及资源安全问题研究	杨红强	201201	201210	3.5	3.5
4	江苏省环保厅	201206	江苏省农业面源污染总量减排实现路径研究	张 晖	201208	201308	6	6
5	江苏省环保厅	201208	江苏省社会经济发展与环境状况演变关系研究：以制浆造纸业为例	蔡志坚	201208	201308	8	8
6	江苏省科学技术协会	201308	绿色发展和生态文明建设研究	张智光	201306	201406	5	5
7	浙江省统计局	201204	低碳经济背景下主导产业选择的基准指标体系的研究	丁 胜	201204	201304	3	3
8	广西林业集团	201310	广西林业集团中长期发展战略规划	沈文星	201310	201410	90	70
9	江苏省林业局	201305	林业行政处罚文书有关法律问题研究	沈文星	201305	201412	12	10
10	江苏教育厅	201406	培育新型农业经营主体过程中土地流转问题研究	张 晖	201406	201706	10	8
11	江苏教育厅	201406	江苏地方政府绩效考核评估体系的研究	沈 杰	201406	201706	10	8
12	江苏教育厅	201406	股票期权激励与管理层行为：基于决策视野的研究	邱 强	201406	201706	1	1
13	江苏教育厅	201406	基于公平关切的林业绿色供应链优化研究——以林浆纸供应链为例	王 虹	201406	201706	1	1
14	江苏教育厅	201406	具有双向生态性的林浆纸供应链风险防范机制与政策研究——以江苏省为例	彭红军	201406	201706	0.8	0.8
15	江苏教育厅	201301	基于美丽江苏目标的生态文明考核体系与奖惩机制研究	杨加猛	201301	201412	4	4
16	江苏教育厅	201306	碳排放强度基准在江苏现代林业主导产业选择中的应用研究	丁 胜	201306	201606	0.8	0.8

（续）

序号	项目来源	合同签订/项目下达时间	项目名称	负责人姓名	项目开始年月	项目结束年月	项目合同总经费（万元）	属本单位学科的到账经费（万元）
17	江苏教育厅	201306	城市居民生活垃圾分类行为与环境意识研究	周春应	201306	201606	0.8	0.8
18	江苏教育厅	201306	网络化视角下的中小企业科技资源供需对接研究：基于江苏睢宁省级科技创业园的调查	王磊	201306	201606	0.8	0.8
19	江苏教育厅	201206	基于世界主权债务危机的森林碳汇市场博弈分析	许向阳	201206	201506	12	12
20	江苏教育厅	201206	江苏省农地股份合作社制度创新与制度缺陷研究	张红霄	201206	201412	8	8
21	江苏教育厅	201206	公益林政策对林农主计影响研究	张晖	201206	201406	2	2
22	江苏教育厅	201206	全球供应链竞争下江苏粮食安全问题与对策研究	胡非凡	201206	201406	1	1
23	江苏教育厅	201206	江苏蔬菜物流系统构优化与改进研究	张浩	201206	201406	1	1
24	江苏教育厅	201206	江苏现代循环农业发展评价指标体系研究	姚洋	201206	201406	1	1
25	江苏教育厅	201206	中国食品工业竞争力区域差异及影响因素研究	张贞	201206	201406	1	1
26	江苏教育厅	201306	江苏林木加工工业集群网络治理与升级的问题与对策研究：基于组织学习视角	赵航	201205	201605	0.8	0.8
27	江苏省盐城市科学技术局软件项目	201206	盐城市国家可持续发展实验区建设的制约因素与优势条件分析	张智光	201306	201406	20	20
28	江苏灌南县林业局	201312	灌南县硕项湖湿地公园总体规划	贾卫国	201312	201409	25	25
29	江苏盱眙县人民政府	201306	陡湖湿地生态自然保护区规划	吕柳	201306	201412	35	25
30	江苏省盱眙县马坝镇人民政府研究项目	201206	盱眙县马坝镇高效生态农业规划	张智光	201206	201406	16	16

Ⅱ-2-3　人均科研经费

人均科研经费（万元/人）	22.5

II-3 本学科代表性学术论文质量

II-3-1 近五年（2010—2014 年）国内收录的本学科代表性学术论文

序号	论文名称	第一作者	通讯作者	发表刊次（卷期）	发表刊物名称	收录类型	中文影响因子	他引次数
1	林权改革、林权结构与农户采伐行为：基于南方集体林区 7 个重点林业县（市）林改政策及 415 户农户调查数据	何文剑	张红霄	2014（7）	中国农村经济	CSSCI	3.183	2
2	低碳经济的理论基础及其经济学价值	方大春	张敏新	2011（7）	中国人口·资源与环境	CSSCI	3.059	50
3	人类文明与生态安全：共生的演化理论	张智光	张智光	2013（7）	中国人口·资源与环境	CSSCI	3.059	7
4	林纸循环经济系统的资源、生态和价值链拓展模型	张智光	张智光	2012（12）	中国人口·资源与环境	CSSCI	3.059	6
5	林业生态安全的共生耦合测度模型判据	张智光	张智光	2014（8）	中国人口·资源与环境	CSSCI	3.059	4
6	林农合作组织建设和发展中的博弈行为分析	张浩	张浩	2012（2）	中国人口·资源与环境	CSSCI	3.059	5
7	基于有效性改进的流域生态系统恢复条件价值评估：以长江流域生态系统恢复为例	蔡志坚	蔡志坚	2011（1）	中国人口·资源与环境	CSSCI	3.059	14
8	中国木材加工产业转型升级及区域优化研究	杨红强	杨红强	2011（5）	农业经济问题	CSSCI	2.924	12
9	中国木质林产品贸易流量与潜力研究：引力模型方法	戴明辉	沈文星	2010（11）	资源科学	CSSCI	2.906	12
10	基于 ELES 模型的生活用水价与城镇居民承受能力研究：以江苏省为例	周春应	周春应	2010（2）	资源科学	CSSCI	2.906	6
11	环境规制对我国环境敏感性产业出口竞争力影响的实证分析	章秀琴	张敏新	2012（5）	国际贸易问题	CSSCI	2.771	12
12	全球气候变化下中国林产品的减排贡献：基于木质林产品固碳功能核算	杨红强	杨红强	2013（12）	自然资源学报	CSSCI	2.471	5
13	运用 Spike 模型分析 CVM 中零响应对价值评估的影响——以南京市居民对长江流域生态补偿的支付意愿为例	杜丽永	蔡志坚	2013（6）	自然资源学报	CSSCI	2.471	4
14	基于环境综合比较优势的中国生猪生产布局调整研究	张晖	张晖	2012（12）	农业技术经济	CSSCI	2.313	5
15	条件价值评估的有效性与可靠性改善——理论、方法与应用	蔡志坚	蔡志坚	2011（5）	生态学报	CSCD	2.233	15
16	基于生态—产业共生关系的林业生态安全测度方法构想	张智光	张智光	2013（2）	生态学报	CSCD	2.233	18
17	基于基于成本视角的林业绿色供应链形成动力的探讨：以林纸一体化为例	郭承龙	郭承龙	2011（7）	软科学	CSSCI	1.741	7

（续）

序号	论文名称	第一作者	通讯作者	发表刊次（卷期）	发表刊物名称	收录类型	中文影响因子	他引次数
18	中国木质林产品贸易的碳流动——基于气候谈判的视角	杨红强	陈幸良	2014（3）	林业科学	CSCD	1.512	2
19	失地农民雇佣就业、自主创业的影响因素分析：基于苏州市高新区东渚镇的调查	张晖	张晖	2012（1）	南京农业大学学报（社会科学版）	CSSCI	1.439	11
20	江苏造纸业经济增长与环境污染关系的实证分析	杨加猛	杨加猛	2014（11）	华东经济管理	CSSCI	1.114	2
合计	中文影响因子		50.57		他引次数			199

Ⅱ-3-2 近五年（2010—2014年）国外收录的本学科代表性学术论文

序号	论文名称	论文类型	第一作者	通讯作者	发表刊次（卷期）	发表刊物名称	收录类型	他引次数	期刊SCI影响因子	备注
1	Bayesian variable selection for disease classification using gene expression data	Article	Yang Aijun	Yang Aijun	2014, 26（2）	Bioinformatics	SCI	49	4.621	
2	Analysis of copper flows in China from 1975 to 2010	Article	Zhang Ling	Yuan Zengwei	2014, 478（1）	Science of The Total Environment	SCI	1	3.258	
3	Estimation of Copper In-use Stocks in Nanjing, China	Article	Zhang Ling	Yuan Zengwei	2012, 16（2）	Journal of Industrial Ecology	SCI	6	2.713	
4	Quantification and spatial characterization of in-use copper stocks in Shanghai	Article	Zhang Ling	Yuan Zengwei	2014, 93（1）	Resources, Conservation and Recycling	SCI	—	2.692	
5	Predicting future quantities of obsolete household appliances in Nanjing by a stock-based model	Article	Zhang Ling	Yuan Zengwei	2011, 55（11）	Resources, Conservation & Recycling	SCI	4	2.692	
6	The forest ecological footprint distribution of Chinese log imports	Article	Ying Nie	Yang Hongqiang	2010, 12（3）	Forest Policy and Economics	SCI	15	1.86	

（续）

序号	论文名称	论文类型	第一作者	通讯作者	发表刊次（卷期）	发表刊物名称	收录类型	他引次数	期刊SCI影响因子	备注
7	Sorption Behavior of Phosphate on an MSWI Bottom Slag and Sewage Sludge Co-sintered Adsorbent	Article	Ge Suyang	Zhang Hui	2013, 11（5）	Water, Air&Soil Pollution	SCI	1	1.685	
8	Classification, Production, and Carbon Stock of Harvested Wood Products in China from 1961 to 2012	Article	Yang Hongqiang	Yang Hongqiang	2014, 9（3）	Bioresources	SCI	2	1.680	
9	Conserving energy by optimizing the heat exchanger Networks of glyphosate production with pinch technology	Article	Yuan Zengwei	Zhang Ling	2012, 14（4）	Clean Technologies and Environmental Policy	SCI	1	1.671	
10	Relative influence of contextual factors on deliberation and development of cooperation in community-based forest management in Ontario, Canada	Article	Mark Robson	Mark Robson	2014, 44（1）	Canadian Journal of Forest Research	SCI	—	1.627	
11	Influencing Factors on Forest Biomass Carbon Storage in Eastern China: A Case Study of Jiangsu Province	Article	Yang Jiameng	Wang Haikun	2014, 9（1）	Bioresources	SCI	1	1.549	
12	Carbon Sequestration and Carbon Flow in Harvested Wood Products for China	Article	Ji Chunyi	Yang Hongqiang	2013, 15（2）	International Forestry Review	SCI	5	1.250	
13	Estimating future generation of obsolete household appliances in China	Article	Zhang Ling	Yuan Zengwei	2012, 30（11）	Waste Management & Research	SCI	4	1.114	
14	Research on Double Price Regulations and Peak Shaving Reserve Mechanism in Coal-Electricity Supply Chain	Article	Peng Hongjun	Zhou Meihua	2013, 12（4）	Mathematical Problems in Engineering	SCI	—	1.082	
15	A Laplace decomposition method for nonlinear partial differential equations with nonlinear term of any order	Article	Zhu Haixing	An Hongli	2014, 61（1）	Communications in Theoretical Physics	SCI	—	1.049	

（续）

序号	论文名称	论文类型	第一作者	通讯作者	发表刊次（卷期）	发表刊物名称	收录类型	他引次数	期刊 SCI 影响因子	备注
16	Evaluating the effectiveness of stakeholder advisory committee participation in forest management planning in Ontario, Canada	Article	Robson Mark	Robson Mark	2014, 90（3）	Forestry Chronicle	SCI	—	0.670	
17	Bicovariant differential calculi on a weak hopf algebra	Article	Zhu Haixing	Zhu Haixing	2014, 18（6）	Taiwanese Journal of Mathematics	SCI	—	0.658	
18	China's Wood Furniture Manufacturing Industry: Industrial Cluster and Export Competitiveness	Article	Yang Hongqiang	Yang Hongqiang	2012, 62（3）	Forest Products Journal	SCI	8	0.580	
19	Study on China's Timber Resource Shortage and Import Structure: National Forest Protection Program Outlook, 1998 to 2008	Article	Yang Hongqiang	Yang Hongqiang	2010, 60（5）	Forest Products Journal	SCI	9	0.580	
20	Bayesian variable selection in multinomial probit model for classifying high-dimensional data	Article	Yang Aijun	Yang Aijun	2014, 30（2）	Computational Statistics	SCI	—	0.468	
21	A Grey Evaluation Method Based on theCenter-point Double S-shaped Whitening WeightFunction	Article	Zhang Huaming	Zhang Huaming	2013, 25（3）	The Journal of Grey System	SCI	—	0.256	
22	Determinants of CO_2 emissions: testing for the environmental Kuznets curve in China	Article	He Zhengxia	Xu Shichun	2014, 32（3）	Energy Science and Research	EI	—	—	
23	A Collaborative Filtering Based Personalized TOP-K Recommender System for Housing	Article	Wang Lei	Wang Lei	2013（191）	Advances in Intelligent and Soft Computing	EI	—	—	
24	Online Reliability Time Series Prediction for Service-Oriented System of Systems	Article	Wang Lei	Wang Lei	2013（18）	Lecture Notes in Computer Science	EI	—	—	

（续）

序号	论文名称	论文类型	第一作者	通讯作者	发表刊次（卷期）	发表刊物名称	收录类型	他引次数	期刊 SCI 影响因子	备注
25	Analysis on Two Impelled-System Model in Structure of Forestry Industry	Article	Ding Sheng	Ding Sheng	2012, 5（9）	International Conference on Computer Science and Enducation	EI	—	—	
26	Study on decision mechanism choosing by cost model for projectized organization	Article	Zhang Huaming	Zhang Huaming	2013（12）	19th International Conference on Industrial Engineering and Engineering Management: Assistive Technology of Industrial Engineering	EI	—	—	
27	Complex social-ecological systems network: new perspective on the sustainability	Article	Zhao Qingjian	Zhao Qingjian	2012（7）	Advanced Material Research	EI	—	—	
28	Integrative networks of the complex social-ecological systems	Article	Zhao Qingjian	Zhao Qingjian	2012（12）	Procedia Environmental Sciences	EI	—	—	
29	An Empirical Study on the Correlation between Environmental Protection and Spillover Effects of Foreign Direct Investment	Article	Zhou Chunying	Zhou Chunying	2011（13）	The 2011 International Conference on Management and Service Science	EI	—	—	
30	Research on Grain Supply Chain Mode Innovation: Case Study of Non-main Grain-yielding Area of China	Article	Hu Feifan	Hu Feifan	2010（8）	Proceedings of the 2010 International Conference on MASS	EI	—	—	
合计	SCI 影响因子		33.8			他引次数			106	

Ⅲ 人才培养质量

序号	获奖级别	项目名称		证书编号	完成人	获奖等级	获奖年度	参与单位数	本单位参与学科数
Ⅲ-1 优秀教学成果奖（2012—2014 年）									
1	省级	基于三维管理金字塔体系的管理学教材建设及教学改革研究与实践		—	张智光	一等奖	2013	1/1	1/2
合计	国家级	一等奖（个）	—		二等奖（个）	—		三等奖（个）	—
	省级	一等奖（个）	1		二等奖（个）	—		三等奖（个）	—

序号	教材名称	第一主编姓名	出版年月	出版单位	参与单位数	是否精品教材
Ⅲ-2 研究生教材（2012—2014 年）						
1	管理学精品教材与教学改革研究——基于三维管理金字塔体系	张智光	201205	清华大学出版社	1/1	否
2	中国木材资源安全论	杨红强	201212	人民出版社	1/1	否
合计	国家级规划教材数量		—	精品教材数量		—

序号	姓名	出国（境）时间	回国（境）时间	地点（国家/地区及高校）	国际交流项目名称或主要交流目的
Ⅲ-4 学生国际交流情况（2012—2014 年）					
1	张 寒	20100822	20120104	美国加州大学伯克利分校	交流学习
合计	学生国际交流人数			1	

序号	姓名	授予学位年月	国别或地区		授予学位类别
Ⅲ-5 授予境外学生学位情况（2012—2014 年）					
1	阮氏春香	201106	越南		学术学位博士
2	阮氏海宁	201306	越南		学术学位博士
3	阮进操	201407	越南		学术学位博士
合计	授予学位人数	博士	3	硕士	—

7.3.2 学科简介

1. 学科基本情况与学科特色

南京林业大学是建国初期全国仅有的三所林业重点院校之一。农林经济管理学科可追溯原中央大学（1902 年）和金陵大学（1888 年）森林学科的开设课程和关联研究。20 世纪 50 年代，苏联专家马雷歇夫来我国培养新中国第一代林业经济管理专家，其中就有我院本学科学术带头人。我校 1956 年 3 月成立林业经济教研组，1985 年成立经济管理系，1986 年获得林业经济管理学科硕士授权单位，1987 年林业部批准南京林业大学成立经济管理学院。目前，本学科已建设成为江苏省重点学科、国家林业局重点学科、江苏省一级学科重点培育学科，并拥有农林经济管理一级学科博士后科研流动站。农林经济管理专业建设也获得国家级特色专业及江苏省重点专业等。

南京林业大学农林经济管理学科现有专职教授、副教授 40 余名，其中享受国务院政府特殊津贴专家（2012 年）1人；江苏省五一劳动奖章获得者（2014 年）1 人；江苏省 "333" 工程学术带头人 3 人，江苏省 "青蓝工程" 学术带头人（骨干）9 人。学科团队近五年来承担各类国家级、部省级、国际合作项目和横向项目 107 项，科研经费达 1 050 万元（纵向 657.3 万元）；研究成果包括省部级奖 15 项，专著 20 余部，学术论文 450 篇（SCI/EI 收录 35 篇，CSSCI/CSCD 收录 212 篇）。本学科学术研究已达到国内领先水平，部分成果已处于国际先进水平。

南京林业大学农林经济管理学科主要涉及林业经济管理和农业经济管理两个二级学科。

林业经济管理二级学科涉及林业经济理论与政策、林业管理工程、林产品贸易及森林生态经济四个主要研究方向。

（1）林业经济理论与政策

该研究方向在产权设计与政策制定、林业产业发展与企业管理、林业产业经济、林产品贸易等领域形成特色。并在国内处于领先地位，该方向有教授 4 人，其中有中国林业经济学会常务理事 2 人，主持了国家自然基金、国家社科基金重点项目等重大科研项目多项，获得梁希林业科学技术奖、梁希优秀论文奖，江苏省哲学社会科学优秀成果奖等多项。

（2）林业管理工程

该研究方向在林业产业经济系统研究、绿色供应链研究、林业管理系统工程研究方面形成特色。该方向有教授 4 人，在国内系统工程和管理科学与工程学术机构中担任领导职务，本方向教师主持了国家自然基金、国家社科基金多项，获得江苏省哲学社会科学一等奖 1 项，三等奖 2 项，教育部第六届高等学校科学研究优秀成果奖（人文社会科学）三等奖 1 项，梁希林业科学技术奖二等奖、梁希优秀论文奖，江苏省哲学社会科学优秀成果奖等多项。

（3）林产品贸易

该研究方在林产品贸易与环境、资源经济与气候变化、森林碳汇等领域形成特色。该研究方向有教授 3 人，担任江苏省世界经济学会常务理事、中国国际贸易学会理事、USDA Forest Service 环境政策咨询专家等职务，主持国家社会科学基金重点项目、青年项目多项，获得江苏省哲学社会科学二等奖 1 项，三等奖 2 项，梁希优秀论文奖，江苏省哲学社会科学优秀成果奖多项。

（4）森林生态经济

该方向在森林生态会计核算理论和方法、环境价值评估、森林生态系统适应性管理、农业生态环境与农业可持续发展等领域形成特色。有教授 4 人，主持国家自然基金国际合作项目、国家自然科学基金项目、国家 948 项目等重大科研项目多项，本方向教授在国际林联生态经济理事会担任理事长，在美国金融管理学会、韩国林业经济学会等国内外主要学术机构担任领导职务，获得江苏省哲学社会科学奖、梁希优秀论文奖、江苏省哲学社会科学优秀成果奖等多项。

农业经济管理二级学科涉及农业经济理论与政策研究方向。该研究方向在粮食安全、农户行为、农村资源环境等领域形成特色。该方向现有教授 2 人，其中江苏省农业机械学会常务理事 1 人，主持国家自然科学基金、江苏省哲学社会科学重点项目、江苏省科技支撑计划多项，获得江苏省哲学社会科学优秀成果奖等多项。

2. 社会贡献

（1）决策咨询

本学科团队参与《中国林业发展规划纲要》（"十二五"规划）编制、《中华人民共和国森林法》等多项重要政策文件的咨询及制订，在中国集体林权制度改革中为各级地方政府政策制订提供了全方位决策咨询，追踪研究集体林权制度改革森林资源管理等重大项目，为国家和地方政府制定相关的森林资源管理政策提供了多项决策参考。本学科团队4人获国家林业局科技服务"林改"先进个人称号，6人获江苏省林业局"林改"先进个人称号。本学科成员研究成果《积极推进江苏资源型城市转型发展》获得江苏省省委常委、省政府常务副省长、党组副书记李云峰和副省长徐鸣先后重要批示，对江苏省资源型城市的转型和可持续发展提供了重要的决策参考。

（2）产学研结合

本学科团队积极落实"科教兴国""科教兴林""科教兴省"等国家及地方改革战略，多次参加国家农业普查及江苏省经济普查等社会服务活动，积极参与中国国机集团公司、中国福马集团公司的企业战略规划，并为中国一汽、海南航空、洋河集团、APP、华泰集团、常林股份等知名企业提供管理咨询服务。积极为江苏工业经济联合会、企业家协会、江苏省质量与技术监督局等提供咨询与技术服务，或直接担任企业财务总监、生产总监和市场总监。学科团队还致力于湖北、江苏、浙江等区域省份木材加工产业研究，在产业集群、产业升级等方面为地方和企业提供决策参考，在绿色供应链、林纸一体化、林板一体化方面的研究为企业和地方经济发展做出了重要贡献。本学科团队是联合国粮农组织、国际林联、世界银行等重要国际组织的咨询单位，积极参加 FAO、IUFRO 中国农村社会化服务和林权制度改革方面的研究、世界银行关于江苏省资源局三期项目研究，与德国德杰盟、蓝帜集团共同参与中国中原城市群生态规划及林业机械可行性研究等项目 10 余项。

（3）服务社会

本学科积极致力于农林生态经济的研究，为我国生态文明建设做出贡献，学科成员在推进绿色经济、循环经济发展，生态文明理念等方面进行了卓有成效的工作。尤其是与耶鲁大学、FAO 合作面向社会公众开展的多期林业可持续发展培训项目，倡导生态文明建设和可持续发展的理念。

（4）社会兼职

本学科专家在国内外主要学术团体担任重要兼职，如国际林联（IUFRO）生态经济分部理事长、美国金融管理学会（AAFM）理事、韩国林业经济学会理事、中国林业经济学会常务理事、中国管理科学工程学会理事、中国系统工程学会林业系统工程专业委员会副主任委员、国家林业局林产品经济贸易研究中心主任、江苏高校哲学社会科学重点研究基地主任等。另外，多人次担任《南京林业大学学报》《韩国山林经济》《世界林业研究》《林业经济》等学术期刊副主任、编委和 *FOREST POLICY ECON.*（SCI）、*BIORES.*（SCI）、《资源科学》《生态学报》《林业科学》等国内外期刊匿名审稿人。

7.4 西南林业大学

7.4.1 清单表

Ⅰ 师资队伍与资源

I-1　专职教师与学生情况					
类型	数量	类型	数量	类型	数量
专职教师数	26	其中，教授数	6	副教授数	14
研究生导师总数	18	其中，博士生导师数	3	硕士生导师数	18
目前在校研究生数	29	其中，博士生数	—	硕士生数	29
生师比	1.6	博士生师比	—	硕士生师比	1.6
近三年授予学位数	60	其中，博士学位数	0	硕士学位数	60

I-2　重点实验室				
序号	实验室类别	实验室名称	批准部门	批准年月
1	省部共建国家重点实验室	西南山地森林资源保育与利用重点实验室	教育部	200811
2	省部级重点实验室	西南地区生物多样性保育重点实验室	国家林业局	200510
3	省部级重点实验室	经济管理虚拟仿真教学实验中心	云南省教育厅	201406
计	重点实验数量（个）	国家级	—	省部级　3

Ⅱ 科学研究

Ⅱ-1 近五年（2010—2014年）科研获奖

序号	奖励名称	获奖项目名称	证书编号	完成人	获奖年度	获奖等级	参与单位数	本单位参与学科数
1	云南省科技进步奖	云南省基于森林碳汇的应对气候变化制度建设	20100C119-R-001	文 冰	2010	三等奖	1	1
2	云南省哲学社会科学成果奖	技术解释学	14A020	赵乐静	2010	二等奖	1	1
3	云南省哲学社会科学成果奖	清洁发展机制与云南森林碳汇制度研究	14B106	文 冰	2011	三等奖	1	1
4	云南省哲学社会科学成果奖	西部退耕还林工程可持续发展能力评价与建设	16A093	支 玲	2013	三等奖	1	1
5	云南省哲学社会科学成果奖	基于生态足迹的生态文明绩效的动态评估——以云南省为例	13A138	黄晓园	2013	三等奖	1	1
6	云南省科技进步奖	吉贝木棉良种选育及干热河谷人工林根瘤菌化技术应用	2013BC016-R-004	罗明灿	2014	二等奖	1	4（2）
合计	科研获奖数量（个）	国家级	特等奖 —	一等奖 —	一等奖 —	—	二等奖 —	—
		省部级	一等奖 —	二等奖 2	二等奖	2	三等奖	4

Ⅱ-2 代表性科研项目（2012—2014年）

Ⅱ-2-1 国家级、省部级、境外合作科研项目

序号	项目来源	项目下达部门	项目级别	项目编号	项目名称	负责人姓名	项目开始年月	项目结束年月	项目合同总经费（万元）	属本单位本学科的到账经费（万元）
1	国家科技支撑项目	科技部	重点项目	2008BAD95309	亚热带森林区营林固碳技术研究与示范	刘惠民	200901	201212	193	64
2	国家自然科学基金	国家自然科学基金委员会	面上项目	71273215	西部集体林区后天保工程时期的生态补偿机制研究	支 玲	201301	201612	44	44

（续）

序号	项目来源	项目下达部门	项目级别	项目编号	项目名称	负责人姓名	项目开始年月	项目结束年月	项目合同总经费（万元）	属本单位本学科的到账经费（万元）
3	国家社会科学基金	全国哲学社会科学规划办公室	西部项目	13XJY013	中国碳市场构建框架和运行机制研究	苏建兰	201305	201608	18	18
4	国家社会科学基金	全国哲学社会科学规划办公室	西部项目	14XJY012	林业专业合作组织满意度评价及提升路径研究	张连刚	201407	201606	20	20
5	国家社会科学基金	全国哲学社会科学规划办公室	重点项目子课题	11 & ZD042	我国西部林业生态建设政策体系协调性评价研究	支 玲	201212	201508	12	12
6	国家社会科学基金	全国哲学社会科学规划办公室	面上项目	11XMZ084	自然保护区保护政策与民族村寨发展研究	黄晓园	201107	201412	12	12
7	国家社会科学基金	全国哲学社会科学规划办公室	西部项目	12XFX012	多民族地区非政府组织的发展与维稳方式转变研究	张海夫	201206	201510	15	15
8	国家社会科学基金	全国哲学社会科学规划办公室	青年项目	12CZS065	近代中央与地方政府互动关系中的云南边政机构演变研究	陈元惠	201206	201612	15	15
9	国家社会科学基金	全国哲学社会科学规划办公室	青年项目	12CZX010	文化认同与构建和谐社会的关系研究	余晓慧	201206	201509	15	15
10	国家社会科学基金	全国哲学社会科学规划办公室	面上项目	11CMZ020	我国少数民族优惠性差别待遇与反向歧视研究	王传发	201107	201410	15	15
11	部委级科研项目	教育部	面上项目	10XJA880003	云南彝族山苏支系人口教育素质评价与教育可持续发展研究	罗明灿	201101	201312	9	9
12	部委级科研项目	教育部	面上项目	12YJAZH049	高黎贡山北段世居民族森林植被恢复的传统文化的发掘利用传承研究	赖庆奎	201201	201412	9.5	9.5

（续）

序号	项目来源	项目下达部门	项目级别	项目编号	项目名称	负责人姓名	项目开始年月	项目结束年月	项目合同总经费（万元）	属本单位本学科的到账经费（万元）
13	部委级科研项目	教育部	一般项目	12YJCZH152	基于宏观审镇监管的商业银行 TCTF 风险基础性研究	麦强盛	201205	201509	7	7
14	西南边疆项目	中国社科院	一般项目	A0800	基于环境影响评价的云南高原湖泊旅游环境污染预警系统研究	杨晓云	200811	201012	6	6
15	部委级科研项目	国家林业局经济研究中心	一般项目	210213	集体林权制度改革和国家级公益林区划背景下天然林资源保护工程后续政策研究	支 玲	201008	201208	8	8
16	云南省哲学社会科学研究基地	云南省社科规划办	一般项目	JD2010YB18	低碳经济在新农村建设中的评估体系研究——以昆明市松华坝饮用水源区为例	赵 璟	201010	201309	4	4
17	云南省哲学社会科学研究基地	云南省社科规划办	重点项目	JD2010HZ11	少数民族地区农民生产生活与低碳经济关系研究——以元江为例	罗明灿	201101	201212	6	6
18	云南省社科规划项目	云南省社科规划办	一般项目	YB201122	云南低碳经济发展模式与创新路径研究——基于 CDM 项目开发的视角	马贵珍	201101	201212	1.5	1.5
19	云南省哲学社会科学研究基地	云南省社科规划办	一般项目	JD2010HZ10	云南省集体林权改革绩效评价与制度创新研究	刘德钦	201109	201309	4	4
20	云南省哲学社会科学研究基地	云南省社科规划办	一般项目	JD2011YB18	云南省林下经济发展模式与路径选择研究	李 娅	201111	201405	4	4
21	云南省哲学社会科学研究基地	云南省社科规划办	重点项目	JD2011ZD18	云南省精艺林业发展模式路径与方法选择研究	曹超学	201201	201312	6	6

（续）

序号	项目来源	项目下达部门	项目级别	项目编号	项目名称	负责人姓名	项目开始年月	项目结束年月	项目合同总经费（万元）	属本单位本学科的到账经费（万元）
22	云南省哲学社会科学规划课题	云南省社科规划办	一般项目	QN201212	后林改时期林业产业契约链的构建与治理研究：以云南为例	谢彦明	201206	201312	1	1
23	部委级科研项目	国家林业局	国家林业公益专项	2011040034	干热河谷牛角瓜人工林定向培育关键技术研究	刘惠民	201301	201512	190	30
24	云南省哲学社会科学研究基地	云南省社科规划办	一般项目	JD12YB18	云南省林业可持续发展能力研究	麦强盛	201301	201412	4	4
25	云南省哲学社会科学研究基地	云南省社科规划办	一般项目	JD13YB14	后林改时期云南省林业专业合作组织建设研究	张连刚	201309	201509	4	4
26	部委级科研项目	国家林业局经济发展研究中心	一般项目	2014FMA-5	云南省集体林权制度改革效果跟踪监测	王 见	201404	201412	18	18
27	云南省社科规划项目	云南省社科规划办	一般项目	QN2014015	云南新型林业经营主体发展的政策环境研究	李春波	201407	201507	1	1
28	云南省哲学社会科学研究基地	云南省社科规划办	一般项目	JD2014YB15	新型林业经营主体培育和现代林业构建研究	谢彦明	201412	201606	4	4
29	境外合作科研项目	世界银行	世行贷款项目	201201	世行普者黑湖区周边水环境综合治理的社区参与调查研究	赖庆奎	201211	201502	12	12
30	境外合作科研项目	国际雨林联盟	认证项目	201308	国际雨林联盟云南荼叶认证	赖庆奎	201308	201412	9	9
合计	国家级科研项目	数量（个）		10	项目合同总经费（万元）	359		属本单位本学科的到账经费（万元）		230

Ⅱ-2-2　其他重要科研项目

序号	项目来源	合同签订／项目下达时间	项目名称	负责人姓名	项目开始年月	项目结束年月	项目合同总经费（万元）	属本单位本学科的到账经费（万元）
1	云南省水利厅	201106	云南省坡耕地高效水土保持对策研究	赵　璟	201106	201212	10	10
2	元江县政府	201111	元江县新农村总体发展规划	罗明灿	201111	201206	12	12
3	华坪县林业局	201112	华坪县木本油料产业发展规划	刘德钦	201201	201206	6	6
4	楚雄市水务局	201112	楚雄市罗其莫美水库扩建项目征占用林地可行性研究	刘清江	201201	201301	8	8
5	玉龙湾度假中心建设指挥部	201203	玉龙湾度假中心建设使用林地可行性研究	刘清江	201204	201401	5	5
6	元江县林业局	201204	元江县干热河谷植被恢复总体规划	罗明灿	201204	201212	10	10
7	云南安得利农林科技有限公司	201205	云南省西盟县林下经济发展规划	赖庆奎	201205	201210	12	12
8	元江县国家级自然保护区	201209	元江县国家级自然保护区总体规划	罗明灿	201209	201303	30	30
9	云南省民委	201301	云南少数民族生活状况与心理健康研究	罗明灿	201301	201312	8	8
10	云锡元江镍业公司	201304	云锡元江镍业公司堆料场使用林地可行性研究	刘德钦	201305	201312	5	5
11	云南省民委	201305	云南省农业产业化培育调研项目	赖庆奎	201305	201311	3	3
12	云南省民委	201405	云南省自然保护区周边社区生计发展调研项目	赖庆奎	201405	201411	3	3

Ⅱ-2-3　人均科研经费

人均科研经费（万元／人）
18.85

Ⅱ-3 本学科代表性学术论文质量

Ⅱ-3-1 近五年（2010—2014年）国内收录的本学科代表性学术论文

序号	论文名称	第一作者	通讯作者	发表刊次（卷期）	发表刊物名称	收录类型	中文影响因子	他引次数
1	基于农村循环经济发展视角的西部退耕还林影响评价——以陕西省宜川县为例	支玲	—	2010（1）	林业经济	CSSCI	0.909	5
2	广东省自然保护区发展现状问题与对策	陈爽	扈立家	2010（4）	沈阳农业大学学报	CSCD	0.458	1
3	退耕还林对新农村建设的影响研究——以贵州省织金县为例	刘燕	—	2010（2）	北京林业大学学报	CSCD	1.346	2
4	低碳经济下经济增长问题研究	曹超学	—	2011（2）	生态经济	CSSCI	0.926	1
5	贫困地区剩余劳动力转移影响因素实证分析	扈立家	—	2011（2）	农业经济	CSSCI	0.688	1
6	战略环境评价中社会经济发展对生物多样性的影响评价	龙勤	—	2011（3）	北京林业大学学报	CSCD	1.346	—
7	云南省林业专业合作经济组织发展及对策研究	张静	—	2011（8）	林业经济	CSSCI	0.909	1
8	基于林业碳汇项目的林木生物资产会计核算	李谦	—	2011（11）	财会月刊	CSSCI	0.517	5
9	林权制度改革背景下农户参与森林认证讨论——基于云南省492户农户的调查分析	刘燕	—	2012（2）	北京林业大学学报	CSSCI	0.909	—
10	云南省集体林改配套政策现状、问题与对策分析——基于500农户的调查	谢彦明	—	2012（10）	林业经济	CSSCI	0.909	1
11	基于CDM机制碳排放权供给方的会计核算探讨	李谦	—	2012（3）	财会月刊	CSSCI	0.517	2
12	我国各地区林业科技水平差异分析研究	李春波	—	2013（2）	世界林业研究	CSCD	1.103	2
13	云南省林下经济典型案例研究	李娅	—	2013（3）	林业经济	CSSCI	0.909	—
14	农户核桃交易契约链参与意愿分析——基于核桃种植农户的调查	谢彦明	—	2013（3）	林业经济	CSSCI	0.909	1
15	我国区域林业科技水平异质性实证研究	李春波	—	2013（4）	林业经济	CSSCI	0.909	—
16	农户公益林改划意愿实证分析——以天保工程区武隆县和玉龙县为例	支玲	—	2013（8）	林业经济	CSSCI	0.909	1
17	集体林改与少数民族山区农民收入相关性分析——基于景谷、澜沧、香格里拉等六县实证分析	苏建兰	—	2014（1）	林业经济	CSSCI	0.909	—
18	基于AHP-SWOT分析的云南省林下经济发展战略研究	李娅	—	2014（7）	林业经济	CSSCI	0.909	1
19	林业专业合作组织满意度的多层次模糊综合评价	张连刚	—	2014（8）	林业科学	CSCD	1.512	—
20	资源可持续利用评价——基于资源禀赋指数的实证分析	付伟	—	2014（11）	自然资源学报	CSSCI	2.471	1
合计					中文影响因子	19.97	他引次数	24

II-3-2 近五年（2010—2014年）国外收录的本学科代表性学术论文

序号	论文名称	论文类型	第一作者	通讯作者	发表刊次（卷期）	发表刊物名称	收录类型	他引次数	期刊SCI影响因子	备注
1	Research on the Information Service System of Forestry Carbon Sequestration	Article	文冰	—	2010（5）	Proceedings of the Internal Conference on E-business and E-Government	—	—	—	第一署名单位
2	Reverse Logistics System and Critical Path Optimization of Wood-based Panel Enterprise: A View Based on Circular Economy	Article	龙勤	—	2010（6）	Proceedings 2010 International Conference on Optoelectronics and Image Processing	SCI	—	—	第一署名单位
3	Assessment of Sustainable Development Capacity of the Cropland Conversion Program in western China——Cases Study of Anding District in Gansu Province, Yichuan County in Shanxi Province, Zhungeer Banner in Inner Mongolia Autonomous Region	Article	支玲	—	2010（8）	2010 International Conference on Internet Technology and Applications	EI	—	—	第一署名单位
4	The Study on Sustainability of the Project of Returning Farmland to Forest——A Case Study of the Project of Returning Farmland to Forest of Zhijin County in Guizhou Province	Article	支玲	—	2010（9）	Conference on WEB Based Business Management	SCI	—	—	第一署名单位
5	Envisaged for forestry action of the Case of the county level Based on Tackling climate change	Article	罗明灿	—	2011（5）	EPPH	EI	—	—	第一署名单位
6	Analysis and Forecast on the Urban-Rural Income Gap of Yunnan Based on ARMA. InternationalcoreJournal of Scientific	Article	陈爽	詹立家	2012（2）	Research &Engineering Index	—	—	—	第一署名单位
7	Empirical Analysis on the Influencing Factors on the Rural Labor Transfer in the Western Poor Region	Article	陈爽	詹立家	2012（4）	Asian Agricultural Research	—	—	—	第一署名单位
8	Pair-by-pair Comparison for Screening New Product Ideas	Article	曹超学	—	2012（9）	The International Conference on Business Management and Management Engineering	—	—	—	第一署名单位
9	Study on Chinese Moderate City Size from Perspective of Low-carbon Growth in China	Article	曹超学	—	2012（10）	Proceedings of 2012 International Conference on Public Administration	ISTP	—	—	第一署名单位
10	The Construction of Evaluation on Indicator System for Low Carbon Village and Practice Research in Yuanjiang County	Article	罗明灿	—	2013，5（12）	Asian Agricultural Research	—	—	—	第一署名单位
11	Ecological Footprint (EF): An Expanded Role in Calculating Resource Productivity (RP) Using China and the G20 Member Countries as Examples	Article	付伟	—	2014（9）	Ecological Indicators	SCI	—	3.2	第一署名单位
合计	SCI影响因子		—			他引次数			—	

Ⅲ　人才培养质量

			Ⅲ-1　优秀教学成果奖（2012—2014 年）					
序号	获奖级别	项目名称	证书编号	完成人	获奖等级	获奖年度	参与单位数	本单位参与学科数
1	国家级	林科类本科人才培养机制改革与路径创新	20148401	刘惠民等	二等奖	2014	1	6（15%）
2	省级	林业类特色专业建设的研究与实践	2013086	胥辉、杨斌、吴章康等	二等奖	2013	1	6（15%）
合计	国家级	一等奖（个）	—	二等奖（个）	1	三等奖（个）	—	
	省级	一等奖（个）	—	二等奖（个）		三等奖（个）	—	

	Ⅲ-5　授予境外学生学位情况（2012—2014 年）			
序号	姓名	授予学位年月	国别或地区	授予学位类别
1	范春方	201306	越南	学术学位硕士
合计	授予学位人数	博士	—	硕士	1

7.4.2　学科简介

1. 学科基本情况与学科特色

（1）学科基本情况

本学科 1978 年设立，1986 年恢复招收本科生。2000 年获得林业经济管理硕士学位授予权，2005 年获得农林经济管理一级学科硕士授予权。

① 学术队伍。学术队伍共 26 人均为硕士以上学历，其中，具有博士学位 8 人，教授 6 人，副教授 14 人，有教育部高等学校农业经济管理类专业教学指导委员会委员 1 人，省学科评议组成员 1 人，省级教学名师 2 人，省级名师工作室 1 个，博士生导师 3 人。

② 科学研究及成果。近 5 年来，本学科承担国家自然科学基金、国家社科基金、国际合作项目、省部级科研项目等共 53 项，其中国家级 10 项、省部级 18 项，项目合同经费 779 万元，其中，本学科到位经费 490 万元；出版专著 4 部，教材 11 部，省级"十二五"规划教材 1 部，省级精品课程 3 门；发表学术论文 150 余篇，其中 SCI 收录 3 篇，EI 收录 2 篇，ISTP 收录 1 篇，中文核心期刊发表论文 66 篇；获各级各类科研奖励 29 项，其中省级科研成果二等奖 2 项、三等奖 4 项。

③ 平台及实验条件。本学科是设立在西南林业大学的教育部省部共建西南山地森林资源保育与利用重点实验室、国家林业局西南地区生物多样性保育重点实验室的主要支撑学科之一；现有云南省哲学社会科学研究基地——云南省森林资源资产评估与林权制度研究基地、云南省哲学社会科学创新团队——云南省林业低碳经济研究团队、云南省高校新型智库——云南省林业经济研究智库；2009 年以来，共投资 340 余万元进行实验中心硬件和软件建设。本学科所在的经济管理学院有云南省省级农林经济管理本科特色专业和教学团队、新农村发展研究院、农林经济管理研究中心、森林资产评估研究所、绿色经济研究所、休闲林业经营管理研究室、林业系统工程研究室等。

（续）

（2）学科特色

通过长期建设，本学科的学科建设取得了长足的进步，形成了自身的学科及研究特点。

① 林业改革及森林资源管理理论与政策研究。借助国家自然科学基金项目和国家社科基金项目的连续支持及省（部）级项目的支持，系统开展了西部集体林改革及其相关政策的研究，尤其是对西部退耕还林工程建设、可持续发展能力评价、集体林权制度改革监测及其相关政策研究取得了系统的研究成果。获得云南省哲学社会科学优秀成果和云南省科技进步三等奖各1项。

② 林业碳汇及林业效益评价研究。在国家"十一五"科技支撑课题、国家社科基金、云南省社科规划项目、省哲学社会科学研究基地等项目的支持下，率先在云南省进行了林业碳汇机制、森林碳汇贸易研究，取得了一批具有良好社会效益的研究成果，获得云南省哲学社会科学优秀成果奖三等奖2项、云南省科技进步二等奖1项。

2. 社会贡献

（1）为制定林业经济、林业碳汇相关政策法规、发展规划、行业标准提供决策咨询

① 不定期编撰"云南省社会经济发展相关问题咨询报告及建议"，呈送省领导及相关部门决策参考。近5年共有4项咨询建议受到有关部门的采用。其中，依托"云南省农业产业化培育调研项目"的提案获云南省政协2013年优秀提案。

② 本学科率先云南省开展林业碳汇相关理论与实践的研究。多次为云南省科技厅、林业厅、云南省政府研究室提供林业碳汇方面的技术咨询，研究成果被新华通讯社云南分社和云南省科技厅多次引用。如：建立的小桐子能源林碳汇计量与监测规程对于开展其他森林类型的碳汇计量与监测具有较好的借鉴作用；思茅松人工林碳计量模型和参数为云南省开展区域尺度的碳汇计量提供了基础数据；云南几种造林模式森林管理增汇优化技术，直接应用于生产单位的森林管理。

③ 学科团队成员参与县域国民经济5年发展规划成为常态，参与县域"十二五"国民经济发展规划5个；近5年，主持"华枰木本油料产业发展规划"等林业横向项目10项。

④ 基于一些林业行业的特色项目的研究，提升了学科团队的社会影响。如国家自然科学基金项目"西部集体林区后天保工程时期的生态补偿机制研究"、国家社科基金项目"林业专业合作组织满意度评价及提升路径研究"，以及国家林业局的"云南省集体林改林地流转调查研究"、云南省教育厅项目"云南省退耕还林（草）生态补偿机制研究"，为地方制定林业经济政策和林业产业发展提供了决策的理论依据和参考。

（2）加强产学研用结合、技术成果转化，为林业产业发展提供技术支持

本学科部分研究成果通过产学研结合，实现了林业技术成果转化。例如，"亚热带森林区营林固碳技术研究与示范"项目获得的研究成果部分已建立了试验示范基地，进行了实际应用推广。

在昆明市海口林场建立了农林经济管理在职高层次人才培养基地。

（3）积极推进科学普及，服务社会大众，取得一定的社会反响

① 积极组织科学普及和培训工作，促进新农村建设可持续发展。经过二十多年不断探索，尤其是近5年，本学科与挂靠在经济管理学院的云南省社区林业与农村发展协会紧密合作，在社区林业实践、教育培训、调查研究、试验示范等领域开展了5期培训，受训人数达420余人。

② 自2010年开始，与亚太森林网络昆明培训部合作，每年举办一期"亚太林业管理人才培训班"，共培训亚太近15个国家的近60余名学员。

（4）学科团队兼职情况

云南省政协委员2人，国家林业局聘任的"森林资源资产评估咨询人员培训班授课专家"2人，为云南省社区林业与农村发展学会理事长单位。中德森林资源可持续经营项目咨询专家2人。

7.5　西北农林科技大学

7.5.1　清单表

I　师资队伍与资源

| \multicolumn{6}{c}{I-1　突出专家} |
序号	专家类别	专家姓名	出生年月	获批年月	备注
1	教育部高校青年教师奖获得者	罗剑朝	196401	200201	
2	教育部高校青年教师奖获得者	付少平	196312	200202	
3	教育部新世纪人才	霍学喜	196001	200412	
4	教育部新世纪人才	王征兵	196409	200512	
5	教育部新世纪人才	王　静	196601	201112	
6	教育部新世纪人才	朱玉春	197003	201312	
7	享受政府特殊津贴人员	王　青	195906	200001	
8	享受政府特殊津贴人员	郑少锋	195907	200201	
9	享受政府特殊津贴人员	赵敏娟	197101	201501	
合计	突出专家数量（人）			9	

| \multicolumn{5}{c}{I-2　团队} |
序号	团队类别	学术带头人姓名	带头人出生年月	资助期限
1	教育部创新团队	罗剑朝	196401	201101—201412
合计	团队数量（个）		1	

| \multicolumn{6}{c}{I-3　专职教师与学生情况} |
类型	数量	类型	数量	类型	数量
专职教师数	110	其中，教授数	29	副教授数	31
研究生导师总数	75	其中，博士生导师数	25	硕士生导师数	50
目前在校研究生数	433	其中，博士生数	124	硕士生数	309
生师比	5.8	博士生师比	5	硕士生师比	6.2
近三年授予学位数	537	其中，博士学位数	106	硕士学位数	431

I-4　重点学科					
序号	重点学科名称	重点学科类型	学科代码	批准部门	批准年月
1	农业经济管理	国家重点学科	120301	教育部	200708
2	林业经济管理	省重点学科	120302	陕西省教育厅	200012
3	农业经济管理	省重点学科	120301	陕西省教育厅	198401
4	农林经济管理	省重点学科	1203	陕西省教育厅	200012
合计	二级重点学科数量（个）	国家级	1	省部级	3

I-5　重点实验室				
序号	实验室类别	实验室名称	批准部门	批准年月
1	省级哲学人文社科基地	西部农村发展研究中心	陕西省教育厅	200811
合计	重点实验数量（个）	国家级	—	省部级　1

II 科学研究

II-1 近五年（2010—2014年）科研获奖

序号	奖励名称	获奖项目名称	证书编号	完成人	获奖年度	获奖等级	参与单位数	本单位参与学科数
1	大禹水利科学技术奖	陕西省能源开发水土保持补偿机制研究	DYJ20110418-G02	霍学喜	2011	三等奖	3（1）	1
2	陕西省农业技术推广成果奖	黄土高原渭北生态经济型防护林体系优化模式建设技术推广	2008，2009-2-25	姚顺波	2010	一等奖	1	1
3	陕西省哲学社会科学优秀成果奖	吴起县退耕还林政策绩效评估	11-12-11-2-Y183	姚顺波	2013	二等奖	1	1
4	陕西省哲学社会科学优秀成果奖	退耕还林对农村劳动力转移和农民收入影响的实证分析——以吴起、定边和华池三县为例	09-10-10-3-6838	姚顺波	2011	三等奖	1	1
5	陕西省哲学社会科学优秀成果奖	农村公共品供给效果评估：来自农户距离的响应	11-12-11-2-Y187	朱玉春	2013	二等奖	1	1
6	陕西省哲学社会科学优秀成果奖	关中乡村精英研究	09-10-10-2-9840	付少平	2011	二等奖	1	1
7	陕西省哲学社会科学优秀成果奖	气候变化对苹果主产区产量的影响——来自陕西省6个苹果生产基地县210户果农的数据	11-12-11-3-Y188	刘天军	2013	三等奖	1	1
8	陕西省哲学社会科学优秀成果奖	小额信贷机构的全要素生产率——基于30家小额信贷机构的实证分析	11-12-11-3-Y091	于转利、罗剑朗	2013	三等奖	1	1
9	陕西省哲学社会科学优秀成果奖	小额信贷的影响与可持续性发展：中国陕西和孟加拉国的案例研究（英文）	11-12-11-3-Y184	M.Wakilur Rahman、罗剑朗	2013	三等奖	1	1
合计	科研获奖数量（个）		特等奖	一等奖	二等奖	三等奖		
		国家级	—	—	—	—		—
		省部级	—	1	2	4		5

II-2 代表性科研项目（2012—2014年）

II-2-1 国家级、省部级、境外合作科研项目

序号	项目来源	项目下达部门	项目级别	项目编号	项目名称	负责人姓名	项目开始年月	项目结束年月	项目合同总经费（万元）	属本单位本学科的到账经费（万元）
1	国家自然科学基金	国家自然科学基金委员会	面上项目	71173175	基于碳汇效益内部化视角的造林补贴标准研究	姚顺波	201201	201512	43	43
2	国家自然科学基金	国家自然科学基金委员会	面上项目	71273211	集体林权改革背景下南方农户商品林生产要素配置效率及其提升路径研究	李 桦	201301	201612	54	43.2
3	国家自然科学基金	国家自然科学基金委员会	面上项目	71373206	基于资源环境禀赋视角的生态修复工程补偿标准研究	郭亚军	201401	201712	56	33.6
4	国家自然科学基金	国家自然科学基金委员会	青年项目	71303187	农户碳汇生产、CDM构念与退耕还林生态补偿机制市场化研究	李纪生	201401	201612	20	12
5	国家自然科学基金	国家自然科学基金委员会	青年项目	71303186	林权改革背景下林农参与森林经营方案编制的行为意愿研究	渠 美	201401	201612	20	12
6	国家自然科学基金	国家自然科学基金委员会	面上项目	71373209	西北地区水资源配置的多目标协同研究：全价值评估与公众支持	赵敏娟	201401	201712	58	34.8
7	国家自然科学基金	国家自然科学基金委员会	青年项目	41301570	融合重力模拟机制和地表几何形态的DEM地形分析矢量方法研究	晋 蓓	201401	201612	25	15
8	国家自然科学基金	国家自然科学基金委员会	重大项目	91325302	黑河流域农业水资源优化配置模型测算与分析	赵敏娟	201401	201712	12	12
9	国家自然科学基金	国家自然科学基金委员会	面上项目	71073128	基于选择模型的西北地区水资源价值评估及其效益转移研究	赵敏娟	201101	201312	26	26
10	国家自然科学基金	国家自然科学基金委员会	青年项目	71103144	跨区域输水中水源地生态服务价值损失评估与补偿标准研究——以京津与冀北山区间跨区域输水为例	宋健峰	201201	201412	21	21
11	国家自然科学基金	国家自然科学基金委员会	面上项目	71173174	基于农户收入和社会资本异质性双重视角的农村社区小型水利设施合作供给实证研究——以陕西省为例	陆 迁	201201	201512	39	39

（续）

序号	项目来源	项目下达部门	项目级别	项目编号	项目名称	负责人姓名	项目开始年月	项目结束年月	项目合同总经费（万元）	属本单位学科的到账经费（万元）
12	国家自然科学基金	国家自然科学基金委员会	面上项目	71273210	基于农户收入差异视角的农田水利设施供给效果及改进路径研究——以黄河灌区为例	朱玉春	201301	201612	54	43.2
13	国家自然科学基金	国家自然科学基金委员会	青年项目	71303188	基于农户异质性视角的农业环境全要素生产率增长分析及提升机制研究	白秀广	201401	201612	19	11.4
14	国家自然科学基金	国家自然科学基金委员会	面上项目	71373208	反贫困视角下生态移民政策的农户响应及经济效应研究——以陕西省南部地区为例	余 劲	201401	201712	56	56
15	国家自然科学基金	国家自然科学基金委员会	面上项目	41271155	文化地理学视域下集镇文化生态的价值功能研究——以陕西关中历史文化名镇为例	崔彩贤	201209	201612	60	60
16	国家自然科学基金	国家自然科学基金委员会	面上项目	70973097	农户网络组织（PNO）机制及其信用演化机理研究	王 静	201001	201212	31.6	5.6
17	国家自然科学基金	国家自然科学基金委员会	面上项目	71073126	西部农村金融市场开放度、市场效率与功能提升政策体系研究	罗剑朝	201101	201312	25	25
18	国家自然科学基金	国家自然科学基金委员会	面上项目	71073127	联合生产、农户选择与后退耕时代农业生态补偿机制研究	姜志德	201101	201312	26	26
19	国家自然科学基金	国家自然科学基金委员会	面上项目	71173176	"农超对接"模式效率评价及效率提升机制研究	刘天军	201201	201512	43	43
20	国家自然科学基金	国家自然科学基金委员会	青年项目	71203182	欠发达地区农村社区老年健康促进机制——基于健康不平等视角会资本异质性视角的分析	张永辉	201301	201512	21	21
21	国家自然科学基金	国家自然科学基金委员会	青年项目	71203181	农产品供应链质量规制研究——基于利益主体契约选择及其治理视角	刘军弟	201301	201512	21	21
22	国家自然科学基金	国家自然科学基金委员会	面上项目	71373205	基于农户收入质量的农村正规信贷约束模拟检验及政策改进研究	孔 荣	201401	201712	56	33.6

（续）

序号	项目来源	项目下达部门	项目级别	项目编号	项目名称	负责人姓名	项目开始年月	项目结束年月	项目合同总经费（万元）	属本单位本学科的到账经费（万元）
23	国家自然科学基金	国家自然科学基金委员会	面上项目	71373707	农村金融联结机制及其关联信用风险演化机理研究	王 静	201401	201712	56	33.6
24	国家自然科学基金	国家自然科学基金委员会	青年项目	71203180	西北区域义务教育均衡发展与教育资源共享模式的构建研究——基于GIS的空间计量分析	赵 丹	201209	201512	21	21
25	国家社科基金	全国哲学社会科学规划办公室	青年项目	11xzz014	集体林权制度改革影响研究——以西北地区为例	何得桂	201101	201412	12	12
26	国家社科基金	全国哲学社会科学规划办公室	一般项目	13BJY106	农民专业合作社纵向一体化研究	王礼力	201307	201507	18	18
27	国家社科基金	全国哲学社会科学规划办公室	西部项目	11XJY029	贫困地区小额信贷的目标偏移问题研究	聂 强	201107	201312	12	12
28	国家社科基金	全国哲学社会科学规划办公室	西部项目	10XGL0002	西部返乡农民工创业环境评估研究	魏 凤	201001	201212	12	12
29	国家社科基金	全国哲学社会科学规划办公室	青年项目	12CSH018	返乡农民工的社会适应及社会应对机制构建研究	张世勇	201205	201512	15	15
30	国家社科基金	全国哲学社会科学规划办公室	一般项目	10BGL038	行为科学与创业动机结构设计模式及政策支持体系研究	薛建宏	201001	201212	12	12
31	国家社科基金	全国哲学社会科学规划办公室	一般项目	13FSH004	新型农民合作社发展的社会机制研究	赵晓峰	201311	201412	18	18
32	国家社科基金	全国哲学社会科学规划办公室	西部项目	13XSH031	中西部地区农民集中居住过程中的文化适应研究	郭占锋	201306	201606	18	18
33	国家社科基金	全国哲学社会科学规划办公室	青年项目	12XGL014	转型期农村社会安全风险的结构性演变与新型治理体系的构建研究——以陕西中为例	杨乙丹	201205	201512	15	15
34	国家社科基金	全国哲学社会科学规划办公室	青年项目	14CSH061	适度伦理原则在解决社会工作伦理困境中的应用研究	袁君刚	201406	201706	20	20
35	境外合作科研项目	联合国粮食及农业组织	国际（地区）合作项目	20111201001	加强林业传统知识在中国森林可持续经营政策中的作用研究	骆耀峰	201112	201312	13	13

（续）

序号	项目来源	项目下达部门	项目级别	项目编号	项目名称	负责人姓名	项目开始年月	项目结束年月	项目合同总经费（万元）	属本单位本学科的到账经费（万元）
36	境外合作科研项目	日本京都大学、日本农林水产省	国际（地区）合作项目	2005030301108	中日农业多样性比较研究（退耕还林政策实施与绩效评价）	余　劲	200503	201312	48	15.1
37	境外合作科研项目	法国 CIRAD	国际（地区）合作项目	20140101001	中国苹果产业安全	霍学喜	201401	201512	29.18	29.18
38	境外合作科研项目	日本农林水产研究院	国际（地区）合作项目	2005030301114	中日农户经营状况比较研究（米脂县调查）	余　劲	200503	201312	35	14.6
39	部委级科研项目	农业部	国家科技重点项目	Z225020701	中国苹果产业经济研究	霍学喜	200701	201512	630	210
40	部委级科研项目	教育部	"长江学者和创新团队发展计划"创新团队	IRT1176	西部地区农村金融市场配置效率、供求均衡与产权抵押融资模式研究	罗剑朝	201101	201412	150	150
41	部委级科研项目	国家林业局	软科学项目	2012FMA-4	集体林权制度改革监测项目陕西省林改监测	高建中	201201	201212	18	5
42	部委级科研项目	国家林业局	软科学项目	2013FMA-5	集体林权制度改革监测项目陕西省林改监测	高建中	201301	201312	18	5
43	部委级科研项目	国家林业局	软科学项目	2014FMA-6	集体林权制度改革监测项目陕西省林改监测	高建中	201401	201412	18	5
44	部委级科研项目	国家林业局	软科学项目	2015-R08	集体林权制度改革监测项目陕西省林改监测	高建中	201501	201512	20	6
45	部委级科研项目	教育部、国家外国专家局	教育部海外名师计划项目	MS2010XBNLO75	与格罗宁根大学合作项目	薛建宏	201001	201412	100	100
46	部委级科研项目	教育部	人文社科一般项目	Z110021104	已租赁集体林产权改革路径研究	李　桦	201001	201312	7	7
47	部委级科研项目	教育部	人文社科一般项目	10XJCZH010	基于城乡统筹视角下的小城镇群网化形成机理、模式与路径研究	夏显力	201001	201312	7	7
48	部委级科研项目	教育部	人文社科青年项目	11YJCZH250	转型期农村合作社发展的社会基础研究	赵晓峰	201101	201412	7	7

（续）

序号	项目来源	项目下达部门	项目级别	项目编号	项目名称	负责人姓名	项目开始年月	项目结束年月	项目合同总经费（万元）	属本单位本学科的到账经费（万元）
49	部委级科研项目	教育部	人文社科青年项目	10YJCJH037	集体林权制度改革与山区农村治理变革研究	何得桂	201001	201312	7	7
50	部委级科研项目	教育部	人文社科一般项目	2009020411 0C22	晋、陕、蒙资源富集区农村公共品投资效率评价及优化研究——基于农户满意的视角	朱玉春	201001	201212	6	6
51	部委级科研项目	教育部	人文社科一般项目	2010020411 0C31	基于选择模型的石羊河流域水资源价值评估及其效益转移研究	赵敏娟	201101	201312	6	6
52	部委级科研项目	教育部	人文社科一般项目	2013020411 0034	农村金融联结机制及其关联信用稳定性研究	王　静	201401	201512	12	12
53	部委级科研项目	水利部	子课题	200901051	冀北山区输水型小流域生态补偿标准	姜志德	201001	201212	5	5
54	部委级科研项目	教育部	人文社科一般项目	11XJC79000б	西部地区农业面源污染的经济分析与对策研究	姜雅莉	201107	201407	7	7
55	部委级科研项目	教育部	新世纪教育人才计划	NCET-13-0492	合作信任、关系网络与小型农田水利农户参与供给研究	朱玉春	201301	201612	20	20
56	部委级科研项目	教育部	博士点基金	2012020411 0035	西部地区农户收入质量、信贷需求与农村正规信贷约束的联动影响研究	孔　荣	201301	201512	12	12
57	部委级科研项目	教育部	重大项目	13JZD036	中华农业文明通史	樊志民	201309	201612	80	80
58	部委级科研项目	国家发展和改革委员会	一般项目	2012027	中国清洁发展机制基金赠款项目"黄土高原退耕区农户低碳生产模式与政策研究"	姜志德	201212	201406	100	100
59	部委级科研项目	国家林业局	软科学项目	2014-R12	基于抵押品的西北地区森林碳汇贷款机制研究	杨文杰	201401	201612	20	10
60	省科技厅项目	陕西省科技厅	省软科学项目	2010KRM80	陕西农村土地流转模式与机制研究	朱玉春	201001	201112	2	2
61	省科技厅项目	陕西省科技厅	省国际合作项目	2010KW-26	互动联系经济计量模型引进及陕北退耕还林工程的评价	余　劲	201001	201112	5	5

（续）

序号	项目来源	项目下达部门	项目级别	项目编号	项目名称	负责人姓名	项目开始年月	项目结束年月	项目合同总经费（万元）	属本单位本学科的到账经费（万元）
62	省科技厅项目	陕西省科技厅	省自然基金	2013JQ5013	陕北退耕还林还前后土地利用／覆被变化及驱动机制研究	龚直文	201301	201412	8	4
63	省科技厅项目	陕西省科技厅	省国际合作项目	2013KW-18-02	陕西省森林碳汇抵押融资机制研究	杨文杰	201301	201412	5	5
64	省科技厅项目	陕西省科技厅	省软科学项目	2014KRM54	兴平市秸秆资源综合利用长效机制研究	张晓妮	201405	201512	3	3
65	省科技厅项目	陕西省科技厅	省软科学项目	2014KRM55	陕西新型果农合作社发展及培育研究	邵砾群	201401	201512	3	3
66	省科技厅项目	陕西省科技厅	省软科学项目	2014KRM08	基于社会资本视角的西部地区合作创新机制研究	郑少锋	201405	201411	3	3
合计	国家级科研项目			数量（个） 34	项目合同总经费（万元） 1 015.6			属本单位本学科的到账经费（万元）		844

Ⅱ-2-2　其他重要科研项目

序号	项目来源	项目名称	合同签订／项目下达时间	负责人姓名	项目开始年月	项目结束年月	项目合同总经费（万元）	属本单位本学科的到账经费（万元）
1	世界银行	中国集体林权改革相关政策研究	201112	姚顺波	201112	201312	25	25
2	陕西省太白林业局	陕西省太白林业局林业产业发展研究	201411	孟全省	201409	201506	19.6	19.6
3	中国／GEF防治土地退化陕西项目管理办公室	陕西省荒漠化治理效益评估研究	201201	姚顺波	201201	201501	17	17
4	中国／GEF防治土地退化陕西项目管理办公室	陕西省生态补偿研究	201112	聂强	201112	201212	12	12
5	中国水利水电科学研究院	志丹水土保持工程综合效益评价	201201	姚顺波	201201	201401	45	45

（续）

序号	项目来源	合同签订/项目下达时间	项目名称	负责人姓名	项目开始年月	项目结束年月	项目合同总经费（万元）	属本单位本学科的到账经费（万元）
6	白水县人民政府	201407	白水苹果产业规划	霍学喜	201407	201507	45	45
7	中国科学院	201401	生态工程的经济社会效益与生态修复的互馈效应	赵敏娟	201401	201512	40	40
8	陕西省水利厅	201410	陕西省水利投资拉动效应及最优投资水平研究	陆 迁	201410	201604	20	20
9	陕西省国土资源厅	201103	陕西省土地整治与农业发展研究	李世平	201103	201312	15.751	15.751
10	中国/GEF防治土地退化陕西项目管理办公室	201203	陕西省土地退化防治公私伙伴关系现状调研	姚顺波	201203	201212	12.5	12.5
11	蒲城县收费管理局	201407	2015年国家农业综合开发现代农业园区试点项目规划	王礼力	201407	201501	100	30
12	杨凌示范区财政局	201312	财政支持特色产业集群发展研究	杨立社	201307	201506	60	60
13	镇原县人民政府	201201	镇原县茹河川区现代农业发展总体规划	霍学喜	201201	201212	50	50
14	宝鸡市政府	201103	宝鸡市土地利用总体规划	李世平	201103	201403	50	50
15	榆林市财政局	201306	榆林市水稻产业发展规划	郑少锋	201306	201403	38	38
16	杨凌示范区科技局	201304	中国旱区农业技术发展报告编写	刘天军	201304	201503	30	30
17	陕西省西安市国土局	201401	西安市耕地与基本农田保护研究	李世平	201401	201506	26.35	26.35
18	陕西省人大常委会农业和农村工作委员会	201208	杨凌示范区农业科技创新机制与模式研究	姜志德	201208	201212	23	23
19	杨凌示范区科教局	201409	世界知名农业科技创新城市发展研究	刘天军	201409	201509	22	22

（续）

序号	项目来源	合同签订/项目下达时间	项目名称	负责人姓名	项目开始年月	项目结束年月	项目合同总经费（万元）	属本单位本学科的到账经费（万元）
20	陕西省教育厅	201401	中职师资培训包会计专业开发研究	孟全省	201401	201412	20	20
21	陕西省财政厅	201112	陕西省农业综合开发潜力研究	崔学莒	201112	201312	20	20
22	千阳县水利局	201411	千阳县"十三五"水资源供需与水利事业发展研究报告	赵敏娟	201411	201412	20	20
23	黄陵县店头镇政府	201310	黄陵县店头镇现代农业产业发展规划	王礼力	201310	201412	20	20
24	杨凌示范区财政局	201304	创新农业生产经营体制与三农融合问题研究	朱玉春	201304	201312	20	20
25	陕西省人大常委会农业和农村工作委员会	201208	陕西省农作物种业发展战略研究	夏显力	201208	201212	18	18
26	陕西省国土资源厅	201206	陕西省土地整治战略研究	南灵	201206	201306	16.81	16.81
27	杨凌示范区展览局	201211	国家杨凌农业技术交易中心建设方案项目	赵敏娟	201201	201312	16	16
28	农业部农村经济研究中心	201406	大宗淡水鱼产业技术效率与预警问题研究	赵敏娟	201406	201412	12	12
29	陕西省发展与改革委员会	201406	陕西省"十三五"现代农业发展研究	夏显力	201406	201412	10	10
30	麟游县农业局	201311	麟游县农业发展规划（2014—2024）	淮建军	201311	201401	10	10

Ⅱ-2-3　人均科研经费

人均科研经费（万元/人）	22.47

Ⅱ-3　本学科代表性学术论文质量

Ⅱ-3-1　近五年（2010—2014年）国内收录的本学科代表性学术论文

序号	论文名称	第一作者	通讯作者	发表刊次（卷期）	发表刊物名称	收录类型	中文影响因子	他引次数
1	基于碳汇效益视角的最优退耕还林补偿标准研究	于金娜	姚顺波	2012（7）	中国人口·资源与环境	CSSCI	3.059	12
2	基于农户生产技术效率的退耕还林政策评价——黄土高原区 3 县的实证研究	赵敏娟	—	2012（9）	中国人口·资源与环境	CSSCI	3.059	10
3	中国林业生产的技术效率测算与分析	田杰	姚顺波	2013（11）	中国人口·资源与环境	CSSCI	3.059	8
4	农户退耕规模的收入效应分析——基于陕西省吴起县农户面板调查数据	李桦	郭亚军	2013（5）	中国农村经济	CSSCI	3.183	0
5	基于 CVM 的耕地保护经济补偿探析	马文博	李世平	2010（11）	中国人口·资源与环境	CSSCI	3.059	37
6	基于 CVM 耕地资源利用的外部性评估——以河南省内黄县为例	陈艳恋	赵凯	2011（3）	资源科学	CSSCI	2.606	21
7	农村社区小型水利设施合作供给意愿的实证	王昕	陆迁	2012（6）	中国人口·资源与环境	CSSCI	3.059	16
8	技术选择对苹果种植户生产收入变动影响——以陕西洛川苹果种植户为例	霍学喜	—	2011（6）	农业技术经济	CSSCI	2.313	14
9	气候变化对苹果主产区产量的影响——来自陕西省 6 个苹果主产基地县 210 户果农的数据	刘天军	—	2012（5）	中国农村经济	CSSCI	3.183	11
10	不同退耕规模农户农业全要素生产率增长的实证分析——基于黄土高原农户调查数据	李桦	—	2011（10）	中国农村经济	CSSCI	3.183	10
11	论"三级三循环"耕地保护利益补偿模式的构建	赵凯	—	2012（7）	中国人口·资源与环境	CSSCI	3.059	9
12	合作社中农民退社的方式及诱因分析——基于渤海湾优势区苹果合作社 354 位退社果农的追踪调查	王鹏	霍学喜	2012（5）	中国农村观察	CSSCI	3.027	9
13	基于面板数据的有效灌溉对中国粮食单产的影响	冯颖	姚顺波	2012（9）	资源科学	CSSCI	2.906	9
14	农民对农村公共品供给满意度实证分析——基于陕西省 32 个乡镇的调查数据	朱玉春	—	2010（1）	农业经济问题	CSSCI	2.924	51
15	中国苹果主产区全要素生产率效率研究——基于 HMB 指数的分析	郭亚军	姚顺波	2011（11）	农业技术经济	CSSCI	2.313	9
16	欠发达地区农村公共服务满意度及其影响因素分析——基于西北五省 1478 农户的调查	朱玉春	—	2010（2）	中国人口科学	CSSCI	3.657	29
17	一个探索农民退社行为的理论及实证分析框架——来自渤海湾苹果优势区 367 退社果农调查数据的分析	王鹏	霍学喜	2011（5）	中国农村观察	CSSCI	3.027	6
18	农村公共品投资满意度影响因素分析——基于西北五省农户的调查	朱玉春	—	2010（3）	公共管理学报	CSSCI	2.931	26
19	农村公共品供给效果评估：来自农户收入差距的响应	朱玉春	—	2011（9）	管理世界	CSSCI	3.015	21
20	后退耕时代：成果管护行为、意愿与激励机制研究	赵冠楠	—	2011（S2）	中国人口·资源与环境	CSSCI	3.059	3
合计					他引次数		中文影响因子	311
					59.681			

II-3-2　近五年（2010—2014年）国外收录的本科代表性学术论文

序号	论文名称	论文类型	第一作者	通讯作者	发表刊次（卷期）	发表刊物名称	收录类型	他引次数	期刊SCI影响因子	备注
1	Designing and Implementing Payments for Ecosystem Services Programs: What Lessons Can Be Learned from China's Experience of Restoring Degraded Cropland?	Artical	尹润生	—	2014（48）	Environmental Science Technology	SCI	1	5.481	第一署名单位
2	Practices and Perceptions on the Development of Forest Bioenergy in China from Participants in National Forestry Training Courses	Artical	渠美	渠美	2012（40）	Biomass & Bioenergy	SCI	4	2.975	通讯单位
3	Impact of the Sloping Land Conversion Program on Rural Household Income: An Integrated Estimation	Artical	林颖	姚顺波	2014（40）	Land Use Policy	SSCI	1	3.134	通讯单位
4	Did the Key Priority Forestry Programs Affect Income Inequality in Rural China?	Artical	刘天军	刘璨	2014（38）	Land Use Policy	SSCI	—	3.134	通讯单位
5	The Implementation and Impacts of China's largest Payment for Ecosystem Services Program as Revealed by Longitudinal Household Data	Artical	尹润生	—	2014（15）	Land Use Policy	SSCI	2	3.134	第一署名单位
6	Volatility Spillovers in China's Crude Oil,Corn and Fuel Ethanol Markets	Artical	吴海霞	李世平	2013（62）	Energy Policy	SCI	4	2.696	通讯单位
7	Understanding China's Food Safety Problem: An analysis of 2387 Incidents of Acute Foodborne Illness	Artical	薛建宏	薛建宏	2013（30）	Food Control	SCI	8	2.819	通讯单位
8	Experts' Assessment of the Development of Wood Framed Houses in China	Artical	渠美	渠美	2012（31）	Journal of Cleaner Production	SCI	1	3.398	通讯单位
9	China's Forest Tenure Reform and Institutional Change in the New Century:What Has Been Implemented and What RemainsTo Be Pursued?	Artical	尹润生	姚顺波	2013（30）	Land Use Policy	SSCI	6	2.346	通讯单位
10	Farm Size, Land Reallocation, and Labour Migration in Rural China	Artical	闫小欢	闫小欢	2014（20）	Population, Space and Place	SSCI	—	1.861	通讯单位

（续）

序号	论文名称	论文类型	第一作者	通讯作者	发表刊次（卷期）	发表刊物名称	收录类型	他引次数	期刊SCI影响子	备注
11	What to Value and How? Ecological Indicator Choices in Stated Preference Valuation	Artical	赵敏娟	Johnston, Robert	2013（56）	Environmental and Resource Economics	SSCI	2	1.795	第一署名单位
12	The Estimation of Long Term Impacts of China's Key Priority Foresty Programs on Rural Household Incomes	Artical	刘璨	李桦	2014（20）	Journal of Forest Economics	SCI	—	1.786	第一署名单位
13	Designing Afforestation Subsidies that Account for the Benefits of Carbon Sequestration: A Case Study Using Data from China's Loess Plateau	Artical	于金娜	姚顺波	2014（20）	Journal of Forest Economics	SSCI	—	1.786	通讯单位
14	Designing and Implementing Payments for Ecosystem Services Programs: Lessons Learned from China's Cropland Restoration Experience	Artical	尹润生	刘天军	2013（35）	Forest Policy and Economics	SCI	4	1.810	通讯单位
15	Markets, Government Policy, and China's Timber Supply	Artical	张寒	张寒	2012（46）	Silva Fennica	SCI	—	1.140	通讯单位
16	Agricultural Productivity Changes Induced by the Sloping Land Conversion Program: An Analysis of Wuqi County in the Loess Plateau Region	Artical	姚顺波	姚顺波	2010（45）	Environmental Management	SSCI	10	1.503	通讯单位
17	An Empirical Analysis of the Effects of China's Land Conversion Program on Farmers' Income Growth and Labor Transfer	Artical	张寒	姚顺波	2010（45）	Environmental Management	SSCI	11	1.503	通讯单位
18	Domestic and Foreign Consequences of China's Land Tenure Reform on Collective Forests	Artical	张寒	张寒	2012（14）	International Forestry Review	SCI	3	1.015	通讯单位
19	Facing China's Forest Tenure Reform and Institutional Change	Review	尹润生	姚顺波	2013（15）	International Forestry Review	SSCI	1	1.160	通讯单位
20	Technical and Cost Efficiency of Rural Household Apple Production	Artical	王丽佳	霍学喜	2013（5）	China Agricultural Economic Review	SSCI	—	0.540	通讯单位

Deliberating How To Resolve the Major Challenges

（续）

序号	论文名称	论文类型	第一作者	通讯作者	发表刊次（卷期）	发表刊物名称	收录类型	他引次数	期刊SCI影响因子	备注
21	Farmers Willingness to Switch to Organic Agriculture	Artical	刘昶	姚顺波	2014（60）	Agricultural Economics-Zemedelska Ekonomika	SSCI	—	0.325	通讯单位
22	Policies and Performances of Agricultural/rural Credit in Bangladesh: What Is the Influence onAgricultural Production?	Artical	Rahman M. Wakilur	罗剑朝	2011（6）	African Journal of Agricultural Research	SCI	2	0.3	通讯单位
23	Factors Influencing Shaanxi and Gansu farmers' Willingness to Purchase Weather Insurance	Artical	孔荣	Turvey CG	2011（3）	China Agricultural Economic Review	SCI	1	0.367	第一署名单位
24	Welfare Impacts of Microcredit Programmes: An Empirical Investigayion in the StatedesignatedPoor Counties of Shaanxi, China	Artical	M. Wakilur Rahman	罗剑朝	2014（7）	Journal of International Development	SSCI	—	0.669	通讯单位
25	Non-neutral Technology, Farmer Income and Poverty Reduction:Evidence from High Value Agricultural Household in China	Artical	王静	霍学喜	2012（10）	Journal of Food Agriculture & Environment	SCI	—	0.517	通讯单位
26	Irrigation Water Pricing Policy for Water Demand and Environmental Management: A Case Study in the Weihe River Basin	Artical	Fanus Asefaw Aregay	赵敏娟	2013（15）	Water Policy	SCI	1	0.867	通讯单位
27	Liushou Women's Happiness and its Influencing Factors in Rural China	Artical	梁洪松	梁洪松	2014（117）	Social Indicators Research	SCI	—	1.264	通讯单位
28	Weather Effects on Maize Yields in Northern China	Artical	孙保敬	孙保敬	2014（152）	Journal of Agricultural Science	SSCI	—	2.891	通讯单位
29	Involuntary Bachelorhood in Rural China: A Social Network Perspective	Artical	刘利鸽	刘利鸽	2014（69）	Population	SSCI	—	1.342	通讯单位
30	Merged or Unmerged School? School Preferences in the Context of School Mapping Restructure in Rural China	Artical	赵丹	赵丹	2014（23）	The Asia-pacific Education Researcher	SSCI	—	0.793	通讯单位
合计	SCI影响因子			54.351		他引次数			62	

Ⅲ 人才培养质量

Ⅲ-1 优秀教学成果奖（2012—2014 年）

序号	获奖级别	项目名称	证书编号	完成人	获奖等级	获奖年度	参与单位数	本单位参与学科数
1	中国学位与研究生教育学会研究生教育成果奖	充分利用国际资源，强化农林经济管理学科研究生过程管理	2014038	霍学喜	二等奖	2014	1	1
2	省级	农林经济管理专业人才创新能力培养模式的研究与实践	SJX111011	孟全省	一等奖	2012	1	1
合计	国家级	一等奖（个）	—	二等奖（个）	1	三等奖（个）	—	
	省级	一等奖（个）	1	二等奖（个）	—	三等奖（个）	—	

Ⅲ-3 本学科获得的全国、省级优秀博士学位论文情况（2010—2014 年）

序号	类型	学位论文名称	获奖年月	论文作者	指导教师	备注
1	省级	农户经营改造的信息技术型人力资本研究	201411	王建华	李录堂	
2	国家级	不同经营规模农户市场行为研究——基于陕西省果农的理论与实证	201011	屈小博	霍学喜	提名奖
合计	全国优秀博士论文（篇）		提名奖（篇）		1	
	省优秀博士论文（篇）	1				

Ⅲ-4 学生国际交流情况（2012—2014 年）

序号	姓名	出国（境）时间	回国（境）时间	地点（国家/地区及高校）	国际交流项目名称或主要交流目的
1	李红	200808	201205	日本筑波大学	攻读博士学位
2	闫小欢	200810	201308	德国吉森大学	攻读博士学位
3	刘力	200901	201309	德国基尔大学	攻读博士学位
4	李纳	200909	201408	加拿大圭尔夫大学	攻读博士学位
5	石磊	200909	201403	瑞典农业大学	攻读博士学位
6	黄利欧	200909	201305	加拿大萨斯卡彻温大学	攻读博士学位
7	张敏	200909	201212	日本立命馆大学	攻读博士学位
8	高丽萍	200908	201408	美国奥本大学	攻读博士学位
9	修凤丽	200911	201403	德国吉森大学	攻读博士学位
10	崔玉玲	200909	201306	澳大利亚麦考瑞大学	攻读博士学位
11	吴蕾	200909	201212	日本立命馆大学	攻读博士学位

（续）

序号	姓名	出国（境）时间	回国（境）时间	地点 （国家/地区及高校）	国际交流项目名称或 主要交流目的
12	华婧	200908	201407	美国奥本大学	攻读博士学位
13	孟祥南	201003	201403	澳大利亚南澳大学	攻读博士学位
14	张婷婷	200910	201411	新西兰梅西大学	攻读博士学位
15	李郑涛	201003	201403	荷兰格罗宁根大学	攻读博士学位
16	蓝菁	200910	201310	日本政策研究院大学院大学	攻读博士学位
17	李换梅	201009	201409	澳大利亚阿德雷德大学	攻读博士学位
18	张静	201009	201409	澳大利亚昆士兰大学	攻读博士学位
19	刘震	201010	201401	丹麦哥本哈根大学	攻读博士学位
20	赵青	201010	201302	德国吉森大学	攻读博士学位
21	高平	201009	201403	日本立命馆大学	攻读博士学位
22	尚宗元	201009	201309	加拿大圭尔夫大学	攻读博士学位
23	胡慧敏	201010	201409	日本九州大学	攻读博士学位
24	魏彦锋	201010	201310	日本广岛大学	攻读博士学位
25	刘琪	201009	201410	加拿大萨斯喀彻温大学	攻读博士学位
26	牛荣	201002	201202	美国密歇根州立大学	联合培养博士
27	华春林	201009	201209	美国德州农工大学	联合培养博士
28	冯颖	201012	201212	美国奥本大学	联合培养博士
29	刘婧	201010	201210	美国犹他州立大学	联合培养博士
30	王芳	201012	201212	加拿大农业与农业食品部	联合培养博士
31	苗珊珊	201111	201211	荷兰瓦赫宁根大学	联合培养博士
32	孙保敬	201110	201210	加拿大维多利亚大学	联合培养博士
33	王丽佳	201108	201208	美国密西根州立大学	联合培养博士
34	吴海霞	201109	201209	美国加州大学河滨分校	联合培养博士
35	胡楠	201108	201208	美国密歇根州立大学	科研交流访问
36	刘丰云	201108	201408	日本立命馆大学	攻读博士学位
37	袁南南	201108	201408	日本神户大学	攻读博士学位
38	任洪浩	201108	201408	荷兰格罗宁根大学	攻读博士学位
39	袁亚林	201108	201408	日本九州大学	攻读博士学位
40	王浩同	201109	201509	德国吉森大学	攻读博士学位
41	陈晓钰	201109	201509	澳大利亚阿德莱德大学	攻读博士学位
42	刘敏	201210	201610	荷兰瓦赫宁根大学	攻读博士学位
43	任彦军	201210	201610	德国基尔大学	攻读博士学位
44	任倩	201209	201509	日本神户大学	攻读博士学位
45	张召华	201208	201608	美国奥本大学	攻读博士学位
46	洪宇	201209	201609	荷兰瓦赫宁根大学	攻读博士学位
47	张文静	201212	201311	荷兰瓦赫宁根大学	联合培养博士

（续）

序号	姓名	出国（境）时间	回国（境）时间	地点 （国家 / 地区及高校）	国际交流项目名称或 主要交流目的
48	王 昕	201210	201310	美国爱达荷大学	联合培养博士
49	王 欣	201209	201401	美国加州大学戴维斯分校	联合培养博士
50	成 哲	201210	201410	比利时安特卫普大学	联合培养博士
51	闫文收	201209	201609	澳大利亚阿德莱德大学	攻读博士学位
52	李林阳	201308	201708	荷兰格罗宁根大学	攻读博士学位
53	郝晶辉	201308	201308	荷兰瓦格宁根大学	`攻读博士学位
54	戴 薇	201309	201709	澳大利亚阿德雷德大学	攻读博士学位
55	张 博	201309	201709	澳大利亚阿德雷德大学	攻读博士学位
56	卢文曦	201309	201709	澳大利亚阿德雷德大学	攻读博士学位
57	王佳楣	201309	201409	荷兰瓦赫宁根大学	联合培养博士
58	杨雪梅	201311	201411	美国犹他州立大学	联合培养博士
59	史恒通	201309	201409	德国基尔大学	联合培养博士
60	高 佳	201409	201509	荷兰格罗宁根大学	联合培养博士
61	卓日娜图娅	201406	201606	加拿大圭尔夫大学	联合培养博士
62	彭艳玲	201410	201510	美国康奈尔大学	联合培养博士
63	侯建昀	201410	201510	美国密歇根周立大学	联合培养博士
64	姚柳杨	201409	201512	美国克拉克大学	联合培养博士
65	邸玉玺	201409	201512	美国威斯康星麦迪逊分校	联合培养博士
66	杨婷怡	201409	201809	美国德州农工大学	攻读博士学位
67	王妹娟	201409	201809	美国奥本大学	攻读博士学位
68	刘惠芳	201409	201709	德国明斯特大学	攻读博士学位
69	王 宇	20149	201809	美国维吉利亚州大学	攻读博士学位
70	唐绍辉	201309	201709	美国俄亥俄州立大学	攻读博士学位
合计		学生国际交流人数			70

Ⅲ-5　授予境外学生学位情况（2012—2014 年）				
序号	姓名	授予学位年月	国别或地区	授予学位类别
1	Batbileg Khuselchimeg	201206	蒙古国	经济学硕士
2	Bayarsaikhan Tsembelsuren	201206	蒙古国	管理学硕士
3	Mohamed A. Elshehawy	201206	埃及	管理学硕士
4	Fanus Asefaw Aregay	201212	厄立特里亚国	管理学硕士
5	Ariunzul Javzandorj	201212	蒙古国	经济学硕士
6	Andrea Vaca	201212	厄瓜多尔	管理学硕士
7	Nada Shouman	201306	埃及	管理学硕士

（续）

序号	姓名	授予学位年月	国别或地区		授予学位类别
8	Altantsetseg Odonchimeg	201306	蒙古国		管理学硕士
9	Baasankhuu Baljinnyam	201306	蒙古国		经济学硕士
10	Abiud Simiyu Lunani	201306	肯尼亚		经济学硕士
11	Vo Sy	201406	越南		经济学硕士
12	Halima Pembe Yahya	201406	坦桑尼亚		管理学硕士
13	RAHMAN,MD.WAKILUR	201206	孟加拉国		管理学博士
14	Rania Ahmed Mohamed Ahmed	201206	埃及		管理学博士
15	Lovely Parvin	201206	孟加拉国		管理学博士
16	Md. Abdul Majid Pramanik	201306	孟加拉国		管理学博士
17	Mita Bagchi	201306	孟加拉国		管理学博士
18	Zahra Masood	201306	巴基斯坦伊斯兰共和国		管理学博士
19	TOURE Maïmouna	201306	马里共和国		管理学博士
20	Khadim Hussain	201312	巴基斯坦伊斯兰共和国		管理学博士
21	LkhagvasurenTogtokhbuyan	201406	蒙古国		管理学博士
22	Sommalath Sisavath	201406	老挝		管理学博士
合计	授予学位人数	博士	10	硕士	12

7.5.2　学科简介

1. 学科基本情况与学科特色

西北农林科技大学农林经济管理学科可追溯到 1936 年原国立西北农林专科学校创建的农业经济学专业，其所属的二级学科农业经济管理 1960 年开始招收研究生，1981 年获硕士学位授予权，1984 年获博士学位授予权，1989 年被评为国家级重点学科，1998 年设博士后流动站，2007 年重获国家重点学科；2000 年林业经济管理学科获硕士学位授予权，并被评为陕西省重点学科；2000 年获批农林经济管理一级学科博士学位授予权。

立足我国，尤其是西部地区经济转型过程中的全局性、紧迫性和战略性现实题，遵循理论探索与应用研究相结合的思路，通过不断凝炼与内涵式发展，本学科现拥有农业经济管理、林业经济管理、农村金融和农村区域发展四个研究内容明确清晰、特色鲜明的二级学科，具体如下：

① 农业经济管理：农业组织与市场、经果林户经济行为与绩效、农业产业组织与制度创新、粮食安全与综合生产能力建设、鲜果流通模式与流通政策。

② 林业经济管理：西部地区农业生态系统与森林生态系统可持续经营、环境保护的市场化理论、环境管理社会制衡机制等。

③ 农村金融：金融深化过程中的农村信贷体系、农地金融制度、生态建设投融资、农村金融组织及其行为、农村金融体系结构、农村社会保障机制、制度衔接与实施推进措施等。

④ 区域经济发展：自然资源富集区经济发展方式转型、流域治理与水资源优化配置、制度变迁与反贫困、区域合作与产业规划、自然资源资产负债与区域发展等。

总体而言，农林经济管理学科特色可以概括为三方面：

（续）

特色一，立足西部发展需要，以现实问题作为学科完善与发展的切入点，强调研究内容的前瞻性与战略性。围绕西部经济转型过程中的资源安全、生态安全、环境安全及社会经济问题，在夯实原有学科基础上，近年来将研究拓展到区域特色产业转换与升级、退耕还林（草）补偿及制度创新、资源富集区可持续发展、生态系统价值评估，开展重大实际问题驱动型科学研究。

特色二，注重学科交叉，突出实证研究，强调研究成果科学性与应用性。重视经济学、管理学等社会科学与农学、农业工程学等自然科学的协同，以及信息技术、网络技术、管理工程技术、GIS 技术等现代技术手段之间交叉融合，突出研究问题的规范化和交叉化，强化实证研究及研究成果的应用。

特色三，重视国际化，开展国际前沿合作研究，强调人才培养的区域性与国际性。按照学科优势方向，与瓦赫宁根大学资源与环境学院、格罗宁根大学空间科学学院、密西根州立大学农业与自然资源学院林业系、法国农业发展研究中心（CIRAD）林果经济等方面长期紧密合作。形成包括师资国际化培训，优势教学资源国际化、特色教学本土化，既提升本学科参与国际学术竞争的能力，又培养适应区域发展需要的高级人才。

2. 社会贡献

（1）为制定政策、发展规划、行业标准提供决策咨询

《关于警惕粮食主产区农地流转"非粮化"倾向》（孙其信，余劲等，2014）以中央统战部专报呈送国务院，国务院总理李克强、主管副总理汪洋做出重要批示；为中央一号文件和农业部的重大政策的出台提供了重要依据，提出建议被采纳。

《关于我省耕地减少状况的调查》（霍学喜等，2011）（陕咨字［2011]），省委书记赵乐际、省长赵正永及省委副书记王侠、常务副省长娄勤俭、主管副省长江泽林做出重要批示。

《关于提高我省农作物种子企业研发能力的建议》，提交全国政协十一届五次会议和陕西省政协，政协第十次陕西省委员会第五次会议大会发言；《关于加快推进我国西部地区小城镇发展的建议》，以九三学社社中央推荐给全国人大代表、政协委员，被采纳。

《宝鸡市土地利用总体规划（2006—2020）》《陕西省耕地与基本农田保护专题研究》《陕西省"十三五"现代农业发展研究》《陕西省白水县苹果产业标准》等区域发展、行业专题报告 23 项。

（2）产学研相结合，为产业发展提供技术支持

依托我校 23 个科技试验站，建立涵盖 20 个样本县区、486 个农户的固定调查系统，完成技术推广方案、技术培训方案 105 项。

完成涵盖陕西农林牧副渔的 10 个固定观测县调研，包括 2000 左右固定农户调查和报告。

依托国家科技重点项目（中国苹果产业经济研究），向农业部及苹果主产省政府提交《中国苹果产业经济发展年度报告（2010—2014）》5 份、专题性《技术简报》24 份。

（3）弘扬优秀文化、推进科学普及、服务社会大众

为中组部、农业部、陕西省委中心组等做专题报告 12 次；为省级及地方党委政府做报告 65 次。

为地方管理干部、非洲国家农业部门政府官员等提供培训 20 场次、500 人次以上。

依托中央农业干部教学培训中心西北基地、陕西省干部教育培训西北农林科技大学基地、全国职业教育师资培训重点建设基地，参与培训 100 余次。

每年提供"三农"领域各类政策咨询、市场资讯等 20 余场次。

（4）专职教师部分重要社会兼职

霍学喜：国务院学位委员会学科评议组成员，中国农业技术经济学会副理事长，陕西省农业经济学会常务会长，陕西省决策资讯委员会委员。

姚顺波：中国林业经济学会常务理事、中国生态学会理事、亚洲开发银行财务咨询专家。

郑少锋：亚洲开发银行财务咨询专家，财政部、科技部项目评审专家。

樊志民：中国农业历史博物馆馆长，全球重要农业文化遗产中国项目专家委员会委员。

余　劲：国际经济学会会员，科技部国家科技计划战略咨询专家。

李世平：陕西省耕地保护与土地整理复垦专业委员会副主任委员。

夏显力：陕西省农业协同创新与推广联盟专家委员会委员兼秘书。

7.6 中国林业科学研究院

7.6.1 清单表

Ⅰ 师资队伍与资源

	I-1 突出专家				
序号	专家类别	专家姓名	出生年月	获批年月	备注
1	享受政府特殊津贴人员	李智勇	196103	200212	
合计	突出专家数量（人）			1	

		I-2 专职教师与学生情况			
类型	数量	类型	数量	类型	数量
专职教师数	85	其中，教授数	15	副教授数	37
研究生导师总数	15	其中，博士生导师数	3	硕士生导师数	12
目前在校研究生数	27	其中，博士生数	7	硕士生数	20
生师比	1.8	博士生师比	2.33	硕士生师比	1.4
近三年授予学位数	27	其中，博士学位数	9	硕士学位数	18

	I-4 重点学科				
序号	重点学科名称	重点学科类型	学科代码	批准部门	批准年月
1	林业经济管理	二级学科	120302	国家林业局	200605
合计	二级重点学科数量（个）	国家级	—	省部级	1

	I-5 重点实验室			
序号	实验室类别	实验室名称	批准部门	批准年月
1	省部级重点实验室/中心/野外观测站	国家林业局社会林业研究发展中心	国家林业局	199912
2	省部级重点实验室/中心/野外观测站	国家林业局林业发展战略研究中心	国家林业局	200601
3	省部级重点实验室/中心/野外观测站	国家林业局林产品国际贸易研究中心	国家林业局	200903
4	省部级重点实验室/中心/野外观测站	国家林业局国际森林问题研究中心	国家林业局	201107
5	省部级重点实验室/中心/野外观测站	国家林业局知识产权研究中心	国家林业局	201204
6	省部级重点实验室/中心/野外观测站	国家林业局森林认证研究中心	国家林业局	201312
合计	重点实验数量（个）	国家级	—	省部级
				6

II 科学研究

II-1 近五年（2010—2014年）科研获奖

序号	奖励名称	获奖项目名称	证书编号	完成人	获奖年度	获奖等级	参与单位数	本单位参与学科数
1	梁希奖	北京山区生态公益林高效经营关键技术与示范	2011-KJ-1-04-R07	校建民	2011	一等奖	4（3）	1
2	省级科技进步奖	青岛市森林与湿地资源核算技术与应用研究	J2009-2-21-3	吴水荣	2010	二等奖	3（3）	1
合计	科研获奖数量（个）	国家级	特等奖	—	一等奖	—		
				二等奖	—			
		省部级	一等奖	—	二等奖	—		
				三等奖	—			

II-2 代表性科研项目（2012—2014年）

II-2-1 国家级、省部级、境外合作科研项目

序号	项目来源	项目下达部门	项目级别	项目编号	项目名称	负责人姓名	项目开始年月	项目结束年月	项目合同总经费（万元）	属本单位本学科的到账经费（万元）
1	国家自然科学基金	国家自然科学基金委员会	面上项目	31170593	替代性森林经营模式对东北红松天然次生林多目标功能的影响机制及模拟预测研究	何友均	201201	201512	65	65
2	国家自然科学基金	国家自然科学基金委员会	面上项目	31270631	树种选择与配置对森林多重服务功能的影响机制及模拟优化研究	吴水荣	201301	201612	75	75
3	部委级科研项目	科技部	重大项目	200904C05	多功能林业发展模式与监测评价体系研究	李智勇	200901	201212	477	477
4	部委级科研项目	科技部	重大项目	2012GXS2B009	突破国际贸易壁垒的中国木材合法性认定标准体系研究	陈绍志	201201	201312	30	30
5	部委级科研项目	科技部	子专题	2005DKA32200-0A	林业科学数据平台：文献中心	王忠明	201201	201412	125	125

（续）

序号	项目来源	项目下达部门	项目级别	项目编号	项目名称	负责人姓名	项目开始年月	项目结束年月	项目合同总经费（万元）	属本单位本学科的到账经费（万元）
6	部委级科研项目	国家发展和改革委员会	一般项目	201314	中国碳汇潜力与林业发展战略研究	雷静品	201301	201412	200	136
7	部委级科研项目	科技部	面上项目	201204107	国际林产品贸易中的碳转移计量与监测及中国林业碳汇产权研究	陈幸良	201201	201412	193	193
8	部委级科研项目	科技部	面上项目	201104035	城市森林保健功能监测方法与评价体系研究	叶兵	201101	201312	107	107
9	部委级科研项目	科技部	面上项目	201004032	集体林改后森林资源变化监测和评价技术研究及示范	陈幸良	201001	201412	80	80
10	部委级科研项目	科技部	面上项目	200804004	中国木质林产品碳流动机制研究	雷静品	200801	201212	102	76
11	部委级科研项目	科技部	面上项目	201304315	应对气候变化重大国际林业问题的技术与对策研究	朱建华	201301	201412	160	160
12	部委级科研项目	科技部	重大项目子专题	201004016	生态建设驱动模式和管理创新研究	李智勇	201001	201412	176	176
13	部委级科研项目	科技部	重大项目子专题	200804001	气候变化对林业影响的综合评价及适应对策研究	李智勇	200801	201212	40	40
14	部委级科研项目	科技部	面上项目	2013GXS4B086	中国西部地区土地退化防治公私伙伴关系机制创新研究	叶兵	201401	201412	5	5
15	部委级科研项目	国家林业局	一般项目	2012-4-69	人工林多功能经营及模拟预测技术引进	陈绍志	201201	201412	50	50
16	部委级科研项目	国家林业局	一般项目	2013-4-69	基于全球化背景的林产品贸易评估技术引进	胡延杰	201301	201512	50	50
17	部委级科研项目	国家林业局	一般项目	2013-4-76	森林认证关键技术与认证模式技术引进	赵劼	201301	201512	50	50
18	部委级科研项目	国家林业局	一般项目	2014-4-45	木材合法性尽职调查与追溯系统技术引进	徐斌	201401	201612	50	50

（续）

序号	项目来源	项目下达部门	项目级别	项目编号	项目名称	负责人姓名	项目开始年月	项目结束年月	项目合同总经费（万元）	属本单位本学科的到账经费（万元）
19	部委级科研项目	国家林业局	一般项目	2011-R08	面向低碳经济的林业发展策略研究	赵　劼	201101	201112	10	10
20	部委级科研项目	国家林业局	一般项目	2012-R23	中国森林文化传承创新研究	樊宝敏	201201	201212	5	5
21	部委级科研项目	国家林业局	一般项目	2012-R22	南方主要省区人工林经营状况调查及近自然经营对策研究	许新桥	201201	201212	5	5
22	部委级科研项目	国家林业局	一般项目	—	林业科技进步水平及贡献率评价方法与实证研究	王登举	201201	201312	10	10
23	部委级科研项目	国家林业局	一般项目	2013-RC1	林改后生态公益林生态效益补偿机制与政策研究	李忠魁	201301	201312	5	5
24	部委级科研项目	国家林业局	一般项目	2014-RC2	城市生态廊道生态安全调控实施对策研究	谭艳萍	201401	201512	20	20
25	部委级科研项目	国家林业局	一般项目	—	世界林业发展动态跟踪与政策研究	陈绍志	201201	201512	280	280
26	部委级科研项目	国家林业局	一般项目	—	应对非法采伐策略研究	陈绍志	201201	201512	120	120
27	部委级科研项目	国家林业局	一般项目	—	国际林业热点问题磋商与谈判配套研究	罗信坚	201201	201512	210	210
28	部委级科研项目	国家林业局	一般项目	—	林业植物新品种与专利保护应用	王忠明	201201	201512	250	250
29	部委级科研项目	国家林业局	一般项目	—	中国企业境外森林可持续经营利用配套研究	宿海颖	201201	201312	110	110
30	部委级科研项目	国家林业局	一般项目	—	林业知识产权信息共享与预警机制研究	王忠明	201301	201412	120	120
31	部委级科研项目	国家林业局	一般项目	—	森林认证国际问题与政策研究	陆文明	201401	201412	90	90

（续）

序号	项目来源	项目下达部门	项目级别	项目编号	项目名称	负责人姓名	项目开始年月	项目结束年月	项目合同总经费（万元）	属本单位本学科的到账经费（万元）
32	部委级科研项目	国家林业局	一般项目	—	我国森林保险制度设计及运行机制	陈绍志	201201	201312	50	50
33	部委级科研项目	国家林业局	一般项目	—	林业 PMI 指数体系开发及应用研究	陈绍志	201301	201412	30	30
34	部委级科研项目	国家林业局	一般项目	—	林业转基因生物安全突发事件应急预案	陈绍志	201201	201212	15	15
35	部委级科研项目	国家林业局	一般项目	—	林业多元化融资体系研究	陈绍志	201201	201312	50	50
36	部委级科研项目	国家林业局	一般项目	—	林业国别政策研究	陈绍志	201201	201512	45	45
37	部委级科研项目	国家林业局	一般项目	—	推动建立重点国家和机制合作战略研究	陈绍志	201301	201512	50	50
38	部委级科研项目	国家林业局	一般项目	—	扶贫攻坚及援疆援藏政策支撑体系研究	陈绍志	201301	201412	50	50
39	部委级科研项目	国家林业局	一般项目	—	国际森林问题研究	吴水荣	201301	201512	20	20
40	部委级科研项目	国家林业局	一般项目	—	林业生物遗传资源引进、流失与生产应用调查	陈绍志	201301	201412	20	20
41	部委级科研项目	国家林业局	一般项目	—	林业应对气候变化碳汇计量和监测体系建设	吴水荣	201301	201512	30	30
42	部委级科研项目	国家林业局	一般项目	—	商品林保险的价值理论研究与应用制度设计	陈绍志	201401	201412	20	20
43	部委级科研项目	国家林业局	一般项目	—	营造林质量管理与稽查—森林抚育经营成本与效益研究	李玉敏	201301	201412	40	40
44	部委级科研项目	国家林业局	一般项目	—	中国森林认证标志管理系统及使用手册	陈 力	201201	201212	10	10

（续）

序号	项目来源	项目下达部门	项目级别	项目编号	项目名称	负责人姓名	项目开始年月	项目结束年月	项目合同总经费（万元）	属本单位本学科的到账经费（万元）
45	部委级科研项目	国家林业局	一般项目	—	蒙特利尔进程国家报告编写及进程跟踪	雷静品	201201	201312	65	65
46	部委级科研项目	国家发展和改革委员会	一般项目	—	气候变化背景下的中国湿地保护对策研究	叶　兵	201203	201212	6	6
47	部委级科研项目	人社部	留学回国人员择优资助项目	—	基于农户视角的林下经济发展研究	赵　荣	201311	201412	3	3
48	境外合作科研项目	国际热带木材组织（ITTO）	重点项目	PD 017/09 Rev 2（M）	对中国中小林业企业进行能力建设以促进资源自合法和可持续经营的热带木材的采购	罗信坚	201012	201312	180	180
49	境外合作科研项目	国际热带木材组织（ITTO）	一般项目	PD 480/07 REV.2（M）	2020 年中国热带林产品市场供需展	胡延杰	200901	201212	189	189
50	境外合作科研项目	英国林德士国际有限公司（InFIT）	重大项目	—	中英合作国际林业投资与贸易项目	陈绍志	201407	201612	1200	1200
51	境外合作科研项目	国际环境与发展研究所（IIED）	一般项目	—	中非合作提升森林资源管理	陈绍志	201409	201503	350	87.2
52	境外合作科研项目	联合国开发计划署/全球环境基金 UNDP/GEF	分包项目	08G0309S05	2010 及 2012 土地利用、土地利用变化和林业温室气体清单编制	朱建华	201401	201812	400	400
53	境外合作科研项目	宜家公司（IKEA）	重点项目	—	中国负责任的林业与供应管理技术体系	徐　斌	201207	201506	143.3	143.3
54	境外合作科研项目	宜家公司（IKEA）	重点项目	—	中国负责任森林经营与供应链管理技术研究与能力建设——森林可持续经营认证研究	校建民	201207	201506	172	172
55	境外合作科研项目	欧洲森林研究所（EFI）	一般项目	—	中欧 FLEGT 培训和模式探索	陈　勇	201208	201304	40	40

（续）

序号	项目来源	项目下达部门	项目级别	项目编号	项目名称	负责人姓名	项目开始年月	项目结束年月	项目合同总经费（万元）	属本单位本学科的到账经费（万元）
56	境外合作科研项目	雨林联盟（RA）	一般项目	—	RA供应链技术研究	徐斌	201201	201206	36.8	36.8
57	境外合作科研项目	美国权利与资源研究所（R&R）	一般项目	—	亚洲林权改革及妇女在森林管理中的作用	陈绍志	201206	201412	15.8	15.8
58	境外合作科研项目	美国农村发展研究所（RRI）	一般项目	—	森林生态补偿政策研究	陈绍志	201203	201306	14.2	14.2
59	境外合作科研项目	宜家公司（IKEA）	一般项目	—	宜家福建可控木材及高保护价值森林判定	赵劼	201309	201609	94.6	94.6
60	境外合作科研项目	美国农村发展研究所（RRI）	一般项目	—	中国林业海外投资初评	陈绍志	201301	201412	40.3	40.3
61	境外合作科研项目	森林趋势（FT）	一般项目	—	中俄林产品贸易研究	宿海颖	201312	201512	18.8	18.8
62	境外合作科研项目	森林趋势（FT）	一般项目	—	促进合法和可持续的林产品贸易与投资研究	陈勇	201312	201512	19.4	19.4
63	境外合作科研项目	世界自然基金会（WWF）	一般项目	—	高保护价值森林比较研究	赵劼	201402	201606	34	34
64	境外合作科研项目	大自然保护（TNC）	一般项目	—	巴新合法木材采购指南编制及试点项	徐斌	201304	201310	30	30
65	境外合作科研项目	联合国粮食及农业组织	一般项目	—	中国商品人工林可持续采伐管理研究与指南制定	何友均	201101	201212	15	15
66	境外合作科研项目	世界自然基金会（WWF）	一般项目	—	支持境外森林可持续经营和利用指南的推广	宿海颖	201305	201406	10	10
合计	国家级科研项目		数量（个）	24	项目合同总经费（万元）	2 090		属本单位本学科的到账经费（万元）		2 000

II-2-2 其他重要科研项目

序号	项目来源	合同签订/项目下达时间	项目名称	负责人姓名	项目开始年月	项目结束年月	项目合同总经费（万元）	属本单位本学科的到账经费（万元）
1	中国林业科学研究院	201207	多目标森林经营规划模拟优化研究	陈绍志	201207	201406	15	15
2	中国林业科学研究院	201007	现代林业理论若干重要问题研究	陈幸良	201001	201212	20	20
3	中国林业科学研究院	200807	中国林业国际合作战略研究	雷静品	200807	201212	15	15
4	中国林业科学研究院	200807	杉木人工林经营碳汇核算研究	姜春前	201408	201708	30	30
5	中国林业科学研究院	201207	国际森林问题发展态势和中国政府谈判对策研究	陆文明	201207	201406	40	30
6	中国林业科学研究院	201207	中国林下经济产业发展战略研究	王斌	201203	201412	30	30
7	国家林业科学研究院调查规划设计院	201204	林业规划实施监督评估体系研究	陈绍志	201204	201402	100	100
8	国家林业局调查规划设计院	201106	林业十二五规划后续重大问题研究	陈绍志	201106	201212	100	100
9	吉林省蛟河林业实验区管理局	201104	森林多功能管理决策支持系统及综合效益评估	陈绍志	201104	201303	80	80
10	北京市园林绿化局研究室	201204	北京市深化集体林权改革配套政策和关键问题合作研究	王登举	201204	201304	20	20
11	国家林业局经研中心	201206	林业投资效率研究	陈绍志	201206	201306	10	10
12	延边林业集团珲春林业有限公司	201206	国有林区绿色转型发展道路研究	王登举	201206	201302	10	10
13	国家林业局科技发展中心	201207	林业生物遗传资源管理顶层制度设计与对策研究	胡延杰	201207	201312	20	20
14	国家林业局科技发展中心	201204	林业授权品种侵权情况调查及林业行政执法管理办法制定	王晓原	201204	201212	15	15
15	广西斯道拉恩索林业有限公司	201401	热带森林可持续经营	校建民	201202	201412	21.8	21.8
16	中国绿色碳汇基金会	201205	中国绿色碳汇基金会2012年青海省碳汇造林	于天飞	201205	201705	20	20
17	北京市园林绿化局研究室	201207	北京市平原绿化发展战略研究	吴水荣	201207	201402	30	30
18	重庆市林业科学研究院	201201	"森林重庆"的基本发展经验及其蕴含的创造国民财富与福利思想的研究	侯元兆	201201	201312	25	25

（续）

序号	项目来源	合同签订/项目下达时间	项目名称	负责人姓名	项目开始年月	项目结束年月	项目合同总经费（万元）	属本单位本学科的到账经费（万元）
19	国家林业局科技发展中心	201201	林业植物新品种测试体系规划编制	王晓原	201303	201312	20	20
20	国家林业局政策法规司	201303	适应生态文明建设需要的林业政策框架体系研究	樊宝敏	201303	201407	9	9
21	北京市林业勘察设计院	201311	首都园林绿化推进生态文明建设规划纲要	陈绍志	201311	201412	25	25
22	国家林业局科技发展中心	201306	我国森林认证市场需求与推广机制研究	陈绍志	201306	201403	22	22
23	国家林业局农村林业改革发展司	201306	林下经济综合效益评价研究	赵 荣	201306	201412	9.9	9.9
24	张家口市林业局	201301	编制《张家口奥运迎宾廊道规划设计》	陈绍志	201311	201406	120	120
25	浙江省林业厅	201310	淳安县集体林环境资源交州评估技术研究	李忠魁	201310	201509	20	20
26	国家林业局对外合作项目中心	201301	中国林业企业走出去专题研究——海外林业投资现状分析	陈绍志	201410	201510	30	30
27	中国－全球环境基金防治土地退化项目执行办公室（GEF）	201408	西部地区适应气候变化土地管理政策与能力建设专题研究	吴水荣	201408	201512	20	20
28	北京朝阳永续全球环境研究所	201112	"协议保护机制项目"天然林保护工程政策评估	陈绍志	201201	201209	10	10
29	北京市园林绿化局	201112	首都生态文化和园林文化产业市场体系调查与比较分析研究	樊宝敏	201112	201212	20.5	20.5
30	北京市林业勘察设计院	201306	《北京市"十二五"时期园林绿化发展规划》实施中期评估	陈绍志	201306	201402	25	25

Ⅱ-2-3 人均科研经费

人均科研经费（万元/人）	90

II-3　本学科代表性学术论文质量

II-3-1　近五年（2010—2014年）国内收录的本学科代表性学术论文

序号	论文名称	第一作者	通讯作者	发表刊次（卷期）	发表刊物名称	收录类型	中文影响因子	他引次数
1	林业生态文明建设的内涵、定位与实施路径	陈绍志	—	2014, 9（7）	中州学刊	CSSCI	0.450	—
2	中国企业应对国际合法林产品贸易需求现状调研分析	徐斌	陈绍志	2014, 34（2）	林业经济问题	CSSCI	0.950	—
3	合法木材应遵循的基本原则及标准指标研究	李剑泉	陈绍志	2013, 33（06）	浙江林业科技	CSCD	1.133	—
4	基于"3S"技术与计量经济模型的集体林权改革监测与评价的实证研究——福建部武的实例研究	陈幸良	—	2010, 23（6）	林业科学研究	CSCD	1.185	4
5	我国公益林经营现状与经济政策改进	熊璐璐	陈幸良	2012（3）	林业经济	CSSCI	0.678	2
6	中国城市林业科学研究与行政决策的互动发展	叶智	—	2014（12）	林业经济	CSSCI	0.678	—
7	安徽省农村公共设施建设体制改革效应：一个投资规模效率比较的逻辑分析	刘振中	马晓河	2014, 416（8）	农业经济问题	CSSCI	2.061	—
8	政府协议、制度环境与外商土地投资	周海川	—	2014（8）	财贸经济	CSSCI	1.125	—
9	中国省级土地利用变化与林业温室气体清单编制方法	朱建华	—	2014, 10（6）	气候变化研究进展	CSCD	2.329	—
10	不同国家木质林产品碳流动对比	白彦锋	姜春前	2014, 31（1）	浙江农林大学学报	CSCD	1.092	—
11	森林退化及其评价研究	雷静品	肖文发	2010, 46（12）	林业科学	CSCD	0.809 9	1
12	浙江省安吉县竹产业发展分析	魏彬	杨校生	2010, 30（2）	林业经济问题	CSSCI	0.950	4
13	论进出口国共担国际贸易中的海岛林产品隐含碳排放	白冬艳	张德成	2013（4）	林业经济问题	CSSCI	0.950	1
14	林业生态建设的社会经济驱动力评价：来自四川和湖北的实证	廖显春	何友均	2013, 270（8）	生态经济	CSSCI	0.539	—
15	过去4000年中国降水与森林变化的数量关系	樊宝敏	李智勇	2010, 30（20）	生态学报	CSCD	1.297 2	3
16	会稽山古香榧群农业文化遗产生态服务价值评价	王斌	—	2013, 21（6）	中国生态农业学报	CSCD	0.965 4	1
17	森林生态系统服务价值核算理论与方法研究进展	孟祥江	侯元兆	2010, 23（6）	世界林业研究	CSCD	0.262 9	7
18	论多功能森林	侯元兆	曾祥谓	2010, 23（3）	世界林业研究	CSCD	0.262 9	6
19	全球人工林环境管理策略研究	何友均	李智勇	2012, 25（6）	世界林业研究	CSCD	0.262 9	3
20	浙江省滨海湿地生态系统服务及其价值研究	王斌	—	2012, 10（1）	湿地科学	CSCD	0.629 6	8
合计						中文影响因子 18.610 8	他引次数	40

Ⅱ-3-2 近五年（2010—2014年）国外收录的本学科代表性学术论文

序号	论文名称	论文类型	第一作者	通讯作者	发表刊次（卷期）	发表刊物名称	收录类型	他引次数	期刊SCI影响因子	备注
1	Carbon Storage Capacity of Monoculture and Mixed-species Plantations in Subtropical China	Article	何友均	覃 林	2013, 295	Forest Ecology and Management	SCI	7	2.667	
2	The REDD Market Should Not End Up a Subprime House of Cards: Introducing a New REDD Architecture for Environmental Integrity	Viewpoint	Promode Kant	吴水荣	2011, 45（19）	Environmental Science & Technology	SCI	—	5.228	
3	The Extraordinary Collapse of Jatropha as a Global Biofuel	Viewpoint	Promode Kant	吴水荣	2011, 45（17）	Environmental Science & Technology	SCI	36	5.228	
4	Estimation of Biomass, Net Primary Production and Net Ecosystem Production of China's Forests Based on The 1999—2003 National Forest Inventory	Article	王 斌	—	2010, 25	Scandinavian Journal of Forest Research	SCI	7	1.115	
5	Valuation of Forest Ecosystem Goods and Services and Forest Natural Capital of the Beijing Municipality, China	Article	Wu S	Hou Y	2010, 61（234, 235）	Unasylva	—	—	—	
合计	SCI 影响因子		14.28		他引次数			50		

Ⅲ 人才培养质量

序号	教材名称	第一主编姓名	出版年月	出版单位	参与单位数	是否精品教材	备注
			Ⅲ-2 研究生教材（2012—2014 年）				
1	林业社会学	樊宝敏	—	—	—	—	自编教材
2	森林资源资产评估概论	李忠魁	—	—	—	—	自编教材
3	森林资源与环境经济学	吴水荣	—	—	—	—	自编教材
4	林产品市场与贸易	李剑泉	—	—	—	—	自编教材
5	2010 世界林业热点问题	徐 斌	—	—	—	—	自编教材
6	2013 世界林业热点问题	徐 斌	—	—	—	—	自编教材
7	林业经济讲义	宁攸凉	—	—	—	—	自编教材
8	西方经济学讲义	张德成	—	—	—	—	自编教材
9	计量经济学讲义	张德成	—	—	—	—	自编教材
10	森林认证理论与实践	赵 劼	—	—	—	—	自编教材
11	文献检索与利用	邢彦忠	—	—	—	—	自编教材
合计	国家级规划教材数量	—		精品教材数量		—	

序号	姓名	出国（境）时间	回国（境）时间	地点（国家/地区及高校）	国际交流项目名称或主要交流目的
			Ⅲ-4 学生国际交流情况（2012—2014 年）		
1	张 爽	201405	201505	美国密歇根州立大学	学习经济学理论与方法
合计	学生国际交流人数			1	

7.6.2 学科简介

1. 学科基本情况与学科特色

（1）学科基本情况

中国林业科学研究院农林经济管理学科始建于 20 世纪 60 年代，是该院的传统优势学科，1986 年被授予林业经济管理硕士点，2006 年被国家林业局批准为重点林业经济管理一级学科硕士点，2010 年被批准为农林经济管理一级学科硕士点，2013 年被授权自主设置"林业与区域发展"二级学科硕士点。目前，该学科设立了林业经济管理、林业与区域发展 2 个二级学科，建成了国家林业局社会林业研究发展中心、林业发展战略研究中心、林产品国际贸易研究中心、森林认证研究中心、国际森林问题研究中心和知识产权研究中心 6 个学科依托平台，形成了研究方向齐全、成果丰硕、特色鲜明、团队实力雄厚、结构合理等优势局面，研究水平处于国内同类学科前列，在国际上有一定影响力。近 5 年来，承担该领域项目 300 余项，科研经费约 8000 万元，发表论文（第一作者）约 200 篇，出版专著、译著约 30 部，科研项目和成果数量呈逐年增长趋势。

（2）学科特色

本学科是在中国林科院完备的自然科学体系基础上发展起来的，具有自然科学支撑基础雄厚、学术创新资源丰富、多学科交叉融合、农林经济特色突出的学科优势和学科特色，主要领域有：①林业宏观战略与规划研究，依托院士、国务院参事、首席科学家及相关机构专家，成立了国内唯一的专门从事林业宏观战略与规划研究的团队，为国家和地区重大林业战略与规划编制、评估提供决策咨询；②林业经济理论与政策研究，基于经济理论在现代林业生产实践中的应用，

（续）

在林业投融资、财政税收和保险等政策研究，以及国家重点生态工程政策、林业管理体制、林业产权制度、参与式社区林业等研究方面形成了独特的科研机构学科优势，为林业经济运行和政策制定、评估提供重要决策参考；③林产品市场与贸易研究，注重国际合作研究，开辟了林产品贸易与对外投资、林产品市场监测预警、木材合法性认证、FPI 指数以及贸易谈判技术支撑等研究领域，研究水平国内领先，具有重要国际影响力；④森林资源与环境经济学研究，主要在森林资源经济理论与方法、森林资源价值评估与绿色核算、森林环境服务市场和森林碳汇等领域研究水平处于国内领先地位；⑤森林可持续经营与管理研究，将森林可持续经营的理论、方法和技术与成本、效益等经济学知识相融合，开创了基于生态经济学的森林多功能经营基本理论、方法和实践研究，形成了集多功能森林经营、人工林环境管理、森林认证、森林经营模式与示范推广于一体的链条式研究产出，形成了一支与自然科学相融合的、跨学科的、体现国际前沿水平的开放型研究团队，在林业可持续管理及应用研究方面居于国内领先水平；⑥林业史与生态文化研究，是国内最早开展相关研究的团队之一，在中国森林变迁史、林业思想史、政策史研究，中国生态文化体系构建及其相关政策研究，以及生态文明评价体系和区域生态文化发展规划等研究方面具有显著特色；⑦国际森林问题与世界林业研究，是中国林科院最传统而独一无二的研究领域，对世界各国林业资源、产业、科技、政策等动态进行跟踪研究，分析判断主要国家在国际森林问题方面的主要立场、观点，为我国开展林业前沿研究和提升林业国际合作水平提供基础支撑；⑧林业科技信息与知识产权管理研究，开展世界和中国林业科技发展、管理体制及相关政策研究，加强国内外林业科技情报分析和林业科技信息共享，在中国林业知识产权管理研究、信息统计与预警分析方面全国首屈一指。

2. 社会贡献

（1）为制定相关政策法规、发展规划、行业标准提供决策咨询

本学科团队是国家林业局重要智囊团队之一，为中国林业可持续发展、生态保护与修复提供决策咨询，以及推动生态文明建设做出了应用贡献。近5年来，完成"加强木材战略储备基地建设研究""推进生态文明建设规划纲要研究""生态文明战略与体制改革研究""林业治理体系和治理能力现代化战略研究""中国国家生态安全战略研究""林业发展'十三五'规划前期研究""长江绿色生态廊道建设研究""一带一路林业合作战略与规划研究""冬奥迎宾廊道规划设计研究""大敦煌生态保护与区域发展战略研究"等20余项国家重大林业发展战略与规划编制和研究工作，一些研究成果被写入中央和部门文件；先后开展了"国有林场改革试点监测研究""林业扶贫绩效监测研究""林业县域经济发展模式研究""森林保险机制研究""林业产业监测预警系统研究"和"木材合法性认证研究"等10余项林业政策研究，为部门指导相关工作提供了重要参考；配合国家整体外交战略，充分发挥"智库"功能，全方位参与欧盟、美国、日本、澳大利亚、印度尼西亚、俄罗斯等国的林业合作与贸易谈判，推动林业开放不断取得新进展；完成中国和6个区域森林可持续经营标准与指标体系制定，发布森林认证相关国家或行业标准8部，推动国家森林认证体系发展及与国际体系 PEFC 的互认。

（2）加强产学研用结合、技术成果转化，为产业发展提供技术支持

完成森林可持续经营与认证关键技术与实践指南，加入了由加拿大发起的"国际森林可持续经营示范网络建设"，在10余个省建立了试验示范基地和"中国森林可持续经营电子网络平台"，帮助20多个森林经营企业和100多个加工企业通过森林认证。借鉴"近自然培育""多功能林业"等国际理念，与中国林业战略与实践相结合，在河北省木兰林管局建立了包括24个片区的"中国北方森林经营实验示范基地"，基地面积达60万亩，实现了森林经营由样地模式到现地经营的重大突破；提出了林业碳汇审定核查方法学，取得了国家发展改革委自愿减排交易造林再造林项目的审定与核证机构备案资格；建立了指标企业数据库并发布 FPI 指数信息，完成"中国林产品贸易与投资年度报告"和"中国企业境外可持续林产品贸易和投资指南"，为多家企业开展木材合法性认证培训与评估，填补了国内空白，为加快现代林业产业发展提供重要技术支持。

（3）在弘扬优秀文化、推进科学普及、服务社会大众等方面的贡献

建成林业行业云数据中心和林业移动图书馆，构建了中国林业知识产权公共信息服务平台，完成126个国家林业研究报告，实现了国内外林业科技情报分析和科技信息共享。组办了具有学科特色和国内外有影响力的"国家林业局林产品国际贸易中心年会""林业经济学会世界林业经济专业委员会年会"等重要国际研讨会。同时，积极开展国际项目合作和学术交流，与多个国家和国际组织建立了良好合作关系，开创性地拓展了与非洲、东南亚、南美等资源国家的项目合作。

（4）本学科专职教师部分重要的社会兼职

本学科团队有10余人在国内外各相关学术组织担任重要职务，其中，陈幸良任中国林学会副理事长兼秘书长和国家科技奖评审专家。陈绍志任中国林业经济学会副秘书长和中国林牧渔业经济学会林业经济专业委员会理事长。李智勇任国际竹藤组织副总干事长。另外，有2人在国际林业研究组织联盟中任职，2人在雨林联盟中任职，1人为森林管理委员会（FSC）中国工作组理事会成员。同时，有多位专家在相关一级学会和二级分会中担任秘书长和理事等职。

7.7 福建农林大学

7.7.1 清单表

Ⅰ 师资队伍与资源

	I-1 突出专家				
序号	专家类别	专家姓名	出生年月	获批年月	备注
1	享受政府特殊津贴人员	张春霞	194707	199703	
2	享受政府特殊津贴人员	余建辉	195605	199603	
3	享受政府特殊津贴人员	郑庆昌	195205	200903	
4	享受政府特殊津贴人员	杨江帆	195906	200903	
5	享受政府特殊津贴人员	郑传芳	195301	200703	
合计	突出专家数量（人）		5		

	I-2 专职教师与学生情况				
类型	数量	类型	数量	类型	数量
专职教师数	83	其中，教授数	28	副教授数	36
研究生导师总数	73	其中，博士生导师数	19	硕士生导师数	73
目前在校研究生数	287	其中，博士生数	85	硕士生数	202
生师比	3.93	博士生师比	4.47	硕士生师比	2.77
近三年授予学位数	215	其中，博士学位数	73	硕士学位数	142

	I-3 重点学科				
序号	重点学科名称	重点学科类型	学科代码	批准部门	批准年月
1	农林经济管理	省特色重点学科	1203	福建省教育厅	201210
2	林业经济管理	省重点学科	120302	福建省教育厅	199503
3	农业经济管理	省重点学科	120301	福建省教育厅	200503

	I-4 重点实验室			
序号	实验室类别	实验室名称	批准部门	批准年月
1	部级研究基地	南方集体林权制度改革研究基地	国家林业局	201205
2	中央与地方共建高校特色优势学科实验室	农林经济管理系统模拟实验室	财政部	200809
3	省级研究开发平台	生态文明研究中心	福建省哲学社会科学规划领导小组	201407
4	省研究生教育创新基地	福建省农林经济管理研究生教育创新基地	福建省教育厅、财政厅	200811
5	省哲学人文社科基地	福建省软科学研究基地	福建省科技厅	200505
6	省高校人文社会科学研究基地	区域特色发展研究中心	福建省教育厅	201210
7	省高校人文社会科学研究基地	乡村旅游研究中心	福建省教育厅	201503
8	省级实验室	经济计量与统计分析教学实验平台	福建省财政厅	201108
9	省高校人文社会科学研究基地	海峡两岸休闲农业发展研究中心	福建省教育厅	201405
10	省高校人文社会科学研究基地	农村廉洁建设研究中心	福建省教育厅	201412
11	省高校人文社会科学研究基地	农村区域竞争力研究中心	福建省教育厅	201106
12	省高校人文社会科学研究基地	农村发展研究中心	福建省教育厅	200604
13	省级中心	海峡新农村发展研究中心	福建省教育厅	201201
14	省级调研基地	福建省全面建设小康社会调研基地（邵武市）	福建省社科联	200211
合计	重点实验数量（个）	国家级	—	省部级 14

II 科学研究

II-1 近五年（2010—2014年）科研获奖

序号	奖励名称	获奖项目名称	证书编号	完成人	获奖年度	获奖等级	参与单位数	本单位参与学科数
1	福建省第九届社会科学优秀成果奖	私有林经营规模效率研究	09044	张春霞	2011	二等奖	1	1
2	教育部第六届高等学校科学研究优秀成果奖（人文社会科学）	私有林经营意愿与补贴制度研究	507	张春霞	2013	三等奖	1	1
3	国家旅游局优秀旅游学术成果奖（研究报告类）	生态文明建设视野下福建省生态旅游区管理创新研究	13TAR28	陈秋华	2013	三等奖	1	1
4	福建省第九届社会科学优秀成果奖	基因资源知识产权理论	09020	黄秀娟、刘伟平	2011	一等奖	2（2）	1
5	福建省第九届社会科学优秀成果奖	科技创新能力及创新平台建设研究	09243	郑庆昌	2011	三等奖	1	1
6	福建省第九届社会科学优秀成果奖	福建低碳技术创新机制研究	09083	刘燕娜	2011	二等奖	1	1
7	福建省第十届社会科学优秀成果奖	农村水环境污染与治理研究	10242	黄森慰	2013	三等奖	1	1
8	福建省第十届社会科学优秀成果奖	中国蔗糖产业经济与政策研究	10241	郑传芳	2013	三等奖	1	1
合计	科研获奖数量（个）	国家级	特等奖	一等奖	—			二等奖
			—	二等奖	2			三等奖
		省部级	一等奖	1				

II-2 代表性科研项目（2012—2014年）

II-2-1 国家级、省部级、境外合作科研项目

序号	项目来源	项目下达部门	项目级别	项目编号	项目名称	负责人姓名	项目开始年月	项目结束年月	项目合同总经费（万元）	属本单位本学科开的到账经费（万元）
1	国家自然科学基金	国家自然科学基金委员会	面上项目	71173039	林农专业合作组织运行机理研究：福建案例研究	张春霞	201201	201512	42	42
2	国家自然科学基金	国家自然科学基金委员会	面上项目	71073022	基于边际机会成本定价的闽江流域森林环境资源价值评估研究	杨建州	201101	201312	27	27
3	国家自然科学基金	国家自然科学基金委员会	面上项目	71373046	基于森林经营主体异质性的森林保险支付意愿和政策偏好研究	黄和亮	201401	201612	56	44.8
4	国家自然科学基金	国家自然科学基金委员会	面上项目	71273052	福建省生态公益林保护对林农的经济影响评估及其生态补偿标准研究	陈钦	201301	201612	46	36.8
5	国家自然科学基金	国家自然科学基金委员会	面上项目	70973019	消耗性林木资产的会计确认、计量及信息披露研究	魏远竹	201001	201212	29	29
6	国家自然科学基金	国家自然科学基金委员会	面上项目	71273051	集体林权制度改革的环境影响评价及机理研究：福建案例研究	苏时鹏	201301	201612	60	49.6
7	国家自然科学基金青年项目	国家自然科学基金委员会	面上项目	71203027	气候变化政策对中国木材产业国际竞争力的影响研究	戴永务	201301	201512	25	25
8	国家自然科学基金	国家自然科学基金委员会	青年项目	71403053	补贴政策对农户林业生产行为调整和生产效率的影响研究	洪燕真	201501	201712	22	13.2
9	国家自然科学基金	国家自然科学基金委员会	青年项目	71303049	财政补贴对农民养老保险参与行为影响的机理及政策效应研究	林本喜	201401	201612	28	21.4
10	国家自然科学基金	国家自然科学基金委员会	青年项目	71103040	农民专业合作经济组织发展分化与农户受益差异及原因研究	邓衡山	201201	201512	27	27
11	国家社会科学基金	全国哲学社会科学规划办公室	一般项目	11BJY115	后危机时代提升中国木质林产品国际竞争力的策略研究	余建辉	201107	201307	15	15
12	国家社会科学基金	全国哲学社会科学规划办公室	一般项目	13BGL046	上市公司生物资产信息披露质量评价及市场效应研究	谢帮生	201307	201607	24	22
13	国家社会科学基金	全国哲学社会科学规划办公室	一般项目	12BJY101	海峡两岸农业技术合作模式研究	庄佩芬	201207	201507	15	13

（续）

序号	项目来源	项目下达部门	项目级别	项目编号	项目名称	负责人姓名	项目开始年月	项目结束年月	项目合同总经费（万元）	属本单位本学科的到账经费（万元）
14	国家社会科学基金	全国哲学社会科学规划办公室	青年项目	11CJY058	不同组织模式下农户生产效率研究——以福建茶产业为例	管 曦	201107	201307	21	21
15	国家社会科学基金	全国哲学社会科学规划办公室	重大项目子课题	14ZDA064	作为国家综合安全基础的乡村治理结构与机制研究	温铁军、刘伟平	201407	201707	20	10
16	国家社会科学基金	全国哲学社会科学规划办公室	青年项目	12CGL022	社会资本与民间借贷风险控制研究	林丽琼	201107	201307	21	21
17	国家社会科学基金	全国哲学社会科学规划办公室	一般项目	12BJY109	休闲农业视野下闲置宅基地开发模式研究	朱朝枝	201207	201507	15	13
18	国家社会科学基金	全国哲学社会科学规划办公室	一般项目	11BGL070	农村最低生活保障制度分配效果评估与瞄准效率检验	谢东梅	201107	201307	13.8	13.8
19	国家社会科学基金	全国哲学社会科学规划办公室	一般项目	14CJY075	新型农村社会养老保险制度的劳动供给效应研究	毛丽玉	201407	201607	26	24
20	国家社会科学基金	全国哲学社会科学规划办公室	青年项目	12CGL066	基于低碳视角的农户农地利用行为研究	郑 晶	201207	201507	21	19
21	国家软科学研究计划	科技部	面上项目	2010GXS5C217	南方集体林区公益林碳汇评价研究——以福建省为例	陈 钦	201101	201212	10	10
22	国家软科学研究计划	科技部	面上项目	2013GXS4D121	低碳约束下技术创新对林产品国际竞争力的影响研究	刘燕娜	201401	201512	10	10
23	国家软科学研究计划	科技部	重点项目	2012GXS2D015	东部沿海先进制造业重要基地的低碳经济发展路径研究	刘伟平	201207	201412	20	20
24	国家软科学研究计划	科技部	面上项目	2014GXS4D115	海峡两岸农业科技协同创新机制研究	郑逸芳	201407	201607	10	10
25	国家软科学研究计划	科技部	面上项目	2011GXQ4D354	需求导向的农业科技资源配置模型构建与实证研究	苏时鹏	201201	201312	6	6
26	科技部国家水体污染控制与治理科技重大专项	科技部	重大专项	2012ZX07601033-02	合同环境服务确定机制研究（专题名称：合同环境服务及其试点研究）（主持单位：清华大学）	苏时鹏	201201	201312	3	3

（续）

序号	项目来源	项目下达部门	项目级别	项目编号	项目名称	负责人姓名	项目开始年月	项目结束年月	项目合同总经费（万元）	属本单位本学科的到账经费（万元）
27	科技部国家水体污染控制与治理科技重大专项	科技部	重大专项	2012ZX07601003-005	国内外水环境服务业税收政策分析（专题名称：合同环境服务及其试点研究）（主持单位：清华大学）	苏时鹏	201201	201312	2	2
28	教育部人文社会科学研究规划基金	教育部	一般项目	11YJAZH014	集体所有的生态公益林生态补偿标准计量研究——以福建省为例	陈　钦	201210	201410	9	8.1
29	教育部人文社会科学研究规划基金	教育部	一般项目	09YJC790039	集体林产权改革绩效研究：基于效率与公平的视角	王文烂	200910	201212	5	5
30	教育部人文社会科学研究规划基金	教育部	一般项目	09YJA790041	新一轮林改的后续配套改革研究——以福建省为例	魏远竹	200910	201212	7	7
31	教育部人文社会科学研究规划基金	教育部	一般项目	09YJA790042	海峡两岸旅游共同市场构建的研究	陈秋华	200910	201212	7	7
32	教育部人文社会科学研究规划基金	教育部	一般项目	10YJA630177	农村信用社经营效率增长机理及风险控制研究：福建案例分析	谢志忠	201010	201312	7	7
33	全国教育科学十二五规划教育部重点课题	教育部	一般项目	DJA130340	新生代农民工职业培训影响因素及其模式创新研究	刘唐宇	201310	201510	3	2.7
34	省自然科学基金	福建省科技厅	一般项目	2010J01356	福建省公益林生态补偿标准体系研究	陈　钦	201009	201212	3	3
35	省自然科学基金	福建省科技厅	一般项目	2010J01357	森林资源的资产化管理影响因素及其系统运作机理研究——福建案例分析	魏远竹	201009	201212	3	3
36	省自然科学基金	福建省科技厅	一般项目	2014J01259	影响农户林地资源流转因素及相关性研究	黄和亮	201409	201612	3	3

（续）

序号	项目来源	项目下达部门	项目级别	项目编号	项目名称	负责人姓名	项目开始年月	项目结束年月	项目合同总经费（万元）	属本单位本学科的到账经费（万元）
37	省自然科学基金	福建省科技厅	一般项目	2012J01298	林业企业实施森林认证的激励政策设计及效果评估研究：福建省案例研究	谢志忠	201209	201412	3	3
38	省自然科学基金	福建省科技厅	青年项目	2013J05107	基于农户视角的福建省木本粮油产业发展潜力研究	洪燕真	201309	201512	3	3
39	省自然科学基金	福建省科技厅	一般项目	2011J01378	水稻产量风险分布及保险费率厘定模型研究	徐学荣	201109	201312	3	3
40	省自然科学基金	福建省科技厅	一般项目	2011J01377	农村低保制度运行机制比较与分配效果评估	谢东梅	201109	201312	3	3
41	省自然科学基金	福建省科技厅	一般项目	2014J01257	ECFA实施对福建农业生产和农户福利影响研究	何均琳	201409	201612	3	3
42	省自然科学基金	福建省科技厅	一般项目	2014J01258	耕地流转对福建农户生产效率影响的研究——基于农户转入户的视角	管曦	201409	201612	3	3
43	省软科学研究科技计划	福建省科技厅	重点项目	2013R0012	和谐社会构建中福建省公益林生态补偿制度创新研究	陈钦	201403	2015403	7	7
44	省软科学研究科技计划	福建省科技厅	重点项目	2013R0036	基于林权改革视角的福建省林业科技成果转化研究	魏远竹	201403	2015403	7	7
45	省软科学研究科技计划	福建省科技厅	重点项目	2013R0019	林业专业合作社利益分配研究：福建案例	陈建敏	201403	2015403	7	7
46	省软科学研究科技计划	福建省科技厅	青年项目	2012R0008	福建林业产业集群中技术创新链的发展环境与绩效优化路径研究	洪燕真	201203	201306	5	5
47	省软科学研究科技计划	福建省科技厅	重点项目	2014R006	农民分化对林地利用效率的影响——基于农户调查的研究	石丽芳	201403	201503	8	8
48	省软科学研究科技计划	福建省科技厅	重点项目	2014R004	林产品加工产业集群的技术协同创新模式研究	杨文	201403	201503	8	8
49	省软科学研究科技计划	福建省科技厅	重点项目	2014R008	福建省竹子产业生产效率研究——基于农户视角	陈潜	201403	201503	8	8

（续）

序号	项目来源	项目下达部门	项目级别	项目编号	项目名称	负责人姓名	项目开始年月	项目结束年月	项目合同总经费（万元）	属本单位本学科的到账经费（万元）
50	省软科学研究科技计划	福建省科技厅	重点项目	2011R0010	福建低碳技术创新动力机制及政策研究	余建辉	201103	201206	6	6
51	省软科学研究科技计划	福建省科技厅	重点项目	2012R0018	茶叶产业链运行绩效的影响因素及整合管理策略研究——以福建省为例	高水练	201203	201306	6	6
52	省软科学研究科技计划	福建省科技厅	重点项目	2011R0004	农业企业技术创新中的校企技术转移模式与机制研究——以福建省为例	林庆藩	201103	201206	8	8
53	省软科学研究科技计划	福建省科技厅	重点项目	2011R0005	两岸农业科技合作机制研究	庄佩芬	201103	201206	6	6
54	省软科学研究科技计划	福建省科技厅	重点项目	2011R0007	闽台农业经贸关系相互依存性及协同发展研究	蒋颖	201103	201206	6	6
55	省软科学研究科技计划	福建省科技厅	重点项目	2011R0008	福建省金融支持农业企业科技创新能力的绩效评价研究	谢志忠	201103	201206	6	6
56	省软科学研究科技计划	福建省科技厅	重点项目	2011R0009	福建公益性农业科研经费投入的绩效评价研究	石德金	201103	201206	6	6
57	省软科学研究科技计划	福建省科技厅	重点项目	2011R0015	福建农民合作经济组织对接科研院所与服务农民增收研究	黄建新	201103	201206	6	6
58	省软科学研究科技计划	福建省科技厅	重点项目	2011R0016	现代农业产业技术发展研究	郑逸芳	201103	201206	6	6
59	省软科学研究科技计划	福建省科技厅	重点项目	2011R0017	闽江流域农村水环境治理技术路径与政策研究	孙小霞	201103	201206	6	6
60	省软科学研究科技计划	福建省科技厅	重点项目	2011R0018	福建省茶产业技术创新实证研究	吴成建	201103	201206	6	6
61	省软科学研究科技计划	福建省科技厅	重点项目	2011R0019	基于两岸产业合作的平潭综合实验区休闲农业开发研究	范水生	201103	201206	6	6
62	省软科学研究科技计划	福建省科技厅	重点项目	2011R0020	福建省农业科技推广体制改革与方式创新研究	刘飞翔	201103	201206	6	6

（续）

序号	项目来源	项目下达部门	项目级别	项目编号	项目名称	负责人姓名	项目开始年月	项目结束年月	项目合同总经费（万元）	属本单位本学科的到账经费（万元）
63	省软科学研究科技计划	福建省科技厅	重点项目	2012R0005	福建新农保中农民参保行为、激励机制及其应用研究	林本喜	201203	201306	6	6
64	省软科学研究科技计划	福建省科技厅	重点项目	2012R0006	促进福建重大农业科技成果产业化的机制研究	刘燕娜	201203	201306	6	6
65	省软科学研究科技计划	福建省科技厅	重点项目	2012R0007	福建休闲农业技术创新路径选择的研究	陈秋华	201203	201306	6	6
66	省软科学研究科技计划	福建省科技厅	重点项目	2012R0009	闽台农产品供应链管理技术创新实证研究	杨建州	201203	201306	6	6
67	省软科学研究科技计划	福建省科技厅	重点项目	2012R0010	福建省农民教育供给制度研究	吴锦程	201203	201306	6	6
68	省软科学研究科技计划	福建省科技厅	重点项目	2012R0013	福建农村荒废耕地再利用问题研究	杨国永	201203	201306	6	6
69	省软科学研究科技计划	福建省科技厅	重点项目	2012R0015	基于滞后效应的农业科技资源产出效率研究	华启清	201203	201306	6	6
70	省软科学研究科技计划	福建省科技厅	重点项目	2013R0008	基于 ECFA 框架下的闽台林科技合作与转化机制研究	黄晓玲	201403	201503	7	7
71	省软科学研究科技计划	福建省科技厅	重点项目	2013R0009	福建农业技术推广绩效及影响因素研究——基于农户的视角	王文烂	201403	201503	7	7
72	省软科学研究科技计划	福建省科技厅	重点项目	2013R0010	闽台合作提高福建省渔业竞争力的研究	冯亮明	201403	201503	7	7
73	省软科学研究科技计划	福建省科技厅	重点项目	2013R0011	基于 WSR 软科学方法的福建农产品质量安全政府监管体系优化研究	徐学荣	201403	201503	7	7
74	省软科学研究科技计划	福建省科技厅	重点项目	2013R0014	基于合作社视角的福建农业科技成果转化与推广模式研究	郑少红	201403	201503	7	7
75	省软科学研究科技计划	福建省科技厅	重点项目	2014R0005	农业科技成果应用的社会支撑体系研究	郑逸芳	201403	201503	8	8

（续）

序号	项目来源	项目下达部门	项目级别	项目编号	项目名称	负责人姓名	项目开始年月	项目结束年月	项目合同总经费（万元）	属本单位本学科的到账经费（万元）
76	省软科学研究科技计划	福建省科技厅	重点项目	2014R0006	城镇化进程中失地农民创业环境与服务平台建设研究	周毕芬	201403	201503	8	8
77	省软科学研究科技计划	福建省科技厅	重点项目	2014R0007	水源地周边农村可持续发展路径与政策研究	苏时鹏	201403	201503	8	8
78	省软科学研究科技计划	福建省科技厅	重点项目	2014R0008	农村水环境连片整治长效机制研究	黄森慰	201403	201503	8	8
79	省软科学研究科技计划	福建省科技厅	重点项目	2014R0011	美丽中国背景下福建乡村旅游提升发展研究	陈贵松	201403	201503	6	6
80	省软科学研究科技计划	福建省科技厅	重点项目	2014R0012	福建省新型农村养老保险制度实施效果评价及政策优化研究	毛丽玉	201403	201503	8	8
81	省软科学研究科技计划	福建省科技厅	重点项目	2014R0017	新型农业生产经营组织培育与福建农业生产效率提升研究	管曦	201403	201503	8	8
82	省软科学研究科技计划	福建省科技厅	重点项目	2014R0020	福建省农作物种业市场规范运行机制研究	柳建闽	201403	201503	8	8
83	省社科规划项目	福建省社会科学规划办公室	重大项目	2014JDZ020	福建省生态技术创新机制与保障政策研究	戴永务	201408	201608	5	5
84	省社科规划项目	福建省社会科学规划办公室	重大项目	2014JDZ019	福建生态优势转化为发展优势的路径选择研究	陈秋华	201403	201603	5	5
85	省社科规划项目	福建省社会科学规划办公室	一般项目	2011B050	福建省集体林权改革的保障体系建设研究	叶莉	201108	201308	1.5	1.5
86	省社科规划项目	福建省社会科学规划办公室	重点项目	2013A031	社会关系资本对合作社理事长经营能力影响的研究	郑少红	201303	201403	3	3
87	省社科规划项目	福建省社会科学规划办公室	一般项目	2011B055	福建省公共就业服务城乡发展差异测度及统筹改革研究	郑逸芳	201108	201308	1.5	1.5
合计	国家级科研项目		数量（个）33		项目合同总经费（万元）652.8			属本单位本学科的到账经费（万元）585.4		

Ⅱ-2-2 其他重要科研项目

序号	项目来源	合同签订/项目下达时间	项目名称	负责人姓名	项目开始年月	项目结束年月	项目合同总经费（万元）	属本单位本学科的到账经费（万元）
1	国家林业局经济发展研究中心	2009—2014	林业产权制度改革跟踪调查研究	刘伟平	200907	201512	90	90
2	国家林业局经济发展研究中心	2011	中国林业食物生产的贡献与潜力研究	刘伟平	201101	201212	20	20
3	国家林业局经济发展研究中心	2012	木本粮油主要品种生产消费情况调研及主要政策评价	刘伟平	201201	201312	15	15
4	国家林业局经济发展研究中心	2012	经济林产业发展与维护国家粮油安全	刘伟平	201201	201312	25	25
5	福建省林业厅林业科研和标准化项目	2013	福建省林业与非政府组织的关系问题研究	陈钦	201310	201512	5	5
6	福建省财政厅	2014	福建省森林生态效益补偿财政政策开展绩效评价	戴永务	201409	201412	5	5
7	福建省林业厅	2010	福建省森林生态效益评价专项	陈钦	201009	201212	15	15
8	福建省林业科学研究院	2011	福建省林业科技人绩效评价	陈钦	201204	201403	10	10
9	福建省财政厅	2013	消耗性林木资产的会计核算研究	魏远竹	201305	201512	30	10
10	中国林学会	2014	福建省林药发展现状调研与分析	黄安胜	201412	201512	11	11
11	福建省财政厅专项项目	2014	生态文明视野下森林旅游景区环境教育研究	陈小琴	201412	201606	5	5
12	国家林业局软科学	2014	森林旅游的低碳化管理路径选择研究	陈秋华	201406	201609	20	20
13	福建省财政厅专项项目	2014	福建省木材产业应对《欧盟木材法案》的策略研究	石德金	201406	201606	9	9
14	福建金森林业股份有限公司	2010	生态公益林下种植草珊瑚可行性研究	陈钦	201001	201203	4.5	4.5
15	福建省财政厅专项项目	2014	福建生态文明建设与管理体制研究	陈秋华	201401	201512	37.5	37.5
16	福建省委农办	2013	农村合作金融发展与监管的研究	张小芹	201307	201312	10	10
17	福建省财政厅专项项目	2013	两岸农业金融体制比较研究	林丽琼	201301	201312	10	10
18	农业部对外经济合作中心	2014	企业对外农业投资合作信息采集与分析	林本喜	201403	201512	5	5

（续）

序号	项目来源	合同签订/项目下达时间	项目名称	负责人姓名	项目开始年月	项目结束年月	项目合同总经费（万元）	属本单位本学科的到账经费（万元）
19	宁德市农业局	2014	宁德市休闲农业发展规划	范水生	201308	201412	5	5
20	尤溪县财政局	2014	尤溪县完善农村"一事一议"制度研究	刘伟平	201401	201512	5	5
21	福建省中信达投资有限公司	2014	金融投资、项目投资热点难点策略研究	孙琴月	201406	201506	10	10
22	福建省农村发展研究中心办公室	2014	指导农村固定观察点调查	刘伟平	201401	201512	5	5
23	将乐县万安镇财政所	2014	将乐县万安镇乡村旅游发展总体规划	陈秋华	201405	201512	7.5	7.5
24	长泰县农业局	2013	长泰县休闲农业与乡村旅游总体规划	陈秋华	201401	201412	7.5	7.5
25	连城县冠豸山风景区管委会	2013	梅花山（连城）乡村旅游发展总体规划	陈秋华	201308	201512	28	28
26	南平市延平区大横镇葫芦坵村村民委员会	2014	葫芦坵休闲农业园区发展研究	范水生	201405	201507	5	5
27	连城县冠豸山风景区管委会	2014	连城县休闲农业与乡村旅游发展总体规划	赖启福	201401	201512	13.5	13.5
28	福建省大地景观有限公司	2014	果树实绳类害虫风险管理策略研究	郑思宁	201412	201605	5.1	5.1
29	福建省农村发展研究中心办公室	2014	指导观察点调查	郑逸芳	201410	201510	5	5
30	福建省"十三五"规划前期研究公开选聘课题	2014	"十三五"福建省城乡区域协调发展的对策研究	许文兴	201406	201512	10	10

Ⅱ-2-3　人均科研经费

人均科研经费（万元/人）
15.8

Ⅱ-3　本学科代表性学术论文质量

Ⅱ-3-1　近五年（2010—2014 年）国内收录的本学科代表性学术论文

序号	论文名称	第一作者	通讯作者	发表刊次（卷期）	发表刊物名称	收录类型	中文影响因子	他引次数
1	森林旅游低碳化评价指标体系构建研究	陈秋华	—	2013（1）	福建论坛（人文社会科学版）	CSSCI	0.647	2
2	中国省域森林公园技术效率测算与分析	黄秀娟	—	2011（3）	旅游学刊	CSSCI	2.589	12
3	市场化改革对中国木材加工业国际竞争力影响研究	戴永务	刘伟平	2013（1）	农业经济问题	CSSCI	2.924	1
4	中国板栗产业国际竞争力现状及其提升策略	戴永务	—	2012（4）	农业现代化研究	CSCD	1.522	7
5	市场化进程对木材加工企业技术创新投入影响的实证分析	戴永务	—	2014（7）	农业技术经济	CSSCI	2.313	—
6	中国人造板产业内贸易现状与决定因素的实证分析	戴永务	—	2012（9）	林业科学	CSCD	1.512	3
7	后危机时代中国人造板产业国际竞争力与决定因素的实证分析	戴永务	—	2014（10）	林业科学	CSCD	1.512	—
8	中国出口茶叶产品的比较优势探讨——基于不同类别和包装的分析	管　曦	—	2010（1）	中国农村经济	CSSCI	3.183	12
9	福建白茶地理标志品牌结盟研究	谢向英	—	2011（1）	农业经济问题	CSSCI	2.924	7
10	中国精制茶加工企业技术效率的分析	管　曦	—	2011（2）	茶叶科学	CSCD	1.130	6
11	福建茶叶企业异化与金融风险透视	杨江帆	—	2011（12）	茶叶科学	CSCD	1.130	3
12	福建茶叶企业有机茶生产行为选择行为的影响因素研究	杨江帆	—	2011（8）	茶叶科学	CSCD	1.130	7
13	基于茶链环一回路模型的低碳技术创新发展策略	余建辉	—	2011（3）	中国人口·资源与环境	CSSCI	3.059	7
14	合作社的本质规定与现实检视——中国到底有没有真正的农民合作社?	邓衡山	—	2014（7）	中国农村经济	CSSCI	3.183	2
15	我国新新农村建设中投融资模式探究	陈祖英	—	2010（6）	农业经济问题	CSSCI	2.924	10
16	中国涉农产业安全问题及其对策研究	蔡俊煌	杨建州	2011（7）	福建论坛（人文社会科学版）	CSSCI	0.647	3
17	福建省农业产业化龙头企业经营机制优化探讨	严志业	—	2012（7）	福建论坛（人文社会科学版）	CSSCI	0.647	4
18	金融危机对农业上市公司竞争力的影响——基于30家农业上市公司面板数据的实证分析	陈祖英	—	2010（4）	中国农村经济	CSSCI	3.183	7
19	农业劳动力老龄化对土地利用效率影响的实证分析——基于浙江省农村固定观察点数据	林本喜	—	2012（4）	中国农村经济	CSSCI	3.183	17
20	海峡两岸农产品出口结构调整能力与调整成本比较分析	庄佩芬	—	2012（3）	国际贸易问题	CSSCI	2.771	7
合计	中文影响因子	42.11			他引次数			117

Ⅱ-3-2 近五年（2010—2014 年）国外收录的本学科代表性学术论文

序号	论文名称	论文类型	第一作者	通讯作者	发表刊次（卷期）	发表刊物名称	收录类型	他引次数	期刊 SCI 影响因子	备注
1	A Study on Debt Sources Structure, Term Structure and Investment Level of Listed Retail Companies	Article	Xu Anxin	—	2014（5）	Anthropologist	SSCI SCI	—	0.051	第一署名单位
2	Empirical Study of the Store Image on Customer Loyalty Based on the Xiamen Large Shopping Supermarket	Article	Xu Anxin	—	2014（9）	Journal of Environmental Protection and Ecology	SCI	—	0.338	第一署名单位
3	Do Forest Producers Benefit From the Forest Disaster Insurance Program? Empirical Evidence in Fujian Province of China	Article	Dai Yongwu	Liu Weiping	2014, 50	Forest Policy and Economics	SCI	—	1.810	第一署名单位
4	Consumers' Purchase: Intention Toward Genetically Modified Edible Oil in Small Cites: an Empirical Analysis of Zhangzhou City	Article	Dai Junyu	Huang Heliang	2014（6）	Simulation and Modelling Methodologies and Applications	EI	—	—	第一署名单位
5	Factors Influenciong Consumers Preference for Purchasing Channelsan Empirleal Analysis Based on Zhangzhou city	Article	Dai Junyu	Huang Heliang	2014（6）	Simulation and Modelling Methodologies and Applications	EI	—	—	第一署名单位
6	Factors Influencing Farmers' Willingness to Participate in Plant Protection Machinery Subsidies	Article	Wang Linping	—	2013, 5（4）	Asia Agriculture	—	—	—	第一署名单位
7	Study on the Influencing Factors of Consumer's Demand on Cyber Games Commodities	Article	Lin Wenhe	—	2013, 13（9）	Journal of Applied Sciences	EI	—	—	第一署名单位
8	Transfer Model of Employee's Tacit Knowledge in Creative Enterprise	Article	Lin Wenhe	—	2013, 8（1）	Journal of Convergence Information Technology	EI	1	—	第一署名单位
9	Influence of Professional Women's Work and Family Conflict on The Turnover Intention in Cultural Enterprises-Based on the Mediating Effect of Managerial Support and Organizational Family Support	Article	Lin Wenhe	—	2014,64（S2）	Acta Oeconomica	—	—	—	第一署名单位
10	A Study on After-competition Strategic Alliance of Creative enterprises based on evolutionary game theory	Article	Xu Anxin	—	2013（9）	Journal of Applied Sciences	EI	—	—	第一署名单位
合计	SCI 影响因子		2.199			他引次数			1	

Ⅲ 人才培养质量

序号	获奖级别	项目名称	证书编号	完成人	获奖等级	获奖年度	参与单位数	本单位参与学科数
Ⅲ-1 优秀教学成果奖（2012—2014 年）								
1	福建省第七届高等教育教学成果奖	旅游管理专业实践教学体系创新的研究与实践	闽教高〔2014〕13 号	陈秋华	一等奖	2014	1	1
2	福建省第七届高等教育教学成果奖	《农村发展规划》课程教学资源体系建设研究	闽教高〔2014〕13 号	朱朝枝	二等奖	2014	1	1
3	福建省第七届高等教育教学成果奖	独立学院旅游管理专业实践教学改革研究	闽教高〔2014〕13 号	邱生荣	二等奖	2014	1	1
合计	国家级	一等奖（个）	—	二等奖（个）	—	三等奖（个）	—	
	省级	一等奖（个）	1	二等奖（个）	2	三等奖（个）	—	

序号	教材名称	第一主编姓名	出版年月	出版单位	参与单位数	是否精品教材
Ⅲ-2 研究生教材（2012—2014 年）						
1	茶业经济学	杨江帆	201003	世界图书出版西安公司	1	否
2	现代农业企业发展理论与实践	郑少红	201303	中国农业出版社	1	否
3	农村金融理论与实践	谢志忠	201109	北京大学出版社	1	否
4	农产品国际贸易	庄佩芬	201101	对外经贸大学出版社	1	否
合计	国家级规划教材数量	—		精品教材数量	—	

序号	类型	学位论文名称	获奖年月	论文作者	指导教师	备注
Ⅲ-3 本学科获得的全国、省级优秀博士学位论文情况（2010—2014 年）						
1	省级	中国木质家具产业国际竞争力研究	201012	王 波	张春霞	
2	省级	农村中小企业信贷可得性研究——一个社会资本的视角	201012	林丽琼	张文棋	
3	省级	被征地农民差异性受偿意愿研究——以福建省为例	201204	林依标	郑庆昌	
4	省级	中国食糖市场价格波动机理研究	201204	徐 欣	郑传芳	
合计	全国优秀博士论文（篇）	—		提名奖（篇）	—	
	省优秀博士论文（篇）	4				

				Ⅲ-4　学生国际交流情况（2012—2014年）		
序号	姓名	出国（境）时间	回国（境）时间	地点（国家/地区及高校）	国际交流项目名称或主要交流目的
1	李　晏	20131231	20141010	美国德州农工大学	国家留学基金委优秀本科插班生交流项目
2	翁彬琴	20141231	20141010	美国德州农工大学	国家留学基金委优秀本科插班生交流项目
3	林　姗	20140910	未回	美国德州农工大学	国家留学基金委优秀本科插班生交流项目
4	陈燕燕	20130910	20140710	加拿大阿尔伯塔大学	国家留学基金委优秀本科插班生交流项目
5	符婷薇	20130910	20140710	加拿大阿尔伯塔大学	国家留学基金委优秀本科插班生交流项目
6	谢艺环	20140214	20140623	台湾嘉义大学	研究生赴台研修
7	石巧玲	20130215	20130622	台湾中兴大学	研究生赴台研修
8	孙若祎	20130219	20130630	台湾嘉义大学	研究生赴台研修
9	杨　超	20120217	20120623	台湾中兴大学	研究生赴台研修
10	陈羽剑	20120217	20120623	台湾中兴大学	研究生赴台研修
11	江晓敏	20120217	20120614	台湾中兴大学	研究生赴台研修
12	肖　燕	20120213	20120625	台湾中国文化大学	研究生赴台研修
13	王翔宇	20120213	20120625	台湾中国文化大学	研究生赴台研修
14	陈少雯	20120221	20120618	台湾嘉义大学	研究生赴台研修
15	朱国琳	20140214	20140623	台湾中国文化大学	研究生赴台研修
16	黄雅慧	20140214	20140620	台湾中国文化大学	赴台交换本科生
17	张　雯	20140214	20140618	台湾中国文化大学	赴台交换本科生
18	李歆妍	20140213	20140620	台湾中国文化大学	赴台交换本科生
19	张雪园	20140214	20140618	台湾中国文化大学	赴台交换本科生
20	林嘉颖	20140214	20140610	台湾嘉义大学	赴台交换本科生
21	张思萍	20130903	20140120	台湾嘉义大学	赴台交换本科生
22	吴丹丹	20130225	20130627	台湾嘉义大学	赴台交换本科生
23	林海芳	20130225	20130627	台湾嘉义大学	赴台交换本科生
24	苏　欣	20130225	20130627	台湾嘉义大学	赴台交换本科生
25	李心诗	20130903	20140121	台湾嘉义大学	赴台交换本科生
26	陈　铭	20130914	20140115	台湾屏东科技大学	赴台交换本科生
合计		学生国际交流人数			26

Ⅲ-5　授予境外学生学位情况（2012—2014 年）					
序号	姓名	授予学位年月	国别或地区	授予学位类别	
1	田口裕太	201201	日本	学术学位硕士	
2	陈晏安	201307	台湾	学术学位硕士	
3	许澎捷	201307	台湾	学术学位硕士	
4	孙一华	201307	台湾	学术学位硕士	
5	陈奕廷	201307	台湾	学术学位硕士	
6	陈明庆	201307	台湾	学术学位硕士	
7	吴尚儒	201307	台湾	学术学位硕士	
合计	授予学位人数	博士	—	硕士	7

7.7.2　学科简介

1. 学科基本情况与学科特色

（1）学科基本情况

本学科 2005 年获得一级学科博士点授予权，林业经济管理和农业经济管理分别于 2000 年和 2003 年获得博士学位授予权。2007 年获批设立博士后流动站，同年，经教育部批准成为"国家级特色专业"建设点（是全国本专业第一批五所高校之一）。

① 学科历史悠久：本学科学术渊源深厚。林业经济管理是著名林业经济学家张建国教授于 1981 年创办（同年配合学科建设创立《林业经济问题》期刊），1982 年招收本科生和硕士生，我校成为文革后全国林业经济专业最早招收硕士生的高校之一。农业经济管理是 1936 年成立的福建省立农学院的第一位院长、农村金融学家陈兴乐教授创立的。

② 师资力量雄厚：本学科有 1 位教授获得国家级"有突出贡献中青年专家"称号，先后有 3 位教授入选国务院学科评议组成员、有 3 位教授入选原林业部及教育部教学指导委员会委员，有 1 位教授被原林业部评为跨世纪学术和技术带头人；有 3 位教授获得省优秀专家称号，有 6 位教授入选省"百千万人才工程"、8 位教授入选"省高等学校新世纪优秀人才支持计划"、1 位教授获得"福建省杰出人民教师"称号。

③ 学科平台：本学科建立了林业经济研究所、农业经济研究所、山区发展研究所、可持续发展研究所、农村发展研究所和休闲农业研究所。

④ 研究方向和团队：林业经济管理拥有林业经济理论与政策、森林生态经济、森林旅游与森林公园管理、林产工业与林产品贸易、闽台林业合作等研究方向和团队。

⑤ 海外与国际交流：2010—2014 年美国、日本与中国台湾等 10 个国家、地区到本学科学术交流学者有 51 人次；本学科教师到美国、加拿大与中国台湾等国家、地区进行学术交流的有 33 人次。

⑥ 学生获奖：获得第十五届全国大学生林业经济作品大赛一等奖 2 项，二等奖 3 项，三等奖 7 项；获得第十三届"挑战杯"全国大学生课外学术科技作品竞赛二等奖 1 项；获得"创青春"全国大学生创业大赛第九届"挑战杯"大学生创业计划竞赛金奖 1 项、铜奖 1 项。

（2）学科特色

林业经济学科首先吸收了发达国家正在兴起的自然资源和生态环境保卫运动所积累的有益经验，超前进行森林生态经济问题研究，形成了"生态经济"学派；其次，针对福建省作为南方集体林区的典型省份的特点，集中进行集体林区独特的林业经济问题研究，2013 年成立了中国林业经济学会集体林经营专业委员会，2012 年成立了国家林业局南方集体林权制度改革研究基地；最后，利用闽台语言和习惯相近的特点进行两岸林业政策的比较研究，形成国内同类学科的独特研究领域。

2. 社会贡献

20世纪80年代张建国教授主编了2门核心课程的首部教材:《中国林业经济问题》和《森林生态经济问题研究》,首次出版了中国林业经济发展的系统成果《现代林业论》《生态林业论》和《社会林业论》,对中国林业发展战略设计产生了重要影响。

（1）对南方集体林区林业发展政策和林业管理体制设计的重要影响

改革开放之初,张建国教授作为原林业部科技委委员,中国林业经济学会南方片理事召集人,带领学科团队获得教育部人文社科二等奖,并多次获得福建省社科优秀成果一等奖,率先开展了林价、育林基金制度、集体林经营管理体制改革的研究,并参与福建省的相关改革和制度设计;与原林业部部长滩文涛等专家共同探讨中国林业发展道路及制度问题,对改革初期林业发展战略的制定产生了重要影响。近年来主要在林权改革、林业社会化服务及政府对集体林区管理体制改革方面提出一系列重要建议,在福建产生较大的影响。

（2）对集体林权制度改革的重要影响

在20世纪80年代集体林权制度改革中,张建国和张春霞教授发表了有重要影响的论著,积极参与三明林业股份制改革的指导,张建国教授被聘为三明集体林改革实验区顾问。2003年由福建开始的新一轮集体林权制度改革中,张春霞和刘伟平教授多次参与改革方案论证,对集体林权改革产生重大影响;2009年受国家林业局委托,刘伟平教授带领学科团队主持福建林权制度改革监测方案设计,为全国七省的监测提供基础方案,目前七省已经连续5年对集体林权制度改革进行监测调研。

（3）对推动森林向生态利用转变的重要影响

20世纪80年代后期按照张建国教授提出的森林生态利用的理论进行森林生态利用应用研究。先后为数十家单位编制森林公园和生态旅游规划,参与制定《福建省森林人家等级划分和评定》;在此基础上向乡村旅游扩散,起草制定《福建省乡村旅游休闲集镇建设与服务规范》《福建省乡村旅游特色村建设与服务规范》。在森林非木材利用方面,刘伟平教授主持了四项国家林业局重大调研项目,提出加强森林食物生产功能为国家粮油安全做更大贡献的一系列建议。

（4）闽台农林合作决策咨询

郑庆昌教授11项成果获省领导批示或省政府文件直接采用,对"海峡西岸经济区"构想的形成产生较大影响。庄佩芬教授主持的项目《建设闽台茶叶共同市场,促进海西经济发展》获得福建省社科联"百项建言活动"二等奖。

（5）其他

本学科为高等院校、政府部门和企事业单位培养了大量高级人才,已培养博士研究生200多人、硕士研究生近1 000人;培养在职硕士研究生1 000多人。

第 3 部分

重点（培育）学科介绍·

The Key Forestry Majors Identified by State Forestry Administration

科学技术哲学（生态文明建设与管理方向）

（北京林业大学）

申请单位	名称：北京林业大学
	代码：10022
申请学科	名称：科学技术哲学（生态文明建设与管理方向）
	代码：010108
所属一级学科	名称：哲学
	代码：0101
所属学科门类	名称：哲学
	代码：01

1.1 本学科人员基本情况

学院（系、所）	系、所	现有人员数					
		教授（或相当专业技术职务者）	副教授（或相当专业技术职务者）	讲师（或相当专业技术职务者）	两院院士	突出中青年专家	具有博士学位
人数合计		11	36	24	—	—	62
人文社会科学学院	生态文明研究中心	3	11	3	—	—	13
	绿色行政与生态环境政策研究所	2	4	5	—	—	10
	林业史研究室	2	6	3	—	—	8
	法学系	1	8	7	—	—	15
	心理系	3	7	6	—	—	16
年龄结构	专业技术职务	合计	≤35 岁	36～45 岁	46～55 岁	56～60 岁	≥61 岁
	教授（或相当专业技术职务者）	11	0	2	5	4	—
	副教授（或相当专业技术职务者）	36	6	19	11	—	—
	讲师（或相当专业技术职务者）	24	17	5	1	—	—

1.2 学科方向

Ⅱ-1 研究方向名称：生态文明建设评价					
主要学术带头人及学术骨干			本研究方向人员情况（人数）		
姓名	严 耕	杨志华	吴明红	教授	副教授	具有博士学位
出生年月	195809	197805	198112	1	5	9

Ⅱ-2 研究方向名称：绿色行政与生态环境政策					
主要学术带头人及学术骨干			本研究方向人员情况（人数）		
姓名	林 震	吴守蓉	陈 佳	教授	副教授	具有博士学位
出生年月	197206	196707	198206	2	4	10

Ⅱ-3 研究方向名称：生态法治					
主要学术带头人及学术骨干			本研究方向人员情况（人数）		
姓名	徐 平	李媛辉	杨朝霞	教授	副教授	具有博士学位
出生年月	196212	196810	197512	1	8	14

II-4　研究方向名称：林业历史与文化					
主要学术带头人及学术骨干			本研究方向人员情况（人数）		
姓名	阎景娟	李 莉	李 飞	教授	副教授	具有博士学位
出生年月	196401	197206	198207	2	6	8

II-5　研究方向名称：生态文明教育与传播					
主要学术带头人及学术骨干			本研究方向人员情况（人数）		
姓名	金鸣娟	戴秀丽	朱洪强	教授	副教授	具有博士学位
出生年月	195805	196207	197409	2	8	7

II-6　研究方向名称：生态环境心理学					
主要学术带头人及学术骨干			本研究方向人员情况（人数）		
姓名	朱建军	田 浩	杨智辉	教授	副教授	具有博士学位
出生年月	196209	197704	198104	3	5	14

1.3　科学研究

III-1　本学科点目前承担的科研项目统计						
	国家计委、科技部、教育部项目	国家自然科学、社会科学基金项目	国务院其他各部门项目及国防重大项目	地方政府项目	企事业单位委托项目	国际组织资助或国际合作项目	合计
项目数（个）	10	5	60	32	39	11	157
经费数（万元）	297.7	60.9	546.5	422	510.9	591.85	2 429.85

III-2　本学科点目前正承担的主要科研项目情况					
序号	项目、课题名称（下达编号）	项目来源	项目起讫时间	科研经费（万元）	负责人（姓名、专业技术职务）
1	中国生态文明建设发展报告	教育部人文社科	201310—201612	90	严耕，教授
2	中国森林典籍志书资料整编	科技部科技基础性工作专项	201405—201812	778	严耕，教授
3	完善中国省域生态文明建设评价指标体系研究	国家社科基金	201406—201612	20	吴明红，副教授
4	中国生态文明建设国际比较研究	国家社科基金	201306—201603	18	樊阳程，讲师

（续）

序号	项目、课题名称（下达编号）	项目来源	项目起讫时间	科研经费（万元）	负责人（姓名、专业技术职务）
5	中国公共政策执行多样性的理论与实证研究——基于制度激励－网络结构的分析框架	国家自然科学基金	201308—201612	19	陈佳，讲师
6	林业在生态文明建设中的功能测评技术	国家林业局局重点项目	201206—201406	35	严耕，教授
7	北京农村生态文明传播策略研究	北京市社会科学基金	201404—201612	5	金鸣娟，教授
8	北京重要农林文化遗产保护与发展研究	北京市社会科学基金	201409—201612	5	李飞，副教授
9	北京市以生态文明为导向的区县经济发展评价方式研究	北京市农村经济研究中心	201401—201412	15	林震，教授
10	林业行政许可法律文件规范化与信息化研究	国家林业局	201406—201504	9.8	李媛辉，副教授

Ⅲ-3　主要科研成果

Ⅲ-3-1　该学科点 2010 年以来所取得的代表性成果（论文、专著、专利等）

序号	成果名称	作者	出版、发表、提交（鉴定）单位，时间	署名次序
1	中国省域生态文明建设的进展与评价	严耕、林震、吴明红	中国行政管理（CSSCI），2013（10）	1
2	中国省域生态补偿标准确定方法探析	吴明红，严耕	理论探讨（CSSCI），2013（03）	1
3	邓小平生态治理思想探析	林震	中国行政管理（CSSCI），2014（08）	1
4	生态文明建设中的生态记录片	阎景娟	中国电视（CSSCI），2014（12）	1
5	我国重大生态保护工程政策工具选择研究	吴守蓉	中国行政管理（CSSCI），2014（01）	1
6	论我国森林法立法目的之反思与重构	杨朝霞	法学杂志（CSSCI），2011（02）	1
7	中国当前生态文明建设六大类型及其策略	杨志华	马克思主义与现实（CSSCI），2012（06）	1
8	《中华大典·林业典》（五个分典共 7 册）	尹伟伦、严耕等	江苏凤凰出版集团，201410	
	《林业思想与文化分典》	林震		1
	《森林资源与分布分典》	张连伟		1
	《森林利用分典》	李莉		1
	《园林与风景名胜分典》《森林培育与管理分典》	阎景娟		1
9	《生态文明绿皮书：中国省域生态文明建设评价报告》（2010—2014 已连续出版 5 本）	严耕	社会科学文献出版社，2010—2014	1
10	《面向生态文明的林业法治》	李媛辉	中国政法大学出版社，201308	1

Ⅲ-3-2　本学科点 2010 年以来所获得的重要科研奖励				
序号	项目名称	项目完成人	获奖时间	获奖等级
1	专著《中国省域生态文明建设评价报告（ECI 2010）》	严耕、林震、杨志华、吴明红、刘洋、樊阳程	201209	北京市第十二届哲学社会科学优秀成果奖，二等奖
2	专著《中国省域生态文明建设评价报告（ECI 2010）》	严耕、林震、杨志华、吴明红、刘洋、樊阳程	201303	教育部第六届高等学校科学研究优秀成果奖（人文社科类），三等奖

1.4　人才培养

Ⅳ-1　本学科点 2010 年以来所获得的省部级以上教学（材）成果奖数			
序号	项目名称	获奖人	获奖名称、等级、时间
1	令人憧憬而困惑的生态文明	严耕，林震，徐平	国家级精品视频公开课，2012

Ⅳ-2　本学科点 2010 年以来出版的主要教材（教学用书）				
序号	教材（教学用书）名称	作者	出版日期	出版单位
1	中国生态文明建设	严　耕（1）	201311	国家行政学院出版社
2	生态环境心理研究	朱建军、吴建平	201001	中央编译出版社
3	环境与生态心理学	吴建平（1）	201101	安徽人民出版社
4	心理咨询与治疗	雷秀雅（1）	201009	清华大学出版社
5	公共政策学（第 2 版）	林　震（3）	201106	高等教育出版社
6	公共关系学	景庆虹（2）	201105	中国农业大学出版社

Ⅳ-3　本学科点研究生招生和授予学位人数								
年份	博士生				硕士生（专业学位研究生不计入）			
	招生数		授予学位数		招生数		授予学位数	
	合计	其中留学生	合计	其中留学生	合计	其中留学生	合计	其中留学生
2012 年	—	—	2	—	55	—	62	—
2013 年	4	—	1	—	47	—	59	—
2014 年	2	—	—	—	51	—	55	—

国际贸易学（林产品贸易方向）

（北京林业大学）

申请单位	名称：北京林业大学
	代码：10022

申请学科	名称：国际贸易学（林产品贸易方向）
	代码：020206

所属一级学科	名称：应用经济学
	代码：0202

所属学科门类	名称：经济学
	代码：02

2.1 本学科人员基本情况

学院（系、所）	系、所	现有人员数					
		教授（或相当专业技术职务者）	副教授（或相当专业技术职务者）	讲师（或相当专业技术职务者）	两院院士	突出中青年专家	具有博士学位
人数合计		2	12	3	—	—	17
经济管理学院	国际贸易系	2	8	3	—	—	13
经济管理学院	工商管理系	—	2				2
经济管理学院	金融系	—	1				1
环境科学与工程学院	环境科学系	—	1				1

年龄结构	专业技术职务	合计	≤35 岁	36～45 岁	46～55 岁	56～60 岁	≥61 岁
	教授（或相当专业技术职务者）	2	—	—	1	1	—
	副教授（或相当专业技术职务者）	12	4	6	2	—	—
	讲师（或相当专业技术职务者）	3	3	—	—	—	—

2.2 学科方向

Ⅱ-1　研究方向名称：林产品贸易理论与政策					
主要学术带头人及学术骨干			本研究方向人员情况（人数）		
姓名	宋维明	吴红梅	缪东玲	教授	副教授	具有博士学位
出生年月	195712	197104	197208	1	2	4

Ⅱ-2　研究方向名称：林产品贸易与环境					
主要学术带头人及学术骨干			本研究方向人员情况（人数）		
姓名	田明华	陈凯	王震	教授	副教授	具有博士学位
出生年月	196901	197404	197608	1	2	4

Ⅱ-3　研究方向名称：林业对外投资与跨国经营					
主要学术带头人及学术骨干			本研究方向人员情况（人数）		
姓名	侯方淼	薛永基	印中华	教授	副教授	具有博士学位
出生年月	197607	198110	198101	—	3	5

Ⅱ-4　研究方向名称：林业服务贸易					
主要学术带头人及学术骨干			本研究方向人员情况（人数）		
姓名	程宝栋	付亦重	万　璐	教授	副教授	具有博士学位
出生年月	198005	198104	198202	—	2	4

2.3　科学研究

Ⅲ-1　本学科点目前承担的科研项目统计							
	国家计委、科技部、教育部项目	国家自然科学、社会科学基金项目	国务院其他各部门项目及国防重大项目	地方政府项目	企事业单位委托项目	国际组织资助或国际合作项目	合计
项目数（个）	5	4	5	3	8	1	26
经费数（万元）	37	74	185	26	58	3	383

Ⅲ-2　本学科点目前正承担的主要科研项目情况					
序号	项目、课题名称（下达编号）	项目来源	项目起讫时间	科研经费（万元）	负责人（姓名、专业技术职务）
1	林产品国际竞争力评价技术研究与应用	国家林业局重点项目	201401—201612	30	宋维明，教授
2	基于 CAS 与 SD 交互模型的中国木材供需预测研究（71203011）	国家自然科学基金	201301—201512	20	程宝栋，副教授
3	城市居民绿色消费态度行为差异研究（13CJY090）	国家社会科学基金	201306—201510	18	陈凯，副教授
4	美国 TPP 战略的经济效应与我国亚太地区 FTA 策略研究（13CGJ036）	国家社会科学基金	201301—201512	18	万璐，讲师
5	林业产品的碳足迹评估及系统优化关键技术引进（2011-4-79）	国家林业局"948"项目	201101—201504	50	王震，副教授
6	低碳经济下中国木质林产品贸易政策转型研究（13YJA790106）	教育部人文社会科学研究项目	201307—201506	10	田明华，教授
7	基于资源基础视角的中国木材产业竞争力米源研究（12YJC790241）	教育部人文社会科学研究项目	201301—201512	7	印中华，副教授
8	中国进口木材风险评价及规避策略研究（BJQNYC201339）	北京高校青年英才计划项目	201306—201606	15	程宝栋，副教授
9	金融发展对北京市出口贸易的影响研究（2013D009046000003）	北京市优秀人才计划项目	201306—201606	3	程宝栋，副教授
10	TPP 战略及其对中国林产品国际贸易的影响研究	国家林业局司局业务委托项目	201501—201612	25	程宝栋，副教授

Ⅲ-3　主要科研成果				
Ⅲ-3-1　该学科点 2010 年以来所取得的代表性成果（论文、专著、专利等）				
序号	成果名称	作者	出版、发表、提交（鉴定）单位，时间	署名次序
1	Pursuing Sustainable Industrial Development Through Ecoindustrial Park	Wang Zhen	Annals of the New York Academy of Sciences（SCI），2010	第一作者
2	Dynamic Analysis of the Relation Between Industrial Technology and Foreign Trade of China's Wooden Furniture	Cheng Baodong	African Journal of Agricultural Research（SCI），2011.12	第一作者
3	Analysis on the Dynamic Relationship Between the Research and Development Capacity, Net Exports, and Profits of China's Furniture Industry	Cheng Baodong	Forest Products Journal（SCI），2012.7	第一作者
4	An Econometric Analysis of US Exports of Forest Products	Cheng Baodong	Forest Products Journal（SCI），2013.7	第一作者
5	Virtual Water Content and Trade Analysis of Primary Woody Products in China.	Tian Minghua	International Forestry Review（SCI），2012. 14（3）	第一作者
6	The Risk Assessment of China's Timber Import Based on SWI Index	Cheng Baodong	Advance Journal of Food Science and Technology（EI），2014.11	通讯作者
7	中国林产品对外贸易政策研究	宋维明、侯方淼	中国林业出版社，2012	—
8	中国木质林产品对外贸易研究	程宝栋、宋维明	中国林业出版社，2011	—
9	中国木质家具出口贸易研究	程宝栋、宋维明	中国林业出版社，2014	—
10	基于林改的资源供给与规模化经营研究	宋维明、程宝栋	中国林业出版社，2014	—

Ⅲ-3-2　本学科点 2010 年以来所获得的重要科研奖励				
序号	项目名称	项目完成人	获奖时间	获奖等级
1	中国林业产业突出贡献奖	宋维明（1）	2011	中国林业产业联合会
2	基于 GEM 模型的广东家具产业集群竞争力分析	程宝栋（1）	2011	国家商务部集成创新，全球视野：寻找竞争优势新源泉"主题征文奖，三等奖
3	入世十年来我国木材产品对外贸易与木材产业发展关系分析	程宝栋（1）	2012	国家商务部第七届国家商务部贸易救济与产业安全研究奖，三等奖
4	工业企业复合生态系统评价	薛永基（3）	2010	河北省社会科学优秀成果获奖，三等奖
5	泰安市甜樱桃产业化开发研究	程宝栋（1）	2013	山东省林业科技成果奖，三等奖
6	基于 GEM 的广东家具产业集群竞争力研究	程宝栋（1）	2012	第四届梁希青年论文奖，三等奖
7	Analysis on the Dynamic Relationship between the Research and Development Capacity, Net Exports and Profits of China's Furniture Industry	程宝栋（1）	2014	第五届梁希青年论文奖，二等奖
8	基于核密度估计的中国服务贸易动态变化研究	万璐（1）、程宝栋（2）	2013	中国国际贸易学会"第七届国际服务贸易论坛"征文，三等奖

（续）

序号	项目名称	项目完成人	获奖时间	获奖等级
9	林业服务贸易定义及其发展必要性的探讨	万璐（1）、付亦重（2）、程宝栋（3）	2014	中国国际贸易学会"第七届国际服务贸易论坛"征文，优秀奖
10	林权改革对农民收入及就业的影响研究	侯方淼（1）	2010	全国农林高校哲学社会科学发展论坛，二等奖

2.4 人才培养

Ⅳ-1 本学科点 2010 年以来所获得的省部级以上教学（材）成果奖数			
序号	项目名称	获奖人	获奖名称、等级、时间
1	经济管理类专业本科生中推行导师制的研究与实践	田明华（1）	高等林（农）业教育研究成果一等奖，201312
2	大众化教育背景下农林院校精英型人才培养模式的研究与实践	田明华（4）	2012 年北京市高等教育教学成果奖一等奖，201212

Ⅳ-2 本学科点 2010 年以来出版的主要教材（教学用书）				
序号	教材（教学用书）名称	作者	出版日期	出版单位
1	国际经营学	程宝栋（1）	201008	清华大学出版社
2	国际贸易单证实务与实验	缪东玲（1）、侯方淼（3）、王雪梅（4）	201008	电子工业出版社
3	营销调研	陈凯（1）	201109	中国人民大学出版社
4	国际贸易单证操作与解析	缪东玲（1）	201103	电子工业出版社
5	国际贸易理论与实务（第2版）	缪东玲（1）	201108	北京大学出版社
6	国际结算（第2版）	侯方淼（2）	201201	电子工业出版社
7	广告学	田明华（1）	201304	清华大学出版社
8	国际商务（第2版）	田明华（1）	201305	电子工业出版社
9	林产品国际贸易	程宝栋（1）、缪东玲（2）、宋维明（3）	201306	中国林业出版社
10	海关理论与实务	郭秀君（1）	201410	清华大学出版社

Ⅳ-3 本学科点研究生招生和授予学位人数							
年份	博士生				硕士生（专业学位研究生不计入）		
	招生数		授予学位数		招生数		授予学位数	
	合计	其中留学生	合计	其中留学生	合计	其中留学生	合计	其中留学生
2012 年	5	1	4	—	5	—	6	—
2013 年	3	—	2	—	11	—	9	—
2014 年	4	—	2	—	13	6	3	—

3

环境与资源保护法学

（东北林业大学）

申请单位	名称：东北林业大学
	代码：10225

申请学科	名称：环境与资源保护法学
	代码：030108

所属一级学科	名称：法学
	代码：0301

所属学科门类	名称：法学
	代码：03

3.1　本学科人员基本情况

学院（系、所）	系、所	现有人员数					
		教授（或相当专业技术职务者）	副教授（或相当专业技术职务者）	讲师（或相当专业技术职务者）	两院院士	突出中青年专家	具有博士学位
人数合计		9	10	2	—	—	12
文法学院	法学专业（法学学科）	9	10	2	—	—	12
年龄结构	专业技术职务	合计	≤35 岁	36～45 岁	46～55 岁	56～60 岁	≥61 岁
	教授（或相当专业技术职务者）	9	—	1	6	2	—
	副教授（或相当专业技术职务者）	10	4	6	—	—	—
	讲师（或相当专业技术职务者）	2	—	2	—	—	—

3.2　学科方向

Ⅱ-1　研究方向名称：环境法学基础理论					
主要学术带头人及学术骨干			本研究方向人员情况（人数）		
姓名	刘文燕	王宏巍	张晓萍	教授	副教授	具有博士学位
出生年月	196302	198012	197506	3	2	4

Ⅱ-2　研究方向名称：自然资源法					
主要学术带头人及学术骨干			本研究方向人员情况（人数）		
姓名	赵英杰	李景义	周孜予	教授	副教授	具有博士学位
出生年月	196604	197209	198006	2	4	5

Ⅱ-3　研究方向名称：环境保护法					
主要学术带头人及学术骨干			本研究方向人员情况（人数）		
姓名	王跃先	李爱琴	范俊荣	教授	副教授	具有博士学位
出生年月	195709	196810	197703	2	3	2

Ⅱ-4　研究方向名称：国际环境法					
主要学术带头人及学术骨干			本研究方向人员情况（人数）		
姓名	包玉华	王 群	荆 珍	教授	副教授	具有博士学位
出生年月	196310	196905	197507	2	1	3

3.3　科学研究

Ⅲ-1　本学科点目前承担的科研项目统计						
	国家计委、科技部、教育部项目	国家自然科学、社会科学基金项目	国务院其他各部门项目及国防重大项目	地方政府项目	企事业单位委托项目	国际组织资助或国际合作项目	合计
项目数（个）	7	1	9	25	7	4	53
经费数（万元）	58.2	18	77	20.7	9	32	214.9

Ⅲ-2　本学科点目前正承担的主要科研项目情况					
序号	项目、课题名称（下达编号）	项目来源	项目起讫时间	科研经费（万元）	负责人（姓名、专业技术职务）
1	生态文明视域下的消费危机与消费转型研究	国家社会科学基金项目	201410—201610	18	陈文斌，教授
2	非公有制林业管理法律制度体系研究（11YJA820002）	教育部人文社会科学项目	201109—201409	9	包玉华，教授
3	低碳经济的动力机制研究	教育部人文社会科学一般项目	201112—201412	9	李爱琴，教授
4	动物园动物福利保护法律对策研究（12YJA820100）	教育部人文社会科学项目	201206—201512	8.1	赵英杰，教授
5	我国建立 REDD 机制国内法律框架问题研究（11YJC820048）	教育部人文社会科学一般项目	201104—201304	7	荆珍，副教授
6	湿地立法听证程序研究	国家林业局	201310—201503	20	王跃先，教授
7	林权流转与抵押法律问题研究	国家林业局	201404—201408	9	李景义，教授
8	林业生态文明建设法律体系研究	国家林业局	201304—201312	9	张晓萍，副教授
9	林地征占用法律问题研究	国家林业局	201206—201302	9	李景义，教授
10	自然遗产保护立法科学性研究	国家林业局	2011—2012	8	王跃先，教授

Ⅲ-3　主要科研成果				
Ⅲ-3-1　该学科点 2010 年以来所取得的代表性成果（论文、专著、专利等）				
序号	成果名称	作者	出版、发表、提交（鉴定）单位，时间	署名次序
1	森林碳汇机制下保护生物多样性的规制问题探讨	王　群	林业科学，201309	（1/2）
2	Willingness to Pay: Animal Welfare and Related Influencing Factors in China（SCI 收录）	赵英杰	Journal of Applied Animal Welfare Science 2011.04	（1/2）
3	新《环保法》背景下我国农业用地土壤污染防治立法的思考	王宏巍	环境保护，201412	（1/1）

（续）

序号	成果名称	作者	出版、发表、提交（鉴定）单位，时间	署名次序
4	动物性食品安全视角下的动物福利问题研究	赵英杰	贵州社会科学，201006	（1/1）
5	REDD＋机制和农业：联系、政策选择和未来展望	荆　珍	世界农业，201308	（1/1）
6	公众动物福利理念调研分析	赵英杰	东北林业大学学报，201212	（1/1）
7	关于发展中国家碳减排机制的法律化	荆　珍	理论探索，201005	（1/2）
8	污染水环境罪的应然趋势研究	刘文燕	学术交流，201306	（1/2）
9	国有林法律管理制度缺失与完善研究	周孜予	中国林业出版社，201106	（1/3）
10	REDD 机制法律框架研究	荆　珍	知识产权出版社，201208	（1/1）

Ⅲ-3-2　本学科点 2010 年以来所获得的重要科研奖励				
序号	项目名称	项目完成人	获奖时间	获奖等级
1	国有森林资源产权制度变迁与改革研究	刘文燕（2/2）	201308	山东省第二十七次社科优秀成果二等奖
2	动物园动物福利评价研究	赵英杰（1/1）	201412	黑龙江省第十六届社科优秀成果三等奖
3	我国生态农业政策和法律研究	朱文玉（1/2）	201412	黑龙江省第十六届社科优秀成果三等奖
4	伊春国有林区林权制度改革的法律政策分析	周孜予（1/3）	201109	黑龙江省高校人文社会科学研究优秀成果奖三等奖
5	中俄合作开发利用森林资源研究	包玉华（1/8）	201010	黑龙江省第十四届社科优秀成果三等奖
6	生态法学的基本结构	刘文燕（1/2）	201010	黑龙江省第十四届社科优秀成果三等奖
7	基于 SWOT 分析黑龙江省发展低碳经济的战略选择	李爱琴（1/2）	201106	黑龙江省高等教育学会第十八届优秀科研成果一等奖
8	生态文明与绿色生活	李爱琴（1/3）	201106	黑龙江省高等教育学会第十八届优秀科研成果三等奖
9	基于 SWOT 分析黑龙江省发展低碳经济的战略选择	李爱琴（1/2）	201302	黑龙江省社会科学优秀成果奖（第十五届）省级奖、佳作奖
10	环境社会学	于景辉（1/4）	201012	黑龙江省第十四届社科优秀成果佳作奖

3.4　人才培养

Ⅳ-1　本学科点 2010 年以来所获得的省部级以上教学（材）成果奖数			
序号	项目名称	获奖人	获奖名称、等级、时间
1	创意创业名师奖	卞文忠（1/1）	中国高等教育学会，201108
2	教学奖	周孜予（1/1）	黑龙江省青年教师教学基本功大赛二等奖，201110
3	教学奖	周孜予（1/1）	黑龙江省青年教师教学基本功大赛最佳教案奖，201110
4	成人高等法学教育考试制度改革探析	朱文玉（1/1）	黑龙江省优秀高等教育科学研究成果三等奖，201209
5	生态犯罪的刑罚研究	张　波（1/2）	黑龙江省高校人文社会科学研究优秀成果奖三等奖，201003

Ⅳ-2　本学科点2010年以来出版的主要教材（教学用书）

序号	教材（教学用书）名称	作者	出版日期	出版单位
1	法律移植与中国环境法的发展	王宏巍（1/1）	201503	科学出版社
2	国有森林资源资产产权改革研究	刘文燕（2/2）	201005	科学出版社
3	非公有制林业管理法律制度研究	包玉华（1/2）	201506	科学出版社
4	动物园动物福利评价研究	赵英杰（1/1）	201212	黑龙江教育出版社
5	现代化与可持续发展新论	卞文忠（1/3）	201011	黑龙江人民出版社
6	我国生态农业政策和法律研究	朱文玉（1/2）	201004	黑龙江人民出版社
7	中俄森林资源法律制度比较研究	王宏巍（1/1）	201107	东北林业大学出版社
8	环境政策研究	周孜予（3/3）	201108	东北林业大学出版社
9	气候变化的国际法规制	荆　珍（1/1）	201005	东北林业大学出版社
10	环境与资源保护法：案例与图表	王宏巍（2/9）、范俊荣（3/9）	201006	科学出版社

Ⅳ-3　本学科点研究生招生和授予学位人数

年份	博士生				硕士生（专业学位研究生不计入）			
	招生数		授予学位数		招生数		授予学位数	
	合计	其中留学生	合计	其中留学生	合计	其中留学生	合计	其中留学生
2012年	—	—	—	—	8	—	32	—
2013年	—	—	—	—	14	—	33	—
2014年	—	—	—	—	10	—	30	—

环境与资源保护法学

（浙江农林大学）

申请单位	名称：浙江农林大学
	代码：10341

申请学科	名称：环境与资源保护法学
	代码：030108

所属一级学科	名称：法学
	代码：0301

所属学科门类	名称：法学
	代码：0301

4.1　本学科人员基本情况

学院（系、所）	系、所	现有人员数					
		教授（或相当专业技术职务者）	副教授（或相当专业技术职务者）	讲师（或相当专业技术职务者）	两院院士	突出中青年专家	具有博士学位
人数合计		8	12	9	—	—	17
法政学院	法律系、山区发展研究所、环境法治与社会发展研究中心	8	12	9	—	—	17
年龄结构	专业技术职务	合计	≤35岁	36～45岁	46～55岁	56～60岁	≥61岁
	教授（或相当专业技术职务者）	8	0	1	6	1	—
	副教授（或相当专业技术职务者）	12	1	7	4	—	—
	讲师（或相当专业技术职务者）	9	7	2	—	—	—

4.2　学科方向

II-1　研究方向名称：生态文明法治理论					
主要学术带头人及学术骨干			本研究方向人员情况（人数）		
姓名	李明华	苏小明	夏少敏	教授	副教授	具有博士学位
出生年月	196211	195511	196506	3	2	4

II-2　研究方向名称：森林生态保护政策与法律					
主要学术带头人及学术骨干			本研究方向人员情况（人数）		
姓名	周伯煌	田信桥	陈海嵩	教授	副教授	具有博士学位
出生年月	196809	196302	198205	2	4	4

II-3　研究方向名称：湿地生态保护政策与法律					
主要学术带头人及学术骨干			本研究方向人员情况（人数）		
姓名	马永双	张本效	姜双林	教授	副教授	具有博士学位
出生年月	196703	196503	196705	2	3	4

II-4　研究方向名称：林农权益保障政策与法律					
主要学术带头人及学术骨干			本研究方向人员情况（人数）		
姓名	孙洪坤	贾爱玲	阳相翼	教授	副教授	具有博士学位
出生年月	197210	197009	197501	1	3	5

4.3　科学研究

<table>
<tr><td colspan="8" align="center">Ⅲ-1　本学科点目前承担的科研项目统计</td></tr>
<tr>
<td></td>
<td>国家计委、科技部、教育部项目</td>
<td>国家自然科学、社会科学基金项目</td>
<td>国务院其他各部门项目及国防重大项目</td>
<td>地方政府项目</td>
<td>企事业单位委托项目</td>
<td>国际组织资助或国际合作项目</td>
<td>合计</td>
</tr>
<tr><td>项目数（个）</td><td>8</td><td>4</td><td>9</td><td>49</td><td>51</td><td>3</td><td>121</td></tr>
<tr><td>经费数（万元）</td><td>63</td><td>41</td><td>113.5</td><td>87.91</td><td>161.6</td><td>5</td><td>467.01</td></tr>
</table>

<table>
<tr><td colspan="6" align="center">Ⅲ-2　本学科点目前正承担的主要科研项目情况</td></tr>
<tr>
<td>序号</td>
<td>项目、课题名称（下达编号）</td>
<td>项目来源</td>
<td>项目起讫时间</td>
<td>科研经费（万元）</td>
<td>负责人（姓名、专业技术职务）</td>
</tr>
<tr>
<td>1</td>
<td>基于"三偿"手段（有偿使用、生态补偿、损害赔偿）的水资源法律制度研究（4ZDA071 子课题）</td>
<td>国家社科规划办</td>
<td>201406—201606</td>
<td>8</td>
<td>李明华，教授</td>
</tr>
<tr>
<td>2</td>
<td>环境保护的国家义务研究（14FFX036）</td>
<td>国家社科规划办</td>
<td>201411—201612</td>
<td>20</td>
<td>陈海嵩，副教授</td>
</tr>
<tr>
<td>3</td>
<td>林业碳汇技术创新与应用的法律制度研究（10AFX011 子课题）</td>
<td>国家社科规划办</td>
<td>201007—201203</td>
<td>5</td>
<td>陈海嵩，副教授</td>
</tr>
<tr>
<td>4</td>
<td>最严格的水环境资源保护制度研究（14ZDC030 子课题）</td>
<td>国家社科规划办</td>
<td>201411—201711</td>
<td>8</td>
<td>陈海嵩，副教授</td>
</tr>
<tr>
<td>5</td>
<td>"环境与资源保护法学"省级重点学科建设项目（无下达编号）</td>
<td>中央财政支持地方高校发展专项资金</td>
<td>201411—201611</td>
<td>80</td>
<td>李明华，教授</td>
</tr>
<tr>
<td>6</td>
<td>环境污染损害的政府救助制度研究（10YJC820049）</td>
<td>教育部</td>
<td>201001—201206</td>
<td>8</td>
<td>贾爱玲，副教授</td>
</tr>
<tr>
<td>7</td>
<td>农民环境权益的法律保障（09YJC8 20107）</td>
<td>教育部</td>
<td>201106—201306</td>
<td>8</td>
<td>阳相翼，副教授</td>
</tr>
<tr>
<td>8</td>
<td>环境风险的法律规制研究（10YJC8 20008）</td>
<td>教育部</td>
<td>201107—201307</td>
<td>8</td>
<td>陈海嵩，副教授</td>
</tr>
<tr>
<td>9</td>
<td>生态文明建设的浙江经验（12JCML 06YB）</td>
<td>浙江省哲学社会规划办</td>
<td>201206—201406</td>
<td>2</td>
<td>苏小明，教授</td>
</tr>
<tr>
<td>10</td>
<td>森林资源物权价值饱和的路径与机制研究（11JCFX05YB）</td>
<td>浙江省哲学社会规划办</td>
<td>201106—201312</td>
<td>2</td>
<td>周伯煌，教授</td>
</tr>
</table>

<table>
<tr><td colspan="4" align="center">Ⅲ-3　主要科研成果</td></tr>
<tr><td colspan="4" align="center">Ⅲ-3-1　该学科点 2010 年以来所取得的代表性成果（论文、专著、专利等）</td></tr>
<tr><td>序号</td><td>成果名称</td><td>作者</td><td>出版、发表、提交（鉴定）单位，时间</td><td>署名次序</td></tr>
<tr><td>1</td><td>国家环境保护义务的溯源与展开</td><td>陈海嵩</td><td>法学研究，2014（3）</td><td>1/1</td></tr>
<tr><td>2</td><td>生态红线的规范效力与法治化路径</td><td>陈海嵩</td><td>现代法学，2014（4）</td><td>1/1</td></tr>
</table>

（续）

序号	成果名称	作者	出版、发表、提交（鉴定）单位，时间	署名次序
3	检察机关参与环境公益诉讼的双重观察	孙洪坤	东方法学，2013（5）新华文摘转载，2014（1）	1/1
4	农村集体林权流转法律问题探讨	周伯煌	东北师大学报（哲学社会科学版），2012（3）	1/1
5	湿地生态补偿方式探讨	马永双	林业资源管理，2014（3）	2/2（T）
6	湿地保护政策比较：韩国经验与中国智慧	田信桥	生态经济，2011（8）	1/2
7	检察机关参与环境公益诉讼的程序研究	孙洪坤	法律出版社，201312	1/1
8	生态之治	李明华	浙江人民出版社，201103	1/2
9	物权法视野下的林权法律制度	周伯煌	中国人民大学出版社，201005	1/1
10	环境侵权损害赔偿的社会化制度研究	贾爱玲	知识产权出版社，201106	1/1

Ⅲ-3-2　本学科点 2010 年以来所获得的重要科研奖励				
序号	项目名称	项目完成人	获奖时间	获奖等级
1	基督教与罗马私法——以人法为视角	汪琴（1/1）	2014	浙江省第十七届哲学社会科学优秀成果二等奖
2	物权法视野下的林权法律制度	周伯煌（1/1）	2012	浙江省第十六届哲学社会科学优秀成果三等奖
3	林权争议司法裁决方法研究	周伯煌（1/1）	2010	浙江省林业厅科技兴林二等奖
4	浙江省林地使用权流转的法律问题研究	周伯煌（1/1）	2013	浙江省林业厅科技兴林三等奖
5	我国非法证据排除规则中的救济机制研究	孙洪坤（1/1）	2012	最高人民检察院二等奖
6	生态文明制度建设的体系研究	孙洪坤（1/1）	2013	中国生态文明研究与促进会论文特等奖
7	检察机关参与环境公益诉讼的程序研究	孙洪坤（1/1）	2014	浙江省 2010—2014 年"法学研究十佳优秀成果"
8	国家环境保护义务的溯源与展开	陈海嵩（1/1）	2014	浙江省 2010—2014 年"法学研究十佳优秀成果"
9	乡镇经济生态化与生态环境协调发展研究	孙洪坤（1/1）	2011	浙江省法学会一等奖
10	德性·人性·生态：西方道德基点的演进	俞田荣（1/1）	2012	浙江省教育厅三等奖

4.4　人才培养

Ⅳ-1　本学科点 2010 年以来所获得的省部级以上教学（材）成果奖数			
序号	项目名称	获奖人	获奖名称、等级、时间
1	现代农林业多样化人才培养生态体系的构建与实践	李明华（9/10）	浙江省第七届高等教育教学成果一等奖，2014
2	独立学院"三维四层"实践育人体系的创新与实践	李明华（9/10）	浙江省第七届高等教育教学成果二等奖，2014
3	面向现代农林业的"多维联动"立体型创业教育模式探索及实践	钱杭园（7/9）	浙江省第七届高等教育教学成果二等奖，2014
4	环境法学	李明华（1/1）	浙江省省级精品课程，2011

Ⅳ-2 本学科点 2010 年以来出版的主要教材（教学用书）

序号	教材（教学用书）名称	作者	出版日期	出版单位
1	环境法学（省重点教材）	李明华（1/2）	201303	法律出版社
2	世界贸易组织法（省重点教材）	姜双林（1/1）	201401	法律出版社
3	刑事诉讼法学（省重点教材）	孙洪坤（1/1）	201411	法律出版社
4	经济法原理五论	张永亮（1/1）	201212	法律出版社
5	环境政策学	李明华（1/1）	201205	吉林人民出版社
6	中国古代生态哲学的逻辑演进	俞田荣（1/1）	201409	中国社会科学出版社
7	中国山区可持续发展发展法律与政策汇编	李明华（1/1）	201109	吉林人民出版社
8	生态文明概论	余 杰（1/1）	201303	江西人民出版社
9	中国竹文化通论	王长金（1/1）	201404	江西人民出版社
10	国际私法原理与应用	汪 琴（1/1）	201411	黑龙江人民出版社

Ⅳ-3 本学科点研究生招生和授予学位人数

年份	博士生				硕士生（专业学位研究生不计入）			
	招生数		授予学位数		招生数		授予学位数	
	合计	其中留学生	合计	其中留学生	合计	其中留学生	合计	其中留学生
2010 年	—	—	—	—	30	—	15	—
2011 年	—	—	—	—	35	—	24	—
2012 年	—	—	—	—	14	—	36	—
2013 年	—	—	—	—	12	—	22	—
2014 年	—	—	—	—	14	—	18	—

5

地图学与地理信息系统
（北京林业大学）

申请单位	名称：北京林业大学
	代码：10022

申请学科	名称：地图学与地理信息系统
	代码：070503

所属一级学科	名称：地理学
	代码：0705

所属学科门类	名称：理学
	代码：07

5.1 本学科人员基本情况

学院（系、所）	系、所	现有人员数					
		教授（或相当专业技术职务者）	副教授（或相当专业技术职务者）	讲师（或相当专业技术职务者）	两院院士	突出中青年专家	具有博士学位
人数合计		12	10	6	—	—	27
林学院	地理信息系统	9	6	6	—	—	21
信息学院	林业信息工程	3	4	—	—	—	6
年龄结构	专业技术职务	合计	≤35 岁	36～45 岁	46～55 岁	56～60 岁	≥61 岁
	教授（或相当专业技术职务者）	12	—	3	8	1	—
	副教授（或相当专业技术职务者）	10	3	7	—	—	—
	讲师（或相当专业技术职务者）	6	5	1	—	—	—

5.2 学科方向

II-1　研究方向名称：地理信息观测技术与装备					
主要学术带头人及学术骨干			本研究方向人员情况（人数）		
姓名	冯仲科	王　佳	王秀兰	教授	副教授	具有博士学位
出生年月	196205	198006	196911	3	2	6

II-2　研究方向名称：资源环境遥感					
主要学术带头人及学术骨干			本研究方向人员情况（人数）		
姓名	张晓丽	王瑞瑞	刘东兰	教授	副教授	具有博士学位
出生年月	196710	198311	195712	3	2	6

II-3　研究方向名称：国土资源评价与管理					
主要学术带头人及学术骨干			本研究方向人员情况（人数）		
姓名	岳德鹏	史明昌	王新杰	教授	副教授	具有博士学位
出生年月	196309	196912	197608	2	3	7

II-4　研究方向名称：林业信息技术					
主要学术带头人及学术骨干			本研究方向人员情况（人数）		
姓名	吴保国	武　刚	陈飞翔	教授	副教授	具有博士学位
出生年月	195704	197205	197603	2	2	5

Ⅱ-5　研究方向名称：森林资源管理					
主要学术带头人及学术骨干			本研究方向人员情况（人数）		
姓名	赵天忠	曾　怡	苏喜友	教授	副教授	具有博士学位
出生年月	196204	197207	197503	2	1	3

5.3　科学研究

Ⅲ-1　本学科点目前承担的科研项目统计							
	国家计委、科技部、教育部项目	国家自然科学、社会科学基金项目	国务院其他各部门项目及国防重大项目	地方政府项目	企事业单位委托项目	国际组织资助或国际合作项目	合计
项目数（个）	8	5	7	—	4	—	24
经费数（万元）	247.8	290	119	—	148	—	804.8

Ⅲ-2　本学科点目前正承担的主要科研项目情况					
序号	项目、课题名称（下达编号）	项目来源	项目起讫时间	科研经费（万元）	负责人（姓名、专业技术职务）
1	荒漠绿洲区景观格局与生态水文耦合及调控（41371189）	国家自然科学基金	201401—201712	85	岳德鹏，教授
2	便携式电子测树仪关键技术引进（2014-4-76）	部委级科研项目	201401—201612	50	岳德鹏，教授
3	数字化森林资源监测关键技术研究（2012AA102001-5）	国家"863"计划	201201—201512	100	张晓丽，教授
4	基于机载双频激光雷达的林业资源调查软件开发（2013YQ12034304）	国家重大科技专线	201310—201609	141.8	张晓丽，教授
5	重大森林虫灾监测预警的关键技术研究（201404401）	林业公益性行业科研专项	201401—201712	50	张晓丽，教授
6	普通数码相机摄影提取森林经营信息与建模研究（41371001）	国家自然科学基金	201401—201712	80	冯仲科，教授
7	倾斜测量、地面LiDAR和野外测绘装备国产化（2012BAH34B01）	国家科技支撑计划	201201—201412	35	冯仲科，教授
8	结合微气候模拟和地面精测的道路植被对大气颗粒物扩散影响分析（41401650）	国家自然科学基金	201501—201712	25	王佳，副教授
9	城市典型森林空间结构提取及其对滞尘效应影响分析（YETP0738）	省科技厅项目	201001—201312	15	王佳，副教授
10	基于条件随机场模型和森林三维形态结构的树种分类算法研究（41201446）	国家自然科学基金	201201—201512	25	王瑞瑞，副教授

Ⅲ-3 主要科研成果				
Ⅲ-3-1　该学科点 2010 年以来所取得的代表性成果（论文、专著、专利等）				
序号	成果名称	作者	出版、发表、提交（鉴定）单位，时间	署名次序
1	Comparison of Conventional Measurement and LiDAR-based Measurement for Crown Structures	徐伟恒	Computers and Electronics in Agriculture, 2013（98）	1
2	Use of a Noprismtotalstation for Field Measurements in *Pinus Tabulaeformis* Carr. Stands in China	闫　飞	BIOSYSTEMS ENGINEERING, 2012（08）	1
3	Researches of Soil Normalized Difference Water Index（NDWI）of Yongding River Based on Multispectral Remote Sensing Technology Combined with Genetic Algorithm	毛海颖	Spectroscopy and Spectral Analysis, 2014（7）	1
4	Monitoring Land Use/Land Cover Changes Using Transfer Matrix Method: a Case Study of Beijing Area	毛海颖	Bothalia, 2014（5）	1
5	Impacts of Caterpillar Disturbance on Forest Net Primary Production Estimation in China	张晓丽	Ecological Indicators, 2010（10）	1
6	Power Function Regression Method Applied in Allometric Equation for Aboveground Biomass	王　佳	Bothalia Journal, 2013（1）	1
7	一种利用 GPS RTK 实现不可到达点二维定位技术	冯仲科	专利号：ZL201010119335.7 专利受让单位：北京林勘院 授权时间：20130313	1
8	一种基于全站仪角距差分的定位变形监测技术	冯仲科	专利号：ZL201110164628.1 专利受让单位：北京市规划设计研究院 授权时间：20130320	1
9	一种基于高程等值线法量测树冠体积的方法	冯仲科	专利号：ZL201110164615.4 专利受让单位：吉林省林勘院 授权时间：20130612	1
10	一种基于电子经纬仪和全站仪的森林计测方法	冯仲科	专利号：ZL201110164568.3 专利受让单位：北京市林勘院 授权时间：20140731	1

Ⅲ-3-2　本学科点 2010 年以来所获得的重要科研奖励				
序号	项目名称	项目完成人	获奖时间	获奖等级
1	森林计测信息化关键技术与应用	冯仲科	2011	国家技术发明奖，二等奖
2	测绘信息化关键技术及生态环境应用	冯仲科	2010	北京市科学技术奖，一等奖
3	教育部高等学校科学技术发明奖	冯仲科	2014	教育部高等学校科学技术发明奖，二等奖

5.4 人才培养

年份	博士生				硕士生（专业学位研究生不计入）			
	招生数		授予学位数		招生数		授予学位数	
	合计	其中留学生	合计	其中留学生	合计	其中留学生	合计	其中留学生
2012 年	5	—	6	—	19	—	20	1
2013 年	7	—	5	—	23	—	21	1
2014 年	6	—	5	—	21	—	17	—

Ⅳ-3　本学科点研究生招生和授予学位人数

植 物 学

（浙江农林大学）

申请单位	名称：浙江农林大学
	代码：10341

申请学科	名称：植物学
	代码：071001

所属一级学科	名称：生物学
	代码：0710

所属学科门类	名称：理学
	代码：07

6.1 本学科人员基本情况

学院（系、所）	系、所	现有人员数					
		教授（或相当专业技术职务者）	副教授（或相当专业技术职务者）	讲师（或相当专业技术职务者）	两院院士	突出中青年专家	具有博士学位
人数合计		9	11	7	—	—	20
林业与生物技术学院	植物学科	9	11	7			20
年龄结构	专业技术职务	合计	≤35 岁	36～45 岁	46～55 岁	56～60 岁	≥61 岁
	教授（或相当专业技术职务者）	9	—	3	4	2	—
	副教授（或相当专业技术职务者）	11	2	6	3	—	—
	讲师（或相当专业技术职务者）	7	3	3	1	—	—

6.2 学科方向

II-1 研究方向名称：野生植物资源调查与利用					
主要学术带头人及学术骨干			本研究方向人员情况（人数）		
姓名	李根有	金松恒	金水虎	教授	副教授	具有博士学位
出生年月	195512	197810	196512	2	2	3

II-2 研究方向名称：植物次生代谢物及其生态功能					
主要学术带头人及学术骨干			本研究方向人员情况（人数）		
姓名	高 岩	郑志富	宋丽丽	教授	副教授	具有博士学位
出生年月	196009	196606	197701	2	3	5

II-3 研究方向名称：植物信号转导与生长发育					
主要学术带头人及学术骨干			本研究方向人员情况（人数）		
姓名	吴 刚	张汝民	黄有军	教授	副教授	具有博士学位
出生年月	197308	196104	197109	2	3	5

II-4 研究方向名称：植物对逆境胁迫的生理适应机制					
主要学术带头人及学术骨干			本研究方向人员情况（人数）		
姓名	温国胜	宋新章	余树全	教授	副教授	具有博士学位
出生年月	195910	197609	196308	3	3	7

6.3 科学研究

Ⅲ-1　本学科点目前承担的科研项目统计							
	国家计委、科技部、教育部项目	国家自然科学、社会科学基金项目	国务院其他各部门项目及国防重大项目	地方政府项目	企事业单位委托项目	国际组织资助或国际合作项目	合计
项目数（个）	5	25	3	40	113	1	187
经费数（万元）	84.5	1 193.5	205.1	839.35	1 205.81	50	3 578.26

Ⅲ-2　本学科点目前正承担的主要科研项目情况					
序号	项目、课题名称（下达编号）	项目来源	项目起讫时间	科研经费（万元）	负责人（姓名、专业技术职务）
1	新型植物脂肪酰基转移酶和甘油脂合成途径的探究（31370287）	国家自然科学基金	2014—2017	83	郑志富，教授
2	氮沉降对毛竹林 GHGs 排放和净碳汇效应的影响及其机制研究（31270517）	国家自然科学基金	2013—2016	85	宋新章，教授
3	基于 SPAC 理论解析毛竹"爆发式生长"的固碳机制（31270497）	国家自然科学基金	2013—2016	79	温国胜，教授
4	拟南芥幼年向成年转变的分子机制研究（31271313）	国家自然科学基金	2013—2016	75	吴刚，教授
5	冷蒿根系分泌物对根际微环境的调控及其与耐牧关系（31270756）	国家自然科学基金	2013—2016	78	高岩，教授
6	砧木信号物质对接穗循环电子流的调控及其与耐高温的关系（31170584）	国家自然科学基金	2011—2015	62	金松恒，教授
7	糖酵解关键酶调控枇杷果实糖酸积累的分子机理研究（31170638）	国家自然科学基金	2012—2015	48	秦巧平，副教授
8	IAA/CTK 对山核桃体胚的苗端干细胞调控机制（31100461）	国家自然科学基金	2012—2014	23	张启香，副教授
9	水体富营养化诱导蓝藻释放 VOCs 在蓝藻水华形成中的作用研究（31300364）	国家自然科学基金	2014—2016	23	左照江，讲师
10	乡土彩叶树种快繁及配置技术示范推广（2013TS03）	央财政林业科技推广示范基金	2013—2015	100	金水虎，副教授

Ⅲ-3　主要科研成果			
Ⅲ-3-1　该学科点 2010 年以来所取得的代表性成果（论文、专著、专利等）			
序号	成果名称	作者	出版、发表、提交（鉴定）单位，时间	署名次序
1	Interactive Effects of Elevated UV-B Radiation and N Deposition on Moso Bamboo Litter Decomposition	宋新章	Soil Biology & Biochemistry 2014	1/6
2	Combined Effects of Long-term Enhanced Nitrogen Deposition and Ultraviolet-B radiation on Litter Decomposition	宋新章	Plant and Soil 2014	1/4

（续）

序号	成果名称	作者	出版、发表、提交（鉴定）单位，时间	署名次序
3	Effects of Potassium Supply on Limitations of Photosynthesis by Mesophyll Diffusion Conductance in *Carya cathayensis*	金松恒	Tree Physiology 2012	1/8
4	Use of Transcriptome Sequencing to Understand the Pistillate Flowering in Hickory (*Carya cathayensis* Sarg.)	黄有军	BMC genomics 2013	1/5
5	Expression of a Type Ⅱ Diacylglycerol Acyltransferase from *Thalassiosira pseudonana* in Yeast Leads to Incorporation of Docosahexaenoic Acid β-oxidation Intermediates into Triacylglycerol	郑志富	FEBS Journal 2013	4/5(T)
6	Quality Deterioration of Cut Carnation Flowers Involves in Antioxidantsystems and Energy Status	宋丽丽	Scientia Horticulturae 2014	1/8
7	Inhibition Effects of Volatile Organic Compounds from *Artemisia frigida* Willd. on the Pasture Grass intake by Lambs	高 岩	Small Ruminant Research 2014	6/6(T)
8	The Relationship between Developmental Stages of Zygotic Embryos at Explanting and Embryogenic Frequency on Hickory (*Carya cathayensis* Sarg.)	张启香	Scientia Horticulturae 2012	1/8
9	*Sedum kuntsunianum* (Crassulaceae: Sedoideae), a New Species from Southern Zhejiang, China	金水虎	Phytotaxa 2013	1/5
10	高温胁迫下毛竹叶片色素含量与反射光谱的相关性	张汝民	林业科学	8/8(T)

Ⅲ-3-2　本学科点 2010 年以来所获得的重要科研奖励			
序号	项目名称	项目完成人	获奖时间	获奖等级
1	东南部区域森林生态体系快速构建技术	余树全（5/10）	2010	国家科学技术进步二等奖
2	山核桃良种快繁关键技术及其产业化	张启香（3/10）	2013	梁希林业科学技术二等奖
3	浙江野菜 100 种精选图谱	李根有（1/5）	2012	第三届梁希科普作品三等奖
4	山核桃生态经营机理与模式研究	夏国华（5/11）	2012	浙江省科学技术二等奖
5	天目山特有植物种群特性及扩繁技术研究	李根有（2/12）	2012	浙江省第十二届科技兴林一等奖
6	山核桃、香榧良种的组织培养与大苗速生培育关键技术研究与示范	张启香（1/10）	2012	浙江省第十二届科技兴林二等奖
7	亚热带森林凋落物分解及其对全球环境变化的响应	宋新章（1/5）	2013	浙江省第十三届科技兴林三等奖
8	山核桃矮化栽培技术集成推广与示范	夏国华（3/10）	2012	浙江省第十二届科技兴林三等奖
9	山核桃生态栽培模式技术集成与推广	夏国华（3/9）	2011	浙江省第十一届科技兴林三等奖
10	普陀山植物资源调查及开发利用研究	李根有（5/8）	2011	浙江省第十一届科技兴林三等奖

6.4 人才培养

Ⅳ-1 本学科点 2010 年以来所获得的省部级以上教学（材）成果奖数			
序号	项目名称	获奖人	获奖名称、等级、时间
1	基于"两园合一"的植物学实践教学创新体系构建与实施	李根有（1/5）、金水虎（2/5）	浙江省第六届高等教育教学成果一等奖，2010

Ⅳ-2 本学科点 2010 年以来出版的主要教材（教学用书）				
序号	教材（教学用书）名称	作者	出版日期	出版单位
1	生物化学实验（双语）	张汝民（参编）	201309	科学出版社
2	农林生物科学通论	金松恒（编著）	201303	浙江大学出版社
3	高级植物生理学	张启香（副主编）	201109	浙江大学出版社
4	城市生态学	温国胜（主编）	201308	中国林业出版社

Ⅳ-3 本学科点研究生招生和授予学位人数								
年份	博士生				硕士生（专业学位研究生不计入）			
	招生数		授予学位数		招生数		授予学位数	
	合计	其中留学生	合计	其中留学生	合计	其中留学生	合计	其中留学生
2012 年	—	—	—	—	20	—	35	—
2013 年	—	—	—	—	20	—	35	—
2014 年	—	—	—	—	19	—	21	—

机械设计及理论

（南京林业大学）

申请单位	名称：南京林业大学
	代码：10298

申请学科	名称：机械设计及理论（原林业与木工机械）
	代码：080203

所属一级学科	名称：机械工程
	代码：0802

所属学科门类	名称：工学
	代码：08

7.1 本学科人员基本情况

学院（系、所）	系、所	现有人员数					
		教授（或相当专业技术职务者）	副教授（或相当专业技术职务者）	讲师（或相当专业技术职务者）	两院院士	突出中青年专家	具有博士学位
人数合计		8	11	7	—	—	19
机械电子工程学院	林业机械与动能科学系	4	5	5	—		9
	机械制造工程系	2	1	1	—		4
	自动化与测控系	2	5	1	—		6
年龄结构	专业技术职务	合计	≤35 岁	36～45 岁	46～55 岁	56～60 岁	≥61 岁
	教授（或相当专业技术职务者）	8	—	—	7	1	—
	副教授（或相当专业技术职务者）	11	—	7	4	—	—
	讲师（或相当专业技术职务者）	7	3	4	—	—	—

7.2 学科方向

II-1　研究方向名称：林业病虫害防治装备及其智能化					
主要学术带头人及学术骨干			本研究方向人员情况（人数）		
姓名	周宏平	徐幼林	茹煜	教授	副教授	具有博士学位
出生年月	196407	196105	197304	2	3	5

II-2　研究方向名称：经济林果和苗圃机械及其智能化					
主要学术带头人及学术骨干			本研究方向人员情况（人数）		
姓名	许林云	甘英俊	蒋雪松	教授	副教授	具有博士学位
出生年月	196506	197410	197910	1	2	5

II-3　研究方向名称：林产品制造过程与无损检测					
主要学术带头人及学术骨干			本研究方向人员情况（人数）		
姓名	赵茂程	刘英	涂桥安	教授	副教授	具有博士学位
出生年月	196604	196504	195801	3	2	4

II-4　研究方向名称：林业信息化与装备自动化					
主要学术带头人及学术骨干			本研究方向人员情况（人数）		
姓名	郑加强	陈勇	张慧春	教授	副教授	具有博士学位
出生年月	196211	196510	197808	2	2	5

7.3　科学研究

Ⅲ-1　本学科点目前承担的科研项目统计							
	国家计委、科技部、教育部项目	国家自然科学、社会科学基金项目	国务院其他各部门项目及国防重大项目	地方政府项目	企事业单位委托项目	国际组织资助或国际合作项目	合计
项目数（个）	4	5	4	9	2	—	24
经费数（万元）	511	240	158	243	60	—	1 212

Ⅲ-2　本学科点目前正承担的主要科研项目情况					
序号	项目、课题名称（下达编号）	项目来源	项目起讫时间	科研经费（万元）	负责人（姓名、专业技术职务）
1	枣和核桃病虫害防控技术与装备研究（201004052）	国家林业局林业行业公益性项目	2010—2015	161	许林云，教授
2	设施园艺清洁高效生产配套装备研制与产业化示范（2014BAD08B04）分任务：设施园艺智能化植保机械	科技部"十二五"农村领域国家科技支撑计划	2014—2016	295	周宏平，教授
3	"南方短周期工业用材林病虫害控制技术的"子任务"商品林重大病虫害监测预警与防控技术研究示范"（2012BAD19B08）	科技部"十二五"农村领域国家科技支撑计划	2012—2016	30	周宏平，教授
4	基于惯性振动技术的干果振动采收机理研究（31470024）	国家自然科学基金项目	2015—2018	30	许林云，教授
5	面向农药精确施用的多模型协同耦合研究（31371963）	国家自然科学基金	2014—2017	80	张慧春，副教授
6	基于激光扫描的苗木对靶变量施药技术引进（2015-4-56）	国家林业局"948"项目	2015—2018	50	周宏平，教授
7	实木板材激光轮廓和色泽集成扫描技术的引进	国家林业局"948"项目	2014—2017	50	刘英，教授
8	包装用单板层积材指接技术及品质在线检测成套设备开发（财企〔2012〕192号）	2012年度包装行业高新技术研发资金项目	2012—2015	50	赵茂程，教授
9	航空喷雾雾滴飘移行为及控制机理研究	江苏省自然科学基金	2013—2016	10	茹煜，副教授
10	柠条采收机械化研究（2012〔2〕）	内蒙古林业厅	2012—2016	100	周宏平，教授

	Ⅲ-3 主要科研成果			
	Ⅲ-3-1 该学科点 2010 年以来所取得的代表性成果（论文、专著、专利等）			
序号	成果名称	作者	出版、发表、提交（鉴定）单位，时间	署名次序
1	论文：Width Effect on the Modulus of Elasticity of Hardwood Lumber Measured by Non-destructive Evaluation Techniques	刘 英	Construction and Building Materials（SCI）2014（3）	1/4
2	论文：Deposition Evaluation of Aerial Electrostatic Spraying System Assembled in Fixed-Wing	茹 煜	Applied Engineering in Agriculture(SCI/EI) 2014（1）	1/4
3	论文：Testing of GPS Accuracy for Precision Forestry Applications	张慧春	The Arabian Journal for Science and Engineering（SCI）2013（10）	1/4
4	论文：Evaporation Rate and Development of Wetted Area of Water Droplets With and Without Surfactant at Different Locations on Waxy Leaf Surfaces	许林云	Biosystems Engineering,（SCI）2010（106）	1/4
5	论文：基于 CFD 的农药药水混合过程仿真与试验	徐幼林	农业工程学报（EI）2010，26（5）	1/4
6	发明专利：喷雾机喷杆的变换方法及其机构 ZL201010132553.4	郑加强	国家知识产权局 2012 年 8 月授权	1/4
7	发明专利：一种喷雾机及其风送喷雾装置 ZL201210322976.1	周宏平	国家知识产权局 2013 年 12 月授权	1/3
8	发明专利：静电喷药式无人直升机施药系统 ZL201210182807.2	茹 煜	国家知识产权局 2014 年 1 月授权	1/4
9	发明专利：自走式果园自动对靶喷雾机及其喷雾方法 ZL201310538956.2	许林云	国家知识产权局 2015 年 3 月授权	1/6
10	发明专利：茶叶摘采机器人 ZL201110380397.8	陈 勇	国家知识产权局 2011 年 12 月授权	1/3

	Ⅲ-3-2 本学科点 2010 年以来所获得的重要科研奖励			
序号	项目名称	项目完成人	获奖时间	获奖等级
1	高射程精确对靶施药装备的关键技术及其产业化 2012-268	南京林业大学（1）周宏平（1）、郑加强（2）、许林云（4）、茹煜（5）、甘英俊（6）、张慧春（7）、贾志成（8）、孙松平（9）	201301	教育部科学技术进步二等奖
2	自动导航无人机低空施药技术 2013-2-51-D3	南京林业大学（3）周宏平（10）	201401	江苏省科学技术奖二等奖
3	高效精密纵向优选多片圆锯机床开发	南京林业大学（3）赵茂程（4）、徐兆君（5）	201001	江苏省科学技术奖三等奖
4	航空静电喷雾系统的关键技术创新及推广应用（2013-KJ-3-28-R02、03）	南京林业大学（2）周宏平（2）、茹煜（3）	201309	中国林学会，梁希林业科学技术奖三等奖

（续）

序号	项目名称	项目完成人	获奖时间	获奖等级
5	森林消防技术设备系列化研制与开发（2011-KJ-2-20-R04）	南京林业大学（2）周宏平（4）	201112	中国林学会，梁希林业科学技术奖二等奖
6	松材线虫等病疫木检疫除害处理设备及远程监控系统（2011-KJ-3-48-R01、03）	南京林业大学（1）甘英俊（1）、周宏平（3）	201112	中国林学会，梁希林业科学技术奖三等奖
7	航空静电喷雾系统的设计及应用（《南京林业大学学报》201101）	茹煜（1）、周宏平（2）、贾志成（3）	201409	中国林学会，梁希林业青年科技论文奖，二等奖

7.4 人才培养

IV-1 本学科点 2010 年以来所获得的省部级以上教学（材）成果奖数			
序号	项目名称	获奖人	获奖名称、等级、时间
1	面向林业装备行业的机械类特色创新人才培养模式的研究与实践	周宏平（1）、涂桥安（2）、陈勇（3）、茹煜（4）、徐幼林（6）、商庆清（7）、刘英（8）	江苏省教学成果一等奖 2013 年 12 月
2	中国林业教育 2008—2009 年度优秀作者	徐幼林	优秀作者，2011 年 4 月

IV-2 本学科点 2010 年以来出版的主要教材（教学用书）			
序号	教材（教学用书）名称	作者	出版日期	出版单位
---	---	---	---	---
1	现代林业机械设计方法学	郑加强（1）、周宏平（2）、刘英（3）	201508	中国林业出版社

IV-3 本学科点研究生招生和授予学位人数								
年份	博士生				硕士生（专业学位研究生不计入）			
	招生数		授予学位数		招生数		授予学位数	
	合计	其中留学生	合计	其中留学生	合计	其中留学生	合计	其中留学生
2012 年	4	—	1	—	5	—	12	—
2013 年	5	—	5	—	9	—	10	—
2014 年	4	—	2	—	8	—	13	—

8

城市规划与设计（传统村落景观保护与规划）

（安徽农业大学）

申请单位	名称：安徽农业大学
	代码：10364
申请学科	名称：城市规划与设计（传统村落景观保护与规划）
	代码：081303
所属一级学科	名称：建筑学
	代码：0813
所属学科门类	名称：工学
	代码：08

8.1 本学科人员基本情况

学院（系、所）	系、所	现有人员数					
		教授（或相当专业技术职务者）	副教授（或相当专业技术职务者）	讲师（或相当专业技术职务者）	两院院士	突出中青年专家	具有博士学位
人数合计		7	9	10	—	—	11
林学与园林学院	风景园林系	3	4	6	—	—	5
	林学系	3	2		—	—	5
	城乡规划系	1	1	4	—	—	1
轻纺工程与艺术学院	艺术设计系	—	1		—	—	
工学院	建筑能源与水利工程系	—	1		—	—	

年龄结构	专业技术职务	合计	≤35岁	36~45岁	46~55岁	56~60岁	≥61岁
	教授（或相当专业技术职务者）	7	—	4	3	—	—
	副教授（或相当专业技术职务者）	9	2	7		—	—
	讲师（或相当专业技术职务者）	10	8	2		—	—

8.2 学科方向

II-1　研究方向名称：传统村落景观规划与设计					
主要学术带头人及学术骨干			本研究方向人员情况（人数）		
姓名	陈永生	李　静	李春涛	教授	副教授	具有博士学位
出生年月	197209	196602	197210	1	4	4

II-2　研究方向名称：乡村生态景观营建技术					
主要学术带头人及学术骨干			本研究方向人员情况（人数）		
姓名	黄成林	徐小牛	孟艳琼	教授	副教授	具有博士学位
出生年月	196209	196101	197606	2	2	3

II-3　研究方向名称：传统村落保护与规划					
主要学术带头人及学术骨干			本研究方向人员情况（人数）		
姓名	张云彬	汪兴毅	管　欣	教授	副教授	具有博士学位
出生年月	197008	196706	197804	1	1	1

Ⅱ-4　研究方向名称：徽州古村落文化与历史					
主要学术带头人及学术骨干			本研究方向人员情况（人数）		
姓名	许克福	黄庆丰	刘桂华	教授	副教授	具有博士学位
出生年月	196904	196306	196101	3	2	3

8.3　科学研究

Ⅲ-1　本学科点目前承担的科研项目统计							
	国家计委、科技部、教育部项目	国家自然科学、社会科学基金项目	国务院其他各部门项目及国防重大项目	地方政府项目	企事业单位委托项目	国际组织资助或国际合作项目	合计
项目数（个）	4	2	—	3	36	—	45
经费数（万元）	1 102	104	—	130	750	—	2 086

Ⅲ-2　本学科点目前正承担的主要科研项目情况					
序号	项目、课题名称（下达编号）	项目来源	项目起讫时间	科研经费（万元）	负责人（姓名、专业技术职务）
1	国家"十二五"科技支撑计划项目《产业聚集区村镇宜居社区建设关键技术研究与示范》（2013BAJ10B12）	科技部	201301—201506	902	张承祥，副研究员
2	不同林龄序列亚热带常绿阔叶林地下碳氮耦合循环特点（31370626）	国家自然科学基金委员会	201401—2017012	81	徐小牛，教授
3	基于结构－生态功能耦合关系的城镇绿色空间构建研究——以合肥市为例（41301650）	国家自然科学基金委员会	201401—2016012	23	李莹莹，讲师
4	人工林地下生态系统碳固持与木材生产权衡关系（2012CB416905）	科技部	201201—2016012	100	徐小牛，教授
5	《"皖江示范区"宜居宜业宜游型美好乡村建设关键技术研究与集成示范》（1301032137）	安徽省科技厅	201301—201506	70	张云彬，教授
6	桐城市绿道总体规划	桐城市建设局	201404—2015012	27	陈永生，副教授
7	泾县绿地系统规划	泾县住建委	201302—2014012	19	陈永生，副教授
8	马鞍山湿地资源普查与规划	马鞍山园林绿化管理处	201405—201506	21	许克福，教授
9	铜陵市生物多样性保护规划	铜陵市住建委	201404—201506	15	许克福，教授
10	萧县绿地系统规划	萧县园林处	201408—2015012	23.8	陈永生，副教授

III-3 主要科研成果				
III-3-1 该学科点 2010 年以来所取得的代表性成果（论文、专著、专利等）				
序号	成果名称	作者	出版、发表、提交（鉴定）单位，时间	署名次序
1	Characteristics of N Mineralization in Urban Soils of Hefei, East China	Xu Xiaoniu	Pedosphere，201002	通讯作者
2	The Stand Structure and Ecological Function of Woods in Hefei Round-the-city Park, Anhui Province, China	Wang Jianan	Revista Chapingo Serie Ciencias Forestales y del Ambiente，201401	1
3	生态风景林理论在城市道路景观规划设计中的运用	王嘉楠	城市环境与城市生态，201005	1
4	基于功能系统分析的现代农业园区规划方法研究	张云彬	华中农业大学学报，201006	1
5	基于城市形象系统结构的城市形象建设研究	张云彬	规划师，201001	1
6	景观符号学理论的研究	李 静	合肥工业大学学报（社科科学版），201001	1
7	城市公园绿地空间适宜性评价指标体系建构及应用	陈永生	东北林业大学学报，201107	1
8	合肥城市绿地系统的景观生态评价	陈永生	长江流域资源与环，201201	1
9	基于旅游功能导向的绿道资源评价指标体系构建及应用	陈永生	中国农业大学学报，201406	1
10	徽州古民宅中穿斗式木构架的结构与构造	汪兴毅	合肥工业大学学报（自然科学版），201003	1

III-3-2 本学科点 2010 年以来所获得的重要科研奖励				
序号	项目名称	项目完成人	获奖时间	获奖等级
1	上海城乡一体化绿化系统规划研究	李静（7）	201012	国家城乡规划与房屋建设部科技进步二等奖
2	油茶良种"大别山 1-4 号"选育与应用研究	束庆龙（1）	201012	安徽科技进步三等奖
3	《融—桐城市绿道总体规划》	丁瑞、陈永生（指导教师）	201401	获第 ILIA 艾景奖·2014 国际园林景观规划设计大赛金奖
4	《寻找村落应该是的样子——面对城市雾霾现象反思城郊建设问题》	王国伟、张云彬（指导教师）	201405	获第 51 届 IFLA 国际景观学生设计竞赛评委奖
5	杉木、马尾松、湿地松人工用材林可持续经营技术研究与示范推广	黄庆丰（2）	201112	省级科学技术三等奖

8.4 人才培养

IV-1 本学科点 2010 年以来所获得的省部级以上教学（材）成果奖数			
序号	项目名称	获奖人	获奖名称、等级、时间
1	基于"链式理论"的园林专业系列教材建设	李 静（8）	国家级教学成果奖（20148312）、国家级、201408

IV-2 本学科点 2010 年以来出版的主要教材（教学用书）				
序号	教材（教学用书）名称	作者	出版日期	出版单位
1	园林规划设计理论篇（第 3 版）	李　静（2）	201010	中国农业出版社
2	园林概论	李　静（1）	201404	中国农业出版社

IV-3 本学科点研究生招生和授予学位人数								
年份	博士生				硕士生（专业学位研究生不计入）			
	招生数		授予学位数		招生数		授予学位数	
	合计	其中留学生	合计	其中留学生	合计	其中留学生	合计	其中留学生
2012 年	—	—	—	—	25	—	22	—
2013 年	—	—	—	—	30	—	25	—
2014 年	—	—	—	—	35	—	25	—

制浆造纸工程

（南京林业大学）

申请单位	名称：南京林业大学
	代码：10298

申请学科	名称：制浆造纸工程
	代码：082201

所属一级学科	名称：轻工技术与工程
	代码：0822

所属学科门类	名称：工科
	代码：08

9.1 本学科人员基本情况

学院（系、所）	系、所	现有人员数					
		教授（或相当专业技术职务者）	副教授（或相当专业技术职务者）	讲师（或相当专业技术职务者）	两院院士	突出中青年专家	具有博士学位
人数合计		10	18	10	—	—	34
轻工科学与工程学院	植物资源化学与制浆工程系	4	9	3	—	—	15
	造纸与纸加工工程系	4	4	3	—	—	9
	轻工装备与自动化系	2	5	4	—	—	10
年龄结构	专业技术职务	合计	≤35 岁	36～45 岁	46～55 岁	56～60 岁	≥61 岁
	教授（或相当专业技术职务者）	10	—	1	8	1	—
	副教授（或相当专业技术职务者）	18	6	9	3	—	—
	讲师（或相当专业技术职务者）	10	7	3	—	—	—

9.2 学科方向

Ⅱ-1　研究方向名称：制浆科学与工程					
主要学术带头人及学术骨干			本研究方向人员情况（人数）		
姓名	翟华敏	童国林	吴淑芳	教授	副教授	具有博士学位
出生年月	195611	196704	196812	2	4	9

Ⅱ-2　研究方向名称：造纸化学与纸基功能材料					
主要学术带头人及学术骨干			本研究方向人员情况（人数）		
姓名	戴红旗	周小凡	景 宜	教授	副教授	具有博士学位
出生年月	196304	196506	196612	4	4	7

Ⅱ-3　研究方向名称：木质纤维化学与利用技术					
主要学术带头人及学术骨干			本研究方向人员情况（人数）		
姓名	金永灿	曹云峰	宋君龙	教授	副教授	具有博士学位
出生年月	196801	196502	197405	2	5	8

II-4　研究方向名称：造纸装备与控制技术					
主要学术带头人及学术骨干			本研究方向人员情况（人数）		
姓名	张　辉	胡慕伊	熊智新	教授	副教授	具有博士学位
出生年月	196201	195706	197303	2	5	10

9.3　科学研究

III-1　本学科点目前承担的科研项目统计							
	国家计委、科技部、教育部项目	国家自然科学、社会科学基金项目	国务院其他各部门项目及国防重大项目	地方政府项目	企事业单位委托项目	国际组织资助或国际合作项目	合计
项目数（个）	5	13	4	18	24	1	65
经费数（万元）	128	491	130	423	485	15	1 672

III-2　本学科点目前正承担的主要科研项目情况					
序号	项目、课题名称（下达编号）	项目来源	项目起讫时间	科研经费（万元）	负责人（姓名、专业技术职务）
1	木质素结构对纤维素酶吸附及酶水解的影响与作用机制（31370571）	国家自然科学基金面上项目	201401—201712	80	金永灿，教授
2	基于柔性纳米纸基材料的木质纤维微纤丝解离方法与机理（31470590）	国家自然科学基金项目	201501—201812	84	戴红旗，教授
3	白水封闭循环系统中DCS与无机盐电解质形成干扰物的历程及机理（31270614）	国家自然科学基金面上项目	201301—201612	83	戴红旗，教授
4	基于植物纳米纤维作为底物的内切纤维素酶持续作用机制的研究（31470593）	国家自然科学基金面上项目	201501—201812	85	吴淑芳，副教授
5	凝胶态纤维素纤维及其纤维素纤维薄膜材料的结构与性能（31270629）	国家自然科学基金面上项目	201301—201612	81	周小凡，教授
6	纤维素酶结合模块与纤维素晶体表面的相互作用机制（31270613）	国家自然科学基金面上项目	201301—201612	80	宋君龙，副教授
7	利用可生物降解性"壳聚糖/蒙脱土纳米复合材料"提高纸张阻隔性的研究（31370583）	国家自然科学基金面上项目	201401—201712	80	景宜，教授
8	木质素聚集态结构活化及功能芳基材料合成（2010CB732205）	"973"计划	201001—201412	55	翟华敏，教授
9	高木质素含量木质纤维凝胶材料的制备及性能研究（31200444）	国家自然科学基金青年项目	201301—201512	26	王志国，副教授
10	溶解浆清洁生产关键技术引进	国家林业局"948"项目	201201—201512	50	时留新，副教授

Ⅲ-3　主要科研成果

Ⅲ-3-1　该学科点 2010 年以来所取得的代表性成果（论文、专著、专利等）

序号	成果名称	作者	出版、发表、提交（鉴定）单位，时间	署名次序
1	Programmable Arrays of "Micro-bubble" Constructs via Self-Encapsulation	戴红旗	Advanced Functional Materials；2014，24（27）	通讯作者
2	Adsorption of a Silicone-based Surfactant on Polyethylene and Polypropylene Surfaces and Its Tribologic Performance	宋君龙	J Appl Polym Sci，2014，131（19）	1
3	You Have Full Text Access to This Content Highly Conductive Microfiber of Graphene Oxide Templated Carbonization of Nanofibrillated Cellulose	戴红旗	Advanced Functional Materials，2014，24（46）	通讯作者
4	Comparison of Sodium Carbonate Pretreatment for Enzymatic Hydrolysis of Wheat Straw Stem and Leaf to Produce Fermentable Sugars	金永灿	Bioresource Technology；2013，V137	1
5	Preparation of Ultrasonic-assisted High Carboxylate Content Cellulose Nanocrystals by Tempo Oxidation	童国林	Bioresources；2011（2）（SCI）	通讯作者
6	Effect of Charge Asymmetry on Adsorption and Phase Separation of Polyampholytes on Silica and Cellulose Surfaces	宋君龙	Journal of Physical Chemistry B；2010（1）（SCI）	1
7	《禾草类制浆禾草类纤维制浆造纸》	李忠正	中国轻工业出版社，2013.03；ISBN：9787501991563	1
8	造纸盘式磨浆机磨浆间隙在线精确测量技术	张　辉	201002 授权	ZL200710025618.3
9	复合溶剂分离非木材木质纤维生物质木质素的方法	翟华敏	201410 授权	ZL20121069666
10	一种用于改善纸张强度的淀粉添加工艺	周小凡	201406 授权	ZL 200810031658.8

Ⅲ-3-2　本学科点 2010 年以来所获得的重要科研奖励

序号	项目名称	项目完成人	获奖时间	获奖等级
1	宁夏风沙区生态环境综合治理模式研究与技术集成示范	金永灿（7）	201212	宁夏回族自治区，科技进步奖一等奖
2	宁夏风沙区生态环境综合治理模式研究与技术集成示范	杨益琴（11）	201212	宁夏回族自治区，科技进步奖一等奖
3	手性非天然氨基酸的生物催化制备技术及其应用	苏二正（2）	201211	上海市人民政府，科技进步奖一等奖
4	Programmable Arrays of "Micro-Bubble" Constructs vis Self-Encapsulation	叶春洪（1）	201408	第五届梁希青年论文奖获奖论文，一等奖
5	Improving Flavonoid Extraction from Ginkgo biloba Leaves by Prefermentation Processing	王佳宏（1）	201408	第五届梁希青年论文奖获奖论文，二等奖
6	Deposition of Silver Nanoparticles on Cellulosic Fibers via Stabilization of Carboxymethyl Groups	宋君龙（1）	201408	第五届梁希青年论文奖获奖论文，三等奖

（续）

序号	项目名称	项目完成人	获奖时间	获奖等级
7	Strong Transparent Magnetic Nanopaper Prepared by Immobilization of Fe_3O_4 Nanoparticles in a Nanofibrillated Cellulose Network	李媛媛（1）	201408	第五届梁希青年论文奖获奖论文，三等奖
8	Green Liquor Pretreatment for Improving Enzymatic Hydrolysis of Corn Stover	谷 峰（1）	201408	第五届梁希青年论文奖获奖论文，三等奖
9	Effects of Sodium Carbonate Pretreatment on the Chemical Compositions and Enzymatic Saccharification of Rice Straw	杨林峰（1）	201408	第五届梁希青年论文奖获奖论文，三等奖
10	Comparison of Sodium Carbonate–oxygen and Sodium Hydroxide–oxygen Pretreatments on the Chemical Composition and Enzymatic Saccharification of Wheat Straw	耿文惠（1）	201408	第五届梁希青年论文奖获奖论文，三等奖

9.4 人才培养

Ⅳ-1 本学科点 2010 年以来所获得的省部级以上教学（材）成果奖数		
序号	项目名称	获奖人	获奖名称、等级、时间
1	行业需求驱动，林科类创新人才协同培养模式的研究与实践	张辉（5）	江苏省优秀教学成果，二等奖 201312；江苏省教育厅
2	《现代造纸机械状态监测与故障诊断》，教材	张辉主编	被遴选江苏省高等学校"十二五"重点教材，201409
3	《制浆造纸机械与设备》（上、下册），教材	张辉主编	被遴选普通高等教育"十二五"国家规划教材，201410
4	《造纸工业清洁生产原理与技术》	童国林（2）	中国轻工业联合会科技进步，三等奖（201003）
5	静电复印废纸凝聚法脱墨研究	王翠霞（秦昀昌）	江苏省普通高校本专科优秀毕业设计（论文），一等奖（201204）
6	亚硫酸钠预处理稻草的酶水解和酶吸附行为	张帅（吴文娟）	江苏省普通高校本专科优秀毕业设计（论文），三等奖（201303）
7	酸性亚硫酸盐预处理对杨木化学成分及酶解糖化的影响	杜晶（金永灿）	江苏省普通高校本专科优秀毕业设计（论文），三等奖（201403）
8	年产 10 万吨低定量涂布纸生产线工艺设计	方叶、时丽叶、王莹、王致民、徐扣云、张弘（陈务平、曹云峰、翟华敏、童国林、吴淑芳、吴文娟）	江苏省普通高等学校本专科优秀毕业设计（论文），团队优秀毕业设计（论文）（201405）
9	水性环氧树脂及其改性的表面施胶应用	李媛媛（戴红旗）	江苏省优秀硕士专业学位论文（201211）
10	激光打印废纸化学凝聚法脱墨的研究	蒋杰（童国林）	江苏省优秀硕士专业学位论文（201306）

（续）

序号	项目名称	获奖人	获奖名称、等级、时间
11	基于木粉碱溶体系的木质素分离及结构表征	杨林峰（金永灿）	江苏省优秀硕士专业学位论文（201406）
12	桉木浆强化漂白制备粘胶浆粕及其应用研究	王小雅（曹云峰）	江苏省优秀硕士专业学位论文（201406）
13	林科特色发酵工程研究生培养模式和评价的研究与改革实践	张辉（1）、苏二正（2）	江苏省研究生教育教学改革研究与实践课题（201406）

Ⅳ-2　本学科点2010年以来出版的主要教材（教学用书）				
序号	教材（教学用书）名称	作者	出版日期	出版单位
1	"十一五"国家级规划教材《制浆造纸机械与设备》（上、下）（第3版）	张辉（2），副主编	201106	中国轻工业出版社
2	《现代造纸机械状态监测与故障诊断》（第2版）	张辉（1），主编	201305	中国轻工业出版社
3	《江苏造纸简史》	张辉（1），主编	201401	中国轻工业出版社
4	《制浆造纸科学技术学科发展报告》	张辉（3）	201104	中国科学技术出版社
5	《植物纤维资源化学》	李忠正（1），主编	201206	中国轻工业出版社

Ⅳ-3　本学科点研究生招生和授予学位人数								
年份	博士生				硕士生（专业学位研究生不计入）			
	招生数		授予学位数		招生数		授予学位数	
	合计	其中留学生	合计	其中留学生	合计	其中留学生	合计	其中留学生
2012年	4	—	4	—	46	—	50	—
2013年	5	—	7	2	48	—	52	—
2014年	9	—	5	—	51	—	54	—

10

消防工程

（南京森林警察学院）

申请单位	名称：南京森林警察学院
	代码：12213

申请学科	名称：消防工程
	代码：083102K

所属一级学科	名称：公安技术
	代码：0838

所属学科门类	名称：工学
	代码：08

10.1 本学科人员基本情况

学院（系、所）	系、所	现有人员数					
		教授（或相当专业技术职务者）	副教授（或相当专业技术职务者）	讲师（或相当专业技术职务者）	两院院士	突出中青年专家	具有博士学位
人数合计		6	9	13	—	—	11
森林消防系	—	5	9	9	—	—	8
林火研究中心	—	1	0	4	—	—	3
年龄结构	专业技术职务	合计	≤35 岁	36～45 岁	46～55 岁	56～60 岁	≥61 岁
	教授（或相当专业技术职务者）	6	0	0	4	2	—
	副教授（或相当专业技术职务者）	9	1	5	3	—	—
	讲师（或相当专业技术职务者）	13	9	4	—	—	—

10.2 学科方向

Ⅱ-1 研究方向名称：森林火灾监测与预警					
主要学术带头人及学术骨干			本研究方向人员情况（人数）		
姓名	张思玉	闫德民	张水锋	教授	副教授	具有博士学位
出生年月	196312	197507	198606	3	2	4

Ⅱ-2 研究方向名称：森林火灾扑救与指挥					
主要学术带头人及学术骨干			本研究方向人员情况（人数）		
姓名	姚树人	胡志东	何 诚	教授	副教授	具有博士学位
出生年月	196312	196710	198511	2	3	3

Ⅱ-3 研究方向名称：林火管理					
主要学术带头人及学术骨干			本研究方向人员情况（人数）		
姓名	郑怀兵	张运生	彭徐剑	教授	副教授	具有博士学位
出生年月	196312	197705	198305	0	3	2

Ⅱ-4 研究方向名称：林火调查与评估					
主要学术带头人及学术骨干			本研究方向人员情况（人数）		
姓名	李炳凯	赵浩彦	张 洁	教授	副教授	具有博士学位
出生年月	196312	198208	198210	1	1	2

10.3 科学研究

Ⅲ-1 本学科点目前承担的科研项目统计							
	国家计委、科技部、教育部项目	国家自然科学、社会科学基金项目	国务院其他各部门项目及国防重大项目	地方政府项目	企事业单位委托项目	国际组织资助或国际合作项目	合计
项目数（个）	—	—	4	6	—	—	10
经费数（万元）	—	—	438	74.25	—	—	512.25

Ⅲ-2 本学科点目前正承担的主要科研项目情况					
序号	项目、课题名称（下达编号）	项目来源	项目起讫时间	科研经费（万元）	负责人（姓名、专业技术职务）
1	小型无人机林火监测与扑救指挥系统关键技术引进	国家林业局"948"项目管理办公室	201301—201612	50	张思玉，教授
2	森林火灾余火探测与清理机器人研发	林业公益性行业科研专项	201401—201812	191	张思玉，教授
3	多功能森林消防车研究与开发	国家林业公益性行业研究专项	201301—201612	149	刘成林，教授
4	森林消防水灭火机具关键技术应用示范和推广	江苏省林业三新工程项目	201307—201506	40	丛静华，教授
5	江苏省森林防火应急指挥系统关键技术集成与验证	江苏省林业三新工程项目	201407—201706	50	郑怀兵，副教授
6	森林火灾案件侦查技术规程	林业行业标准制修订项目	201401—201512	8	郑怀兵，副教授
7	我国南方典型火烧迹地植被恢复动态研究	江苏省自然科学基金项目	201407—201706	10	闫德民，讲师
8	水力灭火技术研究	国家林业局森林防火办公室	201204—201310	30	郑怀兵，副教授
9	基于无人机平台的森林地下火识别技术研究	中央高校基本科研业务费专项	201501—201512	6.05	何诚，讲师
10	森林防火重大理论研究	国家林业局防火指挥办公室	201301—201312	10	姚树人，编审

Ⅲ-3 主要科研成果			
Ⅲ-3-1 该学科点 2010 年以来所取得的代表性成果（论文、专著、专利等）			
序号	成果名称	作者	出版、发表、提交（鉴定）单位，时间	署名次序
1	点式水库（专利）	张思玉	国家知识产权局，2013	1
2	立木直径测定器（专利）	何诚	国家知识产权局，2014	1

（续）

序号	成果名称	作者	出版、发表、提交（鉴定）单位，时间	署名次序
3	森林消防专业队伍建设和管理规范（行业标准）	姚树人	国家林业局，2014	1
4	森林火灾隐患评价标准（行业标准）	郑怀兵	国家林业局，2014	1
5	Using LiDAR Data to Measure the 3D Green Biomass of Beijing Urban Forest in China	何诚	Plos One，2013	1
6	A Review of Genus Bullanga Navás, 1917 (Neuropetra, Myrmeleontidae)	詹庆斌	Zootaxa，2014	1
7	一种电子经纬仪立木材积精准测算方法	何诚	测绘通报，2014	1
8	区域森林火灾危害程度评价指标构建	张思玉	防灾科技学院学报，2013	1
9	我国森林火灾特点的动态分析	张思玉	森林防火，2013	1
10	贝斯特森林资源信息系统软件（软件著作权）	郑怀兵	国家版权局，2013	1

Ⅲ-3-2　本学科点 2010 年以来所获得的重要科研奖励			
序号	项目名称	项目完成人	获奖时间	获奖等级
1	森林消防技术设备系列化研制与开发	丛静华（1）	2011	国家林业局"梁希"科技进步二等奖，省部级
2	森林消防专业教学团队	张思玉	2010	江苏省级优秀教学团队，省部级

10.4　人才培养

Ⅳ-1　本学科点 2010 年以来所获得的省部级以上教学（材）成果奖数			
序号	项目名称	获奖人	获奖名称、等级、时间
1	森林公安特色专业（森林消防）建设	张思玉（1）	江苏省高等教学成果二等奖，2011
2	江苏省优秀教学团队"森林消防专业教学团队"	张思玉（1）	江苏省高校优秀教学团队，2010

Ⅳ-2　本学科点 2010 年以来出版的主要教材（教学用书）			
序号	教材（教学用书）名称	作者	出版日期	出版单位
1	森林火灾案件侦查技术	郑怀兵（1）	2013 年	中国林业出版社
2	森林火灾案件侦查典型案例集	郑怀兵（1）	2013 年	中国林业出版社
3	森林防火手册	郑怀兵（1）	2014 年	江苏凤凰科学技术出版社

11

草 原 学

（西北农林科技大学）

申请单位	名称：西北农林科技大学
	代码：10712

申请学科	名称：草原学
	代码：090900

所属一级学科	名称：草学
	代码：0909

所属学科门类	名称：农学
	代码：09

11.1　本学科人员基本情况

学院（系、所）	系、所	现有人员数					
		教授（或相当专业技术职务者）	副教授（或相当专业技术职务者）	讲师（或相当专业技术职务者）	两院院士	突出中青年专家	具有博士学位
人数合计		4	6	12	—	—	18
动物科技学院	草业科学系	1	1	4	—	—	—
动物科技学院	草业科学系	2	2	4	—	—	—
水土保持研究所	林草生态研究室	1	3	4	—	—	—
年龄结构	专业技术职务	合计	≤35 岁	36～45 岁	46～55 岁	56～60 岁	≥61 岁
	教授（或相当专业技术职务者）	4	—	—	2	2	—
	副教授（或相当专业技术职务者）	6	1	3	2	—	—
	讲师（或相当专业技术职务者）	12	8	3	1	—	—

11.2　学科方向

II-1　研究方向名称：牧草学——旱区牧草育种与栽培技术					
主要学术带头人及学术骨干			本研究方向人员情况（人数）		
姓名	呼天明	龙明秀	杨培志	教授	副教授	具有博士学位
出生年月	195809	197112	197709	1	2	6

II-2　研究方向名称：旱区草地生态					
主要学术带头人及学术骨干			本研究方向人员情况（人数）		
姓名	程积民	魏孝荣	邱莉萍	教授	副教授	具有博士学位
出生年月	195502	197810	197907	1	3	5

II-3　研究方向名称：牧草资源化利用与生物技术					
主要学术带头人及学术骨干			本研究方向人员情况（人数）		
姓名	王佺珍	陈　俊	高景慧	教授	副教授	具有博士学位
出生年月	196303	196702	197010	2	2	7

11.3 科学研究

Ⅲ-1 本学科点目前承担的科研项目统计						
	国家计委、科技部、教育部项目	国家自然科学、社会科学基金项目	国务院其他各部门项目及国防重大项目	地方政府项目	企事业单位委托项目	国际组织资助或国际合作项目	合计
项目数（个）	5	12	5	6	27	1	54
经费数（万元）	1 149	553	622	53	413.5	93	2 883.5

Ⅲ-2 本学科点目前正承担的主要科研项目情况					
序号	项目、课题名称（下达编号）	项目来源	项目起讫时间	科研经费（万元）	负责人（姓名、专业技术职务）
1	西北和青藏地区优质牧草丰产栽培及草畜耦合技术集成与产业化示范（2011BAD17B05）	国家"十二五"科技支撑	2011—2015	1 064	呼天明，教授
2	陕西牧草栽培与利用综合试验研究（咸阳牧草综合试验站）（CARS-35-40）	农业部产业技术体系	2011—2015	250	程积民，研究员
3	固原沙化典型地区定位监测宁夏固原监测点（林记发2001399）	国家林业局	2009—2015	90	程积民，研究员
4	基于基因芯片数据的苜蓿抗旱性相关基因克隆及功能研究（31372490）	国家自然科学基金面上项目	2013—2017	85	呼天明，教授
5	根瘤菌共生提高苜蓿抗旱性的差异基因分析，国家自然科学基金（30901050）	国家自然科学基金青年项目	2010—2012	22	杨培志，讲师
6	基于基因表达式编程技术的牧草种子产量形成模拟与实证（31472138）	国家自然科学基金面上项目	2015—2018	84	王佺珍，教授
7	黄土高原农牧交错带典型草地群落碳循环对降水变化的响应（41271315）	国家自然科学基金面上项目	2013—2016	60	魏孝荣，副研究员
8	用双同位素标记法研究凋落物分解中碳氮流通机制（41471244）	国家自然科学基金面上项目	2015—2018（2014年经费下达）	82	邱莉萍，副研究员
9	蒺藜苜蓿快中子突变体esn1共生固氮特性的遗传定位与转录组研究（31402127）	国家自然科学基金青年项目	2015—2017（2014年经费下达）	25	席杰军，讲师
10	紫花苜蓿–根瘤菌–丛枝菌根共生体碳氮磷交换机制研究（31402128）	国家自然科学基青年项目	2015—2017（2014年经费下达）	24	何树斌，讲师

Ⅲ-3　主要科研成果				
Ⅲ-3-1　该学科点 2010 年以来所取得的代表性成果（论文、专著、专利等）				
序号	成果名称	作者	出版、发表、提交（鉴定）单位，时间	署名次序
1	Global Pattern of Soil Carbon Losses Due to the Conversion of Forests to Agricultural Land	魏孝荣	Scientific Reports，2014，4（4）：4062	1
2	Path and Ridge Regression Analysis of Seed Yield and Seed Yield Components of Russian Wildrye under Field Conditions	王佺珍	PloS One, 2011,6（4）：e 19245	1
3	Modelling Analysis for Enhancing Seed Vigour of Switchgrass (*Panicum virgatum* L.) Using an Ultrasonic Technique	王佺珍	Biomass and Bioenergy, 2012, 47（9）：426-435	2，通讯作者
4	Changes in Plant Community Composition and Soil Properties Under 3-decade Grazing Exclusion in Semiarid Grassland	程积民	Ecological Engineering，2014，64（10）171-178	2，通讯作者
5	Effect of Nodules on Dehydration Response in Alfalfa (*Medicago sativa*)	呼天明	Environmental and Experimental Botany，2013,86：29-34	4，通讯作者
6	Dynamic Changes of Stipa Bungeana Steppe Species Diversity as Better Indicators for Soil Quality and Sustainable Utilization Mode in Yunwu Mountain Nature Reserve, Ningxia, China	邱莉萍	Plant and Soil, 2012,355(1-2):299-309	1
7	Isolation and Characterization of a Buffalograss (*Buchloe dactyloides*) Dehydration Responsive Element Binding Transcription Factor, BdDREB2	呼天明	Gene, 2014, 536 (1): 123-128	8，通讯作者
8	Spatial Pattern Model of Herbaceous Plant Mass at Species Level	陈　俊	Ecological Informatics，2014, 24（6）:124-131	1
9	黄土高原草原生态系统研究——云雾山国家级自然保护区	程积民	科学出版社，2014	1
10	一种提高根瘤菌活性和数量的培养方法	杨培志	中华人民共和或国家知识产权局，发明专利，2014	1

Ⅲ-3-2　本学科点 2010 年以来所获得的重要科研奖励			
序号	项目名称	项目完成人	获奖时间	获奖等级
1	奶牛优质高效产业化配套技术体系研究与示范	呼天明（3）	201110	省部级，中华农业科技一等奖

11.4 人才培养

Ⅳ-1 本学科点2010年以来所获得的省部级以上教学（材）成果奖数			
序号	项目名称	获奖人	获奖名称、等级、时间
1	《牧草栽培学》精品课程	呼天明（1）	国家级精品课程，2010.
2	《牧草栽培学》精品资源共享课	呼天明（1）	国家级精品资源共享课，2013
3	《牧草栽培学》精品课程	呼天明（1）	省级精品课程，2010

Ⅳ-2 本学科点2010年以来出版的主要教材（教学用书）				
序号	教材（教学用书）名称	作者	出版日期	出版单位
1	牧草栽培学实验实习指导	龙明秀（1）	201309	中国农业出版社

Ⅳ-3 本学科点研究生招生和授予学位人数								
年份	博士生				硕士生（专业学位研究生不计入）			
	招生数		授予学位数		招生数		授予学位数	
	合计	其中留学生	合计	其中留学生	合计	其中留学生	合计	其中留学生
2012年	4	—	4	—	10	—	8	—
2013年	4	—	4	—	12	—	12	—
2014年	4	—	5	—	18	—	10	—

12

生 药 学

（东北林业大学）

申请单位	名称：东北林业大学
	代码：10225

申请学科	名称：生药学
	代码：100703

所属一级学科	名称：药学
	代码：1007

所属学科门类	名称：医学
	代码：10

12.1 本学科人员基本情况

学院（系、所）	系、所	现有人员数					
		教授（或相当专业技术职务者）	副教授（或相当专业技术职务者）	讲师（或相当专业技术职务者）	两院院士	突出中青年专家	具有博士学位
人数合计		5	13	6	—	—	22
森林植物生态学教育部重点实验室	森林植物生态学教育部重点实验室	5	13	6	—	—	22
年龄结构	专业技术职务	合计	≤35 岁	36～45 岁	46～55 岁	56～60 岁	≥61 岁
	教授（或相当专业技术职务者）	5	—	1	2	2	—
	副教授（或相当专业技术职务者）	13	—	13	—	—	—
	讲师（或相当专业技术职务者）	6	2	4	—	—	—

12.2 学科方向

Ⅱ-1 研究方向名称：药用植物资源学					
主要学术带头人及学术骨干			本研究方向人员情况（人数）		
姓名	赵春建	罗 猛	王慧梅	教授	副教授	具有博士学位
出生年月	197702	197904	197308	2	4	7

Ⅱ-2 研究方向名称：植物药研究与开发					
主要学术带头人及学术骨干			本研究方向人员情况（人数）		
姓名	刘志国	张 琳	王 微	教授	副教授	具有博士学位
出生年月	197510	197811	197803	2	4	8

Ⅱ-3 研究方向名称：天然活性成分分离与结构修饰					
主要学术带头人及学术骨干			本研究方向人员情况（人数）		
姓名	杨 磊	赵修华	姜守刚	教授	副教授	具有博士学位
出生年月	196410	197912	197312	1	5	7

12.3 科学研究

Ⅲ-1 本学科点目前承担的科研项目统计							
	国家计委、科技部、教育部项目	国家自然科学、社会科学基金项目	国务院其他各部门项目及国防重大项目	地方政府项目	企事业单位委托项目	国际组织资助或国际合作项目	合计
项目数（个）	7	4	19	4	2	0	36
经费数（万元）	346	54	511	24	100	0	1 035

Ⅲ-2 本学科点目前正承担的主要科研项目情况					
序号	项目、课题名称（下达编号）	项目来源	项目起讫时间	科研经费（万元）	负责人（姓名、专业技术职务）
1	林木生物质中纤维素、半纤维素及木质素高效分离研究（201304601-01）	国家重大科技专项	201301—201512	179	杨磊，教授
2	油樟和山桐子活性组分制备及效应（20140460202）	国家重大科技专项	201401—201612	69	杨磊，教授
3	长春碱高效分离研究（201204601-01-02）	国家重大科技专项	201201—201412	40	杨磊，教授
4	长春花活性物质高效利用生态公益技术示范（［2011］09）	部委级科研项目	201102—201401	35	杨磊，教授
5	银杏叶资源加工及新产品开发研究（2012BAD21B0403）	国家科技支撑计划项目	201201—201612	165	赵修华，副研究员
6	超临界反溶剂技术构建叶酸偶联葡聚糖包载羟基喜树碱多组分肿瘤靶向纳米粒及其对肿瘤细胞作用的研究（21203018）	国家自然科学基金	201301—201512	25	赵修华，副研究员
7	水溶性喜树碱生产关键技术推广（2014-35）	林业科技成果国家级推广项目	201406—201612	50	赵春建，副研究员
8	南方红豆杉根系分泌物促进喜树幼苗生长和喜树碱积累的化感作用机制（31200478）	国家自然科学基金	201301—201612	22	赵春建，副研究员
9	喜树碱的提取工艺研究（2012BAD21B05-01-02）	国家科技支撑计划项目子课题	201201—201612	20	赵春建，副研究员
10	刺五加系列产物的生产技术推广（2014-34）	林业科学技术推广项目	201401—201612	50	姜守刚，副研究员

Ⅲ-3 主要科研成果

Ⅲ-3-1 该学科点 2010 年以来所取得的代表性成果（论文、专著、专利等）

序号	成果名称	作者	出版、发表、提交（鉴定）单位，时间	署名次序
1	Preparation and Radical Scavenging Activities of Polymeric Procyanidins Nanoparticles by a Supercritical Antisolvent (SAS) Process	Yang Lei et al.	Food Chemistry (IF=3.655), 2011	1/7
2	Ultrasound-assisted Extraction of the Three Terpenoid Indole Alkaloids Vindoline, Catharanthine and Vinblastine Using Ionic Liquid Solution from Catharanthus Roseus	Yang Lei et al.	Chemical Engineering Journal (IF=3.416), 2011	1/7
3	Micronization of *Ginkgo biloba* Extract Using Supercritical Antisolvent Process	Zhao Chunjian et al.	Powder Technology (IF=2.269), 2011	1/8
4	Glycyrrhizic Acid Nanoparticles Inhibit LPS-induced Inflammatory Mediators in 264.7 Mouse Macrophages Compared with Unprocessed Glycyrrhizic Acid	Wang Wei et al.	International Journal of Nanomedicine (IF=4.195), 2013	1/6
5	Separation of Pinostrobin from Pigeon Pea [*Cajanus cajan* (L) Millsp.] Leaf Extract Using a Cation Exchange Resin for Catalytic Transformation Combined with a Polyamide Resin	Zhao Chunjian et al.	Separation and Purification Technology (IF=3.065), 2014	1/6
6	Optimization of Enzyme-assisted Negative Pressure Cavitation Extraction of Five Main Indole Alkaloids from *Catharanthus roseus* Leaves and Its Pilot-scale Application	Luo Meng et al.	Separation and Purification Technology (IF=3.065), 2014	1/9
7	一种水溶性纳米化紫杉醇粉体的负压反溶剂制备方法	赵修华等	专利，东北林业大学，2012	2/10
8	一种从烟草中提取辅酶 Q_{10} 的方法	李春英等	专利，东北林业大学，2014	1/4
9	喜树组织培养与遗传转化研究	王慧梅	专著，中国林业出版社，2013	1/1

Ⅲ-3-2 本学科点 2010 年以来所获得的重要科研奖励

序号	项目名称	项目完成人	获奖时间	获奖等级
1	喜树定向培育及喜树碱衍生物水溶性制备工艺创新	赵修华（2/10）、赵春建（3/10）	2013	梁希林业科学技术奖、二等奖
2	长春西汀注射液的研制及产业化	赵修华（5/13）	2013	河南省科技进步奖、一等奖
3	功能森林化学成分高效分离理论与方法的创新研究	赵修华（2/5）、赵春建（3/5）、杨磊（4/5）	2014	黑龙江省科学技术奖自然科学奖、二等奖
4	北药黄芪生态培育与高效加工技术集成	罗猛（1/7）、王微（2/7）、顾成波（3/7）	2014	黑龙江省科学技术奖科技进步奖、三等奖

12.4 人才培养

IV-2 本学科点 2010 年以来出版的主要教材（教学用书）				
序号	教材（教学用书）名称	作者	出版日期	出版单位
1	水溶性生物活性粉体制备原理与应用	赵修华（1/8）	201303	科学出版社

IV-3 本学科点研究生招生和授予学位人数								
年份	博士生				硕士生（专业学位研究生不计入）			
	招生数		授予学位数		招生数		授予学位数	
	合计	其中留学生	合计	其中留学生	合计	其中留学生	合计	其中留学生
2012 年	—	—	—	—	21	—	43	—
2013 年	—	—	—	—	20	—	31	—
2014 年	—	—	—	—	22	—	24	—

13

旅游管理

（中南林业科技大学）

申请单位	名称：中南林业科技大学
	代码：10538

申请学科	名称：旅游管理
	代码：120203

所属一级学科	名称：工商管理
	代码：1202

所属学科门类	名称：管理学
	代码：12

13.1　本学科人员基本情况

学院（系、所）	系、所	现有人员数					
		教授（或相当专业技术职务者）	副教授（或相当专业技术职务者）	讲师（或相当专业技术职务者）	两院院士	突出中青年专家	具有博士学位
人数合计		9	14	30	—	—	14
旅游学院	森林旅游系	5	4	11			10
旅游学院	旅游管理系	3	4	9			3
旅游学院	饭店管理系	2	6	10			1
年龄结构	专业技术职务	合计	≤35 岁	36～45 岁	46～55 岁	56～60 岁	≥61 岁
	教授（或相当专业技术职务者）	9	—	—	9	—	—
	副教授（或相当专业技术职务者）	14	—	13	1	—	—
	讲师（或相当专业技术职务者）	30	11	16	3	—	—

13.2　学科方向

Ⅱ-1　研究方向名称：森林游憩与生态旅游						
主要学术带头人及学术骨干			本研究方向人员情况（人数）			
姓名	钟永德	戴美琪	袁建琼	教授	副教授	具有博士学位
出生年月	196512	196607	197305	2	2	5

Ⅱ-2　研究方向名称：森林公园与旅游景区管理						
主要学术带头人及学术骨干			本研究方向人员情况（人数）			
姓名	罗明春	尹少华	柏智勇	教授	副教授	具有博士学位
出生年月	196707	196212	196104	3	2	5

Ⅱ-3　研究方向名称：森林文化与生态文明						
主要学术带头人及学术骨干			本研究方向人员情况（人数）			
姓名	廖小平	陈文俊	邹宏霞	教授	副教授	具有博士学位
出生年月	196210	196202	196402	3	4	3

Ⅱ-4　研究方向名称：旅行社与接待业管理						
主要学术带头人及学术骨干			本研究方向人员情况（人数）			
姓名	周志宏	罗 芬	张红卫	教授	副教授	具有博士学位
出生年月	196603	197904	196808	1	6	1

13.3 科学研究

Ⅲ-1 本学科点目前承担的科研项目统计							
	国家计委、科技部、教育部项目	国家自然科学、社会科学基金项目	国务院其他各部门项目及国防重大项目	地方政府项目	企事业单位委托项目	国际组织资助或国际合作项目	合计
项目数（个）	1	2	6	59	24	—	92
经费数（万元）	3	45	167	428.35	229.33	—	872.68

Ⅲ-2 本学科点目前正承担的主要科研项目情况					
序号	项目、课题名称（下达编号）	项目来源	项目起讫时间	科研经费（万元）	负责人（姓名、专业技术职务）
1	闲暇环境教育与生态旅游耦合机制研究（DKA120311）	全国教育规划重点课题	2012—2015	3	钟永德，教授
2	中国价值安全与社会主义核心价值体系建设研究（14AZX019）	国家社会科学基金重点项目	2014—2016	35	廖小平，教授
3	生态文化体系构建的金融支持研究（12&ZD003）	国家社会科学基金重大项目子课题	2012—2015	10	陈文俊，教授
4	森林风景资源管理与游憩利用技术研究（201404314）	国家林业公益性行业科研专项	2014—2016	110	钟永德，教授
5	森林公园解说牌识设计制作规范（2013-LY-004）	林业行业标准项目	2013—2015	20	钟永德，教授
6	森林公园与国家公园管理关键技术研究（林场园便字（2014）16号）	国家林业局	2014—2015	30	钟永德，教授
7	我省加快构建自然资源有偿使用与生态补偿机制研究（14WTA21）	湖南省社会科学基金重大项目	2014—2015	8	廖小平，教授
8	长株潭城市群旅游可持续发展评价体系研究（13JJ2025）	湖南省自然科学基金项目	2013—2015	2	周志宏，教授
9	武陵山片区旅游业碳排放计量及其预警研究（13JD60）	湖南省社科基金项目	2013—2015	1.5	钟永德，教授
10	长株潭地区居民绿色素养调查与培育研究（2014ZK2001）	湖南省软科学重点课题	2014—2015	7	廖小平，教授

Ⅲ-3 主要科研成果			
Ⅲ-3-1 该学科点2010年以来所取得的代表性成果（论文、专著、专利等）			
序号	成果名称	作者	出版、发表、提交（鉴定）单位，时间	署名次序
1	论文《基于直觉模糊信息的中国中西部省会城市生态竞争力比较》	陈文俊	中国软科学，2014（05）	1
2	论文《中国旅游业碳排放计量框架构建与实证研究》	钟永德	中国人口·资源与环境，2014（01）	1

（续）

序号	成果名称	作者	出版、发表、提交（鉴定）单位，时间	署名次序
3	论文《国内旅游伦理研究之回溯、论阈与展望》	廖小平	伦理学研究，2012（04）	1
4	论文《旅游者交通碳足迹空间分布研究》	罗　芬	中国人口·资源与环境，2014（02）	1
5	论文《中国国家森林公园演变历程与特点研究》	罗　芬	经济地理，2013（03）	1
6	论文《户外游憩机会供给与管理》	钟永德	旅游学刊，2012（10）	1
7	论文《促进文化旅游业健康持续发展》	周志宏	《人民日报》理论版，2012（02）	1
8	论文《发展乡村旅游更要低碳》	彭姣飞	环境保护，2011（01）	1
9	专著《低碳经济发展模式与发展战略研究》	廖小平	湖南教育出版社，2014	1
10	专利《一种含隐形码图片的点读解说装置》	钟永德	专利号：ZL201220422362.6	1

Ⅲ-3-2　本学科点 2010 年以来所获得的重要科研奖励			
序号	项目名称	项目完成人	获奖时间	获奖等级
1	旅游者碳足迹计量理论与实证研究	罗　芬（1）	2014	湖南省社会科学成果评审委员会办公室"省内先进"
2	未成年人道德建设的代际维度	廖小平（1）	2012	湖南省第十一届社会科学优秀成果二等奖
3	旅游解说规划理论的应用与示范	钟永德（1）	2012	湖南省第十一届哲学社会科学优秀成果三等奖
4	消费者行为与满意度的实证研究——以长沙市休闲农业为例	杨丽华（1）	2010	湖南省第十三届自然科学优秀学术论文三等奖

13.4　人才培养

Ⅳ-1　本学科点 2010 年以来所获得的省部级以上教学（材）成果奖数		
序号	项目名称	获奖人	获奖名称、等级、时间
1	代际伦理研究	廖小平（1）	第四届全国教育科学优秀成果三等奖，2011
2	大学行政化之形成与去行政化之实现	廖小平（1）	湖南省第三届教育科学研究优秀成果一等奖，2014
3	农林院校经济类人才培养研究与实践	廖小平（1）	湖南省教学成果三等奖，2013
4	践行绿色发展，服务现代林业的林学专业类专业人才培养体系构建于实践	钟永德（4）	湖南省教学成果二等奖、中国高等教育学会第八次高等教育科学研究成果优秀奖，2013
5	《旅游规划学》多媒体教学课件	吴江洲（1）	湖南省高等学校第十届"中南杯"多媒体教育软件大赛二等奖，2010

Ⅳ-2 本学科点 2010 年以来出版的主要教材（教学用书）

序号	教材（教学用书）名称	作者	出版日期	出版单位
1	生态旅游学	吴章文（1）	201407	中国林业出版社
2	生态文化概论	吴章文（1）	201406	科学出版社
3	中国旅游地理（第4版）	徐　美（3）	201408	科学出版社
4	旅游者碳足迹	罗　芬（2）	201105	中国林业出版社
5	会展全程策划与运作研究	袁金明（1）	201107	九州出版社
6	酒店培训艺术	周志宏（1）	201110	旅游教育出版社
7	现代旅游企业经营管理与发展趋势	袁金明（1）	201112	九州出版社
8	生态旅游环境教育	钟永德（2）	201012	中国林业出版社
9	中外饮食文化研究	袁金明（1）	201011	中国商务出版社

Ⅳ-3 本学科点研究生招生和授予学位人数

年份	博士生				硕士生（专业学位研究生不计入）			
	招生数		授予学位数		招生数		授予学位数	
	合计	其中留学生	合计	其中留学生	合计	其中留学生	合计	其中留学生
2012 年	—	—	—	—	28	—	12	—
2013 年	—	—	—	—	27	—	19	—
2014 年	—	—	—	—	17	—	20	—

14

旅游管理
（西南林业大学）

申请单位	名称：西南林业大学
	代码：10677

申请学科	名称：旅游管理
	代码：120203

所属一级学科	名称：工商管理
	代码：1202

所属学科门类	名称：管理学
	代码：12

14.1 本学科人员基本情况

学院（系、所）	系、所	现有人员数					
		教授（或相当专业技术职务者）	副教授（或相当专业技术职务者）	讲师（或相当专业技术职务者）	两院院士	突出中青年专家	具有博士学位
人数合计		5	9	23	—	—	19
生态旅游学院	旅游管理系	1	4	11	—	—	6
	地理科学系	3	1	7	—	—	8
	信息管理与信息系统系	1	4	5	—	—	5
年龄结构	专业技术职务	合计	≤35岁	36～45岁	46～55岁	56～60岁	≥61岁
	教授（或相当专业技术职务者）	5	—	—	4	1	—
	副教授（或相当专业技术职务者）	9	1	7	1	—	—
	讲师（或相当专业技术职务者）	23	16	7	—	—	—

14.2 学科方向

II-1 研究方向名称：森林旅游规划与管理					
主要学术带头人及学术骨干			本研究方向人员情况（人数）		
姓名	叶文	刘荣凤	钟俊	教授	副教授	具有博士学位
出生年月	195812	197709	197504	1	4	4

II-2 研究方向名称：森林体验和养生					
主要学术带头人及学术骨干			本研究方向人员情况（人数）		
姓名	胡冀珍	胡晓	程希平	教授	副教授	具有博士学位
出生年月	196210	196411	198208	1	3	3

II-3 研究方向名称：森林旅游评估与管理					
主要学术带头人及学术骨干			本研究方向人员情况（人数）		
姓名	李兆元	杨晓军	巩合德	教授	副教授	具有博士学位
出生年月	196302	196510	197808	2	3	3

II-4 研究方向名称：森林灾害监测与预警					
主要学术带头人及学术骨干			本研究方向人员情况（人数）		
姓名	周汝良	欧朝蓉	董李勤	教授	副教授	具有博士学位
出生年月	196312	197908	198510	1	2	4

14.3　科学研究

Ⅲ-1　本学科点目前承担的科研项目统计						
	国家计委、科技部、教育部项目	国家自然科学、社会科学基金项目	国务院其他各部门项目及国防重大项目	地方政府项目	企事业单位委托项目	国际组织资助或国际合作项目	合计
项目数（个）	1	6	2	27	36	—	72
经费数（万元）	10	236	42	520	745	—	1 553

Ⅲ-2　本学科点目前正承担的主要科研项目情况					
序号	项目、课题名称（下达编号）	项目来源	项目起讫时间	科研经费（万元）	负责人（姓名、专业技术职务）
1	云南省蝉的种类及关键种的生物学特性和生态学研究	国家自然科学基金	2013—2016	54	杨晓军，教授
2	世界遗产地保护与边缘带经济协调发展研究	国家自然科学基金	2013—2015	25	马月伟，讲师
3	极端干旱对西南常绿阔叶林乔木优势种群更新的影响	国家自然科学基金	2013—2015	23	巩合德，副教授
4	滇西北地区针叶树种迁移态势及其响应机制研究	国家自然科学基金	2014—2017	52	程希平，副教授
5	基于森林多功能利用的森林养生开发	国家林业局	2012—2015	12	程希平，副教授
6	云南生态旅游本土化与创新研究	云南省哲学社会科学工作委员会	2011—2014	20	叶文，教授
7	基于生态位原理的少数民族地区地域性特色景观研究——以西双版纳为例	教育部	2011—2013	10	陈娟，讲师
8	基于 LAC 理论的普达措国家公园游客管理研究	云南省教育厅	2013—2015	1	彭维纳，讲师
9	国家公园解说系统规划流程技术规范	云南省质量技术监督局	2014—2015	8	赵敏燕，讲师
10	昆明市保护地生态文明建设研究	昆明市科技局	2014—2016	20	巩合德，副教授

Ⅲ-3　主要科研成果			
Ⅲ-3-1　该学科点 2010 年以来所取得的代表性成果（论文、专著、专利等）			
序号	成果名称	作者	出版、发表、提交（鉴定）单位，时间	署名次序
1	生态文明：社区生态文化与生态旅游	叶文	中国社会科学出版社，2013	1
2	Post-dispersal Seed Predation and Its Relations with Seed Traits: a Thirty-species-comparative Study	巩合德等	Plant Species Biology，2014	1
3	Composition and Spatio-temporal Distribution of Tree Seedlings in an Evergreen Broad-leaved Forest in the Ailao Mountains, Yunnan	巩合德等	Range Management and Agrofrestry，2013	1
4	Evergreen Broad Leaved Forest Improves Soil Water Status Compared with Tea Tree Plantation in Ailao Mountains, Southwest China	巩合德等	Acta Agriculturae Scandianvica Section B-Plant Soil Science，2011	1

（续）

序号	成果名称	作者	出版、发表、提交（鉴定）单位，时间	署名次序
5	Basal Area Growth Rates of Five Major Species in a *Pinus cunninghamia* Forest in Eastern China as Affected by Asymmetric Competition and Spatial Autocorrelation	程希平等	Journal of Forest Research, 2014	1
6	Stand Structure of Natural Pinus-Cunninghamia Forest in Anhui, Eastern China	程希平等	Bulgarian Journal of Agricultural Science, 2012	1
7	Management Model of National Park in the Natural Heritage: the Case of Jiajin Mountains Giant Panda Sanctuary	马月伟等	Energy Procedia, 2011	1
8	A Remote Sensing-based Analysis on the Impact of Wenchuan Earthquake on the Core Value of World Nature Heritage Sichuan Giant Panda Sanctuary	马月伟	Journal of Mountain Science, 2011	1
9	基于社会需求的森林多功能分配模型研究	程希平等	西部林业科学，2014	1
10	云南哀牢山常绿阔叶林树种多样性及空间分布格局研究	巩合德等	生物多样性，2011	1

Ⅲ-3-2　本学科点 2010 年以来所获得的重要科研奖励			
序号	项目名称	项目完成人	获奖时间	获奖等级
1	云南森林火灾扑救辅助指挥信息系统的创新与应用	周汝良（1）	2012	云南省科技进步奖二等奖
2	森林火灾监测预报及应急处置管理集成化应用平台	周汝良（1）	2011	云南省科技进步奖三等奖
3	普达措国家公园规划与建设	叶　文（1）	2010	云南省科技进步奖三等奖
4	金平县马鞍底乡蝴蝶资源研究与开发利用	杨晓军（3）	2011	红河州科学技术进步奖一等奖

14.4　人才培养

Ⅳ-2　本学科点 2010 年以来出版的主要教材（教学用书）			
序号	教材（教学用书）名称	作者	出版日期	出版单位
1	SPSS 旅游统计实用教程	和亚君（1）、王红崧（2）	201002	旅游教育出版社
2	"圈子"的构建与实践：旅游规划的民族志	成海（1）	201412	中国社会科学出版社

Ⅳ-3　本学科点研究生招生和授予学位人数								
年份	博士生				硕士生（专业学位研究生不计入）			
	招生数		授予学位数		招生数		授予学位数	
	合计	其中留学生	合计	其中留学生	合计	其中留学生	合计	其中留学生
2012 年	—	—	—	—	4	—	6	—
2013 年	—	—	—	—	3	—	8	—
2014 年	—	—	—	—	3	1	7	—

15

林业经济管理

（浙江农林大学）

申请单位	名称：浙江农林大学
	代码：10341

申请学科	名称：林业经济管理
	代码：120302

所属一级学科	名称：农林经济管理
	代码：120301

所属学科门类	名称：管理学
	代码：12

15.1 本学科人员基本情况

学院（系、所）	系、所	现有人员数					
		教授（或相当专业技术职务者）	副教授（或相当专业技术职务者）	讲师（或相当专业技术职务者）	两院院士	突出中青年专家	具有博士学位
人数合计		12	15	5	—	—	22
经济管理学院	林业经济管理学科	12	15	5	—	—	22
年龄结构	专业技术职务	合计	≤35 岁	36～45 岁	46～55 岁	56～60 岁	≥61 岁
	教授（或相当专业技术职务者）	12	—	2	10		
	副教授（或相当专业技术职务者）	15	3	9	3	—	
	讲师（或相当专业技术职务者）	5	2	3	0		

15.2 学科方向

II-1 研究方向名称：森林碳汇经济与政策					
主要学术带头人及学术骨干			本研究方向人员情况（人数）		
姓名	沈月琴	龙 飞	朱 臻	教授	副教授	具有博士学位
出生年月	196409	196701	198106	3	4	5

II-2 研究方向名称：集体林权改革与现代林业发展					
主要学术带头人及学术骨干			本研究方向人员情况（人数）		
姓名	徐秀英	王成军	张月莉	教授	副教授	具有博士学位
出生年月	196507	197712	197205	3	3	6

II-3 研究方向名称：森林资源资产会计					
主要学术带头人及学术骨干			本研究方向人员情况（人数）		
姓名	刘梅娟	石道金	蒋琴儿	教授	副教授	具有博士学位
出生年月	197001	196305	196701	3	4	4

II-4 研究方向名称：林业特色产业与山区农民生计					
主要学术带头人及学术骨干			本研究方向人员情况（人数）		
姓名	吴伟光	余 康	续竞秦	教授	副教授	具有博士学位
出生年月	197211	196303	197711	3	4	7

15.3 科学研究

Ⅲ-1　本学科点目前承担的科研项目统计							
	国家计委、科技部、教育部项目	国家自然科学、社会科学基金项目	国务院其他各部门项目及国防重大项目	地方政府项目	企事业单位委托项目	国际组织资助或国际合作项目	合计
项目数（个）	19	7	44	27	126	7	230
经费数（万元）	105.85	170.9	234.8	66.8	554.7	87.98	1 221.03

Ⅲ-2　本学科点目前正承担的主要科研项目情况					
序号	项目、课题名称（下达编号）	项目来源	项目起讫时间	科研经费（万元）	负责人（姓名、专业技术职务）
1	竹林碳汇增长机理、综合潜力与政策研究（71273245）	国家自然科学基金	201301—201612	51	吴伟光，教授
2	中国南方集体林区森林碳汇供给潜力及政策工具（71073148）	国家自然科学基金	201001—201312	26	沈月琴，教授
3	森林经营主体的碳汇供给差异及其诱导机理研究（71203198）	国家自然科学基金	201301—201512	19	朱臻，副教授
4	基于企业减排的森林碳汇需求形成机理与差异化政策研究（71473230）	国家自然科学基金	201501—201812	23.4	龙飞，副教授
5	浙江省集体林区民生监测研究（无下达编号）	国家林业局经济发展研究中心	201301—201512	30	吴伟光，教授
6	林业补贴项目监测（无下达编号）	国家林业局经济发展研究中心	201012—201512	41.8	沈月琴，教授
7	小规模林农的森林碳汇供给风险和时间偏好（无下达编号）	EEPSEA 东南亚环境经济项目	201408—201508	13.6	朱臻，副教授
8	碳排放制度约束下森林碳汇交易会计问题研究（12YJAZH073）	教育部（人文社会科学研究项目）	201202—201502	8.1	刘梅娟，教授
9	自然资源和环境管理制度与政策创新研究——基于浙江山区农户层面的研究（14JJD790045）	教育部人文社科重点研究基地重大项目	201407—201607	10	王成军，副教授
10	浙江省林地使用权改革实践研究（无下达编号）	浙江省世行贷款造林项目领导小组办公室	201111—201512	37.3	徐秀英，教授

Ⅲ-3　主要科研成果			
Ⅲ-3-1　该学科点 2010 年以来所取得的代表性成果（论文、专著、专利等）			
序号	成果名称	作者	出版、发表、提交（鉴定）单位，时间	署名次序
1	农户林地流转行为及影响因素分析	徐秀英	林业科学，2010（9）	1
2	森林自然资本会计计量体系及方法	刘梅娟	林业科学，2011，47（3）	1

（续）

序号	成果名称	作者	出版、发表、提交（鉴定）单位，时间	署名次序
3	劳动力转移与农户间林地流转——基于浙江省两个县（市）调查的研究	王成军	自然资源学报，2012，27（6）	1
4	Markets for Forestland Use Rights: A Case Study in Southern China	徐秀英	Land Use Policy，2013，30（1）	1
5	碳汇目标下农户森林经营最优决策及碳汇供给能力——基于浙江和江西两省调查	朱 臻	生态学报，2013，33（8）	1
6	考虑碳汇收益情境下毛竹林与杉木林经营的经济学分析	吴伟光	中国农村经济，2014（9）	1
7	中国南方杉木森林碳汇供给的经济分析	沈月琴	林业科学，2013，49（9）	1
8	区域林地利用过程的碳汇效率测度与优化设计	龙 飞	农业工程学报，2013，29（18）	1
9	基于农村金融创新的浙江森林资源资产抵押贷款研究	石道金	中国林业出版社，2010	1
10	生态公益林项目评价研究——理论与实践	蔡细平	浙江大学出版社，2012	1

Ⅲ-3-2　本学科点 2010 年以来所获得的重要科研奖励			
序号	项目名称	项目完成人	获奖时间	获奖等级
1	森林自然资本公允价值计量研究	刘梅娟（1）	2012	浙江省第十六届哲学社会科学优秀成果三等奖
2	我国西南地区生物柴油原料麻疯树发展潜力研究	吴伟光（1）	2012	浙江省第十六届哲学社会科学优秀成果三等奖
3	基于贸易可持续发展的国际惯例、技术性贸易措施相关实务研究	蒋琴儿（1）	2010	浙江省高校科研成果三等奖
4	复杂购买行为模式下的品牌忠诚形成与发展机理研究	张月莉（1）	2011	浙江省高校科研成果三等奖
5	外贸隐含碳排放量测算及其变化的影响因素研究	黄 敏（1）	2012	浙江省高校科研成果二等奖
6	基于生态环境视角的贸易可持续发展研究	黄 敏（1）	2011	浙江省高校科研成果三等奖
7	浙江省森林资源可持续发展的应对策略研究	沈月琴（1）	2010	浙江省科技兴林二等奖
8	碳汇经营目标下的林地期望价值变化及碳供给	朱 臻（1）	2014	梁希青年论文三等奖
9	中国生物柴油原料树种麻风树种植土地潜力分析	吴伟光（1）	2010	梁希青年论文二等奖
10	Agricultural Growth Dynamics and Decision Mechanism in Chinese Province:1988—2008	余 康（1）	2012	2012 Highly Commended Award

15.4 人才培养

IV-1	本学科点 2010 年以来所获得的省部级以上教学（材）成果奖数		
序号	项目名称	获奖人	获奖名称、等级、时间
1	《林业经济学》课程教学改革与实践	沈月琴（1）	浙江农林大学教学成果二等奖，2011
2	经济管理类课程综合性全程动态考试模式的改革与实践	沈月琴（1）	浙江农林大学教学成果一等奖，2012

IV-2	本学科点 2010 年以来出版的主要教材（教学用书）			
序号	教材（教学用书）名称	作者	出版日期	出版单位
1	林业经济学	沈月琴（1）	201107	中国林业出版社
2	微观经济学	徐秀英（1）	201108	中国农业出版社
3	宏观经济学	姬亚岚（2）	201107	中国农业出版社
4	国际技术贸易措施	蒋琴儿（1）	201108	浙江大学出版社
5	国际结算理论、实务、案例（双语教材）第 2 版	蒋琴儿（1）	201208	清华大学出版社
6	会计学基础（第 2 版）	石道金（1）	201209	浙江大学出版社
7	农业经济学（第 1 版）	赵维清（1）	201308	清华大学出版社
8	政策学	李兰英（1）	201308	中国农业出版社
9	林业政策学	李兰英（2）	201308	中国林业出版社

IV-3 本学科点研究生招生和授予学位人数								
年份	博士生				硕士生（专业学位研究生不计入）			
	招生数		授予学位数		招生数		授予学位数	
	合计	其中留学生	合计	其中留学生	合计	其中留学生	合计	其中留学生
2012 年	—	—	—	—	18	—	9	—
2013 年	—	—	—	—	17	—	6	—
2014 年	—	—	—	—	8	—	11	—

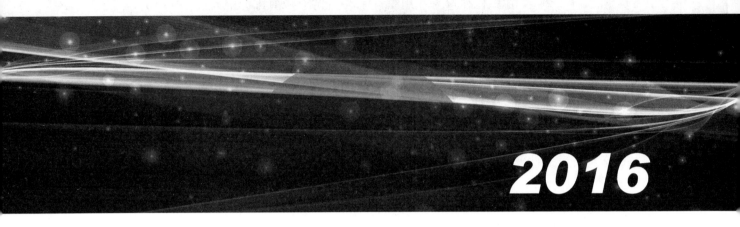

The

Key Forestry Majors Identified
by State Forestry Administration

2016

国家林业局
重点学科

（上册）

国家林业局人事司组织编写

中国林业出版社

图书在版编目（CIP）数据

国家林业局重点学科. 2016/ 国家林业局人事司组织编写 . —北京：中国林业出版社，2017.10
ISBN 978-7-5038-9130-4

Ⅰ．①国… Ⅱ．①国… Ⅲ．①林业—技术革新—科技成果—汇编—中国 Ⅳ．①S7

中国版本图书馆CIP数据核字（2017）第158147号

中国林业出版社·教育出版分社

策划编辑：杨长峰 杜娟　　　责任编辑：杨长峰 杜 娟 张东晓 曹鑫茹
电　话：83143516　　　　　　传　真：83143516

出版发行　中国林业出版社（100009　北京西城区德内大街刘海胡同 7 号）
　　　　　E-mail：jiaocaipublic@163.com　电话：（010）83143500
　　　　　http:// lycb. forestry.gov. cn
经　销　新华书店
印　刷　北京中科印刷有限公司
版　次　2017 年 10 月第 1 版
印　次　2017 年 10 月第 1 次印刷
开　本　889mm×1194mm 1/16
印　张　72.25
字　数　2250 千字
定　价　180.00 元（全 2 册）

　　学科是一定领域系统化的知识，是知识形态与组织形态的结合体。科学哲学家库恩（T. Kuhn）说过，"一门学科应有自己的范式，即包括定律、理论、规则、方法和一批范例的有内在结构的整体"。一流学科是一流大学建设最根本的基础和重要内容。纵观世界，每一所知名的大学都有一流的研究领域、学术专家和学术成果，为社会培养了大批高水平人才。

　　林业学科是林业人才培养与科学研究的基础和依托。新中国成立之后，特别是改革开放以来，经过广大林业教育工作者的不懈努力，林业学科建设取得了可喜成绩，一个以生物学、生态学为基础，以林学、林业工程、风景园林学为骨干，涵盖理学、工学、农学、管理学等学科门类，本科教育和研究生教育两个层次，学术型学位研究生教育与专业学位研究生教育两个类别的林业学科体系初步形成。林业学科学术队伍不断壮大，形成了由两院院士、长江学者、国家杰出青年基金获得者、"新世纪百千万工程"人选、国家级教学团队等不同层次人才构成的学术梯队。学科平台建设得到极大加强，人才培养规模和质量稳步提升，有力支撑了林业改革发展和生态文明建设。

　　林业建设是事关经济社会可持续发展的根本性问题。当前，我国林业科技创新能力和整体水平还不高，在生态文明和林业现代化建设等方面还存在许多瓶颈因素的制约。适应经济社会发展和生态文明建设需要，遵循学科发展规律，自觉践行创新、协调、绿色、开放、共享发展理念，加强林业学科顶层设计，统筹部署建设学科高峰，推动跨学科发展，集中力量形成学科优势，建设一流林业学科，是深入实施创新驱动发展战略，切实转变林业发展方式、推进林业现代化的迫切需要。

　　《国家林业局重点学科 2016》比较全面地反映了我国林业学科建设的概貌，汇聚了当前林业发展的最新成果。希望通过本书的出版发行，稳步推进林业学科建设和林业行业协同创新、协同培养人才，力争部分学科早日进入世界一流林业学科行列。

2017 年 6 月

C O N T E N T S

第1部分

·国家林业局文件·

国家林业局关于公布国家林业局重点学科和重点（培育）学科名单的通知
（林人发〔2016〕21号）

各省、自治区、直辖市林业厅（局），内蒙古、吉林、龙江、大兴安岭森工（林业）集团公司，新疆生产建设兵团林业局，国家林业局各司局、各直属单位，各有关高等院校、科研单位：

为推进一流林业学科建设，按照我局有关工作安排，经单位申报、资格审查、专家通讯评议、专家会议评审，现将59个国家林业局重点学科和15个国家林业局重点（培育）学科名单予以公布（见附件），并就国家林业局重点学科和国家林业局重点（培育）学科建设提出如下意见：

一、国家林业局重点学科和国家林业局重点（培育）学科是为了适应生态文明建设、林业现代化需要，择优确定并重点支持的学科，应在创新型林业人才培养、科学研究、社会服务和生态文化传承等方面发挥示范和带头作用。

二、各有关学科建设单位应贯彻创新、协调、绿色、开放、共享的发展理念，按照国务院关于建设一流学校和一流学科的要求，加强对国家林业局重点学科和国家林业局重点（培育）学科的建设和管理，加大人才、资金和物质投入，并争取主管部门支持，逐步改善相关学科点的教学、科研条件，推进协同创新、协同培养人才，在学科方向凝练、学科结构优化、学科团队和学科平台建设、拔尖创新型人才培养、重大科研项目和成果推广等方面争创全国领先地位，并争取进入世界一流林业学科行列。

三、我局将在学科团队建设和拔尖人才推荐、林业科研和推广项目等方面，对国家林业局重点学科和国家林业局重点（培育）学科予以支持。

四、我局将适时对国家林业局重点学科和国家林业局重点（培育）学科进行评估，根据评估情况进行动态管理。

特此通知。

附件：国家林业局重点学科名单和重点（培育）学科名单

国家林业局

2016年2月23日

附件：

国家林业局重点学科名单和重点（培育）学科名单

一、国家林业局重点学科名单

（一）林学

北京林业大学、东北林业大学、南京林业大学、中南林业科技大学、西南林业大学、西北农林科技大学、中国林业科学研究院、河北农业大学、内蒙古农业大学、北华大学、浙江农林大学、安徽农业大学、福建农林大学、江西农业大学、山东农业大学、华南农业大学、四川农业大学、贵州大学、新疆农业大学。

（二）林业工程

北京林业大学、东北林业大学、南京林业大学、中南林业科技大学、西南林业大学、中国林业科学研究院、国际竹藤中心、内蒙古农业大学、福建农林大学。

（三）风景园林学

北京林业大学、东北林业大学、南京林业大学、中南林业科技大学、西北农林科技大学、福建农林大学、河南农业大学。

（四）生物学

北京林业大学、东北林业大学、南京林业大学、西北农林科技大学、福建农林大学。

（五）生态学

北京林业大学、东北林业大学、南京林业大学、中南林业科技大学、西南林业大学、西北农林科技大学、中国林业科学研究院、福建农林大学。

（六）农业资源与环境

南京林业大学、西北农林科技大学、浙江农林大学、福建农林大学。

（七）农林经济管理

北京林业大学、东北林业大学、南京林业大学、西南林业大学、西北农林科技大学、中国林业科学研究院、福建农林大学。

二、国家林业局重点（培育）学科名单

北京林业大学：科学技术哲学（生态文明建设与管理方向）、地图学与地理信息系统、国际贸易学（林产品贸易方向）。

东北林业大学：环境与资源保护法学、生药学。

南京林业大学：机械设计及理论、制浆造纸工程。

中南林业科技大学：旅游管理。

西南林业大学：旅游管理。

西北农林科技大学：草原学。

南京森林警察学院：消防工程。

浙江农林大学：植物学、环境与资源保护法学、林业经济管理。

安徽农业大学：城市规划与设计（传统村落景观保护与规划）。

第 2 部分
·重点学科介绍·

The Key Forestry Majors Identified by State Forestry Administration

林　学

1.1 北京林业大学

1.1.1 清单表

Ⅰ 师资队伍与资源

序号	专家类别	专家姓名	出生年月	获批年月	备注
	Ⅰ-1 突出专家				
1	中国工程院院士	沈国舫	193311	199505	农业学部
2	长江学者特聘教授	骆有庆	196010	200604	
3	国家杰青基金获得者	王晓茹	196308	200001	植物学
4	国家杰青基金获得者	戴玉成	196401	200401	真菌分类
5	国家优秀青年科学基金获得者	崔宝凯	198107	201409	真菌分类
6	教育部新世纪人才	张 东	197912	201212	
7	教育部新世纪人才	黄华国	197811	201101	
8	教育部新世纪人才	张晓丽	196701	200712	
9	教育部新世纪人才	温俊宝	196909	200912	
10	教育部新世纪人才	宗世祥	197606	201212	
11	教育部新世纪人才	张凌云	197309	200612	
12	教育部新世纪人才	石 娟	197912	201101	
13	享受政府特殊津贴人员	吴 斌	195502	199310	
14	享受政府特殊津贴人员	王玉杰	196001	201410	
15	享受政府特殊津贴人员	康向阳	196304	201010	
16	享受政府特殊津贴人员	余新晓	196107	199310	
17	享受政府特殊津贴人员	孙保平	195601	199310	
18	享受政府特殊津贴人员	张洪江	195501	200410	
19	享受政府特殊津贴人员	王百田	195807	200410	
20	享受政府特殊津贴人员	朱清科	195610	200810	

序号	团队类别	学术带头人姓名	带头人出生年月	资助期限
	Ⅰ-2 团队			
1	教育部创新团队	骆有庆	196010	2007—2009
合计	团队数量（个）		1	

I-3　专职教师与学生情况

类型	数量	类型	数量	类型	数量
专职教师数	148	其中，教授数	63	副教授数	39
研究生导师总数	99	其中，博士生导师数	59	硕士生导师数	81
目前在校研究生数	835	其中，博士生数	293	硕士生数	542
生师比	8.4	博士生师比	4.9	硕士生师比	6.6
近三年授予学位数	616	其中，博士学位数	170	硕士学位数	446

I-4　重点学科

序号	重点学科名称	重点学科类型	学科代码	批准部门	批准年月
1	林学	国家重点一级学科	0907	教育部	200708
2	林木遗传育种	国家重点二级学科	090701	教育部	200208 200708
3	森林培育	国家重点二级学科	090702	教育部	198908 200208 200708
4	森林保护学	国家重点二级学科	090703	教育部	200708
5	森林经理学	国家重点二级学科	090704	教育部	198908 200708
6	野生动植物保护与利用	国家重点二级学科	090705	教育部	200708
7	水土保持与荒漠化防治	国家重点二级学科	090707	教育部	200208 200708
8	园林植物与观赏园艺	国家重点二级学科	090707	教育部	200208 200708
9	森林保护学	国家林业局重点学科	090703	国家林业局	200605
10	森林经理学	国家林业局重点学科	090704	国家林业局	200605
11	野生动植物保护与利用	国家林业局重点学科	090705	国家林业局	200605
合计	二级重点学科数量（个）	国家级	7	省部级	3

I-5 重点实验室				
序号	实验室类别	实验室名称	批准部门	批准年月
1	国家工程实验室	林木育种国家工程实验室	国家发展和改革委员会	200907
2	国家野外观测站	山西吉县森林生态系统国家定位观测研究站	科技部	200512
3	国家能源研发中心	国家能源非粮生物质原料研发中心	国家能源局	201109
4	国家国际科技合作基地	林业生物质能源	科技部	201208
5	省部级中心	林业生态工程技术研究中心	教育部	200606
6	省部级中心	北京市水土保持工程技术研究中心	北京市	201306
7	省部级重点实验室	省部共建森林培育与保护重点实验室	教育部、北京市	200407
8	省部级重点实验室	水土保持与荒漠化防治教育部重点实验室	教育部	200201
9	省部级重点实验室	干旱半干旱地区森林培育及生态系统研究国家林业局重点实验室	国家林业局	199507
10	省部级重点实验室	森林保护学国家林业局重点实验室	国家林业局	199507
11	省部级重点实验室	森林资源和环境管理国家林业局重点实验室	国家林业局	199507
12	省部级重点实验室	林木有害生物防治重点实验室	北京市	201306
13	省部级野外观测站	青海大通高寒区森林生态系统定位研究站	国家林业局	200907
14	省部级野外观测站	宁夏盐池荒漠生态系统定位研究站	国家林业局	200807
15	省部级野外观测站	三峡库区（重庆缙云山）森林生态系统定位研究站	国家林业局	199810
16	省部级野外观测站	首都圈森林生态系统定位观测研究站	国家林业局	200309
17	省部级重点实验室	水土保持国家林业局重点实验室	国家林业局	199510
合计	重点实验数量（个）	国家级	4	省部级	13

Ⅱ　科学研究

Ⅱ-1　近五年（2010—2014年）科研获奖

序号	奖励名称	获奖项目名称	证书编号	完成人	获奖年度	获奖等级	参与单位数[1]	本单位参与学科数[2]
1	国家技术发明奖	森林计测信息化关键技术与应用	2011-F-202-2-01	冯仲科（1）、余新晓（5）	2011	二等奖	5（1）	2（2）
2	教育部高校科研优秀成果奖（科学技术）	防护林体系多尺度系统经营关键技术研究	2013-232	余新晓（1）、牛健植（2）、陈丽（3）	2013	二等奖	3（1）	1
3	教育部高校科研优秀成果奖（科学技术）	木本粮油新品种造育和高效栽培技术研究与示范	2010-217	苏淑钗（2）、瞿明普（3）	2010	二等奖	1	1
4	教育部高校科研优秀成果奖（科学技术）	沙棘等木本灌木衰退机理、抗逆育种及虫害防治的理论与技术	证书未发	骆有庆（2）、宗世祥（5）	2014	二等奖	6（1）	3
5	北京市科学技术奖	京津风沙源区生态林修复关键技术的研究	2010 农-1-004	李云（2）、吴丽娟（6）	2010	一等奖	6（3）	1
6	北京市科学技术奖	华北土石山区防护林体系建设关键技术研究	2010 农-3-007	余新晓（1）、陈丽华（2）、牛健植（3）	2010	三等奖	3（1）	2（1）
7	北京市科学技术奖	人工林精准经营与信息化管理关键技术	2011 计-3-004	余新晓（1）、冯仲科（2）、牛健植（3）	2011	三等奖	4（1）	2（1）
8	北京市科学技术奖	基于植被生态恢复的密云水库饮用水源地保护技术研究	2014 环-3-005	余新晓（1）、牛健植（2）	2014	三等奖	3（1）	1
9	北京市科学技术奖	非正规垃圾填埋场地污染治理技术研究与示范工程	2014 环-3-006	郭小平（6）	2014	三等奖	6（3）	1
10	北京市科学技术奖	北京地区林业碳汇关键技术研究与试验示范	2013 农-3-006	贾黎明（3）	2013	三等奖	4（3）	1
11	陕西省科学技术奖	陕西生态经济型防护林树种评价体系与利用技术研究	2012-2-013-D2	高甲荣（8）	2012	二等奖	2（2）	1

注：① 括号内数字表示本单位名次排名次序，下同。
　　② 括号内数字表示本学科在本单位或本单位名次排名内的排名次序或名次所占比例，下同。

（续）

序号	奖励名称	获奖项目名称	证书编号	完成人	获奖年度	获奖等级	参与单位数	本单位参与学科数
12	陕西省科学技术奖	黄土高原农牧交错带生态恢复机理和关键技术研究	2012-2-011-D4	朱清科（4）	2012	二等奖	4（4）	1
13	青海省科学技术奖	柴达木盆地农田与草地退化植被恢复技术及示范（都兰）	2010IB-2-04-D02	张克斌（2）	2010	二等奖	4（2）	1
14	重庆市科技进步奖	长江三峡库区森林植物群落水土保持功能及其营建技术	2011-J-2-33-D02	张洪江（1）、程金花（3）、王海燕（4）、程云（5）	2011	二等奖	2（2）	2（1）
15	吉林省科技进步奖	吉林省水土流失监测预报系统研究	2012J30014	史明昌（2）	2012	三等奖	3（2）	1
16	山西省科学技术奖	四倍体刺槐饲料加工技术	2010-J-2-048	李云（2）	2010	二等奖	2（2）	1
17	新疆维吾尔自治区科技进步奖	枣树重大检疫性有害生物（枣实蝇）生物生态学特性及综合防控技术研究	证书未发	田呈明（2）、温俊宝（5）	2014	二等奖	3（3）	1
18	梁希林业科学技术奖	北京山区生态公益林高效经营关键技术与示范	2011-KJ-1-04	马履一（1）、贾黎明（2）、贾忠奎（4）	2011	一等奖	2（1）	1
19	梁希林业科学技术奖	中国北方退耕还林工程建设效益评价研究	2013-KJ-2-12	孙保平（2）、赵廷宁（5）	2013	二等奖	2（1）	1
20	梁希林业科学技术奖	华北石山区森林健康经营关键技术研究与示范	2013-KJ-2-24	余新晓（3）、刘晶岚（6）	2013	二等奖	5（3）	1
21	梁希林业科学技术奖	密云水库库区流域保护与森林可持续经营技术研究与示范	2011-KJ-2-19	余新晓（3）、秦永胜（6）	2011	二等奖	2（2）	1
22	梁希科普奖	《水土保持读本》	2013KP-ZP-2-01-r01	毕华兴	2013	二等奖	1	1

合计	科研获奖数量（个）	国家级	特等奖	一等奖	二等奖	三等奖		
			—	—	一等奖	—		
			1	5	二等奖	5		
		省部级	一等奖		二等奖	三等奖		

II-2 代表性科研项目（2012—2014年）

II-2-1 国家级、省部级、境外合作科研项目

序号	项目来源	项目下达部门	项目级别	项目编号	项目名称	负责人姓名	项目开始年月	项目结束年月	项目合同总经费（万元）	属本单位本学科的到账经费（万元）
1	国家"973"计划	科技部	重大项目	2012CB114505	木材品质性状QTL定位、解析与克隆	安新民	201201	201612	88	60
2	国家"973"计划	中国科学院寒区旱区环境与工程研究所	一般项目	2013CB429906-3	不同生物气候带植物固沙的范式	丁国栋	201301	201708	40	30
3	国家"973"计划	中国林业科学研究院	一般项目	2013CB429901-5	不同沙区土壤水分植被承载能力评估及其预测	吴斌	201301	201708	49.56	29.56
4	国家"863"计划	科技部	重点项目	2013AA102703	杨树转基因育种技术研究2	安新民	201301	201712	60	35
5	国家"863"计划	科技部	重点项目	2011AA100201	杨树抗性性分子育种与材性分子标记	安新民	201101	201512	27	27
6	国家"863"计划	科技部	一般项目	2013AA102703	安全高效转基因技术研究	李云	201301	201612	150	90
7	国家"863"计划	科技部	一般项目	2011AA100203	落叶松、马尾松、杉木分子育种及品种创制	李云	201101	201512	130	65
8	国家"863"计划	科技部	一般项目	2013AA122003	典型森林生态系统群落生物量模拟及碳储量估算	刘琪璟	201301	201512	35	19
9	国家科技支撑计划	科技部	重点项目	2011BAD38B0605	华北中山区高效水土保持林构建技术研究与示范	贾黎明	201101	201312	181	151
10	国家科技支撑计划	科技部	一般项目	2013BAD14B0402	北方板栗高效生产关键技术研究与示范	郭素娟	201301	201712	280	200
11	国家科技支撑计划	科技部	一般项目	2009BADB2B0202	油茶丰产林水肥控制关键技术研究	马履一	200901	201312	120	80
12	国家科技支撑计划	科技部	一般项目	2011BAD38B0303	城镇景观防护林结构调控技术研究	徐程扬	201101	201312	70	40

（续）

序号	项目来源	项目下达部门	项目级别	项目编号	项目名称	负责人姓名	项目开始年月	项目结束年月	项目合同总经费（万元）	属本单位本学科的到账经费（万元）
13	国家科技支撑计划	国家林业局	一般项目	2012BAD16B02	荒漠化地区退化土地治理与植被保育技术集成与示范	吴斌	201201	201612	870	150
14	国家科技支撑计划	广西壮族自治区科技厅	一般项目	2012BAC16B00	漓江流域水陆交错带生态修复关键技术与示范	王冬梅	201201	201512	908	187.7
15	国家科技支撑计划	国家林业局	一般项目	2011BAD38B05	"三北"地区水源涵养林体系构建技术研究与示范	余新晓	201101	201312	680	330
16	国家科技支撑计划	国家林业局	一般项目	2011BAD38B06	黄土及华北石质山地水土保持林体系构建技术研究与示范	朱清科	201101	201312	699	477
17	国家科技支撑计划	中国林业科学研究院森林生态环境与保护研究所	一般项目	2013BAC09B02-4	基于气候变化影响的濒危物种系统保护规划技术研究	栾晓峰	201301	201612	45	25
18	国家科技支撑计划	科技部	一般项目	2012BAD01B0302	超高产优质毛白杨新品种选育	康向阳	201201	201612	320	220
19	国家科技支撑计划	科技部	一般项目	2013BAD14B0302	华北区鲜食枣和干制枣高效生产关键技术研究与示范	庞晓明	201301	201712	286	116
20	国家科技支撑计划	国家科技支撑计划项目	一般项目	2012BAD19B07	生态林重大病虫害监测预警与防控技术研究与示范	骆有庆	201201	201612	884	804
21	国家科技支撑计划	国家科技支撑计划项目	一般项目	2012BAD22B0502	生态公益林多功能经营研究与示范	郑小贤	201201	201612	176	132.2
22	国家自然科学基金	国家自然科学基金委员会	面上项目	31361130340	生态系统碳固持和生产力对气候趋势、变异和极端天气的响应敏感性研究：荒漠植被和北方森林的比较	查天山	201309	201608	98	48
23	国家自然科学基金	国家自然科学基金委员会	面上项目	41140011	解析构树冠层蒸腾与截留对流域产水量的影响	张志强	201201	201212	20	20

（续）

序号	项目来源	项目下达部门	项目级别	项目编号	项目名称	负责人姓名	项目开始年月	项目结束年月	项目合同总经费（万元）	属本单位本学科的到账经费（万元）
24	国家自然科学基金	国家自然科学基金委员会	面上项目	31270755	典型沙生灌木光化学效率对环境波动的生理可塑性	查天山	201301	201612	84	60.2
25	国家自然科学基金	国家自然科学基金委员会	面上项目	41271301	黄土丘陵区退耕还林对切沟发育和侵蚀过程的影响机制	张　岩	201301	201612	75	40
26	国家自然科学基金	国家自然科学基金委员会	面上项目	41271300	长江三峡库区紫色砂岩林地坡面优先路径及其机理研究	张洪江	201301	201612	80	44
27	国家自然科学基金	国家自然科学基金委员会	面上项目	31270749	西北干旱区城镇风雪害害防护林格局及结构优化配置	丁国栋	201301	201612	76	40
28	国家自然科学基金	国家自然科学基金委员会	面上项目	41271044	林木根系对溶质优先运移的影响机制研究	牛健植	201301	201612	75	40
29	国家自然科学基金	国家自然科学基金委员会	面上项目	31170666	半干旱区沙地土壤次生无机碳累积过程与机制	张宇清	201201	201512	60	50
30	国家自然科学基金	国家自然科学基金委员会	面上项目	41171028	基于氢氧同位素技术的植被—土壤系水分运动机制研究	余新晓	201201	201512	70	60
31	国家自然科学基金	国家自然科学基金委员会	面上项目	30972353	抚育间伐调控针叶人工林凋落物分解机制研究	刘　勇	200909	201212	28	18
32	国家自然科学基金	国家自然科学基金委员会	面上项目	31270663	青杆 HAP 转录因子参与花粉管发育的作用机制及分子调控机理	张凌云	201208	201612	88	44
33	国家自然科学基金	国家自然科学基金委员会	面上项目	31400532	滴、畦灌下毛白杨生长及蒸腾对根区水的动态定量响应特征与机制	席本野	201408	201712	25	15
34	国家自然科学基金	国家自然科学基金委员会	面上项目	31470651	沙棘木蠹蛾耐寒性及适应机制	宗世祥	201501	201812	93	41.85

（续）

序号	项目来源	项目下达部门	项目级别	项目编号	项目名称	负责人姓名	项目开始年月	项目结束年月	项目合同总经费（万元）	属本单位本学科的到账经费（万元）
35	国家自然科学基金	国家自然科学基金委员会	面上项目	31470567	雪豹栖息地选择及时空动态	时坤	201410	201812	88	29
36	国家自然科学基金	国家自然科学基金委员会	面上项目	31472011	两种长尾山雀的配对模式和后代性别分配的影响因素研究	李建强	201410	201812	85	28
37	国家自然科学基金	国家自然科学基金委员会	面上项目	31372218	朱鹮野生种群的性别分配与保护对策研究	丁长青	201401	201712	83	25
38	国家自然科学基金	国家自然科学基金委员会	面上项目	31372185	基于系统发育基因组学的疣猴亚科进化格局与形成机制研究	潘慧娟	201401	201712	81	28
39	国家自然科学基金	国家自然科学基金委员会	面上项目	31270253	中国碎米蕨类（Cheilanthoid ferns）的系统学研究	张钢民	201301	201612	79	43
40	国家自然科学基金	国家自然科学基金委员会	面上项目	31172115	人工林中白冠长尾雉繁殖生态及适应对策研究	徐基良	201201	201512	59	50
41	国家自然科学基金	国家自然科学基金委员会	面上项目	31400193	卫矛科南蛇藤属（Celastrus L.）分子系统学与生物地理学研究	沐先运	201410	201712	24	14.4
42	国家自然科学基金	国家自然科学基金委员会	面上项目	31170631	杨树种絮发育的分子调控机理研究	安新民	201201	201512	59	50
43	国家自然科学基金	国家自然科学基金委员会	面上项目	31200511	杨树感染溃疡病菌过程中的miRNA效应研究	王延伟	201301	201512	23	23
44	国家自然科学基金	国家自然科学基金委员会	面上项目	31370597	胡杨SnRK2s及其互作蛋白基因参与ABA介导的水分胁迫响应机制研究	陈金焕	201401	201712	82	52
45	国家自然科学基金	国家自然科学基金委员会	面上项目	31100492	胡杨钙依赖蛋白激酶基因PeCPK10功能鉴定及调控机理研究	陈金焕	201201	201412	20	20

（续）

序号	项目来源	项目下达部门	项目级别	项目编号	项目名称	负责人姓名	项目开始年月	项目结束年月	项目合同总经费（万元）	属本单位本学科的到账经费（万元）
46	国家自然科学基金	国家自然科学基金委员会	面上项目	31370659	杨树 2n 花粉花粉管生长缓慢的细胞学机理	张平冬	201401	201712	76	46
47	国家自然科学基金	国家自然科学基金委员会	面上项目	31370657	油松球花发育的分子调控网络构建及关键基因筛选	李 伟	201401	201712	86	49
48	国家自然科学基金	国家自然科学基金委员会	面上项目	31170629	刺槐杂交结实率低的机理研究	李 云	201201	201512	67	67
49	国家自然科学基金	国家自然科学基金委员会	面上项目	31370255	生殖隔离形式及物种形成连续性探究	毛建丰	201401	201712	80	40
50	国家自然科学基金	国家自然科学基金委员会	面上项目	31372019	基于 RAD 标记的枣树高密度遗传图谱构建及抗寒性QTL "结构作图"	庞晓明	201401	201712	80	40
51	国家自然科学基金	国家自然科学基金委员会	面上项目	31128016	扩展蛋白基因 AsEXP1 抵御高温胁迫的分子机制研究	徐吉臣	201201	201312	20	20
52	国家自然科学基金	国家自然科学基金委员会	面上项目	31070598	美洲黑杨及其杂种 2n 雌配子发生的遗传机制研究	张金凤	201101	201312	31	31
53	国家自然科学基金	国家自然科学基金委员会	面上项目	31370658	杨树多倍化早期世代遗传及表观遗传变异研究	张金凤	201401	201712	80	48
54	国家自然科学基金	国家自然科学基金委员会	面上项目	31470647	杨树炭疽病菌附着胞及相关侵入结构形成的关键基因鉴定与功能解析	田呈明	201501	201812	90	40.5
55	国家自然科学基金	国家自然科学基金委员会	面上项目	31370013	黄栌枯萎病菌微核特异表达转录因子 bZIP1 的生物学功能与调控机制研究	王永林	201401	201712	80	64
56	国家自然科学基金	国家自然科学基金委员会	面上项目	31372151	中国粉蚧亚科（半翅目：蚧总科：粉蚧科）昆虫分类及系统发育研究	武三安	201401	201712	80	48

（续）

序号	项目来源	项目下达部门	项目级别	项目编号	项目名称	负责人姓名	项目开始年月	项目结束年月	项目合同总经费（万元）	属本单位本学科的到账经费（万元）
57	国家自然科学基金	国家自然科学基金委员会	面上项目	31370645	效应物在杨盘二孢半活养方式及亲和寄主致病性中的作用	贺伟	201401	201712	15	10
58	国家自然科学基金	国家自然科学基金委员会	面上项目	31200486	欧美杨新型溃疡病原菌RT-PCR检测与系统发育分析	贺伟	201301	201512	10	7
59	国家自然科学基金	国家自然科学基金委员会	青年项目	31300530	晋西黄土区果农间作系统水肥耦合调控试验研究	王若水	201401	201612	22	13.2
60	国家自然科学基金	国家自然科学基金委员会	青年项目	51309006	基于耦合模拟的三峡库区坡面水文过程对林分结构特征的响应	张会兰	201401	201612	25	15
61	国家自然科学基金	国家自然科学基金委员会	青年项目	51308046	超高韧性水泥基复合材料延性断裂模型的研究	刘同	201401	201612	25	15
62	国家自然科学基金	国家自然科学基金委员会	青年项目	51309008	不同地形特征下坡面氮磷迁移的物理过程解析与模拟	韩玉国	201401	201612	25	15
63	国家自然科学基金	国家自然科学基金委员会	青年项目	51309007	晋西黄土区人工林地降水入渗及对流域地下水补给机制的影响	马岚	201401	201612	25	15
64	国家自然科学基金	国家自然科学基金委员会	青年项目	31200538	毛乌素沙地凝结水形成的物理过程及其影响因素	肖辉杰	201301	201512	23	13
65	国家自然科学基金	国家自然科学基金委员会	青年项目	31200537	典型沙生植物对土壤呼吸的调控机制	贾昕	201301	201512	23	13
66	国家自然科学基金	国家自然科学基金委员会	青年项目	31100515	基于水文过程三峡库区林地土壤结构分形特征对土壤酸缓冲作用	王云琦	201201	201412	23	13
67	国家自然科学基金	国家自然科学基金委员会	青年项目	30900142	黔金丝猴保护遗传学研究	潘慧娟	201001	201212	20	8

（续）

序号	项目来源	项目下达部门	项目级别	项目编号	项目名称	负责人姓名	项目开始年月	项目结束年月	项目合同总经费（万元）	属本单位本学科的到账经费（万元）
68	国家自然科学基金	国家自然科学基金委员会	青年项目	41301357	林区有云条件下太阳短波辐射量的遥感估算方法研究	陈　玲	201401	201612	25	25
69	国家自然科学基金	国家自然科学基金委员会	青年项目	31400545	欧美杨溃疡病菌 Lonsdalea quercina 双组分系统在致病与寄主适应过程中的功能研究	李爱宁	201501	201712	25	15
70	国家自然科学基金	国家自然科学基金委员会	青年项目	31270693	中国大陆 Trabala vishnou 两亚种的性信息素多态性及相关嗅觉机理	陆鹏飞	201301	201312	15	15
71	国家自然科学基金	国家自然科学基金委员会	青年项目	31300532	森林多功能经营在林分层面均衡结构量化及单木层面交互调控研究	孟京辉	201401	201612	25	25
72	国家自然科学基金	国家自然科学基金委员会	青年项目	31401992	中国亚步甲族分类及系统发育研究	史宏亮	201501	201712	23	13.8
73	国家自然科学基金	国家自然科学基金委员会	青年项目	31300546	光肩星天牛两型间基因渗透及其适应性分化的遗传机制	陶　静	201401	201612	24	24
74	国家自然科学基金	国家自然科学基金委员会	青年项目	31300540	金锈菌属真菌分类学和分子系统发育研究	游崇娟	201401	201612	23	23
75	部委级科研项目	国家林业局	重大项目	201304301	森林对 PM2.5 等颗粒物的调控功能与技术研究	余新晓	201301	201612	2247	490
76	部委级科研项目	国家林业局	重大项目	201204401	板栗产业链环境友好丰产关键技术研究与示范	郭素娟	201201	201612	651	310
77	部委级科研项目	国家林业局	重大项目	20100400409	杨树速生丰产林地管理模式优化关键技术研究	贾黎明	201001	201412	95	75
78	部委级科研项目	科技部	重大项目	2011ZX08009-003-002	抗逆和抗除草剂关键基因克隆及功能验证	张凌云	201107	201212	94	94

（续）

序号	项目来源	项目下达部门	项目级别	项目编号	项目名称	负责人姓名	项目开始年月	项目结束年月	项目合同总经费（万元）	属本单位本学科的到账经费（万元）
79	部委级科研项目	科技部	重大项目	2014ZX08009-003-002	抗逆和抗除草剂关键基因克隆及功能验证	张凌云	201401	201512	89.66	50
80	部委级科研项目	科技部	重大项目	2013ZX08009-003-002	抗逆和抗除草剂关键基因克隆及功能验证	张凌云	201301	201312	60.57	60.57
81	部委级科研项目	国家林业局	重大项目	201004003	森林病虫害生物控制及火灾生态调控技术研究	路有庆	201001	201312	619	319
82	部委级科研项目	国家林业局	重点项目	20100400900	重要乡土树种核心种质评价及高效育种共性技术研究	康向阳	201003	201312	700	400
83	部委级科研项目	国家林业局	重点项目	—	榛子良种选育与栽培关键技术研究	苏淑钗	201101	201512	75	45
84	部委级科研项目	国家林业局	重点项目	200804022	典型区域森林生态系统健康维护与经营技术研究	丁国栋	200801	201212	1436	16
85	部委级科研项目	国家林业局	一般项目	200904014	蓝莓定向高效培育加工利用技术研究	侯智霞	200901	201212	334	134
86	部委级科研项目	科技部	一般项目	2014BFA31140	高能效先进生物质原料林可持续经营技术合作研究	马履一	201404	201704	253	120
87	部委级科研项目	科技部	一般项目	2009ZX08009-062B	植物抗逆基因的克隆与逆境诱导性启动子的克隆与功能验证和转化玉米的研究	张凌云	200901	201212	296.81	100
88	部委级科研项目	国家林业局	一般项目	201104051	森林公园风景林景观质量提升关键技术研究	徐程扬	201101	201412	241	135
89	部委级科研项目	国家林业局	一般项目	—	美丽城镇森林景观的评价指标与评价方法	徐程扬	201401	201812	124	50
90	部委级科研项目	科技部	一般项目	2008ZX08009-003	抗旱和抗综合逆境关键基因克隆及功能验证	张凌云	200901	201212	120	50
91	部委级科研项目	国家林业局	一般项目	201004021	油松、华北落叶松高效培育与经营关键技术研究	马履一	201001	201412	315	100

（续）

序号	项目来源	项目下达部门	项目级别	项目编号	项目名称	负责人姓名	项目开始年月	项目结束年月	项目合同总经费（万元）	属本单位本学科的到账经费（万元）
92	部委级科研项目	国家林业局	一般项目	2012044410-01	高产优质油橄榄高效培育关键技术研究	贾忠奎	201201	201512	77	50
93	部委级科研项目	科技部	一般项目	—	生态建设与经济林果栽培技术与科技示范	刘 勇	201007	201203	30	10
94	部委级科研项目	国家林业局	一般项目	2011-4-73	权衡多重生态系统服务、保护与发展的决策支持系统（INVEST）引进	李国雷	201101	201312	50	40
95	部委级科研项目	国家林业局	一般项目	201104035	杭州城市森林保健功能监测评价	李国雷	201101	201312	39	30
96	部委级科研项目	国家林业局	一般项目	2011-LYGYHZ-06	城市森林保健功能监测方法与评价	杨 军	201101	201312	39	30
97	部委级科研项目	国家林业局	一般项目	[2011] 44 号	森林生长收获表预测及抚育决策管理技术示范推广	马履一	201005	201507	35	35
98	部委级科研项目	科技部	一般项目	2012DFR30830	荒漠区典型抗旱灌木树种种质资源保护与利用合作研究	郭素娟	201207	201507	40	30
99	部委级科研项目	教育部	一般项目	—	非粮生物质燃料乙醇原料资源高效培育技术研究	马履一	201212	201512	40	30
100	部委级科研项目	国家林业局	一般项目	2012-4-66	容器苗底部渗灌技术引进	刘 勇	201201	201512	50	40
合计	国家级科研项目	数量（个）	74	项目合同总经费（万元）	8 819.56	属本单位本学科的到账经费（万元）				4 915.41

Ⅱ-2-2 其他重要科研项目（2012—2014年）

序号	项目来源	合同签订/项目下达时间	项目名称	负责人姓名	项目开始年月	项目结束年月	项目合同总经费（万元）	属本单位本学科的到账经费（万元）
1	北京市水土保持工作总站	201403	北京市山区典型生态清洁小流域规划（19条）项目	张洪江	201403	201412	169.49	169.49
2	部委级科研项目	201201	北京山区生态风险监测与评估技术研究	王玉杰	201201	201212	74.56	74.56
3	北京市园林绿化局	201401	北京市第二次全国重点保护野生植物资源调查	张志翔	201401	201512	175.54	175.54
4	北京市教育委员会	201201	北京地区褐马鸡种群现状与保护对策研究	徐基良	201201	201212	49.49	49.49
5	北京市科学技术委员会	201209	北京市自然保护区植物资源保护与利用技术需求分析与技术选择	崔国发	201209	201412	200	200
6	企事业单位委托科技项目	201401	五峰国家公园规划	孙玉军	201401	201412	130	85
7	金昇集团	201301	文冠果培育咨询项目	敖妍	201301	201312	10	10
8	企事业单位委托科技项目	201409	清查体系优化抽样设计研究和森林生长估测模型研究	邓华锋	201409	201412	40	40
9	国家林业局业务委托项目	201304	"能源林树种可持续利用指南和造林检查验收办法"编制	马履一	201304	201312	30	30
10	国家林业局业务委托项目	201206	中国可持续航空生物燃料产业化发展战略研究	马履一	201206	201212	20	20
11	北京市西山试验林场委托项目	201406	北京市西山试验林场森林经营方案编制	贾忠奎	201406	201512	30	30
12	新疆哈密市林业局委托项目	201306	新疆哈密河湿地公园总体规划	贾忠奎	201306	201412	40	40
13	部委级委托科技项目	201205	黄土半干旱区节水抗旱造林技术推广与示范	郭建斌	201201	201412	50	50
14	部委级科研项目	201201	山西西部黄土高原生态经济园林景观型植被建设技术推广与示范	魏天兴	201201	201412	50	50
15	北京市园林绿化局	201111	北京市第二次全国重点保护野生植物资源调查	张志翔	201201	201412	40	40
16	内蒙古汗马国家级自然保护区管理局	201211	汗马保护区黑嘴松鸡纪录片拍摄	郭玉民	201211	201410	20	20
17	企事业单位委托科技项目	201409	森林可持续经营规划试点单位森林经营方案编制	彭道黎	201409	201512	25	25
18	企事业单位委托科技项目	201409	区县森林经营规划试点推广	彭道黎	201409	201512	25	25
19	部委级科研项目	201201	三峡库区低山丘陵区水土保持型植物群落建设技术	张洪江	201201	201412	50	50
20	部委级科研项目	201405	平原新造林经营剩余物生物利用技术示范与推广	周金星	201406	201512	49.72	29

Ⅱ-2-3 人均科研经费

人均科研经费（万元／人）	90.31

Ⅱ-3 本学科代表性学术论文质量

Ⅱ-3-1 近五年（2010—2014年）国内收录的本学科代表性学术论文

序号	论文名称	第一作者	通讯作者	发表刊次（卷期）	发表刊物名称	收录类型	中文影响因子	他引次数
1	不同指数施肥方法下长白落叶松播种苗的需肥规律	魏红旭	徐程扬	2010, 30 (3)	生态学报	CSCD	2.233	45
2	抚育间伐对侧柏人工林及林下植被生长的影响	段劼	马履一	2010, 30 (6)	生态学报	CSCD	2.233	41
3	北京山地森林的土壤养分状况	耿玉清	余新晓	2010, 46 (5)	林业科学	CSCD	1.512	34
4	渝北水源区水源涵养林构建模式对土壤渗透性的影响	赵洋毅	王玉杰	2010, 30 (15)	生态学报	CSCD	2.233	32
5	长江上游不同植物篱系统的土壤物理性质	黎建强	张洪江	2011, 22 (2)	应用生态学报	CSCD	2.525	30
6	长白落叶松林龄序列上的生物量及碳储量分配规律	巨文珍	王新杰	2011, 31 (4)	生态学报	CSCD	2.233	30
7	四面山阔叶林土壤大孔隙特征与优先流的关系	王伟	张洪江	2010, 21 (5)	应用生态学报	CSCD	2.91	30
8	36 份枣品种 SSR 指纹图谱的构建	靳丽颖	庞晓明	2012, 39 (4)	园艺学报	CSCD	1.417	28
9	苗木指数施肥技术研究进展	魏红旭	徐程扬	2010, 46 (7)	林业科学	CSCD	1.512	26
10	生态系统健康研究的一些基本问题探讨	朱建刚	余新晓	2010, 29 (1)	生态学杂志	CSCD	1.635	26
11	基于 SBE 法的北京市郊野公园绿地结构质量评价技术	章志都	徐程扬	2011, 47 (8)	林业科学	CSCD	1.512	26
12	长白山森林次生演替过程中林木空间格局研究	龚直文	亢新刚	2010, 32 (2)	北京林业大学学报	CSCD	1.346	25
13	不同刺槐品种光合光响应曲线的温度效应研究	谭晓红	彭祚登	2010, 32 (2)	北京林业大学学报	CSCD	1.346	23
14	自然保护区生态补偿定量方案研究——基于"虚拟地"计算方法	王蕾	崔国发	2011, 26 (1)	自然资源学报	CSCD	2.471	22
15	光肩星天牛触角感受器的环境扫描电镜观察	阎雄飞	骆有庆	2010, 46 (11)	林业科学	CSCD	1.512	15

（续）

序号	论文名称	第一作者	通讯作者	发表刊次（卷期）	发表刊物名称	收录类型	中文影响因子	他引次数
16	基于最小费用距离模型的东北虎虎核心栖息地确定与空缺分析	曲 艺	栾晓峰	2010, 29（9）	生态学杂志	CSCD	1.635	21
17	宽窄行栽植模式下三倍体毛白杨根系分布特征及其与根系吸水的关系	席本野	贾黎明	2011, 31（1）	生态学报	CSCD	2.233	20
18	长白山地区不同林型土壤特性及水源涵养功能	方伟东	亢新刚	2011, 33（4）	北京林业大学学报	CSCD	1.346	21
19	北京地区侧柏人工林密度效应	段 劼	马履一	2010, 30（12）	生态学报	CSCD	2.233	19
20	晋西黄土高原丘陵沟壑区清水河流域径流对土地利用与气候变化的响应	唐丽霞	张志强	2010, 34（7）	植物生态学报	CSCD	2.813	16
合计					他引次数		影响因子	530
							38.89	

II-3-2 近五年（2010—2014年）国外收录的本学科代表性学术论文

序号	论文名称	论文类型	第一作者	通讯作者	发表刊次（卷期）	发表刊物名称	收录类型	他引次数	期刊SCI影响因子	备注
1	Hymenochaetaceae (Basidiomycota) in China	Article	戴玉成	戴玉成	2010, 45（1）	Fungal Diversity	SCI	108	5.074	
2	New species and phylogeny of Perenniporia based on morphological and molecular characters	Article	赵长林	崔宝凯	2013, 58（1）	Fungal Diversity	SCI	28	6.938	
3	A strategy for characterization of persistent heteroduplex DNA in higher plants	Article	Dong chunbo	康向阳	2014, 80	The Plant Journal	SCI	1	6.815	
4	Intercropping competition between apple trees and crops in agroforestry systems on the Loess Plateau of China	Article	高路博	毕华兴	2013, 8（7）	Plos One	SCI	9	3.534	
5	Genetic structure in the seabuckthorn carpenter moth (Holcocerus hippophaecolus) in China: the role of outbreak events, geographical and host factors	Article	陶 静	骆有庆	2012, 7（1）	Plos One	SCI	0	4.351	
6	Transcriptome characterisation of Pinus tabuliformis and evolution of genes in the Pinus phylogeny	Article	钮世辉	李 伟	2013, 14	BMC Genomics	SCI	7	4.4	

（续）

序号	论文名称	论文类型	第一作者	通讯作者	发表刊次（卷期）	发表刊物名称	收录类型	他引次数	期刊SCI影响因子	备注
7	The effect of watershed scale on HEC-HMS calibrated parameters: a case study in the Clear Creek watershed in Iowa, US	Article	张会兰	王玉杰	2013, 17 (7)	Hydrology And Earch System Sciences	SCI	4	3.642	
8	Cytological characteristics of numerically unreduced pollen production in *Populus tomentosa* Carr.	Article	Zhang zhenhai	康向阳	2010, 173 (2)	Euphytica	SCI	24	1.597	
9	Taxonomy and phylogeny of the genus Megasporoporia and its related genera	Article	李海蛟	崔宝凯	2013, 105 (2)	Mycologia	SCI	17	2.128	
10	Habitat evaluation of wild Amur tiger (*Panthera tigris altaica*) and conservation priority setting in north-eastern	Article	栾晓峰	栾晓峰	2011, 92 (1)	Journal of Animal And Veterinary Advances	SCI	17	3.245	
11	Habitat Association and Conservation Implications of Endangered Francois' Langur (*Trachypithecus francoisi*)	Article	曾亚杰	徐基良	2013, 8 (10)	Plos One	SCI	2	3.730	
12	Proteomic analysis of peach endocarp and mesocarp during early fruit development	Article	Hu, Hao	刘 勇	2011, 142 (4)	Physiologia Plantarum	SCI	11	3.262	
13	Net anthropogenic nitrogen inputs (NANI) index application in Mainland China	Article	韩玉国	韩玉国	2014, 213 (SI)	Geoderma	SCI	12	2.509	
14	Soil respiration in a mixed urban forest in China in relation to soil temperature and water content	Article	陈文婧	查天山	2013, 54	European Journal Of Soil Biology	SCI	11	2.146	
15	DNA barcoding of six *Ceroplastes* species (Hemiptera: Coccoidea: Coccidae) from China	Article	邓 璧	武三安	2012, 12 (5)	Molecular Ecology Resources	SCI	11	3.062	
16	The predominance of apoplasmic phloem unloading pathway is interrupted by a symplasmic pathway during Chinese jujube fruit development	Article	聂配显	张凌云	2010, 51 (6)	Plant and Cell Physiology	SCI	11	4.700	
17	Soil moisture modifies the response of soil respiration to temperature in a desert shrub ecosystem	Article	王 奔	查天山	2014, 11 (2)	Biogeo Sciences	SCI	12	3.753	

（续）

序号	论文名称	论文类型	第一作者	通讯作者	发表刊次（卷期）	发表刊物名称	收录类型	他引次数	期刊SCI影响因子	备注
18	Deep mRNA sequencing reveals stage-specific transcriptome alterations during microsclerotia development in the smoke tree vascular wilt pathogen, *Verticillium dahliae*	Article	熊典广	田呈明	2014,（15）	BMC Genomics	SCI	2	4.041	
19	RAPID: A Radiosity Applicable to Porous IndiviDual Objects for directional reflectance over complex vegetated scenes	Article	黄华国	黄华国	2013, 132	Remote Sensing of Environment	SCI	2	4.769	
20	The PwHAP5, a CCAAT-binding transcription factor, interacts with PwFKBP12 and plays a role in pollen tube growth orientation in *Picea wilsonii*	Article	于艳丽	张凌云	2011, 62（14）	Journal of Experimental Botany	SCI	9	5.700	
21	Identification and Characterization of the *Populus* AREB/ABF Subfamily	Article	季乐翔	安新民	2013, 55（2）	Journal of Integrative Plant Biology	SCI	5	3.448	
22	Net anthropogenic phosphorus inputs (NAPI) index application in Mainland China	Article	韩玉国	韩玉国	2013, 90（2）	Chemosphere	SCI	4	3.499	
23	Sleeping site selection of Francois's langur (Trachypithecus francoisi) in two habitats in Mayanghe National Nature Reserve, Guizhou, China	Article	王霜玲	崔国发	2011, 52（1）	Primates	SCI	13	1.405	
24	Isolation of a LEAFY homolog from *Populus tomentosa*: expression of *PtLFY* in *P. tomentosa* floral buds and PtLFY-IR-mediated gene silencing in tobacco (Nicotiana tabacum)	Article	安新民	张志毅	2011, 30（1）	Plant Cell Reports	SCI	16	2.279	
25	Use of exotic species during ecological restoration can produce effects that resemble vegetation invasions and other unintended consequences	Article	王兴连	王云琦	2013, 52	Ecological Engineering	SCI	9	3.041	
26	Genotypic variation in wood properties and growth traits of triploid hybrid clones of *Populus tomentosa* at three clonal trials	Article	张平冬	康向阳	2012, 8（5）	Tree Genetics & Genomes	SCI	9	2.396	

（续）

序号	论文名称	论文类型	第一作者	通讯作者	发表刊次（卷期）	发表刊物名称	收录类型	他引次数	期刊SCI影响因子	备注
27	Characteristics of fine root system and water uptake in a triploid *Populus tomentosa* plantation in the North China Plain: Implications for irrigation water management	Article	席本野	贾黎明	2013, 11（7）	Agricultural Water Management	SCI	3	2.333	
28	Response of ecosystem carbon fluxes to drought events in a poplar plantation in Northern China	Article	周　杰	张志强	2013, 300（SI）	Forest Ecology And Management	SCI	7	2.667	
29	Evaluating the reintroduction project of Przewalski's horse in China using genetic and pedigree data	Article	刘　刚	胡德夫	2014, 171	Biological Conservation	SCI	1	4.036	
30	Homologous HAP5 subunit from *Picea wilsonii* improved tolerance to salt and decreased sensitivity to ABA in transformed Arabidopsis	Article	李佟俐	张凌云	2013, 238（2）	Planta	SCI	6	3.376	
合计				SCI 影响因子 107.876			他引次数		371	

II-5　已转化或应用的专利（2012—2014年）

序号	专利名称	第一发明人	专利申请号	专利号	授权（颁证）年月	专利受让单位	专利转让合同金额（万元）
1	一种改良采石场废弃渣土的绿化基质及其制备方法和应用	郭小平	201310414867.7	ZL201310414867.7	201412	已应用	—
2	一株拮抗杨树炭疽病的菌株及其应用	田呈明	201310306988.X	ZL201310306988.X	201410	已应用	—
3	一种枣壶组织培养方法	李颖岳	CN201310149573.6	ZL201310149573.6	201401	已应用	—
4	一种枣树 SSR 标记分子遗传图谱的构建方法	庞晓明	201310127570.2	ZL2013 1 0127570.2	201412	已应用	—
5	面向植物吸附 PM2.5 能力定量分析的环境模拟实验箱	余新晓	201310077808.5	ZL201310077808.5	201405	已应用	—
6	一种符号配置水生植物以净化湿地水体的方法	张　艳	201310028861.6	CN103073110 B	201405	已应用	—
7	油松人工林的更新方法	丁国栋	201310028009.9	ZL201310028009.9	201405	已应用	—
8	淤基质及河漫滩植被恢复方法	王冬梅	201310020011.1	ZL201310020011.1	201403	已应用	—

（续）

序号	专利名称	第一发明人	专利申请号	专利号	授权（颁证）年月	专利受让单位	专利转让合同金额（万元）
9	检测红脂大小蠹的方法及检测试剂盒	石娟	1530210	ZL201210585103.X	201412	已应用	—
10	沙地扦插造林打孔装置	丁国栋	201210573054.8	ZL201210573054.8	201503	已应用	—
11	西北干旱区防雪林置方法	丁国栋	2012105536679.8	ZL201210553679.8	201403	已应用	—
12	确定果农复合系统农作物与果树适宜间作距离的方法	毕华兴	201210431039.X	ZL201210431039.X	201405	已应用	—
13	测量树枝吸附的可入肺颗粒物数值的方法及装置	余新晓	CN201210430010.X	ZL201210430010.X	201403	已应用	—
14	一种高接金叶榆树来树莒生培育的方法	石丽丽	201210370946.8	ZL201210370946.8	201402	已应用	—
15	风能发电装置	张宇清	201210350996X	ZL201210350996.X	201412	已应用	—
16	一种麦蒲螨的繁育方法	骆有庆	201210274350.8	ZL201210274350.8	201311	已应用	—
17	对样品的颜色进行量化的方法	王建中	CN201210183928.9	ZL201210183928.9	201411	已应用	—
18	一种昆虫诱捕器（2）	宗世祥	2012101678041	CN102715143 B	201412	已应用	—
19	一种无边界样地标志方法	陈瑜	201210101558.X	ZL201210101558.X	201303	已应用	—
20	草坪盖度仪	尹淑霞	201210013279.8	ZL201210013279.8	201403	已应用	—
21	榛子叶片和花芽总RNA提取方法	孟晓庆	201210003007.X	zl201210003007.X	201303	已应用	—
22	一种油松容器苗短日照处理育苗方法	蒋乐	201110448848.7	ZL201110448848.7	201304	已应用	—
23	一种杨树单倍体育方法	安新民	201110440337.0	ZL201110440337.0	201312	已应用	—
24	一种杨树愈伤组织诱导方法及诱导培养基	安新民	201110441967.X	ZL201110441967.X	201312	已应用	—
25	从毛白杨中分离和的温和的组成型表达启动子及其应用	安新民	201110439913.X	ZL201110439913.X	201301	已应用	—
26	一种直接鉴定高等植物 DNA 同源重组的方法	康向阳	201110363048.5	ZL201110363048.5	201304	已应用	—
27	一种刺槐的繁殖方法	李云	CN201110340118	ZL201110340118.5	201212	已应用	—
28	一种刺槐的离体培养和植株再生的方法	李云	201110340492.5	ZL201110340492.5	201302	已应用	—
29	苗圃功能布局设计技术	张明明	2011102403516	ZL201102403516.6	201306	已应用	—
30	黄土区陡坡微地形造林方法	朱清科	CN201110233952.4	ZL201110233952.4	201307	已应用	—
31	一种栓皮栎容器苗冬季育苗方法	李国雷	CN201110180635	ZL201110180635.0	201211	已应用	—

（续）

序号	专利名称	第一发明人	专利申请号	专利号	授权（颁证）年月	专利受让单位	专利转让合同金额（万元）
32	一种基于高程等值线法量测树冠体积的方法	冯仲科	201110164615.4	ZL201110164615.4	201306	已应用	—
33	一种树冠下光合有效辐射空间分布规律测定方法及其仪器	毕华兴	201110106600.2	zl201110106600.2	201305	已应用	—
34	一种红脂大小蠹驱避剂及其使用方法	许志春	201110074702.0	CN102696595B	201311	已应用	—
35	一种朱鹮性别鉴定的 pcr 方法	丁长青	CN201010611871	ZL201010611871.9	201208	已应用	—
36	一种抗蒸腾剂叶面肥及其制备方法	郭建斌	201010230650.7	CN101913941B	201304	已应用	—
37	坡面沟蚀测量器	杨建英	CN201010201948	ZL201010201948.5	201205	已应用	—
38	青杆转录因子 pwhap5 及其编码基因与应用	张凌云	CN201010168584	CN101824080B	201205	已应用	—
39	一种四倍体刺槐扦插繁殖方法	李　云	CN201010160795	zl201010160795.4	201203	已应用	—
40	林木种子抗旱包衣组合物和包衣方法	朱清科	CN201010139616	zl201010139616.9	201212	已应用	—
41	芍药品种'桃花飞雪'的营养诊断方法	牛立军	CN200910237683	ZL200910237683.1	201211	已应用	—
42	沙柳木蠹蛾性诱剂	张金桐	200910080352.1	ZL200910080352.1	201205	已应用	—
43	一种与花粉萌发和 / 或花粉管生长相关的蛋白及其编码基因与应用	张凌云	CN200910079896	ZL200910079896.6	201202	已应用	—
44	一种提取裸子植物组织中 RNA 的方法	张凌云	CN200910079897	zl200910079897.0	201202	已应用	—
45	一种向木本植物中引入荧光示踪剂的方法及其专用装置	张凌云	CN200810117081	CN101435817B	201209	已应用	—
合计	专利转让合同金额（万元）					—	

Ⅲ 人才培养质量

Ⅲ-1 优秀教学成果奖（2012—2014 年）

序号	获奖级别	项目名称	证书编号	完成人	获奖等级	获奖年度	参与单位数	本单位参与学科数
1	国家级	构建多维实践育人体系、培育树型生态环境人才	20148283	骆有庆（2）	二等奖	2014	1	3
2	省级	水土保持与荒漠化防治特色专业建设研究与实践	无编号	王玉杰（1）、张洪江（2）、丁国栋（3）	二等奖	2012	1	1
3	省级	实行本科生导师制，培养创新型专业人才	无编号	雷光春（1）、王艳青（2）、徐基良（3）	二等奖	2013	1	2（50%）
4	省级	跨校的生物学野外实习教学资源共享平台建设与实践	无编号	张志翔（6）	一等奖	2013	5	1
5	省级	以研促教培养森林保护人才创新实践能力的研究与实践	无编号	骆有庆（1）、田呈明（2）、温俊宝（3）	一等奖	2013	1	1
6	省级	遗传学开放性大实验教学实践	无编号	张金凤、胡冬梅、李颖岳、张平冬	二等奖	2013	1	1
合计	国家级	一等奖（个）	—	二等奖（个）	1	三等奖（个）	—	
	省级	一等奖（个）	2	二等奖（个）	3	三等奖（个）	—	

Ⅲ-2 研究生教材（2012—2014 年）

序号	教材名称	第一主编姓名	出版年月	出版单位	参与单位数	是否精品教材
1	水土保持学（第 3 版）	余新晓	201302	中国林业出版社	1	是
2	土壤侵蚀原理（第 3 版）	张洪江	201406	科学出版社	1	是
合计	国家级规划教材数量		2	精品教材数量		2

Ⅲ-3 本学科获得的全国、省级优秀博士学位论文情况（2010—2014 年）

序号	类型	学位论文名称	获奖年月	论文作者	指导教师	备注
1	国家级	青杨派树种多倍体诱导技术研究	2011	王 君	康向阳	
2	国家级	毛白杨未减数花粉发生及相关分子标记研究	2010	张正海	康向阳	提名奖
3	国家级	胡杨在盐胁迫下差异表达基因的筛选以及胡杨 PeSCL7 基因功能分析	2012	马洪双	尹伟伦	提名奖
4	省级	胡杨在盐胁迫下差异表达基因的筛选以及胡杨 PeSCL7 基因功能分析	2011	马洪双	尹伟伦	
合计	全国优秀博士论义（篇）		1	提名奖（篇）		2
	省优秀博士论文（篇）			1		

序号	姓名	出国（境）时间	回国（境）时间	地点（国家 / 地区及高校）	国际交流项目名称或主要交流目的
				Ⅲ-4 学生国际交流情况（2012—2014 年）	
1	郑聪慧	20130901	20140901	新西兰坎特伯雷大学	国家公派联合培养博士生项目
2	闫小莉	20140901	20150901	美国佐治亚大学	国家公派联合培养博士生项目
3	龚岚	20130901	20140901	美国南方大学	国家公派联合培养博士生项目
4	谢静	20120901	—	加拿大萨斯卡彻温大学	国家建设高水平大学公派出国留学攻读博士学位
5	邓继峰	20130901	20150301	加拿大曼尼托巴大学	国家公派联合培养博士生项目
6	孙丰宾	20140901	—	美国	国家公派联合培养博士生项目
7	李想	20140901	—	美国	国家公派联合培养博士生项目
8	叶元兴	20140901	20160501	美国普渡大学	国家建设高水平大学公派研究生项目
9	潘国梁	20121201	20130301	美国阿拉斯加费尔班克斯大学	进行生态学相关课程及数据统计软件的学习使用
10	黄建	20121201	20130301	美国阿拉斯加费尔班克斯大学	进行生态学相关课程及数据统计软件的学习使用
11	杨洁	20120801	20140801	美国默里州立大学	国家公派联合培养博士项目
12	薛肖肖	20110801	20130801	美国阿拉巴马农工大学	国家公派联合培养博士项目
13	陈颖	20130301	20131001	英国牛津大学	国际野生动物保护与研究硕士课程
14	孙巧奇	20130301	20131001	英国牛津大学	国际野生动物保护与研究硕士课程
15	陈雅媛	20140801	20150601	瑞典农业大学	科研合作
16	徐倩	20131001	20150901	美国罗格斯大学	科研合作
17	刘洁	20110901	20120901	加拿大	校际交流
18	赵长林	20140701	—	美国哈佛大学	国家公派联合培养项目
19	陈芳	20140701	—	美国耶鲁大学	国家公派联合培养项目
20	王伟	20121201	20131201	美国加州伯克利大学	国家公派联合培养项目
21	任利利	20101001	20110201	德国哥廷根大学	国家公派联合培养–中德 PPP 项目
22	任利利	20111001	20120201	德国哥廷根大学	国家公派联合培养–中德 PPP 项目
23	陶静	20110501	20120501	澳大利亚悉尼大学	国家公派联合培养项目
24	尤崇娟	20110501	20120501	加拿大英属哥伦比亚大学	国家公派联合培养项目
合计	学生国际交流人数				24

	Ⅲ-5　授予境外学生学位情况（2012—2014 年）			
序号	姓名	授予学位年月	国别或地区	授予学位类别
1	阮氏清草	201406	越南	学术学位博士
2	纳　索	201207	苏丹	学术学位博士
3	于素凡	201207	孟加拉国	专业学位硕士
4	拉马特	201207	孟加拉国	专业学位硕士
5	罗　格	201307	尼泊尔	专业学位硕士
6	白　丽	201307	缅甸	专业学位硕士
7	罗斯丽	201307	马来西亚	专业学位硕士
8	陈　兰	201307	泰国	专业学位硕士
9	费德勒	201307	厄瓜多尔	专业学位硕士
10	巴　布	201307	泰国	专业学位硕士
11	苏　克	201307	老挝	专业学位硕士
12	艾　珊	201407	缅甸	学术学位硕士
13	拉　曼	201407	孟加拉国	学术学位硕士
14	康　贝	201407	老挝	学术学位硕士
15	艾里弗	201407	印度尼西亚	学术学位硕士
16	阮中明	201407	越南	学术学位硕士
合计	授予学位人数	博士	2	硕士　14

1.1.2　学科简介

1. 学科基本情况与学科特色

北京林业大学林学学科始于 1902 年京师大学堂林科，1955 年开始招收研究生。自 1981 年起，骨干学科相继成为我国该领域最先获得博士授予权的学科；2000 年被批准为博士授予权一级学科，且为全国林学学科唯一以同等学力申请博士学位授予权的学科；2007 年被评为国家重点一级学科；是北京林业大学"优势学科创新平台"和"211 工程"的重点建设学科；60 年多来，为我国培养了 12 名两院院士，入选全国优秀博士论文 4 篇，提名论文 3 篇，北京市优秀博士论文 2 篇。建有完备与高水平的科技创新平台，综合特色与优势突出，已成为国家林业科技创新和高水平人才培养的核心基地，并具有重要的国际影响力。在 2003 年、2007 年、2012 年的全国高校林学一级学科评估中均居第一，其中 2007 年整体水平得分 100 分。主要学术成就：

（1）林木花卉遗传基础和良种选育优势突出

发明植物异源双链 DNA 检测新技术，揭示了杨树同源重组分子机制；突破染色体加倍系列技术难题，实现杨树等林木多倍体高效创制；选育的三倍体毛白杨、四倍体刺槐新品种已取得巨大的产业化效益，得到前两任国务院总理批示；完成世界首张梅花全基因组精细图谱。为国家花卉产业技术创新战略联盟和全国油松良种基地技术协作组牵头单位。获国家科技进步二等奖 7 项，新品种权 90 余项，国家审定良种 8 个。

（2）森林培育与经营理论与技术研究成果丰硕

在速生丰产林培育国家发展战略、立地分类及适地适树理论、森林资源清查及精准森林计测、森林可持续经营方

（续）

案编制、林木需水规律及其调控机制、混交林及树种间相互作用机制、太行山石质山地造林、多功能生态公益林抚育、能源林培育、城市森林培育等方面取得国内外瞩目的成果，曾获国家科技进步一等奖 1 项，林业部科技进步一等奖、梁希科学技术一等奖等科技奖励多项。

（3）有害生物防治特色与优势鲜明

一直以重大林业有害生物为研究对象，以监测预警和生态调控为主要研究方向，特别在林木钻蛀性害虫防治、林业入侵生物防控、木腐菌系统学研究方面具有重要的国际影响，先后获国家科技进步奖 3 项，省部级科技奖 20 多项。

（4）生态建设与保护的理论和技术研究达到国际领先

一直针对我国水土保持与荒漠化防治、自然保护区建设和管理中的重大理论与技术问题，在黄土高原干旱造林技术、水源涵养林建设及效益评价、水土保持林体系空间配置技术、工程绿化技术方法、退化生态系统健康经营技术、泥石流灾害监测、预警、评估指标体系及方法、建立国际上第一个自然保护区学院、珍稀濒危动植物保护、湿地保护等方面取得了一系列重大研究成果，先后获国家科技进步奖 5 项，达到国内领先水平。

2. 社会贡献

（1）决策咨询

林学学科积极参与我国重大战略决策、相关政策制定、发展规划咨询等工作。在关君蔚院士、沈国舫院士等专家的带领下，推动了我国三北防护林体系、沿海防护林体系、天然资源林保护等重大生态工程的启动和实施。积极主持或参与生态文明建设若干战略问题研究、中国环境宏观战略研究、应对全球气候变化战略研究、三峡工程阶段性评估及第三方独立评估、沿海及海岛综合开发战略研究、淮河流域环境与发展战略、新疆水资源战略研究等国家重大战略决策的咨询研究工作，并为国家生态文明建设决策等做出了重大贡献。

（2）技术推广

林学学科加强"政产学研用"的结合。建成国家大学科技园，成立林业系统首个协同创新中心——"林木资源高效培育与利用协同创新中心"，联合 50 余家企事业单位建立了"国家木材储备战略联盟"。绝大部分科研成果已得到广泛推广，并产生了巨大的生态和社会效益。

（3）学术服务与文化传承

主持编写完成国务院重点文化出版工程《中华大典·林业典》（共 5 部），是有史以来最大的林业文献整理工程，有力支撑我国生态文明建设；2011 年以来，主办全国学术会议 12 次，国际学术会议 2 次。主办了第二届森林可持续经营国际学术研讨会等，有力提升了我国林学学科在国际上的学术声誉和影响；主办林业教育改革与发展暨纪念林业教育 110 周年学术研讨会，促进了中国林业教育事业的发展。学科推进、学校主导的"绿色咨询""绿桥""绿色长征"等活动弘扬了绿色理念，推进了国家生态文明建设。

（4）社会服务

为中国防治荒漠化培训中心、中国水土保持学会、中国林业教育学会，以及中国林学会、中国园艺学会等多个学会的二级学会挂靠单位。发起并建立亚太地区林业院校校长会议机制和全国林业高效特色网络课程资源联盟；一直是国务院学位委员会林学学科评议组的主任委员单位、教育部林学类和自然资源与生态环境类本科教学指导委员会的主任委员单位。其中沈国舫院士任中国环境与发展国际合作委员会中方首席顾问；吴斌教授任中国治沙学会副理事长、水土保持学会秘书长；张启翔教授任国际园艺生产者协会副主席、国际园艺学会执委、国际园艺学会观赏植物遗传资源工作组主席，国际梅品种登录权威，国家花卉产业技术创新战略联盟理事长；骆有庆教授任亚太地区林业院校校长会议机制专家指导委员会主任委员、中国林学会森林昆虫分会理事长；马履一教授任中国林学会造林分会副理事长兼秘书长；康向阳教授任中国林学会林木遗传育种分会常委、副主任；余新晓教授任第三届全球变化中国委员会委员、国际林业科学联合会（IUFRO）委员；孙向阳教授任国际地圈－生物圈计划（IGBP）中国委员会委员；还有众多学科专职教师在国际和国内学术团体中担任相关职务。

1.2 东北林业大学

1.2.1 清单表

Ⅰ 师资队伍与资源

					I-1 突出专家
序号	专家类别	专家姓名	出生年月	获批年月	备注
1	工程院院士	马建章	193707	199510	农业学部
2	国家级教学名师	杨传平	195704	200910	
3	百千万人才工程国家级人选	王政权	195605	199810	
4	中科院百人计划	王玉成	197410	201211	
5	教育部新世纪人才	邹红菲	196712	200708	
6	教育部新世纪人才	刘振生	197304	200808	
7	教育部新世纪人才	王晓龙	196903	201008	
8	教育部新世纪人才	姜广顺	197108	201008	
9	教育部新世纪人才	高彩球	198003	201009	
10	教育部新世纪人才	郑 冬	197206	201108	
11	教育部新世纪人才	徐艳春	197006	201108	
12	教育部新世纪人才	曲冠证	197212	201212	
13	教育部新世纪人才	程玉祥	197206	201212	
14	教育部新世纪人才	魏志刚	197305	201309	
15	享受国务院政府特殊津贴人员	夏德安	196211	199410	
16	享受国务院政府特殊津贴人员	赵雨森	195707	199710	
17	享受国务院政府特殊津贴人员	刘桂丰	196011	199910	
18	享受国务院政府特殊津贴人员	王志英	195610	200010	
19	享受国务院政府特殊津贴人员	李开隆	196304	200010	
20	享受国务院政府特殊津贴人员	迟德富	196209	200210	
21	享受国务院政府特殊津贴人员	严善春	196401	201010	
22	享受国务院政府特殊津贴人员	李凤日	196308	201501	
合计	突出专家数量（人）				22

I-3 专职教师与学生情况

类型	数量	类型	数量	类型	数量
专职教师数	165	其中，教授数	73	副教授数	58
研究生导师总数	144	其中，博士生导师数	55	硕士生导师数	89
目前在校研究生数	670	其中，博士生数	187	硕士生数	483
生师比	4.65	博士生师比	3.4	硕士生师比	5.43
近三年授予学位数	543	其中，博士学位数	115	硕士学位数	428

I-4 重点学科

序号	重点学科名称	重点学科类型	学科代码	批准部门	批准年月
1	林学	国家重点一级学科	0907	教育部	200708
2	林木遗传育种	国家重点二级学科	090701	教育部	200708
3	森林培育	国家重点二级学科	090702	国家林业局	200708
4	森林保护	国家重点二级学科	090703	教育部	200708
5	森林经理	国家重点二级学科	090704	国家林业局	200708
6	野生动植物保护与利用学科	国家重点二级学科	090705	教育部	200708
7	园林植物与观赏园艺	国家重点二级学科	090706	国家林业局	200708
8	水土保持与荒漠化防治	国家重点二级学科	090707	黑龙江省	200708
合计	二级重点学科数量（个）	国家级	7	省部级	—

I-5 重点实验室

序号	实验室类别	实验室名称	批准部门	批准年月
1	国家重点实验室	林木遗传育种国家重点实验室	科技部	201104
2	省部级重点实验室	东北森林资源培育国家林业局重点实验室	国家林业局	199503
3	省部级重点实验室	森林病虫害生物学国家林业局重点实验室	国家林业局	199503
4	省部级重点实验室	野生动物保护生物学国家林业局重点实验室	国家林业局	199503
5	省部级重点研究中心	国家林业局猫科动物研究中心	国家林业局	201112
6	省部级重点研究中心	红松工程技术研究中心国家林业局	国家林业局	201311
7	省部级重点实验室	黑龙江省林木遗传育种重点实验室	黑龙江省科技厅	200510
8	野外观测台站	黑龙江凉水森林生态系统定位研究站	国家林业局	201211
合计	重点实验数量（个）	国家级	1	省部级	7

II 科学研究

II-1 近五年（2010—2014年）科研获奖

序号	奖励名称	获奖项目名称	证书编号	完成人	获奖年度	获奖等级	参与单位数	本单位参与学科数
1	国家科技进步奖	落叶松现代遗传改良与定向培育技术体系	2010-J-202-2-05-R03 2010-J-202-2-05-R04	李凤日，张含国	2010	二等奖	7（2）	1
2	国家科技进步奖	我国北方几种典型退化森林的恢复技术研究与示范	2010-J-202-2-01-R04	赵雨森	2010	二等奖	7（4）	1
3	国家科技进步奖	天然林保护与生态恢复技术	2012-J-202-2-03-R08	沈海龙	2012	二等奖	7（6）	1
4	省科技进步奖	黑龙江省林碳储量分布及动态研究	2012-015-02 2012-015-03	李凤日，贾炜玮	2012	一等奖	2（2）	1
5	省科技进步奖	功能性饲料及粗饲料高效利用关键技术研究	2012-016-09	张智	2012	一等奖	7（7）	1
6	省科技进步奖	黑龙江省矿工程构建技术	2013-013-01 2013-013-02 2013-013-05 2013-013-06 2013-013-07 2013-013-08 2013-013-09	赵雨森，陈祥伟，蔡体久，牟长城，刘滨辉，王恩姮，辛颖	2013	一等奖	4（1）	2（1）
7	省自然科学奖	二色补血草耐盐机制及抗性相关基因功能分析	2014-009-01 2014-009-02 2014-009-03 2014-009-04 2014-009-05	杨传平，高彩球，刘志华，刁桂萍，王玉成	2014	一等奖	1	1
8	省自然科学奖	转抗病虫基因杨培育技术的研究	2010-041-01 2010-041-02 2010-041-03 2010-041-04 2010-041-05	王志英，邹莉，王占斌，景天忠，马玲	2010	二等奖	1	1

（续）

序号	奖励名称	获奖项目名称	证书编号	完成人	获奖年度	获奖等级	参与单位数	本单位参与学科数
9	省自然科学奖	植物光合机构叶绿体发育的分子机制探索	2011-037-01 2011-037-03 2011-037-04 2011-037-05	王柏臣、程玉祥、魏志刚、杨传平	2011	二等奖	2（1）	1
10	省自然科学奖	森林真菌对树木健康调控及机理研究	2011-045-01	宋瑞清	2011	二等奖	4（1）	1
11	省科技进步奖	针阔叶林生物多样性及重要病虫害控制技术研究	2011-091-01 2011-091-02 2011-091-04 2011-091-05 2011-091-06 2011-091-07 2011-091-08 2011-091-09	马玲、王志英、李成德、刘雪峰、王占斌、曹传旺、王慧、韩小兵	2011	二等奖	2（1）	1
12	省科技进步奖	杂种落叶松优良家系选育与扩繁技术	2013-072-01 2013-072-02	张含国、李成浩	2013	二等奖	5（1）	1
13	省科技进步奖	林木病虫害环境协调性农药开发与应用技术研究	2013-072-01 2013-072-02 2013-072-03 2013-072-04 2013-072-05 2013-072-09	张国财、马玲、王月杰、李淑君、张国珍、毕冰	2013	二等奖	4（1）	1
14	省科技进步奖	东北美带湿地评价与恢复技术	2013-107-01 2013-107-05 2013-107-06	马玲、曹传旺、王党红	2013	二等奖	4（1）	3（1）

（续）

序号	奖励名称	获奖项目名称	证书编号	完成人	获奖年度	获奖等级	参与单位数	本单位参与学科数
15	省科技进步奖	黑龙江省公路路边基边坡生态防护技术及景观建设	2013-070-01 2013-070-02 2013-070-03 2013-070-04 2013-070-05 2013-070-06 2013-070-07 2013-070-08 2013-070-09	徐文远、 张彦妮、 孙 龙、 刘德海、 穆立蔷、 何 淼、 常 兵、 刘铁东、 王晓春	2013	二等奖	2（1）	2（2）
16	省自然科学奖	鸡西地区树麻雀组织中铜、锌、锰的残留分析	132159	宫茜茜、 金志民、 邹红菲	2013	二等奖	2（2）	1
17	省科技进步奖	生物及非生物因子对落叶松抗虫性调节及增强技术的研究	2014-123-01 2014-123-02 2014-123-03 2014-123-04 2014-123-05 2014-123-06 2014-123-07 2014-123-08 2014-123-09	严善春、 孟昭军、 严俊鑫、 迟德富、 徐 伟、 聂维良、 李晓平、 门丽娜、 刘英胜	2014	二等奖	1	1
18	省科技进步奖	大兴安岭森林功能定位的研究	2010-202-01 2010-202-02 2010-202-05 2010-202-07	陈祥伟、 赵雨森、 王恩姮、 刘宏伟	2010	三等奖	3（1）	1
19	省科技进步奖	鹿体外受精与胚胎体外培养及绿色肉用马鹿育肥配套技术研究	2010-209-01 2010-209-03 2010-209-04 2010-209-05 2010-209-07	李和平、 崔 凯、 齐艳萍、 刘伟石、 夏彦玲	2010	三等奖	3（1）	1

（续）

序号	奖励名称	获奖项目名称	证书编号	完成人	获奖年度	获奖等级	参与单位数	本单位参与学科数
20	省科技进步奖	黑龙江省市县林区主要林分类型生长与收获模型	2010-201-02 2010-201-05	李凤日、贾炜炜	2010	三等奖	2（2）	1
21	宁夏回族自治区科技进步奖	奖宁夏贺兰山国家级自然保护区羊保护生物学专项研究	2010	刘振生	2010	三等奖	2（1）	1
22	省科技进步奖	丘陵黑土区水土保持林构建与流域综合治理技术研究	2012-185-01 2012-185-02 2012-185-03 2012-185-05	陈祥伟、王恩姮、谷会岩、夏祥友	2012	三等奖	3（1）	1
23	省科技进步奖	红松人工林复合经营技术推广	2012-194-01 2012-194-06 2012-194-07	王树力、李凤山、赵雨森	2012	三等奖	3（1）	1
24	省科技进步奖	小兴安岭人工林天然化经营技术研究与示范	2012-195-01 2012-195-02 2012-195-03 2012-195-04 2012-195-05	王庆成、王树力、张象君、王新宇、卫星	2012	三等奖	3（1）	1
25	省科技进步奖	农村集约化生产信息技术研究与开发	2012-171-03	刘兆刚	2012	三等奖	6（3）	1
26	省科技进步奖	新型肉羊瘤胃调控剂的研制和机制研究	2012	田丽红	2012	三等奖	1	1
27	省自然科学奖	转基因白桦外源基因的整合及表达机制与遗传稳定性研究	2013-155-01 2013-155-02 2013-155-03 2013-155-04 2013-155-05	詹亚光、曾凡锁、杨传平、辛颖、王玉成	2013	三等奖	1	1
28	省科技进步奖	红松林病虫害高效安全持续控制技术	2013-181-01 2013-181-02 2013-181-03 2013-181-04 2013-181-05 2013-181-06 2013-181-07	严善春、聂维良、王琪、孟昭军、严俊鑫、王占斌、赵存玉	2013	三等奖	1	1

（续）

序号	奖励名称	获奖项目名称	证书编号	完成人	获奖年度	获奖等级	参与单位数	本单位参与学科数
29	省科技进步奖	种子园改建与升级技术研究	2013-204-02	魏志刚	2013	三等奖	4（2）	1
30	省科技进步奖	色木槭、紫椴、山槐和红皮云杉培育生物学与技术	2014-224-01 2014-224-02 2014-224-03 2014-224-04 2014-224-05 2014-224-06 2014-224-07	沈海龙、杨立学、康迎昆、张 鹏、殷东生、杨文化、杨 玲	2014	三等奖	1	1
31	省科技进步奖	珍稀食药用菌培育及现代木耳优质高效栽培新技术	2014-271-01 2014-271-02 2014-271-03 2014-271-05 2014-271-06 2014-271-07	邹 莉、张 健、王 超、李丹蕾、于 洋、唐庆明	2014	三等奖	2（1）	1
32	省科技进步奖	优质木结构用材原料林良种选育及定向培育技术研究	2014-185-03	王庆成	2014	三等奖	2（2）	1
33	省科技进步奖	国外嗌薹树种引种驯化技术研究	2014-204-02	沈海龙	2014	三等奖	2（2）	1
34	省科技进步奖	优质饰面原料林良种选育及定向培育技术研究	2013-209-02	魏志刚	2014	三等奖	2（2）	1
35	黑龙江省科技进步奖	城市园林景观生态功能及其优化配置技术研究与示范城市园林景观生态功能及其优化配置技术研究与示范	2014-207-02 2014-207-03 2014-207-04 2014-207-05 2014-207-06 2014-207-07	穆立蔷、杨铁华、许竹凡、孙 波、张 婕、朱良玉	2014	三等奖	2（2）	1
36	梁希林业科学技术奖	主要毛皮动物优良种源培育及规模化养殖技术研究	2011	张彦龙	2011	二等奖	1	1

（续）

序号	奖励名称	获奖项目名称	证书编号	完成人	获奖年度	获奖等级	参与单位数	本单位参与学科数
37	梁希林业科学技术奖	东北天然林生长模型系及多目标规划技术	2013-KJ-2-01-R03、2013-KJ-2-01-R04、2013-KJ-2-01-R07	李凤日、贾炜玮、刘兆刚	2013	二等奖	2（2）	1

合计		特等奖	一等奖					
科研获奖数量（个）	国家级	—	2				—	10
	省部级	一等奖	二等奖					11

II-2　代表性科研项目（2012—2014年）

II-2-1　国家级、省部级、境外合作科研项目

序号	项目来源	项目下达部门	项目级别	项目编号	项目名称	负责人姓名	项目开始年月	项目结束年月	项目合同总经费（万元）	属本单位本学科的到账经费（万元）
1	国家"973"计划	国防科工局	重大项目	E0305/1112/01/01	森林资源调查数据库及关键技术研究	范文义	201101	201212	20	20
2	国家"973"计划	科技部	重点项目	2012CB114502-3	糖基化修饰对杨树茎形成层分化、次生壁形成的分子基础研究	程玉祥	201201	201612	70	70
3	国家"973"计划	科技部	一般项目	2012CB416906	落叶松人工林生产力及养分循环机制研究	王政权	201201	201612	80	60
4	国家"863"计划	科技部	重点项目	2011AA100202	白桦、桉树等分子育种与品质创制	王玉成	201101	201512	973	270
5	国家"863"计划	科技部	重大项目	2012AA102001-3	森林类型信息精准识别技术研究	范文义	201201	201512	150	150
6	国家"863"计划	科技部	重大项目	2013AA102701	杨树抗病虫关键基因的鉴定及分子育种技术研究	王志英	201301	201712	80	80
7	国家"863"计划	科技部	重点项目	2013AA102704	白桦落叶松转基因育种技术研究	张含国	201301	201712	880	670

（续）

序号	项目来源	项目下达部门	项目级别	项目编号	项目名称	负责人姓名	项目开始年月	项目结束年月	项目合同总经费（万元）	属本单位本学科的到账经费（万元）
8	国家"863"计划	科技部	重点项目	2013AA10270202	林木次生壁发育关键蛋白鉴定及其遗传改良研究	刘关君	201301	201712	205	50
9	国家"863"计划	科技部	重点项目	2013AA102701	林木抗逆关键基因的鉴定及分子育种技术研究	姜廷波	201301	201712	1 066	230
10	国家科技支撑计划	科技部	面上项目	2006BAD03A0805	小兴安岭次生林结构调整和生态采伐及大兴安岭火烧迹地森林恢复技术模式	李凤日	200601	201012	135	25
11	国家科技支撑计划	科技部	面上项目	2006BAD24B0602	落叶松大径材良种选育及定向培育技术	李凤日	200601	201012	55	0
12	国家科技支撑计划	科技部	重点项目	2011BAD37B00	东北森林碳增汇关键技术研究与示范	杨传平	201101	201512	870	673
13	国家科技支撑计划	科技部	一般项目	2011BAD38B0305	城镇景观防护林体系构建技术研究	王　成	201101	201312	140	20
14	国家科技支撑计划	科技部	重点项目	2011BAD08B01	典型森林生态系统结构及功能优化技术集成与示范	陈祥伟	201101	201512	552	380
15	国家科技支撑计划	科技部	重点项目	2011BAD08B02	重度退化生态系统恢复与重建关键技术研究与示范	赵雨森	201101	201512	568	310
16	国家科技支撑计划	科技部	重点项目	2012BAD21B00	水曲柳和白桦珍贵用材林定向培育技术研究与示范	杨传平	201201	201612	908	564
17	国家科技支撑计划	科技部	重点项目	2012BAD01B0505	白桦新品种选育技术研究	刘桂丰	201201	201612	170	170
18	国家科技支撑计划	科技部	重点项目	2012BAD19B07-4	北方农田防护林主要蛀干害虫综合控制技术	迟德富	201201	201612	161	130
19	国家科技支撑计划	科技部	重点项目	2012BAD01B0102	寒温带落叶松、云杉育种技术研究	张含国	201201	201612	130	130
20	国家科技支撑计划	科技部	面上项目	2012BAD22B0202	黑龙江大兴安岭过伐林的多功能优化经营技术研究与示范	李凤日	201201	201612	207	158

（续）

序号	项目来源	项目下达部门	项目级别	项目编号	项目名称	负责人姓名	项目开始年月	项目结束年月	项目合同总经费（万元）	属本单位本学科的到账经费（万元）
21	国家自然科学基金	科技部	一般/面上项目	2007FY110400-3-6	林木植物资源利用与流失状况评估	魏志刚	200801	201212	10	10
22	国家自然科学基金	国家自然科学基金委员会	面上项目	30972363	基于混合模型的落叶松树干干形和木材性质变化规律的研究	姜立春	201001	201212	31	31
23	国家自然科学基金	国家自然科学基金委员会	青年项目	31000301	利用水曲柳解除休眠种子的再干燥脱水过程研究种子脱水耐性的生理机制	张 鹏	201101	201312	18	18
24	国家自然科学基金	国家自然科学基金委员会	面上项目	31070629	重要水源地水源涵养林在化学防护过程中对污染物的净化过程、机理及调控研究	赵雨森	201101	201312	36	36
25	国家自然科学基金	国家自然科学基金委员会	面上项目	31070345	繁殖地丹顶鹤与同域分布白枕鹤的共存机制研究	邹红菲	201101	201312	36	36
26	国家自然科学基金	国家自然科学基金委员会	面上项目	31070565	大兴安岭兴安落叶松林 C 平衡中粗木质残体组分的贡献及对采伐的响应	谷会岩	201101	201312	30	30
27	国家自然科学基金	国家自然科学基金委员会	一般/面上项目	31170562	小黑杨蔗糖合成酶基因（SuSy1 和 SuSy2）在应拉木形成中的功能研究	魏志刚	201201	201512	65	65
28	国家自然科学基金	国家自然科学基金委员会	面上项目	31170420	大兴安岭森林流域水文过程对植被和气候变化的响应	满秀玲	201201	201512	65	58.5
29	国家自然科学基金	国家自然科学基金委员会	青年项目	31100284	树干内部 CO_2 径向扩散及其对树干 CO_2 平衡的影响	王秀伟	201201	201412	26	26
30	国家自然科学基金	国家自然科学基金委员会	青年项目	31100486	柽柳 ThTrx 基因在高盐诱导细胞凋亡中的功能研究	李慧玉	201201	201512	24	24
31	国家自然科学基金	国家自然科学基金委员会	面上项目	31170583	水曲柳-落叶松人工混交林化感促进机制研究	杨立学	201201	201512	65	65

（续）

序号	项目来源	项目下达部门	项目级别	项目编号	项目名称	负责人姓名	项目开始年月	项目结束年月	项目合同总经费（万元）	属本单位本学科的到账经费（万元）
32	国家自然科学基金	国家自然科学基金委员会	面上项目	31170601	锈孢木霉的诱激植物响应蛋白 Ep11 诱导杨树抗系统抗病性机制	刘志华	201201	201412	60	60
33	国家自然科学基金	国家自然科学基金委员会	青年项目	31101676	舞毒蛾 G 蛋白偶联受体（GPCRs）作为农药靶标的功能鉴定	曹传旺	201201	201412	24	24
34	国家自然科学基金	国家自然科学基金委员会	青年项目	31100445	PAs 在真菌诱导白桦醇合成中的作用机理研究	范桂枝	201201	201412	23	23
35	国家自然科学基金	国家自然科学基金委员会	青年项目	31100470	非结构性碳水化合物对水曲柳和落叶松细根寿命的影响及机制	谷加存	201201	201412	21	21
36	国家自然科学基金	国家自然科学基金委员会	青年项目	C040302	基于互利共生系统的松鼠花鼠贮食竞争共存机制	宗诚	201201	201212	10	10
37	国家自然科学基金	国家自然科学基金委员会	面上项目	31170591	基于相容关系的落叶松树冠形状和树干结构变化规律的研究	姜立春	201201	201512	61	61
38	国家自然科学基金	国家自然科学基金委员会	青年项目	31200497	杨树 HDAC 基因在盐胁迫反应中的功能研究	马旭俊	201301	201512	22	22
39	国家自然科学基金	国家自然科学基金委员会	青年项目	31200498	柽柳 WRKY 转录因子应答外源 ABA 的分子调控机制	郑磊	201301	201512	22	22
40	国家自然科学基金	国家自然科学基金委员会	一般/面上项目	31270708	刚毛柽柳 ThDof 转录因子调控盐胁迫响应的分子机理研究	高彩球	201301	201512	15	15
41	国家自然科学基金	国家自然科学基金委员会	面上项目	31270697	节律基因表达调控白蜡属种间杂种抗旱优势的机制研究	詹亚光	201301	201612	81	64.8
42	国家自然科学基金	国家自然科学基金委员会	青年项目	31200428	白桦 CAS、DS 基因 RNAi 及 FPS 基因过表达对三萜代谢流调控的初步研究	尹静	201301	201512	23	23

（续）

序号	项目来源	项目下达部门	项目级别	项目编号	项目名称	负责人姓名	项目开始年月	项目结束年月	项目合同总经费（万元）	属本单位本学科的到账经费（万元）
43	国家自然科学基金	国家自然科学基金委员会	青年项目	31200463	白桦糖基转移酶基因BpGT14在细胞壁发育中的功能研究	曾凡锁	201301	201512	23	23
44	国家自然科学基金	国家自然科学基金委员会	面上项目	41271293	季节性冻融对黑土区机械耕作土壤结构的影响机制	陈祥伟	201301	201612	75	60
45	国家自然科学基金	国家自然科学基金委员会	一般/面上项目	31370660	白桦叶绿缺刻变异基因相关基因的克隆与功能研究	刘桂丰	201401	201712	80	80
46	国家自然科学基金	国家自然科学基金委员会	一般/面上项目	31370661	杨树D1亚类周期蛋白基因Poptr;CYCD1;1与Poptr;CYCD1;5的功能分析	曲冠证	201401	201712	66	66
47	国家自然科学基金	国家自然科学基金委员会	一般/面上项目	31370662	杨树ATX1-type铜伴侣蛋白基因功能及调控机制研究	杨传平	201401	201712	80	80
48	国家自然科学基金	国家自然科学基金委员会	一般/面上项目	31370676	柽柳Dof转录因子的耐盐调控机理研究	高彩球	201401	201712	80	80
49	国家自然科学基金	国家自然科学基金委员会	青年项目	31300571	柽柳水通道蛋白基因ThTIP调控植物耐盐能力的研究	王超	201401	20161	23	23
50	国家自然科学基金	国家自然科学基金委员会	面上项目	31370591	青杨天牛致杨枝虫瘿的分子机理	景天忠	201401	201712	82	82
51	国家自然科学基金	国家自然科学基金委员会	面上项目	31370649	ABA促进植物脱皮激素合成的生理与分子机制	迟德富	201401	201612	78	78
52	国家自然科学基金	国家自然科学基金委员会	青年基金	41302222	有机质与黏粒含量对非饱和黑土压实行为的影响	王恩姮	201401	201612	26	15.6
53	国家自然科学基金	国家自然科学基金委员会	青年基金	31300593	黑龙江省东部山地水源涵养林土壤优先流特征及其形成机理	辛颖	201401	201612	25	14
54	国家自然科学基金	国家自然科学基金委员会	青年项目	41313308	柽柳根部高盐胁迫蛋白质组学及抗盐蛋白功能的研究	李莹	201401	201612	26	15.6

（续）

序号	项目来源	项目下达部门	项目级别	项目编号	项目名称	负责人姓名	项目开始年月	项目结束年月	项目合同总经费（万元）	属本单位本学科的到账经费（万元）
55	国家自然科学基金	国家自然科学基金委员会	面上项目	31370610	林火多发生态系统植物种子萌发对热激、烟熏及火烧灰的响应	谷会岩	201401	201712	83	57
56	国家自然科学基金	国家自然科学基金委员会	面上项目	L1322010	黑斑侧褶蛙抗菌肽进化与微生物群落关系的研究	徐艳春	201401	201712	80	80
57	国家自然科学基金	国家自然科学基金委员会	面上项目	31370393	中国自然保护区体系构建战略研究	马建章	201401	201512	80	80
58	国家自然科学基金	国家自然科学基金委员会	青年项目	31300533	基于多角度遥感反演森林冠层结构参数及在碳循环模型中的应用	毛学刚	201401	201612	25	25
59	国家自然科学基金	国家自然科学基金委员会	面上项目	31370642	木霉诱导下杨树 ARF 转录因子对其生长及抗病的分子调控机制	张荣沭	201401	201712	75	45
60	国家自然科学基金	国家自然科学基金委员会	重点项目	31430093	构建完整的调控木材发育过程中木质素合成的多级分层转录网络	姜立泉	201501	201812	323	323
61	国家自然科学基金	国家自然科学基金委员会	一般/面上项目	31470671	白桦 MYB 转录因子调控次生细胞壁形成的功能研究	王超	201501	201812	80	80
62	国家自然科学基金	国家自然科学基金委员会	一般/面上项目	31470672	木质素单体合成中酶蛋白相互作用研究	王鹏宇	201501	201812	86	86
63	国家自然科学基金	国家自然科学基金委员会	青年项目	31400573	毛果杨 ptHsfA4a 转录因子对锌胁迫的抗性机理研究	杨静莉	201501	201712	25	25
64	国家自然科学基金	国家自然科学基金委员会	青年项目	31401978	是否需要移民——基于生态足迹的扎龙保护区丹顶鹤繁殖生境推演及人鹤共存策略	吴庆明	201501	201712	24	24

（续）

序号	项目来源	项目下达部门	项目级别	项目编号	项目名称	负责人姓名	项目开始年月	项目结束年月	项目合同总经费（万元）	属本单位本学科的到账经费（万元）
65	国家自然科学基金	国家自然科学基金委员会	一般/面上项目	31270703	NAC 基因调控柽柳耐盐分子机理研究	王玉成	201301	201612	83	60
66	境外合作科研项目	国家自然科学基金委员会	国际合作项目	31310103004	绿色木霉菌株 T43 与拟南芥互作促生长的分子机制	宋瑞清	201401	201712	3	3
67	部委级科研项目	国家林业局	一般/面上项目	200804002	气候对东北林火的影响及防控技术研究	邸雪颖	200801	201212	571	571
68	部委级科研项目	教育部	一般/面上项目	200973	柽柳响应高盐、干旱胁迫的分子调控机理	王玉成	200901	201412	70	70
69	部委级科研项目	国家林业局	一般/面上项目	200904012	原始红松林生态恢复与生物多样性保育技术研究	马建章	200901	201312	175	175
70	部委级科研项目	国家林业局	一般/面上项目	2010-4-12	天然林立地长期生产力维持和提高技术引进	王庆成	201004	201404	50	18
71	部委级科研项目	国家林业局	面上项目	201004026	东北林区主要树种基础模型系统的研究	李凤日	201001	201312	255	255
72	部委级科研项目	国家林业局	一般项目	20100400207	大兴安岭天然落叶松林健康经营技术	刘兆刚	201101	201512	64	64
73	部委级科研项目	国家林业局	重点项目	201104069	利用林下有毒植物和病原质微生物开发生物农药技术研究	王志英	201101	201412	167	167
74	部委级科研项目	国家林业局	重点项目	2011	植物源杀虫（菌）系列药剂研发	张国财	201101	201412	15	15
75	部委级科研项目	国家林业局	面上项目	2011040070-01	珍稀树种资源保护关键技术研究	王庆成	201101	201312	49	49
76	部委级科研项目	国家林业局	面上项目	[2012] 48 号	落叶松人工林优质无节大径材定向培育技术推广示范	李凤日	201201	201312	50	50
77	部委级科研项目	国家林业局	面上项目	RZ2012-06	碳汇林认证方法与程序研究	李凤日	201201	201212	10	10

（续）

序号	项目来源	项目下达部门	项目级别	项目编号	项目名称	负责人姓名	项目开始年月	项目结束年月	项目合同总经费（万元）	属本单位本学科的到账经费（万元）
78	部委级科研项目	国家林业局	重点项目	201204302	白桦三倍体制种技术研究	姜 静	201201	201612	150	150
79	部委级科研项目	国家质量监督检验检疫总局	一般项目	201210018	基于 LAMP 技术的动物疫病口岸快速检测体系研究	王晓龙	201201	201412	55	55
80	部委级科研项目	国家林业局	面上项目	201204320	红松果材兼用林良种选育与定向培育技术研究	沈海龙	201201	201512	290	290
81	部委级科研项目	国家林业局	面上项目	WY1103	栖息地与竹子减少对大熊猫取食的影响	贾竞波	201201	201412	30	30
82	部委级科研项目	国家林业局野生动物保护司	一般项目	Z00446	野生动物类型自然保护区生境管理技术标准的研究	贾竞波	201201	201412	10	10
83	部委级科研项目	国家林业局	一般项目	2013-LY-198	色木槭播种育苗技术规程	沈海龙	201301	201412	8	8
84	部委级科研项目	科技部	面上项目	2013FY111600	中国森林植被调查	李凤日	201301	201712	81	33.1
85	部委级科研项目	科技部	面上项目	2005DKA32200	林业科学数据平台	李凤日	201301	201712	75	30.2
86	部委级科研项目	国家林业局	重点项目	2013-4-64	光肩星天牛信息素及其应用技术引进	严善春	201301	201512	50	50
87	部委级科研项目	国家林业局科技司	重大项目	201404202	东北黑土区林业生态工程构建技术集成与示范	赵雨森	201401	201812	341	58
88	部委级科研项目	国家林业局科技司	一般项目	201404201	气候变化对大小兴安岭典型森林水碳平衡的影响	满秀玲	201401	201712	31	10
89	部委级科研项目	国家林业局	一般项目	41314420	以风险评估为目标的禽流感检测数据管理技术	王晓龙	201401	201512	5	5
90	部委级科研项目	教育部	一般／面上项目	41313401	蛋白磷酸酶在杨树耐盐中的功能研究	李 莹	201401	201612	3	3

（续）

序号	项目来源	项目下达部门	项目级别	项目编号	项目名称	负责人姓名	项目开始年月	项目结束年月	项目合同总经费（万元）	属本单位本学科的到账经费（万元）
91	部委级科研项目	国家林业局	一般／面上项目	201404404	野鸟 H7N9 禽流感病毒溯源与流行趋势研究	华育平	201401	201612	110	46
92	部委级科研项目	教育部	重点项目	2572014EA07	东北平原高寒沼泽承毒理效应及生物传输研究	王晓龙	201403	201703	40	40
93	部委级科研项目	国家林业局	一般项目	［2014］31 号	流域水源涵养林构建与结构优化技术推广	陈祥伟	201406	201612	50	5
94	部委级科研项目	教育部	一般／面上项目	NCET-13-0713	环境因子对木材形成影响的分子机制研究	魏志刚	201401	201612	50	50
95	省科技厅项目	黑龙江省科技厅	重大项目	GA09B202-06	特种用途原料林良种选育及定向培育技术研究	沈海龙	200901	201112	50	50
96	省科技厅项目	黑龙江省科技厅	一般项目	GA09B204-2	国外耐寒树种引种驯化技术研究	李长海	200901	201112	25	5
97	省科技厅项目	黑龙江省科技厅	一般／面上项目	JC201102	柽柳 bHLH 基因响应高盐胁迫的分子机理	王玉成	201001	201412	20	20
98	省科技厅项目	黑龙江省科技厅	一般／面上项目	GA09B204-01	种子高产稳产经营技术研究	魏志刚	201012	201212	40	40
99	省级自然科学基金项目	黑龙江省自然科学基金委员会	一般项目	C201036	骨顶鸡种内巢寄生行为及其进化适应机制	程　鲲	201101	201312	5	5
100	省级自然科学基金项目	黑龙江省自然科学基金委员会	一般项目	C201231	阔叶红松混交林连根接起倒木和坑丘特征	段文标	201301	201512	5	5
合计	国家级科研项目		数量（个）	66	项目合同总经费（万元）	9 819		属本单位本学科的到账经费（万元）		6 410.5

II-2-2 其他重要科研项目

序号	项目来源	合同签订／项目下达时间	项目名称	负责人姓名	项目开始年月	项目结束年月	项目合同总经费（万元）	属本单位本学科的到账经费（万元）
1	教育部	2013	东北林业大学野生动物资源学院国家级实验教学示范中心建设项目	肖向红	201301	201712	200	200
2	大连盛世绿源有限公司	2011	东北乡土树种观赏景系及育苗技术研究	沈海龙	201101	201512	104	104
3	黑龙江省西林吉林业局	201305	两个保护区晋升综合考察和总体规划	张明海	201305	201505	60	60
4	教育部新世纪优秀人才计划	2012	马鹿鹿茸生长点上皮细胞 KGF/KGFR 自分泌通路特性研究	郑 冬	201201	201412	50	50
5	黑龙江胜山国家级自然保护区管理局	201305	黑龙江胜山国家级自然保护区植物资源本底调查及研究	穆立蔷	201305	201505	30	30
6	中国林业科学研究院亚热林中心	201411	森林资源三维信息平台及决策支持系统	罗传文	201411	201611	30	30
7	黑龙江省东方红林业局	201101	东方红自然保护区科学考察	邹红菲	201101	201312	30	30
8	黑河胜山自然保护区	2012	黑河胜山自然保护区生物资源本地调查	穆立蔷	201201	201412	30	30
9	黑龙江省孙吴县林业局	201405	沙棘食用菌栽培关键技术研究	邹 莉	201405	201605	29	29
10	中央高校出青年科研人才基金项目	201403	NO、ROS 与 MAPK 信号通路在 UV-B 调控细胞壁发育中交谈机制	曾凡锁	201403	201612	28	28
11	黑龙江乌伊岭国家自然保护区管理局	201410	黑龙江乌伊岭国家自然保护区植物多样性本底调查	张国财	201410	201610	25.5	25.5
12	黑龙江省山河屯林业局	2012	黑龙江大峡谷自然保护区综合考察和总体规划	张明海	201201	201412	22	22
13	中国环境科学研究院	201305	大兴安岭重点保护动物调查记录整理分析	张明海	201305	201505	22	22
14	内蒙古红花尔基林业局	201311	内蒙古红花尔基现代农业生态旅游区建设	张国财	201311	201511	20.7	20.7
15	国家林业局湿地保护管理中心	201471	湿地检测与管理项目	于洪贤	201407	201607	20	20
16	内蒙古贺兰山国家级自然保护区管理局	2012	内蒙古贺兰山国家级自然保护区第一次综合科学考察	刘振生	201201	201412	20	20
17	国家林业局调查规划设计院	201312	湿地资源调查	穆立蔷	201312	201512	20	20

（续）

序号	项目来源	合同签订／项目下达时间	项目名称	负责人姓名	项目开始年月	项目结束年月	项目合同总经费（万元）	属本单位本学科的到账经费（万元）
18	环境保护部南京环境科学研究所	201102	东北湿地大型涉禽的调查与监测	吴庆明	201102	201312	20	20
19	内蒙古毕拉河自然保护区	2011	内蒙古毕拉河自然保护区湿地资源调查	穆立蔷	201101	201312	20	20
20	黑龙江省森林与环境科学研究院	201409	核桃楸良种选育及栽培技术研究	张令国	201409	201609	18	18
21	世界自然基金会（WWF）	2013—2014	黑龙江省绥棱林业局、广西三威林产工业有限公司 HCVF 判定	李凤日	201301	201506	18	18
22	内蒙古自治区林业科学研究院	201312	耐盐碱树种盐松优良种源中试与示范	刘桂丰	201312	201512	16	16
23	宁夏回族自治区林业调查规划院	201410	陆地野生动物资源调查高山草甸、森林生境常规调查	刘振生	201410	201610	15.9	15.9
24	黑龙江省漠河县森林资源林政管理局	201411	漠河湿地公园总体规划	张明海	201411	201611	15	15
25	国家林业局科技发展中心	2011	生产经营性珍贵稀有濒危植物认证规范	刘滨辉	201101	201112	15	15
26	上海市林业病虫防治检疫站	2009	五毒蛾在上海的适生性研究	李成德	200901	201112	10	10
27	国家林业局科技发展中心	2012	中国森林认证生产经营性珍贵有濒危物种植物	刘滨辉	201201	201212	10	10
28	黑龙江省博士后资助	2014	热激转录因子调控杨树抗锌分子机理研究	杨静莉	201401	201512	10	10
29	野生动物保护司	201101	自然保护区人工繁育丹顶鹤群体分子辅助种源遗传管理的研究	邹红菲	201101	201312	8	8
30	中国博士后科学基金会	201110	扎龙繁殖期丹顶鹤与白枕鹤共存机制研究	吴庆明	201111	201312	5	5

II-2-3　人均科研经费

人均科研经费（万元／人）	59.28

Ⅱ-3 本学科代表性学术论文质量

Ⅱ-3-1 近五年（2010—2014年）国内收录的本学科代表性学术论文

序号	论文名称	第一作者	通讯作者	发表刊次（卷期）	发表刊物名称	收录类型	中文影响因子	他引次数
1	季节性冻融对典型黑土土区土壤团聚体特征的影响	王恩姮	陈祥伟	2010, 21（4）	应用生态学报	CSCD	2.464	14
2	转金属硫蛋白基因（MT_1）烟草耐NaCl胁迫能力	周博如	姜廷波	2010, 30（15）	生态学报	CSCD	2.351	14
3	阔叶红松混交林林隙大小和林隙内位置对小气候的影响	冯静	段文标	2012, 23（7）	应用生态学报	CSCD	1.993	19
4	东北林区不同尺度森林的含碳率	于颖	范文义	2012, 23（2）	应用生态学报	CSCD	1.993	23
5	三种森林生物量估测模型的比较分析	范文义	范文义	2011, 35（4）	植物生态学报	CSCD	1.963	30
6	海南岛4个热带阔叶树种前5级细根的形态、解剖结构和组织碳氮含量	许旸	王政权z	2011, 35（9）	植物生态学报	CSCD	1.963	21
7	水曲柳苗木根系形态和解剖结构对不同氮浓度的反应	陈海波	王政权	2010, 46（2）	林业科学	CSCD	1.802	27
8	贺兰山野化牦牛冬春季食性	姚志诚	刘振生	2011, 31（3）	生态学报	CSCD	1.748	13
9	含度量误差的黑龙江省主要树种生物量相容性模型	董利虎	李凤日	2011, 22（10）	应用生态学报	CSCD	1.726	27
10	林隙对小兴安岭阔叶红松林树种更新及物种多样性的影响	刘少冲	段文标	2011, 22（6）	应用生态学报	CSCD	1.726	24
11	模拟氮沉降对温带典型森林土壤有效氮形态和含量的影响	陈立新	段文标	2011, 22（8）	应用生态学报	CSCD	1.726	15
12	2000—2008年中国东北地区植被净初级生产力的模拟及季节变化	赵国帅	范文义	2011, 22（3）	应用生态学报	CSCD	1.726	32
13	中国生物多样性就地保护的研究与实践	马建章	马建章	2012, 20（5）	生物多样性	CSCD	1.574	13
14	不同火烧强度林火对大兴安岭北坡兴安落叶松林土壤化学性质的长期影响	合合岩	陈祥伟	2010, 25（7）	自然资源学报	CSCD	1.466	30
15	SMART策略构建小黑杨茎形成层全长cDNA文库	赵桂媛	杨传平	2010, 32（1）	北京林业大学学报	CSCD	1.453	15

（续）

序号	论文名称	第一作者	通讯作者	发表刊次（卷期）	发表刊物名称	收录类型	中文影响因子	他引次数
16	杂种落叶松 F_2 代自由授粉家系纸浆材遗传变异及多性状联合选择	邓继峰	张含国	2011, 47（5）	林业科学	CSCD	1.082	10
17	小兴安岭落叶松人工纯林近自然化改造对林下植物多样性的影响	张象君	王庆成	2011, 47（1）	林业科学	CSCD	1.082	22
18	长白落叶松人工林林隙间伐对杯下更新及植物多样性的影响	张象君	王庆成	2011, 47（8）	林业科学	CSCD	1.082	19
19	基于相容性生物量模型的樟子松林碳密度与碳储量研究	贾炜玮	李凤日	2012, 34（1）	北京林业大学学报	CSCD	0.942	23
20	落叶松和水曲柳不同根序细根形态结构、组织氮浓度与根呼吸的关系	贾淑霞	王政权	2010, 45（2）	植物学报	CSCD	0.907	37
合计							中文影响因子 32.769	他引次数 428

II-3-2 近五年（2010—2014 年）国外收录的本学科代表性学术论文

序号	论文名称	论文类型	第一作者	通讯作者	发表刊次（卷期）	发表刊物名称	收录类型	他引次数	期刊 SCI 影响因子	备注
1	Complete Proteomic-Based Enzyme Reaction and Inhibition Kinetics Reveal How Monolignol Biosynthetic Enzyme Families Affect Metabolic Flux and Lignin in *Populus trichocarpa*	Article	Wang J P	Chiang V L	2014, 26（3）	Plant Cell	SCI	17	9.575	第一署名单位
2	Systems Biology of Lignin Biosynthesis in *Populus Trichocarpa*: Heteromeric 4-Coumaric Acid:Coenzyme a Ligase Protein Complex Formation, Regulation, and Numerical Modeling	Article	Chen H C	Chiang V L	2014, 26（3）	Plant Cell	SCI	10	9.575	第一署名单位

（续）

序号	论文名称	论文类型	第一作者	通讯作者	发表刊次（卷期）	发表刊物名称	收录类型	他引次数	期刊SCI影响因子	备注
3	Glycogen Synthase Kinase 3 Beta Inhibits MicroRNA-183-96-182 Cluster Via the Beta-Catenin/TCF/LEF-1 Pathway in Gastric Cancer Cells	Article	Zheng D	Zheng D	2014, 42（5）	Nucleic Acids Research	SCI	—	8.278	通讯单位
4	A Robust Chromatin Immunoprecipitation Protocol for Studying Transcription Factor–DNA Interactions and Histone Modifications in Wood-forming Tissue	Article	Wei L	Chiang V L	2014, 9（9）	Nature Protocols	SCI	—	7.782	第一署名单位
5	A Simple Improved-throughput Xylem Protoplast System for Studying Wood Formation	Article	Ying C L	Chiang V L	2014, 9（9）	Nature Protocols	SCI	—	7.782	第一署名单位
6	Plant Biotechnology for Lignocellulosic Biofuel Production	Review	Li Quanzi	Chiang V L	2014, 12（9）	Plant Biotechnology Journal	SCI	—	5.677	第一署名单位
7	Complete Nucleotide Sequence of Avian Paramyxovirus Type 6 JL Strain Isolated from Mallard in China	Letter	Tian Zhige	Hua Yuping	2012, 86（23）	Journal of Virology	SCI	—	5.4	通讯单位
8	Gene Expression of Lupeol Synthase and Biosynthesis of Nitric Oxide in Cell Suspension Cultures of *Betula platyphylla* in Response to a Phomopsis Elicitor	Article	Fan G Z	Zhan Y G	2013, 31（2）	Plant Mol Biol Rep.	SCI	3	5.319	通讯单位
9	A Basic Helix-Loop-Helix Gene from Poplar is Regulated by a Basic Leucine-Zipper Protein and is Involved in the ABA-Dependent Signaling Pathway	Article	He L	Liu Z H	2013, 31（2）	Plant Molecular Biology Reporter	SCI	—	5.3	通讯单位
10	Spatiotemporal Change in China's Climatic Growing Season: 1955-2000	Article	Liu B H	Xu M	2010, 99（1-2）	Climatic Change	SCI	14	4.622	第一署名单位

（续）

序号	论文名称	论文类型	第一作者	通讯作者	发表刊次（卷期）	发表刊物名称	收录类型	他引次数	期刊SCI影响因子	备注
11	Gene Expression of Endoplasmic Reticulum Resident Selenoproteins Correlates with Apoptosis in Various Muscles of Se-Deficient Chicks	Article	Zhang B	Wang X L	2013, 143（5）	J Nutr	SCI	12	4.2	通讯单位
12	A WRKY Gene from Tamarix Hispida, ThWRKY4, Mediates Abiotic Stress Responses by Modulating Reactive Oxygen Species and Expression of Stress-responsive Genes	Article	Zheng L	Wang Y C	2013, 84（1-2）	Plant Mol Biol.	SCI	8	4.072	第一署名单位
13	Comprehensive Transcriptional Profiling of NaHCO3-stressed Tamarix Hispida Roots Reveals Networks of Responsive Genes	Article	Wang C	Wang Y C	2014, 84（1-2）	Plant Mol Biol.	SCI	4	4.072	通讯单位
14	De Novo Characterization of Larix gmelinii (Rupr.) Rupr. Transcriptome and Analysis of its Gene Expression Induced by Jasmonates	Article	Men L N	Yan S C	2013, 14（1）	BMC Genomics	SCI	—	4.04	通讯单位
15	An Integrated Analysis Into the Causes of Uungulate Mortality in the Wanda Mountains (Heilongjiang Province, China) and an Evaluation of habitat quality	Article	Zhou S C	Zhang M H	2011, 144（10）	Biological Conservation	SCI	—	4.036	通讯单位
16	Identification and Analysis of Phosphorylation Status of Proteins in Dormant Terminal Buds of Poplar	Article	Liu C C	Wei Z G	2011, 11（1）	BMC Plant Biology	SCI	11	3.942	通讯单位
17	Characterization of a Eukaryotic Translation Initiation Factor 5A Homolog from Tamarix Androssowii Involved in Plant Abiotic Stress Tolerance	Article	Wang Y C	Wang Y C	2012, 12（1）	BMC plant biol.	SCI	10	3.942	通讯单位

（续）

序号	论文名称	论文类型	第一作者	通讯作者	发表刊次（卷期）	发表刊物名称	收录类型	他引次数	期刊 SCI 影响因子	备注
18	Root Diameter Variations Explained by Anatomy and Phylogeny of 50 Tropical and Temperate Tree Species	Article	Gu J C	Wang Z Q	2014, 34	Tree Physiology	SCI	2	3.405	通讯单位
19	Agrobacterium Tumefaciens-mediated Genetic Transformation of *Salix Matsudana* Koidz. Using Mature Seeds	Article	Yang J L	Li C H	2013, 33（6）	Tree Physiology	SCI	3	3.405	通讯单位
20	Effect of Oxygen Free Radicals and Nitric oxide on Apoptosis of Immune Organ Induced by Selenium Deficiency in Chickens	Article	Zhang Z W	Wang X L	2013, 26（2）	Biometals	SCI	8	3.284	通讯单位
21	Histopathological Changes and Antioxidant Response in Brain and Kidney of Common Carp Exposed to Atrazine and Chlorpyrifos	Article	Xing H J	Wang X L	2012, 88（4）	Chemosphere	SCI	41	3.206	通讯单位
22	Effects of Atrazine and Chlorpyrifos on the mRNA Levels of HSP70 and HSC70 in the Liver, Brain, Kidney and Gill of Common Carp (*Cyprinus carpio* L.)	Article	Xing H J	Wang X L	2013, 90（3）	Chemosphere	SCI	13	3.137	通讯单位
23	Rapid and Repetitive Plant Regeneration of *Aralia elata* Seem.via Somatic Embryogenesis	Article	Dai J L	You X L	2011, 104（1）	Plant Cell Tiss Organ Cult	SCI	18	3.09	通讯单位
24	Large-scale Somatic Embryogenesis and Regeneration of *Panax notoginseng*	Article	You X L	Cui L Y	2012, 108（2）	Plant Cell Tiss Organ Cult	SCI	5	3.09	第一署名单位
25	Distribution and Expression Characteristics of Triterpenoids and OSC Genes in White Birch (*Betula platyphylla* Suk.)	Article	Yin J	Zhan Y G	2012, 39（3）	Molecular Biology Reports	SCI	6	2.92	通讯单位

（续）

序号	论文名称	论文类型	第一作者	通讯作者	发表刊次（卷期）	发表刊物名称	收录类型	他引次数	期刊SCI影响因子	备注
26	Effect of Larch (*Larix gmelini* Rupr.) Root Exudates on Manchurian Walnut (*Juglans mandshurica* Maxim.) Growth and Soil Juglone in a Mixed-species Plantation	Article	Yang L X	Kong C H	2010, 329 (1-2)	Plant and Soil	SCI	10	2.77	通讯单位
27	Diversity of Northern Plantations Peaks at Intermediate Management Intensity	Article	Wang S L	Wang S L	2010, 259 (3)	Forest Ecology and Management	SCI	7	2.667	通讯单位
28	Annual Variation in Predation and Dispersal of Arolla Pine (*Pinus cembra* L.) Seeds by Eurasian Red Squirrels and Other Seed-eaters	Article	Zong C	Zong C	2010, 260 (5)	Forest Ecology and Management	SCI	18	2.667	第一署名单位
29	A Compatible System of Biomass Equations for Three Conifer Species in Northeast, China	Article	Dong L H	Li F R	2014, 329	Forest Ecology and Management	SCI	—	2.667	通讯单位
30	Somatic Embryogenesis and Plant Regeneration from Immature Zygotic Embryo Cultures of Mountain Ash (*Sorbus pohuashanensis*)	Article	Yang Ling	Shen Hailong	2012, 109 (3)	Plant Cell tissue and Organ Culture	SCI	11	2.612	通讯单位
31	Cyclic Secondary Somatic Embryogenesis and Efficient Plant Regeneration in Mountain Ash (*Sorbus pohuashanensis*)	Article	Yang Ling	Shen Hailong	2012, 111 (2)	Plant Cell tissue and Organ Culture	SCI	4	2.612	通讯单位
32	Effects of Atrazine and Chlorpyrifos on DNA Methylation in the Liver, Kidney and Gill of the Common Carp (*Cyprinus carpio* L.)	Article	Wang C	Wang X L	2014, 108	Ecotoxicol Environ Saf	SCI	—	2.482	通讯单位
33	Identification and Characterization of a *Bursaphelenchus xylophilus* (Aphelenchida: Aphelenchoididae) Thermotolerance-Related Gene: Bx-HSP90	Article	Wang F	Li D L	2012, 13 (7)	International Journal of Molecular Science	SCI	—	2.46	通讯单位
34	Effect of Drought and Nitrogen on Betulin and Oleanolic Acid Accumulation and OSC Gene Expression in White Birch Saplings	Article	Yin J	Zhan Y G	2014	Plant Mol Biol Rep	SCI	—	2.35	通讯单位

（续）

序号	论文名称	论文类型	第一作者	通讯作者	发表刊次（卷期）	发表刊物名称	收录类型	他引次数	期刊SCI影响因子	备注
35	Molecular Evidence for Piroplasms in Wild Reeves'muntjac (Muntiacus reevesi) in China	Article	Yang J F	Wang X L	2014, 63（5）	Parasitol Int	SCI	—	2.111	通讯单位
36	Aspartic Protease Gene Asp55 from Trichoderma asperellum ACCC30536 were Successfully Expressed in Escherichia coli and Exhibit Recombinant Aspartic Protease Activity	Article	Dou K	Wang Z Y, Liu Z H	2014, 169	Microbiological Research	SCI	—	1.99	通讯单位
37	Drought Resistance and DNA Methylation of Interspecific Hybrids between Fraxinus mandshurica and Fraxinus americana	Article	Zeng F S	Zhan Y G	2014, 28（6）	Trees	SCI	—	1.95	通讯单位
38	Cross-regulation of Polyamines and Nitric oxide in Endophytic Fungus-induced Betulin Production in Betula platyphylla Plantlets	Article	Fan G Z	Zhan Y G	2014, 28	Trees	SCI	—	1.95	通讯单位
39	Molecular characterization of T-DNA integration site in transgenic birch plants	Article	Zeng F S	Zhan Y G	2010, 24	Trees	SCI	11	1.8	通讯单位
40	Chitinase genes LbCHI31 and LbCHI32 from Limonium bicolor were Successfully Expressed in Escherichia coli and Exhibit Recombinant Chitinase Activities	Article	Liu Z H	Wang Z Y	2013, 11	The Scientific World Journal	SCI	—	1.73	通讯单位
合计			SCI 影响因子　157.969			他引次数　246				

II-5　已转化或应用的专利（2012—2014年）

序号	专利名称	第一发明人	专利申请号	专利号	授权（颁证）年月	专利受让单位	专利转让合同金额（万元）
1	利用生物磁化水培养杏鲍菇的生产工艺	张国财	200910072310.3	ZL200910072310.3	201202	东北林业大学	
2	龙牙楤木愈伤型细胞系	曲冠证	CN200910072196.4	ZL200910072196.4	201202	东北林业大学	
3	一种桑黄菌丝体的制备方法	邹　莉	201110315661.X	ZL201110315661.X	201211	东北林业大学	
4	欧美山杨杂种的组织培养快速繁殖方法	杨传平	CN201010230886.0	ZL201010230886.0	201211	东北林业大学	
5	一种小黑杨花粉植株转基因方法体系	李慧玉	CN201110385175.5	ZL201110385175.5	201301	东北林业大学	
6	一种杨树组培苗的生根移栽方法	刘志华	201210074323.6	ZL201210074323.6	201306	东北林业大学	
7	真菌源对甲氧基肉桂酸甲酯的制备方法	宋瑞清	200910072308.6	ZL200910072308.6	201308	东北林业大学	
8	苏云金杆菌和白僵菌可湿性粉剂	曹传旺	201210205009.7	ZL201210205009.7	201310	东北林业大学	
9	一种全光照袋栽黑木耳袋顶出耳新方法	邹　莉	201210296743.9	ZL201210296743.9	201310	东北林业大学	
10	一种菌粥及其制备方法	邹　莉	201210186631.8	ZL201210186631.8	201312	东北林业大学	
11	一种菌袋及其制作方法和使用该菌袋栽培黑木耳的方法	邹　莉	201210234907.5	ZL201210234907.5	201312	东北林业大学	
12	炭团菌抑菌活性成分防治松枯梢病制剂的制备方法	宋瑞清	200910072152.1	ZL200910072152.1	201312	东北林业大学	
13	一种确定林区地表可燃物负荷量的方法	杨　光	201110196005.2	ZL201110196005.2	201404	东北林业大学	
14	癞孢木霉菌可湿性粉剂及其应用	曹传旺	201210492682.3	ZL201210492682.3	201405	东北林业大学	
15	一种通过体细胞胚及次生体细胞胚发生途径快速繁殖龙牙楤木的方法	由香玲	201110214552.9	ZL201110214552.9	201409	东北林业大学	
16	一种农杆菌介导培育转基因旱柳植株的方法	李成浩	CN201310021280.X	ZL201310021280.X	201405	东北林业大学	
合计						—	

专利转让合同金额（万元）

Ⅲ　人才培养质量

Ⅲ-1　优秀教学成果奖（2012—2014 年）

序号	获奖级别	项目名称	证书编号	完成人	获奖等级	获奖年度	参与单位数	本单位参与学科数
1	国家级	林学专业多元化人才培养模式改革与实践	20148298	杨传平、李凤日、李明泽等	二等奖	2014	1	1
2	省级	林学国家级实验教学示范中心建设及实践	2013056	杨传平、韩辉林、杨光等	一等奖	2013	1	1
3	省级	基于自主学习与知识构建的《树木学》精品课程建设与实践	2013201	穆立蔷、谷会岩、王洪峰等	二等奖	2013	1	1
合计	国家级	一等奖（个）　—		二等奖（个）　1		三等奖（个）　—		
	省级	一等奖（个）　1		二等奖（个）　1		三等奖（个）　—		

Ⅲ-2　研究生教材（2012—2014 年）

序号	教材名称	第一主编姓名	出版年月	出版单位	参与单位数	是否精品教材
1	分析生物学实验原理与技术	姜　静	200907	东北林业大学出版社	1	—
2	五加科植物体细胞胚发生研究	由香玲	201107	科学出版社	1	—
3	细胞工程模块实验教程	詹亚光	201201	科学出版社	1	—
合计	国家级规划教材数量		—	精品教材数量		—

Ⅲ-3　本学科获得的全国、省级优秀博士学位论文情况（2010—2014 年）

序号	类型	学位论文名称	获奖年月	论文作者	指导教师	备注
1	国家级	NaHCO3 胁迫下刚毛柽柳基因表达谱的建立及相关基因的克隆	201010	高彩球	刘桂丰	提名奖
2	国家级	百子莲花芽分化及开花机理研究	201310	张　荻	卓丽环	提名奖
合计	全国优秀博士论文（篇）　—			提名奖（篇）		2
	省优秀博士论文（篇）　—					

序号	姓名	出国（境）时间	回国（境）时间	地点（国家 / 地区及高校）	国际交流项目名称或主要交流目的
				Ⅲ-4　学生国际交流情况（2012—2014 年）	
1	姚启超	201410	201610	美国 Rocky Mountain Tree-Ring Research	200001- 所在单位或个人合作渠道
2	董灵波	201410	201601	美国 The University of Georgia	200001- 所在单位或个人合作渠道
3	段亮亮	201410	201512	加拿大 University of British Columbia	200001- 所在单位或个人合作渠道
4	郝龙飞	201410	201510	加拿大 University of British Columbia	200001- 所在单位或个人合作渠道
5	张闻博	201310	201504	美国 Michigan Technological University	所在单位或个人合作项目（高水平大学研究生）
6	戚玉娇	201310	201410	美国 Purdue University	所在单位或个人合作项目（高水平大学研究生）
7	董利虎	201310	201410	美国 State University of New York	所在单位或个人合作项目（高水平大学研究生）
8	张　振	201310	201504	哈萨克斯坦 Forestry Soil and Water Resources College	所在单位或个人合作项目（高水平大学研究生）
9	王丽霞	201310	201610	奥地利 University of Natural Resourses and Applied Life Sciences Vienna	所在单位或个人合作项目（高水平大学研究生）
合计	学生国际交流人数		9		

1.2.2　学科简介

1. 学科基本情况与学科特色

东北林业大学林学一级博士点学科（博士后流动站）成立于 2000 年，2007 年被教育部认定成为国家一级重点学科，由林木遗传育种、森林培育学、森林保护学、森林经理学、野生动植物保护与利用、园林植物与观赏园艺、水土保持与荒漠化防治等 7 个二级学科组成。2003—2008 年相继设立了森林生物工程、森林植物资源学、自然保护区学和林木基因组学等 4 个自主二级博士点学科。林学一级学科涵盖林学院、野生动植物资源学院、园林学院及生命科学学院，拥有国家重点实验室 1 个，省部级重点实验室（或研究中心、定位站）8 个，实验室总面积达 12 000m²。

（1）学术队伍

通过"211"工程三期及优势学科创新平台建设项目，引进和培养了一批具有较高影响力的学术骨干、创新团队和学术群体，形成了一支学术思想活跃、知识与年龄结构合理、富有创新精神的学科队伍。学科现有教师 165 人，其中，教授 73 人，副教授 58 人，博士研究生导师 55 人；有中国工程院院士 1 人，国家级教学名师奖 2 人，国家"百千万人才工程"人选 2 人，享受国务院政府特殊津贴人员 10 人，教育部新世纪人才 10 人。

（2）主要研究方向

立足于东北林区，以森林基础生物科学、森林生物工程及林木遗传育种、森林资源的培育、管理、保护和利用、生态环境保护与建设以及森林资源综合利用等领域为主线，重点研究：林木遗传改良和良种选育技术；林木和园林植物个体及群体生理生态过程及其高效培育技术；森林灾害监测与综合控制技术；森林发育规律及可持续经营管理技术；野生动植物保护和利用技术；土地生产力恢复及林业生态工程构建技术等。

（3）人才培养与科学研究

本学科作为我国林业人才培养、科技创新和技术推广的重要基地，培养了大量具有创新能力、适应性强的复合型高级专门人才，并围绕我国林业行业重大战略需求和关键技术开展联合攻关，取得一批具有重大影响的教学和科研成果。五年来，培养博士研究生 115 人，硕士研究生 443 人，获得国家级优秀教学成果奖二等奖 1 项，省级优秀教学成果奖一等奖 3 项；承担国家级科研项目 66 项，各级科研项目总经费达 14 580 万元（年人均 29.5 万元），获国家科技进步二等奖 3 项，省部级一、二等科技奖励 16 项；发表学术论文 700 余篇，其中被 SCI 收录论文 270 余篇，A+ 论文 380 余篇。

（续）

（4）优势和特色

林学一级学科经过63年的建设与发展，成为东北林业大学最具优势和特色的学科，总体水平保持国内领先，部分达到国际先进。野生动物保护与利用是我国成立最早的学科，在野生动物保护与管理、驯养繁育、产品开发及疫病防控等方面保持国际先进；森林保护学科在森林昆虫和菌物分类、森林有害生物监测与可持续控制、森林昆虫与植物的协同进化等方面的研究达到国内一流；林木遗传育种学科依托国家重点实验室，在白桦基因测序、林木抗逆基因资源开发与利用、抗逆基因工程育种等领域取得了突破性进展。其他二级学科在我国森林资源培育，林业高级人才培养，林业科研创新等方面做出了重要贡献。学科拥有我国最大的教学及科研基地——"凉水国家级自然保护区"和"帽儿山实验林场"，总面积约32 000hm²，生长着珍贵的原始阔叶红松林和典型的天然次生林，野生动植物资源种类丰富，生态系统类型多样，在国际上具有较高的知名度。

2. 社会贡献

本学科立足东北、辐射全国，积极参与各级政府决策咨询、成果转化、社会服务，做出了突出的社会贡献。

（1）为制定相关政策法规、发展规划、行业标准提供决策咨询

由杨传平教授参与起草的"加强林木种质资源保护、建立种质资源库"咨询报告提交到国务院汪洋副总理并获得肯定和批示，现正在落实之中。马建章院士与张明海教授多次参加由人大环资委与国务院等部门召开的关于制定《中华人民共和国自然遗产法》的论证。由杨传平教授组织协助完成的《国家林木种业调研组报告（东北片）》，对东北林区林木遗传改良和基地的发展将起到重要的指导作用。由赵雨森教授提出的"加强黑土地保护"建议，对把黑土地保护规划纳入国家"十三五"规划以及相关法律的制定起到了积极推动作用。围绕林木良种选育、种苗示范基地建设、森林资源培育与经营、自然保护区建设、林业生态工程建设以及野生动植物保护等领域，制定行业、地方技术规程（标准）10余项，编制各类规划、可行性研究报告与科学考察报告70余项。

（2）加强产学研用结合、技术成果转化，为产业发展提供技术支持

2010—2014年，本学科共取得黑龙江省林业生态工程构建、人工林天然化经营、杂种落叶松优良家系选育与扩繁、湿地评价与恢复以及林木病虫害防控等技术成果24项，建立示范基地80余处，累计推广应用创造经济效益近10亿元。此外，建立了药用植物生物反应器产业化基地，人参不定根生物反应器已经转让相关企业；选育的9个花卉新品种建立了1个种质资源圃和4个中试示范基地，在全国范围内形成了稳定地种苗销售网络和繁种种植区。

（3）在弘扬优秀文化、推进科学普及、服务社会大众等方面的贡献

积极参与俄罗斯野外释放的2只雄性东北虎（库贾和乌斯金）进入黑龙江境内的活动调查及大熊猫发生犬瘟热疫病的积极诊治，国内外充分肯定了中国生态环境改善和野生动物保护的显著成效。开展从世界水日、环境日、防治荒漠化日、爱鸟周，到公众关心的大熊猫、东北虎等珍稀、濒危物种拯救、保护的科学普及与宣传。积极组织"大学生绿色营"等公益活动。"行政许可检查的野生动物鉴定"与"野生动物执法检测技术与应用"，为打击破坏野生动物资源犯罪分子的量刑和经济处罚提供了依据。

（4）本学科专职教师部分重要的社会兼职

马建章院士，国务院学位委员会学科评审组成员、黑龙江省动物学会理事长。

杨传平教授，第七届国务院学位委员会林学科评议组召集人，中国林学会副理事长、中国教育学会副理事长，国家"863"项目首席专家。

赵雨森教授，全国政协常委、黑龙江省政协副主席。

李凤日教授，国内唯一被 SCI 收录的林业学术期刊 *Journal of Forestry Research* 副主编，国务院学位委员会第六届学科评议组林学组成员。

张明海教授，中国兽类学会副理事长，国务院国家级自然保护区评委。

（5）其他方面

先后举办了"第一届国际鹿类生物学大会""世界黑土质量与管理国际研讨会"、第一届亚太农业蛋白质组学研讨会暨第五届全国植物蛋白质组学研讨会、"第六届海峡两岸森林经理研讨会"等10余次国际和国内学术会议，有效地促进了国内外的学术交流与合作，同时也表明本学科在该领域内享有较高的学术地位和较好的学术声誉。

1.3　南京林业大学

1.3.1　清单表

Ⅰ　师资队伍与资源

I-1　突出专家					
序号	专家类别	专家姓名	出生年月	获批年月	备注
1	中国工程院院士	王明庥	193203	199405	农业学部
2	长江学者特聘教授	尹佟明	197002	200809、201109、200409	林木遗传育种
3	百千万人才工程国家级人选	施季森	195211	199101、199512	
4	百千万人才工程国家级人选	叶建仁	195812	199710、200011	
5	享受政府特殊津贴人员	曹福亮	195711	199508	
6	百千万人才工程国家级人选	方升佐	196309	200611、201103	
合计	突出专家数量（人）		6		

I-2　团队				
序号	团队类别	学术带头人姓名	带头人出生年月	资助期限
1	教育部创新团队	尹佟明	197002	2013—2015
合计	团队数量（个）		1	

I-3　专职教师与学生情况					
类型	数量	类型	数量	类型	数量
专职教师数	70	其中，教授数	34	副教授数	19
研究生导师总数	67	其中，博士生导师数	43	硕士生导师数	67
目前在校研究生数	468	其中，博士生数	97	硕士生数	371
生师比	7	博士生师比	2.3	硕士生师比	5.5
近三年授予学位数	415	其中，博士学位数	80	硕士学位数	335

I-4　重点学科					
序号	重点学科名称	重点学科类型	学科代码	批准部门	批准年月
1	林木遗传育种	国家重点学科	090701	教育部	200710
		省重点学科	090701	江苏省人民政府	199409
		林业部重点学科	090701	林业部	199305
2	森林保护学	国家重点学科	090703	教育部	200710
		省重点学科	090703	江苏省人民政府	200201
		国家林业局重点学科	090703	国家林业局	200601
3	林学	省优势学科	0907	江苏省人民政府	201101
4	森林培育	省重点学科	090702	江苏省人民政府	200701
		国家林业局重点学科	090702	国家林业局	200601
5	水土保持与荒漠化防治	国家林业局重点学科	090707	国家林业局	200601
合计	二级重点学科数量（个）	国家级	2	省部级	8

I-5　重点实验室				
序号	实验室类别	实验室名称	批准部门	批准年月
1	国家重点实验室	林学实验教学示范中心	教育部、财政部	200709
2	国家重点实验室	林学国家级人才培养模式创新实验基地	教育部、财政部	200706
3	省部级重点实验室	林木遗传与基因工程重点开放性实验室	林业部	1995
	省部级重点实验室	林木遗传与基因工程重点实验室	江苏省政府	2000
	省部共建国家重点实验室	林木遗传与生物技术省部共建教育部重点实验室	教育部	2007
	省部级重点实验室	杨树种质创新与品种改良重点实验室	江苏省科技厅	2008
4	省部级重点实验室	水土保持与生态修复重点实验室	江苏省教育厅	2014
5	省部级中心	国家林业局南方林木种子检验中心	林业部	1982
6	省部级中心	有害生物入侵预防与控制重点实验室	江苏省教育厅	2007
	省部级中心	有害生物入侵预防与控制工程中心	江苏省发展和改革委员会	2009
7	省部级中心	特种经济树种培育与利用工程技术研究中心	江苏省科技厅	2008
8	省部级中心	银杏工程技术研究中心	国家林业局	2013
9	省部级中心	南方现代林业协同创新中心	江苏省政府	2013
10	省部级中心	南方杨树工程技术研究中心	国家林业局	2015
11	野外观测站	国家林业局江苏长江三角洲森林生态定位站	林业部	1986
合计	重点实验数量（个）	国家级	2	省部级	13

II 科学研究

II-1　近五年（2010—2014年）科研获奖

序号	奖励名称	获奖项目名称	证书编号	完成人	获奖年度	获奖等级	参与单位数	本单位参与学科数
1	国家科技进步奖	银杏等工业原料林树种资源高效利用技术体系创新集成及产业化	2011-J-202-2-05-R01	曹福亮	2011	二等奖	6（1）	
2	国家科技进步奖	听伯伯讲银杏的故事	2014-J-204-2-03-R01	曹福亮	2014	二等奖	1（1）	
3	省级科技贡献奖/科技功臣奖/科技成就奖	江苏省科学技术突出贡献奖获奖人	2010-TC-01	王明庥	2011	一等奖	1	
4	何梁何利科学与技术进步奖	何梁何利科学与技术进步奖	—	曹福亮	2014	一等奖		
5	国家科技进步奖	杨树高产优质高效工业资源材新品种培育与应用	2014-J-202-01-R02	潘惠新	2014	二等奖	7（2）	
6	梁希林业科学技术奖	杉木高世代遗传改良和良种繁育技术研究	2011-KJ-2-36	施季森	2011	二等奖	5（2）	
7	梁希林业科学技术奖	银杏等重要经济生态树种快速种植繁育技术研究及推广	2013-KJ-2-11	曹福亮	2013	二等奖	1（1）	
8	梁希林业科学技术奖	马尾松二代遗传改良和良种繁育技术研究及应用	2013-KJ-2-03	季孔庶	2013	二等奖	5（2）	
合计	科研获奖数量（个）	国家级	特等奖 —	一等奖 —	二等奖 2			2
		省部级	一等奖 2	二等奖 1	三等奖 —			—

II-2 代表性科研项目（2012—2014年）

II-2-1 国家级、省部级、境外合作科研项目

序号	项目来源	项目下达部门	项目级别	项目编号	项目名称	负责人姓名	项目开始年月	项目结束年月	项目合同总经费（万元）	属本单位本学科的到账经费（万元）
1	国家"863"计划	科技部	一般	2013AA102703	杨树转基因育种技术研究	胥 猛	2013	2017	60	25
2	国家"973"计划	科技部	一般	2012CB114505	木材品质性状 QTL 定位、解析与克隆	尹佟明	2012	2016	536	393
3	国家"973"计划	科技部	一般	2012CB416904	人工林生态系统生物多样性和生产力关系 2	方升佐	2014	2015	230	98
4	国家自然科学基金	国家自然科学基金委员会	杰出青年基金	31125008	林木遗传育种学	尹佟明	2011	2015	240	80
5	国家自然科学基金	国家自然科学基金委员会	面上项目	31470637	雌雄柳型异型青钱柳性别分化及其异熟机理研究	洑香香	2014	2017	88	39.6
6	国家自然科学基金	国家自然科学基金委员会	面上项目	31470650	松墨天牛肠道共生细菌的多样性及其在松材线虫侵染循环中的功能研究	郝德君	2014	2017	85	38.25
7	国家自然科学基金	国家自然科学基金委员会	面上项目	31470660	鹅掌楸属种间遗传分化及其与适应性分歧之间的关系	李火根	2014	2017	85	38.25
8	国家自然科学基金	国家自然科学基金委员会	面上项目	31270673	青钱柳三萜类化合物的地理变异及其与环境的耦合关系	方升佐	2012	2016	84	67.2
9	国家自然科学基金	国家自然科学基金委员会	面上项目	31470579	基于近地面高光谱影像特征与物联网架构的松材线虫病早期智能监测研究	潘 洁	2014	2017	83	37.35
10	国家自然科学基金	国家自然科学基金委员会	面上项目	31270684	杨树内生细菌吡咯伯克霍尔德氏菌 JK-SH007 抗病促生机理及工程菌构建	叶建仁	2012	2016	82	65.6
11	国家自然科学基金	国家自然科学基金委员会	面上项目	31370652	单宁诱导杨小舟蛾合胱甘肽 S-转移酶基因表达调控机制	汤 方	2013	2017	82	49.2

（续）

序号	项目来源	项目下达部门	项目级别	项目编号	项目名称	负责人姓名	项目开始年月	项目结束年月	项目合同总经费（万元）	属本单位本学科的到账经费（万元）
12	国家自然科学基金	国家自然科学基金委员会	面上项目	31370643	拟松材线虫种群遗传多样性及其致病相关基因的功能研究	陈凤毛	2013	2017	80	48
13	国家自然科学基金	国家自然科学基金委员会	面上项目	31270711	跳枝碧桃花色变异的分子机理研究	李淑娴	2012	2016	78	62.4
14	国家自然科学基金	国家自然科学基金委员会	面上项目	31270706	林木数量性状基因座功能作图系统计模型及其在杨树中的应用	童春发	2012	2016	78	62.4
15	国家自然科学基金	国家自然科学基金委员会	面上项目	31170620	杨盘二孢菌效应因子功能分析与无毒基因克隆	程 强	2011	2015	65	6.5
16	国家自然科学基金	国家自然科学基金委员会	面上项目	31170600	松材线虫与拟松材线虫的杂交及杂交后代对换病害流行的影响	韩正敏	2011	2015	65	6.5
17	国家自然科学基金	国家自然科学基金委员会	面上项目	31170621	鹅掌楸杂交衰退及其分子遗传机理研究	李火根	2011	2015	65	6.5
18	国家自然科学基金	国家自然科学基金委员会	面上项目	31170627	银杏高密度分子遗传图高产田构建及苷相关性状的QTL作图	曹福亮	2011	2015	60	6
19	国家自然科学基金	国家自然科学基金委员会	面上项目	31170663	安徽大别山区GIS支持下的土壤侵蚀模型研究	庄家尧	2011	2015	57	5.7
20	国家自然科学基金	国家自然科学基金委员会	面上项目	31170606	松墨天牛取食诱导树脂酶类的增量表达及及调控作用的研究	郝德君	2011	2015	56	5.6
21	国家自然科学基金	国家自然科学基金委员会	面上项目	31170592	基于MCDA/GIS的开放式城市风景林可持续经营空间决策方法研究	李明阳	2011	2015	55	5.5
22	国家自然科学基金	国家自然科学基金委员会	面上项目	31170599	疫木与媒介昆虫携带松材线虫时间动态规律及其快速诊断技术研究	陈凤毛	2011	2015	52	5.2
23	国家自然科学基金	国家自然科学基金委员会	青年基金	31100484	杨树WOX基因家庭在扦插生根过程中的功能研究	胥 猛	2011	2014	28	8.4

（续）

序号	项目来源	项目下达部门	项目级别	项目编号	项目名称	负责人姓名	项目开始年月	项目结束年月	项目合同总经费（万元）	属本单位本学科的到账经费（万元）
24	国家自然科学基金	国家自然科学基金委员会	青年基金	31200507	杨树防御响应相关 miRNA 及其靶基因的鉴定与功能研究	陈英	2012	2015	26	26
25	国家自然科学基金	国家自然科学基金委员会	青年基金	31400564	簸箕柳性别基因精细定位及性别位点区域图谱比较	陈赢男	2014	2017	25	15
26	国家自然科学基金	国家自然科学基金委员会	青年基金	31100081	细菌 sRNA Igr3927 在植物根系分泌物刺激时调控靶基因表达的研究	樊莽	2011	2014	25	7.5
27	国家自然科学基金	国家自然科学基金委员会	青年基金	31400492	小光斑全波形激光雷达特征变量优化提取和森林生物量反演研究	曹林	2014	2017	23	13.8
28	国家自然科学基金	国家自然科学基金委员会	青年基金	31402010	半翅目毛点类昆虫腹部的超微形态与进化研究	高翠青	2014	2017	23	13.8
29	国家自然科学基金	国家自然科学基金委员会	青年基金	31100414	基于高光谱数据的松材线虫病早期监测方法研究	潘洁	2011	2014	23	6.9
30	国家自然科学基金	国家自然科学基金委员会	青年基金	31100448	根瘤菌诱导豆科植物分化根表层传递细胞的信号通路研究	赵银娟	2011	2014	21	6.3
31	部委级科研项目	教育部	一般项目	2013320413001	基于生态模型的南方人工林可持续经营分析、预测与评价	曹福亮	2013	2015	40	20
32	部委级科研项目	教育部	一般项目	2012320411001	黑翅土白蚁踪迹信息素多效应现象研究	嵇保中	2012	2015	19	19
33	部委级科研项目	教育部	一般项目	2012320412002	PI3K/Akt 信号通路在野山鸡血管内皮细胞通透性调节中作用研究	张旭晖	2013	2014	4	2
34	国家科技部农业支撑项目	科技部	一般项目	2012BAD01B0303	超高产优质美洲黑杨新品种选育	潘惠新	2012	2016	260	190
35	国家科技部农业支撑项目	科技部	一般项目	2012BAD19B0703	南方松林重大病虫害综合控制技术集成与示范	叶建仁	2012	2016	187	100

（续）

序号	项目来源	项目下达部门	项目级别	项目编号	项目名称	负责人姓名	项目开始年月	项目结束年月	项目合同总经费（万元）	属本单位本学科的到账经费（万元）
36	国家科技部农业支撑项目	科技部	一般项目	2012BAD01B0202-01	马尾松二代育种与分子辅助育种	季孔庶	2014	2015	42	29
37	国家科技支撑计划	科技部	一般项目	2012BAD21B00	银杏和印楝珍贵材用和药用林定向培育关键技术研究与示范	曹福亮	2012	2016	920	631
38	国家科技支撑计划	科技部	一般项目	2012BAD01B00	珍贵用材树种新品种选育技术研究	施季森	2012	2016	779	545
39	国家科技支撑计划	科技部	一般项目	2012BAD01B0202	马尾松育种与栽培技术	季孔庶	2012	2015	99	78
40	国家科技支撑计划	科技部	一般项目	2012BAD21B03	商品林高效生产关键技术研究与示范	彭方仁	2012	2014	62	50
41	国家科技支撑计划	科技部	一般项目	—	马尾松分子育种	季孔庶	2014	2015	29	29
42	国家林业局	国家林业局	一般项目	[2012] 50号	杂交鹅掌楸细胞工程种苗工厂化繁育及其推广应用	施季森	2012	2014	50	50
43	国家林业局"948"引进项目	国家林业局	一般项目	2012-4-07	鹅掌楸属生物活性组分高效筛选技术引进	施季森	2012	2014	60	60
44	国家林业局"948"引进项目	国家林业局	一般项目	2013-4-34	优质高产百合新品种选育技术体系引进	席梦利	2013	2016	60	50
45	国家林业局"948"引进项目	国家林业局	一般项目	2011-4-69	抗病松树（二针松类）组织培养规模化繁殖技术	叶建仁	2011	2014	60	30
46	国家林业局"948"引进项目	国家林业局	一般项目	2012-4-41	杞柳基因组拼接技术引进	尹佟明	2012	2014	50	50
47	国家林业局"948"引进项目	国家林业局	一般项目	2014-4-25	森林干扰及恢复历史重构遥感分析模型引进	李明诗	2014	2017	50	30
48	国家林业局"948"引进项目	国家林业局	一般项目	2012-4-60	观赏型北美四照花类种质资源及繁育技术引进	沈香香	2012	2014	45	45
49	国家林业局标准编制	国家林业局	一般项目	—	植物新品种测试	沈永宝	2011	2014	30	20

（续）

序号	项目来源	项目下达部门	项目级别	项目编号	项目名称	负责人姓名	项目开始年月	项目结束年月	项目合同总经费（万元）	属本单位本学科的到账经费（万元）
50	国家林业局标准编制	国家林业局	一般项目	—	四照花种质资源收集	张香香	2011	2013	3	2
51	国家林业局行业公益专项	国家林业局	一般项目	201304102	杨树、油桐高产、优质、抗病虫性状基因解析	尹佟明	2013	2016	684	417
52	国家林业局行业公益专项	国家林业局	一般项目	200804006	中国森林净生产力多尺度长期观测与评价研究	阮宏华	2009	2013	629	75
53	国家林业局行业公益专项	国家林业局	一般项目	201004015	银杏叶和外种皮加工产业化关键技术研究	曹福亮	2010	2014	341	137
54	国家林业局行业公益专项	国家林业局	一般项目	200904048	杨树抗黑斑病育种的分子基础研究	王明庥	2009	2012	275	150
55	国家林业局行业公益专项	国家林业局	一般项目	201204403-3	银杏长期育种技术研究	曹福亮	2012	2015	270	200
56	国家林业局行业公益专项	国家林业局	一般项目	201304711	美国山核桃产业化开发的关键技术研究与示范	彭方仁	2013	2016	193	84
57	国家林业局行业公益专项	国家林业局	一般项目	201104010	马尾松浆材高世代育种和良种快繁技术研究	季孔庶	2011	2014	168	94
58	国家林业局行业公益专项	国家林业局	一般项目	201304404	主要造林树种病促生内生菌研究与应用	叶建仁	2013	2016	158	94
59	国家林业局行业公益专项	国家林业局	一般项目	200904046	青杨柳种质资源保存、选育及定向培育技术研究	方升佐	2009	2013	137	37
60	国家林业局行业公益专项	国家林业局	一般项目	20120460102	银杏和龙脑樟药用林高效栽培和加工技术	曹福亮	2012	2015	133	133
61	国家林业局行业公益专项	国家林业局	一般项目	201204315	南京椴种质资源收集、保护与开发利用	沈永宝	2012	2015	115	101
62	国家林业局行业公益专项	国家林业局	一般项目	—	杨树优质大径材群体结构树体管理技术研究	方升佐	2011	2013	102	40

（续）

序号	项目来源	项目下达部门	项目级别	项目编号	项目名称	负责人姓名	项目开始年月	项目结束年月	项目合同总经费（万元）	属本单位本学科的到账经费（万元）
63	国家林业局行业公益专项	国家林业局	一般项目	20100400405	杨树结构材新品种选育研究	潘惠新	2011	2014	95	50
64	国家林业局行业公益专项	国家林业局	一般项目	201304208	人工林结构参数、干扰变化对气候变化的响应	李明诗	2013	2016	71	53
65	国家林业局行业公益专项	国家林业局	一般项目	201304111	开花经基因 FTD 杨树杂交育种	陈 英	2013	2016	70	56
66	国家林业局行业公益专项	国家林业局	一般项目	—	松材线虫病新药开发应用	赵博光	2010	2013	53.14	18.14
67	国家林业局行业公益专项	国家林业局	一般项目	—	银杏用材林培育研究	曹福亮	2011	2015	51	31
68	国家林业局行业公益专项	国家林业局	一般项目	—	杂交鹅掌楸品种栽培试验研究	施季森	2011	2015	51	31
69	国家林业局行业公益专项	国家林业局	一般项目	201104019	黑荆树原花色素高效利用及树种优化培技术研究 B	浓香香	2011	2014	34	24
70	国家林业局行业公益专项	国家林业局	一般项目	—	黑斑病杨树溃疡病研究	叶建仁	2010	2013	30	11.96
71	国家林业局行业公益专项	国家林业局	一般项目	201204501	森林生态系统有害生物间的协同与竞争	叶建仁	2012	2014	26	19
72	国家林业局行业公益专项	国家林业局	一般项目	201004072	抗松材线虫病马尾松种源及抗性育种技术研究	叶建仁	2011	2014	20	9
73	国家林业局行业公益专项	国家林业局	一般项目	—	杨树枯萎病研究	韩正敏	2011	2013	20	5.86
74	国家林业局林木种质种苗	国家林业局	一般项目	—	杉木良种基地协作组	施季森	2011	2014	30	25
75	国家林业局推广项目	国家林业局	一般项目	[2014] 38 号	南林 862、3804 和 3412 杨良种繁育与示范推广	潘惠新	2014	2017	50	5

（续）

序号	项目来源	项目下达部门	项目级别	项目编号	项目名称	负责人姓名	项目开始年月	项目结束年月	项目合同总经费（万元）	属本单位本学科的到账经费（万元）
76	国家林业局推广项目	国家林业局	一般项目	[2011] 18 号	多用途珍贵青钱柳优良种源及其复合经营技术示范	方升佐	2011	2013	35	20
77	国家林业局推广项目	国家林业局	一般项目	[2011] 33 号	耐盐树种扩繁及沿海防护林综合配套技术示范推广	彭方仁	2011	2013	35	20
78	国家林业局推广项目	国家林业局	一般项目	[2011] 19 号	观果海棠优良品种示范推广	沈永宝	2011	2013	35	20
79	国家林业局推广项目	国家林业局	一般项目	[2011] 51 号	松材线虫检测鉴定技术示范推广	叶建仁	2011	2013	35	20
80	国家林业局推广项目	国家林业局	一般项目	[2011] 50 号	松萎蔫病病株早期诊断和防治新技术示范推广	赵博光	2011	2013	35	20
81	国家林业局推广项目	国家林业局	一般项目	[2011] 34 号	石质丘陵山地植被恢复技术示范推广	关庆伟	2011	2013	35	10
82	国家林业局推广项目	国家林业局	一般项目	[2011] 34 号	石质丘陵山地植被恢复技术示范推广	关庆伟	2011	2013	35	10
83	省级自然科学基金	江苏省科技厅	一般项目	BK20130968	柳树性别决定遗传基础研究	陈赢男	2013	2016	20	20
84	省级自然科学基金	江苏省科技厅	一般项目	BK20140976	毛点类昆虫听觉器官的形态进化研究	高翠青	2014	2017	20	20
85	省级自然科学基金	江苏省科技厅	一般项目	BK2012817	杨树应答杨盘二孢菌 miRNA 及靶基因相互作用机制研究	陈英	2012	2015	10	10
86	省级自然科学基金	江苏省科技厅	一般项目	BK20131421	分月扇舟蛾气味结合蛋白基因的克隆和功能分析	郝德君	2013	2016	10	10

| 合计 | 国家级科研项目 | | 数量（个） | 86 | 项目合同总经费（万元） | 9 520.14 | 属本单位本学科的到账经费（万元） | 5 360.41 |

Ⅱ-2-2 其他重要科研项目

序号	项目来源	合同签订/项目下达时间	项目名称	负责人姓名	项目开始年月	项目结束年月	项目合同总经费（万元）	属本单位本学科的到账经费（万元）
1	江苏省财政厅	2013	杨树新品种引进与栽培技术试验示范及推广	高捍东	2013	2014	24.5	24.5
2	江苏省财政厅	2014	挂县强农富民工程2014	季孔庶	2014	2015	27.5	27.5
3	江苏省教育厅	2014	小光斑全波形LiDAR的沿海防护林林分特征反演研究	曹 林	2014	2016	5	0
4	江苏省教育厅	2013	林床地表覆盖率对土壤侵蚀量的影响研究	初 磊	2013	2014	5	5
5	江苏省教育厅	2012	解淀粉芽孢杆菌中与植物互作相关的sRNA筛与鉴定	樊 奔	2012	2043	5	5
6	江苏省教育厅	2014	松树内生细菌对松材线虫病的生防潜能研究	谈家金	2014	2016	15	10
7	江苏省教育厅	2013	杨树SHR和SCR基因家族在不定根发育中的功能研究	胥 猛	2013	2016	15	10
8	江苏省教育厅	2012	基于蛋白质组学杂交鹅掌楸愈伤细胞重编程的研究	甄 艳	2012	2015	15	15
9	江苏省教育厅	2014	水土保持与生态修复	张金池	2014	2016	80	80
10	江苏省林业局	2013	重大林业有害生物监测与治理	叶建仁	2013	2014	20	20
11	江苏省林业局	2014	林业有害生物普查（病害）	陈凤毛	2014	2015	10	10
12	江苏省林业局	2014	江苏省林业有害生物普查（病虫害标本采集制作）	陈凤毛	2014	2015	10	10
13	江苏省林业局	2014	林业有害生物普查（虫害）	唐进根	2014	2015	10	10
14	江苏省林业局	2014	重大外来林业有害生物监测	叶建仁	2014	2015	10	10
15	江苏省林业局	2013	松材线虫病生物防治技术推广应用	韩正敏	2013	2014	30	21
16	江苏省林业局	2012	墨西哥柏良种苗与造林技术示范推广	万福绪	2012	2015	78	78
17	江苏省林业局	2014	沿海耐盐生态经济种种质资源创新与应用试验	张金池	2014	2016	40	28
18	江苏省林业局	2014	杨树速生丰产技术	方升佐	2014	2015	15	15
19	江苏省林业局	2014	杨树林下经济体系构建技术	王改萍	2014	2015	6	6
20	江苏省水利厅	2012	江苏省小流域综合治理技术及其效益评价研究	张金池	2012	2013	30	25

（续）

序号	项目来源	合同签订/项目下达时间	项目名称	负责人姓名	项目开始年月	项目结束年月	项目合同总经费（万元）	属本单位本学科的到账经费（万元）
21	委托内蒙古自治区林业厅	2012	苦豆子和沙棘种质基因库建立及种质创新利用	曹福亮	2012	2014	60	60
22	委托江苏省野生动植物保护站	2012	蒲江区域林业规划	温小荣	2008	2016	70	70
23	委托江西省三清山	2008	三清山蛀干害虫防治技术研究 -2	巨云为	2008	2014	35.1	35.1
24	委托江苏宜兴和桥镇政府	2013	宜兴荷花湾湿地修复	李明诗	2013	2014	33.2	33.2
25	委托江苏植物研究所	2013	中山杉分子生物学研究	李火根	2013	2015	19.6	19.6
26	委托江苏丹阳	2013	丹阳水保方案	张金池	2013	2014	15	15
27	委托上海林业站	2013	东方杉技术服务（上海林业站）	沈永宝	2013	2014	15	15
28	委托涟水花卉种植合作社	2014	美国红枫繁殖	沈永宝	2014	2015	10	10
29	委托南通市通州区林业技术指导站	2014	林地变更调查研究	周春国	2014	2016	7.72	7.72
30	委托江苏宜兴和桥镇政府	2013	宜兴荷花湾湿地修复	林国忠	2013	2014	6.8	6.8

Ⅱ-2-3　人均科研经费

人均科研经费（万元/人）
86.32

II-3　本学科代表性学术论文质量

II-3-1　近五年（2010—2014年）国内收录的本学科代表性学术论文

序号	论文名称	第一作者	通讯作者	发表刊次（卷期）	发表刊物名称	收录类型	中文影响因子	他引次数
1	淹水胁迫对乌桕生长及光合作用的影响	曹福亮	—	2010, 1	林业科学	CSCD	1.743	53
2	农林复合经营的研究进展	程鹏	曹福亮	2010, 3	南京林业大学学报（自然科学版）	CSCD	1.329	35
3	两种立地条件下麻栎人工林地上部分养分的积累和分配	唐罗忠	—	2010, 6	植物生态学报	CSCD	2.813	28
4	干旱胁迫对不同种源香椿主要叶绿素荧光参数的影响	杨玉珍	彭方仁	2010, 7	东北林业大学学报	CSCD	1.001	28
5	桉树EST序列中微卫星含量及相关特征	李淑娴	—	2010, 3	植物学报	CSCD	1.892	25
6	青钱柳种子休眠机制	尚旭岚	—	2011, 3	林业科学	CSCD	1.743	24
7	马尾松间伐的密度效应	谌红辉	方升佐	2010, 5	林业科学	CSCD	1.743	23
8	乌桕种子休眠原因及解除方法研究	李淑娴	—	2011, 5	南京林业大学学报（自然科学版）	CSCD	1.329	19
9	质谱技术在蛋白质组学研究中的应用	甄艳	—	2011, 1	南京林业大学学报（自然科学版）	CSCD	1.329	18
10	基于GIS的森林调查因子地统计学分析	李明阳	—	2010, 6	南京林业大学学报（自然科学版）	CSCD	1.329	16
11	人工林生态系统生物多样性与生产力的关系	方升佐	—	2012, 4	南京林业大学学报（自然科学版）	CSCD	1.329	15
12	桉树枝瘿姬小蜂危害对桉树缩合单宁含量的影响	吴耀军	叶建仁	2010, 6	南京林业大学学报（自然科学版）	CSCD	1.329	15
13	木本植物全基因组测序研究进展	施季森	—	2012, 2	遗传	CSCD	1.623	14
14	利用ISSR和SRAP标记分析油茶遗传多样性	彭方仁	—	2012, 5	南京林业大学学报（自然科学版）	CSCD	1.329	14
15	基于信息量的高分辨率影像纹理提取的研究	潘洁	—	2010, 4	南京林业大学学报（自然科学版）	CSCD	1.329	14
16	干旱胁迫对不同种源香椿苗木光合特性的影响	杨玉珍	彭方仁	2011, 1	北京林业大学学报	CSCD	1.346	13
17	微红梢斑螟蛀道节肢动物种群结构及生态位	高江勇	嵇保中	2010, 2	生态学杂志	CSCD	1.635	13

（续）

序号	论文名称	第一作者	通讯作者	发表刊次（卷期）	发表刊物名称	收录类型	中文影响因子	他引次数
18	青钱柳种源间苗期性状变异分析	佘诚棋	方升佐	2010, 1	南京林业大学学报（自然科学版）	CSCD	1.329	11
19	马尾松人工同龄纯林自然稀疏规律研究	湛红辉	方升佐	2010, 1	林业科学研究	CSCD	1.158	11
20	青钱柳开花习性及雄花发育的解剖学观察	洓香香	—	2010, 3	南京林业大学学报（自然科学版）	CSCD	1.329	11
合计							中文影响因子 29.987	他引次数 400

II-3-2　近五年（2010—2014年）国外收录的本学科代表性学术论文

序号	论文名称	论文类型	第一作者	通讯作者	发表刊次（卷期）	发表刊物名称	收录类型	他引次数	期刊 SCI 影响因子	备注
1	Reference gene selection for quantitatie real-time polymerase chain reaction in *Populus*	Article	胥猛	—	2011, 2	Analytical Biochemistry	SCI	42	2.996	
2	Estimation of future precipitation change in the Yangtze Rier basin by using statistical downscaling method	Article	黄进	张金池	2011, 25（6）	Stochastic Environmental Research and Risk Assessment	SCI	24	1.523	
3	No eidence of persistent effects of continuously planted transgenic insect-resistant cotton on soil microorganisms	Article	李孝刚	韩正敏	2011, 339（1-2）	Plant and Soil	SCI	23	2.733	
4	Proteome profiling of early seed deelopment in *Cunninghamia lanceolata* (Lamb.) Hook	Article	施季森	—	2010, 61（9）	Journal of Experimental Botany	SCI	20	5.364	
5	Oerexpression of two cambium-abundant Chinese fir (*Cunninghamia lanceolata*) alpha-expansin genes ClEXPA1 and ClEXPA2 affect growth and deelopment in transgenic tobacco and increase the amount of cellulose in stem cell walls	Article	王佳凤	施季森	2011, 9（4）	Plant Biotechnology Journal	SCI	16	5.442	

（续）

序号	论文名称	论文类型	第一作者	通讯作者	发表刊次（卷期）	发表刊物名称	收录类型	他引次数	期刊SCI影响因子	备注
6	Detection of the pine wood nematode using a real-time PCR assay to target the DNA topoisomerase I gene	Article	黄麟	—	2010, 127 (1)	European Journal of Plant Pathology	SCI	14	1.413	
7	Mapping genes for plant structure, deelopment and eolution: functional mapping meets ontology	Reiew	何秋伶	黄敏仁	2010, 26 (1)	Trends in Genetics	SCI	13	10.064	
8	A B Functional gene cloned from lily Encodes an ortholog of Arabidopsis PISTILLATA (PI)	Article	吴小萍	施季森	2010, 28 (4)	Plant Molecular Biology Reporter	SCI	13	2.453	
9	Characterization of microsatellites in the coding regions of the *Populus* genome	Article	李淑娴	尹佟明	2011, 27 (1)	Molecular Breeding	SCI	11	2.852	
10	Natural ariation in petal color in *lycoris longituba* reealed by anthocyanin components	Article	何秋伶	黄敏仁	2011, 6 (8)	Plos One	SCI	10	4.092	
11	Two FT orthologs from *Populus simonii* Carriere induce early flowering in Arabidopsis and poplar trees	Article	沈莉莉	陈英	2012, 108 (3)	Plant Cell Tissue and Organ Culture	SCI	10	3.09	
12	Isolation and characterization of a new Burkholderia pyrrocinia strain JK-SH007 as a potential biocontrol agent	Article	任嘉红	叶建仁	2011, 27 (9)	World Journal of Microbiology & Biotechnology	SCI	10	1.532	
13	Identification of distinct quantitatie trait loci associated with defence against the closely related aphids *Acyrthosiphon pisum* and *A. kondoi* in *Medicago truncatula*	Article	郭素敏	黄敏仁	2012, 63 (10)	Journal of Experimental Botany	SCI	9	5.364	
14	Identifying secreted proteins of *Marssonina brunnea* by degenerate PCR	Article	程强	—	2010, 10 (13)	Proteomics	SCI	9	4.505	
15	Potential chromosomal introgression barriers reealed by linkage analysis in a hybrid of *Pinus massoniana* and *P. hwangshanensis*	Article	李淑娴	—	2010, 10	Bmc Plant Biology	SCI	9	3.447	

（续）

序号	论文名称	论文类型	第一作者	通讯作者	发表刊次（卷期）	发表刊物名称	收录类型	他引次数	期刊SCI影响因子	备注
16	Comparing forest fragmentation and its driers in China and the USA with Globcoer 2.2	Article	李明诗	—	2010, 91 (12)	Journal of Environmental Management	SCI	9	3.245	
17	In itro mutagenesis and identification of mutants ia ISSR in lily (Lilium longiflorum)	Article	席梦利	—	2012, 31 (6)	Plant Cell Reports	SCI	9	2.274	
18	Effect of feeding fermented Ginkgo biloba leaes on growth performance, meat quality, and lipid metabolism in broilers	Article	曹福亮	—	2012, 91 (5)	Poultry Science	SCI	9	1.728	
19	The effects of diketopiperazines from Callyspongia sp. on release of cytokines and chemokines in cultured J774A.1 macrophages	Article	陈金慧	—	2012, 22 (9)	Bioorganic & Medicinal Chemistry Letters	SCI	8	2.554	
20	Variation in rhizosphere soil microbial index of tree species on seasonal flooding land: An in situ rhizobox approach	Article	刘东	方升佐	2012, 59	Applied Soil Ecology	SCI	8	2.368	
21	Cold-induced changes of protein and phosphoprotein expression patterns from rice roots as reealed by multiplex proteomic analysis	Article	陈金慧	—	2012, 5 (2)	Plant Omics	SCI	8	1.734	
22	Salinity-induced changes in protein expression in the halophytic plant Nitraria sphaerocarpa	Article	陈金慧	—	2012, 75 (17)	Journal of Proteomics	SCI	7	4.878	
23	Competitie interactions in Ginkgo and crop species mixed agroforestry systems in Jiangsu, China	Article	曹福亮	—	2012, 84 (3)	Agroforestry Systems	SCI	7	1.378	
24	Analysis of floral transcription factors from Lycoris longituba	Article	何秋伶	黄敏仁	2010	Genomics	SCI	6	3.019	
25	Proteomic analysis of early seed deelopment in Pinus massoniana L.	Article	甄艳	—	2012, 54	Plant Physiology and Biochemistry	SCI	6	2.838	
26	Sex-pairing pheromone in the asian termite pest species Odontotermes formosanus	Article	文平	嵇保中	2012, 38 (5)	Journal of Chemical Ecology	SCI	6	2.657	

（续）

序号	论文名称	论文类型	第一作者	通讯作者	发表刊次（卷期）	发表刊物名称	收录类型	他引次数	期刊SCI影响因子	备注
27	Integrated effects of light intensity and fertilization on growth and flaonoid accumulation in *Cyclocarya paliurus*	Article	邓波	方升佐	2012，60（25）	Journal of Agricultural And Food Chemistry	SCI	5	2.823	
28	3FunMap: Full-sib family functional mapping of dynamic traits	Article	童春发	—	2011，27（14）	Bioinformatics	SCI	4	5.468	
29	Characteristics of microsatellites in the transcript sequences of the *Laccaria bicolor* Genome	Article	李淑娴	—	2010，20（3）	Journal of Microbiology and Biotechnology	SCI	4	1.381	
30	The willow genome and diergent eolution from poplar after the common genome duplication	Letter	戴晓港	尹佟明	2014，24（10）	Cell Research	SCI	3	11.981	
合计					SCI 影响因子 107.196			他引次数 332		

Ⅱ-5　已转化或应用的专利（2012—2014 年）

序号	专利名称	第一发明人	专利申请号	专利号	授权（颁证）年月	专利受让单位	专利转让合同金额（万元）
1	提取银杏叶中原花青素的方法	曹福亮	201310016502.9	ZL201310016502.9	201409	—	—
2	一种解除加拿大紫荆种子休眠的方法	李淑娴	201210357312.9	ZL201210357312.9	201410	—	—
3	一种快速检验加拿大紫荆种子质量的方法	尹佟明	201210357063.3	ZL201210357063.3	201410	—	—
4	一种发酵型植物性断奶仔猪饲料添加剂	张旭晖	201310323555.5	ZL201310323555.5	201408	—	—
5	一种打破东京野茉莉种子休眠的方法	喻方圆	201210248523.9	ZL201210248523.9	201407	—	—
6	生物饲料添加剂的制备方法	曹福亮	200910031310.9	ZL200910031310.9	201205	—	—
7	银杏醋的制备方法	曹福亮	201010238610.7	ZL201010238610.7	201210	—	—
8	重塑白果及其制备方法	曹福亮	201010529862.5	ZL201010529862.5	201211	—	—

（续）

序号	专利名称	第一发明人	专利申请号	专利号	授权（颁证）年月	专利受让单位	专利转让合同金额（万元）
9	青钱柳嫩枝扦插繁育方法	方升佐	201110006139.3	ZL201110006139.3	201210	—	—
10	一种短小芽孢杆菌及其在防治杨树溃疡病中的应用	叶建仁	200910027349.3	ZL200910027349.3	201205	—	—
11	一种制备无细菌松材线虫的方法	叶建仁	201010550230.7	ZL201010550230.7	201206	—	—
12	一种松树内生细菌新洋葱伯克霍尔德菌 NSM-05 及其应用	叶建仁	201110082094.8	ZL201110082094.8	201210	—	—
13	一种鹅掌楸的生物碱提取物及其提取方法和应用	施季森	201110225387.7	ZL.201110225387.7	201311	—	—
14	一种适用于全基因组测序的产糖被细菌基因组 DNA 的提取方法	叶建仁	201210145537.8	ZL201210145537.8	201303	—	—
15	一种短芽孢杆菌及其在促进松树生长中的应用	叶建仁	201210111439.2	ZL201210111439.2	201307	—	—
16	一种蕈状芽孢杆菌及其在促进中国枫香生长中的应用	陈凤毛	201210327757.2	ZL201210327757.2	201308	—	—
17	一种荧光单胞菌及其在促进中国枫香生长中的应用	陈凤毛	201210327441.3	ZL201210327441.3	201309	—	—
18	一种蜡状芽孢杆菌及其在促进中国枫香生长中的应用	陈凤毛	201210328300.3	ZL201210328300.3	201307	—	—
19	一种粘质沙雷氏菌及其在促进中国枫香生长中的应用	陈凤毛	201210327481.8	ZL201210327481.8	201307	—	—
20	一种多倍体杨树的筛选方法及其专用引物	李淑娴	201110446619.1	ZL201110446619.1	201308	—	—
21	一种将外源基因转入杨树原生质体进行瞬时表达的方法	黄敏仁	201111031437.X	ZL201111031437.X	201303	—	—
22	一种人工大规模饲养花绒寄甲的方法	嵇保中	201210474799.9	ZL201210474799.9	201310	—	—
23	一种杨树下胚轴特异表达启动子 ProWOX11b 及其应用	胥　猛	201210017566.6	ZL201210017566.6	201301	—	—

（续）

序号	专利名称	第一发明人	专利申请号	专利号	授权（颁证）年月	专利受让单位	专利转让合同金额（万元）
24	一种杨树根原基特异表达启动子 ProWOX11a 及其应用	胥 猛	201210018319.8	ZL201210018319.8	201304	—	—
25	一种杨树不定根发育关键基因 PeWOX11a 及其应用	胥 猛	201210017783.5	ZL201210017783.5	201307	—	—
26	一种马尾松松材线虫病高光谱监测方法	巨云为	201110326305.8	ZL201110326305.8	201309	—	—
27	用于人工饲养松墨天牛的饲料及其制备方法	郝德君	201010518092.4	ZL201010518092.4	201210	—	—
28	一种石灰岩高效侵蚀细菌苏云金芽孢杆菌 NL-11 及其应用	张金池	201310018758.3	ZL201310018758.3	201410	广州中茂园林建设工程有限公司	220
29	一种石灰岩高效侵蚀细菌巨大芽孢杆菌 NL-7 及其应用	张金池	201310018569.6	ZL201310018569.6	201410	广州中茂园林建设工程有限公司	—
合计	专利转让合同金额（万元）						220

Ⅲ　人才培养质量

Ⅲ-1　优秀教学成果奖（2012—2014 年）

序号	获奖级别	项目名称	证书编号	完成人	获奖等级	获奖年度	参与单位数	本单位参与学科数
1	省级	依托优势学科培养林学拔尖创新人才的探索和实践	—	曹福亮	二等奖	2013	—	5
合计	国家级	一等奖（个）	—	二等奖（个）		—	三等奖（个）	—
	省级	一等奖（个）	—	二等奖（个）		1	三等奖（个）	—

Ⅲ-2　研究生教材（2012—2014 年）

序号	教材名称	第一主编姓名	出版年月	出版单位	参与单位数	是否精品教材
1	林木化学保护学	嵇保中	201108	中国林业出版社	1	—
2	昆虫生殖系统	嵇保中	201406	科学出版社	1	—
合计	国家级规划教材数量		—	精品教材数量		—

Ⅲ-3　本学科获得的全国、省级优秀博士学位论文情况（2010—2014 年）

序号	类型	学位论文名称	获奖年月	论文作者	指导教师	备注
1	省级	麻栎炭用林种源选择及关键培育技术研究	201109	刘志龙	方升佐	
2	省级	转基因抗虫棉对土壤生态系统影响的研究	201205	李孝刚	韩正敏	
3	省级	马尾松和黄山松物种分化遗传机制研究	201306	李淑娴	高捍东	
4	省级	杨生褐盘二孢菌全基因组框架图构建及转录组分析	201406	朱　嵘	王明麻黄敏仁	
5	国家级	基于 SSH 的松材线虫致病相关基因克隆与分子标记	201111	黄　麟	叶建仁	提名奖
合计	全国优秀博士论文（篇）		—	提名奖（篇）		1
	省优秀博士论文（篇）			4		

序号	姓名	出国（境）时间	回国（境）时间	地点（国家/地区及高校）	国际交流项目名称或主要交流目的
			Ⅲ-4　学生国际交流情况（2012—2014年）		
1	黄 玮	201209	201303	美国新罕布什尔州立大学	合作研究
2	何冬梅	201210	201307	美国德克萨斯农工大学	交流学习
3	赵 曜	201210	201307	澳大利亚南澳大学	联合博士培养
4	胡 婷	201306	201309	美国	参加"赴美带薪"实习项目
5	陈思焜	201306	201309	美国	参加"赴美带薪"实习项目
6	谭碧玥	201302	201402	瑞典默奥大学	博士论文合作研究
7	李健男	201401	201501	加拿大UBC	优势学科项目资助
8	马子龙	201308	201705	加拿大Lakehead University	攻读博士
9	孔全通	201309	201402	美国	考察薄壳山核桃产业发展情况
10	吴 霜	201311	201402	德国	Thoms Lax教授实验室开展细胞调控基因的功能研究
11	赵 硕	201307	201408	加拿大University of New Brunswick	留学
12	吴青青	201312	201406	美国加州大学戴维斯分校	合作研究
13	刘艳军	201408	201508	美国	联合培养博士
14	曾庆伟	201407	201507	加拿大温哥华	进修
15	陆 茜	201509	201707	德国柏林自由大学	中国国家留学基金委公派项目
16	刘新亮	201503	201602	加拿大	进修
17	葛晓敏	201503	201602	美国俄克拉亥马州立大学	进修
18	戚维隆	201411	201508	加拿大英属哥伦比亚大学	留学
19	张小晗	201409	201508	加拿大英属哥伦比亚大学	进修
合计	学生国际交流人数			19	

序号	姓名	授予学位年月	国别或地区	授予学位类别
		Ⅲ-5　授予境外学生学位情况（2012—2014年）		
1	Le Bao Thanh（黎保清）	201207	越南	学术学位博士
2	Nguyen Van Viet（阮文越）	201303	越南	学术学位博士
3	Nguyen Thi Hai Ninh（阮氏海宁）	201303	越南	学术学位博士
4	Tran Ngoc The（陈玉体）	201409	越南	学术学位博士
5	Nguyen Thi Xuyen（阮氏钏）	201409	越南	学术学位博士
合计	授予学位人数	博士	5	硕士　—

1.3.2 学科简介

1. 学科基本情况与学科特色

南京林业大学林学学科发展和建设历史可追溯到原中央大学（1902 年）森林系和金陵大学林科（1915 年）。自 20 世纪 40 年代始，具有研究生培养资格和学位授予权。1952 年，中央大学森林系与金陵大学森林系合并成立南京林学院。1955 年，新一轮院系调整，林学学科得以进一步加强和发展。1981 年，森林培育学、林木遗传育种学、森林保护学、森林经理学等学科被国务院学位委员会正式认定具有硕士学位授予权；此后各学科陆续获得了博士学位授予权；2003 年，林学学科设立博士后科研流动站。林木遗传育种学科、森林保护学分别于 2002、2007 年增列为国家重点学科；2011 年林学学科入选江苏省优势学科，成为江苏南方现代林业协同创新中心（2012 年）的支撑学科。

林学一级学科拥有林木遗传与生物技术省部共建教育部重点实验室，林学国家级教学实验示范中心，林学江苏省教学实验示范中心，江苏省重点开放实验室 4 个，国家林业局重点开放实验室 2 个、工程中心 2 个，江苏省工程中心 2 个，部、省挂靠机构 3 个，国家林业局重点野外台站 3 个（长三角城市森林生态系统定位站、苏州太湖湿地生态定位站、浙江凤阳山森林生态站）。学科拥有专业实验室 30 个，实验室面积约 15 000m²，智能温室约 6 000m²，全功能植物生长室 280m²，低温冷库约 400m²，野外综合教学实习基地 8 个，学校有直属实习林场和白马国家级现代试验示范区面积 8 100 亩，动植物标本室 2 个，养虫室 1 个。目前本一级学科仪器设备等固定资产总投资达 1 亿元以上，为教学和科研搭建较为完善的教学和创新平台。

林学学科重点研究天然林和人工林培育的一系列科学和技术问题，主要研究方向包括林木遗传育种、森林培育、森林保护、森林经理、园林植物与观赏园艺、水土保持与荒漠化防治、林木基因组与生物信息学。学科团队被评为"国家教育系统先进集体"，森林培育学科"人工林定向培育"团队、"森林理水机制和水源涵养"团队分获"江苏省高校优秀科技创新团队"，森林保护学荣获江苏省高校优秀教学团队，林木遗传育种方向入选江苏省创新团队；"林木重要性状遗传解析与分子育种团队"入选教育部"创新团队发展计划"。2010 年以来，获得全国百篇优秀博士论文提名奖 1 篇，全国林业硕士专业学位研究生优秀学位论文 2 篇，江苏省优秀博士论文 5 篇，江苏省优秀硕士论文 5 篇。

按照"立足江苏，服务南方，面向全国，创建世界知名学科"的建设目标，林学一级学科取得了一系列创新性成果，形成了鲜明的特色和较强的综合优势。在林学基础理论研究方面，瞄准国际研究前沿，针对林木基因组研究、木材形成机理和木材品质性状的遗传、林木抗逆性状的遗传、林木细胞工程研究、林木群体和数量遗传研究、松材线虫病与松针褐斑病抗病机理等重大科学问题开展研究，综合实力处于国内领先水平；在应用基础研究方面，密切结合地方和区域社会发展需求，在人工林定向栽培理论与技术、经济植物栽培和加工利用、林木种苗科学、林农复合经营、森林资源监测与"3S"技术应用、林业生态工程建设理论与技术、丘陵山区森林植被恢复与生态重建等方面开展研究，具有明显的行业特色和区域优势。

2. 社会贡献

（1）积极参与制定行业标准

学科利用人才、技术及自主创新成果方面的优势，为地方林业及苗木产业的发展提供决策咨询及产业规划，积极参与国家标准、林业行业标准及江苏省农业地方标准的制修订工作。制定了南方型杨树纤维用材林造林技术、杨树速生丰产用材林定向培育技术、木本植物种子催芽技术、雪松播种育苗技术、豆梨嫁接繁育技术、全光照自动间歇喷雾扦插油律浩技术等各类技术规程。

（2）加强产学研相结合，促进技术成果转化

南京林业大学林科学学科对我国杨树、银杏、竹子、杉木、马尾松和杂交鹅掌楸等产业发展做出了重要贡献，近年来又培育了青钱柳、北美山核桃、海棠等多个新的产业生长点。在王明庥院士带领下，培育了我国南方的杨树产业，新选育的 5 个杨树新品种通过了国家审定，近年来在江苏、安徽、湖南、湖北和江西等地推广总面积达 40 万 hm²，每年新增产值累计 50 多亿元。

通过技术转让、决策咨询、人才培训与技术咨询和示范推广等方式把杂交鹅掌楸体细胞工程种苗产业化、银杏良种选育及培育技术、杨树人工林定向培育技术体系的研究与应用、松材线虫系列分子检测技术和长江中下游山丘区植被恢复与重建技术等科研成果在全国尤其是南方 16 省份进行了推广转化。

（续）

（3）弘扬优秀文化、推进科学普及

注重科学普及工作、弘扬林业优秀文化。开设了以水杉命名的"水杉班"；开展了向向其柏等老一代林人学习等活动；主编了介绍银杏知识的少儿科普读物，产生了重大社会影响，该项成果2014年获国家科技进步二等奖。

（4）社会兼职

本学科专职老师由于学术上的造诣在多个学术团体中担任重要职务，如：全国经济林名特品种评审委员会委员、全国林木新品种复审委员会委员（经济林组组长）、江苏省花木协会副会长、中国银杏研究会副会长、全国林木种子标准化技术委员会秘书长及国家林业局营造林咨询专家等；也有多人被聘为 *Journal of Forestry Research*，*Plos One*，《林业科学》等国内外学术杂志编委。

（5）其他

林学专业毕业生就业形势良好，学生完成本科阶段学业后，就业竞争力处于全国领先水平，多数将免试推荐攻读国内外学术型硕士或硕博连读研究生，部分毕业生能在高等和中等院校、科研院所、林业生产和管理等部门从事林业科研和教学、林业技术研究与管理等工作，获得了用人单位和社会的良好评价。

1.4　中南林业科技大学

1.4.1　清单表

Ⅰ　师资队伍与资源

序号	专家类别	专家姓名	出生年月	获批年月	备注
	Ⅰ-1　突出专家				
1	百千万人才工程国家级人选	魏美才	196606	200305	
2	享受政府特殊津贴人员	曾思齐	195705	199910	
3	享受政府特殊津贴人员	谭晓风	195612	199308	
4	享受政府特殊津贴人员	文仕知	195811	200508	
5	享受政府特殊津贴人员	佘济云	196608	200410	
6	享受政府特殊津贴人员	周国英	196606	201408	
合计	突出专家数量（人）			6	

类型	数量	类型	数量	类型	数量
	Ⅰ-3　专职教师与学生情况				
专职教师数	86	其中，教授数	37	副教授数	21
研究生导师总数	57	其中，博士生导师数	22	硕士生导师数	57
目前在校研究生数	503	其中，博士生数	52	硕士生数	451
生师比	8.82	博士生师比	2.36	硕士生师比	7.91
近三年授予学位数	239	其中，博士学位数	44	硕士学位数	195

序号	重点学科名称	重点学科类型	学科代码	批准部门	批准年月
	Ⅰ-4　重点学科				
1	森林培育	国家级	090702	教育部	200708
2	森林保护学	省部级	090703	国家林业局	200605
3	林学	省部级	0907	湖南省教育厅	201112
合计	二级重点学科数量（个）	国家级	1	省部级	2

I-5　重点实验室				
序号	实验室类别	实验室名称	批准部门	批准年月
1	省部级重点实验室	经济林培育与保护省部共建教育部重点实验室	教育部	201111
2	省部级重点实验室	经济林育种与栽培国家林业局重点实验室	国家林业局	199503
3	省部级中心	经济林培育与利用湖南省协同创新中心	湖南省教育厅	201310
4	省部级中心	森林防火国家级虚拟仿真实验教学中心	教育部	201402
5	省部级中心	林业技术湖南省实践教学示范中心	湖南省教育厅	200810
6	省部级重点实验室	昆虫系统进化与综合管理湖南省重点实验室	湖南省教育厅	201111
7	省部级重点实验室	国家油茶科学中心生物技术实验室	国家林业局	200903
8	国家工程实验室	南方林业应用生态技术国家工程实验室	国家发展和改革委员会	200811
9	国家级实验教学示范中心	森林植物国家级实验教学示范中心	教育部	200711
10	省部级重点实验室	林业生物技术湖南省重点实验室	湖南省科技厅	201008
合计	重点实验数量（个）	国家级	1	省部级　9

II　科学研究

II-1　近五年（2010—2014年）科研获奖

序号	奖励名称	获奖项目名称	证书编号	完成人	获奖年度	获奖等级	参与单位数	本单位参与学科数
1	国家科技进步奖	南方形梨种质创新及优质高效栽培关键技术	2011-J-202-2-01-D01	谭晓风	2011	二等奖	6（1）	2（1）
2	省级自然科学奖	中国梨自交不亲和性研究	20102041-Z1-005-R01	谭晓风	2010	一等奖	1	1
3	省级自然科学奖	茶油品质形成机理及油茶副产物利用化学基础研究	20102040-Z2-015-D01	钟海雁	2010	二等奖	1	1
4	省级自然科学奖	南方主要经济树种加工剩余物高品位资源化利用基础研究	20112030-Z3-214-R01	张党权	2011	三等奖	1	1
5	省级自然科学奖	扁桃产业发展趋势与桃胶加工利用的力学与化学基础研究	20133046-Z3-214-R01	王　森	2013	三等奖	1	2（1）
6	省级科技进步奖	组合人工湿地污水处理技术开发与产业化应用	20114025-J1-204-R02	文仕知	2011	一等奖	1	2（2）
7	省级科技进步奖	泡桐大径材速生丰产林茶分效应与专用肥研究与示范	20114100-J1-214-R04	吴立潮	2011	二等奖	3（1）	2（1）
8	省级科技进步奖	桤木人工林生态系统结构功能及高效培育关键技术研究与应用	20144347-J1-214-R01	文仕知	2014	二等奖	2（1）	1
9	省级科技进步奖	蕲蛇（尖吻蝮）幼蛇在自然捕食下的人工饲养技术	20135143-J2-111-R03	杨道德	2014	二等奖	2（2）	1
10	省级科技进步奖	油茶低产林产量提升技术	20144345-J1-214-R01	袁德义	2014	三等奖	4（1）	1
11	省级科技进步奖	油茶良种繁育新技术	20135347-J3-214-D01	谭晓风	2013	三等奖	4（1）	1
12	省级专利奖	一种油茶保果素及其应用方法	HNZL2014-J2-Q01-F01	袁德义	2014	二等奖	1	1
13	梁希奖	油茶副产物综合利用集成与示范	2013-KJ-2-27-R01	钟海雁	2013	二等奖	6（1）	1
14	梁希奖	桤木人工林生态系统可持续经营及定向培育关键技术	2013-KJ-3-31-R01	文仕知	2013	三等奖	2（1）	1

合计　科研获奖数量（个）

	特等奖	一等奖	二等奖	三等奖
国家级	—	—	1	
省部级		2	6	5

Ⅱ-2 代表性科研项目（2012—2014年）

Ⅱ-2-1 国家级、省部级、境外合作科研项目

序号	项目来源	项目下达部门	项目级别	项目编号	项目名称	负责人姓名	项目开始年月	项目结束年月	项目合同总经费（万元）	属本单位本学科的到账经费（万元）
1	国家科技支撑计划	科技部	重大项目	2013BAD14B04	板栗和锥栗高效生产关键技术研究与示范	袁德义	201301	201712	1 000	437
2	林业公益性行业科研专项	国家林业局	重大项目	201204403	南方重要木本油料和药材模式树种长期育种技术研究	谭晓风	201201	201512	662	662
3	林业公益性行业科研专项	国家林业局	重大项目	201304402	热带乡土树种健康经营关键技术研究与示范	周国英	201301	201612	570	300
4	国家自然科学基金	国家自然科学基金委员会	面上项目	31070603	油茶 ACCase 基因的分离克隆及功能研究	谭晓风	201001	201312	39	19.5
5	国家自然科学基金	国家自然科学基金委员会	面上项目	31070612	高抗氧活性的油茶生物酚组分的结构构表征及其作用机理研究	钟海雁	201101	201312	31	15.5
6	国家自然科学基金	国家自然科学基金委员会	面上项目	31071946	洞庭湖区自然野化麋鹿种群增长机制和行为适应	杨道德	201101	201312	34	16.5
7	国家自然科学基金	国家自然科学基金委员会	面上项目	31070568	洞庭湖湿地森林生态系统经营的空间途径研究	李建军	201101	201312	31	15.5
8	国家自然科学基金	国家自然科学基金委员会	面上项目	31100497	油茶 DGAT 基因对种子含油率和脂肪酸组成的影响	张 琳	201201	201412	29	29
9	国家自然科学基金	国家自然科学基金委员会	面上项目	31172257	多年生黑麦草耐受低温环境剧烈变温胁迫的 IRIP 基因家族调控机理	张党权	201201	201512	57	57
10	国家自然科学基金	国家自然科学基金委员会	面上项目	31170639	油茶自交败育机制研究	袁德义	201201	201512	65	65
11	国家自然科学基金	国家自然科学基金委员会	面上项目	31172142	世界蕨叶蜂科系统分类研究	魏美才	201201	201512	60	60
12	国家自然科学基金	国家自然科学基金委员会	青年项目	31100476	稀少、群团状森林植被自适应群团抽样技术的研究	朱光玉	201201	201412	20	20

（续）

序号	项目来源	项目下达部门	项目级别	项目编号	项目名称	负责人姓名	项目开始年月	项目结束年月	项目合同总经费（万元）	属本单位的本学科的到账经费（万元）
13	国家自然科学基金	国家自然科学基金委员会	青年项目	31100479	油茶炭疽病菌 DNA 遗传多态性及抗病品系的筛选研究	李河	201201	201412	20	20
14	国家自然科学基金	国家自然科学基金委员会	青年项目	31100412	基于遥感影像的森林资源智能区划关键技术研究	莫登奎	201201	201412	16	16
15	国家自然科学基金	国家自然科学基金委员会	青年项目	31200494	环境胁迫对丽斗两型雌虫生理权衡的内分泌控制机理	赵吕权	201301	201512	23	23
16	国家自然科学基金	国家自然科学基金委员会	青年项目	31200481	马尾松衰亡胚性愈伤复生调控的甲基化分子作用机理研究	杨模华	201301	201512	23	23
17	国家自然科学基金	国家自然科学基金委员会	面上项目	31370639	森林资源遥感监测波段窗口研究	林辉	201401	201712	80	40
18	国家自然科学基金	国家自然科学基金委员会	面上项目	31470643	基于遥感影像分割单元的地面样本设计理论与技术研究	莫登奎	201501	201812	81	32.4
19	国家自然科学基金	国家自然科学基金委员会	面上项目	31470684	DCAT1 协同脂肪酸去饱和酶调控油茶种子油酸高效合成与积累的分子机制	张琳	201501	201812	90	36
20	国家自然科学基金	国家自然科学基金委员会	青年项目	31400582	磷铝藕荷条件下油茶根系分泌有机酸及其对磷铝吸收的影响机制	袁军	201501	201712	25	10
21	国家自然科学基金	国家自然科学基金委员会	面上项目	31472121	极危特有种——莽山原矛头蝮多尺度生境选择机制	杨道德	201501	201812	85	34
22	国家自然科学基金	国家自然科学基金委员会	面上项目	31470659	火干扰对次生森林土壤斥水性的影响机制	刘发林	201501	201812	79	31.6
23	国家自然科学基金	国家自然科学基金委员会	面上项目	31470642	森林景观斑块耦合网络特性与结构优化机理研究	李际平	201501	201812	90	36

（续）

序号	项目来源	项目下达部门	项目级别	项目编号	项目名称	负责人姓名	项目开始年月	项目结束年月	项目合同总经费（万元）	属本单位本学科的到账经费（万元）
24	国家自然科学基金	国家自然科学基金委员会	一般项目	3141030301	第三届国际地球观测与遥感应用研讨会	林辉	201501	201812	6	6
25	国家"863"计划	科技部	面上项目（子课题）	2012AA102001-4	森林资源信息快速提取技术研究	林辉	201201	201512	150	150
26	国家科技支撑计划	科技部	面上项目	2012BAD19B0803	南方经济林主要病虫无公害防治技术	周国英	201201	201601	210	180
27	国家科技支撑计划	科技部	面上项目	2012BAD21B0302	赤皮青冈珍贵用材林定向培育技术研究与示范	李志辉	201201	201612	171	171
28	国家科技支撑计划	科技部	面上项目	2012BAD22B0505	生态公益林人工纯林多功能结构优化技术研究与示范	李际平	201201	201612	131	100
29	国家科技支撑计划	科技部	一般项目	2013BAD14B0304	南方鲜食枣和干制枣高效生产关键技术研究与示范	张琳	201301	201712	80	80
30	部委级科研项目	环保部	重大项目	2012090028-1	国家级自然保护区保护成效评估技术研究	杨道德	201201	201401	410	205
31	林业公益性行业科研专项	国家林业局	面上项目	201204405	珍贵树种和钩栗良种选育及栽培关键技术研究	李志辉	201201	201512	165	165
32	林业公益性行业科研专项	国家林业局	面上项目	201104052	红壤丘陵区经济林生态经营关键技术研究	李建安	201101	201512	162	92
33	林业公益性行业科研专项	国家林业局	面上项目	201004032	南方集体林区次生林抚育间伐与高效利用技术研究	曾思齐	201001	201412	176	52
34	林业公益性行业科研专项	国家林业局	面上项目	201104033	南岭山地水松等珍稀树种濒危机制及其保育技术研究	徐刚标	201101	201512	174	156
35	林业公益性行业科研专项	国家林业局	面上项目	201004407	南方鲜食枣规模化经营技术研究与示范	袁德义	201201	201412	97	97
36	林业公益性行业科研专项	国家林业局	面上项目	201104008	典型森林土壤碳储量分布格局及变化规律研究	吴立潮	201101	201412	35	35

（续）

序号	项目来源	项目下达部门	项目级别	项目编号	项目名称	负责人姓名	项目开始年月	项目结束年月	项目合同总经费（万元）	属本单位本学科的到账经费（万元）
37	林业公益性行业科研专项	国家林业局	面上项目	201204504	天保工程区天然公益林抚育经营关键技术研究	曾思齐	201204	201404	37	37
38	林业公益性行业科研专项	国家林业局	面上项目	201404702-01	油茶种质创新与油脂合成调控技术研究	谭晓风	201401	201712	53	53
39	林业公益性行业科研专项	国家林业局	面上项目	200904023	油桐种质资源收集与定向培育技术	谭晓风	200901	201312	214	42
40	林业公益性行业科研专项	国家林业局	面上项目	201004029	杜仲育种群体建立与综合利用技术研究	乌云塔娜	201001	201512	63	63
41	林业公益性行业科研专项	国家林业局	面上项目	201214011	采伐政策执行评价及系统	曾思齐	201301	201401	12	12
42	林业公益性行业科研专项	国家林业局	面上项目	201104028	林分结构与生长模拟技术研究	林 辉	201101	201312	50	50
43	林业公益性行业科研专项	国家林业局	面上项目	201304215	林业资源多层次信息服务技术研究	石军南	201212	201612	27	27
44	林业公益性行业科研专项	国家林业局	面上项目	201004003-5	生物源杀菌剂开发与应用技术	周国英	201001	201312	36	36
45	林业公益性行业科研专项	国家林业局	面上项目	201104003-8	桉树生态经营及产业升级关键技术研究	李志辉	201201	201512	40	40
46	林业公益性行业科研专项	国家林业局	面上项目	201304403-3	油茶主要病害生态调控技术研究与示范	周国英	201301	201712	67	67
47	部委级科研项目	教育部	面上项目	2011432110001	油茶种子的转录组与表达谱研究	谭晓风	201201	201501	12	12
48	部委级科研项目	教育部	面上项目	2011432110003	油茶内生细菌多元交互作用及其防病微生态调控机制	周国英	201301	201501	12	12
49	部委级科研项目	教育部	面上项目	2012432110005	油茶干旱少雨期水分利用规律研究	王瑞辉	201301	201512	12	12

（续）

序号	项目来源	项目下达部门	项目级别	项目编号	项目名称	负责人姓名	项目开始年月	项目结束年月	项目合同总经费（万元）	属本单位本学科的到账经费（万元）
50	部委级科研项目	教育部	面上项目	20134321110006	森林景观斑块耦合网络结构调控机理研究	李际平	201310	201512	12	12
51	部委级科研项目	教育部	面上项目	20134321120003	叶蜂亚科属级防元系统发育研究	牛耕耘	201401	201612	4	4
52	部委级科研项目	农业部	面上项目	2011GB24320015	泡桐大径材速生丰产林培育与专用肥转化与示范	吴立潮	201101	201312	15	15
53	部委级科研项目	国家林业局	面上项目	2012-4-42	木本植物高效遗传转化及外源基因清除技术引进	张琳	201201	201612	50	50
54	部委级科研项目	国家林业局	面上项目	2012-4-61	以色列鲜食枣品种与培育技术引进	王森	201201	201612	50	50
55	部委级科研项目	国家林业局	面上项目	2013-4-32	火炬松松浆材第三代遗传改良关键技术	徐刚标	201301	201712	50	50
56	部委级科研项目	国家林业局	面上项目	2014-4-26	化肥驱动正渗透水处理果园灌溉技术引进	李建安	201401	201612	50	50
57	部委级科研项目	国家林业局	面上项目	国二动调2011	茅山烙铁头专项调查、人工繁育与野外巡护	杨道德	201201	201401	50	50
58	部委级科研项目	国家林业局	面上项目	[2011] 21号	大果油茶高产新品种示范推广	袁德义	201105	201312	162	162
59	部委级科研项目	国家林业局	面上项目	[2014] XT009	泡桐大径材专用肥及施肥技术推广与示范	吴立潮	201408	201712	120	20
60	部委级科研项目	国家林业局	面上项目	2012（59）	低丘红壤地区毛竹低质低产林复壮技术推广与示范	谷战英	201205	201405	50	50
61	部委级科研项目	国家林业局	面上项目	2014	基于遥感影像和少量地面数据的京津风沙源区年度荒漠化趋势监测模型	王广兴	201404	201412	25	25
62	部委级科研项目	国家林业局	面上项目	101-9937	"十三五"木材供需研究	朱光玉	201401	201512	20	20
63	部委级科研项目	国家林业局	面上项目	2014-LY-216	钩栗培育技术规程	李志辉	201401	201401	8	8

（续）

序号	项目来源	项目下达部门	项目级别	项目编号	项目名称	负责人姓名	项目开始年月	项目结束年月	项目合同总经费（万元）	属本单位本学科的到账经费（万元）
64	部委级科研项目	国家林业局	面上项目	LY/T 2331-2014	伯乐树培育技术规程	王承南	201203	201312	8	8
65	部委级科研项目	国家林业局	面上项目	2012-LY-200	观光木培育技术规程	王承南	201203	201312	8	8
66	部委级科研项目	国家林业局	面上项目	LY/T 2334-2014	吴茱萸栽培技术规程	王承南	201203	201312	8	8
67	部委级科研项目	国家林业局	面上项目	2012-LY-197	南方鲜食枣栽培技术规程	王森	201205	201212	8	8
68	部委级科研项目	国家林业局	面上项目	2012-LY-198	油茶嫁高接换冠技术规程	袁德义	201201	201312	8	8
69	部委级科研项目	环保部	面上项目	201407	全国生物多样性监测示范基地修缮	杨道德	201401	202301	50	50
70	省科技厅项目	湖南省科技厅	重大专项	2012FJ1005-3	珍稀濒危植物野外回归技术研究与示范	朱宁华	201206	201506	263	263
71	省科技厅项目	湖南省科技厅	重大专项	2013FJ-003	油茶良种繁育与生态高效培育关键技术研究与示范	谭晓风	201301	201512	120	120
72	省科技厅项目	湖南省科技厅	重大专项	2011FJ1006	纺织用原竹纤维生物酶法制备关键技术研究	周国英	201106	201306	50	50
73	省级自然科学基金项目	湖南省自然科学基金委员会	重点项目	10JJ2022	基于多目标优化的水源涵养林空间结构模式研究	李建军	201101	201312	10	7
74	省级自然科学基金项目	湖南省自然科学基金委员会	重点项目	12JJ8006	湖南常德观赏桃花花期化学调控机理研究	刘卫东	201208	201508	10	10
75	省级自然科学基金项目	湖南省自然科学基金委员会	一般项目	13JJ5024	转 TiERF1 和 RC7 双价基因杨树抗黑斑病研究	王爱云	201301	201501	10	10
76	省级自然科学基金项目	湖南省自然科学基金委员会	一般项目	14JJ2104	CoSQS 基因调控油茶籽仁中角鲨烯高效积累的分子机理研究	曾艳玲	201401	201601	10	8
合计	国家级科研项目	数量（个）	46		项目合同总经费（万元） 7 041	属本单位本学科的到账经费（万元）				5 075

Ⅱ-2-2 其他重要科研项目

序号	项目来源	合同签订/项目下达时间	项目名称	负责人姓名	项目开始年月	项目结束年月	项目合同总经费（万元）	属本单位本学科的到账经费（万元）
1	湖南省林业厅	201207	沅江流域地理单元陆生野生动物资源调查	杨道德	201207	201312	137	137
2	湖南省林业厅	201303	湖南省第二次全国重点保护野生植物资源调查	喻勋林	201207	201506	86	86
3	长沙县林业局	201207	长沙县花木资源调查	陈莞明	201207	201310	26	26
4	常德市林业局	201307	常德市国家森林城市建设总体规划	文仕知	201307	201312	79	79
5	长沙县林业局	201207	长沙县花木产业升级规划	陈莞明	201207	201310	29	29
6	长宁县林业局	201401	长宁县森林资源规划设计调查	石军南	201404	201412	89.9	89.9
7	郴州市创建国家森林城市办公室	201206	郴州市国家森林城市建设总体规划	文仕知	201206	201208	98	98
8	湖南黄桑国家级自然保护区	201304	湖南黄桑国家级自然保护区综合科学考察	喻勋林	201304	201310	66	60
9	张家界植物应用与保护科学技术研究所	201301	武陵山区珍稀濒危植物分子化学研究	朱宁华	201301	201312	47	47
10	湖南省森林病虫害防治检疫总站	201110	湖南省张家界市松材线虫预防体系建设项目宣传画、册编制	文仕知	201201	201312	30	30
11	九嶷山自然保护区	201201	宁远九嶷山自然保护区综合科考	喻勋林	201201	201206	38	38
12	抚顺环科石油化工技术开发有限公司	201205	新粤浙管道环评动植物及公众参与调查	文仕知	201205	201312	119	119
13	中国林科院资信所	201401	洞庭湖湿地高分数据处理与分析	林 辉	201407	201612	75	75
14	湖南八大公山国家级自然保护区管理局	201408	湖南八大公山国家级自然资源综合科学考察	杨道德	201408	201508	48.8	40
15	醴陵市林业局	201403	湖南醴陵官庄湿地公园总体规划	文仕知	201403	201505	80	80
16	武陵源风景名胜区与国家森林公园管理局	201412	武陵山区珍稀濒危植物园及生态文化建设	朱宁华	201412	201606	59	59
17	浏阳经济技术开发区水务有限公司	201310	湖南浏阳杨家滩国家湿地公园总体规划	文仕知	201310	201406	60	60

（续）

序号	项目来源	合同签订/项目下达时间	项目名称	负责人姓名	项目开始年月	项目结束年月	项目合同总经费（万元）	属本单位本学科的到账经费（万元）
18	澧县树大园林有限责任公司	201205	桂花树叶彩色化育种、香型红檵木育种	张党权	201205	201705	200	50
19	衡阳市滨江新区投资有限公司	201201	滨江新区沿江风光带规划	文仕知	201401	201412	162	162
20	海南省林业厅	201201	海南省五大河流域植被恢复与保护规划	佘济云	201201	201601	146	100
21	广州市林业和园林局	201012	广州数字林业及大树名木保护系统建设	张贵	201012	201412	262.5	157.5
22	三亚市林业科学研究所	201210	三亚市名木古树普查建档	佘济云	201210	201510	95	90
23	长沙市林业局	201108	长沙市城市林业生态圈重点生态公益林调查规划与信息系统建设	吴立潮	201201	201212	86	86
24	增城市林业和园林局	201412	增城市森林资源规划设计调查	石军南	201412	201504	456	456
25	广西国有三门江林场	201205	油茶氨基酸硒钛专用肥研制及其肥料研究	吴立潮	201201	201412	50	50
26	湖南省武冈市林业局	201403	湖南武冈威溪国家湿地公园总体规划	文仕知	201403	201505	49.6	49.6
27	白云区林业和园林局	201407	白云区森林资源规划设计调查	颜正良	201407	201412	194.6	194.6
28	张家界国家森林公园管理处	201307	张家界国家森林公园龙凤庵隧道建设项目对森林风景资源的评估报告	陈亮明	201307	201401	20	20
29	花都区林业和园林局	201409	花都区森林资源规划设计调查	颜正良	201409	201412	350.86	350.86
30	武陵源世界自然遗产保护办公室	201412	武陵源世界自然遗产地植物多样性编目	喻勋林	201501	201707	78	30

Ⅱ-2-3 人均科研经费

人均科研经费（万元/人）	93.31

II-3 本学科代表性学术论文质量

II-3-1 近五年（2010—2014年）国内收录的本学科代表性学术论文

序号	论文名称	第一作者	通讯作者	发表刊次（卷期）	发表刊物名称	收录类型	中文影响因子	他引次数
1	红树林空间结构均质性指数	李建军	李际平	2010（6）	林业科学	CSCD	1.028	25
2	桤木人工林的碳密度、碳库及碳吸存特征	文仕知	文仕知	2010（6）	林业科学	CSCD	1.028	22
3	基于 Voronoi 图和 Delaunay 三角网的林分空间结构量化分析	赵春燕	李际平	2010（6）	林业科学	CSCD	1.028	29
4	集体林区林地使用权流流转模式、动机与路径选择——基于湖南省一个县的实证调查	罗攀柱	罗攀柱	2010（9）	林业科学	CSCD	1.028	13
5	珙桐天然种群遗传多样性的 ISSR 标记分析	张玉梅	徐刚标	2012（8）	林业科学	CSCD	1.028	15
6	南岭山地伯乐树天然种群和人工种群遗传多样性比较	梁艳	徐刚标	2012（12）	林业科学	CSCD	1.028	10
7	尖吻蝮幼蛇快速增长法——热带异地人工同养	胡明行	杨道德	2013（5）	林业科学	CSCD	1.028	2
8	南方鲜食枣 2 种类型枣吊光合产物积累能力的比较	王森	王森	2014（6）	林业科学	CSCD	1.028	1
9	锥栗开花授粉生物学特性	范晓明	袁德义	2014（10）	林业科学	CSCD	1.028	0
10	油茶花芽 2 个不同时期转录组分析	孙颖	李建安	2014（5）	林业科学	CSCD	1.028	0
11	油茶授粉受精及早期胚胎发育	廖婷	袁德义	2014（2）	林业科学	CSCD	1.028	0
12	南岭地区森木自然种和人工迁地保护种群的遗传多样性	吴雪琴	徐刚标	2013（1）	生物多样性	CSCD	1.668	6
13	森林立地指数的地统计学空间分析	曾春阳	唐代生	2010,30（13）	生态学报	CSCD	1.547	26
14	传粉昆虫对我国中南地区油茶结实和结籽的作用	邓园艺	喻勋林	2010,30（21）	生态学报	CSCD	1.547	13
15	三种线性模型在任杉木与马尾松地位指数相关系数研究中的比较	朱光玉	朱光玉	2013（5）	生态学报	CSCD	1.547	2
16	湖北石首麋鹿昼间活动时间分配	杨道德	杨道德	2013（5）	生态学报	CSCD	1.547	3
17	油茶 Pht1;1 基因克隆及其表达分析	周俊琴	谭晓风	2014（25）	植物遗传资源学报	CSCD	1.114	1
18	桤木人工林营养元素的季节动态、空间分布与生物循环研究	文仕知	文仕知	2012（6）	水土保持学报	CSCD	1.052	6
19	基于油桐种子 3 个不同发育时期发组的油脂合成代谢途径分析	陈昊	谭晓风	2013,35（12）	遗传	CSCD	0.931	7
20	油茶脂肪酸代谢途径中关键酶基因调控油脂合成的规律研究	曾艳玲	谭晓风	2014（2）	中国粮油学报	CSCD	0.802	4
合计	中文影响因子 23.063			他引次数				185

II-3-2 近五年（2010—2014 年）国外收录的本学科代表性学术论文

序号	论文名称	论文类型	第一作者	通讯作者	发表刊次（卷期）	发表刊物名称	收录类型	他引次数	期刊 SCI 影响因子	备注
1	Fatty acid profile ard unigene-derived simple sequence repeat markers in tung tree (*Vernicia fordii*)	Article	张 琳	谭晓风	2014，9（8）	Plos One	SCI	1	3.534	
2	Identification and expression of fructose-1,6-bisphosphate aldolase genes and their relations to oil content in developing seeds of tea oil tree (*Camellia oleifera*)	Article	曾艳玲	谭晓风	2014，9（9）	Plos One	SCI	1	3.534	
3	Self-sterility in *Camellia oleifera* may be due to the prezygotic late-acting self-Incompatibility	Article	廖 婷	袁德义	2014，9（6）	Plos One	SCI	—	3.534	
4	Effects of modified atmosphere package(MAP) with a silicon gum film window and storage temperature on the quality and antioxidant system of stored *Agrocybe chaxingu*	Article	李铁华	李铁华	2010（43，7）	LWT-Food Science and Technology	SCI	—	2.292	
5	Early response of stand structure and species diversity to strip-clearcut in a subtropical evergreen broad-leaved forest in Okinawa Island, Japan	Article	吴立潮	吴立潮	2013（44）	New Forests	SCI	1	1.783	
6	Analysis of genetic diversity of *Lactarius hatsudake* in South China	Article	李 河	周国英	2011（8）	Canadian Journal of Microbiology	SCI	2	1.363	
7	rDNA internal transcribed spacer sequence analysis of *Craterellus tubaeformis* from North America and Europe	Article	周国英	周国英	2011（57）	Can. J. Microbiol	SCI	—	1.363	
8	Sequence characterization and spatio-temporal expression patterns of PbS26-RNase gene in Chinese white pear (*Pyrus bretschneideri*)	Article	张 琳	张 琳	2014（14706）	The Scientific World Journal	SCI	—	1.219	

（续）

序号	论文名称	论文类型	第一作者	通讯作者	发表刊次（卷期）	发表刊物名称	收录类型	他引次数	期刊SCI影响因子	备注
9	A review of the *Pachyprotasis pallidistigma* species group (Hymenoptera: Tenthredinidae) from China, with descriptions of three new species	Article	钟义海	魏美才	2012（3242）	Zootaxa	SCI	1	0.974	
10	Revision of the *Siobla metallica* group (Hymenoptera: Tenthredinidae)	Article	牛耕耘	魏美才	2012（3196）	Zootaxa	SCI	3	0.974	
11	The *Pachyprotasis formosana* group (Hymenoptera: Tenthredinidae) in China: identification and new species	Article	钟义海	魏美才	2012（2523）	Zootaxa	SCI	4	0.974	
12	Cloning and Prokaryotic expression of a complementary DNA gene for cyclophilin *Camellia oleifera*	Article	谭晓风	谭晓风	2010（42）	Pakistan Journal of Botany	SCI	1	0.947	
13	Revision of *Emphytopsis* Wei & Nie (Hymenoptera: Tenthredinidae) with descriptions of seven new species from China and Japan	Article	魏美才	魏美才	2011（2803）	Zootaxa	SCI	3	0.927	
14	A second species of *Tyloceridius malaise* (Hymenoptera: Tenthredinidae)	Article	魏美才	魏美才	2014（396）	Zookeys	SCI	—	0.917	
15	*Heteroxiphia* Saini & Singh (Hymenoptera: Xiphydriidae), a genus new to China with descriptions of two new species	Article	魏美才	魏美才	2011（102）	Zookeys	SCI	—	0.879	
16	Molecular Cloning and Expression Analysis of Two Calmodulin Genes Encoding an Indentical Protein from *Camellia Oleifera*	Article	王保明	谭晓风	2012（44）	Pakistan Journal of Botany	SCI	4	0.872	
17	Revision of the *Siobla annulicornis, acutiscutella* and sheni groups (Hymenoptera: Tenthredinidae)	Article	牛耕耘	魏美才	2010（2643）	Zootaxa	SCI	15	0.853	
18	Using Head Patch Pattern as a Reliable Biometric Character for Noninvasive Individual Recognition of an Endangered Pitviper Protobothrops mangshanensis	Article	杨道德	杨道德	2013（4）	Asian Herpetological Research	SCI	1	0.671	

（续）

序号	论文名称	论文类型	第一作者	通讯作者	发表刊次（卷期）	发表刊物名称	收录类型	他引次数	期刊 SCI 影响因子	备注
19	In silico cloning and bioinformatic analysis of PEPCK gene in *Fusarium oxysporum*	Article	李何	李何	2010（9）	African Journal of Biotechnology	SCI	—	0.573	
20	The Physiological and Quality Change of Mushroom *Agaricus bisporus* Stored in Modified Atmosphere Packaging with Various Sizes of Silicone Gum Film Window	Article	李铁华	李铁华	2013（19/4）	Food Sci. Technol. Res.	SCI	—	0.564	
21	Development of 15 genic-SSR markers in Oil-tea tree (*Camellia oleifera*) based on transcriptome sequencing	Article	贾宝光	张琳	2014（46）	Genetika	SCI	—	0.492	
22	Optimization of medium components for production of chitin deacetylase by *Bacillus amyloliquefaciens* Z7, using response surface methodology	Article	何苑皞	周国英	2014（28）	Biotechnology & Biotechnology Equipment	SCI	—	0.379	
23	*Astragalus wulingensis* (Leguminosae), a new species from Hunan China	Article	李家湘	喻勋林	2014（4）	Phytotaxa	SCI	—	1.376	
24	Nonlinear mixed-effects crown width models for individual trees of Chinese fir (*Cunninghamia lanceolata*) in south-central China	Article	符利勇	孙华	2013（302）	Forest Ecology and Management	SCI	1	2.667	
25	Setabara ross a genus new to China with description of a new species (*Hymenoptera tenthredinidae*)	Article	魏美才	魏美才	2014, 124（2）	Entomological News	SCI	—	0.442	
26	Study on isolated pathogen of leaf blight and screening antagoristic bacteria from healthy leaves of *Camellia oleifera*	Article	李河	李河	2011（6）	African Journal of Biotechnology	SCI	—	0.573	
27	The Content of Mineral Elements in *Camellia oleifera* Ovary at Pollination and Fertilization Stages Determined by Auto Discrete Analyzers and Atomic Absorption Spectrophotometer	Article	邹锋	袁德义	2014（4）	Spectroscopy and Spectral Analysis	SCI	—	0.27	

（续）

序号	论文名称	论文类型	第一作者	通讯作者	发表刊次（卷期）	发表刊物名称	收录类型	他引次数	期刊SCI影响因子	备注
28	The resource investigation and community structure characteristics of mycorrhizal fungi associated with Chinese fir	Article	李　琳	周国英	2011, 10（30）	African Journal of Biotechnology	SCI	—	0.573	
29	Identification, classification and differential expression of oleosin genes in tung tree	Meeting Abstract	曹利平	张　琳	2014, 28（1）	Faseb Journal	SCI	—	5.48	
30	Regeneration of *Laurocerasus hypotyicha* (Rehd.)T.T.Yu & L.T.Lu	Meeting Abstract	胡泽文	王瑞辉	2010（45）	Hortscience	SCI	—	0.886	
合计			SCI影响因子 41.885			他引次数			38	

II-5　已转化或应用的专利（2012—2014年）

序号	专利名称	第一发明人	专利申请号	专利号	授权（颁证）年月	专利受让单位	专利转让合同金额（万元）
1	一种防治油茶病害的生防放线菌菌株及其应用	周国英	CN201110007054.7	ZL 201110007054.7	201207	湖南天华油茶股份有限公司	20
2	一种油茶保果素及其应用方法	袁德义	CN201110162079	ZL201110162079.4	201303	湖南雪峰山茶油专业合作社、浏阳市好韵味油茶种植专业合作社	30
3	一种提高杉木人工林抗逆和生产力的施肥方法	李　河	CN201210088239	ZL201210088239	201304	黄丰桥国有林场	10
4	一种提高马尾松林抗逆和生产力的施肥方法	李　河	CN201210086875	ZL201210868759	201304	黄丰桥国有林场	10
5	一种有效防治松精膏的植物源农药及其制备和应用	周国英	CN 201110367639	ZL201110367639.X	201308	衡山县紫金山林场	10
6	一种杉树抗逆保健菌根菌剂及其应用方法	李　河	CN201210086884	ZL201210868849	201309	黄丰桥国有林场	10
7	防治杉木炭疽病的地衣芽孢杆菌及其应用	周国英	CN201210273330	ZL201210273309	201406	黄丰桥国有林场	10

（续）

序号	专利名称	第一发明人	专利申请号	专利号	授权（颁证）年月	专利受让单位	专利转让合同金额（万元）
8	一种亚热带地区枣树坐果剂	王 森	CN2012102302191	ZL2012102302191	201405	湖南新丰果业有限公司、中国林业科学研究院亚热带林业实验中心、长沙伟湘林业科技有限公司	50
9	油茶专用生物菌肥的制备方法及制备得到的生物菌肥	袁 军	CN 201310302372	ZL201310302372.5	201407	湖南江山生态农林发展有限公司	10
10	一种油桐叶片再生植株的方法	谭晓风	CN201310271826	ZL201310271826	201408	湘西州林业科学研究所	10
11	一种锥栗丰产素及其应用	袁德义	CN 201310297622	ZL201310297622.0	201409	汝城县良益锥栗专业合作社	10
12	一种油茶组织培养快速繁殖方法	谭晓风	CN201310459176	ZL201310459176	201410	益阳市华林实业发展有限公司	20
13	一种漆籽油的提取方法	王 森	CN2012102201032	ZL2012102010329	201411	—	5
14	一种有效防治油茶病害的复合微生物源农药及应用方法	周国英	CN 201310203845	ZL201310203845	201411	株洲市地杰现代农业有限责任公司	20
合计	专利转让合同金额（万元）						225

Ⅲ 人才培养质量

Ⅲ-1 优秀教学成果奖（2012—2014 年）

序号	获奖级别	项目名称	证书编号	完成人	获奖等级	获奖年度	参与单位数	本单位参与学科数
1	省级	践行绿色发展，服务现代林业的林学类专业人才培养体系的构建与实践	2012075	曾思齐、文仕知、李际平、谭晓风	二等奖	2012	1	4（1）
合计	国家级	一等奖（个）	—	二等奖（个）	—	三等奖（个）		—
	省级	一等奖（个）	—	二等奖（个）	1	三等奖（个）		—

Ⅲ-2 研究生教材（2012—2014 年）

序号	教材名称	第一主编姓名	出版年月	出版单位	参与单位数	是否精品教材
1	森林资源与林业可持续发展	李际平	201212	中国林业出版社	4（1）	—
合计	国家级规划教材数量	—	精品教材数量			—

Ⅲ-3 本学科获得的全国、省级优秀博士学位论文情况（2010—2014 年）

序号	类型	学位论文名称	获奖年月	论文作者	指导教师	备注
1	国家级	梨品种 S 基因型鉴定及自交不亲和 S 基因的克隆	201111	张 琳	谭晓风	提名奖
2	省级	梨品种 S 基因型鉴定及自交不亲和 S 基因的克隆	201103	张 琳	谭晓风	
3	省级	圣诞红株型调控技术及其干旱胁迫的生理响应的研究	201205	谷战英	谢碧霞	
4	省级	中国方颜叶蜂属系统分类研究	201306	钟义海	魏美才	
5	省级	世界侧跗叶蜂属系统分类研究	201406	牛耕耘	魏美才	
合计	全国优秀博士论文（篇）	—	提名奖（篇）		1	
	省优秀博士论文（篇）	4				

Ⅲ-4 学生国际交流情况（2012—2014 年）

序号	姓名	出国（境）时间	回国（境）时间	地点（国家／地区及高校）	国际交流项目名称或主要交流目的
1	杨玉洁	201208	—	美国乔治亚大学	联合培养
2	李 何	201207	—	美国乔治亚大学	联合培养
3	耿 芳	201206	201406	美国缅因大学	联合培养
4	牛芳华	201410	201502	美国乔治亚大学	联合培养
5	王明媚	201401	—	美国乔治亚大学	联合培养
合计	学生国际交流人数			5	

1.4.2　学科简介

1.　学科基本情况与学科特色

林学学科是中南林业科技大学最具优势和特色的主干学科之一。经过近六十年的发展，已形成体系完善、方向稳定、基础扎实、实力雄厚、特色鲜明的学科发展体系，在构筑办学体系、塑造办学特色、彰显办学实力和服务功能等方面发挥了龙头作用，是中南林业科技大学林学（国管专业）、森林保护、水土保持与荒漠化防治、资源环境与城乡规划管理等专业的支柱学科，分化繁衍并辐射推动了学校风景园林学、生态学、生物学、食品科学与工程、环境科学与工程、农林经济管理、园艺学、农业资源与环境、植物保护等学科专业的发展，形成了以林为特色的强大学科群，成为中南乃至中部地区林业建设的重要科技创新基地和人才培养摇篮。

本学科具有深厚的学科积淀。1958 年建校之初便开办林学专业，1959 年创办国内第一个特用经济林专业，1982—1983 年获得经济林、造林学、森林经理学、森林保护学硕士学位授予权，1993 年获得森林培育学科博士授予权，2003 年建立林学一级学科博士后科研流动站，2005 年建立林学一级学科博士点。历年来，造就了沈鹏飞、蒋英、李凤荪、孙章鼎、胡芳名、何方等老一辈林学家，培养了万余名林学专业的本科生和 2 000 余名林学学科的硕士、博士研究生。

本学科具有完善的学科体系。办有原学科目录内全部 7 个二级学科，并自主设置经济林、森林游憩与公园管理、林业信息工程（与林业工程交叉学科）3 个二级学科，形成了本科、硕士、博士科学学位和林业硕士、农业硕士（林业领域）专业学位等多层次、多类型的人才培养体系，并为学校林学国际教育（与英国班戈大学合作）、林业成人教育等办学专业提供了有力的学科支撑。现有全日制林学、森林保护专业在校本科生 639 人，林学专业入选"卓越农林人才"教育培养计划改革试点项目。

本学科具有坚实的学科基础。拥有一支实力雄厚、结构合理的学科人员梯队，拥有 17 个国家级和省部级科研与教学平台、7 万余亩的芦头实验林场、2 个湖南省优秀研究生创新基地和 28 个产学研合作基地，是中国林学会经济林分会、中国系统工程学会林业系统工程专业委员会等学术组织的依托单位，主办了中文核心期刊《经济林研究》。

本学科具有鲜明的学科特色。近年来，瞄准区域和地方建设重大科技需求，抓住"西部开发""中部崛起""绿色湖南"战略机遇，充分利用南方林业区位优势，在亚热带森林资源培育、经营、保护与利用等研究方向，具有明显优势和特色，在如下研究领域，形成高水平创新团队和科研成果：

① 南方红壤区优势特色经济林培育与利用；

② 亚热带地区人工林培育与次生林改造；

③ 南方集体林区森林可持续经营与林业系统工程；

④ 南方森林有害生物防控与昆虫系统进化；

⑤ 南方生态脆弱区森林植被恢复与地力维护；

⑥ 南方野生动植物保护与自然保护区管理。

本学科具有广阔的发展前景。面对当前我国学科建设的新形势、现代林业建设的新任务和生态文明建设的新要求，本学科所在林学院提出"以林学学科建设为引领的研究型学院内涵式发展战略"，正在着力部署林学国家一流学科培植、学科基础平台提质改造、学科领军人才培养与引进、学科自主创新源头发掘等行动计划，我校林学学科发展基础将更加牢固，发展前景将更加广阔。

2.　社会贡献

社会需求是学科发展的强大动力，服务社会是本学科始终坚持的宗旨。从 20 世纪 80 年代以来，以本学科为主要支撑建立的"林科教"校县合作办学模式，被教育部本科评估专家组认定为学校的一大办学特色，在全国产生良好的影响。近年来，本着"立足湖南，面向中南，服务全国"的学科定位，不断加强与行业及地方政府部门的联系与合作，以促进区域及地方经济社会发展为主线，以发展生态林业和民生林业为重点，为政府部门、生产单位及林农等提供了决策咨询、科技服务、技术培训、科普教育等多方位的社会服务，成效显著。

（1）服务林业行业发展需求，促进林业改革发展

发挥学科人才智库作用，广泛参与了林业行业相关政策法规、发展规划、技术标准的制订和决策咨询工作。主动投入南方地区退耕还林工程、长江防护林工程、天然林资源保护工程、速生丰产林营建等重大林业工程项目；参

（续）

与国有林场综合改革、木本油料产业发展、南方林下经济产业发展等重点调研工作；参与广东、广西、湖南等省份森林资源清查、林权制度改革、野生动植物资源调查与规划等工作；参与制定各省、市、县林业发展规划 10 余项；主持制修订国家、林业行业和地方标准 20 余项。

（2）服务地方重大发展战略，促进地方经济社会发展

加强与地方的联系和合作，与湖南、广西、海南、湖北等省（自治区），益阳、郴州、常德等地（市），常宁、栾川等县（市、区）建立了战略合作关系。承担或参与湘江流域综合治理、长株潭绿心保护、湖南油茶产业发展等重点调研工作；完成 2 个市国家森林城市建设总体规划；组织实施或参加了湖南、江西、广西等省份的林业技术人员系统培训工作；30 余人次担任各级各地科技特派员。

（3）服务林业产业体系建设，促进民生林业发展

不断创新产学研用结合模式与机制，建立产学研合作基地 20 多个，建成"经济林培育与利用湖南省 2011 协同创新中心"。参与并推动建立了油茶、南方枣、砂梨、板栗、锥栗、李、南方红豆杉等产业基地，选育油茶、锥栗、梨、枣、李、杉等林木良种 13 个，其中'华硕''华鑫''华金'油茶良种已成为湖南及周边油茶产区表现最好的品种，得到了大面积推广应用；"南方砂梨种质创新及优质高效栽培关键技术"推广应用面积 200 多万亩，累计新增产值 43.06 亿元，新增利润 22.38 亿元。孵化或支撑了 30 多家农林高科技企业，有力促进了地方林业产业结构调整和林农增产增收。

（4）服务林业生态体系和生态文化体系建设，促进生态林业发展和生态文明建设

参与并推动建立了一批自然保护区、森林公园、湿地公园等林业生态建设项目，主持了 8 个自然保护区科学考察，完成森林城市规划、生态走廊建设规划等生态规划项目 10 余项。积极参加社会公益活动，通过承办爱鸟周活动、指导学生社团下乡等形式，开展洞庭湖区野化麋鹿、莽山烙铁头蛇科学考察等活动。

（5）本学科专职教师部分重要社会兼职

魏美才教授，国务院第七届学科评议组成员（林学）；

曾思齐教授，湖南省林学会副会长；

李际平教授，湖南省人大常委，中国系统工程学会林业系统工程委员会常务副主任委员兼秘书长，湖南省农业系统工程学会副理事长；

谭晓风教授，中国林学会理事、中国林学会经济林分会常务副理事长，中国林学会林下经济分会副理事长，湖南省植物学会副理事长，《经济林研究》期刊主编；

文仕知教授，湖南省政协常委；中国水土保持学会理事，湖南省生态学会副理事长；

吕芳德教授，湖南省政府参事；

李建安教授，湖南省政协委员，中国林学会经济林分会秘书长（常务理事）；

周国英教授，湖南省微生物学会副理事长，湖南省林业有害生物防治协会副理事长；

杨道德教授，IUCN 物种生存委员会两栖动物专家组成员，国际生物多样性计划中国委员会委员，湖南省动物学会副理事长。

1.5 西南林业大学

1.5.1 清单表

I 师资队伍与资源

I-1 突出专家					
序号	专家类别	专家姓名	出生年月	获批年月	备注
1	教育部新世纪人才	崔亮伟	197306	201212	
2	享受政府特殊津贴人员	伍建榕	196308	2011	
3	享受政府特殊津贴人员	徐正会	196207	2013	
4	享受政府特殊津贴人员	胥 辉	196003	2014	
合计	突出专家数量（人）			4	

I-3 专职教师与学生情况					
类型	数量	类型	数量	类型	数量
专职教师数	112	其中，教授数	36	副教授数	42
研究生导师总数	63	其中，博士生导师数	4	硕士生导师数	55
目前在校研究生数	317	其中，博士生数	4	硕士生数	313
生师比	5.5	博士生师比	1	硕士生师比	5.7
近三年授予学位数	279	其中，博士学位数	—	硕士学位数	279

I-4 重点学科					
序号	重点学科名称	重点学科类型	学科代码	批准部门	批准年月
1	野生动植物保护与利用	重点学科	090705	云南省教育厅	200108
2	森林保护学	重点学科	090703	云南省学位委员会	200501
3	森林经理学	重点学科	090704	国家林业局	200605
4	森林培育	重点学科	090702	云南省教育厅 云南省学位委员会	200712
5	林学	省院省校合作咨询、共建省级重点学科	0907	云南省教育厅 云南省学位委员会	201108
合计	二级重点学科教室（个）	国家级	—	省部级	5

I-5 重点实验室				
序号	实验室类别	实验室名称	批准部门	批准年月
1	省部共建教育部重点实验室	西南山地森林资源保育与利用	教育部	200809
2	省部级重点实验室	西南地区生物多样性保育重点实验室	国家林业局	200510
3	省部级重点实验室	国家高原湿地研究中心	国家林业局	200710
4	省部级重点实验室	云南省森林灾害预警与控制重点实验室	云南省人民政府	201011
合计	重点实验数量（个）	国家级	—	省部级	4

Ⅱ　科学研究

Ⅱ-1　近五年（2010—2014年）科研获奖

序号	奖励名称	获奖项目名称	证书编号	完成人	获奖年度	获奖等级	参与单位数	本单位参与学科数
1	云南省科技进步奖	云南重要自然保护区综合科学考察成果集成及应用	2011BC058-D-001	杨宇明等	2011	二等奖	2（1）	1
2	云南省科技进步奖	云南森林火灾扑救辅助指挥信息系统的创新与应用	2012BC013-D-001	周汝良等	2012	二等奖	1	2（1）
3	云南省科技进步奖	吉贝木棉良种选育及干热河谷人工林根瘤化技术应用	2013BC016-D-001	马焕成等	2013	二等奖	1	3（1）
4	云南省自然科学奖	中国地星科鸟巢菌科真菌研究与科志编写	2010BA158-R-001	周彤燊等	2010	三等奖	1	1
5	云南省科技进步奖	云南省森林火灾监测预报及应急处置管理集成应用平台	2011BC057-D-001	周汝良等	2011	三等奖	1	2（1）
6	云南省科技进步奖	云南省主要针叶树种实害特性及种实害虫防治技术	2012BC014-D-001	潘涌智等	2012	三等奖	4（1）	1
7	云南省科技进步奖	云南高原苹果优质高效栽培技术体系建立与应用	—	石卓功等	2014	三等奖	5（1）	1
合计	科研获奖数量（个）	国家级	特等奖 — 一等奖 — 二等奖 —			一等奖 三等奖		—
		省部级	一等奖 — 二等奖	3				4

Ⅱ-2　代表性科研项目（2012—2014年）

Ⅱ-2-1　国家级、省部级、境外合作科研项目

序号	项目来源	项目名称	项目编号	项目级别	项目下达部门	负责人姓名	项目开始年月	项目结束年月	项目合同总经费（万元）	属本单位本学科的到账经费（万元）
1	国家自然科学基金	黄粉甲防御性蛋白对寄生蜂毒液和 Bt 毒素响应的比较研究	313111063	青年项目	国家自然科学基金委员会	朱家颖	201401	201512	8.5	8.5
2	国家自然科学基金	广义九里香属的分类修订及系统学研究	31400181	青年项目	国家自然科学基金委员会	牟凤娟	201501	201712	24	14.4

（续）

序号	项目来源	项目下达部门	项目级别	项目编号	项目名称	负责人姓名	项目开始年月	项目结束年月	项目合同总经费（万元）	属本单位本学科的到账经费（万元）
3	国家自然科学基金	国家自然科学基金委员会	面上项目	31460047	中国产石竹科无心菜属（Arenaria）的分类学研究	徐 波	201501	201812	50	20
4	国家自然科学基金	国家自然科学基金委员会	面上项目	31460181	西南地区青杨派不同种古杨树对干旱胁迫的生理及分子响应机制研究	陆燕元	201501	201812	50	20
5	国家自然科学基金	国家自然科学基金委员会	面上项目	31460194	基于 LiDAR 和 MERSI 数据滇西北乔木生物量反演关键技术研究	舒清态	201501	201812	50	20
6	国家自然科学基金	国家自然科学基金委员会	面上项目	31460195	基于高光谱耦合建模的干旱遥感反演技术	张 超	201501	201812	50	20
7	国家自然科学基金	国家自然科学基金委员会	面上项目	31460214	水杨酸、壳聚糖互作对葡萄柚采后果实细胞壁代谢调控和抗病性诱导的作用及机制	邓 佳	201501	201812	50	20
8	国家自然科学基金	国家自然科学基金委员会	面上项目	31460575	云南义䗬科物种多样性及其稚虫和卵的形态学研究	钱昱含	201501	201812	48	19.2
9	国家自然科学基金	国家自然科学基金委员会	面上项目	31360166	丽江云杉 PIMKK6 基因的可变剪接在细胞质分裂中的功能研究	刘玉倩	201401	201712	50	35
10	国家自然科学基金	国家自然科学基金委员会	面上项目	31360003	干热河谷地区猪屎豆根瘤菌多样性及其共生体系的抗旱机理研究	王 芳	201401	201712	49	34.3
11	国家自然科学基金	国家自然科学基金委员会	面上项目	31360198	地生兰－菌根真菌－松三联共生关系研究	伍建榕	201401	201712	51	35.7
12	国家自然科学基金	国家自然科学基金委员会	面上项目	31360156	楚雄腮扁叶蜂滞育机理研究	李永和	201401	201712	48	33.6
13	国家自然科学基金	国家自然科学基金委员会	面上项目	21362035	三种云南特有胡椒属植物的化学成分及抗深部真菌研究	徐文晖	201401	201712	50	35

（续）

序号	项目来源	项目下达部门	项目级别	项目编号	项目名称	负责人姓名	项目开始年月	项目结束年月	项目合同总经费（万元）	属本单位本学科的到账经费（万元）
14	国家自然科学基金	国家自然科学基金委员会	面上项目	31360404	耐硫葡萄汁酵母外源基因渗入菌株A9的SSU1和FZF1基因功能分析	张汉尧	201401	201712	51	35.7
15	国家自然科学基金	国家自然科学基金委员会	面上项目	31360048	广义宜昌橙的系统演化与生物地理起源研究	牟凤娟	201401	201712	53	37.1
16	国家自然科学基金	国家自然科学基金委员会	面上项目	31360014	横断山地区蘑菇属及相关属系统分类学和DNA条形码研究	赵瑞琳	201401	201712	50	35
17	国家自然科学基金	国家自然科学基金委员会	面上项目	31360184	滇杨枝条倒插生根过程中生长素极性运输机制研究	何承忠	201401	201712	50	35
18	国家自然科学基金	国家自然科学基金委员会	面上项目	31360189	云南松天然更新群体对人为干扰的遗传响应研究	许玉兰	201401	201712	50	35
19	国家自然科学基金	国家自然科学基金委员会	青年项目	31200265	紫茎泽兰抗烟草花叶病毒活性成分及作用机理研究	闫晓慧	201301	201512	21	21
20	国家自然科学基金	国家自然科学基金委员会	青年项目	31200319	破碎生境下欺骗性传粉植物黄花杓兰种群繁育系统与基因流研究	胡世俊	201301	201512	25	25
21	国家自然科学基金	国家自然科学基金委员会	青年项目	31200488	核桃细菌性黑斑病菌VI型分泌系统Hcp和VgrG基因功能研究	傅本重	201301	201512	23	23
22	国家自然科学基金	国家自然科学基金委员会	青年项目	31201572	两种滇产蒿属植物精油对烟草蚜虫杀虫活性成分研究	梁倩	201301	201512	23	23
23	国家自然科学基金	国家自然科学基金委员会	面上项目	31260050	中国特有植物地构叶和广东地构叶的谱系地理学研究	田斌	201301	201612	48	48
24	国家自然科学基金	国家自然科学基金委员会	面上项目	31260083	远志属三种云南特产植物的化学成分及生物活性研究	华燕	201301	201612	48	48

（续）

序号	项目来源	项目下达部门	项目级别	项目编号	项目名称	负责人姓名	项目开始年月	项目结束年月	项目合同总经费（万元）	属本单位的本学科的到账经费（万元）
25	国家自然科学基金	国家自然科学基金委员会	面上项目	31260105	西南纵向岭谷区"通道-阻隔"作用下桔小实蝇来源地及跨境入侵扩散机理研究	刘建宏	201301	201612	48	48
26	国家自然科学基金	国家自然科学基金委员会	面上项目	31260156	基于TerraSAR-X/TanDEM-X极化干涉数据森林树高反演	岳彩荣	201301	201612	50	50
27	国家自然科学基金	国家自然科学基金委员会	面上项目	31260175	干热河谷区木棉-丛枝菌根真菌共生系统的水分关系研究	马焕成	201301	201612	50	50
28	国家自然科学基金	国家自然科学基金委员会	面上项目	31260179	非寄主气味调控云南切梢小蠹产卵的作用和机理	杨 斌	201301	201612	55	55
29	国家自然科学基金	国家自然科学基金委员会	面上项目	31260191	云南松天然群体遗传变异空间格局及形成机制研究	蔡年辉	201301	201612	47	47
30	国家自然科学基金	国家自然科学基金委员会	面上项目	31260449	管氏肿腿蜂毒液抑制寄主血淋巴黑化功能蛋白及其作用靶标研究	朱家颖	201301	201612	50	50
31	国家自然科学基金	国家自然科学基金委员会	面上项目	31260521	喜马拉雅地区蚂蚁多样性研究	徐正会	201301	201612	51	51
32	国家自然科学基金	国家自然科学基金委员会	面上项目	51268052	负载板栗壳色素复合吸附剂制备及其去除水中重金属性能	姚增玉	201301	201612	50	50
33	国家自然科学基金	国家自然科学基金委员会	面上项目	21167016	板栗壳色素交联树脂合成及其吸附重金属性能与机理研究	姚增玉	201201	201512	48	48
34	国家自然科学基金	国家自然科学基金委员会	青年项目	31100279	榕蜂互作系统中化学信息物质的分配与调控	李宗波	201201	201412	24	24

（续）

序号	项目来源	项目下达部门	项目级别	项目编号	项目名称	负责人姓名	项目开始年月	项目结束年月	项目合同总经费（万元）	属本单位本学科的到账经费（万元）
35	国家自然科学基金	国家自然科学基金委员会	青年项目	31101620	火尾绿鹛的分类地位及进化适应	罗　旭	201201	201412	23	23
36	国家自然科学基金	国家自然科学基金委员会	面上项目	31160044	藏东南高原湿地植物多样性及维持机制	张大才	201201	201512	49	49
37	国家自然科学基金	国家自然科学基金委员会	面上项目	31160059	以提高灯盏花素含量为目标的云南短葶飞蓬代谢工程育种研究	刘江华	201201	201512	48	48
38	国家自然科学基金	国家自然科学基金委员会	面上项目	31160075	滇产三种大戟属植物中新二萜结构发现及抗深部真菌研究	徐文晖	201201	201512	47	47
39	国家自然科学基金	国家自然科学基金委员会	面上项目	31160131	地表节肢动物在云南干热河谷植被恢复中的指示作用	李　巧	201201	201512	57	57
40	国家自然科学基金	国家自然科学基金委员会	面上项目	31160154	怒江下游地区竹类多样性及优良种质发掘和保育研究	辉朝茂	201201	201512	51	51
41	国家自然科学基金	国家自然科学基金委员会	面上项目	31160157	基于蓄积量的碳储量机理转换模型构建	胥　辉	201201	201512	50	50
42	国家自然科学基金	国家自然科学基金委员会	面上项目	31160419	云贵高原鲤科墨头鱼属种类适应分化与系统发育研究	周　伟	201201	201512	50	50
43	国家自然科学基金	国家自然科学基金委员会	面上项目	31160422	云南拉沙山黑白仰鼻猴繁殖调控机制研究	崔亮伟	201201	201512	59	59
44	国家自然科学基金	国家自然科学基金委员会	面上项目	31170585	云南松蹲苗机理的研究	李莲芳	201201	201512	55	55
45	国家自然科学基金	国家自然科学基金委员会	面上项目	30960084	云南兰坪黑白仰鼻猴保护生物学研究	崔亮伟	201001	201212	26	26
46	国家自然科学基金	国家自然科学基金委员会	面上项目	30960302	星载 ALOS PALSAR 数据反演云南松林生物量研究	徐天蜀	201001	201212	20	20

（续）

序号	项目来源	项目下达部门	项目级别	项目编号	项目名称	负责人姓名	项目开始年月	项目结束年月	项目合同总经费（万元）	属本单位本学科的到账经费（万元）
47	国家自然科学基金	国家自然科学基金委员会	面上项目	30960316	细梢小卷蛾发生、分布及扩散特征研究	李永和	201001	201212	24	24
48	国家自然科学基金	国家自然科学基金委员会	面上项目	30960320	滇杨分枝特性差异的遗传基础研究	何承忠	201001	201212	22	22
49	国家自然科学基金	国家自然科学基金委员会	重点项目	U0933601	滇西北高原湿地湖滨带演变规律及其驱动机制研究	杨宇明	201001	201312	170	170
50	国家自然科学基金	国家自然科学基金委员会	青年项目	31000013	西南地区蘑菇属物种多样性研究	赵瑞琳	201001	201312	20	20
51	国家自然科学基金	国家自然科学基金委员会	面上项目	31060291	滇西北怒江峡谷蚱总科昆虫及其生境选择	欧晓红	201001	201312	25	25
52	国家自然科学基金	国家自然科学基金委员会	面上项目	31070551	中国沙棘人工林衰退的干旱胁迫机制	李根前	201001	201312	33	33
53	国家自然科学基金	国家自然科学基金委员会	青年项目	41001286	多层次区域和地物语义结构协同的高空间分辨率遥感影像分类	王雷光	201001	201312	18	18
54	国家科技支撑计划	科技部	一般项目	2012BAD23B00	竹藤资源高效培育技术研究与示范	王慷林	2012	2016	53	53
55	部委级科研项目	教育部	重点项目	NCET-12-1079	教育部新世纪优秀人才支持计划	崔亮伟	2013	2016	25	25
56	部委科研项目	国家林业局	重点项目	[2009] 32号	滇东南石漠化地区植被恢复中乡土树种应用技术示范	董 琼	200906	201212	50	50
57	部委科研项目	国家林业局	重点项目	2009/4/16	木兰科珍稀种质资源及培育技术引进	董文渊	200906	201312	48	48
58	部委科研项目	国家林业局	重点项目	201104076	西南山地乡土杨树资源及利用研究	何承忠	201105	201512	112	112
59	部委级科研项目	国家林业局	重点项目	[2012] 66	大型丛生竹优良材用品种高效培育示范推广	辉朝茂	2012	2015	50	50

（续）

序号	项目来源	项目下达部门	项目级别	项目编号	项目名称	负责人姓名	项目开始年月	项目结束年月	项目合同总经费（万元）	属本单位本学科的到账经费（万元）
60	部委级科研项目	国家农业转化成果项目	重点项目	2012GB2F300417	云南特产大型丛生竹优良品种高效栽培育示范	辉朝茂	201201	201412	60	60
61	部委级科研项目	国家林业局	一般项目	2013-LY-205	西南高原山地油茶造林技术规程	郎南军	2013	2014	8	8
62	部委级科研项目	国家林业局	重点项目	[2010]48号	高效丰产西南桦×高阿丁枫培育试验与示范	李莲芳	201001	201212	35	35
63	部委级科研项目	国家林业局	重点项目	[2010]47号	美国葡萄新品种及优质高效栽培技术推广	李贤忠	201001	201212	55	55
64	部委级科研项目	科技部	重大项目	2014DFA31060	国外鲜食葡萄交柚优良品种引进、联合研发及示范	刘惠民	2014	2017	260	144
65	部委级科研项目	国家林业局	重点项目	201304810	干热河谷牛角瓜人工林定向培育关键技术研究	刘惠民	2013	2016	190	190
66	部委级科研项目	国家林业局	一般项目	2012-4-62	猕猴桃新品种及分子育种研究术引进	刘惠民	2012	2015	55	55
67	部委级科研项目	国家林业局	重点项目	2011004034	干热河谷木棉纤维人工林培育关键技术研究	马焕成	201101	201312	148	148
68	部委级科研项目	国家林业局	重点项目	2011-35	干旱条件下木棉产业化栽培技术示范推广	马焕成	201101	201312	35	35
69	部委级科研项目	国家林业局	重点项目	[2014]50号	云南德宏州4个油茶优良无性系的应用推广与示范	石卓功	2014	2017	50	50
70	部委级科研项目	国家林业局	重点项目	2010/4/7	仁果类果树综合栽培管理技术引进	石卓功	201004	201312	50	50
71	部委级科研项目	国家林业局	重点项目	[2012]065	solo系列番木瓜优质高效栽培技术推广	王连春	2012	2015	50	50
72	部委级科研项目	国家林业局	重点项目	201404309	生态脆弱区典型乔木碳库遥感动态监测研究	胥辉	201401	201812	127	38.1

（续）

序号	项目来源	项目下达部门	项目级别	项目编号	项目名称	负责人姓名	项目开始年月	项目结束年月	项目合同总经费（万元）	属本单位本学科的到账经费（万元）
73	部委科研项目	国家林业局	重点项目	200904045	典型森林生态系统多样性保育机制研究	胥 辉	200901	201312	74	74
74	部委级科研项目	国家林业局	重点项目	201204518	林地微甘菊生态控制关键技术研究	杨 斌	201201	201612	29	29
75	部委科研项目	国家林业局	重点项目	200904038	基于嗅觉反应的抗虫混交林设计技术引进	杨 斌	200906	201312	47.93	47.93
76	部委科研项目	国家林业局	重点项目	201004067	云南松小蠹虫调控关键技术研究	杨 斌	201001	201412	250	250
77	部委科研项目	国家林业局	重点项目	—	优质大型丛生竹笋材兼用林集约经营及产业化关键技术示范推广	杨宇明	201101	201312	40	40
78	部委级科研项目	教育部	一般项目	—	贝酵母硫耐受基因的筛选与功能确证	张汉尧	—	—	3	3
79	部委级科研项目	教育部	一般项目	—	西南地区野生伞菌属及其生态相似属的物种多样性和分子系发育研究	赵瑞琳	2012	2015	4	4
80	部委级科研项目	国家林业局	重点项目	201304044	苹果抗性新品种及分子辅助育种技术引进	周 军	2013	2016	50	50
81	部委科研项目	教育部	重点项目	211171	管氏肿腿蜂毒液抑制寄主血淋巴黑化的分子机理	朱家颖	201101	201312	5	5
82	境外合作科研项目	亚太森林组织	一般项目	—	社区林业发展中的多功能性培训班	沈立新	201301	201312	57.5	57.5
83	省科技厅项目	云南省科技厅	重点项目	2014BB001	云南高原低纬度高海拔地区鲜食枣优良品种的选育	周 军	2014	2016	120	72
84	省科技厅项目	云南省科技厅	面上项目	2013FB051	多粘类芽孢杆菌在植物叶际的微生物分子生态效应	韩庆莉	2013	2016	10	10

（续）

序号	项目来源	项目下达部门	项目级别	项目编号	项目名称	负责人姓名	项目开始年月	项目结束年月	项目合同总经费（万元）	属本单位本学科的到账经费（万元）
85	省科技厅项目	云南省科技厅	重点项目	—	云南省森林灾害预警与控制重点实验室	李永和	2013	2013	30	30
86	省科技厅项目	云南省科技厅	重大项目	—	便携式森林火险及火场安全评估预测报仪的研发与应用示范	周汝良	2013	2016	189	189
87	省科技厅项目	云南省科技厅	重点项目	2012BB007	特色木本森林蔬菜——香椿、刺老苞野生驯化与良种选育研究	石卓功	201106	201412	100	100
88	省科技厅项目	云南省科技厅	青年项目	2012FD027	思茅松地上部分生物量生长模型构建	欧光龙	2012	2015	3	3
89	省科技厅项目	云南省科技厅	青年项目	2012FD028	水分胁迫下云南松腾苗生长及生理机制研究	段　旭	2012	2015	3	3
90	省科技厅项目	云南省科技厅	一般项目	—	横断山温带森林植物区系起源进化及分布格局形成的研究	张大才	2012	2015	20	20
91	省科技厅项目	云南省科技厅	重点项目	2012DG017	云南省森林灾害预警与控制重点实验室	李永和	201201	201212	30	30
92	省科技厅项目	云南省科技厅	面上项目	2009CD071	华山松松子注入诱变育种研究	辛培尧	200904	201212	7.5	7.5
93	省科技厅项目	云南省科技厅	面上项目	2009CD073	竹类植物花青素结构及基因调控研究	王　娟	200904	201212	5	5
94	省科技厅项目	云南省科技厅	面上项目	2009ZC080M	核桃抗氧化衰败机理研究	阚　欢	200904	201212	5	5
95	省科技厅项目	云南省科技厅	重点项目	2009BB004	油茶优良品种引育聚合快速选育	石卓功	200904	201212	105	105
96	省科技厅项目	云南省科技厅	重大项目	2009AC005	美国葡萄柚优良品种引进与推广示范	刘惠民	200904	201212	230	230

（续）

序号	项目来源	项目下达部门	项目级别	项目编号	项目名称	负责人姓名	项目开始年月	项目结束年月	项目合同总经费（万元）	属本单位本学科的到账经费（万元）
97	省科技厅项目	云南省科技厅	面上项目	2010CD062	特征与语义耦合建模的高分辨率遥感影像森林分类研究	王雷光	200904	201212	7.5	7.5
98	省科技厅项目	云南省科技厅	面上项目	2010CD063	管氏肿腿蜂毒液对寄主体液免疫相关性性基因转录的作用机理	朱家颖	200904	201212	7.5	7.5
99	省科技厅项目	云南省科技厅	面上项目	2010CD065	云南松及其近缘种系统发育关系研究	许玉兰	200904	201212	7.5	7.5
100	省科技厅项目	云南省科技厅	面上项目	2011FB065	腰果抗寒相关基因克隆	焦笔影	201110	201409	5	5
合计	国家级科研项目	数量（个）	55		项目合同总经费（万元）	2 393.5	属本单位本学科的到账经费（万元）			2 054.5

II-2-2　其他重要科研项目

序号	项目来源	合同签订/项目下达时间	项目名称	负责人姓名	项目开始年月	项目结束年月	项目合同总经费（万元）	属本单位本学科的到账经费（万元）
1	攀枝花市林业局	201410	攀枝花市林业有害生物普查	何承忠	201411	201610	230	230
2	塔里木河流域阿克苏管理局	201112	典型流域灌区斑块类型动态变化遥感监测项目（遥感监测部分）	张　超	201411	201712	88.25	40
3	塔里木河流域阿克苏管理局	201112	典型流域灌区斑块类型动态变化遥感监测项目（水文水资源监测部分）	刘江华	201411	201712	88.25	40
4	永德县德党河水务局	201310	永德县德党河水库工程建设项目使用林地可行性报告	刘江华	201310	201402	86	86
5	昆钢临沧矿业有限公司	201303	昆钢临沧矿业有限公司300万吨/年选矿工程建设使用林地可行性报告	许彦红	201303	201403	85	85
6	新疆水电设计研究院	201112	新疆艾比湖生态环境保护项目	刘　宁	201201	201412	80	80

（续）

序号	项目来源	合同签订/项目下达时间	项目名称	负责人姓名	项目开始年月	项目结束年月	项目合同总经费（万元）	属本单位本学科的到账经费（万元）
7	云南省林业厅保护办	201309	迪庆州重点保护野生植物资源调查	邓莉兰	201309	201512	54	54
8	云南省烟草公司红河州公司	201111	烟蚜茧蜂工厂化繁殖与加工技术研究	吴伟	201201	201212	49.3	49.3
9	云南省林业厅保护办	201311	云南省林业厅第二次陆生野生动物资源调查（楚雄）	李旭	201401	201512	48	48
10	云南省林业厅	201310	云南省林业厅第二次野生植物资源调查（昭通）	张大才	201401	201412	45	45
11	云南省烟草公司曲靖市公司	201110	烟蚜茧蜂替代寄主研究	吴伟	201201	201212	34.5	34.5
12	国家林业局亚大森林网络管理中心	201112	大湄公河次区域云南部分森林碳汇制图	岳彩荣	201203	201404	32	32
13	国家林业局昆明勘察设计院	201112	云南南滚河国家自然保护区本底资源调查协议	杜凡	201203	201210	30	30
14	金平苗族瑶族傣族自治县林业局	201110	金平油茶种质资源调查及良种选育	王连春	201201	201512	30	30
15	墨江县林业局	201409	墨江县林下经济发展规划	石卓功	201410	201512	30	30
16	迪庆藏族自治州交通运输局	201110	丽江至香格里拉高速公路生态评价	刘宁	201201	201212	28	28
17	昆明市林业局	201403	昆明市林业科学发展调研	许彦红	201403	201412	25.32	25.32
18	丘北县喀斯特国家湿地公园	201108	陕西荒漠化地区针叶树造林关键技术研究集成与示范推广	李根前	201108	201412	25	25
19	德宏傣族景颇族自治州环境保护局	201212	德宏州生物多样性编制	李永和	201301	201312	25	25
20	泸西县林业局	201303	泸西县林业发展规划	石卓功	201305	201401	22	22
21	国际竹藤网络中心	201103	老君山旅游索道生态评价	刘宁	201101	201512	21.5	21.5
22	云南电力试验研究院	201104	优良棕榈藤种质资源及培育技术引进	王慷林	201105	201312	20	20
23	高黎贡山国家级自然保护怒江管理局	201201	云南独龙江戴帽叶猴食性研究	崔亮伟	201204	201212	20	20
24	长江水资源保护科学研究所	201111	雅鲁藏布江规划环评	刘宁	201201	201212	20	20
25	昆明市林业科技推广总站	201301	东川困难造林地植被恢复技术推广示范项目	何承忠	201301	201412	20	20
26	云南省烟草公司曲靖市公司	201110	2011年石漠化综合治理项目初步设计方案编制	叶江霞	201112	201212	17.5	17.5

（续）

序号	项目来源	合同签订/项目下达时间	项目名称	负责人姓名	项目开始年月	项目结束年月	项目合同总经费（万元）	属本单位本学科的到账经费（万元）
27	中国电力建设工程咨询环境工程公司	201112	云广特高压直流输电工程对万峰山自然保护区和多依河风景名胜区生物多样性影响评价	刘 宁	201201	201212	17.1	17.1
28	纳板河自然保护区	201012	替代寄主饲养蠵蝽虫技术与方法研究	吴 伟	201012	201312	13	13
29	邵阳区林业局	201112	邵阳区林下药用植物重楼实验示范	华 燕	201201	201312	13	13
30	昆明西山林场	201201	滇池环湖带森林可持续经营关键技术研究与示范	欧光龙	201205	201305	10	10

II-2-3 人均科研经费

人均科研经费（万元/人）	52.5

II-3 本学科科研代表性学术论文质量

II-3-1 近五年（2010—2014年）国内收录的本学科代表性学术论文

序号	论文名称	第一作者	通讯作者	发表刊次（卷期）	发表刊物名称	收录类型	中文影响因子	他引次数
1	火干扰对云南苍山地表蜘蛛群落生活型组成及季节动态的影响	马艳艳	李 巧	2014（2）	生物多样性	CSSCI	1.668	—
2	滇杨优树遗传多样性的AFLP分析	纵 丹	何承忠	2014（4）	西北林学院学报	CSSCI	0.876	—
3	深海来源链霉菌多酚萜蒽酮累代谢产物的研究	华 燕	—	2013（1）	天然产物研究与开发	CSSCI	0.545	3
4	木瓜榕传粉榕小蜂雌蜂触角感器的分布和超微形态	李宗波	—	2012(11)	昆虫学报	CSSCI	0.737	1
5	高黎贡山白尾梢虹雉春季食谱及食物纤维发育过程	罗 旭	—	2012（1）	四川动物	CSSCI	0.376	—
6	元江干热河谷木棉蒴果形成和纤维发育过程	赵高卷	马焕成	2014(12)	应用生态学报	CSSCI	1.742	—
7	珍稀植物裸衣油杉危机的初步研究	牟凤娟	—	2013（2）	植物研究	CSSCI	0.598	3

（续）

序号	论文名称	第一作者	通讯作者	发表刊次（卷期）	发表刊物名称	收录类型	中文影响因子	他引次数
8	三江并流区云南贡山植被景观类型分布特征	欧光龙	—	2013（4）	山地学报	CSSCI	0.777	—
9	昆明市西山区苹果化学疏花疏果效果试验	陆金珍	石卓功	2012（2）	经济林研究	CSSCI	1.357	—
10	基于 SVM 方法的高山松林蓄积量遥感估测研究	付虎艳	舒清态	2014（4）	西部林业科学	CSSCI	0.577	—
11	云南切梢小蠹蛀食云南松枝梢行为研究	高艳飞	吴 伟	2012（3）	西南林学院学报	CSSCI	0.876	—
12	云南干热河谷地区木棉科植物丛枝菌根真菌的调查研究	伍建榕	—	2014（1）	西北农林科技大学学报	CSSCI	0.596	—
13	利用 ALOS PALSAR 双极化数据估测山区森林蓄积量模型	王晓宁	徐天蜀	2012（5）	浙江农林大学学报	CSSCI	0.812	1
14	云南产锡带花挥发油化学成分分析	徐文晖	—	2012(27)	中国药房	CSSCI	0.339	1
15	短葶飞蓬挥发油成分的研究	徐文晖	—	2012（8）	北方园艺	CSSCI	0.232	—
16	高黎贡山土壤微生物类群动态特征	张俊忠	—	2013（7）	草业科学	CSSCI	0.811	1
17	转抗菌肽 D 烟草对土壤微生物群落的影响	刘 丽	—	2010（2）	生态学报	CSSCI	1.547	3
18	环境因子对木棉种子萌发的影响	郑艳玲	马焕成	2013（2）	生态学杂志	CSSCI	1.547	12
19	苹果绵蚜发生危害及抗性资源研究进展.	徐世宏	周 军	2014（6）	中国果树	CSSCI	0.274	—
20	长石爬鳅 3 个地理群体遗传多样性的 RAPD 分析	杨丽萍	周 伟	2013（2）	水生态学杂志	CSSCI	0.636	1
合计			16.923				中文影响因子	他引次数
							16.923	26

II-3-2　近五年（2010—2014 年）国外收录的本学科代表性学术论文

序号	论文名称	论文类型	第一作者	通讯作者	发表刊次（卷期）	发表刊物名称	收录类型	他引次数	期刊 SCI 影响因子	备注
1	Major clades in tropical *Agaricus*	Article	赵瑞琳	Jacques Guinberte	2011, 51	Fungal Diversity	SCI	19	6.938	
2	A monograph of *Micropsalliota* in Northern Thailand based on morphological and molecular data	Article	赵瑞琳	赵瑞琳	2010	Fungal Diversity	SCI	3	5.1	
3	Global transcriptome profiling of the pine shoot beetle, *Tomicus yunnanensis*	Article	朱家颖	—	2012	Plos One	SCI	12	3.534	

（续）

序号	论文名称	论文类型	第一作者	通讯作者	发表刊次（卷期）	发表刊物名称	收录类型	他引次数	期刊SCI影响因子	备注
4	Transcriptomic immune response of tenebrio molitor pupae to parasitization by *Sclerderma guani*	Article	—	朱家颖	2013	Plos One	SCI	8	3.534	
5	Roles of mitogen-activated protein kinase cascades in ABA signaling	Article	Liu Yukun	—	2012, 31	Plant Cell Rep	SCI	1	2.936	
6	Review of the myrmicine ant genus *Perissomyrmex* M.R. Smith, 1947 (Hymenoptera: Formicidae) with description of a new species from Tibet, China.	Article	徐正会	—	2012, 17	Myrmecological News	SCI	1	2.644	
7	Identification and tissue distribution of odorant binding protein genes in the beet armyworm	Article	朱家颖	Yang Bin	2013	Journal of insect physiology	SCI	3	2.5	
8	Expression Analysis of Segmentally Duplicated ZmMPK3-1 and ZmMPK3-2 genes in Maize	Article	Liu Yukun	—	2013, 31	Plant Mol Biol Rep	SCI	1	2.374	
9	Genome-Wide Analysis of Mitogen-Activated Protein Kinase Gene Family in Maize	Article	Liu Yukun	—	2013, 31	Plant Mol Biol Rep	SCI	1	2.374	
10	Growth Promotion of Yunnan Pine Early Seedlings in Response to Foliar Application of IAA and IBA	Article	Xu Yulan	—	2012, 13	Molecular Sciences	SCI	1	2.339	
11	Isolation,fractionation and characterization of melanin-like pigments from chestnut shells	Article	姚增玉	—	2012, 77（6）	Food Science	SCI	4	1.791	
12	Global transcriptional analysis of olfactory genes in the head of pine shoot beetle, *Tomicus yunnannensis*	Review	朱家颖	—	2012	Comparative and Functional Genomics	SCI	3	1.747	
13	Mitochondrial genome of the pine moth *Rhyacionia leptotubula* (Lepidoptera:Tortricidae)	Article	朱家颖	—	2012, 23（5）	Mitochondrial DNA	SCI	3	1.701	
14	Production of transgenic *Pinus armandii* plants harbouring btCryIII(A) gene	Article	Liu X Z	张汉尧	2010	Biologia Plantarum	SCI	—	1.6	
15	Heat shock protein genes from *pieris rapae*	Article	朱家颖	—	2013, 20	Insect scinece	SCI	2	1.514	

（续）

序号	论文名称	论文类型	第一作者	通讯作者	发表刊次（卷期）	发表刊物名称	收录类型	他引次数	期刊SCI影响因子	备注
16	Prophenoloxidase from *Pieris rapae*: gene cloning, activity, and trancription in response to venom/calyx fluid from the endoparasitoid wasp *Cotesia glomerata*	Article	朱家颖	—	2011, 2（2）	Jouanal of zhejiang University-SCIENCE B (Biomedicine & Biotechonolgy)	SCI	2	1.293	
17	*Agaricus flocculosipes* sp.nov.,a new potentially cultivatable species from the palaeotropics	Article	赵瑞琳	—	2012	mycoscience	SCI	9	1.288	
18	Effects of slope aspects and Stand age on the photosynthetic and physiological characteristics of the black locust (*Robinia pseudoacacia* L.) on the loess plateau	Article	郑 元	Zhao Zhong	2012, 44（3）	Pakistan Journal of Botany	SCI	1	1.207	
19	Evaluations of different leaf and canopy photosynthesis models: a case study with black locust (*Robinia pseudoacacia*) plantations on a loess plateau	Article	郑 元	Zhao Zhong	2012, 44（2）	Pakistan Journal of Botany	SCI	1	1.207	
20	Development of novel microsatellite markers for *Pinus yunnanensis* and their cross amplification in congeneric species	Article	Xu Yulan	—	2013	Conservation Genet Resour	SCI	1	1.136	
21	Two new species of the Glyptosternine catfish genus *Euchiloglanis*	Article	周 伟	—	2011	Zootaxa	—	3	1.06	
22	Stigmatic Morphology of Chinese Chestnut (*Castanea mollissina* Blume)	Article	石卓功	石卓功	2010	Hortscience	SCI	—	0.9	
23	Two new 5 α -adynerin-type compounds from *Parepigynum funingense*	Article	华 燕	华 燕	2010	中国化学快报	SCI	—	0.8	
24	Four New Spicies of the Amblyoponine Ant Genus Amblyopone(Hymenoptera:Formicidae)from Southwestern China with a Key to the Known Asian Spicies	Article	徐正会	—	2012, 59（4）	Sociobiology	SCI	1	0.618	
25	Vombisidris tibeta,a New Myrmicine Ant Species from Tiber,China with a Key to the Known Spicies of *Vombisidris* Bolton of the World (Hymenoptera:Formicidae)	Article	徐正会	—	2012, 59（4）	Sociobiology	SCI	—	0.618	

序号	论文名称	论文类型	第一作者	通讯作者	发表刊次（卷期）	发表刊物名称	收录类型	他引次数	期刊 SCI 影响因子	备注
26	Furcotanilla, a new genus of the ant subfamily Leptanillinae from China with descriptions of two new species of *Protanilla* and *P. rafflesi* Taylor (Hymenoptera: Formicidae)	Article	徐正会	—	2012，59（2）	Sociobiology	SCI	2	0.618	
27	*Gaoligongidris planodorsa*, a new genus and species of the ant subfamily Myrmicinae from China with a key to the genera of Stenammini of the world (Hymenoptera: Formicidae)	Article	徐正会	—	2012，59（2）	Sociobiology	SCI	1	0.618	
28	A newly recorded genus and species, *Harpagoxenus sublaevis*, from China with a key to the known species of *Harpagoxenus* of the world (Hymenoptera: Formicidae)	Article	徐正会	—	2012，59（1）	Sociobiology	SCI	1	0.618	
29	Three New Species of the ant genus *Myopias* (Hymenoptera: Formicidae) from China with a Key to the Known Chinese Species.	Article	徐正会	—	2010，59（1）	Sociobiology	SCI	1	0.363	
30	A New Genus of Glyptosternine catfish (Siluriformes:Sisoridae)with Descriptions of Two New Species from Yunnan，China	Article	周　伟	—	2011，2	Copeia	SCI	2	0.211	
合计	SCI 影响因子		55.181			他引次数			87	

Ⅲ 人才培养质量

Ⅲ-1　优秀教学成果奖（2012—2014 年）

序号	获奖级别	项目名称	证书编号	完成人	获奖等级	获奖年度	参与单位数	本单位参与学科数
1	国家级	林业类本科人才培养模式改革的理论与路径创新	20148405	刘惠民等	二等奖	2014	1（1）	2（1）
2	省级	林业特色类专业建设的研究与实践	—	胥辉等	二等奖	2013	1（1）	2（1）
合计	国家级	一等奖（个）	—	二等奖（个）	1	三等奖（个）	—	
	省级	一等奖（个）	—	二等奖（个）	1	三等奖（个）	—	

Ⅲ-2　研究生教材（2012—2014 年）

序号	教材名称	第一主编姓名	出版年月	出版单位	参与单位数	是否精品教材
1	经济林栽培学	谭晓风	201307	中国林业出版社	19（3）	—
2	植物保护专业英语	朱家颖	201205	中国林业出版社	10（1）	—
合计	国家级规划教材数量		—	精品教材数量		—

Ⅲ-4　学生国际交流情况（2012—2014 年）

序号	姓名	出国（境）时间	回国（境）时间	地点（国家 / 地区及高校）	国际交流项目名称或主要交流目的
1	许书曼	201109	201209	波兰－波兹南生命科学大学	联合培养
合计	学生国际交流人数			1	

1.5.2　学科简介

1. 学科基本情况与学科特色

（1）学科基本情况

西南林业大学林学学科的发展起始于 1939 年建立的云南大学森林系，1978 年开始招收硕士研究生，1981 年获得全国首批硕士学位授权点，2006 年获一级学科硕士学位授予权，2013 年获得林学一级学科博士学位授予权。目前在研项目有 200 余项，其中国家级项目 68 项，省部级项目 46 项。近五年共发表学术论文 800 余篇，其中 SCI、EI 收录论文 79 篇，出版论著 39 部，获省部级奖励二等奖 3 项，三等奖 4 项，获发明专利 21 项，选育林木新品种和优良无性系 21 个，通过云南省林木品种审定委员会认定品种（优良无性系）29 个，审定品种 1 个。

拥有云南省科技创新团队 1 个，云南省高校科技创新团队 1 个，云南省教学团队 1 个。有国家林业局突出贡献专家 2 人，云南省学术与技术带头人 10 人，教育部新世纪人才 1 人，教授 36 人，副教授 42 人，博士生导师 24 人，独立培养博士 4 人。教师队伍中 63 人具有博士学位，7 人享受政府津贴，1 人为云南省首批"百名海外高层次人才引进计划"。省级教学名师 5 人，省级名师工作室 2 个。省级精品课程 5 门，省级十二五规划教材 4 部。国家第一类特色专业 1 个，云南省人才培养模式创新实验区 1 个。

（续）

（2）学科特色

依托西南地区丰富的森林资源、生物多样性以及毗邻东南亚区位优势，学科优势与特色突出，体现在六个方面：

① 森林资源培育研究方向主要集中于大型丛生竹与优良棕榈藤人工快繁技术和丰产定向培育、特色经济林栽培与利用、主要树种工业原料林高效栽培、干热河谷与石漠化等植被恢复困难地区造林等研究领域。

② 森林资源管理研究方向在林火管理方面研发了拥有独立知识产权的森林防火业务平台；将 3S 技术和社区林业理论应用于自然保护区规划与管理中。

③ 森林生物多样性保护与利用研究方向重点开展生物多样性本底资料调查、编目与评价指标体系研究、重大工程生物多样性保护、森林生物资源保护与利用协调发展、高原湿地生物多样性调查与保护等方面。

④ 林木遗传改良与繁育研究方向主要开展母树林、种子园等方面的研究，建立了华山松、膏桐、滇杨等树种的快速繁殖、质量监控、细胞工程育种、分子标记辅助育种、转基因及检测体系等。

⑤ 森林保护研究方向重点针对森林有害生物综合治理、林木检疫、生物与仿生农药开发等，在小蠹虫、木蠹象、松毛虫、林木种实害虫、华山松疱锈病、华山松腐烂病、松材线虫防治方面取得了突破性进展，在外来物种、蚂蚁、昆虫和真菌多样性研究方面获得了突出成绩。

⑥ 水土保持与植被恢复研究方向重点研究土壤侵蚀原理、水土流失综合治理与植被恢复技术、农业面源污染控制等领域。

2. 社会贡献

（1）提供决策咨询

① 举办"亚太地区混农林业与农村发展"国际培训研讨会并承办"亚太地区林业与乡村可持续发展培训"和"亚太地区可持续森林资源管理培训"，为亚太森林管理提供决策参考。

② 主持云南省多个省级自然保护区的综合科学考察、总体规划，为其晋级申报工作提供支持。

③ 为"低碳昆明"建设及林业发展提出了大量有益建议。

④ 制定了 1 个地方标准，并为多个树种的行业标准、地方标准和企业标准提供了咨询服务。

⑤为云南百年不遇的大旱提供决策建议。

⑥ 应用 3S 技术为云南省和其他地区森林防火提供决策支持及技术服务，开发的"林业有害生物信息预警系统"等得到广泛应用。

⑦ 本学科多人为云南省政府参事、林业咨询委员会成员，参与了多项地方林业发展相关政策咨询。

（2）服务产业发展

① 收集选育核桃、油茶，引进葡萄柚、枣、苹果、猕猴桃和梨等优良品种及栽培技术，分别在西双版纳、昆明等地推广种植，经济效益显著。

② 为石漠化地区生态林建设提供栽培技术、森林保护等支撑，推广优良树种 12 个，造林面积 500 多万亩，推广治理 40 多万亩石漠化山地，生态及社会效益明显。

③《云南竹产业发展总体规划》为云南省林业厅所采纳并应用。

④ "应用 3S 技术辅助林权制度改革管理信息系统"广泛应用于西南地区，为林产业结构调整奠定基础。

⑤ 研发的"3% 杀螟丹粉剂"获农药"三证"，建立松小蠹防治示范林 23 500 亩，生态控制示范林 5 000 多亩，技术扩散超过 20 万亩，取得良好的经济及生态效益。

⑥ 在云南省多地开展木本油料产业技术培训并提供产学研一条龙技术服务；为昭通发展经济林产业及林下资源开发提供技术服务，并在镇雄县建立了研发中心；与企业合作开展了森林蔬菜良种选育、设施栽培及鲜食枣良种引进及配套栽培技术推广，取得良好经济效益。

（3）推进科学普及、服务社会大众

① 学校标本馆为国家林业局、云南省政府科普教育基地，每年参观人员达 1 万多人次。

② 中央电视台科教频道多次采访徐正会教授，并进行了专题报道。

③ 多次在地方中小学中开展生物多样性方面的科普宣传及野外实训指导。

④ 与云南雪原农业科技开发有限公司合作共同成立了科技创新中心，为企业制订出了枣、梨和桃栽培年工作历。

（4）专职教师部分社会兼职

刘惠民，中国林学会经济林分会副理事长，中国经济林协会木本油料专业委员会副主任委员，云南省林学会

（续）

副理事长；

胥辉，全国森林经理学会常务理事；

石卓功，中国林学会经济林分会常务理事，云南省园艺学会常务理事，云南省林木品种审定委员会委员；

李根前，中国林学会森林培育分会常务理事；

段安安，中国林学会桉树专业委员会副主任；

董文渊，云南省生态经济学会副理事长；

辉朝茂，云南省竹藤产业协会副会长兼秘书长。

1.6 西北农林科技大学

1.6.1 清单表

I 师资队伍与资源

| | I-1 突出专家 |
序号	专家类别	专家姓名	出生年月	获批年月	备注
1	千人计划入选者	彭长辉	196212	201001	
2	国家杰青基金获得者	唐 明	196211	200209	
3	"973"首席科学家	李 锐	194609	200705	
4	百千万人才工程国家级人选	刘国彬	195806	199712	
5	百千万人才工程国家级人选	郑粉莉	196010	200412	
6	中国科学院百人计划	李占斌	196207	199705	
7	中国科学院百人计划	谭文峰	197111	200808	
8	中国科学院百人计划	史志华	197001	200911	
9	中国科学院百人计划	何洪鸣	197101	201304	
10	教育部新世纪人才	冯 浩	197002	200609	
11	教育部新世纪人才	杨明义	197009	200709	
12	教育部新世纪人才	罗志斌	197311	200902	
13	教育部新世纪人才	韩文霆	197209	201209	
14	享受政府特殊津贴人员	唐德瑞	196110	199812	
15	享受政府特殊津贴人员	魏安智	196108	199912	
16	享受政府特殊津贴人员	赵 忠	195807	200012	
17	享受政府特殊津贴人员	张文辉	195512	200012	
18	享受政府特殊津贴人员	韩崇选	196201	200312	
19	享受政府特殊津贴人员	陈 辉	196111	200412	
20	享受政府特殊津贴专家	汪有科	195605	201012	
21	享受政府特殊津贴人员	李孟楼	195601	201012	
22	享受政府特殊津贴人员	李新岗	196312	201312	
合计	colspan="3"	突出专家数量（人）		22

| | I-2 团队 |
序号	团队类别	学术带头人姓名	带头人出生年月	资助期限
1	教育部创新团队	唐 明	196211	200801-201012
2	教育部创新团队	陈 辉	196111	201001-201212
合计		团队数量（个）		2

I-3　专职教师与学生情况

类型	数量	类型	数量	类型	数量
专职教师数	131	其中，教授数	46	副教授数	48
研究生导师总数	136	其中，博士生导师数	42	硕士生导师数	94
目前在校研究生数	556	其中，博士生数	142	硕士生数	414
生师比	4.1	博士生师比	3.4	硕士生师比	4.4
近三年授予学位数	532	其中，博士学位数	114	硕士学位数	418

I-4　重点学科

序号	重点学科名称	重点学科类型	学科代码	批准部门	批准年月
1	森林培育	重点学科	090702	国家林业局	200601
2	森林保护学	重点学科	090703	国家林业局	200601
3	水土保持与荒漠化防治	重点学科	090707	国家林业局	200601
4	林木遗传育种	重点学科	090701	陕西省教育厅	200609
5	森林经理学	重点学科	090704	陕西省教育厅	200609
6	野生动植物保护与利用	重点学科	090705	陕西省教育厅	200609
合计	二级重点学科数量（个）	国家级	—	省部级	6

I-5　重点实验室

序号	实验室类别	实验室名称	批准部门	批准年月
1	国家野外观测站	陕西秦岭森林生态系统国家野外科学观测研究站	科技部	200611
2	省部级重点实验室/中心	水土保持生态工程技术研究中心	水利部	200504
3	省部级重点实验室/中心	国家林业局黄土高原林木培育重点实验室	国家林业局	199503
4	省部级重点实验室/中心	国家林业局西北自然保护区研究中心	国家林业局	200701
5	省部级重点实验室/中心	国家林业局花椒工程技术研究中心	国家林业局	201308
6	省部级重点实验室/中心	国家林业局枣工程技术研究中心	国家林业局	201402
7	省部级重点实验室/中心	西部环境与生态教育部重点实验室	教育部、陕西省	200311
8	省部级重点实验室/中心	陕西省经济植物资源开发利用重点实验室	陕西省	199703
9	省部级重点实验室/中心	陕西省林业综合重点实验室	陕西省	199501
10	省部级重点实验室/中心	黄土高原水土保持与生态修复协同创新中心	陕西省	201310
合计	重点实验数量（个）	国家级	4	省部级	6

Ⅱ 科学研究

Ⅱ-1　近五年（2010—2014年）科研获奖

序号	奖励名称	获奖项目名称	证书编号	完成人	获奖年度	获奖等级	参与单位数	本单位参与学科数
1	国家科学技术进步奖	中国生态系统研究网络的创建及其观测研究和试验示范	2012-j-231-1-01-d07	刘国彬	2012	一等奖	10（7）	1
2	国家科学技术进步奖	地球系统科学数据共享国家平台构建、关键技术及应用	2014-j-20251-2-05-d07	郭明航	2014	二等奖	10（7）	1
3	陕西省科学技术奖	林木鼠（兔）害综合控制关键技术与示范	2012-1-11-D1	韩崇选	2012	一等奖	2（1）	1
4	陕西省科学技术奖	菌根真菌对黄土高原植被恢复和生态系统重建的作用机制	2013-1-16-D1	唐　明	2013	一等奖	1	1
5	陕西省科学技术奖	黄土区沟壑整治工程优化配置与建造技术	—	李占斌	2014	一等奖	3（1）	1
6	陕西省科学技术奖	毛乌素沙地长根苗造林技术体系	2012-2-012-D1	康永祥	2013	二等奖	4（1）	2（1）
7	陕西省科学技术奖	黄土高原农牧交错带生态恢复机理和关键技术研究	2012-2-011-D1	刘广全	2012	二等奖	4（3）	1
8	陕西省科学技术奖	抗旱耐寒花椒种质资源筛选及快繁技术研究与示范	2013-3-331-D1	刘淑明	2013	三等奖	1	1
9	陕西省林业厅科学技术进步奖	红枣良种选育及高效优质栽培	2011-T3-01	李新岗	2011	特等奖	1	1
合计	科研获奖数量（个）	国家级	特等奖 —	一等奖 —	二等奖 1	三等奖 —		
		省部级	特等奖 1	一等奖 3	二等奖 1	三等奖 1		

II-2 代表性科研项目（2012—2014年）

II-2-1 国家级、省部级、境外合作科研项目

序号	项目来源	项目下达部门	项目级别	项目编号	项目名称	负责人姓名	项目开始年月	项目结束年月	项目合同总经费（万元）	属本单位本学科的到账经费（万元）
1	国家"973"计划	科技部	子课题	2007CB407203	区域水土流失过程与趋势分析	李　锐	200705	201212	625.77	125
2	国家"973"计划	科技部	子课题	2007CB407205	水土流失的环境效应评价理论与指标体系	刘国彬	200705	201212	412.79	82
3	国家"973"计划	科技部	子课题	2007CB407201	不同类型区土壤侵蚀过程与机理	郑粉莉	200705	201212	366.92	74
4	国家"973"计划	科技部	子课题	2007CB407204	区域水土流失模型	杨勤科	200705	201212	38.5	8
5	国家"973"计划	科技部	子课题	2012CB416902	林木对土壤NP吸收、利用与归还机制	罗志斌	201101	201512	499	271
6	国家"973"计划	科技部	子课题	2013CB956602	基于生态过程的陆地与海洋碳模型的构建与验证研究	彭长辉	201301	201712	211	191
7	国家"863"计划	科技部	课题	2013AA102904	抗旱节水材料与制剂	冯　浩	201101	201512	400	135
8	国家"863"计划	科技部	课题	2011AA100507	低能耗微罐技术与产品	牛文全	201101	201512	946	140
9	国家"863"计划	科技部	课题	2011BAD29B04	西北生态脆弱区经济作物高效用水关键技术研究与示范	汪有科	201101	201512	500	150.2
10	国家科技基础性工作专项	科技部	课题	2014FY210100	黄土高原生态系统与环境变化考察	刘国彬	201401	201904	1303	260
11	国家科技基础条件平台——地球科学数据共享平台	科技部	课题	—	黄土高原数据共享服务中心	郭明航	201201	201612	225	186.5
12	国家自然科学基金	国家自然科学委员会	重点项目	41030532	黄土丘陵区土壤侵蚀对植被恢复过程的干扰与植物的抗侵蚀特性研究	焦菊英	201101	201412	185	111
13	国家自然科学基金	国家自然科学委员会	重点项目	41330858	黄土高原生态建设的生态—水文过程响应机理研究	李占斌	201401	201712	300	120

（续）

序号	项目来源	项目下达部门	项目级别	项目编号	项目名称	负责人姓名	项目开始年月	项目结束年月	项目合同总经费（万元）	属本单位本学科的到账经费（万元）
14	国家自然科学基金	国家自然科学基金委员会	面上项目	30972352	四倍体刺槐生根调控机理研究	赵　忠	201001	201212	30	10
15	国家自然科学基金	国家自然科学基金委员会	面上项目	30972296	黄土高原天然林地时空变化及其驱动力研究	赵鹏祥	201001	201212	32	10
16	国家自然科学基金	国家自然科学基金委员会	面上项目	30972382	柴松分类地位与遗传多样性研究	李周岐	201001	201212	30	10
17	国家自然科学基金	国家自然科学基金委员会	面上项目	30972372	松果梢斑螟对虫害诱导防御的抑制作用研究	李新岗	201001	201212	30	10
18	国家自然科学基金	国家自然科学基金委员会	面上项目	40971173	用于区域土壤侵蚀评价的中低分辨率坡度变换方法研究	杨勤科	201001	201212	40	16
19	国家自然科学基金	国家自然科学基金委员会	面上项目	31070342	日本弓背蚁—蚜虫消化道微生物区系及内共生菌相关性研究	贺　虹	201101	201312	35	14
20	国家自然科学基金	国家自然科学基金委员会	面上项目	31070582	共生真菌毒蛋白酶在"虫—树—菌"互作体系中的致害机理	谢寿安	201101	201312	34	13.6
21	国家自然科学基金	国家自然科学基金委员会	面上项目	31070539	外生菌根真菌增强杨富集重金属镉的作用机理	罗志斌	201101	201312	36	14.4
22	国家自然科学基金	国家自然科学基金委员会	面上项目	41071192	毛乌素沙地生物结皮的风蚀和水分效应及其干扰响应	卜崇峰	201101	201312	40	16
23	国家自然科学基金	国家自然科学基金委员会	面上项目	41071194	复合指纹识别法研究黄土高原小流域泥沙来源	杨明义	201101	201312	40	16
24	国家自然科学基金	国家自然科学基金委员会	面上项目	51079140	压力与风对喷灌水量连续分布影响规律及其动态模拟研究	韩文霆	201101	201312	30	12
25	国家自然科学基金	国家自然科学基金委员会	面上项目	31170607	华山松大小蠹气味结合蛋白OBPs基因克隆与表达	陈　辉	201201	201512	60	60

（续）

序号	项目来源	项目下达部门	项目级别	项目编号	项目名称	负责人姓名	项目开始年月	项目结束年月	项目合同总经费（万元）	属本单位本学科的到账经费（万元）
26	国家自然科学基金	国家自然科学基金委员会	面上项目	31170587	黄土高原水土保持林可持续经营基础研究	李卫忠	201201	201512	55	55
27	国家自然科学基金	国家自然科学基金委员会	面上项目	31170567	菌根真菌和黑色有隔内生真菌提高林耐旱机制	唐　明	201201	201512	68	68
28	国家自然科学基金	国家自然科学基金委员会	面上项目	31170586	气候变化条件下森林生态系统的适应性经营	曹田健	201201	201512	65	65
29	国家自然科学基金	国家自然科学基金委员会	面上项目	31170608	花绒寄甲成虫生殖与生理衰老机制研究	李孟楼	201201	201512	50	50
30	国家自然科学基金	国家自然科学基金委员会	面上项目	41171228	黄土坡面细沟和细沟间侵蚀贡献率变化规律的研究	杨明义	201201	201512	70	70
31	国家自然科学基金	国家自然科学基金委员会	面上项目	41171227	黄土坡面细沟侵蚀参数及其耦合关系试验研究	王占礼	201201	201512	66	66
32	国家自然科学基金	国家自然科学基金委员会	面上项目	41171420	基于相同气候条件的人类活动对河流水沙影响定量评价——以黄土高原延河流域为例	王　飞	201201	201512	65	65
33	国家自然科学基金	国家自然科学基金委员会	面上项目	41171421	黄土丘陵区小流域大气降水—土壤水—地下水转化行为机理研究	徐学选	201201	201512	64	64
34	国家自然科学基金	国家自然科学基金委员会	面上项目	41171422	黄土高原深层土壤有机碳固存及对土地利用／覆被变化的响应	许明祥	201201	201512	56	56
35	国家自然科学基金	国家自然科学基金委员会	面上项目	31270639	西北地区丛枝菌根真菌提高植物耐铅性机制的研究	唐　明	201301	201612	85	68

（续）

序号	项目来源	项目下达部门	项目级别	项目编号	项目名称	负责人姓名	项目开始年月	项目结束年月	项目合同总经费（万元）	属本单位本学科的到账经费（万元）
36	国家自然科学基金	国家自然科学基金委员会	面上项目	31270647	杂交杨吸收、转运与积累重金属镉的生理与转录组调控机制	罗志斌	201301	201612	88	70.4
37	国家自然科学基金	国家自然科学基金委员会	面上项目	31270690	核桃举肢蛾性信息素与交配行为化学通讯研究	唐光辉	201301	201612	80	64
38	国家自然科学基金	国家自然科学基金委员会	面上项目	41271296	坡面侵蚀过程中泥沙分选特征及其搬运机理	史志华	201301	201612	80	72
39	国家自然科学基金	国家自然科学基金委员会	面上项目	41271298	黄土丘陵区生物结皮对坡面产汇流过程的影响及模拟	赵允格	201301	201612	80	48
40	国家自然科学基金	国家自然科学基金委员会	面上项目	41271239	水蚀风蚀交错带不同植物利用水源的差异与共存机制	樊 军	201301	201612	75	67.5
41	国家自然科学基金	国家自然科学基金委员会	面上项目	41271043	黄土丘陵区环境因子对土壤水分的贡献率及其尺度效应	焦 峰	201301	201612	75	67.5
42	国家自然科学基金	国家自然科学基金委员会	面上项目	41271295	延河流域水沙变化及其对退耕还林（草）的响应	穆兴民	201301	201612	75	67.5
43	国家自然科学基金	国家自然科学基金委员会	面上项目	41271299	黄土丘陵区切沟发育过程与形态模拟	郑粉莉	201301	201612	74	66.6
44	国家自然科学基金	国家自然科学基金委员会	面上项目	41371276	复杂下垫面暴雨径流侵蚀相似性模拟实验研究	高建恩	201401	201712	75	45
45	国家自然科学基金	国家自然科学基金委员会	面上项目	41371277	渭河流域水土流失对土地利用／覆被变化的尺度响应与模拟研究	高 鹏	201401	201712	75	45
46	国家自然科学基金	国家自然科学基金委员会	面上项目	41371278	坡面土壤侵蚀演变过程的摄影测量及其数字化表达	鄂明航	201401	201712	75	45

（续）

序号	项目来源	项目下达部门	项目级别	项目编号	项目名称	负责人姓名	项目开始年月	项目结束年月	项目合同总经费（万元）	属本单位本学科的到账经费（万元）
47	国家自然科学基金	国家自然科学基金委员会	面上项目	41371280	黄丘区坡面退耕与淤地坝对坡沟系统侵蚀产沙的阻控机理	焦菊英	201401	201712	75	45
48	国家自然科学基金	国家自然科学基金委员会	面上项目	41371281	黄土丘陵区近十年来典型流域侵蚀环境演变的泥沙响应	刘普灵	201401	201712	75	45
49	国家自然科学基金	国家自然科学基金委员会	面上项目	41371508	土壤有效N影响油松细根分解的过程和机制	王国梁	201401	201712	75	45
50	国家自然科学基金	国家自然科学基金委员会	面上项目	41371282	水蚀风蚀交错带斑块镶嵌植被格局形成与侵蚀响应	武高林	201401	201712	75	45
51	国家自然科学基金	国家自然科学基金委员会	面上项目	41371283	片沙覆盖黄土区沙土二元结构坡面土壤侵蚀机理研究	张风宝	201401	201712	75	45
52	国家自然科学基金	国家自然科学基金委员会	面上项目	41371242	黄土区水蚀风蚀交错带砒砂岩对坡面土壤水循环的影响及机制	朱元骏	201401	201712	75	45
53	国家自然科学基金	国家自然科学基金委员会	面上项目	41471438	土壤有效N升高对白羊草群落特征及土壤侵蚀过程的影响机制	刘国彬	201501	201812	98	44.1
54	国家自然科学基金	国家自然科学基金委员会	青年项目	31100348	气候变化背景下退化泥炭地生态系统碳输出及其机制研究	陈　槐	201201	201412	28	28
55	国家自然科学基金	国家自然科学基金委员会	青年项目	31101685	ERRa对Perilipin A介导的脂解作用的影响和机理研究	郑雪莉	201201	201412	23	23
56	国家自然科学基金	国家自然科学基金委员会	青年项目	41201079	气候变化条件下若尔盖湿地动态变化及其对甲烷排放的影响	朱求安	201301	201612	26	26

（续）

序号	项目来源	项目下达部门	项目级别	项目编号	项目名称	负责人姓名	项目开始年月	项目结束年月	项目合同总经费（万元）	属本单位本学科的到账经费（万元）
57	国家自然科学基金	国家自然科学基金委员会	青年项目	41201205	退化泥炭地亚表层含碳温室气体排放及其酶学机理研究	杨　刚	201301	201612	25	15
58	国家自然科学基金	国家自然科学基金委员会	青年项目	31200476	栽培模式对黄土高原沙棘人工林地土壤微生物多样性的影响研究	余　旋	201301	201612	23	13.8
59	国家自然科学基金	国家自然科学基金委员会	青年项目	41201266	皇甫川流域泥沙来源的复合指纹示踪研究	赵广举	201301	201612	26	26
60	国家自然科学基金	国家自然科学基金委员会	青年项目	41201226	土壤微生物—矿物微界面结合 Pb 的分子机制	方临川	201301	201612	25	25
61	国家自然科学基金	国家自然科学基金委员会	青年项目	31200343	黄土丘陵区滴灌对密植枣林根系分布的调控作用及其机理研究	马理辉	201301	201612	22	22
62	国家自然科学基金	国家自然科学基金委员会	青年项目	31300525	马尾松外生菌根菌群落对锰污染的响应与适应机制	黄　建	201401	201612	24	14.4
63	国家自然科学基金	国家自然科学基金委员会	青年项目	31300538	基于碳汇与木材效益融合视角的森林经营模式选择研究	顾　丽	201401	201612	24	14.4
64	国家自然科学基金	国家自然科学基金委员会	青年项目	31300542	蔗糖对花椒干腐病的影响及作用机制研究	李培琴	201401	201612	23	13.8
65	国家自然科学基金	国家自然科学基金委员会	青年项目	31300543	外生菌根真菌提高油松抗松枯萎病机制研究	王春燕	201401	201612	23	13.8
66	国家自然科学基金	国家自然科学基金委员会	青年项目	31300563	FT基因开花信号嫁接转移促进非转基因杨树早期开花研究	张焕玲	201401	201612	25	15
67	国家自然科学基金	国家自然科学基金委员会	青年项目	41301294	利用生物标志物和复合指纹分析法识别小流域泥沙来源	方怒放	201401	201712	26	15.6

（续）

序号	项目来源	项目下达部门	项目级别	项目编号	项目名称	负责人姓名	项目开始年月	项目结束年月	项目合同总经费（万元）	属本单位本学科的到账经费（万元）
68	国家自然科学基金	国家自然科学基金委员会	青年项目	41301570	晋陕蒙接壤区煤矿新构土体—植物系统中 Pb 和 Cd 的迁移转化	何红花	201401	201712	26	15.6
69	国家自然科学基金	国家自然科学基金委员会	青年项目	41301295	黄土区撂荒草地根系抑制土壤侵蚀的作用机制	王　兵	201401	201712	26	15.6
70	国家自然科学基金	国家自然科学基金委员会	青年项目	41301322	黄土塬区长期施肥和轮作对土壤氮循环生物效应及生态功能的影响	王　颖	201401	201712	26	15.6
71	国家自然科学基金	国家自然科学基金委员会	青年项目	41303062	黄土高原半干旱区封育草地土壤有机碳固定与稳定性机制	常小峰	201401	201712	25	15
72	国家自然科学基金	国家自然科学基金委员会	青年项目	31300407	基干区域动物库的植被结构模拟研究——以黄土高原为例	李国庆	201401	201712	21	12.6
73	公益性行业（林业）科研专项项目	国家林业局	重大项目	2008040010	毛梾油料能源林高效培育技术研究	康永祥	200801	201212	222	44.4
74	公益性行业（林业）科研专项项目	国家林业局	重大项目	2009040020	仁用杏精深加工技术研究与开发	赵　忠	200901	201312	174	34.8
75	公益性行业（林业）科研专项项目	国家林业局	重大项目	2010040011	秦巴山区栓皮栎林定向培育与高效利用技术模式研究	张文辉	201001	201412	261	47.2
76	公益性行业（林业）科研专项项目	国家林业局	重大项目	2010040077	华山松大小蠹生态调控关键技术与示范	陈　辉	201101	201512	105	105
77	公益性行业（林业）科研专项项目	国家林业局	重大项目	201204210	重金属污染土壤的林木修复机理与调控技术研究	罗志斌	201201	201612	80	80
78	公益性行业（林业）科研专项项目	国家林业局	重大项目	201204603	杜仲分子育种关键技术研究	李同岐	201201	201612	150	117

（续）

序号	项目来源	项目下达部门	项目级别	项目编号	项目名称	负责人姓名	项目开始年月	项目结束年月	项目合同总经费（万元）	属本单位本学科的到账经费（万元）
79	公益性行业（林业）科研专项项目	国家林业局	重大项目	201202	林木鼠（兔）害调控与效益评价技术体系	韩崇选	201201	201612	35	21
80	国家林业局野生动植物保护与自然保护区管理司	国家林业局	重点项目	201101080208	林麝栖息地评估及生境恢复试点	郑雪莉	201101	201212	8	4.8
81	水利部公益性行业科研专项	水利部	一般项目	200901050	汶川地震区新生水土流失环境效应分析研究	雷廷武	200901	201212	55	37
82	水利部公益性行业科研专项	水利部	一般项目	201201084	小流域淤地坝坝系防洪风险评价技术	李占斌	201201	201412	302	198
83	水利部公益性行业科研专项	水利部	一般项目	201201048	工程堆积体水土流失测算技术研究	谢永生	201201	201412	116	116
84	水利部公益性行业科研专项	水利部	一般项目	201201047	风力作用下扰动地表侵蚀预报关键技术研究	谢永生	201201	201412	62	62
85	水利部公益性行业科研专项	水利部	一般项目	A304021221	坡面水土保持措施空间布局对坡沟系统泥沙输移比的影响	郑郁莉	201201	201312	39	39
86	水利部	水利部	一般项目	—	全国土壤侵蚀普查地形因子计算与分析	杨勤科	201001	201212	336	112
87	中国科学院"百人计划"	中国科学院	一般项目	—	植被格局演变与水土流失过程	史志华	201101	201512	150	90
88	中国科学院"百人计划"	中国科学院	一般项目	—	土壤侵蚀水动力学机制研究	张光辉	201201	201512	150	150
89	中国科学院"百人计划"	中国科学院	一般项目	—	黄土高原生态水文过程及其效应	何洪鸣	201301	201512	200	210
90	中国科学院"西部之光"	中国科学院	重点项目	—	基于点面尺度转换的延河流域土壤水分监测与评价	焦 峰	201001	201212	50	20

（续）

序号	项目来源	项目下达部门	项目级别	项目编号	项目名称	负责人姓名	项目开始年月	项目结束年月	项目合同总经费（万元）	属本单位本学科的到账经费（万元）
91	中国科学院"西部之光"	中国科学院	重点项目	—	干旱半干旱区主要耐旱藓生态适应性及在沙漠化防治中的应用	赵允格	201301	201612	50	50
92	中国科学院"西部之光"	中国科学院	重点项目	—	黄土高原侵蚀坡地退耕还林草综合评价与可持续对策研究	王飞	201401	201612	65	65
93	中国科学院"西部之光"	中国科学院	一般项目	—	黄土丘陵区外源磷素对植被恢复的影响及调控	许明祥	201001	201212	25	20
94	中国科学院"西部之光"	中国科学院	一般项目	—	气候变化与人类活动对皇甫川水沙变化贡献的定量评价	赵广举	201201	201412	23	23
合计	国家级科研项目	数量（个）	78		项目合同总经费（万元）	11 262.98		属本单位本学科的到账经费（万元）		4 715

II-2-2　其他重要科研项目

序号	项目来源	项目名称	合同签订/项目下达时间	负责人姓名	项目开始年月	项目结束年月	项目合同总经费（万元）	属本单位本学科的到账经费（万元）
1	国家林业局"948"项目办	基于LiDAR系统的森林资源调查技术引进	2014	赵鹏祥	201401	201712	50	50
2	国家林业局"948"项目办	转基因林木生物安全控制及早期评价技术引进	2013	李周岐	201301	201612	60	30
3	国家林业局"948"项目办	云杉八齿小蠹信息素应用及监测关键技术引进	2010	谢寿安	201001	201412	60	30
4	国家林业局"948"项目办	乡级森林可持续经营方案编制技术体系引进	2009	李卫忠	200901	201212	47.1	23
5	国家林业局	板栗新品种和栽培技术集成与示范推广	2014	吕平会	201401	201612	40	5
6	国家林业局	'陕北长枣'良种推广	2012	李新岗	201201	201612	50	40.5
7	国家林业局	仁用杏花果防冻剂示范与推广	2012	魏安智	201201	201612	50	30

（续）

序号	项目来源	合同签订/项目下达时间	项目名称	负责人姓名	项目开始年月	项目结束年月	项目合同总经费（万元）	属本单位本学科的到账经费（万元）
8	国家林业局	2012	秦巴山区琵琶栽培技术推广	鲁周民	201201	201612	50	50
9	国家林业局	2012	秦岭冷杉天然种群恢复与人工建设技术推广与示范	周建云	201201	201612	50	50
10	国家林业局	2011	黄土高原优良树种快速繁育技术示范推广	赵 忠	201101	201512	40	25
11	国家林业局	2011	毛乌素沙区优良沙生灌木林营造技术示范推广	王迪海	201101	201512	35	20
12	国家林业局	2010	林木重大害鼠综合控制技术与应用	韩崇选	201001	201212	35	16
13	国家林业局	2010	魔芋产业化配套技术推广	吴万兴	201001	201212	55	14
14	国家林业局	2009	栓皮栎优良采种基地建设与次生林复壮及丰产林培育技术推广	张文辉	200901	201212	50	10
15	中国石油天然气股份公司西部管道分公司	2013	西气东输五线输气管道工程西段工程水土保持工程	吕惠明	201301	201512	670	239.2
16	浙江电力公司	2012	皖电东送淮南－上海输变电工程水土保持项目	张兴昌	201201	201512	261.4	199.45
17	陕西宝汉告诉公路建设管理有限公司	2013	陕西宝汉高速公路公司水土保持项目	高照良	201301	201412	184	184
18	中国石油天然气有限公司管道建设项目经理部	2012	西气东输管道工程水土保持工程	张兴昌	201201	201212	171.71	171.71
19	内蒙古昊盛煤业有限公司	2012	昊盛煤业工程水土保持项目	丛怀军	201201	201212	132.86	132.86
20	陕西省交通厅、陕西省交建集团、陕西高速集团	2009	高速公路项目水土保持项目	唐 林	200901	201312	108	88
21	陕西省中交榆佳高速公路有限公司	2011	榆佳高速公路水土保持项目	高照良	201101	201612	271	92.1
22	中国石油天然气股份有限公司西部管道分公司	2013	西气东输二线、三线北天山备用管道工程水土保持方案编制	张小卫	201301	201612	120	120

II-2-3 人均科研经费

人均科研经费（万元/人）	85.08

II-3 本学科代表性学术论文质量

II-3-1 近五年（2010—2014年）国内收录的本学科代表性学术论文

序号	论文名称	第一作者	通讯作者	发表刊次（卷期）	发表刊物名称	收录类型	中文影响因子	他引次数
1	枣果实营养成分及保健作用研究进展	鲁周民	鲁周民	2011, 31（12）	园艺学报	CSCD	1.417	49
2	陕北黄土高原文冠果群落结构及物种多样性	康永祥	康博文	2010（16）	生态学报	CSCD	2.233	38
3	秦岭山地油松群落更新特征及影响因子	康 冰	王得祥	2011（7）	应用生态学报	CSCD	2.525	36
4	不同间伐强度对辽东栎林群落稳定性的影响	李 荣	张文辉	2011（1）	应用生态学报	CSCD	2.525	34
5	梭梭种群不同发育阶段的空间格局与关联性分析	宋于洋	张文辉	2010, 30（16）	生态学报	CSCD	2.233	31
6	黄土丘陵区不同退耕年限植被多样性变化及其与土壤养分和酶活性的关系	郑粉莉	郑粉莉	2010, 47（5）	土壤学报	CSCD	1.202	30
7	黄土丘陵区不同林龄人工刺槐林土壤演变特征	张 超	刘国彬	2010（12）	林业科学	CSCD	1.512	26
8	黄土丘陵区不同植被恢复模式对沟谷地植物群落生物量和物种多样性的影响	张 健	刘国彬	2010（2）	自然资源学报	CSCD	2.471	24
9	秦岭北坡不同生境栓皮栎实生苗生长及其影响因素	马莉薇	张文辉	2010（23）	生态学报	CSCD	2.233	23
10	油松人工林窗对幼苗天然更新的影响	韩文娟	张文辉	2012（11）	应用生态学报	CSCD	2.525	20
11	不同间伐强度下辽东栎种群结构特征与空间分布格局	周建云	周建云	2012, 48（4）	林业科学	CSCD	1.512	17
12	施氮和接种 AM 真菌对刺槐生长及营养代谢的影响	付淑清	唐 明	2011, 34（1）	林业科学	CSCD	1.512	15
13	三种高寒植物幼苗的生物量分配及性状特征对光照和养分的响应	武高林	武高林	2010, 30（1）	生态学报	CSCD	1.547	15
14	刺槐树冠光合作用的空间异质性	郑 元	赵 忠	2011, 30（7）	生态学报	CSCD	2.813	13
15	基于 SPOT-VGT NDVI 的陕北植被覆盖时空变化	杨延征	赵鹏祥	2012, 50（1）	应用生态学报	CSCD	2.525	13
16	平茬措施对柠条生理特征及土壤水分的影响	杨永胜	卜崇峰	2012, 32（4）	生态学报	CSCD	1.547	12
17	陕北水蚀风蚀交错区生物结皮对土壤酶活性及养分含量的影响	卜崇峰	卜崇峰	2010, 25（11）	自然资源学报	CSCD	1.699	10
18	黄龙山油松人工林间伐效果的综合评价	高云昌	张文辉	2013, 24（5）	应用生态学报	CSCD	2.525	8
19	热激启动子控制的 FT 基因诱导杨树早期开花体系的优化	贾小明	贾小明	2011, 47（11）	林业科学	CSCD	1.512	5
合计					中文影响因子		39.793	
					他引次数			435

II-3-2 近五年（2010—2014年）国外收录的本学科代表性学术论文

序号	论文名称	论文类型	第一作者	通讯作者	发表刊次（卷期）	发表刊物名称	收录类型	他引次数	期刊SCI影响因子	备注
1	Integrating models with data in ecology and palaeoecology: advances towards a model-data fusion approach	Review	彭长辉	彭长辉	2011, 14（5）	Ecology Letters	SCI	22	15.253	第一作者
2	Delayed spring phenology on the Tibetan Plateau may also be attributable to other factors than winter and spring warming	Article	陈槐	陈槐	2011, 108（19）	PNAS	SCI	11	9.771	第一作者
3	Methane emissions from rice paddies, natural wetlands, and lakes in China: synthesis and new estimate	Review	陈槐	陈槐	2012, 19（1）	Global Change Biology	SCI	15	6.862	第一作者
4	A transcriptomic network underlies microstructural and physiological responses to cadmium in Populus × canescens	Article	何佳丽（学）	罗志斌	2013, 162（162）	Plant Physiology	SCI	4	6.555	通讯作者
5	Value-added uses for crude glycerol-a byproduct of biodiesel production	Review	杨芳霞（学）	Hanna, MA（外）	2012, 5（13）	Biotechnology for Biofuels	SCI	76	6.088	第一作者
6	Modelling methane emissions from natural wetlands by development and application of the triplex-ghg model	Articl	朱求安	彭长辉	2014, 7（5）	Geosci. Medel Dev.	SCI	—	6.086	第一作者
7	Ectomycorrhizas with paxillus involutus enhance cadmium uptake and tolerance in Populus × canescens	Article	马永禄（学）	罗志斌	2014, 37（6）	Plant, Cell and Environment	SCI	2	5.906	通讯作者
8	A novel heat shock transcription factor, vphsf1, from Chinese wild Vitis pseudoreticulata is involved in biotic and abiotic stresses	Article	彭少兵	王跃进	2013, 31（1）	Plant Molecular Biology Reporter	SCI	5	5.319	第一作者
9	Comparative effect of partial root-zone drying and deficit irrigation on incidence of blossom-end rot in tomato under varied calcium rates	Article	孙艳奇	冯浩	2013, 64（7）	Journal of Experimental Botany	SCI	3	5.364	通讯作者

（续）

序号	论文名称	论文类型	第一作者	通讯作者	发表刊次（卷期）	发表刊物名称	收录类型	他引次数	期刊SCI影响因子	备注
10	N-fertilization has different effects on the growth, carbon and nitrogen physiology, and wood properties of slow- and fast-growing *Populus* species	Article	李红	罗志斌	2012, 63 (63)	Journal of Experimental Botany	SCI	11	5.364	通讯作者
11	Isoorientin induces apoptosis through mitochondrial dysfunction and inhibition of PI3K/Akt signaling pathway in HepG2 cancer cells	Article	罗杰（学）	罗志斌	2013, 64 (64)	Journal of Experimental Botany	SCI	13	5.364	通讯作者
12	A wind tunnel experiment to explore the feasibility of using beryllium-7 measurements to estimate soil loss by wind erosion	Article	杨明义	杨明义	2013, 114 (1)	Geochimica et Cosmochimica Acta	SCI	1	3.884	第一作者
13	Transcriptome analysis of *Dastarcus helophoroides* (Coleoptera: Bothrideridae) using illumina hiseq sequencing	Article	张伟（学）	李孟楼	2014, 9 (6)	Plos One	SCI	1	3.534	通讯作者
14	Microbial community structure in the rhizosphere of *Sophora viciifolia* grown at a lead and zinc mine of northwest China	Article	徐舟影（学）	唐明	2012,435-436 (3)	Science of the Total Environment	SCI	5	3.286	通讯作者
15	Effect of aboveground intervention on fine root mass,production,and turnover rate in a Chinese cork (*Quercus variabilis* Blume) forest	Article	马闯（学）	张文辉	2013, 368 (1-2)	Plant and Soil	SCI	2	2.773	通讯作者
16	A comparison of soil qualities of different revegetation types in the Loess Plateau, China	Article	张超（学）	刘国彬	2011, 367 (5)	Plant and Soil	SCI	17	2.773	通讯作者
17	Influence of arbuscular mycorrhiza on organic solutes in maize leaves under salt stress	Article	盛敏（学）	唐明	2011, 21 (5)	Mycorrhiza	SCI	11	2.571	通讯作者
18	Long-term fencing improved soil properties and soil organic carbon storage in an alpine swamp meadow of western China	Article	武高林	武高林	2010, 332 (1-2)	Plant and Soil	SCI	35	2.517	第一作者

（续）

序号	论文名称	论文类型	第一作者	通讯作者	发表刊次（卷期）	发表刊物名称	收录类型	他引次数	期刊SCI影响因子	备注
19	Communities of arbuscular mycorrhizal fungi and bacteria in the rhizosphere of *Caragana korshinkii* and *Hippophae rhamnoides* in Zhifanggou watershed	Article	张好强（学）	唐 明	2010, 326（1-2）	Plant and Soil	SCI	9	2.517	通讯作者
20	Effects of black locust (*Robinia pseudoacacia*) on soil properties in the loessial gully region of the Loess Plateau, China	Article	邱莉萍	邱莉萍	2010, 32（1-2）	Plant and Soil	SCI	15	2.517	第一作者
21	Changes in streamflow and sediment discharge and the response to human activities in the middle reaches of the Yellow River	Article	高 鹏	高 鹏	2011, 15（1）	Hydrology and Earth System Sciences,	SCI	23	2.462	第一作者
22	Wild food plants and wild edible fungi in two valleys of the Qinling mountains (Shanxi, Central China)	Article	康永祥	Łukasz Łuczaj（外）	2013, 9（1）	Journal of Ethnobiology and Ethnomedicine	SCI	4	2.423	第一作者
23	Genetic diversity and population structure of siberian apricot (*Prunus sibirica* L.) in China	Article	李 明	赵 忠	2014, 15（1）	International Journal of Molecular Sciences	SCI	1	2.339	通讯作者
24	Mir—125a inhibits porcine preadipocytes differentiation by targeting ERRa	Article	纪洪雷（学）	郑雪莉	2014, 395（1-2）	Mol Cell Biochem	SCI	1	2.388	通讯作者
25	Identification of a male-specific amplified fragment length polymorphism (aflp) and a sequence characterized amplified region (scar) marker in *Eucommia ulmoides* Oliv.	Article	王大玮（学）	李周岐	2011, 12（1）	International Journal of Molecular Science	SCI	9	2.279	通讯作者
26	Laboratory evaluation of flight activity of *Dendroctonus armandi* (*Coleoptera*: Curculionidae: Scolytinae)	Article	陈 辉	陈 辉	2010, 142（4）	Canadian Entomologist	SCI	4	0.992	第一作者

（续）

序号	论文名称	论文类型	第一作者	通讯作者	发表刊次（卷期）	发表刊物名称	收录类型	他引次数	期刊SCI影响因子	备注
27	Soil water dynamics and deep soil recharge in a record wet year in the southern Loess Plateau of China	Article	刘文兆	刘文兆	2010, 97（8）	Agricultural Water Management	SCI	19	2.016	第一作者
28	Optimization of hydrogen production from supercritical water gasification of crude glycerol-byproduct of biodiesel production	Article	杨芳霞	杨芳霞	2013, 37（13）	International Journal of Energy Research	SCI	4	1.987	第一作者
29	Flight of the Chinese white pine beetle (Coleoptera: Scolytidae) in relation to sex, body weight and energy reserve	Article	陈辉	陈辉	2011, 101（1）	Bulletin of Entomological Research,	SCI	5	1.909	第一作者
30	Genetic variability of wild apricot (Prunus armeniaca L.) populations in the Ili Valley as revealed by ISSR markers	Article	李明（学）	赵忠	2013, 60（8）	Genetic Resources and Crop Evolution	SCI	2	1.593	通讯作者
合计					SCI影响因子 124.692	他引次数			330	

II-5 已转化或应用的专利（2012—2014年）

序号	专利名称	第一发明人	专利申请号	专利号	授权（颁证）年月	专利受让单位	专利转让合同金额（万元）
1	一组栓皮栎周皮采剥刀具	张文辉	201120501726.5	ZL201120501726.5	201208	—	—
2	一种利用端典能源柳2号修复镉土壤污染的方法	张文辉	201010504708.2	ZL201010504708.2	201208	—	—
3	一种双层内透气盆栽植物用花盆	唐明	201220352754.X	ZL201220352754.X	201301	—	—
4	一种脱毒杏仁油的生产方法	赵忠	200910022665.1	CN200910022665.1	201306	—	—
5	一种利用杏壳制备木醋液的方法	赵忠	200910021633.X	ZL200910021633.X	201306	—	—
6	人工降雨径流小区流量和泥沙含量的测量方法和控制系统	高照良	201010546685	ZL201010546685	201306	—	—

（续）

序号	专利名称	第一发明人	专利申请号	专利号	授权（颁证）年月	专利受让单位	专利转让合同金额（万元）
7	一种鲜枣果汁加工方法	汪有科	20121016718Ⅹ.X	ZL20121016718Ⅹ.X	201306	—	—
8	一种山坡林地集雨入渗的聚水保墒方法	汪有科	201210063054.3	ZL201210063054.3	201306	—	—
9	丛枝菌根真菌孢子表面消毒方法	唐　明	201010617136.9	ZL201010617136.9	201307	—	—
10	一种苗木扦插锥	赵　忠	201220050348.8	ZL201220050348.8	201308	—	—
11	一种便携式树木蒸腾测量装置及其测量方法	汪有科	201210063647.X	ZL201210063647.X	201406	—	—
12	一种新型文丘里吸肥器	范兴科	201210149369.X	ZL201210149369.X	201406	—	—
13	一种栓皮栎幼苗的培育方法	张文辉	201210289748.9	ZL201210289748.9	201406	—	—
14	一种新型红枣香醋的制备方法	鲁周民	201210595671.8	ZL201210595671.8	201407	—	—
15	一种微生物培养基专用开槽铲	盛　敏	201310494327.4	ZL201310494327.4	201412	—	—
合计	专利转让合同金额（万元）			—			

Ⅲ　人才培养质量

Ⅲ-1　优秀教学成果奖（2012—2014 年）

序号	获奖级别	项目名称	证书编号	完成人	获奖等级	获奖年度	参与单位数	本单位参与学科数
1	国家级	农科类拔尖创新人才培养的探索与实践	20148406	赵忠等	二等奖	2014	1	4（1）
2	省级	院所协同提升水土保持与荒漠化防治专业人才培养的质量	SXJ131010	吴发启、王进鑫、刘增文、王健、张胜利	一等奖	2013	1	1
3	省级	生态文明理念下的生物学综合实践教学模式构建与实践	SJX131011	赵忠、陈玉林、黄德宝、王国栋、胡景江、姜在民、耿增超	一等奖	2013	1	2（1）
合计	国家级	一等奖（个）	—	二等奖（个）	1	三等奖（个）		—
	省级	一等奖（个）	2	二等奖（个）	—	三等奖（个）		—

Ⅲ-2　研究生教材（2012—2014 年）

序号	教材名称	第一主编姓名	出版年月	出版单位	参与单位数	是否精品教材
1	土壤侵蚀学	吴发启	201201	科学出版社	5（1）	—
2	核桃病虫害及防治技术	高智辉	201205	西北农林科技大学出版社	1	—
3	森林昆虫学研究方法与技术导论	谢寿安	201312	西北农林科技大学出版社	1	—
合计	国家级规划教材数量	3		精品教材数量		—

Ⅲ-3　本学科获得的全国、省级优秀博士学位论文情况（2010—2014 年）

序号	类型	学位论文名称	获奖年月	论文作者	指导教师	备注
1	省级	VA 菌根真菌提高玉米耐盐机制与农田土壤微生物多样性研究	201106	盛敏	唐明	
合计	全国优秀博士论文（篇）	—		提名奖（篇）		—
	省优秀博士论文（篇）		1			

Ⅲ-4　学生国际交流情况（2012—2014 年）

序号	姓名	出国（境）时间	回国（境）时间	地点（国家/地区及高校）	国际交流项目名称或主要交流目的
1	梁心蓝	20100930	20120930	美国普渡大学	联合培养博士生
2	李颖	20100930	20120930	澳大利亚詹姆斯库克大学	联合培养博士生
3	刘红玲	20101031	20121031	美国俄勒冈州立大学	联合培养博士生

（续）

序号	姓名	出国（境）时间	回国（境）时间	地点（国家/地区及高校）	国际交流项目名称或主要交流目的
4	池 明	20101231	20121231	加拿大农业部太平洋农业食品研究中心	联合培养博士生
5	宇苗子	20110930	20130930	德国德累斯顿工业大学（TU Dresden）	联合培养博士生
6	邵 辉	20111006	20121006	美国农业部农业研究院	联合培养博士生
7	马 闯	20111012	20131012	德国耶拿大学	联合培养博士生
8	陈祖静	20111130	20130130	加拿大英属哥伦比亚大学	联合培养博士生
9	王志玲	20111130	20140130	加拿大农业与农业食品部 AAFC-Southern Crop Protecti	联合培养博士生
10	谢芝春	20111218	20131218	加拿大农业部园艺研究与发展中心	联合培养博士生
11	孙学广	20121016	20140224	意大利都灵大学	联合培养博士生
12	韦露莎	20121016	20141105	美国佛罗里达大学	联合培养博士生
13	吴一飞	20121024	20141105	美国佛罗里达大学	联合培养博士生
14	王荣繁	20121102	—	德国莱布尼茨植物遗传学和作物研究所	攻读博士学位
15	刘洪光	20121114	20141202	加拿大英属哥伦比亚大学	联合培养博士生
16	李 姗	20130317	—	德国乌尔姆大学	攻读博士学位
17	王海东	20130910	—	比利时根特大学	攻读博士学位
18	张 磊	20130910	—	德国农作物研究中心	攻读博士学位
19	慕德宇	20130913	—	加拿大阿尔伯塔大学	联合培养博士生
20	杨玉荣	20130926	—	美国加州大学伯克利分校	联合培养博士生
21	徐 阳	20140930	—	德国哥廷根大学	攻读博士学位
22	马俊宁	20140930	—	德国卡尔斯鲁厄理工学院	攻读博士学位
23	许 静	20141008	—	丹麦哥本哈根大学	攻读博士学位
24	于泽群	20141008	—	德国弗莱堡大学	攻读博士学位
合计	学生国际交流人数			24	

Ⅲ-5 授予境外学生学位情况（2012—2014 年）				
序号	姓名	授予学位年月	国别或地区	授予学位类别
1	乔强亨（KIEU MANH HUONG）	201412	越南	农学博士
2	韩明哲（AHMADZAI MOHAMMAD AMIN）	201407	阿富汗	农学硕士
3	程 实（MOSHA HONEST AUGUSTINE）	201307	坦桑尼亚	农学硕士
合计	授予学位人数	博士	1	硕士 2

1.6.2 学科简介

1. 学科基本情况与学科特色

（1）基本情况

西北农林科技大学林学学科始于 1934 年国立西北农林专科学校的森林组，经过 80 余年的建设和发展，逐步形成了特色鲜明，优势突出的学科方向和学科体系，也是目前我国"985 工程"高校中唯一具有林学一级学科博士授予权的高校。本学科拥有国家野外科学观测研究站 3 个，省部级重点实验室和研究中心 9 个，构建起由国家野外科学观测研究站、省部重点实验室、科技示范基地等为主的科技创新平台和产学研一体化学科发展模式。近 3 年承担国家、省部级各类科研项目 500 余项，科研经费达 2 亿元；获国家和省部级科技成果奖 12 项，国家发明专利 17 项，培育林木良种 11 个；在国内外刊物发表学术论文 1 000 余篇，其中 SCI、EI 论文 300 余篇。

（2）学科特色

本学科针对西北地区和黄土高原森林生态系统保护和林业可持续发展中重大制约性理论与技术问题，以西北干旱、半干旱地区和黄土高原等典型森林生态系统为研究重点，凝练出干旱半干旱地区植被恢复与重建理论与技术、西北地区重大森林病虫鼠害成灾机理与可持续控制、水土保持与荒漠化防治、森林资源管理与生态系统可持续经营、林木（经济林）良种选育与加工利用 5 个具有明显特色和优势的学科方向。

① 干旱半干旱地区森林植被恢复与重建。以西北地区和黄土高原典型流域为单元，重点开展了植被演替与恢复重建原理，人为恢复的演替驱动因子，植被重建的空间格局及农林复合经营模式，抗旱、耐盐良种选育与林木快繁技术等研究。

② 西北地区重大森林病虫鼠害成灾机理与可持续控制。以西北抗逆性森林微生物资源与抗逆机制、重大森林病虫鼠害成灾机理和控制技术为主，重点开展了西北地区重大森林病虫鼠害和外来有害生物种群繁衍、时空动态与扩散机制，重大森林病虫鼠害成灾的分子机理，抗逆性微生物种质资源和重大森林病虫鼠害可持续控制关键技术等研究。

③ 水土保持与荒漠化治理。以黄土高原和干旱、半干旱地区小流域和区域尺度水土流失预测预报、退化生态系统植被重建过程的环境效应评价为重点，开展了侵蚀环境下农林生态系统结构、功能及其调控机制，水土资源的高效利用与水土保持型生态模式及可持续发展的途径，区域治理、农林业可持续发展理论，农林生态系统生产力形成机制等研究。

④ 森林资源管理与生态系统可持续经营。重点开展了森林生态系统的结构与动态，森林生态系统生物多样性及动态和森林生态系统干扰与恢复规律，森林生态系统碳水循环、生物多样性、近自然林经营的理论与实践等研究。

⑤ 林木（经济林）良种选育与加工利用。重点开展了杨树、油松、云杉等用材林树种和核桃、花椒、仁用杏、板栗、红枣、杜仲等经济林良种选育与分子育种，以及森林资源的综合利用等研究，为林业产业的发展提供了强有力的支持和贡献。

2. 社会贡献

（1）为制定相关政策法规、行业标准提供决策咨询

西北农林科技大学林学学科长期致力于西北和黄土高原林业和生态环境建设，在国家、陕西省林业和生态环境建设，特别是水土保持相关政策、规划和行业标准制定中提供了重要的决策咨询。近年来本学科科教人员主持和参与制定板栗、文冠果、魔芋等林业产业和地方行业标准 20 余项。1999 年 8 月 7 日国务院总理朱镕基来校视察，水保所所长田均良教授建议还林时还应该还"草"，得到总理认可，将国家的生态环境建设"十六字"措施调整为"退田还林（草），封山绿化，个体承包，以粮代赈"。2008 年 4 月，水保所主持的《全国水土保持科技发展规划纲要》通过水利部组织的专家评审，9 月 8 日印发全国。

（2）长期坚持产学研紧密结合，重视科技成果的转化和应用

围绕陕西省经济林支柱产业，建立了"山阳核桃试验示范站""镇安板栗试验示范站""清涧红枣试验示范站""凤县花椒试验示范站""安康北亚热带经济林果树试验示范站" 5 个试验示范基地，为贫困区域地方经济和脱贫致富探索出了一整套发展新模式，技术试验示范面积涵盖陕西、甘肃、新疆等所有经济林产区，截至 2011 年陕西省核桃、板栗、红枣、花椒等经济林面积已超过 4 000 万亩，经济效益超过 300 亿元。

（续）

（3）积极践行党和国家生态文明建设战略，将生态文明和森林文化纳入课程体系

（3）积极践行党和国家生态文明建设战略，将生态文明和森林文化纳入课程体系

充分利用每年一届的"杨凌农业高新技术博览会"，宣传和展示林业科技成果，近5年共举办核桃、板栗、红枣、花椒等经济林栽培技术培训班300期，培训农民技术员25 000人次，发放科技宣传材料60 000万份。共组织10名教师和90名学生参与陕西省吴起、洛南等8个县集体林权改革工作，协助地方林业部门完成林业规划20份。

（4）部分教师重要的社会兼职

长期的学科积淀造就了一支在国内外学术界有影响力的教师队伍，许多教师在国内外学术组织担任重要社会兼职。彭长辉教授曾任中华海外生态学者协会主席；李锐研究员任世界水土保持协会主席；赵忠教授任中国林学会造林分会副理事长，中国林业教育学会副理事长；刘国彬研究员任中国水土保持学会副主任；唐明教授当选第十二届全国政协委员，第六届教育部科学技术委员会学部委员，第七届国务院学科评议组成员；陈辉教授当选陕西省林学会副理事长，陕西省昆虫学会副理事长。

1.7　中国林业科学研究院

1.7.1　清单表

Ⅰ　师资队伍与资源

序号	专家类别	专家姓名	出生年月	获批年月	备注
	Ⅰ-1　突出专家				
1	中国科学院院士	唐守正	194105	1995	生命科学和医学学部
2	"863"领域专家和主题专家	张守攻	195707	2006	
3	"863"领域专家和主题专家	李增元	195901	2006	
4	"973"首席科学家	卢孟柱	196407	2012	
5	百千万人才工程国家级人选	鞠洪波	195607	1995	
6	百千万人才工程国家级人选	杨忠岐	195201	1997	
7	百千万人才工程国家级人选	丛日春	196309	1998	
8	百千万人才工程国家级人选	张星耀	195703	2004	
9	百千万人才工程国家级人选	张建国	196312	2007	
10	享受政府特殊津贴人员	王志刚	196311	1993	
11	享受政府特殊津贴人员	惠刚盈	196102	2000	
12	享受政府特殊津贴人员	王浩杰	196103	2000	
13	享受政府特殊津贴人员	杨文斌	195912	2004	
14	享受政府特殊津贴人员	尹光天	196010	2004	
15	享受政府特殊津贴人员	苏晓华	196108	2006	
16	享受政府特殊津贴人员	周泽福	195301	2006	
17	享受政府特殊津贴人员	夏良放	196106	2006	
18	享受政府特殊津贴人员	姚小华	196201	2010	
19	享受政府特殊津贴人员	李芳东	196303	2012	
20	享受政府特殊津贴人员	钟秋平	196408	2012	新余市政府特殊津贴
21	享受政府特殊津贴人员	周志春	196308	2013	
22	享受政府特殊津贴人员	孙晓梅	196809	2014	
23	国家林业局首批"百千万人才工程"省部级人选	徐大平	196403	2013	
24	国家林业局首批"百千万人才工程"省部级人选	何彩云	197810	2013	
合计	突出专家数量（人）			24	

I-2 团队				
序号	团队类别	学术带头人姓名	带头人出生年月	资助期限
1	科技部创新人才推进计划重点领域创新团队	卢孟柱	196407	2013
合计	团队数量（个）		1	

I-3 专职教师与学生情况					
类型	数量	类型	数量	类型	数量
专职教师数	428	其中，教授数	102	副教授数	170
研究生导师总数	142	其中，博士生导师数	63	硕士生导师数	107
目前在校研究生数	385	其中，博士生数	170	硕士生数	215
生师比	2.7	博士生师比	2.7	硕士生师比	2
近三年授予学位数	292	其中，博士学位数	127	硕士学位数	165

I-4 重点学科					
序号	重点学科名称	重点学科类型	学科代码	批准部门	批准年月
1	森林保护学	国家林业局重点学科	090703	国家林业局	200605
2	野生动植物保护与利用	国家林业局重点学科	090705	国家林业局	200605
3	森林经理学	国家林业局重点学科	090704	国家林业局	200605
4	森林培育学	国家林业局重点学科	090702	国家林业局	200605
5	林木遗传育种学学	国家林业局重点学科	090701	国家林业局	200605
6	水土保持与荒漠化防止	国家林业局重点学科	090707	国家林业局	200605
7	森林培育学	北京市重点学科	—	北京市教委	2008
合计	二级重点学科数量（个）	国家级	—	省部级	7

I-5 重点实验室				
序号	实验室类别	实验室名称	批准部门	批准年月
1	国家重点实验室	林木遗传育种国家重点实验室	科技部	201110
2	省部级重点实验室 / 中心" / 野外观测站	全国鸟类环志中心	林业部	198210
3	省部级重点实验室 / 中心" / 野外观测站	林业部林业微生物菌种保藏中心	林业部	1985
4	省部级重点实验室 / 中心" / 野外观测站	国家林业局林木培育重点实验室	林业部	1995
5	省部级重点实验室 / 中心" / 野外观测站	国家林业局亚热带林木培育重点实验室	林业部	1995

（续）

序号	实验室类别	实验室名称	批准部门	批准年月
6	省部级重点实验室 / 中心"/ 野外观测站	林业遥感与信息技术实验室	林业部	199503
7	省部级重点实验室 / 中心"/ 野外观测站	森林保护学实验室	林业部	199503
8	省部级重点实验室 / 中心"/ 野外观测站	热带林业研究实验室	林业部	199507
9	省部级重点实验室 / 中心"/ 野外观测站	国家林业局社会林业研究发展中心	国家林业局	1999
10	省部级重点实验室 / 中心"/ 野外观测站	国家林业局全国野生动植物研究与发展中心	国家林业局	199904
11	省部级重点实验室 / 中心"/ 野外观测站	国家林业局植物新品种分子测定研究室	国家林业局	2001
12	省部级重点实验室 / 中心"/ 野外观测站	国家林业局林业有害生物检验鉴定中心	国家林业局	200212
13	省部级重点实验室 / 中心"/ 野外观测站	国家林业局森林防火研究中心	国家林业局	200410
14	省部级重点实验室 / 中心"/ 野外观测站	国家林业局云南元谋荒漠生态系统定位研究站	国家林业局	200509
15	省部级重点实验室 / 中心"/ 野外观测站	国家林业局花卉研究与开发中心	国家林业局	2006
16	省部级重点实验室 / 中心"/ 野外观测站	国家油茶科学中心	国家林业局	200809
17	省部级重点实验室 / 中心"/ 野外观测站	国家林业局油茶工程技术研究中心	国家林业局	2009
18	省部级重点实验室 / 中心"/ 野外观测站	河南省林木种质资源保护与良种选育重点实验室	河南省科技厅	200912
19	省部级重点实验室 / 中心"/ 野外观测站	国家林业局生物防治工程技术研究中心	国家林业局	201102
20	省部级重点实验室 / 中心"/ 野外观测站	国家林业局城市森林研究中心	国家林业局	2012
21	省部级重点实验室 / 中心"/ 野外观测站	国家林业局滨海林业研究中心	国家林业局	2013
22	省部级重点实验室 / 中心"/ 野外观测站	国家林业局虎保护研究中心	国家林业局	2013
23	省部级重点实验室 / 中心"/ 野外观测站	国家林业局热带珍贵树种培育工程技术中心	国家林业局	201302
24	省部级重点实验室 / 中心"/ 野外观测站	浙江省林木育种技术研究重点实验室	浙江省科技厅、财政厅、发展和改革委员会	201408
合计	重点实验数量（个）	国家级	1	省部级	23

II　科学研究

II-1　近五年（2010—2014年）科研获奖

序号	奖励名称	获奖项目名称	证书编号	完成人	获奖年度	获奖等级	参与单位数	本单位参与学科数
1	国家科技进步奖	落叶松现代遗传改良与定向培育技术体系	2010-J-202-2-05-D01	张守攻等	2010	二等奖	7（1）	1
2	国家科技进步奖	银杏等工业原料林树种资源高效利用技术体系创新集成及产业化	2011-J-202-2-05-D03	李芳东等	2011	二等奖	5（3）	1
3	国家科技进步奖	核桃增产潜势技术创新体系	2011-J-202-2-02-D01	裴东等	2011	二等奖	7（1）	1
4	国家科技进步奖	与森林资源调查相结合的森林生物量测算技术	2012-J-202-2-02-D01	唐守正	2012	二等奖	2（1）	2
5	国家科技进步奖	林木育苗新技术	2012-J-202-2-04-D01	张建国等	2012	二等奖	4（1）	1
6	国家科技进步奖	森林资源综合监测技术体系	2013-J-202-2-03-D01	鞠洪波	2013	二等奖	7（1）	1
7	国家科技进步奖	杨树高产优质高效工业资源材新品种培育与应用	2014-J-202-2-01-D01	苏晓华等	2014	二等奖	7（1）	1
8	省级科技进步奖	杜仲高产胶良种选育及果园化高效集约栽培技术	2011-J-12-D01/07	李芳东等	2011	一等奖	7（1）	1
9	省级科技进步奖	茶油加工关键技术与新产品研发	1102091-1	姚小华等	2011	二等奖	8（1）	1
10	省级科技进步奖	山茶花新品种选育及产业化关键技术研究	1102100-1	李纪元等	2011	二等奖	5（1）	1
11	省级科技进步奖	泡桐大径材速生丰产林养分效应与专用肥应用研究与示范	20114100-J2-214-D02	王保平等	2011	二等奖	3（2）	1
12	省级科技进步奖	沿海平原抗逆植物材料选育研究及耐盐转盐基因平台构建	1102101	孙海菁等	2011	二等奖	2（1）	2
13	省级科技进步奖	红豆树、木荷等6种珍贵用材树种品种选育和高效培育技术	1202033-1	周志春等	2012	二等奖	8（1）	1
14	省级科技进步奖	薄壳山核桃良种选育与规模化扩繁技术研究	1202100	王开良等	2012	二等奖	5（1）	1
15	省级科技进步奖	马尾松工业用材林良种选育及高产栽培关键技术研究与示范	2012-J-2-004-03	谌红辉等	2012	二等奖	3（3）	1
16	省级科技进步奖	玉兰属植物资源分类及新品种选育研究	2013-J-030-D01/07	傅大立等	2013	二等奖	7（1）	1
17	省级科技进步奖	国外松优良种质创制及良种繁育关键技术研究与应用	J-2-059	姜景民等	2014	二等奖	4（1）	1
18	省级科技进步奖	药用石斛繁育及栽培技术引进	2010BC167-D-001	李昆、孙永玉	2010	三等奖	1（1）	1

（续）

序号	奖励名称	获奖项目名称	证书编号	完成人	获奖年度	获奖等级	参与单位数	本单位参与学科数
19	省级科技进步奖	竹林生物肥产业化与高效经营技术推广	1003217	顾小平等	2010	三等奖	5（1）	2
20	省级科技进步奖	杉木高世代育种群体建立和优质速生新品种选育	1203235	何贵平等	2012	三等奖	6（1）	2
21	省级科技进步奖	中国竹类资源调查及《中国竹类图志》的编撰	2013BC088-R-003	易同培等	2013	三等奖	2（1）	2
22	梁希奖	杨树种质资源创新与利用及功能分子标记开发	2011-KJ-1-01	苏晓华等	2011	一等奖	7（1）	1
23	梁希奖	油茶实用技术图解丛书	2012-KP-ZP-1-03-R03	钟秋平	2012	一等奖	3（2）	1
24	梁希奖	森林食品品种植环节质量安全生态控制技术体系的建立与应用	2013-KJ-1-04-R03	钟哲科	2013	一等奖	12（3）	1
25	梁希奖	县级森林火灾扑救应急指挥系统研发与应用	2013-KJ-1-01	舒立福等	2013	一等奖	5（1）	1
26	梁希奖	毛竹现代高效经营技术集成创新与产业化应用	2013-KJ-1-03-R02	金爱武等	2013	一等奖	8（3）	1
27	梁希奖	特种工业原料林培育技术	2011-KJ-2-23	杜红岩等	2011	二等奖	5（2）	1
28	梁希奖	森林火灾致灾机理与综合防控技术	2011-KJ-2-09	舒立福等	2011	二等奖	5（1）	1
29	梁希奖	松毛虫复杀性动态变化规律及性信息素检测技术	2011-KJ-2-03	张真等	2011	二等奖	5（1）	1
30	梁希奖	结构化森林经营	2011-KJ-2-05	惠刚盈等	2011	二等奖	4（1）	1
31	梁希奖	茶油加工关键技术与新产品研发	2011-KJ-2-17-R01	王亚萍等	2011	二等奖	7（1）	1
32	梁希奖	毛竹林高效生态培育关键技术集成创新与推广	2011-KJ-2-14-R02	金爱武等	2011	二等奖	7（2）	1
33	梁希奖	马尾松二代遗传改良和良种繁育	2013-KJ-2-03-R01	周志春等	2013	二等奖	5（1）	1
34	梁希奖	美国白蛾核型多角体病毒生产与应用技术	2013-KJ-2-06	张永安等	2013	二等奖	2（1）	1
35	梁希奖	东北天然林生长模型系多目标经营规划技术	2013-KJ-2-01-R01	张会儒	2013	二等奖	2（1）	1
36	梁希奖	油茶遗传改良与良种推广技术	2013-KJ-2-30	李志真等	2013	二等奖	5（2）	1
37	梁希奖	城市游憩林保健因子综合评价（AHI）与健康生活应用	2011-KJ-3-40	王成等	2011	三等奖	2（1）	1
38	梁希奖	优质药用石蒜资源生态经济型培育及现代提取工艺制备加兰他敏关键技术	2013-KJ-3-01-R01	杨志玲等	2013	三等奖	2（1）	1

（续）

序号	奖励名称	获奖项目名称	证书编号	完成人	获奖年度	获奖等级	参与单位数	本单位参与学科数
39	梁希奖	油茶实用技术培训	2012-KP-HD-05-R03	钟秋平	2012	科普活动奖	3（3）	1
40	梁希奖	笋竹集约经营及加工利用关键	2013-KP-HD-12-R04	钟秋平	2013	科普活动奖	2（2）	1
科研获奖数量（个）	国家级	特等奖	一等奖	—	—	一等奖		6
	省部级	一等奖	二等奖	—	14	三等奖		6
合计			3					6

II-2　代表性科研项目（2012—2014 年）

II-2-1　国家级、省部级、境外合作科研项目

序号	项目来源	项目下达部门	项目级别	项目编号	项目名称	负责人姓名	项目开始年月	项目结束年月	项目合同总经费（万元）	属本单位本学科的到账经费（万元）
1	国家重大科技专项	国防科学技术工业委员会	重大项目	21-Y30B05-9001-13/15	高分林业遥感应用示范系统（一期）	李增元	201301	201312	3 670	2 748
2	国家重大科技专项	国防科学技术工业委员会	重大项目	E0305/1112	林业资源调查与评估信息服务系统及示范先期攻关	李增元	201301	201312	850	506.5
3	国家"973"计划	科技部	重大项目	2012CB114500	木材形成的调控机制研究	卢孟柱	201201	201608	3 800	323
4	国家"973"计划	科技部	重大项目	2013CB733400	复杂地表遥感信息动态分析与建模	李增元	201301	201612	1 706	389
5	国家"973"计划	科技部	重大项目	2013CB429901	沙区土壤水分时空布局与区域分异规律	杨文斌	201301	201712	524	198
6	国家"863"计划	科技部	一般项目	2011AA120405	高分辨率 SAR 遥感综合实验与应用示范	白黎娜	201001	201412	535	535

（续）

序号	项目来源	项目下达部门	项目级别	项目编号	项目名称	负责人姓名	项目开始年月	项目结束年月	项目合同总经费（万元）	属本单位本学科的到账经费（万元）
7	国家"863"计划	科技部	一般项目	2011AA120402-01	森林垂直结构参数反演模型和方法	陈尔学	201101	201412	75	75
8	国家"863"计划	科技部	重大项目	2011AA100201	杨树分子育种与品种创制	胡建军	201101	201512	1 200	300
9	国家"863"计划	科技部	一般项目	2012AA120906	全球森林生物量和碳储量遥感估测关键技术	庞勇	201201	201312	870	870
10	国家"863"计划	科技部	一般项目	2012AA12A303	树冠光谱测量	王玮喻	201201	201412	40	40
11	国家"863"计划	科技部	重大项目	2012AA102001	数字化森林资源监测关键技术研究	鞠洪波	201201	201512	1 170	1 170
12	国家"863"计划	中国农村技术开发中心（科技部）	一般项目	2012AA101503	农林有害生物分子生态调控技术研究	张永安	201201	201512	699	271
13	国家"863"计划	科技部	一般项目	2012AA102002	数字化森林模型与可视化模拟关键技术研究	张怀清	201201	201512	585	585
14	国家"863"计划	科技部	一般项目	2012AA101501	林木重要病原生物高通量检测技术研究	田国忠	201201	201512	129	129
15	国家"863"计划	科技部	一般项目	2012AA102003-3	数字化森林资源监测技术	于新文	201201	201512	126	126
16	国家"863"计划	科技部	一般项目	2013AA12A302	全球林业定量遥感专题产品生产体系（二）	刘清旺	201301	201512	127.5	127.5
17	国家"863"计划	科技部	重大项目	2013AA102703	杨树转基因育种技术研究	张冰玉	201301	201712	854	250
18	国家"863"计划	科技部	重大项目	2013AA102702	林木优质、速生性状调控基因的分离及育种技术研究	陈军	201301	201712	841	250
19	国家"863"计划	科技部	一般项目	2013AA102701	林木抗石重金属关键基因的鉴定与分子育种技术研究	卓仁英	201301	201712	133	133
20	国家"863"计划	科技部	一般项目	2013AA100703	杨树耐盐盐多基因转基因育种研究	卓仁英	201301	201712	55	55

（续）

序号	项目来源	项目下达部门	项目级别	项目编号	项目名称	负责人姓名	项目开始年月	项目结束年月	项目合同总经费（万元）	属本单位本学科的到账经费（万元）
21	国家科技支撑计划	科技部	重点项目	2009BADB2B01	沿海防护林抗逆性植物材料选育技术研究	张华新	200901	201312	289	289
22	国家科技支撑计划	科技部	一般项目	2009BADB2B0503	渤海湾盐碱地防护林体系高效配置与土壤生物改良技术研究	张华新	200901	201312	60	60
23	国家科技支撑计划	科技部	重点项目	2011BAH23B04	基于小卫星智能观测技术的荒漠化和海岸带监测应用示范	高志海	201101	201312	827	827
24	国家科技支撑计划	科技部	重点项目	2011BAD38B07	林业血防生态安全体系构建技术研究与示范	彭镇华	201101	201312	659	125
25	国家科技支撑计划	科技部	重点项目	2011BAD38B03	城镇景观防护林体系构建技术研究	王 成	201101	201312	468	115
26	国家科技支撑计划	科技部	一般项目	2011BAD38B0404	长江中上游典型地区植被恢复可持续经营示范	李 昆	201101	201312	138	138
27	国家科技支撑计划	科技部	一般项目	2011BAD38B0102	耐盐碱生态林树木种质优选与示范	张华新	201101	201312	90	90
28	国家科技支撑计划	科技部	一般项目	2011BAD38B0105	抗干热生态林树木种质优选与示范	孙永玉	201101	201312	65	65
29	国家科技支撑计划	科技部	一般项目	2011BAD24B03-5	销售端果品品质劣变调控技术集成与应用示范	王贵禧	201101	201412	75	75
30	国家科技支撑计划	科技部	重点项目	2011BAD31B02	农田水土保持生物防护关键技术	周泽福	201101	201512	491	261
31	国家科技支撑计划	科技部	重点项目	2011BAD32B05	森林火灾风险评价与防范关键技术研究	舒立福	201101	201512	338	228
32	国家科技支撑计划	科技部	重点项目	E0305/1112	林业资源调查与评估信息服务系统示范及示范先期攻关	李增元	201201	201312	850	850

（续）

序号	项目来源	项目下达部门	项目级别	项目编号	项目名称	负责人姓名	项目开始年月	项目结束年月	项目合同总经费（万元）	属本单位本学科的到账经费（万元）
33	国家科技支撑计划	科技部	一般项目	2011BAH06B02-001	雷达与激光雷达数据处理工具集	李世明	201201	201312	105	105
34	国家科技支撑计划	科技部	重点项目	2012BAC09B03	废弃矿区植被生态修复与安全屏障建设关键技术试验与示范	江泽平	201207	201412	775	775
35	国家科技支撑计划	科技部	一般项目	2012BAH34B02	机载激光雷达和高光谱成像仪组合系统	刘清旺	201201	201412	54.8	54.8
36	国家科技支撑计划	科技部	一般项目	2012BAC19B02	气候变化对林火及有害生物的影响与风险评估（科技支撑项目专题）	田晓瑞	201201	201512	100	100
37	国家科技支撑计划	科技部	重大项目	2012BAD01B01	北方针叶树种高世代育种技术研究与示范	张守攻	201201	201612	1 022	715
38	国家科技支撑计划	科技部	重大项目	2012BAD01B03	超高产优质杨树速生材新品种选育	苏晓华	201201	201612	1 012	706
39	国家科技支撑计划	科技部	重大项目	2012BAD22B02	东北过伐林森林可持续经营技术研究与示范	张会儒	201201	201612	945	945
40	国家科技支撑计划	科技部	重点项目	2012BAD21B03	楸树和赤皮青冈珍贵用材林定向培育技术研究与示范	王军辉	201201	201612	881	615
41	国家科技支撑计划	科技部	重点项目	2012BAD19B08	商品林重大病虫害监测预警与防控技术研究与示范	梁军	201201	201612	878	90
42	国家科技支撑计划	科技部	重点项目	2012BAD21B01	柚木和西南桦珍贵用材林定向培育技术研究与示范	梁坤南	201201	201612	831	586
43	国家科技支撑计划	科技部	重点项目	2012BAD22B03	西北华北森林可持续经营技术研究与示范	惠刚盈	201201	201612	809	564

（续）

序号	项目来源	项目下达部门	项目级别	项目编号	项目名称	负责人姓名	项目开始年月	项目结束年月	项目合同总经费（万元）	属本单位本学科的到账经费（万元）
44	国家科技支撑计划	科技部	一般项目	2012BAD01B0502	楸树蒙古栎香椿新品种选育技术研究	王军辉	201201	201612	210	118
45	国家科技支撑计划	科技部	一般项目	2012BAD01B0201	杉木三代育种技术研究与示范	张建国	201201	201612	200	140
46	国家科技支撑计划	科技部	一般项目	2012BAD22B05	生态公益林非木质产品经营物种选择和高效培育技术研究与示范	周再知	201201	201612	176	176
47	国家科技支撑计划	科技部	一般项目	2012BAD01B0504	柚木黄檀西南桦新品种选育技术研究	梁坤南	201201	201612	170	140
48	国家科技支撑计划	科技部	一般项目	2012BAD01B0401	高产、抗逆桉树新品种选育研究	徐建民	201201	201612	162.6	162.6
49	国家科技支撑计划	科技部	重点项目	2013BAC09B02	林业适应气候变化的濒危物种保护、火灾与害虫风险预警关键技术研发与应用	李迪强	201301	201612	516	341
50	国家科技支撑计划	科技部	重大项目	2013BAD14B00	经济林高效生产关键技术研究和示范	李芳东	201301	201712	4 900	343
51	国家科技支撑计划	科技部	重点项目	2013BAD14B01	核桃和长山核桃高效生产关键技术研究与示范	裴东	201301	201712	992	437
52	国家科技支撑计划	科技部	重点项目	2013BAD14B02	仁用杏和巴旦杏高效生产关键技术研究与示范	乌云塔娜	201301	201712	992	188
53	国家科技支撑计划	科技部	一般项目	2013BAD03B03-03	神农架金丝猴行为监测平台规划及适宜生境预测技术研究	李迪强	201301	201712	100	100
54	国家科技支撑计划	国家林业局	一般项目	2012BAD19B0703	南方松林重大病虫害综合控制技术集成与示范——松毛虫、切梢小蠹的研究（子课题）	张真	201401	201612	37	12

（续）

序号	项目来源	项目下达部门	项目级别	项目编号	项目名称	负责人姓名	项目开始年月	项目结束年月	项目合同总经费（万元）	属本单位本学科的到账经费（万元）
55	国家科技支撑计划	科技部	重点项目	2013BAD01B06	林木种质资源发掘与创新利用	郑勇奇	201301	201712	765	337
56	国家科技支撑计划	科技部	一般项目	2012BAD16B0102	优良固沙植物材料筛选及其配套技术	贾志清	201201	201612	300	300
57	国家科技支撑计划	科技部	一般项目	2012BAD16B0104	极干旱区绿洲防护与植被保育关键技术研究与试验示范	杨文斌	201201	201612	150	150
58	国家科技支撑计划	科技部	重点项目	2013BAD03B02	神农架金丝猴遗传多样性保护与管理关键技术研究	张于光	201301	201712	778	320
59	国家自然科学基金	国家自然科学基金委员会	重点项目	30830086	MicroRNA 在落叶松体胚发生过程中的遗传调控	齐力旺	200901	201212	170	170
60	国家自然科学基金	科技部	重点项目	60890074	多维度微波成像基础理论与关键技术	陈尔学	200901	201212	160	160
61	国家自然科学基金	国家自然科学基金委员会	面上项目	30972393	杂种落叶松生根力变异及其分子机理研究	孙晓梅	201001	201212	34	34
62	国家自然科学基金	国家自然科学基金委员会	面上项目	30972378	松褐天牛辐射不育的分子机理	张永安	201001	201212	33	33
63	国家自然科学基金	国家自然科学基金委员会	面上项目	30972377	多寄主型寄生蜂的寄主适应性机制研究	王小艺	201001	201212	33	33
64	国家自然科学基金	国家自然科学基金委员会	面上项目	30972381	基于 FWI 大兴安岭林区森林火灾燃烧效率研究	王明玉	201001	201212	32	32
65	国家自然科学基金	国家自然科学基金委员会	面上项目	30972332	毛竹茎秆快速生长过程的蛋白质表达谱研究	张建国	201001	201212	31	31
66	国家自然科学基金	国家自然科学基金委员会	面上项目	30972383	西南干热河谷野生构树种质评价与分子鉴定研究	廖声熙	201001	201212	28	28

（续）

序号	项目来源	项目下达部门	项目级别	项目编号	项目名称	负责人姓名	项目开始年月	项目结束年月	项目合同总经费（万元）	属本单位本学科的到账经费（万元）
67	国家自然科学基金	国家自然科学基金委员会	面上项目	31070587	气候变化情景下西南林区林火响应特征及预测预报	舒立福	201101	201312	37	37
68	国家自然科学基金	国家自然科学基金委员会	面上项目	31070625	异质逆境下野牛草兑隆分株间生理整合及其调控的分子机理	孙振元	201101	201312	35	35
69	国家自然科学基金	国家自然科学基金委员会	面上项目	31070592	桉树 EST-SNP 标记开发及超高密度遗传图谱构建	甘四明	201101	201312	35	35
70	国家自然科学基金	国家自然科学基金委员会	面上项目	31070602	西南桦天然居群花粉散布、竞争及子代适应性	曾 杰	201101	201312	35	35
71	国家自然科学基金	国家自然科学基金委员会	面上项目	31070571	落叶松八齿小蠹伴生真菌的生物生态学习性和系统发育	吕 全	201101	201312	34	18
72	国家自然科学基金	国家自然科学基金委员会	面上项目	31071834	基于挥发代谢谱和数字基因表达谱技术桃果实香气合成相关基因高通量筛选研究	王贵禧	201101	201312	33	33
73	国家自然科学基金	国家自然科学基金委员会	面上项目	31070593	基于分子谱系地理学的巨龙竹遗传分化机制研究及优良种源的分子鉴定	杨汉奇	201101	201312	33	33
74	国家自然科学基金	国家自然科学基金委员会	面上项目	31070545	竹质生物炭对森林土壤碳汇及其微生态环境的影响	钟哲科	201101	201312	31	31
75	国家自然科学基金	国家自然科学基金委员会	面上项目	31070628	绿洲杨树树干液流径向差异及对根、冠水分调控的响应	党宏忠	201101	201312	31	31
76	国家自然科学基金	国家自然科学基金委员会	青年项目	31000310	欧洲黑杨响应干旱胁迫的等位基因特异性表达模式解析	褚延广	201101	201312	19	19

（续）

序号	项目来源	项目下达部门	项目级别	项目编号	项目名称	负责人姓名	项目开始年月	项目结束年月	项目合同总经费（万元）	属本单位本学科的到账经费（万元）
77	国家自然科学基金	国家自然科学基金委员会	青年项目	31000182	基于氢、氧同位素和HCFM技术的栓皮栎水分利用及调控机理研究	孙守家	201101	201312	18	18
78	国家自然科学基金	科技部	面上项目	41071272	基于多时相星载激光雷达的温带落叶林参数反演	庞勇	201101	201412	38	38
79	国家自然科学基金	科技部	面上项目	31070485	基于森林清查数据的乔木林碳储量计算方法研究	李海奎	201101	201412	33	33
80	国家自然科学基金	科技部	青年项目	31100474	基于结构—功能模型的树木邻体竞争效应研究	国红	201201	201212	22	22
81	国家自然科学基金	国家自然科学基金委员会	青年项目	31100505	差异光周期作用下野牛草相连兑隆分株间生物节律同步化机理	钱永强	201201	201412	26	7.8
82	国家自然科学基金	国家自然科学基金委员会	青年项目	31100485	利用高通量测序进行高效的基因分型及尾叶桉和细叶桉bin图谱构建研究	李发根	201201	201412	25	25
83	国家自然科学基金	国家自然科学基金委员会	青年项目	31100462	干热河谷燥红土解磷细菌解磷动态及其环境控制因子	唐国勇	201201	201412	24	24
84	国家自然科学基金	国家自然科学基金委员会	青年项目	31100454	DNA甲基化调控机制在欧美107杨应对气候变化中的作用	何彩云	201201	201412	23	23
85	国家自然科学基金	国家自然科学基金委员会	青年项目	31100285	广西猫儿山常绿植物沿海拔形成双峰分布的生理生态学机理	白坤栋	201201	201412	23	23
86	国家自然科学基金	科技部	青年项目	41101379	基于多源数据的森林地上生物量估测与碳通量综合模拟	田昕	201201	201412	23	23

（续）

序号	项目来源	项目下达部门	项目级别	项目编号	项目名称	负责人姓名	项目开始年月	项目结束年月	项目合同总经费（万元）	属本单位本学科的到账经费（万元）
87	国家自然科学基金	国家自然科学基金委员会	青年项目	31100477	淡紫拟青霉 T-DNA 插入突变体的获得和相关致病基因的克隆	王曦茜	201201	201412	22	22
88	国家自然科学基金	科技部	面上项目	31100475	阻抗成像技术无损检测天然林树木年轮和木材密度的方法	卢 军	201201	201412	22	22
89	国家自然科学基金	国家自然科学基金委员会	青年项目	31100490	中间锦鸡儿 CdGAD 家族基因克隆及抗逆功能分析	史胜青	201201	201412	22	6.6
90	国家自然科学基金	国家自然科学基金委员会	面上项目	31171933	核桃理干复幼应根过程中生长素响应基因的 CpG 岛甲基化重编程研究	裴 东	201201	201512	70	7
91	国家自然科学基金	国家自然科学基金委员会	面上项目	31370675	重要桉属树种交配遗传基础研究	陆钊华	201201	201512	70	70
92	国家自然科学基金	国家自然科学基金委员会	面上项目	31170618	火场热量作用下富含挥发性油可燃物的挥发性有机物释放	赵凤君	201201	201512	65	65
93	国家自然科学基金	国家自然科学基金委员会	面上项目	31170667	半干旱区低覆盖度固沙林的水分动态及其应对极旱年的调节机理	杨文斌	201201	201512	63	63
94	国家自然科学基金	科技部	面上项目	31170588	基于物种分布预测模型的适应性群团抽样理论与方法研究	雷渊才	201201	201512	60	60
95	国家自然科学基金	国家自然科学基金委员会	面上项目	31170628	红豆杉纤维管组织干细胞分化韧皮部的分子机理及其定向调控	邱德有	201201	201512	58	5.8
96	国家自然科学基金	科技部	面上项目	31170590	杉木林分环境与生长交互行为建模与可视化模拟	张怀清	201201	201512	56	56

（续）

序号	项目来源	合同签订/项目下达时间	项目级别	项目编号	项目名称	负责人姓名	项目开始年月	项目结束年月	项目合同总经费（万元）	属本单位本学科的到账经费（万元）
97	国家自然科学基金	201111	面上项目	31170589	基于混合模型的森林生长模拟方法研究	李春明	201201	201512	42	42
98	国家自然科学基金	2010	面上项目	41201334	机载激光雷达探测森林冠层高度的机理模型研究	刘清旺	201301	201512	25	25
99	国家自然科学基金	2011	青年项目	31200464	年龄影响落叶松叶生长素应答反应的分子机理	李万峰	201301	201512	23	23
100	国家自然科学基金	2014	青年项目	31200491	思茅松毛虫核型多角体病毒 En-Dk 蛋白的功能鉴定及其杀虫机理研究	王青华	201301	201512	23	23
合计	国家级科研项目	数量（个）	144		项目合同总经费（万元）	45 041.9			属本单位本学科的到账经费（万元）	24 762.2

II-2-2 其他重要科研项目

序号	项目来源	合同签订/项目下达时间	项目名称	负责人姓名	项目开始年月	项目结束年月	项目合同总经费（万元）	属本单位本学科的到账经费（万元）
1	国家科技基础条件平台	201111	自然保护区生物标本资源共享平台	李迪强	201201	201512	695.1	317.1
2	农业科技成果转化资金项目	2010	生物杀线虫剂防治林木根结线虫病应用示范	汪来发	2010	2012	50	41
3	亚太网络项目	2011	大湄公河次区域森林制图和碳储量估计	李增元	2011	2013	427	427
4	科技部国际合作项目	2014	基于遥感和地面监测的森林经理数据集成技术	易浩若	2014	2014	156	156
5	国家科技支撑计划[任务合约]	201301	涩柿种质资源收集评价与新品种选育	傅建敏	201301	201712	356	155

（续）

序号	项目来源	合同签订/项目下达时间	项目名称	负责人姓名	项目开始年月	项目结束年月	项目合同总经费（万元）	属本单位本学科的到账经费（万元）
6	国家科技支撑计划［任务合约］	201201	抗逆生态树种泡桐新品种选育技术研究	李芳东	201201	201612	129	89
7	国家科技支撑计划［任务合约］	201201	杜仲材用和药用林定向培育关键技术研究	杜红岩	201201	201612	220	153
8	林业科学技术推广	201405	杨树抗疏新品种'普瑞'推广	万贤崇	201405	201605	50	25
9	引智项目	201307	匈牙利 Turbo-Obelisk 系列刺槐新品种的区试与示范	兰再平	201401	201412	20	20
10	"十二五"国家科技支撑计划子专题	201108	京西森林可持续经营技术研究与示范	孙长忠	201201	201612	30	30
11	部委级科研项目子课题	201301	红松球果主要害虫无公害综合防控技术研究	杨忠岐	201301	201612	18	18
12	部委级科研项目子课题	201401	新疆野果林苹果小吉丁虫综合治理研究与应用	杨忠岐	201401	201812	64	64
13	中央级公益性科研院所基本科研业务费专项资金	201201	土沉香、奇楠香和海南黄花梨组培快繁技术研究	曾炳山	201201	201412	25	25
14	中央级公益性科研院所基本科研业务费专项资金	201206	华林中心科学试验示范林功能恢复与提升研究	孙长忠	201207	201407	60	60
15	中央级公益性科研院所基本科研业务费专项资金	201409	基于结构量化的油松生态公益林调整研究	张连金	201408	201608	18	9
16	中央级公益性科研院所基本科研业务费专项资金	201106	中蒙野骆驼种群数量调查与迁徙规律研究	李迪强	201107	201406	220	220
17	中央级公益性科研院所基本科研业务费专项资金	201106	重要耐盐植物种质资源收集保存与功能基因克隆	杨秀艳	201106	201406	46	46
18	中央级公益性科研院所基本科研业务费专项资金	201206	重要耐盐碱树种多层次遗传改良与种质创新	张华新	201206	201506	46	46
19	湖南九九慢城实业有限公司	2014	杜仲橡胶良种培育与产品技术合作	杜红岩	201412	203412	500	300

（续）

序号	项目来源	合同签订/项目下达时间	项目名称	负责人姓名	项目开始年月	项目结束年月	项目合同总经费（万元）	属本单位本学科的到账经费（万元）
20	山东贝隆杜仲生物工程有限公司	2012	泡桐中心与山东贝隆技术合作	杜红岩	201201	202201	440	370
21	山东贝隆杜仲生物工程有限公司	2012	杜仲亚麻酸软胶囊使用权转让	杜红岩	201212	202812	66	66
22	上海华仲檀成杜仲种植科技发展有限公司	2012	泡桐中心与上海华仲檀成技术合作	杜红岩	201212	201212	2 097	200
23	四川伊顿农业科技开发有限公司	2012	猕猴桃黄色系新品种引种研究	侯袁凯	201203	201503	18	18
24	北京海淀区园林绿化局	201303	《海淀植物》编写出版	李迪强	201303	201503	95.99	63.99
25	湖北神农架国家级自然保护区管理局	201107	神农架地区景观资源及植被调查与植被图编制	李迪强	201105	201312	50	30
26	湖北神农架国家级自然保护区管理局	201105	资源数字化与数字化标本馆研究	李迪强	201105	201312	45	25
27	全国第二次陆生野生动物资源调查项目	2011	内蒙古呼伦贝尔草原陆生野生动物资源调查	金崑	201107	201212	45	30
28	甘肃润霖杜仲产业开发有限公司	2014	泡桐中心与甘肃润霖技术合作	杜红岩	201401	202401	270	60
29	金寨百利农林开发有限公司	2014	泡桐中心与金寨百利技术合作	杜红岩	201403	202403	760	—
30	云南省云景林业有限公司	201112	雷州杂种无性系测定研究	徐建民	201101	201512	25	25

II-2-3 人均科研经费

人均科研经费（万元/人）	112.77

II-3 本学科代表性学术论文质量

II-3-1 近五年（2010—2014年）国内收录的本学科科代表性学术论文

序号	论文名称	第一作者	通讯作者	发表刊次（卷期）	发表刊物名称	收录类型	中文影响因子	他引次数
1	柠条主根液流测定中 $\Delta T\_$（max）与气象因子间的关系及时间同步长的确定	党宏忠	党宏忠	2010, 30（3）	生态学报	CSCD	2.233	3
2	赤松纯林分特征对昆嵛山腮扁叶蜂发生量的影响	孙志强	梁 军	2010, 30（4）	生态学报	CSCD	2.233	14
3	华北石质山区山核桃－绿豆复合系统氮同位素变化及其水分利用研究	孙守家	万贤崇	2010, 30（14）	生态学报	CSCD	2.233	20
4	干热河谷不同利用方式下土壤活性有机碳含量及其分配特征	唐国勇	李 昆	2010, 31（5）	环境科学	CSCD	2.041	13
5	氮素营养对西南桦幼苗生长及叶片养分状况的影响	陈 琳	曾 杰	2010, 46（5）	林业科学	CSCD	1.512	50
6	大兴安岭地区森林火险变化及 FWI 适用性评估	田晓瑞	田晓瑞	2010, 46（5）	林业科学	CSCD	1.512	12
7	麻竹花药培养及再生植株的获得	乔桂荣	卓仁英	2010, 45（1）	植物学报	CSCD	1.1801	5
8	基于 GreenLab 原理构建油松成年树的结构—功能模型	国 红	国 红	2011, 35（4）	植物生态学报	CSCD	2.813	5
9	修剪对油茶采穗圃穗条生长及抗病性的影响	钟秋平	钟秋平	2011, 29（3）	经济林研究	CSCD	1.611	11
10	文冠果果实性状相关性的研究	侯元凯	侯元凯	2011, 24（3）	林业科学研究	CSCD	1.158	9
11	华仁杏杂种鉴定及遗传变异分析	刘梦培	傅大立	2012, 25（1）	林业科学研究	CSCD	1.158	7
12	土层厚度对刺槐幼苗季水分状况和生长的影响	王 林	万贤崇	2013, 37（3）	植物生态学报	CSCD	2.813	5
13	基于改进 PSO 的洞庭湖水源涵养林空间优化模型	李建军	张会儒	2013, 33（13）	生态学报	CSCD	2.233	1
14	泡桐属植物亲缘关系的 ISSR 分析	莫文娟	李芳东	2013, 49（1）	林业科学	CSCD	1.512	6
15	非线性混合效应模型参数估计方法分析	符利勇	唐守正	2013, 49（1）	林业科学	CSCD	1.512	3
16	基于杜仲转录序列的 SSR 分子标记的开发	黄海燕	杜红岩	2013, 49（5）	林业科学	CSCD	1.512	13
17	广西凭祥西南桦中幼林木生长过程与造林密度的关系	王春胜	曾 杰	2013, 26（2）	林业科学研究	CSCD	1.158	6
18	地涌金莲新品种'佛喜金莲'	万友名	李正红	2013, 40（5）	园艺学报	CSCD	1.512	3
19	欧美杨锌指蛋白转录因子基因（ZxZF）的遗传转化及抗旱性初步分析	张伟溪	苏晓华	2014, 50（3）	林业科学	CSCD	1.512	1
20	木麻黄生长与收获模型系统的研究	张连金	惠刚盈	2014, 27（1）	林业科学研究	CSCD	1.158	1
合计				中文影响因子 34.61	他引次数		中文影响因子	188

II-3-2 近五年（2010—2014年）国外收录的本学科代表性学术论文

序号	论文名称	论文类型	第一作者	通讯作者	发表刊次（卷期）	发表刊物名称	收录类型	他引次数	期刊SCI影响因子	备注
1	The draft genome of the fast-growing non-timber forest species moso bamboo (*Phyllostachys heterocycla*)	Letter	Peng Zhenhua	Han Bin & Jiang Zehui	2013, 45（4）	Nature Genetics	SCI	50	35.209	
2	Current perspectives on the volatile-producing fungal endophytes	Review	Yuan Zhilin	Yuan Zhilin	2012, 32（4）	Critical Reviews in Biotechnology	SCI	9	7.837	
3	Sucrose induces rapid activation of CfSAPK, a mitogen-activated protein kinase, in *Cephalostachyum fuchsianum* Gamble cells	Article	Li Lubin	Yang Hailian	2012, 35	Plant, Cell & Environment	SCI	8	5.906	
4	A survey of Populus PIN-FORMED family genes reveals their diversified expression patterns	Article	Liu Bobin	Chen Jun & Lu Mengzhu	2014, 65（9）	Journal of experimental botany	SCI	—	5.794	
5	Temporal and spatial profiling of internode elongation-associated protein expression in rapidly growing culms of bamboo	Article	Cui Kai	Zhang Jianguo	2012, 11（4）	Journal of Proteome Research.	SCI	11	5.113	
6	Expression of multiple resistance genes enhances tolerance to environmental stressors in transgenic poplar (*Populus × euramericana* 'Guariento')	Article	Su Xiaohua	Su Xiaohua	2011, 6（9）	Plos One	SCI	11	4.411	
7	Genome-wide analysis of the *Populus* Hsp90 gene family reveals differential expression patterns, localization, and heat stress responses	Article	Zhang Jin	Chen Jun & Lu Mengzhu	2013, 14	BMC Genomics	SCI	7	4.4	
8	Next-generation sequencing-based mRNA and microRNA expression profiling analysis revealed pathways involved in the rapid growth of developing culms in Moso bamboo	Article	He Caiyun	Zhang Jianguo	2013, 13	BMC plant biology	SCI	14	4.354	
9	Phylogenetic Analysis and Molecular Evolution Patterns in the MIR482-MIR1448 Polycistron of *Populus* L.	Article	Zhao Jiaping	Zhao Jiaping	2012, 7（10）	Plos One	SCI	4	4.092	
10	Transcriptome Sequencing and De Novo Analysis for Ma bamboo (*Dendrocalamus latiflorus* Munro) using Illumina Platform	Article	Liu Mingying	Zhuo Renying	2012, 7（10）	Plos One	SCI	24	4.092	

（续）

序号	论文名称	论文类型	第一作者	通讯作者	发表刊次（卷期）	发表刊物名称	收录类型	他引次数	期刊SCI影响因子	备注
11	Selection of reference genes for quantitative gene expression studies in *Platycladus orientalis* (Cupressaceae) using real-time PCR	Article	Chang Ermei	Jiang Zeping	2012, 7（3）	Plos One	SCI	41	4.092	
12	WUSCHEL-related Homeobox genes in *Populus tomentosa*: diversified expression patterns and a functional similarity in adventitious root formation	Article	Liu Bobin	Chen Jun & Lu Mengzhu	2014, 15（1）	BMC Genomics	SCI	6	4.041	
13	Regulation of LaMYB33 by miR159 during maintenance of embryogenic potential and somatic embryo maturation in *Larix kaempferi* (Lamb.) Carr	Article	Zhang Lifeng	Qi Liwang	2013, 113（1）	Plant Cell, Tissue and Organ Culture	SCI	5	3.633	
14	Overexpression of Ps-CHI1, a homologue of the chalcone isomerase gene from tree peony (*Paeonia suffruticosa*), reduces the intensity of flower pigmentation in transgenic tobacco	Article	Zhou Lin	Wang Yan	2014, 116（3）	Plant Cell, Tissue and Organ Culture	SCI	3	3.633	
15	Selection of reliable reference genes for gene expression studies using real-time PCR in tung tree during seed development	Article	Han Xiaojiao	Wang Yangdong	2012, 7（8）	Plos One	SCI	24	3.534	
16	Antennal transcriptome analysis and comparison of olfactory genes in two sympatric defoliators, *Dendrolimus houi* and *Dendrolimus kikuchii* (Lepidoptera: Lasiocampidae)	Article	Zhang Sufang	Zhang Zhen	2014, 52	Insect Biochemistry and Molecular Biology	SCI	1	3.42	
17	Patterns of molecular evolution and predicted function in thaumatin-like proteins of *Populus trichocarpa*	Article	Zhao Jiaping	Su Xiaohua	2010, 232（4）	Planta	SCI	10	3.372	
18	A genome-wide survey of microRNA truncation and 3' nucleotide addition events in larch (*Larix leptolepis*)	Article	Zhang Junhong	Qi Liwang	2013, 237（4）	Planta	SCI	3	3.347	
19	Dynamic expression of small RNA populations in larch (*Larix leptolepis*)	Article	Zhang Junhong	Zhang Shougong & Qi Liwang	2013, 237（1）	Planta	SCI	17	3.347	

（续）

序号	论文名称	论文类型	第一作者	通讯作者	发表刊次（卷期）	发表刊物名称	收录类型	他引次数	期刊SCI影响因子	备注
20	Transcriptomic and proteomic analyses of embryogenic tissues in *Picea balfouriana* treated with 6-benzylaminopurine	Article	Li Qingfen	Wang Junhui	2014, 21 DOI:10.1111	Physiologia Plantarum	SCI	4	3.262	
21	Variation in embolism occurrence and repair along the stem in drought-stressed and re-watered seedlings of a poplar clone	Article	Leng Huani	Wan Xianchong	2013, 147（3）	Physiologia Plantarum	SCI	6	3.26	
22	Effects of amount and frequency of precipitation and sand burial on seed germination, seedling emergence and survival of the dune grass *Leymus secalinus* in semiarid China	Article	Zhu Yajuan	Zhu Yajuan	2014, 374	Plant and Soil	SCI	3	3.235	
23	F-BOX and oleosin: Additional target genes for future metabolic engineering in tung trees	Article	Chen Yicun	Wang Yangdong	2010, 32（3）	Industrial Crops and Products	SCI	11	3.208	
24	Genome-wide identification of microRNAs in larch and stage-specific modulation of 11 conserved microRNAs and their targets during somatic embryogenesis	Article	Zhang Junhong	Qi Liwang	2012, 236（2）	Planta	SCI	41	3	
25	Phylogeny of Bambusa and its allies (Poaceae: Bambusoideae) inferred from nuclear GBSSI gene and plastid psbA-trnH, rpl132-trnL and rps16 intron DNA sequences	Article	Yang Junbo	Yang Hanqi & Li Dezhu	2010, 59（4）	Taxon	SCI	14	2.747	通讯单位
26	Improving the accuracy of tree-level aboveground biomass equations with height classification at a large regional scale	Article	Li Haikui	Li Haikui	2013, 289（1）	Forest Ecology and Management	SCI	12	2.667	
27	Predicting tree recruitment with negative binomial mixture models	Article	Zhang Xiongqing	Lei Yuancai	2012, 270（15）	Forest Ecology and Management	SCI	11	2.667	
28	An isopentyl transferase Gene driven by the Stress-Inducible Rd29A Promoter Improves Salinity Stress Tolerance in Transgenic Tobacco	Article	Qiu Wenmin	Zhuo Renying	2012, 30（3）	Plant Molecular Biology Report	SCI	14	2.453	

（续）

序号	论文名称	论文类型	第一作者	通讯作者	发表刊次（卷期）	发表刊物名称	收录类型	他引次数	期刊SCI影响因子	备注
29	From pattern to process: species and functional diversity in fungal endophytes of conifer *Abies beshanzuensis*	Article	Yuan Zhilin	Yuan Zhilin	2011, 115 (3)	Fungal Biology	SCI	24	2.139	
30	Host-seeking behavior and parasitism by *Spathius agrili* Yang (Hymenoptera: Braconidae), a parasitoid of the emerald ash borer	Article	Wang Xiaoyi	Yang Zhongqi	2010, 52 (1)	Biological Control	SCI	36	1.873	
合计	SCI影响因子		114.138		他引次数				424	

Ⅱ-5 已转化或应用的专利（2012—2014年）

序号	专利名称	第一发明人	专利申请号	专利号	授权（颁证）年月	专利受让单位	专利转让合同金额（万元）
1	利用杜仲植物剩余物培育功能型杜仲香菇的生产方法	杜红岩	201110020280.9	ZL201110020280.9	201206	甘肃润霖杜仲产业开发有限公司	50
2	一种改善笋品质的培育方法	丁兴萃	201010557418.4	ZL201010557418.4	201207	已应用于本单位科学研究	—
3	杜仲红茶及其生产方法	杜红岩	201110056242.9	ZL201110056242.9	201208	甘肃润霖杜仲产业开发有限公司	50
4	一种利用药用植物剩余物生产的功能饲料及其制备方法	杜红岩	201210029939.1	ZL201210029939.1	201304	甘肃润霖杜仲产业开发有限公司	50
5	一种抑制采后呼吸的竹笋保鲜方法	白瑞华	201110242629.3	ZL201110242629.3	201308	已应用于本单位科学研究	—
6	一种杜仲雄花茶饮料及其加工方法	杜红岩	201210471126.8	ZL201210471126.8	201309	甘肃润霖杜仲产业开发有限公司	80
7	一种地被竹的育苗方法	白瑞华	201310114694.7	ZL201310114694.7	201404	已应用于本单位科学研究	—
8	一种西南桦的浅水育苗法	赵志刚	201210385423.0	ZL201210385423.0	201404	已应用于本单位科学研究	—
9	土壤深层水量渗漏测试记录仪	杨文斌	201110252184.7	CN102331282A	201407	已应用于本单位科学研究	—
10	一种促进檀香紫檀早结实的嫁接方法	陈仁利	201310247404.6	ZL201310247404.6	201409	已应用于本单位科学研究	—
合计	专利转让合同金额（万元）						230

Ⅲ　人才培养质量

Ⅲ-1　优秀教学成果奖（2012—2014 年）

序号	获奖级别	项目名称		证书编号	完成人	获奖等级	获奖年度	参与位数	本单位参与学科数
1	院级	优质课程（森林微生物学）		无	李潞滨	无	2014	1	1
合计	国家级	一等奖（个）	—	二等奖（个）	—	三等奖（个）	—		
	省级	一等奖（个）	—	二等奖（个）	—	三等奖（个）	—		

Ⅲ-2　研究生教材（2012—2014 年）

序号	教材名称	第一主编姓名	出版年月	出版单位	参与单位数	是否精品教材
1	森林经理学科研究方法	张会儒	拟于 2015 年	待定	1	—
2	森林资源信息管理	陈永富	拟于 2015 年	待定	1	—
3	森林微生物学	李潞滨	拟于 2015 年	待定	1	—
合计	国家级规划教材数量			—	精品教材数量	—

Ⅲ-3　本学科获得的全国、省级优秀博士学位论文情况（2010—2014 年）

序号	类型	学位论文名称	获奖年月	论文作者	指导教师	备注
1	省级	毛竹茎杆快速生长的机理研究	201209	崔　凯	张建国	
合计	全国优秀博士论文（篇）		—	提名奖（篇）		
	省优秀博士论文（篇）		1			

Ⅲ-4　学生国际交流情况（2012—2014 年）

序号	姓名	出国（境）时间	回国（境）时间	地点（国家/地区及高校）	国际交流项目名称或主要交流目的
1	齐飞艳	201203	201205	德国蒂宾根大学	2010 年中德合作科研项目（PPP）
2	杨　慧	201204	201207	泰国清莱皇太后大学	学习真菌的采集、显微观察等实验技术及学术论文的撰写
3	张春玲	201209	201212	德国基尔大学	2010 年中德合作科研项目（PPP）
4	马莉薇	201209	201608	德国基尔大学	国家建设高水平大学公派研究生项目
5	王宏翔	201408	201506	瑞典农业大学	欧洲林业项目
合计	学生国际交流人数			5	

1.7.2　学科简介

1.　学科基本情况与学科特色

（1）学科基本情况

中国林业科学研究院林学学科的建设与中国林业建设发展同步，作为国家林业科技发展的核心支撑机构，在过去60多年的历程中，根据国家林业建设的重大需求和国际林学发展趋势，不断调整和优化布局，已形成了相对完备、布局合理和重点突出的林学学科体系，已在林木遗传育种、森林培育、森林保护学、森林经理学、野生动植物保护与利用、园林植物与观赏园艺、水土保持与荒漠化防治、经济林、城市林业等9个二级学科方向建成了完整的学科体系。目前林学学科拥有一级学科博士学位授权点及博士后流动站和7个二级学科博士学位授权专业，7个国家林业局重点学科和1个北京市重点学科，博士生和硕士生导师达138人。在实验平台建设上已建成林业系统唯一的国家重点实验室——林木遗传育种国家重点实验室，拥有国家林业局林木培育、资源昆虫、森林保护等一批部级重点实验室和一批林业局工程中心研究。林学学科是林业系统"973"项目、"863"项目、国家科技支撑项目、国家公益性科技专项和国家林业局"948"项目的主要研发与支撑力量。目前在学科建设上已形成了以林业研究所等10个研究所和5个实验中心共同支撑学科发展的局面。研究区域覆盖西北、华北、东北、西南、华南、华中、华东等7大地理区域，为我国林业建设发展提供了强有力的科技支撑。

（2）学科特色

作为国家级林业科研机构，中国林业科学研究院的林学学科具有集群优势，学科建设体系相对完备，在林学基础理论及技术体系研究方面一直引领本学科的发展。目前已初步构建完成我国主要造林树种杉、松、杨、桉等主要用材树种及核桃、油茶、沙棘等主要经济林树种丰产栽培和育种技术体系；率先提出并应用了近自然林经营的理念；形成了病虫害生物防治系统；在国内率先培育出第一个推广应用的转基因林木新品种，开展了林木生物技术的研究和应用，完成了毛竹基因组测序等基础工作。近5年来，中国林业科学研究院林学学科研究在落叶松现代遗传改良与定向培育技术体系、核桃增产潜势技术创新体系、林木育苗新技术、森林资源调查相结合的森林生物量测算技术、紫胶资源高效培育与精加工技术体系创新集成、森林资源综合监测技术体系和杨树高产优质高效工业资源材新品种培育与应用方面取得了一系列重要突破，先后有7项成果获得国家科技进步二等奖，为我国现代林业和生态文明建设做出了重大贡献。

2.　社会贡献

中国林业科学研究院林学学科建设布局一直与我国林业生态、产业、文化三体系建设相衔接，十分重视为国家、行业政策制定、产业发展及社会大众提供科技支撑与服务，进而拓展和优化学科发展外部环境空间，促进学科的持续发展。

（1）为制定相关政策法规、发展规划、行业标准提供决策咨询

中国林业科学研究院是我国经济社会发展不同时期林学学科发展战略规划的主要组织者和制订者，为确保我国林学学科的健康发展做出了重要贡献。主持编制学科领域国家林业科技发展规划，是国家林业行业标准的主要提出与制定者。为支撑国家林业建设，曾主持完成中国现代林业及可持续发展林业战略研究，为国家制定林业宏观发展战略提供了重要依据。

（2）加强产学研用结合、技术成果转化，为产业发展提供技术支持

中国林业科学研究院非常重视产学研用结合，已与全国30余个省份签订了全方位科技合作协议，开展成果应用转化。如创造性研制出的"ABT生根粉"在全国广泛应用已近20年，时至今日仍然发挥着不可替代的作用。形成的共性技术林木轻基质网袋育苗新技术成果在全国30多个省份广泛应用，育苗树种达200余个，繁殖良种苗木近20亿株。选育出的杉木、马尾松、杨树、落叶松、桉树、泡桐、沙棘、油茶等优良品种占全国推广应用面积的70%以上，仅以杨树新品种107和108为例，推广面积大6 000余万亩。选育的油茶优良品种成为南方油茶产区主栽品种。重大外来侵入性害虫美国白蛾生物防治技术全国领先，推广面积118.6万亩。

（3）在弘扬优秀文化、推进科学普及、服务社会大众等方面的贡献

曾承担和完成国家林业局委托的六大林业重点工程的各种全国性林业技术培训，并围绕国家林业重点工程建设、世界银行国家造林项目、集体林权制度改革及现代林业等中心工作编写了一系列实用技术丛书。每年开展下基层和农村进行技术服务2～5次，服务涉及的省份已达30余个。基于完备的重点实验室、工程技术中心、野外监测站台体系及遍及全国的试验示范林、基地，多层次、多水平普及学科研究成果，充分发挥了国家级平台的技术服务、技术辐射和示范功能。

（4）本学科专职教师部分重要的社会兼职

学科拥有众多国内外知名专家学者，先后有4人任国务院参事，全国政协委员1人、北京市人大常委1人、代表2人。现兼任国家级非常设机构负责人17人，中国林学会二级分会理事长或主任委员10余人。先后有10人在国际林学组织中任职。

1.8　河北农业大学

1.8.1　清单表

Ⅰ　师资队伍与资源

Ⅰ-1　突出专家					
序号	专家类别	专家姓名	出生年月	获批年月	备注
1	享受政府特殊津贴人员	王志刚	195609	200902	
合计	突出专家数量（人）			1	

Ⅰ-3　专职教师与学生情况					
类型	数量	类型	数量	类型	数量
专职教师数	46	其中，教授数	23	副教授数	17
研究生导师总数	37	其中，博士生导师数	13	硕士生导师数	37
目前在校研究生数	188	其中，博士生数	22	硕士生数	166
生师比	0.21	博士生师比	0.5	硕士生师比	0.17
近三年授予学位数	151	其中，博士学位数	12	硕士学位数	139

Ⅰ-4　重点学科					
序号	重点学科名称	重点学科类型	学科代码	批准部门	批准年月
1	森林培育	重点学科	090702	河北省人民政府	199405
2	森林培育	重点学科	090702	国家林业局	200605
3	林学	强势重点学科	0907	河北省人民政府	200509
合计	二级重点学科数量（个）	国家级	—	省部级	3

Ⅰ-5　重点实验室				
序号	实验室类别	实验室名称	批准部门	批准年月
1	省部级重点实验室 / 中心	河北省林木种质资源与森林保护重点实验室	河北省科技厅	200906
2	省部级重点实验室 / 中心	河北省核桃工程技术研究中心	河北省科技厅	201205
合计	重点实验数量（个）	国家级　　—　　省部级		2

II　科学研究

II-1　近五年（2010—2014年）科研获奖

序号	奖励名称	获奖项目名称	证书编号	完成人	获奖年度	获奖等级	参与单位数	本单位参与学科数
1	省级科技贡献奖	河北省科学技术突出贡献奖	013TG02	李保国	2013	突出贡献奖	1	1
2	省级科技进步奖	北方丘陵山地生态经济型水土保持林体系建设关键技术	2014JB1002	王志刚	2014	一等奖	1	1
3	省级山区创业奖	河北省核桃'三适'配套技术集成	JS2013102	李保国	2013	一等奖	1	1
4	教育部高校科研优秀成果奖	杨树板材林培育及其优质环保加工关键技术	2011-248	杨敏生	2011	二等奖	1	1
5	省级科技进步奖	河北省太行山片麻岩山地综合开发治理技术	2011JB2004	李保国	2011	二等奖	1	1
6	省级科技进步奖	冀北地植被破坏恢复与主要森林类型经营关键技术研究与示范	JS2013335-1	黄选瑞	2013	二等奖	2（1）	1
7	省级山区创业奖	邢台市百里百万亩优质核桃产业带高效核心示范区建设	2012SQ2002-2	齐国辉	2012	二等奖	2（1）	1
8	省级科技进步奖	仁用杏霜冻害综合御关键技术	2012JB3164-1	李彦慧	2012	三等奖	1	1
9	省级科技进步奖	中药材连翘生产关键技术及质量控制研究	2010JB3175-4	任士福	2010	三等奖	1	1
10	省级科技进步奖	太行山山东麓甜樱桃生物学特性及高效栽培技术	2013JB3065-3	任士福	2013	三等奖	1	1
11	省级科技进步奖	桑天牛公害治理技术集成及示范	2013JB3064-1	黄大庄	2013	三等奖	1	1
12	省级山区创业奖	太行山干旱丘陵果区草畜结合的立体生态型农业发展模式研究	JS2010307	郭素萍	2010	三等奖	1	1
13	省级山区创业奖	黄连木嫁接阿月浑子技术示范	JS2010325	路丙社	2010	三等奖	1	1
14	省级山区创业奖	早实薄皮核桃新品种'绿岭'中试与示范	2012SQ3020-1	李保国	2012	三等奖	2（1）	1
15	省级山区创业奖	河北省坝上地区退耕还林关键技术	2013JB2032-1	黄选瑞	2013	三等奖	1	1
16	省级山区创业奖	阿月浑子生物学特性及栽培技术研究与示范	JS2011306-1	路丙社	2011	三等奖	1	1
17	省级山区创业奖	绿岭原香核桃乳生产技术	JS2014317-1	张雪梅	2014	三等奖	2（1）	1
18	省级山区创业奖	冀北优质国光标准化生产技术集成与示范	JS2014318-1	齐国辉	2014	三等奖	2（1）	1

（续）

序号	奖励名称	获奖项目名称	证书编号	完成人	获奖年度	获奖等级	参与单位数	本单位参与学科数
19	省级山区创业奖	白僵菌防控美国白蛾无公害集成技术研究	JS2014321-1	毕拥国	2014	三等奖	2（1）	1
20	省级山区创业奖	河北省山区优良园林植物的引种繁育及应用	JS2014322-2	刘冬云	2014	三等奖	1	1
21	省级山区创业奖	河北山地主要景观植物繁育及配置技术	JS2014324-2	李保会	2014	三等奖	1	1
22	省级山区创业奖	抗晚霜仁用杏新品种及关键技术示范与推广	JS2014316-5	任士福	2014	三等奖	1	1
23	河北省社会科学优秀成果奖	河北省苹果产业升级及结构优化发展战略研究	2010-12-31011	任士福	2010	三等奖	1	1
合计	科研获奖数量（个）	国家级	特等奖 —	一等奖 —	—	二等奖 —	二等奖 —	—
		省部级	特等奖 —	一等奖 3	4	三等奖	三等奖	16

II-2 代表性科研项目（2012—2014年）

II-2-1 国家级、省部级、境外合作科研项目

序号	项目来源	项目下达部门	项目级别	项目名称	项目编号	负责人姓名	项目开始年月	项目结束年月	项目合同总经费（万元）	属本单位本学科的到账经费（万元）
1	国家自然科学基金	国家自然科学基金委员会	面上项目	转基因败育毛白杨雄株外源基因横向转移研究	30972384	杜克久	201001	201212	33	33
2	国家自然科学基金	国家自然科学基金委员会	青年项目	杨树木质部特异启动子的筛选及其结构功能研究	31000305	张柰	201101	201212	18	18
3	国家自然科学基金	国家自然科学基金委员会	面上项目	阿月浑子杂种胚败育机理及优异抗病杂交种质构建	31070609	路丙社	201101	201312	35	35
4	国家自然科学基金	国家自然科学基金委员会	面上项目	桉树固有生细菌群变化与抗青枯病的关系研究	31070574	申隆贤	201101	201312	33	33
5	国家自然科学基金	国家自然科学基金委员会	面上项目	快速检测月季抗病性的电阻抗断层成像新技术新方法研究	31272190	张钢	201301	201612	70	70

（续）

序号	项目来源	项目下达部门	项目级别	项目编号	项目名称	负责人姓名	项目开始年月	项目结束年月	项目合同总经费（万元）	属本单位本学科的到账经费（万元）
6	国家自然科学基金	国家自然科学基金委	面上项目	C041102	仁用杏优异种质抗晚霜机制研究	李彦慧	200901	201205	37	37
7	国家自然科学基金	国家自然科学基金委员会	面上项目	31370663	转抗虫基因闪杨树多基因互作及高效表达机制研究	杨敏生	201401	201712	80	80
8	国家自然科学基金	国家自然科学基金委员会	面上项目	31370664	白榆叶色黄化突变性状的遗传规律及形成机制研究	王进茂	201401	201712	60	60
9	国家自然科学基金	国家自然科学基金委员会	面上项目	31370636	湿地景观破碎化对生物多样性的影响及基于性状的植被重构	张志东	201401	201712	78	78
10	境外合作科研项目	Academy of Finland	芬兰	127924	Tree Responses to Soil Frost and Flooding in Extreme Winters	Tapani Repo	200901	201212	45.26万欧元	一
11	部委级科研项目	国家林业局	重点项目	201004024	退化山地营建生态经济型水土保持林关键技术研究	王志刚	201001	201212	252	100
12	部委级科研项目	国家林业局	重点项目	201104039	北方主要林木品种指纹库构建及分子鉴定技术研究	杨敏生	201101	201412	170	170
13	部委级科研项目	国家林业局	重点项目	[2010]7K04	杨树优良速生用材树种繁育及丰产栽培技术示范与推广	王志刚	201001	201212	100	100
14	部委级科研项目	国家林业局	重点项目	2013BAD14B0103	西北区核桃高效生产关键技术研究与示范	李保国	201301	201712	259	150
15	部委级科研项目	国家林业局	重点项目	2013AA102703	杨树抗虫转基因育种技术研究	杨敏生	201301	201712	174	100
16	部委级科研项目	国家林业局	重点项目	2012BAD22B0304	华北土石山区森林可持续经营技术研究与示范	黄选瑞	201201	201612	100	100
17	国家林业局"948"项目	国家林业局	一般项目	201104008	电阻抗快速测定树木抗寒性技术引进	张 钢	201101	201412	40	40
18	部委级科研项目	国家林业局	子课题	20100400205	燕山山地典型森林类型健康经营技术	黄选瑞	201001	201412	94	50

（续）

序号	项目来源	项目下达部门	项目级别	项目编号	项目名称	负责人姓名	项目开始年月	项目结束年月	项目合同总经费（万元）	属本单位本学科的到账经费（万元）
19	部委级科研项目	国家林业局	一般项目	[2009] TK037	优质早实薄皮核桃新品种'绿岭''绿早'及其配套栽培技术示范与推广	王志刚	200901	201212	60	60
20	部委级科研项目	国家林业局	子课题	20100400404	杨树抗虫新品种创制	杨敏生	201001	201412	67	67
21	部委级科研项目	国家林业局	子课题	200904010	天山云杉种群结构与遗传多样性研究	杨敏生	200901	201212	30	30
22	部委级科研项目	国家林业局	子课题	200804027-07	三北地区生态林可持续经营关键技术研究与示范研究	黄选瑞	200801	201212	28	28
23	部委级科研项目	国家林业局	子课题	201104013	饲料型刺槐多倍体品种选育及产业化关键技术研究	王进茂	201101	201512	26	26
24	部委级科研项目	国家林业局	一般项目	—	林业转基因生物安全性监测技术规程	杨敏生	201101	201212	10	10
25	部委级科研项目	教育部	一般项目	2011130212005	转抗虫基因杨树毒蛋白时空分布及转移规律研究	张　军	201101	201212	4	2
26	部委级科研项目	国家林业局	一般项目	—	北方核桃早丰品种选育、栽培技术研究	李保国	201101	201412	28	28
27	部委级科研项目	国家林业局	一般项目	—	早实优质核桃产业化技术集成与示范	李保国	201101	201312	30	30
28	部委级科研项目	国家林业局	子课题	2011BAD38B0605	华北中山区高效水土保持林构建技术研究与示范	黄选瑞	201201	201312	42	42
29	部委级科研项目	农业部	子课题	201203035	果树霜霉病防控技术研究与示范	冉隆贤	201201	201612	83	83
30	部委级科研项目	农业部	子课题	201003058-5	杏、李优质栽培关键技术研究与示范（北方）	李彦慧	201001	201412	90	90
31	部委级科研项目	国家林业局	子课题	201104013	饲料型刺槐多倍体品种选育及产业化关键技术研究	王进茂	201101	201512	26	26

（续）

序号	项目来源	项目下达部门	项目级别	项目编号	项目名称	负责人姓名	项目开始年月	项目结束年月	项目合同总经费（万元）	属本单位本学科的到账经费（万元）
32	部委级科研项目	科技部	子课题	2011AA10020103	杨树抗虫分子育种与品种创制	杨敏生	201101	201512	65	65
33	部委级科研项目	科技部	子课题	2013BAD01B06-1	鹅掌楸、枫香、白皮松、花椒树种质资源发掘与创新利用	路丙社	201301	201712	40	10
34	部委级科研项目	国家林业局	一般项目	JC-2014-04	转抗虫基因741杨环境释放和生产性试验安全性监测	杨敏生	201401	201612	15	15
35	部委级科研项目	国家林业局	一般项目	RZ2014	非木质林产品认证国际互认可行性研究	黄选瑞	201101	201512	15	15
36	部委级科研项目	国家林业局	一般项目	冀SFQ（2014）001	苹果省力化栽培标准化示范区建设	李保国	201401	201612	80	80
37	部委级科研项目	科技部	一般项目	2013GB2A200048	河北省核桃'三适'配套技术示范与推广	李保国	201301	201512	60	60
38	部委级科研项目	科技部	一般项目	2013GB2A200027	山地苹果精量控制节水灌溉技术示范	郭素萍	201301	201512	20	20
39	部委级科研项目	科技部	一般项目	2014-LY-036	中国森林认证生产经营濒危野生植物经营认证审核导则	李保国	201301	201512	26	26
40	部委级科研项目	科技部	一般项目	—	核桃省力化技术集成与示范推广	齐国辉	201301	201512	38	38
41	部委级科研项目	国家林业局	一般项目	冀TG2013-007	河北省平山县绿色核桃标准化生产技术示范推广	齐国辉	201301	201512	10	10
42	部委级科研项目	国家林业局	一般项目	（2013）TK02	河北省核桃'三适'配套技术示范与推广	李保国	201301	201512	10	10
43	部委级科研项目	国家林业局	一般项目	冀TG（2014）013	早实核桃省力化栽培技术示范推广	齐国辉	201401	201612	8	8
44	部委级科研项目	国家林业局	一般项目	2013-LY-117	燕山山地珍贵阔叶乡土树种经营技术规程	李永宁	201301	201412	8	8

（续）

序号	项目来源	项目下达部门	项目级别	项目编号	项目名称	负责人姓名	项目开始年月	项目结束年月	项目合同总经费（万元）	属本单位的本学科的到账经费（万元）
45	部委级科研项目	国家林业局	子课题	200904004	"秦岭林药资源保护及开发利用技术研究"子课题"野生山丹种质资源遗传多样性及利用研究"	刘冬云	201001	201312	7	7
46	部委级科研项目	国家林业局	一般项目	2013-LY-116	油松人工林多功能经营技术规程	马长明	201301	201412	8	8
47	部委级科研项目	国家林业局	一般项目	201404206-02	坝上杨树防护林水分利用特征及结构调控技术	马长明	201401	201712	30	8
48	省级自然科学基金项目	河北省自然科学基金委员会	青年项目	C2010000683	杨树木质部特异强启动子的筛选及其相关调控元件研究	张爽	201001	201212	3	3
49	省级自然科学基金项目	河北省自然科学基金委员会	面上项目	C2010000675	寒缩果病的初侵染病原研究	申隆贤	201001	201212	5	5
50	省级自然科学基金项目	河北省自然科学基金委员会	面上项目	C2011204041	白僵菌菌株退化的遗传学分析	李会平	201101	201312	5	3
51	省级自然科学基金项目	河北省自然科学基金委员会	面上项目	C2011204107	黄栌对重金属镉、铅胁迫响应的电阻抗图谱研究	张钢	201101	201312	5	5
52	省级自然科学基金项目	河北省自然科学基金委员会	面上项目	C2012204001	阿月浑子杂种胚败育机理及早期胚挽救研究	路丙社	201101	201312	5	5
53	省级自然科学基金项目	河北省自然科学基金委员会	面上项目	C2009000552	仁用杏优异种质花器官抗寒生理机制研究	李彦慧	200901	201205	5	5

（续）

序号	项目来源	项目下达部门	项目级别	项目编号	项目名称	负责人姓名	项目开始年月	项目结束年月	项目合同总经费（万元）	属本单位本学科的到账经费（万元）
54	省级自然科学基金项目	河北省自然科学基金委员会	面上项目	C2014204049	外源茉莉酸诱导桑树抗虫作用的化学机制	李继泉	201401	201612	5	5
55	省科技厅项目	河北省科技厅	重点项目	11230604D	山区特色果品品种选引、优质栽培及深加工技术研究	齐国辉	201101	201512	135	35
56	省科技厅项目	河北省科技厅	重点项目	11230605D	苹果新品种引进筛选与有机育力化栽培技术研究	郭素萍	201101	201512	50	15
57	省科技厅项目	河北省科技厅	重点项目	11230115D	优质矮化早核桃新品种选育及省力化栽培技术研究	李保国	201101	201512	50	50
58	省科技厅项目	河北省科技厅	一般项目	13006501D	广谱性害虫引诱剂糖醋液－蜜源有效成份确定及其固体化缓释剂的开发与推广示范应用	王志刚	201301	201512	20	20
59	省科技厅项目	河北省科技厅	重点项目	14236811D	河北省山区核桃产业技术创新与示范体系建设	李保国	201401	201512	45	45
60	省科技厅项目	河北省科技厅	重点项目	14236808D	河北省山区苹果产业技术创新与示范体系建设	郭素萍	201401	201512	50	50
61	省科技厅项目	河北省科技厅	一般项目	2014055803	河北省山区特色杂果产业技术创新与示范体系建设	马长明	201401	201512	85	85
62	省科技厅项目	河北省科技厅	一般项目	14236807D	山区枣产业技术创新与示范	王玖瑞	201401	201612	25	25
63	省科技厅项目	河北省科技厅	一般项目	11220601D	河北省果树冻害预警警体系建立及关键技术研究	张 钢	201101	201312	10	10
64	省科技厅项目	河北省科技厅	一般项目	14237503D-2	太行山连翘无公害规范化栽培关键技术研究与示范	任士福	201401	201612	5	5
合计	国家级科研项目	数量（个）		47	项目合同总经费（万元）		3 105		属本单位本学科的到账经费（万元）	2 535

II-2-2 其他重要科研项目

序号	项目来源	合同签订/项目下达时间	项目名称	负责人姓名	项目开始年月	项目结束年月	项目合同总经费（万元）	属本单位本学科的到账经费（万元）
1	中国林业科学院林业研究所	201109	胡杨基因大片段转化烟苗术及分析	杨敏生	201109	201309	15	15
2	河北省质量技术监督局	201101	河北省生态公益林经营技术规程	黄选瑞	201101	201212	2	2
3	河北省教育厅	201101	对光肩星天牛高致病性昆虫病原线虫的筛选及其侵染机理研究	闫爱华	201101	201212	2	2
4	国家林业局	201201	森林经营抚育经营战略布局研究	黄选瑞	201201	201312	9	9
5	国家林业局科技中心	201201	河北省国有林长森林经营认证试点	黄选瑞	201201	201312	10	10
6	国家林业局科技中心	201301	非木质林产品试点项目	黄选瑞	201301	201412	10	10
7	国家林业局	201401	板栗品种鉴定DNA指纹法	梁海永	201401	201512	8	8
8	国家林业局	201401	核桃品种鉴定DNA指纹法	王进茂	201401	201512	8	8
9	河北省林业厅	201401	北戴河联峰山油松枯枝病防治效果评估	崔建州	201401	201512	11	11
10	河北省林业厅	201301	联峰山油松枯枝病综合防治技术研究	崔建州	201301	201612	35	35
11	河北省林业厅	201401	中央财政森林抚育补贴政策成效监测	李永宁	201401	201512	28	28
12	河北省林业厅	201001	抗晚霜仁用杏优良品种选育及防霜关键技术研究	李彦慧	201001	201312	20	20
13	国家林业局	201408	非木质林产品认证国际互认可行性研究	黄选瑞	201508	201512	15	15
14	国家林业局	201301	森林认证野生植物标准导则	张玉珍	201301	201412	10	10
15	国家林业局	201405	塞罕坝机械林场森林可持续经营试点	黄选瑞	201408	201412	10	10
16	国家林业局	201401	全国森林经营立地指数评价塞罕坝机械林场试点	黄选瑞	201401	201412	28	28
17	河北省教育厅	201201	太行山连翘生态药用林健康经营关键技术研究	任士福	201201	201412	6	6
18	河北省林业厅	201101	太行山连翘药用林营造及管护管理关键技术研究	任士福	201101	201312	7	7
19	许昌宏安公司	201301	河南许昌宏安林果采摘园建设研究	王桂霞	201301	201612	15	15
20	中国科学院沈阳应用生态研究所	201201	清源生态站土壤动物调查研究	杨晋宇	201201	201312	5	5
21	河北省林业厅	201401	河北省野生植物资源调查	杜克久	201401	201612	10	10
22	河北省教育厅	201201	太行山连翘生态药用林健康经营关键技术研究	任士福	201201	201412	6	6

Ⅱ-2-3 人均科研经费

人均科研经费（万元/人）	61.41

Ⅱ-3 本学科代表性学术论文质量

Ⅱ-3-1 近五年（2010—2014年）国内收录的本学科代表性学术论文

序号	论文名称	第一作者	通讯作者	发表刊次（卷期）	发表刊物名称	收录类型	中文影响因子	他引次数
1	遮荫对连翘光合特性和叶绿素荧光参数的影响	王建华	任士福	2011（7）	生态学报	CSCD	2.233	33
2	3种李属彩叶植物对NaCl胁迫的生理响应	胡晓丽	李彦慧	2010（2）	西北植物学报	CSCD	1.232	15
3	壶瓶枣褐斑病病原菌的鉴定	于占晶	冉隆贤	2010（1）	植物病理学报	CSCD	1.213	14
4	黄连木和黄山栾树的抗寒性	冯献宾	路丙社	2011（5）	应用生态学报	CSCD	2.525	14
5	根系分区交替灌溉对苹果根系活力、树干液流和果实生长的影响	杨素苗	李保国	2010（8）	农业工程学报	EI	2.329	10
6	不同嫁接方法对黄连木嫁接成活及生长的影响	张爱荣	王志刚	2010（7）	经济林研究	CSCD	1.611	10
7	NaCl胁迫对紫叶李叶片色泽的影响	胡晓立	李彦慧	2010（12）	林业科学	CSCD	1.512	10
8	美国白皑种群的遗传多样性与遗传分化	高宝嘉	—	2010（8）	林业科学	CSCD	1.512	10
9	天津滨海地区盐碱土季节动态变化	支欢欢	杨敏生	2010（1）	土壤学报	CSCD	1.777	9
10	107杨人工林密度对林木生长的影响	田新辉	杨敏生	2011（3）	林业科学	CSCD	1.512	8
11	不同高温胁迫对白桦幼苗几个生理生化指标和电阻抗图谱参数的影响	郝征	张钢	2010（9）	西北植物学报	CSCD	1.232	7
12	干旱胁迫对条墩桑生物量分配和光合特性的影响	闫海霞	黄大庄	2011（12）	应用生态学报	CSCD	2.525	6
13	灌溉方式对红富士苹果根系活力和新梢生长及果实产量质量的影响	杨素苗	李保国	2010（5）	干旱地区农业研究	CSCD	1.132	6
14	耐寒仁用杏新品种'围选1号'	李彦慧	—	2010（1）	园艺学报	CSCD	1.417	5
15	盐胁迫对不同生境白榆生理特性与耐盐性的影响	刘炳响	王志刚	2012（6）	应用生态学报	CSCD	2.252	4
16	燕山山地油松人工林林隙大小对更新的影响	李兵兵	黄选瑞	2012（6）	林业科学	CSCD	1.512	4
17	黄羊滩人工固沙林生态稳定性评价	邢存旺	黄选瑞	2014（5）	林业科学	CSCD	1.512	4
18	模拟盐胁迫对白榆种子发芽、出苗及幼苗生长的影响	刘炳响	王志刚	2012（5）	草业学报	CSCD	3.102	3
19	金莲花产量抽样调查样地最小面积与形状研究	李永宁	—	2011（4）	草业学报	CSCD	3.102	2
20	NaCl胁迫下黄连木叶片光合特性及快速叶绿素荧光诱导动力学曲线的变化	李旭新	路丙社	2013（9）	应用生态学报	CSCD	2.525	2
合计	中文影响因子		37.767		他引次数			176

II-3-2 近五年（2010—2014年）国外收录的本学科代表性学术论文

序号	论文名称	论文类型	第一作者	通讯作者	发表刊次（卷期）	发表刊物名称	收录类型	他引次数	期刊SCI影响因子	备注
1	Assessing Frost Hardiness of *Pinus bungeana* Shoots and Needles by Electrical Impedance Spectroscopy with and without Freezing Tests	Article	张 钢	—	2010,3（4）	Journal of Plant Ecology	SCI	7	2.284	
2	Frost hardening of Scots pine seedlings in relation to the climatic year-to-year variation in air temperature	Article	H. Hänninen	张 钢	2013，177	Agricultural and Forest Meteorology	SCI	—	3.894	
3	*Bacillus thuringiensis* protein transfer between rootstock and scion of grafted poplar	Article	—	杨敏生	2012	Plant Biology	SCI	1	2.405	
4	Ethanol pretreatment increases DNA yields from dried tree foliage	Article	Akinnagbe	杨敏生	2011	Conservation Genet Resour	SCI	1	1.136	
5	Using benzylated poplar as adhesive in manufacturing wood-based panels	Article	曲保雪	—	2013	Wood and Fiber Science	SCI	—	0.875	
6	Effects of environmental variation and spatial distance on the beta diversity of woody plant functional groups in a tropical forest	Article	张志东	—	2012	Polish Journal of Ecology	SCI	—	0.554	
7	Predicting the distribution of potential natural vegetation based on species functional groups in fragmented and species-rich forests	Article	张志东	—	2013	Plant Ecology and Evolution	SCI	—	0.96	
8	Effects of Different Irrigation Amounts on Water Use of Precocious Walnuts	Article	—	李保国	2014	Applied Mechanics and Materials	EI	—	0.55	
9	Behavior of passive stubble-cutting disc with oblique ripples	Article	张国梁	—	2011	Transacions of the Chinese Society of Agricultural Machinery	EI	—	1.669	
合计			14.327			他引次数			9	

SCI 影响因子

II-5 已转化或应用的专利（2012—2014年）

序号	专利名称	第一发明人	专利申请号	专利号	授权（颁证）年月	专利受让单位	专利转让合同金额（万元）
1	一种山地节水灌溉技术	李保国	—	ZL201010592565.5	2012	—	—
2	一种人造板	曲保雪	—	ZL201010244439.0	2012	—	—
合计	专利转让合同金额（万元）				—		—

Ⅲ　人才培养质量

序号	获奖级别	项目名称		证书编号	完成人	获奖等级	获奖年度	参与单位数	本单位参与学科数

表头：**Ⅲ-1　优秀教学成果奖（2012—2014 年）**

序号	获奖级别	项目名称		证书编号	完成人	获奖等级	获奖年度	参与单位数	本单位参与学科数
1	国家级	地方农林院校本科专业实践能力培养路线图的研究与实践		20148289	王志刚	二等奖	2014	1	2
合计	国家级	一等奖（个）	—	二等奖（个）	1	三等奖（个）		—	
	省级	一等奖（个）	—	二等奖（个）	—	三等奖（个）		—	

Ⅲ-4　学生国际交流情况（2012—2014 年）

序号	姓名	出国（境）时间	回国（境）时间	地点（国家／地区及高校）	国际交流项目名称或主要交流目的
1	弓瑞娟	201410	201506	芬兰赫尔辛基大学	国家留学基金委员会国家公派出国留学
2	孟　昱	201209	201305	芬兰东芬大学	国家留学基金委员会国家公派出国留学
3	王爱芳	201101	201512	芬兰林业研究院	国家留学基金委员会国家公派出国留学
合计	学生国际交流人数			3	

1.8.2　学科简介

1. 学科基本情况与学科特色

河北农业大学林学学科已有 106 年的历史，现为国家林业局和河北省政府共同建设学科（2014 年签订共建协议）。设立了林学学科博士后流动站，具有林学一级博士、硕士学位授权点和林业硕士专业学位授权点。林学专业被评为教育部第一类特色专业、河北省高校品牌特色专业和本科教育创新高地。建有国家林果生态工程实验教学示范中心、河北省林学实验教学示范中心，拥有河北省森林昆虫优秀教学团队 1 个、河北省精品课程 3 门、16 个产学研三结合基地，实验室总面积 3 287m^2，设备总价值达 3 100 万元。近五年来，学院承担完成省级以上科研项目 124 项，科研经费达 4 500 多万元。发表学术论文 550 篇，出版专著、教材 23 部。5 名学生获得"全国林科十佳毕业生"、17 名学生获得"全国林科优秀毕业生"，1 名硕士获得"中国梁希优秀学子奖"、1 名硕士获得"董乃钧林人奖"。学科与加拿大 UBC 大学、日本冈山大学、中国林业科学研究院、北京林业大学等国内外高校及科研单位建立了稳定的合作关系。建有国内唯一一家依托高校设立的林业司法鉴定中心。

林学学科以京津冀生态一体化建设为契机，秉承太行山精神，服务地方经济建设为导向，瞄准河北省林业生态建设、林业产业发展重大技术需求，逐步形成学科研究特色。针对太行山区"旱、薄、蚀"严重、经济贫困的客观现实，逐步形成以聚土蓄水为根本，抗旱耐瘠、优质林木新品种选育，山区生态综合治理模式和特色经济林产业发展相协调的理论与技术研究方向。以国内主要具有市场潜力栽培杨树优良品种为材料，针对抗虫、抗旱耐盐等关键抗逆性状，开展杨树多基因遗传转化研究。采用现代诱导育种技术，培育具有自主知识产权适合京津冀生态景观建设的植物新品种；研究风景林植物新品种快速繁育技术。针对京津冀重要经济林病虫害的发生流行规律和影响因素，以天牛等蛀干害虫为主要研究对象，逐步形成以诱导植物系统抗性的影响因素和机制、有害生物生态调控抗性诱导、物理灭虫装置和蛀干害虫树种合作防御天牛危害综合防治模式等研究特色。以燕山山地现有林为对象，服务京津冀中有龄林抚育

（续）

工程为目标，形成以天然次生林多树种、多功能经营模式与机理，人工林近自然改造为特色的森林可持续经营理论与技术研究。从中国林下经济持续快速发展现实需要出发，逐步形成以非木质林产品和野生植物经营认证技术标准编制和推广应用相结合的研究方向，在国家林业局直接领导下，正在参与非木质林产品国际互认工作。

2. 社会贡献

（1）制定林业发展规划、林业行业标准，为政府、企事业单位提供决策咨询

林学学科教师积极参与各级政府和林业部门林业发展规划。共同主持参加完成的《河北省林业持续健康发展战略》通过河北省林业厅批准并付诸实施。与中国林业科学研究院共同完成的《唐山市林业生态建设规划》由唐山市政府批准实施，主持完成的《保定市城市森林建设规划》正在保定市实施。与河北省林业厅和保定市政府共同完成的《白洋淀生态建设规划》《望都县城镇绿化规划》批准实施。主持完成的国家林业局《塞罕坝机械林场森林可持续经营试点工作方案》通过河北省林业厅批准。主持完成了 4 个国有林场森林经营方案和《保定市苗木产业发展规划》。先后为河北省 20 余家林业企业提供技术咨询。先后主持编制国家林业局行业标准和河北省地方标准 26 项，并在生产中得到推广应用。主持编制的《中国森林认证——非木质林产品经营》林业行业标准不仅得到国际社会认同，并且在全国 10 多个省份进行试点和推广应用。

（2）加强技术成果转化，服务社会经济建设

打造出的'绿岭'核桃、'富岗'苹果全国驰名商标品牌和特色经济林产业标准化技术体系成果在太行山大面积推广应用，创建了千万亩生态经济林治理示范区和百里百万亩优质核桃产业带，累计推广 3 897.43 万亩，近 3 年新增效益 167.3 亿元。培植了 2 个年产值超亿元的国家级龙头企业。选育出'绿岭'核桃、'2001'苹果、'林冠'板栗等 18 个不同特色的林木新品种推广面积总计 30 万余亩。森林经营技术成果和标准，被河北省林业主管部门作为正在实施的中幼龄林抚育工程技术规范，在全省推广应用。

（3）发挥学科专业特色，提升社会服务能力

5 年来学科分别为河北省林业厅、塞罕坝机械林场等河北省大型国有林场职工举办专业技术培训班 15 次，举办经济林栽培、苗木技术、森林资源调查规划、病虫害防治、森林经营培训班 200 余次。为河北、山西、内蒙古等省份提供林业司法鉴定服务 300 多件，为保障林业持续健康发展做出突出贡献。

（4）本学科专职教师部分重要的社会兼职

3 名教师被聘为国务院本科、专业硕士教学指导委员会副主任委员或委员。18 名教师分别担任中国产学研合作教育协会副会长、河北省昆虫学会理事长、河北省蚕桑学会理事长、河北省林学会副理事长、河北省核桃产业创新技术联盟理事长、河北省林业工程协会副理事长和专业学会理事等社会职务。

1.9 内蒙古农业大学

1.9.1 清单表

Ⅰ 师资队伍与资源

<table>
<tr><th colspan="6">Ⅰ-1 突出专家</th></tr>
<tr><th>序号</th><th>专家类别</th><th>专家姓名</th><th>出生年月</th><th>获批年月</th><th>备注</th></tr>
<tr><td>1</td><td>中国工程院院士</td><td>尹伟伦</td><td>194509</td><td>200512</td><td>北京林业大学 / 森林培育</td></tr>
<tr><td>2</td><td>享受政府特殊津贴人员</td><td>郭连生</td><td>193911</td><td>199210</td><td></td></tr>
<tr><td>3</td><td>享受政府特殊津贴人员</td><td>王林和</td><td>194907</td><td>199708</td><td></td></tr>
<tr><td>4</td><td>享受政府特殊津贴人员</td><td>姚云峰</td><td>195903</td><td>200008</td><td></td></tr>
<tr><td>合计</td><td colspan="4">突出专家数量（人）</td><td>4</td></tr>
</table>

<table>
<tr><th colspan="6">Ⅰ-3 专职教师与学生情况</th></tr>
<tr><th>类型</th><th>数量</th><th>类型</th><th>数量</th><th>类型</th><th>数量</th></tr>
<tr><td>专职教师数</td><td>75</td><td>其中，教授数</td><td>26</td><td>副教授数</td><td>22</td></tr>
<tr><td>研究生导师总数</td><td>41</td><td>其中，博士生导师数</td><td>12</td><td>硕士生导师数</td><td>29</td></tr>
<tr><td>目前在校研究生数</td><td>229</td><td>其中，博士生数</td><td>29</td><td>硕士生数</td><td>200</td></tr>
<tr><td>生师比</td><td>5.6</td><td>博士生师比</td><td>2.4</td><td>硕士生师比</td><td>6.9</td></tr>
<tr><td>近三年授予学位数</td><td>215</td><td>其中，博士学位数</td><td>16</td><td>硕士学位数</td><td>199</td></tr>
</table>

<table>
<tr><th colspan="6">Ⅰ-4 重点学科</th></tr>
<tr><th>序号</th><th>重点学科名称</th><th>重点学科类型</th><th>学科代码</th><th>批准部门</th><th>批准年月</th></tr>
<tr><td>1</td><td>水土保持与荒漠化防治</td><td>教育部重点（培育）学科</td><td>090707</td><td>教育部</td><td>200711</td></tr>
<tr><td>2</td><td>森林培育学</td><td>省部级重点</td><td>090702</td><td>国家林业局</td><td>200605</td></tr>
<tr><td>3</td><td>森林保护学</td><td>省部级重点</td><td>090703</td><td>内蒙古自治区教育厅</td><td>200801</td></tr>
<tr><td>4</td><td>森林经理学</td><td>省部级重点</td><td>090704</td><td>内蒙古自治区教育厅</td><td>200801</td></tr>
<tr><td>5</td><td>野生动植物保护与利用</td><td>省部级重点培育</td><td>090705</td><td>内蒙古自治区教育厅</td><td>200901</td></tr>
<tr><td>6</td><td>园林植物与观赏园艺</td><td>省部级重点培育</td><td>090706</td><td>内蒙古自治区教育厅</td><td>200901</td></tr>
<tr><td>合计</td><td>二级重点学科数量（个）</td><td>国家级</td><td>—</td><td>省部级</td><td>6</td></tr>
</table>

\multicolumn{6}{c}{I-5　重点实验室}
序号	实验室类别	实验室名称	批准部门	批准年月
1	国家野外观测站	内蒙古大兴安岭森林生态系统国家野外观测研究站	科技部	200512
2	中央与地方共建实验室	风沙物理实验室	财政部	200709
3	中央与地方共建实验室	林木遗传育种及菌根生物技术实验室	财政部	200709
4	省部级重点实验室 / 中心	沙地生物资源保护与培育实验室	林业部	199503
5	省部级重点实验室 / 中心	森林培育林木菌根生物技术重点实验室	内蒙古自治区科技厅	200701
6	省部级重点实验室 / 中心	沙地（沙漠）生态系统与生态工程重点实验室	内蒙古自治区科技厅	200312
7	省部级野外观测站	内蒙古赛罕乌拉森林生态系统定位研究站	国家林业局	200905
合计	重点实验数量（个）	国家级　3	省部级	4

II 科学研究

II—1 近五年（2010—2014 年）科研获奖

序号	奖励名称	获奖项目名称	证书编号	完成人	获奖年度	获奖等级	参与单位数	本单位参与学科数
1	省部级科技进奖	臭柏生态学特性研究及造林示范推广	2011-J-002-1-02-R2	张国盛	2011	一等奖	1	2
2	省部级科技进奖	库布齐沙漠固沙造林技术研究与示范	2012-J-009-1-09-R3	高永	2012	一等奖	2	1
3	省部级科技进奖	鄂尔多斯高原特有植物四合木濒危原因及硬枝扦插繁育技术的研究	2010-J-012-3-05-R1	刘果厚	2010	三等奖	2	1
4	省部级科技进奖	柠条种子主要害虫发生危害规律及防治技术研究	2010-J-015-3-08-R2	罗于洋	2010	三等奖	1	2
5	省部级科技进奖	利用沙柳治理库齐沙漠关键技术研究	2011-J-038-3-04-R4	高永	2011	三等奖	2	1
合计	科研获奖数量（个）	国家级	特等奖 —	一等奖 —	二等奖 —			
		省部级	特等奖 —	一等奖 2	二等奖 3			

II—2 代表性科研项目（2012—2014 年）

II-2-1 国家级、省部级、境外合作科研项目

序号	项目来源	项目下达部门	项目级别	项目编号	项目名称	负责人姓名	项目开始年月	项目结束年月	项目合同总经费（万元）	属本单位本学科的到账经费（万元）
1	林业公益性行业科研专项	国家林业局	一般项目	201204205	风积沙产业化利用及其迹地植被营建技术研究	汪　季	201201	201612	185	135
2	林业公益性行业科研专项	国家林业局	一般项目	201304305	珍稀濒危植物沙冬青衰退诊断及保育技术研究	高　永	201301	201712	74	40
3	内蒙古自治区科技厅项目	内蒙古自治区科技厅	重大项目	2014ZD03	高大密集流动沙丘上营建植被与沙丘活动的互控机制	高　永	201401	201712	80	80
4	国家自然科学基金	国家自然科学基金委员会	地区项目	41161046	准格尔露天煤矿排土场水土保持功能植被固土抗蚀生物力学影响机制	格日乐	201201	201512	50	50

（续）

序号	项目来源	项目下达部门	项目级别	项目编号	项目名称	负责人姓名	项目开始年月	项目结束年月	项目合同总经费（万元）	属本单位本学科的到账经费（万元）
5	内蒙古自治区科技厅项目	内蒙古自治区科技厅	重点项目	2014BS0303	轻基质菌根营养包的研发及中试生产	闫伟	201401	201612	50	50
6	内蒙古自治区科技厅项目	内蒙古自治区科技厅	重点项目	2012MS0514	轻基质菌根营养包的研发及其菌根苗集约化培育技术示范	闫伟	201201	201412	30	30
7	国家"十二五"科技支撑计划课题	科技部	重点项目	2012BAD22B0204	内蒙古大兴安岭过伐林森林可持续经营技术与示范	张秋良	201201	201612	110	110
8	林业公益性行业科研专项	国家林业局	重点项目	201204101	森林生态服务功能分布式定位观测与模型模拟	张秋良	201201	201612	34	34
9	林业公益性行业科研专项	国家林业局	一般项目	201304038	天然林保护等林业工程生态效益评价研究	张秋良	201301	201512	25	25
10	国家自然科学基金	国家自然科学基金委员会	地区项目	31360180	兴安落叶松复层异龄林形成机理及其经营活动响应研究	铁牛	201401	201712	50	50
11	内蒙古自治区项目	内蒙古自治区科技厅	重点项目	20120506	风电场局域环境与生态系统健康响应及评价研究（2）	张韬	201206	201512	15	15
12	国家自然科学基金	国家自然科学基金委员会	地区项目	31160167	国家种质资源保存库沙柳无性系特异性和一致性鉴定的SSR分子标记分析	张国盛	201201	201512	55	55
13	国家林业公益性行业科研专项	国家林业局	一般项目	2013041670	科尔沁和毛乌素沙地人工灌木林林分结构优化调控技术研究	张国盛	201301	201712	187	41
14	国家自然科学基金	国家自然科学基金委员会	地区项目	31360187	利用拟南芥突变体鉴定木材发育相关基因功能研究	杨海峰	201401	201712	50	50
15	国家科技支撑计划项目	国家林业局	一般项目	2013BAD14B00	仁用杏和巴旦杏资源收集与评价技术研究	白玉娥	201301	201712	113	69
16	国家自然科学基金	国家自然科学基金委员会	地区项目	31160166	基于染色体原位交和ISSR分子标记的沙地云杉系统进化研究	白玉娥	201201	201512	50	50
17	内蒙古自治区科技厅	内蒙古自治区科技厅	一般项目	20130438	沙地云杉体细胞胚胎发生及人工种子合成应用综合技术	白玉娥	201301	201512	15	15

（续）

序号	项目来源	项目下达部门	项目级别	项目编号	项目名称	负责人姓名	项目开始年月	项目结束年月	项目合同总经费（万元）	属本单位的本学科的到账经费（万元）
18	国家自然科学基金	国家自然科学基金委员会	地区项目	31160143	兴安落叶松材质相关基因的分离及其功能解析	张文波	201201	201512	47	47
19	国家自然科学基金	国家自然科学基金委员会	地区基金	31106161	外源茉莉酸诱导杨树抗性对舞毒蛾LdNPV发生的影响及机制	段立清	201201	201512	49	49
20	国家自然科学基金	国家自然科学基金委员会	地区基金	31360182	几种药用芳香植物对枸杞害虫的毒杀与生态调控作用研究	段立清	201401	201712	52	52
21	国家公益性行业科研专项经费项目	环境保护部	一般项目	201309040	草原文化遗址地区区域开发生态环境风险评估与监管技术研究	刘果厚	201301	201612	448	360
22	国家科技支撑计划项目	国家林业局	一般项目	2012BAC10B03	新型能源基地生态恢复技术与示范－晋陕蒙接壤区采煤沉陷对土壤与植被影响的研究	贺　晓	201201	201412	40	40
23	内蒙古自治区科技厅项目	内蒙古自治区科技厅	面上项目	10120610	内蒙古自治区园林专业人才培养模式研究	段广德	201207	201407	5	5
24	国家公益林行业基金	国家林业局	一般项目	203205013	珍稀濒危植物沙冬青衰退诊断及保育技术研究	张秀卿	201201	201712	21	21
合计	国家级科研项目			数量（个）　8	项目合同总经费（万元）　513				属本单位本学科的到账经费（万元）　513	

II-2-2 其他重要科研项目

序号	项目来源	合同签订/项目下达时间	项目名称	负责人姓名	项目开始年月	项目结束年月	项目合同总经费（万元）	属本单位本学科的到账经费（万元）
1	内蒙古自治区质量技术监督局	2013	兴安落叶松人工用材林抚育规程	德永军	201301	201412	5	5
2	"十二五"科技计划课题	2012	内蒙古灌木林可持续经营技术研究与示范	德永军	201201	201612	134	24
3	内蒙古自治区林业厅	2013	大青山干旱阳坡丛枝菌根特征与植被恢复研究	白淑兰	201307	201507	25	25
4	内蒙古自治区教育厅	2013	胡杨大片段 DNA 转化拟南芥研究	杨海峰	201301	201512	4	4
5	克什克腾旗政府	2013	内蒙古沙地云杉	丛 林	201301	201612	20	20
6	内蒙古自治区林业厅	2013	针叶树优良无性系选育技术推广及产业化示范	铁 牛	201301	201612	20	20
7	内蒙古自治区林业厅	2013	寒温带兴安落叶松林天然更新机理研究	铁 牛	201301	201412	25	25
8	内蒙古自治区国土厅	2012	内蒙古自治区矿山地面塌陷发育规律及治理模式研究项目	张武文	201201	201312	45	45
9	内蒙古自治区国土厅	2012	内蒙古大兴安岭矿产资源开发与生态环境保护研究	张武文	201201	201412	200	160
10	内蒙古自治区科技创新引导资金奖励计划项目	2012	浑善达克沙地植被恢复与风沙环境综合治理关键技术集成示范	刘果厚	201201	201412	95	95
11	内蒙古自治区科技厅科技计划项目	2012	旱作农业与农业节水技术研究与示范－半干旱区梯田光热水资源高效综合利用技术集成	秦富仓	201201	201212	20	20
12	水利部行业科研专项	2013	退化草地恢复重建水土保持关键技术研究	崔向新	201301	201512	30	30

II-2-3 人均科研经费

人均科研经费（万元/人）	25.35

II-3 本学科代表性学术论文质量

II-3-1 近五年（2010—2014年）国内收录的本学科代表性学术论文

序号	论文名称	第一作者	通讯作者	发表刊次（卷期）	发表刊物名称	收录类型	中文影响因子	他引次数
1	PLA 沙障对土壤硬度的影响	袁立敏	高 永	2010, 8（4）	中国水土保持科学	CSCD	1.241	22
2	采煤沉陷后风沙土理化性质变化及其评价研究	臧荫桐	汪 季	2010,47（2）	土壤学报	CSCD	1.777	27
3	柠条、沙柳根与土及土壤土界面摩擦特性	邢会文	刘 静	2010,30（1）	摩擦学学报	CSCD	1.118	18
4	浑善达克沙地不同密度榆树种群空间格局	李钢铁	—	2011,25（3）	干旱区资源与环境	CSCD	1.637	14
5	乌拉山种子植物属的地理成分分析	赵杏花	王立群	2011,31（1）	西北植物学报	CSCD	1.232	9
6	毛乌素沙地沙柳细根分布规律及与土壤水分分布的关系	刘 健	贺 晓	2010,30（6）	中国沙漠	CSCD	2.772	6
7	蒙古莸的开花物候与生殖特征	郭春燕	贺 晓	2012,32(10)	西北植物学报	CSCD	1.232	9
8	西方城市规划思想中绿地布局结构特点及启示	闫晓云	—	2010,31（1）	内蒙古农业大学学报	CSCD	0.481	298
9	大兴安岭落叶松林丛枝菌根真菌多样性	杨秀丽	闫 伟	2010,29（3）	生态学志	CSCD	1.635	7
10	文冠果不同密度播种育苗试验	王 一	德永军	2011,29（1）	经济林研究	CSCD	1.611	6
11	寒温带兴安落叶松林土壤温室气体通量时间的变异性	马秀枝	张秋良	2012,23（8）	应用生态学报	CSCD	1.742	9
12	鲜切花家用保鲜剂的配方研究	徐玲丽	张鸿翎	2012,（19）	北方园艺	CSCD	0.382	130
13	植物群落盖度及浅层地下水埋深对沙柳乌柳种子天然更新的影响	李小龙	张国盛	2011,31（5）	西北植物学报	CSCD	1.416	2
14	呼和浩特市公园绿地植物群落空间结构研究	包 红	闫晓云	2011,32（3）	内蒙古农业大学学报	CSCD	0.481	104
15	呼和浩特市城市绿地系统结构分析	闫晓云	—	2011,32（1）	内蒙古农业大学学报	CSCD	0.481	163
16	濒危植物四合木的生境适宜性评价	甄江红	刘果厚	2010,30（5）	中国沙漠	CSCD	2.772	6
17	戈壁灌丛及周边地表土壤颗粒的空间异质特征	王淮亮	高 永	2013,37（5）	植物生态学报	CSCD	2.813	4
18	利用拟南芥基因芯片和突变体对木材形成相关基因的初步分析	杨海峰	卢孟柱	2011,47(12)	林业科学	CSCD	1.087	3
19	荧光素对舞毒蛾核型多角体病毒病品系的增效与光保护作用	王树娟	段立清	2012,32（6）	生态学报	CSCD	2.233	4
合计	中文影响因子 213.624				他引次数			1 175

II-3-2　近五年（2010—2014年）国外收录的本学科代表性学术论文

序号	论文名称	论文类型	第一作者	通讯作者	发表刊次（卷期）	发表刊物名称	收录类型	他引次数	期刊SCI影响因子	备注
1	Impacts of the North India Ocean SST on the severe cold winters of 2011 and 2012 in the region of Da Hinggan Mountains and its western areas in China	Article	Gao Tao	Yan Wei	2014, 117 (3-4)	Theoretical and Applied Climatology	SCI	—	1.742	
2	Typical synoptic types of spring effective precipitation in Inner Mongolia, China	Article	Gao Tao	Yan Wei	2014, 21 (2)	Meteorological Applications	—	—	1.518	
3	Study on the Characteristics of Roots Distributions Area in the Caragana-grass Compound System	Article	De Yongjun	—	2011, 10 (6)	Environmental Engineering and Management Journal	SCI	—	0.885	
4	Promoting seedling stress resistance through nursery techniques in China	Article	Liu Y	Li G L	2012, 43	New Forests	SCI	—	1.783	
5	Isolation and expression analysis of Cu/Zn superoxide dismutase genes from three Caragana species	Article	Zhang W B	Lin X F	2014, 61 (5)	Russian Journal of Plant Physiology	SCI	—	0.73	
6	Field Testing Chinese and Japanese Gypsy Moth Nucleopolyhedrovirus and Disparvirus Against a Chinese Population of Lymantria dispar asiatica in Huhhot, Inner Mongolia, People's Republic of China	Article	Duan L Q	N. CONDER	2012, 105 (2)	Journal of Economic Entomology	SCI	4	1.6	
7	Restoration of the lower reaches of the Tarim River in China	Article	张秀卿	—	2013 (5)	Regional Environmental Change	SCI	—	3.6	
8	The effect of plant growth retardants on cold resistance of Zoysia turfgrass	Article	Wang Lei	Pan Wen	2013, 11 (3&4)	Journal of Food, Agriculture & Environment	SCI	—	0.435	
9	Dormancy inducing mechanisms in turfgrass	Article	Wang Lei	Bai Y E	2014, 12 (2)	Journal of Food, Agriculture & Environment	SCI	—	0.435	
10	A Study on Spatial Distribution of Sinking Sandy Land in Inner Mongolia by Using Different Classification Methods	—	张 韬	—	2013, 125-129	Engineering(IWEEEE),IEEE, Engineering Information Institute	EI	—	—	

（续）

序号	论文名称	论文类型	第一作者	通讯作者	发表刊次（卷期）	发表刊物名称	收录类型	他引次数	期刊SCI影响因子	备注
11	Construction of whole stand growth model	Article	刘 洋	铁 牛	2013，8（16）	International Journal of Applied Environmental Sciences	EI	—	—	
12	Comparison of net primary productivity in karst and non-karst areas: a case study in Guizhou Province, China	Article	王 冰	—	2010，59（6）	Environmental Earth Sciences	SCI	7	0.678	
13	Response to climate change about radial growth of *Larix gmelinii* main forest types in Daxing'anling Mountains	Article	菁 梅	张秋良	2012，361-363	Advanced Materials Research	EI	—	—	
14	Based on artificial neural network modeling of white birch natural forest at Daqing mountain in Inner mongolia	Article	杨 潇	张秋良	2012，347-353	Advanced Materials Research	EI	—	—	
15	Study on Ejina Oasis Land Cover Using Decision Tree Classification	Article	安慧君	王 冰	2010（2）	The Special Workshop on Geoscience and Remote Sensing (IWGRS) in the International Conference on Multimedia Technology (ICMT) 2010, Ningbo, China	EI	2	—	
16	Study on Remote Sensing Classification of Ejina Oasis Landscape	Article	王 冰	安慧君	2010（9）	The Chinese Symposium on Information Science and Technology (CSIST) in the 2nd International Conference on Information Science and Engineering (ICISE) 2010, Hangzhou, China	EI	—	—	
17	A Study on Spatial Distribution of Sinking Sandy Land by Using the Methods of Remote Sensing of Man-Computer Interactive Interpretation and Supervised Classification: Taking West Ujimqin Banner as an Example	Article	张 韬	—	2012，518	Advanced Materials Research	EI	—	—	

（续）

序号	论文名称	论文类型	第一作者	通讯作者	发表刊次（卷期）	发表刊物名称	收录类型	他引次数	期刊SCI影响因子	备注
18	A Study on Spatial Distribution of Sinking Sandy Land in Inner Mongolia by Using Different Classification Methods: Taking West Ujimqin Banner as an Example	Article	张韬	—	2013, 125-129	Measuring Technology and Mechatronics Automation (ICMTMA), 2013 Fifth International Conference on. IEEE	EI	—	—	
19	Effect of climate variables on the modeling of vegetation net primary productivity in karst areas	Article	王冰	—	2011, 2634-2640	19th International Congress on Modelling and Simulation (MODSIM 2011)	—	2	—	
20	Simulating efficiency of resistance to wind erosion in area of complex erosion by wind and water	Article	—	刘静	2011, 183-185	Advanced Materials Research	EI	—	—	
21	Friction properties of interface between soil-roots and soil-soil of *Artemisia sphaercephala* and *Sabina valgaris*	Article	—	刘静	—	2010 International Conference on Bioinformatics and Biomedical Engineering	EI	—	—	
22	Study on *Hippophae rhamnoides* Linn.roots in improving the shear characteristics of soil	Article	—	刘静	—	2010 International Conference on Bioinformatics and Biomedical Engineering	EI	—	—	
23	Effects of Soil Moisture Content on the Residual Strength of Two Plants Root-soil Composites	Article	—	刘静	2011, 281	Advanced Materials Research	EI	—	—	
24	Analysis of the force characteristics of stem to the roots by SM Solver	Article	—	刘静	2012, 378-379	Advanced Materials Research	EI	—	—	
25	Friction characteristics of soil-soil interface and root-soil interface of *Caragana intermedia* and *Salix psammophila*	Article	—	刘静	2012, 30（1）	Mocaxue Xuebao	EI	—	—	
26	The primary study of Daur plant resource in Melidawa of Inner Mongolia	Article	王树森	—	—	Proceedings 2011 International Conference on Electrics, Communications and Control 2011	EI	—	—	

（续）

序号	论文名称	论文类型	第一作者	通讯作者	发表刊次（卷期）	发表刊物名称	收录类型	他引次数	期刊SCI影响因子	备注
27	Study on life form and water ecotype of four plant communities in Daqinggou	Article	王树森	—	—	2011 IEEE international symposium on IT in medicine and education 2011	EI	—	—	
28	The primary research on plant family retrieval system of Angiosperm in Inner Mongolia	Article	王树森	—	—	Proceedings 2011 IEEE International Conference on Computer Science and Automation Engineering 2011	EI	—	—	
29	The database construction and testing on Angiosperm family retrieval system of Inner Mongolia	Article	王树森	—	—	2011 3rd International Conference on Education Technology and Computer 2011	EI	—	—	
30	Comparative study on community structure and leaf type of four plant communities in Daqinggou	Article	王树森	—	—	2012 World Automation Congress, WAC2012	EI	—	—	
合计	SCI影响因子		11.21			他引次数			15	

II-5 已转化或应用的专利（2012—2014年）

序号	专利名称	第一发明人	专利申请号	专利号	授权（颁证）年月	专利受让单位	专利转让合同金额（万元）
1	一种利用天然植物纤维材料制成的沙障及其配置方法	虞 毅	2009101805806	CN101691749B	201205	内蒙古农业大学	—
2	一种淀转式野外土壤风蚀梯度集沙仪	左合君	201310650643	CN203606102U	201405	内蒙古农业大学	—
合计	专利转让合同金额（万元）			—			

Ⅲ　人才培养质量

序号	类型	学位论文名称	获奖年月	论文作者	指导教师	备注
		Ⅲ-3　本学科获得的全国、省级优秀博士学位论文情况（2010—2014 年）				
1	省级	风蚀地表土壤颗粒的图像表征及空间变异特征研究	2013	高君亮	高　永	
2	省级	沙棘木蠹蛾白僵菌高毒菌株筛选和几丁质酶基因克隆及其微胶囊制剂的研究	2013	杨　帆	段立清	提名奖
合计		全国优秀博士论文（篇）　　—　　提名奖（篇）　　—				
		省优秀博士论文（篇）　　1				

1.9.2　学科简介

1. 学科基本情况与学科特色

内蒙古农业大学林学学科以国内较高水平的水土保持与荒漠化防治、森林培育学科为核心，以森林经理学、林木遗传育种、森林保护学、野生动植物保护与利用、园林植物与观赏园艺为重点，开展师资队伍建设、学术研究和研究生培养，形成具有全国优秀教师领衔的职称、学历、学缘、年龄结构合理的学术梯队，教学和科研条件良好，林学二级学科之间相互支撑，并与植物、土壤、生态类学科交叉、渗透和交流，学科水平不断提高，7 个二级学科均为自治区重点学科和重点培育学科，林学一级学科为博士后研究工作站，可依托的省部级以上重点实验室有 11 个。近 5 年，承担各类科研项目 61 项（其中在研 38 项），发表论文 600 余篇（其中 SCI、EI 分别收录 16、34 篇），出版专著和教材 32 部，取得自治区级等科研成果 27 项，培养博士和硕士研究生 394 人（其中国外研究生 6 名）。

林学学科依据我国西部地区干旱缺水、土壤贫瘠、植被退化、造林成活率、保存率和森林生产力低；内蒙古地域辽阔，东西狭长，横跨我国东北、华北、西部三大地区，自然条件复杂多样，自然地理上具有明显的过渡性：从气候方面看，从北往南，寒温带、中温带与暖温带逐渐过渡；从干湿度来看，从东往西，湿润、半湿润、半干旱、干旱、极端干旱相连接，是我国唯一具备较多自然景观与复杂自然条件的地区，是我国北方生态防线，也是人工造林面积最大、任务最重的地区等。针对这些特点，主要开展以下方面的研究：

①水土保持与荒漠化防治：以国内领先水平的沙漠化防治技术为重点，进行沙物质运移形式与轨迹、风速廓线与风沙流结构的耦合关系、风积地貌的动态演变、防护林气动效应、沙区植被保护与人工植被建设技术及模式、沙障的阻沙效益、沙害防治与疏导沙工程、沙漠化生态系统及其逆转过程的稳定性和可持续发展技术及运行机理。

②森林培育：以国内领先水平的树木生理生态、国内先进水平的林木菌根技术为重点，针对干旱、半干旱地区的自然条件和林木培育技术要求，研究树木需水特性，树木对干旱缺水的反应和适应，选择耐旱性强的适生树种，林分水分平衡，菌剂产业化，推广菌根育苗技术。

③森林经理学：本研究方向结合内蒙古和西部地区的实际，致力于大兴安岭国有林区和干旱半干旱地区森林资源可持续经营的理论和技术研究。重点研究森林可持续经营理论、森林分类经营、区域资源环境信息提取的有效方法和分析、管理信息的手段、区域森林资源效益评价、森林结构与功能的内在机理与演变规律等。

④林木遗传育种：从群体、细胞及分子水平研究内蒙古及中国西部主要林木种的起源、演化，开展林木种质保护、改良、评价、选育及利用的理论和方法，以及种质保存库等基础研究，筛选抗旱、耐盐、耐低温、抗病等基因，开展基因组学和蛋白质组学研究，林木种质创新与分子育种。

⑤森林保护学：本学科密切结合自治区在森林灾害控制方面长远的科技需求和人才需求，围绕林业有害生物的监控预警体系、检疫御灾体系和防治减灾体系，研究控制林木重大病虫害的理论与技术。

⑥野生动植物保护与利用：主要研究维系内蒙古森林生态系统、草原生态系统、湿地生态系统和荒漠生态系统正常服务功能的功能群的种质资源保护和利用，阐明内蒙古不同生态系统中功能群生物多样性资源状况、受灭绝和威胁程度、生物多样性未来发展趋势、减少、增加拟或稳定的态势。

⑦园林植物与观赏园艺：结合我国城市园林建设的重大需求及干旱半干旱城市环境特点及植被特点，我国北方干旱、寒冷地区园林植物特点，重点开展风景园林规划与设计、旱区寒区园林地被与草坪学、西北干旱半干旱地区园林植物与城市森林、观赏植物种质资源的收集和保护与开发等方面的研究。

2. 社会贡献

（1）为制定相关政策法规、发展规划、行业标准提供决策咨询

多人多次作为国家林业局行业标准、内蒙古地方标准评委，并主持或参加国家林业局行业标准、内蒙古地方标准制定工作。

（2）加强产学研用结合、技术成果转化，为产业发展提供技术支持

多人多次作为评委参加森林经营方案、抚育间伐（试点）方案、国家林业局科技支撑项目立项、林木良种审定等审定工作，对项目提出改建意见，并作为技术负责人参与部分科技支撑项目，开展森林经营管理与经营技术讲座，对提高这些项目的科技水平和辐射推广作用，沟通信息改善经营思路均起到了重要作用。

在多个林场和林业局建立研究生实训基地，进行专业硕士实习，结合导师课题、对外服务等项目，在林业部门开展实习、科研等。

在国家林业局良种基地担任技术顾问，进行技术指导。

（3）在弘扬优秀文化、推进科学普及、服务社会大众等方面的贡献

与内蒙古自治区林业厅联合，开展森林公安林业专业知识培训，并结合森林公安业务特点，有针对性地普及相关林业知识技能，对提高办案能力起到了促进作用。

（4）本学科专职教师部分重要的社会兼职

高永：中国治沙暨沙业学会理事，联合国防治荒漠化公约科学技术委员会独立专家。

张国盛：内蒙古林木品种审定委员会委员、内蒙古林木良种基地建设咨询专家。

闫伟：内蒙古生态学会、微生物学会常务理事。

张秋良：中国治沙暨沙业学会理事，中国林学会森林经理分会理事。

刘果厚：内蒙古植物学会副理事长，中国林学会树木学分会理事。

段立清：内蒙古自治区昆虫学会副理事长。

德永军：内蒙古林木品种审定委员会委员、内蒙古林业厅林业科技支撑专家团队专家、自治区政府投资项目咨询专家、内蒙古森工集团（林管局）科研项目评审库专家、国家标准委关于征集标准化科技专家。

刘静：内蒙古水土保持学会常务理事、中国全国科技专家库专家。

（5）其他方面

多人作为国家自然基金评委、内蒙古自治区自然基金评委、部分重要核心期刊外审专家，参与相应级别科研项目评审，在遴选优先研究科研项目，促进亟需解决的科学问题研究方面起到了应有的作用。

多人作为部分重要核心期刊外审专家，参与相应期刊学术论文审定等工作，在筛选优秀论文刊发，加快科研成果传播方面发挥了积极的作用。

1.10 北华大学

1.10.1 清单表

I 师资队伍与资源

I-1 突出专家

序号	专家类别	专家姓名	出生年月	获批年月	备注
1	教育新世纪人才	单延龙	197109	201212	
2	教育新世纪人才	孟庆繁	196503	200602	
合计	突出专家数量（人）			2	

I-3 专职教师与学生情况

类型	数量	类型	数量	类型	数量
专职教师数	64	其中，教授数	25	副教授数	20
研究生导师总数	32	其中，博士生导师数	7	硕士生导师数	25
目前在校研究生数	109	其中，博士生数	8	硕士生数	101
生师比	—	博士生师比	1.1	硕士生师比	4
近三年授予学位数	23	其中，博士学位数	3	硕士学位数	20

I-4 重点学科

序号	重点学科名称	重点学科类型	学科代码	批准部门	批准年月
1	森林培育学	重点学科	090702	国家林业局	200605
2	林学	吉林省"十二五"优势特色重点学科	0907	吉林省教育厅	201106
3	林学	吉林省重中之重学科	0907	吉林省教育厅	201408
合计	二级重点学科数量（个）	国家级	—	省部级	3

序号	实验室类别	实验室名称	批准部门	批准年月
\multicolumn{5}{c}{I-5　重点实验室}				

序号	实验室类别	实验室名称	批准部门	批准年月
1	国家级大学生校外实践基地	北华大学－吉林省蛟河林业实验区管理局农科教合作人才培养基地	教育部	201305
2	省部级重点实验室	林业与生态环境重点实验室	吉林省教育厅	200612
3	省部级重点创新中心	吉林省采育林科技创新中心	吉林省科技厅	200910
4	省部级协同创新中心（培育）	吉林省林特资源开发与产业化协同创新中心	吉林省教育厅	201210
5	省级研发中心	吉林省林木加工产业公共技术研发中心	吉林省工信厅	201212
6	省级实验区	林学类专业创新人才培养模式实验区	吉林省教育厅	201210
7	省级教学示范中心	森林植被与生态实验教学示范中心	吉林省教育厅	201210
合计	重点实验数量（个）	国家级　1	省部级	6

II 科学研究

II-1 近五年（2010—2014 年）科研获奖

序号	奖励名称	获奖项目名称	证书编号	完成成人	获奖年度	获奖等级	参与单位数	本单位参与学科数
1	国家科技进步奖	超低甲醛释放农林剩余物人造板制造关键技术与应用	2012-J-202-2-01-R01	时君友等	2012	二等奖	6（1）	1
2	吉林省科技进步奖	水貂、蓝狐精准营养研究与饲料高效利用技术	2014J1S017	杜凤国等	2014	一等奖	3	
3	吉林省科技进步奖	城市绿化良优新树种引进、筛选与示范	2012J20052	杜凤国等	2012	二等奖	1	
4	吉林省科技进步奖	濒危植物天女木兰保育生物学的研究	2014J2S046	杜凤国等	2014	二等奖	1	
5	吉林省科技进步奖	北方森林生态系统固碳技术研究与示范	2013J20037	郭忠玲等	2013	二等奖	1	
6	吉林省科技进步奖	柳树优良无性系引进及生物质原料林培育技术	2013J20034	孟庆繁等	2013	二等奖	1	
7	吉林省科技进步奖	林木生物质成型固化关键技术及配套设备研究与示范	2013J20035	张启昌等	2013	二等奖	1	
8	吉林省科技进步奖	北五味子产业化关键技术及应用	2013J20036	高晓旭等	2013	二等奖	1	
9	吉林省科技进步奖	紫杉优良种质资源培育及保存技术研究与示范	2014J2K050	其其格等	2014	二等奖	1	
10	吉林省科技进步奖	生物质基多效水处理功能材料及开发利用研究	2014J2K048	姜贵权等	2014	二等奖	1	
11	吉林省科技进步奖	"东北红豆杉良种源" 选育技术研究	2014J2K047	程广有等	2014	二等奖	1	
12	吉林省科技进步奖	长白山自然保护区昆虫物多样性的研究	2011J20059	孟庆繁等	2011	二等奖	1	
13	吉林省科技进步奖	林下参 "非人为" 分级标准的建立	2013J20039	孙立伟等	2013	二等奖	1	
14	吉林省科技进步奖	森林抚育材、人工林速生材高值化利用技术研究与开发	2010J20048	刘彦龙等	2010	二等奖	1	
15	吉林省科技进步奖	树木年轮水分输导模式理论及应用研究	2013J30032	刘盛等	2013	三等奖	1	
16	吉林省科技进步奖	吉林省森林火灾碳释放的研究	2011J30085	单延龙等	2011	三等奖	1	
17	吉林省科技进步奖	东北红豆杉优良种源选择繁育	2010J30071	程广有等	2010	三等奖	1	
18	吉林省科技进步奖	地榆中抗氧化自由基清除成分提取分离及稳定性研究	2010J30075	姜贵全等	2010	三等奖	1	
19	吉林省科技进步奖	高活性重组人碱性成纤维细胞生长因子基因美容化妆品的研究	2010J30075	孙立伟等	2010	三等奖	1	
20	吉林省科技进步奖	吉林省林地土壤侵蚀规律及综合治理技术的研究	2010J30080	张启昌等	2010	三等奖	1	
合计	科研获奖数量（个）	国家级	特等奖 — 一等奖 — 二等奖 1	—		二等奖	一等奖	1
		省部级	一等奖 1 二等奖 12	12		三等奖	三等奖	6

Ⅱ-2 代表性科研项目（2012—2014年）

Ⅱ-2-1 国家级、省部级、境外合作科研项目

序号	项目来源	项目下达部门	项目级别	项目编号	项目名称	负责人姓名	项目开始年月	项目结束年月	项目合同总经费（万元）	属本单位本学科的到账经费（万元）
1	国家科技支撑计划	科技部	重大	2008BAD95B10	北方森林生态系统固碳技术研究与示范	郭忠玲	2009	2012	190	190
2	国家科技部基础专项	科技部	重大	2007FY110400-4	东北森林植物种质资源项调查项目——东北森林植物种质收集与标本采集课题	郭忠玲	2007	2012	140	120
3	国家科技部支撑计划	科技部	重大	2012BAD19B070	东北天然林重要害虫监测及防控技术集成与示范	孟庆繁	2012	2016	136	136
4	国家自然科学基金	国家自然科学基金委员会	重大	40930107	CO_2升高、氮沉降和降水量变化对原始阔叶红松林细根周转机制的影响	郭忠玲	2010	2013	190	36
5	国家自然科学基金	国家自然科学基金委员会	面上项目	31470497	长白山林区森林生态系统森林火灾（尤其是重特大森林火灾）发生机理的研究	单延龙	2015	2018	82	82
6	国家自然科学基金	国家自然科学基金委员会	面上项目	31370622	以降水为驱动的落叶阔叶林养分循环过程定位研究	郭忠玲	2014	2017	80	80
7	国家自然科学基金	国家自然科学基金委员会	面上项目	81373932	野生与种植人参次生代谢产物差异机制的定量蛋白质组学研究	孙立伟	2014	2017	70	70
8	国家自然科学基金	国家自然科学基金委员会	面上项目	31170403	次生阔叶林中洞巢鸟类群落中关键类群鸟类及其作用研究	邓秋香	2011	2015	63	63
9	部委级科研项目	农业部	重点	200903014-03	不同生态区优质毛皮环境调控及设备设施技术研究与示范	高志光	2009	2013	148	148
10	部委级科研项目	国家林业局	一般	201004095	濒危珍稀木本花卉天女木兰保育及应用技术研究	杜凤国	2010	2015	105	105
11	部委级科研项目	国家林业局（委托省下达）	重点	吉推[2014]13号	冬季观果树种优良无性系快繁及高效栽培技术推广示范	杜凤国	2014	2017	100	100

（续）

序号	项目来源	项目下达部门	项目级别	项目编号	项目名称	负责人姓名	项目开始年月	项目结束年月	项目合同总经费（万元）	属本单位学科的到账经费（万元）
12	部委级科研项目	国家林业局（委托省下达）	重点	吉推［2014］8号	富含紫杉醇东北红豆杉良种推广示范	程广有	2014	2017	100	100
13	中央财政林业科技推广项目	国家林业局	重点	2010-04	柳树生物质能源林丰产栽培技术推广示范	孟庆繁	2010	2013	100	100
14	中央财政林业科技推广示范项目	国家林业局	重点	［2013］TJQ04	蓝靛果优良无性系繁育及丰产栽培技术推广示范	张启昌	2013	2016	100	100
15	中央财政林业科技推广示范项目	国家林业局	重点	［2011］TK022	林业剩余物成型固化技术推广示范	张启昌	2011	2014	100	100
16	中央财政林业科技推广示范项目	国家林业局	重点	吉推［2012］04号	合成树脂浸渍薄木叠花实木复合功能地板技术集成推广示范	刘彦龙	2012	2015	100	100
17	国家科技重大专项	科技部	重大	2011ZX09401-305-02	创新药物筛选、发现平台	孙立伟	2011	2013	50	50
18	国家科技支撑计划	科技部	重点	2011BAI03B00	人参活性成分物质基础和化学物质质量标准体系的建立	孙立伟	2011	2014	57	57
19	国家科技支撑计划	科技部	重点	2012BAI29B00	贵细药材及药用植物蛋白质组学比较和分析	孙立伟	2012	2015	30	30
20	国家科技部	科技部	一般	2012BAC01B03-1	长白山阔叶红松林不同演替阶段生物多样性维持机制研究	夏富才	2012	2014	53	53
21	国家科技部支撑项目	科技部	一般	2012BAC01B03	长白山阔叶红松林生物多样性保护关键技术研究与示范	孟庆繁	2012	2014	18	18
22	国家科技支撑计划	科技部	一般	XDA05050201-1	吉林省区域森林固碳现状、速率和潜力研究	郭忠玲	2011	2015	50	50

（续）

序号	项目来源	项目下达部门	项目级别	项目编号	项目名称	负责人姓名	项目开始年月	项目结束年月	项目合同总经费（万元）	属本单位本学科的到账经费（万元）
23	国家科技部基础专项	科技部	一般	2011BAD37B0102	东北地区现有林碳储量和碳通量定量化评价	郭忠玲	2011	2015	45	45
24	部委级科研项目	教育部	人才项目	NCET-12-0726	教育部新世纪优秀人才	单延龙	2013	2015	50	50
25	部委级科研项目	国家"948"项目	一般	2008-4-15	蓝靛果资源培育与开发利用技术引进	张启昌	2008	2012	60	60
26	部委级科研项目	国家林业局"948"项目	一般	2013-4-73	人工用材林二段林经营技术引进	刘 盛	2013	2017	50	50
27	国家自然科学基金	国家自然科学基金委员会	面上项目	30900189	长白山林区主要森林生态系统地表可燃物潜在火行为量化研究	单延龙	2010	2012	23	23
28	国家自然科学基金	国家自然科学基金委员会	青年项目	31400387	长白山主要森林群落早春植物储量和分解过程研究	郑金萍	2015	2018	24	24
29	国家自然科学基金	国家自然科学基金委员会	青年项目	31400608	园林植物挥发物抑菌机理的研究	郭阿君	201501	201712	25	25
30	国家自然科学基金	国家自然科学基金委员会	学部主任基金项目	81041091	用比较蛋白质组学对野山参与同参功效差别的研究及应用	孙立伟	2011	2011	10	10
31	国家自然科学基金	国家自然科学基金委员会	面上项目	31140085	基于年轮水分输导模式的树冠生产结构研究	刘 盛	2012	2012	8	8
32	境外合作项目	吉林省科技厅	一般	20140414055GH	天牛亚科昆虫信息化合物及应用研究	孟庆繁	2014	2016	8	8
合计	国家级科研项目	数量（个）		32	项目合同总经费（万元）		2 365	属本单位本学科的到账经费（万元）		2 191

II-2-2　其他重要科研项目

序号	项目来源	合同签订/项目下达时间	项目名称	负责人姓名	项目开始年月	项目结束年月	项目合同总经费（万元）	属本单位本学科的到账经费（万元）
1	国家林业局	2009	典型森林生态系统样带监测与经营技术研究	夏富才	2009	2013	40	40
2	国家林业局	2012	长白山珍贵阔叶树种分布状况及群落结构特征 20120430 9	郑金萍	2012	2016	26.5	26.5
3	国家林业局	2011	东北老龄林森林公园景观质量提升及资源保护关键技术 201104051	孟庆繁	2011	2014	20	20
4	国家林业局	2011	吉林重点国有林区中央财政森林抚育补贴试点调查研究（20110805）	张启昌	2011	2014	10	10
5	国家林业局	2008	自然保护区建设关键技术研究与示范	夏富才	2008	2012	18	18
6	国家科技部	2009	多目标碳汇能力的综合管理模式	郭忠玲	2009	2012	4.7	4.7
7	吉林省"双十"工程重大专项	2011	森林抚育材/速生材高值化利用技术集成转化（11ZDZH004）	刘彦龙	2011	2014	1 000	300
8	吉林森工集团	2010	森林空气资源开发与应用研究（FAD中试）	戚继忠	2010	2013	400	111.7
9	吉林省科技厅	2012	吉林省林火管理科技创新团队 20121820	单延龙	2012	2014	20	20
10	吉林省科技厅	2013	吉林省植物化工创新团队 20130521022JH	姜贵全	2013	2015	20	20
11	吉林省科技厅	2011	五味子功能性保健饮品开发	孙广仁	2011	2014	20	20
12	吉林省科技厅	2009	北五味子精深加工共性关键技术	高晓旭	2009	2012	18	18
13	吉林省科技厅	2012	北五味子对化学性肝损伤有保护作用保健食品开发研究 20120904	高晓旭	2012	2014	16	16
14	吉林省教育厅	2008	北五味子保健食品、功能饮料及药品生产关键技术转化与示范	高晓旭	2008	2012	15	15
15	吉林省科技厅	2013	吉林省五味子产品开发及产业化创新团队 20130521026JH	高晓旭	2013	2015	15	15
16	吉林省科技厅	2010	平榛和平欧杂交榛品种选育与快繁技术的研究	杜凤国	2010	2014	15	15

（续）

序号	项目来源	合同签订/项目下达时间	项目名称	负责人姓名	项目开始年月	项目结束年月	项目合同总经费（万元）	属本单位本学科的到账经费（万元）
17	吉林省科技厅	2012	蓝靛果新品种选育与高效栽培技术研究（20120269）	张启昌	2012	2014	15	15
18	吉林省科技厅	2011	五味子功能性保健饮品的开发	高晓旭	2011	2013	15	15
19	吉林省科技厅	2011	木质素基阻燃保温材料的制备技术	姜贵全	2011	2014	14	14
20	吉林省科技厅	2013	柞栎象 Curculi dentipes 无公害防治技术研究 20130206056NY	孟庆繁	2013	2015	13	13
21	吉林省科技厅	2011	紫杉优质高产栽培技术研究与示范	程广有	2011	2013	12	12
22	吉林省科技厅	2013	高效石油降解菌的烷烃降解机制及其应用研究	王瑞俭	2013	2015	10	10
23	吉林省科技厅	2011	中国接骨木属分子系统学的研究	杜凤国	2011	2014	5	5
24	吉林省科技厅	2010	高纯度北五味子多糖制备技术研究	高晓旭	2010	2012	4	4
25	吉林省科技厅	2012	封育条件下次生蒙古栎林群落结构及土壤养分特征研究 201201146	郑金萍	2012	2014	3	3
26	吉林省科技厅	2013	吉林省重大特大森林火灾防控技术的研究	单延龙	2013	2016	4	4
27	吉林省林业厅	2013	阔叶商品林活立木可控染色技术开发	刘盛	2013	2015	10	10
28	吉林省教育厅	2013	天女木兰精油分析与产品开发	孙广仁	2013	2014	3	3
29	吉林省教育厅	2012	东北红豆杉药用林高效栽培技术研究	程广有	2012	2014	2	3
30	吉林省教育厅	2012	蓝靛果忍冬高效选育技术的研究	张启昌	2012	2014	3	3

Ⅱ-2-3　人均科研经费

人均科研经费（万元/人）	46.8

II-3　本学科代表性学术论文质量

II-3-1　近五年（2010—2014年）国内收录的本学科代表性学术论文

序号	论文名称	第一作者	通讯作者	发表刊次（卷期）	发表刊物名称	收录类型	中文影响因子	他引次数
1	长白山阔叶红松林的红松种群热值	张启昌	—	201008	林业科学	—	1.802	6
2	加拿大哥伦比亚省美国黄松广义代数差分型地位指数模型	赵磊	倪成才	201203	林业科学	—	1.102	3
3	富含紫杉醇良种"东北红豆杉优良种源"	程广有	—	201303	林业科学	—	1.169	—
4	长白山高山草甸植物—传粉昆虫相互作用网络可视化及格局分析	郭彦林	孟庆繁	201212	林业科学	—	1.102	—
5	栗黑桦的构造特征和物理力学性质	孙耀星	—	201202	林业科学	—	1.102	1
6	长白山自然保护区天牛科昆虫区系及其垂直分布特点	高文韬	孟庆繁	201409	林业科学	—	1.169	—
7	吉林省主要林型森林火灾的碳量释放	单延龙	—	201005	生态学报	—	2.351	4
8	多菌种发酵人参酒及皂苷转化的分析	孙广仁	—	201112	食品科学	—	0.8	2
9	蓝靛果醇母发酵特性的研究	孙广仁	—	201012	食品科学	—	0.946	3
10	中国花天牛亚科—新记录属及—新记述	高文韬	—	201104	动物分类学报	—	0.636	—
11	长白山北坡主要森林群落凋落物现存量月动态	郭忠玲	—	201108	生态学报	—	1.748	11
12	长白山主要次生林的枯落物现存量及持水特性	郑金萍	—	201106	林业科学研究	—	1.146	8
13	城市树木滞尘能力研究及存在的问题与对策	戚继忠	—	201306	世界林业研究	—	0.75	2
14	4种林木轮水分输导模式研究	刘盛	—	201103	北京林业大学学报	—	0.88	—
15	栗山天牛触角感受器超微结构观察	李燕	—	201311	北京林业大学学报	—	0.833	1
16	火炬松人工林胸断面积差分模型的拟合与筛选	倪成才	—	201105	北京林业大学学报	—	0.88	1
17	生物质能源柳优良无性系引种试验	高文韬	—	201309	东北林业大学学报	—	0.63	—
18	吉林濒危植物天女木兰种群分布格局与生态位研究	杜凤国	—	201105	南京林业大学学报	—	0.673	2
19	温带落叶松林的植物候特征及其对气候变化的响应	夏富才	—	201205	生态环境学报	—	1.431	2
20	长白山原始阔叶红松林下草本植物多样性格局及其影响因素	夏富才	—	201202	西北植物学报	—	0.953	7
合计				中文影响因子 22.1	他引次数			53

II-3-2 近五年（2010—2014年）国外收录的本学科代表性学术论文

序号	论文名称	论文类型	第一作者	通讯作者	发表刊次（卷期）	发表刊物名称	收录类型	他引次数	期刊SCI影响因子	备注
1	Soil microbial community changes and their linkages with ecosystem carbon exchange under asymmetrically diurnal warming	Article	张美丽	于兴军	2011（6）	Soil Biology and Biochemistry	SCI	11	3.242	
2	c-Abl tyrosine kinase plays a critical role in β2 integrin-dependent neutrophil migration by regulating Vav1 activity	Article	佟海滨	—	2013（4）	Journal of Leukocyte Biology	SCI	—	4.568	
3	Assessing the effect of measurement error in age on dominant height and site index estimates	Aticle	倪成才	—	2011（5）	Canadian Journal of Forest Research,	SCI	—	3.242	
4	Immunomodulatory and Antitumor Activities of Grape Seed Proanthocyanidins	Aticle	佟海滨	—	2011（11）	Agricultural And Food Chemistry	SCI	10	3.107	
5	An analysis and comparison of predictors of random parameters demonstrated on planted loblolly pine diameter growth prediction	Aticle	倪成才	—	2012（2）	Forestry	SCI	2	1.45	
6	Mapping the morphogenetic potential of antler fields through deleting and trasplanting subregions of periosteum in sika deer (Cervus nippon)	Aticle	高志光	—	2012（2）	Journal of anatomy	SCI	7	2.2	
7	Structural characterization and in vitro inhibitory activities in P-selectin-mediated leukocyte adhesion of polysaccharide fractions isolated from roots of Physalis alkekengi	Aticle	佟海滨	—	2011（8）	International Journal of Biological Macromolecules	SCI	3	3.096	
8	Water-Soluble polysacchzride from Taraxacum platycarpum:isolation chemical components, and antioxide	Aticle	孙广仁	—	2012（2）	Chemistry of Natural compounds	SCI	1	1.029	
9	Performance evaluation of shrub willow clones of North America and Yugoslavia oregins in Jilin,China	Aticle	孟庆繁	—	2012（11）	Silvae Genetica	SCI	—	0.63	
10	Transcriptomic analysis of incised leaf determination in birch (Betula pendula)	Aticle	穆怀志	—	2013（9）	Gene	SCI	—	2.42	

（续）

序号	论文名称	论文类型	第一作者	通讯作者	发表刊次（卷期）	发表刊物名称	收录类型	他引次数	期刊 SCI 影响因子	备注
11	Study on Antioxidant Activity of Catalyzed Hydrogen Degradation Product of LPPC from *Larix gmelinii* Bark	Aticle	姜贵全	—	2013（4）	BioResources	SCI	—	1.41	
12	Ultrastructure of Prothoracic Pore Structures of Longhorn Beetles (*Coleoptera*: Cerambycidae, Cerambycinae) Native to Jilin, China	Aticle	李 燕	孟庆繁	2013（9）	Annals of The Entomological Society of America	SCI	—	1.2	
13	小麦 ACCase CT 功能域基因在大肠杆菌中的表达及与除草剂的相互作用	Aticle	王瑞俭	—	2011（12）	高等学校化学学报	SCI	1	0.656	
14	Analysis and evaluation on chemical composition of the Larch bark(EI)	Aticle	姜贵全	—	2011（3）	Advanced Materials Research	SCI	—	1.309	
15	Two new proanthocyanidins from the leaves of *Garcinia multiflora*	Aticle	姜贵全	—	2012（6）	Natural Product Research	SCI	—	1.225	
16	Isolation and physicochemical characterization of polysaccharide fractions isolated from *Schizandra chinensis*	Aticle	佟海滨	—	2014（3）	Chemistry of Natural compounds	SCI	1	0.5	
17	Inhibition of inflammatory injure by polysaccharides from Bupleurum chinense through antagonizing P-selectin	Aticle	佟海滨	—	2014（3）	Carbohydrate Polymers	SCI	1	3.916	
18	Physicochemical characterization and DPPH radical scavenging activity of polysaccharide fractions isolated from *Bupleurum chinense*	Aticle	佟海滨	—	2013（9）	Carbohydrate Polymers	SCI	1	3.479	
19	Abietane diterpenoids of *Rosmarinus officinalis* and their diacylglycerol acyltransferase-inhibitory activity	Aticle	崔 龙	—	2012（6）	Food Chemistry	SCI	1	3.65	
20	Purification, chemical characterization and radical scavenging activities of alkali-extracted polysaccharide fractions isolated from the fruit bodies of *Tricholoma matsutake*	Aticle	佟海滨	—	2013（3）	World Journal of Microbiology & Biotechnology	SCI	3	1.262	

序号	论文名称	论文类型	第一作者	通讯作者	发表刊次（卷期）	发表刊物名称	收录类型	他引次数	期刊SCI影响因子	备注
21	Polysaccharides from *Bupleurum chinense* impact the recruitment and migration of neutrophils by blocking fMLP chemoattractant receptor-mediated functions	Aticle	佟海滨	—	2013（2）	Carbohydrate Polymers	SCI	2	3.479	
22	Purification, characterization and in vitro antioxidant activities of polysaccharide fractions isolated from the fruits of *Physalis alkekengi*	Aticle	佟海滨	孙立伟	2011（4）	Journal of Food Biochemistry	SCI	—	0.625	
23	Antioxidant effects of a water-soluble proteoglycan isolated from the fruiting	Aticle	夏凤国	—	2011（3）	Journal of the Taiwan Institute of Chemical Engineers	SCI	2	0.573	
24	Reduction of angiocidin contributes to decreased HepG2 cell	Aticle	关新刚	—	2013（9）	African Health Sciences	SCI	1	0.521	
25	An efficient protein preparation method compatible with 2-DE analysis of *Panax quinquefolius* root-a tissue riches in interfering compounds	Aticle	孙立伟	姜 锐	2012（5）	Journal of Medicinal Plants Research	SCI	0.9	0.9	
26	Two-dimensional gel electrophoresis analysis of different parts of *Panax quiquefolius* L. root	Aticle	孙立伟	姜 锐	2011（11）	African Journal of Biotechnology	SCI	—	0.573	
27	Protein extraction from the stem of *Panax ginseng* C. A. Meyer: A tissue of lower protein extraction efficiency for proteomic analysis	Aticle	孙立伟	姜 锐	2011（5）	African Journal of Biotechnology	SCIE	—	0.573	
28	Crystal structure of pyridinium chloro(Hydrogen phosphate-O,O', O'')zink(II)[C$_5$H$_6$N][ZnCl (PO$_4$H)]	Aticle	孙立伟	冯 凯	2010（9）	Zeitschrift fur kristallographie	SCI	—	1.255	
29	Inhibition of diacylglycerol acyltransferase by prenylated flavonoids isolated from the stem bark of *Maackia amurensis*	Aticle	李 娜	崔 龙	2014（12）	Journal of Asian Natural Produc Researchts	SCI	—	1.5	
30	Diacylglycerol Acyltransferase-inhibitory Prenylated Flavonoids from *Maackia amurensis* Rupr	Aticle	李 娜	崔 龙	2014（10）	Bull. Korean Chem. Soc	SCI	—	0.835	
合计	SCI影响因子 54.43					他引次数			47.9	

Ⅱ-5　已转化或应用的专利（2012—2014年）

序号	专利名称	第一发明人	专利申请号	专利号	授权（颁证）年月	专利受让单位	专利转让合同金额（万元）
1	一种米香型蓝靛果酒及其制作方法	张启昌	CN201210111392.X	ZL201210111192.X	201210	北华大学	8
2	提高木材力学强度的处理方法	孙耀星	CN201110045516.4	ZL201110045516.4	201304	北华大学	—
3	一种薄木浸渍干燥装置	范久臣	CN201220151021.X	ZL201210104796.6	201403	北华大学	—
4	三聚氰胺甲醛树脂浸渍薄木激光切割叠层拼花制品工艺	唐朝发	CN201110354826.4	ZL201110354826.4	201403	北华大学	—
5	一种适合双向电泳的野山参蛋白质提取方法	孙立伟	CN201010219048.3	ZL201010219048.3	201211	北华大学	—
6	一种高纯度松茸多糖提取工艺	孙　新	CN201110072492.1	ZL201110072492.1	201310	北华大学	—
7	鹿茸毛细管电泳 DNA 指纹图谱及鉴定方法	苑广信	CN201210055368.9	ZL 201210055368.9	201501	北华大学	—
8	柴胡 DNA 鉴定试剂盒及鉴定方法	张丽华	CN201010118836.3	ZL 201010118836.3	201401	北华大学	—
9	生物质固体燃料造粒机	张学文	CN201010597182.7	ZL 201010597182.7	201410	北华大学	—
10	野山参与栽培参多重 PCR 检测试剂盒及鉴定方法	李明成	CN201010118823.6	ZL 201010118823.6	201406	北华大学	—
11	贝壳杉烷型二萜类化合物及其制备方法和医疗用途	崔　龙	CN201010131715.2	ZL 201010131715.2	201310	北华大学	—
12	一种白桦树皮取物及其制备方法和医疗用途	崔　龙	CN201110088183.3	ZL201110088183.3	201301	北华大学	—
13	树干注液头固定器	李国伟	CN201420311917.9	ZL201420311917.9	201502	北华大学	—
14	木材防腐高效处理设备	孙耀星	CN201320279666.6	ZL201320279666.6	201311	北华大学	—
合计	专利转让合同金额（万元）						8

Ⅲ 人才培养质量

Ⅲ-1 优秀教学成果奖（2012—2014 年）								
序号	获奖级别	项目名称	证书编号	完成人	获奖等级	获奖年度	参与单位数	本单位参与学科数
1	省级	林学类本科协同育人模式探索与实践	20140215	刘和忠、杜凤国、戚继忠、刘 盛、张启昌、王洪俊	一等奖	2014	1	—
合计	国家级	一等奖（个）	—	二等奖（个）	—	三等奖（个）	—	
	省级	一等奖（个）	1	二等奖（个）	—	三等奖（个）	—	

Ⅲ-4 学生国际交流情况（2012—2014 年）					
序号	姓名	出国（境）时间	回国（境）时间	地点（国家/地区及高校）	国际交流项目名称或主要交流目的
1	芦皇冠	201209	201402	澳大利亚墨尔本理工大学	More than a canal adapt reuse and reclaim for government
合计	学生国际交流人数				1

1.10.2 学科简介

1. 学科基本情况与学科特色

（1）学科基本情况

北华大学林学学科始建于 1950 年，2001 年获得硕士学位授予权，成为吉林省唯一涉林硕士一级学科授权点——林学；唯一涉林国家林业局和吉林省重点学科——森林培育；唯一涉林省级重点实验室——吉林省林业与生态环境重点实验室；唯一涉林国家大学生校外基地——北华大学 – 蛟河林业实验区管理局农科教合作人才培养基地；国家首批卓越农林人才培养试点校；唯一涉林国家级特色本科专业建设点——林学和园林；林学又被评为吉林省品牌专业；唯一农业推广涉林方向专业硕士授权点；2014 年该学科被评为"吉林省重中之重学科"，是吉林省最主要的涉林硕士研究生和本科生培养基地，吉林省林业工程师摇篮，形成明显的区域比较优势，为长白山生态屏障持续保护吉林黑土地生态效益的发挥、吉林省林业生态建设与产业发展起到了强有力的人才和科技支撑作用。

学科队伍结构合理，具有博士学位教师 41 人，博士占学科专任教师 64%。具有校外兼职博士生导师 7 人，学科拥有 3 个吉林省科技创新团队，2 个吉林省优秀教学团队 2 个。有省高级专家 2 人，省名师 3 人及拔尖创新人才等省级专家称号 20 余人；二级教授 4 人，三级教授 3 人；教育部林学教指委 1 人，国家林业局林学科教指委副组长委员 1 人。

学科近五年发表学术论文 300 余篇；其中，SCI 检索 60 篇，EI 检索 95 篇，出版著作 18 部。

近 3 年，招收博士生 8 人，毕业博士 3 人，招收非全日制农业推广专业硕士生 95 人。毕业生获省优硕论文 2 篇，7 名硕士获国家奖学金，1 名被评为全国林科优秀毕业生，4 人获全国梁希优秀学子奖。森林植物学 2008 年成为国家精品课程，2013 年又被评为国家精品资源共享课程。已在爱课网上线，为全国农林高校同类课程所共享，起到了示范、共享和推广作用，赢得了赞誉。

通过中地共建、省财政专项、社会捐助和学校投入等途径获各类建设资金 3 500 万元，加强了教学科研实践基地建设、配套了实验研究设备，大项目中提取 5%～10% 购置了学科图书、参考资料和网络资源。学科硬件条件已完全可以满足本学科硕士和博士研究生培养的需求。学科平台现有仪器设备总值 2 533 万元，其中 40 万元以上大型仪器设备

（续）

40 台套，并有学校分析测试中心，生命科学中心先进仪器所共享，形成了设备配套、功能齐全，具有了在东北地区林业研究领域一流的研究条件。

近三年举办重要国际学术会议 1 次，参加会议的中外学者 200 余人；与美国、加拿大、俄罗斯等学者举办小型国际学术会议 3 次；承办国内中小型学术会议 3 次。派出访问学者、客座研究等 12 人，接受访问学者、客座研究 8 人；与 10 余家国内外科研教学单位、企业保持密切的学术交流关系，承担国家合作项目 4 项。

（2）学科特色

多年来，林学学科一直以长白山林业生态与森林特色资源为重点研究领域，在长白山濒危植物保育与利用，森林碳汇与碳汇林营建，森林重大灾害监测与防控，特色森林资源培育与综合利用等方向形成了鲜明区域特色和比较优势，研究成果达到国际先进或国内领先水平。

在长白山濒危植物保育与利用方向上，出版了《濒危植物紫杉保育生物学》《长白山珍稀濒危植物的研究》《红豆杉》《中国长白山植物》等著作。首次探索出天女木兰濒危的分子机理，提出了保育策略，解决了影响天女木兰产业化快繁中的褐化难题，将增殖系数提高到 4，并选育出抗寒的天女木兰优良品系，在吉林省集安推广应用，使天然破碎种群得以恢复，保育了这一珍稀濒危物种，为长白山其他濒危物种保育起到示范和引领作用，整体水平处于国内同类研究领先行列。

在特色森林资源培育与综合利用研究方向上，主持国家 "948" 项目、科技部农业成果转化、中央财政科技推广等多个国家级重点项目，解决了制约越橘、桤叶唐棣、酸樱桃、五味子、接骨木、人参产业化无良种问题及配套快繁技术；研制了深加工产品。获专利 16 项，新品种 8 个，新产品 5 个；整体达国内领先；东北红豆杉系列研究成果居国际先进水平行列；攻克了农林剩余物、森林抚育材、枝桠材等低质材高值化利用的产业化技术瓶颈。

在森林碳汇机理、监测和评价的研究上，主持国家科技部科技支撑计划、基础专项和国家重大基金项目，如 "北方森林生态系统固碳技术研究与示范"，参加单位有东北师大、黑龙江大学等 6 个单位，解决了长白山典型森林生态系统固碳机理与技术、碳汇计量与评价的难题，在应对全球气候变暖决策上为国家和省政府决策提供了理论依据，处于国内领先行列。

在森林重大灾害监测与防控研究上，主要针对长白山森林生态系统中昆虫区系和物种多样性开展系统调查和研究，以其明确昆虫资源本底，为有效地保护和合理地利用提供基础数据；首次主编出版《中国天牛志·基础篇》，全书收录了 4 000 余种天牛种类，参加编写的高校、科研院所等单位达 300 个，编写专家近千位。中国最权威天牛专家、原国家一级教授蒋书楠评议："该巨著取得了惊人的成果，有的部分赶超过世界先进水平，为今后我国 200 余所大专院校、5 000 余个科研单位的天牛防治和研究铺平了道路。"并出版《东北天牛志》《东北蝶类志》《长白山访花昆虫》等。在以栗山天牛、松梢小卷蛾、银杏大蚕蛾、栎实象等害虫局部发生严重，且大爆发危险极大等重大害虫监控和防治上，解决了害虫监测难题，合成了用于防治的生物信息素，处于国内同类研究领先行列；在森林防火上，探索出吉林省林火发生规律和配套监测技术被吉林省林业厅采用，用于吉林省森林防火监测与防控，为吉林省 30 多年无重大森林火灾发生提供了技术支撑，林学 1 人被评为吉林省森林防火先进个人。林学院被评为吉林省林业科技创新先进集体。

总之，林学科多年来，培养了吉林省林业行业近 70% 的高端人才、技术骨干和管理人才，形成具有特色和区域比较优势的特色研究方向，解决了吉林省生态省建设生物资源本底问题，引领了长白山森林资源品种选育与综合利用的主方向，为吉林省农特产品加工支柱产业跃升拓展了新的空间，学科起到了基础、引领和支撑作用。

2. 社会贡献

（1）为制定相关政策法规、发展规划、行业标准提供决策咨询

① 林学学科团队率先发现了千年以上东北红豆杉古树群，主流媒体中央电视台和中国绿色时报进行了报道，提出在和龙林业局荒沟林场建立东北红豆杉自然保护区的提议被省政府采纳，这一 "植物大熊猫" 国家一级濒危树种得到了有效保护，赢得了社会赞誉，同时，凭借学科多年对东北红豆杉研究的长期积淀，学科团队受吉林省林业厅邀请，编制了《吉林省东北红豆杉发展战略规划》，该规划得到了省政府的批准，为政府决策提供强有力支撑。

② 学科团队参加了吉林省八大支柱产业链中农产品深加工产业链的编制工作，主要承担了食品产业链中特色资源深加工产业链的编写工作，完成了林果资源、林蛙资源、鹿产品资源和矿泉水资源的深加工产业链编制工作，为吉林省农产品支柱产业未来的发展提供了战略布局。

（2）加强产学研用结合、技术成果转化为产业发展提供技术支持

通过技术合作转化成果 7 项，为企业增加直接、间接或潜在产值近 4 亿元。

（续）

典型转化1：学科组对特色林果如越橘、酸樱桃、唐棣、接骨木、兰靛果、五味子等进行了深入研究，选育8个优良品种，解决了林业上"有种就种、有苗就栽"的无良种难题，并探讨出产业化快繁技术体系，使增殖系数提高到4以上，实现了苗木生产的产业化，由此获得科技部农业成果转化资金、中央财政重大林业科技成果转化资金、国家林业局"948"项目达6项，经费达650万元，所选育品种和快繁技术被吉林森工集团所采用，各森工企业利用培育的苗木在退耕还林地上进行经济林营建，取得了巨大效益，同时，也为吉林省特色林果资源开发和林下经济发展提供了典型可借鉴模式。

典型转化2：森林空气资源开发项目，开发出我国第一条灌装森林空气生产线，在露水河林业局建厂投产并成立了运营公司，产品已面市试销，效果良好。

（3）在弘扬优秀文化、推进科学普及、服务社会大众等方面的贡献

本学科积极培训吉林省林业职工，从2001年开始，每年为林业职工培训林业技术1期，已连续培训了14期，培训人员1700余人；学科多名教授受吉林省科技厅、吉林省林业厅等管理部门邀请开展科技咨询服务，学科有近20名教师为吉林省林业厅干部培训班授课，受到了科技厅、林业厅各级领导的认可；同时为吉林省蛟河林业实验区管理局等单位的科研、教学规划进行技术咨询等；完成了学校生命科学馆中的生物与环境科学馆的建设，为该馆的建立采集了植物、昆虫、土壤、食用菌和木材等标本。

（4）本学科专职教师部分重要的社会兼职

杜凤国受聘于吉林市长白山生态商会顾问，多次为商会产业的发展出谋划策；有5人为吉林省林业厅林木育种专家；3人为吉林省林业有害生物普查特邀专家；吉林省林学会副理事长1人，下属专业分会副理事长近10余人；教育部林学教学指导委员会委员1人，国家林业局林学学科教学指导委员会副组长委员1人，委员1人；中国林学会树木学分会副理事长1人；中国林学会古树名木分会副理事长1人；中国林学会林下经济学会理事1人；中国林业教育学会理事1人；吉林省植物学会副理事长1人，吉林省生态学会副理事长1人，国家自然科学基金终评委1人。吉林省动物学会常务理事，吉林省昆虫学会常务副理事长。北京林业大学学报编委2人。

1.11 浙江农林大学

1.11.1 清单表

I 师资队伍与资源

序号	专家类别	专家姓名	出生年月	获批年月	备注
	I-1 突出专家				
1	国家杰出青年基金获得者	李春阳	196702	200601	0907
2	享受政府特殊津贴人员	周国模	196104	200106	
3	享受政府特殊津贴人员	方 伟	195811	200006	
4	享受政府特殊津贴人员	葛宏立	196002	200010	
5	享受政府特殊津贴人员	童再康	196304	200910	
合计	突出专家数量（人）			5	

类型	数量	类型	数量	类型	数量
		I-3 专职教师与学生情况			
专职教师数	82	其中，教授数	33	副教授数	27
研究生导师总数	85	其中，博士生导师数	5	硕士生导师数	84
目前在校研究生数	288	其中，博士生数	6	硕士生数	282
生师比	3.39	博士生师比	1.2	硕士生师比	3.36
近三年授予学位数	327	其中，博士学位数	0	硕士学位数	327

序号	重点学科名称	重点学科类型	学科代码	批准部门	批准年月
		I-4 重点学科			
1	林学	浙江省重中之重一级学科	0907	浙江省教育厅	201206
2	林木遗传育种	国家林业局重点学科	090701	国家林业局	200605
合计	二级重点学科数量（个）	国家级	—	省部级	2

I-5　重点实验室				
序号	实验室类别	实验室名称	批准部门	批准年月
1	省部共建国家重点实验室	浙江省亚热带森林培育省部共建国家重点实验室培育基地	科技部	201002
2	国家工程实验室	生物农药高效制备技术国家地方联合工程实验室	国家发展和改革委员会	201311
3	国家级实验教学示范中心	林学类实验教学中心	教育部	201501
4	省部级重点实验室	竹业科学与技术教育部重点实验室	教育部	200810
5	省部级工程中心	香榧工程技术研究中心	国家林业局	201310
6	省部级工程中心	铁皮石斛工程技术研究中心	国家林业局	201504
7	国家林业局林木良种基地	国家林业局林木良种基地	国家林业局	200008
8	野外观测站	浙江天目山国家级自然保护区管理局农科教合作人才培养基地	教育部高等教育司	201305
9	省部级重点实验室	浙江省森林生态系统碳循环与固碳减排重点实验室	浙江省科技厅	200910
合计	重点实验数量（个）	国家级　　　3	省部级	6

II　科学研究

II-1　近五年（2010—2014 年）科研获奖

序号	奖励名称	获奖项目名称	证书编号	完成人	获奖年度	获奖等级	参与单位数	本单位参与学科数
1	国家科技进步奖	东南部区域森林生态体系快速构建技术	2010-J-202-2-03-D02	江波、周国模、袁位高、叶功富、余树全、张方秋、张金池、周志春、李土生、朱锦茹	2010	二等奖	7（2）	2（1）
2	省级科技进步奖	竹林生态系统碳过程、碳监测与增汇技术研究	1201005	周国模、姜培坤、杜华强、施拥军、徐秋芳、江洪等	2012	一等奖	1	2（1）
3	省级科技进步奖	香榧良种选育及高效栽培关键技术研究与推广	1301003-1	戴文圣、吴家胜、曾燕如、喻卫武、程晓建、何德汀、黎章矩等	2013	一等奖	4（1）	1
4	省级科技进步奖	浙江松林重大病虫害防控关键技术研究与应用	2014-J-1-005-R01	张立钦、吴鸿、王勇军、胡加付、吾中良、樊建庭、陈安良、林海萍等	2014	一等奖	5（1）	1
5	省级科技进步奖	杨桐优新品种选育及产业化示范	1002092-1	吴家胜、应叶青、黎章矩、程晓建、王伟、家森、喻卫武	2010	二等奖	2（1）	1
6	省级科技进步奖	太湖水系源头林区面源污染监测预警与持续控制技术研究	1003225-1	周国模、姜培坤、吴家森、叶正钱、陈永刚、杨芳	2010	三等奖	3（1）	2（1）
7	省级科技进步奖	山核桃生态经营机理与模式研究	1202101-1	黄坚钦、何志华、余琳、夏国华、金松恒、吴家森、叶正钱、潘春霞、同道良、刘微、晓捷、刘力、王正加	2012	二等奖	5（1）	2（1）
8	梁希奖	毛竹现代高效经营技术集成与产业化应用	2013-KJ-1-03-R03	金爱武、谢锦忠、桂仁意、高立旦、何奇江、戴俊强、张爱良、瓮益明、王意锟、朱强根、黄海华、邱永华、李国栋	2013	一等奖	8（2）	1
9	梁希奖	山核桃良种快繁关键技术及其产业化	2013-KJ-2-13-R09	黄坚钦、郑炳松、张启香、何德汀、黄有军、宣子灿、金松恒、丁立忠、夏国华、张秋月	2013	二等奖	7（1）	2（1）
10	梁希奖	毛竹高效生态培育关键技术集成创新与推广	2011-KJ-2-14	金爱武、谢锦忠、何奇江、吴鸿、何志华、蒋平、桂仁意、李雪涛、邱永华、李国栋	2011	二等奖	7（1）	1
11	梁希奖	浙江省森林火灾的预警和防控技术研究	2011-KJ-3-43-R01	周国模、余树全、江洪、汤孟平、贾伟江	2011	三等奖	2（1）	2（1）

（续）

序号	奖励名称	获奖项目名称	证书编号	完成人	获奖年度	获奖等级	参与单位数	本单位参与学科数
12	梁希奖	竹林生物量碳储量遥感定量估算技术研究	2013-KJ-3-04-R01	杜华强、徐小军、沈振明、施拥军	2013	三等奖	2（1）	1
13	梁希奖	浙江省大型真菌资源研究及良种选育与产业化推广	2011-KJ-3-31-R01	林海萍、张立钦、应国华、毛胜凤、吕明亮等	2011	三等奖	2（1）	1
14	梁希奖	冬青属植物资源的收集、保存与配套技术研究	2011-KJ-3-19	章建红、王正加、何云芳、张蕊、张春桃	2011	三等奖	2（2）	1

合计	科研获奖数量（个）			
	国家级	特等奖	一等奖	二等奖
		—	—	4
	省部级	一	4	4

II-2 代表性科研项目（2012—2014年）

II-2-1 国家级、省部级、境外合作科研项目

序号	项目来源	项目下达部门	项目级别	项目编号	项目名称	负责人姓名	项目开始年月	项目结束年月	项目合同总经费（万元）	属本单位本学科的到账经费（万元）
1	国家"973"计划	科技部	"973"	2011CB302705	物联网验证平台碳平衡监测应用示范	周国模	201101	201312	369	369
2	国家"973"计划	科技部	一般项目	2012CB723008	竹子成花调控分子机制研究与优异种质资源创新	方　伟	201201	201512	158	158
3	国家"973"计划	科技部	"973"前期子课题	2011CB111510	CcLFY 和 MADS-box 基因在山核桃雌雄花发生发育中的作用	徐英武	201111	201412	65	65
4	国家"863"计划	科技部	一般项目	2013AA102605	特色林木功能基因组研究与应用	黄坚钦	201301	201712	717	87
5	国家"863"计划	科技部	一般项目	2011AA100203	分子辅助杉木优异基因型发掘与新品种创制	童再康	201101	201512	155	116
6	国家自然科学基金	国家自然科学基金委员会	重大项目	61190114	规模化自组织传感网在碳排放和碳汇监测中的典型应用	周国模	201201	201612	300	300

（续）

序号	项目来源	项目下达部门	项目级别	项目编号	项目名称	负责人姓名	项目开始年月	项目结束年月	项目合同总经费（万元）	属本单位本学科的到账经费（万元）
7	国家自然科学基金	国家自然科学基金委员会	面上项目	31070579	转 Bt 蛋白基因灰葡萄孢菌构建及对松材线虫毒杀机制研究	张立钦	201001	201312	30	30
8	国家自然科学基金	国家自然科学基金委员会	面上项目	31170565	花叶矢竹叶色条纹变异的分子机理研究	方伟	201101	201512	67	67
9	国家自然科学基金	国家自然科学基金委员会	面上项目	31070590	超活性 mariner-like 转座子的构建及在基因标签技术应用的探讨	周明兵	201001	201312	31	31
10	国家自然科学基金	国家自然科学基金委员会	面上项目	31170623	MLE 转座子和 PIF 类转座子在竹亚科植物基因组的分布、进化和功能分析	汤定钦	201101	201512	65	65
11	国家自然科学基金	国家自然科学基金委员会	面上项目	31170637	调控山核桃 LFY 基因的蛋白结构与功能分析	黄坚钦	201101	201512	60	60
12	国家自然科学基金	国家自然科学基金委员会	面上项目	31270645	毛竹活性 MITE 的分离及与宿主基因表达调控网络互作机制解析	周明兵	201301	201612	80	80
13	国家自然科学基金	国家自然科学基金委员会	面上项目	31270677	竹子遗传转化体系的优化	林新春	201301	201612	70	70
14	国家自然科学基金	国家自然科学基金委员会	面上项目	31270715	结构与功能生物学研究定时开花基因 SOC1 在调控竹子开花中的作用	徐英武	201301	201612	82	82
15	国家自然科学基金	国家自然科学基金委员会	面上项目	31470615	毛竹 LTR 反转录转座子转座调控机理及对宿主生物多样性的影响	周明兵	201501	201812	87	39.15
16	国家自然科学基金	国家自然科学基金委员会	面上项目	31470683	Aux/IAA 在山核桃嫁接成活过程中的作用机理研究	郑炳松	201501	201812	90	40.5
17	国家自然科学基金	国家自然科学基金委员会	面上项目	31470674	光皮桦 OFP 基因在次生壁形成中的功能及调控机制	黄华宏	201501	201812	76	34.2
18	国家自然科学基金	国家自然科学基金委员会	面上项目	31170604	松材线虫交配行为及性信息素研究	胡加付	201101	20133	58	58
19	国家自然科学基金	国家自然科学基金委员会	面上项目	31270688	松材线虫 HOX 基因的表达调控机理	余红仕	201301	201612	80	64

（续）

序号	项目来源	项目下达部门	项目级别	项目编号	项目名称	负责人姓名	项目开始年月	项目结束年月	项目合同总经费（万元）	属本单位的本学科的到账经费（万元）
20	国家自然科学基金	国家自然科学基金委员会	面上项目	31471809	天维菌素螺缩酮基团变构及其杀螨活性提高的分子机制	陈安良	201501	201812	86	38.7
21	国家自然科学基金	国家自然科学基金委员会	面上项目	31472031	中国龟象亚科分类修订及族级系统发育关系重建	黄俊浩	201501	201812	85	38.25
22	国家自然科学基金	国家自然科学基金委员会	面上项目	31472032	缨蜂科疑难属种的分类与修订－基于寄主癭、成虫与幼虫形态和分子数据	王义平	201501	201812	84	37.8
23	国家自然科学基金	国家自然科学基金委员会	面上项目	31070564	毛竹林冠层参数定量反演及其高效固碳响应遥感信息模型	杜华强	201001	201312	32	32
24	国家自然科学基金	国家自然科学基金委员会	面上项目	31170595	天然毛竹林空间结构特征与生长动态研究	汤孟平	201201	201512	60	60
25	国家自然科学基金	国家自然科学基金委员会	面上项目	31370637	耦合多源数据的森林碳水通量模型驱动参数同化机制	周国模	201309	201712	80	48
26	国家自然科学基金	国家自然科学基金委员会	面上项目	31370641	皆伐后不同更新方式对杉木林地温室气体排放的影响机制研究	王懿祥	201309	201712	74	44.4
27	国家自然科学基金	国家自然科学基金委员会	面上项目	41371411	遥感图像森林信息的膨胀－剔除提取方法研究	葛宏立	201309	201712	66	39.6
28	国家自然科学基金	国家自然科学基金委员会	面上项目	31372149	纤毛虫有性生殖中功能核的分化及其微管结构的作用	杨仙玉	201301	201612	82	65.6
29	国家自然科学基金	国家自然科学基金委员会	面上项目	31370678	基于连锁分析的山核桃无融合生殖遗传研究	曾燕如	201401	201712	78	62.4
30	国家自然科学基金	国家自然科学基金委员会	青年项目	31000295	竹子成花逆转体系的建立	林新春	201001	201312	20	20
31	国家自然科学基金	国家自然科学基金委员会	青年项目	31000897	'无子瓯柑'雄性不育的细胞及分子机理研究	张　敏	201001	201312	19	19
32	国家自然科学基金	国家自然科学基金委员会	青年项目	31200487	核受体 DAF-12 介导的松材线虫扩散型幼虫形成机制调控及抑制剂研究	郭　恺	201301	201512	22	22

（续）

序号	项目来源	项目下达部门	项目级别	项目编号	项目名称	负责人姓名	项目开始年月	项目结束年月	项目合同总经费（万元）	属本单位的本学科的到账经费（万元）
33	国家自然科学基金	国家自然科学基金委员会	青年项目	31300550	虫霉目昆虫专化菌在竹螨种群内流行机制及其生防潜能探究	周湘	201401	201512	25	15
34	国家自然科学基金	国家自然科学基金委员会	青年项目	41201408	基于DEM的流域信息树研究——以黄土高原小流域为例	陈永刚	201401	201512	25	25
35	国家自然科学基金	国家自然科学基金委员会	青年项目	31300535	面向对象的多尺度毛竹林碳储量遥感估算模型研究	韩凝	201309	201512	23	13.8
36	国家自然科学基金	国家自然科学基金委员会	青年项目	41401528	多源空间目标全局最优化与逻辑回归匹配方法研究	梁丹	201501	201712	25	15
37	国家自然科学基金	国家自然科学基金委员会	青年项目	31100494	光皮桦miR166及其靶基因HD-Zip III转录因子调控的材性形成机制研究	林二培	201101	201412	23	23
38	国家自然科学基金	国家自然科学基金委员会	青年项目	31400598	雄全异株植物桂花不同性别的雄性适合度及其遗传学后果	张元燕	201501	201612	24	14.4
39	国家自然科学基金	国家自然科学基金委员会	青年项目	31300566	光皮桦开花发育过程中miR156调控机制	张俊红	201401	201612	23	13.8
40	国家自然科学基金	国家自然科学基金委员会	青年项目	31300565	杉木MYB基因的功能研究及与材性性状的关联	楼雄珍	201401	201612	25	15
41	国家自然科学基金	国家自然科学基金委员会	子课题	浙财农（2014）190号	基于不同雷达参数的滨海湿地水淹区区射特性研究	刘丽娟	201309	201712	12.32	12.32
42	部委级科研项目	国家林业局	中央财政	—	香榧早实丰产优质栽培关键技术集成与示范推广	喻卫武	201407	201712	180	180
43	部委级科研项目	科技部	子课题	—	杨桐产业化基地营建技术中试与示范	吴家胜	201012	201212	30	30
44	部委级科研项目	科技部	一般项目	2010GA700014	毛竹低产低效林综合生产能力提升技术推广	方伟	201001	201312	30	30
45	部委级科研项目	科技部	一般项目	2011GA700002	毛竹林生产能力提升关键技术集成与示范推广	方伟	201101	201412	30	30

（续）

序号	项目来源	项目下达部门	项目级别	项目编号	项目名称	负责人姓名	项目开始年月	项目结束年月	项目合同总经费（万元）	属本单位本学科的到账经费（万元）
46	部委级科研项目	科技部	一般项目	2012GA700001	浙江特色干果产业提质增效关键技术集成与示范（南方特色干果重要功能基因挖掘与创制）	黄坚钦	201301	201612	315	215
47	部委级科研项目	中国林业科学研究院林业研究所	一般项目	—	国家林木种质资源平台运行服务奖励补助经费	童再康	201309	201601	55	55
48	部委级科研项目	教育部	—	教外司留[2010]1561号	毛竹林高产空间结构研究	汤孟平	201001	201212	4	4
49	部委级科研项目	科技部	一般项目	—	竹林高校生态培育技术集成与示范	桂仁意	201301	201512	30	30
50	部委级科研项目	科技部	一般项目	—	优质阔叶用材树种资源培育关键技术中试与示范	童再康	201012	201312	27.5	27.5
51	部委级科研项目	国家林业局科技发展中心	一般项目		中国森林认证体系国际认可评估研究	曾燕如	201001	201212	10	10
52	部委级科研项目	教育部	重点项目		水通道蛋白PIP对山核桃嫁接成活的调控机理研究	郑炳松	201112	201512	5	5
53	部委级科研项目	国家林业局	重大项目	—	亚热带主要经济林重大病虫害监测及生态调控技术	王义平	201301	201712	539	141.8
54	部委级科研项目	中国林业科学研究院	一般项目	—	松材线虫病环境友好型药剂及使用技术	陈安良	201201	201612	25	25
55	部委级科研项目	国家林业局	948	2013-4-71	森林碳通量模型及无线传感监测技术引进	周国模	201306	201706	50	50
56	部委级科研项目	科技部	一般项目	—	低质低效次生阔叶林健康经营技术研究	施拥军	201301	201512	16	16
57	部委级科研项目	国家林业局	一般项目	浙林计（2014）24号	浙江省山核桃遗传资源调查编目	王正加	201401	201512	10	10
58	省科技厅项目	浙江省科技厅	重大项目	2011E61011	毛竹林综合生产能力提升技术成果推广	方伟	201111	201512	80	80
59	省科技厅项目	浙江省科技厅	重大项目	2012T201-01	优新经济竹类产业化开发关键技术集成与示范	应叶青	201201	201512	80	80

（续）

序号	项目来源	项目下达部门	项目级别	项目编号	项目名称	负责人姓名	项目开始年月	项目结束年月	项目合同总经费（万元）	属本单位本学科的到账经费（万元）
60	省科技厅项目	浙江省科技厅	重大项目	2012T201-03	雷竹等中小径笋用林高效生态栽培技术示范与推广	林新春	201201	201512	40	40
61	省科技厅项目	浙江省科技厅	重大项目	2012C12904-11	山核桃资源评价及新品种选育	黄坚钦	201301	201512	128	128
62	省科技厅项目	浙江省科技厅	重大项目	2012C12904-12	香榧资源评价及新品种选育	戴文圣	201301	201512	93	93
63	省科技厅项目	浙江省科技厅	重大项目	2011C12019	浙江省重要经济林系统固碳减排关键技术研究与应用示范	周国模	201101	201212	60	60
64	省科技厅项目	浙江省科技厅	重大专项	2012C12908	竹木新品种选育	童再康	201201	201512	2 200	1 650
65	省科技厅项目	浙江省科技厅	重大专项补助	2011C12014	新型高效林木种子园营建关键技术研究与应用	黄华宏	201101	201312	75	75
66	省科技厅项目	浙江省科技厅	重点项目	2010C12011	竹子杂交育种关键技术研究及新品种选育与中试	汤定钦	201010	201312	55	55
67	省科技厅项目	浙江省科技厅	重点项目	2011R09033-04	香榧成花控制技术研究及人工授粉技术创新	梅　丽	201101	201212	12	12
68	省科技厅项目	浙江省科技厅	一般项目	2011R09030-01	花叶观赏竹类繁育技术研究与示范	杨海芸	201012	201212	14	14
69	省科技厅项目	浙江省科技厅	一般项目	2011R09030-04	竹高效氮肥施用技术研究与示范	李国栋	201012	201212	14	14
70	省科技厅项目	浙江省科技厅	一般项目	2011R09030-07	竹林土壤离子电极养分速测仪研制	高培军	201012	201212	14	14
71	省科技厅项目	浙江省科技厅	一般项目	2011R09030-09	富硒竹笋硒形态分析及其产品研发	杨　萍	201012	201212	14	14
72	省科技厅项目	浙江省科技厅	一般项目	—	浙江省竹产业创新团队建设与管理	方　伟	201012	201212	24	24
73	省科技厅项目	浙江省科技厅	一般项目	—	美国山核桃种仁油脂制备工艺研究	喻卫武	201207	201407	8	8
74	省科技厅项目	浙江省科技厅	一般项目	—	毛竹笋林生态安全培育技术中试与示范	高培军	201309	201512	10	10
75	省科技厅项目	浙江省科技厅	一般项目	—	竹笋安全加工技术示范与推广	余学军	201301	201512	45	45
76	省科技厅项目	浙江省科技厅	一般项目	—	美国山核桃种仁油脂制备工艺研究	喻卫武	201309	201512	10.5	10.5
77	省科技厅项目	浙江省科技厅	一般项目	2011R09027-06	竹黄菌发酵产物杀虫抑菌作用研究及农药产品开发	王勇军	201101	201312	5	5

（续）

序号	项目来源	项目下达部门	项目级别	项目编号	项目名称	负责人姓名	项目开始年月	项目结束年月	项目合同总经费（万元）	属本单位本学科的到账经费（万元）
78	省科技厅项目	浙江省科技厅	一般项目	2011R09027-07	球孢白僵菌防治鳞翅目林业主要害虫的关键技术及示范推广	胡加付	201101	201312	11.67	11.67
79	省科技厅项目	浙江省科技厅	一般项目	2013C32082	基于性信息素防治异识眼蕈蚊的技术研究与应用	黄俊浩	201301	201512	15	15
80	省科技厅项目	浙江省科技厅	一般项目	2013C37099	浊点萃取－反萃取技术在中药材农药残留分析中的应用研究	刘洪波	201301	201512	2.5	2.5
81	省科技厅项目	浙江省科技厅	一般项目	2014C32096	沿海防护林天牛类蛀干害虫综合防治及示范推广	徐华潮	201301	201512	15	15
82	省科技厅项目	浙江省科技厅	一般项目	2012R10030-01	基于多源遥感的竹林碳储量时空演变研究	杜华强	201101	201312	12	12
83	省科技厅项目	浙江省科技厅	一般项目	2012R10030-02	基于无线传感网的森林碳动态测算	刘恩斌	201101	201312	10	10
84	省科技厅项目	浙江省科技厅	一般项目	2012R10030-08	基于遥感影像和森林连续清查数据的森林碳动态估测	张茂晨	201101	201312	5	5
85	省科技厅项目	浙江省科技厅	一般项目	2012R10030-12	毛竹林固碳增汇经营关键技术研究	周宇峰	201101	201312	16	16
86	省科技厅项目	浙江省科技厅	一般项目	2012R10030-15	杉木人工林近自然经营固碳增汇研究	王懿祥	201101	201312	5	5
87	省科技厅项目	浙江省科技厅	一般项目	2012R10030-16	高固碳树种的筛选与模型研建	施拥军	201101	201312	18	18
88	省科技厅项目	浙江省科技厅	一般项目	2013C33017	基于生态空间分析的森林增汇近自然经营关键技术选控研究	韦新良	201309	201512	15	15
89	省科技厅项目	浙江省科技厅	一般项目	2014C32119	面向"智慧林业"的浙江省生态公益林移动互联网信息共享关键技术研究	陈永刚	201401	201512	15	15
90	省科技厅项目	浙江省科技厅	一般项目	—	规模化自组织传感网在碳排放和碳汇监测中的典型应用（配套经费）	施拥军	201401	201612	40	40
91	省科技厅项目	浙江省科技厅	一般项目	2011R09035-06	楠木种质资源收集及评价	程龙军	201309	201512	16	16
92	省科技厅项目	浙江省科技厅	一般项目	2011R09035-10	光皮桦转基因不育品种育种研究	高燕会	201012	201312	14	14
93	省科技厅项目	浙江省科技厅	一般项目	2012C12909-14	石蒜属花卉新品种选育与种球繁殖技术	高燕会	201212	201412	105	82

（续）

序号	项目来源	项目级别	项目编号	项目名称	负责人姓名	项目开始年月	项目结束年月	项目合同总经费（万元）	属本单位本学科的到账经费（万元）
94	省科技厅项目	一般项目	2011R09035-11	杉木高抗新品种选育及其在迹地更新中应用	黄华宏	201309	201512	14	14
95	省科技厅项目	一般项目	2011R09035-09	基于RNA干涉的光皮桦定向育种技术研究	林二培	201012	201312	14	14
96	省科技厅项目	一般项目	2011R09035-08	杉木现代育种园建设	卢泳全	201012	201312	14	14
合计	数量（个） 44		项目合同总经费（万元） 9 312.99			属本单位本学科的到账经费（万元） 6 959.79			

II-2-2　其他重要科研项目

序号	项目来源	合同签订/项目下达时间	项目名称	负责人姓名	项目开始年月	项目结束年月	项目合同总经费（万元）	属本单位本学科的到账经费（万元）
1	浙江省林业厅	201301	笋用竹林土壤主要污染物生态治理技术研究与应用	胡加付	201301	201601	80	80
2	临安市财政局	201412	临安市美丽乡村精品线节点（植物）设计	董海燕	201412	201512	75	75
3	乐清市雁荡林场	201403	松材线虫病防治药剂及技术研究（1）	马良进	201403	201503	68.5	68.5
4	诸暨市林业局、桐庐森林病虫防治站、景宁县林业局	201301	桐庐松材线虫病防治	马良进	201301	201312	64.5	64.5
5	松阳县农办	201201	松阳三治整治和美丽乡村规划	蔡建国	201201	201212	44	44
6	开化县财政局	201301	开化县林相改造提升建设总体规划	王小德	201301	201412	38	38
7	安吉县森之蓝蓝莓有限公司	201301	蓝莓新品种组织培养技术研究与开发	郑炳松	201301	201412	30	30
8	安吉灵峰寺林场	201301	安吉灵峰寺林场松材线虫病防治项目	陈安良	201301	201312	27.475	27.475
9	浙江省科技厅	201301	省行政中心大院绿化养护服务	郑　钢	201301	201512	26.35	26.35

（续）

序号	项目来源	合同签订/项目下达时间	项目名称	负责人姓名	项目开始年月	项目结束年月	项目合同总经费（万元）	属本单位本学科的到账经费（万元）
10	中国林业科学研究院资源信息研究所	201403	全国林地立地质量评价试点研究	汤孟平	201403	201503	26	26
11	海宁县农林局	201301	海宁县竹产业发展规划	桂仁意	201301	201412	25	25
12	浙江喜燕生态农业发展有限公司	201301	香榧早实丰产栽培关键技术研究	喻卫武	201301	201312	25	25
13	浙江省林业厅	201201	沿海防护林星天牛植物源引诱剂的应用及推广	徐华潮	201201	201401	25	25
14	宁海县农林局	201201	宁海县平原绿化规划	张茂震	201201	201212	25	25
15	长兴县林业局	201301	浙江省长兴县碳汇林业建设规划	施拥军	201301	201312	25	25
16	浙江省科技厅	201301	发明专利资助项目	陈安良	201301	201312	20.4	20.4
17	浙江丰岛股份有限公司	201301	杨桐采枝园高效栽培关键技术研究与示范	吴家胜	201301	201312	20	20
18	宣州区林业局	201301	宣州区林业局－浙江农林大学竹类研究所所共建毛竹科技示范园项目	桂仁意	201301	201512	20	20
19	诸暨市财政局	201405	香榧新品种选育及种质资源库建设	戴文圣	201405	201512	20	20
20	天目山管理局	201201	天目山野生动物考察及动物志编制	王义平	201201	201412	20	20
21	北京林业大学	201201	生物入侵对特定生态系统结构与功能的影响	徐华潮	201201	201212	20	20
22	乐清市城东街道办事处	201301	后所荣场河生态治理项目费	张立钦	201301	201312	20	20
23	浙江海正药业股份有限公司	201404	天维菌素杀虫杀螨活性研究	陈安良	201404	201504	20	20
24	龙王山自然保护区管理处	201201	龙王山自然保护区森林动态样地建设	韦新良	201201	201212	20	20
25	桐庐县林业局	201111	桐庐县平原绿化调查与规划设计	丁丽霞	201111	201212	20	20
26	临安天目山镇人民政府	201111	天目山镇文化广场公园种植设计	董海燕	201111	201212	20	20
27	文成县林业局	201201	文成县环城彩叶林带建设总体规划	王小德	201201	201212	20	20
28	丽水市林业局	201201	丽水生态休闲养生林业规划	王小德	201201	201212	19.5	19.5

II-2-3 人均科研经费

人均科研经费（万元/人）	95.9

II-3 本学科代表性学术论文质量

II-3-1 近五年（2010—2014年）国内收录的本学科代表性学术论文

序号	论文名称	第一作者	通讯作者	发表刊次（卷期）	发表刊物名称	收录类型	中文影响因子	他引次数
1	基于地统计学和 CFI 样地的浙江省森林碳空间分布研究	张 峰	葛宏立	2012, 32 (16)	生态学报	CSCD	2.233	12
2	浙北地区常见绿化树种光合固碳特征	张 娇	施拥军	2013, 33 (6)	生态学报	CSCD	2.233	5
3	不同剂量 137Cs-γ 辐射对毛竹幼苗叶片叶绿素荧光参数的影响	桂仁意	方 伟	2010, 45 (1)	植物学报	CSCD	1.529	26
4	基于 Landsat TM 数据估算雷竹林地上生物量	徐小军	周国模	2011, 47 (9)	林业科学	CSCD	1.512	12
5	天目山近自然毛竹林空间结构与生物量的关系	汤孟平	汤孟平	2011, 47 (8)	林业科学	CSCD	1.512	16
6	浙江毛竹林分非空间结构特征及其动态变化	刘恩斌	周国模	2013, 49 (9)	林业科学	CSCD	1.512	2
7	毛竹林空间结构优化调控模型	汤孟平	汤孟平	2013, 49 (1)	林业科学	CSCD	1.512	5
8	面向对象多尺度分割的 SPOT5 影像毛竹林专题信息提取	孙晓艳	杜华强	2013, 49 (10)	林业科学	CSCD	1.512	2
9	基于反射光谱的山核桃幼苗氮素营养状况分析	刘根华	黄坚钦	2011, 47 (1)	林业科学	CSCD	1.512	9
10	喜树种源耐盐能力评价及耐盐指标筛选	张露婷	吴家胜	2011, 47 (11)	林业科学	CSCD	1.512	7
11	雷竹大孢子发生与雌配子体发育	林新春	方 伟	2010, 46 (5)	林业科学	CSCD	1.512	4
12	森林空间结构研究现状与发展趋势	汤孟平	汤孟平	2010, 46 (1)	林业科学	CSCD	1.512	70
13	毛竹 Stowaway-like MITEs 转座子的分离与分析	钟 浩	汤定钦	2010, 46 (4)	林业科学	CSCD	1.512	1
14	杉木与台湾杉 EST-SSR 标记的开发与应用	张 圣	童再康	2013, 49 (10)	林业科学	CSCD	1.512	1
15	森林调落物层的节肢动物与森林健康的关系	郭 瑞	王义平	2012, 48 (3)	林业科学	CSCD	1.512	9
16	山核桃间接体细胞胚胎发生和植株再生	张启香	黄坚钦	2011, 38 (6)	园艺学报	CSCD	1.417	12
17	中国石蒜 SSR 体系的建立及性状对应分析	时 剑	童再康	2011, 38 (3)	园艺学报	CSCD	1.417	11
18	铁皮石斛 SCoT-PCR 反应体系构建及优化	赵瑞强	高燕会	2012, 26 (4)	核农学报	CSCD	1.195	15
19	森林生态系统健康评价现状及展望	王懿祥	王懿祥	2010, 46 (2)	林业科学	CSCD	1.512	18
合计				他引次数				268
				中文影响因子			31.913	

II-3-2　近五年（2010—2014年）国外收录的本学科代表性学术论文

序号	论文名称	论文类型	第一作者	通讯作者	发表刊次（卷期）	发表刊物名称	收录类型	他引次数	期刊SCI影响因子	备注
1	Implications of ice storm damages on the water and carbon cycle of bamboo forests in southeastern China	Article	徐小军	徐小军、周国模	2013, 177	Agricultural and Forest Meteorology	SCI（1区）	2	3.894	通讯单位
2	Effects of potassium supply on limitations of photosynthesis by mesophyll diffusion conductance in *Carya cathayensis*	Article	金松恒	金松恒、黄坚钦	2011, 31	Tree Physiology	SCI（1区）	13	3.047	通讯单位
3	cDNA-AFLP analysis of gene expression in hickory (*Carya cathayensis*) during graft process	Article	郑炳松	黄坚钦	2010, 30（2）	Tree Physiology	SCI（1区）	14	3.045	通讯单位
4	Development, characterization and utilization of GenBank microsatellite markers in *Phyllostachys pubescens* and related species	Article	汤定钦	汤定钦	2010, 25（2）	Molecular Breeding	SCI（1区）	27	2.795	通讯单位
5	A reciprocal cross design to map the genetic architecture of complex traits in apomictic plants	Article	尹丹妮	邹荣领、曾燕如	2014, 205（3）	New Phytologist	SCI（2区）	1	6.642	通讯单位
6	A statistical design for testing apomictic diversification through linkage analysis	Article	曾燕如	邹荣领	2014, 15（2）	Briefings in Bioinformatics	SCI（2区）	2	5.473	第一署名单位
7	Differential retention and expansion of the ancestral genes associated with the paleopolyploidies in modern rosid plants, as revealed by analysis of the extensins super-gene Family	Article	郭联华	尹佟明	2014, 15	BMC Genomics	SCI（2区）	1	4.041	第一署名单位
8	De novo characterization of the Chinese fir (*Cunninghamia lanceolata*) transcriptome and analysis of candidate genes involved in cellulose and lignin biosynthesis	Article	黄华宏	林二培	2012, 13	BMC Genomics	SCI（2区）	13	4.041	通讯单位
9	Eight distinct cellulose synthase catalytic subunit genes from *Betula luminifera* are associated with primary and secondary cell wall biosynthesis	Article	黄华宏	林二培	2014, 21	Cellulose	SCI（2区）	—	3.033	通讯单位
10	First Report of Crown Gall, Caused by *Agrobacterium tumefaciens* on Soapberry in China	Article	王勇军	张立钦	2013, 97（5）	Plant Disease	SCI（2区）	—	2.742	通讯单位

（续）

序号	论文名称	论文类型	第一作者	通讯作者	发表刊次（卷期）	发表刊物名称	收录类型	他引次数	期刊SCI影响因子	备注
11	A new calculation method for shape coefficient of residential building using Google Earth	Article	齐峰	王懿祥	2014, 76	Energy and Buildings	SCI（2区）	2	2.51	通讯单位
12	Salicylic acid induces physiological and biochemical changes in *Torreya grandis* cv. Merrilii seedlings under drought stress	Article	沈朝华	吴家胜	2014, 28（4）	Trees	SCI（2区）	—	1.826	通讯单位
13	Impacts of plot location errors on accuracy of mapping and scaling up aboveground forest carbon using sample plot and Landsat TM data	Article	张茂震	王广兴	2013, 10（6）	IEEE Geoscience and Remote Sensing Letters	SCI（2区）	2	1.731	通讯单位
14	Possible Involvement of Locus-Specific Methylation on Expression Regulation of LEAFY Homologous Gene (ClLFY) during Precocicus Trifoliate Orange Phase Change Process	Article	张金智、梅丽	胡春根	2014, 9（2）	Plos One	SCI（3区）	2	3.785	第一署名单位
15	Salicylic Acid Alleviates the Adverse Effects of Salt Stress in *Torreya grandis* cv. Merrilii Seedlings by Activating Photosynthesis and Enhancing Antioxidant Systems	Article	李婷婷	吴家胜	2014, 9（10）	Plos One	SCI（3区）	—	3.785	通讯单位
16	Deciphering small noncoding RNAs during the transition from dormant embryo to germinated embryo in larches (*Larix leptolepis*)	Article	张俊红	童再康、齐力旺	2013, 8（12）	Plos One	SCI（3区）	3	3.534	通讯单位
17	A model for linkage analysis with apomixis	Article	后为	曾燕如、邹荣颂	2011, 123（5）	Theor Appl Genet.	SCI（3区）	3	3.487	通讯单位
18	Using probe genotypes to dissect QTL x environment interactions for grain yield components in winter wheat	Article	郑炳松	Maryse Brancourt Hulmel	2010, 22（8）	Theoretical and Applied Genetics	SCI（3区）	17	3.487	第一署名单位
19	Cloning and characterization of a homologue of the FLORICAULA/LEAFY gene in hickory (*Carya cathayensis* Sarg)	Article	王正加	郑炳松	2012, 30（3）	Plant Molecular Biology Reporter	SCI（3区）	16	3.382	通讯单位
20	Identification of differentially expressed sequence tags in rapidly elongating *Phyllostachys pubescens* internodes by suppressive subtractive hybridization	Article	周明兵	汤定钦	2011, 29（1）	Plant Molecular Biology Reporter	SCI（3区）	19	3.382	通讯单位

（续）

序号	论文名称	论文类型	第一作者	通讯作者	发表刊次（卷期）	发表刊物名称	收录类型	他引次数	期刊 SCI 影响因子	备注
21	A genome-wide survey of microRNA truncation and 3' nucleotide addition events in larch (*Larix leptolepis*)	Article	张俊红、张守攻	张俊红、齐力旺	2013，237（4）	Planta	SCI（3区）	10	3.376	通讯单位
22	Discovery and profiling of novel and conserved microRNAs during flower development in *Carya cathayensis* via deep sequencing	Article	王正加	郑炳松	2012，236（2）	Planta	SCI（3区）	18	3.376	通讯单位
23	Distribution and diversity of PIF-like transposable elements in the Bambusoideae subfamily	Article	周明兵	汤定钦	2010，179（1）	Plant Sci	SCI（3区）	7	3.327	通讯单位
24	Draft genome sequence of Rahnella aquatilis strain HX2, a plant growth-promoting rhizobacterium isolated from vineyard soil in Beijing	Article	郭岩彬	王勇军	2012,194（23）	Journal of Bacteriology	SCI（3区）	3	2.688	通讯单位
25	Development of SSR Markers in Hickory (*Carya cathayensis* Sarg) and Their Transferability to Other Species of *Carya*	Article	李娟	黄坚钦	2014，15（5）	Current Genomics	SCI（3区）	—	2.584	通讯单位
26	Development of universal genetic markers based on single-copy orthologous (COSII) genes in Poaceae.	Article	郭小勤	应叶青	2013，32（3）	plant cell reports	SCI（3区）	7	2.573	通讯单位
27	Comparative growth, biomass production and fuel properties among different perennial plants, Bamboo and Miscanthus	Article	洪春桃	郑炳松	2011，77（3）	Botanical Review	SCI（3区）	15	2.266	通讯单位
28	Estimating Aboveground Carbon of Moso Bamboo Forests Using the k Nearest Neighbors Technique and Satellite Imagery	Article	周国模		2011，77（11）	Photogrammetric Engineering and Remote Sensing	SCI（3区）	7	2.071	通讯单位
29	A Survey of Remote Sensing-Based Aboveground Biomass Estimation Methods in Forest Ecosystems	Article	陆灯盛		2014，8（1）	International Journal of Digital Earth	SCI（3区）	2	1.506	第一署名单位
30	Moso bamboo forest extraction and aboveground carbon storage estimation based on multi-source remote sensor images	Article	商珍珍	杜华强	2013，34（15）	International Journal of Remote Sensing	SCI（3区）	1	1.359	通讯单位
合计	SCI 影响因子					94.788	他引次数		207	他引次数

II-5　已转化或应用的专利（2012—2014 年）

序号	专利名称	第一发明人	专利申请号	专利号	授权（颁证）年月	专利受让单位	专利转让合同金额（万元）
1	海涂造林苗培育用保水轻质降解型营养块生产方法	童再康	201100021061	ZL201110002106.1	201210	—	—
2	获的组织培养及组培方法	郑炳松	20111102073836	ZL201110207383.6	201304	—	—
3	米尔霉素树木注干液剂及其应用	陈安良	201100976405	ZL201110097640.5	201310	—	—
4	一种松墨天牛成虫引诱剂	樊建庭	2010105577064X	ZL201010577064.X	201305	自主创业	—
5	一种园林植物专用的植物源杀虫剂及其配制方法和用途	马建义	201201461148	ZL201210146114.8	201310	杭州大家生物科技有限公司	—
6	Solution of insecticide composition and preparation method thereof	马建义	PCT/CN2009/000261	PCT/CN2009/000261	201212	杭州大家生物科技有限公司	—
7	山核桃容器育苗方法	王正加	201200561702	ZL201210056170.2	201308	—	—
8	基于回归参数变换的遥感图像专题信息提取方法	葛宏立	201010397982	ZL201010039798.2	201202	—	—
9	日本柳杉 COR 基因及其用途	卢泳全	201210454914.6	ZL201210454914.6	201406	—	—
10	一种重组芽的加工方法	余学军	20131031 8533X	ZL201310318533.X	201412	—	—
11	一种多效纳米级生物农药水剂及其应用	马建义	20111103158988	ZL201110315898.8	201403	杭州大家生物科技有限公司	—
12	一种尚星天牛成虫引诱剂	樊建庭	2013101079891	ZL201310107989.1	201407	自主创业	—
13	基于非线性偏最小二乘优化模型的森林碳汇遥感估算方法	杜华强	20111102073840	ZL201110207384.0	201403	—	—
合计	专利转让合同金额（万元）			—			

Ⅲ 人才培养质量

		Ⅲ-1 优秀教学成果奖（2012—2014 年）						
序号	获奖级别	项目名称	证书编号	完成人	获奖等级	获奖年度	参与单位数	本单位参与学科数
1	国家级	面向林学和 GIS 专业的"一核多翼"森林资源管理课程群协同建设	20148348	周国模、汤孟平、王懿祥、徐文兵、陈永刚、施拥军、葛宏立	国家级教学成果二等奖	2014	1	1
2	省级	现代农林业多样化人才培养生态体系的构建与实践	2014GJ051	张立钦、侯平、魏鹏等	一等奖	2014	1	1
合计	国家级	一等奖（个）	—	二等奖（个）	1	三等奖（个）	—	
	省级	一等奖（个）	1	二等奖（个）	—	三等奖（个）	—	

		Ⅲ-4 学生国际交流情况（2012—2014 年）			
序号	姓名	出国（境）时间	回国（境）时间	地点（国家/地区及高校）	国际交流项目名称或主要交流目的
1	丁奕炜	201308	201502	加拿大多伦多大学	科研交流
2	赵国森	201409	201412	美国密歇根州立大学	山核桃油脂合成机理项目研究
3	毛方杰	201407	201409	美国密歇根州立大学	学习交流通量塔观测数据处理技术与区域森林碳汇估算模型的构建
4	唐研耀	201502	201508	美国佛罗里达大学	科研交流
5	朱婷婷	201505	201605	芬兰赫尔辛基大学	学习交流
6	朱旭丹	201505	201605	芬兰赫尔辛基大学	学习交流
合计	学生国际交流人数				6

1.11.2 学科简介

1. 学科基本情况与学科特色

浙江农林大学林学学科始建于 1958 年，具有林学一级学科硕士授予权、博士学位授予权和"林学博士后科研流动站"。为浙江省重中之重学科，建有国家级特色专业 2 个，教育部"十二五"综合改革试点专业 1 个。有国家级教学团队 1 个、国家级精品课程 2 门。现有教职工 84 人，其中国家级人才 1 人，省级人才 22 人，省级重点科技创新团队 5 个，目前已经发展成浙江省唯一构架完整的林学一级学科。本学科主要研究方向的优势和特色体现在以下几个方面：

① 针对竹林、特色经济林，围绕高产、高效、优质、生态、安全，系统开展了理论与应用研究。提出了笋芽分化理论，研发了水肥定量管理等技术，丰富和完善了毛竹林高效定向培育技术体系，已在国内和东南亚地区产生了巨大影响；研发了山核桃、香榧生态高效培育技术，由原来的粗放经营发展到高效生态经营，提出了经济林人工培育理论；成果得到广泛应用，5 年累计新增产值近 45 亿元。

（续）

② 针对我国南方集体林区的特点，建立了宏观调控和微观经营相结合的综合森林经理体系，提出了低丘红壤经济林经营技术，解决了退化林地可持续利用问题，为森林可持续经营提供了重要的理论和技术，特色明显。在全国林业院校率先开展林业应对气候变化研究，在竹林固碳减排技术、碳汇造林与计量等方面取得重要成果，处于国际领先；获得全国首批浙江唯一的"林业碳汇计量与监测资格证书"，并编制完成全国首个碳汇林业建设总体规划，使浙江碳汇林业的理论研究和实践应用处于全国领先地位。

③ 从事南方重要用材树种、特色经济林和观赏植物的遗传基础与品种改良研究。在杉木、香榧、山核桃等经济林木的数量性状位点定位和功能作图、关联分析等方面取得了重要进展；在竹子、经济林等良种选育与资源培育方面，突破了辅助杂交、质量评价等关键技术，创制出系列优新品种，在省内外得到广泛应用。

④ 围绕生态建设和森林食品安全，在有害生物区系分布、时空动态、成灾机理、生物农药开发应用及重大灾害综合防控等方面开展了大量的研究，构建了林业有害生物监测预警、检疫检验和防灾御灾三大体系，开发出喜树碱生物杀虫剂等多种高效低毒环保型生物农药新产品。

⑤ 围绕野生观赏植物资源开发利用，园林植物高效栽培体系构建等方面开展品种分类及新品种选育，已搜集润楠属植物等园林植物育种材料 1 500 余份，筛选 40 余种新优园林植物；研究园林植物生长发育调控技术体系，构建包括植物种类选择等方面容器栽培系统；开展植物材料生态功能和植物景观规划设计、评价等方面的理论与实践研究，总结出江南地区植物景观营建的若干模式。

2. 社会贡献

近年来，学科围绕"山上浙江""碳汇林业"等现代林业发展重点，在森林资源高效培育、林业标准化等方面展开科技攻关，取得了重大突破，实施兴林富民科技示范、科技普及，为林业现代化建设和政府决策发挥重要支撑作用。

（1）科研成果转化，推动林业结构调整，学科为浙江林业产值连续 10 年位居全国前列做出了巨大的贡献

以浙江省竹产业重大科技创新服务平台为依托，积极推广毛竹笋用林丰产高效可持续经营技术，已在浙江、安徽、福建等 10 多个省份建立了研究与示范基地，近 5 年新增产值 38 亿元，极大地推动了浙江乃至全国竹产业结构调整。学科大力宣传低碳经济，在温州、宁波等地建立了 1 万亩碳汇林基地，编制了全国首个碳汇林业规划，为当地林农带来经济收益 9.5 亿元，极大地推动了碳汇林业的发展。学科依托各市（县）林业推广部门，全省范围内推广蛀干害虫综合治理防控技术，为保护青山绿水和实现森林浙江做出重大贡献。

（2）弘扬学科文化，服务地方经济建设，培养了优秀科技人员，获得"全国教育系统先进集体"荣誉称号

积极推进学科文化建设，提出"十年树木术为上，百年育人德为先"的文化主题，营造崇尚学术的良好氛围，每年组织接待中小学生 300 余人次，传播森林在全球生态中的作用等科普知识。每年开展技术培训 50 场次以上，培训林农 3 720 人次，发放资料 5 700 余份，提升了学科的公众形象。本学科干果团队积极服务林农，免费培训大批林农，使山区农民近年增收超亿元，被《人民日报》、中央电视台等多家中央媒体集中报道，被誉为"最美科技人员"。

（3）创新法人科技特派员制度，带动地方和企业经济发展

在选派科技特派员、组织科技特派员团队开展服务的基础上，以学校法人的形式为地方经济社会发展提供技术支撑，获得"浙江省五一劳动奖状"等荣誉。如竹子专家方伟教授将科研成果推广到浙江遂昌，迅速带动遂昌竹笋产业的发展。通过法人科技特派员这一平台，学科共同实施了包括国家星火重点项目在内的项目 20 多项，产生的直接和间接经济效益超过 2 个亿。

（4）积极参与各项社会兼职，引领学术水平，提高国内外影响力

积极参与科研团体工作，承担多项学会要职，其中李春阳教授任林学顶尖 SCI 期刊 Tree Physiology 编委，并被聘为该期刊亚洲地区唯一的学术编辑；周国模教授任中国林学会理事，中国林学会森林经理分会副理事长；方伟教授任中国竹产业协会常务理事，中国林学会竹子分会副主任委员等，有力地促进和提升了学科在本领域中的学术交流和科研地位。

1.12 安徽农业大学

1.12.1 清单表

Ⅰ 师资队伍与资源

I-1 突出专家					
序号	专家类别	专家姓名	出生年月	获批年月	备注
1	教育部新世纪人才	黄 勃	196902	200603	
2	享受政府特殊津贴人员	林英任	195112	199406 200007	
合计	突出专家数量（人）			2	

I-3 专职教师与学生情况					
类型	数量	类型	数量	类型	数量
专职教师数	35	其中，教授数	12	副教授数	12
研究生导师总数	25	其中，博士生导师数	9	硕士生导师数	26
目前在校研究生数	112	其中，博士生数	17	硕士生数	95
生师比	4.5	博士生师比	1.9	硕士生师比	3.7
近三年授予学位数	117	其中，博士学位数	14	硕士学位数	103

I-4 重点学科					
序号	重点学科名称	重点学科类型	学科代码	批准部门	批准年月
1	森林培育学	二级学科	090702	安徽省人民政府	200710
2	森林保护学	二级学科	090703	安徽省人民政府	200310
3	林学	一级学科	0907	安徽省人民政府	201409
合计	二级重点学科数量（个）	国家级	—	省部级	3

I-5 重点实验室					
序号	实验室类别	实验室名称		批准部门	批准年月
1	省部级重点实验室	安徽省微生物防治重点实验室		安徽省科技厅	200411
2	省部级工程技术中心	真菌生物技术教育部工程研究中心		教育部	200710
3	省部级野外观测站	安徽省大别山森林生态系统定位研究站		国家林业局	201212
4	省部级重点实验室	安徽省林产品质量监督检验站		安徽省质监局	198910
合计	重点实验数量（个）	国家级	—	省部级	4

II 科学研究

II-1 近五年（2010—2014年）科研获奖

序号	奖励名称	获奖项目名称	证书编号	完成人	获奖年度	获奖等级	参与单位数	本单位参与学科数
1	省级科技进步奖	油茶良种"大别山1-4号"选育与应用研究	2010-3-R1	束庆龙	2010	三等奖	2（1）	1
2	省级科技进步奖	梨新品种选育及主要病害防控技术研究与示范推广	2011-3-R1	朱立武	2010	三等奖	2（1）	1
3	省级科技进步奖	杉木、马尾松、湿地松人工用材林可持续经营技术研究与示范推广	2011-3-R1	黄庆丰	2011	三等奖	4（1）	1
4	省级科技进步奖	主要水果害虫、天敌消长规律及害虫防控技术研究与应用	2011-3-R1	邹运鼎	2011	三等奖	4（1）	2（1）
5	省级科技进步奖	堤坝白蚁种群治理与监测诱杀技术研发和应用	2011-3-R1	陈镈克	2011	三等奖	4（2）	1
6	省级科技进步奖	山核桃主要有害生物发生规律与可持续控制技术	2011-3-R2	徐 斌	2011	三等奖	3（2）	1
7	省级科技进步奖	手剥山核桃自动化加工成套设备	2011-3-R4	朱德泉	2012	三等奖	2（1）	1（2）
8	省科技进步奖	山核桃资源综合开发利用技术	2014-3-R1	丁之恩	2014	三等奖	2（1）	1
9	广东省科技进步奖	绿僵菌种质资源创新及高效防治林业主要害虫体系构建与应用	B01-2-3-02-R2	黄 勃	2014	三等奖	2（2）	1
合计	科研获奖数量（个）	国家级	特等奖	一等奖	二等奖	—		—
		省部级	一等奖	二等奖	三等奖	—		9

II-2 代表性科研项目（2012—2014年）

II-2-1 国家级、省部级、境外合作科研项目

序号	项目来源	项目下达部门	项目级别	项目编号	项目名称	负责人姓名	项目开始年月	项目结束年月	项目合同总经费（万元）	属本单位本学科的到账经费（万元）
1	国家自然科学基金	国家自然科学基金委员会	国家级 面上	31070605	用树体环剥技术快速分析油茶基因功能的方法研究	胡孝义	201101	201313	36	27.2

（续）

序号	项目来源	项目下达部门	项目级别	项目编号	项目名称	负责人姓名	项目开始年月	项目结束年月	项目合同总经费（万元）	属本单位本学科的到账经费（万元）
2	国家自然科学基金	国家自然科学基金委员会	国家级面上	31070009	球孢白僵菌的繁殖与自然群体交配型关系的研究	黄 勃	201101	201313	32	22.4
3	国家自然科学基金	国家自然科学基金委员会	国家级面上	31070569	皖南山区天然阔叶混交林林分空间结构及其与林下植物多样性、土壤涵养水源关系研究	黄庆丰	201101	201312	31	21.2
4	国家自然科学基金	国家自然科学基金委员会	国家级青年基金	31000304	柞旋木柄天牛寄主选择与交配行为的化学通讯机制	张龙娃	201101	201312	21	25.2
5	国家自然科学基金	国家自然科学基金委员会	国家级面上	31070588	松材线虫病危害后马尾松林土壤碳氮动态及流碳水平氮淋失特点	徐小牛	201101	201312	35	22
6	国家自然科学基金	国家自然科学基金委员会	国家级面上	31070067	《中国真菌志》斑痣盘菌目第二卷编研	林英任	201001	201512	30	18
7	国家自然科学基金	国家自然科学基金委员会	国家级面上	31170616	红脂大小蠹嗅觉相关基因克隆及功能分析	张龙娃	201201	201512	53	53
8	国家自然科学基金	国家自然科学基金委员会	国家级青年基金	31200114	安徽茶园昆虫病原真菌种群结构、生态位分化及其维持机制	陈名君	201301	201512	26	26
9	国家自然科学基金	国家自然科学基金委员会	国家级面上	31270714	油茶叶片愈伤组织油脂生物合成的去抑制调控研究	胡孝义	201301	201612	82	82
10	国家自然科学基金	国家自然科学基金委员会	国家级面上	31270065	斑痣盘菌目新增地锤菌科分类学与二科系高拔地区物种多样性研究	林英任	201301	201612	72	58
11	国家自然科学基金	国家自然科学基金委员会	国家级面上	31272096	金龟子绿僵菌产孢调控中微小RNA及其靶基因的鉴定与功能研究	黄 勃	201301	201612	75	65
12	国家自然科学基金	国家自然科学基金委员会	国家级面上	31270599	基于GC-MS直接导入技术的红木识别基础研究及其指纹图谱库构建	徐 斌	201301	201612	80	80

（续）

序号	项目来源	项目下达部门	项目级别	项目编号	项目名称	负责人姓名	项目开始年月	项目结束年月	项目合同总经费（万元）	属本单位本学科的到账经费（万元）
13	国家自然科学基金	国家自然科学基金委员会	国家级面上	31370626	不同林龄序列亚热带常绿阔叶林地下碳氮耦合循环特点	徐小牛	201401	201712	81	49
14	国家自然科学基金	国家自然科学基金委员会	国家级面上	31370561	杨树录因子 WRKY3 调控木质素合成的分子机制研究	项 艳	201401	201712	80	48
15	国家自然科学基金	国家自然科学基金委员会	国家级青年基金	31300426	黑翅土白蚁巢共生系统中微生物群落结构与功能的研究	龙雁华	201401	201612	29	18
16	国家自然科学基金	国家自然科学基金委员会	国家级青年基金	31300578	茶树被茶尺蠖取食诱导的根部防御反应分子机制及其信号传递特征研究	杨 华	201401	201612	24	14.4
17	国家自然科学基金	国家自然科学基金委员会	国家级青年基金	31201568	基于蛋白质组学方法的绿僵菌孢子热胁迫响应分子机制研究	汪章勋	201301	20512	26	15.6
18	国家自然科学基金	国家自然科学基金委员会	国家级青年基金	41301650	基于结构-生态功能耦合关系的城镇绿色空间构建研究-以合肥市为例	李莹莹	201301	201512	23	13
19	国家自然科学基金	国家自然科学基金委员会	国家级面上	31471821	金龟子绿僵菌致病相关小 RNA 对寄主蝗虫靶基因调控的研究	黄 勃	201501	201812	87	39.2
20	国家自然科学基金	国家自然科学基金委员会	国家级面上	31471822	茶园害虫真菌流行病发展进程中白僵菌种群的时空格局动态的分子解析	王 滨	201501	201812	80	36
21	国家自然科学基金	国家自然科学基金委员会	国家级面上	41401278	菜并 [a] 芘累积污染土壤的微生物多样性响应关系	葛高飞	201501	201812	26	15.6
22	"973" 计划	科技部	国家级重大	2012CB416905	人工林地下生态系统碳固持与木材生产权衡关系	徐小牛	201201	201612	100	68
23	国家科技支撑计划	科技部	国家级重点	2011BAD38B0702	丘滩一体型疫区林业血防工程建设技术研究与示范	黄成林	201001	201412	366.7	216.7

（续）

序号	项目来源	项目下达部门	项目级别	项目编号	项目名称	负责人姓名	项目开始年月	项目结束年月	项目合同总经费（万元）	属本单位本学科的到账经费（万元）
24	公益性行业科研专项	国家林业局	国家级面上	201204506	山核桃有害生物绿色防控技术研究与示范	黄　勃	201201	201612	154	134
25	国家科技支撑计划	国家林业局	国家级重点	2011BAD38B0702	低丘岗地林业血防生态安全体系构建技术研究与示范	黄庆丰	201101	201312	103	103
26	中科院战略先导专项	中国科学院	省部级重点	XDA05050204-2	亚热带北部森林生态系统固碳现状、速率、机制和潜力	徐小牛	201101	201512	45	45
27	"973" 计划	科技部	国家级重大	2010CB950602-5	中国典型生态系统碳循环主要过程及碳源汇机制	徐小牛	201001	201412	80	69
28	"948" 项目	国家林业局	国家级重大	2013-4-49	加拿大糖槭品种资源及栽培技术引进	傅松玲	201301	201612	50	50
29	公益性行业科研专项	国家林业局	国家级面上	200904010	天山云杉种群结构与遗传多样性研究	刘　华	200901	201212	20	10
30	国家星火计划项目	科技部	国家级一般	S2013C300095	高效生态种养技术集成与示范子课题"薄壳山核桃繁育技术集成与示范"	傅松玲	201301	201512	80	10
31	公益性行业科研专项	国家林业局	国家级面上	2010004085-1	香梨、枣、苹果三树种高效节水技术研究	刘　华	201001	201412	20	10
32	部委级科研项目	国家林业局	国家级行业专项	201404601-4	桂花精油合成关键酶基因的克隆及功能研究	项　艳	201401	201712	18	8
33	教育部博士点基金	教育部	国家级一般	2013341810005	杨树转录因子 WRKY77 调控杨树抗叶锈病的分子机制	项　艳	201401	201612	12	6
34	教育部博士点基金	教育部	国家级一般	2011341810003	混交模式对北亚热带马尾松林碳吸存的影响机理	傅松玲	201101	201412	12	12
35	中国科学院	中国科学院遗传与发育所	一般	2011A0525-04	杜仲异戊烯焦磷酸合酶基因的克隆、表达以及酶功能鉴定	曹翠洋	201107	201312	30	30

（续）

序号	项目来源	项目下达部门	项目级别	项目编号	项目名称	负责人姓名	项目开始年月	项目结束年月	项目合同总经费（万元）	属本单位本学科的到账经费（万元）
36	国家成果转化项目	科技部	国家级一般	11044030303065	舒城县油茶产业提升关键技术集成与示范推广	束庆龙	201101	201312	20	20
37	国家重点实验室开放课题	中国科学院	省部级一般	一	蛙粪霉纲分子系统学及中国资源的研究	黄勃	201301	201512	16	16
38	省科技计划项目	安徽省科技厅	省级重点	12040302005	油茶新品种优质高效生产技术转化与示范园建设	束庆龙	201201	201412	20	20
39	省成果转化基金	安徽省科技厅	省级一般	12040302005	油茶新品种优质高效生产技术转化与示范园建设	束庆龙	201203	201412	20	20
40	安徽省高校自然科学基金	安徽省教育厅	省级一般	KJ2013A121	黑翅土白蚁共生真菌——鸡枞菌不同发育阶段基因表达谱的构建与分析	彭凡	201301	201412	5	5
41	安徽省高校自然科学基金	安徽省教育厅	省级一般	KJ2011A115	安徽省杜仲资源的遗传结构及保护利用策略研究	曹翠萍	201101	201212	5	5
42	省级自然科学基金	安徽省自然科学基金委员会	省级一般	1308085MC36	杨树 PtWRKY 77 转录因子抗叶锈病功能分析	项艳	201307	201506	5	5
43	省级自然科学基金	安徽省自然科学基金委员会	省级一般	11040606M69	白僵菌苷的代谢规律及生理效应研究	彭凡	201101	201212	5	5
44	安徽省科技推广项目	安徽省科技厅	省级	一	薄壳山核桃良种繁育及示范栽培	傅松玲	201201	201412	20	6
45	高校优秀青年人才基金	安徽省教育厅	省级一般	2012SQRL061	安徽茶园土壤真菌种群结构及维持机制的研究	陈名君	201201	201312	5	5
46	安徽省高校自然科学基金	安徽省教育厅	省级重点	KJ2012A107	基于代谢组学的球孢白僵菌退化变异研究	胡凤林	201201	201412	5	5
47	省级自然科学基金	安徽省自然科学基金委员会	省级一般	11040606M69	白僵菌苷的代谢规律及生理效应研究	胡凤林	201101	201312	5	5

（续）

序号	项目来源	项目下达部门	项目级别	项目编号	项目名称	负责人姓名	项目开始年月	项目结束年月	项目合同总经费（万元）	属本单位本学科的到账经费（万元）
48	安徽省高校自然科学基金	安徽省教育厅	省级一般	KJ2011A116	混交比例及经营集约度对马尾松林生物量及碳吸存的影响	傅松玲	201101	201212	5	5
49	省科技计划项目	安徽省科技厅	省级重点	1201b0403015	皖北地区常见植物叶表皮微形态鉴定技术在命名中应用研究	谷风	201201	201412	20	20
50	省国际科技合作	安徽省科技厅	省级	12030603025	加拿大糖槭种质资源及培育技术引进	傅松玲	201201	201412	10	10
51	省级自然科学基金	安徽省自然科学基金委	省级一般	1208085MC37	杨树应拉木纤维素与丝蛋白共混机理研究	高慧	201201	201412	5	5
52	安徽省高校自然科学基金	安徽省教育厅	省级一般	KJ2011A141	油茶新植苗枯死原因及预防技术体系研究	束庆龙	201101	201212	5	5
53	安徽省高校自然科学基金	安徽省教育厅	省级一般	KJ2011A136	杨树制浆性能改良的分子育种技术研究	项艳	201101	201212	5	5
54	省级自然科学基金	安徽省自然科学基金会	省级青年	1408085QC69	不同环境梯度下城市绿地土壤碳氮转化特征及其调落物质量影响机制	陶晓	201401	201612	7	7
55	省级自然科学基金	安徽省自然科学基金会	省级青年	1308085QC61	绿僵菌产孢调控中关键的微小RNA功能研究	汪章勋	201301	201512	7	7
56	省级自然科学基金	安徽省自然科学基金会	省级青年	1408085QC57	马尾松不同针阔混交林植物叶片性状及养分利用特性的研究	栾娟	201401	201612	7	7
57	省级自然科学基金	安徽省自然科学基金会	省级一般	1408085MC46	外源基因对球孢白僵菌代谢组影响机理研究	陆瑞利	201401	201612	5	5
合计	国家级科研项目	数量（个）	57	项目合同总经费（万元）	2 498.7	属本单位本学科的到账经费（万元）				1 859.5

II-2-2 其他重要科研项目

序号	项目来源	合同签订/项目下达时间	项目名称	负责人姓名	项目开始年月	项目结束年月	项目合同总经费（万元）	属本单位本学科的到账经费（万元）
1	天津泰达园林建设有限公司	201201	天津滨海重盐碱地区不同种类绿地土壤养分及其盐分变异特点的研究	徐小牛	201201	201312	6.5	6.5
2	甘肃省祁连山水源涵养林研究院	201401	青海云杉无性系谱系关系研究	曹翠萍	201401	201612	10	4.8
3	中国林业科学研究院	201309	安徽省森林植被调查	刘华	201309	201812	10	10
4	安徽省农发局	201201	金寨县优质油茶产学研一体化示范与推广项目	束庆龙	201201	201303	30	15
5	安徽省农发局	201301	香榧优质丰产栽培技术推广	束庆龙	201301	201403	20	8
6	安徽省农发局	201401	金寨县油茶丰产栽培及抚育技术示范与推广	束庆龙	201401	201503	30	12
7	安徽省桐城市林业局	201301	景观大树嫁接配套技术研究与示范	傅松玲	201301	201312	10	10
8	安徽省怀宁县林业推广中心	201401	螺望春花蕾用林栽培模式研究	傅松玲	201401	201412	5	5
9	安徽省岳西县林业技术推广站	201311	三椏丰产栽培技术研究	傅松玲	201401	201412	5	5
10	合肥龙栖地生态旅游开发有限公司	201304	合肥龙栖地湿地公园项目可行性研究报告撰写和总体规划方案编制	刘桂华	201302	201308	12	12
11	青阳县林业局	201306	青阳县陵阳镇、新河镇创建省森林城镇总体规划方案编制	刘桂华	201303	201308	12	12
12	安徽省省害生物防治检疫局	201307	亳州市创建森林城市景观绿化苗木储备基地规划方案编制	刘桂华	201307	201407	10	7
13	亳州千草医药用公司	201209	美国白蛾在安徽省（芜湖）生活史和发生危害与天敌资源研究	张龙娃	201209	201412	10	10
14	泾县建委	201102	苦茶加工利用技术	胡凤林	201102	201312	20	20
15	桐城建设局	201301	泾县绿道总体规划	陈永生	201301	201406	28.8	28.8
16	新田镇人民政府	201301	桐城市绿道总体规划	陈永生	201301	201406	27	27

（续）

序号	项目来源	合同签订/项目下达时间	项目名称	负责人姓名	项目开始年月	项目结束年月	项目合同总经费（万元）	属本单位本学科的到账经费（万元）
17	江西天人集团	201201	新田生态园总体规划	陈永生	201201	201212	25	25
18	六安市林业局	201109	防治马尾松毛虫的球孢白僵菌产品的开发	黄　劲	201109	201409	20	20
19	怀宁县林业局	201107	六安市竹产业发展规划	黄庆丰	201107	201212	30	30
20	六安市林业局	201106	怀宁县废弃石料厂植被恢复技术	黄庆丰	201106	201312	60	60
21	池州市林业局	201106	六安市4县区林地保护规划	黄庆丰	201106	201312	90	90
22	宣州市林业局	201203	池州市林地保护规划	许成林	201203	201412	110	110
23	安庆市林业局	201201	宣州市城市森林质量提升技术研究	黄成林	201201	201312	50	50
24	安徽省造林经营总站	201301	安庆市城市森林质量提升技术研究	黄成林	201301	201412	60	60
25	安徽省林业厅速丰林办公室	201210	安徽省长防林造林设计	黄庆丰	201210	201412	110	110
26	安徽省林业厅速丰林办公室	201101	森林可持续经营技术研究与示范	徐小牛	201101	201512	10	10
27	合肥市园林局	201101	安徽省特色经济林高效栽培技术研究与示范	丁之恩	201101	201512	10	10
28	旌德县林业局	201101	合肥市园林绿化土壤改良技术研究与基质标准制定	徐小牛	201101	201212	8	8
29	安徽众邦生物集团	201203	旌德县林地保护规划	黄庆丰	201203	201306	25	25

Ⅱ-2-3　人均科研经费

人均科研经费（万元/人）	77.59

II-3 本学科代表性学术论文质量

II-3-1 近五年（2010—2014年）国内收录的本学科代表性学术论文

序号	论文名称	第一作者	通讯作者	发表刊次（卷期）	发表刊物名称	收录类型	中文影响因子	他引次数
1	模拟淹水对杞柳生长及光合特性的影响	赵竑排	徐小牛	2013, 33（3）	生态学报	CSCD	2.139	9
2	不同土地利用对土壤有机碳储量及土壤呼吸的影响	赵竑排	徐小牛	2012, 31（7）	生态学杂志	CSCD	1.123	10
3	油茶 SSR-PCR 反应体系建立与优化	刘 冰	曹翠萍	2011, 38（6）	安徽农业大学学报	CSCD	1.611	15
4	安徽霍山毛竹林生产力及其土壤养分的特点	丁正亮	徐小牛	2011, 29（1）	经济林研究	CSCD	1.357	15
5	马尾松纯林中球孢白僵菌种群的遗传异质性	陈名君	李增智	2010, 21（10）	应用生态学报	CSCD	1.793	14
6	三种林生态系中昆虫病原真菌优势种生态位比较研究	陈名君	李增智	2011, 22（5）	应用生态学报	CSCD	1.793	6
7	天然落叶与常绿阔叶林分的空间结构	黄庆丰	—	2011, 39（10）	东北林业大学学报	CSCD	0.902	11
8	亚热带森林参数的机载激光雷达估测	付 甜	黄庆丰	2011, 15（5）	遥感学报	CSCD	0.995	7
9	麻栎混交林空间结构与物种多样性的研究	黄庆丰	—	2010, 19（9）	长江流域资源与环境	CSCD	1.536	9
10	安徽茶资源及江淮地区油茶发展前景	束庆龙	—	2011, 29（2）	经济林研究	CSCD	1.357	13
11	天山云杉天然林群落空间结构异质性分析	柏云龙	刘 华	2012, 30（6）	植物科学学报	CSCD	0.94	4
12	合肥市森林碳储量及碳密度研究	刘西军	—	2013, 41（5）	水土保持学报	CSCD	1.409	7
13	两个美国山核桃品种的光合生理特性比较	高 云	傅松玲	2011, 35（4）	南京林业大学学报	CSCD	0.893	13
14	暗盘孢属 YM421 黑色素稳定性及其抗氧化活性	叶 明	林英任	2010, 29（2）	菌物学报	CSCD	1.161	9
15	8 个山荆子居群遗传多样性的 ISSR 分析	王富宏	—	2010, 30（7）	西北植物学报	CSCD	0.79	17
16	华东楠叶绿素的荧光特性	陈 辰	刘桂华	2011, 39（10）	东北林业大学学报	CSCD	0.902	7
17	球孢白僵菌对桃蚜及其两种捕食性天敌的影响	朱 虹	樊美珍	2011, 22（9）	应用生态学报	CSCD	2.5	5
18	苦楝内生真菌及其代谢产物的杀虫活性	朱 虹	樊美珍	2010, 26（1）	中国生物防治学报	CSCD	1.4	9
19	RNA 干涉培育低木质素杨树	宋恩慧	项 艳	2010, 46（2）	林业科学	CSCD	1.512	9
20	钾营养对茶叶叶片光合作用及叶绿素荧光的影响	杨 军	刘桂华	2010, 26（20）	中国农学通报	CSDS	0.559	21
合计					中文影响因子		26.672	
					他引次数			210

II-3-2　近五年（2010—2014年）国外收录的本学科代表性学术论文

序号	论文名称	论文类型	第一作者	通讯作者	发表刊次（卷期）	发表刊物名称	收录类型	他引次数	期刊SCI影响因子	备注
1	Biological control of insects in Brazil and China: history, current programs and reasons for their successes using entomopathogenic fungi	Article	李增智	—	2010, 20（2）	Biocontrol Science and Technology	SCI	34	0.731	
2	Characteristics of N Mineralization in Urban Soils of Hefei, East China	Article	张凯	徐小牛	2010, 20（2）	Pedosphere	SCI	10	1.379	
3	An insecticidal protein from *Xenorhabdus budapestensis* that results in prophenoloxidase activation in the wax moth, *Galleria mellonella*	Article	杨俊	林华峰	2012, 110（1）	Journal of Invertebrate Pathology	SCI	9	2.669	
4	Genome-wide identification and profiling of microRNA-like RNAs from *Metarhizium anisopliae* during development	Article	周权	黄勃	2012, 116	Fungal Biology	SCI	8	2.14	
5	Comparative transcriptomic analysis of the heat stress response in the filamentous fungus *Metarhizium anisopliae* using RNA-Seq	Article	汪章勋	黄勃	2014, 98（12）	Applied Microbiology and Biotechnology	SCI	2	3.81	
6	First Report of Pestalotiopsis vismiae Causing Trunk Disease of Chinese Hickory (*Carya cathayensis*) in China	Article	刘玉军	黄勃	2014, 98（11）	Plant Disease	SCI	—	2.74	
7	Comparison of bacterial communities in soil between nematode-infected and nematode-uninfected *Pinus massoniana* pinewood forest	Article	施翠娥	黄勃	2014, 85	Applied Soil Ecology	SCI	—	2.2	
8	Effects of straw incorporation on *Rhizoctonia solani* inoculum in paddy soil and Rice Sheath blight severity	Article	朱虹	黄勃	2014, 152（5）	Journal of Agricultural Science	SCI	—	2.89	
9	Susceptibility of the tobacco whitefly, Bemisia tabaci (*Hemiptera*: Aleyrodidae) biotype Q to entomopathogenic fungi	Article	朱虹	朱虹	2011, 21（12）	Biocontrol Science and Technology	SCI	4	0.731	
10	Variation of physiological and chemical characteristics at development stages in different disease-resistant varieties of *Camellia oleifera*	Article	曹志华	束庆龙	2014, 46（1）	Pakistan Journal of Botany	SCI	1	1.207	

（续）

序号	论文名称	论文类型	第一作者	通讯作者	发表刊次（卷期）	发表刊物名称	收录类型	他引次数	期刊 SCI 影响因子	备注
11	Genome-wide identification and expression analysis of the IQD gene family in *Populus trichocarpa*	Article	马 慧	项 艳	2014, 229	Plant Science	SCI	—	4.114	
12	Genome-wide analysis of the CCCH zinc finger gene family in *Medicago truncatula*	Article	章翠琴	项 艳	2013, 32	Plant Cell Rep	SCI	6	2.936	
13	Biomass, and carbon and nitrogen pools in a subtropical evergreen broad-leaved forest in eastern China	Article	张 凯	徐小牛	2010, 15（4）	Journal of Forest Research	SCI	4	1.009	
14	Genome-wide survey and characterization of the WRKY gene family in *Populus trichocarpa*	Article	何红升	项 艳	2012, 31	Plant Cell Rep	SCI	29	2.509	
15	Genome-wide analysis of the heat shock transcription factors in *Opulus trichocarpa* and *Medicago truncatula*	Article	王方明	项 艳	2012, 39	Mol Biol Rep	SCI	13	2.506	
16	Genome-wide analysis of FK506-Binding protein genes in *Populus trichocarpa*	Article	汪 玲	项 艳	2012, 30（4）	Plant Mol Biol Rep	SCI	—	5.319	
17	Genome-wide analysis of BURP domain-containing genes in *Populus trichocarpa*	Article	邵元华	项 艳	2011, 53（9）	Journal of Integrative Plant Biology	SCI	7	2.534	
18	Genome wide identification and characterization of the cyclin gene family in *Populus trichocarpa*	Article	董 庆	项 艳	2011, 107	Plant Cell Tiss Organ Cult	SCI	4	3.09	
19	Species of Rhytismataceae on *Lithocarpus* spp. from Mt Huangshan, China	Article	Zheng Q	林英任	2011, 118	Mycotaxon	SCI	6	0.709	
20	Tensile properties of Moso bamboo (*Phyllostachys pubescens*) and its components with respect to its fiber-reinforced compcsite structure	Article	邵卓平	—	2010, 44（4）	Wood Science and Technology	SCI	16	1.873	
21	Physiological and morphological responses induced by particle irradiation on *Arabidopsis thaliana embryos*	Article	任 杰	傅松玲	2014, 13（4）	Genetics and Molecular Research	SCI	—	1.1	
22	Evaluation of *Beauveria bassiana* (Hyphomycetes) isolates as potential agents for control of *Dendroctonus valens*	Article	张龙娃	—	2011, 18（2）	Insect Science	SCI	7	1.514	

（续）

序号	论文名称	论文类型	第一作者	通讯作者	发表刊次（卷期）	发表刊物名称	收录类型	他引次数	期刊 SCI影响因子	备注
23	A novel thermostable phytase from the fungus *Aspergillus aculeatus* RCEF 4894: gene cloning and expression in *Pichia pastoris*	Article	马忠友	黄　勃	2011，27（3）	World Journal of Microbiology & Biotechnology	SCI	5	1.353	
24	Transmission of *Metarhizium brunneum* conidia between male and female *Anoplophora glabripennis* adults	Article	彭　凡	AE Hajek	2011，56（5）	Bio Control	SCI	9	2.25	
25	Effects of bark beetle pheromones on the attraction of *Monochamus alternatus* to pine volatiles	Article	Fan JT	张龙娃	2010，17（6）	Insect Science	SCI	7	1.514	
26	A new species of *Lophodermium* associated with the needle cast of Cathay silver fir	Article	高小明	林英任	2013，12	Mycological Progress	SCI	—	1.606	
27	Genome-Wide Analysis of Soybean HD-Zip Gene Family and Expression Profiling under Salinity and Drought Treatments	Article	陈　雪	项　燕	2014，9（2）	Plos One	SCI	4	3.543	
28	Metabolic Effect of an Exogenous Gene on Transgenic *Beauveria bassiana* Using Liquid Chromatography–Mass Spectrometry-Based Metabolomics	Article	罗菲菲	胡丰林	2013，61（28）	Journal of Agriculture and Plant Food Chemistry	SCI	3	3.107	
29	Comparison of cytotoxic extracts from fruiting bodies, infected insects and cultured mycelia of *Cordyceps formosana*	Article	卢瑞丽	胡丰林	2013，145	Food Chemistry	SCI	1	3.259	
30	Identification and production of a novel natural pigment, cordycepoid A, from *Cordyceps bifusispora*	Article	卢瑞丽	胡丰林	2013，97（14）	Applied Microbiology and Biotechnology	SCI	1	3.811	
合计	SCI 影响因子		70.152			他引次数			190	

Ⅲ 人才培养质量

Ⅲ-1　优秀教学成果奖（2012—2014 年）

序号	获奖级别	项目名称	证书编号	完成人	获奖等级	获奖年度	参与单位数	本单位参与学科数
1	全国多媒体教育软件大奖赛	林木病理学	—	陈名君	三等奖	2012	1	1
2	省级教学成果奖	走产学研之路，促师资队伍建设和学生实践能力提高	2012cgj090-5	朱德泉	二等奖	2012	1	3（2）
3	省级教学成果奖	基于创新能力培养的木材科学与工程专业实践	2013cgj0036-1	涂道伍	三等奖	2013	1	1
合计	国家级	一等奖（个）	—	二等奖（个）	—	三等奖（个）		1
	省级	一等奖（个）	—	二等奖（个）	1	三等奖（个）		1

Ⅲ-4　学生国际交流情况（2012—2014 年）

序号	姓名	出国（境）时间	回国（境）时间	地点（国家/地区及高校）	国际交流项目名称或主要交流目的
1	赵竑绯	201206	201206	日本北海道大学	国际博士生论坛（生态系统生态学前沿）
2	吴　平	201403	201403	印尼茂物农业大学	Ecological and Economic Challenges of Managing Forested Landscapes in a Global Context - Focus: Asia in Bogor and Jakarta
3	吴　平	201409	201410	德国哥廷根大学	Sino-German collaborative research project Lin2Value
4	陆宁辛	201409	201410	德国哥廷根大学	Sino-German collaborative research project Lin2Value
5	任　杰	201309	201310	加拿大国家林务局、UBC	"948" 项目学习
合计		学生国际交流人数			5

1.12.2　学科简介

1. 学科基本情况与学科特色

　　安徽农业大学林学学科始建于 1935 年，由已故著名林学家齐坚如教授在原国立安徽大学创建，是我国创建最早的林学学科之一，经过几代人的辛勤努力、八十年的发展，已形成了一支力量雄厚的学科师资队伍，学科发展迅速，在全国享有较高的声誉，为学科进一步发展奠定了坚实的基础。

　　改革开放以来，在传承传统的基础上，坚持"特色发展、基础与应用并重，加强交叉和拓展交流合作"的学科发展思路，以国家和地方需求为导向，以人才队伍建设为核心，强化学科建设，提高学科整体实力和水平。学科发展带动了教学质量和人才培养质量的提升。林学学科为国家培养了 2 位中国科学院院士（农业部副部长、中国农科院院长李家洋教授和北京大学方精云教授）、一批优秀学者。在森林微生物防治、真菌生物学与系统分类、森林生物地球化学等方面的研究，已

（续）

处于国内领先或先进水平，特别在虫生真菌的基础理论和应用研究领域达到国际先进水平，主编了世界上第一部《昆虫真菌学》专著。近年来，通过引进高层次人才，开展卓有成效的国际合作，推动了林学学科向强势学科迈进。

2000 年以来，共获得国家科技进步二等奖 5 项、省部级科技进步一等奖 5 项、二等奖 6 项、三等奖 20 余项；授权发明专利 33 项，其中 2 项发明专利获得转让经费 120 万元；获得省级教学成果一等奖 1 项、二等奖 2 项。获得认定油茶新品种 16 个、山核桃新品种 3 个，审定油茶新品种 6 个、薄壳山核桃新品种 5 个、石榴新品种 2 个，在生产应用中获得显著经济效益。率先在国内建立了 RNA 干扰转基因技术体系，开展杨树、竹子木质素和油茶油脂等代谢调控的转基因研究，获得高纤维素、低木质素等重要的杨树、竹子转基因材料，形成了国内分子设计改良造纸材材性和油脂品质的优势。挖掘霍山石斛、兰花、黄精、板栗、树莓、黄山杜鹃和油茶等种质资源进行组织培养快繁技术研究，建立了兰科多种植物的组培快繁产业化技术体系。

本学科教师主编、参编各类规划教材等 19 部；出版学术专著 28 部，其中 1 部由国家自然科学基金资助出版、1 部获得国家科学技术学术著作出版基金资助。近 5 年来，共发表 SCI 论文 81 篇，其中一区论文数量大幅度增加，体现了学科研究水平等的提升和进步。

先后与美国康奈尔大学、加州大学、北卡大学、纽约州立大学，加拿大湖首大学、法国科学院林业研究所、德国哥廷根大学、以及日本北海道大学、京都大学、三重大学、千叶大学、京都环境研究所等建立了良好的交流合作关系，近 5 年先后有近 30 位国外知名学者前来讲学；先后派出 5 位中青年教师出国研修或博士后研究、5 位研究生出国参加国际研究生论坛和研讨会；与德国哥廷根大学合作，2013—2015 年成功举办了"中德森林培育 - 遥感夏令营"活动 3 期，中德双方共有 20 多名教师、50 多名研究生参加活动，取得了很好的效果。

2. 社会贡献

（1）提供决策咨询

本学科广大教师积极深入林业生产第一线，根据区域林业实际需要和林业发展趋势，及时向政府部门提出关于林业发展建设咨询报告，推动了安徽省多项重大林业工程建设，如"安徽省森林生态系统网络体系建设""安徽省森林质量提升行动计划""绿色廊道工程"以及"森林城市建设与城市森林质量提升"等，有 1 人被选为国家农村综合改革标准化专家组成员，1 人为安徽省柳编技术标准化委员会副主任委员，有 5 人被遴选为安徽省森林质量提升行动计划首席专家，另有 6 人被聘为六安市农业科技大院首席专家，3 人为安徽省古树保护专家组成员，2 人为安徽省林木良种基地建设专家；参与编制安徽省竹产业发展规划和安徽省竹子科技示范园规划和建设、技术指导等，积极为安徽林业产业发展献计献策，为林业主管部门决策提供技术支持。

在教育教学方面，有 1 人被遴选为国务院学位委员会学科评议组成员，2 人为教育部高等学校教学指导学委员会委员。有全国模范教师 1 人、全国优秀教育工作者 1 人、省级教学名师 1 人。

（2）开展技术服务

在服务地方经济建设方面，主动出击，开展技术咨询和科技培训，近 5 年来，累计培训基层林业科技骨干、林农近 4 000 人。束庆龙教授获得中国科技推广"金桥奖"，先后有 12 人次被评为优秀首席专家。通过产学研结合，与企业开展深度合作，参与了安徽省油茶良种繁育工程技术中心、安徽省杞柳工程技术中心、安徽省竹子科技示范园等的建设和技术研发，参与了安徽省林业外资项目科技推广工作，均取得显著效果。

建立了全国最大、世界前 5 名的虫生菌标本库和菌种库，保藏菌种 5 000 余株，每年为安徽省白僵菌生产厂家无偿提供菌种，并对全国各地的生物防治有关单位提供菌种 20～30 株。长期和全球最大的真菌杀虫剂产业化基地江西天人集团合作，为江西天人集团提供真菌杀虫剂生产技术，并将 2 株优良的杀蝗虫白僵菌转让给该集团进行生物农药的登记注册。与宁国林业局合作开展山核桃溃疡病防治，已取得突破，相关技术已在全省推广。开展安徽省林业血防工程造林、长江防护林工程造林咨询及造林作业设计技术服务，配合安徽省千万亩森林增长工程编制林业血防工程造林技术导则。获得显著社会、经济效益。

（3）专职教师重要的社会兼职

本学科专职教师中，担任国家一级学会副理事长、常务理事和理事有 5 人，担任省级学会理事长、副理事长（会长或主任委员）6 人。担任《菌物学报》副主编 1 人、相关期刊编委 7 人。

2014 年 4 月安徽省人民政府与国家林业局正式签署了"合作共建安徽农业大学"的协议，同年 9 月林学一级学科获安徽省重点学科，并获得学科建设重大项目（5 年 1 000 万元学科建设费，学校配套经费 1 000 万元），为学科发展特别是平台建设提供了资金保障。

1.13　福建农林大学

1.13.1　清单表

Ⅰ　师资队伍与资源

Ⅰ-1　突出专家					
序号	专家类别	专家姓名	出生年月	获批年月	备注
1	千人计划入选者	林辰涛	195701	200910	团队引进
2	千人计划入选者	王志勇	196410	200910	团队引进
3	百千万人才工程国家级人选	吴承祯	197010	200607	
4	享受政府特殊津贴人员	陈顺立	194908	199210	
5	享受政府特殊津贴人员	洪　伟	194711	199310	
6	享受政府特殊津贴人员	林思祖	195310	199410	
7	享受政府特殊津贴人员	陈　辉	195704	199510	
8	享受政府特殊津贴人员	马祥庆	196610	199810	
9	享受政府特殊津贴人员	陈平留	194904	199810	
10	享受政府特殊津贴人员	江希钿	195811	200010	
11	享受政府特殊津贴人员	郭文硕	196308	200310	
12	享受政府特殊津贴人员	刘　健	196306	201110	
合计	突出专家数量（人）			12	

Ⅰ-3　专职教师与学生情况					
类型	数量	类型	数量	类型	数量
专职教师数	77	其中，教授数	25	副教授数	22
研究生导师总数	48	其中，博士生导师数	19	硕士生导师数	48
目前在校研究生数	250	其中，博士生数	47	硕士生数	203
生师比	5.21	博士生师比	2.47	硕士生师比	4.23

Ⅰ-4　重点学科					
序号	重点学科名称	重点学科类型	学科代码	批准部门	批准年月
1	森林培育	国家林业局重点学科	090702	国家林业局	200605
2	林学	福建省特色重点学科	0907	福建省教育厅	201210
3	林学	福建省首批重点学科	0907	福建省教育厅	199412

（续）

序号	重点学科名称	重点学科类型	学科代码	批准部门	批准年月
4	森林培育	国家重点学科省培育建设学科	090702	福建省教育厅	201407
5	森林培育	福建省"211工程"重点学科	090702	福建省教育厅	200005
6	森林培育	福建省高等学校重点学科	090702	福建省教育厅	200503
7	森林经理	福建省高等学校重点学科	090704	福建省教育厅	200503
合计	二级重点学科数量（个）	国家级	—	省部级	7

I-5 重点实验室				
序号	实验室类别	实验室名称	批准部门	批准年月
1	省部级重点实验室/中心	国家林业局杉木工程技术研究中心	国家林业局	201309
2	国家林业局野外观测站	福建长汀红壤丘陵生态系统定位观测研究站	国家林业局	201403
3	国家工程实验室	天然生物毒素国家地方联合工程实验室	国家发展和改革委员会	201111
4	省部级重点实验室/中心	福建省南方森林资源与环境工程技术研究中心	福建省科技厅	200801
5	省部级重点实验室/中心	福建省油茶工程技术研究中心	福建省科技厅	201007
6	省部级重点实验室/中心	福建省病原真菌与真菌毒素重点实验室	福建省科技厅	201303
7	省部级重点实验室/中心	福建省高校森林生态系统过程与经营重点实验室	福建省教育厅	200605
8	省部级重点实验室/中心	林木逆境生理生态及分子生物学福建省高等学校重点实验室	福建省教育厅	201202
9	省部级重点实验室/中心	生态与资源统计福建省高等学校重点实验室	福建省教育厅	201202
10	省部级重点实验室/中心	3S技术与资源优化利用福建省高校重点实验室	福建省教育厅	201407
11	省部级重点实验室/中心	自然生物资源保育利用福建省高校工程研究中心	福建省教育厅	201407
12	省部级重点实验室/中心	人工林可持续经营福建省高校工程研究中心	福建省教育厅	201502
13	省部级重点实验室/中心	南方水土保持研究院	福建省教育厅	201202
14	省部级重点实验室/中心	海峡两岸红壤区水土保持协同创新中心	福建省教育厅	201311
15	省部级野外观测站	福建省国际科技合作示范基地	福建省科技厅	200506
合计	重点实验数量（个）	国家级　1	省部级	14

II 科学研究

II-1 近五年（2010—2014年）科研获奖

序号	奖励名称	获奖项目名称	证书编号	完成人	获奖年度	获奖等级	参与单位数	本单位参与学科数
1	国家科学技术进步奖	细菌农药新资源及产业化新技术新工艺研究	2010-J-251-2-07-R01	关雄、蔡峻、刘波、许雷、邱思鑫、陈月华、黄天培、张灵玲、翁瑞泉、黄勤清	2010	二等奖	5（1）	1
2	福建省科学技术进步奖	东南丘陵山地杉木人工林生态栽培关键技术研究	2010-J-1-008-1	洪伟、林思祖、吴承祯、樊后保、曹光球、林开敏、何东进、俞新妥、封磊、杨梅	2010	一等奖	1	1
3	福建省科学技术进步奖	重大入侵害虫红火蚁监测与控制关键技术研究	闽政文［2015］55号	侯有明、陈军、陆永跃、章霜红、占志雄、张翔、谢毅斌、陈艺欣、王兰标、黄月英	2014	一等奖	8（1）	1
4	福建省科学技术进步奖	松突圆蚧－花角蚜小蜂的生境适应性和松突圆蚧生态调控技术及应用	闽政文［2015］55号	张飞萍、陈顺立、钟景辉、吴晖、郭文硕、魏初奖、黄文玲	2014	二等奖	3（1）	1
5	福建省科学技术进步奖	芳樟优良无性系工厂化育苗与产业化关键技术	闽政文［2015］55号	陈存及、张国防、范辉华、陈东华、刘宝、黄字、荣冬英、彭东辉、吴炜	2014	二等奖	6（1）	1
6	福建省科学技术进步奖	雷公藤良种繁育和GAP关键技术研究	2013-J-2-032-1	郑郁善、黄字、荣冬英、魏佰兴、何天友、陈礼光、郑林	2013	二等奖	3（1）	1
7	福建省科学技术进步奖	福建中亚热带阔叶林生态安全的研究及其应用	2012-J-2-040-1	洪伟、吴承祯、陈辉、闫淑君、封磊、范海兰、毕晓丽	2012	二等奖	1	1
8	福建省科学技术进步奖	高效利用土壤磷杉木基因型的筛选研究	2011-J-2-034-1	马祥庆、李建民、吴鹏飞、侯晓龙、黄云鹏、刘爱琴、蔡丽平	2011	二等奖	2（1）	1
9	福建省科学技术进步奖	南方库区生态公益林的改造技术研究	2011-J-2-038-2	李建民、侯晓龙、马祥庆、廖国华、林福星、蔡丽平、吴鹏飞	2011	二等奖	2（1）	1
10	福建省科学技术进步奖	福建省主要树种收获表研制新技术及应用	2011-J-2-042-2	李宝银、江希钿、施恭明、胡宗庆、李贞献、洪端芳、林力	2011	二等奖	2（2）	1
11	福建省科学技术进步奖	窦脉青冈天然林分结构及可持续经营关键技术	2012-J-2-041-1	江希钿、盖新敏、陈希英、李小铃、许木正、黄根曾、朱荣宗	2012	二等奖	3（2）	1

（续）

序号	奖励名称	获奖项目名称	证书编号	完成人	获奖年度	获奖等级	参与单位数	本单位参与学科数
12	福建省科学技术进步奖	杉木林套种经济作物模式及对生态系统影响研究	2011-J-3-074-1	邹双全、杨玉盛、蔡丽萍、陈光水、吴丽云	2011	三等奖	1	1
13	福建省科学技术进步奖	中亚热带森林林隙动态响应及驱动研究	2011-J-3-076-1	闫淑君、吴承祯、洪伟、钱莲文、毕晓丽	2011	三等奖	1	1
14	福建省科学技术进步奖	森林生态管理中的空间异质性研究	2010-J-3-069-1	吴承祯、洪伟、陈辉、杨细明、郑仁华	2010	三等奖	1	1
15	福建省科学技术进步奖	麻竹绿竹笋用林可持续经营技术研究	2010-J-3-067-1	郑郁善、邱尔发、荣俊冬、郑维鹏	2010	三等奖	1	1
16	福建省科学技术进步奖	基于 3S 技术工业原料林林地优化经营技术应用研究	2010-J-3-068-1	刘健、余坤勇、陈昌雄、谢益林、陈亚丽	2010	三等奖	2（1）	1
17	福建省科学技术进步奖	雷公藤离体培养与高频植株再生体系的构建及其应用	2012-J-3-073-1	吴承祯、洪伟、李键、李建鹃、涂育合	2012	三等奖	1	1
18	福建省科学技术进步奖	闽西北松竹主要害虫成灾机理及无公害防治关键技术	2013-J-3-055-1	陈顺立、陈德兰、张思禄、郑宏、余培旺	2013	三等奖	4（1）	1
19	福建省科学技术进步奖	重要入侵害虫刺桐姬小蜂的防控技术及应用	2013-J-3-057-1	梁光红、陈振东、钟景辉、武英、卢松茂	2013	三等奖	2（1）	1
20	福建省科学技术进步奖	复合微生物菌肥开发及在苗木移植上的应用	闽政文〔2015〕55 号	邹双全、吴丽云、丁星、陈洪德、黄铭星	2014	三等奖	2（1）	1
21	福建省科学技术进步奖	模拟氮硫复合沉降（施氮硫肥）对森林生态系统影响的研究	闽政文〔2015〕55 号	吴承祯、林勇明、范海兰、洪滔、洪伟	2014	三等奖	1	1
22	福建省科学技术进步奖	毛竹笋新害虫——浙江双栉蝠蛾的发生规律及其防治研究	2010-J-3-072-2	罗群荣、陈顺立、叶小瑜、吴智才、张潮巨	2010	三等奖	2（2）	1
23	福建省科学技术进步奖	马尾松毛虫快速监测预警技术及应用研究	闽政文〔2015〕55 号	刘健、许章华、余坤勇、陈亚丽、钟兆全	2014	三等奖	2（2）	1
合计	科研获奖数量（个）	国家级	特等奖	一等奖	二等奖	三等奖		
			一	一	一	一		
			二	二				
		省部级	一等奖	二等奖	三等奖			
			1	6				
							10	1

II-2 代表性科研项目（2012—2014年）

II-2-1 国家级、省部级、境外合作科研项目

序号	项目来源	项目下达部门	项目级别	项目编号	项目名称	负责人姓名	项目开始年月	项目结束年月	项目合同总经费（万元）	属本单位本学科的到账经费（万元）
1	国家科技支撑计划	科技部	重大项目	2014BAD15B01	福建红壤区生态修复科特续经营关键技术集成与示范	兰思仁	201401	201712	1 710	700
2	国家科技支撑计划	科技部	重大项目	2011BA101B06	厚朴等3种中药材高质量种植关键技术与新产品研究	郑郁善	201101	201512	354	354
3	国家科技支撑计划	科技部	重大项目	2009BA173B01	雷公藤、短葶山麦冬GAP关键技术研究	郑郁善	200901	201312	200	200
4	国家自然科学基金（海峡联合基金）	国家自然科学基金委员会（2014年下达）	重点项目	U1405211	磷高效利用杉木基因型适应同歇脉冲供P环境的阶段性响应机制	马祥庆	201501	201812	263	80
5	部委级科研项目	科技部	重大项目	201304401	松墨天牛高效诱剂及配套技术研发与示范	张飞萍	201301	201512	688	688
6	部委级科研项目	科技部	重大项目	k43130001	长汀红壤侵蚀区生态经济型植被恢复技术研究	马祥庆	201301	201612	183	45
7	部委级科研项目	林业局	重点项目	[2011]TK051号	福州市油茶优良种质评比与良种推广示范	陈 辉	201101	201312	100	100
8	部委级科研项目	财政部	重点项目	闽财（农）指[2013]68号	楠木优良种质繁育和造林推广	陈世品	201301	201512	100	100
9	部委级科研项目	财政部	重点项目	闽财（农）指[2014]69号	金线莲壮苗培育及林下仿生栽培技术推广示范	邹小兴	201401	201512	100	100
10	国家科技支撑计划（子课题）	科技部	重大项目	2012BAD23B04	竹林资源监测与管理技术	刘 健	201201	201612	26	9.25
11	国家自然科学基金	国家自然科学基金委员会	一般/面上项目	31370531	被动耐低磷杉木基因型P素内循环与根系皮层细组织磷溶解的关系	吴鹏飞	201401	201712	80	20

（续）

序号	项目来源	项目下达部门	项目级别	项目编号	项目名称	负责人姓名	项目开始年月	项目结束年月	项目合同总经费（万元）	属本单位本学科的到账经费（万元）
12	国家自然科学基金	国家自然科学基金委员会	一般/面上项目	31370624	子遗植物长苞铁杉倒木持续更新流形成的系统模拟与实现研究	何东进	201401	201712	83	21
13	国家自然科学基金	国家自然科学基金委员会	一般/面上项目	31370619	不同根构型杉木基因型根系营养生态位竞争与觅磷行为	马祥庆	201401	201712	80	20
14	国家自然科学基金	国家自然科学基金委员会	一般/面上项目	31070606	基于农杆菌介导的雷公藤次生代谢物形成与调控机理研究	洪 伟	201101	201312	36	36
15	国家自然科学基金	国家自然科学基金委员会	一般/面上项目	30970451	耐低磷杉木基因型根系分泌有机酸对磷钙耦合胁迫的响应机制	刘爱琴	200901	201212	30	30
16	国家自然科学基金	国家自然科学基金委员会	一般/面上项目	3097235	不同磷效率杉木对异质磷斑块胁迫的根系可塑性研究	马祥庆	200901	201212	34	34
17	国家自然科学基金	国家自然科学基金委员会	一般/面上项目	30972355	杉木林根系对土壤碳吸存的贡献及影响机制	邹双全	200901	201212	34	34
18	国家自然科学基金	国家自然科学基金委员会	一般/面上项目	30972358	酸铝胁迫下不同耐铝型杉木无性系根系分泌物鉴定及耐铝机制	林思祖	200901	201212	30	30
19	国家自然科学基金	国家自然科学基金委员会	一般/面上项目	30972379	引进天敌花角小蜂种群极端雄性偏离机制研究	张飞萍	200901	201212	37	37
20	国家自然科学基金	国家自然科学基金委员会	一般/面上项目	40971043	林地立地质量遥感反演技术研究	刘 健	200901	201212	35	35
21	国家自然科学基金	国家自然科学基金委员会	青年项目	41201564	地震灾区受损"植被—土壤"系统演变特征及驱动机制	林勇明	201301	201512	25	25
22	国家自然科学基金	国家自然科学基金委员会	青年项目	31200365	复杂性灾害风险下的东山岛海岸生态系统健康响应机制研究	巫丽芸	201301	201512	21	21

（续）

序号	项目来源	项目下达部门	项目级别	项目编号	项目名称	负责人姓名	项目开始年月	项目结束年月	项目合同总经费（万元）	属本单位本学科的到账经费（万元）
23	国家自然科学基金	国家自然科学基金委员会	青年项目	31000264	根际与根内生细菌对茶树耐铝毒的共调控效应及其机制	宋洋	201101	201312	23	23
24	国家自然科学基金	国家自然科学基金委员会（2014年下达）	青年项目	31400465	草甘膦与磷等位点竞争对杉木利用土壤磷素的影响机制	周垂帆	201501	201712	25	7
25	国家自然科学基金	国家自然科学基金委员会（2014年下达）	青年项目	31400533	连栽障碍中化感物质对木麻黄幼苗毒害的机理及内生真菌诘抗功能研究	李键	201501	201712	26	9
26	国家自然科学基金	国家自然科学基金委员会（2014年下达）	青年项目	31400552	炼山释放细小颗粒动态演变机理及潜在成疆性研究	郭福特	201501	201712	24	7
27	国家自然科学基金	国家自然科学基金委员会（2014年下达）	青年项目	41401364	Pb超富集植物金丝草对Pb的解毒机理及耐疆性策略	侯晓龙	201501	201712	25	7
28	国家自然科学基金	国家自然科学基金委员会（2014年下达）	青年项目	41401385	南方红壤水土流失区植被覆盖与管理因子（C因子）遥感重建研究	余坤勇	201501	201712	25	7
29	国家自然科学基金	国家自然科学基金委员会	青年项目	31301910	中国重要天敌昆虫——旋小蜂亚科的系统分类研究	彭凌飞	201401	201612	22	22
30	国家自然科学基金	国家自然科学基金委员会	青年项目	41301203	基于交互式干扰条件下的世界双遗产地武夷山风景名胜区景观"格局-过程"非线性耦合与生态空间优化研究	游巍斌	201401	201612	26	26
31	国家自然科学基金	国家自然科学基金委员会	青年项目	30901150	连栽障碍地不同化感型杉木无性系根际土壤关键生物学基础研究	曹光球	200901	201212	20	20
32	部委级科研项目	科技部	重点项目	2013BAD14B0405	东南地区锥栗高效行产关键技术研究示范	陈辉	201201	201412	40	40

（续）

序号	项目来源	项目下达部门	项目级别	项目编号	项目名称	负责人姓名	项目开始年月	项目结束年月	项目合同总经费（万元）	属本单位本学科的到账经费（万元）
33	部委级科研项目	科技部	重点项目	K1314001D	中轻度侵蚀区杨梅林水土流失阻控及增产提质	陈世品	201401	201712	60	20
34	部委级科研项目	科技部	重点项目	2011GB2C400006	香樟良种繁育示范与种业创新	张国防	201101	201312	60	60
35	部委级科研项目	国家林业局	重点项目	2013-28-44	林业基础数表编制与修订	郑德祥	201301	201312	15	15
36	部委级科研项目	国家林业局	重点项目	2011-26-43	福建省主要树种二元立木材积表编制	江希钿	201101	201312	10	10
37	部委级科研项目	国家林业局	重点项目	2013-15-42	林地土壤有机碳储量遥感估测技术引进	刘 健	201301	201512	18	12
38	部委级科研项目	国家林业局	重点项目	2011-4-59	桉树人工林长期生产力维持技术引进	马祥庆	201201	201412	60	60
39	部委级科研项目	财政部	重点项目	201236	竹资源遥感监测及信息化管理技术示范推广子课题	刘 健	201201	201412	15	15
40	部委级科研项目	教育部	一般/面上项目	2012351511 0011	邓恩桉对氮、硫复合沉降增加的氧化应答机制研究	吴承祯	201301	201512	12	8
41	部委级科研项目	教育部	一般/面上项目	2012351511 0010	嫁接引起油茶基因变异的机理研究	陈 辉	201301	201512	12	8
42	部委级科研项目	教育部	一般/面上项目	W2012350 0013	杉木多抗分子育种及机理	林思祖	201201	201212	5	5
43	部委级科研项目	教育部	一般/面上项目	2011351511 0009	P高效利用杉木基因型对异质磷斑块的寻觅机制研究	马祥庆	201201	201412	12	12
44	部委级科研项目	教育部	一般/面上项目	20100470863	连栽障碍地不同化感型杉木无性系根尖组织差异蛋白分析	曹光球	201001	201212	3	3
45	部委级科研项目	教育部	一般/面上项目	2011351512 0002	刺桐姬小蜂对低温的生理适应性研究	梁光红	201201	201412	4	4

（续）

序号	项目来源	项目下达部门	项目级别	项目编号	项目名称	负责人姓名	项目开始年月	项目结束年月	项目合同总经费（万元）	属本单位本学科的到账经费（万元）
46	省科技厅项目	省科技厅项目	重点项目	K53NI903A	多代遗传改良杉木人工林需肥特性与测土配方施肥技术研究	刘爱琴	201403	201702	15	6
47	省科技厅项目	福建省科技厅	重大项目	2013NZ0001	特色林木种质材料选育与高效培育关键技术研究	郑郁善	201301	201612	500	220
48	省科技厅项目	福建省科技厅	重大项目	2012NZ0001	东南丘陵地优质商品林生态林栽培技术集成与示范	吴承祯	201201	201512	500	220
49	省科技厅项目	福建省科技厅	重大项目	2011NZ0002	中小型竹资源优良品种选择和定向培育关键技术研究	郑郁善	201101	201412	50	50
50	省科技厅项目	福建省科技厅	重大项目	2012NZ0001	一般产区杉木人工林培育新技术集成研发与示范	丁国昌	201201	201412	50	50
51	省科技厅项目	福建省科技厅	重大项目	2013NZ0004	长汀稀土矿废弃地植被恢复技术集成与示范	马祥庆	201301	201512	50	50
52	省科技厅项目	福建省科技厅	重点项目	2012N0003	森林经营过程对山体滑坡的影响遥感模拟应用技术研究	余坤勇	201201	201412	10	10
53	省科技厅项目	福建省科技厅	重点项目	2011N0002	低产低效杉木人工林改造技术研究	林　晗	201101	201412	10	10
54	省科技厅项目	福建省科技厅	重点项目	2009N0009	闽东滨海湿地景观变迁的系统耦合模型与生态恢复机制研究	何东进	200901	201212	10	10
55	省科技厅项目	福建省科技厅	重点项目	2012F1004	福建省杉木工程技术研究中心	林思祖	201201	201412	40	40
56	省科技厅项目	福建省科技厅	重点项目	2012F1005	福建省南方森林资源与环境工程技术研究中心	洪　伟	201201	201412	25	25
57	省级自然科学基金项目	福建省科技厅	重点项目	2009J06007	花角蚜小蜂生境适应性研究和种群衰退原因探析	张飞萍	200905	201204	30	30

（续）

序号	项目来源	项目下达部门	项目级别	项目编号	项目名称	负责人姓名	项目开始年月	项目结束年月	项目合同总经费（万元）	属本单位本学科的到账经费（万元）
58	省级自然科学基金项目	福建省科技厅	重点项目	2014J06009	不同P效率杉木基因型在邻株竞争条件下的觅磷行为	吴鹏飞	201401	201612	25	23
59	省级自然科学基金项目	福建省科技厅	一般/面上项目	K55NI940A	应答干旱胁迫的杉木根系14-3-3蛋白基因克隆及表达	李树斌	201401	201612	4	2
60	省级自然科学基金项目	福建省科技厅	一般/面上项目	2014J01076	园林修枝人促降解及其残体结构性成分和养分动态研究	宋漳	201401	201712	3	1
61	省级自然科学基金项目	福建省科技厅	一般/面上项目	2014J01072	短葶山麦冬内生真菌及其对宿主光合作用有效成分的影响	范海兰	201401	201612	3	1
62	省级自然科学基金项目	福建省科技厅	一般/面上项目	2014J01074	生真菌对宿主麻黄化感作用的影响研究	李键	201401	201612	3	1
63	省级自然科学基金项目	福建省科技厅	一般/面上项目	2013J01073	崩岗侵蚀区先锋植物类芦根系固土黏结机制研究	蔡丽平	201301	201512	3	3
64	省级自然科学基金项目	福建省科技厅	一般/面上项目	2013J01074	焦林病菌侵染后桉树抗病相关基因的克隆与表达	冯丽贞	201301	201512	4	3
65	省级自然科学基金项目	福建省科技厅	一般/面上项目	2013J01075	杉木林近自然恢复技术及其响应机制研究	林开敏	201301	201512	5	3
66	省级自然科学基金项目	福建省科技厅	一般/面上项目	2012J01074	闽台种子植物区系比较研究	陈世品	201205	201404	4	4
67	省级自然科学基金项目	福建省科技厅	一般/面上项目	2012J01073	不同磷效率杉木对根系觅磷行为的调控机制研究	马祥庆	201205	201404	5	5
68	省级自然科学基金项目	福建省科技厅	一般/面上项目	2012J01072	Pb超富集植物金丝草根系对Pb斑块的适应机制研究	侯晓龙	201205	201404	4	4
69	省级自然科学基金项目	福建省科技厅	一般/面上项目	2011J01072	桉树生长与光合参数对模拟N、S复合沉降的响应规律研究	吴承祯	201105	201204	4	4

（续）

序号	项目来源	项目下达部门	项目级别	项目编号	项目名称	负责人姓名	项目开始年月	项目结束年月	项目合同总经费（万元）	属本单位本学科的到账经费（万元）
70	省级自然科学基金项目	福建省科技厅	一般/面上项目	2011J01071	珍稀濒危植物长苞铁杉林倒木基础特征与更新流形成机制研究	何东进	201105	201304	4	4
71	省级自然科学基金项目	福建省科技厅	一般/面上项目	2011J01070	松突圆蚧和枯斑拟盘多毛孢共生后致害性的变化及机制	梁光红	201105	201404	5	5
72	省级自然科学基金项目	福建省科技厅	一般/面上项目	2011J01069	连栽障碍地不同化感型杉木无性系根际土壤差异蛋白基础研究	曹光球	201105	201304	4	4
73	省级自然科学基金项目	福建省科技厅	一般/面上项目	2010J01062	雷公藤内生真菌对宿主植物自毒效应的调控作用研究	宋　洋	201005	201204	5	5
74	省级自然科学基金项目	福建省科技厅	一般/面上项目	2010J01063	杉木自毒物质邻羟基苯甲酸对杉木的遗传损伤	丁国昌	201005	201304	5	5
75	省级自然科学基金项目	福建省科技厅	一般/面上项目	2010J01064	香樟优良无性系精油稳定性及变化机制的研究	张国防	201005	201304	5	5
76	省级自然科学基金项目	福建省科技厅	一般/面上项目	2010J05044	外源钙对磷高效杉木基因型适应低磷逆境影响机制	吴鹏飞	201005	201204	3	3
77	省级自然科学基金项目	福建省科技厅	一般/面上项目	2009J01051	Pb超富集植物富集 Pb 的生理生态学机制研究	侯晓龙	200905	201204	5	5
合计	国家级科研项目		数量（个）	45	项目合同总经费（万元）	4 791		属本单位本学科的到账经费（万元）		3 119.25

II-2-2 其他重要科研项目

序号	项目来源	合同签订/项目下达时间	项目名称	负责人姓名	项目开始年月	项目结束年月	项目合同总经费（万元）	属本单位本学科的到账经费（万元）
1	福建省教育厅	2013	福建省特色林木种质创新及其蛋白质组学研究	林辰涛	201301	201512	300	200
2	美国农业部	2010	林木害虫监测技术	张飞萍	201001	201412	185	160
3	福建省林业厅	2012	黑木及卷荚相思良种选育与繁育技术研究	林思祖	201201	201412	70	70
4	福建省林业厅	2012	樟树良种定向选育技术研究	张国防	201201	201412	50	50
5	福建省林业厅	2012	福建柏良种品质控制与规模化快繁技术研究	郑郁善	201201	201412	27	27
6	福建省林业厅	2012	基于水土保持的油茶生态栽培技术研究	陈 辉	201201	201412	12	12
7	福建省林业厅	2012	关于楠木类三种珍贵树种良种选育技术研究	陈世品	201201	201412	15	15
8	福建省财政厅	2012	楠木类珍稀树种良种选育与推广	冯丽贞	201201	201312	20	20
9	福建省财政厅	2012	桉树病害防治技术研究与推广	郭文硕	201201	201212	10	10
10	福建省财政厅	2013	松线虫病控制技术研究与推广	郭文硕	201301	201412	40	40
11	福建省财政厅	2013	杉木工程中心特异型种质基因库建设	林思祖	201301	201412	30	30
12	福建省财政厅	2013	永安市茶树主要害虫防治新技术研究与推广应用	童应华	201301	201512	24	15
13	福建省财政厅	2013	优良杉木品系培育研究	林思祖	201301	201412	25	25
14	福建省财政厅	2013	七叶一支花栽培技术研究与推广补助	郭文硕	201301	201412	30	30
15	福建省财政厅	2014	红豆树良种收集繁育利用研究	冯丽贞	201401	201612	15	15
16	福建省财政厅	2014	防治马尾松毛虫绿僵菌研究与推广	吴 晖	201401	201412	15	15
17	福建省发改委	2012	珍贵乡土树种圆齿野鸦椿开发关键技术集成示范	邹双全	201201	201412	20	20
18	福建省发改委	2012	珍贵景观树观乐昌含笑产业化栽培关键技术的研发与示范	马祥庆	201201	201412	25	25
19	福建省发改委	2012	芳樟珍贵树种良种繁育与产业化集成技术	张国防	201201	201412	25	25
20	三明市林业局	2014	三明市第二次全国重点保护野生植物资源县域调查研究	陈世品	201401	201512	78	20
21	三明市林业局	2014	全国重点保护野生植物资源调查	刘 宝	201401	201612	15	15
22	三明市林业局	2014	三明市第二次全国重点保护野生植物资源县域调查研究	郑世群	201401	201412	15	15
23	宁德市政府	2014	宁德市环三都澳湿地水禽红树林自然保护区调查研究	刘金福	201401	201512	30	10

（续）

序号	项目来源	合同签订/项目下达时间	项目名称	负责人姓名	项目开始年月	项目结束年月	项目合同总经费（万元）	属本单位本学科的到账经费（万元）
24	元翔（福州）国际航空有限公司	2013	福州机场及其附近地区鸟情生态环境调研	吴晖	201303	201403	30.5	18
25	晋江市农业局	2014	晋江市树市花科研合作	陈礼光	201401	201712	29.6	14.8
26	晋江市农业局	2014	晋江市沿海基干林带监测与造林技术研究	何宗明	201401	201712	28	20
27	晋江市农业局	2014	晋江市"十三五"林业发展规划	赖日文	201401	201512	12	10
28	三明市林业局	2014	三明市自然保护区发展规划编制	陈世品	201401	201512	15	7.5
29	福建师范大学	2014	森林转换对植物多样性的影响	何宗明	201401	201412	10	10
30	福建省尤溪国有林场	2013	杉木第三代种子园测土配方施肥技术	曹光球	201301	201412	10	10

II-2-3 人均科研经费

人均科研经费（万元/人）	63.44

II-3 近五年（2010—2014年）国内收录的本学科代表性学术论文

II-3-1 近五年（2010—2014年）国内收录的本学科代表性学术论文质量

序号	论文名称	第一作者	通讯作者	发表刊次（卷期）	发表刊物名称	收录类型	中文影响因子	他引次数
1	世界双遗产地生态安全预警体系构建及应用：以武夷山风景名胜区为例	游巍斌	何东进	2014（5）	应用生态学报	CSCD	2.525	—
2	雷公藤内生细菌的促生作用及其对雷公藤甲素生成的影响	许进斌	宋萍	2014（6）	应用生态学报	CSCD	2.525	1
3	金色子绿僵菌及其粗毒素对樟幼虫蟆幼巢的致病性	童应华	童应华	2014（4）	昆虫学报	CSCD	1.122	—
4	戴云山黄山松群落与环境的关联	刘金福	洪伟	2013（9）	生态学报	CSCD	2.233	2
5	大明竹属遗传多样性 ISSR 分析及 DNA 指纹图谱研究	黄树军	郑郁善	2013（24）	生态学报	CSCD	2.233	—
6	磷胁迫对水土保持竹类芦光合特性的影响	蔡丽平	马祥庆	2012（6）	水土保持学报	CSCD	1.612	1
7	油茶芽苗砧嫁接口不同发育时期差异蛋白质分析	冯金玲	陈辉	2012（8）	应用生态学报	CSCD	2.525	—

（续）

序号	论文名称	第一作者	通讯作者	发表刊次（卷期）	发表刊物名称	收录类型	中文影响因子	他引次数
8	福州酸雨区次生林中合台湾相思与银合欢叶片的12种元素含量	郝兴华	洪伟	2012（22）	生态学报	CSCD	2.233	1
9	受害马尾松针叶松生物质含量与思茅松毛虫种群参数的相关分析	周荣	陈顺立	2012（4）	昆虫学报	CSCD	1.122	3
10	桉树内生菌对尾巨桉幼苗抗寒生理指标的影响	谢安强	洪伟	2012（6）	林业科学	CSCD	1.512	1
11	不同发育阶段杉木人工林凋落物的生态水文功能	周丽丽	马祥庆	2012（5）	水土保持学报	CSCD	1.612	2
12	武夷山风景名胜区景观生态安全度时空分异规律	游巍斌	何东进	2011（21）	生态学报	CSCD	2.233	8
13	水松自然种群和人工种群遗传多样性比较	吴则焰	刘金福	2011（4）	应用生态学报	CSCD	2.525	8
14	干旱胁迫对水土保持先锋植物类芦光合特性的影响	蔡丽平	马祥庆	2011（6）	水土保持学报	CSCD	1.612	7
15	脱落酸对低温下雷公藤幼苗光合作用及叶绿素荧光的影响	黄宁	郑郁善	2011（12）	应用生态学报	CSCD	2.525	4
16	引进花角蚜小蜂成虫的寿命和羽化节律	陈顺立	张飞萍	2011（1）	应用生态学报	CSCD	2.525	1
17	永春县柑橘林生态系统的碳储量及其动态变化	林清山	洪伟	2010（2）	生态学报	CSCD	2.233	16
18	感染萧氏松茎象的金龟子绿僵菌菌株的初步筛选	童应华	陈顺立	2010（1）	林业科学	CSCD	1.512	6
19	沿海拔梯度松突圆蚧耐热性的变化	张飞萍	张飞萍	2010（1）	昆虫学报	CSCD	1.122	6
20	灵石山米槠林优势种不同叶龄叶绿体色素沿海拔梯度的变化	王英姿	洪伟	2010（11）	林业科学	CSCD	1.512	6
合计						中文影响因子 39.053		他引次数 73

Ⅱ-3-2　近五年（2010—2014 年）国外收录的本学科代表性学术论文

序号	论文名称	论文类型	第一作者	通讯作者	发表刊次（卷期）	发表刊物名称	收录类型	期刊 SCI 影响因子	他引次数	备注
1	At the Intersection of Plant Growth and Immunity	Review	Wang Wenfei	Wang Zhiyong	2014, 15（4）	Cell Host & Microbe	SCI	12.194	—	通讯单位第一署名单位
2	SNF2 chromatin remodeler-family proteins FRG1 and -2 are required for RNA-directed DNA methylation	Article	Groth Martin	Steven E. Jacobsen; Israel Ausin	2014, 11（49）	Proceedings of the National Academy of Sciences	SCI	9.809	—	第一署名单位
3	Genomics of sex determination	Review	Zhang Jisen	Abdelhafid Bendahmane; Ray Ming	2014, 18（1）	Current Opinion in Plant Biology	SCI	9.385	3	第一署名单位

（续）

序号	论文名称	论文类型	第一作者	通讯作者	发表刊次（卷期）	发表刊物名称	收录类型	他引次数	期刊SCI影响因子	备注
4	The brassinosteroid signaling network: a paradigm of signal integration	Review	Wang Wenfei	Wang Zhiyong	2014, 21（1）	Current Opinion in Plant Biology	SCI	—	9.385	通讯单位
5	Virus-Induced Tubule: a Vehicle for Rapid Spread of Virions through Basal Lamina from Midgut Epithelium in the Insect Vector	Article	Jia Dongsheng	Wei Taiyun	2014, 88（18）	Journal of Virology	SCI	—	4.648	通讯单位
6	Development of continuous cell culture of brown planthopper to trace the early infection process of oryzaviruses in insect vector cells	Article	Chen Hongyan	Wei Taiyun	2014, 88（8）	Journal of Virology	SCI	—	4.648	通讯单位
7	The succession characteristics of soil erosion during different vegetation succession stages in dry-hot river valley of Jinsha River,upper reaches of Yangtze River	Article	Lin Yongming	Cui Peng	2014, 62（1）	Ecological Engineering	SCI	1	3.041	通讯单位
8	Construction and analysis of a SSH cDNA library of *Eucalyptus grandis × Eucalyptus urophylla* 9224 induced by *Cylindrocladium quinqueseptatum*	Article	Feng Lizhen	Guo Weishou	2012, 90（12）	Botany	SCI	2	1.251	通讯单位
9	*Goodyera malipoensis* (Cranichideae, Orchidaceae),a new species from China: Evidence from morphological and molecular analysis	Article	Guan Qiuxiang	Guan Qiuxiang	2014, 186（1）	Phytotaxa	SCI	—	1.371	通讯单位
10	Comparative growth, dry matter accumulation and photosynthetic rate of seven species of Eucalypt in response to phosphorus suppl	Article	Wu Pengfei	Ma Xiangqing	2014, 25（2）	Journal of Forestry Research	SCI	—	0.425	通讯单位
11	Litterfall production and nutrient return in different-aged Chinese fir (*Cunninghamia lanceolata*) plantations in south China	Article	Zhou Lili	Ma Xiangqing	2014, 26（1）	Journal of Forestry Research	SCI	—	0.425	通讯单位
12	Experimental Measures of Pathogen Competition and Relative Fitness	Review	Zhan Jiasui	Zhan Jiasui	2013, 51	Annual Review of Phytopathology	SCI	1	11	通讯单位
13	The SNARE Protein Syp71 Is Essential for Turnip Mosaic Virus Infection by Mediating Fusion of Virus-Induced Vesicles with Chloroplasts	Article	Wei Taiyun	Wei Taiyun	2013, 9（5）	Plos Pathogens	SCI	10	8.057	通讯单位

（续）

序号	论文名称	论文类型	第一作者	通讯作者	发表刊次（卷期）	发表刊物名称	收录类型	他引次数	期刊SCI影响因子	备注
14	Tubular Structure Induced by a Plant Virus Facilitates Viral Spread in Its Vector Insect	Article	Chen Qian	Chen Qian	2013, 8（11）	Plos Pathogens	SCI	7	8.057	通讯单位
15	The Single-Stranded DNA-Binding Protein WHIRLY1 Represses WRKY53 Expression and Delays Leaf Senescence in a Developmental Stage-Dependent Manner in *Arabidopsis*	Article	Miao Ying	Miao Ying	2013, 162（3）	Plant Physiology	SCI	—	7.394	通讯单位
16	Simultaneous determination of ascorbic acid, dopamine and uric acid using poly（4-aminobutyric acid）modified glassy carbon electrode	Article	Wang Lingxia	Chen Wei	2013, 178	Electrochimica Acta	SCI	—	5.001	通讯单位
17	New Model for the Genesis and Maturation of Viroplasms Induced by Fijiviruses in Insect Vector Cells	Article	Mao Qianzhuo	Wei Taiyun	2013, 87（12）	Journal of Virology	SCI	5	4.648	通讯单位
18	A review of the mealybug *Oracella acuta*: Invasion and management in China and potential incursions into other countries	Article	You Shijun	Wu Kongming	2013, 305（1）	Forest Ecology And Management	SCI	—	2.667	通讯单位
19	Proteomic and physiological analyses reveal detoxification and antioxidation induced by Cd stress in Kandelia candel roots	Article	Weng Zhaoxia	Chen Wei	2013, 32（1）	Trees-Structure And Function	SCI	—	1.869	通讯单位
20	Effect of environmental gradients on the quantity and quality of fallen logs in *Tsuga longibracteata* forest in Tianbaoyan National Nature Reserve, Fujian province, China	Article	You Huiming	He Dongjin	2013, 10（6）	Journal of Mountain Science	SCI	—	0.763	通讯单位
21	Physiological responses of needles of *Pinus massoniana* elite families to phosphorus stress in acid soil	Article	He Youlan	Liu Aiqin	2013, 24（2）	Journal of Forestry Research	SCI	—	0.425	通讯单位
22	Spectral Features Analysis of *Pinus massoniana* with Pest of Dendrolimus punctatus Walker and Levels Detection	Article	Xu Zhanghua	Liu Jian	2013, 33（2）	Spectroscopy And Spectral Analysis	SCI	—	0.27	通讯单位
23	Construction of Vegetation Shadow Index (SVI) and Application Effects in Four Remote Sensing Images	Article	Xu Zhanghua	Liu Jian	2013, 33（12）	Spectroscopy And Spectral Analysis	SCI	—	0.27	通讯单位

（续）

序号	论文名称	论文类型	第一作者	通讯作者	发表刊次（卷期）	发表刊物名称	收录类型	他引次数	期刊 SCI 影响因子	备注
24	Study on Life Table Parameters of the Invasive Species *Octodonta nipae* (Maulik) (Coleoptera: Chrysomelidae) on DifferentPalm Species, under Laboratory Conditions	Article	Huo Youming	Huo Youming	2014, 107（4）	Journal of Economic Entomology	SCI	2	1.605	通讯单位
25	Development of an Insect Vector Cell Culture and RNA Interference System To Investigate the Functional Role of Fijivirus Replication Protein	Article	Jia Dongsheng	Jia Dongsheng	2012, 86（10）	Journal of Virology	SCI	16	5.076	通讯单位
26	Floral reversion mechanism in longan (*Dimocarpus longan* Lour.) revealed by proteomic and anatomic analyses	Article	You Xiangrong	Chen Wei	2012, 75（4）	Journal of Proteomics	SCI	3	4.088	通讯单位
27	Association between Virulence and Triazole Tolerance in the Phytopathogenic Fungus *Mycosphaerella graminicola*	Article	Yang Lina	Zhan Jiasui	2012, 8（3）	Plos One	SCI	1	3.73	通讯单位
28	Bioactive metabolites from a marine-derived strain of the fungus *Neosartorya fischeri*	Article	Tan QingWei	Ouyang Ming'an	2012, 26（15）	Natural Product Research	SCI	8	1.031	通讯单位
29	Root morphological plasticity and biomass production of two Chinese fir clones with high phosphorus efficiency under low phosphorus stress	Article	Wu Pengfei	Ma Xiangqing	2011, 41（2）	Canadian Journal of Forest Research	SCI	—	1.685	通讯单位
30	Variations in biomass, nutrient contents and nutrient use efficiency among Chinese fir provenances	Article	Wu Pengfei	Ma Xiangqing	2011, 60（3）	Silvae Genetica	SCI	—	0.778	通讯单位
合计	SCI 影响因子	124.996			他引次数				59	

II-5 已转化或应用的专利（2012—2014 年）

序号	专利名称	第一发明人	专利申请号	专利号	授权（颁证）年月	专利受让单位	专利转让合同金额（万元）
1	香樟组培苗的继代培养方法	丁国昌	201110004918.X	ZL201110004918.X	201204	福建省鑫闽种业有限公司	10
2	黑木相思的根插繁殖方法	何宗明	201110021417.2	ZL201110021417.2	201206	福建省鑫闽种业有限公司	8
3	一株促进桉树光合作用的功能内生真菌及其应用	洪 伟	201010264972.3	ZL201010264972.3	201204	福州平衡施肥科技有限公司	8
4	一株桉树内生菌及其用途	洪 伟	201010548966.0	ZL201010548966.0	201205	福州平衡施肥科技有限公司	12
5	一株提高桉树抗冻能力的内生真菌及其应用	洪 伟	201010293355.6	ZL201010293355.6	201205	福州平衡施肥科技有限公司	5
6	一株桉树内生菌及其在缓解铝毒害中的应用	洪 伟	201010548962.2	ZL201010548962.2	201205	福州平衡施肥科技有限公司	5
7	一种促进桉树干物质积累的无机解磷菌	吴承祯	201110132064.3	ZL201110132064.3	201205	福州平衡施肥科技有限公司	5
8	基于 LED 光源的杉木二步法组培快繁方法	丁国昌	201210230906.3	ZL201210230906.3	201308	福建省鑫闽种业有限公司	10
9	具有侧面开口的组培瓶	丁国昌	201220350516.5	ZL201220350516.5	201301	福建省鑫闽种业有限公司	3
10	基于单色 LED 光源的金线莲分阶段组培快繁方法	林思祖	201210255304.3	ZL201210255304.3	201307	漳州市南靖县大自然金线莲有限公司	9
11	一种用于研究根系水平方向觅食行为的试验装置及方法	马祥庆	201110345649.3	ZL201110345649.3	201305	福州元一生物技术有限公司	6
12	一株能提高桉树净光合速率的有机解磷菌	吴承祯	201110132063.9	ZL201110132063.9	201301	福州平衡施肥科技有限公司	3
13	一株能提高桉树叶绿素含量的无机解磷菌	吴承祯	201110132062.4	ZL201110132062.4	201303	福州平衡施肥科技有限公司	3
14	一种用于研究根系垂直方向觅食行为的试验装置及方法	吴鹏飞	201110345647.4	ZL201110345647.4	201304	福州元一生物技术有限公司	2
15	一种用于研究根系表型可塑性的试验装置	吴鹏飞	201220460345.1	ZL201220460345.1	201303	福州元一生物技术有限公司	2
16	一种松褐天牛诱捕器	张飞萍	201320321116.6	ZL201320321116.6	201312	乐山三江生化科技有限公司	10
17	一株促进木麻黄根系生长作用的内生真菌	洪 伟	201310068792.1	ZL201310068792.1	201405	福建省顺昌奥拓生物科技有限公司	5
18	一株能促进木麻黄根系生长作用的内生真菌	谢安强	201310068758.4	ZL201310068758.4	201405	福建省顺昌奥拓生物科技有限公司	5
19	一株能促进木麻黄营养元素吸收的内生菌	洪 伟	201310068791.7	ZL201310068791.7	201406	福建省顺昌奥拓生物科技有限公司	5

（续）

序号	专利名称	第一发明人	专利申请号	专利号	授权（颁证）年月	专利受让单位	专利转让合同金额（万元）
20	一株能促进木麻黄生物量增长的内生真菌	谢安强	201310069028.6	ZL201310069028.6	201407	福建省顺昌奥拓生物科技有限公司	5
21	一株能促进木麻黄根系生长的曲霉菌株	林燕青	201310068757.X	ZL201310068757.X	201407	福建省顺昌奥拓生物科技有限公司	5
22	一株能提高木麻黄叶绿素含量的内生真菌	吴承祯	201310068759.9	ZL201310068759.9	201407	福建省顺昌奥拓生物科技有限公司	—
23	一种松褐天牛成虫引诱剂	张飞萍	201110269468.7	ZL201110269468.7	201407	乐山三江生化科技有限公司	20
24	一株能促进木麻黄光合作用的叶点霉菌株	吴承祯	201310068793.6	ZL201310068793.6	201407	福建省顺昌奥拓生物科技有限公司	—
25	一种千年桐种子包衣剂配方	吴承祯	201210344682.9	ZL201210344682.9	201403	福州元一生物技术有限公司	—
合计	专利转让合同金额（万元）				146		

Ⅲ 人才培养质量

Ⅲ-1 优秀教学成果奖（2012—2014 年）

序号	获奖级别	项目名称	证书编号	完成人	获奖等级	获奖年度	参与单位数	本单位参与学科数
1	省级	基于"三结合"的实践教学体系研究与实践	闽教高［2014］13 号	黄顺容、李秀慧、郑长焰、陈益芳、童玲	二等奖	201403	1	1
2	省级	农林院校本科专业化学类公共基础课教学内容和课程体系的改革与实践	闽教高［2014］13 号	李清禄、蒋疆、孔德贤、王玉林、蔡向阳、吴琼洁	二等奖	201403	1	1
合计	国家级	一等奖（个）	—	二等奖（个）	—	三等奖（个）	—	
	省级	一等奖（个）	—	二等奖（个）	2	三等奖（个）	—	

Ⅲ-2 研究生教材（2012—2014 年）

序号	教材名称	第一主编姓名	出版年月	出版单位	参与单位数	是否精品教材
1	景观生态学	何东进	201302	中国林业出版社	1	普通高等教育"十二五"规划教材
2	森林培育学实践教程	梅莉、张卓文（马祥庆参篇）	201402	中国林业出版社	2（2）	高等院校"十二五"规划实践教材
3	植物学实验和实习手册	黄春梅	201406	中国农业出版社	1	全国高等农林院校"十二五"规划教材
4	田间试验 SPSS 统计分析	季彪俊	201410	中国农业出版社	1	全国高等农林院校"十二五"规划教材
5	3S 技术实践教程	赖日文	201409	浙江大学出版社	1	—
6	福建木本植物检索表	游水生	201307	中国林业出版社	1	—
7	福建特有树种	郑清芳	201405	厦门大学出版社	1	—
合计	国家级规划教材数量	—		精品教材数量	—	

Ⅲ-3 本学科获得的全国、省级优秀博士学位论文情况（2010—2014 年）

序号	类型	学位论文名称	获奖年月	论文作者	指导教师	备注
1	省级	龙眼体胚发生过程中 SOD 基因家族的克隆及表达调控研究	201306	林玉玲	赖钟雄	二等奖
2	省级	P 高效利用杉木无性系适应环境磷胁迫的机制研究	201101	吴鹏飞	马祥庆	三等奖
3	省级	虫生真菌座壳孢的分离鉴定和代谢产物的活性研究	201001	潘洁茹	关雄	三等奖
4	省级	睾丸酮丛毛单胞菌 teiR 基因功能及表达调控研究	201101	陈建秋	潘大仁	三等奖
5	省级	能量亏缺引起龙眼果实采后果皮褐变的生理生化机制研究	201101	陈莲	林河通	三等奖
合计	全国优秀博士论文（篇）		—	提名奖（篇）	—	
	省优秀博士论文（篇）		5			

序号	姓名	出国（境）时间	回国（境）时间	地点（国家/地区及高校）	国际交流项目名称或主要交流目的
			Ⅲ-4　学生国际交流情况（2012—2014 年）		
1	郑文辉	201302	201308	美国德州农工大学	博士研究生出国合作研究计划
2	康海军	201306	201412	美国不列颠哥伦比亚大学	博士研究生出国合作研究计划
3	周丽丽	201308	201405	美国不列颠哥伦比亚大学	博士研究生出国合作研究计划
4	郭泽镁	201306	201312	美国北达科他州立大学	博士研究生出国合作研究计划
5	温成荣	201306	201401	美国普渡大学	博士研究生出国合作研究计划
6	吴松青	201309	201405	美国加州大学欧文分校	博士研究生出国合作研究计划
7	方静平	201307	201407	美国伊利诺伊大学香槟校区	博士研究生出国合作研究计划
8	邱万伟	201301	201401	美国北达科他州立大学	课题资助合作研究
9	陈英	201304	201308	台湾大学	研究生赴台研习项目
10	谷晓禹	201304	201308	台湾嘉义大学	研究生赴台研习项目
11	安嘉然	201303	201307	台湾嘉义大学	研究生赴台研习项目
12	王卿	201303	201307	台湾中国文化大学	研究生赴台研习项目
13	唐巧倩	201303	201307	台湾台湾中兴大学	研究生赴台研习项目
14	季超	201302	201306	台湾中国文化大学	研究生赴台研习项目
15	陈英	201309	201401	台湾大学	研究生赴台研习项目
16	朱国琳	201402	201406	台湾中国文化大学	研究生赴台研习项目
17	谢艺环	201402	201406	台湾嘉义大学	研究生赴台研习项目
18	林丽莎	201409	2015012	台湾大学	研究生赴台研习项目
19	臧金娇	201409	201501	台湾大学	研究生赴台研习项目
20	张燕群	201409	201501	台湾中兴大学	研究生赴台研习项目
21	林奇	201502	201506	台湾大学	研究生赴台研习项目
22	文月琴	201502	201506	台湾大学	研究生赴台研习项目
23	唐巧倩	201502	201507	台湾中兴大学	研究生赴台研习项目
24	林梦婷	201502	201506	台湾嘉义大学	研究生赴台研习项目
25	彭珠清	201203	201206	台湾大学	研究生赴台研习项目
合计		学生国际交流人数			25

序号	姓名	授予学位年月	国别或地区	授予学位类别
		Ⅲ-5　授予境外学生学位情况（2012—2014 年）		
1	YOUNGSUK KIM	201307	韩国	学术学位博士
2	YUTA TAGUCHI	201202	日本	学术学位硕士
合计	授予学位人数	博士	1　硕士	1

1.13.2　学科简介

1.　学科基本情况与学科特色

（1）学科基本概况

本学科始创于 1940 年，在周桢、李先才和俞新妥等先辈的薪火传承下，结合东南林区特点，逐步建立了具有南方特色的学科体系。本学科下设 8 个二级学科，有林学博士后科研流动站和林学一级学科博士学位授权点，有 4.7 万亩的教学林场，科研设备价值 7 000 多万元。学科近年投入 1.2 亿元，引进了 2 位千人计划人才，组建了"基础林学与蛋白质组学中心"。在 2012 年教育部全国高校林学学科评估中，本学科排名第六。

（2）学科特色

福建林业发达，森林覆盖率连续 36 年保持全国第一，有省级林业龙头企业 141 家、上市涉林企业 21 家，2013 年全省林业总产值 3 610 亿元，这为学科发展提供了良好的行业基础。长期以来学科立足行业需求，开展具有南方特色的林学研究，为福建林业的良好局面做出了巨大贡献，凝练出具有南方特色的学科方向。

① 以杉木为代表的森林培育学科特色。利用地处全国杉木中心产区的优越条件，成立了国内第一个专门研究杉木的机构，率先在全国开展杉木种源试验，进行杉木产区区划、地力衰退、速生丰产、良种选育、栽培生理等研究，建立了现代杉木栽培制度，获得了杉木国家科技进步奖，产生了较大影响。

② 以森林资产评估为代表的森林经理学科特色。作为全国最早开展林权制度改革的省份，本学科在全国率先开展森林资产评估研究，成立了全国第一个林业资产评估机构，负责制定了《国家森林资源资产评估准则》，为 20 多个省份涉林企业森林资产转让、重组和上市等提供了大量评估服务，为国家培养了一批森林资产评估师。在森林资源经济理论与方法、森林资产评估与核算等领域处于国内领先地位。

③ 以长汀红壤区水土流失治理等为代表的水土保持与荒漠化治理学科特色。以长汀为代表的南方红壤侵蚀区为对象，长期开展水土流失规律、土壤侵蚀与植被演替、退化红壤区植被恢复等系列研究，为长汀水土流失治理提供了重要科技支撑，取得了显著的治理效果，被誉为南方水土流失治理的典范。习近平同志特此为长汀水土流失治理作了两次批示，社会影响大。针对福建海岸线长的特点，系统开展沿海防护林营建技术研究，在沿海木麻黄防护林营建方面具有显著特色，是国内唯一设有海岸带森林与环境博士点的学科。

④ 立足区域优势，起到了闽台交流合作桥头堡的作用。本学科充分发挥与台湾的"五缘"优势，与台湾大学等 14 所高校建立了密切合作关系，开展闽台林业特色研究，近 3 年学科选送了 80 多名师生赴台交流，接待台湾来宾 180 多名，合作举办闽台学术交流会议 20 余次，为促进两岸关系的和平和发展做出了积极贡献。

2.　社会贡献

本学科始终以培养林业人才、开展林业科技创新、服务林业发展、保障区域生态安全为己任，为南方国民经济发展和生态环境保护做出了突出贡献。

① 参与福建省政府和南方林业部门涉林法律、法规的制定，为《福建省森林防火条例》《福建省林木种子生产、经营管理办法》《福建省森林植物检疫条例实施办法》《福建省生态公益林条例（草案）》等文件的制定提供了大量咨询或直接参与起草工作，为 30 多个县（市）编制了林业发展规划，组织制定了全国楠木、光皮桦等树种的育苗造林技术标准和福建杉木、马尾松等树种的造林技术规程，为福建生态省的建设做出了巨大贡献。

② 立足东南林区，围绕南方林业生产中的瓶颈问题开展林业产学研协作研究，在南方主要树种苗木培育、栽培技术、病虫防治和红壤区水土流失治理等方面取得了丰硕成果，有 160 项成果获奖，其中国家科技进步一等奖 1 项、二等奖 5 项，三等奖 1 项，部省级科技进步一等奖 5 项、二等奖 30 项、三等奖 108 项；与全国首家林业上市公司永林集团合作建立博士后工作站，为数百家涉林企业提供了科技服务，在福建乃至周边省份林业的发展中做出了重要贡献。

③ 培养了本、硕、博等各类毕业生近 2 万名，长期致力于南方林区林业技术的普及和推广；组织培训基层技术人员 2 000 多人次 / 年，接待林农咨询超过 500 人次 / 年，为生态省建设和林权制度改革提供了有力技术支撑，为南方广大林农脱贫致富起到重大作用。

（续）

④ 学科教师在国内外学术机构兼任理事以上职务的有 24 人，在国内二级以上学术机构兼任理事以上职务的有 16 人，其中洪伟教授兼任中国林学会森林经理分会理事、教育部林学学科教学指导委员会成员、国家林业局高等学校林学专业教学指导委员会成员，林思祖教授兼任第四、第五届国务院学位委员会林学学科评议组成员、中国林学会森林生态专业委员会常务理事，吴承祯教授兼任福建省科协委员、中国林学会青年工作委员会常委，马祥庆教授兼任第六、第七届国务院学位委员会林学学科评议组成员、中国林学会理事、中国土壤学会森林土壤专业委员会委员，陈辉教授兼任教育部高等学校林学类专业教学指导委员会委员、中国林学会经济林分会副理事长等。

⑤ 以本学科为主主办的"福建林学院学报"（现更名为"森林资源与环境学报"）创刊于 1960 年，是中文核心期刊（遴选）数据库来源期刊，获全国高校优秀学报一等奖、全国优秀科技期刊二等奖、中国高校优秀科技期刊奖、华东地区最佳期刊等荣誉，在国内外具有一定影响力。

1.14 江西农业大学

1.14.1 清单表

Ⅰ 师资队伍与资源

	I-1 突出专家				
序号	专家类别	专家姓名	出生年月	获批年月	备注
1	国家级教学名师	杜天真	194005	201009	
2	享受国务院政府特殊津贴人员	郭晓敏	195611	200606	
3	享受国务院政府特殊津贴人员	刘苑秋	196311	200806	
4	享受省政府特殊津贴人员	牛德奎	195710	200105	
5	享受省政府特殊津贴人员	张 露	196409	201405	
合计	突出专家数量（人）		5		

	I-2 团队			
序号	团队类别	学术带头人姓名	带头人出生年月	资助期限
1	亚热带森林资源培育与保护国家级教学团队	杜天真、郭晓敏	194005 195611	2007—2013
合计	团队数量（个）		1	

	I-3 专职教师与学生情况				
类型	数量	类型	数量	类型	数量
专职教师数	62	其中，教授数	19	副教授数	23
研究生导师总数	31	其中，博士生导师数	14	硕士生导师数	17
目前在校研究生数	232	其中，博士生数	36	硕士生数	196
生师比	7.5	博士生师比	2.6	硕士生师比	6.3
近三年授予学位数	217	其中，博士学位数	18	硕士学位数	199

I-4　重点学科					
序号	重点学科名称	重点学科类型	学科代码	批准部门	批准年月
1	林学	江西省高等学校高水平学科	0907	江西省教育厅	201012
2	森林培育	江西省高等学校重中之重学科	090702	江西省教育厅	200901
3	森林培育	江西省"十一五"重点学科	090702	江西省教育厅	200608
4	森林经理学	江西省"十一五"重点学科	090704	江西省教育厅	200608
5	森林培育	国家林业局"十一五"重点学科	090702	国家林业局	200605
合计	二级重点学科数量（个）	国家级	—	省部级	5

I-5　重点实验室				
序号	实验室类别	实验室名称	批准部门	批准年月
1	江西省 2011 协同创新中心	江西特色林木资源培育与利用协同创新中心	江西省教育厅	201409
2	国家级森林生态定位站	江西九连山森林生态系统国家定位观测研究站	国家林业局	201312
3	国家级森林生态定位站	江西庐山森林生态系统国家定位观测研究站	国家林业局	201312
4	江西省重点实验室	江西省森林培育重点实验室	江西省科技厅	201210
5	国家林业局工程技术研究中心	国家林业局樟树工程技术研究中心（共建）	国家林业局	201204
6	国家级实验教学示范中心	江西农业大学植物生产实验教学中心	教育部	200901
7	江西省重点实验室	江西省竹子种质资源与利用重点实验室	江西省科技厅	200503
合计	重点实验室数量（个）	国家级	3	省部级	4

II 科学研究

Ⅱ-1 近五年（2010—2014年）科研获奖

序号	奖励名称	获奖项目名称	证书编号	完成人	获奖年度	获奖等级	参与单位数	本单位参与学科数
1	江西省科技进步奖	油茶平衡施肥关键技术及效应研究	J-10-2-05-R01	郭晓敏（1）	2010年	二等奖	1	一
2	梁希林业科学技术奖	濒危新树种华木莲保育研究	2011-KJ-2-26-R01	俞志雄（1）	2011年	二等奖	1	一
3	梁希林业科学技术奖	松节油基萜类农药的合成、筛选、活性规律及构效关系研究	2011-KJ-2-12-R01	王宗德（1）	2011年	二等奖	1	一
4	梁希林业科学技术奖	江西人工公益林的关键生态过程与调控技术	2013-KJ-2-16-R01	张露（1）	2013年	二等奖	1	2
5	江西省科技进步奖	国际珍稀濒危动物－白颈长尾雉就地保护关键技术与应用	J-12-2-02-R04	欧阳勋志（4）	2012年	二等奖	2	2
6	江西省科技进步奖	毛竹新品种——厚壁毛竹繁育与推广	J-10-3-10-R01	杨光耀（1）	2010年	三等奖	1	一
7	梁希林业科学技术奖	厚壁毛竹种质性状与适应性研究	2011-KJ-3-28-R01	杨光耀（1）	2011年	三等奖	1	一
8	江西省自然科学奖	绿色萜类农药的合成、筛选、活性规律及构效关系研究	Z-11-3-08-R01	王宗德（1）	2011年	三等奖	1	2
9	江西省科技进步奖	珍稀濒危新物种——华木莲繁育与保护	J-11-3-11-R01	俞志雄（1）	2011年	三等奖	1	2
10	江西省科技进步奖	利用天然落地松脂和残渣废液回收红松香	J-11-3-12-R03	王宗德（3）	2011年	三等奖	2	2
11	江西省科技进步奖	木本生物质能源树种选择、繁殖与油脂转化技术研究	J-12-3-09-R01	刘苑秋（1）	2012年	三等奖	1	2
合计	科研获奖数量（个）	国家级	特等奖	一等奖	—	二等奖		—
		省部级	一等奖	二等奖	5	三等奖		6

II-2　代表性科研项目（2012—2014年）

II-2-1　国家级、省部级、境外合作科研项目

序号	项目来源	项目下达部门	项目级别	项目编号	项目名称	负责人姓名	项目开始年月	项目结束年月	项目合同总经费（万元）	属本单位本学科的到账经费（万元）
1	国家"973"计划	科技部	一般/面上项目	2012CB416903-5	林分结构调整与养分管理方式对生态系统CNP分配和CNP化学计量比的影响	陈伏生	201405	201812	39	39
2	科技部	科技部	一般/面上项目	—	江西农业大学树木标本馆的植物标本数字化与共享	季春峰	201412	201512	6	6
3	国家科技支撑计划	科技部	重点项目	2012BAC11B02	流域生物多样性保护及药用资源开发利用技术研究与示范	金志农	201202	201412	659	390
4	国家科技支撑计划	科技部	重点项目	2012BAC11B0601	武功山山地草甸分布格局、群落结构与脆弱性评价及气候变化响应研究	牛德奎	201201	201512	100	100
5	国家科技支撑计划	科技部	一般/面上项目	2012BAD14B14-4	鄱阳湖生态经济区农林牧高效循环技术集成示范	胡冬南	201201	201612	100	100
6	国家科技支撑计划	科技部	一般/面上项目	200904015	南方低效生态公益林改造与恢复技术研究与示范	刘苑秋	201209	201212	66	66
7	国家科技支撑计划	科技部	重点项目	2012BAC11B0602	武功山山地草甸生态修复技术研究及示范－草甸植被保护与恢复技术集成及土壤养分管理研究	郭晓敏	201201	201512	42	42
8	国家重大科技专项	国家发展和改革委员会	重点项目	XDA05050200	中国森林生态系统固碳现状、速率、机制和潜力（江西区）	刘苑秋	201101	201512	150	150
9	国家农业成果转化资金	科技部	一般/面上项目	2010GB2C500233	油茶产区基于土壤肥力变异规律的平衡施肥技术区域示范	牛德奎	201001	201212	50	50
10	国家自然科学基金	国家自然科学基金委员会	一般/面上项目	51464019	赣南地区稀土尾矿恢复树种树根系及根际生理生态适应机制	丁菲	201408	201812	50	50

（续）

序号	项目来源	项目下达部门	项目级别	项目编号	项目名称	负责人姓名	项目开始年月	项目结束年月	项目合同总经费（万元）	属本单位本学科的到账经费（万元）
11	国家自然科学基金	国家自然科学基金委员会	一般/面上项目	31460527	奇-异源四倍体百合的形成途径及其种质渗入功能研究	周树军	201408	201812	50	50
12	国家自然科学基金	国家自然科学基金委员会	一般/面上项目	31460175	基于寄主挥发物的萧氏松茎象寄主选择研究	范国荣	201408	201812	50	50
13	国家自然科学基金	国家自然科学基金委员会	一般/面上项目	31460077	竹林扩张对濒危植物华木莲开花结实的影响机制	杨清培	201408	201812	50	50
14	国家自然科学基金	国家自然科学基金委员会	一般/面上项目	31460185	中亚热带典型森林倒木分解碳释放驱动机制	刘苑秋	201408	201812	48	48
15	国家自然科学基金	国家自然科学基金委员会	一般/面上项目	31460177	厚壁毛竹竹秆节间快速伸长的发生机制研究	于 芬	201408	201812	48	48
16	国家自然科学基金	国家自然科学基金委员会	一般/面上项目	31400528ssss	毛竹扩张过程中地下食物网变化及其对 N 矿化转移的作用	刘 玮	201408	201712	25	25
17	国家自然科学基金	国家自然科学基金委员会	一般/面上项目	31360179	退化红壤区人工林林下植物根系生长与凋落物分解的互作机制	陈伏生	201312	201712	55	55
18	国家自然科学基金	国家自然科学基金委员会	一般/面上项目	31360171	光照和枯枝落叶层对毛红椿天然更新的障碍及其耦合机制	张 露	201308	201712	51	51
19	国家自然科学基金	国家自然科学基金委员会	一般/面上项目	31360092	马尾松毛虫单配交配系统的繁殖行为生态学研究	刘兴平	201308	201712	51	51
20	国家自然科学基金	国家自然科学基金委员会	一般/面上项目	31360521	黄喉噪鹛（Garrulaxcourtoisi）繁殖种群生境选择驱动机制及其对捕食压力的适应对策	张微微	201308	201712	50	50
21	国家自然科学基金	国家自然科学基金委员会	一般/面上项目	31360181	基于多功能经营的赣南飞播马尾松林空间结构模式研究	欧阳勋志	201308	201712	50	50
22	国家自然科学基金	国家自然科学基金委员会	一般/面上项目	31360177	武功山山地草甸退化土壤生态特征时空变异与土壤碳汇响应机制研究	郭晓敏	201308	201712	50	50

（续）

序号	项目来源	项目下达部门	项目级别	项目编号	项目名称	负责人姓名	项目开始年月	项目结束年月	项目合同总经费（万元）	属本单位本学科的到账经费（万元）
23	国家自然科学基金	国家自然科学基金委员会	一般/面上项目	31360163	柠檬醛衍生物抗油茶炭疽病菌活性与 QSAR 研究	陈尚钘	201308	201712	50	50
24	国家自然科学基金	国家自然科学基金委员会	一般/面上项目	41361035	森林旅游核心利益主体的相关碳补偿决策行为及其影响因素——以江西省为例	王立国	201308	201712	46	46
25	国家自然科学基金	国家自然科学基金委员会	一般/面上项目	31300521	基于竹阔树种氮素利用分异特性的毛竹扩张机制研究	邹　娜	201308	201612	25	25
26	国家自然科学基金	国家自然科学基金委员会	一般/面上项目	31260120	竹阔界面土壤养分异质性对毛竹扩张的驱动机制	杨清培	201208	201612	52	52
27	国家自然科学基金	国家自然科学基金委员会	一般/面上项目	31260043	竹亚科井冈寒竹属的分类学研究	杨光耀	201207	201612	52	52
28	国家自然科学基金	国家自然科学基金委员会	一般/面上项目	31260194	基于平衡施肥的水肥耦合对油茶果实产量及品质的作用机理	胡冬南	201208	201612	50	50
29	国家自然科学基金	国家自然科学基金委员会	一般/面上项目	31260174	石灰岩困难立地优势种淡竹的觅食策略研究	施建敏	201208	201612	50	50
30	国家自然科学基金	国家自然科学基金委员会	一般/面上项目	31160159	赣南飞播马尾松林林下植被恢复过程与林生长、土壤动态变化耦合机理研究	欧阳勋志	201108	201512	54	54
31	国家自然科学基金	国家自然科学基金委员会	一般/面上项目	31060101	萜类驱避剂与引诱物缔合作用对驱避活性影响的研究	王宗德	201008	201312	26	26
32	国家自然科学基金	国家自然科学基金委员会	一般/面上项目	31000173	多次交配对大猿叶虫生殖适应性影响的研究	刘兴平	201008	201312	20	20
33	国家自然科学基金	国家自然科学基金委员会	一般/面上项目	31000289	基于同化物横向运输竹秆节部结构与功能的研究	于　芬	201008	201312	19	19

（续）

序号	项目来源	项目下达部门	项目级别	项目编号	项目名称	负责人姓名	项目开始年月	项目结束年月	项目合同总经费（万元）	属本单位本学科的到账经费（万元）
34	国家自然科学基金	国家自然科学基金委员会	一般/面上项目	30960312	退化红壤生态系统恢复：地下微生物多样性和碳氮循环过程与地上生产力的联系	刘苑秋	200909	201212	23	23
35	高校博士点基金（博导）	教育部	一般/面上项目	20123603110002	根际微生境对濒危树种毛红椿天然更新影响的研究	张露	201212	201512	12	12
36	高校博士点基金（博导）	教育部	一般/面上项目	20123603110004	赣南飞播马尾松林土壤种子库特征及其自然更新潜力的研究	欧阳勋志	201203	201512	12	12
37	中央财政	财政部、国家林业局	一般/面上项目	JXTG [2014] 10号	山苍子繁育与加工技术推广与示范	陈尚钘	201409	201612	80	80
38	中央财政	财政部、国家林业局	一般/面上项目	赣财农指 [2014] 118号	2014年中央财政林业有害生物防治专项	张林平	201401	201712	10	10
39	中央财政	财政部、国家林业局	一般/面上项目	JXTG [2013] 06号	毛竹林平衡施肥技术及养分管理模式推广示范	牛德奎	201301	201512	100	100
40	中央财政	财政部、国家林业局	一般/面上项目	201304602	湿地松松脂采集及高效利用新技术研究	王宗德	201301	201512	58	58
41	中央财政	财政部、国家林业局	一般/面上项目	JXTG [2012] 05号	青钱柳综合开发利用技术推广与示范	上官新晨	201209	201412	100	100
42	中央财政	财政部、国家林业局	一般/面上项目	JXTG [2012] 02号	猴樟苗木快速繁育与高效栽培技术推广	邓光华	201204	201412	100	100
43	中央财政	财政部、国家林业局	一般/面上项目	201204801	木质纤维原料化学法预处理技术研究（高品质生物基燃料油合成）	王宗德	201201	201412	30	30
44	中央财政	财政部、国家林业局	一般/面上项目	NO.201104058	红心杉高世代育种群体建立及心材形成机理研究	张文元	201206	201412	18	18
45	中央财政	财政部、国家林业局	一般/面上项目	JXTG [2011] 01号	果用南酸枣良选育与矮化丰产栽培示范与推广	吴南生	201106	201312	100	100

（续）

序号	项目来源	项目下达部门	项目级别	项目编号	项目名称	负责人姓名	项目开始年月	项目结束年月	项目合同总经费（万元）	属本单位本学科的到账经费（万元）
46	中央财政	财政部、国家林业局	一般/面上项目	[2011] TK 056 号	油茶测土配方平衡施肥关键技术推广示范	郭晓敏	201105	201312	100	100
47	中央财政	财政部、国家林业局	一般/面上项目	JXTG [2011] 05 号	江西生物防火林带建设示范	肖金香	201106	201312	8	8
48	中央财政	财政部、国家林业局	一般/面上项目	JXTG [2010] 02 号	构树等先锋树种困难立地植被快速修复技术示范	郭圣茂	201004	201212	100	100
49	中央财政	财政部、国家林业局	一般/面上项目	201004073	樟树特色品种选育与化学开发利用（子项目）	陈尚钘	201006	201312	33	33
50	中央财政	财政部、国家林业局	一般/面上项目	201104009-02	华东南低山丘陵森林生态系统碳氮水耦合观测、模拟与应用技术	俞社保	201007	201412	30	30
51	中央财政	财政部、国家林业局	一般/面上项目	[2010] TK010 号	高产脂湿地松繁育、采脂与加工技术示范-高产脂湿地松良种无性繁育技术推广示范	张　露	201001	201212	30	30
52	中央财政	财政部、国家林业局	一般/面上项目	[2010] JXTG-07-02	圆齿野鸦椿良种繁育与定向培育技术推广	涂淑萍	201004	201210	20	20
53	中央财政	财政部、国家林业局	一般/面上项目	[2010] JXTG-07-03	华木莲良种繁育与定向培育技术推广	施建敏	201001	201212	20	20
54	中央财政	财政部、国家林业局	一般/面上项目	[2010] JXTG 09 号	新型蔚类驱避剂 R2 的中试化生产与产品研制	王宗德	201001	201212	18	18
55	中央财政	财政部、国家林业局	一般/面上项目	JXTG [2010] 06 号	药用石蒜优质高产栽培技术与示范推广	蔡军火	201003	201212	10	10
56	中央财政	财政部、国家林业局	一般/面上项目	200804006/rhh-05	中国森林净生产力多尺度长期观测与评价研究	刘苑秋	200801	201212	34	34
57	省科技厅项目	江西省科技厅	重点项目	20143BBI90009	能源树种晚松繁育与定向培育关键技术推广示范	刘苑秋	201408	201612	30	30

（续）

序号	项目来源	项目下达部门	项目级别	项目编号	项目名称	负责人姓名	项目开始年月	项目结束年月	项目合同总经费（万元）	属本单位本学科的到账经费（万元）
58	省科技厅项目	江西省科技厅	一般/面上项目	KJLD14028	毛竹伐蔸引生促腐养的生态学机制	陈伏生	201410	201612	20	20
59	省科技厅项目	江西省科技厅	重点项目	KJLD13024	毛竹林集约养分管理模式及平衡施肥技术推广示范	郭晓敏	201306	201612	100	100
60	省科技厅项目	江西省科技厅	重点项目	20133ACI90001	毛竹新品种"厚竹"繁育基地建设及示范推广	黎祖尧	201312	201512	50	50
61	省科技厅项目	江西省科技厅	重点项目	201106	郭晓敏赣鄱英才"555"工程	郭晓敏	201309	201512	100	100
62	省科技厅项目	江西省科技厅	重点项目	201206	刘苑秋赣鄱英才"555"工程	刘苑秋	201309	201512	100	100
63	省科技厅项目	江西省科技厅	一般/面上项目	20133BCB22004	基干萜类驱避剂缔合作用新发现的驱避机理研究	王宗德	201311	201606	15	15
64	省科技厅项目	江西省科技厅	一般/面上项目	09003573	江西雨雪冰冻受损森林生态系统恢复与动态监测研究	刘苑秋	201101	201312	20	20
65	省科技厅项目	江西省科技厅	重点项目	[2010] TK28号	笋竹丰产栽培技术推广（毛竹雷竹平衡施肥技术推广）	郭晓敏	201004	201212	35	35
66	省科技厅项目	江西省科技厅	一般/面上项目	2011360311000 5	松节油基驱避剂的设计、制备及计算化学研究	王宗德	201001	201212	10	10
67	省科技厅项目	江西省科技厅	重点项目	赣科发计字[2009] 230号	油茶园艺化栽培技术研究与集成示范	吴南生	200912	201212	160	160
68	省科技厅项目	江西省科技厅	重点项目	（2004）571	江西省红壤坡耕地退耕还林模式及技术示范应用	刘苑秋	200801	201306	156	156
69	省科技厅项目	江西省科技厅	重点项目	20041A0500200	高品质油茶有机栽培及基地建设关键技术研究	郭晓敏	200412	201212	25	25
合计	国家级科研项目		数量（个）	56	项目合同总经费（万元）	3 306		属本单位本学科的到账经费（万元）		3 037

II-2-2 其他重要科研项目

序号	项目来源	合同签订/项目下达时间	项目名称	负责人姓名	项目开始年月	项目结束年月	项目合同总经费（万元）	属本单位本学科的到账经费（万元）
1	江西省教育厅	201409	江西特色林木资源培育与利用协同创新中心	张 露	201409	201812	2 000	2 000
2	江西省教育厅	201205	中西部高校建设计划	张 露	201205	201512	1 200	1 200
3	江西省林业厅	201409	高产脂湿地松良种选育研究与示范	张 露	201409	201712	70	70
4	江西省林业厅	201409	杀线剂研制及其防治松材线虫病技术研究与示范	张林平	201409	201712	30	30
5	江西省林业厅	201409	圆齿野鸦椿种质资源收集保存与优良种质选育	涂淑萍	201409	201712	30	30
6	江西省林业厅	201409	退耕还林生态效益监测外业调查和数据报送	欧阳勋志	201409	201412	10	10
7	江西省林业厅	201403	江西省竹产业发展规划编制	黎祖尧	201403	201412	10	10
8	江西省林业厅	201207	江西省樟产业规划编制	王宗德	201207	201210	10	10
9	江西省交通厅	201302	江西高速公路路域绿化养护技术规程	邓光华	201302	201306	18	18
10	江西省交通厅	201212	江西高速公路绿化工程质量评定与验收技术规程	张绿水	201212	201312	18	18
11	环境部南京环保所	201405	全国生物多样性野外监测示范基地（官山）修缮	杨清培	201405	202312	90	90
12	国家林业局调查规划设计院	201208	编制蒙特利尔进程中国报告项目	牛德奎	201208	201508	10	10
13	江西庐山国家级自然保护区管理局	201411	江西庐山森林生态系统专项调查	刘苑秋	201411	201512	46	46
14	江西省野生动植物保护管理局	201412	2015年度江西第二次全国重点保护野生植物资源调查	裘利洪	201412	201512	14	14
15	江西鄱阳湖国家级自然保护区管理局	201407	鄱阳湖保护区吴城半岛鸟类调查与检测工程	应 钦	201407	201506	10.9	10.9
16	江西九连山国家级自然保护区管理局	201407	江西九连山森林生态系统水土气生调查与监测	陈伏生	201407	201712	10	10
17	江西省野生动植物保护管理局	201311	2013年度江西第二次全国重点保护野生植物资源调查	裘利洪	201311	201406	40	40

（续）

序号	项目来源	合同签订/项目下达时间	项目名称	负责人姓名	项目开始年月	项目结束年月	项目合同总经费（万元）	属本单位本学科的到账经费（万元）
18	江西齐云山食品有限公司	201310	南酸枣基地建设科技服务	吴南生	201310	201809	10	10
19	江西春源绿色食品有限公司	201308	油茶成熟林钾、磷养分管理技术	牛德奎	201308	201612	18.6	18.6
20	南昌市象湖管理处	201308	大象湖景区生态园林建设——生态驳岸景观设计	蔡军火	201308	201412	15	15
21	江西省航空护林站	201306	江西防火树种筛选	肖金香	201306	201412	10	10
22	江西春源绿色食品有限公司	201306	油茶土壤养分供给与培肥途径研究	郭晓敏	201306	201512	18	18
23	江西鄱阳湖自然保护区管理局	201306	鄱阳湖保护区吴城半岛鸟类调查与监测工程	张微微	201306	201406	9	9
24	江西省环境保护科学研究院	201304	鄱阳湖区陆生动植物调查与评价	裴利洪	201304	201305	20	20
25	江西省宁都县林业局	201301	江西凌云山自然保护区综合科学考察	裴利洪	201301	201312	30	30
26	江西省机场集团公司	201209	南昌昌北国际机场鸟情生态环境调研	张微微	201209	201309	9.7	9.7
27	瑞赣高速公路项目办	201103	人工湿地景观植物筛选研究	袁平成	201103	201211	89	89
28	江西省野生动植物保护协会	201101	《江西树木志》编写	杨光耀	201101	201312	45	45
29	宜春市园林设计院	201009	宜春市御景东方小区景观设计	张建平	201009	201208	15	15
30	江西省公路学会	201012	江西省公路绿化景观营造技术	刘苑秋	201012	201312	10	10

II-2-3 人均科研经费

人均科研经费（万元/人）	112.15

Ⅱ-3 本学科代表性学术论文质量

Ⅱ-3-1 近五年（2010—2014年）国内收录的本学科代表性学术论文

序号	论文名称	第一作者	通讯作者	发表刊次（卷期）	发表刊物名称	收录类型	中文影响因子	他引次数
1	水肥对高产无性系油茶果实产量的影响研究	张文元	胡冬南	2014, 52（4）	土壤学报	CSCD	1.202	1
2	不同肥料对油茶林土壤氮素含量、微生物群落及其功能的影响	王华	郭晓敏	2014, 20（6）	植物营养与肥料学报	CSCD	1.407	2
3	竹类植物对异养性的适应：表型可塑性	施建敏	杨光耀	2014, 34（20）	生态学报	CSCD	1.547	1
4	萜类驱避化合物与引诱物三分子缔合的计算研究	许锡招	王宗德	2014, 57（9）	昆虫学报	CSCD	0.737	1
5	湿地松林分结构调整对土壤活性有机碳的影响	谭桂霞	刘苑秋	2014, 5（25）	应用生态学报	CSCD	1.742	1
6	贡江下游硬头黄竹河岸带群落结构及其分布	廖忠明	郭晓敏	2014, 25（5）	应用生态学报	CSCD	1.742	1
7	油茶 SOD 基因片段克隆及序列分析	郭春兰	张露	2012, 29（3）	草业科学	CSCD	1.356	1
8	植被恢复对亚热带退化红壤区土壤化学性质与微生物群落的影响	龚霞	郭晓敏	2013, 24（4）	应用生态学报	CSCD	1.742	6
9	赣县稀土采矿区巨桉林地土壤抗蚀性评价	涂淑萍	牛德奎	2013, 26（6）	林业科学研究	CSCD	0.876	3
10	赣中亚热带森林转换对土壤氮素矿化及有效性的影响	宋庆妮	杨清培	2013, 33（22）	生态学报	CSCD	1.547	1
11	江西退化红壤人工重建森林土壤微生物碳源代谢功能研究	江玉梅	刘苑秋	2014, 51（1）	土壤学报	CSCD	1.202	1
12	细根对竹林—阔叶林界面两侧土壤养分异质性形成的贡献	刘骏	杨清培	2013, 37（8）	植物生态学报	CSCD	2.022	4
13	九连山毛红椿种群结实特性及生殖力研究	黄红兰	张露	2013, 49（7）	林业科学	CSCD	1.028	3
14	植被恢复对亚热带退化红壤区土壤化学性质与微生物群落的影响	龚霞	郭晓敏	2013, 24（4）	应用生态学报	CSCD	1.742	4
15	水、肥和芸苔素内酯对油茶叶片养分、种仁出油率和开花量的影响	周裕新	涂淑萍	2013, 19（2）	植物营养与肥料学报	CSCD	1.407	4
16	毛竹种群向常绿阔叶林扩张的细根策略	刘骏	杨清培	2013, 37（3）	植物生态学报	CSCD	2.022	4
17	基于 BIOLOG 指纹解析三种不同森林类型土壤细菌群落功能差异	鲁顺保	郭晓敏	2013, 50（3）	土壤学报	CSCD	1.202	7
18	毛红椿天然林种子雨、种子库与天然更新	黄红兰	张露	2012, 23（4）	应用生态学报	CSCD	1.742	10
19	遮光和施肥对石蒜切花产量和品质的影响	蔡军火	张露	2012, 49（4）	土壤学报	CSCD	1.202	7
20	施肥配比与芸苔素内酯对油茶生长的影响研究	胡冬南	郭晓敏	2011, 24（4）	林业科学研究	CSCD	0.876	7

Ⅱ-3-2 近五年（2010—2014年）国外收录的本学科代表性学术论文

序号	论文名称	论文类型	第一作者	通讯作者	发表刊次（卷期）	发表刊物名称	收录类型	他引次数	期刊SCI影响因子	备注
1	Sub-tropic degraded red soil restoration:Is soil organic carbon build-up limited by nutrients supply	SCI	龚 霞	郭晓敏	2013, 300 (S1)	Forest Ecology and Management	SCI	3	2.667	
2	The long-term effects of reforestation on soil microbial biomass carbon	SCI	刘苑秋	魏晓华	2012, 285	Forest Ecology and Management	SCI	5	2.667	
3	Identification of the molecular origin and development of a panzootic caused by *Beauveria bassiana* in praying mantis populations in eastern China	SCI	栾丰刚	栾丰刚	2011,108 (2)	Journal of Invertebrate Pathology	SCI	3	2.601	
4	Exogenous nutrient manipulations alter endogenous extractability of carbohydrates in decomposing foliar litters under a typical mixed forest of subtropics	SCI	陈伏生	陈伏生	2013, 24	Geoderma	SCI	2	2.509	
5	Responses of soil dissolved organic matter to long-term plantations of three coniferous tree species	SCI	鲁顺保	郭晓敏	2012, 17	Geoderma	SCI	7	2.509	
6	Impacts of recent cultivation on genetic diversity pattern of a medicinal plant, *Scutellaria baicalensis* (Lamilaceae)	SCI	袁荣兰	张志勇	2010, 12	BMC Genetics	SCI	24	2.356	
7	Molecular phylogeography of *Fagus engleriana* (Fagaceae) in subtropical China: limited admixture among multiple refugia	SCI	雷 梅	张志勇	2012, 8 (6)	Tree Genetics and Genomes	SCI	19	2.45	
8	Molecular interactions between terpenoid mosquito repellents and human-secreted attractants	SCI	廖圣良	王宗德	2014, 24 (3)	Bioorganic & Medicinal Chemistry Letters	SCI	3	2.331	
9	Phosphorus enrichment helps increase soil carbon mineralization in vegetation along an urban-to-rural gradient, Nanchang, China	SCI	陈伏生	陈伏生	2014, 75	Applied Soil Ecology	SCI	3	2.206	
10	Seasonal dynamics of soil nitrogen availability and phosphorus fractions under urban forest remnants of different vegetation communities in Southern China	SCI	范 静	陈伏生	2014, 13	Urban Forestry & Urban Greening	SCI	1	2.133	
11	Soil soluble organic carbon and nitrogen pools under mono- and mixed species forest ecosystems in subtropical China	SCI	江玉梅	刘苑秋	2010, 10	Journal of Soils and Sediments	SCI	18	2.107	
12	Effects of single and mixed species forest ecosystems on diversity and function of soil microbial community in subtropical China	SCI	江玉梅	刘苑秋	2012, 12	Journal of Soils and Sediments	SCI	7	2.107	

（续）

序号	论文名称	论文类型	第一作者	通讯作者	发表刊次（卷期）	发表刊物名称	收录类型	他引次数	期刊SCI影响因子	备注
13	Genetic diversity of the fungal pathogen *Metarhizium* spp., causing epizootics in Chinese burrower bugs in the Jingting Mountains, eastern China	SCI	栾丰刚	栾丰刚	2013, 40（1）	Molecular Biology Reports	SCI	4	1.958	
14	The effect of mating frequency and mating pattern on female reproductive fitness in cabbage beetle, *Colaphellus bowringi*	SCI	刘兴平	薛芳森	2013, 146	Entomologia Experimentalis et Applicata	SCI	3	1.711	
15	Influence of air temperature on the first flowering date of *Prunus yedoensis* Matsum	SCI	施培建	杨清培	2014, 4（3）	Ecology and Evolution	SCI	1	1.658	
16	Reforestation and slope position effects on nitrogen, phosphorus pools and carbon stability of various soil aggregates in a red soil hilly land of subtropical China	SCI	邹丽群	陈伏生	2014, 45（1）	Canadian Journal of Forest Research	SCI	2	1.657	
17	Impact of Dilute Sulfuric Acid Pretreatment on Fermentable Sugars and Structure of Bamboo for Bioethanol Production	SCI	陈尚钘	陈尚钘	2014, 9（4）	Bioresources	SCI	1	1.549	
18	Comparison of sexual compatibility in crosses between the southern and northern populations of the cabbage beetle *Colaphellus bowringi*	SCI	刘兴平	薛芳森	2014, 21（6）	Insect Science	SCI	2	1.514	
19	Mating behavior of the cabbage beetle, *Colaphellus bowringi* Baly（Coleoptera: Chrysomelidae）	SCI	刘兴平	薛芳森	2010, 17（1）	Insect Science	SCI	11	1.514	
20	Study on lily introgression breeding using allotriploids as maternal parents in interploid hybridizations	SCI	周树军	周树军	2014, 64（1）	Breeding Science	SCI	2	1.342	
21	Male age affects female mate preference and reproductive performance in the cabbage beetle, *Colaphellus bowringi*	SCI	刘兴平	薛芳森	2011, 24（2）	Journal of Insect Behavior	SCI	8	1.105	
22	Influence of photoperiod on the development of diapause in larvae and its cost for individuals of a univoltine population of *Dendrolimus punctatus*	SCI	曾菊平	曾菊平	2013, 110（1）	European Journal of Entomology	SCI	1	1.076	
23	Analysis of microbial diversity and niche in rhizosphere soil of healthy and diseased cotton at the flowering stage in southern Xinjiang	SCI	栾丰刚	栾丰刚	2014, 14（1）	Genetics and Molecular Research	SCI	2	0.85	

（续）

序号	论文名称	论文类型	第一作者	通讯作者	发表刊次（卷期）	发表刊物名称	收录类型	他引次数	期刊SCI影响因子	备注
24	Impacts of recent cultivation on genetic diversity pattern of a medicinal plant, Scutellaria baicalensis (Lamilaceae)	SCI	张志勇	张志勇	2010, 13 (7)	BMC Genetics	SCI	12	0.625	
25	The long-term effects of reforestation on soil microbial biomass carbon in sub-tropic severe red soil degradation areas	SCI	黄红兰	张露	2012, 285 (12)	Forest Ecology and Management	SCI	7	0.625	
26	Aluminum and nutrient interplay across an age-chronosequence of tea plantations within a hilly red soil farm of subtropical China	SCI	方向民	陈伏生	2014, 60 (4)	Soil Science and Plant Nutrition	SCI	1	0.582	
27	Analysis of culturable fungal diversity in rhizosphere soil of healthy and diseased cotton in Southern Xinjiang	SCI	栾丰刚	栾丰刚	2014, 14 (1)	African Journal of Microbiology Research	SCI	1	0.443	
28	Synthesis of Mesoporous Alumina Microfibers by Ammonium Carbonate Precipitation	SCI	王鹏	王鹏	2012, 16 (2)	Materials research innovations	SCI	2	0.473	
29	Synthesis of Mesoporous γ-Al2O3 Templated with Rosin-based Quaternary Ammonium Salt by Ammonia Precipitation	SCI	王鹏	王鹏	2012, 24 (8)	Asian Journal of Chemistry	SCI	2	0.355	
30	The influence of female age on male mating preference and reproductive success in cabbage beetle, Colaphellus bowringi	SCI	刘兴平	薛芳森	2014, 21 (4)	Insect Science	SCI	2	0.921	
合计						SCI 影响因子 48.6		他引次数 159		

II-5　已转化或应用的专利（2012—2014年）

序号	专利名称	第一发明人	专利申请号	专利号	授权（颁证）年月	专利受让单位	专利转让合同金额（万元）
1	一种固化脂肪酶催化黄连木油制备生物柴油的方法	刘光斌	201100092849.2	ZL20111 0092849.2	201305	—	—
2	一种固定化脂肪酶制备方法	刘光斌	201100092848.8	ZL20111 0092848.8	201307	—	—
合计	专利转让合同金额（万元）				—		

Ⅲ 人才培养质量

Ⅲ-1　优秀教学成果奖（2012—2014 年）								
序号	获奖级别	项目名称	证书编号	完成人	获奖等级	获奖年度	参与单位数	本单位参与学科数
1	江西省教学成果奖	林科研究生中外互补培养模式创新与实践	20130326	郭晓敏（1）	二等奖	2013	江西农业大学（1）	1
2	江西省教学成果奖	农学类本科专业体验式教学模式及其应用	20130065	王宗德（4）	一等奖	2013	江西农业大学（1）	3
3	江西省教学成果奖	教学科研一体化林学实践性特色专业建设创新与实践	20140358	郭晓敏（1）	二等奖	2014	江西农业大学（1）	1
合计	国家级	一等奖（个）	—	二等奖（个）	—	三等奖（个）	—	
	省级	一等奖（个）	1	二等奖（个）	2	三等奖（个）	—	

Ⅲ-2　研究生教材（2012—2014 年）					
序号	教材名称	第一主编姓名	出版年月	出版单位	参与单位数	是否精品教材
1	气象学	肖金香	201402	中国林业出版社	1	否
2	植物细胞组织培养技术	胡颂平	201408	中国农业大学出版社	1	否
合计	国家级规划教材数量	1		精品教材数量	—	

Ⅲ-3　本学科获得的全国、省级优秀博士学位论文情况（2012—2014 年）					
序号	类型	学位论文名称	获奖年月	论文作者	指导教师	备注
1	省级	电子型导电高分子农用生化传感器的构建及其应用基础研究	201409	文阳平	贺浩华	—
2	省级	澳大利亚三种森林类型土壤有效碳和氮库及相关微生物过程研究	201209	鲁顺保	郭晓敏	提名奖
合计	全国优秀博士论文（篇）	—		提名奖（篇）	—	
	省优秀博士论文（篇）	1				

Ⅲ-4 学生国际交流情况（2012—2014 年）					
序号	姓名	出国（境）时间	回国（境）时间	地点（国家／地区及高校）	国际交流项目名称或主要交流目的
1	王立国	20111109	20121108	加拿大 UBC 大学	国家留学基金委国际联合培养博士项目
2	刘文飞	20130115	20130614	加拿大 UBC 大学	博士国际联合培养项目
3	王 屏	20130213	20140210	加拿大 UBC 大学	国家留学基金委国际联合培养博士项目
4	龚 霞	20140122	20150123	加拿大 UBC 大学	江西省青年骨干教师国际交流项目
5	钟 乐	20121026	20130225	台湾中国文化大学	合作培养
6	龚 鹏	20121026	20130225	台湾中国文化大学	合作培养
7	汤 佳	20121026	20130225	台湾中国文化大学	合作培养
合计	学生国际交流人数			7	

Ⅲ-5 授予境外学生学位情况（2012—2014 年）				
序号	姓名	授予学位年月	国别或地区	授予学位类别
1	Salih Ibrahim Salih Shareef	201306	苏丹	农学
合计	授予学位人数	博士	—	硕士	1

1.14.2 学科简介

1. 学科基本情况与学科特色

江西农业大学林业高等教育可追溯至 1910 年的江西高等林业学堂。林学本科教育源于 1940 年创办的中正大学农学院森林系。现拥有林学一级博士和硕士学位授予权，下设森林培育、森林经理、林木遗传育种、水土保持与荒漠化治理等 9 个二级点。同时，具有林业硕士专业学位、农业硕士林业领域专业学位等授予权。森林培育为国家林业局重点学科、江西省重点学科，森林经理学为江西省重点学科，林学为江西省高校高水平学科。

本学科有专任教师 60 余人，其中首席教授 4 人；国务院学位委员会林学学科评议组成员 1 人，国家级教学名师 1 人，省级教学名师 5 人；获国务院政府特殊津贴 3 人，省政府特殊津贴 3 人，江西省"赣鄱英才 555 工程"人选 3 人，江西省"百千万人才工程"人选 4 人。

设有林学和林产化工 2 个涉林本科专业，林学专业是我校传统优势学科、国家一类特色专业。教学改革成果"以科研项目为载体开展实践教学"获国家教学成果二等奖。近 5 年，主持省级教研课题 8 项，新获江西省优秀教学成果一等奖 2 项，二等奖 4 项。新建国家精品视频公开课"经济林与人类生活"；江西省精品课程"森林培育"和"经济林栽培学"，江西省研究生优质课程"森林生态学"和"经济林栽培学"。主编或参编"十二五"规划教材多部。现有 30 余名博士研究生、200 余名硕士研究生和 600 多名本科生在读培养。

学科有完善的教学和科研平台，重点实验室总面积达 2 000m²，仪器设备 1 000 余万元。校内实习基地 200 余亩，校外实习基地 10 000 余亩。现有"江西特色林木资源培育与利用 2011 协同创新中心"等 6 个省部级以上科研平台；具有国家职业技能鉴定所和林业调查规划设计乙级资质；有林业生态工程研究中心和赣江流域森林定位观测研究中心等 8 个校级科研平台。树木标本馆为国际植物标本馆网络成员，收藏 2 000 余种木本植物；有种类齐全的森林昆虫标本室、林木种子标本室和木材标本室，建立了气象观测站、竹子资源圃、樟科植物资源圃等 16 个校内外教学实习基地。

（续）

本学科在竹林培育、樟树研究、油茶经营、松杉选育、困难立地造林、林地养分管理等领域具有鲜明的区域特色。近年来承担科技部、国家自然科学基金委、国家林业局等科研任务 200 余项，到账经费近 3 000 多万元。获得省部级科技进步二等奖 4 项，三等奖 5 项；'厚竹'成功申报为毛竹新品种，发表论文 300 余篇，专著 10 多部。先后与加拿大 UBC 大学、美国 Cornell 大学、南京大学、北京大学、东北林业大学等国内外 20 余所高校建立了良好的合作关系。

2. 社会贡献

江西土地分布总体为"六山一水二分田，一分道路和庄园"。林地占土地面积 60% 以上，在全国森林区域中具有重要地位；林业在促进区域经济社会发展与支撑国家生态文明建设等方面具有突出作用。江西农业大学林学院是江西省唯一的集人才培养、教学培训、科学研究和社会服务为一体的林业基地，肩负着提高森林质量和服务功能、加快林业大省向林业强省转变的历史重任。

林学学科的老教授们，先后独立或参与提出了"山江湖工程""山上再造一个粮仓""山上再造一个江西""生态立省、绿色崛起"等林业发展战略，是江西植被恢复、经济林发展、森林质量提升等方面取得显著成效的重要力量。近年来，负责编写了《江西竹产业发展规划》；参与国家生态文明先行示范区建设，为江西民生林业和生态林业的发展提供智库服务。

以"江西特色林木资源培育与利用 2011 协同创新中心"为学科建设新契机，依托国家科技支撑计划和林业科技成果推广项目等，一方面加强与科研机构和相关企业的协同攻关，集成和提炼科技成果，已鉴定成果 12 项；另一方面积极争取重大研发任务、科技成果转化和推广示范等项目，已立项实施达 20 项。通过在毛竹平衡施肥、油茶高效培育、人工林丰产、特色林产品开发等方面的技术服务，为江西经济林发展、人工林经营、林产品综合利用等方面提供了强有力的支撑。

经历百余年发展，已形成以杜天真教授为代表的"求真务实、扎根红壤"赣鄱林业崛起文化，老师们活跃在江西和我国林业建设的各个战场。例如，张露等 4 位教授参加了科技部、国家林业局等共同主办的全国科技活动周重点示范活动"科技列车赣南行"，为赣南林业发展提供科技服务；杨光耀等 10 位教授被选为江西省科技特派团富民强县工程科技特派团团长，为江西油茶、竹子和樟树产业发展提供技术支持；郭晓敏等 5 位教授被聘为国家林业科技特派员及全省林木良种良法工作技术推广专家，在全省范围内开展技术培训和科普宣讲。诸如此类服务加速了林业新政策、新理论和新技术进入至江西千家万户和林农的进程，为林业科学技术普及和提高大众对林业的认识做出了重要的贡献。

据不完全统计，在中国林学会及其下属各二级学会任职的教授达 10 余人次，其中副理事长和常务理事为 8 人。在江西林学会及其各分会任职的老师 20 余人次，其中会长和副会长 8 人次。此外，在江西林业各行业协会兼职的教师 20 余人。此外，有国务院学位委员会林学学科评议组成员 1 人，教育部教学指导委员会委员 3 人。

1.15 山东农业大学

1.15.1 清单表

Ⅰ 师资队伍与资源

	I-1 突出专家				
序号	专家类别	专家姓名	出生年月	获批年月	备注
1	长江学者	郝玉金	197103	201501	
2	国家级教学名师	牟志美	195001	200709	
3	享受国务院政府特殊津贴人员	陈学森	195810	201501	
合计	突出专家数量（人）		3		

	I-2 团队			
序号	团队类别	学术带头人姓名	带头人出生年月	资助期限
1	长江学者创新团队	郝玉金	197103	201201—201412
合计	团队数量（个）		1	

	I-3 专职教师与学生情况					
类型	数量	类型	数量	类型	数量
专职教师数	58	其中，教授数	21	副教授数	25
研究生导师总数	32	其中，博士生导师数	11	硕士生导师数	32
目前在校研究生数	158	其中，博士生数	17	硕士生数	141
生师比	4.9	博士生师比	1.5	硕士生师比	4.4
近三年授予学位数	136	其中，博士学位数	10	硕士学位数	126

	I-4 重点学科				
序号	重点学科名称	重点学科类型	学科代码	批准部门	批准年月
1	森林培育	山东省高校森林培育重点学科	090702	山东省教育厅	200612
2	水土保持与荒漠化防治	山东省重点学科	090707	山东省科技厅	201106
3	植物病理学	山东省重中之重建设学科	090401	山东省科技厅	201106
4	农业昆虫与害虫防治	山东省重点学科	090402	山东省科技厅	201106
5	果树学	国家重点学科	090201	教育部	200708
6	果树学	山东省重点学科	090201	山东省科技厅	199112
合计	二级重点学科数量（个）	国家级	1	省部级	5

I-5　重点实验室				
序号	实验室类别	实验室名称	批准部门	批准年月
1	国家林业局森林生态定位研究站	泰山森林生态定位研究站	国家林业局	200909
2	国家工程技术研究中心	国家苹果工程技术研究中心	科技部	200902
3	山东省重点实验室	森林培育	山东省科技厅	201106
4	山东省重点实验室	土壤侵蚀与荒漠化防治	山东省科技厅	200910
5	农业部重点实验室	黄淮地区园艺作物生物学与种质创制重点实验室	农业部	201107
6	山东省重点实验室	山东省果树生物学重点实验室	山东省科技厅	201106
7	山东省工程技术研究中心	山东省苹果工程技术研究中心	山东省科技厅	199810
8	山东省工程技术研究中心	山东省果树生物学重点实验室山东省林业有害生物防控工程技术研究中心	山东省科技厅	201311
合计	重点实验数量（个）	国家级　　　1	省部级	7

II　科学研究

II-1　近五年（2010—2014年）科研获奖

序号	奖励名称	获奖项目名称	证书编号	完成人	获奖年度	获奖等级	参与单位数	本单位参与学科数
1	山东省科技进步奖	杏和梨等核果果树种质资源挖掘、创制与利用	JB2012-1-22-D01	陈学森（1）	2012	一等奖	2（1）	1
2	山东省软科学优秀成果奖	泰山生物多样性保护管理对策	RK11-08-01-42-02	李传荣（2）	2011	一等奖	2（2）	1
3	山东省科技进步奖	山东5个主要造林树种种质资源收集评价及良种选育	JB2013-2-114-R02	邢世岩（2）	2014	二等奖	7（2）	1
4	山东省科技进步奖	沂蒙山区生态退化机制与生态修复模式研究	JB2012-2-112-R01	张光灿（1）、刘霞（2）、王延平（3）	2012	二等奖	2（1）	1
5	山东省科技进步奖	核桃新品种元丰、青林、绿香、日丽选育与应用	JB2012-2-111-R04	杨克强（4）	2012	二等奖	3（2）	1
6	山东省科技进步奖	淮河流域沂蒙山区植被动态与生态修复对策研究	JB2010-2-91-2	张光灿（2）	2011	二等奖	2（2）	1
7	山东省科技进步奖	黄河三角洲刺槐林生产力衰退机理及林分更新恢复技术	JB2011-2-94	曹帮华（1）	2011	二等奖	4（1）	1
8	山东省科技进步奖	沂蒙山区植被动态与生态修复对策研究	JB-2010-2-91-2	刘霞（1）	2010	二等奖	2（1）	2
9	山东省科技进步奖	材用银杏优良无性系的选育	JB2011-3-181-1	邢世岩（1）、韩克杰（2）	2011	三等奖	3（1）	1
10	山东省科技进步奖	破坏山体造林绿化及植被恢复研究与示范	JB-2011-3-180-2	孙明高（1）、李传荣（2）、董智（3）、张光灿（4）、邢世岩（5）	2011	三等奖	3（1）	2
11	山东省科技进步奖	山东省山地直播造林技术研究与应用	JB2011-3-182-2	马风云（2）	2011	三等奖	2（2）	1
12	山东省科技进步奖	黄河滩地防护林生态系统生态服务功能的计量研究及其价值评估	JB2010-3-194-1	李传荣（1）	2010	三等奖	4（1）	1
13	山东省科技进步奖	锈色粒肩天牛生物控制技术研究	JB2009-3-192-1	卢希平（1）、周成刚（2）	2010	三等奖	2（1）	1
14	山东省科技进步奖	泰山森林主要害虫生物防治技术研究	JB2009-3-199-2	周成刚（2）	2010	三等奖	2（2）	1
15	梁希青年论文奖	酚酸对杨树人工林土壤养分有效性及酶活性的影响	2014-LW-3-166	王延平（1）	2014	三等奖	1	1
合计	科研获奖数量（个）	国家级	特等奖	一等奖	二等奖	二等奖	一等奖	—
		省部级	一等奖　2	二等奖　2	三等奖　5	三等奖	二等奖	8

II-2 代表性科研项目（2012—2014年）

II-2-1 国家级、省部级、境外合作科研项目

序号	项目来源	项目下达部门	项目级别	项目编号	项目名称	负责人姓名	项目开始年月	项目结束年月	项目合同总经费（万元）	属本单位本学科的到账经费（万元）
1	国家"973"计划	科技部	一般项目	2012CB416904	连作对杨树人工林生产力和生物多样性的影响	张光灿	201201	201612	100	85
2	国家"973"计划	科技部	一般项目	2011CB100606	红肉苹果分离群体构建与种质创新	陈学森	201101	201512	90	90
3	国家"973"计划	科技部	一般项目	2009CB1185005	光合作用光氧化和光保护的分子机制	孟庆伟	200901	201312	450	450
4	国家"973"计划	科技部	一般项目	2011CB100601-2	环境因子影响果实色泽形成的分子机理和调控途径	郝玉金	201101	201512	150	150
5	国家"863"计划	科技部	一般项目	2011AA100204	苹果分子育种技术体系	郝玉金	201101	201512	184	184
6	国家"863"计划	科技部	一般项目	2013AA102703	"杨树转基因育种技术研究"子课题"杨树窄冠转基因育种技术研究"	杨克强	201301	201712	50	23
7	国家自然科学基金	国家自然科学基金委员会	杰青基金	31325024	果树学	郝玉金	201401	201712	320	320
8	国家自然科学基金	国家自然科学基金委员会	面上项目	31370359	一种倍半萜的代谢工程对植物类异戊二烯途径及生长发育特性的影响	张元湖	201401	201712	80	80
9	国家自然科学基金	国家自然科学基金委员会	青年项目	C020501	DEAD-BOX类 RNA 解旋酶 AtFGA1 调控拟南芥花粉管导向和配子识别的分子机理研究	桑亚林	201401	201612	25	25
10	国家自然科学基金	国家自然科学基金委员会	面上项目	31270670	酚酸对连作杨人工林土壤硝化作用的影响与机制	王华田	201301	201612	76	76

（续）

序号	项目来源	项目下达部门	项目级别	项目编号	项目名称	负责人姓名	项目开始年月	项目结束年月	项目合同总经费（万元）	属本单位本学科的到账经费（万元）
11	国家自然科学基金	国家自然科学基金委员会	面上项目	31270686	杨树溃疡病拮抗菌 Brevibacillus brevis XDH 抗菌活性成分及其作用机制研究	刘训理	201301	201312	15	15
12	国家自然科学基金	国家自然科学基金委员会	青年项目	31200450	基于蛋白质组学和代谢组学整合分析的 Paraconiothyrium variable GHJ-4 降解木质素的分子机制	高绘菊	201301	201512	23	23
13	国家自然科学基金	国家自然科学基金委员会	面上项目	31170255	α-法尼烯合成途径中关键酶基因启动子的克隆、表达分析及重要调控元件的鉴定	张元湖	201201	201512	60	60
14	国家自然科学基金	国家自然科学基金委员会	面上项目	31170632	基于连锁遗传相关联分析的核桃抗炭疽病候选基因确定	杨克强	201201	201512	65	65
15	国家自然科学基金	国家自然科学基金委员会	面上项目	31170230	拟南芥硝态氮调控基因的克隆与功能鉴定	王 勇	201201	201512	60	60
16	国家自然科学基金	国家自然科学基金委员会	面上项目	31171932	苹果果实质地品质形成机理的研究	陈学森	201201	201512	62	62
17	国家自然科学基金	国家自然科学基金委员会	面上项目	31070550	连作杨树人工林土壤养分有效性变化及其酚酸影响机制	王华田	201101	201312	34	34
18	国家自然科学基金	国家自然科学基金委员会	面上项目	31070563	基于市场风险的适应性杨树林复合经营决策研究	鲁法典	201101	201312	28	28
19	国家自然科学基金	国家自然科学基金委员会	面上项目	31070573	桑树韧皮部汁液响应植原体侵染的转录组学和蛋白质组学整合分析	冀宪领	201101	201312	32	32
20	国家自然科学基金	国家自然科学基金委员会	面上项目	31070589	叶籽银杏 EFRO 发育过程中基因组 DNA 甲基化水平、模式	邢世岩	201101	201312	31	31

（续）

序号	项目来源	项目下达部门	项目级别	项目编号	项目名称	负责人姓名	项目开始年月	项目结束年月	项目合同总经费（万元）	属本单位本学科的到账经费（万元）
21	国家自然科学基金	国家自然科学基金委员会	面上项目	30970499	黄河三角洲天然湿地生态系统稳定性研究	马凤云	201001	201212	29	29
22	国家自然科学基金	国家自然科学基金委员会	面上项目	31272142	苹果氨响应基因 MdBT1 调控花青苷合成和果实着色的分子机理研究	郝玉金	201301	201612	90	90
23	国家自然科学基金	国家自然科学基金委员会	面上项目	30970256	苹果 α-法尼烯合成酶基因兑隆、表达载体构建及遗传转化研究	张元湖	201001	201312	30	30
24	部委级科研项目	教育部	重点项目	IRT1155	主要落叶果树高产优质生物学与种质创新	郝玉金	201201	201412	300	300
25	部委级科研项目	国家林业局	面上项目	2014-4-22	森林多功能可持续经营规划技术引进与开发	鲁法典	201401	210712	50	50
26	部委级科研项目	国家林业局	重点项目	2014303-08	森林生态系统水文气象生要素连清技术研究	高 鹏	201401	201812	260	35
27	部委级科研项目	国家林业局	面上项目	2013-LY-138	银杏观赏品种苗木繁殖技术规程	邢世岩	201301	201412	8	8
28	部委级科研项目	国家林业局	面上项目	2013-39	国家林木（含竹藤花卉）种质资源平台（平台子系统）：银杏和侧柏种质资源节点	邢世岩	201301	—	18	18
29	部委级科研项目	国家林业局	面上项目	2013-LY-139	楸木栽培技术规程	王华田	201301	201412	6	6
30	部委级科研项目	国家林业局	林业行业专项	201304212	杨树人工林连作障碍土壤微生物修复剂的研制与示范	刘训理	201301	201612	201	201
31	部委级科研项目	农业部	重大项目	—	我国重要野生果树资源的收集、评价与优异种质创新利用技术研究与示范	陈学森	201301	201712	1 726	1 726

（续）

序号	项目来源	项目下达部门	项目级别	项目编号	项目名称	负责人姓名	项目开始年月	项目结束年月	项目合同总经费（万元）	属本单位本学科的到账经费（万元）
32	部委级科研项目	国家林业局	面上项目	20120401-7	森林生态服务功能分布式定位观测与模型模拟（20120401）专题	李传荣	201201	201612	35	35
33	部委级科研项目	国家林业局	林业行业专项	201204501	华东北部地区5个优势树种森林生态服务功能分布式观测	刘振宇	201201	201612	40	40
34	部委级科研项目	国家林业局	林业行业专项	201104017	重大森林病虫灾害防控技术的关键理论基础	周成刚	201101	201512	25	25
35	部委级科研项目	国家林业局	林业行业专项	201104054	枣树重大病虫害防治及优质商品枣安全生产技术研究	刘会香	201101	201412	15	15
36	部委级科研项目	国家林业局	面上项目	201104018	欧美杨溃疡发病规律及综合防治技术研究	王华田	201101	201512	24	24
37	部委级科研项目	国家林业局	重点项目	2011040002-6	刺槐无性系丰产林集约经营配套技术研究（子课题）	王华田	201101	201512	40	40
38	部委级科研项目	国家林业局	面上项目	2011-4-60	生境胁迫立地植被恢复与重建技术研究（子课题）	王华田	201101	201512	50	25
39	部委级科研项目	国家林业局	面上项目	2012BAD21B00	高矿化度地下水磁化脱盐技术引进及其在林业灌溉中的应用	邢世岩	201201	201612	35	35
40	部委级科研项目	国家林业局	一般项目	［2012］KT47	银杏印楝珍贵用材用药定向培育关键技术	邢世岩	201201	201412	100	20
41	部委级科研项目	教育部	一般项目	20133702110007	银杏核用品种推广与示范	李传荣	201401	201612	12	6
42	部委级科研项目	水利部	重点项目	2013SBZ05	基于生态因子场的拟法正农田林网可持续更新机制研究	高　鹏	201201	201512	300	32

辽西低山丘陵区生态景观清洁型小流域综合治理技术研究与示范

（续）

序号	项目来源	项目下达部门	项目级别	项目编号	项目名称	负责人姓名	项目开始年月	项目结束年月	项目合同总经费（万元）	属本单位本学科的到账经费（万元）
43	部委级科研项目	农业部	一般项目	CARS-28	果园土壤连作障碍克服技术研究	毛志泉	201101	持续滚动	350	350
44	部委级科研项目	财政部	重点项目	［2013］TK 44	板栗良种及其林下复合经营技术推广示范	杨克强	201301	201512	100	20
45	部委级科研项目	科技部	一般项目	2011GB2C600024	滨海盐碱地人工林恢复重建及混交模式示范	曹帮华	201104	201304	60	18
46	部委级科研项目	科技部	一般项目	201104068-01	黄淮海平原生态经济型防护林持续经营技术研究	张光灿	201101	201312	37	37
47	省科技厅项目	山东省科技厅	山东省自主创新及成果转化专项	2014XGA09012	新型多功能微生物肥料研制	刘训理	201401	201612	400	160
48	省科技厅项目	山东省科技厅	重大项目	—	优质高产、抗病、特色水果品种选育	陈学森	201401	201612	200	200
49	省科技厅项目	山东省科技厅	面上项目	—	苹果新品种'龙富'和'山农红'中试与示范	陈学森	201401	201612	40	40
50	省科技厅项目	山东省科技厅	重大项目	鲁农良种字［2014］1	优质高产抗病水果新品种选育	陈学森	201301	201612	160	160
51	省科技厅项目	山东省科技厅	一般项目	BS2013NY010	黄河三角洲3个杨树品种光合效率的土壤水分阈值响应及其生产力分级	张淑勇	201301	201512	4	4
52	省科技厅项目	山东省科技厅	重大项目	鲁科农字［2012］213	优质高产抗病水果新品种选育	陈学森	201201	201512	150	150

（续）

序号	项目来源	项目下达部门	项目级别	项目编号	项目名称	负责人姓名	项目开始年月	项目结束年月	项目合同总经费（万元）	属本单位本学科的到账经费（万元）
53	省科技厅项目	山东省科技厅	面上项目	鲁农良字[2011]7号	珍贵乡土树种种质资源收集保存与评价	邢世岩	201201	201412	55	55
54	省科技厅项目	山东省科技厅	面上项目	E5项目	山东省特殊林木后备资源培育项目监测	邢世岩	201201	—	44	44
55	省科技厅项目	山东省科技厅	面上项目	BS2012NY006	连作杨树人工林土壤质量演变的化感驱动机制	桑亚林	201201	201412	5	5
56	省科技厅项目	山东省科技厅	重点项目	鲁农良字[2011]157	国槐等优良抗逆林草种质创新利用研究	杨克强	201101	201312	100	20
57	省科技厅项目	山东省科技厅	重大项目	鲁农良字[2011]186	优质高产抗病水果新品种选育	陈学森	201101	201412	150	150
58	省科技厅项目	山东省科技厅	一般项目	BS2011HZ011	沂蒙山区典型土壤坡面侵蚀过程与机理	张永涛	201101	201407	6	6
59	省科技厅项目	山东省科技厅	重大项目	2010-6	园林绿地植物新品种引进、筛选与示范	王华田	201001	201212	70	70
60	省科技厅项目	山东省农业良种工程	重大项目	鲁农良字[2011]7	优质高产抗病水果新品种选育	陈学森	201101	201412	150	150
61	省科技厅项目	山东省农业良种工程	重大项目	鲁农良字[2010]6	优质高产抗病水果新品种选育	陈学森	201001	201312	140	140
62	省科技厅项目	山东省农业良种工程	重大项目	鲁农良字[2009]5	优质高产抗病水果新品种选育	陈学森	200901	201212	150	150
63	省科技厅项目	山东省科技厅	重大项目	SDAIT-03-022-01	山东水果创新团队	陈学森	201001	201512	1 050	1 050
64	省科技厅项目	山东省教育厅	一般项目	J14LE14	内共生菌 *Wolbachia* 和 *Cardinium* 对针叶小瓜螨种群分化的影响	尹淑艳	201401	201712	5.6	5.6

（续）

序号	项目来源	项目下达部门	项目级别	项目编号	项目名称	负责人姓名	项目开始年月	项目结束年月	项目合同总经费（万元）	属本单位本学科的到账经费（万元）
65	省科技厅项目	山东省农业厅、财政厅	面上项目	一	苹果连作障碍机理与防控技术研究	毛志泉	201101	201412	50	50
66	省科技厅项目	山东省人事厅	一般项目	201203099	银杏性别决定相关基因的鉴定及分析	桑亚林	201201	201412	2	2
67	省级自然科学基金项目	山东省科技厅	面上项目	ZR2012CM033	连作杨树人工林细根根序形态建成对酚酸累积的响应	王延平	201201	201412	8	8
68	省级自然科学基金项目	山东省科技厅	面上项目	ZR2011CM033	Discula sp. 菌对板栗褐缘叶枯病病原菌致病作用的影响研究	姜淑霞	201101	201412	8	8
69	部委级科研项目	科技部	子课题	2009FY210100	中国树木溃疡病源多样性及其生态地理分布和危害调查	刘会香	200912	201212	10	10
合计	国家级科研项目	数量（个） 25			项目合同总经费（万元） 8 922.6		属本单位学科的到账经费（万元） 7 834.6				

II-2-2 其他重要科研项目

序号	项目来源	合同签订/项目下达时间	项目名称	负责人姓名	项目开始年月	项目结束年月	项目合同总经费（万元）	属本单位本学科的到账经费（万元）
1	沂水县水土保持局	2014	沂水县水土保持规划	张光灿	201401	201412	34.5	34.5
2	山东省林业外资与工程项目管理站	2010	黄河三角洲滨海盐碱地生态造林模式研究	马风云	201001	201512	100	15
3	山东省林业外资与工程项目管理站	2012	世行贷款山东生态造林项目"干旱瘠薄山地树种及造林模式选择研究"	杨吉华	201001	201512	108	70

（续）

序号	项目来源	合同签订/项目下达时间	项目名称	负责人姓名	项目开始年月	项目结束年月	项目合同总经费（万元）	属本单位本学科的到账经费（万元）
4	山东省林业外资与工程项目管理站	2012	世行贷款山东生态造林项目"生态效益监测与评价"	董　智	201001	201512	80.4	64
5	青岛明月蓝海生物科技有限公司	2013	防治苹果连作障碍微生物肥料研制	刘训理	201401	201212	12	12
6	新疆维吾尔自治区林业厅	2012	2012年自治区林业发展财政专项资金项目"新疆红枣专用微生物肥料的研制"	刘训理	201201	201312	40	16
7	泰山风景名胜区管理委员会	2012	泰山海棠生长势衰弱原因调查及综合治理研究应用	卢希平	201201	201205	5	5
8	山东省林业厅	2012	东平县湿地调查	周成刚	201201	201212	8	8
9	山东省林业厅	2012	山东省网络森林医院建设与维护	周成刚	201201	202012	10	10
10	泰安市园林管理局	2009	山东省新纪录种——紫薇梨象的发生及防治技术	卢希平	200901	201212	10	10
11	山东省林业厅	2010	山东省松材线虫病检测	刘会香	201001	201612	10	10
12	泰山风景名胜区管理委员会	2010	泰山蝶类多样性保护及可持续利用	卢希平	201001	201512	7.5	7.5
13	山东省林业厅	2010	核桃主要病虫害危险性评估	马洪兵	201001	201412	6	6

Ⅱ-2-3　人均科研经费

人均科研经费（万元/人）	145.5

Ⅱ-3 本学科代表性学术论文质量

Ⅱ-3-1 近五年（2010—2014年）国内收录的本学科代表性学术论文

序号	论文名称	第一作者	通讯作者	发表刊次（卷期）	发表刊物名称	收录类型	中文影响因子	他引次数
1	氮添加对银杏幼林土壤有机碳化学组成及土壤微生物群落的影响	张晓文	邢世岩	2014, 50 (6)	林业科学	CSCD	1.743	—
2	贝壳堤岛酸枣树干液流及光合含量对土壤水分的响应特征	夏江宝	张淑勇	2014, 50 (10)	林业科学	CSCD	1.743	—
3	银杏垂乳个体发生及系统学意义	邢世岩	邢世岩	2013, 49 (8)	林业科学	CSCD	1.607	3
4	氮磷亏缺条件下杨树幼苗根系分泌酚酸的动态	王华田	王华田	2011, 47 (11)	林业科学	CSCD	1.607	—
5	叶籽银杏种实形态解剖特征比较	邢世岩	邢世岩	2011, 47 (1)	林业科学	CSCD	1.607	1
6	侧柏种源遗传多样性分析	王玉山	邢世岩	2011, 47 (7)	林业科学	CSCD	1.607	13
7	沂蒙山林区不同植物群落下土壤颗粒分形与孔隙结构特征	刘霞	张光灿	2011, 47 (8)	林业科学	CSCD	1.607	15
8	Trametes trogii WT-1 降解欧美杨107杨木质素的初步研究	张文婷	牟志美	2011, 47 (6)	林业科学	CSCD	1.607	7
9	外源酚酸对杨树幼苗根系生理和形态发育的影响	杨阳	王华田	2010, 46 (11)	林业科学	CSCD	1.206	9
10	连作杨树人工林根际土壤中2种酚酸的吸附与解吸行为	王延平	王华田	2010, 46 (1)	林业科学	CSCD	1.206	7
11	核桃（Juglans regia L.）早芽基因的SCAR标记	李伟波	杨克强	2010, 46 (3)	林业科学	CSCD	1.206	—
12	黄河三角洲贝壳堤岛叶底珠叶片光合作用对CO2浓度及土壤水分的响应	张淑勇	张光灿	2014, 34 (8)	生态学报	CSCD	2.233	—
13	黄刺玫叶片光合生理参数的土壤水分阈值响应及其生产力分级	张淑勇	张光灿	2014, 34 (10)	生态学报	CSCD	2.233	—
14	酚酸对杨树人工林二代土壤养分有效性及酶活性的影响	王延平	王华田	2013, 24 (3)	应用生态学报	CSCD	2.831	3
15	叶用银杏种质资源黄酮和萜内酯类含量及AFLP遗传多样性分析	吴岐奎	邢世岩	2014, 41 (12)	园艺学报	CSCD	1.91	—
16	银杏苗根生垂乳分泌腔的解剖结构与组织化学研究	付兆军	邢世岩	2014, 41 (2)	园艺学报	CSCD	1.91	1
17	利用沙冬青抗美基因AmEBP1转化杏的研究	牛庆霖	曹帮华	2014, 41 (5)	园艺学报	CSCD	1.91	1
18	元宝枫叶片发育成分及其季节差异	宋秀华	李传荣	2014, 41 (5)	园艺学报	CSCD	1.91	1
19	滨海盐碱地不同土壤中盐系统中盐离子分布与运移	王合云	李红丽	2014, 28 (4)	水土保持学报	CSCD	1.612	—
20	I-107杨树连作对土壤有机质和全氮的影响	许婷婷	董智	2014, 28 (5)	水土保持学报	CSCD	1.612	—
合计	中文影响因子					34.907	他引次数	61

II-3-2 近五年（2010—2014年）国外收录的本学科代表性学术论文

序号	论文名称	论文类型	第一作者	通讯作者	发表刊次（卷期）	发表刊物名称	收录类型	他引次数	期刊SCI影响因子	备注
1	Evolutionarily conserved transcription factor apontic controls the G1/S progression by inducing cyclin E during eye development	Article	Liu Qingxin	Liu Qingxin	2014, 111（26）	Proc Natl Acad Sci U S A	SCI	1	9.809	
2	The Arabidopsis prohibitin Gene PHB3 functions in nitric oxide-mediated responses and in hydrogen peroxide-induced nitric oxide accumulation	Article	Wang Yong	Nigel M. Crawford	2010, 22（1）	Plant Cell	SCI	36	9.396	
3	Ubiquitin E3 ligases MdCOP1s interact with MdMYB1 to regulate the light-induced anthocyanin biosynthesis and red fruit coloration in apple	Article	Li Yuanyuan	HaoYujin	2012, 160（2）	Plant Physiology	SCI	11	7.394	
4	Evolution of the population structure of Venturia inaequalis, the apple scab fungus, associated with the domestication of its host	Article	Pierre Gladieux	Zhang Xiuguo	2010, 19（4）	Molecular Ecology	SCI	34	5.96	
5	Metabolomic analysis reveals the potential metabolites and pathogenesis involved in mulberry yellow dwarf disease	Article	Gai Yingping	Ji Xianling	2014, 37（6）	Plant, Cell and Environment	SCI	4	5.906	
6	The bHLH transcription factor MdbHLH3 promotes anthocyanin accumulation and fruit colouration in response to low temperature in apples	Article	Xie Xingbin	Hao Yujin	2012,35（11）	Plant, Cell and Environment	SCI	40	5.906	
7	A chloroplast-targeted DnaJ protein contributes to maintenance of photosystem II under chilling stress	Article	Kong Fanying	Meng Qingwei	2014, 65（1）	Journal of Experimental Botany	SCI	9	5.794	
8	A dsRNA binding protein MdDRB1 associated with miRNA biogenesis modifies adventitious rooting and tree architecture in apple	Article	Chun Xiangyou	Hao Yujin	2014, 12（2）	Plant Biotechnology Journal	SCI	—	5.677	

（续）

序号	论文名称	论文类型	第一作者	通讯作者	发表刊次（卷期）	发表刊物名称	收录类型	他引次数	期刊SCI影响因子	备注
9	Analysis of phytoplasma-responsive sRNAs provide insight into the pathogenic mechanisms of mulberry yellow dwarf disease	Article	Gai Yingping	Ji Xianling	2014, 4	Scientific Reports	SCI	1	5.087	
10	Tostadin, a novel antibacterial peptide from an antagonistic microorganism Brevibacillus brevis XDH	Article	Song Zhen	Liu Xunli	2012, 111	Bioresource Technology	SCI	5	4.98	
11	Comparative proteornic analysis reveals similar and distinct features of proteins in dry and wet stigmas	Article	Sang Yalin	Zhang Xiansheng	2012,12（12）	Proteomics	SCI	11	4.615	
12	Theoretical mechanism studies on the competitive CO-induced N-N bond cleavage of N_2O with N-O bond cleavage mediated by $(\eta^5\text{-}C_5Me_5)Mo[N(^iPr)C(Me)N(^iPr)](CO)_2$	Article	Lu Nan	Wang Huatian	2013, 42（38）	Dalton Trans	SCI	3	4.097	
13	Influence of sub-surface irrigation on soil conditions and water irrigation efficiency in a cherry orchard in a hilly Semi-Arid area of Northern China	Article	Gao Peng	Gao Peng	2013, 8（9）	PloS One	SCI	5	3.534	
14	Spatial distribution of soil organic carbon and total nitrogen based on GIS and geostatistics in a small watershed in a hilly area of Northern China	Article	Gao Peng	Gao Peng	2013, 8（12）	PloS One	SCI	3	3.534	
15	Hypersensitive ethylene signaling and ZMdPG1-expression lead to fruit softening and dehiscence	Article	Li Min	Chen Xuesen	2013, 8（3）	PloS One	SCI	7	3.534	
16	Anthocyanin biosynthesis in pears is regulated by a R2R3-MYB Transcription Factor PyMYB10	Article	Feng Shouqian	Chen Xuesen	2010,232（1）	Planta	SCI	98	3.376	
17	Composition of anthocyanins in pomegranate flowers and their antioxidant activity	Article	Zhang Lihua	Zhang Yuanhu	2011,127（4）	Food Chemistry	SCI	33	3.259	

（续）

序号	论文名称	论文类型	第一作者	通讯作者	发表刊次（卷期）	发表刊物名称	收录类型	他引次数	期刊SCI影响因子	备注
18	Correlation between carboxylesterase alleles and insecticide resistance in *Culex pipiens* complex from China	Article	Liu Yangyang	Lu Xiping	2011, 4	Parasites and Vectors	SCI	12	3.251	
19	Overexpression of chloroplastic monodehydroascorbate reductase enhanced tolerance to temperature and methyl viologen-mediated oxidative stresses	Article	Li Feng	Meng Qingwei	2010, 139（4）	Physiologia Plantarum	SCI	49	3.067	
20	Colonization of *Morus alba* L. by the plantgrowth-promoting and antagonistic bacterium *Burkholderia cepacia* strain Lu10-1	Article	Ji Xianling	Mu Zhimei	2010, 10（1）	BMC Microbiology	SCI	6	2.976	
21	Anti-diabetic effect of mulberry leaf polysaccharide by inhibiting pancreatic islet cell apoptosis and ameliorating insulin secretory capacity in diabetic rats	Article	Zhang Yao	Mu Zhimei	2014, 22（1）	Int Immunopharmacol	SCI	—	2.711	
22	Effect of auxin, cytokinin and nitrogen on anthocyanin biosynthesis in callus cultures of red-fleshed apple（*Malus sieversii* f. *niedzwetzkyana*）	Article	Ji Xiaohao	Chen Xuesen	2014, 120（1）	Plant Cell Tiss Organ Cult	SCI	—	2.612	
23	Shotgun proteomic analysis of mulberry dwarf *Phytoplasma*	Article	Ji Xianling	Mu Zhimei	2010, 8（1）	Proteome Science	SCI	11	2.488	
24	First report of *Pantoea agglomerans* causing brown apical necrosis of walnut in China	Article	Yang Keqian	Yang Keqiang	2011, 95（6）	Plant Disease	SCI	4	2.387	
25	Fractal characterization of soil particle-size distribution under different land-use patterns in the Yellow River Delta Wetland in China	Article	Gao Peng	Zhang Guangcan	2014, 14（6）	Journal of Soils Sediments	SCI	5	2.35	
26	Patterns of lignocellulose degradation and secretome analysis of *Trametes trogii* MT	Article	Ji Xianling	Mu Zhimei	2012, 75	International Biodeterioration and Biodegradation	SCI	9	2.235	

（续）

序号	论文名称	论文类型	第一作者	通讯作者	发表刊次（卷期）	发表刊物名称	收录类型	他引次数	期刊SCI影响因子	备注
27	Management planning of fast-growing plantations based on a bilevel programming model	Article	Zhai Wenyuan	Lu Fadian	2014, 38	Forest Policy and Economics	SCI	1	1.81	
28	Adaptive management decision of agroforestry under timber price risk	Article	Tian Nana	Lu Fadian	2013, 19（2）	Journal of Forest Economics	SCI	—	1.786	
29	Resistance gene analogs in walnut（*Juglans regia*）conferring resistance to *Colletotrichum gloeosporioides*	Article	An Haishan	Yang Keqiang	2014,197（2）	Euphytica	SCI	—	1.692	
30	The response of human physiology to volatiles from *Pistacia chinensis* bunge and *Juniperus chinensis* cv. Kaizuka	Article	Li Hui	Li Chuanrong	2014, 9（4）	BioResources	SCI	—	1.539	
合计			SCI影响因子	122.762		他引次数		398		

II-5　已转化或应用的专利（2012—2014年）

序号	专利名称	第一发明人	专利申请号	专利号	授权（颁证）年月	专利受让单位	专利转让合同金额（万元）
1	一株酚酸类化感物质降解菌及其菌剂的制备和应用	刘训理	CN201410325083.1	ZL 201410325083.1	201410	—	—
2	一株根皮苷降解菌及其菌剂的制备和应用	刘训理	CN201410655294.1	ZL 201410655294.1	201406	—	—
3	一种枯草芽孢杆菌及其菌剂的制备与应用	刘训理	201210468467.X	ZL 201210468467.X	201403	青岛蓝海生物科技有限公司	20
4	"三选两早一促"的苹果育种法	陈学森	CN201310205419.6	ZL 201310205419.6	201409	—	—

（续）

序号	专利名称	第一发明人	专利申请号	专利号	授权（颁证）年月	专利受让单位	专利转让合同金额（万元）
5	一种链霉菌产抗菌产物的提取方法	刘训理	CN200910231052.9	ZL 200910231052.9	201301	—	—
6	来自辣椒疫霉菌的果胶裂解酶 PCPEL20 及其编码基因与应用	张修国	CN201210140547.2	ZL 201210140547.2	201306	—	—
7	来自辣椒疫霉的多聚半乳糖醛酸酶 PCIPG21 及其编码基因与应用	张修国	CN201210143540.6	ZL 201210143540.6	201307	—	—
8	基于多聚半乳糖醛酸酶 Pcipg8 基因开发的检测辣椒疫霉菌的引物及方法	张修国	CN201210123020.9	ZL 201210123020.9	201308	—	—
9	来自辣椒疫霉菌的果胶裂解酶 PCPEL16 及其编码基因与应用	张修国	CN201210140735.5	ZL 201210140735.5	201310	—	—
10	来自辣椒疫霉菌的阿魏酸酯酶 PCFAE1 及其编码基因与应用	张修国	CN201210164121.0	ZL 201210164121.0	201310	—	—
11	来自辣椒疫霉菌的肉碱脂酰转移酶 PCCAT2 及其编码基因与应用	张修国	CN201210136687.2	ZL 201210136687.2	201310	—	—
12	一种吸水链霉菌抗真菌活性物质的提取方法	刘训理	CN201010294417.5	ZL 201010294417.5	201210	—	—
13	一种链霉菌发酵生产抗真菌物质的培养基及其制备方法	刘训理	CN201010560016.X	ZL 201010560016.X	201210	—	—
14	一株抗病毒解淀粉芽孢杆菌的分离及其应用	刘训理	CN201010624537.7	ZL 201010624537.7	201212	—	—
15	克服苹果连作障碍得新方法	毛志泉	CN200910015530.2	ZL 200910015530.2	2012	栖霞市、莱州市等果业局	—
16	一种毛白杨嫩枝扦插快速繁殖的方法	曹帮华	CN201210333386.9	ZL 201210333386	201211	—	—
17	一种将光皮木瓜水解成可食性木瓜的方法	曹帮华	CN201010541252.7	ZL 201010541252	201111	—	—
18	插针式旱地果园灌水器	王华田	CN201220038011.5	ZL 201120107607.1	201108	—	—
19	人工诱导银杏垂乳形成的方法	邢世岩	CN201310062906.1	ZL 201310062906.1	201406	—	—
20	克服银杏无性繁殖位置效应的方法	邢世岩	CN201310078685.7	ZL 201310078685.7	201406	—	—
21	银杏倒插皮舌接古树复壮的方法	邢世岩	CN201210556841.1	ZL 201210556841.1	201407	—	—
合计	专利转让合同金额（万元）			20			

Ⅲ　人才培养质量

Ⅲ-1　优秀教学成果奖（2012—2014 年）

序号	获奖级别	项目名称	证书编号	完成人	获奖等级	获奖年度	参与单位数	本单位参与学科数
1	省级	山东省研究生教育省级教学成果奖	20140051	陈学森	二等奖	2014	1	3
2	省级	山东省学位与研究生教育管理研究优秀成果奖	20100216	周成刚	二等奖	2010	1	1
合计	国家级	一等奖（个）	—	二等奖（个）	—	三等奖（个）		—
	省级	一等奖（个）	—	二等奖（个）	2	三等奖（个）		—

Ⅲ-4　学生国际交流情况（2012—2014 年）

序号	姓名	出国（境）时间	回国（境）时间	地点（国家/地区及高校）	国际交流项目名称或主要交流目的
1	刘怡秋	20130214	201306	台湾中兴大学	校际交流
2	田娜娜	201209	—	美国密西西比州立大学	合作培养博士研究生
3	杨邵洋	201307	—	美国普渡大学农业部土壤侵蚀重点实验室	合作培养博士研究生
4	翟郡	201410	—	美国密西西比州立大学	合作培养博士研究生
合计	学生国际交流人数			4	

1.15.2　学科简介

1. 学科基本情况与学科特色

（1）学科基本情况

① 学科渊源　本学科创建于 1906 年设立的山东高等农业学堂，迄今已有百余年办学历史，学术积淀深厚。经过几代人的努力，现已学科体系结构完善、学科方向设置合理、科学研究特色鲜明、师资队伍结构合理、教学科研条件优秀、人才培养层次全面、科学研究和人才培养成绩斐然，为国家和区域经济、社会发展和生态环境建设做出了突出贡献。

② 学科平台　学科现有林学和生态学博士后流动站、生态学和森林培育 2 个博士点、林学和生态学 2 个一级学科硕士点，7 个二级学科硕士点和 7 个本科专业。设有 2 个省级重点学科、7 个省部级重点实验室/站/工程技术中心、1 个国家级农科教合作人才培养基地、1 个教育部大学生校外实践教育基地、1 个省级本科生实验教学中心、1 个国家级特色专业、1 个省级特色专业。学科所在单位拥有国家级开放性科研平台 3 个，大型仪器设备 180 余台（套），总价值 1.2 亿元；学科内拥有省部级平台 5 个，大型仪器设备 120 余台（套），总价值 3 800 余万元。科学研究与创新基础条件良好。

③ 合作交流　近年来，学科先后争取国家林业局与山东省共建山东农业大学涉林学科、中国林业科学研究院与山东农业大学共建涉林学科，与中国科学院地理所、中国林业科学研究院、北京林业大学、台湾中兴大学、美国普渡大学、美国密西西比州立大学等多家国内外高等院校和科研院所建立了校（院）合作，聘请多名专家学者作为客座教授，开展合作研究和人才培养，有 12 名中青年教师先后赴国外大学、研究所研修和合作研究，学科整体学术和科研水平不断提升。

④ 科研成就　学科长期重视资源整合，强化团队建设，明确主攻方向，在重要研究领域坚持开展长期研究攻关，取得了一批重大理论与技术创新成果。先后获得国家科技进步二等奖 2 项、国家科学技术奖 1 项、国家发明三等奖 1 项、省部级科技进步奖 40 项，培育了一批林木良种/新品种，制定行业标准 8 项，获得发明授权 30 余项。近 5 年承担国家"973"等国家级研究项目 40 余项，部委项目 50 余项，省级项目 100 余项，科研经费累积达 8 000 余万元，发表学术论文 600 余篇，其中 SCI/EI 收录 100 余篇，国内一级学术期刊发表论文 200 余篇。

（续）

（2）学科特色

① 林木种质资源评价与新种质创制　以地域性珍贵乡土树种资源保存与开发利用为研究目标，在完成全省林木种质资源调查的基础上，建立山东省林木种质资源中心库，搜集保存黑松、侧柏、杨树、刺槐、榆树、银杏、核桃、木瓜、海州常山等乡土树种种质资源 8 000 余份；借助国家作物生物学重点实验室和国家苹果工程技术研究中心开放平台，开展重要树种种质资源遗传多样性评价，采用杂交育种和分子生物学手段创制新种质，培育杨树、银杏、刺槐、苹果、核桃等珍贵用材与经济树种林木良种 / 新品种 50 余个。在乡土树种资源搜集、保存、评价与利用方面成就显著，特色鲜明，先后获得国家发明三等奖、国家科学技术奖、省部级科技进步奖等多项奖励。

② 商品林培育理论与技术　以区域性重要用材树种刺槐和杨树为研究对象，以人工林长期经营为研究目标，围绕群体结构配置与调控、肥水耦合、土壤改良与地力维护等方面开展了 30 余年的长期系统研究，建立了人工林集约经营技术体系，揭示了杨树人工林连作障碍的化感效应机制，构建了刺槐工业人工林集约经营模型，研究成果取得了重大理论和技术创新，处于国内外领先水平，先后获得国家科技进步二等奖和多项省部级科技进步奖。

③ 困难立地植被重建与生态修复　对北方土石山区和黄河三角洲盐碱地等典型困难立地的生态退化过程、植被重建技术及生态修复监测评价进行了长期系统研究，揭示了主要生态脆弱区植被退化的机制，提出了干旱瘠薄山地、破坏山体、工矿废弃地、盐碱地等脆弱生态系统植被恢复的植物种类选择、植被配置模式、植被构建技术，监测与评价了植被重建的生态效益。研究对象和研究内容具有鲜明的地域特色，研究成果居国内领先水平，先后获得省部级多项科技进步奖。

④ 重大森林有害生物预警与防控　以区域性森林重大灾害生物美国白蛾和松材线虫病的综合防治为主要研究对象，在其监测预警和综合防治、生防制剂的研发和生物天敌利用等方面取得了一批理论成果和技术成果，实现了生防天敌和制剂的规模化养殖和生产，有效控制了上述有害生物的发生和蔓延。

2. 社会贡献

（1）学术贡献

学科目前有 16 人担任国家和省级学会常务理事或理事，6 人担任国际 / 国内学术期刊编委。承办国际学术会议和国内学术会议 3 次，每年邀请国内外知名专家 10 余人前来讲学，学科内举办各类学术活动每月 2 次，每年参加国际 / 国内学术活动 30 人次以上。

学科现有科技部、教育部、农业部、国家林业局等国家级评审专家 8 人，省级评审专家 16 人，每年参加各类科技成果评审、科技奖评审、科研立项评审、林木良种和新品种评审活动 70 余人次，为区域乃至国家科学研究和技术创新做出了应有的学术贡献。

（2）社会贡献

① 学科相关人员积极参加林业政策法规编制、发展规划、行业标准编制工作，先后参与了山东省水系生态建设规划方案、山东省集体林权改革方案、山东省森林抚育技术规程、山东省利用世界银行贷款林业生态工程建设方案、山东省利用欧洲投资银行贷款盐害防护林建设方案、山东省林木良种审定规范及山东省林木品种审定管理办法的起草、撰写和修订工作，参与了全国林业专业本科生培养方案修订和教材建设工作。

② 积极参与全国及山东省林业重大工程项目建设，先后参加了山东省林权制度改革、山东省森林抚育间伐、全省森林资源二类清查、山东省乡土树种种子资源普查与林木种质资源中心库建设、地方林业行业标准修订、国家及山东省造林工程项目及森林抚育项目核查验收、林木良种审定、世界银行贷款山东生态造林等方面的培训、咨询、核查、评审工作，为山东省林业发展和林业产业化体系建设提供决策咨询。

③ 依托高等院校的科研和人才优势，积极与国内外及省内科研院所、涉林企业和林农开展合作研究、科技支撑和科技服务，加强产学研用结合，促进技术成果转化。学科已有科技成果转化率 90% 以上，在林木微生物制剂研发与应用、林木新品种开发与推广应用、速生丰产林和经济林高效优质栽培技术推广、困难立地造林技术推广应用等方面，产生直接经济效益 80 亿元以上，为山东省成为全国林业产业化大省提供了必要的技术支持。

④ 本学科作为山东省唯一林学学科，坚持常年利用报纸、电视、讲座、报告会及各种新媒体积极宣传生态文明和森林生态价值，在弘扬优秀文化、推进科学普及、服务社会大众等方面做出了突出贡献。

⑤ 积极参与地方经济发展、社会发展事业和生态环境建设。先后派出 12 人到各级专业技术部门挂职，加强了高等院校与各级地方行业部门的业务联系；每年为各级政府、行业主管部门、涉林企业、林业专业合作社及林农义务进行科技咨询 600 人次，培训各类专业技术人员 2 000 人以上；先后派出 3 人担任为期 1 年的第一书记参与山东省委组织部开展的第一书记帮扶活动，先后捐献各类科技书籍 300 余册、新上高效农业项目 5 项，发放明白纸 1 000 余份，为地方林业产业化发展、生态环境建设、新农村建设和农民脱贫致富做出了应有贡献。

1.16　华南农业大学

1.16.1　清单表

Ⅰ　师资队伍与资源

序号	专家类别	专家姓名	出生年月	获批年月	备注
\multicolumn{6}{c}{**Ⅰ-1　突出专家**}
1	享受政府特殊津贴人员	陈晓阳	195808	199210	
2	享受政府特殊津贴人员	李吉跃	195811	199310	
3	享受政府特殊津贴人员	温秀军	196509	200006	
4	享受政府特殊津贴人员	莫晓勇	196211	200508	
5	享受政府特殊津贴人员	吴　鸿	196302	201412	
6	享受政府特殊津贴人员	任顺祥	195709	200106	
7	享受政府特殊津贴人员	徐汉虹	196112	200006	
8	百千万人才工程国家级人选	郭振飞	196405	200912	
合计	\multicolumn{3}{c}{突出专家数量（人）}	\multicolumn{2}{c}{8}

Ⅰ-3　专职教师与学生情况

类型	数量	类型	数量	类型	数量
专职教师数	109	其中，教授数	46	副教授数	34
研究生导师总数	67	其中，博士生导师数	27	硕士生导师数	67
目前在校研究生数	506	其中，博士生数	116	硕士生数	390
生师比	7.55	博士生师比	4.30	硕士生师比	5.82
近三年授予学位数	492	其中，博士学位数	61	硕士学位数	431

Ⅰ-4　重点学科

序号	重点学科名称	重点学科类型	学科代码	批准部门	批准年月
1	植物学	国家林业重点学科	071001	国家林业局	200605
2	林学	广东省重点学科	0907	广东省教育厅	201212
3	农业资源与环境	广东省重点学科	090301	广东省教育厅	201212
合计	二级重点学科数量（个）	国家级	—	省部级	3

I-5　重点实验室				
序号	实验室类别	实验室名称	批准部门	批准年月
1	国家重点实验室	亚热带农业生物资源与利用国家重点实验室（植物种质资源研究与利用方向）	科技部	201103
2	农业部重点实验室	农业部能源植物资源与利用重点实验室（华南农业大学）	农业部	201107
3	广东省重点实验室	广东省森林植物种质创新与利用重点实验室	广东省科技厅	201008
4	广东省高校重点实验室	广东省普通高等学校生物质能源重点实验室	广东省教育厅	200812
5	省级工程技术研究中心	广东省天然活性物工程技术研究中心	广东省科技厅	201412
6	中央与地方共建优势特色学科实验室	华南森林培育实验室	财政部	200909
7	中央与地方共建优势特色学科实验室	热带亚热带林业生物技术实验室	财政部	200808
合计	重点实验数量（个）	国家级	1	省部级	6

II　科学研究

II-1　近五年（2010—2014年）科研获奖

序号	奖励名称	获奖项目名称	证书编号	完成人	获奖年度	获奖等级	参与单位数	本单位参与学科数
1	广东省科学技术奖	重大入侵害虫红火蚁种群控制基础理论及关键技术创新与应用	粤府证：[2011] 103号	何余容	2011	一等奖	5（1）	1
2	广东省科学技术奖	生物柴油固体催化连续绿色生产关键技术与产业化应用	粤府证：[2014] 0313号	谢君	2014	一等奖	4（3）	1
3	广东省科学技术奖	棕榈科植物的引种驯化、评价与应用技术研究	粤府证：[2010] 542号	张文英	2010	一等奖	4（4）	1
4	广东省农业技术推广奖	茶油生产关键技术创新及推广应用	2010059	黄永芳	2011	一等奖	2（1）	1
5	广东省科学技术奖	森林冰雪灾害损失评估、减灾及次生灾害防控技术研究	粤府证：[2014] 0226号	陈晓阳、庄雪影、徐正春、李吉跃、苏志尧、薛立	2014	二等奖	2（1）	1
6	广东省科学技术奖	植物精油杀虫剂的研究与应用	粤府证：[2014] 0231号	徐汉虹	2014	二等奖	5（1）	1
7	北京市科学技术奖	禽用保健中兽药关键技术研究开发与应用	2013农-2-003	吴鸿	2014	二等奖	7（4）	1
8	广东省农业技术推广奖	油茶优良品系引进及快速繁育技术示范	2013-LY-008	奚如春	2014	二等奖	8（1）	1
9	广东省农业技术推广奖	环保、安全、高效植物精油杀虫剂的推广应用	2012288	徐汉虹	2013	二等奖	1	1
10	广东省农业技术推广奖	油茶丰产栽培技术推广应用	2009121	黄永芳、曾曙才、王军	2010	二等奖	3（1）	1
11	广东省农业技术推广奖	东莞城市森林生态建设模式构建与评价研究	2010122	苏志尧、张璐、贾小容	2011	二等奖	2（2）	1
12	广东省农业技术推广奖	兜兰新品种选育与产业化生产技术示范推广	2012400	刘伟	2013	二等奖	2（2）	1

（续）

序号	奖励名称	获奖项目名称	证书编号	完成人	获奖年度	获奖等级	参与单位数	本单位参与学科数
13	广东省科学技术奖	广东省珠江流域生态公益林培育技术研究和推广	粤府证：[2011] 111 号	薛立、徐正春、陈红跃	2011	三等奖	2（1）	1
14	广东省科学技术奖	板栗灾发害虫安全防控关键技术研究与应用	粤府证：[2014] 0359 号	李奕震	2014	三等奖	5（3）	1
15	广东省科学技术奖	全球陆地碳汇分析系统研发与应用	粤府证：[2013] 640 号	李吉跃、何茜	2013	三等奖	2（2）	1
16	陕西省科学技术奖	药用植物的结构、发育及其与主要药用成分积累关系的研究	09-2-57-R4	吴鸿	2010	三等奖	1	1
17	海南省科学技术奖	利用混系模式维持桉树人工林长期生产力技术研究	2010-J-3-R-298	莫晓勇	2010	三等奖	4	1
18	广东省农业技术推广奖	新型树木挂牌技术的推广应用	2012278	吴永彬	2013	三等奖	1	1
19	梁希林业科学技术奖	半干旱地区华北落叶松人工林可持续经营技术应用开发与试验示范	2011-KJ-3-01-R05	李吉跃	2011	三等奖	2（2）	1
合计	科研获奖数量（个）	国家级	特等奖	一等奖	—	一等奖	二等奖	—
		省部级	一等奖	二等奖	8	三等奖	三等奖	7
			4					

II-2　代表性科研项目（2012—2014年）

II-2-1　国家级、省部级、境外合作科研项目

序号	项目来源	项目下达部门	项目级别	项目编号	项目名称	负责人姓名	项目开始年月	项目结束年月	项目合同总经费（万元）	属本单位本学科的到账经费（万元）
1	国家"973"计划	科技部	重大课题	2013CB127501	病原线虫侵染作物的分子机理	廖金铃	201301	201812	549	132
2	"863"课题任务	科技部	重大课题	2012AA101505	农林有害生物基因调控技术研究－昆虫免疫相关基因沉默与调控技术研究	胡琼波	201201	201512	135	93
3	"863"课题任务	科技部	重大课题	2012AA101505	农林有害生物调控与分子检测技术研究	钟国华	201301	201512	60	60
4	"十二五"国家科技支撑计划	科技部	重大课题	2011AA10020203	任豆米老排良种选育与示范	陈晓阳	201101	201512	310	310
5	"十二五"国家科技支撑计划	科技部	重大课题	2012BAD01B0404	刨花润楠和黄樟良种选育研究	陈晓阳	201201	201612	162.60	162.60
6	"十二五"国家科技支撑计划	科技部	重大课题	2012BAD21B0304	楸树无性系丰产高效栽培关键技术研究与示范	李吉跃	201201	201612	108	108
7	"十二五"国家科技支撑计划	科技部	重大课题	2011BAD14B03	微藻富营养水规模化培育及生物柴油生产示范	谢君	201101	201412	800	35
8	"十二五"国家科技支撑计划	科技部	重大课题	2014BADB14B01	典型城郊区环境保育关键技术研究与示范	李永涛	201401	201702	741	32

（续）

序号	项目来源	项目下达部门	项目级别	项目编号	项目名称	负责人姓名	项目开始年月	项目结束年月	项目合同总经费（万元）	属本单位本学科的到账经费（万元）
9	"十一五"国家科技支撑计划	科技部	重大课题	2009BADB1B01-02-02	油茶抗逆及边缘分布区种选育	奚如春	201001	201212	17	17
10	"十二五"国家科技支撑计划	科技部	重大课题	2012BAD19B0802	抗桉青枯病诱导剂的筛选及应用	王军	201201	201612	15	15
11	"十一五"国家科技支撑计划	科技部	重大课题	2009BADB2B0203-1	木麻黄抗病优良品系选育技术研究	王军	200901	201312	14.80	14.80
12	国家自然科学基金	国家自然科学基金委员会	联合基金项目	U1401234	珠江流域典型母质发育土壤重金属关键形态时空演变的微观机制	李永涛	201501	201812	235	235
13	国家自然科学基金	国家自然科学基金委员会	重点项目	30830081	黄花苜蓿耐寒分子机理研究	郭振飞	200901	201212	165	165
14	国家自然科学基金	国家自然科学基金委员会	面上项目	31472142	一个新的调控生长、开花和低温响应的基因功能研究	郭振飞	201501	201812	90	90
15	国家自然科学基金	国家自然科学基金委员会	面上项目	31471912	SMT1负调控狗牙根抗旱性的分子机制	卢少云	201501	201812	90	90
16	国家自然科学基金	国家自然科学基金委员会	面上项目	31470673	赤桉ICE1调控低温胁迫响应的分子机理研究	林元震	201501	201812	85	85
17	国家自然科学基金	国家自然科学基金委员会	面上项目	31470700	矮牵牛ODO1和EOBII基因启动子互作的ERFs在花香合成调节中的作用研究	余义勋	201501	201812	85	85

（续）

序号	项目来源	项目下达部门	项目级别	项目编号	项目名称	负责人姓名	项目开始年月	项目结束年月	项目合同总经费（万元）	属本单位本学科的到账经费（万元）
18	国家自然科学基金	国家自然科学基金委员会	面上项目	31370694	姜花沉香醇合成酶基因高效表达的转录调控机制解析	范燕萍	201401	201712	83	83
19	国家自然科学基金	国家自然科学基金委员会	面上项目	31270675	污泥重金属在林地土壤中的迁移转化机制及其环境风险：调落物的影响	曾曙才	201301	201612	81	81
20	国家自然科学基金	国家自然科学基金委员会	面上项目	31270736	矮牵牛花衰老相关转录因子PhERF3 互作蛋白的筛选、鉴定及功能研究	郁书君	201301	201612	81	81
21	国家自然科学基金	国家自然科学基金委员会	面上项目	31372236	中国菌食性蓟马的系统分类及其表型可塑性研究	童晓立	201401	201702	80	80
22	国家自然科学基金	国家自然科学基金委员会	面上项目	51278205	以澳门为例的高密度城市绿地系统评价体系与规划指标研究	李 敏	201301	201612	80	80
23	国家自然科学基金	国家自然科学基金委员会	面上项目	41171210	土壤有机氯生物协同降解过程及其功能微生物分子生态学鉴定	李永涛	201201	201512	80	80
24	国家自然科学基金	国家自然科学基金委员会	面上项目	31470653	松墨天牛转录组及球孢白僵菌、苏云金芽孢杆菌感染下的基因表达谱	林 同	201501	201812	80	80
25	国家自然科学基金	国家自然科学基金委员会	面上项目	31270260	点地梅属（报春花科）的系统学与生物地理学	郝 刚	201301	201602	80	80
26	国家自然科学基金	国家自然科学基金委员会	面上项目	31370246	广义李属植物的系统发育及分类学修订	崔大方	201401	201712	78	78
27	国家自然科学基金	国家自然科学基金委员会	面上项目	31170636	植物蔗糖转运蛋白活性调节的信号转导路径	彭昌操	201201	201512	63	63

（续）

序号	项目来源	项目下达部门	项目级别	项目编号	项目名称	负责人姓名	项目开始年月	项目结束年月	项目合同总经费（万元）	属本单位本学科的到账经费（万元）
28	国家自然科学基金	国家自然科学基金委员会	面上项目	31170555	植物细胞壁中木质素与阿魏酸酯间交联结构及其交联机理研究	张爱萍	201201	201512	63	63
29	国家自然科学基金	国家自然科学基金委员会	面上项目	31170653	MAPK 级联在香石竹切花乙烯合成和信号转导中的功能分析	余义勋	201201	201512	63	63
30	国家自然科学基金	国家自然科学基金委员会	面上项目	31171824	爪哇根结线虫 MJ-D15 与拟南芥相互作用的研究	廖金铃	201201	201512	62	62
31	国家自然科学基金	国家自然科学基金委员会	面上项目	31272491	象草木质素合成关键酶基因 CAD 的功能鉴定和表达特性研究	解新明	201301	201612	60	60
32	国家自然科学基金	国家自然科学基金委员会	面上项目	31170165	木聚糖合成中的关键科学问题研究	吴蔼民	201201	201512	60	60
33	国家自然科学基金	国家自然科学基金委员会	面上项目	31170612	氯胺磷、吡虫啉和溴菊酯胁迫下松墨天牛分子响应的比较研究	林 同	201201	201512	60	60
34	国家自然科学基金	国家自然科学基金委员会	面上项目	31170654	伴生真菌协同兰科丝核菌促进兰花生长的细胞与分子机制	赵小兰	201201	201512	56	56
35	国家自然科学基金	国家自然科学基金委员会	面上项目	31171825	雌根结线虫调控其寄主巨型细胞空泡泡化信号转导机制研究	王新荣	201201	201512	55	55
36	国家自然科学基金	国家自然科学基金委员会	面上项目	30972029	利用 2n 配子创建墨兰多倍体资源	张志胜	201001	201212	35	35

（续）

序号	项目来源	项目下达部门	项目级别	项目编号	项目名称	负责人姓名	项目开始年月	项目结束年月	项目合同总经费（万元）	属本单位本学科的到账经费（万元）
37	国家自然科学基金	国家自然科学基金委员会	面上项目	31172253	调控亚精胺、精胺生物合成提高假俭草抗逆性的研究	卢少云	201201	201512	58	35
38	国家自然科学基金	国家自然科学基金委员会	面上项目	30971944	印楝素对果蝇复眼发育的miRNA调控途径的干扰机制	钟国华	201001	201212	34	34
39	国家自然科学基金	国家自然科学基金委员会	面上项目	31072074	光合相关基因 CP12 的表达及调控与柱花草抗寒性的关系	郭振飞	201101	201312	33	33
40	国家自然科学基金	国家自然科学基金委员会	面上项目	30972027	狗牙根荬变体的矮化抗旱性机理研究	卢少云	201001	201212	31	31
41	国家自然科学基金	国家自然科学基金委员会	面上项目	30972138	象草 4CL 基因的生物信息学分析与表达调控研究	解新明	201001	201212	30	30
42	国家自然科学基金	国家自然科学基金委员会	面上项目	31070159	拟南芥果实开裂区的结构、发育与功能	吴鸿	201001	201312	30	30
43	国家自然科学基金	国家自然科学基金委员会	面上项目	31470026	基于电导特征的油茶养分快速检测技术	奚如春	201409	201702	30	30
44	国家自然科学基金	国家自然科学基金委员会	面上项目	30972388	β-酮酯酰基合酶Ⅲ调控麻疯树脂防酸合成的分子机制	陈晓阳	201001	201212	30	30
45	国家自然科学基金	国家自然科学基金委员会	青年项目	31400544	桉树内生真菌及其抗桉树青枯病菌活性成分的研究	单体江	201409	201712	25	25
46	国家自然科学基金	国家自然科学基金委员会	青年项目	31100402	退化生态系统恢复的最佳经济投入模式与动态耦合模型研究	虞依娜	201201	201412	24	24

（续）

序号	项目来源	项目下达部门	项目级别	项目编号	项目名称	负责人姓名	项目开始年月	项目结束年月	项目合同总经费（万元）	属本单位本学科的到账经费（万元）
47	国家自然科学基金	国家自然科学基金委员会	青年项目	31401899	兰花远缘杂交后代高频发生2n雄配子的分子机理	谢利	201409	201712	24	24
48	国家自然科学基金	国家自然科学基金委员会	青年项目	41101147	城市宜居性建设的供需差动研究——以广州市为例	丛艳国	201201	201412	23	23
49	国家自然科学基金	国家自然科学基金委员会	面上项目	41240007	珠江流域典型重金属超标农田土壤胁迫与有机养分转化的微生物学机制	李永涛	201201	201312	20	20
50	国家自然科学基金	国家自然科学基金委员会	青年项目	31000095	中国鹅绒藤属（萝藦科）的分类学研究	秦新生	201101	201312	20	20
51	国家自然科学基金	国家自然科学基金委员会	青年项目	31100433	桉叶多酚抗氧化成分提取分离及其抗氧化作用机理研究	肖苏尧	201201	201412	20	20
52	国家自然科学基金	国家自然科学基金委员会	面上项目	31270594	基于应拉木形成的基因筛选与功能解析	黄少伟	201301	201312	15	15
53	澳门民政总署	澳门特区政府	一般项目	h2011682	澳门园林绿化景观环境质量提升行动首期规划	李敏	201111	201211	120	120
54	澳门民政总署	澳门特区政府	一般项目	h2013066	澳门园林绿化景观环境品质提升行动二期规划	李敏	201211	201312	120	120
55	科技基础性工作专项项目	科技部	一般项目	2013FY111500-5-3	罗霄山脉地区中段南段湖南境昆虫多样性调查	童晓立	201306	201805	40	40
56	农业科技成果转化资金	科技部	一般项目	2011GB24320010	青藏高原干旱区优良抗逆灌木树种中试与示范	李吉跃	201104	201304	20	20
57	星火计划	科技部	一般项目	h2011694	油茶产业化生产	黄永芳	201102	201202	10	10

（续）

序号	项目来源	项目下达部门	项目级别	项目编号	项目名称	负责人姓名	项目开始年月	项目结束年月	项目合同总经费（万元）	属本单位本学科的到账经费（万元）
58	科技基础条件平台建设计划	科技部	一般项目	2008FY110400-1-12	海南非粮柴油能源植物调查、收集与保存	秦新生	200812	201311	10	10
59	科技基础性工作专项项目	科技部	一般项目	2013FY111500-1	罗霄山脉地区自然地理环境调查	苏志尧	201306	201705	20	20
60	公益性行业（林业）科研专项经费项目	国家林业局	一般项目	201004020	优良速生阔叶树种黄梁木和红椿定向培育技术	陈晓阳	201001	201412	240	240
61	公益性行业（林业）科研专项经费项目	国家林业局	一般项目	201104003	桉树生态经营与产业升级关键技术子项目	曹　庸	201105	201412	143	143
62	中央财政林业科技推广示范项目	国家林业局	一般项目	2014-GDBS-01	广东省揭阳市油茶标准化示范区	奚如春	201407	201706	100	100
63	国家林业局其他项目	国家林业局	一般项目	2013-R17	森林资源监测体系的改进研究	王本洋	201207	201512	100	100
64	公益性行业（林业）科研专项经费项目	国家林业局	一般项目	201404116	石碌含笑等珍贵木兰科树种种质资源与繁育技术研究	邓小梅	201401	201812	149	94
65	林业公益性行业科研专项	国家林业局	一般项目	200904058	优质丰产油茶专用肥研制	奚如春	200901	201312	92	92
66	"948"计划项目（林业）	国家林业局	一般项目	2011-4-75	废弃金属矿山土地综合治理与植被恢复技术	陈晓阳	201101	201312	60	60

（续）

序号	项目来源	项目下达部门	项目级别	项目编号	项目名称	负责人姓名	项目开始年月	项目结束年月	项目合同总经费（万元）	属本单位本学科的到账经费（万元）
67	"948" 计划项目（林业）	国家林业局	一般项目	2009-4-67	用于提取精制茶油的亚临界流体萃取与分子蒸馏技术引进	庄雪影	200901	201212	47.64	47.64
68	公益性行业（林业）科研专项经费项目	国家林业局	一般项目	201304401	松墨天牛高效诱剂及配套技术研发与示范	温秀军	201212	201512	47	47
69	"948" 计划项目（林业）	国家林业局	一般项目	2014-4-72	高脂火炬松松种质资源与定向选育技术引进	黄少伟	201401	201812	45	45
70	公益性行业（林业）科研专项经费项目	国家林业局	一般项目	201204303	黎蒴等华南重要乡土树种良种选育研究	黄少伟	201201	201612	43	43
71	林业软科学课题	国家林业局	一般项目	2011-R03	南方林业发展战略研究	陈世清	201101	201212	25	25
72	中央部门预算林业科技项目	国家林业局	一般项目	2014-xpc-01	'华楝1号' 授权新品种化应用	莫晓勇	201401	201512	20	20
73	公益性行业（林业）科研专项经费项目	国家林业局	一般项目	201104057	热带雨林大样地植物多样性及空间分布格局的研究	庄雪影	201106	201412	14	14
74	中央财政林业科技推广示范项目	国家林业局	一般项目	JXTG＜2013＞03	小叶红叶石楠组培规模化育苗技术推广与示范	邓小梅	201305	201502	10	10
75	公益性行业（林业）科研专项经费项目	国家林业局	一般项目	2009010101	天山云山种群结构与遗传多样性研究	刘　萍	201001	201212	10	10

（续）

序号	项目来源	项目下达部门	项目级别	项目编号	项目名称	负责人姓名	项目开始年月	项目结束年月	项目合同总经费（万元）	属本单位本学科的到账经费（万元）
76	林业行业标准化项目	国家林业局	一般项目	2014-LY-167	华南石灰岩地区造林技术规程	吴永彬	201412	201512	8	8
77	林业行业标准化项目	国家林业局	一般项目	2012-LY-139	松材线虫PCR检测技术规程	王新谷	201201	201312	8	8
78	公益性行业（农业）科研专项	农业部	一般项目	200903052	印楝素绿色提取技术与环保农药的研究应用	徐汉虹	200907	201107	152	152
79	"948"计划项目	农业部	一般项目	2011-Z50	优良藤本饲料植物剑豆种质资源引进	陈晓阳	201003	201312	80	80
80	环境保护部生物多样性研究计划专项	环境保护部	一般项目	h2013266	广西都安县洞穴生物多样性本底调查研究	田明义	201305	201405	50	50
81	教育部高等学校博士学科点专项科研基金	教育部	一般项目	201344041100008	杜花草响应低温的分子机制研究	郭振飞	201401	201612	12	12
82	教育部博士学科点专项基金	教育部	一般项目	201244041100011	RNA干扰沉默CAD基因对象草木质素合成的影响	解新明	201301	201512	12	12
83	教育部高等学校博士学科点专项科研基金	教育部	一般项目	201344041100019	基于抑制昆虫雌性生殖干细胞分化活性的路杂蓬碱构效关系研究	钟国华	201401	201612	12	12
84	教育部博士学科点专项基金	教育部	一般项目	201244041100007	广东石漠化地区优良抗逆树种筛选及植被恢复机理研究	李吉跃	201301	201512	12	12

合计	国家级科研项目	数量（个）	65	项目合同总经费（万元）	11 230.74	属本单位本学科的到账经费（万元）	7 239.51

II-2-2 其他重要科研项目

序号	项目来源	合同签订/项目下达时间	项目名称	负责人姓名	项目开始年月	项目结束年月	项目合同总经费（万元）	属本单位本学科的到账经费（万元）
1	广东省教育厅	200901	生物质能源原料开发与转化重点实验室	陈晓阳	200901	201212	250	250
2	广东电网公司汕尾供电局	201207	广东海丰鸟类省级自然保护区综合考察及总体规划调整	王本洋	201207	201412	186	186
3	华南植物园、中国林业科学研究院热带林业研究所	201402	广州市东部片区森林碳汇计量与监测研究	苏志尧	201402	201610	131.30	131.3
4	深圳市仙湖植物园管理处	201310	仙湖植物园专类园区、科普园区系统标识维护更新	吴永彬	201310	201610	102.30	102.3
5	湖南惠农生物工程有限公司	200903	茶皂素的研究与应用	徐汉虹	200903	201312	100	100
6	广东省农业厅	201001	广东现代农业产业技术体系岗位专家一花卉的生物技术育种	范燕萍	201001	201212	90	90
7	广东电网公司惠州供电局	201204	惠州象头山国家级自然保护区综合考察及总体规划	刘 萍	201204	201412	148.80	89.28
8	无限极（中国）有限公司	201305	氧化白藜芦醇生产工艺及活性研究	曹 庸	201305	201405	80	80
9	广东省林业厅	201112	楝科、樟科优质速生树种良种和高效栽培技术研究与示范	陈晓阳	201110	201612	240	240
10	广州市从化温泉自然保护区	201202	广州市从化温泉自然保护区功能区调整、总规修编及综合考察报告	侯碧清	201110	201202	69	69
11	天下泽雨农业科技有限公司	201305	松果菊生物技术育种和苗生产的研究	杨跃生	201305	201605	68	68
12	广东省财政厅	201101	澳大利亚优良花木引种驯化研究	冯志坚	201101	201312	60	60
13	东莞市景园实业投资有限公司	201311	菊叶薯蓣等资源与利用技术及发展战略研究	谢 君	201401	201812	300	60
14	广州市农业局	201407	高档盆花新品种选育与生产示范	张志胜	201407	201506	188	56.4
15	广东省林业厅	201101	生态公益林分改造及可持续经营关键技术研究与示范	陈红跃	201101	201512	55	55
16	嘉汉林业（广州）有限公司	201001	嘉汉河源桉树人工精准施肥配套技术研究	李吉跃	201003	201312	50	50

（续）

序号	项目来源	合同签订/项目下达时间	项目名称	负责人姓名	项目开始年月	项目结束年月	项目合同总经费（万元）	属本单位本学科的到账经费（万元）
17	雷州市林业局	200803	桉树人工林系统培育技术研究	莫晓勇	200803	201212	50	50
18	广东省林业厅	201112	松树短周期采脂林良种选育、优质栽培及采收加工技术研究与示范	黄少伟	201112	201512	75	75
19	广东省教育厅	201312	利用先进的萃取精制与微囊化技术研发天然脂溶性功能食品配料	曹 庸	201401	201612	50	50
20	东莞市自然保护区森林公园管理办公室	201308	银瓶山自然保护区生态监测网点建设（2013年）	苏志尧	201308	201812	48	48
21	中国林业科学研究院热带林业研究所	201212	500kV东海岛输电线路工程跨湛江红树林国家级自然保护区生态修复工程设计方案	徐正春	201212	201312	45.45	45.45
22	广东电网公司湛江供电局	201301	500kV东海岛输变电工程红树林保护区段生态评估报告	徐正春	201301	201406	45	45
23	中山市国有林资源保护中心	201403	中山市长江库区水源林市级自然保护区总体规划修编采购项目	苏志尧	201403	201412	43.94	43.94
24	华南植物园	201312	广州市东部片区森林碳汇计量与监测研究	苏志尧	201212	201610	43.70	43.7
25	广东电网公司湛江供电局	201301	500kV东海岛输变电工程红树林保护区段综合考察报告技术服务合同	徐正春	201301	201312	43.48	43.48
26	广东省发展和改革委员会	201207	畜禽场废弃物消纳与森林碳汇耦合集成技术示范	陈晓阳	201207	201605	40	40

Ⅱ-2-3　人均科研经费

人均科研经费（万元／人）	89.72

II-3 本学科代表性学术论文质量

II-3-1 近五年（2010—2014年）国内收录的本学科代表性学术论文

序号	论文名称	第一作者	通讯作者	发表刊次（卷期）	发表刊物名称	收录类型	中文影响因子	他引次数
1	闽花树 α 扩展蛋白基因的克隆及表达分析	欧阳昆唏	陈晓阳	2013，49（9）	林业科学	CSCD	1.512	3
2	基子近红外光谱的油茶种子含油量定标模型构建	窦如春	陈晓阳	2013，49（4）	林业科学	CSCD	1.028	1
3	施肥对毛白杨杂种无性系幼苗生长和光合的影响	赵 燕	李吉跃	2010，46（4）	林业科学	CSCD	1.028	23
4	火炬松核心育种群体子代生长变异与选择	刘天颐	黄少伟	2013，49（2）	林业科学	CSCD	1.028	1
5	冰雪灾害后的粤北森林大型土壤动物功能类群	肖以华	佟富春	2010，46（7）	林业科学	CSCD	1.028	12
6	温度调控对南岭栲木根茎对花与花芽分化的影响	盛爱武	刘念、范燕萍	2011，44（2）	中国农业科学	CSCD	1.188	3
7	N 素指数施肥对沉香苗期光合生理特性的影响	王 申	李吉跃	2011，33（6）	北京林业大学学报	CSCD	0.873	17
8	苦楝果核及种子性状地理变异的研究	陈丽君	陈晓阳	2014，36（1）	北京林业大学学报	CSCD	0.873	1
9	阔叶幼苗对 PEG 模拟干旱的生理响应	冯慧芳	薛 立	2011，31（2）	生态学报	CSCD	1.547	45
10	不同施肥方法对马来沉香和土沉香苗期根系生长的影响	王 申	李吉跃、张方秋	2011，31（1）	生态学报	CSCD	1.547	32
11	车八岭山地常绿阔叶林群落结构特征与微地形条件的关系	马旭东	苏志尧	2010，30（19）	生态学报	CSCD	1.547	28
12	低温胁迫时间对 4 种幼苗生理生化及光合特性的影响	邵怡若	薛 立	2013，33（14）	生态学报	CSCD	1.547	10
13	雪灾后粤北山地常绿阔叶林优势树种幼苗更新动态	区余端	苏志尧	2011，31（10）	生态学报	CSCD	1.547	10
14	植物啼类合成酶及其代谢调控的研究进展	岳跃冲	范燕萍	2011，38（2）	园艺学报	CSCD	0.940	30
15	MT-1 象草及其近缘品种的外释微形态特征	张向前	解新明	2010，19（4）	草业学报	CSCD	2.471	7

（续）

序号	论文名称	第一作者	通讯作者	发表刊次（卷期）	发表刊物名称	收录类型	中文影响因子	他引次数
16	中国新疆紫花苜蓿复合体 3 个种的遗传多样性及亲缘关系研究	李飞飞	崔大方	2012，21（1）	草业学报	CSCD	2.471	11
17	大花蕙兰四倍体的离体诱导和鉴定	王木桂	张志胜	2010，30（1）	西北植物学报	CSCD	0.790	15
18	5 种绿化树种叶片比叶重、光合色素含量和 $\delta^{13}C$ 的开度与方位差异	何春霞	李吉跃	2010，34（2）	植物生态学报	CSCD	2.022	45
19	2008 年初特大冰雪灾害对粤北地区杉木人工林木损害的类型及程度	何茜	李吉跃	2010，34（2）	植物生态学报	CSCD	2.022	24
20	广东省桉树人工林土壤有机碳密度及其影响因子	刘姝媛	曾曙才	2010，21（8）	应用生态学报	CSCD	1.742	28
合计				中文影响因子 28.751		他引次数		346

Ⅱ-3-2　近五年（2010—2014 年）国外收录的本学科代表性学术论文

序号	论文名称	论文类型	第一作者	通讯作者	发表刊次（卷期）	发表刊物名称	收录类型	他引次数	期刊 SCI 影响因子	备注
1	PhGRL2 Protein, Interacting with PhACO1, Is Involved in Flower Senescence in the Petunia	Letter	谭银燕	余义勋	2014，7（8）	Molecular Plant	SCI	—	6.605	
2	Gibberellin Indirectly Promotes Chloroplast Biogenesis as a Means to Maintain the Chloroplast Population of Expanded Cells	Article	江幸山	吴鸿	2012，72（5）	Plant Journal	SCI	12	6.582	
3	Hydrogen peroxide and nitric oxide mediated cold- and dehydration-induced myo-inositol phosphate synthase that confers multiple resistances to abiotic stresses	Article	谭嘉力	郭振飞	2013，36（2）	Plant Cell and Environment	SCI	19	5.906	
4	Proper gibberellin localization in vascular tissue is required to regulate adventitious root development in tobacco	Article	钮世辉	陈晓阳	2013，64（11）	Journal of Experimental Botany	SCI	8	5.794	

（续）

序号	论文名称	论文类型	第1作者	通讯作者	发表刊次（卷期）	发表刊物名称	收录类型	他引次数	期刊SCI影响因子	备注
5	Abscisic acid, H_2O_2 and nitric oxide interactions mediated cold-induced S-adenosylmethionine synthetase in *Medicago sativa* subsp. *falcata* that confers cold tolerance through up-regulating polyamine oxidation	Article	郭振飞	郭振飞	2014, 12（5）	Plant Biotechnology Journal	SCI	5	5.677	
6	Identification and expression analysis of ERF transcription factor genes in petunia during flower senescence and in response to hormone treatments	Article	刘娟旭	余义勋	2011, 62（2）	Journal of Experimental Botany	SCI	22	5.364	
7	Adsorption and Kinetic Behavior of Recombinant Multifunctional Xylanase in Hydrolysis of Pineapple Stem and Bagasse and their hemicellulose for Xylo-oligosaccharide Production	Article	赵立超	郭丽琼	2012, 110	Bioresource Technology	SCI	6	4.750	
8	Homogeneous acylation of eucalyptus wood at room temperature in dimethyl sulfoxide/N-methylimidazole.	Article	张爱萍	刘传富	2012, 125	Bioresource Technology	SCI	3	4.750	
9	Cellular antioxidant activities of polyphenols isolated from Eucalyptus leaves（*Eucalyptus grandis* • *Eucalyptus urophylla* GL9）	Article	陈运娇	曹庸	2014, 7	Journal of functional foods	SCI	1	4.480	
10	A novel effector protein MJ-NULG1a targeted to giant cell nuclei plays a role in *Meloidogyne javanica* parasitism	Article	林柏荣	廖金铃	2013, 26（1）	Molecular Plant-Microbe Interactions	SCI	7	4.455	
11	Deep sequencing-based comparative transcriptional profiles of *Cymbidium hybridum* roots in response to mycorrhizal and non-mycorrhizal beneficial fungi	Article	赵小兰	吕复兵	2014, 15	BMC Genomics	SCI	—	4.041	
12	Population Expanding with the Phalanx Model and Lineages Split by Environmental Heterogeneity: A Case Study of *Primula obconica* in Subtropical China	Article	颜海飞	郝刚	2012, 7（9）	Plos One	SCI	7	3.730	
13	The oxidative transformation of sodium arsenite at the interface of α-MnO_2 and water	Article	李秀娟	李永涛	2010, 173（1）	Journal of Hazardous Materials	SCI	25	3.723	

（续）

序号	论文名称	论文类型	第一作者	通讯作者	发表刊次（卷期）	发表刊物名称	收录类型	他引次数	期刊SCI影响因子	备注
14	Dynamic changes of lignin contents of MT-1 elephant grass and its closely related cultivars	Article	解新明	解新明	2011, 35（5）	Biomass and Bioenergy	SCI	3	3.646	
15	Biochemical and Molecular Changes Associated with Heteroxylan Biosynthesis in *Neolamarckia cadamba*（Rubiaceae）during Xylogenesis	Article	赵先海	邓小梅	2014, 5（7）	Frontiers in Plant Science	SCI	—	3.637	
16	Genetic Variability and Population Structure of *Disanthus cercidifolius* subsp. *longipes*（Hamamelidaceae）Based on AFLP Analysis	Article	余　毅	崔大方	2014, 9（9）	Plos One	SCI	—	3.534	
17	The complete mitochondrial genome sequence of *Meloidogyne graminicola*（Tylenchina）: a unique gene arrangement and its phylogenetic implications	Article	孙龙华	廖金铃	2014, 9（6）	Plos One	SCI	1	3.534	
18	Toxic Effect of Destruxin A on Abnormal Wing Disc-Like（SLAWD）in *Spodoptera litura* Fabricius（Lepidoptera: Noctuidae）	Article	孟　翔	任顺祥	2013, 8（2）	Plos One	SCI	2	3.534	
19	Characterization of two monoterpene synthases involved in floral scert formation in *Hedychium coronarium*	Article	岳跃冲	范燕萍	2014, 240（4）	Planta	SCI	—	3.376	
20	A cold responsive galactinol synthase gene from *Medicago falcata*（*MfGolS1*）is induced by myo-inositol and confers multiple tolerances to abiotic stresses	Article	卓春柳	郭振飞	2013, 149（1）	Physiologia Plantarum	SCI	10	3.262	
21	Nitric oxide mediates cold- and dehydration-induced expression of a novel *MfHyPRP* that confers tolerance to abiotic stress	Article	谭嘉力	郭振飞	2013, 149（3）	Physiologia Plantarum	SCI	7	3.262	
22	Octahydrogenated Retinoic Acid-Conjugated Glycol Chitosan Nanoparticles as a Novel Carrier of Azadirachtin: Synthesis	Article	路　伟	徐汉虹	2013, 51（18）	Journal of Polymer Science	SCI	1	3.245	

（续）

序号	论文名称	论文类型	第一作者	通讯作者	发表刊次（卷期）	发表刊物名称	收录类型	他引次数	期刊SCI影响因子	备注
23	Analysis and evaluation of essential oil components of cinnamon barks using GC-MS and FT-IR spectroscopy	Article	李雁群	吴鸿	2013, 41	Industrial Crops and Products	SCI	10	3.208	
24	Variations in essential oil yields and compositions of *Cinnamomum cassia* leaves at different developmental stages	Article	李雁群	吴鸿	2013, 47	Industrial Crops and Products	SCI	3	3.208	
25	Synthesis of a Series of Monosaccharide-Fipronil Conjugates and Their Phloem Mobility	Article	袁建国	徐汉虹	2013, 61（18）	Journal of Agricultural and Food Chemistry	SCI	4	3.107	
26	Cloning and characterization of a DCEIN2 gene responsive to ethylene and sucrose in cut flower carnation	Article	付朝弟	余义勋	2011, 105（3）	Plant Cell, Tissue & Organ Culture	SCI	6	3.090	
27	AFLP-based molecular characterization of 63 populations of *Jatropha curcas* L. grown in provenance trials in China and Vietnam	Article	沈俊岭	陈晓阳	2012, 37	Biomass and Bioenergy	SCI	10	2.975	
28	Isolation and Characterization of Lignins from *Eucalyptus tereticornis*（12ABL）	Article	张爱萍	吕发创	2010, 58（21）	Journal of Agricultural and Food Chemistry	SCI	11	2.816	
29	Effect of genotype by spacing interaction on radiata pine genetic parameters for height and diameter growth	Article	林元震	吴夏明	2013, 304	Forest Ecology and Management	SCI	1	2.667	
30	Functional Conservation of the Glycosyltransferase Gene GT47A in the Monocot Rice	Article	张保龙	吴蔼民	2014, 127（3）	Journal of Plant Research	SCI	—	2.507	
合计	SCI 影响因子	120.465				他引次数		184		

Ⅱ-5 已转化或应用的专利 (2012—2014 年)

序号	专利名称	第一发明人	专利申请号	专利号	授权（颁证）年月	专利受让单位	专利转让合同金额（万元）
1	一种诃子育苗的方法（专利转让有效期）	黄少伟	200810026196.6	ZL 200810026196.6	201102	广州市佰盛园林绿化工程有限公司	16
2	印楝素与鱼藤酮混配的农药制剂（专利转让有效期 2011—2018）	徐汉虹	01119394.8	01119394.8	200406	广东园田生物工程有限公司	1200
3	一种麻疯树叶柄外植体直接再生不定芽的方法	刘 颖	201310133492.7	ZL 201310133492.7	201411	—	—
4	一种促进麻疯树外植体再生不定芽的方法	刘 颖	201310333563.8	ZL 201310333563.8	201411	—	—
5	一种多功能连续相变萃取装置	曹 庸	201310306553.5	ZL 201310306553.5	201407	—	—
6	一种爪哇根结线虫高效基因 Mj-nulg，相关蛋白及应用	廖金铃	201210125811.5	ZL 201210125811.5	201407	—	—
7	三种毒芹属植物的提取物的杀虫活性	徐汉虹	201110169768.8	ZL 201110169768.8	201312	—	—
8	三种香豆素类化合物的杀虫活性	徐汉虹	201110169777.7	ZL 201110169777.7	201312	—	—
9	一种富含 γ-氨基丁酸的檀香叶提取液及其制备方法	贺丽萍	201210257270.1	ZL 201210257270.1	201311	—	—
10	一种来自绿木霉的杀线虫化合物及其制备方法和应用	廖金铃	201110350972.X	ZL 201110350972.X	201311	—	—
11	苯酚类化合物及其制备方法和应用	徐汉虹	201110127018.4	ZL 201110127018.4	201311	—	—
12	鱼藤酮与抗生素菌剂混配农药制剂	徐汉虹	201010120797.0	ZL 201010120797.0	201309	—	—
13	小蘖碱作为除草剂的应用	周利娟	201110245670.6	ZL 201110245670.6	201309	—	—
14	鱼藤酮与抗生素菌剂混配的农药制剂	徐汉虹	201010120651.6	ZL 201010120651.6	201308	—	—
15	喹类化合物及其制备方法和应用	徐汉虹	201110127016.5	ZL 201110127016.5	201307	—	—
16	苯酚类化合物及其制备方法和应用	徐汉虹	201110126998.6	ZL 201110126998.6	201306	—	—
17	鱼藤酮与抗生素杀虫剂混配农药制剂	徐汉虹	201010115155.1	ZL 201010115155.1	201306	—	—

（续）

序号	专利名称	第一发明人	专利申请号	专利号	授权（颁证）年月	专利受让单位	专利转让合同金额（万元）
18	一种宠物体外抗虫喷剂及其制备和使用方法	徐汉虹	201010108412.9	ZL 201010108412.9	201306	—	—
19	一种从林木基因组中高通量开发 SSR 标记的方法	林元震	201110123288.8	ZL 201110123288.8	201305	—	—
20	鱼藤酮与杀螨剂混配的农药制剂	徐汉虹	201010258738.X	ZL 201010258738.X	201305	—	—
21	一种具杀线虫活性的木霉属真菌及其制备方法与应用	廖金铃	201110376616.5	ZL 201110376616.5	201305	—	—
22	一种适于重金属污染区种植的能源作物品种筛选方法	陈晓阳	2009102137991.1	ZL 2009102137991.1	201304	—	—
23	鱼藤酮与杀螨剂的混配农药制剂	徐汉虹	201010258740.7	ZL 201010258740.7	201301	—	—
24	枯草芽孢杆菌 HL-1 及其在土壤解磷方面的应用	李永涛	201110282657.8	ZL 201110282657.8	201301	—	—
25	一种宠物体外杀虫香波及其制备和使用方法	徐汉虹	201010108415.2	ZL 201010108415.2	201210	—	—
26	茶皂素与昆虫生长调节剂混配的杀虫剂	钟国华	2009102143641.9	ZL 2009102143641.9	201210	—	—
27	一种食线虫真菌及其制备方法与应用	廖金铃	201010181181.4	ZL 201010181181.4	201208	—	—
28	重金属污染土壤改良剂及植物化学联合修复方法	陈晓阳	2009101936925.5	ZL 2009101936925.5	201206	—	—
29	拟除虫菊酯类农药降解菌及其菌剂	钟国华	201010284100.3	ZL 201010284100.3	201206	—	—
30	氨基酸与农药的藕合物及其制备方法与作为农药的应用	徐汉虹	201010002382.3	ZL 201010002382.3	201202	—	—
31	一种石斛兰冷库催花的方法	王燕君（刘伟 2）	201310436743.9	ZL 201310436743.9	201412	—	—
32	有机肥及其制备方法和一种防治土传病虫害的方法	张志祥（徐汉虹 2）	201210359229.5	ZL 201210359229.5	201412	—	—

（续）

序号	专利名称	第一发明人	专利申请号	专利号	授权（颁证）年月	专利受让单位	专利转让合同金额（万元）
33	有机肥及其制备方法和一种防治土传病虫害的方法	张志祥（徐汉虹 2）	201210359329.8	ZL201210359329.8	201412	—	—
34	有机肥及其制备方法和一种防治土传病虫害的方法	张志祥（徐汉虹 2）	201210359251.X	ZL201210359251.X	201412	—	—
35	有机肥及其制备方法和一种防治土传病虫害的方法	黄素青（徐汉虹 2）	201210359283.X	ZL201210359283.X	201412	—	—
36	有机肥及其制备方法和一种防治土传病虫害的方法	张志祥（徐汉虹 2）	201210359273.6	ZL201210359273.6	201407	—	—
37	一种拟除虫菊酯类农药降解菌及其菌剂	胡美英（钟国华 2）	201010284118.3	ZL201010284118.3	201311	—	—
38	苏云金芽孢杆菌 GL-1 及在土壤磷解方面的应用	蔡燕飞（李永涛 2）	201110224021.8	ZL201110224021.8	201301	—	—
39	一种粘虫胶及其制备方法	温迹（温秀军 4）	201010564743.3	ZL201010564743.3	201205	—	—
40	黑木相思苗专用复合肥	丁晓纲（李吉跃 4）	201010531816.9	ZL201010531816.9	201201	—	—
41	一种兜兰花期调控方法	王燕君（刘伟 7）	201110314067.9	ZL201110314067.9	201201	—	—
合计	专利转让合同金额（万元）				1 216		

Ⅲ 人才培养质量

序号	获奖级别	项目名称		证书编号	完成人	获奖等级	获奖年度	参与单位数	本单位参与学科数
	**Ⅲ-1 优秀教学成果奖（2012—2014 年）**								
1	省级	地方农业院校本科多样化人才培养模式的研究与实践		2014036	陈晓阳	一等奖	2014	1	1
2	省级	突出实践能力培养、强化自主学习的植物学课程体系构建		2014166	吴鸿、崔大方、郝刚等	二等奖	2014	1	1
合计	国家级	一等奖（个）	—	二等奖（个）	—	三等奖（个）		—	
	省级	一等奖（个）	1	二等奖（个）	1	三等奖（个）		—	

Ⅲ-2 研究生教材（2012—2014 年）

序号	教材名称	第一主编姓名	出版年月	出版单位	参与单位数	是否精品教材
1	R 与 ASReml-R 统计分析教程	林元震、陈晓阳	201403	中国林业出版社	5（1）	—
2	园林树木学（华南本第三版）	庄雪影	201409	华南理工大学出版社	9（1）	—
3	园林植物学	冯志坚	201305	重庆大学出版社	4（1）	—
4	海南吊罗山野生植物彩色图鉴	秦新生	201305	中国林业出版社	5（1）	—
5	计算机辅助园林设计	杨学成	201208	重庆大学出版社	1（1）	—
6	城市林业	李吉跃	201008	高等教育出版社	4（1）	是
7	森林资源与林业可持续发展	李际平（刘萍、陈世清副主编）	201212	中国林业出版社	4（2）	—
8	园林苗圃学	周厚高（玉云祎参编）	201408	中国农业出版社	13（4）	—
9	森林遗传学	崔建国（黄少伟参编）	201308	科学出版社	6（3）	—
10	农业资源及可持续利用	段建南（李永涛参编）	201303	中国农业出版社	11（6）	—
合计	国家级规划教材数量	5		精品教材数量		1

Ⅲ-4　学生国际交流情况（2012—2014 年）				
序号	姓名	出国（境）时间	回国（境）时间	地点（国家 / 地区及高校）	国际交流项目名称或主要交流目的
1	余　钮	201211	201412	美国洛克菲勒大学	广州市菁英计划
2	杨会肖	201207	201308	澳大利亚联邦科工组织（CSIRO）	国家留学基金（CSC）
3	刘　颖	201409	201509	美国罗格斯大学	国家留学基金（CSC）
4	林柏荣	201303	201403	美国 Cornell 大学	合作研究
5	陈运娇	201109	201309	美国罗格斯大学	国家留学基金联合培养博士
6	王德森	201410	201610	美国罗格斯大学	国家留学基金联合培养博士
合计	学生国际交流人数			6	

Ⅲ-5　授予境外学生学位情况（2012—2014 年）			
序号	姓名	授予学位年月	国别或地区	授予学位类别
1	阮唯坚	201412	越南	学术学位博士
2	武文定	201206	越南	学术学位博士
3	尼尔玛	201206	尼泊尔	学术学位硕士
合计	授予学位人数	博士	2	硕士	1

1.16.2　学科简介

1. 学科基本情况与学科特色

　　本学科发展历史可追溯到 1909 年的广东农事试验场。在百年的发展中，涌现出沈鹏飞、陈焕镛、蒋英等学科奠基人。现有林木遗传育种、森林培育、森林经理、森林保护、野生动植物保护与利用、园林植物、经济林学、自然保护区学 8 个学科方向。有专任教师 109 人，其中，教授 46 人，副教授 34 人。有国家百千万跨世纪人才和新世纪百千万人才工程国家级人选 2 名，享受国务院政府特殊津贴人员 7 人，广东省特聘教授 1 人。

　　自 1981 年以来，森林保护学、森林培育学、森林经理学、园林植物学先后获硕士学位授予权，树木学和森林生态学分别获植物学（1989 年）和生态学（2003 年）一级学科博士点招生资格。2006 年植物学被评为国家林业局重点学科。2011 年获批林学一级硕士点，2012 年林学一级学科评为广东省重点学科。2014 年获批自设森林公园管理硕士点。现拥有"亚热带生物资源利用与保护国家重点实验室""广东省森林植物种质创新与利用重点实验室"和"农业部能源植物资源与利用重点实验室"等 10 个国家和省部级科研平台，特别是木本饲料、天然活性物、兽用中药与天然药物 3个广东省工程技术研究中心为木本饲料植物资源、新型植物源农药和牧草天然活性物开发及应用提供强有力的支撑。林学（本科）专业是国家级特色专业建设点，并入选教育部和科技部首批"卓越农林人才教育培养计划"，2011 年获批广东省教学团队。"广东省自然保护区研究中心"和"广东省低碳经济及应对气候变化研究中心"设在本学科。

　　近三年共培养研究生 492 名，其中博士生 61 人。叶龙华 2013 年获全国十佳林业研究生称号，苏咏娱 2014 年作为合作作者在 *Nature* 上发表论文，2 篇硕士论文被评为广东省优秀硕士论文。针对热带亚热带森林资源特点和广东林业发展战略需求，开展了速生乡土阔叶树种和松树遗传改良、华南工业用材林和经济林高效栽培技术、有害生物检验与防治技术、华南观赏植物选择与培育等方面的研究，建立了广东省自然科学基金团队，在油茶和小桐子等木本油料植物的开发和利用方面取得了系列成果。特别是依托农业资源与环境学科开展了矿山重金属污染生态修复、畜禽场废物林用技术研究，提升了学科的交叉融合。在 20 世纪 80 年代"五年消灭荒山、十年绿化广东"和"新一轮绿化广东大行动"中做出了重要贡献。

　　"十二五"以来，共承担 65 项国家级、84 项省部级、321 项其他重要课题，总经费达 1.35 亿元；获得省部级以上科研成果奖 18 项；获得国家发明专利 39 项；发表 CSCD 论文 409 篇、CSSCI 4 篇，此外发表 SCI 论文 187 篇，EI 论文 10 篇。主编教材 13 部，出版学术专著 9 部。

2. 社会贡献

本学科为"五年消灭荒山，十年绿化广东"做出了巨大贡献。率先在全国开展集体林区森林经营方案编制，对全国实施森林分类经营有重要的示范与引领作用。制定了《生态公益林经营类型划分技术规程》（DB44/T 1144—2013）、《商品林经营管理规范》（DB44/T 1143—2013）、《榕树栽培技术规程》（LY/T 2209—2013）、《油茶丰产栽培技术规程》（DB44/T 280—2005）、《林业生态术语》（DB44/T 552—2008）、《森林公园建设规范》（DBJ440100/T 162—2013）、《生态公益林样地调查技术规程》（DB44/T 1389—2014）等广东省地方和行业标准。选育出一批国外松、桉树、油茶、板栗等新品种，并开展速生优质阔叶树种、木本饲料和能源树种良种选育与栽培。学科在重要风景区白云山林分改造和亚运会草坪建植做出了突出贡献，被亚组委授予杰出贡献奖，学科成员被评为全国生态建设突出贡献奖（林木种苗先进工作者）。

功能性天然活性物高效利用技术为相关企业创造了10多亿元的收益。印楝素系列无公害绿色农药专利转让费达1 200万元。昆虫信息素和粘虫胶产品已实现产业化。选育红掌、观赏凤梨、兰花、观叶植物新品种21个，推广种苗500多万株。学科与畜禽养殖企业合作，推广养殖场废弃物消纳与速生丰产林营造相结合，开启了林牧结合的新模式。

学科坚持"营山营林，树木树人"的办学理念，培养专业人才1万余名。杰出人才包括全国政协副主席罗富和、原林业部副部长祝光耀、越南林业部部长阮光河、国家兰科植物种质资源保护中心刘仲健教授等。

学科成员兼任广东省科学技术协会副主席，中国林学会常务理事和灌木分会主任及林木遗传育种分会主任，国家林木良种审定委员会委员和生态林专业委员会主任，国家林业局自然保护研究中心副主任，中国林学会城市森林分会副理事长，中国林学会树木生理生化专业委员会、森林土壤专业委员会、森林经理和经济林分会常务理事，中国系统工程协会林业专业委员会副主任，亚洲园林协会新闻与出版委员会主任委员和《林业科学》《生态学报》《世界林业研究》《中国城市林业》《草业学报》《草原与草坪》《世界园林》及 *Forest Studies in China* 等学术期刊编委。此外，学科成员还兼任多个园林类上市公司的主要领导职务。

学科成员作为企业科技特派员积极开展林业专业技术人员培训和科技推广工作，2011年被国家林业局、中国林业产业联合会授予"中国林业产业突出贡献奖"。学科成员主持编写《岭南植物文化特征》，推动了岭南地区植物文化的应用和科学普及。在岭南地区濒危古树的挽救及保护方面做出了重要贡献。

1.17 四川农业大学

1.17.1 清单表

Ⅰ 师资队伍与资源

序号	专家类别	专家姓名	出生年月	获批年月	备注
			Ⅰ-1 突出专家		
1	享受政府特殊津贴人员	邱德勋	192903	199202	
2	享受政府特殊津贴人员	张 健	195708	199302	
3	享受政府特殊津贴人员	罗承德	194608	200002	
4	享受政府特殊津贴人员	胡庭兴	195212	200002	
5	享受政府特殊津贴人员	王 刚	196204	201502	
6	教育部新世纪优秀人才	杨万勤	196909	200705	
合计	突出专家数量（人）			6	

类型	数量	类型	数量	类型	数量
		Ⅰ-3 专职教师与学生情况			
专职教师数	73	其中，教授数	22	副教授数	25
研究生导师总数	61	其中，博士生导师数	21	硕士生导师数	52
目前在校研究生数	298	其中，博士生数	30	硕士生数	268
生师比	4.58	博士生师比	1.42	硕士生师比	5.15
近三年授予学位数	316	其中，博士学位数	23	硕士学位数	293

序号	重点学科名称	重点学科类型	学科代码	批准部门	批准年月
		Ⅰ-4 重点学科			
1	长江上游林业与环境生态工程	国家"211工程"重点建设学科	—	教育部	1997/2002/2007
2	森林培育	四川省重点学科	090702	四川省教育厅	200001
3	森林培育	四川省"重中之重"学科	090702	四川省教育厅	200401
4	森林培育	国家林业局重点学科	090702	国家林业局	200601
合计	二级重点学科数量（个）	国家级	—	省部级	4

I-5　重点实验室					
序号	实验室类别	实验室名称	批准部门	批准年月	
1	省高校重点实验室	生态林业工程实验室	四川省教育厅	199901	
2	省高校重点实验室	森林保护学实验室	四川省教育厅	200112	
3	省示范中心	森林资源类实验教学示范中心	四川省教育厅	200809	
4	省部级重点实验室	长江上游林业生态工程重点实验室	四川省政府	200809	
5	省高校重点实验室	水土保持与荒漠化防治重点实验室	四川省教育厅	201303	
6	省高校重点实验室	木材工业与家具工程重点实验室	四川省教育厅	201303	
7	省协同创新中心	长江上游生态安全协同创新中心	四川省教育厅	201410	
合计	重点实验数量（个）	国家级	—	省部级	7

II 科学研究

II-1 近五年（2010—2014年）科研获奖

序号	奖励名称	获奖项目名称	证书编号	完成人	获奖年度	获奖等级	参与单位数	本单位参与学科数
1	教育部高校科研优秀成果奖（科学技术）	长江上游低山丘陵区水土流失综合治理技术及示范	2009-279	张健，胡庭兴等	2010	二等奖	四川农业大学（1）	—
2	省级科技进步奖	川旱系列核桃杂交良种选育及配套技术应用推广	2013-02-57-D01	肖千文张健等	2013	二等奖	四川农业大学（1）	—
3	省级科技进步奖	岷江流域生态补偿机制与配套政策研究	2014-J-2-67-D01	杨万勤张健等	2014	二等奖	四川农业大学（1）	—
4	省级科技进步奖	花椒品种选育及产业化研究与示范	2014-J-2-57-D01	叶萌等	2014	二等奖	四川农业大学（1）	—
5	省级科技进步奖	雨雪冰冻灾害后四川主要经济竹种林复恢复重建关键技术研究与示范	2014-J-2-53-D01	刘应高等	2014	二等奖	四川农业大学（1）	—
6	省级科技进步奖	山地森林—干旱河谷交错植被恢复与重建技术及示范	2011-3-0589	宫渊波等	2011	三等奖	四川农业大学（2）	—
7	省级科技进步奖	杂交竹梢枯病及综合防治技术研究	2010-3-0600	朱天辉等	2011	三等奖	四川农业大学（1）	—
8	省级科技进步奖	丘陵区金丝枣落果、裂果防治技术研究	2014-J-3-113-D01	叶萌等	2014	三等奖	四川农业大学（1）	—
9	省级科技进步奖	华山松大小蠹无公害防治技术研究	2014-J-3-112-D01	杨伟等	2014	三等奖	四川农业大学（1）	—
合计	科研获奖数量（个）	国家级	特等奖	—			—	
			一等奖	—				
		省部级	一等奖	一等奖				
			二等奖	5			4	

II-2　代表性科研项目（2012—2014年）

II-2-1　国家级、省部级、境外合作科研项目

序号	项目来源	项目下达部门	项目级别	项目编号	项目名称	负责人姓名	项目开始年月	项目结束年月	项目合同总经费（万元）	属本单位本学科的到账经费（万元）
1	国家科技支撑计划	科技部	课题	2011BAC09B05	长江上游低山丘陵区生态综合整治技术及示范	张　健	201101	201512	762	602
2	部委级科研项目	教育部	教育部新世纪优秀人才支持计划项目	NCET-07-0592	季节性冻融对高寒森林土壤生态过程的影响	杨万勤	200801	201212	50	50
3	国家自然科学基金	国家自然科学基金委员会	面上项目	31370628	马尾松人工林林窗对凋落物分解的影响	张　健	201401	201712	85	86
4	国家自然科学基金	国家自然科学基金委员会	面上项目	31270498	高山森林雪被斑块对凋落叶化学组分变化及腐殖质累积的影响	吴福忠	201301	201612	81	81
5	国家自然科学基金	国家自然科学基金委员会	面上项目	31270694	云斑天牛成虫寄主选择机制及在其种群持续控制中的作用	杨　伟	201301	201612	78	78
6	国家自然科学基金	国家自然科学基金委员会	面上项目	31170423	亚高山/高山森林林隙对凋落物分解的影响	杨万勤	201201	201512	65	65
7	国家自然科学基金	国家自然科学基金委员会	面上项目	30872014	巨桉人工林生态系统生物多样性形成过程	张　健	200901	201212	37	37
8	国家自然科学基金	国家自然科学基金委员会	面上项目	31370436	两性花植物个体大小依赖的性分配：假说和实验论证	操国兴	201401	201712	34	34
9	国家自然科学基金	国家自然科学基金委员会	面上项目	31070578	杂交竹梢枯病菌毒素化学及其精确作用机制研究	朱天辉	201101	201312	31	31
10	国家自然科学基金	国家自然科学基金委员会	青年项目	31300513	美洲黑杨雌雄植株对铅镉复合污染的生理适应性研究	陈良华	201401	201612	27	27

（续）

序号	项目来源	项目下达部门	项目级别	项目编号	项目名称	负责人姓名	项目开始年月	项目结束年月	项目合同总经费（万元）	属本单位本学科的到账经费（万元）
11	国家自然科学基金	国家自然科学基金委员会	青年项目	31300528	巨桉人工林挥发性单萜对土壤生物的作用	张丹桔	201401	201612	25	25
12	国家自然科学基金	国家自然科学基金委员会	青年项目	31200474	雪被斑块对高山森林土壤氮转化的影响	徐振锋	201301	201512	23	23
13	国家自然科学基金	国家自然科学基金委员会	青年项目	31200345	季节性雪被对高山森林－苔原交错带代表性植物凋落物分解过程的影响	刘 洋	201301	201512	22	22
14	国家自然科学基金	国家自然科学基金委员会	青年项目	31300522	华西雨屏区天然次生林土壤呼吸对模拟氮沉降的响应	涂利华	201401	201612	22	22
15	国家自然科学基金	国家自然科学基金委员会	青年项目	41201296	川南天然常绿阔叶林人工更新后土壤碳库和氮库对氮沉降的响应	龚 伟	201301	201512	21	21
16	国家自然科学基金	国家自然科学基金委员会	青年项目	31000213	高山森林雪被斑块对凋落物分解的影响	吴福忠	201101	201312	19	19
17	境外合作项目	四川省林业厅	德国政府贷款四川林业可持续经营项目	G1403083	四川盆地低山丘陵区森林可持续经营技术研究与示范	李贤伟	201403	201712	65	65
18	部委级科研项目	中国博士后科学基金会	特别资助项目	2012T50782	高山森林凋落物前期腐殖化过程及其对气候变化的响应	吴福忠	201201	201412	15	15
19	部委级科研项目	中国博士后科学基金会	特别资助项目	2014T70880	高山森林冬季土壤氮动态对模拟雪被变化的响应	徐振锋	201401	201612	15	15
20	部委级科研项目	中国博士后科学基金会	面上项目	2013M540714	季节性雪被对高山森林冬季土壤氮转化的影响	徐振锋	201301	201512	8	8
21	部委级科研项目	中国博士后科学基金会	面上项目	2012M521707	丛枝菌根对青杨雌雄植株铝助迫生理适应性的影响	陈良华	201301	201412	5	5

（续）

序号	项目来源	项目下达部门	项目级别	项目编号	项目名称	负责人姓名	项目开始年月	项目结束年月	项目合同总经费（万元）	属本单位本学科的到账经费（万元）
22	部委级科研项目	中国博士后科学基金会	面上项目	20110491732	高山森林冬季物质循环及其影响因素	吴福忠	201101	201312	5	5
23	部委级科研项目	教育部	博士学科点基金	20105103110002	暖冬对亚高山森林土壤有机层碳过程的影响	杨万勤	201101	201312	12	12
24	部委级科研项目	国家林业局	中央财政林业科技推广示范	2010TK55	盆中丘陵区低效林改造技术推广示范	李贤伟	201001	201212	11	11
25	部委级科研项目	教育部	博士学科点基金	20115103120003	季节性雪被对川西高山林线凋落物分解的影响	刘 洋	201101	201312	4	4
26	部委级科研项目	教育部	博士学科点基金	20115103120002	一个年龄序列巨桉人工林土壤种子库变化特征	张丹桔	201101	201312	4	4
27	部委级科研项目	教育部	博士学科点基金	20135103120001	遮荫环境对红椿植株吸收、转运与积累重金属铅的影响	高 顺	201401	201612	4	4
28	部委级科研项目	教育部	博士学科点基金	20125103120001	板栗愈伤组织对栗疫菌毒素响应的分子机制研究	韩 珊	201201	201412	4	4
29	部委级科研项目	教育部	博士学科点基金	20125103120018	亚热带天然次生林地下碳循环过程对氮沉降的响应	涂利华	201301	201512	4	4
30	省科技厅项目	四川省科技厅	育种攻关项目	2011NZ0098-10	珍稀名贵树种种质资源收集与利用	胡庭兴	201101	201512	300	203.2
31	省科技厅项目	四川省科技厅	四川省科技成果转化项目	2013NC0028	早实核桃川早1号产业化开发	肖千文	201301	201612	100	100
32	省科技厅项目	四川省科技厅	四川省青年基金培育计划	2012JQ0008	雪被对高山森林凋落物分解过程质量（Quality）变化的影响	吴福忠	201201	201412	44	44
33	省科技厅项目	四川省科技厅	重点实验室项目	—	长江上游林业生态工程四川省重点实验室	胡庭兴	201001	201212	25	25

（续）

序号	项目来源	项目下达部门	项目级别	项目编号	项目名称	负责人姓名	项目开始年月	项目结束年月	项目合同总经费（万元）	属本单位本学科的到账经费（万元）
34	省科技厅项目	四川省科技厅	科技支撑	2010NZ0049	川中丘陵区柏木低产林分改造技术研究	李贤伟	201001	201212	20	20
35	省科技厅项目	四川省科技厅	应用基础项目	2013JY0083	珍贵乡土木本植物对重金属镉污染土壤的修复效率研究	陈良华	201301	201512	10	10
36	省科技厅项目	四川省科技厅	四川省青年基金培育计划	2012JQ0059	雪被对亚高山/高山森林土壤碳过程的影响	杨万勤	201201	201412	10	10
37	省科技厅项目	四川省科技厅	应用基础项目	2012JY0047	盆周低山丘陵区人工林对农业面源污染物质的过滤机制	刘洋	201201	201412	10	10
38	省科技厅项目	四川省科技厅	四川省青年基金培育计划	2011JQ0035	高山森林几种典型凋落物的冬季分解特征	吴福忠	201101	201312	6	6
合计	国家级科研项目		数量（个）	29	项目合同总经费（万元）	2 268		属本单位本学科的到账经费（万元）		1 857.6

II-2-2　其他重要科研项目

序号	项目来源	合同签订/项目下达时间	项目名称	负责人姓名	项目开始年月	项目结束年月	项目合同总经费（万元）	属本单位本学科的到账经费（万元）
1	四川省教育厅	201304	"水土保持与荒漠化防治""木材工业与家具工程"四川省高等学校重点实验室四川省高等学校重点实验室	冯茂松	201401	201612	40	40
2	长江水资源保护科学研究所	201206	岷江、雅砻江综合规划陆生生态评价	刘军	201301	201412	50	50
3	四川省汉源县林业局	201106	优质核桃研究	肖千文	201101	201312	85	40
4	四川省汉源县林业局	201209	汉源花椒抗病抗虫丰产稳产植株优选及无性系规模繁育应用	龚伟	201101	201412	33	33

（续）

序号	项目来源	合同签订/项目下达时间	项目名称	负责人姓名	项目开始年月	项目结束年月	项目合同总经费（万元）	属本单位本学科的到账经费（万元）
5	省教育厅项目	201001	四川省教育厅科技创新团队项目	杨万勤	201101	201312	20	20
6	四川省水利水电设计院规划分院	201205	秀山桐梓水库苍溪县罗源水库等项目泸生态环评	刘 军	201101	201212	20	20
7	四川省峨边县林业局	201406	峨边黑竹沟珙桐等野生特色观赏花木开发利用研究	万雪琴	201401	201604	19	19
8	四川省甘孜藏族自治州林业科学研究所	201211	高海拔地区核桃密植丰产园技术示范与推广项目	赵安玖	201201	201312	15	15
9	卧龙国家级自然保护区	201401	卧龙国家级自然保护区管理计划编制	王 刚	201301	201412	15	15
10	四川省盈基新能源投资有限公司	201303	巨菌草栽培适应性研究	张 健	201101	201312	15	15
11	四川省绵竹市林业局	201106	优质核桃研究	肖千文	201101	201212	15	15
12	四川省汉源县林业局	201209	汉源花椒抗病虫丰产稳产植株优选及无性系规模繁育应用	肖千文	201101	201412	14	14
13	四川农业大学新农村发展研究院新农村服务总站	201403	'慈竹6号'推广示范苗圃基地建设	李贤伟	201307	201412	14	14
14	四川省森林病虫防治检疫总站	201202	林业植物检疫检验实验室建设规范	杨 伟	201201	201312	13	13
15	四川省凉山彝族自治州林业局	201306	林业植物检疫检验实验室建设规范	杨 伟	201201	201312	13	13
16	四川省攀枝花市西区水电局	201204	攀枝花市西区梅子箐水库陆生生态环境境调查报告编制费	刘 军	201201	201212	11	11
17	四川省林业厅种苗站	201406	核桃良种审定	龚 伟	201401	201512	25	10

（续）

序号	项目来源	合同签订/项目下达时间	项目名称	负责人姓名	项目开始年月	项目结束年月	项目合同总经费（万元）	属本单位本学科的到账经费（万元）
18	四川省雅安市市校合作项目	201409	慈竹与杉木复合板加工	王燕高	201401	201512	10	10
19	四川省林木种苗站	201306	四川省林木主要树种良种指标调查	范 川	201301	201312	10	10
20	四川省攀枝花市米易县马鞍山水库建设管理局	201202	米易县马鞍山水库工程陆生生态现状调查与影响评价	刘 军	201201	201312	10	10
21	四川省猛古河流域水电开发有限责任公司	201112	理县猛古河生态评价	刘 军	201101	201212	10	10
22	中国科学院生态中心	201403	川西亚高山针叶林对气候变化响应的研究	宫渊波	201401	201412	7.5	7.5
23	四川省森林病虫防治检疫总站	201310	长江上游重要生态公益林病虫防控技术研究和成果推广应用	刘应高	201301	201512	7	7
24	四川省泸定县林业局	201012	凉山州松材线虫病媒介昆虫综合防治（肿腿蜂利用）	杨 伟	201301	201412	7	7
25	四川省宝兴县林业局	201208	宝兴厚朴品种选育	叶 萌	201201	201412	7	7
26	四川省金阳县林业局	201403	金阳青花椒品种选育	叶 萌	201001	201412	7	7
27	四川省甘孜藏族自治州林业科学研究所	201111	变叶海棠丰产栽培技术及示范	陈小红	201201	201412	7	7
28	四川省森林病虫防治检疫总站	201112	泸定县云南松松材线虫媒介昆虫研究	杨 伟	201101	201212	6	6
29	四川省雅安市林业局	201410	雅安市竹笋丰产培育试验示范	李贤伟	201401	201512	5	5
30	四川省雅安市科技局	201409	雷竹笋用林施肥与覆盖	范 川	201401	201512	5	5

II-2-3　人均科研经费

人均科研经费（万元/人）	31.6

II-3 本学科代表性学术论文质量

II-3-1 近五年（2010—2014年）国内收录的本学科代表性学术论文

序号	论文名称	第一作者	通讯作者	发表刊次（卷期）	发表刊物名称	收录类型	中文影响因子	他引次数
1	干旱胁迫对高山柳（Salix paraplesia）和沙棘（Hippophae rhamnoides）幼苗光合生理特征的影响	蔡海霞	杨万勤	31（9）	生态学报	CSCD	1.547	40
2	模拟氮沉降对华西雨屏区苦竹林细根特性和土壤呼吸的影响	涂利华	胡庭兴	21（10）	应用生态学报	CSCD	1.742	39
3	青藏高原东缘林线交错带糙皮桦幼苗光合特性对模拟增温的响应	徐振锋	胡庭兴	34（3）	植物生态学报	CSCD	2.022	32
4	干旱胁迫对不同施氮水平麻疯树幼苗光合特性及生长的影响	尹丽	胡庭兴	21（3）	应用生态学报	CSCD	1.742	31
5	川西高山典型自然植被对土壤动物多样性	黄旭	张健	21（1）	应用生态学报	CSCD	1.742	28
6	巨桉凋落叶分解对菊苣生长及光合特性的影响	吴秀华	胡庭兴	23（1）	应用生态学报	CSCD	1.742	28
7	模拟氮沉降对华西雨屏区慈竹林土壤活性有机碳库和根生物量的影响	涂利华	胡庭兴	30（9）	生态学报	CSCD	1.547	28
8	模拟氮沉降对华西雨屏区撑绿杂交竹林土壤呼吸的影响	涂利华	胡庭兴	22（4）	应用生态学报	CSCD	1.742	27
9	模拟氮沉降对华西雨屏区苦竹林土壤有机碳和养分的影响	涂利华	胡庭兴	35（2）	植物生态学报	CSCD	2.022	27
10	模拟氮沉降对华西雨屏区慈竹林土壤呼吸的影响	李仁洪	胡庭兴	21（7）	应用生态学报	CSCD	1.742	26
11	元谋干热河谷三种植被恢复模式土壤蓄水及入渗特性	刘洁	李贤伟	31（8）	生态学报	CSCD	1.421	22
12	川南坡地不同退耕模式对土壤团粒结构分形特征的影响	王景燕	胡庭兴	21（6）	应用生态学报	CSCD	1.742	21
13	季节性冻结初期川西亚高山/高山森林土壤细菌多样性	刘利	杨万勤	30（20）	生态学报	CSCD	1.547	20
14	同伐强度对川西亚高山人工云杉林土壤易氧化碳及碳库管理指数的影响	袁喆	罗承德	24（6）	水土保持学报	CSCD	1.052	20
15	防御酶系对山茶灰斑病诱导抗性的响应	李姝江	朱天辉	38（1）	植物保护学报	CSCD	0.890	17
16	Pb胁迫对红椿（Toona ciliata Roem）生长发育及Pb富集特性的影响	胡方洁	张健	31（2）	农业环境科学学报	CSCD	1.108	16
17	不同退耕模式细根（草根）分解过程中C动态及土壤活性有机碳的变化	荣丽	李贤伟	31（1）	生态学报	CSCD	1.547	16
18	雪被去除对川西高山冷杉冬季土壤微生物生物量碳氮和可培养微生物数量的影响	杨玉莲	杨万勤	23（7）	应用生态学报	CSCD	1.742	15
19	雪被去除对川西高山森林冬季土壤温度及碳、氮、磷动态的影响	谭波	杨万勤	22（10）	应用生态学报	CSCD	1.742	15
20	季节性冻融期间土壤动物对岷江冷杉调落叶质量损失的贡献	夏磊	杨万勤	35（11）	植物生态学报	CSCD	2.022	14
合计					中文影响因子 32.403		他引次数	他引次数 482

II-3-2 近五年（2010—2014年）国外收录的本学科代表性学术论文

序号	论文名称	论文类型	第一作者	通讯作者	发表刊次（卷期）	发表刊物名称	收录类型	他引次数	期刊SCI影响因子	备注
1	Isolation and characterization of phosphate-solubilizing bacteria from walnut and their effect on growth and phosphorus mobilization	Article	余旋	朱天辉	47（4）	Biology and Fertility of Soils	SCI	39	2.319	通讯单位
2	The genus cordyceps:a chemical and pharma-cological review	Review	越楷	叶萌	65（2）	Journal of Pharmacy and Pharmacology	SCI	30	2.175	通讯单位
3	Potential allelopathic effect of Eucalyptus grandis across a range of plantation ages	Article	张丹桔	张健	25（1）	Ecological Research	SCI	26	1.565	通讯单位
4	Co-inoculation with phosphate-solubilzing and nitrogen-fixing bacteria on solubilization of rock phosphate and their effect on growth promotion and nutrient uptake by walnut	Article	余旋	朱天辉	50	European Journal of Soil Biology	SCI	24	1.578	通讯单位
5	Short-term simulated nitrogen deposition increases carbon sequestration in a *Pleioblastus amarus* plantatio	Article	涂利华	胡庭兴	340（1-2）	Plant and Soil	SCI	19	2.773	通讯单位
6	Decomposition of *Abies faxoniana* litter varies with freeze-thaw stages and altitudes in subalpine forests of southwest China	Article	朱剑霄	杨万勤	27（6）	Scandinavian Journal of Forest Research	SCI	14	1.197	通讯单位
7	The dynamics pattern of soil carbon and nutrients as soil thawing proceeded in the alpine/subalpine forest	Article	谭波	杨万勤	61（7）	Acta Agriculturae Scandinavica, Section B: Soil & Plant Science	SCI	13	0.699	通讯单位
8	Effects of experimental warming on phenology, growth and gas exchange of treeline birch (*Betula utilis*) saplings, Eastern Tibetan Plateau, China	Article	徐振锋	胡庭兴	131（3）	European Journal of Forest Research	SCI	12	1.982	通讯单位
9	Fine root decomposition in two subalpine forests during the freeze-thaw season	Article	吴福忠	杨万勤	40（2）	Canadian Journal of Forest Research	SCI	12	1.434	通讯单位

（续）

序号	论文名称	论文类型	第一作者	通讯作者	发表刊次（卷期）	发表刊物名称	收录类型	他引次数	期刊SCI影响因子	备注
10	Trait assembly of woody plants in communities across sub-alpine gradients: Identifying the role of limiting	Article	闫帮国	张健	23（4）	Journal of Vegetation Science	SCI	10	2.77	通讯单位
11	Short-term responses of *Picea asperata* seedlings of different ages grown in two contrasting forest ecosystems to experimental warming	Article	徐振锋	刘庆	77	Environmental and Experimental Botany	SCI	10	2.669	第一署名单位
12	Risk Management upon *Jatropha curcas* based Biodiesel Industry of Panzhihua Prefecture in Southwest China	Review	刘轩	叶萌	16（3）	Renewable and Sustainable Energy Review	SCI	9	4.567	通讯单位
13	The effect of chemical fertilizer on soil organic carbon renewal and CO_2 emission: a pot experiment with maize	Article	龚伟	颜晓元	353（1-2）	Plant and Soil	SCI	8	2.733	第一署名单位
14	Temporal Dynamics of Abiotic and Biotic Factors on Leaf Litter of Three Plant Species in Relation to Decomposition Rate along a Subalpine Elevation Gradient	Article	朱剑霄	杨万勤	8（4）	Plos One	SCI	7	3.73	通讯单位
15	Nitrogen addition stimulates different components of soil respiration in a subtropical bamboo ecosystem	Article	涂利华	胡庭兴	58	Soil Biology and Biochemistry	SCI	7	3.504	通讯单位
16	Impact of decomposing *Cinnamomum septentrionale* leaf litter on the growth of Eucalyptus grandis saplings	Article	黄微微	胡庭兴	70	Plant Physiology and Biochemistry	SCI	7	2.775	通讯单位
17	Effect of carbon black on triboelectrification electrostatic potential of MC nylon composites	Article	宁莉萍	宁莉萍	43（3）	Tribology International	SCI	7	1.69	通讯单位
18	Decomposition of different litter fractions in a subtropical bamboo ecosystem as affected by experimental nitrogen deposition	Article	涂利华	胡庭兴	21（6）	Pedosphere	SCI	7	0.978	通讯单位

（续）

序号	论文名称	论文类型	第一作者	通讯作者	发表刊次（卷期）	发表刊物名称	收录类型	他引次数	期刊SCI影响因子	备注
19	The relative importance of architecture and resource competition in allocation to pollen and ovule number within inflorescences of *Hosta ventricosa* varies with the resource pools	Article	操国兴	操国兴	107（8）	Annals of Bitany	SCI	6	3.388	通讯单位
20	Warming effects on the early decomposition of three litter types, Eastern Tibetan Plateau, China	Article	徐振锋	刘庆	63（3）	European Journal of Soil Science	SCI	6	2.34	第一署名单位
21	Abundance and composition dynamics of soil ammonia-oxidizing archaea in an alpine fir forest, eastern Tibetan Plateau of China	Article	吴福忠	杨万勤	58（5）	Canadian Journal of Microbiology	SCI	6	1.363	通讯单位
22	Implications of greater than average increases in nitrogen deposition on the western edge of the Szechwan Basin, China	Letter	徐振锋	徐振锋	177	Environmental Pollution	SCI	5	3.73	通讯单位
23	Biochemical response and Induced resistance against anthracnose（*Colletotrichum camelliae*）of camellia（*Camellia pitardii*）by chitosan oligosaccharide application	Article	李姝江	朱天辉	43（1）	Forest Pathology	SCI	5	1.74	通讯单位
24	Foliar Litter Nitrogen Dynamics as Affected by Forest Gap in the Alpine Forest of Eastern Tibet Plateau	Article	武启骞	杨万勤	9（5）	Plos One	SCI	4	3.73	通讯单位
25	Snow removal alters soil microbial biomass and enzyme activity in a Tibetan alpine forest	Article	谭波	杨万勤	76	Applied Soil Ecology	SCI	4	2.106	通讯单位
26	Comparative study of metal resistance and accumulation of lead and zinc in two poplars	Article	陈良华	张健	151（4）	Physiologia Plantarum	SCI	3	3.656	通讯单位
27	Nitrogen addition significantly affects forest litter decomposition under high levels of ambient nitrogen deposition	Article	涂利华	胡庭兴	9（5）	Plos One	SCI	2	3.73	通讯单位

（续）

序号	论文名称	论文类型	第一作者	通讯作者	发表刊次（卷期）	发表刊物名称	收录类型	他引次数	期刊SCI影响因子	备注
28	Plant and soil seed bank diversity across a range of ages of Eucalyptus grandis plantations afforested on arable lands	Article	张丹桔	张 健	376	Plant and Soil	SCI	2	2.638	通讯单位
29	Nitrogen distribution and cycling through water flows in a subtropical bamboo forest under high level of atmospheric deposition	Article	涂利华	胡庭兴	8（10）	Plos One	SCI	1	3.73	通讯单位
30	Admixture of alder (Alnus formosana) litter can improve the decomposition of eucalyptus (Eucalyptus grandis) litter	Article	吴福忠	杨万勤	73	Soil Biology and Biochemistry	SCI	1	3.654	通讯单位
合计	SCI 影响因子 77				他引次数			306		

II-5 已转化或应用的专利（2012—2014年）

序号	专利名称	第一发明人	专利申请号	专利号	授权（颁证）年月	专利受让单位	专利转让合同金额（万元）
1	'川早1号'核桃杂交良种（国审）	肖千文	S-SV-JS-019-20140	—	201408	马边县金凉山农业开发有限公司	200
2	'川早2号'核桃杂交良种（省审）	肖千文	R-SC-JSJR-001-2009	—	201004	古蔺县金果子林业开发有限责任公司、平昌县林木综合开发公司、四川天柞农林生态开发有限公司等	160
合计	专利转让合同金额（万元）						360

Ⅲ 人才培养质量

序号	获奖级别	项目名称	证书编号	完成人	获奖等级	获奖年度	参与单位数	本单位参与学科数
		Ⅲ-1　优秀教学成果奖（2012—2014 年）						
1	省级	"211 工程"地方农林高校本科人才分类培养模式构建与实践	20140516-10-10	杨文钰、李贤伟等	一等奖	2014	1	—
2	省级	新的历史条件下林业创新型人才培养模式的研究与实践	20140516-5-1	李贤伟、朱天辉等	二等奖	2014	1	1
3	省级	林业职业教育专业教师培养培训新体系的构建与实践	20140516-5-3	王刚等	二等奖	2014	1	1
合计	国家级	一等奖（个）	—	二等奖（个）	—	三等奖（个）		—
	省级	一等奖（个）	1	二等奖（个）	2	三等奖（个）		—

序号	姓名	出国（境）时间	回国（境）时间	地点（国家/地区及高校）	国际交流项目名称或主要交流目的
		Ⅲ-4　学生国际交流情况（2012—2014 年）			
1	谢九龙	201208	201308	美国农业部林务局南方研究院、路易斯安那州立大学	农林废弃物微波高效液化利用研究
2	谢九龙	201409	201412	美国农业部林务局南方研究院、路易斯安那州立大学	微波预处理植物制备纳米纤维素技术研究
合计		学生国际交流人数			2

1.17.2　学科简介

1. 学科基本情况与学科特色

　　西南地区为我国第二大林区，是长江流域重要的绿色生态屏障和生物多样性宝库，在维护三峡工程长治久安乃至国家生态安全中具有举足轻重的地位。

　　四川农业大学林学学科历史悠久。我国知名林学家程复新、李荫桢、佘耀彤，著名造园学家李驹，曾于 20 世纪 30～60 年代在该学科执教。经过百余年的发展与积淀，学科已发展成为涵盖林学博士后科研流动站、林学一级学科博士、硕士授权点的办学层次完善的学科体系。其中，林学本科专业为国家级特色专业；2000 年，森林培育学在全国农业高校内设的林学学科中第一个获得博士学位授予权。

　　长期以来，该学科立足四川，背靠青藏，服务西南，面向全国，在学术队伍建设、科学研究条件与能力建设、科学研究及人才培养诸方面成绩显著，为恢复与重建长江上游生态屏障，维护少数民族地区的稳定，以及区域经济发展与社会进步做出了突出的贡献。目前已形成以退化生态系统的恢复与重建、水土流失机理与综合治理技术、林木优良品种选育与森林资源培育、森林健康与可持续经营、典型生态系统对全球气候变化和极端灾害气候事件的响应与适应等为主的稳定的学科研究方向并形成了"长江上游生态林业工程""森林资源培育""重要经济林木育种"等 6 个省厅级创新团队。

　　2007 年年初，国家对全国所有农林高校林学一级学科进行评估，本学科排名第 6，2012 评估排名第 5。近 15 年来招收博士研究生 120 余人，已授位 70 人；自 1983 年以来，累计培养毕业硕士研究生 1 000 余人。

2. 社会贡献

本学科在四川盆周低山丘陵区生态恢复和水土流失综合治理技术体系研究中，总结提炼出"开发增值型和生态恢复型"两大生态治理模式，为国家大型生态工程、区域生态环境建设和经济发展提供了科技支撑。主持和参与了长江上游防护林体系建设技术规程、无公害林产品生产技术规程及四川主要造林树种、经济植物的种苗繁育和栽培技术规程的制定。2001 年 6 月，时任国务院总理朱镕基亲临全国南方片区退耕示范点四川省天全县退耕还林现场视察，高度评价了本学科给予的智力及科技支撑；2003 年 12 月，英国 BBC 到现场做了专题报道。在 2008 年"5·12 汶川特大地震"、2013 年"4·20 芦山大地震"以及中国南方重大冰雪灾害后，向四川灾区各级政府和地方农林部门献计献策，为灾后生态恢复及重大生态工程建设做出重大贡献。

长期以来，本学科积极参加长防林建设工程，总结提炼出涵盖退化坡面治理、低效人工林改造等 16 个技术体系；形成林草畜、林竹纸等 10 个生态产业模式，并在眉山、德阳等地建立相关生态产业示范基地。制定退耕还林适宜树种及技术指南 3 套、无公害生产技术规范 13 套，自主育成杂交早实核桃"川早 1 号"（国审）等新品种。截至 2014 年年底，在川渝 30 个区（县）累计推广 5.5 万亩，仅在四川甘孜、凉山、巴中、广元、雅安、德阳 6 市（州）新增经济效益达 14.66 亿元。主持选育的 5 个花椒品种在四川 10 余县（市）推广 75 万亩，增收 7 850 多万元；撑绿杂交竹等优良品种推广超过 30 万亩，增收 9 000 万元。并在巨桉人工林生产和经营、油橄榄发展规划与生产经营、工业原料竹林发展规划及产业化示范等 30 余个项目提供科技支撑，培训各类人员 6 万余人。研发的"肿腿蜂人工繁育及生防应用"成果，被列入科技部国家重点星火计划，已在全国 15 个省份推广应用。先后承担四川省、重庆市 50 个县（市）的森林资源调查、森林经营方案编制、重点林业工程建设规划等科技服务。成果及品种累计辐射推广 100 多万亩，获社会经济效益近 20 亿元。

近 5 年来，承担科研项目 304 项，其中国家及省部级项目 50 项，科研经费 2 468 余万元；横向项目 178 项，经费 1 186 万元；近三年获发明专利和实用新型专利 81 项，其中发明专利 15 项；育出核桃、竹类、花椒、杨树、牡丹等林木花卉新品种 20 余个；其中国家级审定新品种 1 个，认定新品种 30 余个，改写了四川没有国审林木品种的历史。

张健教授兼任第六、第七届国务院学位委员会学科评议组林学组成员，第七届全国博士后管理委员会专家组评审专家；李贤伟教授兼任全国林业专业学位研究生教育指导委员会委员；万雪琴教授兼任第七届中国经济林专业委员会常务理事。

1.18 贵州大学

1.18.1 清单表

I 师资队伍与资源

	I-1 突出专家				
序号	专家类别	专家姓名	出生年月	获批年月	备注
1	国家杰出专业技术人才	丁贵杰	196009	201409	
2	百千万人才工程国家级人选	丁贵杰	196009	200605	
3	百千万人才工程国家级人选	金道超	195901	199808	
4	教育部新世纪人才	陈祥盛	197109	200709	
5	教育部新世纪人才	杨茂发	196801	200709	
6	享受国务院政府特殊津贴人员	周运超	196412	201412	
7	享受国务院政府特殊津贴人员	文晓鹏	196504	201103	
8	享受国务院政府特殊津贴人员	赵德刚	196108	200903	
合计	突出专家数量（人）			7	

	I-3 专职教师与学生情况				
类型	数量	类型	数量	类型	数量
专职教师数	61	其中，教授数	25	副教授数	24
研究生导师总数	47	其中，博士生导师数	12	硕士生导师数	47
目前在校研究生数	372	其中，博士生数	65	硕士生数	307
生师比	7.9	博士生师比	5.4	硕士生师比	6.5
近三年授予学位数	266	其中，博士学位数	33	硕士学位数	233

	I-4 重点学科				
序号	重点学科名称	重点学科类型	学科代码	批准部门	批准年月
1	森林培育学	贵州省特色重点学科	090702	贵州省人民政府	201212
2	造林学	贵州省重点学科	090702	贵州省人民政府	199210
3	植物生理生化	省级重点学科	071003	贵州省人民政府	199210
4	生物工程	省级特色重点学科	081801	贵州省人民政府	201212
5	动物学	贵州省重点学科	071002	贵州省人民政府	200708
合计	二级重点学科数量 15（个）	国家级	—	省部级	5

I-5　重点实验室				
序号	实验室类别	实验室名称	批准部门	批准年月
1	省部共建国家重点实验室	山地植物资源保护与种质创新省部共建教育部重点实验室	教育部	201307
2	国家工程研究中心	喀斯特山区植物资源利用与育种国家地方联合工程研究中心	国家发展和改革委员会	201112
3	省部级重点实验室	贵州省农业生物工程重点实验室	贵州省科学技术厅 贵州省发展和改革委员会 贵州省财政厅	200405
4	省部级重点实验室	贵州山地农业病虫害重点实验室	贵州省科技厅	200608
5	教育部重点实验室	西南药用生物资源工程研究中心	教育部	200606
合计	重点实验数量5（个）	国家级	1	省部级	4

Ⅱ 科学研究

Ⅱ-1 近五年（2010—2014年）科研获奖

序号	奖励名称	获奖项目名称	证书编号	完成人	获奖年度	获奖等级	参与单位数	本单位参与学科数
1	国家科技进步奖	马尾松良种选育及高产高效配套培育技术研究及应用	2009-J-202-2-02-R01	丁贵杰（1）、周运超（5）、夏玉芳（8）、谢双喜（9）	201001	二等奖	8（1）	一
2	教育部高校科研优秀成果奖（科学技术）	马尾松大径材及高产脂林定向选育及栽培关键技术研究与应用	2013-300	丁贵杰（1）、周运超（5）、赵杨（9）、王艺（14）	201401	二等奖	7（1）	一
3	教育部高校科研优秀成果奖（科学技术）	喀斯特山区作物特色种质资源评价、利用及其转基因技术创新	2013-299	赵德刚（1）、文晓鹏（5）	201401	二等奖	4（1）	3（1）
4	贵州省科技进步奖	喀斯特石漠化生态系统植物适应性与群落配置及恢复技术	2013J-2-12-2	喻理飞（1）、韦小丽（2）、杨瑞（3）、安明态（6）	201312	二等奖	2（1）	一
5	贵州省科技进步奖	雷公山国家级自然保护区生物物种多样性研究	2010J-2-8-1	李子忠（1）	201012	二等奖	3（2）	一
6	教育部高校科研优秀成果奖（科学技术）	菊花品种及其近缘种间关系的遗传研究	2013-055	白新祥（5）	201401	二等奖	5（3）	一
7	贵州省科技进步奖	中国及周边地区蜡蝉总科的系统研究成果	2014J-2-5-1	陈祥盛（1）	201412	二等奖	3（1）	一
8	贵州省科技进步奖	贵州6种珍稀中药材种子种苗生产技术研究及应用	2011J-2-3-1	张明生	201112	二等奖	2（1）	1

（续）

序号	奖励名称	获奖项目名称	证书编号	完成人	获奖年度	获奖等级	参与单位数	本单位参与学科数
9	贵州省科技进步奖	贵州乡土树种猴樟栽培生理学生态与培育技术研究	2014J-3-24-1	韦小丽（1）、徐芳玲（2）、谢双喜（5）	201412	三等奖	2（1）	—
10	贵州省科技进步奖	小地老虎性信息素的鉴定及相关生物学研究	2014J-3-13-1	杨茂发（1）	201412	三等奖	2（1）	—
11	贵州省科技进步奖	贵州蔬菜斑潜蝇天敌种类及优效天敌生物学生态学研究	2011J-3-35-1	杨茂发	201112	三等奖	3（1）	—
12	贵州省科技进步奖	斑蝥素资源综合研究及其开发利用关键技术	2012J-3-40-1	陈祥盛	201212	三等奖	2（1）	—
合计	国家级	特等奖		一等奖		二等奖	一等奖	1
	省部级	一等奖		二等奖		三等奖	三等奖	4
	科研获奖数量（个）				—			
					7			

II-2 代表性科研项目（2012—2014年）

II-2-1 国家级、省部级、境外合作科研项目

序号	项目来源	项目下达部门	项目级别	项目名称	项目编号	负责人姓名	项目开始年月	项目结束年月	项目合同总经费（万元）	属本单位本学科的到账经费（万元）
1	国家"863"课题	科技部	课题	马尾松分子育种及品种创制	2011AA10020301	丁贵杰	201101	201512	265	105

（续）

序号	项目来源	项目下达部门	项目级别	项目编号	项目名称	负责人姓名	项目开始年月	项目结束年月	项目合同总经费（万元）	属本单位本学科的到账经费（万元）
2	国家重大科技专项	中国科学院地球化学研究所	重大项目课题	2013CB956702	土壤碳库空间异质性及储量估算研究	周运超	201301	201712	2 400	120
3	科技部科技惠民项目	科技部	重大项目	2013GS520203	石漠化荒山综合开发利用与绿色产业化技术构建与示范	周运超	201401	201512	1 090	150
4	国家科技支撑课题	科技部	重大项目	2011BAC02B0203	高原湿地退化生态系统恢复重建技术研究及示范	戴全厚	201101	201312	451	150
5	境外合作科研项目	科技部	一般项目	国外科学 2013-83-6-27	十年尺度的土壤退化监测	周运超	201301	201512	10	10
6	国家"863"计划课题	科技部	重大项目	2013AA102605-05	杜仲功能基因组研究与应用	赵德刚	201301	201712	107	107
7	国家重大科技专项	农业部	重大项目	2013ZX08010-003	转基因生物的"基因删除"和"基因拆分"技术的研究	赵德刚	201301	201312	60	60
8	国家科技基础性工作子专题	科技部	重点项目	2014FY110100	武陵山区生物多样性综合科学考察	金道超	201401	201912	75	75
9	中国科学院碳专项	中国科学院	重大项目	XDA05070405	典型石漠化区生态恢复过程中的土壤固碳机制及增汇潜力示范	周运超	201101	201512	1 100	60
10	国家自然科学基金	国家自然科学基金委员会	一般项目	31260183	马尾松高抗旱家系应答干旱胁迫的分子机理	丁贵杰	201301	201612	50	50
11	国家自然科学基金	国家自然科学基金委员会	一般项目	31260464	逆境胁迫激发火龙果高频体细胞遗传变异的分子机理	文晓鹏	201201	201512	50	50

（续）

序号	项目来源	项目下达部门	项目级别	项目编号	项目名称	负责人姓名	项目开始年月	项目结束年月	项目合同总经费（万元）	属本单位本学科的到账经费（万元）
12	国家自然科学基金	国家自然科学基金委员会	一般项目	31060256	贵州喀斯特山地火龙果高抗旱种质应答干旱胁迫的分子基础	文晓鹏	201101	201312	27	27
13	国家自然科学基金	国家自然科学基金委员会	青年项目	31000204	丛枝菌根真菌对喀斯特土壤有机物分解及其营养摄取机制研究	何跃军	201101	201312	20	20
14	国家自然科学基金	国家自然科学基金委员会	一般项目	41061029	喀斯特坡耕地产流产沙特征及过程研究	戴全厚	201101	201312	30	30
15	国家自然科学基金	国家自然科学基金委员会	一般项目	31260192	水肥耦合对蓝莓产量和品质的调控效应及机制研究	王德炉	201301	201612	50	50
16	国家自然科学基金	国家自然科学基金委员会	一般项目	31460193	花楸木根瘤菌多样性及幼苗根瘤形成调控因素研究	韦小丽	201401	201712	50	50
17	国家自然科学基金	国家自然科学基金委员会	一般项目	31460201	马尾松孢子叶球性反转发生机理研究	赵　杨	201401	201712	50	50
18	国家自然科学基金	国家自然科学基金委员会	一般项目	41461057	喀斯特坡耕地土壤养分地下孔（裂）隙流失特征与机理	戴全厚	201401	201712	50	50
19	国家自然科学基金	国家自然科学基金委员会	一般项目	31360165	皱叶青桐花芽分化及开花机理研究	王秀荣	201301	201612	50	50
20	国家自然科学基金	国家自然科学基金委员会	一般项目	31360012	腐质霉属及其近似属嗜热丝孢菌属的分类及分子系统学研究	姜于兰	201401	201712	50	50
21	国家自然科学基金	国家自然科学基金委员会	一般项目	31360443	利用RNAi技术防治稻纵卷叶螟的研究	李尚伟	201401	201712	50	50

（续）

序号	项目来源	项目下达部门	项目级别	项目编号	项目名称	负责人姓名	项目开始年月	项目结束年月	项目合同总经费（万元）	属本单位本学科的到账经费（万元）
22	国家自然科学基金	国家自然科学基金委员会	面上项目	31372161	中国腺水螨科科学系统学及其比较形态学研究	郭建军	201401	201712	83	83
23	国家自然科学基金	国家自然科学基金委员会	一般项目	81360612	药用昆虫九香虫抗胃癌活性成分分离鉴定及抗癌机理研究	郭建军	201401	201712	48	48
24	国家自然科学基金	国家自然科学基金委员会	一般项目	31360524	中国圆痕叶蝉亚科分类、DNA条形码形及系统发育研究	戴仁怀	201401	201712	46	46
25	国家自然科学基金	国家自然科学基金委员会	一般项目	31360453	蝉棒束孢杀虫活性成分分离鉴定及作用机理研究	李　忠	201401	201712	50	50
26	国家自然科学基金	国家自然科学基金委员会	一般项目	31093430	蜱螨亚纲厉螨科、巨刺螨科、皮刺螨科、蝠螨科科编研	金道超	201401	201512	35	35
27	国家自然科学基金	国家自然科学基金委员会	一般项目	31201744	中国阿土水螨科分类研究	乙天慈	201301	201512	22	22
28	国家自然科学基金	国家自然科学基金委员会	面上项目	31472034	中国叶螨科分类学修订	乙天慈	201501	201812	83	83
29	国家自然科学基金	国家自然科学基金委员会	一般项目	31360524	中国圆痕叶蝉亚科分类、DNA条形码及系统发育研究	邹军锐	201401	201712	46	46
30	国家自然科学基金	国家自然科学基金委员会	一般项目	31301909	中国隆额叶蝉族系统分类研究	邢济春	201401	201612	24	24

（续）

序号	项目来源	项目下达部门	项目级别	项目编号	项目名称	负责人姓名	项目开始年月	项目结束年月	项目合同总经费（万元）	属本单位本学科的到账经费（万元）
31	国家自然科学基金	国家自然科学基金委员会	一般项目	31460481	多杀菌素低剂量继代处理对小菜蛾受体基因mRNA的差异表达	尹显慧	201501	201812	50	50
32	国家自然科学基金	国家自然科学基金委员会	一般项目	31460480	天然产物柠檬醛对稻瘟病菌细胞壁靶标蛋白的作用机制	李 明	201501	201812	55	55
33	国家自然科学基金	国家自然科学基金委员会	一般项目	31260526	贵州主要出茶昆虫生物学生态学及所产出茶评价研究	杨茂发	201301	201612	52	41.6
34	国家自然科学基金	国家自然科学基金委员会	重大项目子项目	31093430	《中国动物志·颖蜡蝉科》的编研	陈祥盛	201101	201512	41	41
35	国家自然科学基金	国家自然科学基金委员会	地区项目	31260178	西南地区竹子叶蝉类昆虫的物种多样性研究	杨 琳	201301	201612	50	35
36	国家自然科学基金	国家自然科学基金委员会	地区项目	31060290	西南地区颖蜡蝉科昆虫系统分类研究	陈祥盛	201101	201312	26	26
37	国家自然科学基金	国家自然科学基金委员会	地区项目	31160163	中国竹子飞虱区系分类、DNA条形码及多媒体鉴定系统研究	陈祥盛	201201	201512	52	52
38	国家自然科学基金	国家自然科学基金委员会	面上项目	31472033	基于形态学特征和分子数据的凹距飞虱族昆虫分类及系统发育研究	陈祥盛	201501	201812	86	86
39	国家自然科学基金	国家自然科学基金委员会	地区项目	81460576	西南地区药用壳菜蝥的形态学与分子鉴定及斑螯素资源多样性评价	陈祥盛	201501	201812	47	47

（续）

序号	项目来源	项目下达部门	项目级别	项目编号	项目名称	负责人姓名	项目开始年月	项目结束年月	项目合同总经费（万元）	属本单位本学科的到账经费（万元）
40	部委级科研项目	国家林业局	重大项目	[2009] GZ01 号	马尾松、杉木低效林改造试验与示范	丁贵杰	200911	201412	100	100
41	部委级科研项目	国家林业局	重大项目	[2009] TK066 号	喀斯特石漠化区植被建植与退化植被恢复技术推广、试验与示范	喻理飞	200911	201312	140	140
42	部委级科研项目	农业部	行业项目子项	201203076-08	果树病毒病防控技术研究与示范	陈文龙	201207	201612	120	120
43	部委级科研项目	国家林业局	重大项目	黔财农 [2009] 223 号	贵州省优良乡土树种丰产栽培与次生林改造示范	韦小丽	200911	201312	100	100
44	部委级科研项目	国家林业局	国家林业局项目	2013-LY-165	马尾松抚育经营技术规程	丁贵杰	201306	201512	8	8
45	部委级科研项目	国家林业局	国家林业局项目	2014-LY-181	马尾松育苗技术规程	丁贵杰	201406	201612	8	8
46	部委级科研项目	国家林业局	国家林业局项目	2014-LY-180	闽楠育苗技术规程	韦小丽	201406	201612	8	8
47	部委级科研项目	国家林业局	国家林业局项目	2010-LY-049	清香木培育技术规程	安明态	201006	201312	6	6
48	部委级科研项目	国家林业局	国家林业局项目	2009-LY-135	林木菌根育苗技术规程	何跃军	200906	201112	7	7
49	部委级科研项目	教育部	教育部博士点基金	20070657001	麻疯树生殖特性及促进种子丰产关键技术研究	丁贵杰	200801	201112	6	6

（续）

序号	项目来源	项目下达部门	项目级别	项目编号	项目名称	负责人姓名	项目开始年月	项目结束年月	项目合同总经费（万元）	属本单位本学科的到账经费（万元）
50	省科技厅项目	贵州省科技厅	重大项目	黔科合重大专项字 [2012] 6001 号	马尾松多目标定向培育及产业化关键技术研究与示范	丁贵杰	201201	2016	413	413
51	省科技厅项目	贵州省科技厅	重大项目	黔科合重大专项字 [2007] 6004-5 号	小油桐良种选育及栽培关键技术研究与应用	丁贵杰	200701	201212	110	110
52	省科技厅项目	贵州省科技厅	一般项目	黔科合 NY 字 [2009] 3066 号	马尾松根际环境对施肥的响应机制研究	周运超	200901	201312	15	15
53	省科技厅项目	贵州省科技厅	一般项目	黔科合 NY 字 [2009] 3061 号	阔叶乡土树种猴樟培育关键技术研究与示范	韦小丽	200901	201212	15	15
54	省科技厅项目	贵州省科技厅	一般项目	黔科合字 NY [2010] 3033 号	贵州西部高海拔区大樱桃早果丰产暨无公害栽培配套技术研究	文晓鹏	201001	201312	20	20
55	省科技厅项目	贵州省科技厅	一般项目	黔科合 NY 字 [2010] 3062 号	马尾松速生无性系选择及杂交育种技术研究	赵 杨	201001	201312	30	30
56	省科技厅项目	贵州省科技厅	一般项目	黔科合 SZ [2009] 3003 号	铝锌矿、矿山废弃地植被恢复技术研发与示范	戴全厚	200901	201212	15	15
57	省科技厅项目	贵州省科技厅	一般项目	黔科合 NY 字 (2009) 3049 号	贵州省野生山桐子资源保护与培育技术研究	谢双喜	200901	2013	20	20
58	省科技厅项目	贵州省科技厅	一般项目	黔科合 NY 字 [2010] 3035 号	贵州蓝莓不同培育目标定向栽培关键技术研究与示范	王德炉	201001	201312	25	25
59	省科技厅项目	贵州省科技厅	一般项目	黔科合 NY 字 [2013] 2089 号	光皮桦次生定向经营技术研究	王德炉	201301	201612	20	20

（续）

序号	项目来源	项目下达部门	项目级别	项目编号	项目名称	负责人姓名	项目开始年月	项目结束年月	项目合同总经费（万元）	属本单位的本学科的到账经费（万元）
60	省科技厅项目	贵州省科技厅	重大专项子课题	黔科合重大专项字[2011]6011号	核桃优质苗木规模化繁育技术研究	夏玉芳	201101	201512	65	65
61	省科技厅项目	贵州省科技厅	一般项目	黔科合SY[2010]3040号	子遗植物秤锤种群濒危机制及其保育技术研究	何跃军	201001	201312	12	12
62	省科技厅项目	贵州省科技厅	一般项目	黔科合SY字[2008]3020号	贵州省兰属植物资源的遗传多样性及保护与开发研究	白新祥	201001	201212	8	8
63	省科技厅项目	贵州省科技厅	一般项目	黔科合NY字[2010]3058号	珍贵乡土树种清香木人工培养关键技术与示范	安明态	201001	201212	20	20
64	省科技厅项目	贵州省科技厅	一般项目	黔科合NY[2009]3052号	喀斯特区次生林结构与森林分类经营技术研究	杨瑞	200901	201212	20	20
65	省科技厅项目	贵州省科技厅	一般项目	黔科合NY字[2011]3076号	高山常绿杜鹃菌根技术研究	欧静	201105	201512	22	22
66	省科技厅项目	贵州省科技厅	一般项目	黔科合NY字[2013]3006号	贵州省白背飞虱发生规律和绿色防控技术研究	杨洪	201305	201612	28	28
67	省科技厅项目	贵州省科技厅	重点项目	黔科合SZ字[2013]3002号	黔西南州致灾白蚁应急防控及可持续治理技术研究与集成示范	金道超	201303	201412	50	50
68	省科技厅项目	贵州省科技厅	一般项目	黔科合NY字[2013]3034号	瓜类蔬菜重要病虫害绿色防控技术研究与示范	杨再福	201305	201612	25	25
69	省科技厅项目	贵州省科技厅	一般项目	20107005	中加葡萄根病原体病害媒介昆虫的鉴定与筛查	陈祥盛	201005	201205	10	10
70	省科技厅项目	贵州省科技厅	一般项目	黔人领发[2009]9号	贵州省森林培育及生态建设重点学科人才基建项目	丁贵杰	200901 / 201312	201312 / 201512	60 / 30	60 / 30

（续）

序号	项目来源	项目下达部门	项目级别	项目编号	项目名称	负责人姓名	项目开始年月	项目结束年月	项目合同总经费（万元）	属本单位本学科的到账经费（万元）
71	省科技厅项目	贵州省科技厅	一般项目	黔科合人字［2011］15 号	珍贵用材树种闽楠苗木质量保障技术及栽培生理基础研究	韦小丽	201101	201512	17	17
72	省科技厅项目	贵州省科技厅	一般项目	黔科合人字［2011］13 号	喀斯特坡耕地养分流失特征及过程研究	戴全厚	201101	201412	17	17
73	省科技厅项目	贵州省科技厅	贵州省重大专项课题	20126006-1	火龙果优异种质资源创新及工厂化育苗技术研究	文鹏	201210	201512	108	108
74	省科技厅项目	贵州省科技厅	一般项目	黔科合人字第 2013-10	从枝菌根调控紫茎泽兰养分利用的入侵机制研究	何跃军	201301	201612	17	17
75	省科技厅项目	贵州省科技厅	一般项目	20144001	贵州省节肢动物资源开发利用科技创新人才团队黔科合人才团队	陈祥盛	201408	201707	25	25
76	省教育厅项目	贵州省教育厅	重点项目	2013105	昆虫资源开发利用特色重点实验室建设	陈祥盛	201401	201612	38.5	38.5
77	省级自然科学基金项目	贵州省科技厅	一般项目	31301909	中国带叶蝉族昆虫物种多样性及系统发育研究	邢济春	201401	201712	6	6
78	省级自然科学基金项目	贵州省科技厅	一般项目	黔科合 J 字［2009］2099	影响忽地笑花期的内外因素及机理研究	欧 静	200901	201212	4	4
79	省级自然科学基金项目	贵州省科技厅	一般项目	黔科合 J 字［2008］2058 号	基于 RS 的森林蓄积量监测模型的研究	谭 伟	200801	201212	4	4
80	省级自然科学基金项目	贵州省科技厅	一般项目	黔科合 J 字［2010］2048 号	麻疯树生殖特性研究	王秀荣	201001	201212	3.8	3.8
81	省级自然科学基金项目	贵州省科技厅	一般项目	黔科合 J 字［2010］2050	提高硼类木材防腐剂抗流失性的研究	余丽洋	201001	201312	3.8	3.8

（续）

序号	项目来源	项目下达部门	项目级别	项目编号	项目名称	负责人姓名	项目开始年月	项目结束年月	项目合同总经费（万元）	属本单位本学科的到账经费（万元）
82	教育厅重点项目	贵州省教育厅	一般项目	黔教科 20090134	火龙果应激干旱胁迫的生理及分子机理	文晓鹏	200901	201212	10	10
83	省科技厅项目	贵州省科技厅	省人才团队项目	黔科合人才团队[2011] 4003 号	森林资源培育与管理创新团队	丁贵杰	201101	201412	20	20
84	贵州省教育厅	贵州省教育厅	重点学科项目	黔特 2013-07	森林培育特色重点学科	丁贵杰	201301	201612	20	20
85	省科技厅项目	贵州省科技厅	省农业攻关课题	黔科合 NY[2014] 3029 号	贵州喀斯特森林土壤丛枝菌根真菌耐旱菌种筛选及应用关键技术	何跃军	201406	201712	20	20
86	省科技厅项目	贵州省科技厅	省农业攻关课题	黔科合 NY[2014] 3025 号	石漠化区棕榈人工林丰产栽培关键技术及产业化栽培示范	韦小丽	201406	201712	20	20
87	省科技厅项目	贵州省科技厅	省社发重点课题	黔科合 SZ 字[2013]3012 号	黔南石漠化生态治理与示范研究	刘济明	201310	201612	45	45
88	省科技厅项目	贵州省科技厅	省社发重点课题	黔科合 SZ 字[2013]3015 号	黔南惠水县石漠化生态治理与示范研究	王德炉	201310	201612	45	45
89	国家林业局	国家林业局	国家林业局课题	黔林资源调查 201305	第二次全国重点保护野生植物资源调查（贵州省）	安明态	201305	201607	160	90
90	省科技厅项目	贵州省科技厅	省自然基金课题	黔科合 J 字[2014] 2060 号	贵州省马尾松材性性状遗传变异研究	吴峰	201206	201612	8	8
91	省科技厅项目	贵州省科技厅	国际合作课题	黔科合外 G 字[2012] 7012 号	珍贵用材树种花楸木精准化容器育苗技术研究	韦小丽	201210	201412	8	8
合计	国家级科研项目	数量（个）	39	项目合同总经费（万元）	6 981			属本单位本学科的到账经费（万元）		2 234.6

Ⅱ-2-2 其他重要科研项目

序号	项目来源	合同签订/项目下达时间	项目名称	负责人姓名	项目开始年月	项目结束年月	项目合同总经费（万元）	属本单位本学科的到账经费（万元）
1	贵州省林业重大专项	2011	提高马尾松用材林林分质量关键技术研究与示范（黔林科合 [2010] 重大 03 号）	丁贵杰	201101	201412	50	50
2	贵州省林业重大专项	2011	提高杉木用材林林分质量关键技术研究与示范（黔林科合 [2011] 重大 01 号）	丁贵杰	201101	201512	50	50
3	贵州省林业重大专项	2010	贵州乡土优质阔叶用材树种培育与示范（黔林科合 [2010] 重大 02）	韦小丽	201001	201412	100	100
4	大自然公司	2012	楮楠人工林培育和石漠化治理项目	韦小丽	201201	201312	60	60
5	贵州省环境保护厅	2012	贵州省自然保护区基础调查与评价（编号：2012-3）	粟海军	201201	201412	52	52
6	省林业厅重大项目	2010	喀斯特地区特色经济林树种培育与示范（编号：黔林科合 [2010] 重大 04 号）	刘济明	201001	201512	50	50
7	贵州大学教改项目	2014	林学品牌特色专业（PTJS201306）	韦小丽	201401	201712	60	60
8	贵州省重点实验室专项	2012	无刺花椒快速繁殖技术及产业化示范研究	赵德刚	201201	201512	65	65
9	贵州省烟草公司	2013	中药材杀菌剂防治烟草赤星病技术研究	桑维钧	201307	201412	40	40
10	贵阳市烟草公司	2013	贵阳市白粉病防治技术研究及防控体系建立	桑维钧	201307	201412	60	28
11	贵州省烟草公司	2013	贵州省蚜虫蜂复合防治烟蚜的研究与应用	陈文龙	201301	201512	250	250
12	贵州省烟草公司	2011	贵州烟蚜带毒率及危害损失研究	杨 洪	201107	201412	20	20
13	中国烟草总公司贵州省公司研发项目	201004	贵州省烟草有害生物调查研究	杨茂发	201004	201412	145	95
14	遵义市烟草公司	2013	抗菌肽对烤烟青枯病的防治技术研究	蒋选利	201401	201512	40	40
15	贵州省优秀科技教育人才省长基金	2012	基因水平转移的"标签蛋白"检测技术研究	宋 莉	201301	201512	5	5
16	中国烟草总公司贵州分公司科技项目专项	2012	基因组学指导的烟草定向突变育种新技术研究与应用	赵德刚	201201	201412	100	100
17	中国烟草总公司贵州分公司科技项目专项	2014	烟草白粉病生物防治及其田间关键配套技术	文晓鹏	201401	201612	50	50

（续）

序号	项目来源	合同签订/项目下达时间	项目名称	负责人姓名	项目开始年月	项目结束年月	项目合同总经费（万元）	属本单位本学科的到账经费（万元）
18	贵州省省长专项基金	2011	应用OMM技术创制抗除草剂黑糯新种质关键技术研究	赵德刚	201201	201412	7	7
19	贵州省留学人员科技活动项目	2013	火龙果高频离体变异的分子机理与耐寒新种质的创制	文晓鹏	201401	201512	5	5
20	贵州省教育厅	2014	林学专业卓越农林人才教育培养计划	韦小丽	201401	201712	60	60
21	贵州省教育厅	2014	贵州省喀斯特生态与环境专业学位研究生工作站	高华端	201401	201812	10	10
22	贵州省林业厅项目	2008	贵州石漠化区主要樟科植物耐旱菌根菌种筛选和菌根化育苗技术研究	何跃军	200801	201212	8	8
23	从江、榕江县林业局	2012	贵州从江、榕江两县植物种资源调查	安明态	201201	201212	20	20
24	安顺市园林局	2013	安顺市城市绿地遥感调查	谭伟	201301	201412	30	30
25	贵州省林业厅	201412	贵州马尾松种实的优效天敌的繁育技术研究与应用示范	徐芳玲	201501	201712	10	10
26	印江县城乡规划建设局	2013	城市绿地系统遥感勘察与城市绿地信息管理系统开发	王志泰	201301	201412	19	19
27	贵州省水土保持技术研究中心	2013	小流域土壤侵蚀机理及生态恢复措施研究	唐丽霞	201301	201412	13	13
28	天柱县油茶产业发展办公室	2013	天柱油茶产量和品质的影响因子研究	王德炉	201301	201512	15	15
29	印江县林业局	2013	印江县林木种质资源调查	安明态	201301	201412	16	16
30	贵阳市生态文明建设委员会	2013	贵阳市主要通道绿化技术指南	祝小科	201301	201412	10	10

Ⅱ-2-3 人均科研经费

人均科研经费（万元/人）	92.4

Ⅱ-3 本学科代表性学术论文质量

Ⅱ-3-1 近五年（2010—2014年）国内收录的本学科代表性学术论文

序号	论文名称	第一作者	通讯作者	发表刊次（卷期）	发表刊物名称	收录类型	中文影响因子	他引次数
1	遮荫对苦丁茶树叶片特征及光合特性的影响	闫小莉	王德炉	2014, 34（13）	生态学报	CSCD	2.233	一
2	退化喀斯特植被恢复过程中的土壤抗蚀性变化	王佩将	戴全厚	2014, 51（4）	土壤学报	CSCD	1.777	一
3	黔中地区一、二代马尾松人工林土壤微生物数量及生物活性研究	蔡 琼	丁贵杰	2013, 26（2）	林业科学研究	CSCD	1.158	1
4	杜鹃花类菌根真菌对桃叶杜鹃幼苗光合性能及叶绿素荧光参数的影响	欧 静	陈 训	2013, 40（8）	微生物学通报	CSCD	0.959	2
5	马尾松菌根化苗木对干旱的生理响应及抗旱性评价	王 艺	丁贵杰	2013, 24（3）	应用生态学报	CSCD	2.525	1
6	石质边坡植被建植两周年群落特征与土壤侵蚀动态	王志泰	王志泰	2012, 21（2）	草业学报	CSCD	3.102	5
7	喀斯特地区树根解剖特征与土壤侵蚀	罗 美	周运超	2012, 48（3）	林业科学	CSCD	1.512	1
8	马尾松人工林火烧迹地不同恢复阶段中小型土壤节肢动物多样性	杨大星	杨茂发	2013, 33（8）	生态学报	CSCD	2.233	2
9	岩石边坡植被建植初期植被特征与土壤养分动态	王志泰	王志泰	2012, 28（2）	农业工程学报	CSCD	2.329	2
10	喀斯特植被恢复过程中的土壤分形特征	王佩将	戴全厚	2012, 26（4）	水土保持学报	CSCD	1.612	2
11	火龙果 Ty1-copia 类反转录座子反转录序列的克隆及分析	范付华	文晓鹏	2012, 39（2）	园艺学报	CSCD	1.417	12
12	菊花品种花色表型数量分类研究	洪 艳	白新祥	2012, 39（7）	园艺学报	CSCD	1.417	11
13	喀斯特地区植被恢复过程中土壤渗透性能及其影响因素	王佩将	戴全厚	2012, 10（6）	中国水土保持科学	CSCD	1.241	3
14	喀斯特区不同生境中云南鼠刺树干液流研究	杨 瑞	杨 瑞	2011, 9（4）	中国水土保持科学	CSCD	1.241	2
15	麻疯树花的形态和解剖结构	王秀荣	丁贵杰	2011, 47（9）	林业科学	CSCD	1.512	3

（续）

序号	论文名称	第一作者	通讯作者	发表刊次（卷期）	发表刊物名称	收录类型	中文影响因子	他引次数
16	亚热带常绿阔叶林不同土壤和林冠环境下蝴蝶花的克隆可塑性	何跃军	何跃军	2011, 22（4）	应用生态学报	CSCD	2.525	2
17	连栽马尾松人工林土壤肥力比较研究	何佩云	丁贵杰	2011, 24（3）	林业科学研究	CSCD	1.158	15
18	造林密度对马尾松林分生长与效益的影响研究	谌红辉	丁贵杰	2011, 24（4）	林业科学研究	CSCD	1.158	16
19	贵州樱桃种质资源的 ISSR 分析	宋常美	文晓鹏	2011, 38（8）	园艺学报	CSCD	1.417	17
20	马尾松间伐的密度效应	谌红辉	丁贵杰	2010, 46（5）	林业科学	CSCD	1.512	23
合计					中文影响因子 34.038			他引次数 120

Ⅱ-3-2 近五年（2010—2014 年）国外收录的本学科代表性学术论文

序号	论文名称	论文类型	第一作者	通讯作者	发表刊次（卷期）	发表刊物名称	收录类型	他引次数	期刊 SCI 影响因子	备注
1	The Temporal Transcriptomic Response of *Pinus massoniana* Seedlings to Phosphorus Deficiency	Article	范付华	文晓鹏	2014, 9（8）	Plos One	SCI	—	3.534	
2	LTR-retrotransposon activation, IRAP marker development and its potential in genetic diversity assessment of masson pine (*Pinus massoniana*)	Article	范付华	文晓鹏	2014, 10（1）	Tree Genetics & Genomes	SCI	—	2.435	
3	Identification of differentially-expressed genes potentially implicated in drought response in pitaya (*Hylocereus undattus*) by suppression subtractive hybridization and cDNA microarray analysis	Article	樊庆杰	文晓鹏	2014, 533（1）	Gene	SCI	1	2.082	
4	Characterization of genetic relationship of dragon fruit accessions (*Hylocereus* spp.) by morphological traits and ISSR markers	Article	陶 金	文晓鹏	2014, 170	Scientia Horticulturae	SCI	—	1.504	

（续）

序号	论文名称	论文类型	第一作者	通讯作者	发表刊次（卷期）	发表刊物名称	收录类型	他引次数	期刊SCI影响因子	备注
5	Fragmented mitochondrial genomes of the rat lice, Polyplax asiatica and Polyplax spinulosa: intra-genus variation in fragmentation pattern and a possible link between the extent of fragmentation and the length of life cycle	Article	董文鸽	金道超	2014, 15（10）	BMC GENOMICS	SCI	3	4.041	
6	Four new species of Alebroides Matsumura (Hemiptera: Cicadellidae: Typhlocybinae) from China	Article	于晓飞	杨茂发	2014, 3780（2）	Zootaxa	SCI	—	1.06	
7	Three new bamboo-feeding species of the genus Symplanella Fennah (Hemiptera, Fulgoromorpha, Cali-scelidae) from China	Article	杨琳	陈祥盛	2014, 408	ZooKeys	SCI	1	0.917	
8	Olfactory cues used in host selection by Frankliniella occidentalis (Thysan-optera:Thripidae) in relation to host suitability	Article	曹宇	郭军锐	2014, 27（1）	Journal of Insect Behavior	SCI	—	1.105	
9	Taxonomic study of Chinese species of the genus Macropsis Lewis, 1836 (Hemiptera: Cicadellidae: Macropsinae) III: a review of oak-dwelling species	Article	李虎	戴仁怀	2014, 3760（3）	Zootaxa	SCI	—	1.06	
10	Key to species of leafhopper genus Drabescoides Kwon & Lee (Hemiptera, Cicadellidae), with description of a new species from Southern China	Article	屈玲	戴仁怀	2014, 3811（3）	Zootaxa	SCI	—	1.06	
11	Illustrated checklist of mileewine leafhoppers (Hemiptera: Cicadellidae: Mileewinae) of China, with descriptions of four new species	Article	杨茂发	杨茂发	2014, 3881（2）	Zootaxa	SCI	—	1.060	

（续）

序号	论文名称	论文类型	第一作者	通讯作者	发表刊次（卷期）	发表刊物名称	收录类型	他引次数	期刊SCI影响因子	备注
12	Three new species of the leafhopper genus *Dayus* Mahmood from China（Hemiptera, Cicadellidae, Typhlocybinae, Empoascini）	Article	于晓飞	杨茂发	2013，355	ZooKeys	SCI	2	0.917	
13	Isolation, identification, and characterization of genomic LTR retrotransposon sequences from masson pine（*Pinus massoniana*）	Article	范付华	文晓鹏	2013，9（5）	Tree Genetics & Genomes	SCI	—	2.435	
14	An efficient regeneration of dragon fruit（*Hylocereus undatus*）and the genetic fidelity assessment of in vitro-derived plants using ISSR markers	Article	樊庆杰	文晓鹏	2013，88（3）	Journal of Horticultural Science & Biotechnology	SCI	1	0.509	
15	Two new species of Membranacea Qin & Zhang from China（Hemiptera, Cicadellidae, Typhlocybinae, Empoascini）	Article	于晓飞	杨茂发	2013，260	ZooKeys	SCI	2	0.917	
16	Three new species of the leafhopper genus *Dayus* Mahmood from China（Hemiptera, Cicadellidae, Typhlocybinae, Empoascini）	Article	于晓飞	杨茂发	2013，355	ZooKeys	SCI	2	0.917	
17	Review of the bamboo-feeding species of genus *Scaphoideus*（Hemiptera: Cicadellidae: Deltocephalinae）from China, with description of one new species	Article	杨 琳	陈祥盛	2013，3619（5）	Zootaxa	SCI	1	1.060	
18	Two new bamboo-feeding species of the genus *Neocarpia* Tsaur & Hsu（Hemiptera: Fulgoromorpha: Cixiidae: Eucarpiini）from Guizhou Province, China	Article	张 培	陈祥盛	2013，3641（1）	Zootaxa	SCI	1	1.06	
19	Notes on the leafhopper genus *Pediopsis*（Hemiptera: Cicadellidae: Macropsinae）with description of one new species from China	Article	戴仁怀	戴仁怀	2013，96（3）	Florida Entomologist	SCI	—	1.056	

（续）

序号	论文名称	论文类型	第一作者	通讯作者	发表刊次（卷期）	发表刊物名称	收录类型	他引次数	期刊SCI影响因子	备注
20	Identification of differentially expressed genes preferably related to drought response in pigeon pea (*Cajanus cajan*) inoculated by arbuscular mycorrhizae fungi (AMF)	Article	乔 光	文晓鹏	2012, 34 (5)	Acta Physiologiae Plantarum	SCI	2	1.305	
21	Reproductive biology characteristic of *Jatropha curcas* (Euphorbiaceae)	Article	王秀荣	丁贵杰	2012, 60 (4)	International Journal of Tropical Biology and Conservation	SCI	1	0.553	
22	Transcriptome and gene expression analysis of the rice leaf folder, *Cnaphalocrosis medinalis*	Article	李尚伟	李尚伟	2012, 7 (11)	PloS One	SCI	12	3.73	
23	Review of bamboo-feeding leafhopper genus *Bambusananus* Li & Xing (Hemiptera: Cicadellidae: Deltocephalinae) with description of a new species from China	Article	杨 琳	陈祥盛	2012, 3353	Zootaxa	SCI	1	0.974	
24	*Tambinia bambusana* sp. nov., A new bamboo-feeding species of Tambiniini (Hemiptera: Fulgoromorpha: Tropiduchidae) from China	Article	常志敏	陈祥盛	2012, 95 (4)	Florida Entomologist	SCI	1	1.163	
25	Antisense inhibition of a spermidine synthase gene highlights the role of polyamines for stress alleviation in pear shoots subjected to salinity and cadmium	Article	文晓鹏	文晓鹏	2011, 72	Environmental and Experimental Botany	SCI	11	33	
26	Effect of long-term exposure to simulated acid rain on the development and reproduction of the predatory mite, *Euseius nicholsi* (Ehara et Lee) (Acari: Phytoseiidae)	Article	郑 雪	金道超	2011, 46	APPLIED ENTOMOLOGY AND ZOOLOGY	SCI	1	1.14	

（续）

序号	论文名称	论文类型	第一作者	通讯作者	发表刊次（卷期）	发表刊物名称	收录类型	他引次数	期刊SCI影响因子	备注
27	The enhancement of drought tolerance for pigeon pea inoculated by arbuscular mycorrhizae fungi	Article	乔 光	文晓鹏	2011, 57(12)	Plant Soil and Environment	SCI	3	1.078	
28	*Bambusicaliscelis*, a new bamboo-feeding planthopper genus of Caliscelini (Hemiptera: Fulgoroidea: Caliscelidae: Caliscelinae) with descriptions of two new species and their fifth instar nymphs from Southwest China	Article	陈祥盛	陈祥盛	2011, 104 (2)	Annals of the Entomological Society of America	SCI	1	1.317	
29	Oriental bamboo planthoppers: two new species of the genus *Bambusiphaga* (Hemiptera: Fulgoroidea: Delphacidae) from Hainan Island, China	Article	侯晓晖	陈祥盛	2010, 93 (3)	Florida Entomologist	SCI	2	1.052	
30	Spermidine levels are implicated in heavy metal tolerance in a spermidine synthase overexpressing transgenic European pear by exerting antioxidant activities	Article	Wen X.P.	Takaya Moriguchi	2010, 19 (1)	Transgenic Research	SCI	13	2.569	
合计	SCI影响因子 46.613				他引次数			62		

II-5 已转化或应用的专利（2012—2014年）

序号	专利名称	第一发明人	专利申请号	专利号	授权（颁证）年月	专利受让单位	专利转让合同金额（万元）
1	一种提高睐枫树雌雄比例的方法	刘济明	201010270303.7	ZL 201010270303.7	201205	罗甸县林业局	—
2	一种植物表达载体及其构建利用百睐根为生物反应器生产鸡 α 干扰素的方法	赵德刚	201010579173.5	ZL201010579173.5	201211	在各类科研项目上应用	—

（续）

序号	专利名称	第一发明人	专利申请号	专利号	授权（颁证）年月	专利受让单位	专利转让合同金额（万元）
3	一种用于研究坡面径流和地下孔隙流的模拟实验装置	戴全厚	201010545602.7	ZL201010545602.7	201205	已在国家科研项目和工程中应用	—
4	人工合成鸡干扰素基因序列及其重组工程菌的构建于应用	赵德刚	201110251626.6	ZL201110251626.6	201212	在各类科研项目上应用	—
5	小篷竹组织培养的培养基组合物及其应用	刘济明	201010268793.7	ZL201010268793.7	201201	已在小篷竹苗木培育及石漠化治理中应用	—
6	利用紫茎泽兰制高密谋环保型机制炭的生产工艺证书	刘济明	201110369941.9	ZL201110369941.9	201308	已在环保材料制作中应用	—
7	九香虫的半人工饲料	郭建军	201210165875.8	ZL201210165875.8	201311	已在资源昆虫开发上应用	—
8	九香虫的加工方法及应用	郭建军	201210172636.5	ZL201210172636.5	201309	已在资源昆虫开发上应用	—
9	虫茶的生产方法及装置	杨茂发	201310094045.5	ZL201310094045.5	201403	已在茶虫繁殖中应用	—
10	一种用于抗癌药物筛选的细胞共培养方法	檀军	201310008125.4	ZL201310008125.4	201405	已用于科研	—
合计	专利转让合同金额（万元）			—			

Ⅲ　人才培养质量

Ⅲ-1　优秀教学成果奖（2012—2014 年）

序号	获奖级别	项目名称	证书编号	完成人	获奖等级	获奖年度	参与单位数	本单位参与学科数
1	省级	地方综合性大学创新人才培养模式的探索与实践	jxcg-2013-Y-07	金道超	一等奖	2013	2	2
2	省级	植物保护专业教学内容和课程体系改革	jxcg-2013-E-08	郅军锐	二等奖	2013	1	1
合计	国家级	一等奖（个）	—	二等奖（个）	—	三等奖（个）	—	
	省级	一等奖（个）	1	二等奖（个）	1	三等奖（个）	—	

Ⅲ-3　本学科获得的全国、省级优秀博士学位论文情况（2010—2014 年）

序号	类型	学位论文名称	获奖年月	论文作者	指导教师	备注
1	省级	马尾松 IRAP 分子标记开发及其耐低磷种质应答低磷胁迫的分子机理	201410	范付华	文晓鹏	贵州省首届
2	省级	中国广头叶蝉亚科和圆痕叶蝉亚科分类研究	201410	李　虎	李子忠	贵州省首届
3	省级	小兽体表寄生吸虱裂化线粒体基因组研究	201410	董文鸽	金道超	贵州省首届
合计	全国优秀博士论文（篇）	—	提名奖（篇）		—	
	省优秀博士论文（篇）	3				

Ⅲ-5　授予境外学生学位情况（2012—2014 年）

序号	姓名	授予学位年月	国别或地区	授予学位类别
1	Myriam Lizeth Diaz	201407	墨西哥	学术学位硕士
合计	授予学位人数	博士	—	硕士　1

1.18.2　学科简介

1. 学科基本情况与学科特色

　　学校拥有林学、森林保护、水土保持与荒漠化、森林资源管理、生态学、生命科学等本科专业，除有林学一级学科硕士和森林培育博士点外，还拥有生态学、生物学、植物保护 3 个一级学科和 16 个二级学科博士点，61 名在职教师构成的团队覆盖了整个林学一级学科。学科立足贵州喀斯特高原山地，面向南方山区，形成 5 个独具特色和优势的学科方向和研究领域，总体处国内领先或先进水平。

　　① 南方山地人工林培育和种苗繁育　以南方最主要用材树种马尾松、杉木和优质乡土阔叶树为对象，系统开展了立地分类与评价、速生丰产林基地布局、林木生长发育规律、不同培育目标培育技术体系及优化栽培模式、栽培

（续）

机理、地力维护、种间关系、精准化育苗及提高林分质量等研究，取得多项高水平成果，促进了学科发展和生产力提高。

② 喀斯特退化生态系统修复与重建　针对西南喀斯特石漠化环境与生态恢复研究的难点、热点和前沿，系统研究了水土流失和石漠化过程、原生性森林结构功能、退化植被自然恢复的生态学过程、修复技术、模式及评价等，形成新观点、新方法，为生态恢复和石漠化治理提供了理论与技术支撑。

③ 林业生物技术与林木遗传育种　重点开展马尾松、杉木及重要经济树种的种质资源调查、收集、林木功能基因组及种质创新等研究；揭示了马尾松等树种重要性状遗传规律，解析了杜仲胶和抗菌蛋白的形成机理，解析了马尾松耐干旱和耐低磷胁迫的分子机理，克隆了马尾松耐旱及磷代谢相关基因，在多个方面形成自己特色；提出有效合理利用种质资源的途径和方法，发掘了一批在抗旱、抗寒、抗虫、耐低磷等性状上极具开发潜力的珍贵林木基因资源，育成一批高产、优质、高抗新种质和新品种；建立了马尾松和喀斯特特有植物种质资源库和基因库。

④ 生物多样性及其资源保护与利用　依托自然保护区，系统研究了动、植物种类、区系及演化机制，揭示了生物多样性复杂性及形成背景、原生性森林生态系统功能动态、物种迁地和就地保护理论与技术，近年完成 6 个国家级自然保护区科学考察及生物多性研究。建立 40 余个新属、500 多个新种和大批中国新记录属种，为贵州森林植物和昆虫资源的开发利用及有效保护和深化研究奠定了坚实基础。

⑤ 森林昆虫学及害虫防控　在林业昆虫种类调查、重要林业害虫防控、林业资源昆虫利用等方面形成优势和特色。出版《贵州农林昆虫志》（1～4 卷）、《茂兰景观昆虫》《梵净山景观昆虫》《习水景观昆虫》等 12 部专著。针对重要林业害虫云南木蠹象、松材线虫、小地老虎等开展生物学生态学及防控技术研究，建立了贵州主要林木害虫综合防控体系。在五倍子、虫茶等药用和食用林业资源昆虫生物学、生态学及产业化技术等方面也开展了大量创新性工作，产业化应用前景很好。

两项成果获贵州省"十一五"农业十大成就入围奖。发表学术论文 380 多篇，出版学术著作 19 部，制定和颁布国家行业及省地方技术标准 15 项，选育植物新品种 5 个。学科队伍稳定，结构合理，经费充足。

学科以高原山区森林生态系统为基础，由于贵州及西南山区气候、地质、地貌和土壤条件独特，林业发展和生态建设面临的理论及技术问题有别于其他地区，因此，学科特色鲜明，具有不可替代作用和地位。通过学科建设，对更好解决相关理论和技术问题和提高我国林学整体水平等均有十分重要意义。

2. 社会贡献

学科负责人连续多年受国家林业局速丰办邀请，分别在广西、北京等地举办的全国培训班上，讲授我们的系列研究成果，即"针叶树速生丰产、高效配套培育技术"和"大径材培育技术"等。为国家木材战略贮备工程的生产基地建设规划、主要树种确定、基地规划布局、技术措施等提供了技术咨询。受国家林业局有关部门委托，对低效林改造、森林抚育及主要树种大径材和丰产林等技术标准进行了技术咨询和修订。为贵州省生物技术的发展提供决策咨询；经贵州省种子管理站授权，承担贵州省农林品种审定的 DNA 指纹图谱构建及亲缘关系的鉴定工作，为品种审定提供分子依据；团队多名成员是贵州省农、林品种审定委员会专家，为品种选育、审定提供各方面技术咨询。为贵州省多个省级现代农、林业园区提供技术服务、技术培训等工作，社会经济效益显著。

学科注重产学研相结合，有多项研究成果分别被国家林业局和贵州省列为重点推广项目，马尾松良种和栽培系列研究成果在贵州、广西、湖南、福建等 11 个省（直辖市、自治区）160 个县（市）累计推广逾 40 万 hm²，生产力比同等条件林分提高 20% 以上，产生重大经济社会效益。退化生态系统修复及石漠化治理成果，为我国石漠化综合治理工程提供了理论和技术支撑，并建立了典型示范，成果在工程示范县得到广泛应用。为全国 7 个马尾松良种基地提供了技术支持，依托我们技术成果，帮助 8 个县（市）分别申请获得了中央财政林业科技重点推广示范项目，并对项目进行了全程技术服务。

贵州林业昆虫种类调查形成的系列成果，为贵州林业害虫和天敌种类的鉴定提供了系统资料，为自然保护区的规划、生物资源保护和利用等提供了科学依据；贵州林业重要害虫生物学生态学及防控技术体系，为保障森林安全、降低损失发挥了巨大作用，产生了显著经济、社会和生态效益。五倍子、虫茶等林业资源昆虫的开发利用成果，为产业化发展提供了技术支撑。

学科团队，为贵州的林业发展和生态建设提供了全方位技术支持，"九五"以来，连续主持或参与制定贵州省"十五""十一五""十二五"林业科技发展规划和石漠化治理规划，参与制订贵州省"十二五""十三五"农业生物技术规划等。

（续）

丁贵杰教授，兼任国家林业局马尾松工程中心学术委员会主任，中国林学会森林培育分会常务理事、林木遗传育种分会常务理事、经济林分会常务理事，国家林业局重点实验室学术委员，国家科技项目评审专家，贵州省委、贵州发展和改革委员会等部门咨询专家。

赵德刚教授，兼任中国植物生理与分子生物学会副理事长，中国植物生物技术专业委员会主任委员，中国生物技术学会常务理事及生物安全分会副理事长等职。

金道超教授，中国昆虫学会副理事长、蜱螨专业委员会主任（五、六届），中国农学会、中国植物保护学会、Systematic and Applied Acarology Society 理事，贵州省昆虫学会理事长；昆虫学报、动物分类学报、Systematic and Applied Acarology（国际期刊）等学报编委。

1.19 新疆农业大学

1.19.1 清单表

I 师资队伍与资源

I-1 突出专家					
序号	专家类别	专家姓名	出生年月	获批年月	备注
1	百千万人才工程国家级人选	潘存德	196402	200609	
2	享受政府特殊津贴人员	李 疆	195906	200902	
3	教育部新世纪优秀人才	李建贵	197101	200702	
4	教育部新世纪优秀人才	魏 岩	196611	200702	
合计	突出专家数量（人）			4	

I-3 专职教师与学生情况					
类型	数量	类型	数量	类型	数量
专职教师数	46	其中，教授数	20	副教授数	17
研究生导师总数	33	其中，博士生导师数	13	硕士生导师数	33
目前在校研究生数	175	其中，博士生数	—	硕士生数	175
生师比	5.3	博士生师比	—	硕士生师比	5.3
近三年授予学位数	113	其中，博士学位数	—	硕士学位数	113

I-4 重点学科					
序号	重点学科名称	重点学科类型	学科代码	批准部门	批准年月
1	森林培育学	重点学科	090702	国家林业局	200605
2	森林培育学	重点学科	090702	新疆维吾尔自治区教育厅	201003
合计	二级重点学科数量（个）		国家级	—	省部级 2

I-5 重点实验室					
序号	实验室类别	实验室名称		批准部门	批准年月
1	省部级重点实验室	干旱区林业生态与产业技术		新疆维吾尔自治区教育厅	201305
2	省部级野外观测站	农业部国家瓜果改良中心新疆分中心		农业部	201105
合计	重点实验数量（个）		国家级	—	省部级 2

II　科学研究

II-1　近五年（2010—2014年）科研获奖

序号	奖励名称	获奖项目名称	证书编号	完成人	获奖年度	获奖等级	参与单位数	本单位参与学科数
1	干旱荒漠区土地生产力培植与生态安全保障技术	国家科技进步奖	J-231-2-05-D02	陈亚宁、潘存德、田长彦、钟新才、李卫红、陈亚鹏、黄湘、李学森、叶朝霞、胡顺军、陈署苑、周洪华、杨玉海、马建新	2011	二等奖	4（2）	1
2	干旱区绿洲枣高效栽培关键技术研发与集成应用	新疆科技进步奖	J20130135	史彦江、李建贵、刘孟军、殷传贵、宋锋惠、张永、陈波浪、哈地尔·依沙克、柴仲平、吴正保、林星辉、刘平	2013	一等奖	3（1）	1
3	杏和李等核果类果树种质资源挖掘、创制与利用	山东省科技进步奖	JB2012-1-22-D02	陈学森、毛志泉、何天明、吕德国、张艳敏、沈向、陈晓流、冯建荣、李芋如、唐开文、匡林光、魏景利	2012	一等奖	8（2）	1
4	新疆干旱区典型荒漠生态系统综合整治技术研发与示范	新疆科技进步奖	J20111129	陈亚宁、覃新闻、李卫红、潘存德、陈亚鹏、王新平、黄湘、付爱红、周洪华	2011	二等奖	3（2）	1
5	干旱区绿洲果树与粮棉间作关键技术研究与示范	新疆科技进步奖	J20120076	潘存德、史彦江、陈耀峰、董玉芝、阿地力、廖康、张平、宋锋惠、胡安鸿	2012	二等奖	4（1）	1
6	暖温带干旱区主要果树抗寒栽培技术研究与示范推广	新疆科技进步奖	J20130018	英胜、殷传杰、廖康、车凤斌、卢春生、王建友、王国安、尚新业、余河新	2013	二等奖	4（2）	1
7	新疆杏产业发展关键技术研究与示范推广	新疆科技进步奖	J20140408	廖康、张大海、冯建荣、傅力、王强、胡建芳、赵莉、刘君、丛桂芝	2014	二等奖	6（1）	1
8	枣树重大检疫性有害生物（枣实蝇）生物生态学特性研究及综合防控技术	新疆科技进步奖	J20140109	英胜、田呈明、阿地力·沙塔尔、陈梦、温俊宝、喻峰、任玲、阿里玛斯、刘忠军	2014	二等奖	3（1）	1

（续）

序号	奖励名称	获奖项目名称	证书编号	完成人	获奖年度	获奖等级	参与单位数	本单位参与学科数
9	新疆伊犁州生态可持续能力建设研究	新疆科技进步奖	J20100179	高翠霞、王友文、潘存德、张庆麟、吴晓勇、李敏、何坚韧	2010	三等奖	4（4）	1
10	新疆葡萄大病虫害绿色防控技术集成与示范	新疆科技进步奖	J20110162	马德英、马俊义、王惠卿、朱晓华、陈卫民、羌松、杨安沛	2011	三等奖	1	1
11	库尔勒香梨优质高效栽培关键技术研发与示范	新疆科技进步奖	J20130119	李疆、何天明、齐曼·尤努斯、克热木·伊力、李世强、谭伟铭、于强	2013	三等奖	5（1）	1
12	古尔班通古特沙漠活化沙丘治理技术与试验示范	新疆科技进步奖	J20140187	李卫红、潘存德、周洪华、钟新才、庄丽、蒙敏、杨玉海	2014	三等奖	4（2）	1
合计	科研获奖数量（个）	国家级		特等奖	一等奖	二等奖	三等奖	—
				—	—	一	2	
		省部级		一等奖	二等奖	一等奖	三等奖	
				—	1	3		

II-2　代表性科研项目（2012—2014 年）

II-2-1　国家级、省部级、境外合作科研项目

序号	项目来源	项目下达部门	项目级别	项目编号	项目名称	负责人姓名	项目开始年月	项目结束年月	项目合同总经费（万元）	属本单位本学科的到账经费（万元）
1	国家自然科学基金	国家自然科学基金委员会	重点项目	U1130301	准噶尔盆地荒漠短命植物的生态适应机制与生态效应研究	谭敦炎	201201	201512	160	160
2	国家自然科学基金	国家自然科学基金委员会	面上项目	41361011	准噶尔荒漠十字花科植物不开裂角果的土壤种子库研究	芦娟娟	201401	201712	50	20
3	国家自然科学基金	国家自然科学基金委员会	面上项目	31360319	雪菊品质形成与生态因子的关系研究	秦勇	201401	201712	48	19.2

（续）

序号	项目来源	项目下达部门	项目级别	项目编号	项目名称	负责人姓名	项目开始年月	项目结束年月	项目合同总经费（万元）	属本单位本学科的到账经费（万元）
4	国家自然科学基金	国家自然科学基金委员会	面上项目	31360470	花期气温变化下库尔勒香梨脱萼果与宿萼果形成机理研究	齐曼·尤努斯	201401	201712	45	18
5	国家自然科学基金	国家自然科学基金委员会	面上项目	31360473	新疆扁桃耐寒基因 CBF1 在花粉发育中的功能及其花粉发育避寒机制研究	李疆	201401	201712	53	21.2
6	国家自然科学基金	国家自然科学基金委员会	面上项目	31360483	异质生境分布的新疆枸杞叶黄酮的遗传分化和生长适应策略	林辰壹	201401	201712	50	20
7	国家自然科学基金	国家自然科学基金委员会	面上项目	31360116	盐生荒漠生态系统固碳现状、速率、潜力和机制研究	李宁	201401	201712	50	20
8	国家自然科学基金	国家自然科学基金委员会	面上项目	41361093	气候变化背景下新疆水文灾害风险评估	孙桂丽	201401	201712	46	18.4
9	国家自然科学基金	国家自然科学基金委员会	面上项目	31360091	异花柱柽柳春夏花结构变化对繁育系统的影响	魏岩	201401	201712	48	19.2
10	国家自然科学基金	国家自然科学基金委员会	面上项目	31260187	新疆野核桃（Juglans regia）核心种质的补充研究及遗传图谱构建	张萍	201301	201612	50	35
11	国家自然科学基金	国家自然科学基金委员会	面上项目	31260419	细菌性斑点病菌（Acidovorax citrulli）一个新型致病基因的作用机制研究	刘君	201301	201612	50	35
12	国家自然科学基金	国家自然科学基金委员会	面上项目	31260465	新疆野生扁桃自交不亲和性的分子机制研究	曾斌	201301	201612	50	35
13	国家自然科学基金	国家自然科学基金委员会	面上项目	31260040	新疆艾丁湖极端环境条件下盐角草的耐盐机制研究	黄俊华	201301	201612	48	33.6
14	国家自然科学基金	国家自然科学基金委员会	面上项目	31260466	新疆天山樱桃种质资源遗传多样性研究	周龙	201301	201612	45	31.5
15	国家自然科学基金	国家自然科学基金委员会	青年项目	31200505	新疆野苹果种下类型分类及其近缘栽培种演化关系研究	秦伟	201301	201512	23	23

（续）

序号	项目来源	项目下达部门	项目级别	项目编号	项目名称	负责人姓名	项目开始年月	项目结束年月	项目合同总经费（万元）	属本单位的本学科的到账经费（万元）
16	国家自然科学基金	国家自然科学基金委员会	面上项目	31160093	短命植物异果芥果实与种子异形性对荒漠环境的可塑性响应	芦娟娟	201201	201512	58	58
17	国家自然科学基金	国家自然科学基金委员会	面上项目	31160168	新疆明额子属植物栽培类群种下等级的分类学研究	黄俊华	201201	201512	45	45
18	国家自然科学基金	国家自然科学基金委员会	面上项目	31160382	库尔勒香梨在南疆钙质土壤上叶片黄化的生理机制研究	何天明	201201	201512	50	50
19	国家自然科学基金	国家自然科学基金委员会	面上项目	31160063	准噶尔荒漠南疆菊科短命植物的种子生态学研究	谭敦炎	201201	201512	56	56
20	国家自然科学基金	国家自然科学基金委员会	面上项目	31160113	模拟氮沉降和降水对北疆荒漠植被群落特征的影响	李 宁	201201	201512	50	50
21	国家自然科学基金	国家自然科学基金委员会	面上项目	31160387	野生欧洲李亲缘关系研究	廖 康	201201	201512	50	50
22	国家自然科学基金	国家自然科学基金委员会	面上项目	31160396	新疆大蒜野生近缘种种质资源评价与遗传多样性分析	林辰壹	201201	201512	50	50
23	国家自然科学基金	国家自然科学基金委员会	面上项目	31060108	梭梭"夏休眠"特性的分子机理研究	李建贵	201101	201312	23	23
24	国家自然科学基金	国家自然科学基金委员会	面上项目	31060115	香梨优碰腐病与梨树腐烂病相关系及其相互作用机制	温俊宝	201101	201312	23	23
25	国家自然科学基金	国家自然科学基金委员会	面上项目	31060255	扁桃花芽抗寒性的生理与分子机制研究	李 疆	201101	201312	25	25
26	国家自然科学基金	国家自然科学基金委员会	面上项目	31060169	库尔勒香梨光合作用对沙尘胁迫的生理响应	巴特尔·巴克	201101	201312	24	24
27	国家自然科学基金	国家自然科学基金委员会	面上项目	31060047	两种地下芽型地下结实植物的繁殖特性与生态适应对策	谭敦炎	201101	201312	26	26

（续）

序号	项目来源	项目下达部门	项目级别	项目编号	项目名称	负责人姓名	项目开始年月	项目结束年月	项目合同总经费（万元）	属本单位本学科的到账经费（万元）
28	国家自然科学基金	国家自然科学基金委员会	面上项目	30960234	库尔勒香梨树体营养积累与抗冻相关性研究	克热木·伊力	201001	201212	23	23
29	国家自然科学基金	国家自然科学基金委员会	面上项目	30960313	天山云杉天然林地土壤中的自毒物质及来源研究	潘存德	201001	201212	24	24
30	国家自然科学基金	国家自然科学基金委员会	面上项目	30960314	新疆脐腹小蠹生菌研究	刘雪峰	201001	201212	24	24
31	国家自然科学基金	国家自然科学基金委员会	面上项目	31460548	库尔勒香梨树体——土壤体系氮素循环与平衡研究	柴仲平	201501	201812	46	18.2
32	国家自然科学基金	国家自然科学基金委员会	面上项目	31460190	新疆野杏的种群更新与影响因素研究	刘立强	201501	201812	50	20
33	国家自然科学基金	国家自然科学基金委员会	面上项目	31460198	新疆林木腐烂病病原菌种类多样性及致病性研究	马荣	201501	201812	50	20
34	国家自然科学基金	国家自然科学基金委员会	面上项目	31460210	新疆早实核桃主栽品种坚果种仁油脂亏缺成因及其机理研究	陈虹	201501	201812	50	20
35	国家自然科学基金	国家自然科学基金委员会	面上项目	31460631	橡胶草种质资源和生殖对策研究	陆婷	201501	201812	50	20
36	国家自然科学基金	国家自然科学基金委员会	面上项目	31470320	珍稀沙生植物苦豆菜黄耆的繁殖特性与种群更新的关系研究	谭敦炎	201501	201812	85	30
37	国家重大科学研究计划	科技部	重大项目	2014CB954200	降水、温度对荒漠植物生殖生态过程的影响	谭敦炎	201401	201812	90	90
38	国家科技基础条件平台	科技部	面上项目	2005DKA21403-JK	新疆农业大学教学标本数据更新	谭敦炎	201301	201412	25	25
39	国家"973"计划	科技部	面上项目	2010CB134510	典型外来入侵植物在新疆绿洲生态系统中的入侵机制与影响研究	谭敦炎	201001	201212	60	60

（续）

序号	项目来源	项目下达部门	项目级别	项目编号	项目名称	负责人姓名	项目开始年月	项目结束年月	项目合同总经费（万元）	属本单位本学科的到账经费（万元）
40	国际科技合作项目	科技部	面上项目	2011DFA31070	垂直带生态系统对气候与土地利用变化的响应与适应	谭敦炎	201101	201312	60	60
41	林业公益性行业科研专项	国家林业局	重大项目	201304701-3	新疆特色林果高效生物菌肥的研制与应用示范	李建贵	201301	201612	125.5	100
42	林业公益性行业科研专项	国家林业局	重大项目	201304701-1	新特色林果优良品种选育与推广	李疆	201301	201612	99.5	75.5
43	新疆科技支撑计划项目	新疆科技厅	一般项目	201231110	核桃基腐病的综合技术研究与示范	阿地力·沙塔尔	201203	201412	30	30
44	新疆重大科技专项	新疆科技厅	重大项目	201130102-2	核桃园土壤肥力提升与核桃产量、品质调控研究	潘存德	201101	201512	90	90
45	新疆科技支撑计划项目	新疆科技厅	一般项目	201130102-3	枣树害螨、核桃腐烂病发生规律与暴发为害关键因子研究	阿地力·沙塔尔	201101	201512	30	30
46	新疆重大科技专项	新疆科技厅	重大项目	201130102-1	新疆特色果树种质资源利用技术研究与示范	李疆	201101	201512	200	200
47	新疆重大科技专项	新疆科技厅	重大项目	200931101	新疆杏产业发展关键技术集成与示范	廖康	200909	201312	500	500
48	新疆科技支撑计划项目	新疆科技厅	一般项目	201431106	南疆红枣专用PGPR制剂研制与应用	李建贵	201401	201612	55	55
49	新疆科技支撑计划项目	新疆科技厅	一般项目	PT1009	葡萄、苹果等果品品质调优技术研究与示范	李建贵	201001	201112	30	30
合计	国家级科研项目		数量（个）	40	项目合同总经费（万元）	1933		属本单位本学科的到账经费（万元）		1 423.3

II-2-2 其他重要科研项目

序号	项目来源	合同签订/项目下达时间	项目名称	负责人姓名	项目开始年月	项目结束年月	项目合同总经费（万元）	属本单位本学科的到账经费（万元）
1	新疆林业厅	201104	林木种质资源调查	潘存德、李疆	201104	201512	531	531
2	新疆林业厅	201105	南疆主要果树抗寒栽培技术研究	廖康	201105	201312	90	90
3	新疆林业厅	201201	新疆农业大学博湖南山荒漠化植被恢复项目	李建贵	201201	201412	180	180
4	新疆林业厅	201301	新疆农业大学沙漠边缘荒漠化植被恢复项目	李建贵	201301	201512	130	130
5	新疆林业厅	201401	沙漠北缘荒漠化植被恢复	朱银飞	201401	201512	180	180
6	新疆科技厅	201401	伊犁河谷水土流失综合治理技术研发与示范	李建贵	201401	201712	100	40
7	新疆林业厅	201101	生态健康果园示范试点	廖康	201101	201412	100	100
8	新疆林业厅	201101	新疆野生果树资源现状调查与搜集整理评价	廖康	201101	201412	65	65
9	新疆林业厅	201101	生态健康果园果树营养需求规律及生物肥引进试验课题研究	李建贵	201101	201312	90	90
10	新疆林业厅	201401	新温 "185" 号核桃树体营养诊断与施肥建议综合法（DRIS）指标体系研究	潘存德	201401	201512	25	25
11	库尔勒市科技局	201201	库尔勒香梨品质调控关键技术研发与示范	齐曼·尤努斯	201201	201412	34	34
12	库尔勒市科技局	201201	库尔勒香梨抗灾害性天气技术研发与示范	克热木·伊力	201201	201512	30	30
13	农业部公益性行业专项	201301	我国重要果树资源的收集、评价与优异种质创新利用技术研究与示范	何天明	201301	201712	50	30
14	新疆林业厅	201301	杏授粉生物学特性研究及授粉品种筛选	安晓芹	201301	201312	20	20
15	新疆林业厅	201301	枣实蝇迁飞行为研究	阿地力·沙塔尔	201301	201412	10	10
16	新疆林业厅	201301	葡萄生态健康果园示范基地建设	阿地力·沙塔尔	201301	201412	13	13
17	新疆林业厅	201401	新疆补充林业检疫性有害生物名单修订	阿地力·沙塔尔	201401	201512	35	35
18	新疆林业厅	201401	编写《新疆林业虫害野外知识手册》	阿地力·沙塔尔	201401	201512	31	31

1 林 学 385

序号	项目来源	合同签订/项目下达时间	项目名称	负责人姓名	项目开始年月	项目结束年月	项目合同总经费（万元）	属本单位本学科的到账经费（万元）
19	新疆林业厅	201101	检疫性有害生物扶桑绵粉蚧应急检疫监控技术研究	阿地力·沙塔尔	201101	201212	20	20
20	新疆林业厅	201001	环塔里木盆地特色林果产业关键技术研发与示范——库尔勒香梨优质高效栽培关键技术研发与示范	李疆，何天明	201001	201212	80	80
21	阿克苏市科技局	201201	阿克苏市养殖关键技术培训及示范	朱银飞	201201	201412	20	20
22	新疆林业厅	201001	红枣核桃沙棘采摘机械的研究	李建贵	201001	201212	90	90
23	新疆林业厅	201201	新疆红枣专用微生物肥料的研制	李建贵	201201	201412	40	40
24	新疆林业厅	201001	生态健康果园试点建设——树营养需求规律与生物肥引进试验	李建贵	201001	201212	20	20
25	新疆林业厅	201301	木纳格葡萄优质丰产栽培技术示范与推广	廖康	201301	201512	100	100
26	新疆林业厅	201101	核枣重大有害生物及红枣害螨防控技术研究	阿地力·沙塔尔	201101	201512	30	30
27	新疆林业厅	201101	特色林果果重大病虫持续高效绿色防控技术研究	阿地力·沙塔尔	201101	201512	30	30
28	高分辨率对地观测系统专项科研项目	201308	新疆特色林果面积精准监测与应用示范分系统	王振锡	201308	201512	40	40
29	国家重点实验室开发课题	201201	极端干旱区生态退化/修复机理与监测	孙桂丽	201201	201312	10	10
30	和田地区林业局	201405	和田地区红枣黑斑病防控技术研究	马荣	201405	201512	20	20

II-2-3 人均科研经费

人均科研经费（万元/人）	104.08

II-3 本学科代表性学术论文质量

II-3-1 近五年（2010—2014年）国内收录的本学科代表性学术论文

序号	论文名称	第一作者	通讯作者	发表（卷期）刊次	发表刊物名称	收录类型	中文影响因子	他引次数
1	轮台白杏叶片铁锰浓度光谱估算模型	胡珍珠	潘存德	2014（9）	光谱学与光谱分析	SCI	1.235	—
2	基于马氏距离法的荒漠树种高光谱识别	林海军	李霞	2014（12）	光谱学与光谱分析	SCI	1.235	—
3	SYBR Green 实时荧光 PCR 快速鉴定枣实蝇技术	程晓甜	阿地力·沙塔尔	2014（4）	林业科学	CSCD	1.512	—
4	枣实蝇 4 个地理种群的线粒体 Cytb 基因序列分析	程晓甜	阿地力·沙塔尔	2014（3）	林业科学	CSCD	1.512	—
5	枣实蝇异引物 PCR 鉴定技术	程晓甜	阿地力·沙塔尔	2013（11）	林业科学	CSCD	1.512	—
6	核桃基腐病的病原鉴定	商靖	阿地力·沙塔尔	2010（12）	林业科学	CSCD	1.512	3
7	新疆喀纳斯旅游区森林景观美学质量与自然火干扰的关系	刘翠玲	潘存德	2010（1）	林业科学	CSCD	1.512	7
8	入侵植物黄花刺茄在新疆不同生境中的繁殖特性	邱娟	谭敦炎	2013（9）	生物多样性	CSCD	2.456	1
9	新疆郁金香营养生长、个体大小和开花次序对繁殖分配的影响	艾沙江·阿不都沙拉木	谭敦炎	2012（5）	生物多样性	CSCD	2.456	5
10	库尔勒香梨年生长期生物量及养分积累变化规律	柴仲平	蒋平安	2013（5）	植物营养与肥料学报	CSCD	2.086	7
11	红枣树氮、磷、钾吸收与累积年周期变化规律	陈波浪	盛建东	2013（5）	植物营养与肥料学报	CSCD	2.086	26
12	矮密栽培红枣树生物量及养分积累动态研究	王泽	盛建东	2012（1）	植物营养与肥料学报	CSCD	2.086	18
13	干旱区绿洲灌溉条件下不同树龄轮台白杏根系的空间分布	王世伟	潘存德	2012（9）	应用生态学报	CSCD	2.525	8
14	干旱胁迫下尖果沙枣幼苗的根系活力和光合特性	齐曼·尤努斯	齐曼·尤努斯	2011（7）	应用生态学报	CSCD	2.525	19
15	一年生短命植物梳齿千里光果实异形性的生态学意义	吉乃提汗·马木提	谭敦炎	2011（6）	植物生态学报	CSCD	2.813	—
16	雪莲的开花生物学特性及其生态适应意义	戴攀峰	谭敦炎	2011（1）	植物生态学报	CSCD	2.813	—
17	梭梭萌生与初期存活的关键影响因素	田媛	李建贵	2010（3）	生态学报	CSCD	2.233	14
18	天山中部天山云杉林土壤种子库年际变化	李华东	潘存德	2013（14）	生态学报	CSCD	2.233	2
19	香梨两种树形净光合速率特征及影响因素	孙桂丽	李疆	2013（9）	生态学报	CSCD	2.233	—
20	新疆核桃种质资源遗传多样性的 ISSR 分析	李超	罗淑萍	2011（5）	中国农业科学	CSCD	1.769	9
合计					中文影响因子		40.344	他引次数 119

II-3-2 近五年（2010—2014 年）国外收录的本学科代表性学术论文

序号	论文名称	论文类型	第一作者	通讯作者	发表刊次（卷期）	发表刊物名称	收录类型	他引次数	期刊SCI影响因子	备注
1	Intra-annual distribution and decadal change in extreme hydrological events in Xinjiang, Northwestern China	Article	Sun G L	Sun G L	2014（70）	Natural Hazards	SCI	4	1.958	第一署名单位
2	Germination Season and Watering Regime, but Not Seed Morph, Affect Life History Traits in a Cold Desert Diaspore-Heteromorphic Annual	Article	Lu J J	Tan D Y	2014（6）	Plos One	SCI	2	3.534	第一署名单位
3	Protogyny and delayed autonomous self-pollination in the desert herb *Zygophyllum macropterum*（Zygophyllaceae）	Article	Mamut J	Tan D Y	2014（1）	Journal of Systematics and Evolution	SCI	1	1.648	第一署名单位
4	Role of trichomes and pericarp in the seed biology of the desert annual *Lachnoloma lehmannii*（Brassicaceae）	Article	Mamut J	Tan D Y	2014（1）	Ecological Research	SCI	—	1.513	第一署名单位
5	Contribution of temporal floral closure to reproductive success of the spring-flowering *Tulipa iliensis*	Article	Abdusalam A	Tan D Y	2014（2）	Journal of Systematics and Evolution	SCI	—	1.648	第一署名单位
6	Diaspore dispersal ability and degree of dormancy in heteromorphic species of cold deserts of northwest China: A review.	Review	Baskin J M	Tan D Y	2014（16）	Perspectives in Plant Ecology, Evolution and Systematics	SCI	2	3.324	第一署名单位
7	Intermediate complex morphophysiological dormancy in seeds of the cold desert sand dune geophyte *Eremurus anisopterus*（Xanthorrhoeaceae; Liliaceae S.L.）	Article	Mamut J	Tan D Y	2014（9）	Annals of Botany	SCI	—	3.295	第一署名单位
8	Two kinds of persistent soil seed banks in an amphi-basicarpic cold desert annual	Article	Lu J J	Tan D Y	2014（24）	Seed Science Research	SCI	—	1.845	第一署名单位

（续）

序号	论文名称	论文类型	第一作者	通讯作者	发表刊次（卷期）	发表刊物名称	收录类型	他引次数	期刊SCI影响因子	备注
9	A new type of non-deep physiological dormancy: evidence from three annual Asteraceae species in the cold deserts of Central Asia	Article	Nur M	Tan D Y	2014（24）	Seed Science Research	SCI	—	1.845	第一署名单位
10	Pistillate flowers experience pollen limitation and reduced geitonogamy compared to perfect flowers in a gynomonoecious herb	Article	Mamut J	Tan D Y	2014（201）	New Phytologist	SCI	3	6.373	第一署名单位
11	The effect of salinity on the germination of dimorphic seeds of *Atriplex micrantha*, an annual inhabiting Junggar Desert	Article	Yan C	Wei Yan	2014（1）	Vegetos	SCI	—	0.042	第一署名单位
12	Spatial distribution of the extreme hydrological events in Xinjiang, northwest of China	Article	Sun G L	Sun G L	2013（2）	Natural Hazards	SCI	2	1.958	第一署名单位
13	Trade-offs between seed dispersal and dormancy in an amphi-basicarpic cold desert annual	Article	Lu J J	Tan D Y	2013（112）	Annals of Botany	SCI	2	3.295	第一署名单位
14	Dispersal mechanisms of the invasive alien plant species buffalobur (*Solanum rostratum*) in cold desert sites of northwest China	Article	Eminniyaz A	Tan D Y	2013（4）	Weed Science	SCI	—	1.684	第一署名单位
15	Effects of environmental stress and nutlet morph on proportion and within-flower number-combination of morphs produced by the fruit-dimorphic species *Lappula dupicicarpa* (Boraginaceae)	Article	Lu J J	Tan D Y	2013（3）	Plant Ecology	SCI	1	2.284	第一署名单位
16	Seed dormancy and germination of the subalpine geophyte *Crocus alatavicus* (Iridaceae)	Article	Fu Z Y	Tan D Y	2013（5）	Australian Journal Of Botany	SCI	2	0.903	第一署名单位

（续）

序号	论文名称	论文类型	第一作者	通讯作者	发表刊次（卷期）	发表刊物名称	收录类型	他引次数	期刊SCI影响因子	备注
17	Ecological significance of bi-seasonal flowering and fruit-setting of *Tamarix ramosissima*	Article	Yan C	Wei Yan	2013（2）	Vegetos	SCI	—	0.042	第一署名单位
18	Effects of environmental stress and nutlet morph on proportion and within-flower number-combination of morphs produced by the ruit-dimorphic species *Lappula duplicicarpa*（Boraginaceae）	Article	Lu J J	Tan D Y	2013（214）	Plant Ecology	SCI	1	2.284	第一署名单位
19	Dispersal Mechanisms of the Invasive Alien Plant Species *Solanum rostratum* in Cold Desert Sites of Northwest China	Article	Eminniyaz A	Tan D Y	2013（61）	Weed Science	SCI	—	1.684	第一署名单位
20	Effects of salinity on growth, photosynthesis, inorganic and organic osmolyte accumulation in *Elaeagnus oxycarpa* seedlings	Article	Ai L J	Qi M	2013（12）	Acta physiologiae plantarum	SCI	—	1.524	第一署名单位
21	Fruit growth and Seed Germination Characteristics of *Nanophyton erinaceum*: A Dominant Desert Shrub	Article	Abudureheman B	Wei Yan	2012（1）	Vegetos	SCI	1	0.042	第一署名单位
22	Phenotypic plasticity and bet-hedging in a heterocarpic winter annual/spring ephemeral cold desert species of Brassicaceae	Article	Lu J J	Tan D Y	2012（121）	Oikos	SCI	7	3.559	第一署名单位
23	Variation in style length and antherstigma distance in *Ixiolirion songaricum*（Amaryllidaceae）	Article	Jia J	Tan D Y	2012（81）	South African Journal of Botany	SCI	—	1.34	第一署名单位
24	Seed Biology of the Invasive Species Buffalobur（*Solanum rostratum*）in Northwest China	—	Shalimu D	Tan D Y	2012（2）	Weed Science	SCI	2	1.684	第一署名单位

（续）

序号	论文名称	论文类型	第一作者	通讯作者	发表刊次（卷期）	发表刊物名称	收录类型	他引次数	期刊 SCI 影响因子	备注
25	Role of mucilage in the seed germination ecology of the annual ephemeral *Alyssum minus*（Brassicaceae）	Article	Sun Y	Tan D Y	2012（60）	Australian Journal of Botany	SCI	7	1.34	第一署名单位
26	Seed dormancy and germination characteristics of *Astragalus arpilobus*（Fabaceae, subfamily Papilionoideae）, a central Asian desert annual ephemeral	Article	Long Y	Tan D Y	2012（83）	South African Journal of Botany	SCI	1	1.34	第一署名单位
27	Comparative germination of *Tamarix ramosissima* spring and summer seeds	Article	Yan C	Wei Yan	2011（10）	ExclI Journal	SCI	4	0.782	第一署名单位
28	Fruit and seed heteromorphism in the cold desert annual ephemeral *Diptychocarpus strictus*（Brassicaceae）and possible adaptive significance	Article	Lu J J	Tan D Y	2010（105）	Annals of Botany	SCI	33	3.295	第一署名单位
29	Effect of seed position in spikelet on life history of *Eremopyrum distans*（Poaceae）from the cold desert of north-west China	Article	Wang A B	Tan D Y	2010（106）	Annals of Botany	SCI	7	3.295	第一署名单位
30	Nutlet dimorphism in individual flowers in two cold desert annual *Lappula* species（Boraginaceae）: implications for escape by offspring in time and space	Article	Ma W B	Tan D Y	2010（209）	Plant Ecology	SCI	7	2.284	第一署名单位
合计	SCI 影响因子			61.644		他引次数			89	

II—5 已转化或应用的专利（2012—2014 年）

序号	专利名称	第一发明人	专利申请号	专利号	授权（颁证）年月	专利受让单位	专利转让合同金额（万元）
1	一种库尔勒香梨授粉用花粉质量检测方法	何天明	201001 85473	发明专利（ZL201001 85473.5）	201205	库尔勒市林业局	—
2	一种提高库尔勒香梨坐果率及脱萼果率的复合试剂	齐 曼	201009070419980	发明专利（ZL201009070419980）	201304	库尔勒市林业局	—
3	一种提高库天提杏花粉萌发和生长的培养基	廖 康	201110420447	发明专利（ZL201110420447.0）	201406	轮台县林业局	—
4	一种快速制干鲜的方法	廖 康	200910113449	发明专利（ZL200910113449.8）	201201	轮台县林业局	—
5	一种便携可调负压气吸式电动灭虫装置	马德英	201120480609	实用新型专利（ZL201120480609.5）	201208	昌吉州林业局	—
6	一种诱杀白星花金龟的方法	马德英	201110200495	发明专利（ZL201110200495.9）	201305	昌吉州林业局	—
7	旱春短命植物绵果茅的高效再生植株获得的方法	廖 康	201010274418	发明专利（ZL201010274418.3）	201206	—	—
8	以核桃雄化序为原科的植物源营养液制备方法	董玉芝	201110195739	发明专利（ZL201110195739.9）	201304	阿克苏地区林业局	—
9	防治果树野虫和红蜘蛛制剂及其生产方法和使用方法	阿地力·沙塔尔	200810305474	发明专利（ZL200810305474.1）	201208	阿克苏地区林业局	—
10	扁桃介壳虫防治方法	阿地力·沙塔尔	200810305411	发明专利（ZL200810305411.6）	201208	阿克苏地区林业局	—
11	库尔勒香梨品质评价软件 V1.0	孙桂丽	—	软件著作	201301	—	—
12	塔河下游生态恢复适宜物种选择与评价软件 V1.0	孙桂丽	—	软件著作	201301	—	—
13	冬季冰凌洪水预测预报软件 V1.0	孙桂丽	—	软件著作	201006	—	—
14	冰川湖突发洪水预测预报软件 V1.0	孙桂丽	—	软件著作	201006	—	—
合计	专利转让合同金额（万元）					—	

Ⅲ 人才培养质量

序号	获奖级别	项目名称	证书编号	完成人	获奖等级	获奖年度	参与单位数	本单位参与学科数
		Ⅲ-1　优秀教学成果奖（2012—2014 年）						
1	国家级	面向新疆新农村建设把论文写在天山南北——新疆农业大学实践育人改革与探索	20148419	王长新、刘维忠、苏枋、张巨松、魏岩	二等奖	2014	1	10（1）
合计	国家级	一等奖（个）　—		二等奖（个）		1	三等奖（个）　—	
	省级	一等奖（个）　—		二等奖（个）　—			三等奖（个）　—	

序号	教材名称	第一主编姓名	出版年月	出版单位	参与单位数	是否精品教材
		Ⅲ-2　研究生教材（2012—2014 年）				
1	植物生理学实验指导	王燕凌	201407	中国农业出版社	1	—
2	新疆特色果树栽培实用技术（上下册）	廖康	201112	新疆科学技术出版社	1	—
3	新疆野生果树资源研究	廖康	201312	新疆科学技术出版社	1	—
4	新疆杏资源研究进展	廖康	201411	新疆科技出版社	1	—
5	骏枣生理生态学研究	李建贵	201502	科学出版社	2（1）	—
6	新疆林果害虫防治学	阿地力·沙塔尔	201309	中国农业大学出版社	1	—
7	土壤改良与培肥	蒋平安	201301	新疆人民出版社	1	—
8	环境监测实验	郑春霞	201409	中国农业出版社	1	—
9	人工绿洲防护生态安全保障体系建设研究	潘存德	201211	西北农林科技大学出版社	2（1）	—
合计	国家级规划教材数量	1		精品教材数量		

1.19.2　学科简介

1. 学科基本情况与学科特色

　　新疆农业大学林学学科自 1952 年创建以来，一直承担着为新疆林业产业发展和生态建设进行人才培养、科学研究和社会服务的重任，目前拥有新疆高等院校和科研院所唯一的林业硕士专业学位授权点和林学一级学科硕士学位授权点。为了充分发挥新疆农业大学林学学科在现代林业建设和生态文明建设中的重要作用，更好地服务于"一带一路"核心区建设，在 2014 年 5 月召开的林业援疆工作座谈会上，由国家林业局和新疆维吾尔自治区人民政府签订的《新疆自治区人民政府、国家林业局关于合作共建新疆农业大学的协议》中，明确将"林业重点学科建设"作为国家林业局支持新疆农业大学的重点之一。

　　60 多年来，学科以新疆独特的山地、荒漠、绿洲生态系统为研究对象，紧紧围绕不同历史时期新疆林业产业发展和生态建设的重大科技需求，形成了荒漠化防治与生态建设、林木种质资源发掘与经济林培育、天然林保育与植被恢复、林业有害生物监测与防控 4 个稳定且优势明显、相互支撑、有机统一的学科方向。在我国干旱区林业生态建设和

（续）

林业产业发展理论研究与技术研发上形成了鲜明的地域特色，涌现出了以张新时院士和杨昌友教授为代表的一批国内知名专家学者，并先后主编和参加撰写了《新疆森林》《中国植被》《中国森林》《中国森林资源与可持续发展》等学术著作百余部，为本学科的可持续发展积沉了深厚的学术底蕴和求真务实、勇于创新的学术文化氛围。

进入 21 世纪以来，本学科继承先辈的优良学术传统，坚持以新疆独特的山地、荒漠、绿洲生态系统为研究对象，重点围绕特色林果产业基地建设、荒漠化防治与生态建设、天然林保护和林业有害生物防治等优势特色学科领域，进一步稳定并巩固学科在长期研究过程中形成的 4 个特色优势学科方向，先后承担国家和省部级各类科研项目（课题）1 560 余项，培养研究生 730 余名；在国内外学术刊物上发表学术论文 2 350 余篇，出版《新疆树木志》《人工绿洲防护生态安全保障体系建设研究》和《环塔里木盆地特色果树生产技术》等学术著作 30 余部；获授权国家发明专利 20 余项；获国家科技进步二等奖 2 项，省部级科技进步一等奖 6 项、二等奖 15 项、三等奖 18 项。不少研究成果达到了国内领先或国际先进水平，确立了本学科在我国干旱区林业科学研究与技术研发上的重要学术地位和在新疆林业生态建设和林业产业发展理论研究与技术研发上的优势，对新疆林业的可持续发展起到了重要的科技支撑作用，并推动了中国干旱区、尤其是新疆林业生态建设和林业产业发展科学技术的进步。

2. 社会贡献

新疆农业大学林学学科始终以推动新疆林业产业发展和生态建设为己任，近十多年来先后承担或参加完成了中国环境与发展国际合作委员会"林草问题调查研究"之"新疆天然林资源保护工程调查研究"、中国科学院院士工作局"新疆生态建设和可持续发展战略研究"之"新疆林业发展战略"、新疆自治区专家顾问团"新疆生态环境现状及保护对策""塔里木河流域近期综合治理（投资 107 亿元）规划执行情况"等重大决策咨询工作。自治区人民政府根据咨询建议，依托国家林业重点工程，把推进塔里木盆地周边防沙治沙工程、准噶尔盆地南缘防沙治沙工程、天山北坡谷地森林植被恢复保护工程、农村防护林建设工程、新农村建设村庄绿化工程、城市防护林建设工程、铁路公路绿色通道建设工程、天然林资源保护工程、公益林管护工程、野生动植物、湿地保护和自然保护区建设等林业生态工程作为重点，形成了当前和未来新疆生态环境建设的主体格局。

进入 21 世纪以来，围绕繁荣农村经济、增加农民收入、解决"三农"问题，新疆农业大学林学学科把加强产学研用结合、推进技术成果转化，为特色林果等经济林产业发展提供技术支持作为重点，与天山南北各地州县市政府林业主管部门通过产学研用结合，大面积推广了枣、核桃、杏、香梨、扁桃、苹果、葡萄等栽培管理技术，并大力推进主持完成了"十一五"国家科技支撑计划项目"环塔里木盆地特色林果产业发展关键技术研发与示范"技术成果转化，年培训地州、县、乡技术骨干万余名，农民技术员和果农十余万人次，推动新疆经济林产业形成了塔里木盆地以枣、核桃、杏、香梨、苹果等为主的林果主产区，吐哈盆地、伊犁河谷、天山北坡一带以葡萄、哈密大枣、枸杞、时令水果、设施林果为主的高效经济林果基地。

"人才是兴国之本、富民之基、发展之源。高层次人才集中代表一个行业人才队伍的整体水平和综合实力，是社会经济发展重要的战略资源。"新疆农业大学林学学科为新疆林业战线培养了 80% 的高层次管理人才和技术人员，并以人才培养为载体，在弘扬优秀文化、推进科学普及、服务社会大众等方面做出了突出贡献。

林学学科的廖康教授、阿地力·沙塔尔教授被自治区人民政府聘为特色经济林果产业发展首席专家；李疆教授兼任新疆林学会副理事长、新疆科学技术协会常委；潘存德教授兼任国家荒漠—绿洲生态建设工程技术委员会委员、教育部高等学校林学类专业教学指导委员会委员、新疆自治区专家顾问团成员、新疆自治区环境保护专家顾问委员会委员等职。

林业工程

2.1 北京林业大学

2.1.1 清单表

I 师资队伍与资源

序号	专家类别	专家姓名	出生年月	获批年月	备注
		I-1 突出专家			
1	国家青千人计划入选者	宋国勇	197701	201504	
2	长江学者特聘教授	孙润仓	195503	200012	
3	长江学者特聘教授	李建章	196610	201312	
4	国家杰出青年科学基金获得者	许 凤	197006	201208	C1604
5	教育部新世纪人才	曹金珍	197610	200411	
6	教育部新世纪人才	蒋建新	196906	200711	
7	教育部新世纪人才	伊松林	197009	200911	
8	教育部新世纪人才	马明国	197809	201111	
9	教育部新世纪人才	张学铭	197802	201311	
10	教育部新世纪人才	王 波	197809	201411	
11	教育部新世纪人才	彭 锋	197905	201411	
12	享受政府特殊津贴人员	赵广杰	195302	199912	
合计	突出专家数量（人）			12	

类型	数量	类型	数量	类型	数量
		I-3 专职教师与学生情况			
专职教师数	96	其中，教授数	34	副教授数	27
研究生导师总数	63	其中，博士生导师数	33	硕士生导师数	56
目前在校研究生数	391	其中，博士生数	113	硕士生数	278
生师比	5.4	博士生师比	3.8	硕士生师比	4.5
近三年授予学位数	217	其中，博士学位数	50	硕士学位数	167

序号	重点学科名称	重点学科类型	学科代码	批准部门	批准年月
		I-4 重点学科			
1	林业工程	北京市一级重点学科	0829	北京市教育委员会	200804
2	木材科学与技术	国家级二级重点学科	082902	教育部	200708
3	木材科学与技术	国家林业局重点学科	082902	国家林业局	200605
4	林产化学加工工程	国家林业局重点学科	082903	国家林业局	200605
合计	二级重点学科数量（个）	国家级	1	省部级	3

I-5　重点实验室				
序号	实验室类别	实验室名称	批准部门	批准年月
1	省部级重点实验室 / 中心	林木生物质材料与能源	教育部	200710
2	省部级重点实验室 / 中心	木质材料科学与应用	教育部	200812
3	省部级重点实验室 / 中心	木材科学与工程	北京市教育委员会	200110
4	省部级重点实验室 / 中心	木材科学与技术	北京市教育委员会	200707
5	省部级重点实验室 / 中心	林木生物质化学	北京市教育委员会	201212
6	省部级重点实验室 / 中心	林业工程装备与技术	北京市教育委员会	200907
合计	重点实验数量（个）	国家级	—	省部级　6

II 科学研究

II-1　近五年（2010—2014年）科研获奖

序号	奖励名称	获奖项目名称	证书编号	完成人	获奖年度	获奖等级	参与单位数	本单位参与学科号与学科数
1	国家技术发明奖	高分子多糖生物加工新技术与产品应用	2011-F-211-2-01-R02	张卫明、蒋建新、孙润仓等	2011	二等奖	4（2）	1
2	教育部高校科研优秀成果奖（科学技术）	农林废弃物生物质主要组分清洁高效分离及高值化利用研究	2012-007	孙润仓、许凤等	2012	一等奖	2（1）	1
3	教育部高校科研优秀成果奖（科学技术）	林木生物质油制备绿色环保型木材胶黏剂关键技术及应用	2014-154	常建民、任学勇等	2014	二等奖	4（1）	1
4	梁希林业科技奖	木本多糖结构性质与制备应用技术	2011-KJ-2-04-R01	蒋建新、孙润仓等	2011	二等奖	2（1）	1
5	北京市科学技术奖	人工林自动整枝技术及设备	2010农-3-006	李文彬、王乃康	2010	三等奖	2（1）	1
合计	科研获奖数量（个）	国家级	特等奖	—		一等奖		1
		省部级	一等奖	1		二等奖		2

II-2　代表性科研项目（2012—2014年）

II-2-1　国家级、省部级、境外合作科研项目

序号	项目来源	项目下达部门	项目级别	项目编号	项目名称	负责人姓名	项目开始年月	项目结束年月	项目合同总经费（万元）	属本单位学科的到账经费（万元）
1	国家"973"计划	科技部	重点基础研究发展计划	2010CB732200	生物质转化为高值化材料的基础科学问题	孙润仓	201001	201408	3 100	670
2	国家"863"计划	科技部	课题	2012AA03A204	国产碳纤维复合材料压挤成型及其应用技术研究	申世杰	201201	201512	734.6	594.6
3	国家"863"计划	科技部	子课题	2012AA101808-06	生物燃油制造酚醛胶技术研究	常建民	201201	201512	80	56
4	国家"863"计划	科技部	子课题	2010AA101703	木质素分子活化及多元醇接枝改性技术	张力平	201001	201212	30	30
5	国家"863"计划	科技部	子课题	2010AA10A205	畜禽粪便气化多联产利用技术与装备创制	伊松林	201001	201212	10	10
6	国家科技支撑计划	科技部	一般项目	2012BAD32B06	纤维素多糖材料制备技术研究与示范	许凤	201201	201412	2 634	1 094

（续）

序号	项目来源	项目下达部门	项目级别	项目编号	项目名称	负责人姓名	项目开始年月	项目结束年月	项目合同总经费（万元）	属本单位本学科的到账经费（万元）
7	国家科技支撑计划	科技部	一般项目	2012BAD24B0204	抗菌防霉单板胶合材制造技术开发	于志明	201203	201512	76	57.2
8	国家科技支撑计划	科技部	一般项目	2012BAD36B01-03	皂素高效制备技术及皂素协同作用性能研究	蒋建新	201201	201512	37	37
9	武器装备预研基金项目	国家外国专家局教科文卫专家司	重大项目	B08005	林业工程与森林培育学科创新引智基地	孙润仓	200801	201212	900	900
10	国家自然科学基金项目	国家自然科学基金委员会	重大项目	31110103902	农林废弃物木质素清洁分离、结构表征及功能材料制备基础研究	孙润仓	201201	201612	280	196
11	国家自然科学基金项目	国家自然科学基金委员会	重点项目	30930073	木质半纤维素结构表征与功能产品制备基础研究	孙润仓	201001	201312	180	180
12	国家杰出青年科学基金项目	国家自然科学基金委员会	杰青项目	31225005	农林生物质高值化利用基础研究	许凤	201301	201612	200	120
13	国家自然科学基金项目	国家自然科学基金委员会	面上项目	51172028	基于汉麻秆芯的新型防化材料及其对化学战剂的自解吸机理	高建民	201201	201512	65	65
14	国家自然科学基金项目	国家自然科学基金委员会	面上项目	31170557	基于催化水热体系木质纤维组分分解离及其机理研究	张学铭	201201	201512	63	63
15	国家自然科学基金项目	国家自然科学基金委员会	面上项目	31170556	多酸位离子液体催化木质纤维素解制备生物基化学品乙酰丙酸的研究	王波	201201	201512	58	58
16	国家自然科学基金项目	国家自然科学基金委员会	面上项目	31170524	蒙脱土改性木粉/聚乳酸复合材料的制备和性能研究	曹金珍	201201	201512	50	50
17	国家自然科学基金项目	国家自然科学基金委员会	面上项目	31170533	氨基树脂所含N元素在废弃人造板热解产物中的转化机制及构成影响	母军	201201	201512	50	50
18	国家自然科学基金项目	国家自然科学基金委员会	面上项目	31070490	木材热诱发变色过程中发色体系形成的化学机理	高建民	201101	201312	40	40
19	国家自然科学基金项目	国家自然科学基金委员会	面上项目	50972018	高性能防弹碳化木陶瓷制备	高建民	201001	201212	39	39
20	国家自然科学基金项目	国家自然科学基金委员会	面上项目	31070526	农林生物质纤维细胞壁超微结构研究	许凤	201101	201312	38	38

（续）

序号	项目来源	项目下达部门	项目级别	项目编号	项目名称	负责人姓名	项目开始年月	项目结束年月	项目合同总经费（万元）	属本单位本学科的到账经费（万元）
21	国家自然科学基金项目	国家自然科学基金委员会	面上项目	31070511	木质纤维素基可降解生物材料的制备、微结构构及性能研究	马明国	201101	201312	35	35
22	国家自然科学基金项目	国家自然科学基金委员会	面上项目	31070510	低强度 logRo（1.2～2.8）蒸汽爆破木质纤维结构表征及转化乙醇基础研究	蒋建新	201101	201312	35	35
23	国家自然科学基金项目	国家自然科学基金委员会	面上项目	30972310	固化 pH 值与固化程度对脲醛树脂胶及人造板耐久力学性能及甲醛释放影响研究	李建章	201001	201212	30	30
24	国家自然科学基金项目	国家自然科学基金委员会	面上项目	30972309	木材快速热裂解液化酚类物质形成机制与调控	常建民	201001	201212	28	28
25	国家自然科学基金项目	国家自然科学基金委员会	面上项目	31170669	活立木生物电产生机理及其收集方法研究	李文彬	201201	201512	63	63
26	国家自然科学基金项目	国家自然科学基金委员会	面上项目	30972425	立木胸径无限遥测方法及其信号的传输衍射规律研究	李文彬	201001	201212	35	35
27	国家自然科学基金项目	国家自然科学基金委员会	面上项目	31270624	微水固相法植物多糖胶改性过程及其机理研究	蒋建新	201301	201612	80	56
28	国家自然科学基金项目	国家自然科学基金委员会	一般项目	3138123045l	可持续发展绿色建筑材料双边研讨会	孙润仓	201311	201312	1.25	1.25
29	国家自然科学基金项目	国家自然科学基金委员会	面上项目	31270604	超声波协同下的木材真空过热蒸汽干燥水分迁移机制	伊松林	201301	201612	80	64
30	国家自然科学基金项目	国家自然科学基金委员会	面上项目	30972302	光辐射染色木材的化学反应历程与变色机制	郭洪武	201001	201212	28	28
31	国家自然科学基金项目	国家自然科学基金委员会	青年项目	3091164	基于真彩色图像的活立木三维重建方法	阚江明	201001	201212	18	18
32	国家自然科学基金项目	国家自然科学基金委员会	青年项目	31200435	水·热周期作用下木材的变形响应及吸附热力学特性	马尔妮	201301	201512	23	23
33	国家自然科学基金项目	国家自然科学基金委员会	青年项目	31000268	麻枫树蛋白基木材胶黏剂固化特性与调控水机理及调控研究	张世锋	201101	201312	19	19
34	国家自然科学基金项目	国家自然科学基金委员会	青年项目	30901139	松香基表面活性剂控制合成特殊形貌 $Ni(OH)_2$ 材料与机理研究	韩春蕊	201001	201212	18	18

（续）

序号	项目来源	项目下达部门	项目级别	项目编号	项目名称	负责人姓名	项目开始年月	项目结束年月	项目合同总经费（万元）	属本单位本学科的到账经费（万元）
35	境外合作科研项目	欧盟委员会	一般项目	—	Coordination Actions in Support of Sustainable and Eco-Efficient Short Rotation Forestry in DM/JI Countries	常建民	201001	201312	70	23
36	部委级科研项目	科技部	一般项目	2014DFG32550	低强度耦合预处理纤维原料联产乙醇与化学品合作研究	蒋建新	201404	201612	90	90
37	部委级科研项目	科技部	一般项目	2010GB23600654	林木废弃物快速热解液化制备高多元酚含量生物油产业化中试	常建民	201004	201204	100	100
38	部委级科研项目	科技部	一般项目	2013GB23600671	农林剩余物高值化利用工程示范	常建民	201309	201508	60	60
39	部委级科研项目	科技部	一般项目	2012GB23600644	人工林速生材热改性技术推广	伊松林	201204	201404	60	60
40	部委级科研项目	科技部	一般项目	2009GB23600509	杜仲资源高效利用中试技术示范	于志明	200901	201212	100	100
41	部委级科研项目	科技部	一般项目	2008-19	松科科植物高档香料制备技术示范	李　端	200801	201212	40	40
42	部委级科研项目	科技部	一般项目	2008-18	皂荚皂素及高效制备及其应用技术推广	蒋建新	200801	201212	40	40
43	部委级科研项目	科技部	一般项目	2010-28	木质电磁屏蔽材料化学镀制备技术	赵广杰	201001	201212	35	35
44	部委级科研项目	教育部	一般项目	113014A	农林生物质抗降解屏障及半纤维素基功能材料制备研究	许　凤	201401	201612	100	50
45	部委级科研项目	教育部	一般项目	NCET-13-0671	生物质基碱性离子液体中甘油转化甘油碳酸酯研究	王　波	201401	201612	50	25
46	部委级科研项目	教育部	一般项目	TD2011-12	人造板制造关键技术研究示范	张世锋	201101	201512	148	148
47	部委级科研项目	教育部	一般项目	TD2011-10	林产特色资源高值化利用研究	韩春蕊	201101	201512	109	107.2
48	部委级科研项目	教育部	一般项目	TD2011-11	生物质高值化材料技术研究	张学铭	201101	201512	134	131.8
49	部委级科研项目	教育部	一般项目	TD2011-14	木质材料保护技术与理论	曹金珍	201101	201712	209	166.8
50	部委级科研项目	教育部	一般项目	NCET-13-0670	生物质高值化利用研究	彭　锋	201401	201612	50	25
51	部委级科研项目	教育部	一般项目	NCET-12-0782	生物可降解纤维素膜及其复合材料的研究	张学铭	201301	201512	50	25
52	部委级科研项目	教育部	一般项目	NCET-11-0586	木质纤维素基功能材料制备的研究	马明国	201201	201412	50	25
53	部委级科研项目	教育部	一般项目	20130014130001	活性木材液化物碳纤维微细结构生成反应路径	赵广杰	201401	201612	40	28
54	部委级科研项目	教育部	一般项目	20130014110015	木质生物质催化热裂解定向调控机制研究	常建民	201401	201612	12	7

（续）

序号	项目来源	项目下达部门	项目级别	项目编号	项目名称	负责人姓名	项目开始年月	项目结束年月	项目合同总经费（万元）	属本单位本学科的到账经费（万元）
55	部委级科研项目	教育部	一般项目	2011001411110012	纳米纤维素表面化学修饰及界面相容性的研究	张力平	201201	201412	12	0
56	部委级科研项目	教育部	一般项目	2011001411110001	枯草芽孢杆菌B26防治白桦木材蓝变的抑菌机理	常建民	201201	201412	12	12
57	部委级科研项目	教育部	一般项目	2010001411110005	林木生物质纤维细胞壁质状态区域化学研究	许凤	201101	201312	6	6
58	部委级科研项目	教育部	一般项目	2009001411110015	木材快速热解过程热气组分分布与释放规律研究	常建民	201001	201212	6	6
59	部委级科研项目	教育部	一般项目	2012001412120006	纳米纤维素基高强度水凝胶制备研究	杨俊	201301	201512	4	4
60	部委级科研项目	教育部	一般项目	2012001412120004	农作物秸秆纤维素清洁分离及功能产品制备研究	王堃	201301	201512	4	0
61	部委级科研项目	教育部	一般项目	2011001412120006	竹材半纤维素结构表征及高值化材料制备研究	彭锋	201201	201412	4	4
62	部委级科研项目	教育部	一般项目	2010001412120010	纤维素/硅酸钙纳米复合材料制备基础研究	马明国	201101	201312	3.6	3.6
63	部委级科研项目	教育部	一般项目	2010001412120007	环境友好离子液体中木质纤维素直接转化乙酰丙酸的研究	王波	201101	201312	3.6	3.6
64	部委级科研项目	教育部	一般项目	2012MOELX01	分子筛提高阻燃胶合板胶合强度的机理及应用研究	王明枝	201310	201512	3	3
65	部委级科研项目	北京市教育委员会	一般项目	—	速生材化学改性技术及机理的研究	蒲俊文	201001	201212	50	50
66	部委级科研项目	北京市教育委员会	一般项目	—	速生材高效利用技术	伊松林	201303	201406	41.31	41.31
67	部委级科研项目	北京市教育委员会	一般项目	—	人工林速生材的结构利用集成材性及应用性能研究	母军	201306	201406	30	30
68	部委级科研项目	北京市教育委员会	一般项目	—	环境友好型生物油酚醛树脂生产技术转化与示范	常建民	201201	201212	30	30
69	部委级科研项目	北京市科学技术委员会	一般项目	2012023	基于水热预处理的木质纤维素清洁分离与功能材料制备基础研究	马明国	201212	201512	28	28

（续）

序号	项目来源	项目下达部门	项目级别	项目编号	项目名称	负责人姓名	项目开始年月	项目结束年月	项目合同总经费（万元）	属本单位本学科的到账经费（万元）
70	部委级科研项目	北京市教育委员会	一般项目	—	新型木质复合材料制备技术及其应用	张求慧	201401	201412	22.9	22.9
71	省级自然科学基金项目	北京市自然科学基金委员会	面上项目	2142024	高吸附容量"纳米花"表面印迹聚合物的制备、性能和机理研究	雷建都	201401	201612	18	11
72	部委级科研项目	北京市教育委员会	一般项目	YETP0766	基于离子液体全溶纤维素改性及其功能材料构建	张学铭	201310	201610	15	10
73	部委级科研项目	北京市教育委员会	一般项目	YETP0763	纤维素/银－氯化银抗菌机理研究	马明国	201401	201610	15	10
74	部委级科研项目	北京市教育委员会	一般项目	YETP0762	静、动态条件下木材主成分的水分吸着与变形响应	马尔妮	201310	201610	15	10
75	部委级科研项目	北京市教育委员会	一般项目	YETP0761	环境友好型纳米壳聚糖/PVA 共混膜材料研究	方健	201310	201610	15	10
76	部委级科研项目	北京市教育委员会	一般项目	YETP0765	生物质基离子液体构型微成带水反应器中平合化合物甘油缩醛反应研究	王波	201301	201512	15	10
77	部委级科研项目	北京市教育委员会	一般项目	YETP0764	半纤维素的分离、纯化及功能材料制备	彭锋	201301	201512	15	10
78	省级自然科学基金项目	北京市自然科学基金委员会	面上项目	6122023	皂荚多糖胶酶法修饰及构效关系研究	蒋建新	201201	201412	11	11
79	省级自然科学基金项目	北京市自然科学基金委员会	面上项目	3122026	快速热解过程中生物质颗粒内部传热传质研究	李瑞	201201	201412	11	11
80	省级自然科学基金项目	北京市自然科学基金委员会	面上项目	2122045	竹/塑复合工程材料界面结合机理研究	张双保	201201	201412	11	11
81	省级自然科学基金项目	北京市自然科学基金委员会	面上项目	2112032	木材改性过程中氨基甲氧基脲预聚体的交联机理及影响因素	蒲俊文	201101	201312	11	11
82	省级自然科学基金项目	北京市自然科学基金委员会	面上项目	2112031	生物质纳米纤维素的化学修饰及聚乳酸复合材料相容性的研究	张力平	201101	201312	11	11
83	部委级科研项目	国家林业局	重大项目	201204702	家具用速生材改性及应用关键技术研究与示范	李建章	201201	201612	786	266.4

（续）

序号	项目来源	项目下达部门	项目级别	项目编号	项目名称	负责人姓名	项目开始年月	项目结束年月	项目合同总经费（万元）	属本单位本学科的到账经费（万元）
84	部委级科研项目	国家林业局	重大项目	201204803	林木生物质全溶及功能材料制备技术与示范	孙润仓	201201	201512	699	602
85	部委级科研项目	国家林业局	重大项目	201404502	低质人工林木材家具制造关键技术研究与示范	伊松林	201401	201712	349	174
86	部委级科研项目	国家林业局	一般项目	201004057	木质碳纤维化学反应、微细结构及其调制技术研究	赵广杰	201001	201312	277	205
87	部委级科研项目	国家林业局	一般项目	201204804	落叶松树皮高值化利用关键技术与示范	张力平	201201	201512	172	156
88	部委级科研项目	国家林业局	一般项目	200804015	农林废弃物生物质高效分离转化技术研究	孙润仓	200801	201212	115	115
89	部委级科研项目	国家林业局	一般项目	201004006-2	E1/E2级胶合板制造技术与示范	李建章	201001	201212	114	114
90	部委级科研项目	国家林业局	一般项目	201404617	农林生物质水热处理及全组分利用研究与示范	彭锋	201401	201712	110	28
91	部委级科研项目	国家林业局	一般项目	201204807	废弃人造板制备高性能活性炭电极关键技术及机理	金小娟	201201	201512	76	67
92	部委级科研项目	国家林业局	重大项目	201404501-2	改性材专用无醛胶黏剂制备与胶接技术研究	高强	201401	201612	74	45
93	部委级科研项目	国家林业局	一般项目	201004007	半纤维素多糖高效开发利用技术研究	许凤	201001	201212	74	74
94	部委级科研项目	国家林业局	一般项目	201204704-6	速生杨木木材高效抑烟阻燃处理关键技术	母军	201201	201412	67	67
95	部委级科研项目	国家林业局	重大项目	201104004	木质纤维化学材料及功能化研究	赵广杰	201101	201412	58	58
96	部委级科研项目	国家林业局	一般项目	201204703-B2	木门装饰凹痕处理技术与设备	李黎	201201	201412	32	32
97	部委级科研项目	天津出入境检验检疫局	一般项目	201410054-04	薰蒸处理对竹木制品材料理化性状的影响研究	何静	201401	201612	20	10
98	部委级科研项目	国家林业局	一般项目	2013-4-03	新型纤维素溶剂体系制备微纤丝材料科技术引进	张力平	201301	201612	180	180
99	部委级科研项目	国家林业局	一般项目	2011-4-5	纳米乳化型木材防水剂制备及应用技术引进	曹金珍	201101	201412	60	60
100	部委级科研项目	国家林业局	一般项目	2010-4-16	木材细胞壁木质素与纤维素区域分布检测新技术引进	许凤	201001	201212	60	60
合计	国家级科研项目	数量（个）	34		项目合同总经费（万元）	9158			属本单位本学科的到账经费（万元）	4801

II-2-2 其他重要科研项目

序号	项目来源	合同签订/项目下达时间	项目名称	负责人姓名	项目开始年月	项目结束年月	项目合同总经费（万元）	属本单位本学科的到账经费（万元）
1	北京林业大学	2013	林业特种装备	阚江明	201301	201512	75	75
2	北京市首发天人生态景观有限公司	201412	绿地废弃物综合循环利用研究委托合同1	张伟	201412	201612	67	33.4
3	广西壮族自治区国有七坡林场	201201	一种人造板用胶黏剂及其制备方法	李建章	201201	201212	60	20
4	牙克石市拓孚林化制品有限责任公司	201310	发明专利转让：一种落叶松树皮原花青素提取方法	张力平	201311	201512	50	50
5	江苏省润阳县金亿木制品厂	201111	环保型胶黏剂及胶合板生产技术	李建章	201111	201611	50	20
6	广西贵港市桂松耐力胶合板厂	201405	植物蛋白胶黏剂及制备方法、由该植物蛋白胶黏剂制备的改性胶黏剂的专利转让	张世锋	201409	201909	50	10
7	北京市首发天人生态景观有限公司	201412	绿地废弃物综合循环利用研究委托合同2	段久芳	201412	201612	33	16.6
8	江苏亚振家具有限公司	201201	一种木材的干燥方法	伊松林	201201	201212	20	20
9	国家林业局	201210	"十二五"林业规划体系管理信息系统研建	淮永建	201210	201312	20	20
10	山东临沂木震东方家具有限公司	201409	山东临沂木震东方实木家具产品设计	耿晓杰	201409	201509	20	13.6
11	山东利坤木业装饰有限公司	201201	北京林业大学材料科学与技术学院与山东利坤木业装饰有限公司合作协议	伊松林	201201	201212	15	10
12	浙江威竹新材料科技股份有限公司	201410	重组竹的深度研发项目合作协议书	张双保	201410	201910	15	15
13	满洲里森诺人造板有限公司	201405	专利转让：一种复合超滤膜及其制备方法	张力平	201405	201506	15	15
14	嘉善吉利木业辅料厂	201403	一种脲醛树脂胶黏剂的添加剂及制备方法	高强	201403	201903	15	15
15	国家林业局	201411	林业规划数据管理平台研建	淮永建	201411	201612	15	15
16	北京太尔化工有限公司	201312	一种生物油酚醛树脂改性淀粉胶黏剂的制备方法	常建民	201401	201412	11	11

（续）

序号	项目来源	合同签订/项目下达时间	项目名称	负责人姓名	项目开始年月	项目结束年月	项目合同总经费（万元）	属本单位本学科的到账经费（万元）
17	中农博涛（北京）草业科技发展有限公司	201412	芦竹人造板制造技术开发	张 扬	201412	201506	10	10
18	广西南宁绿园北林木业有限公司	201409	胶合板直接饰面关键技术的开发与应用	袁同琦	201409	201509	10	10
19	河北爱美森木材加工有限公司	201306	专利转让：防腐压缩改性木材	曹金珍	201306	201406	10	10
20	无锡宇盛厨卫有限公司	201403	一种木材的处理方法及由该方法制备的木材	伊松林	201403	201412	10	10
21	亚振家具股份有限公司	201403	木材高温热改性处理技术	母 军	201403	201603	10	10
22	潍坊富顺节能科技有限公司	201403	基于木材尺寸稳定化的热改性技术	伊松林	201403	201703	10	10
23	河南永威安防股份有限公司	201309	北京林业大学—河南永威技术合作	张力平	201301	201312	10	10
24	山东龙力生物科技股份有限公司	201306	木质素高效胶黏剂的开发与应用	袁同琦	201306	201408	10	10
25	河北爱美森木材加工有限公司	201201	材料学院与河北爱美森木材加工有限公司技术合作协议	孟玲燕	201201	201212	10	10
26	北京华源创新生物科技有限公司	201111	木质材料防霉抗菌技术合作研究	郭洪武	201101	201412	10	6.5
27	四川省西龙生物质材料科技有限公司	201405	竹本色纸品抑菌性能提升研究	蒲俊文	201405	201501	8	5
28	中国福马集团	2014	履带式林木联合采育机委托培训开发协议	王 典	201409	201609	8	8
29	林产工业规划设计院	201312	生物质快速热解生产线设计	常建民	201401	201412	6	6
30	日本国际协力机构（JICA）	201401	有效利用森林资源的调查	高 颖	201401	201402	5.8	5.8

II-2-3 人均科研经费

人均科研经费（万元/人）
102

II-3　本学科代表性学术论文质量

II-3-1　近五年（2010—2014年）国内收录的本学科代表性学术论文

序号	论文名称	第一作者	通讯作者	发表刊次（卷期）	发表刊物名称	收录类型	中文影响因子	他引次数
1	木材无损检测技术研究历史、现状和展望	杨洋	申世杰	2010, 28（14）	科技导报	CSCD	0.498	27
2	一维棒状纳米纤维素及光谱性质	张力平	张力平	2011, 31（4）	光谱学与光谱分析	EI/CSCD	1.235	20
3	聚乙烯醇/纳米纤维素复合膜的渗透气化性能及结构表征	白露	张力平	2011, 32（4）	高等学校化学学报	CSCD	1.574	16
4	利用X射线衍射技术与红外光谱分析分析真菌侵蚀的木材	林剑	赵广杰	2010, 30（6）	光谱学与光谱分析	EI/CSCD	1.235	13
5	硅烷偶联剂处理玻璃纤维对复合材料界面的影响	许小芳	申世杰	2010,（3）	宇航材料工艺	CSCD	0.621	13
6	不同竹龄毛竹材物理性质的差异分析	崔敏	张双保	2010, 30（4）	福建林学院学报	CSCD	0.933	13
7	木材改性UF预聚体复合材料制备及性能表征	武国峰	蒲俊文	2011, 31（4）	光谱学与光谱分析	EI/CSCD	1.235	12
8	木质素的结构及其改性现状	周益同	张力平	2010, 30（S2）	现代化工	CSCD	0.586	12
9	相思树聚戊糖含量近红外光谱分析模型的建立及修正	姚胜	蒲俊文	2010, 30（5）	光谱学与光谱分析	EI/CSCD	1.235	12
10	纤维素接枝丙烯酰胺高吸水树脂的制备与表征	高源	张力平	2010, 38（S1）	化工新型材料	CSCD	0.728	11
11	可生物降解聚乳酸/纳米纤维素复合材料的亲水性和降解性	崔晓霞	张力平	2010, 38（S1）	化工新型材料	CSCD	0.728	11
12	玄武岩纤维增强环氧树脂复合材料界面的FTIR和XPS表征	张莉	申士杰	2012,（1）	玻璃钢/复合材料	CSCD	1.094	10
13	聚乙二醇增容纳米纤维素/聚乳酸共混体系的研究	曲萍	张力平	2011,（S1）	功能材料	EI/CSCD	0.849	9
14	炭化温度对木材液化物碳纤维吸附特性及孔结构的影响	马晓军	赵广杰	2011, 42（10）	功能材料	CSCD	0.849	8
15	落叶松树皮活性物质提取及红外光谱分析	崔晓霞	张力平	2012, 32（7）	光谱学与光谱分析	EI/CSCD	1.235	7
16	基于叶片图像的植物识别方法	阚江明	李文彬	2010,（23）	科技导报	CSCD	0.498	12
17	基于兑隆选择算法和K近邻的植物叶片识别方法	张宁	刘文萍	2013,（07）	计算机应用	CSCD	1.149	6
18	基于Sen+Mann-Kendall的北京植被变化趋势分析	王佃来		2013,（5）	计算机工程与应用	CSCD	0.868	4
19	一种改进的基于跳数的无线传感器网络路由算法	陈志泊		2013,（4）	计算机科学	CSCD	1.105	5
20	基于光合作用的虚拟植物生长模拟与可视化研究	李子魏	淮永建	2013,（4）	北京林业大学学报	CSCD	1.346	1
合计					中文影响因子 19.601		他引次数	222

II-3-2 近五年（2010—2014 年）国外收录的本学科代表性学术论文

序号	论文名称	论文类型	第一作者	通讯作者	发表刊次（卷期）	发表刊物名称	收录类型	他引次数	期刊SCI影响因子	备注
1	Fractional purification and bioconversion of hemicelluloses	Article	彭 锋	许 凤	2012, 30（4）	Biotechnology Advances	SCI	39	9.599	
2	Structural and physico-chemical characterization of hemicelluloses from ultrasound-assisted extractions of partially delignified fast-growing poplar wood through organic solvent and alkaline solutions	Article	袁同琦	许 凤	2010, 28（5）	Biotechnology Advances	SCI	28	7.600	
3	Hydrothermal carbonization of lignocellulosic biomass	Article	肖领平	孙润仓	2012, 118	Bioresource Technology	SCI	25	4.750	
4	Mechanical and viscoelastic properties of cellulose nanocrystals reinforced poly(ethylene glycol) nanocomposite hydrogels	Article	杨 俊	杨 俊	2013, 5（8）	Acs applied Materials & Interfaces	SCI	21	5.900	
5	Simultaneous saccharification and cofermentation of lignocellulosic residues from commercial furfural production and corn kernels using different nutrient media	Article	唐 勇	蒋建新	2011, 4	Biotechnology for Biofuels	SCI	12	6.088	
6	Characterization of lignin structures and lignin–carbohydrate complex (LCC) linkages by quantitative (13)C and 2D HSQC NMR spectroscopy	Article	袁同琦	许 凤	2011, 19（59）	Journal of Agricultural and Food Chemistry	SCI	46	2.823	
7	Studies on the properties and formation mechanism of flexible nanocomposite hydrogels from cellulose nanocrystals and poly(acrylic acid)	Article	杨 俊	杨 俊	2012, 22（42）	Journal of Materials Chemistry	SCI	19	6.108	
8	Comparative study of alkali-soluble hemicelluloses isolated from bamboo (Bambusa rigida)	Article	文甲龙	许 凤	2011, 346（1）	Carbohydrate Research	SCI	33	2.332	
9	Cellulose-silver nanocomposites: Microwave-assisted synthesis, characterization, their thermal stability, and antimicrobial property	Article	李书明	马明国	2011, 86（2）	Carbohydrate Polymers	SCI	31	3.628	
10	Recent advances in characterization of lignin polymer by Solution-State Nuclear Magnetic Resonance (NMR) methodology	Article	文甲龙	孙润仓	2013, 6（1）	Materials	SCI	27	1.879	

（续）

序号	论文名称	论文类型	第一作者	通讯作者	发表刊次（卷期）	发表刊物名称	收录类型	他引次数	期刊SCI影响子	备注
11	Structural characterization of lignin from Triploid of *Populus tomentosa* Carr	Article	袁同琦	许凤	2011,59（12）	Journal of Agricultural And food chemistry	SCI	25	2.823	
12	Synthesis of cellulose-calcium silicate nanocomposites in ethanol/water mixed solvents and their characterization	Article	李书明	马明国	2010, 80（1）	Carbohydrate Polymers	SCI	24	3.463	
13	Impact of hot compressed water pretreatment on the structural changes of woody biomass for bioethanol produttion	Article	肖领平	孙润仓	2011, 6（2）	Bioresources	SCI	38	1.328	
14	Sequential extractions and structural characterization of lignin with ethanol and alkali from bamboo (*Neosinocalamus affinis*)	Article	孙少妮	许凤	2012, 37（1）	Industrial Crops and Products	SCI	22	2.468	
15	Rapid microwave-assisted preparation and characterization of cellulose-silver nanocomposites	Article	李书明	马明国	2011, 83（2）	Carbohydrate Polymers	SCI	21	3.628	
16	Isolation and fractionation of hemicelluloses by graded ethanol precipitation from *Caragana korshinskii*	Article	边静	许凤	2010,345（6）	Carbohydrate Research	SCI	21	1.898	
17	Pretreatment of partially delignified hybrid poplar for biofuels production: Characterization of organosolv hemicelluloses	Article	张学铭	孙润仓	2011, 33（2）	Industrial Crops and Products	SCI	21	2.469	
18	Microwave-assisted synthesis of hierarchical Bi_2O_3 spheres assembled from nanosheets with pore structure	Article	马明国	马明国	2010,64（13）	Materials Letters	SCI	20	2.120	
19	Cold sodium hydroxide/urea based pretreatment of bamboo for bioethanol production: Characterization of the cellulose rich fraction	Article	李明飞	许凤	2010, 32（3）	Industrial Crops and Products	SCI	24	2.507	
20	Isolation and structural characterization of hemicelluloses from the bamboo species *Phyllostachys incarnata*	Article	彭湃	孙润仓	2011, 86（8）	Carbohydrate Polymers	SCI	18	3.628	

（续）

序号	论文名称	论文类型	第一作者	通讯作者	发表刊次（卷期）	发表刊物名称	收录类型	他引次数	期刊SCI影响因子	备注
21	Hydrothermal synthesis and characterization of cellulose-carbonated hydroxyapatite nanocomposites in NaOH-urea aqueous solution	Article	贾 宁	马明国	2010, 2（2）	Science of Advanced Materials	SCI	17	2.000	
22	Comparative characterization of milled wood lignin from furfural residues and corncob	Article	卜令习	蒋建新	2011, 175	Chemical Engineering Journal	SCI	17	3.461	
23	Fractional study of alkali-soluble hemicelluloses obtained by graded ethanol precipitation from sugar cane bagasse	Article	彭 锋	孙润仓	2010, 58（3）	Journal of Agricultural and Food Chemistry	SCI	17	2.816	
24	Unmasking the structural features and property of lignin from bamboo	Article	文甲龙	孙润仓	2013, 42	Industrial Crops and Products	SCI	16	3.208	
25	Characterization of extracted lignin of bamboo (*Neosinocalamus affinis*) pretreated with sodium hydroxide/urea solution at low temperature	Article	李明飞	孙润仓	2010, 5（3）	Bioresources	SCI	16	1.418	
26	Formic acid based organosolv pulping of bamboo (*Phyllostachys acuta*): Comparative characterization of the dissolved lignins with milled wood lignin	Article	李明飞	许 凤	2012, 179	Chemical Engineering Journal	SCI	16	3.473	
27	Synthesis and characterization of mechanically flexible and tough cellulose nanocrystals-polyacrylamide nanocomposite hydrogels	Article	杨 俊	杨 俊	2013, 20（1）	Cellulose	SCI	16	3.033	
28	Role of lignin in a biorefinery: separation characterization and valorization	Article	袁同琦	许 凤	2013, 88（3）	Journal of Chemical Technology and Biotechnology	SCI	16	2.494	
29	Physicochemical characterization of extracted lignin from sweet sorghum stem	Article	李明飞	许 凤	2010, 32（1）	Industrial Crops and Products	SCI	16	2.507	
30	Effect of nitrogen phosphorus flame retardants on thermal degradation of wood	Article	江进学	李建章	2010, 24（12）	Construction and Building Materials	SCI	16	1.366	
合计	SCI 影响因子		102.815			他引次数		678		

II-5 已转化或应用的专利（2012—2014年）

序号	专利名称	第一发明人	专利申请号	专利号	授权（颁证）年月	专利受让单位	专利转让合同金额（万元）
1	一种人造板用胶黏剂及其制备方法	李建章	2007101179215.4	ZL2007101179215.4	201002	广西壮族自治区国有七坡林场	60
2	一种落叶松树皮原花青素提取方法	张力平	2012100009310.0	ZL2012100009310.0	201307	牙克石市拓孚林化制品有限责任公司	50
3	植物蛋白胶黏剂及其制备方法、由该植物蛋白胶黏剂制备的改性胶黏剂	张世锋	200910091307.6	ZL200910091307.6	201112	广西贵港市桂松耐力胶合板厂	50
4	一种木材的真空干燥方法	伊松林	200910242915.2	ZL200910242915.2	201108	江苏亚振家具有限公司	20
5	一种脲醛树脂胶黏剂的添加剂、其制备方法	李建章	201110225987.3	ZL201110225987.3	201301	浙江省嘉善吉利木业辅料厂	15
6	一种复合超滤膜及其制备方法	张力平	2008102225262.2	ZL2008102225262.2	201104	满洲里森诺人造板有限公司	15
7	脲醛树脂添加剂、含该添加剂的脲醛树脂及其制备方法	李建章	2007101179217.3	ZL2007101179217.3	201006	常州乔尔塑料有限公司	15
8	一种防腐压缩改性木材及其制备方法	曹金珍	2007103304086.7	ZL2007103304086.7	201105	河北爱美森木材加工有限公司	15
9	一种生物油酚醛树脂改性淀粉胶黏剂的制备方法	常建民	2010101099929.3	ZL2010101099929.3	201107	北京太尔化工有限公司	11
10	一种木材的处理方法及由该方法制备的木材	伊松林	200910090415.1	ZL200910090415.1	201106	无锡宇盛厨卫有限公司	10
12	一种皂荚皂素的制备工艺及其应用	蒋建新	2005100011673.8	ZL2005100011673.8	200705	全国供销合作社南京野生植物所	10
13	山地单轨运输车即时停车控制装置	李文彬	2010010247889.5	ZL2010010247889.5	201203	石家庄中博科技发展有限公司	
14	一种树径生长测量装置的自动测量装置专利证书	李文彬	201110365933.7	ZL201110365933.7	201306	石家庄艺苑园林有限公司	
15	一种树径自动测量装置专利证书	李文彬	201110365947.9	ZL201110365947.9	201306	石家庄艺苑园林有限公司	
16	山地单轨运输遥控车遥控装置	李文彬	2010010108027.4	ZL2010010108027.4	201207	石家庄中博科技发展有限公司	
合计	专利转让合同金额（万元）						321

Ⅲ　人才培养质量

Ⅲ-1　优秀教学成果奖（2012—2014 年）

序号	获奖级别	项目名称	证书编号	完成人	获奖等级	获奖年度	参与单位数	本单位参与学科数
1	国家级	构建多维实践育人体系，培育树型生态环境人才	20148282	宋维明、骆有庆、于志明等	二等奖	2014	1	3（3）
2	省级	基于培养自动化本科生信息处理能力的设计性实验的研究与实践	—	阚江明	三等奖	2013	1	2（1）
3	国家级	全国优秀教师	—	曹金珍	—	2014	1	1
4	省级	北京市优秀教师	—	曹金珍	—	2013	1	1
合计	国家级	一等奖（个）	1	二等奖（个）	1	三等奖（个）	—	
	省级	一等奖（个）	1	二等奖（个）	—	三等奖（个）	1	

Ⅲ-2　研究生教材（2012—2014 年）

序号	教材名称	第一主编姓名	出版年月	出版单位	参与单位数	是否精品教材
1	建筑室内与家具设计人体工程学	李文彬	201203	中国林业出版社	1	否
合计	国家级规划教材数量	—		精品教材数量	—	

Ⅲ-3　本学科获得的全国、省级优秀博士学位论文情况（2010—2014 年）

序号	类型	学位论文名称	获奖年月	论文作者	指导教师	备注
1	全国优秀博士论文提名	尿素、生物油－苯酚－甲醛共缩聚树脂的合成、结构与性能研究	2011	范东斌	常建民	
2	全国优秀博士论文提名	木质生物质预处理、组分分离及酶解糖化研究	2013	王堃	孙润仓	
3	北京市优秀博士论文	三倍体毛白杨组分定量表征及均相改性研究	2013	袁同琦	许凤	
合计	全国优秀博士论文（篇）	—		提名奖（篇）	2	
	省优秀博士论文（篇）	1				

Ⅲ-4　学生国际交流情况（2012—2014 年）

序号	姓名	出国（境）时间	回国（境）时间	地点（国家/地区及高校）	国际交流项目名称或主要交流目的
1	林剑	201010	201309	日本北海道大学	2010 年国家建设高水平大学公派研究生项目
2	王雨	201009	201201	美国俄勒冈州立大学	2010 年国家建设高水平大学公派研究生项目
3	陈瑶	201103	201203	美国农业部林产品研究所	2010 年国家建设高水平大学公派研究生项目

（续）

序号	姓名	出国（境）时间	回国（境）时间	地点（国家 / 地区及高校）	国际交流项目名称或主要交流目的
4	何文昌	201108	201808	加拿大英属哥伦比亚大学	2011 年国家公派专项研究生项目
5	韩彦雪	201109	201212	美国农业部农业研究院	2011 年国家公派专项研究生项目
6	李万兆	201108	201508	比利时根特大学	2011 年国家公派专项研究生项目
7	江进学	201108	201508	美国华盛顿州立大学	2011 年国家公派专项研究生项目
8	刘亚兰	201108	201508	美国华盛顿州立大学	2011 年国家公派专项研究生项目
9	黄青青	201109	201209	加拿大新布伦纽克大学	2011 年国家建设高水平大学公派研究生项目
10	任学勇	201208	201311	美国北卡罗莱纳州立大学	2012 年国家建设高水平大学公派出国
11	冯永顺	201210	201512	德国汉堡大学木材研究中心	2012 年国家建设高水平大学公派出国
12	张纪芝	201309	201409	法国洛林大学	2013 年国家公派联合培养博士生项目
13	刘　毅	201309	201409	美国奥本大学	2013 年国家公派联合培养博士生项目
14	薛白亮	201311	201411	美国佐治亚理工学院	2013 年国家公派联合培养博士生项目
15	严玉涛	201410	201510	奥地利维也纳自然资源与生命科技大学	2014 年国家公派联合培养博士生项目
16	朱　愿	201409	201509	美国弗吉尼亚理工大学	2014 年国家公派联合培养博士生项目
17	杜兰星	201409	201509	美国华盛顿州立大学	2014 年国家公派联合培养博士生项目
18	郎　倩	201409	201509	德国哥廷根大学	2014 年国家公派联合培养博士生项目
合计	学生国际交流人数				18

Ⅲ-5　授予境外学生学位情况（2012—2014 年）				
序号	姓名	授予学位年月	国别或地区	授予学位类别
1	PHAN, THI ANH	201606	越南	学术学位博士
2	VU, THI TRANG	201506	越南	学术学位硕士
3	CHAU, THI THANH	201506	越南	学术学位硕士
合计	授予学位人数	博士	1	硕士　2

2.1.2　学科简介

1. 学科基本情况与学科特色

本学科是我国该领域最早设立的学科之一，是"985"优势学科创新平台、"211 工程"、教育振兴行动计划重点建设学科。1981 年木材科学与技术学科获国务院首批硕士学位授予权，1986 年获博士学位授予权，2007 年成为国家重点学科；林产化学加工工程、森林工程学科先后成为国家林业局、北京市重点学科。2003 年林业工程一级学科获博士学位授予权，设置博士后流动站，2008 年成为北京市重点一级学科，拥有省部级重点实验室 / 工程中心 7 个。

林业工程是以森林资源的高效利用和可持续发展为主线，研究森林资源的抚育、开发利用和林产品加工理论与技术的学科。随着材料科学和信息技术的迅速发展和渗透，本学科研究范畴不断扩展，并向更高层次的理论与技术

（续）

方向发展。学科主要研究方向有木材学、木材干燥、木质复合材料与胶黏剂、家具设计与工程、生物质化学与材料、生物质能源、林业天然产物加工利用、林业装备及其自动化、林业人机环境工程、森林及其环境信息监测、林业信息工程等。学科在林木生物质主成分清洁分离与高效转化、环保型木质复合材料与胶黏剂、木材节能干燥、木材功能性改良、工程木制材料、林木生物能源与化学品联产、木基碳纤维、高分子多糖、森林作业装备、林业人机工程学、林业物联网、森林火灾监测与扑救等研究方面具有突出的特色与优势。

近年来，学科在农林生物质高效分离与高值化利用研究方面取得了重大理论与技术突破，构建了"组分清洁分离→建立转化平台→定向转化为新材料和能源"新理论与技术体系，实现了生物质组分高效分离与定向转化，引领国内外 10 余个团队跟踪研究；近五年发表半纤维素方面 SCI 收录论文 40 篇，占该领域国际论文总数 331 篇的 13%，排名第 1；在本领域顶级期刊 J Agric Food Chem 发表木质素方面论文 7 篇，占该刊木质素论文总数（46 篇）的 15%。高分子多糖提取及功能产品开发方面取得重大进步，实现了工业化规模应用，有力推动了行业技术进步；生物质热处理及液化产物调控与利用理论与技术实现突破，木材液化物胶黏剂生产技术、植源生物质热处理产物应用技术得到推广；豆粕活化制备无醛蛋白基生物质胶黏剂理论与技术获得重要进展，开发出耐沸水无醛胶多层实木复合地板基材，向多家企业技术转让；创立木材节能干燥系列新技术，有力推动了木材加工企业节能降耗。在森林资源抚育与采集运自动化装备、基于物联网的森林资源监测与智慧经营管理技术、林火监测技术以及森林环境微能量收集与电能转化利用等方面取得显著进展，获得多项实用成果，并推广应用。

2. 社会贡献

本学科参与国家重点基础研究发展计划、国家林业科技创新体系建设规划纲要、林业科学和技术"十二五"发展规划、国家发改委"贵州黔东南现代林业规划"等 10 余项规划的编制，制定国家及行业标准 12 项，为指引和促进行业发展做出了重要贡献。

学科一批研究成果得到推广与应用，极大地推动了行业技术进步。"高分子多糖生物质加工新技术与产品应用"科技成果促进了多糖胶行业技术升级，新增利税 6.1 亿元；"农林废弃物生物质高值化利用技术""林木生物质油制备绿色木材胶黏剂技术""无醛生物质胶黏剂生产技术"在多家企业推广，产品甲醛释放量降低 25% 以上；"低质速生材改性技术"使企业产品附加值提高 35% 以上；"木竹材干燥设备及工艺"使广东联邦家私集团有限公司等 10 多家企业生产效率提高 15%～20%；"工程木制材料制造技术"在江苏省泰州市建成我国第一条年产 6 万 m³ 单板层积材生产线。在北京天坛家具集团、河北春蕾集团等行业骨干企业建立产学研基地 41 个，并在河北平泉建立了永久性科研成果转化基地。五年来为企业培训技术骨干近千人次。

学科举办"木材无损检测国际会议""全国林业工程与生物质材料和能源博士生学术论坛""短轮伐期林业生物质能源与碳交易潜力国际研讨会"，提升了学科影响力；举办"非物质木文化学术研讨会"，弘扬了我国木文化，促进了木材科学知识普及；1 名青年教师入选首批省部级科技特派员，使驻点企业生产效率提高了 15%；"按水需求精准节水灌溉监控系统"在北京奥运公园示范应用；"环保型阻燃剂制造技术"生产的阻燃胶合板等产品成功应用于上海世博会主会议厅和主宴会厅装修；在本学科提供的重要技术支持下，浙江裕华木业公司成为加入 WTO 以来美国对我"双反"调查中唯一获得"双零"税率的企业。基于物联网的森林（经济林）资源经营管理技术平台在山东济宁示范应用，为当地经济发展做出了贡献。

学科一批教师在国内外担任重要学术职务，为政府及行业决策提供咨询服务。其中，兼任林产工业协会副会长 1 人、常务理事 2 人，木竹产业技术创新战略联盟理事 1 人、专家委员 1 人，林学会二级分会副理事长 4 人、常务理事/理事 34 人，全国教学指导委员会副主任委员 5 人，国务院学科评议组成员 3 人，国际林联木材无损检测学会副秘书长 1 人，国际本领域重要 SCI 期刊副主编 3 人、编委 4 人，联合国环境开发署独立咨询专家 5 人，英国化学会 Fellow 1 人，美国木质材料科学学会委员 1 人，国家自然科学基金评审委员会委员 1 人，政府部门专家顾问 21 人次。

2.2　东北林业大学

2.2.1　清单表

Ⅰ　师资队伍与资源

序号	专家类别	专家姓名	出生年月	获批年月	备注
	Ⅰ-1　突出专家				
1	中国工程院院士	李　坚	194302	2011	农业学部
2	百千万人才工程国家级人选	刘守新	197204	2010	
3	长江学者特聘教授	王清文	196107	2004	
4	教育部新世纪人才	李淑君	197501	2006	
5	教育部新世纪人才	胡英成	197202	2007	
6	教育部新世纪人才	王伟宏	196811	2007	
7	教育部新世纪人才	王立娟	197109	2009	
8	教育部跨世纪人才	宋文龙	197304	2010	
9	教育部新世纪人才	谢延军	197510	2011	
10	教育部新世纪人才	于海鹏	197808	2011	
11	教育部新世纪人才	王成毓	197803	2011	
12	教育部新世纪人才	沈　静	198110	2012	
13	教育部新世纪人才	李　鹏	197310	2013	
14	享受国务院政府特殊津贴人员	曹　军	195602	1995	
15	享受国务院政府特殊津贴人员	刘一星	195401	1999	
16	享受国务院政府特殊津贴人员	顾继友	195508	1999	
17	享受国务院政府特殊津贴人员	方桂珍	195403	2002	
18	享受国务院政府特殊津贴人员	王逢瑚	195306	2001	
19	享受国务院政府特殊津贴人员	郭明辉	196410	2014	
合计	突出专家数量（人）			19	

类型	数量	类型	数量	类型	数量
		Ⅰ-3　专职教师与学生情况			
专职教师数	113	其中，教授数	57	副教授数	50
研究生导师总数	100	其中，博士生导师数	55	硕士生导师数	80
目前在校研究生数	488	其中，博士生数	251	硕士生数	237
生师比	4.88	博士生师比	4.56	硕士生师比	2.96
近三年授予学位数	301	其中，博士学位数	109	硕士学位数	192

I-4　重点学科

序号	重点学科名称	重点学科类型	学科代码	批准部门	批准年月
1	木材科学与技术	教育部重点学科	082902	教育部	200201
2	林产化学加工工程	教育部重点学科	082903	教育部	200701
3	森林工程	教育部重点学科	082901	教育部	200201
4	生物材料工程	黑龙江省重点学科	0829Z1	黑龙江省教育厅	201212
合计	二级重点学科数量（个）	国家级	3	省部级	1

I-5　重点实验室

序号	实验室类别	实验室名称	批准部门	批准年月
1	省部级重点实验室	生物质材料科学与技术	教育部	200604
2	国家示范中心	森林工程国家级实验教学示范中心	教育部	2009
3	国家教学中心	森林工程国家级虚拟仿真实验教学中心	教育部	2014
4	省部级重点实验室	木材科学与工程	国家林业局	1995
5	省部级重点实验室	木质资源材料科学与技术	黑龙江省	200505
6	黑龙江省重点实验室	阻燃材料分子设计与制备	黑龙江省	200512
7	黑龙江省工程中心	东北林业大学生物质能技术工程中心	黑龙江省	2006
8	黑龙江省教育厅重点实验室	林产化学加工工程	黑龙江省教育厅	200512
9	黑龙江省教育厅重点实验室	高分子新材料重点实验室	黑龙江省教育厅	200512
10	省部级重点实验中心	黑龙江省实验教学示范中心	黑龙江省教育厅	200610
11	省重点实验室	森林持续经营与环境微生物工程	黑龙江省科技厅	2011
12	省级工程技术中心	林业大数据存储与高性能（云）计算工程技术中心	黑龙江省科技厅	201312
13	省部级重点实验室	黑龙江省寒区公路工程技术实验室	黑龙江省科技厅	200611
14	省级工程研究中心	林业智能装备工程研究中心	黑龙江省工业与信息化委员会	201112
合计	重点实验数量（个）	国家级　　——	省部级　　4	

II 科学研究

II-1　近五年（2010—2014年）科研获奖

序号	奖励名称	获奖项目名称	证书编号	完成人	获奖年度	获奖等级	参与单位数	本单位参与学科数
1	国家科技进步奖	木塑复合材料挤出成型制造技术及应用	2012-J-202-2-05-R01	王清文	2013	二等奖	1	2（1）
2	国家科技进步奖	超低甲醛释放农林剩余物人造板制造关键技术与应用	2012-J-202-2-01-D06	顾继友	2012	二等奖	5（5）	1
3	省级科技贡献奖	海峡两岸林业敬业奖励基金奖	—	李坚	2012	—	1	1
4	省级科技贡献奖	全国优秀科技工作者	—	李坚	2013	—	1	1
5	省级科技成就奖	黑龙江省青年科技奖	—	于海鹏	201110	—	1	1
6	省级科技成就奖	第十三届高等院校青年教师奖	133001	于海鹏	201212	—	1	1
7	省级科技成就奖	第十二届中国林业青年科技奖	—	王伟宏	201309	—	1	1
8	省级科技成就奖	第十二届中国林业青年科技奖	—	于海鹏	201309	—	1	1
9	教育部高校科研优秀成果奖（科学技术）	多孔炭－纳米氧化物半导体协同作用机制及功能材料合成机理	2013-058	刘守新、黄占华、李长玉、李伟、王成毓	2013	二等奖	1	1
10	梁希奖	人工林培育措施对木质资源高效利用的影响机制研究	2013-KJ-2-14-R01	陈广胜	2013	二等奖	2（1）	1
11	省级技术发明奖	木材基新型电磁屏蔽材料研究	2010-039-01	李坚、王立娟、刘一星、许民、冯昊、于海鹏、姚永明	2010	一等奖	1	1
12	省级技术发明奖	刨花类人造板绿色创造及其功能化关键技术及应用	2013-149-03	刘亚秋	2013	二等奖	2（1）	3（1）
13	省级自然科学奖	执行机构故障的卫星姿态容错控制研究	2012-010-03	胡庆雷、马广富、朱良宽	2012	一等奖	2（1）	1
14	省级自然科学奖	疏水性材料的仿生制备	2012-004-01	王成毓、刘守新、贾页、徐旸、王书良	2012	一等奖	1	1
15	省级自然科学奖	执行机构故障容错调制研究	2012-010-04	刘亚秋	2012	一等奖	2（1）	4（2）

（续）

序号	奖励名称	获奖项目名称	证书编号	完成人	获奖年度	获奖等级	参与单位数	本单位参与学科数
16	省级自然科学奖	木材品质特性的环境因素影响机制研究	2010-040-01	郭明辉、陈广胜、赵西平、于海鹏、黄占华	2010	一等奖	1	1
17	省级自然科学奖	林木资源培育方式与木质资源综合利永的构效关系研究	2013-046-01	陈广胜	2013	二等奖	2（1）	1
18	省级自然科学奖	低质林结构与功能优化调控技术	2013-134-01	董希斌	2013	二等奖	5（1）	1
19	省级自然科学奖	刨纤维类人造板绿色制造及其功能化关键技术及应用	2013-149-01	曹军、花军、刘亚秋、孙丽萍、朱良宽、张绍群、朱莉、胡英成、崔露露生	2013	二等奖	2（1）	2（1）
20	省级自然科学奖	新型光电功能材料结构理论研究与分子设计	2011-036-03	潘清江、付宏刚、郭元茹、李明霞、张红星	2011	二等奖	2（2）	1
21	省级自然科学奖	刨花板施胶、混胶智能数控系统研究	2011-109-01	曹军、花军、刘亚秋、孙丽萍、刘德胜、张恰卓、孟祥彬、朱良宽	2011	二等奖	2（1）	2（1）
22	省级自然科学奖	挠性航天器主动振动控制技术研究	2010-051-04	朱良宽	2010	二等奖	2（1）	1
23	省级科技进步奖	基于细胞壁反应细胞腔填充的木材单板改良功能化技术	2013-011-01	谢延军	2013	一等奖	1	1
24	省级科技进步奖	黑龙江省公路路基边坡生态防护技术及景观建设	2013-075-01	徐文远	2013	二等奖	2（1）	1
25	省级科技进步奖	刨花板施胶、混胶智能数控系统研究	2011-109-03	刘亚秋	2012	二等奖	2	3
26	省级科技进步奖	旧水泥混凝土路面加铺沥青路面技术研究	—	石振武	2012	二等奖	1	1

（续）

序号	奖励名称	获奖项目名称	证书编号	完成人	获奖年度	获奖等级	参与单位数	本单位参与学科数
27	省级科技进步奖	面向数字林业应用软件关键技术的研究	2010-122-01	王霓虹	2010	一等奖	1	1
28	省级科技进步奖	远程地面红外林火自动探测系统	2014-235-01	王霓虹	2014	三等奖	1	1
29	省级科技进步奖	西部地区六河冰荷载撞击力计算及桥梁防撞措施	2013-199-01	于天来	2013	三等奖	1	1
30	省级科技进步奖	季冻区粉砂土路基稳定应用技术的研究	2013-259-01	程培峰	2013	三等奖	1	1
31	省级科技进步奖	山地退化林生态系统恢复优化模式及配套技术	2012-193-02	董希斌	2012	三等奖	2（1）	1
32	省级科技进步奖	黑龙江省公路桥梁标准化绘图系统的研究	2012-244-02	孙全胜	2012	三等奖	1	1
33	省级科技进步奖	动画智能支撑系统	2010-244-01	邱兆文	2010	三等奖	1	1

合计	科研获奖数量（个）							
	国家级	特等奖						
		一等奖						1
	省部级	一等奖	—		—			
		二等奖	12		12			6

II-2 代表性科研项目（2012—2014年）

II-2-1 国家级、省部级、境外合作科研项目

序号	项目来源	项目下达部门	项目级别	项目编号	项目名称	负责人姓名	项目开始年月	项目结束年月	项目合同总经费（万元）	属本单位本学科的到账经费（万元）
1	国家"863"计划	科技部	重大项目	2012AA102003-2	森林经营可持续生产决策支持技术	王霓虹	201201	201412	126	126
2	国家"863"计划	科技部	一般项目	2010AA101605-03	移动式高效切碎装备技术研究	任洪娥	201001	201212	94	94
3	国家"863"计划	科技部	一般项目	2008AA121203-04-02	低温红外空腔黑体性能研究	张佳薇	201101	201207	10	10

（续）

序号	项目来源	项目下达部门	项目级别	项目编号	项目名称	负责人姓名	项目开始年月	项目结束年月	项目合同总经费（万元）	属本单位本学科的到账经费（万元）
4	国家科技支撑计划	科技部	一般项目	2012BAD32B04	木塑复合材料关键技术研究与示范	王清文	201201	201412	2900	996
5	国家科技支撑计划	科技部	一般项目	2012BAD24B0203	抗菌防霉纤维复合材制造技术开发与生产示范线建立	刘一星	201201	201512	156	117
6	国家科技支撑计划	科技部	一般项目	2012BAD24B0403	新型木生物质化学深加工材料研究	方桂珍	201201	201512	45	45
7	国家科技支撑计划	科技部	一般项目	2011BAD08B00	大兴安岭森林资源恢复与利用关键技术研究及产业化示范	郭明辉	201101	201512	160	120
8	国家科技支撑计划	科技部	一般项目	2013BAJ12B02-2	严寒地区村镇绿化与景观设施配置技术研究	李明宝	201301	201512	63	16
9	国家科技支撑计划	科技部	一般项目	2012BAD22B0202-3	大兴安岭低质低效林的多功能经营技术	董希斌	201201	201612	40	21
10	国家科技支撑计划	科技部	一般项目	—	城镇建设标准数据库和专家库开发	石振武	201201	201512	15	15
11	国家科技支撑计划	科技部	一般项目	2012BAC01B03-3	不同演替阶段针阔混交林生物多样性评价指标体系研究	吴金卓	201201	201412	27	27
12	国家科技支撑计划	科技部	一般项目	2011BAD08B02-01-02	重度火烧森林生态系统恢复试验示范区建设	董希斌	201101	201512	30	30
13	国家科技支撑计划	科技部	一般项目	2011BAD08B01-01-01	典型森林结构与功能优化试验示范区建设	董希斌	201101	201512	25	25
14	国家自然科学基金	国家自然科学基金委员会	面上项目	31470714	基于机器微视觉的林木固碳计量方法的研究	宋文龙	201501	201812	82	30
15	国家自然科学基金	国家自然科学基金委员会	面上项目	71473034	群体性突发事件预警的超网络方法研究	王名扬	201501	201812	52	20
16	国家自然科学基金	国家自然科学基金委员会	面上项目	31370565	中密度纤维板连续平压多场耦合效应及精准工艺协同控制机理	刘亚秋	201401	201612	80	60

（续）

序号	项目来源	项目下达部门	项目级别	项目编号	项目名称	负责人姓名	项目开始年月	项目结束年月	项目合同总经费（万元）	属本单位本学科的到账经费（万元）
17	国家自然科学基金	国家自然科学基金委员会	面上项目	040-41313303	基于反馈验证机制的森林冠层叶面积指数测量	朱良宽	201401	201712	80	60
18	国家自然科学基金	国家自然科学基金委员会	青年基金	61300098	基于高阶逻辑的归纳逻辑程序设计学习算法及其应用研究	李艳娟	201401	201612	25	25
19	国家自然科学基金	国家自然科学基金委员会	面上项目	31300474	低温活立木树干内水晶形成扩展规律及其对应力波传播速度的影响	徐华东	201401	201612	22	13.2
20	国家自然科学基金	国家自然科学基金委员会	面上项目	31370566	纳秒激光瞬态破胞及激光顺切微纳米纤维成型机理研究	任洪娥	201401	201412	15	15
21	国家自然科学基金	科技部	面上项目	51378265	长期荷载作用下钢-竹组合构件受力性能与设计方法研究	张秀华	201401	201712	10	10
22	国家自然科学基金	国家自然科学基金委员会	面上项目	31270609	胶接木用单组分室温固化高性能乳液的合成及固化机理研究	顾继友	201301	201612	82	82
23	国家自然科学基金	国家自然科学基金委员会	青年项目	51208083	可调控预应力胶合竹木梁受力性能及设计方法研究	郭　楠	201301	201512	25	15
24	国家自然科学基金	国家自然科学基金委员会	面上项目	31200442	淀粉基纳米改性异氰酸酯复合胶黏剂的制备及其复合胶接机理研究	张彦华	201301	201512	23	23
25	国家自然科学基金	国家自然科学基金委员会	面上项目	31270590	木质纤维素气凝胶形成方法与机理研究	李　坚	201201	201512	90	90
26	国家自然科学基金	国家自然科学基金委员会	面上项目	31270595	流变学理论在抑制圆盘干燥开裂方面应用机理的研究	蔡英春	201201	201512	84	84
27	国家自然科学基金	国家自然科学基金委员会	面上项目	31270596	人造板挥发性有机化合物快速释放检测与自然衰减协同模式研究	沈　隽	201201	201512	81	81
28	国家自然科学基金	国家自然科学基金委员会	面上项目	31170552	基于过氧化氢氧化和木素磺酸盐掺杂的导电聚合物/纤维素纤维复合材料原位形成机理	钱学仁	201201	201512	70	63

（续）

序号	项目来源	项目下达部门	项目级别	项目编号	项目名称	负责人姓名	项目开始年月	项目结束年月	项目合同总经费（万元）	属本单位本学科的到账经费（万元）
29	国家自然科学基金	国家自然科学基金委员会	面上项目	31170529	生物质微细纤维的定向制备及干燥特性研究	程万里	201201	201512	66	66
30	国家自然科学基金	国家自然科学基金委员会	面上项目	31170516	木质工程材料的增强设计、性能预测与可靠性分析	胡英成	201201	201512	65	65
31	国家自然科学基金	国家自然科学基金委员会	面上项目	31170545	纤维素催化水热生成炭球的机理与结构控制	刘守新	201201	201512	60	60
32	国家自然科学基金	国家自然科学基金委员会	面上项目	41171274	星载激光雷达与高光谱数据联合反演森林生物量的方法与机理	邢艳秋	201201	201512	60	6
33	国家自然科学基金	国家自然科学基金委员会	面上项目	31170523	微波辅助低温共溶剂法木材表面纳米晶层可控生长机制及功能效应	于海鹏	201201	201512	56	56
34	国家自然科学基金	国家自然科学基金委员会	面上项目	1170515	漆酶活化木质材料模压成板机理研究	陈广胜	201201	201512	50	50
35	国家自然科学基金	国家自然科学基金委员会	青年项目	31100439	淀粉包合物表面包覆对沉淀碳酸钙填料结合能力和耐酸性的双重改善作用	沈静	201201	201501	22	15.4
36	国家自然科学基金	国家自然科学基金委员会	青年项目	31100425	高木质纤维填充热塑性聚合物熔体流变行为研究	宋永明	201201	201412	21	21
37	国家自然科学基金	国家自然科学基金委员会	面上项目	31170522	乐器共鸣板用木材声学振动性能功能性改良的机理研究	刘镇波	201201	201212	10	10
38	国家自然科学基金	国家自然科学基金委员会	一般项目	6092700801	多芯光纤的光功率分布研究	张佳薇	201201	201212	9	9
39	国家自然科学基金	国家自然科学基金委员会	重大项目	31010103905	基于动态塑化挤出成型的木质纤维塑性加工原理	王清文	201101	201312	200	200
40	国家自然科学基金	国家自然科学基金委员会	面上项目	31070487	松香在木材保护中的应用基础研究	李坚	201101	201312	39	39

（续）

序号	项目来源	项目下达部门	项目级别	项目编号	项目名称	负责人姓名	项目开始年月	项目结束年月	项目合同总经费（万元）	属本单位本学科的到账经费（万元）
41	国家自然科学基金	国家自然科学基金委员会	面上项目	31070488	室内装修材料挥发性有机化合物释放安全性评估与材料选用决策模型的研究	沈　隽	201101	201312	38	38
42	国家自然科学基金	国家自然科学基金委员会	面上项目	31070505	纳米纤维素增强透明高分子复合材料的研究	韩广萍	201101	201312	35	35
43	国家自然科学基金	国家自然科学基金委员会	面上项目	31070506	生物质纤维性状及分布对生物质纤维/聚合物复合材料蠕变的作用机制	王伟宏	201101	201312	35	35
44	国家自然科学基金	国家自然科学基金委员会	面上项目	31070507	木材高效塑化功能改良用离子液体的合成及作用机理研究	谢延军	201101	201312	35	35
45	国家自然科学基金	国家自然科学基金委员会	面上项目	31070633	结构可控纳米纤维素基复相变储能材料特性控制制制研究	刘志明	201101	201312	28	28
46	国家自然科学基金	国家自然科学基金委员会	青年项目	51008055	纵向柱列支撑体系稳定性分析与设计方法研究	赵金友	201101	201312	19	19
47	国家自然科学基金	国家自然科学基金委员会	青年项目	31000277	超声波辅助活化落叶松单宁的反应特性与机理研究	黄占华	201101	201312	18	18
48	国家自然科学基金	国家自然科学基金委员会	面上项目	31000270	封闭异氰酸酯纳米胶束化及其反应致活机理研究	李志国	201101	201312	18	18
49	国家自然科学基金	国家自然科学基金委员会	青年项目	51008054	高强新型冷弯薄壁型钢构件力学性能及直接强度法研究	武　胜	201101	201312	18	18
50	国家自然科学基金	国家自然科学基金委员会	青年项目	71003020	基于引文网络图数据挖掘的热点技术领域预测研究	王名扬	201101	201312	17	17
51	国家自然科学基金	国家自然科学基金委员会	青年项目	71001023	中文网络客户评论中的产品特征挖掘方法研究	李　实	201101	201312	16.1	16.1

（续）

序号	项目来源	项目下达部门	项目级别	项目编号	项目名称	负责人姓名	项目开始年月	项目结束年月	项目合同总经费（万元）	属本单位的本学科的到账经费（万元）
52	境外合作科研项目	加拿大国家林产品创新研究院	一般项目	—	新型生物质基木材胶黏剂	高振华	201401	201612	31.96	31.96
53	境外合作科研项目	加拿大国家林产品创新研究院	一般项目	—	新型环保胶黏剂	高振华	201101	201412	30.09	30.09
54	部委级科研项目	教育部	一般项目	41313402	胶合机理研究	陈广胜	201409	201708	6	6
55	部委级科研项目	国家林业局	一般项目	—	便携式立木腐朽电阻断层成像关键技术引进	王立海	201401	201612	50	50
56	部委级科研项目	国家林业局	一般项目	040-41314201	MDF板厚在线检测与精准控制关键技术引进	朱良宽	201401	201812	45	45
57	部委级科研项目	教育部	一般项目	—	高性能木材防腐用肉桂醛衍生物的设计与合成	李淑君	201401	201612	12	6
58	部委级科研项目	中国博士后科学基金委员会	一般项目	20130062110001	植物源木材防腐剂微囊的制备及其抑菌机制	王立海	201401	201612	12	12
59	部委级科研项目	教育部	一般项目	2014M550178	木粉／淀粉／聚乳酸复合材料的制备及性能调控机制研究	张彦华	201401	201512	8	8
60	部委级科研项目	教育部	一般项目	20130062120001	两性离子纤维素类高性能抗污染超滤膜材料的分子设计、合成和性能研究	刘旸	201401	201612	4	4
61	部委级科研项目	中国博士后科学基金委员会	一般项目	2013M530143	新型两性离子纤维素超滤膜材料的制备及抗污染机理研究	刘旸	201305	201605	8	8
62	部委级科研项目	国家林业局	一般项目	201304506	绿色新型包装材料关键技术研究	肖生苓	201301	201612	142	142
63	部委级科研项目	国家林业局	一般项目	31270597	高温热处理中木材细胞壁组分变化及其与材料性能的关系	王立娟	201301	201612	85	59.5

（续）

序号	项目来源	项目下达部门	项目级别	项目编号	项目名称	负责人姓名	项目开始年月	项目结束年月	项目合同总经费（万元）	属本单位本学科的到账经费（万元）
64	部委级科研项目	国家林业局	一般项目	201304510	实木智能在线分选与协同控制关键技术研究	于慧伶	201301	201512	70	70
65	部委级科研项目	国家林业局	一般项目	2013-4-11	纳米纤维静电纺丝制备功能性纳米材料关键技术引进	韩广萍	201301	201712	50	50
66	部委级科研项目	国家林业局	一般项目	—	基于 QEPA 早期森林火灾探测器关键技术引进	李明宝	201301	201512	50	30
67	部委级科研项目	国家林业局	一般项目	2013-4-6	人造板 VOC 快速释放检测技术的引进消化	沈　隽	201301	201512	50	50
68	部委级科研项目	教育部	一般项目	NCET-12-0809	木质板材缺陷及材种并行检测识别系统的设计与实现	赵　鹏	201301	201512	50	50
69	部委级科研项目	教育部	一般项目	—	单组分室温固化高性能 PVAc 基核壳乳液胶黏剂制造机理研究	顾继友	201301	201612	12	6
70	部委级科研项目	教育部	一般项目	20120062110012	MDF 连续平压板形自动纠偏协同控制关键技术研究	刘亚秋	201301	201512	12	12
71	部委级科研项目	国家人力资源和社会保障部	一般项目	2011	基于实体模型的 MEMS 器件功能结构建模	于慧伶	201301	201512	3	3
72	部委级科研项目	国家外国专家局	重点项目	2013ZD16	竹材数控加工与出材率分析技术研究	任洪娥	201301	201512	2.5	2.5
73	部委级科研项目	教育部	一般项目	2012T50318	采用光谱分析方法进行板材种类识别研究	赵　鹏	201209	201512	15	15
74	部委级科研项目	国家知识产权局	一般项目	PS2012-001	林木生物质能源产业专利战略研究	王兑奇	201204	201306	10	10
75	部委级科研项目	国家林业局	一般项目	—	绿色节能木塑门窗关键技术研究与示范	王清文	201201	201512	800	800

（续）

序号	项目来源	项目下达部门	项目级别	项目编号	项目名称	负责人姓名	项目开始年月	项目结束年月	项目合同总经费（万元）	属本单位本学科的到账经费（万元）
76	部委级科研项目	国家林业局	重点项目	201304502	木材的低碳高效干燥与功能性改良关键技术研究	曹 军	201201	201612	590	420
77	部委级科研项目	国家林业局	一般项目	201204709	节能环保型热处理木材关键技术及产业化示范	许 民	201201	201612	191	120
78	部委级科研项目	国家林业局	重大项目	201204715	竹材自动去青去黄提质增效工艺与技术开发	任洪娥	201201	201412	163	163
79	部委级科研项目	国家林业局	一般项目	201204509	大小兴安岭用材林精细化经营技术研究	朱玉杰	201201	201612	156	136
80	部委级科研项目	科学技术部	一般项目	2012BAJ19B01-03	村镇建设标准体系实施绩效评价技术研究	苏义坤	201201	201512	148	53
81	部委级科研项目	国家林业局	一般项目	20120480306	木质素/PVA复合树脂材料制备技术与示范	方桂珍	201201	201512	76	76
82	部委级科研项目	国家林业局	一般项目	2012076	酶解木质素基酚醛树脂的合成及应用研究	李淑君	201201	201512	73	73
83	部委级科研项目	国家林业局	一般项目	41020	连续平压热压机自动板形纠偏控制技术引进	刘亚秋	201201	201512	50	50
84	部委级科研项目	国家林业局	一般项目	20120470203	家具用速生材改性及应用关键技术研究与示范	沈 隽	201201	201612	50	30
85	部委级科研项目	国家林业局	一般项目	[2012] 43 号	数字林业综合软件技术与应用	王铮虹	201201	201412	50	50
86	部委级科研项目	教育部	一般项目	20120062130001	无机纳晶复合制备新型木基功能材料的工艺学基础研究	刘一星	201201	201512	40	30
87	部委级科研项目	教育部	一般项目	20110062110001	红松人工林及其木制品生物固碳与延展机制的研究	郭明辉	201201	201412	12	12
88	部委级科研项目	教育部	一般项目	—	功能性木塑复合材料光敏变色机理的研究	许 民	201201	201512	12	12

（续）

序号	项目来源	项目下达部门	项目级别	项目编号	项目名称	负责人姓名	项目开始年月	项目结束年月	项目合同总经费（万元）	属本单位本学科的到账经费（万元）
89	部委级科研项目	国家林业局	一般项目	201204411	油茶优质种苗自动嫁接技术研究	温雪岩	201201	201412	5	5
90	部委级科研项目	教育部	一般项目	201100621 20002	含钛蒙脱土／三聚氰胺纳米复合浸渍胶膜饰面人造板 VOC 降解机理研究	刘玉	201201	201412	4	4
91	部委级科研项目	国家知识产权局	一般项目	SS11-A-07	我国林业知识产权问题研究	王兑奇	201108	201208	10	5
92	部委级科研项目	国家人力资源和社会保障部	一般项目	7041311401	纳米纤维素复合聚氨酯泡沫、薄膜的制备与应用	刘志明	201104	201403	4	2
93	部委级科研项目	国家林业局	一般项目	201104007	森林营建与利用的高效低耗现代技术装备研发	王立海	201101	201312	729	179
94	部委级科研项目	国家林业局	重大项目	201104037	基于物联网的检测技术及其在林业上的应用研究	王霓虹	201101	201312	173	113
95	部委级科研项目	国家林业局	一般项目	201304510	实木优选在线检测与控制关键技术引进	曹军	201101	201512	60	60
96	部委级科研项目	教育部	一般项目	NCEF-10-0311	功能性木材－无机质复合材的研究	王成毓	201101	201312	50	32
97	部委级科研项目	教育部	一般项目	NCET-10-0313	生物质纤维素纳米纤维制备及其功能材料研究	于海鹏	201101	201312	50	32
98	部委级科研项目	教育部	一般项目	31170515	漆酶活化木质基材料模压成板的胶合机理研究	陈广胜	201101	201312	45	30
99	部委级科研项目	国家林业局	一般项目	［2011］TK032	落叶松剩余物加工利用与液化－树脂化应用技术与推广	高振华	201101	201312	17	17
100	部委级科研项目	教育部	一般项目	201100621 10002	基于辐射偏差反馈机制的叶面积指数测量方法研究	宋文龙	201101	201312	12	6
合计	国家级科研项目		数量（个）	51	项目合同总经费（万元）5 447.1			属本单位本学科的到账经费（万元）3 187.7		

II-2-2 其他重要科研项目

序号	项目来源	合同签订/项目下达时间	项目名称	负责人姓名	项目开始年月	项目结束年月	项目合同总经费（万元）	属本单位本学科的到账经费（万元）
1	德华兔宝宝装饰新材股份有限公司	201401	自降解VOC和磁化木研发	李坚	201401	201712	111.2	24
2	大庆油田路桥工程有限责任公司	201308	漠大线伴行路多年冻土地区路基及桥梁建设关键技术研究	程培峰	201309	201409	171	50
3	哈尔滨市道桥管理办公室	201101	哈尔滨市城市桥梁评估	于天来	201101	201212	116	49
4	河南平高电气股份有限公司	201203	基于光纤传感技术的SF6气体状态在线监测方法研究	狄海廷	201203	201309	30	30
5	吉林省白河林业局	201407	长白山北坡国家森林公园林相改造及小种群保护拯救项目	薛伟	201407	201412	30	30
6	哈尔滨新利德电站设备有限公司	201211	中小型商贸企业管理信息系统设计开发	董景峰	201211	201311	28.5	28.5
7	技术服务类课题	201312	IWINT TRIZ 培训	陈广胜	201401	201612	27	27
8	黑龙江省交通厅	200805	寒区整体式桥梁应用技术研究	于天来	200806	201207	97	20.7
9	哈尔滨市攻关（招标）项目	200709	E0级排放（不含甲醛和苯）胶黏剂关键技术	顾继友	200801	201012	50	20
10	徐州飞亚木业有限公司	201310	PP覆面胶合板模板制造技术与产业化	王伟宏	201310	201610	20	20
11	技术开发类课题	201303	影视剧资源计划管理系统	邱兆文	201304	201604	20	20
12	教育部	201201	林木根系探地雷达信号特征提取与形态绘制方法研究	栾文龙	201201	201412	20	20
13	哈尔滨市创新人才专项	201405	聚乙烯木塑复合材料的协同表面处理与胶接耐久失效行为研究	邸明伟	201405	201605	10.5	10.5
14	哈尔滨市科技创新人才（优秀学科带头人）研究专项资金项目	200906	碳纤维木质材料复合机理及动态特性研究	孙丽萍	200906	201207	10	6
15	黑龙江省归国留学项目	201401	基于QEPAS的森林火灾早前探测方法的研究	张佳薇	201401	201612	6	6
16	哈尔滨市基金留学项目	201205	木质结构材缺陷的定位与定量无损检测研究	刘镇波	201206	201412	3	3
17	哈尔滨市科技创新人才研究专项	201301	基于TDLAS的森林早期防火技术研究	张佳薇	201301	201512	3	3
18	中央高校基本科研业务费专项（创新团队与重大项目育资金项目）	201205	高附加值生物质复合材料制造技术	王伟宏	201205	201505	40	40

（续）

序号	项目来源	合同签订/项目下达时间	项目名称	负责人姓名	项目开始年月	项目结束年月	项目合同总经费（万元）	属本单位本学科的到账经费（万元）
19	中央高校基本科研业务费专项（创新团队与项目日常项目重大项目资金项目）	201205	结构用木质复合材的选材、制备及其性能无损检测与优化	胡英成	201205	201505	40	40
20	中央高校基本科研业务费专项（杰出青年科研人才基金项目）	201109	生物质纳米纤维素自组装模板制备与导电复合材料研究	于海鹏	201109	201409	35	35
21	中央高校基本科研业务费专项（杰出青年科研人才基金项目）	201205	基于可调谐激光光谱的乙烯痕量气体检测技术的研究	张佳薇	201205	201505	25	25
22	中央高校基本科研业务费专项（杰出青年科研人才基金项目）	201109	生物质基染料废水净化材料的合成及应用性能研究	王立娟	201109	201409	30	18
23	中央高校基本科研业务费专项（杰出青年科研人才基金项目）	201101	仿生超疏水性木材的研究	王成毓	201101	201312	25	15
24	中央高校基本科研业务费专项（科学前沿与交叉学科创新基金项目）	201212	基于交联剂的封闭制备高品质大豆蛋白胶粘剂	高振华	201304	201603	10	10
25	中央高校基本科研业务费专项（科学前沿与交叉学科创新基金项目）	201212	聚丙烯基微发泡木塑复合材料的制备及性能技术研究	宋永明	201205	201505	10	10
26	中央高校基本科研业务费专项（科学前沿与交叉学科创新基金项目）	201101	淀粉包合物表面包覆对沉淀碳酸钙填料结合能力和耐酸性的双重改善作用	沈　静	201101	201312	15.4	9
27	中央高校基本科研业务费专项（科学前沿与交叉学科创新基金项目）	201301	基于木材干燥流变学原理的板材干燥应力评价方法	战剑锋	201304	201603	10	6
28	中央高校基本科研业务费专项（科学前沿与交叉学科创新基金项目）	201401	柠檬酸和硅酸盐溶胶－凝胶法改性木材的研究	肖泽芳	201403	201703	12	4.8
29	中央高校基本科研业务费专项（科学前沿与交叉学科创新基金项目）	201401	木材化学属性对其声学振动性能的影响机理	刘镇波	201401	201701	12	4.8
30	中央高校基本科研业务费专项（科学前沿与交叉学科创新基金项目）	201401	木质素 PU/EP IPNs 泡沫活性炭的制备及其在汽车尾气 PM 中净化机理研究	李长玉	201403	201603	11.5	4.6

Ⅱ-2-3 人均科研经费

人均科研经费（万元/人）	67.1

Ⅱ-3 本学科代表性学术论文质量

Ⅱ-3-1 近五年（2010—2014年）国内收录的本学科代表性学术论文

序号	论文名称	第一作者	通讯作者	发表刊次（卷期）	发表刊物名称	收录类型	中文影响因子	他引次数
1	高温热处理落叶松木材尺寸稳定性及结晶度分析表征	孙伟伦	李 坚	2010，12	林业科学	CSCD	1.512	17
2	纳米纤维素的制备	李 伟	刘守新	2010，22（10）	化学进展	CSCD	1.393	41
3	La掺杂TiO$_2$膜的制备及其对甲苯的去除性能	孙 剑	刘守新	2010，9	无机材料学报	CSCD	1.314	18
4	马来酸酐接枝PP/PE共混物及其木塑复合材料	高 华	王清文	2010，46（1）	林业科学	CSCD	1.512	27
5	离子液体中的纤维素溶解、再生及材料制备研究进展	卢 芸	于海鹏	2010，30（10）	有机化学	CSCD	1.268	27
6	硅烷偶联剂对木粉_HDPE复合材料力学与吸水性能的影响	宋永明	王清文	2011，47（7）	林业科学	CSCD	1.512	24
7	木材渗透性的控制因素及改善措施	李永峰	刘一星	2011，47（5）	林业科学	CSCD	1.512	15
8	刨花板热压控制系统BP神经网络整定PID控制	韩宇光	曹 军	2011，30（12）	自动化技术与应用	CSCD	0.433	5
9	木质纤维素纳米纤丝制备及形态特征分析	陈文帅	于海鹏	2010，1（11）	高分子学报	CSCD	1.284	23
10	以纳米微晶纤维素为模板的酸催化水解法制备球形介孔TiO$_2$	李 伟	刘守新	2012，33（2）	催化学报	CSCD	1.880	13
11	Kevlar纤维－木粉/HDPE混杂复合材料的制备与性能	欧荣贤	王清文	2010，26（10）	高分子材料科学与工程	CSCD	0.712	5
12	预应力CFRP布加固负载混凝土梁受剪性能试验研究	程东辉		2011，43（12）	哈尔滨工业大学学报	CSCD	0.376	13
13	碳纤维布加固钢混凝土连续梁塑性性能试验及有限元分析	程东辉		2011，32（3）	中国铁道科学	CSCD	0.738	12
14	木质纤维材料的热塑性改性与塑性加工研究进展	欧荣贤	王清文	2011，47（6）	林业科学	CSCD	1.512	9
15	利用响应曲面优化法优化脲醛树脂合成工艺	顾继友	顾继友	2010，46（1）	林业科学	CSCD	1.512	5
16	运用曲率模态技术对木梁损伤态定量识别	徐华东	王立海	2011，31（1）	振动、测试与诊断	CSCD	1.145	7
17	寒区公路路基温度场的自动监测与特性	韩春鹏		2011，31（3）	长安大学学报（自然科学版）	CSCD	0.606	9
18	基于D-S理论的故障诊断诊融合算法及应用研究	张佳薇	李明宝	2010，31（1）	自动化仪表	CSCD	0.479	7
19	利用强碱性降解大豆蛋白制备木材胶黏剂及其表征	高振华	顾 嵘	2010，26（11）	高分子材料科学与工程	CSCD	0.712	6
20	水化热及人模温度对灌注桩过程回缩过程影响的研究	贾艳敏		2011，S1	工程力学	CSCD	0.55	6
合计		中文影响因子			21.96	他引次数		289

II-3-2 近五年（2010—2014 年）国外收录的本学科代表性学术论文

序号	论文名称	论文类型	第一作者	通讯作者	发表刊次（卷期）	发表刊物名称	收录类型	他引次数	期刊 SCI 影响因子	备注
1	Adsorption of CI reactive red 228 dye from aqueous solution by modified cellulose from Flax Shive: Kinetics，equilibrium and thermodynamics	Article	Wang L J	Li J	2013，42	Industrial Crops and Products	SCI	22	3.208	ESI 高被引
2	Effect of wood cell wall composition on the rheological properties of wood particle/high density polyethylene composites	Article	Ou R X	Wang Q W	2014，93	Composites Science and Technology	SCI	9	3.633	ESI 高被引
3	High stable electro-optical cavity-dumped Nd:YAG laser	Article	Ma Y F	Zhang J W	2012，9（8）	Laser Physics Letter	SCI	3	9.97	
4	Lignocellulose aerogel from wood-ionic liquid solution (1-allyl-3-methylimidazolium chloride) under freezing and thawing conditions	Article	Li J	Li J	2011，12（5）	Biomacromolecules	SCI	34	5.479	
5	Catalytic upgrading of bio-oil using 1-octene and 1-butanol over sulfonic acid resin catalysts	Article	Zhang Z J	Wang Q W	2011，13（4）	Green Chemistry	SCI	38	6.852	
6	Fabrication of mesoporous lignocellulose aerogels from wood via cyclic liquid nitrogen freezing–thawing in ionic liquid solution	Article	Lu Y	Liu Y X	2012，22（27）	Journal Of Materials Chemistry	SCI	24	6.101	
7	Sulfonic acid resin-catalyzed addition of phenols, carboxylic acids, and water to olefins: Model reactions for catalytic upgrading of bio-oil	Article	Zhang Z J	Wang Q W	2010,101（10）	Bioresource Technology	SCI	19	5.039	
8	Comparative study of aerogels obtained from differently prepared nanocellulose fibers	Article	Chen W S	Yu H P	2014，7（1）	ChemSusChem	SCI	10	7.117	
9	Oxygen-containing fuels by simultaneous reactions with 1-butanol and 1-octene over solid acids: Model compound studies and reaction pathways	Article	Zhang Z J	Wang Q W	2013，130	Bioresource Technology	SCI	3	5.039	
10	Effect of adding rubber powder to poplar particles on composite properties	Article	Xu M	Xu M	2012，118	Bioresource Technology	SCI	6	5.039	

（续）

序号	论文名称	论文类型	第一作者	通讯作者	发表刊次（卷期）	发表刊物名称	收录类型	他引次数	期刊 SCI 影响因子	备注
11	Recovery of lignocelluloses from pre-hydrolysis liquor in the lime kiln of kraft-based dissolving pulp production process by adsorption to lime mud	Article	Shen J	Shen J	2011, 102(21)	Bioresource Technology	SCI	6	4.980	
12	An integrated approach for Cr(VI)-detoxification with polyaniline/cellulose fiber composite prepared using hydrogen peroxide as oxidant	Article	Qian X R	Qian X R	2012, 124	Bioresource Technology	SCI	4	4.750	
13	Novel sulfonated thin-film composite nanofiltration membranes with improvedwater flux for treatment of dye solutions	Article	Liu Y	Wang J Z	2012, 394	Journal of Membrane Science	SCI	13	4.093	
14	The preparation of antifouling ultrafiltration membrane by surface grafting zwitterionic polymer onto poly(arylene ether sulfone) containing hydroxyl groups membrane	Article	Liu Y	Wang G B	2013, 316	Desalination	SCI	9	3.960	
15	Individualization of cellulose nanofibers from wood using high-intensity ultrasonication combined with chemical pretreatments	Article	Chen W S	Yu H P	2010, 83（4）	Carbohydrate Polymers	SCI	141	3.916	
16	Fabrication and characterisation of α-chitin nanofibres and highly transparent chitin films by pulsed ultrasonication	Article	Lu Y	Li J	2013, 98（2）	Carbohydrate Polymers	SCI	12	3.916	
17	Enhanced thermal and mechanical properties of PVA composites formed with filamentous nanocellulose fibrils	Article	Li W	Liu S X	2014, 113	Carbohydrate Polymers,	SCI	4	3.916	
18	Fabrication of superhydrophobic/superoleophilic cott on for application in the field of water/oil separation	Article	Liu F	Wang C Y	2014, 103	Carbohydrate Polymers	SCI	4	3.916	
19	Application of microcrystalline cellulose to fabricate ZnO with enhanced photocatalytic activity	Article	Zuo H F	Guo Y R	2014, 617	Journal of alloy and compounds.	SCI	4	3.916	

（续）

序号	论文名称	论文类型	第一作者	通讯作者	发表刊次（卷期）	发表刊物名称	收录类型	他引次数	期刊 SCI 影响因子	备注
20	Study on the activation of styrene-based shape memory polymer by medium-infrared laser light	Article	Leng J S	Zhang D W	2010, 99（11）	Applied Physics Letters	SCI	23	3.792	
21	Concentration effects on the isolation and dynamic rheological behavior of cellulose nanofibers via ultrasonic processing	Article	Chen P	Yu H P	2013, 20（1）	Cellulose	SCI	14	3.749	
22	Carbon spheres/activated carbon composite materials with high Cr（Ⅵ）adsorption capacity prepared by a hydrothermal method	Article	Liu S X	Liu S X	2010, 173（01-03）	Journal of Hazardous Materials	SCI	5	3.723	
23	Effects of chemical modification of wood particles with glutaraldehyde and 1,3-dimethylol 4,5-dihydroxyethyleneurea on properties of the resulting polypropylene composites	Article	Xie Y J	Xie Y J	2010, 70（13）	Composites Science and Technology	SCI	25	3.633	
24	Effect of wood cell wall composition on the rheological properties of wood particle/high density polyethylene composites	Article	Ou R X	Wang Q W	2014, 93	Composites Science and Technology	SCI	12	3.633	
25	Carbohydrate-based fillers and pigments for papermaking: A review	Article	Shen J	Ren Q X	2011, 85（1）	CARBOHYDRATE POLYMERS	SCI	4	3.628	
26	Dyeing properties and color fastness of cellulase-treated flax fabric with extractives from chestnut shell	Article	Zhao Q	Wang L J	2014, 80	Journal of cleaner production	SCI	6	3.59	
27	Preparation of nanocrystalline cellulose via ultrasound and its reinforcement capability for poly（vinyl alcohol）composites	Article	Liu S X	Liu S X	2012, 19（3）	Ultrasonics Sonochemistry	SCI	4	3.516	
28	Equilibrium and kinetics studies on the absorption of Cu(II) from the aqueous phase using a β-cyclodextrin-based adsorbent	Article	Huang Z H	Huang Z H	2012, 88（2）	Carbohydrate Polymers	SCI	5	3.479	

序号	论文名称	论文类型	第一作者	通讯作者	发表刊次（卷期）	发表刊物名称	收录类型	他引次数	期刊 SCI 影响因子	备注
29	Honeycomb carbon foams with tunable pore structures prepared from liquefied larch sawdust by self-foaming	Article	Li W	Liu S X	2014, 64	Industrial Crops and Products	SCI	8	3.208	
30	The water vapour sorption behaviour of three celluloses: analysis using parallel exponential kinetics and interpretation using the Kelvin-Voigt viscoelastic model	Article	Ou R X	Wang Q W	2014, 93	Cellulose	SCI	21	3.033	
合计	SCI 影响因子		133.824			他引次数			492	

Ⅱ-5　已转化或应用的专利（2012—2014年）

序号	专利名称	第一发明人	专利申请号	专利号	授权（颁证）年月	专利受让单位	专利转让合同金额（万元）
1	一种小型多功能轮式集材拖拉机	王立海	201220200716.2	ZL201220200716.2	201303	青州市推山重工机械有限公司	50
2	三层结构无胶胶合树皮板的制备方法	高振华	200910262001.2	ZL200910262001.2	201201	上海佰嘉化工有限公司	1
合计	专利转让合同金额（万元）					51	

Ⅲ　人才培养质量

Ⅲ-1　优秀教学成果奖（2012—2014 年）

序号	获奖级别	项目名称	证书编号	完成人	获奖等级	获奖年度	参与单位数	本单位参与学科数
1	省级	黑龙江省首届青年教师教学技能大赛	—	刘　天	一等奖	2014	1	1
2	省级	现代物流实验实训中心研究与建设	2013057	肖生苓、杨学春、马玲、杨慧敏、许恒勤	一等奖	2013	1	1
合计	国家级	一等奖（个）　—		二等奖（个）　—		三等奖（个）	—	
	省级	一等奖（个）　2		二等奖（个）　—		三等奖（个）	—	

Ⅲ-2　研究生教材（2012—2014 年）

序号	教材名称	第一主编姓名	出版年月	出版单位	参与单位数	是否精品教材
1	木材科学	李　坚	201406	科学出版社	4（1）	否
合计	国家级规划教材数量		1	精品教材数量		—

Ⅲ-4　学生国际交流情况（2012—2014 年）

序号	姓名	出国（境）时间	回国（境）时间	地点（国家/地区及高校）	国际交流项目名称或主要交流目的
1	白　龙	201410	201608	美国马萨诸塞大学阿默斯特分校	国家建设高水平大学公派研究生项目–联合培养博士研究生
2	邢　东	201410	201510	美国田纳西大学	国家留学基金项目
3	张　燕	201408	201509	加拿大英属哥伦比亚大学	国家建设高水平大学公派联合培养博士研究生项目
4	毛　慧	201403	201407	韩国江原大学	与造纸工学系师生进行交流学习
5	李春杰	201312	201501	美国路易斯安那州立大学	生物质材料的改性和应用研究
6	孙理超	201311	201511	美国路易斯安那州立大学	生物质复合材料的研究
7	沈晓萍	201309	201509	美国阿拉巴马大学	基于离子液体处理木质纤维素和甲壳素的凝胶制备
8	仇逊超	201303	201410	美国佐治亚理工大学	博士研究生联合培养
9	吴　桐	201209	201412	美国佐治亚理工学院	铰接构造框架式曲线梁桥三维地震反应的研究
10	陈文帅	201209	201304	日本京都大学	博士研究生联合培养
11	程芳超	201208	201408	美国阿拉巴马大学	国家留学基金委联合培养博士项目
12	刘　天	201205	201308	美国路易斯安那州立大学	国家自然科学基金重大国际合作项目合作研究

（续）

序号	姓名	出国（境）时间	回国（境）时间	地点（国家 / 地区及高校）	国际交流项目名称或主要交流目的
13	冯 琦	201109	201209	德国联邦农业、林业及渔业研究所	博士研究生联合培养
14	陈文帅	201109	201205	美国圣路易斯华盛顿大学，佐治亚理工学院	访问学者
15	欧荣贤	201108	201308	美国华盛顿州立大学	国家公派联合培养博士研究生
16	孙庆丰	201105	201203	澳大利亚格里菲斯大学	访问学者
17	卢 芸	201105	201203	澳大利亚格里菲斯大学	访问学者
18	李永峰	201101	201201	加拿大国家林产品创新研究院	博士研究生联合培养
19	房轶群	201009	201209	加拿大多伦多大学	博士研究生联合培养
合计	学生国际交流人数				19

Ⅲ-5 授予境外学生学位情况（2012—2014 年）

序号	姓名	授予学位年月	国别或地区	授予学位类别
1	武猛祥	201206	越南	学术学位博士
2	阮氏清闲	201306	越南	学术学位博士
3	Mohammed Awad	201201	苏丹	学术学位博士
4	邓文清	201307	越南	学术学位博士

2.2.2 学科简介

1. 学科基本情况与学科特色

东北林业大学林业工程学科始建于 20 世纪 50 年代，1981 年实行学位制度后，林业工程成为首批具有硕士和博士学位授予权学科，并逐步发展成 7 个二级学科，1997 年调整为木材科学与技术、林产化学加工、森林工程 3 个二级学科，1998 年林业工程一级学科通过国家评审。进入 21 世纪之后，在原有 3 个二级学科基础上自主增设了生物材料工程、林区交通工程、林业工程自动化、林业信息工程、生物质复合材料 5 个二级学科。其中，木材科学与技术、林产化学加工工程、森林工程为国家重点学科，生物材料工程为黑龙江省重点学科。本学科整体水平在国内同类领域一直处于领先地位，在历次的国家学科评估中，均排名全国第一。

本学科是在多学科交叉融合的基础上，以森林资源的高效利用和可持续发展为主线开展研究的综合性学科，经过半个多世纪的发展，逐步形成了森林抚育技术、林区作业技术、高寒环境的林区交通与物流、林业智能装备与信息控制、木制品低碳加工技术、木材等森林资源的生态学属性与环境学特性、功能性木材及复合材料制造技术、林产资源的化学利用、生物能源技术、制浆造纸工程、生物基材料、生物质复合材料加工技术、家具设计制造技术、林业资源保护技术、产品开发与性能检测、现代信息技术与数字林业等稳定的研究方向，并取得了丰硕的成果，形成了独具特色的林业工程学科体系，尤其在木材保护与功能修饰、木材理学与人居环境、木材碳学与绿色加工、木基异质复合材料、木材仿生与智能响应等领域的研究具有明显的特色。近五年来，以木材及其他生物质为原料制备超低密度（密度为立方厘米毫克级）气凝胶、木材的智能仿生研究等方面取得开创性进展，属国际领先水平。

目前本学科拥有以"生物质材料科学与技术"教育部重点实验室为代表的省部级重点实验室 4 个、国家级实验教学示范中心及省级工程中心等 5 个。获得以"木塑复合材料挤出成型制造技术及应用""基于细胞壁反应细胞腔填充的木材单板改良功能化技术""疏水性材料的仿生制备"等为代表的标志性成果 30 余项，其中国家科技进步二等奖 2 项、

（续）

省部级一等奖 12 项、省部级二等奖 12 项；由李坚院士主编的《木材科学》一书被教育部遴选为研究生教材（同行业内，全国迄今为止共 4 部著作被遴选为研究生教材，本学科有 2 部）。近三年来，学科共培养已授学位的博士研究生109 名、硕士研究生 192 名；发表 SCI 收录论文 300 余篇，获得国家科技支撑计划、国家"863"计划、国家自然科学基金重点项目、林业科学学科创新引智基地、黑龙江省杰出青年基金等国家级、省部级科研项目 140 余项，2012—2014 年总到账经费达 8 000 余万元。

2. 社会贡献

本学科加强与地方政府、企业合作，为林业工程领域发展规划、相关政策法规与行业标准的制定提供了决策咨询与技术支持，学科成员也通过主持或参与的方式积极制定（修订）国家、行业标准，并进行人员培训等。

学科所取得的 10 余项标志性成果均已转化应用，并与吉林森工集团、黑龙江森工集团、青岛一木集团、东莞名家具国际设计研发院等国内行业龙头企业、研究院所建立了长期稳定合作关系，并为企业提供技术支持与服务，技术转让或横向课题经费达 400 万元。以 NQ-22 与 NQ-23 低甲醛脲醛树脂胶黏剂、三聚氰胺 – 尿素共缩合树脂胶黏剂为代表的技术被茌平县信力达木业有限公司、太和东盾木业有限公司、浙江德生木业有限公司等近 10 家企业引进，近年持续为企业创造经济效益达 3.5 亿元；阻燃多层胶合板制造技术、木塑贴皮建筑模板制造技术、高强度木塑复合材料挤出制造技术等被徐州盛和木业、飞亚木业、吉林华邦新材料等企业引进，并投入实际生产，创造经济效益超千万元。

本学科师资力量雄厚，拥有中国工程院院士、长江学者特聘教授、新世纪"百千万人才工程"人才、教育部新世纪人才等 10 余人，已为全国高等院校同类学科、政府机关和企事业单位培养了大量的学术骨干、优秀管理人才和工程技术人才。学科的"木材与人类生活"中国大学视频公开课不但弘扬了优秀文化，而且起到了很好的学科知识普及作用。

本学科在国内外同领域中具有重要学术地位，中国林学会木材科学分会、中国林学会森林工程分会、中国林学会木材工业分会东北地区分委员会、全国核心中文期刊《森林工程》挂靠在本学科，同时，本学科为教育部高等学校林业工程教学指导分委员会主任单位、全国森林工程专业教学指导委员会主任委员单位、国际林联（IUFRO）第三学部森林能源学组主席和森林作业与环境保护学组副主席单位。学科成员在国内外学术团体中担任重要的学术职务，如担任国务院学位委员会"林业工程"学科评议组召集人、中国林学会木材科学分会与森林工程分会理事长、国际木材学会联合会（IAWPS）执行理事、全国林科教学指导委员会副主任委员、全国高等院校森林工程学科组教学指导委员会主任委员、全国木材胶黏剂及人造板表面加工研究会副会长、中国林业机械协会副会长、黑龙江省自动化学会副理事长、黑龙江省人工智能学会副理事长、中文核心期刊《森林工程》主编等。

学科与美国、加拿大、法国、日本等 10 余个国家与地区的大专院校、科研院所建立了稳定的合作关系，共同培养博士研究生，近年学科培养了国际留学生 4 名（已授学位），在读博士研究生 1 名；在 2012—2014 年期间，本学科 19 名研究生到美国、加拿大、日本、澳大利亚等著名大学进行联合培养，提升了博士研究生的培养质量，也扩大了学科在国际同领域的知名度，提高了学科的整体水平。

2.3 南京林业大学

2.3.1 清单表

I 师资队伍与资源

|	I-1 突出专家				
序号	专家类别	专家姓名	出生年月	获批年月	备注
1	中国工程院院士	张齐生	193901	199711	农业学部
2	国家青年千人计划入选者	姚建峰	197802	201502	
3	百千万人才工程国家级人选	勇 强	196803	201012	
4	教育部新世纪人才	周晓燕	197010	201106	
5	教育部新世纪人才	欧阳嘉	197011	201111	
6	享受政府特殊津贴人员	余世袁	194903	199806	
7	享受政府特殊津贴人员	周定国	194907	199706	
合计	突出专家数量（人）		7		

I-3 专职教师与学生情况					
类型	数量	类型	数量	类型	数量
专职教师数	146	其中，教授数	46	副教授数	40
研究生导师总数	122	其中，博士生导师数	42	硕士生导师数	80
目前在校研究生数	386	其中，博士生数	125	硕士生数	261
生师比	4.19	博士生师比	2.98	硕士生师比	3.26
近三年授予学位数	366	其中，博士学位数	85	硕士学位数	281

|	I-4 重点学科				
序号	重点学科名称	重点学科类型	学科代码	批准部门	批准年月
1	林业工程	国家重点学科	0829	教育部	201106
2	木材科学与技术	国家重点学科	082902	教育部	200206
3	林产化学加工工程	国家重点学科	082903	教育部	200206
4	森林工程	部重点学科	082901	国家林业局	200612
5	林业工程	江苏省优势学科	0829	江苏省人民政府	201104
合计	二级重点学科数量（个）	国家级	3	省部级	2

I-5 重点实验室				
序号	实验室类别	实验室名称	批准部门	批准年月
1	省部级重点实验室	江苏省木材加工与人造板工艺重点开放性实验室	江苏省教育厅	200009
2	省部级重点实验室	林产化学加工重点开放性实验室	国家林业局	199509
3	省部级重点实验室	江苏省生物质绿色燃料与化学品重点实验室	江苏省教育厅	201011
4	省部级中心	国家林业局竹材工程技术研究中心	国家林业局	201503
5	省部级中心	江苏省速生木材与农作物秸秆材料工程技术研究中心	江苏省科学技术厅	200009
6	省部级中心	江苏省农林产品深加工技术装备工程中心	江苏省科学技术厅	200809
7	省部级中心	江苏省家具家饰产品设计工程研究中心	江苏省科学技术厅	200908
8	省部级中心	江苏省南京林业大学（泗阳）杨木加工研究院	江苏省科学技术厅	201107
9	省部级中心	国家林业局人造板及其制品检验检测中心	国家林业局	200509
10	省部级中心	国家林业局林产工业设备状态监测与故障诊断中心	原林业部	199208
11	省部级中心	林业部木材工业引进项目培训中心	原林业部	199212
12	省部级中心	国家林业局节能技术中心	原林业部	198404
13	省部级中心	江苏省木材科学与工程实验教学试验示范中心	江苏省教育厅	201109
14	省部级中心	江苏省林木资源高效加工利用协同创新中心（培育点）	江苏省科技厅	201405
合计	重点实验数量（个）	国家级	—	省部级 14

II 科学研究

II—1 近五年（2010—2014年）科研获奖

序号	奖励名称	获奖项目名称	证书编号	完成人	获奖年度	获奖等级	参与单位数	本单位参与学科数
1	国家科技进步奖	竹复合结构构理论的创新与应用	2012-J-202-2-06-R01	张齐生	2012	二等奖	10（1）	1
2	国家科技进步奖	木塑复合材料挤出成型制造技术	2012-J-202-2-05-R05	李大纲	2012	二等奖	7（3）	1
3	国家科技进步奖	银杏等工业原料林树种资源高效利用技术体系创新集成及产业化	2011-J-202-2-05-R07	赵林果	2011	二等奖	2（1）	2（2）
4	第十五届中国专利奖	一种集装箱底板及其制造方法	ZL9811153.X	张齐生	2013	优秀奖	2（1）	1
5	教育部高校科研优秀成果奖（科学技术）技术发明奖	农林业生物质材料低温等离子体改性及应用关键技术	2014-168	周晓燕	2014	二等奖	3（1）	1
6	安徽省科技进步奖	烯丙基缩水甘油醚清洁生产工艺关键技术及产业化	2013-2-R1	朱新宝	2013	二等奖	2（1）	1
7	湖北省科技进步奖	阻燃沥青基材料的制备技术与应用研究	2013J-226-2-064-016-R08	许涛	2013	二等奖	2（2）	1
8	江苏省科技进步奖	乙（丙）二醇醚醋清洁生产技术研究	2010-2-24-R1	朱新宝	2010	二等奖	3（1）	1
9	福建省科技进步奖	基于感性工学的家具设计方案评价的构建及应用	2011-J-3-025-5	关惠元	2012	三等奖	2（2）	1
10	中国石油和化学工业联合会技术发明奖	利用生物质可再生资源发酵制备富马酸	2011FMR0049-1-3	欧阳嘉	2011	一等奖	1	1
11	梁希林业科学技术奖	承载型竹基复合材料制造关键技术与装备开发应用	2011-KJ-2-16-R02	张齐生	2011	二等奖	5（2）	1
12	梁希林业科学技术奖	速生材人造板技术和产品的集成创新与产业化	2011-KJ-2-24-R01	周定国	2011	二等奖	6（1）	1
13	梁希林业科学技术奖	无醛豆胶耐水胶合板的制造技术和产品创新与产业化	2013-KJ-2-10-R01	张洋	2013	二等奖	6（1）	1
14	梁希林业科普奖	古典家具收藏与鉴赏	2012-KP-ZP-2-04-R01	吕九芳	2012	二等奖	1	1
15	梁希林业科学技术奖	银杏精深加工应用基础的研究	2011-KJ-3-13-R01	赵林果	2011	三等奖	1	1
16	梁希林业科学技术奖	C12-14烷基缩水甘油醚清洁生产工艺关键技术及产业化	2013-KJ-3-03-R01	朱新宝	2013	三等奖	1	1
合计	科研获奖数量（个）	国家级	特等奖	—	一等奖	一	二等奖	一
			三等奖	1				
		省部级	一等奖	1	二等奖	9	三等奖	4

II-2 代表性科研项目（2012—2014年）

II-2-1 国家级、省部级、境外合作科研项目

序号	项目来源	项目下达部门	项目级别	项目编号	项目名称	负责人姓名	项目开始年月	项目结束年月	项目合同总经费（万元）	属本单位本学科的到账经费（万元）
1	国家"973"计划	科技部	重点项目	2010CB732205	木质素聚集态结构活化及功能芳基材料合成	张求生	201001	201412	1 285	98
2	国家"863"计划	科技部	一般项目	2010AA10A205	畜禽粪便气化多联产利用技术与装备创制	周建斌	201001	201212	177	177
3	国家"863"计划	科技部	重大项目	2012AA022301E	稀酸预处理技术体系研究、预处理过程发酵抑制物形成规律研究	欧阳嘉	201201	201512	220	40
4	国家"863"计划	科技部	重大项目	2012AA022304	木质纤维素转化与纤维素乙醇联产关键技术	徐勇	201201	201512	185	23
5	国家科技支撑	科技部	重大项目	2012BAD30B0103	生物质颗粒燃料生产总体规划和设计工业示范	蒋身学	201201	201412	122	122
6	国家科技支撑	科技部	重大项目	2012BAD24B0102	非常用与低等级木材高效加工技术集成与示范	曹平祥	201201	201512	817	612
7	国家科技支撑	科技部	重大项目	2012BAD24B0304	人造板节能环保制造技术研究与示范"课题——胶合板生产干燥节能技术"研究任务	孙军	201201	201512	188	140
8	国家科技支撑	科技部	一般项目	011BAJ08B04	不同地区村镇建筑适宜性抗震关键技术研究与示范	黄东升	201001	201412	408	30
9	国家科技支撑	科技部	一般项目	2013BAJ05B03	城镇化发展用地车载监管系统设计与应用	王志杰	201301	201612	100	35
10	国家科技计划研究课题	科技部	一般项目	2011BAD38B0103	耐城市污染生态林木种质优选	佘爱华	201101	201312	86	9
11	国家自然科学基金	国家自然科学基金委员会	面上项目	31470590	纳米纤维素接枝超支化聚酰胺对单宁树脂的交联增强机理	崔举庆	201501	201812	83	37.4
12	国家自然科学基金	国家自然科学基金委员会	面上项目	31470592	松节油合成新型倍半萜烯基噻唑类、噻二唑类和三嗪类化合物及生物活性研究	王石发	201501	201812	92	41.4

（续）

序号	项目来源	项目下达部门	项目级别	项目编号	项目名称	负责人姓名	项目开始年月	项目结束年月	项目合同总经费（万元）	属本单位本学科的到账经费（万元）
13	国家自然科学基金	国家自然科学基金委员会	面上项目	31470600	选择性氧化生物质炭制备碳量子点及其负载DNA分子的研究	左未林	201501	201812	84	37.8
14	国家自然科学基金	国家自然科学基金委员会	面上项目	31370557	生物质纳米纤维丝仿生定向可控制备与性能研究	李大纲	201401	201712	82	45
15	国家自然科学基金	国家自然科学基金委员会	面上项目	31370567	低共熔离子液体催化活化木质素改性胶黏剂的研究	连海兰	201401	201712	80	48
16	国家自然科学基金	国家自然科学基金委员会	面上项目	31370572	木聚糖高温水解关键酶分子改造及其热稳定和耐糖机理	王飞	201401	201712	80	44
17	国家自然科学基金	国家自然科学基金委员会	面上项目	31370573	多尺度解析全细胞催化木糖制取木糖酸的关键性抑制物及响应机制	徐勇	201401	201712	82	45.1
18	国家自然科学基金	国家自然科学基金委员会	面上项目	51378263	重组竹的本构关系及其基本构件的受弯与偏心受压非弹性分析理论	黄东升	201401	201712	80	48
19	国家自然科学基金	国家自然科学基金委员会	面上项目	51378264	基于形状记忆效应的水泥路面嵌缝料自修复机理研究	许涛	201401	201712	80	40
20	国家自然科学基金	国家自然科学基金委员会	面上项目	31270606	农作物秸秆纳米尺度微表面构建及界面胶合增强机制	周晓燕	201301	201612	82	65.6
21	国家自然科学基金	国家自然科学基金委员会	面上项目	31270621	活性炭含磷基团结构调控及其电化学应用基础研究	左未林	201301	201612	83	66.4
22	国家自然科学基金	国家自然科学基金委员会	面上项目	31270612	基于纤维小体小脚手架蛋白的多酶共展示体系构建及其催化制备DHA的研究	李迅	201301	201612	83	66.4
23	国家自然科学基金	国家自然科学基金委员会	面上项目	31270628	基于废纸脱墨性能要求的新型双功能嵌合酶的分子设计、作用机制及其应用基础	丁少军	201301	201612	77	61.6
24	国家自然科学基金	国家自然科学基金委员会	面上项目	31270613	纤维素酶结合模块与纤维素晶体表面的相互作用机制	宋君龙	201301	201612	80	64

（续）

序号	项目来源	项目下达部门	项目级别	项目编号	项目名称	负责人姓名	项目开始年月	项目结束年月	项目合同总经费（万元）	属本单位本学科的到账经费（万元）
25	国家自然科学基金	国家自然科学基金委员会	面上项目	51278251	人工冻土与混凝土结构相互作用接触面变形机理与本构模型研究	杨　平	201301	201612	80	48
26	国家自然科学基金	国家自然科学基金委员会	面上项目	31170514	纤维增强木塑复合材料界面力学特性的研究	李大纲	201201	201412	64	64
27	国家自然科学基金	国家自然科学基金委员会	面上项目	31170537	双脂肪酶表面展示型全细胞催化剂构建及其催化木本油脂转酯化作用	王　飞	201201	201512	64	64
28	国家自然科学基金	国家自然科学基金委员会	面上项目	31170538	新型手性吡唑类、异噁唑类和嘧啶类化合物的合成及生物活性研究	王石发	201201	201512	63	63
29	国家自然科学基金	国家自然科学基金委员会	面上项目	31170536	脱氢枞胺衍生物结构、对 DNA 作用及抗癌活性关联性研究	林中祥	201201	201512	60	60
30	国家自然科学基金	国家自然科学基金委员会	面上项目	31070504	冷等离子体自由基引发与诱导接枝协同强化酶解木质素胺合力的机理	周晓燕	201101	201312	38	38
31	国家自然科学基金	国家自然科学基金委员会	面上项目	31070493	蒸汽力开启木材细胞通道的机理及可控性的研究	张耀丽	201101	201312	33	33
32	国家自然科学基金	国家自然科学基金生命科学部	面上项目	31070492	酶对速生木材秸秆微／纳纤丝的分离及其增强复合材料的界面特性调控研究	张　洋	201101	201312	33	33
33	国家自然科学基金	国家自然科学基金委员会	面上项目	31070515	提高葡萄糖 β-葡萄糖苷酶表达量及其抗高糖反馈抑制能力的基因突变	赵林果	201101	201312	37	37
34	国家自然科学基金	国家自然科学基金委员会	面上项目	31070523	新型木质木质纤维原料酶解发酵集成技术的应用	勇　强	201101	201312	37	37
35	国家自然科学基金	国家自然科学基金委员会	面上项目	31070514	酵母木糖代谢关键基因的筛选与分子机制探索	徐　勇	201101	201312	33	33
36	国家自然科学基金	国家自然科学基金委员会	面上项目	31070513	聚乙二醇表面自组装干预糖苷水解酶催化木溶性底物机制研究	欧阳嘉	201101	201312	31	31

（续）

序号	项目来源	项目下达部门	项目级别	项目编号	项目名称	负责人姓名	项目开始年月	项目结束年月	项目合同总经费（万元）	属本单位本学科的到账经费（万元）
37	国家自然科学基金	国家自然科学基金委员会	面上项目	30972307	力化学与生物酶协效活化木素的机理及其在胶黏剂中的应用	连海兰	201001	201212	28	28
38	国家自然科学基金	国家自然科学基金委员会	面上项目	30972317	基于氧化和促进交联作用的空气－磷酸活化机理研究	左宋林	201001	201212	30	30
39	国家自然科学基金	国家自然科学基金委员会	面上项目	30972316	派烯系列新型手性杂环化合物的合成及生物活性构效关系研究	王石发	201001	201212	30	30
40	国家自然科学基金	国家自然科学基金委员会	青年项目	31400496	基于光子晶体结构的棕榈纤维表面硅石生物光热作用的研究	翟胜丞	201501	201712	24	13.9
41	国家自然科学基金	国家自然科学基金委员会	青年项目	31400505	纳米纤维素增强双网络导电水凝胶的调控的成及机理研究	韩景泉	201501	201712	24	13.9
42	国家自然科学基金	国家自然科学基金委员会	青年项目	31400515	冷等离子体预处理促进木质素热解及低电阻率焦炭形成的机理研究	陈敏智	201501	201712	24	13.9
43	国家自然科学基金	国家自然科学基金委员会	青年项目	51406088	纤维干燥尾气利用中水蒸气冷凝效应下的纤维沉积机理	潘亚娣	201501	201712	25	14.4
44	国家自然科学基金	国家自然科学基金委员会	青年项目	51401109	新型镍/石墨烯纳米复合镀层的制备及耐腐蚀机理研究	郜伟	201501	201712	25	14.5
45	国家自然科学基金	国家自然科学基金委员会	青年项目	21406118	表面亲疏水性质的非均一性调控对 SO_4^{2-}/TiO_2 固体超强酸酸中心稳定性的影响研究	李力成	201501	201712	25	14.5
46	国家自然科学基金	国家自然科学基金委员会	青年项目	31400300	贝母介藜芦类异甾体生物碱的质谱表征、结构导向分离与抗肿瘤活性	姜艳	201501	201712	25	14.5
47	国家自然科学基金	国家自然科学基金委员会	青年项目	31400514	木质素－碳水化合物复合物结构变化对纤维素酶吸附影响的机理研究	闵斗勇	201501	201712	24	13.9
48	国家自然科学基金	国家自然科学基金委员会	青年项目	51408312	腹板开孔的竹工字梁受力性能与破坏机理研究	陈国	201501	201612	25	15

（续）

序号	项目来源	项目下达部门	项目级别	项目编号	项目名称	负责人姓名	项目开始年月	项目结束年月	项目合同总经费（万元）	属本单位本学科的到账经费（万元）
49	国家自然科学基金	国家自然科学基金委员会	青年项目	51408313	基于集料形貌特性的动水压力下沥青－集料黏附机理研究	袁峻	201501	201712	25	15
50	国家自然科学基金	国家自然科学基金委员会	青年项目	31300483	纳米纤维素增强水凝胶的制备、微结构调控机理与特性	徐朝阳	201401	201612	23	13.7
51	国家自然科学基金	国家自然科学基金委员会	青年项目	31300484	粉状碳纤维－木构件端面复合界面力学特性研究	杨小军	201401	201612	23	15.9
52	国家自然科学基金	国家自然科学基金委员会	青年项目	31300482	纳米纤维素对芯－表结构天然纤维/聚合物复合材料增强机理的研究	黄润州	201401	201612	23	11.5
53	国家自然科学基金	国家自然科学基金委员会	青年项目	31300476	生物质纳米二氧化硅/聚磷酸铵原位聚合机制及阻燃增效机理	潘明珠	201401	201612	22	11
54	国家自然科学基金	国家自然科学基金委员会	青年项目	21304048	基于柔性液晶基元调控侧链液晶高分子的构象和相结构	郑军峰	201401	201612	25	17.5
55	国家自然科学基金	国家自然科学基金委员会	青年项目	21302096	金催化的2-炔基芳基叠氮化合物的串联反应合成新颖的吲哚衍生物	张小祥	201401	201612	25	17.5
56	国家自然科学基金	国家自然科学基金委员会	青年项目	31300487	基于多尺度分析的凝结芽孢杆菌木糖代谢机理研究	郑兆娟	201401	201612	23	16.1
57	国家自然科学基金	国家自然科学基金委员会	青年项目	51303084	高性能聚噻吩电存储材料的制备及性能研究	李月琴	201401	201612	25	17.5
58	国家自然科学基金	国家自然科学基金委员会	青年项目	21301092	基于卟啉类星型功能分子设计、合成和性质研究	徐海军	201401	201612	24	16.8
59	国家自然科学基金	国家自然科学基金委员会	青年项目	41301545	天然有机质共存时三氯生转化的微观机理及生物效应研究	陈蕾	201401	201612	26	15.6
60	国家自然科学基金	国家自然科学基金委员会	青年项目	41301521	综合数据驱动与模型驱动的机载LiDAR数据复杂建筑建模方法	陈动	201401	201612	25	15

（续）

序号	项目来源	项目下达部门	项目级别	项目编号	项目名称	负责人姓名	项目开始年月	项目结束年月	项目合同总经费（万元）	属本单位本学科的到账经费（万元）
61	国家自然科学基金	国家自然科学基金委员会	青年项目	51308301	竹材集成材建筑结构柱结构破坏机理研究	李海涛	201401	201612	25	15
62	国家自然科学基金	国家自然科学基金委员会	青年项目	51308302	高温条件下现代水泥基材料早期微结构演变及调控机理研究	张文华	201401	201612	25	15
63	国家自然科学基金	国家自然科学基金委员会	青年项目	51308303	多尺度下沥青路面高温变形与裂纹协调发展机理	李强	201401	201612	25	15
64	国家自然科学基金	国家自然科学基金委员会	青年项目	31200564	铁蛋白壳状结构的完全去对称化及利用小分子促使壳状结构形成的研究	张瑜	201301	201512	23	23
65	国家自然科学基金	国家自然科学基金委员会	青年项目	31200445	制高品质生物质燃料的 Pd/MWCNTs 催化剂的制备及其催化性能研究	夏海岸	201301	201512	23	23
66	国家自然科学基金	国家自然科学基金委员会	青年项目	31200453	相应型天然纤维素微球吸附剂的制备及结构功能设计	吴伟兵	201301	201512	26	26
67	国家自然科学基金	国家自然科学基金委员会	青年项目	31200444	高木质素含量木质纤维凝胶材料的制备及性能研究	王志国	201301	201512	26	26
68	国家自然科学基金	国家自然科学基金委员会	青年项目	31200451	基于自组装技术的新型载紫杉醇可控缓释 PLGA 基靶向复合微球的研究	王芳	201301	201512	23	23
69	国家自然科学基金	国家自然科学基金委员会	青年项目	51203075	木质素酚的结构调控及其对复合材料性能的影响	任浩	201301	201512	25	25
70	国家自然科学基金	国家自然科学基金委员会	青年项目	31200443	嗜热芽孢杆菌木糖厌氧发酵制备乙醇新代谢途径的研究	欧阳嘉	201301	201512	23	23
71	国家自然科学基金	国家自然科学基金委员会	青年项目	51208262	考虑界面滑移的新型竹 - 混凝土组合结构力学行为与设计理论研究	魏洋	201301	201512	25	15
72	国家自然科学基金	国家自然科学基金委员会	青年项目	31100432	木质纤维原来新型预处理调控抑制物及一体化产燃料乙醇	朱均均	201201	201412	23	23
73	国家自然科学基金	国家自然科学基金委员会	青年项目	31100426	新型多糖生物纳米纤维的制备及其纳米构造解析与应用研究	范一民	201201	201412	24	24

（续）

序号	项目来源	项目下达部门	项目级别	项目编号	项目名称	负责人姓名	项目开始年月	项目结束年月	项目合同总经费（万元）	属本单位本学科的到账经费（万元）
74	国家自然科学基金	国家自然科学基金委员会	青年项目	31000278	内切木聚糖酶定向导入拟水相载体及其自苯取成生物转化	李　鑫	201101	201312	19	19
75	国家自然科学基金	国家自然科学基金委员会	青年项目	31000273	新型树脂酸杀环氧氮氧化合物的合成及其靶向抗肿瘤作用的研究	谷　文	201101	201312	20	20
76	国家自然科学基金	国家自然科学基金委员会	青年项目	30901138	立体选择性舞毒蛾烯羟单加氧酶的定向进化及催化机理研究	李　迅	201001	201212	18	18
77	部委级项目	科技部	一般项目	201104042	杉木高强度、高稳定性建筑用功能性结构材的研发	卢晓宁	201101	201412	176	176
78	部委级项目	科技部	一般项目	201004038	杉木实木功能地板创制关键技术研究（除菌抗菌环保技术）	张　洋	201001	201212	242	52
79	部委级项目	科技部	一般项目	201004005	建筑用丛生竹复合材料的长效防霉技术研究	蒋身学	201001	201212	31	31
80	部委级项目	科技部	一般项目	2010GB2	草木复合中密度纤维板产业化成套技术	梅长彤	201001	201212	50	50
81	部委级项目	教育部	一般项目	NCET-10-0177	植物纤维表面纳米化机理及成套技术	周晓燕	201101	201312	50	50
82	部委级项目	教育部	一般项目	201173	生物源纳米材料的制备及在聚合物基复合材料中的应用	潘明珠	201101	201512	52	23
83	部委级项目	教育部	重点项目	212064	纳米纤维素的增韧改性及在 PHBV 中的应用	潘明珠	201201	201412	10	5
84	部委级项目	教育部	一般项目	201032041100011	冷等离子体氧化与诱导接枝协效强化木单板胶合特性的机理	周晓燕	201101	201312	12	6
85	部委级项目	教育部	一般项目	201113204110011	微纳米木质纤维／聚乙烯／离子聚合物复合材料表面特性的研究	李大纲	201101	201312	12	6
86	部委级项目	教育部	一般项目	2009320411O008	木材生态采伐运输网络特性研究	黄　新	201001	201212	6	6
87	部委级项目	财政部	一般项目	2011BAJ08B04	复杂运载条件下单板层积材大型机电产品包装箱结构性能研究与产业化	黄东升	201101	201312	114	114

（续）

序号	项目来源	项目下达部门	项目级别	项目编号	项目名称	负责人姓名	项目开始年月	项目结束年月	项目合同总经费（万元）	属本单位本学科的到账经费（万元）
88	部委级项目	国土部	一般项目	201211028-6	统一平台的土地监管顶层设计落地和土地利用动态监管示范	王志杰	201201	201412	79	79
89	部委级项目	住房和城乡建设部	一般项目	2014-K5-032	基于坡缓石颗粒滤料吸附效应的饮用水重金属去除关键技术研究	林少华	201401	201712	20	20
90	部委级项目	住房和城乡建设部	一般项目	2014-k4-023	结构用竹材重组受压构件的力学性能及其应用研究	李海涛	201401	201712	10	10
91	部委级项目	住房和城乡建设部	一般项目	2014-k3-029	人工冻结加固盾构隧道端头关键技术与应用研究	张婷	201401	201712	30	30
92	部委级项目	住房和城乡建设部	一般项目	2013-K3-16	扰动地层中泥水盾构泥浆侵入与泥膜形成统一模型研究	刘成	201303	201412	10	10
93	部委级项目	住房和城乡建设部	一般项目	2013-K5-15	大型城市地下通道道路沥青路面阻燃抑烟技术研究	许涛	201401	201512	15	15
94	部委级项目	住房和城乡建设部	一般项目	2013-K4-9	基于抗剪性能应变率-温度等效关系的沥青路面车辙预估研究	李强	201401	201712	10	10
95	部委级项目	住房与城乡建设部	一般项目	2012-K4-10	复合浇注沥青混凝土在大跨度钢桥面铺装中的应用研究	李国芬	201301	201612	10	10
96	部委级项目	国家林业局	重大项目	201404601	桂花精油合成代谢关键解析及其高效制备技术	赵林果	201401	201712	350	70
97	部委级项目	国家林业局	重大项目	201404502-1	家具部件接合部位设计及装配关键技术	陈于书	201401	201712	37	37
98	部委级项目	国家林业局	重大项目	201404501-3	实木家具制造工艺技术研究与示范	吴智慧	201401	201712	70	70
99	部委级项目	国家林业局	重大项目	201304503-02	大规格竹篾重组材连续成型制造关键技术研究与示范	张齐生	201301	201512	117	85
100	部委级项目	国家林业局	重大项目	201204801	高品质生物基燃料油定向催化合成产业化技术——生物油基燃料油催化重整改性及其燃油性能研究	李迅	201201	201412	680	80
合计	国家级科研项目	数量（个）	76		项目合同总经费（万元）	6 280	属本单位本学科的到账经费（万元）			3 270.3

II-2-2 其他重要科研项目

序号	项目来源	合同签订/项目下达时间	项目名称	负责人姓名	项目开始年月	项目结束年月	项目合同总经费（万元）	属本单位本学科的到账经费（万元）
1	成都丽雅纤维股份有限公司	201408	粘胶纤维TEMPO体系催化氧化及其湿强性能的研究	毛连山	201409	201512	20	20
2	仪征华纳生物科技有限公司	201406	缩醛系列产品生产技术开发与产业化	朱新宝	201407	201606	71	71
3	安徽嘉智信诺化工股份有限公司	201406	改性有机硅脱模剂研究	季永新	201407	201907	10	10
4	江苏省科技厅	201405	江苏省林木资源高效加工利用协同创新中心（培育点）	勇强	201405	201705	400	200
5	太原重工	201401	大型机电产品包装辅助设计系统	黄东升	201401	201512	50	50
6	淮安淮河木业有限公司	201312	功能性电磁屏蔽复合板材关键技术研究与推广	徐长妍	201306	201506	30	5
7	江苏康源药业	201312	天然药物生物催化与转化	赵林果	201401	201612	50	50
8	广州大华农	201312	银杏叶生物饲料添加剂申报与评价研究	赵林果	201401	201612	20	20
9	山东省公路桥集团有限公司	201304	南京四桥复合浇注式钢桥面技术服务	李国芬	201304	201410	39.8	39.8
10	江苏出入境检验检疫局	201301	木材检验与鉴定	潘彪	201309	201512	10.2	10.2
11	广东省宜华木业股份有限公司	201301	实木家具构件多维弯曲技术创新与产业化应用	徐伟	201301	201512	12	12
12	杭州柏日家具工业有限公司	201301	户外家具资料库整理与构建	吴智慧	201301	201308	15	15
13	淄博国际会展中心有限公司	201301	淄博红木家具研究	吕九芳	201308	201408	10	10
14	江阴金盘置业有限公司	201205	金盘置业城市客厅6#、7#地块基坑支护监测	杨平	201205	201301	60	60
15	北京九通衢道桥工程技术有限公司	201204	宝应县范水运河大桥施工监控研究	魏洋	201204	201212	40	40
16	常茂生物化学工程有限公司	201202	适于菌株发酵的木质纤维素预处理与水解成套技术研究	欧阳嘉	201303	201512	20	20
17	江苏省文化厅	201201	郑和木船树种鉴定与分析	潘彪	201209	201405	4.5	4.5
18	广东省宜华木业股份有限公司	201201	实木家具结构模块化设计与制造技术创新与应用	关惠元	201201	201412	24	24
19	广东省宜华木业股份有限公司	201201	家具及地板表面处理技术创新与应用	闫小星	201203	201403	10	10
20	广东省宜华木业股份有限公司	201201	纳米材料改性聚氨酯仿木材料的技术开发与应用	吴燕	201203	201403	10	10
21	国土资源部公益性行业基金	201201	统一平台的土地监管顶层设计落地和土地利用动态监管示范	王志杰	201201	201412	79	79
22	涟水县常红木制品厂	201112	功能型杨木人造板关键技术与设备研制	徐长妍	201101	201403	30	5
23	江苏沭阳祥泰生物能源科技有限公司	201108	玉米秸秆制备燃料乙醇与糠醛联产技术开发	王飞	201109	201308	220	50

（续）

序号	项目来源	合同签订/项目下达时间	项目名称	负责人姓名	项目开始年月	项目结束年月	项目合同总经费（万元）	属本单位本学科的到账经费（万元）
24	印度竹藤中心	201107	那哥莲邦竹材加工技术培训	关明杰	201107	201307	17.5	17.5
25	德国迪芬巴赫机械有限公司	201106	秸秆墙体保温材料	周定国	201106	201206	16	16
26	江苏省教育厅	201104	江苏省优势学科建设一期项目	周定国	201104	201412	6 000	1 200
27	江苏省科技厅产学研创新基金	201101	南京林业大学（泗阳）杨木加工利技术研究院建设	朱南峰	201109	201509	300	300
28	南京市领军型科技人才创业计划	201101	高端竹材料、竹结构技术及产业化	黄东升	201101	201212	150	150
29	江苏省交通科研院	201101	潴洪区砂性土路基施工控制技术研究	王海波	201101	201212	15	15
30	贵州赤水新宇竹业公司	200801	原竹展平技术研究	黄河浪	200801	201212	500	101

Ⅱ-2-3　人均科研经费

人均科研经费（万元/人）	64.71

Ⅱ-3　本学科代表性学术论文质量

Ⅱ-3-1　近五年（2010—2014年）国内收录本学科代表性学术论文

序号	论文名称	第一作者	通讯作者	发表刊次（卷期）	发表刊物名称	收录类型	中文影响因子	他引次数
1	杨木炭胶合成型速燃炭的制备与燃烧性能	周建斌	周建斌	2010（6）	农业工程学报	CSCD/EI	2.329	8
2	高效阴离子交换色谱－脉冲安培检测法定量测定低聚木糖样品中的低聚木糖	范丽	徐勇	2011（1）	色谱	CSCD	2.249	13
3	高效液相色谱法同时测定生物质乳酸发酵液中有机酸及糖类化合物	马瑞	欧阳嘉	2012（1）	色谱	CSCD	2.249	11
4	反相高效液相色谱法定量分析木质素的主要降解产物	江智婧	勇强	2011（1）	色谱	CSCD	2.249	10
5	氧等离子体改性竹炭对活性炭对苯胺的吸附特性	吴光前	吴光前	2012（7）	中国环境科学	CSCD	2.223	10
6	利用生命周期评价法评价农作物秸秆人造板的环境特性	李晓平	周定国	2010（2）	浙江农林大学学报	CSCD	1.168	13
7	糠酸预处理对玉米秸秆纤维组分及结构的影响	陈尚钘	余世袁	2011（6）	中国粮油学报	CSCD	1.136	33
8	生物质气化技术的再认识	张齐生	张齐生	2013（1）	南京林业大学学报（自然科学版）	CSCD	1.113	17

（续）

序号	论文名称	第一作者	通讯作者	发表刊次（卷期）	发表刊物名称	收录类型	中文影响因子	他引次数
9	产单宁酶真菌的筛选及产酶条件	谷文	王石发	2010（3）	南京林业大学学报（自然科学版）	CSCD	1.113	16
10	碱法–酶法处理玉米秸秆的制糖工艺研究	欧阳嘉	欧阳嘉	2010（3）	南京林业大学学报（自然科学版）	CSCD	1.113	12
11	碱预处理对大麻秆浆纤维素性质的影响	吴晶晶	洪建国	2010（3）	南京林业大学学报（自然科学版）	CSCD	1.113	12
12	微波、冷冻预处理对改善桉木材干燥性能的影响	张耀丽	张耀丽	2011（2）	南京林业大学学报（自然科学版）	CSCD	1.113	10
13	定点突变提高里氏木霉木聚糖酶（XYN II）的稳定性	韩承业	余世袁	2010（5）	生物工程学报	CSCD	1.071	12
14	Na$_2$S·HNO$_3$改性活性炭对水中低浓度 Pb^{2+} 吸附性能的研究	秦恒飞	周建斌	2011（2）	环境工程学报	CSCD	0.994	12
15	TEMPO 氧化法制备氧化纤维素纳米纤维	杨建校	左宋林	2011（3）	东北林业大学学报	CSCD	0.902	9
16	新型竹梁抗弯性能试验研究	魏洋	魏洋	2010（1）	建筑结构	CSCD	0.777	17
17	响应面优化法在纤维素酶合成培养基设计上的应用	张晓萍	余世袁	2010（3）	林产化学与工业	CSCD	0.765	12
18	磷酸活化法活性炭性质对亚甲基蓝吸附能力的影响	左宋林	左宋林	2010（4）	林产化学与工业	CSCD	0.764	31
19	玉米秸秆生物炼制燃料乙醇的研究	朱均均	余世袁	2011（6）	林产化学与工业	CSCD	0.764	10
20	碳水化合物降解产物对酿酒酵母乙醇发酵的影响	宋晓川	勇强	2011（1）	林产化学与工业	CSCD	0.764	9
合计						中文影响因子	25.969	他引次数 276

II-3-2　近五年（2010—2014 年）国外收录的本学科代表性学术论文

序号	论文名称	论文类型	第一作者	通讯作者	发表刊次（卷期）	发表刊物名称	收录类型	他引次数	期刊 SCI 影响因子	备注
1	A novel highly thermostable xylanase stimulated by Ca^{2+} from Thermotoga thermarum: cloning, expression and characterization	Article	时号	王飞	2013,6（26）	Biotechnology for Biofuels	SCI	17	6.221	
2	Thermoanaerobacterium thermosaccharolyticum beta-glucosidase: a glucose-tolerant enzyme with high specific activity for cellobiose	Article	裴建军	赵林果	2012,5（31）	Biotechnology for Biofuels	SCI	17	6.221	
3	Biochemical properties of a novel thermostable and highly xylose-tolerant beta-xylosidase/alpha-arabinosidase from Thermotoga thermarum	Article	时号	王飞	2013,6（27）	Biotechnology for Biofuels	SCI	10	6.221	

（续）

序号	论文名称	论文类型	第一作者	通讯作者	发表刊次（卷期）	发表刊物名称	收录类型	他引次数	期刊SCI影响因子	备注
4	Effects of the heating history of impregnated lignocellulosic material on pore development during phosphoric acidactivation	Article	左宋林	左宋林	2010, 48（11）	Carbon	SCI	5	6.16	
5	Role of oxidant during phosphoric acid activation of lignocellulosic material	Article	王永芳	左宋林	2014, 66	Carbon	SCI	0	6.16	
6	Improved enzymatic hydrolysis of microcrystalline cellulose (Avicel PH101) by polyethylene glycol addition	Article	欧阳嘉	欧阳嘉	2010, 101（17）	Bioresource Technology	SCI	33	5.039	
7	Optimization of enzymatic hydrolysis of steam-exploded corn stover by two approaches: Response surface methodology or using cellulase from mixed cultures of Trichoderma reesei RUT-C30 and Aspergillus niger NL02	Article	方浩	宋向阳	2010, 101（11）	Bioresource Technology	SCI	28	5.039	
8	Three-stage enzymatic hydrolysis of steam-exploded corn stover at high substrate concentration	Article	杨静	余世袁	2011, 102（7）	Bioresource Technology	SCI	15	5.039	
9	Detoxification of corn stover prehydrolyzate by trialkylamine extraction to improve the ethanol production with Pichia stipitis CBS 5776	Article	朱均均	余世袁	2011, 102（2）	Bioresource Technology	SCI	15	5.039	
10	Expression and characterization of recombinant Rhizopus oryzae lipase for enzymatic biodiesel production	Article	李治林	王飞	2011, 102（20）	Bioresource Technology	SCI	11	5.039	
11	Open fermentative production of L-lactic acid by Bacillus sp. strain NL01 using lignocellulosic hydrolyzates as low-cost raw material	Article	欧阳嘉	欧阳嘉	2013, 135	Bioresource Technology	SCI	9	5.039	
12	Bioethanol production: An integrated process of low substrate loading hydrolysis-high sugars liquid fermentation and solid state fermentation of enzymatic hydrolysis residue	Article	储秋露	勇强	2012, 123	Bioresource Technology	SCI	3	5.039	
13	Enzymatic hydrolysis, adsorption, and recycling during hydrolysis of bagasse sulfite pulp	Article	欧阳嘉	欧阳嘉	2013, 146	Bioresource Technology	SCI	2	5.039	
14	Performance of double-layer biofilter packed with coal fly ash ceramic granules in treating highly polluted river water	Article	荆肇乾	荆肇乾	2012, 120	Bioresource Technology	SCI	6	4.75	

（续）

序号	论文名称	论文类型	第一作者	通讯作者	发表刊次（卷期）	发表刊物名称	收录类型	他引次数	期刊SCI影响因子	备注
15	Improvement of straw surface characteristics via thermomechanical and chemical treatments	Article	潘明珠	潘明珠	2010, 101（20）	Bioresource Technology	SCI	24	4.253	
16	Processivity and Enzymatic Mode of a Glycoside Hydrolase Family 5 Endoglucanase from Volvariella volvacea	Article	郑斐	丁少军	2013,79（3）	Applied and Environmental Microbiology	SCI	6	3.952	
17	Properties of novel polyvinyl alcohol/cellulose nanocrystals/ silver nanoparticles blend membranes	Article	徐徐	王石发	2013,98（2）	Carbohydrate Polymers	SCI	5	3.916	
18	Engineering the Expression and Characterization of Two Novel Laccase Isoenzymes from Coprinus comatus in Pichia pastoris by Fusing an Additional Ten Amino Acids Tag at N-Terminus	Article	顾春娟	丁少军	2014, 9（4）	Plos One	SCI	1	3.534	
19	Synthesis and antimicrobial activities of novel 1H-dibenzo[a,c]carbazoles from dehydroabietic acid	Article	谷文	谷文	2010, 45（10）	European Journal of Medicinal Chemistry	SCI	24	3.432	
20	Enhanced saccharification of SO$_2$ catalyzed steam-exploded corn stover by polyethylene glycol addition	Article	欧阳嘉	欧阳嘉	2011,35（5）	Biomass & Bioenergy	SCI	1	3.411	
21	Comparison of Hydrolysis Efficiency and Enzyme Adsorption of Three Different Cellulosic Materials in the Presence of Poly(ethylene glycol)	Article	张敏	欧阳嘉	2013, 6（4）	Bioenergy Research	SCI	4	3.398	
22	Inhibitory action of flame retardant on the dynamic evolution of asphalt pyrolysis volatiles	Article	许涛	许涛	2013,93（5）	Fuel	SCI	1	3.407	
23	Enzymatic production of biodiesel from Pistacia chinensis bge seed oil using immobilized lipase	Article	李迅	王飞	2012,92（1）	Fuel	SCI	15	3.407	
24	Properties of polymethyl methacrylate-based nanocomposites:Reinforced with ultra-long chitin nanofiber extracted from crab shells	Article	陈楚楚	李大纲	2014, 56	Materials & Design	SCI	1	3.171	
25	Evolution of gaseous products from biomass pyrolysis in the presence of phosphoric acid	Article	左未林	左未林	2012, 95	Journal of Analytic and Applied Pyrolysis	SCI	7	3.07	
26	Preparation of tough cellulose II nanofibers with high thermal stability from wood	Article	王海莹	李大纲	2014,21（3）	Cellulose	SCI	—	3.033	

（续）

序号	论文名称	论文类型	第一作者	通讯作者	发表刊次（卷期）	发表刊物名称	收录类型	他引次数	期刊 SCI 影响因子	备注
27	Dissolution and gelation of α-chitin nanofibers using a simple NaOH treatment at low temperatures	Article	陈楚楚	李大纲	2014,21（5）	Cellulose	SCI	—	3.033	
28	Preparation and characterization of bio-nanocomposites based on poly(3-hydroxybutyrate-co-4-hydroxybutyrate) and CoAl layered double hydroxide using melt intercalation	Article	张链	张链	2013,43（4）	Composites: Part A—Applied Science and Manufacturing	SCI	6	3.012	
29	Immobilized recombinant *Rhizopus oryzae* lipase for the production of biodiesel in solvent free system	Article	王友东	王飞	2010, 67（1-2）	Journal of Molecular Catalysis B: Enzymatic	SCI	17	2.745	
30	An environment-friendly thermal insulation material from cotton stalk fibers	Article	周晓燕	周晓燕	2010,42（7）	Energy and Building	SCI	34	2.465	
合计	SCI 影响因子 129.28					他引次数 317				

Ⅱ—5　已转化或应用的专利（2012—2014 年）

序号	专利名称	第一发明人	专利申请号	专利号	授权（颁证）年月	专利受让单位	专利转让合同金额（万元）
1	一种弧形单板层积结构材的制造方法	徐信武	201010287025.6	ZL201010287025.6	201211	泗阳县顺洋木业有限公司	20
2	一种人造板及制备方法	韩书广	201010250879.7	ZL201010250879.7	201208	徐州飞亚木业有限公司	5
3	一种竹材人造板防霉处理方法	张齐生	201210265746.6	ZL201210265746.6	201405	贵州新锦竹木制品有限公司	6
4	一种利用菌糠杆为原料的脲醛树脂胶中密度纤维板	周定国	2009100347393	ZL2009100347393	201205	大丰市兆丰秸秆科技有限公司	20
5	利用常压冷等离子体提高木质单板胶合性能的方法	周晓燕	201010266266.2	ZL201010266266.2	201309	苏曼电子有限公司	12
6	木质薄板常压低温等离子体连续处理装置	周晓燕	201110332837.2	ZL201110332837.2	201406	金湖泓达木业有限公司	6
7	一种浸渍压缩单板增强单板层积材的制造方法	梅长彤	201110049102.9	ZL201110049102.9	201309	江苏福庆木业有限公司	15
8	适合于速生杨木无醛胶合板工业化生产的联合式干燥方法	张洋	2011102925766	ZL2011102925766	201306	深圳市深装（池州）产业园有限公司	5

（续）

序号	专利名称	第一发明人	专利申请号	专利号	授权（颁证）年月	专利受让单位	专利转让合同金额（万元）
9	废旧胶合板水泥模板生产木质复合材料的新工艺	邓玉和	20010555106X	ZL20010555106X	201305	江苏东佳木业有限公司	5
10	一种活性炭固载酸催化剂制备二乙氧基甲烷方法	朱新宝	201110134039.9	ZL201110134039.9	201407	仪征华纳生物科技有限公司	10
11	一种由α-蒎烯合成樟脑酸酐的方法	王石发	201010024484.2	ZL201010024484.2	201212	福建省清流县闽山化工有限公司	20
12	中密度板模压成型的制造方法	李军	201010120480.7	ZL201010120480.7	201309	合肥客来福家具有限公司	3
13	一种半装配式竹－混凝土组合桥梁	魏洋	201210413497.0	ZL201210413497.0	201411	北京九通衢道桥工程技术有限公司	5
14	冻土——结构直剪仪及其使用方法	杨平	201110186321.1	ZL201110186321.1	201304	南京土壤仪器厂	10
15	一种半装配式竹－混凝土组合桥梁	魏洋	201210413497.0	ZL201210413497.0	201411	北京九通衢道桥工程技术有限公司	8
16	一种集去除重金属和有机污染于一体的多功能水处理装置	林少华	201110443696.1	ZL201110443696.1	201305	江苏正本节水净水有限公司	15
17	一种筒仓环向加固方法	魏洋	201110289986.5	ZL201110289986.5	201307	无锡市森大竹木业有限公司	12
18	一种用水泥土加固法抑制水平冻结冻融沉的施工方法	杨平	201210577408.6	ZL201210577408.6	201408	南京土壤仪器厂	15
19	适应建筑桥梁工程结构的高强竹质结构材料的制备方法	黄东升	201110410875.5	ZL201110410875.5	201310	南京源美竹材料应用研究院有限公司	10
20	具有自我保护效应的多功能 TiO_2 固定膜催化剂制备方法	林少华	201210169979.6	ZL201210169979.6	201407	江苏绿诚环保科技有限公司	15
21	可折叠门式框架的竹结构应急房屋	黄东升	201320028823.0	ZL201310028823.0	201412	南京源美竹材料应用研究院有限公司	12
22	由植物纤维材料联产纤维素乙醇、糠醛、木质素及饲料产品的方法	王飞	201110336917.5	ZL201110336917.5	201310	江苏沐阳祥秦生物能源有限公司	20
合计	专利转让合同金额（万元）						249

Ⅲ 人才培养质量

Ⅲ-1 优秀教学成果奖（2012—2014 年）

序号	获奖级别	项目名称	证书编号	完成人	获奖等级	获奖年度	参与单位数	本单位参与学科数
1	省级	行业需求驱动，林业工程类创新人才协同培养模式的研究与实践	—	余世袁	二等奖	2013	1	3（1）
2	省级	面向家居行业的设计类专业人才培养模式的改革与实践	—	吴智慧	二等奖	2013	1	1
3	省级	土木交通类"四维渐进式"创新人才培养实践教学体系构建与应用	—	杨 平	二等奖	2013	1	2（1）
合计	国家级	一等奖（个）	—	二等奖（个）	—	三等奖（个）	—	
	省级	一等奖（个）	—	二等奖（个）	3	三等奖（个）	—	

Ⅲ-2 研究生教材（2012—2014 年）

序号	教材名称	第一主编姓名	出版年月	出版单位	参与单位数	是否精品教材
1	速生木结构材与功能性复合材料设计与制造	卢晓宁	201411	中国林业出版社	1	否
2	生物质复合材料的表界面	连海兰	201212	中国林业出版社	1	否
3	采运工程生态学研究	赵 尘	201306	中国林业出版社	1	否
合计	国家级规划教材数量		—	精品教材数量	—	

Ⅲ-3 本学科获得的全国、省级优秀博士学位论文情况（2010—2014 年）

序号	类型	学位论文名称	获奖年月	论文作者	指导教师	备注
1	国家级	麦秸纤维/聚丙烯复合材料制造技术及性能研究	201006	潘明珠	周定国	
2	省级	耐高温纤维水解酶的研究	201406	时 号	王 飞	
3	省级	芯－表结构木塑复合材料机械性能与热膨胀性能的研究	201306	黄润州	张 洋	
4	省级	稻秸细胞壁力学性能及其纤维复合材料的研究	201006	吴 燕	周定国	
合计	全国优秀博士论文（篇）		1	提名奖（篇）	—	
	省优秀博士论文（篇）			3		

				Ⅲ-4 学生国际交流情况（2012—2014 年）	
序号	姓名	出国（境）时间	回国（境）时间	地点（国家／地区及高校）	国际交流项目名称或主要交流目的
1	王海波	201501	—	澳大利亚阿德莱德大学	研究生联合培养
2	雍 成	201411	—	美国路易斯安娜州立大学	研究生联合培养
3	黄新洲	201410	—	美国田纳西州立大学	研究生联合培养
4	王 珺	201409	—	美国圣地亚哥州立大学	研究生联合培养
5	刘艳军	201409	—	美国北卡罗莱纳州立大学	研究生联合培养
6	邓巧云	201409	201509	日本京都大学	中日合作交流项目
7	郑 可	201409	—	美国塔夫茨大学	研究生联合培养
8	汤宇婷	201407	—	美国约翰霍普金斯大学	研究生联合培养
9	李 敏	201406	—	美国密西西比州立大学	研究生联合培养
10	赵庆海	201404	—	德国马格德堡应用技术大学	研究生联合培养
11	何琦阳	201402	201502	美国明尼苏达大学	研究生联合培养
12	方 方	201401	201411	美国普渡大学	研究生联合培养
13	顾颜婷	201312	201501	美国密西西比州立大学	研究生联合培养
14	匡富春	201312	201501	美国密西西比州立大学	研究生联合培养
15	贾 晔	201309	201402	德国罗森海姆应用技术大学	研究生联合培养
16	房 成	201309	201409	美国里海大学	研究生联合培养
17	熊 嘉	201309	—	美国北卡罗莱纳州立大学	研究生联合培养
18	王亮亮	201309	201409	美国佐治亚大学	研究生联合培养
19	张 丽	201309	201409	美国波斯顿学院	研究生联合培养
20	马俊颖	201307	201407	德国罗森海姆应用技术大学	研究生联合培养
21	赵联桢	201306	201406	澳大利亚爱迪斯科文大学	研究生联合培养
22	王海莹	201212	201312	日本京都大学	中日合作交流项目
23	陈楚楚	201211	201311	日本京都大学	中日合作交流项目
24	赵 曜	201210	201310	澳大利亚南澳大学	研究生联合培养
25	赖晨欢	201209	201409	美国奥本大学	研究生联合培养
26	储秋露	201209	201409	加拿大 UBC	研究生联合培养
27	胡 俊	201109	201203	新加坡国立大学	研究生联合培养
28	翟胜丞	201009	201309	日本京都大学	温带树种多样性研究
29	李 玲	200902	201312	加拿大新布伦瑞克大学	研究生联合培养
合计	学生国际交流人数			29	

Ⅲ-5　授予境外学生学位情况（2012—2014 年）				
序号	姓名	授予学位年月	国别或地区	授予学位类别
1	阮氏香江	201406	越南	学术学位博士
2	宋氏凤	201406	越南	学术学位博士
3	范祥林	201406	越南	学术学位博士
4	阮氏凤	201406	越南	学术学位硕士
合计	授予学位人数		博士　3	硕士　1

2.3.2　学科简介

1. 学科基本情况与学科特色

南京林业大学"林业工程"学科是国家教育部 2007 年 8 月首批认定的国家级重点一级学科之一。下辖"木材科学与技术""林产化学加工工程""森林工程"三个二级学科和 1 个"林业工程博士后流动站"，其中木材科学与技术、林产化学加工工程为国家重点二级学科。

学科师资队伍雄厚，现共有成员 1 466 名，其中中国工程院院士 1 人，国际木材科学院院士 2 人，教授 46 名，其中 45 岁以下教授 12 名。队伍中具有博士学位的占 82.2%。国家青年千人计划入选者 1 人，国家"百千万人才工程"人选 1 人，科技部创新人才推进计划中青年科技领军人才 1 人，教育部新世纪优秀人才人选 2 人，国家有突出贡献的中青年专家 3 人，江苏省特聘教授 6 人。学科先后 4 次获得"江苏省优秀学科梯队"称号。

学科拥有优良的办学条件与科研平台。现有国家林业局重点开放性实验室 2 个，江苏省重点实验室 3 个以及省部级工程技术研究中心 11 个。学科十分注重产学研合作，先后建立了数十个企业研究生工作站和学科驻企业研究中心。

自上次评估以来，学科已先后培养硕士生 324 名，博士生 85 名，国外留学研究生 25 名，派遣 55 名研究生出国联合培养。2010 年，获得全国百篇优秀博士学位论文 1 篇。同年，本学科被评为中央与地方共建"特色学科"以及江苏省"优势学科"，获得了 1.5 亿元的学科建设经费。学科先后与国外 18 所大学、科研院所建立了良好的合作关系，每年派出 20～30 名教师出国交流，聘请了 22 名国外知名专家担任学科的特聘教授，平均每年主持召开国际、国内学术研讨会 2～3 次。

围绕木材、竹材、秸秆等生物质资源的高效利用，本学科设立了木材科学与技术、林产化学与加工、森林工程、家具设计与工程、生物质能源与材料等研究方向。经过长期的打造和凝练，在如下多个领域形成了自己的特色和优势：①速生木材高效加工利用技术与产业化；②竹质工程材料制造技术与产业化；③秸秆人造板产品开发与工业化推广；④林产精细化学品加工与利用；⑤生物质能源开发与利用（纤维素乙醇、生物柴油、生物质气电炭多联产等）；⑥林源性生物活性物质开发与利用；⑦生物基功能材料与复合材料；⑧家具创新设计与先进制造；⑨生态采伐与竹木结构建筑技术。

近年来，学科承担主持了一大批国家和省部级科研项目，获得科研总经费超亿元，鉴定验收科研成果数百项，在国内外学术刊物上发表论文 1 100 余篇，SCI 收录论文 120 余篇，出版学术专著 50 部，授权发明专利近 100 件，获得国家级、省部级教学成果奖 10 余项，科学技术奖 30 项（其中：国家技术发明二等奖 2 项，国家科技进步二等奖 6 项，省部级科技进步一、二等奖 18 项，梁希科学技术奖 8 项，何梁何利奖 1 项）。学科重视技术成果的转化与产业化，先后推广应用新技术新产品 40 项，建成示范生产线 35 条。

2. 社会贡献

（1）提供决策咨询服务

学科利用在人才、技术和信息方面的优势，先后为工信部、江苏省等国家和省政府在节材代木、秸秆利用、家具产业、生物质能源等领域提供决策咨询或产业规划，为 50 多家企业进行项目可行性论证，积极参与南方暴雪、汶川地震的应急评估和灾后重建，获江苏省政协"优秀提案奖"。主持或参与了 40 余项国家或行业标准的起草工作。

（续）

（2）产学研合作

学科与企业合作，先后建立了5家"院士工作站"、9家"博士后工作站"、40个"产学研基地"，30家"研究生工作站""工程技术研究中心"。与地方政府合作，共建具有独立法人资格的"江苏省南京林业大学（泗阳）杨木加工研究院"等5家研究院。先后转化专利和推广应用新技术40余项，协助企业新建生产线35条。被中国林业产业联合会授予"中国林业产业突出贡献奖"，被国家林业局评为"全国生态建设先进集体"。

（3）弘扬优秀文化

学科十分注重文化传承，作为国际木文化研究会中国分会副理事长单位，每年举办一次"木文化研讨会"。结合学科特色、融合学科优势，在国内林业高校首开木结构建筑专业。面向普通大众，编撰木材科普读物一套；每年选派专业教师作为"科技特派员""科技镇长"约20名，参加江苏省"教授博士柔性进企业""服务苏北科技超市"等活动，9人被江苏省授予"创业创新先进个人""优秀科技特派员"等称号。

（4）社会兼职

本学科推荐了一批德艺双馨的老师在国内外诸多学术团体担任重要职务：①中国林学会名誉副理事长和中国竹产业协会副理事长1名（张齐生院士）；②国际杨树委员会加工分会副主席1人（华毓坤教授）；③国际木材科学院院士2名（周定国教授、余世袁教授）；④国务院学科评议组成员1人（王飞教授）；⑤教育部高等学校林业工程类专业指导委员会副组长1名（余世袁教授）；⑥多人分别在中国林学会木材工业分会、林产化工分会、生物质材料分会、木材科学分会、森林工程分会、家具与室内装饰研究会等15个二级专业学（协）会任职。作为秘书长单位，组建了科技部"速生材产业技术创新战略联盟"；牵头组建了"江苏省林木资源高效加工利用协同创新中心"。20名教师担任国内外专业杂志的编委和特约撰稿人。

（5）其他方面

学科毕业生就业形势喜人，就业率连续保持在100%。30%的毕业生到国内外相关院校继续深造，50%的毕业生进入政府机构、国内林业高校或科研院所，其余学生进企业或自主创业。

2.4 中南林业科技大学

2.4.1 清单表

Ⅰ 师资队伍与资源

序号	专家类别	专家姓名	出生年月	获批年月	备注
1	长江学者特聘教授	吴义强	196707	201412	
2	教育部新世纪人才	李贤军	197210	201201	
3	教育部新世纪人才	彭万喜	197410	201105	
4	教育部新世纪人才	张仲凤	197510	201212	
5	享受政府特殊津贴人员	贺国京	196405	201406	
合计	突出专家数量（人）			5	

Ⅰ-1 突出专家

类型	数量	类型	数量	类型	数量
专职教师数	76	其中，教授数	30	副教授数	28
研究生导师总数	60	其中，博士生导师数	25	硕士生导师数	60
目前在校研究生数	379	其中，博士生数	63	硕士生数	316
生师比	7.79	博士生师比	2.52	硕士生师比	5.27
近三年授予学位数	303	其中，博士学位数	18	硕士学位数	285

Ⅰ-3 专职教师与学生情况

序号	重点学科名称	重点学科类型	学科代码	批准部门	批准年月
1	木材科学与技术	国家级	082902	教育部	200708
2	木材科学与技术	省部级	082902	国家林业局	200605
3	林产化学加工工程	省部级	082903	国家林业局	200605
4	林业工程	省部级	0829	湖南省教育厅	201112

Ⅰ-4 重点学科

序号	实验室类别	实验室名称	批准部门	批准年月
1	省部级重点实验室	工程流变学湖南省重点实验室	湖南省科学技术厅	201305
2	省部级重点实验室	生物质复合材料湖南省高校重点实验室	湖南省教育厅	201205
3	省部级中心	湖南省竹木加工工程技术研究中心	湖南省科学技术厅	201206
4	省部级中心	竹业湖南省工程研究中心	湖南省发改委	201102
5	省部级中心	湖南省家具家饰工业设计中心	湖南省科学技术厅	200704
合计	重点实验数量（个）	国家级	—	省部级	5

Ⅰ-5 重点实验室

II 科学研究

II-1 近五年（2010—2014 年）科研获奖

序号	奖励名称	获奖项目名称	证书编号	完成人	获奖年度	获奖等级	参与单位数	本单位参与学科数
1	国家科技进步奖	无烟不燃木基复合材料制造关键技术与应用	2010-J-202-2-02-R01	吴义强	2010	二等奖	3（1）	1
2	省级科技进步奖	资源节约型无人工甲醛释放人造板制造关键技术	20114083-J1-214-R01	彭万喜	2011	一等奖	6（1）	1
3	省级科技进步奖	高速铁路过渡段路基关键技术研究与应用	20124247-J1-210-R05	肖宏彬	2012	一等奖	5（3）	1
4	省部级科技进步奖	人造板生产节能环保关键技术与应用	2012-285	吴义强	2013	二等奖	2（1）	1
5	省级技术发明奖	环境友好型松木中性脱脂关键技术研究与应用	20113005-F2-103-R01	刘 元	2012	二等奖	2（2）	1
6	省级科技进步奖	节能降耗低排放人造板生产技术集成与创新	20144344-J1-214-R01	吴义强	2014	二等奖	3（1）	1
7	省级科技进步奖	EX-SF 系列分散染料的关键中间体成套合成技术研发及产业化	20144349-J1-214-R01	赵 莹	2014	二等奖	3（1）	1
8	省级科技进步奖	资源节约型环保竹材复合重组加工关键技术与产品设计	20124306-J2-214-R01	张仲凤	2012	二等奖	4（1）	1
9	省级科技进步奖	大跨度组合体系桥梁—刚构拱桥的计算理论及其应用研究	20114191-J2-214-R01	贺国京	2012	二等奖	4（1）	1
10	省级自然科学奖	聚丙烯酰胺胶系（接枝）共聚高吸水树脂构效关系的化学基础研究	20133048-23-214-R01	谢建军	2014	三等奖	2（1）	1
11	省级技术发明奖	圆竹加工关键技术与应用	20113018-F3-214-R01	张仲凤	2011	三等奖	1	1
12	省级科技进步奖	环保型高性能橱柜用材制造关键技术与智能产品设计	20135356-J3-214-R01	张继娟	2013	三等奖	2（1）	1
13	省级科技进步奖	废弃混凝土资源化再生利用关键技术研究与应用	20124309-J3-214-R01	尹 健	2012	三等奖	4（1）	1

（续）

序号	奖励名称	获奖项目名称	证书编号	完成人	获奖年度	获奖等级	参与单位数	本单位参与学科数
14	省级科技进步奖	中高强度烧结钢低温烧结工艺与合金体系	20104252-J3-091-R01	吴庆定	2010	三等奖	1	1
合计	科研获奖数量（个）	国家级	特等奖					1
		省部级	一等奖	一等奖	—	二等奖	一等奖	1
			2	二等奖	6	三等奖	二等奖	5

Ⅱ-2 代表性科研项目（2012—2014 年）

Ⅱ-2-1 国家级、省部级、境外合作科研项目

序号	项目来源	项目下达部门	项目级别	项目编号	项目名称	负责人姓名	项目开始年月	项目结束年月	项目合同总经费（万元）	属本单位本学科的到账经费（万元）
1	国家科技支撑计划	科技部	一般项目	2012BAD24B03	人造板节能环保制造技术研究与示范	吴义强	201201	201512	2 542	942
2	国家"863"计划	科技部	一般项目/子课题	2012AA102002-3	林分生长可视化模拟研究	陈宇拓	201301	201612	50	30
3	国家科技支撑计划	科技部	一般项目/子课题	2012BAD21B0504	杜仲水溶性生物分子制备与高值化产品开发关键技术研究	李湘洲	201201	201612	70	42
4	国家自然科学基金	国家自然科学基金委员会	面上项目	31270602	高强耐久木材/微纳米结构超疏水膜仿生构建及界面调控机理	吴义强	201301	201612	83	66.4
5	国家自然科学基金	国家自然科学基金委员会	面上项目	31270603	无机粘土/木质素接枝聚丙烯酰胺复合高吸水树脂制备及其重金属离子吸附分离机制调控	谢建军	201301	201612	83	66.4
6	国家自然科学基金	国家自然科学基金委员会	面上项目	31370564	杨木高强度微波膨化与重构机制研究	李贤军	201401	201712	80	60

（续）

序号	项目来源	项目下达部门	项目级别	项目编号	项目名称	负责人姓名	项目开始年月	项目结束年月	项目合同总经费（万元）	属本单位本学科的到账经费（万元）
7	国家自然科学基金	国家自然科学基金委员会	面上项目	31270671	高强度林草混交根系成型机理与边坡根系土体加固机制研究	肖宏彬	201301	201612	80	62.3
8	国家自然科学基金	国家自然科学基金委员会	面上项目	51274258	地下开挖地层沉降过程控制机理研究	段绍伟	201201	201612	80	62.3
9	国家自然科学基金	国家自然科学基金委员会	面上项目	51475483	航空薄壁构件变形的数学预测模型构建与调控方法研究	廖 凯	201501	201812	80	36
10	国家自然科学基金	国家自然科学基金委员会	面上项目	31170532	竹材细胞壁自塑化机理与自结合机制研究	彭万喜	201101	201312	69	45
11	国家自然科学基金	国家自然科学基金委员会	面上项目	31170521	木质材料在火场中的热质转化及火灾蔓延与阻燃机理	胡云楚	201201	201512	65	58
12	国家自然科学基金	国家自然科学基金委员会	面上项目	31270611	纤维增强层状木材陶瓷的结构演变机制与力学行为的研究	孙德林	201301	201612	65	58.5
13	国家自然科学基金	国家自然科学基金委员会	面上项目	51178473	偏心结构消能减震优化设计理论与应用基础研究	贺国京	201201	201512	64	64
14	国家自然科学基金	国家自然科学基金委员会	面上项目	30070496	纳米化硅、镁、硼及过渡金属化合物复配木材阻燃剂无烟炭化诱导机制	吴义强	201001	201212	35	23
15	国家自然科学基金	国家自然科学基金委员会	面上项目	30070497	桉树木材细胞壁成分有序拆解与调控机制研究	彭万喜	201101	201312	35	17.5
16	国家自然科学基金	国家自然科学基金委员会	面上项目	30070498	分散染料在化学改性木材上的染色匹配规律及其染色诱导机理研究	赵 莹	201101	201312	34	17
17	国家自然科学基金	国家自然科学基金委员会	面上项目	30901134	黑竹烟熏成形机理及其不霉不蛀特性评价	张仲凤	201001	201212	20	10
18	国家自然科学基金	国家自然科学基金委员会	面上项目	31370569	木材－无机纳米增强相复合体系中纳米刚性粒子弥散强化机制研究	袁光明	201301	201412	15	15

（续）

序号	项目来源	项目下达部门	项目级别	项目编号	项目名称	负责人姓名	项目开始年月	项目结束年月	项目合同总经费（万元）	属本单位本学科的到账经费（万元）
19	国家自然科学基金	国家自然科学基金委员会	面上项目	31170531	石墨法木材表面热解成型机理研究	陈宇拓	201201	201212	10	10
20	国家自然科学基金	国家自然科学基金委员会	青年项目	11302266	基于空间映射布点模式的高维代理模型构造方法研究及其在车身耐撞性优化中的应用	李恩颖	201401	201612	27	17
21	国家自然科学基金	国家自然科学基金委员会	青年项目	61304208	面向用户行为的网络钓鱼智能防御研究	黄华军	201401	201612	25	12.5
22	国家自然科学基金	国家自然科学基金委员会	青年项目	51408616	损失车头时剧与几何构建对城市快速路匝道合流区瓶颈效应的影响机理	薛行健	201501	201712	25	10
23	国家自然科学基金	国家自然科学基金委员会	青年项目	51203193	聚己内酰胺基复合材料的界面微区设计及颗粒沉降规律研究	邓鑫	201301	201512	25	21
24	国家自然科学基金	国家自然科学基金委员会	青年项目	51204125	含地下洞室（群）岩石边坡地震灾变行为与抗震性能评价	江学良	201301	201512	25	20
25	国家自然科学基金	国家自然科学基金委员会	青年项目	31300485	互穿聚合物网络结构硅酸盐木材胶黏剂致韧机理及界面黏合机制	张新荔	201401	201612	25	16
26	国家自然科学基金	国家自然科学基金委员会	青年项目	31401281	橘小实蝇虫害胁迫下柑橘果实挥发物的人工嗅觉信息检测方法	文韬	201501	201712	24	12
27	国家自然科学基金	国家自然科学基金委员会	青年项目	31300481	应拉木胶质层超微结构和化学成分在纤维细胞壁形成过程中变化规律的研究	苌姗姗	201401	201612	24	16
28	国家自然科学基金	国家自然科学基金委员会	青年项目	31200438	掺杂介孔分子筛在木材阻燃中的烟气捕集与转化机理研究	夏燎原	201301	201512	23	18
29	国家自然科学基金	国家自然科学基金委员会	青年项目	61202496	基于特征关联与校准机制的图像隐写分析研究	秦姝华	201301	201512	23	18

（续）

序号	项目来源	项目下达部门	项目级别	项目编号	项目名称	负责人姓名	项目开始年月	项目结束年月	项目合同总经费（万元）	属本单位本学科的到账经费（万元）
30	国家自然科学基金	国家自然科学基金委员会	青年项目	31100422	木材的复合化学改性及其对分散染料废水处理的基础研究	谭晓燕	201201	201412	20	20
31	国家社会科学基金	国家自然科学基金委员会	面上项目	11BGL057	农产品物流仓单质押赢利模式与风险防范研究	庞　燕	201106	201306	15	10
32	境外合作科研项目	中华人民共和国科学技术部	一般项目	2014DFA5320	大跨重型工程木结构材料制造及应用技术研究	周先雁	201401	201612	200	100
33	部委级科研项目	国家林业局	重大项目	201204704	低成本无烟高效阻燃木质材料制造关键技术	吴义强	201201	201412	816	816
34	部委级科研项目	国家林业局	重大项目	201304504	木结构工程材制造及应用关键技术研究与示范	周先雁	201301	201612	553	302
35	部委级科研项目	国家林业局	一般项目	201104090	南方林果自然环境采摘机器人关键技术研究	李立君	201101	201312	177	120
36	部委级科研项目	国家林业局	一般项目	201304509	木材活性染料染色技术研究与示范	刘　元	201301	201712	172	106.7
37	部委级科研项目	国家林业局	一般项目	201204610	南方林下饲用植物开发利用关键技术研究	罗迎社	201201	201512	166	149.3
38	部委级科研项目	国家林业局	一般项目	201204811	特色芳香油桦山苍子高效加工利用关键技术研究	李湘洲	201201	201512	155	133.6
39	部委级科研项目	国家林业局	一般项目	201204712	梓木增重改良与实木家具制造关键技术研究	刘文金	201201	201412	149	149
40	部委级科研项目	国家林业局	一般项目	201404508	颗粒增强木质功能材料成形技术研究与应用	吴庆定	201401	201612	120	48

（续）

序号	项目来源	项目下达部门	项目级别	项目编号	项目名称	负责人姓名	项目开始年月	项目结束年月	项目合同总经费（万元）	属本单位本学科的到账经费（万元）
41	部委级科研项目	国家林业局	一般项目	201104007-07	经济林干果采收现代技术装备研发	李立君	201101	201312	95	65
42	部委级科研项目	国家林业局	一般项目	201204708	速生人工林木材散波预处理特性与机制研究	李贤军	201201	201612	79	52.6
43	部委级科研项目	国家林业局	一般项目	201404519	人工林小径木户外家具材制造关键技术研究	张仲凤	201401	201612	68	26
44	部委级科研项目	国家林业局	一般项目	20120460103	姜黄素的分离纯化及水溶性粉体的制备	李湘洲	201201	201412	68	68
45	部委级科研项目	国家林业局	一般项目	20090427	南方主要薪炭林颗粒燃料成型及燃烧技术研究	严永林	201001	201312	60	35
46	部委级科研项目	国家林业局	一般项目	201004005子项	丛生竹高附加值建筑制品制造关键技术研究	刘文金	201001	201212	49	12
47	部委级科研项目	国家林业局	一般项目	2012-4-27	重型木结构工程材制造应用技术引进	张仲凤	201201	201412	50	50
48	部委级科研项目	国家林业局	一般项目	2012-4-76	林草一体化高稳定性生态护坡技术引进	肖发彬	201201	201412	50	50
49	部委级科研项目	国家林业局	一般项目	2014-4-50	节能环保型木材常压过热蒸汽干燥技术引进	李贤军	201401	201712	50	16.3
50	部委级科研项目	国家林业局	一般项目	2012-4-26	木塑托盘制造新技术引进	王忠伟	201201	201412	50	50
51	部委级科研项目	国家林业局	一般项目	2012-4-10	高活性纤维素酶菌株产酶优化技术引进	陈茜文	201201	201412	50	50
52	部委级科研项目	国家林业局	一般项目	2014-4-09	森林火灾预测及灭火资源调度技术引进	陈爱斌	201401	201812	50	17.3

（续）

序号	项目来源	项目下达部门	项目级别	项目编号	项目名称	负责人姓名	项目开始年月	项目结束年月	项目合同总经费（万元）	属本单位本学科的到账经费（万元）
53	部委级科研项目	国家林业局	一般项目	2012-63	汽车内饰件用竹纤维制造技术应用示范	喻云水	201201	201412	50	50
54	省科技厅项目	湖南省科技厅	一般项目	201212	混凝土施工质量快速检探技术的研究与应用	尹健	201201	201512	260	243
55	省科技厅项目	湖南省科技厅	重点项目	2014WK2027	木质纤维乙醇剩余木质素制备缓释肥料科技引进	陈茜文	201401	201612	20	8
56	省科技厅项目	湖南省科技厅	重点项目	2011GK2012	扬土森林火灭火扑救设备关键技术研究	李立君	201101	201312	15	10
57	省科技厅项目	湖南省科技厅	重点项目	2013FJ2002	绿色生态混凝土制备技术基础理论研究	尹健	201305	201512	15	13.4
58	省科技厅项目	湖南省科技厅	重点项目	2014NK2005	南方林下饲用植物压块机研制及其应用	罗迎社	201401	201612	10	5
59	省级自然科学基金项目	湖南省自然科学基金委员会	重点项目	13JJ8001	柴油机两级增压系统与EGR匹配优化及控制策略研究	杨汉乾	201305	201512	25	17.6
60	省级自然科学基金项目	湖南省自然科学基金委员会	重点项目	13JJ2031	基于内容一致性与重构的图像隐藏信息检测研究	秦姣华	201401	201612	10	5
61	省级自然科学基金项目	湖南省自然科学基金委员会	重点项目	11JJ2017	新型材质通用平托盘力学性能	庞燕	201101	201312	10	8
62	省级自然科学基金项目	湖南省自然科学基金委员会	一般项目	14JJ5017	竹纤维增强聚己内酯可生物降解复合材料制备工艺及性能研究	李新功	201401	201612	20	10
63	省级自然科学基金项目	湖南省自然科学基金委员会	一般项目	14JJ5018	人造铁梨木的制备机理与应用基础研究	张红	201401	201612	20	10
合计	国家级科研项目		数量（个）32	项目合同总经费（万元）4041	属本单位本学科的到账经费（万元）1975.9					

II-2-2 其他重要科研项目

序号	项目来源	合同签订/项目下达时间	项目名称	负责人姓名	项目开始年月	项目结束年月	项目合同总经费（万元）	属本单位本学科的到账经费（万元）
1	湖南省科技厅	—	生物质材料工程技术创新团队	吴义强	201301	201412	20	20
2	湖南省教育厅	201301	木结构工程材料环保高强度胶黏剂制造技术研究	吴志平	201301	201512	6	4
3	湖南省教育厅	201301	阻燃抑烟型竹粉/聚乳酸复合材料制备及性能研究	李新功	201301	201512	6	4
4	湖南省林业厅	201301	油茶果采摘机研制	李立君	201301	201412	23	23
5	广东宜华木业股份有限公司	201303	木材低碳加工关键技术研究与示范	吴义强	201301	201412	145	145
6	益阳桃花江竹业发展有限公司	201001	阻燃抑烟型竹粉增强聚乳酸复合材料制备及性能研究应用	李新功	201201	201512	110	96
7	湖南桃花江实业有限公司	201112	木材增强与热处理技术研究	李贤军	201201	201512	80	68
8	湖南省农业机械化管理局	201405	稻田施石灰机械研制	李立君	201405	201504	80	80
9	浙江吉利汽车研究院有限公司	201101	乙醇发动机综合测试技术研究	刘谦钢	201101	201312	75.5	55
10	广东宜华木业股份有限公司	201201	家具用木质复合材阻燃关键技术研究	吴义强	201201	201512	75	62
11	昆山三一动力有限公司	201301	SANY D06S2 发动机技术服务	李立君	201301	201312	68	68
12	广西新凯骅实业集团股份有限公司	201203	水泥刨花板制备技术研究	李新功	201203	201312	40	40
13	成都新红鹰家具有限公司	201108	家居产品甲醛释放量消减技术	彭万喜	201101	201312	40	30
14	株洲技术学院	201101	数字化加工设备功能研发	李新华	201101	201312	33	28
15	湖南省神六机械制造有限公司	201301	南方中小城镇 100T 垃圾分选系统	龚中良	201301	201812	30	20
16	长沙金磐化工有限公司	201210	涂膜镀锌防腐蚀技术产业化	廖有为	201201	201212	30	30
17	华润新能源风能有限公司	201305	华润新能源岚桥二期风电项目环评报告	郑哲文	201305	201405	29.8	29.8
18	江西春源绿色食品有限公司	201104	茶油深加工	彭万喜	201101	201312	29	20
19	贺州新凯骅木业有限责任公司	201108	人造板生产甲醛自动回收技术	吴义强	201101	201512	25	19
20	贺州新凯骅木业有限责任公司	201108	无机材料增强植物纤维板关键技术	吴义强	201101	201512	25	15
21	四川锦美环保科技有限公司	201309	人造板甲醛处理技术	彭万喜	201301	201412	20	20
22	昆山三一动力有限公司	201301	SANY D03 发动机生产许可证委托定型检验	刘谦钢	201301	201312	20	20
23	湖南风河竹木科技有限公司	201305	一种用于人造板中温固化酚醛树脂及其制备方法	韩健	201301	201412	15	15

（续）

序号	项目来源	合同签订/项目下达时间	项目名称	负责人姓名	项目开始年月	项目结束年月	项目合同总经费（万元）	属本单位本学科的到账经费（万元）
24	广东华颂家具集团	201301	实木家具用生物胶黏剂制造应用技术	刘碧华	201301	201312	15	15
25	广东盈然木业有限公司	201201	层积复合地板用无机木材胶黏剂制备技术	刘碧华	201201	201312	15	15
26	长沙天鹅工业泵股份有限公司	201001	斜流式水泵内部流场分析和性能预测及改造设计软件开发	杨　辉	201001	201312	13	8
27	湖南国珍木业有限公司	201210	杉木脱脂技术	韩　健	201201	201312	12	12
28	湖南恒盾集团有限公司	201108	竹质结构工程材高效阻燃抑烟技术	吴义强	201201	201312	10	10
29	廊坊华日家具股份有限公司	201201	高效阻燃家具材料制造技术研究	吴义强	201201	201312	10	10
30	广东盈然木业有限公司科技	201301	木质防水地板制造技术	吴义强	201301	201412	5	5

II-2-3　人均科研经费

人均科研经费（万元/人）	74.47

II-3　本学科代表性学术论文质量

II-3-1　近五年（2010—2014 年）国内收录的本学科代表性学术论文

序号	论文名称	第一作者	通讯作者	发表刊次（卷期）	发表刊物名称	收录类型	中文影响因子	他引次数
1	桩板墙地震动力特性的大型振动台模型试验研究	文畅平	文畅平	32（5）	岩石力学与工程学报	CSCD	2.681	3
2	无位置传感器 BLDCM 换相转矩脉动抑制的研究	朱俊杰	朱俊杰	34（6）	仪器仪表学报	CSCD	1.999	1
3	马尾松木材微波脱脂模型构建求解	刘　元	刘　元	46（11）	林业科学	CSCD	1.743	1
4	纤维素纳米纤丝研究进展	卿　彦	吴义强	48（7）	林业科学	CSCD	1.743	12
5	干燥过程中木材内部含水率检测的 X 射线扫描方法	李贤军	李贤军	46（2）	林业科学	CSCD	1.743	11

（续）

序号	论文名称	第一作者	通讯作者	发表刊次（卷期）	发表刊物名称	收录类型	中文影响因子	他引次数
6	高岭土／木质素磺酸钠-g-AA-AM复合高吸水树脂的制备	何新建	谢建军	47（8）	林业科学	CSCD	1.743	9
7	基于偏好人工免疫网络多特征融合的油茶果图像识别	李昕	李立君	28（14）	农业工程学报	CSCD	1.725	11
8	含地下采空区岩质边坡的施工过程数值分析	江学良	江学良	23（1）	中国安全科学学报	CSCD	1.505	3
9	竹纤维／聚乳酸复合材料界面调控	李新功	吴义强	29（4）	复合材料学报	CSCD	1.388	7
10	南宁膨胀土非线性流变模型研究	李珍玉	李珍玉	33（8）	岩土力学	CSCD	1.37	8
11	基于偏好免疫网络的油茶果采摘机器人图像识别算法	李立君	李立君	43（11）	农业机械学报	CSCD	1.260	6
12	基于支持向量机回归的材料参数反求方法	李恩颖	李恩颖	48（6）	机械工程学报	CSCD	1.235	11
13	KLPAAM复合高吸水树脂吸附	何新建	谢建军	62（4）	化工学报	CSCD	1.157	13
14	多指标综合评分法研究姜黄色素的提取工艺	旷春桃	李湘洲	2010（4）	林产化学与工业	CSCD	1.102	3
15	锡掺杂介孔分子筛在木材阻燃中的烟气转化作用	夏燎原	夏燎原	28（5）	无机材料学报	CSCD	1.094	7
16	相变微胶囊流体相变化对自然对流的促进作用	张艳来	汪双凤	33（11）	太阳能学报	CSCD	1.014	2
17	偶联剂在改善天然植物纤维／塑料界面相容性的应用	李新功	吴义强	2010（1）	高分子通报	CSCD	1.008	25
18	棉秆制造生物陶瓷材料的研究	向仕龙	向仕龙	24（1）	材料导报	CSCD	0.992	3
19	丙烯酸/2-丙烯酰胺基-2-甲基丙磺酸高吸水树脂的反相悬浮聚合及其吸收性能	谢建军	谢建军	11（28）	应用化学	CSCD	0.95	7
20	烧结温度对环氧树脂／竹基木陶瓷性能的影响	孙德林	孙德林	32（9）	材料热处理学报	CSCD	0.648	2

II-3-2 近五年（2010—2014年）国外收录的本学科代表性学术论文

序号	论文名称	论文类型	第一作者	通讯作者	发表刊次（卷期）	发表刊物名称	收录类型	他引次数	期刊SCI影响因子	备注
1	A comparative study of cellulose nanofibrils disintegrated via multiple processing approaches	Article	Qing Yan	Wu Yiqiang	97 (1)	Carbohydrate Polymers	SCI	9	3.916	第一署名单位
2	Preparation of bifunctionalizedphenylene-bridged periodic mesoporousorganosilica for solid-phase microextraction	Article	Xia Liaoyuan	Xia Liaoyuan	4 (1)	RSC Advances	SCI	2	3.708	通讯单位
3	Preparation and dielectric properties of BaTiO$_3$/epoxy nanocomposites for embedded capacitor application	Article	Zhang Zhongfeng	Zha Junwei	97	Composites Science and Technology	SCI	3	3.633	第一署名单位
4	Preparation and dielectric behaviors of thermoplastic and thermosetting polymer nanocomposite films containing BaTiO$_3$ nanoparticles with different diameters	Article	Fan Benhui	Zhang Zhongfeng	80	Composites Science and Technology	SCI	6	3.633	通讯单位
5	Graphene-based terahertz tunable plasmonic directional coupler	Article	He Mengdong	He Mengdong	105 (8)	Applied Physics Letters	SCI	1	3.515	通讯单位
6	Efficient determination of protocatechuic acid in fruit juices by selective and rapid magnetic molecular imprinted solid phase extraction coupled with HPLC	Article	Xie Lianwu	Xie Lianwu	62 (32)	Journal of Agricultural and Food chemistry	SCI	2	3.107	通讯单位
7	Resin impregnation of cellulose nanofibril films facilitated by water swelling	Article	Qing Yan	Wu Yiqiang	20 (1)	Cellulose	SCI	4	3.033	通讯单位
8	Activity-guided isolation of NF-κB inhibitors and PPARγ agonists from the root bark of *Lycium chinense* Miller	Article	Xie Lianwu	Kopp Brigitte	152 (3)	Journal of Ethnopharmacology	SCI	4	2.939	第一署名单位
9	Laminated biomorphous SiC/Si porous ceramics made from wood veneer	Article	Sun Delin	Sun Delin	34 (2)	Materials and Design	SCI	6	2.913	第一署名单位
10	Investigation of energy transfer and concentration quenching of Dy^{3+} luminescence in Gd (BO$_2$)$_3$ by means of fluorescence dynamics	Article	Zhang Xinmin	Zhang Xinmin	578	Journal of Alloys and Compounds	SCI	6	2.726	通讯单位

（续）

序号	论文名称	论文类型	第一作者	通讯作者	发表刊次（卷期）	发表刊物名称	收录类型	他引次数	期刊SCI影响因子	备注
11	A review of the biogas industry in China	Review	Jiang Xinyuan	Jiang Xinyuan	39 (10)	Energy Policy	SCI	50	2.696	通讯单位
12	Concentration dependence of energy transfer between eu^{2+} ions occupying two crystallographic sites in $Ba_{1.6}Ca_{0.4}P_2O_7$	Article	Zhang Xinmin	Zhang Xinmin	158 (5)	Journal of The Electrochemical Society	SCI	3	2.59	通讯单位
13	Photoluminescence and time-resolved luminescence spectroscopy of novel $NaBa_4(BO_3)_3$: Tb^{3+} phosphor	Article	Zhang Xinmin	Zhang Xinmin	509 (14)	Journal of Alloys and Compounds	SCI	14	2.289	通讯单位
14	Wet chemical synthesis of Bi_2S_3 nanorods for efficient photocatalysis	Article	Luo Yongfeng	Luo Yongfeng	105	Materials Letters	SCI	6	2.269	通讯单位
15	Flame retardancy and thermal degradation behavior of red gum wood treated with hydrate magnesium chloride	Article	Wu Yiqiang	Wu Yiqiang	20 (5)	Journal of Industrial and Engineering Chemistry	SCI	1	2.063	第一署名单位
16	Thermally stable luminescence and energy transfer in Ce^{3+}, Mn^{2+} doped $Sr_2Mg(B_3)_2$ phosphor	Article	Zhang Xinmin	Zhang Xinmin	33 (11)	Optical Materials	SCI	10	2.023	通讯单位
17	Color tunable and thermally stable luminescence of Tb^{3+} doped $Li_4SrCa(SiO_4)_2$ phosphors	Article	Zhang Xinmin	Zhang Xinmin	47 (8)	Materials Research Bulletin	SCI	8	1.913	通讯单位
18	Manipulation of the phase structure of vinyl-functionalized phenylene bridging periodic mesoporousorganosilica	Article	Xia Liaoyuan	Xia Liaoyuan	64 (3)	Journal of Sol-Gel Science and Technology	SCI	2	1.66	通讯单位
19	Effect of nano anhydrous magnesium carbonateon fire-retardant performance of polylactic acid/ bamboo fibers composites,	Article	Li Xingong	Wu Yiqiang	11 (12)	Journal of Nanoscience and Nanotechnology	SCI	1	1.563	通讯单位
20	Selected properties of corrugated particleboards made from bamboo waste (*Phyllostachys edulis*) laminated with medium-density fiberboard Panels	Article	Yang Feng	Yu Yunshui	9 (1)	BioResources	SCI	2	1.549	通讯单位

（续）

序号	论文名称	论文类型	第一作者	通讯作者	发表刊次（卷期）	发表刊物名称	收录类型	他引次数	期刊SCI影响因子	备注
21	Efficient directional excitation of surface plasmon polaritons by partial dielectric filling slit structure	Article	He Mengdong	He Mengdong	285 (21-22)	Optics Communications	SCI	7	1.438	通讯单位
22	Reduction of springback by intelligent sampling-based LSSVR metamodel-based optimization	Article	Li Enying	Li Enying	6 (1)	International Journal of Material Forming	SCI	1	1.418	通讯单位
23	High-performance cellulose nanofibril composite films	Article	Qing Yan	Ronald Sabo	7 (3)	Bioresources	SCI	8	1.309	第一署名单位
24	Melt grafting of maleic anhydride onto polypropylene with assistance of alpha-methylstyrene	Article	Luo Weihua	Luo Weihua	52 (4)	Polymer Engineering & Science	SCI	2	1.243	通讯单位
25	Effect of ultrafine zinc borate on the smoke suppression and toxicity reduction of a low-density polyethylene/intumescent flame-retardant system	Article	Wu Zhiping	Wu Zhiping	117 (1)	Journal of Applied Polymer Science	SCI	5	1.24	通讯单位
26	Preparation and characterization of urea-formaldehyde resin-sodium montmorillonite intercalation-modified poplar	Article	Yu Xianchun	Sun Delin	57 (6)	Journal of Wood Science	SCI	9	0.958	通讯单位
27	Laminated wood-ceramics prepared from beech veneer and phenol formaldehyde resin	Article	Sun Delin	Sun Delin	42 (4)	Wood and Fiber Science	SCI	6	0.752	通讯单位
28	Ultrasonic-assisted dyeing of poplar veneer	Article	Sun Delin	Sun Delin	43 (4)	Wood and Fiber Science	SCI	1	0.722	通讯单位
29	Effects of alkaline extraction on micro/nano particles of eucalyptus camaldulensis biology	Article	Qi Hongchen	Peng Wanxi	9 (9)	Journal of Computational and Theoretical Nanoscience	SCI	5	0.673	通讯单位
30	Effect of moisture sorption state on vibrational properties of wood	Article	Lv Jianxiong	Lv Jianxiong	62 (3)	Forest Products Journal	SCI	1	0.494	通讯单位
合计										
SCI影响因子	61.962			他引次数		185				

Ⅱ—5　已转化或应用的专利（2012—2014 年）

序号	专利名称	第一发明人	专利申请号	专利号	授权（颁证）年月	专利受让单位	专利转让合同金额（万元）
1	一种低成本高效木材阻燃剂	吴义强	201110242942.7	ZL201110242942.7	201309	—	15
2	一种柔韧抗水硅酸盐木材胶黏剂的制备方法	吴义强	201210393243.7	ZL201210393243.7	201310	—	12
3	一种木质桥面板的制造方法	周先雁	201010509610.6	ZL201010509610.6	201206	—	12
4	一种用于人造板的中温固化酚醛树脂及其制备方法	韩健	201110147176.6	ZL201110147176.6	201207	—	20
5	一种木材表面艺术化处理的方法	刘文金	200810030758.4	ZL200810030758.4	201301	—	15
6	一种竹片表面处理与径向分切方法及加工装置	喻云水	201210391762.X	ZL201210391762.X	201312	—	15
7	一种高性能阻燃环氧树脂复合材料及其制备	胡云楚	201010276362.5	ZL201010276362.5	201302	—	15
8	一种疏水性硅酸盐防火涂料及其制备方法	胡云楚	201210143409.X	ZL201210143409.X	201404	—	15
9	复合结构承重碎料板及其制备方法	李贤军	201010259717.X	ZL201010259717.X	201205	—	12
10	一种阻燃型轻质家具觉幅板材的制造方法	李新功	201210389100.9	ZL201210389100.9	201411	—	15
11	一种杉木地板竹的处理方法	彭万喜	201210312932.0	ZL201210312932.0	201409	—	15
12	一种自塑化竹板的制造方法	彭万喜	201210106685.9	ZL201210106685.9	201406	—	20
13	一种红色耐水洗木材及其制备方法	赵莹	201110118006.5	ZL201110118006.5	201401	—	20
14	一种彩色木塑材料的制备方法	赵莹	201210338881.9	ZL201210338881.9	201412	—	15
15	一种束人造板的制造方法	张仲凤	201010509608.9	ZL201010509608.9	201210	—	12
16	一种木材或竹材防腐处理的方法	张仲凤	201010198344.X	ZL201010198344.X	201205	—	15
17	一种从茶油中富集油酸的方法	李湘洲	201010205773.5	ZL201010205773.5	201207	—	15
18	利用粗塔尔油分离精制残渣生产混凝土外加剂的方法	蒋新元	200910044742.3	ZL200910044742.3	201206	—	15
19	一种高强耐水木淀粉基木材胶黏剂及其制备方法	张新荔	201210389343.2	ZL201210389343.2	201405	—	10
20	一种低成本环保水玻璃木材胶黏剂的制备方法	张新荔	201210393231.4	ZL201210393231.4	201402	—	12
21	一种金属质木质粉末基复合材料的生产方法	吴庆定	201110029275.4	ZL201110029275.4	201310	—	25
22	一种"土/炭复合颗粒"及其制备方法	吴庆定	201210063387.6	ZL201210063387.6	201309	—	25
23	一种人造铁梨木及其制备方法	吴庆定	201210534753.1	ZL201210063387.6	201412	—	25
24	一种用于油茶果采摘机的可避让式采摘机构	李立君	201010119014.7	ZL201010119014.7	201207	—	10
25	一种油茶果采摘机	李立君	201110029612.X	ZL201110029612.X	201207	—	15
合计	专利转让合同金额（万元）						395

III 人才培养质量

III-1 优秀教学成果奖（2012—2014年）

序号	获奖级别	项目名称	证书编号	完成人	获奖等级	获奖年度	参与单位数	本单位参与学科数
1	国家级	林业工程类专业创新人才产学研协同培养模式研究与实践	20147913	吴义强	二等奖	2014	1	1
2	省级	"赛与学"相结合培养国际化物流人才的研究与实践	2012074	王忠伟	二等奖	2013	1	1
3	省级	形成性考核模式培养地方高校工程力学专业高素质人才的探索与实践	2012175	罗迎社	三等奖	2013	1	1
4	省级	基于现代信息技术的高等学校课程教学模式的研究与实践	2012174	曹建文	三等奖	2013	1	1
5	省级	电气信息类创新人才培养体系的研究与实践	2012176	吴舒辞	三等奖	2013	1	1
合计	国家级	一等奖（个）	—	二等奖（个）	1	三等奖（个）	—	
	省级	一等奖（个）	—	二等奖（个）	1	三等奖（个）	3	

III-2 研究生教材（2012—2014年）

序号	教材名称	第一主编姓名	出版年月	出版单位	参与单位数	是否精品教材
1	家具设计概论（第2版）	胡景初	201109	中国林业出版社	1	
2	家具结构设计	张仲凤	201204	机械工业出版社	1	
合计	国家级规划教材数量	2		精品教材数量	—	

III-4 学生国际交流情况（2012—2014年）

序号	姓名	出国（境）时间	回国（境）时间	地点（国家/地区及高校）	国际交流项目名称或主要交流目的
1	卿彦	201104	201401	美国林产品研究所	联合培养博士
2	姚春花	201203	201306	美国圣母大学	联合培养/攻读博士学位
3	李旌豪	201104	201303	美国威斯康辛大学	联合培养/攻读博士学位
4	陈茂	201301	201305	法国蒙彼利埃第二大学	项目实习
5	刘晓梅	201408	201807	美国密西西比州立大学	联合培养/攻读博士学位
合计	学生国际交流人数			5	

2.4.2 学科简介

1. 学科基本情况与学科特色

林业工程是我校办学历史悠久、特色鲜明、实力雄厚的优势学科。现有国家林业工程实验教学示范中心、工程流变学湖南省重点实验室、湖南省竹木加工工程技术研究中心等省部级及其以上科研教学平台10余个。形成了一支由"长江学者奖励计划"特聘教授、国家"万人计划"学者、国家中青年科技创新领军人才、湖南省科技创新领军人才、湖南省"芙蓉学者计划"特聘教授等为骨干的学科优势明显、学缘结构合理的省级创新团队。与美国、加拿大、德国、法国、日本、澳大利亚等10多个国家的30余所大学和科研机构建立长期的合作关系;并与宜华木业股份有限公司、大自然家居有限公司、时代新材等知名上市企业建立了产学研战略合作关系。

近年来,先后主持国家科技支撑计划、国家自然科学基金、国家林业公益行业科研重大专项、湖南省科技重大专项等课题100余项,发表论文1 000余篇,其中SCI、EI收录300余篇;出版专著和教材20多部,授权国家发明专利100多项;先后获得国家科技进步二等奖、教育部科技进步二等奖、湖南省科技进步一等奖、国家教学成果二等奖、湖南省教学成果一等奖、湖南省徐特立教育奖等省部级及其以上科研教学奖励40余项。

经历50余年的发展与积淀,林业工程学科已形成了5个方向稳定、特色鲜明学科方向:

① 木材科学与技术:以速生人工林、竹材、农作物剩余物为主要研究对象,开展阻燃抑烟木质复合材料制造、松木高效脱脂、农林剩余物全生物量利用、室外用竹材重组材制造等研究,木质阻燃防火复合材料制造技术已达到国际领先水平。

② 森林工程:以林区道路与桥梁为研究重点,开展现代木结构与桥梁、林区道路绿色生态混凝土、林区道路林草一体化高稳定性生态护坡等研究,并在国内建成第一座高速公路现代木结构桥梁。

③ 林产化学加工工程:南方特色林业资源(油茶、杜仲、松脂等)生物次生代谢产物的高效提取、分离、结构鉴定、合成及其功能产品开发,实现其精深加工和副产物的全生物量利用,部分成果达到国际领先水平。

④ 家具与室内设计工程:以"绿色设计""数字制造""智能家居"等为特色,运用人体工程学与感性工学、数字制造技术的基础理论知识,开展家具工业信息化工程、绿色设计与制造、现代家具集成制造、家具企业管理机制与模式创新、集成家居与工厂化装修等研究。

⑤ 林业装备与信息化:以林业资源现代化加工利用为研究对象,开展南方特色林业资源(如油茶)自动化收集与采摘、农林剩余物固态生物颗粒能源加工装备开发、增强木质功能材料现代成型、木材多维自动化雕刻技术等研究。

2. 社会贡献

(1)提供决策咨询、发展规划、行业标准方面

学科教师向仕龙教授为湖南省人民政府参事,李立君、李湘洲教授为湖南省政协委员,为湖南省四化两型社会建设建言献策。李湘洲教授提案的《关于实施家庭困难高校毕业就业政府帮扶工程》被列为2013年度办理的重点提案,并获得省政协优秀提案表彰。木材科学与技术国家重点学科带头人吴义强教授为国家中青年科技创新领军人才,负责编制湖南省"十二五""十三五"农业领域现代林业发展规划。近五年来,学科教师累计制定国家标准、行业标准20余项,企业标准100余项,为湖南、中南以及江浙地区的林业产业发展做出了巨大的贡献。

(2)产学研合作、科技成果转化方面

学科成员与企业开展广泛深入的产学研合作,与广东省宜华木业股份有限公司、廊坊华日家具有限公司、大自然家居(中国)有限公司、三一集团、中国石化、中铁二十五局集团有限公司、国电电力湖南新能源开发有限公司建立了长期的产学研合作创新关系。经过多年的合作积累,学科已转化成果100余项,产生了巨大的社会、经济及生态效益,为行业发展、社会就业、新农村建设做出了卓越的贡献。其中,研发的高效阻燃剂、环保胶黏剂及阻燃抑烟绿色木基复合材制造技术填补了国际阻燃科学、人造板领域多项空白,在数十个企业推广应用,该成果获2010年国家科技进步二等奖。

(3)弘扬优秀文化、推进科学普及、服务社会大众方面

先后举办2012年生物质复合材料国际会议、首届土木工程与基础设施新进展国际会议、国际杉木文化节、第四届全国生物质材料科学与技术研讨会等国际、国内学术会议20余次。李湘洲教授带领团队深入湘西8县市10余家企业开展技术服务,带动1 000多名农民工就业。赵仁杰教授瞄准湖南地区竹材资源丰富这一优势,率先深入开展竹基工程模板的研究与产业化推广,并将具有自主知识产权的专利技术转让给相关企业,目前竹材人造板已成为年产值超过千亿的行业。

（续）

（4）社会兼职方面

学科教师积极参与社会活动，拥有湖南省人民政府参事 1 人、湖南省政协委员 2 人，国务院学位委员会学科评议组成员 1 人，教育部林业工程教指委委员 1 人，全国青年联合会第十一届委员会委员 1 人，国家级科技特派员 1 人、省部级科技特派员 5 人、上市公司独立董事 2 人、上市公司研发院负责人 2 人。涌现出一大批行业、企业兼职专家，30 余人兼任中国林学会木材工业分会、中国林产工业树木提取物利用协会、中国建筑学会室内设计分会等学会、协会常委、副理事长、理事长等重要职务。

2.5 西南林业大学

2.5.1 清单表

Ⅰ 师资队伍与资源

I-1 突出专家					
序号	专家类别	专家姓名	出生年月	获批年月	备注
1	百千万人才工程国家级人选	杜官本	196309	201402	
2	百千万人才工程国家级人选	张宏健	195209	200005	
3	教育部新世纪人才	郑志锋	197503	201008	
4	教育部新世纪人才	雷 洪	198002	201108	
5	云南省政府特殊津贴人员	邱 坚	196504	200712	
合计	突出专家数量（人）			5	

I-3 专职教师与学生情况					
类型	数量	类型	数量	类型	数量
专职教师数	67	其中，教授数	12	副教授数	22
研究生导师总数	36	其中，博士生导师数	7	硕士生导师数	20
目前在校研究生数	58	其中，博士生数	3	硕士生数	55
生师比	1：1.6	博士生师比	1：0.4	硕士生师比	1：2.8
近三年授予学位数	47	其中，博士学位数	—	硕士学位数	47

I-4 重点学科					
序号	重点学科名称	重点学科类型	学科代码	批准部门	批准年月
1	木材科学与技术	云南省	082902	云南省教育厅	200108
合计	二级重点学科数量（个）	国家级	—	省部级	1

I-5 重点实验室				
序号	实验室类别	实验室名称	批准部门	批准年月
1	省部级重点实验室	西南山地森林资源保育与利用	教育部	200810
2	省部级重点实验室	木材胶黏剂与胶合制品	云南省科技厅	201306
3	省部级工程中心	云南省木质材料加工工程中心	云南省科技厅	201207
4	省部级工程中心	云南省人造板工程技术研究中心	云南省发改委	201305
合计	重点实验数量（个）	国家级	—	省部级	4

II 科学研究

II-1 近五年（2010—2014年）科研获奖

序号	奖励名称	获奖项目名称	证书编号	完成人	获奖年度	获奖等级	参与单位数	本单位参与学科数
1	国家科技进步奖	防潮型刨花板研发及工业化生产技术	J-202-2-03	杜官本	2011	二等奖	7（1）	1
2	云南省科技进步奖	环保型刨花板工业化生产技术	2010BC159	杜官本	2010	一等奖	5（1）	1
合计	科研获奖数量（个）			特等奖	一等奖	二等奖	三等奖	
		国家级	—			一等奖	二等奖	
		省部级	1			一等奖	三等奖	

II-2 代表性科研项目（2012—2014年）

II-2-1 国家级、省部级、境外合作科研项目

序号	项目来源	项目下达部门	项目级别	项目编号	项目名称	负责人姓名	项目开始年月	项目结束年月	项目合同总经费（万元）	属本单位本学科的到账经费（万元）
1	国家自然科学基金	国家自然科学基金委员会	重点项目	30930074	木材胶黏剂用共缩聚树脂应用基础研究	杜官本	201001	201312	165	165
2	国家科技支撑计划	国家科技部	一般项目	2012BAD24B0302	甲醛系低温加速固化木材胶黏剂示范	杜官本	201201	201512	253	253
3	云南省"百名海外高层次人才引进计划项目"	云南省组织部	人才项目	—	重要林源活性物质高效利用关键技术研究	赵 平	201201	201512	100	100
4	国家林业公益性行业科研项目	国家林业局	面上项目	201304505	脲醛树脂预缩液的合成与应用技术	杜官本	201301	201512	165	165
5	国家林业公益性行业科研项目	国家林业局	青年项目	201404515	纤维板生产中生物酶和微生物法分离纤维研究	李晓平	201401	201612	66	66
6	国家林业公益性行业科研项目	国家林业局	面上项目	201104046	橡胶籽高值化综合利用技术的开发与示范	郑志锋	201101	201412	165	165

（续）

序号	项目来源	项目下达部门	项目级别	项目编号	项目名称	负责人姓名	项目开始年月	项目结束年月	项目合同总经费（万元）	属本单位本学科的到账经费（万元）
7	教育部新世纪人才计划	教育部	人才项目	NCET-09-0906	纤维素定向催化液化基础研究	郑志锋	201001	201212	50	50
8	教育部新世纪人才计划	教育部	人才项目	NCET-10-0972	大豆胶黏剂的基础研究	雷洪	201101	201312	50	50
9	欧盟研究项目	欧盟	面上项目	FP7-CSA-CA-233533	Integrating Nanomaterials in Formulations	杜官本	200907	201206	40	40
10	云南省社会发展基金	云南省科技厅	面上项目	2011CA020	剑川海门口遗址木质文物保护关键技术研究与应用	邱坚	201101	201412	120	120
11	国家自然科学基金	国家自然科学基金委员会	面上项目	51273163	三聚氰胺-尿素-甲醛共缩聚树脂的量子化学计算及合成反应机理研究	杜官本	201301	201612	80	80
12	国家自然科学基金	国家自然科学基金委员会	面上项目	31170534	物理吸着端变对预组组型木质工字梁服役静曲挠度的影响	张宏健	201201	201512	62	62
13	国家自然科学基金	国家自然科学基金委员会	面上项目	31170530	木材胶黏剂/蒙脱土纳米体系复合机理及性能研究	雷洪	201201	201512	56	56
14	国家自然科学基金	国家自然科学基金委员会	面上项目	31270601	花斑木形成机理的研究	邱坚	201301	201612	81	81
15	国家自然科学基金	国家自然科学基金委员会	面上项目	31160147	木素基酚醛树脂泡沫炭材料的制备与应用基础研究	郑志锋	201201	201412	48	48
16	国家自然科学基金	国家自然科学基金委员会	地区项目	31360159	氨基树脂合成基元反应及树脂结构形成机理的研究	李涛红	201401	201712	50	50
17	国家自然科学基金	国家自然科学基金委员会	地区项目	31060099	介孔分子筛催化剂在派烯异构化、环氧化反应中的应用基础研究	吴春华	201101	201312	26	26
18	国家自然科学基金	国家自然科学基金委员会	地区项目	31260165	巨龙竹半纤维素、木质素结构诠释及相互间化学键合机制解析	史正军	201301	201612	50	50

（续）

序号	项目来源	项目下达部门	项目级别	项目编号	项目名称	负责人姓名	项目开始年月	项目结束年月	项目合同总经费（万元）	属本单位本学科学到账经费（万元）
19	国家自然科学基金	国家自然科学基金委员会	地区项目	31260163	多聚原花青素苷的片段化及其产物的结构和抗氧构效关系研究	赵　平	201301	201612	50	50
20	国家自然科学基金	国家自然科学基金委员会	地区项目	31060098	木质人造板燃烧烟气体产物生成规律及毒性综合评价	吴章康	201101	201212	25	25
21	国家自然科学基金	国家自然科学基金委员会	地区项目	31260159	木材表面等离子体聚合沉积氟/硅纳米薄膜疏水改性研究	解林坤	201301	201512	50	50
22	国家自然科学基金	国家自然科学基金委员会	地区项目	31206160	乙二醛-尿素-甲醛共缩聚树脂的合成、性能反应机理研究	邓书端	201301	201612	50	50
23	国家自然科学基金	国家自然科学基金委员会	地区项目	31260162	高底物浓度木质纤维原料三段酶水解技术及其机制的研究	杨　静	201301	201512	50	50
24	国家自然科学基金	国家自然科学基金委员会	地区项目	31360157	铜-硼-铵动物蛋白复合型木材防腐剂反应和固着机理	夏　炎	201401	201712	50	50
25	国家自然科学基金	国家自然科学基金委员会	青年项目	31200437	工业大麻秆纤维细胞壁层化学组分离结构的形成构机理研究	李晓平	201301	201512	23	23
26	国家自然科学基金	国家自然科学基金委员会	青年项目	31100420	微波等离子体辅助下木材表面二氧化钛微纳多级结构的构筑及耐候性研究	郑荣波	201201	201412	21	21
27	国家自然科学基金	国家自然科学基金委员会	青年项目	31100424	基于小波理论的木材干燥过程声发射机理与特征研究	李　明	201201	201412	22	22
28	国家自然科学基金	国家自然科学基金委员会	青年项目	31100423	纳米氧化铜/酚醛树脂复合体系制备及应用基础研究	高　伟	201201	201412	20	20
29	国家自然科学基金	国家自然科学基金委员会	青年项目	31000267	木材热致变色色调控机制的研究	陈太安	201101	201312	18	18
30	国家自然科学基金	国家自然科学基金委员会	青年项目	3200452	双功能钛硅分子筛催化剂在植物油脂环氧化中的应用基础	黄元波	201301	201512	22	22

（续）

序号	项目来源	项目下达部门	项目级别	项目编号	项目名称	负责人姓名	项目开始年月	项目结束年月	项目合同总经费（万元）	属本单位本学科的到账经费（万元）
31	"948"项目	国家林业局	一般项目	2010-4-05	高性能室外级 MUF 共缩聚木材胶黏剂	杜官本	201101	201212	50	50
32	"948"项目	国家林业局	一般项目	2013-4-08	生物质真空热解油气相重整关键技术引进	郑志锋	201301	201512	50	50
33	"948"项目	国家林业局	一般项目	2013-4-13	集成材用 MUF 共缩聚树脂应用技术引进	雷洪	201301	201612	50	50
34	"948"项目	国家林业局	一般项目	2014-4-40	乙二醛－尿素－甲醛共缩聚树脂引进技术	邓书端	201501	201712	50	50
35	教育部科学技术项目	教育部	重点项目	201205	树脂型甲醛捕捉剂的研制及应用	雷洪	201101	201312	10	6
36	林业科技推广项目	国家林业局	一般项目	[2010] 46	室外级人造板用酚类共缩聚树脂合成与应用成套技术	杜官本	201101	201212	50	50
37	林业科技推广项目	国家林业局	一般项目	[2014] 49	防潮刨花板研发及工业化生产技术推广应用	李君	201405	201612	50	50
38	云南省应用基础研究	云南省科技厅	重点项目	2011FA021	云南特色阔叶林材增值利用技术基础的研究	陈太安	201101	201412	80	40
39	云南省应用基础研究	云南省科技厅	重点项目	2008CC014	木材工业用氨基树脂共缩聚反应研究	杜官本	200901	201212	80	40
40	云南省应用基础研究	云南省科技厅	重点项目	2013FA038	小桐子蛋白基木材胶黏剂降解与交联改性研究	雷洪	201310	201610	80	40
41	云南省应用基础研究	云南省科技厅	重点项目	2014FA034	基于木质素基生物质液化产物的碳纤维制备与性能研究	郑志锋	201410	201710	80	40
42	云南省国际科技合作	云南省科技厅	国际合作	2014IA017	生物质环保型木材胶黏剂研发及其在刨花板中的应用	周晓剑	201401	201712	80	40
43	云南省应用基础研究	云南省科技厅	面上项目	2010CD064	工业大麻秆的纳米力学性能研究	李晓平	201101	201312	7.5	5
44	云南省应用基础研究	云南省科技厅	面上项目	2009CD068	花斑木制备与形成机理研究	邱坚	201001	201212	7.5	5

（续）

序号	项目来源	项目下达部门	项目级别	项目编号	项目名称	负责人姓名	项目开始年月	项目结束年月	项目合同总经费（万元）	属本单位本学科的到账经费（万元）
45	云南省德宏州林业局	云南省科技厅	面上项目	2009CD066	低温等离子体改进聚合物表面印刷适性研究	解林坤	201001	201212	7.5	5
46	云南省应用基础研究	云南省科技厅	面上项目	2013CD027	木材表面等离子体聚合沉积氟/硅纳米薄膜疏水改性研究	解林坤	201301	201512	10	10
47	云南省应用基础研究	云南省科技厅	青年项目	2014FD030	Schiff 碱钴配合物催化 CO_2 与环氧植物油共聚反应研究	杨晓琴	201401	201612	6	6
48	云南省应用基础研究	云南省科技厅	青年项目	2014FD032	木质碎料道路路装材料热物性研究及其生态效益评	程 承	201401	201612	6	6
合计	国家级科研项目		数量（个）	27	项目合同总经费（万元）	2 782.5		属本单位本学科的到账经费（万元）		2 571

II-2-2 其他重要科研项目

序号	项目来源	合同签订/项目下达时间	项目名称	负责人姓名	项目开始年月	项目结束年月	项目合同总经费（万元）	属本单位本学科的到账经费（万元）
1	云南省德宏州林业局	201111	德宏州重要工业竹材材性物理和化学性质分析	邱 坚	201111	201204	24	24
2	云南省生物产业办公室	201102	农林废弃物/塑料复合新材料制造技术	吴章康	201103	201302	120	30
3	云南省农业厅	201105	阻燃人造板关键生产技术研究	吴章康	201106	201205	50	30
4	云南省楚雄市	201305	楚雄市区商业规划使用林地科研报告	张庆文	201305	201312	20	15
5	云南省永胜县	201403	永胜县经济开发区使用林地查验报告	张庆文	201403	201405	20	15
6	云南省教育厅	201409	木质生物质热解催化重整制备芳烃化合物的研究	郑志锋	201410	201710	2	2
7	云南省教育厅	201306	环保型尿素－乙二醛树脂木材胶黏剂的合成与性能研究	邓书端	201307	201507	2	2

（续）

序号	项目来源	合同签订/项目下达时间	项目名称	负责人姓名	项目开始年月	项目结束年月	项目合同总经费（万元）	属本单位本学科的到账经费（万元）
8	云南省教育厅	201306	工业大麻秆纤维增强聚丙烯基复合材料的研究	李晓平	201307	201507	2	2
9	云南省教育厅	201401	磷钨酸催化环氧脂肪酸甲酯开环反应的研究	黄元波	201401	201612	2	2
10	国土资源部	201001	云南省新平县平掌乡泥石流综合治理设计方案	张庆文	201002	201008	70	50
11	云南省仁和马工矿	201101	云南省玉龙县仁和马工矿"山环境治理方案	张庆文	201102	201106	20	20
12	云南省黎明铜矿	201101	云南省玉龙县黎明铜矿"山环境治理方案	张庆文	201102	201106	10	10
13	云南省五点石铁矿	201101	云南省玉龙县五点石铁矿"山环境治理方案	张庆文	201102	201106	10	10
14	云南省教育厅	201008	工业大麻秆无机复合材料的研究	李晓平	201009	201308	0.7	0.7
15	云南省教育厅	201008	油菜籽皮原花青素的研究	秦永剑	201009	201308	0.7	0.7
16	云南省教育厅	201008	介孔分子筛催化剂在派烯异构化反应中的应用基础研究	吴春华	201009	201308	2	2
17	云南省教育厅	201109	等离子体聚合改良木材表面疏水性能的研究	解林坤	201110	201409	2	2
18	云南省教育厅	201109	林业生物质细胞壁主要组分分离纯化及结构诠释——以竹子为例	史正军	201110	201409	2	2
19	云南省教育厅	201109	含C-N键类氨基酚衍生物在不同环境下的抗氧化性基础研究	庄长福	201110	201409	0.7	0.7
20	云南省教育厅	200905	基于桉树皮的可降解聚氨酯制备及其降解可控性的研究	柴希娟	200906	201205	0.7	0.7
21	云南省教育厅	200905	表面活性剂在钢/无机酸界面上的吸附及缓蚀的研究	邓书端	200906	201205	0.7	0.7
22	云南省教育厅	200908	纤维素高压定向催化液化的研究	郑志锋	200909	201208	2	2

Ⅱ-2-3 人均科研经费

人均科研经费（万元/人）	41.71

II-3 本学科代表性学术论文质量

II-3-1 近五年（2010—2014年）国内收录的本学科代表性学术论文

序号	论文名称	第一作者	通讯作者	发表刊次（卷期）	发表刊物名称	收录类型	中文影响因子	他引次数
1	木质原料和阻燃剂对刨花板性能的影响	李晓平	吴章康	2014, 38（3）	南京林业大学学报	CSCD	0.739	3
2	交联改性大豆蛋白胶合板的工艺	雷洪	雷洪	2013, 27（2）	木材工业	CSCD	0.646	5
3	木质梁的变湿蠕变及其湿胀干缩的关系	黄宁翔	张宏健	2013, 27（3）	木材工业	CSCD	0.646	3
4	MUF共缩合树脂的动态热机械分析	王辉	杜官本	2014, 29（5）	西北林学院学报	CSCD	0.851	2
5	紫外光辐照下热处理材变色行为的分析	陈太安	陈太安	2014, 28（6）	木材工业	CSCD	0.646	2
6	乙二醛－尿素树脂的合成，结构与性能研究	邓书端	杜官本	2014, 23（3）	中国胶黏剂	CSCD	0.421	2
7	测定既有拱桥拱圈线形的改进意高测量法	陈顺超	陈顺超	2012, 31（1）	测绘通报	CSCD	0.811	1
8	改进节点重要度赋值法在林区路网规划中的应用	朱德滨	朱德滨	2012, 27（2）	公路	CSCD	0.428	1
9	测量机器人用于悬索桥静载试验的精度分析	陈顺超	陈顺超	2011, 45（1）	广西大学学报（自然科学版）	CSCD	0.648	2
10	木粉原料对木粉／聚乙烯复合材料性能影响的研究	关成	吴章康	2014, 27（3）	西南农业学报	CSCD	0.404	2
11	烟秆制备刨花板的力学性能研究	龚迎春	李晓平	2013, 42（6）	西部林业科学	CSCD	0.645	1
12	含水率对意杨 PF-LVL 弹性模量的影响	孙伟	张宏健	2013, 40（3）	林产工业	CSCD	0.495	2
13	超声波辅助提取橡胶籽油的工艺优化研究	郑云武	郑志锋	2013, 38（6）	中国油脂	CSCD	0.545	3
14	橡胶籽壳无机－有机催化液化及产物的结构表征	郑云武	郑志锋	2013, 41（8）	化工新型材料	CSCD	0.431	2
15	甲醛和 SDBS 对碱降解改性大豆蛋白胶的影响	雷洪	雷洪	2013, 27（2）	林业科技开发	CSCD	0.317	1
16	橡胶籽壳的热化学化及其动力学	郑云武	郑志锋	2013, 41（8）	东北林业大学学报	CSCD	0.342	2
17	不同阻燃剂对工业大麻秆中密度纤维板性能的影响研究	李晓平	李晓平	2013, 31（5）	西部林业科学	CSCD	0.645	1
18	橡胶木粉／聚乙烯复合材料弯曲破坏载荷与吸水性能的研究	关成	吴章康	2014, 43（5）	西部林业科学	CSCD	0.645	2
19	三聚氰胺－尿素－甲醛共缩聚树脂的热性能分析	王辉	杜官本	2014, 23（4）	中国胶黏剂	CSCD	0.421	5
20	二羟甲基脲与三聚氰胺共缩聚反应研究	梁坚坤	杜官本	2014, 23（5）	中国胶黏剂	CSCD	0.421	2
合计						中文影响因子	11.147	
						他引次数		44

Ⅱ-3-2 近五年（2010—2014 年）国外收录的本学科代表性学术论文

序号	论文名称	论文类型	第一作者	通讯作者	发表刊次（卷期）	发表刊物名称	收录类型	他引次数	期刊SCI影响因子	备注
1	Performance, Reaction Mechanism, and Characterization of Glyoxal-Monomethylol Urea (G-MMU) Resin	Article	邓书端	杜官本	2014, 53（13）	Industrial & Engnieering Chemistry Research	SCI	2	2.235	通讯单位
2	Performance and reaction mechanism of zero formaldehyde-emission urea-glyoxal (UG) resin	Article	邓书端	杜官本	2014, 45（12）	Journal of the Taiwan Institute of Chemical Engineers	SCI	2	2.637	通讯单位
3	^{13}C CP/MAS NMR studies on the curing characteristics of phenol formaldehyde resin in the presence of nano cupric oxide and surfactants. II. Effect of CuO loading levels	Article	高 伟	高 伟	2014, 35（01）	Polymer Composite	SCI	1	1.455	通讯单位
4	Hydroxymethyl urea and 1,3-bis(hydroxymethyl) urea as corrosion inhibitors for steel in HCl solution	Article	邓书端	杜官本	2014, 9（1）	Corrosion Science	SCI	1	3.701	通讯单位
5	First/second generation of dendritic ester-co-aldhyde-terminated poly(amidoamine) as modifying components of melamine urea formaldehyde(MUF) adhesives:subsequent use in particleboards production	Article	周晓剑	周晓剑	2014, 21	Journal of Polymer Research	SCI	1	1.897	通讯单位
6	Physical and Mechanical Characterization of Fiber Cell Wall in Castor(*Ricinus connunis* L.)Stalk	Article	李晓平	李晓平	2014, 9（1）	Bioresources	SCI	—	1.549	通讯单位
7	Manufacturing particleboard using hemp shiv and wood particles with low free formaldehyde emission UF resin	Article	李晓平	李晓平	2014, 64（5-6）	Forest Products Journal	SCI	1	0.494	通讯单位
8	Performance and reaction mechanism of zero formaldehyde-emission urea-glyoxal(UG) resin	Article	邓书端	杜官本	2014, 45（4）	Journal of the Taiwan Institute of Chemical Engineers	SCI	1	2.637	通讯单位
9	Synthesis, Structure, and Characterization of Glyoxal-Urea-Formaldehyde Cocondensed Resins	Article	邓书端	杜官本	2014, 131	J. Appl.Polym.Sci.	SCI	1	1.640	通讯单位

（续）

序号	论文名称	论文类型	第一作者	通讯作者	发表刊次（卷期）	发表刊物名称	收录类型	他引次数	期刊SCI影响因子	备注
10	Cross-linked soy-based wood adhesives for plywood	Article	雷洪	杜官本	2014，50	International Journal of Adhesion and Adhesives	SCI	2	2.216	通讯单位
11	Construction of hydrophobic wood surfaces by room temperature deposition of rutile(TiO$_2$) nanostructures	Article	郑荣波	郑荣波	2015，328	Applied surface science	SCI	—	2.538	通讯单位
12	Mechanism of the water-catalysed additon between melamine and formaldehyde:a theoretical investigation	Article	李涛红	杜官本	2014，39	Progress in Reaction Kinetics and Mechanism	SCI	1	0.351	通讯单位
13	A theoretical study on the water-mediated asynchronous addition between urea and formaldehyde	Article	李涛红	杜官本	2013，24（1）	Chinese Chemical Letters	SCI	3	1.178	通讯单位
14	Influence of different synthesis processes on the rheology of PVAc-MMT-DOAB exfoliated nano-composite	Article	崔会旺	杜官本	2013，22（3）	Iranian Polymer Journal	SCI	4	1.469	通讯单位
15	Development of a novel polyvinyl acetate type emulsion curing agent for urea formaldehyde resin	Article	崔会旺	杜官本	2013，47（1）	Wood Science and Technology	SCI	2	1.873	通讯单位
16	Influence of synthesis processes on the properties of PVAc-MMT-STAB exfoliated nanocomposites	Article	崔会旺	杜官本	2013，52（6）	Polymer-Plastics Technology and Engineering	SCI	1	1.481	通讯单位
17	Structure and dynamic mechanical kinetics of polyvinyl acetate-montmorillonite-dioctadecyl dimethyl ammonium bromide	Article	崔会旺	杜官本	2013，26（9）	Journal of Thermoplastic Composite Materials	SCI	2	1.134	通讯单位
18	Using the Agrawal integral equation to study the thermal degradation of polyvinyl acetate-montmorillonite-dioctadecyl dimethyl ammonium bromide	Article	方群	杜官本	2013，33（1）	Journal of Polymer Engineering	SCI	1	0.491	通讯单位
19	Preparation and characterization of PVAc-NMA-MMT	Article	方群	杜官本	2013，26（10）	Journal of Thermoplastic Composite Materials	SCI	1	1.134	通讯单位

（续）

序号	论文名称	论文类型	第一作者	通讯作者	发表刊次（卷期）	发表刊物名称	收录类型	他引次数	期刊SCI影响因子	备注
20	Synthesis and characterization of PVAc-MMT-DOAB exfoliated nanocomposites: reducing polymerization time and water in the synthesis	Article	崔会旺	杜官本	2013, 32 (2)	Advances in Polymer Technology	SCI	2	2.147	通讯单位
21	Upgrading of MUF adhesives for particleboard production using oligomers of hyperbranched poly(amine-ester)	Article	周晓剑	周晓剑	2013, 27 (9)	Journal of Adhesion Science and Technology	SCI	1	1.091	通讯单位
22	Addition Mechanisms of Phenol with formaldehyde under Acid condition: A Theoretical Investigation	Article	许文峰	杜官本	2012, 6	Chinese J. Struct. Chem.	SCI	3	0.477	通讯单位
23	Influence of nanoclay on phenol-formaldehyde and phenol-urea-formaldehyde resins for wood adhesives	Article	雷洪	雷洪	2010	Journal of Adhesion Science and Technology	SCI	6	1.091	通讯单位
24	Variation in physical and mechanical properties of hemp stalk fibers along height of stem	Article	李晓平	李晓平	2013, 42	Industrial Crops and Products	SCI	2	3.208	通讯单位
25	Curing kinetics of nano cupric oxide-modified PF resin as wood adhesive: effect of surfactant	Article	王思群	王思群	2013, 27	Journal of Adhesion Science and Technology	SCI	3	1.091	通讯单位
26	Reaction mechanism, synthesis and characterization of Urea-glyoxal (UG) resin	Article	邓书端	杜官本	2013, 32 (12)	Chinese J. Struct. Chem.	SCI	3	0.477	通讯单位
27	Formation of Methylolureas Under Alkaline Condition: A Theoretical Study	Article	李涛红	李涛红	2013, 25 (15)	Asian Journal of Chemistry	SCI	4	0.355	通讯单位
28	Disruption of soy-based adhesive treated by Ca(OH)2 and NaOH	Article	吴志刚	雷洪	2013, 3	Journal of Adhesion Science and Technology	SCI	2	1.091	通讯单位
29	Microscopic study of waterlogged archeological wood found in southwestern China and method of conservation treatment	Article	邱坚	邱坚	2013, 45 (4)	Wood and Fiber Science	SCI	2	0.875	通讯单位
30	Curing kinetics of nano cupric oxide (CuO)- modified PF resin as wood adhesive: effect of surfactant	Article	高伟	高伟	2013, 27 (221)	Journal of Adhesion Science and Technology	SCI	3	1.091	通讯单位
合计		SCI影响因子 45.104				他引次数		58		

II-5 已转化或应用的专利（2012—2014 年）

序号	专利名称	第一发明人	专利申请号	专利号	授权（颁证）年月	专利受让单位	专利转让合同金额（万元）
1	一种共缩聚树脂型甲醛捕捉剂及其制备方法	杜官本	—	ZL201210106439.3	201406	昆明新飞林人造板有限责任公司	—
2	一种橡胶籽油多元醇及其制备方法	郑志锋	—	ZL201010215609.2	201308	西双版纳纳华坤生物科技有限公司	—
3	一种高强度轻质板材及其制造方法	李晓平	—	ZL201110086673.X	201302	云南工业大麻股份有限公司	—
4	一种低甲醛释放的高支化树脂胶黏剂及其制备方法与应用	杜官本	—	ZL201310274157.9	201411	昆明新飞林人造板有限责任公司	—
5	一种高强度无机人造板及其制造方法	李晓平	—	ZL201110086666.X	201302	云南工业大麻股份有限公司	—
合计	专利转让合同金额（万元）					—	

Ⅲ 人才培养质量

Ⅲ-1 优秀教学成果奖（2012—2014 年）

序号	获奖级别	项目名称	证书编号	完成人	获奖等级	获奖年度	参与单位数	本单位参与学科数
1	国家级	林科类本科人才培养机制改革与路径创新	20148401	刘惠民、胥辉、姚孟春等	二等奖	2014	1	6（15%）
2	省级	林科类本科人才培养模式改革的理论与路径选择	2013009	刘惠民、姚孟春、胥辉等	一等奖	2013	1	6（15%）
3	省级	林业类特色专业建设的研究与实践	2013086	胥辉、杨斌、吴章康等	二等奖	2013	1	6（15%）
4	省级	基于"木材学"课程群的教学团队建设探索与实践	2013075	邱坚、李君、王昌命等	二等奖	2013	1	2（70%）
合计	国家级	一等奖（个）	—	二等奖（个）	1	三等奖（个）	—	
	省级	一等奖（个）	1	二等奖（个）	2	三等奖（个）	—	

Ⅲ-2 研究生教材（2012—2014 年）

序号	教材名称	第一主编姓名	出版年月	出版单位	参与单位数	是否精品教材
1	木结构建筑材料学	张宏健	201308	中国林业出版社	11（1）	否
合计	国家级规划教材数量	—		精品教材数量	—	

2.5.2 学科简介

1. 学科基本情况与学科特色

我校林业工程学科始建于 20 世纪 60 年代，2006 年获一级学科硕士学位授予权，2014 年获博士学位授予权，核心二级学科木材科学与技术于 1993 年获得硕士学位授予权，2001 年获批为云南省重点学科。新世纪以来，获国家科技进步二等奖 1 项、省级科技奖励一等奖 3 项、其他科技成果奖 4 项，完成 / 在研项目达 150 余项，总经费达 3 200 余万元。"木材胶黏剂研发"团队 2010 年获批为云南省科技创新团队，建有教育部重点实验室、云南省重点实验室 / 工程中心、国家林业局木竹材质量检测检验中心（昆明）等科研与技术服务平台。学科对外交流与合作活跃，国外访学交流达 50 余人次，与法国洛林大学、美国爱荷华州立大学、美国南方林业研究院、日本京都大学生存圈研究所等的合作富有成效，与法国洛林大学联合建设的"生物质材料中法联合实验室"于 2013 年 12 月被认定为"云南省国际联合研究中心"。在 2012 年教育部组织的一级学科评估中，位列全国第 5。

依托西南地区的木竹材资源优势和毗邻东南亚 / 南亚的区位优势，学科的建设发展注重区域特色和学科交叉，特色主要体现在以下研究方向：

① 西南特色生物质材料的研发利用：系统研究了云南二十余种优势木竹材的基础性质；开创性地研发了水浸木质文物的树脂可逆加固技术；研究了低质木材的热处理、压缩密实化、糠醇树脂浸渍和石蜡乳液浸渍等高效改性技术；开拓性地研究木竹材表面的微波等离子体处理技术，建立化学活性表面，开展表面疏水处理的纳米技术研究。

② 木材胶黏剂合成工艺与理论：基于甲醛系列树脂结构形成和竞争反应机理的研究，提出的共缩聚树脂合成路径，被誉为三大合成路径之一；开拓性地应用量子化学理论，研究树脂反应机理和竞争机制，完善树脂合成的理论体系；系统开展了大豆基胶黏剂的应用基础理论研究；开展了纳米级木材保护剂与胶黏剂共混合成技术的创新研究。

（续）

③ 木竹生物质材料重组与应用：重点开展了防潮型／环保型刨花板工业化生产技术的研发；开创性地开展西南丛生竹重组材的制造及应用技术的研究，初步建立了我国新型木竹质工字梁设计、制造和应用技术体系，并将其推进至国际学术前沿；开展了农林废弃物／塑料复合工程材的工业化生产技术研究，并在民族区域特色民居上示范性应用。

④ 生物质化学与材料：开展了西南特色壳类生物质资源的热化学转化，及其产物用于酚醛树脂胶黏剂、泡沫碳材料、燃料油、化学品等制备的研究；开展了植物提取物的缓蚀效应、天然抗氧化剂原花青素改性等研究；研究了橡胶籽油、小桐籽油等非食用木本油脂及废弃油脂的高效转化与利用技术研究。

2. 社会贡献

西南林业大学林业工程一级学科在西南地区具有唯一性，是地区林产工业领域的科学研究、技术研发与人才培养的领军团队，以立足云南、服务西南为己任，在以下方面对地方的社会贡献显著：

① 提供决策咨询：完成昆明晋宁泛亚家具产业园的《总体规划》与《可行性研究报告》的编制工作，产业园初具规模，有力地推动了地区家具产业的集群化；完成云南省德宏州优势竹种材性的系统评价工作，为地方竹材产业的规划发展提供了科学决策依据；完成《云南省农产品加工业"十二五"发展规划》《云南省林业产业"十二五"发展规划》的编制与审定工作，为省农林产业的发展规划和政策制定提供科技支撑。

② 服务产业发展：与云南省行业龙头企业昆明新飞林人造板有限公司重点合作，依托云南省重点实验室／工程中心等平台，推进了环保型刨花板工业化生产技术研发，成果获得国家科技进步二等奖，经济、社会效益显著；与地方龙头企业合作，研制竹大片刨花板、竹木复合工字梁、木塑轻钢集成傣族民居、阻燃胶合板等高科技产品，显著提升了产品的市场竞争力与企业的经济效益；为云南景谷林业、云南玉加宝木业等十余家企业提供技术培训或技术咨询达300余人次；为云南省森林公安、海关等单位开展珍贵树种的鉴定工作，为打击违法犯罪活动提供技术支持；依托学科建设的国家林业局木材及木竹材制品质量检测检验中心（昆明），每年为行业企业提供产品质量检测、技术咨询服务200余次。

③ 弘扬文化与科学普及：积极传承并宣传木文化等基础知识，如：包含木材标本库在内的校标本馆被列为省级科普基地，每年向中小学生与社会大众免费开放累计达2 000余人次，帮助大家树立对林产工业的科学理解；与国际木文化学会合作举办国际性木文化会议，向来自美国、日本等国的学者展示云南的木文化；与云南省文化厅合作，开展剑川海门口遗址水浸古木的保护技术研发，推进木文化的传承与发扬；与西双版纳华坤生物科技有限公司合作，开展现代傣族民居示范性建设，传承发扬民族特色民居文化。

④ 学科成员社会兼职：学科是云南省林产业技术创新战略联盟、云南省能源协会、昆明市胶黏剂协会等的牵头或核心成员单位，现有国际木材科学院院士1人、云南省学术与技术带头人5人，主要学术兼职为国家自然科学基金林学组评审专家1人、国家科技奖励评审专家3人、全国性学术组织副会长／副主任委员1人、全国性学术组织常务理事／理事4人、地区性学术组织主任委员／理事长1人、国内外著名学术刊物编委或审稿人7人，学科带头人兼任云南省政协常委。

2.6 中国林业科学研究院

2.6.1 清单表

Ⅰ 师资队伍与资源

	I-1 突出专家				
序号	专家类别	专家姓名	出生年月	获批年月	备注
1	中国工程院院士	宋湛谦	194207	199912	农学部
2	千人计划入选者	王思群	195906	201102	短期千人
3	国家杰出青年基金获得者	储富祥	196309	200401	C1604
4	国家杰出青年基金获得者	吕建雄	196303	200901	C1603
5	"863"主题专家	蒋剑春	195502	201203	
6	百千万人才工程国家级人选	王　正	195401	1997	
7	享受政府特殊津贴人员	刘明刚	195509	2000	
8	享受政府特殊津贴人员	叶克林	195603	2008	
9	享受政府特殊津贴人员	傅万四	196002	2012	
10	享受政府特殊津贴人员	周玉成	195812	2012	
11	享受政府特殊津贴人员	秦特夫	195410	2014	
12	科技部创新人才推进计划中青年科技创新领军人才	殷亚方	197601	2013	
13	国家林业局首批"百千万人才工程"省部级人选	房桂干	196602	2013	
14	国家林业局首批"百千万人才工程"省部级人选	饶小平	197810	2013	
合计	突出专家数量（人）			14	

	I-2 团队	学术带头人姓名	带头人出生年月	资助期限
序号	团队类别	学术带头人姓名	带头人出生年月	资助期限
1	科技部创新人才推进计划重点领域创新团队（林木资源化学深加工）	储富祥	196309	2013—2016
合计	团队数量（个）			1

			I-3 专职教师与学生情况		
类型	数量	类型	数量	类型	数量
专职教师数	301	其中，教授数	57	副教授数	113
研究生导师总数	79	其中，博士生导师数	28	硕士生导师数	51
目前在校研究生数	162	其中，博士生数	53	硕士生数	109
生师比	2.1	博士生师比	1.9	硕士生师比	2.1
近三年授予学位数	145	其中，博士学位数	42	硕士学位数	103

I-4　重点学科					
序号	重点学科名称	重点学科类型	学科代码	批准部门	批准年月
1	森林工程	国家林业局重点学科	082901	国家林业局	200605
2	木材科学与技术	国家林业局重点学科	082902	国家林业局	200605
3	林产化学加工工程	国家林业局重点学科	082903	国家林业局	200605
合计	二级重点学科数量（个）	国家级	—	省部级	3

I-5　重点实验室				
序号	实验室类别	实验室名称	批准部门	批准年月
1	国家工程研究中心	木材工业国家工程研究中心	国家发展和改革委员会	199508
2	国家野外观测站	国家人造板与木竹制品质量监督检验中心	国家质监总局	198808
3	国家级产业创新联盟	木竹产业技术创新战略联盟	科技部	200910
4	国家工程实验室	生物质化学利用国家工程实验室	国家发展和改革委员会	2008
5	国家工程技术研究中心	国家林产化学工程技术研究中心	科技部	1993
6	省部级重点实验室／中心	木材科学与技术重点实验室	林业部	199503
7	省部级重点实验室／中心	生物质材料工程技术研究中心	国家林业局	200612
8	省部级重点实验室／中心	国家油茶科学研究中心加工利用实验室	国家林业局	2008
9	省部级重点实验室／中心	国家林业局生物质能源工程技术研究中心	国家林业局	2006
10	省部级重点实验室／中心	国家林业局林产化学工程重点实验室	林业部	1995
11	省部级重点实验室／中心	江苏省生物质能源与材料重点实验室	江苏省	2009
12	省部级重点实验室／中心	林业机电工程重点实验室	国家林业局	200306
13	省部级重点实验室／中心	林业装备工程技术研究中心	国家林业局	201202
14	省部级重点实验室／中心	竹家居工程技术研究中心	国家林业局	2014
15	省部级重点实验室／中心	浙江省竹子高效加工重点实验室	浙江省科学技术厅　浙江省财政厅　浙江省发展和改革委员会	2014
合计	重点实验室数量（个）	国家级　5	省部级	10

Ⅱ 科学研究

Ⅱ-1 近五年（2010—2014年）科研获奖

序号	奖励名称	获奖项目名称	证书编号	完成人	获奖年度	获奖等级	参与单位数	本单位参与学科数
1	国家技术发明奖	人造板及其制品环境指标的检测技术体系	2010-F-202-2-01-R01	周玉成等	2010	二等奖	1	1
2	国家科技进步奖	农林剩余物多途径热解气化联产炭材料关键技术开发	2013-J-202-2-02-D01	蒋剑春等	2013	二等奖	4（1）	1
3	国家科技进步奖	木塑复合材料挤出成型制造技术及应用	2012-J-202-2-05-D02	秦特夫等	2012	二等奖	7（2）	1
4	国家科技进步奖	非耕地工业油料植物高产新品种选育及高值化利用技术	2014-J-202-2-03-D02	夏建陵等	2014	二等奖	7（2）	1
5	国家科技进步奖	防潮型刨花板研发及工业化生产技术	2011-J-202-2-03-R10	龙玲等	2011	二等奖	7（7）	1
6	中国专利奖	环保型胶合板生产工艺	ZL00134681.4	王正等	2013	优秀奖	1	1
7	中国专利奖	一种大片竹束竹帘及其制造方法和所用设备	ZL200910077384.6	于文吉等	2014	优秀奖	1	1
8	中国专利奖	一种增强、阻燃改性人工林木材及其制备方法	ZL200910089413.0	刘君良等	2014	优秀奖	1	1
9	中国专利奖	生物质内循环锥形流化床气化工艺及设备	ZL01108139.2	蒋剑春等	2013	优秀奖	1	1
10	中国专利奖	利用杨木加工剩余物制取文化用纸配抄用漂白化机浆的方法	ZL200910181331.9	房桂干等	2013	优秀奖		1
11	中国专利奖	竹材原态多方重组材料及其制造方法	ZL200710179001.7	傅万四等	2014	优秀奖	1	1
12	北京市科学技术奖	高性能竹基纤维复合材料制造技术	2013农-2-002	于文吉等	2013	二等奖	6（1）	1
13	北京市科学技术奖	环境安全型木塑复合人造板及其制品关键制造技术	2013农-3-005	王正等	2013	三等奖	5（1）	1
14	北京市科学技术奖	承载型竹基复合材料制造关键技术与装备开发应用	2011农-2-002	傅万四等	2011	二等奖	6（1）	1
15	江苏省科技奖	生物质替代有害原料制备聚氨酯节能保温材料关键技术开发	2013-2-23-D1	周永红等	2013	二等奖	2（1）	
16	江苏省科技奖	锥形流化床生物质热解气化技术研究与应用	2010-2-10-D1	蒋剑春等	2010	二等奖	2（1）	1
17	中国轻工业联合会科技进步奖	低质纤维原料化学机械浆节能清洁生产技术及核心装备	2014-J-2-1	房桂干等	2014	二等奖	3（1）	1
18	江苏省科技奖	银杏叶生物活性物高效制备关键技术及应用	2011-3-100-D1	王成章等	2011	三等奖	2（1）	1

（续）

序号	奖励名称	获奖项目名称	证书编号	完成人	获奖年度	获奖等级	参与单位数	本单位参与学科数
19	浙江省级科技进步奖	竹质高性能活性炭生产工艺与设备研究	1102093-1	王树东	2011	二等奖	5（1）	1
20	梁希林业科技奖	木竹材性光谱速测及品质鉴别关键技术与应用	2011-KJ-1-02	傅峰等	2011	一等奖	2（2）	1
21	梁希林业科技奖	人工林杨树木材改性技术研究与示范	2013-KJ-2-05	刘君良等	2013	二等奖	5（1）	1
22	梁希林业科技奖	松香改性木本油脂基环氧固化剂制备技术与产业化开发	2013-KJ-2-04	夏建陵等	2013	三等奖	1（1）	1
23	梁希林业科技奖	木塑复合材料的挤出成型及产品开发	2011-KJ-3-34	秦特夫等	2011	三等奖	1	1
24	梁希林业科技奖	植物单宁工业标准化研究与林业行业标准制定修订	2011-KJ-3-37	陈笳鸿等	2011	三等奖	1	1
25	梁希林业科技奖	茶籽油品质快速鉴定及全值化利用加工关键技术	2013-KJ-3-23	王成章等	2013	三等奖	1	1
26	梁希林业科技奖	木结构构件连接技术研究	2011-KJ-3-09	赵荣军等	2011	三等奖	2（2）	1
27	梁希林业科技奖	竹材定向刨花板防腐防霉技术研究	2013-KJ-3-40	蒋明亮等	2013	三等奖	2（2）	1
合计	科研获奖数量（个）	国家级	一等奖	—	—	特等奖	一等奖	2
		省部级	二等奖	7	—	一等奖	三等奖	6

II-2 代表性科研项目（2012—2014年）

II-2-1 国家级、省部级、境外合作科研项目

序号	项目来源	项目下达部门	项目级别	项目编号	项目名称	负责人姓名	项目开始年月	项目结束年月	项目合同总经费（万元）	属本单位本学科的到账经费（万元）
1	国家"863"计划	科技部	一般项目	2013AA050703	生物质制备化学品关键技术研究	胡立红	201301	201512	389	389
2	国家科技支撑计划	科技部	重大项目	2012BAD23B0101	竹质工程材料标准与建筑规范研究	任海青	201201	201612	1411	1411
3	国家科技支撑计划	科技部	一般项目	2012BAD24B0101	非常用与低等级木材高效加工技术集成与示范	段亚方	201201	201512	270	270
4	国家科技支撑计划	科技部	重大项目	2012BAD24B04	林木资源与室外材深加工关键技术研究及示范	储富祥	201201	201512	835	365
5	国家科技支撑计划	科技部	重大项目	2012BAD24B0201	家装材与室外材增值制造技术研究与示范	吕建雄	201201	201512	512	512
6	国家科技支撑计划	科技部	重大项目	2011BAD33B02	松脂、单宁酸、白蜡、紫胶、刺五加等林特产资源高效利用技术研究与示范	宋湛谦	201101	201512	921	421

（续）

序号	项目来源	项目下达部门	项目级别	项目编号	项目名称	负责人姓名	项目开始年月	项目结束年月	项目合同总经费（万元）	属本单位本学科的到账经费（万元）
7	国家科技支撑计划	科技部	重大项目	2011BAD22B05	富烃车用生物柴油及其综合利用技术研究与示范	蒋剑春	201101	201312	5 582	1 182
8	国家科技支撑计划	科技部	重大项目	2012BAD32B03	生物基塑料助剂制备关键技术研究与示范	夏建陵	201201	201412	1 885	765
9	国家科技支撑计划	科技部	重大项目	2012BAD32B05	生物基多元醇节能保温材料制备技术集成与示范	周永红	201201	201412	2 858	1 178
10	国家科技支撑计划	科技部	重大项目	2014BAD02B00	秸类淀粉与秸秆生物质炼制生物柴油及其综合利用产业化示范	张 宁	201401	201612	1 768	1 768
11	国家科技支撑计划	科技部	重大项目	2014BAD17B01	油脂松脂基增塑剂和环氧固化剂制备关键技术及示范	黄立新	201401	201612	789	789
12	部委级科研项目	国家林业局	重大项目	201304501	木地板饰料基材质量轻制关键技术研究与示范	叶克林	201301	201512	680	386
13	部委级科研项目	国家林业局	重大项目	201204703	实木复合门机械化制造与环保涂装技术研究	程放、张占宽	201201	201412	518	197
14	部委级科研项目	国家林业局	重大项目	201004006	木材产业升级关键技术研究	叶克林	201001	201212	914	369
15	部委级科研项目	国家林业局	重大项目	201404501	实木家具用低质木材提质加工技术研究与示范	吕建雄	201401	201612	365	167
16	部委级科研项目	国家林业局	重大项目	201404503	速生林木材高效重组制造关键技术与示范	于文吉	201401	201612	358	151
17	部委级科研项目	国家林业局	重大项目	201104004	木质纤维化学材料及功能化技术	储富祥	201101	201412	686	686
18	部委级科研项目	国家林业局	重大项目	201204801	高品质生物基燃料油定向催化合成产业化技术	蒋剑春	201201	201412	778	778
19	部委级科研项目	国家林业局	重大项目	201304503	国家重点"大规格竹重组材制造关键技术、装备研发与示范"	傅万四	201301	201512	644	180
20	部委级科研项目	国家质量监督检验检疫总局	重大项目	2012104006	"双打"中林业相关产品检验鉴定技术研究	吕 斌	201201	201412	844	536
21	部委级科研项目	国家林业局	一般项目	2012104707	《细木工板》和《实木地板》等4项ISO国际标准研制	段新芳	201201	201512	93	78
22	部委级科研项目	国家林业局	一般项目	201304508	濒危与珍贵热带木材识别及其新技术研究	殷亚方	201301	201512	127	106
23	部委级科研项目	国家林业局	一般项目	201304515	活立木结构材层析成像技术与设备研究示范	周玉成	201301	201512	175	103
24	部委级科研项目	国家林业局	一般项目	2009432016	结构用木材标准体系研究	吕建雄	200901	201212	124	84
25	部委级科研项目	国家林业局	一般项目	201004038	杉木实木功能地板创制关键技术研究	傅 峰	201001	201212	242	116

（续）

序号	项目来源	项目下达部门	项目级别	项目编号	项目名称	负责人姓名	项目开始年月	项目结束年月	项目合同总经费（万元）	属本单位本学科的到账经费（万元）
26	部委级科研项目	国家林业局	一般项目	201404505	木竹电热复合材料及抗老化技术研究与示范	陈玉和	201401	201612	125	18
27	部委级科研项目	国家林业局	一般项目	201104031	松香深加工利用新技术研究	赵振东	201101	201312	176	176
28	部委级科研项目	国家林业局	一般项目	200804011	可聚合松香基单体的合成及其应用研究	王春鹏	200801	201212	189	189
29	部委级科研项目	国家林业局	一般项目	201304606	基于纤维素乙醇副产物的木材胶黏剂制备技术	王春鹏	201301	201512	161	161
30	部委级科研项目	国家林业局	一般项目	201004051	热能自给型木质活性炭连续化生产利用技术研究	邓先伦	201001	201312	267	267
31	部委级科研项目	国家林业局	一般项目	201004001	林业生物质燃料油制备利用技术	张宁	201001	201412	108	108
32	部委级科研项目	国家林业局	一般项目	200904062	林业生物质制备合成气技术与装备研制	应浩	200901	201212	177	177
33	部委级科研项目	国家林业局	一般项目	201004013	植物多酚型稀有金属络合剂开发及产业化研究	秦清	201001	201212	328	328
34	部委级科研项目	国家林业局	一般项目	201304602	湿地松松脂采集及高效利用新技术研究	商士斌	201201	201412	182	182
35	部委级科研项目	国家林业局	一般项目	201404610	超级电容器用木质活性炭加工关键技术研究与示范	孙康	201401	201712	116	116
36	部委级科研项目	国家林业局	一般项目	200904057	竹材原态多方重组建筑材料制造技术及设备研究	傅万四	200901	201212	140	140
37	部委级科研项目	国家林业局	一般项目	201104064	落叶松结构材应力分等关键技术装备研究与开发	张伟	201106	201405	192	128
38	部委级科研项目	国家林业局	一般项目	201304204	林木采伐清林两用机装备关机技术研究	郝克君	201301	201612	140	140
39	部委级科研项目	国家林业局	一般项目	201204411	油茶优质种苗自动嫁接技术的引进	吴晓峰	201201	201512	120	120
40	部委级科研项目	国家林业局	一般项目	2013/4/15	高性能木质复合音材料制备技术引进	彭立民	201301	201712	45	45
41	部委级科研项目	国家林业局	一般项目	2014-4-44	木门旋杯式静电喷涂技术引进	张古荒	201401	201712	50	50
42	部委级科研项目	国家林业局	一般项目	2014-4-43	现代木结构高强度金属件－卯榫连接技术引进	王朝晖	201401	201712	50	50
43	部委级科研项目	国家林业局	一般项目	2011/4/19	木材压缩预处理关键技术的引进	赵有科	201101	201512	60	60
44	部委级科研项目	国家林业局	一般项目	2012/4/29	顺向木条层积材（PSL）制造关键技术引进	王正	201201	201412	50	50
45	部委级科研项目	国家林业局	一般项目	2012/4/28	木质纤维微波连续液化关键技术引进	李改云	201201	201412	50	50
46	部委级科研项目	国家林业局	一般项目	2009-4-50	抑烟性阻燃中密度纤维板生产技术引进	陈志林	200901	201212	50	50
47	部委级科研项目	国家林业局	一般项目	2009-4-54	木材柔性真空管道干燥技术	高瑞清	200901	201212	60	60

（续）

序号	项目来源	项目下达部门	项目级别	项目编号	项目名称	负责人姓名	项目开始年月	项目结束年月	项目合同总经费（万元）	属本单位本学科的到账经费（万元）
48	部委级科研项目	国家林业局	一般项目	2009-4-52	木材压缩变形的高频加热固定新技术引进	黄荣凤	200901	201212	60	60
49	部委级科研项目	国家林业局	一般项目	2011/4/1	大功率超声波植物提取技术引进	毕良武 赵振东	201101	201412	60	60
50	部委级科研项目	国家林业局	一般项目	2012/4/13	松香制备农药乳化剂关键技术引进	饶小平	201201	201512	50	50
51	部委级科研项目	国家林业局	一般项目	2009-4-58	高附加值日本野漆树蜡及其精细品的综合加工技术引进	王成章	200901	201212	50	50
52	部委级科研项目	国家林业局	一般项目	2012/4/15	松针制备绿色无公害作物生长促进剂技术引进	郑光耀	201201	201612	50	50
53	部委级科研项目	国家林业局	一般项目	2008-4-77	木材剩余物制备环境友好复合材料新技术引进	孔振武	200801	201212	50	50
54	部委级科研项目	国家林业局	一般项目	2012/4/12	林特产品超声波雾化干燥技术引进	黄立新	201201	201512	50	50
55	部委级科研项目	国家林业局	一般项目	2009-4-60	引进电子化学品多羟基二苯甲酮产品的相转移催化合成技术	秦 清	200901	201212	50	50
56	部委级科研项目	国家林业局	一般项目	2013/4/12	木质素酚醛泡沫保温材料制备技术引进	胡立红	201301	201512	60	60
57	部委级科研项目	国家林业局	一般项目	2014-4-31	农林剩余物制机械浆节能和减量技术引进	房桂干	201401	201612	55	55
58	部委级科研项目	国家林业局	一般项目	2014-4-32	林业生物质气化制取富氢燃气技术引进	应 浩	201401	201612	55	55
59	部委级科研项目	国家林业局	一般项目	2011/4/14	木结构梁柱加工工设备关键技术引进	张长青	201101	201412	60	45
60	部委级科研项目	国家林业局	一般项目	[2012] 12 号	木纤维/麻纤维/合成纤维三元复合材料应用	郭文静	201201	201412	50	50
61	部委级科研项目	国家林业局	一般项目	[2012] 10 号	蓝变木材热处理改性技术产业化示范	黄荣凤	201201	201412	50	50
62	部委级科研项目	国家林业局	一般项目	[2011] 39 号	阻燃实木复合地板生产技术	陈志林	201101	201312	35	35
63	部委级科研项目	国家林业局	一般项目	[2012] 11 号	人造板甲醛释放量快速检测技术的应用与推广	程 放	201201	201312	30	30
64	部委级科研项目	国家林业局	一般项目	[2014] 09 号	新型国产材木结构墙体与桁架连接技术应用示范	赵荣军	201401	201612	50	50
65	部委级科研项目	国家林业局	一般项目	[20128] 18	油橄榄叶抗氧化剂的加工技术及其功能产品产业化推广	王成章	201204	201404	50	50
66	部委级科研项目	国家林业局	一般项目	2011-40	高稳定松香季戊四醇酯的制备新工艺	商士斌	201105	201305	100	40
67	部委级科研项目	国家林业局	一般项目	[2012] 19	杨木纤维基可降解高分子材料制备技术示范	金立维	201201	201412	50	50

（续）

序号	项目来源	项目下达部门	项目级别	项目编号	项目名称	负责人姓名	项目开始年月	项目结束年月	项目合同总经费（万元）	属本单位本学科的到账经费（万元）
68	部委级科研项目	国家林业局	一般项目	[2014] 11	林木剩余物高效清洁制浆技术产业化推广	房桂干	201401	201612	60	60
69	部委级科研项目	国家林业局	一般项目	[2012] 11	热敏性林化产品低温喷雾干燥技术研究及装备开发	黄立新	201101	201312	30	30
70	部委级科研项目	国家林业局	一般项目	[2012] 34 号	竹材原态弧形重组技术产业化推广与示范	傅万四	201201	201412	50	50
71	部委级科研项目	国家林业局	一般项目	[2011] 41 号	雷击火预警电场传感器产品中试	李迪飞	201101	201312	35	35
72	部委级科研项目	国家林业局	一般项目	[2010] 19 号	半流动沙丘固沙植树造林装备技术集成示范	杜鹏东	201001	201212	35	35
73	国家农业科技成果转化	科技部	重点项目	2010GB24320612	高效热能回收与零排放木材干燥技术	程 放	201001	201212	100	100
74	国家农业科技成果转化	科技部	重点项目	2010GB24320610	孟烷二胺合成与精制产业化技术	陈玉湘	201005	201205	100	100
75	国家农业科技成果转化	科技部	重点项目	2.01143E+11	桐油制备节能环氧沥青材料的研究与开发	夏建陵	201104	201304	200	60
76	国家农业科技成果转化	科技部	重点项目	2013GB24320604	高纯 α- 松油醇合成与精制产业化技术	陈玉湘	201301	201512	180	60
77	国家农业科技成果转化	科技部	重点项目	2012GB24320577	银杏叶热敏性活性物减压超声提取和低温喷雾成型产业化技术	黄立新	201204	201404	200	60
78	国家农业科技成果转化	科技部	重点项目	2013GB24320608	野漆树蜡精制及其改性精细品加工产业化技术	周 昊	201309	201508	200	60
79	国家农业科技成果转化	科技部	重点项目	2012GB24320583	变压吸附精制氢气活性炭加工关键技术开发	刘石彩	201204	201404	160	60
80	国家农业科技成果转化	科技部	重点项目	2013GB24320601	木质素改性酚醛泡沫塑料的产业化技术开发	周永红	201309	201508	140	60
81	国家农业科技成果转化	科技部	重点项目	2013GB24320604	高纯 α- 松油醇合成与精制产业化技术	陈玉湘	201309	201508	180	180
82	国家农业科技成果转化	科技部	一般项目	2013GB24320605	人工林杉木增强改性技术推广与示范	吕文华	201301	201512	60	60

（续）

序号	项目来源	项目下达部门	项目级别	项目编号	项目名称	负责人姓名	项目开始年月	项目结束年月	项目合同总经费（万元）	属本单位本学科的到账经费（万元）
83	国家农业科技成果转化	科技部	一般项目	2013GB24320607	木材低切削量锯切加工技术	张占宽	201301	201512	60	60
84	国家农业科技成果转化	科技部	一般项目	2013GB24320612	环保型改性豆基蛋白胶黏剂推广与应用	祝荣先	201301	201512	60	60
85	国家农业科技成果转化	科技部	一般项目	2012GB24320589	一次性压贴热塑性树脂实木复合地板制造技术	王 正	201201	201412	60	60
86	国家农业科技成果转化	科技部	一般项目	2012GB24320592	纳米氧化物改性聚丙烯酸酯水性家具涂料开发	龙 玲	201201	201412	60	60
87	国家农业科技成果转化	科技部	一般项目	2012GB24320588	水泥模板用竹基纤维复合材料产业化推广与应用	于文吉	201201	201412	60	60
88	国家农业科技成果转化	科技部	一般项目	2010GB24320624	阻燃实木表面装饰材料制造技术	吴玉章	201001	201212	50	50
89	国家农业科技成果转化	科技部	一般项目	2011GB24320	松香基季铵型双子表面活性剂产业化技术开发	饶小平	201101	201312	60	60
90	国家农业科技成果转化	科技部	一般项目	2010GB24320618	反相悬浮聚合法制备两性离子型纤维素基高吸水树脂的产业化技术开发	王 丹	201005	201204	60	50
91	国家农业科技成果转化	科技部	一般项目	2010GB24320626	负压沸腾提取和膜分离高纯度油橄榄苷的产业化技术	王成章	201006	201312	50	50
92	国家农业科技成果转化	科技部	一般项目	2012GB24320579	低成本三元共聚环保型木材胶制备技术开发	储富祥	201206	201405	60	60
93	国家农业科技成果转化	科技部	一般项目	2010GB24320617	1ZC-50型林木种子去翅精选联合机中试应用	吴晓峰	201001	201212	50	50
94	国家农业科技成果转化	科技部	一般项目	2010GB24320614	苗圃机械化精细作业关键技术中试示范	吴兆迁	201001	201212	50	50
95	国家自然科学基金	国家自然科学基金委员会	杰出青年基金	30825034	木材流体学与干燥基础科学	吕建雄	200901	201212	200	200

（续）

序号	项目来源	项目下达部门	项目级别	项目编号	项目名称	负责人姓名	项目开始年月	项目结束年月	项目合同总经费（万元）	属本单位本学科的到账经费（万元）
96	国家自然科学基金	国家自然科学基金委员会	面上项目	C0403	边心材转变过程中管胞结构和化学成分变化及其对管胞强度性能的影响	殷亚方	201001	201212	35	35
97	国家自然科学基金	国家自然科学基金委员会	面上项目	31170528	模拟火灾中阻燃木质材料的有害烟气成分及其毒性预测研究	吴玉章	201201	201512	70	70
98	国家自然科学基金	国家自然科学基金委员会	面上项目	31170527	竹材多尺度非均质结构强韧及破坏机理	王小青	201201	201512	56	56
99	国家自然科学基金	国家自然科学基金委员会	面上项目	31270591	温度对木材细胞壁结构和性能的影响机制研究	黄安民	201301	201612	86	86
100	国家自然科学基金	国家自然科学基金委员会	面上项目	31270605	微量零锯料角锯齿木材锯切特性与机理研究	张占宽	201301	201612	80	80
合计	国家级科研项目			数量（个）	136	项目合同总经费（万元）		32 391	属本单位本学科的到账经费（万元）	20 634

II-2-2 其他重要科研项目

序号	项目来源	合同签订/项目下达时间	项目名称	负责人姓名	项目开始年月	项目结束年月	项目合同总经费（万元）	属本单位本学科的到账经费（万元）
1	合江巨森索具包装有限公司	201201	托盘用竹木复合包装材料开发	于文吉	201201	201212	20	20
2	中国福马机械集团有限公司	201207	年产 20 万立方米中高密度纤维板连续平压机生产线电气控制系统开发项目	周玉成	201207	201612	106	106
3	中国核电工程有限公司	201402	放射性物品运输安全监管体系研究（减震材料木材力学性能测试研究）	刘君良	201402	201410	10	10
4	科研院所技术开发研究专项资金	201301	人造板连续平压机拖动摆幅精准控制技术	周玉成	201301	201512	133	133

（续）

序号	项目来源	合同签订/项目下达时间	项目名称	负责人姓名	项目开始年月	项目结束年月	项目合同总经费（万元）	属本单位本学科的到账经费（万元）
5	科研院所技术开发研究专项资金	201401	林纸一体化废水深处理技术和专用化学品研究与示范	房桂干	201401	201512	120	200
6	科研院所技术开发研究专项资金	201401	淀粉基增塑剂催化合成及松脂化改性工程化技术研究	徐俊明	201401	201612	181	101
7	科研院所技术开发研究专项资金	201201	林木种子去翅分级联合机的研制	吴晓峰	201201	201412	87	87
8	国家质量监督检验检疫总局	201301	ISO/TC218/NP13061-10 无眼木材小试样的物理力学性质试验方法第 10 部分：木材抗冲击弯曲强度的测定等 4 项国际标准制订	吕建雄	201301	201506	26	26
9	国家质量监督检验检疫总局	201001	ISO/TC89/SC3/NP13609 细木工板和 /NP13608 装饰单板贴面人造板国际标准制定	叶克林	201001	201412	23	23
10	全国竹藤标准化技术委员会	201301	竹质结构工程材料名词术语	任丁华	201301	201412	8	8
11	全国木材标准化技术委员会	201201	中国陆地木材生物危害等级区域划分	马星霞	201201	201312	4	4
12	全国林业生物质材料标准化技术委员会	201201	挤压木塑复合板材	黄洛华	201201	201312	7	7
13	全国人造板标准化技术委员会	201101	胶合板	段新芳	201101	201212	2	2
14	国家林业局	201201	木塑复合工程材料系列专利技术推广应用	郭文静	201201	201312	20	20
15	国家林业局	201101	纤维化单板重组木制造专利技术推广应用	于文吉	201101	201212	10	10
16	国家林业局	201401	"木地板专利联盟" 建设推进项目	叶克林 黄安民	201401	201412	20	20
17	国家林业局	201401	中国林业循环经济发展驱动模式研究	段新芳	201401	201512	20	20
18	国家林业局	201401	常见贸易濒危木材识别手册	殷亚方	201401	201412	20	20
19	中国林科院林业新技术研究所所基本科研业务费专项资金项目	201001	国产落叶松材木结构关键技术研究	王朝晖	201001	201312	110	110
20	中国林科院林业新技术研究所所基本科研业务费专项资金项目	201001	木门异形表面砂光与高效除尘技术研究	彭晓瑞	201001	201312	120	120

（续）

序号	项目来源	合同签订/项目下达时间	项目名称	负责人姓名	项目开始年月	项目结束年月	项目合同总经费（万元）	属本单位本学科的到账经费（万元）
21	中国林科院林业新技术研究所基本科研业务费专项资金项目	201101	古建筑木构件防腐阻燃表面处理技术	马星霞	201101	201412	70	70
22	中国林业科学研究院基本科研业务费专项资金项目	201107	林业剩余物清洁制浆关键技术和产业化示范	谭新建房桂干	201107	201406	120	120
23	中国林业科学研究院基本科研业务费专项资金项目	201107	环氧脂肪酸酯类增塑剂制备与应用技术开发	付　权陈　洁	201107	201406	270	120
24	中国林业科学研究院基本科研业务费专项资金项目	201408	木质纤维原位加氢液化与精炼过程机制研究	徐俊明	201408	201708	100	100
25	中国林科院林业新技术研究所基本科研业务费专项资金项目	201106	阻燃型丙烯酸酯胶黏剂的制备技术开发	陈日清	201106	201405	90	90
26	中国林科院林业新技术研究所基本科研业务费专项资金项目	2009	生物质热解气化制取中热值燃气联产炭研究	许　玉	2009	2012	116	116
27	中国林科院林业新技术研究所基本科研业务费专项资金项目	201205	浅色腰果酚环氧固化剂的制备技术研究与开发	黄　坤	201205	201505	120	120
28	中国林科院林业新技术研究所基本科研业务费专项资金项目	201305	结构阻燃型松香基聚酯多元醇制备技术研究与示范	张　猛	201305	201605	100	100
29	中国林科院林业新技术研究所基本科研业务费专项资金项目	2012	可降解育苗杯自动装盘机	曲振兴	201201	201412	79	79
30	中国林科院林业新技术研究所基本科研业务费专项资金项目	2011	林业容器育苗装播线配套技术与装备研究	渠聚鑫	201101	201312	68	68

Ⅱ-2-3　人均科研经费

人均科研经费（万元/人）	75.3

II-3 本学科代表性学术论文质量

II-3-1 近五年（2010—2014年）国内收录的本学科代表性学术论文

序号	论文名称	第一作者	通讯作者	发表刊次（卷期）	发表刊物名称	收录类型	中文影响因子	他引次数
1	锥形量热仪法研究超细 Al(OH)$_3$ 处理中密度纤维板的燃烧性能	吴玉章	吴玉章	2010, 38 (2)	东北林业大学学报	CSCD	0.406	5
2	木塑复合材料燃烧性能的研究	秦特夫	吴玉章	2011, 35 (1)	南京林业大学学报（自然科学版）	CSCD	0.525	5
3	4种地被观赏竹抗旱性综合评价研究	赵兰	那欣婷	2011, 26 (1)	西北林学院学报	CSCD	0.7203	5
4	基于近红外光谱和偏最小二乘法的慈竹纤维素结晶度预测研究	孙柏玲	刘君良	2011, 31 (2)	光谱学与光谱分析	CSCD	0.5837	4
5	桉树真空热处理材表面性能分析	阳财喜	刘君良	2010, 46(10)	林业科学	CSCD	0.8099	4
6	祁连山青海云杉径向生长对气候的响应	徐金梅	吕建雄	2012, 34 (2)	北京林业大学学报	CSCD	0.7407	4
7	马尾松木材腐解的红外光谱研究	李改云	李改云	2010, 30 (8)	光谱学与光谱分析	CSCD	0.5837	3
8	慈竹、毛竹木质素的化学官能团和化学键特征研究	秦特夫	秦特夫	2010, 32 (3)	北京林业大学学报	CSCD	0.7407	3
9	水溶性聚磷酸铵对木塑复合材料性能的影响	高黎	王正	2010, 32 (4)	北京林业大学学报	CSCD	0.7407	3
10	近红外光谱法分析慈竹物理力学性质的研究	刘君良	刘君良	2011, 31 (3)	光谱学与光谱分析	CSCD	0.5837	3
11	基于近红外光谱技术预测径/弦切面粗皮桉木材纤丝角	赵荣军	赵荣军	2010, 30 (9)	光谱学与光谱分析	CSCD	0.5837	2
12	甘油三酯裂解制备可再生液体燃料油的研究	徐俊明	蒋剑春	2010, 38 (2)	燃料化学学报	CSCD	1.06	7
13	活性炭微结构与吸附，解析 CO$_2$ 的关系	简相坤	刘石彩	2013, 38 (2)	煤炭学报	CSCD	2.19	3
14	气候因素对木材细胞结构的影响	徐金梅	吕建雄	2011, 47 (8)	林业科学	CSCD	0.8099	2
15	生物质醇解重质油燃烧动力学研究	王勇	邹献武	2012, 32 (1)	林产化学与工业	CSCD	0.3264	2
16	小桐子油提取工艺研究机脂肪酸组成分析	吕微	蒋剑春	2011,32(10)	太阳能学报	EI	1.014	1
17	Pt/Au原子比对活性炭负载 Au-Pt 直接甲酸燃料电池阴极催化剂性能的影响	贾羽洁	蒋剑春	2011,38(10)	燃料化学学报	CSCD	0.948	2
18	4种泡桐木材材色的差异性	常德龙	常德龙	2013, 41 (8)	东北林业大学学报	CSCD	0.406	3
19	碳基固体酸催化剂加压催化合成生物柴油	司展	蒋剑春	2014, 30 (1)	农业工程学报	EI	1.299	1
20	生物质加压液化制备甲基糖苷与酚类的研究	冯君锋	蒋剑春	2014, 42 (4)	燃料化学学报	EI	1.142	1
合计	中文影响因子 16.2134				他引次数			63

II-3-2 近五年（2010—2014年）国外收录的本学科代表性学术论文

序号	论文名称	论文类型	第一作者	通讯作者	发表刊次（卷期）	发表刊物名称	收录类型	他引次数	期刊SCI影响因子	备注
1	FTIR-ATR-based prediction and modelling of lignin and energy contents reveals independent intra-specific variation of these traits in bioenergy popla's	Article	Zhou Guanwu	Taylor Gail	2011, 7	Plant Methods	SCI	17	2.586	第一署名单位
2	Effect of Steam Treatment on the Properties of Wood Cell Walls	Article	Yin Yafang	Berglund Lars	2011, 12 (1)	Biomacromolecules	SCI	16	5.788	第一署名单位
3	Influences of configuration and molecular weight of hemicelluloses on their paper-strengthening effects	Article	Bai Likun	Xu Jianfeng	2012, 88 (4)	Carbohydrate Polymers	SCI	13	3.916	通讯单位
4	A Soy Flour-Based Adhesive Reinforced by Low Addition of MUF Resin	Article	Fan Dongbin	Qin Tefu	2011, 25 (1)	Journal of Adhesion Science and Technology	SCI	12	1.091	第一署名单位
5	Effect of thermal treatment on the physical and mechanical properties of phyllostachys pubescen bamboo	Article	Zhang Yamei	Yu Wenji	2011, 71 (1)	European Journal of Wood and Wood Products	SCI	11	1.105	通讯单位
6	Cell wall structure and formation of maturing fibres of moso bamboc (*Phyllostachys pubescens*) increase buckling resistance	Article	Wang Xiaoqing	Wang Xiaoqing	2012, 9 (70)	Journal of The royal Society Interface	SCI	11	3.856	第一署名单位
7	Mechanical properties assessment of *Cunninghamia lanceolata* plantation wood with three acoustic-based nondestructive methods	Article	Yin Yafang	Yin Yafang	2010, 56 (1)	Journal of Wood Science	SCI	9	0.825	第一署名单位
8	A novel process to improve yield and mechanical performance of bamboo fiber reinforced composite via mechanical treatments	Article	Yu Yanglun	Yu Wenji	2014, 56	Composites Part B-engineering	SCI	8	2.602	第一署名单位
9	Thermal, mechanical, and moisture absorption properties of wood-TiO$_2$ composites prepared by a sol-gel process	Article	Wang Xiaoqing	Wang Xiaoqing	2012, 7 (1)	Bioresources	SCI	8	1.549	第一署名单位

（续）

序号	论文名称	论文类型	第一作者	通讯作者	发表刊次（卷期）	发表刊物名称	收录类型	他引次数	期刊SCI影响因子	备注
10	Chemical compositions, infrared spectro-scopy, and X-ray diffractometry study on brown-rotted woods	Article	Li Gaiyun	Li Gaiyun	2011, 85 (3)	Carbohydrate Polymers	SCI	8	3.916	第一署名单位
11	On the Cure Acceleration of Oil-Phenol-Formaldehyde Resins with Different Catalysts	Article	Fan Dongbin	Fan Dongbin	2010, 86 (8)	Journal of Adhesion	SCI	8	0.897	第一署名单位
12	Effect of Steam-heat Treatment on Mechanical Properties of Chinese Fir	Article	Cao Yongjian	Lv Jianxiong	2012, 7 (1)	Bioresources	SCI	7	1.549	通讯单位
13	Mechanisms and Product Specialties of the Alcoholysis Processes of Poplar Components	Article	Zou Xianwu	Qin Tefu	2011, 25 (8)	Energy & Fuels	SCI	7	2.733	第一署名单位
14	A single cell model for pretreatment of wood by microwave explosion	Article	Li Gaiyun	Li Gaiyun	2010, 64 (5)	Holzforschung	SCI	7	2.339	第一署名单位
15	Increased dimensional stability of Chinese fir through steam-heat treatment	Article	Cao Yongjian	Lv Jianxiong	2012, 70 (4)	European Journal of Wood and Wood Products	SCI	6	1.105	通讯单位
16	Synthesis and properties of polyurethane foams prepared from heavy oil modified by polyols with 4,4 '-methylene-diphenylene isocyanate (MDI)	Article	Zou Xianwu	Qin Tefu	2012, 114	Bioresource Technology	SCI	6	5.039	第一署名单位
17	Studies on the nanostructure of the cell wall of bamboo using X-ray scattering	Article	Wang Yurong	LeppanenKirsi	2012, 6 (1)	Wood Science and Technology	SCI	6	1.873	第一署名单位
18	Application of FT-NIR-DR and FT-IR-ATR spectroscopy to estimate the chemical composition of bamboo (*Neosinocalamus affinis* Keng)	Article	Sun Boling	Liu Junliang	2011, 65 (5)	Holzforschung	SCI	6	2.339	第一署名单位
19	Study on the Wood Grading by Near Infrared Spectroscopy	Article	Wang Xiaoxu	Huang Anmin	2011, 31 (4)	Spectroscopy and Spectral Analysis	SCI	6	0.270	通讯单位

（续）

序号	论文名称	论文类型	第一作者	通讯作者	发表刊次（卷期）	发表刊物名称	收录类型	他引次数	期刊SCI影响因子	备注
20	FTIR Studies of Masson Pine Wood Decayed by Brown-Rot Fungi	Article	Li Gaiyun	Li Gaiyun	2010，30（8）	Spectroscopy and Spectral Analysis	SCI	6	0.270	第一署名单位
21	Integration of renewable cellulose and rosin towards sustainable copolymers by "grafting from" ATRP	Article	Yu Juan	Chu Fuxiang	2014，16（4）	Green Chem.	SCI	4	6.852	通讯单位
22	Renewable chemical feedstocks from integrated liquefaction processing of lingocellulosic materials using microwave energy.	Article	Xu Junming	Jiang Jianchun	2012，14（10）	Green Chem.	SCI	16	6.320	第一署名单位
23	Preparation of biobased epoxies using tung oil fatty acid-derived C21 diacid and C22 triacid and study of epoxy properties	Article	Huang Kun	Xia Jianling	2013，15（9）	Green Chem.	SCI	11	6.320	第一署名单位
24	Robust Antimicrobial Compounds and Polymers derived from Resin Acids	Article	王基夫	Chu Fuxiang	2012，48（6）	Chem. Commun	SCI	44	6.169	第一署名单位
25	Epoxy monomers derived from tung oil fatty acids and its regulable thermosets cured in two synergistic ways	Article	Huang Kun	Xia Jianling	2014，15（3）	Biomacromolecules	SCI	2	5.788	第一署名单位
26	Near-infrared emitting gold cluster-poly(acrylic acid) hybrid nanogels	Article	Chen Ying	Jiang Xiqun	2014，3（1）	Acs Macro Letters	SCI	7	5.242	第一署名单位
27	Sustainable thermoplastic elastomers derived from renewable cellulose, rosin and fatty acids	Article	Liu Yupeng	Chu Fuxiang	2014，5（9）	Polymer Chemistry	SCI	5	5.368	第一署名单位
28	Enhancement of eucalypt chips'enzymolysis efficiency by a combination method of alkali impregnation and refining pretreatment	Article	Huo Dan	Fang Guigan	2013（150）	Bioresource Technology	SCI	2	4.750	第一署名单位
29	Cellulose nanocrystal/ silver nanoparticle Composites as Bifunctional Nanofillers within Waterborne Polyurethane	Article	Liu He	Shang Shibin	2012，4（5）	ACS Applied Materials & Interfaces	SCI	28	4.525	第一署名单位

（续）

序号	论文名称	第一作者	通讯作者	发表刊次（卷期）	论文类型	收录类型	他引次数	期刊SCI影响因子	备注
30	Production of hydrocarbon fuels from pyrolysis of soybean oils using a basic catalyst	Xu Junming	Jiang Jianchun	2010，101（24）	Article	SCI	30	4.37	第一署名单位
合计						SCI影响因子 101.352		他引次数 327	

Ⅱ-5　已转化或应用的专利（2012—2014年）

序号	专利名称	第一发明人	专利申请号	专利号	授权（颁证）年月	专利受让单位	专利转让合同金额（万元）
1	一种阻燃胶黏剂及其制备方法	中国林业科学研究院木材工业研究所	201110111600.1	ZL201110111600.1	201404	湖北鸿连实业有限公司	10
2	一种大片竹束帘人造板及其制造方法	中国林业科学研究院木材工业研究所	200910078222.4	ZL200910078222.4	201304	卓达房地产集团	27
3	竹纤维增强复合材料及其制造方法	中国林业科学研究院木材工业研究所	200910089637.1	ZL200910089637.1	201204	卓达房地产集团	27
4	一种人造板单元及其制造方法	中国林业科学研究院木材工业研究所	200810057449.6	ZL200810057449.6	201211	卓达房地产集团、河北安工机械制造有限公司	35
5	一种活性碳负载掺杂 Zn^{2+}/TiO_2 光催化剂的制备方法	中国林业科学研究院林产化学工业研究所	201010017935.2	zl201010017935.2	201202	江苏竹溪活性炭有限公司	5.75
6	一种化学机械制浆废水的生物处理减排方法	中国林业科学研究院林产化学工业研究所	201010227575.9	ZL201010227575.9	201204	福建腾荣达制浆有限公司	10
7	一种化学机械制浆废水的生物处理减排方法	中国林业科学研究院林产化学工业研究所	201010227575.9	ZL201010227575.9	201204	江苏天瑞新材料有限公司	3

（续）

序号	专利名称	第一发明人	专利申请号	专利号	授权（颁证）年月	专利受让单位	专利转让合同金额（万元）
8	一种月桂烯基增塑剂及其制备方法	中国林业科学研究院林产化学工业研究所	201010299153.2	ZL201010299153.2	201206	南京天力信科技实业有限公司	8
9	一种化学机械制浆废水的生物处理减排方法	中国林业科学研究院林产化学工业研究所	201010227575.9	ZL201010227575.9	201204	成都达浆装饰材料有限公司	5
10	一种由生物柴油和蔗糖直接合成蔗糖脂肪酸酯的方法	中国林业科学研究院林产化学工业研究所	201010141794.5	ZL201010141794.5	201201	江苏强林生物能源科材有限公司	100
11	一种高固含可发性三聚氰胺改性脲醛树脂的制备方法	中国林业科学研究院林产化学工业研究所	201110026744.7	ZL201110026744.7	201207	中国林业科学研究院林产化学工业研究所南京科技开发总公司	30
12	一种化学机械制浆废水的生物处理减排方法和利用桑树枝全秆制浆白化学机械浆的方法	中国林业科学研究院林产化学工业研究所	201010227575.9	ZL201010227575.9	201204	江苏金沃机械有限公司	775
13	一种化学机械制浆废水的生物处理减排方法	中国林业科学研究院林产化学工业研究所	201010227575.9	ZL201010227575.9	201204	福建省祥安纸业有限公司	4
14	一种化学机械制浆废水的生物处理减排方法的技术转让	中国林业科学研究院林产化学工业研究所	201010227575.9	ZL201010227575.9	201204	阿克苏诺贝尔化学品（宁波）有限公司	35.3
15	环保电子工业用松香衍生物及其制备方法	中国林业科学研究院林产化学工业研究所	200910033413.9	ZL200910033413.9	201209	昆明苏灶生物科技有限公司	16.8
16	一种化学机械制浆废水的生物处理减排方法	中国林业科学研究院林产化学工业研究所	201010227575.9	ZL201010227575.9	201204	宜兴市丰泽化工有限公司	10
17	一种紫外光脱色快速制备高品质无色漆蜡的方法	中国林业科学研究院林产化学工业研究所	201010246334.9	ZL201010246334.9	201210	福建省亚热带植物研究所	6
18	抗乙肝病毒的银杏叶聚戊烯醇活性组合物及其制备方法	中国林业科学研究院林产化学工业研究所	201010221841.7	ZL201010221841.7	201204	南京世林生物科技有限公司	30
19	发泡用木质素甲阶酚醛树脂及其制备方法	中国林业科学研究院林产化学工业研究所	201010252819.9	ZL201010252819.9	201207	嘉善中林胶黏剂科技有限公司	30

（续）

序号	专利名称	第一发明人	专利申请号	专利号	授权（颁证）年月	专利受让单位	专利转让合同金额（万元）
20	提高折流厌氧反应器效率的方法及脉动式折流厌氧反应器	中国林业科学研究院林产化学工业研究所	201010614935.0	ZL201010614935.0	201301	祥恒（天津）包装有限公司	5
21	生物质改性酚醛泡沫塑料的制备方法	中国林业科学研究院林产化学工业研究所	200810243419.4	ZL200810243419.4	201202	常州市乾翔新材料科技有限公司	30
22	一种木质纤维素增容其混降解高分子材料及其制备方法	中国林业科学研究院林产化学工业研究所	201110162565.6	ZL201110162565.6	201306	昆山市迈吉森复合材料有限公司	5
23	一种中压柱快速分离茶油茶饼中黄酮苷的制备方法	中国林业科学研究院林产化学工业研究所	201010229218.6	ZL201010229218.6	201306	南京龙源天然多酚合成厂	84.7
24	一种从油茶饼粕减压沸油腾提取高纯度茶皂素的方法	中国林业科学研究院林产化学工业研究所	201110174573.2	ZL201110174573.2	201303	福建恒康生态农业发展有限公司	20
25	一种高品质漆精细品的制备方法	中国林业科学研究院林产化学工业研究所	201110230852.6	ZL201110230852.6	201403	云南省轻工业科学研究院	20
26	一种具有抑菌和抗氧化活性的植物聚皮烯醇及其加氢衍生物制备方法	中国林业科学研究院林产化学工业研究所	201210265916.0	ZL201210265916.0	201410	重庆顶尚生物制品有限责任公司	16
27	一种从油茶壳中提取天然抗氧化物质的方法	中国林业科学研究院林产化学工业研究所	201110151448.X	ZL201110151448.X	201209	南京龙源天然多酚合成厂	86
28	一种各向同性导电胶及其制备方法专利	中国林业科学研究院林产化学工业研究所	201010235064.1	ZL201010235064.1	201301	中国林业科学研究院林产化工研究所南京科技开发总公司	100
29	一种增强原花青素生物活性的分子修饰方法	中国林业科学研究院林产化学工业研究所	200910264831.9	ZL200910264831.9	201201	南京龙源天然多酚合成厂	80
30	一种固含可发性三聚氰胺改性脲醛树脂的制备方法	中国林业科学研究院林产化学工业研究所	201110126744.7	ZL201110126744.7	201207	中国林科院林产化学工业研究所南京科技开发总公司	80
合计	专利转让合同金额（万元）						1 695

Ⅲ 人才培养质量

Ⅲ-1 优秀教学成果奖（2012—2014 年）

序号	获奖级别	项目名称		证书编号	完成人	获奖等级	获奖年度	参与单位数	本单位参与学科数
1	院级	优质课程（功能材料制备与应用）		—	傅峰	—	2014	—	—
合计	国家级	一等奖（个）	—	二等奖（个）	—	三等奖（个）		—	
	省级	一等奖（个）	—	二等奖（个）	—	三等奖（个）		—	

Ⅲ-4 学生国际交流情况（2012—2014 年）

序号	姓名	出国（境）时间	回国（境）时间	地点（国家/地区及高校）	国际交流项目名称或主要交流目的
1	宋坤霖	201110	201201	瑞典制浆造纸研究所	"细胞壁结构与性能"合作研究
2	柴宇博	201307	201407	加拿大多伦多大学	"树皮化学提取物及其生物质产品高附加值利用"合作研究
3	陈洁	201409	201503	美国农业部国家农业应用研究中心	国家"十二五"科技支撑计划：生物基塑料助剂制备关键技术研究与示范（项目编号：2014BAD02B02）；主要交流目的：旨在学习美国国家农业应用研究中心食品和工业用油研究室在油脂基环氧化合物的合成、改性及应用等研究领域的先进技术、弥补所内现有研究基础及研究条件的不足、填补相关研究方面的空白
4	黄坤	201204	201305	美国华盛顿州立大学	访问学者，从事植物油基环氧热固单体的合成、固化与性能研究
5	刘玉鹏	201301	201307	美国南卡罗莱纳大学	林业资源精深化学加工新技术研究（2011DFA32440），与外文进行生物基材料合成技术研究
6	王奎	201307	201409	美国西弗吉尼亚大学	生物质液体燃料合成技术交流
7	李梅	201308	201407	美国华盛顿州立大学	共同交流、探讨由木本油脂、废弃油脂等原料制备高耐热 PVC 热稳定剂及热稳定剂降解机理的相关学术问题
合计	学生国际交流人数			7	

2.6.2 学科简介

1. 学科基本情况与学科特色

（1）学科基本情况

林业工程学科是研究森林资源定向培育与收获，可持续高效利用，林产品及其衍生制品的开发与设计，先进加工方法（物理加工、化学加工、生物加工）等理论与技术的综合性应用学科，是我国国民经济和生态环境建设的基础产业工程。中国林业科学研究院林业工程一级学科由木材科学与技术、林产化学加工工程、森林工程、生物质能源与材

（续）

料、木基复合材料科学与工程等5个二级学科方向组成，其中木材科学与技术和林产化学加工工程2个二级学科创建较早，前者于1987年设立硕士点，1993年设立博士点，1995年设立我国林业系统第一个林业工程博士后流动站；后者于1979年设立硕士点，1987年设立博士点，1996年设立博士后流动站。林业工程一级学科是中国林业科学研究院的传统优势学科，经过近60年的发展和几代人的不懈努力，形成了研究方向齐全、研究成果丰硕、学术梯队实力雄厚、结构合理等优势，在国际上有一定知名度，总体水平处于国内同类学科前列。

木材科学与技术学科主要开展木材生物学与材料学特性、木材性质与培育关系学、木材性质与加工利用学、木材保护学、木材干燥学、结构材与木构造等方面的研究；林产化学加工工程主要开展松脂化学与利用、胶黏剂化学、制浆造纸工程及环境保护、植物资源化学与利用等方面的研究；生物质能源与材料主要开展生物质能源转化与利用、生物燃料乙醇和柴油制备、可降解生物质高分子材料制备、生物质基化学品等方面的研究；木基复合材料科学与工程主要开展人造板加工与制造、木质重组材料、木基复合材料、木质材料先进制造技术等方面的研究；森林工程主要开展森林采伐理论和技术、森林工程装备与自动化、森林作业与环境等方面的研究。

近五年内，本学科单位排名第一获得国家发明二等奖和科技进步二等奖各1项，单位排名第二获得国家科技进步二等奖2项，单位排名第一获中国专利优秀奖6项；单位排名第一获省部级二等奖以上7项。

（2）学科特色

① 本学科近60年来始终围绕国家经济社会和林业发展目标，适时调整学科研究方向，学科范畴不断拓展延伸深化，为服务林产工业行业、发展战略性新兴产业提供技术支撑。如木材科学与技术学科研究对象由天然林木材扩大到人工林木材，从乔木扩大到灌木，从木本植物扩展到竹材、农业秸秆、芦苇等生物质资源；对木材的认识从粗视构造、微观结构深入到细胞壁、DNA、分子和纳米尺度；加工方式从机械加工发展到化学加工、物理加工和生物加工。林产化学加工工程学科从传统的以木材制浆、木材水解和木材热解为主的木质资源化学与利用过程和以树木分泌物化学、提取物化学、林产精油为主的非木质资源化学与利用过程两大领域不断向生物质能源、生物质基化学品、生物质提取物等纵深方向扩展。

② 注重"产、学、研、用""基础研究、应用技术研究到产品开发研究"相结合，从木材和生物质资源科学理论和应用技术研究拓展到产品质量检验和技术标准化研究，深入研究木材与生物质资源基础理论，研发木材和生物质资源采伐、优化加工与高效利用新技术、新工艺和新产品，延长创新产业链，为木材工业、林化加工和林业机械产业发展提供完整的知识基础和全方位的科技支撑。

③ 学科注重学生实践能力、创新能力的培养和提高，培养学生严谨求实的科学态度和作风，掌握木材与生物质资源加工的应用基础理论研究和开发研究的能力。

2. 社会贡献

（1）发挥林业工程学科组织优势，打造国家林业产业智库

学科积极参与产业政策、技术预测与科技规划等决策咨询，组织专家向国家有关部委提交了"十二五"和"十三五"产业政策、"十三五"农业领域技术预测、"十二五"和"十三五"国家林业科学和技术发展规划、全国林业产业发展规划和全国林业标准化发展规划等编制工作；提交了美国《复合木制品甲醛标准法案》对我国人造板产业的影响分析，以及林业生物质产业发展战略等重大问题的咨询意见；协助中华人民共和国濒危物种进出口管理办公室开展国家执法队伍木材识别技术培训；协助国家林业局科技司制定了《国家林产品质检体系建设发展规划》和《国家林产品质量安全管理办法》等，负责制定木材、人造板、林化产品和林业机械国家标准和行业标准70项，制修订《细木工板》和《实木地板》等4项国际标准提高了中国在国际木材工业的话语权。

（2）发挥林业工程学科技术优势，促进产业快速发展

加快技术转移和成果推广，服务龙头产业以及木材加工、人造板与林化产业集群和区域经济的发展，社会效益和经济效果显著。5年共申报国家专利550件，获得授权专利320（其中国家发明专利154项），年专利技术转让费达500万元以上；同时，依托"木竹产业技术创新战略联盟"和"生物基材料产业技术创新战略联盟"等产学研用平台，重点推广了木材树种鉴定、有机溶剂型木材防腐剂、古建筑木构件/木竹制品保护、高性能竹基纤维复合材料、建筑用原竹结构材、染色刨切薄竹、阻燃木材、木塑复合材料、热处理木材、高得率制浆、松香及松节油衍生物、天然资源深度化学利用、环氧树脂高分子材料、复合高分子乳液制备和森林采育等技术与装备，推动了我国林业产业迈上新的台阶。

（3）弘扬林业工程学科底蕴，服务社会大众

依靠学科单位挂靠的学会、协会和标准化技术委员会，组织召开一系列国际会议和全国性学术会议，提高国际影响力，加强学术交流。在中国首次承办了"ISO/TC89（国际标准化组织人造板技术委员）第18次年会"和"第9届

（续）

国际标准化组织木材技术委员会年会"等，连续几年主办"国际世界地板大会"等。开办多届国际培训班向发展中国家学员传授木竹材加工技术，介绍和展示木竹材文化和应用，服务国家大外交加深国际友谊。此外，建立北京海淀区科普基地——木材标本科普活动室，普及木材对人类的生存和发展具有不可替代的作用，为公众合理地利用和保护木材奠定了认知基础。

（4）重要社会兼职

宋湛谦院士兼任国家科技进步奖评委会林业组成员；储富祥研究员兼任国务院学位委员会委员、林业工程学科评议组召集人、木竹产业技术创新战略联盟理事长；叶克林研究员兼任中国林产工业协会轮值会长；蒋剑春研究员兼任国家能源技术领域"863"专家委员会专家；吕建雄研究员兼任国务院学位委员会林业工程学科评议组成员。储富祥、叶克林、吕建雄、王思群、蒋剑春、傅峰和房桂干 7 人任国际木材科学院院士。储福祥、吕建雄、殷亚方和周永东在国际林联（IUFRO）第五学部担任学科组副主席或工作组副协调员。这些都为本学科与国内外同行业的交流和合作搭建了更广阔更高层次的平台。

2.7 国际竹藤中心

2.7.1 清单表

Ⅰ 师资队伍与资源

Ⅰ-1 突出专家

序号	专家类别	专家姓名	出生年月	获批年月	备注
1	国务院政府特殊津贴,"攀登计划"首席科学家	江泽慧	193802	199201 199706	
2	百千万人才工程国家级人选、国务院政府特殊津贴	费本华	196407	200802 200703	
3	国务院政府特殊津贴,省部级百千万人才	孙正军	195501	201503	
4	省部级百千万人才	王 戈	196508	201405	
合计	突出专家数量(人)			4	

Ⅰ-3 专职教师与学生情况

类型	数量	类型	数量	类型	数量
专职教师数	28	其中,教授数	10	副教授数	8
研究生导师总数	12	其中,博士生导师数	6	硕士生导师数	6
目前在校研究生数	35	其中,博士生数	16	硕士生数	19
生师比	2.92	博士生师比	2.67	硕士生师比	3.17
近三年授予学位数	26	其中,博士学位数	8	硕士学位数	18

Ⅰ-4 重点学科

序号	重点学科名称	重点学科类型	学科代码	批准部门	批准年月
1	材料加工工程	国家林业局重点学科	080503	国家林业局	200605
合计	二级重点学科数量(个)	国家级	—	省部级	1

Ⅰ-5 重点实验室

序号	实验室类别	实验室名称	批准部门	批准年月
1	省部共建国家重点实验室	竹藤科学与技术重点实验室	国家林业局北京市人民政府	200506 200610
2	国家工程技术研究中心	国家竹藤工程技术研究中心	科技部	200704
合计	重点实验数量(个)	国家级	1	省部级	1

Ⅱ 科学研究

Ⅱ-1 近五年（2010—2014年）科研获奖

序号	奖励名称	获奖项目名称	证书编号	完成人	获奖年度	获奖等级	参与单位数	本单位参与学科数
1	梁希林业科学技术奖	木竹材性光谱速测品质鉴别关键技术与应用	2011-KJ-1-02-R01	江泽慧	2011	一等奖	1	1
2	国家科技进步奖	竹木复合结构理论的创新与应用	2012-J-202-02-01-R03	费本华	2012	二等奖	3	1
3	梁希林业科学技术奖	重要食用林产品农药残留检测与风险评估技术	2013-KJ-2-32-R02	汤　锋	2013	二等奖	1	1
4	梁希林业科学技术奖	木结构构件连接关键技术研究	2011-KJ-3-09-R01	费本华	2011	三等奖	1	1
5	梁希林业科学技术奖	纺织用竹纤维制取及鉴别技术	2013-KJ-3-37-R01	王　戈	2013	三等奖	1	1
6	梁希林业科学技术奖	竹材定向刨花板防霉变技术研究	2013-KJ-3-40-R01	覃道春	2013	三等奖	1	1
7	梁希林业科学技术奖	竹提取物杀虫、抗菌活性高效筛选与制剂制备技术	2011-KJ-3-08-R02	汤　锋	2011	三等奖	1	1
8	茅以升科学基金会木材科研奖	竹木材料细胞壁力学性能表征构建及应用	—	余　雁	2010	一等奖	1	1
9	茅以升科学基金会木材科研奖	利用造纸厂污泥制造人造板先进技术引进	—	刘贤淼	2012	二等奖	1	1
10	茅以升科学基金会木材科研奖	竹材生物乙醇原料高效预处理技术研究	—	李志强	2013	二等奖	1	1
11	茅以升科学基金会木材科研奖	竹材生物质颗粒燃料制备技术研究	—	刘志佳	2014	一等奖	1	1
合计	科研获奖数量（个）	国家级	特等奖		一等奖		二等奖	1
							三等奖	4
		省部级	一等奖		二等奖	3	三等奖	

II-2 代表性科研项目（2012—2014年）

II-2-1 国家级、省部级、境外合作科研项目

序号	项目来源	项目下达部门	项目级别	项目编号	项目名称	负责人姓名	项目开始年月	项目结束年月	项目合同总经费（万元）	属本单位本学科的到账经费（万元）
1	国家科技支撑计划	科技部	重大项目	2012BAD23B01	绿色竹藤建筑材料制造技术研究与示范	江泽慧	201201	201612	1 072	1 072
2	国家科技支撑计划	科技部	重大项目	2012BAD54G00	功能性竹（藤）基新材料制造技术研究	费本华	201210	201410	917	917
3	国家自然科学基金	国家自然科学基金委员会	面上项目	31370563	竹纤维细胞壁多层构造的理化表征	费本华	201401	201712	80	80
4	林业公益性行业专项	财政部	重点项目	201004005	丛生竹高附加值建筑品制造关键技术研究	费本华	201001	201212	686	686
5	林业公益性行业专项	财政部	重点项目	201204107	大跨度竹质工程构件关键技术研究与示范	王戈	201101	201412	840	840
6	国家自然科学基金	国家自然科学基金委员会	面上项目	31170525	无机纳米浸渍改性植物纤维与热塑高聚物的界面结合机理	王戈	201201	201512	38	38
7	国家自然科学基金	国家自然科学基金委员会	面上项目	30871961	竹子的化感作用及化感物质释放机制研究	汤锋	200901	201112	34	34
8	"948"计划项目	国家林业局	面上项目	2012-4-16	基于HPLC的生物活性成分在线筛选与鉴定技术引进	汤锋	201201	201512	50	50
9	林业公益性行业科研专项	财政部	重点项目	201404601	竹子等林源植物精油生物调控及其利用研究	汤锋	201401	201712	329	329
10	国家自然科学基金	国家自然科学基金委员会	面上项目	31070491	基于生物材料分级结构原理的竹子多尺度力学行为研究	余雁	201101	201312	32	32

（续）

序号	项目来源	项目下达部门	项目级别	项目编号	项目名称	负责人姓名	项目开始年月	项目结束年月	项目合同总经费（万元）	属本单位本学科的到账经费（万元）
11	林业公益性行业专项	国家林业局	面上项目	201404510	木／竹材糠醇树脂改性关键技术研究与示范	余 雁	201401	201712	123	123
12	国家自然科学基金	国家自然科学基金委员会	面上项目	31370588	竹子叶黄素循环分子调节机制研究	高志民	201401	201712	80	80
13	国家自然科学基金	国家自然科学基金委员会	面上项目	30972328	竹子辅光色素蛋白复合体的分子结构分析及其功能调节的分子机理	高志民	201001	201212	32	32
14	林业公益性行业专项	财政部	面上项目	200904047	中国主要竹种资源保存与培育标准体系研究	高志民	200908	201312	77	77
15	农业科技成果转化资金项目	科技部	面上项目	2012GB2432O594	胶合木用竹木复合连接件的制造与示范	覃道春	201204	201404	60	60
16	林业科技成果推广计划	国家林业局	面上项目	[2012] 37	环保型竹材天然防护剂的制备关键技术推广	覃道春	201201	201412	50	50
17	林业公益性行业专项	财政部	面上项目	201304513	基于X射线成像的木竹材无损检测技术研究	刘杏娥	201301	201512	193	193
18	"948" 计划项目	国家林业局	面上项目	2011-4-48	优良棕榈藤种质资源及培育技术引进	刘杏娥	201101	201512	50	50
19	农业科技成果转化资金	科技部	面上项目	2012GB2432O595	竹杉集成材构件的制造与示范	孙正军	201204	201504	60	60
20	"948" 计划项目	国家林业局	面上项目	2013-4-07	高纯度白藜芦醇生物合成技术引进	郭雪峰	201301	201512	55	55
21	"948" 计划项目	国家林业局	面上项目	2014-4-33	高纯度芳樟醇生物合成制备技术引进	王 进	201401	201712	50	50
合计	国家级科研项目	数量（个）	10	项目合同总经费（万元）	2 405			属本单位本学科的到账经费（万元）		2 405

Ⅱ-2-2 其他重要科研项目

序号	项目来源	项目名称	负责人姓名	项目开始年月	项目结束年月	项目合同总经费（万元）	属本单位本学科的到账经费（万元）
		合同签订/项目下达时间					
1	云南省政府	云南省竹产业发展规划编制	费本华	201401	201412	15	15
		2014					
2	福建吉胜竹木制品有限公司	福建吉胜竹木制品有限公司技术合作服务项目	王戈	201401	201712	20	20
		2014					
3	湖北楚风竹韵科技有限公司	国际竹藤中心与湖北楚风竹韵科技有限公司合作项目	王戈	201201	201412	45	45
		2012					
4	浙江鑫宙竹基复合材料科技有限公司	开发环保型竹木基复合材料技术	王戈	201401	201712	60	60
		2014					
5	宝钢集团有限公司	宝钢钢渣在包裹型缓释肥中的应用示范研究	汤锋	201208	201312	19	19
		2012					
6	基本科研业务费专项	基于计算机断层扫描技术（CT）的竹材和木材检测	杨淑敏	201001	201212	25	25
		2010					
7	基本科研业务费专项	我国竹子标准国际化研究	刘贤淼	201301	201412	25	25
		2013					
8	基本科研业务费专项	竹材生物质颗粒燃料制备技术研究	刘志佳	201201	201312	50	50
		2012					
9	基本科研业务费专项	竹材生物乙醇原料高效预处理技术研究	李志强	201201	201312	50	50
		2012					
10	基本科研业务费专项	碳纳米复合材料胶黏剂	张融	201401	201512	20	20
		2014					
11	基本科研业务费专项	竹叶叶绿素分析方法及叶绿素铜钠盐制备技术研究	姚曦	201401	201512	30	30
		2014					
12	基本科研业务费专项	竹茹中主要化学成分及其抗炎活性研究	孙暇	201401	201512	20	20
		2014					

Ⅱ-2-3 人均科研经费

人均科研经费（万元/人）
189.5

II-3 本学科代表性学术论文质量

II-3-1 近五年（2010—2014 年）国内收录的本学科代表性学术论文

序号	论文名称	第一作者	通讯作者	发表刊次（卷期）	发表刊物名称	收录类型	中文影响因子	他引次数
1	竹类植物基因组学研究进展	江泽慧	江泽慧	2012，48（1）	林业科学	CSCD	0.7920	2
2	木材、竹材及其炭化物 SiO₂ 凝胶负载性能比较研究	江泽慧	余雁	2013，49（4）	林业科学	CSCD	0.8099	—
3	无机金属盐对微波辅助酸预处理毛竹酶解的影响	李志强	江泽慧	2014（4）	林业科学	CSCD	0.8099	—
4	γ 射线辐照处理竹材的动态粘弹性与温度变化的关系	孙丰波	江泽慧	2012，48（3）	林业科学	CSCD	0.7920	—
5	利用 AFM 技术研究毛竹纤维初生壁微纤丝	陈红	费本华	2014，（4）	林业科学	CSCD	0.8099	—
6	酚醛树脂改性对管胞细胞壁力学性能的影响	黄艳辉	费本华	2012，48（12）	林业科学	CSCD	0.7920	—
7	竹材颗粒燃料——中国具有商业开发潜力的生物质固体燃料	刘志佳	费本华	2012，48（10）	林业科学	CSCD	0.7920	—
8	紫外显微分光法测定杉木枝条木质素微区分布	王玉荣	费本华	2012，32（6）	光谱学与光谱分析	SCI CSCD	0.6137	—
9	木材、竹材密度的 C T 技术检测	彭冠云	江泽慧	2012，32（7）	光谱学与光谱分析	SCI CSCD	0.6137	1
10	瓦楞型竹束单板复合材（BCLC）的制备及力学性能表征	陈复明	江泽慧	2013，30（3）	复合材料学报	EI CSCD	0.6815	1
11	植物源微纤化纤维素的制备及性能研究进展	江泽慧	余雁	2012，25（2）	世界林业研究	CSCD	0.3552	1
12	Effect of the amount of lignin on tensile properties of single wood fibers	张双燕	费本华	2013，15（1）	Forest Science and Practice	CSCD	—	—
13	基于动态接触角分析的竹纤维表面能表征	江泽慧	王戈	2013（3）	北京林业大学学报	CSCD	0.7407	—
14	用环刚度法评价圆竹径向抗压力学性能	张文福	江泽慧	2013，35（1）	北京林业大学学报	CSCD	0.7407	—
15	大钩叶藤与玛瑙省藤材的主要物理力学性质对比	尚莉莉	江泽慧	2014，42（12）	东北林业大学学报	CSCD	0.4060	—
16	重组竹的耐冲击性能	于子绚	江泽慧	2012，40（4）	东北林业大学学报	CSCD	0.4022	2
17	竹材制取生物乙醇原料预处理技术研究进展	李志强	江泽慧	2012，31（3）	化工进展	CSCD	0.5548	1
18	紫秆竹细胞壁解剖特性以及木质素微区分布	杨淑敏	江泽慧	2012，48（2）	林业科学	CSCD	0.7920	1
19	毛竹及其组成单元的水分吸着特性	江泽慧	余雁	2012，36（2）	南京林业大学学报	CSCD	0.4976	—
20	杉木木材纵向弹性模量二元预测模型的构建	张淑琴	费本华	2012，34（1）	北京林业大学学报	CSCD	0.6325	1
合计					中文影响因子 12.6283	他引次数		10

II-3-2 近五年（2010—2014年）国外收录的本学科代表性学术论文

序号	论文名称	论文类型	第一作者	通讯作者	发表刊次（卷期）	发表刊物名称	收录类型	他引次数	期刊SCI影响因子	备注
1	The draft genome of the fast-growing non-timber forest species moso bamboo (*Phyllostachys heterocycla*)	Letter	彭镇华	江泽慧	2013, 45（4）	Nature Genetics	SCI	19	29.648	
2	Combustion characteristics of bamboo-biochars	Article	刘志佳	江泽慧	2014, 167	Bioresource Technology	SCI	0	5.039	
3	Comparison of bamboo green, timber and yellow in sulfite, sulfuric acid and sodium hydroxide pretreatments for enzymatic saccharification	Article	李志强	江泽慧	2014, 151	Bioresource Technology	SCI	7	5.039	
4	BambooGDB: a bamboo genome database with functional annotation and an analysis platform	Article	赵韩生	江泽慧	2014 : bau006 DOI: 10.1093/database/bau006	Database	SCI	0	4.457	
5	Effects of Carbonization Conditions on Properties of Bamboo Pellets	Article	刘志佳	江泽慧	2013, 51	Renewable Energy	SCI	0	3.361	
6	The properties of pellets from mixing bamboo and rice straw	Article	刘志佳	刘杏娥	2013, 55	Renewable Energy	SCI	2	3.361	
7	The Pyrolysis Characteristics of Moso Bamboo	Article	江泽慧	江泽慧	2012, 94（3）	Journal of Analytical and Applied Pyrolysis	SCI	13	2.560	
8	Effect of microwave-assisted curing on bamboo glue strength: Bonded by thermosetting phenolic resin	Article	郑彧	江泽慧	2014, 68	Construction and Building Materials	SCI	0	2.265	
9	Improving photostability and antifungal performance of bamboo with nanostructured zinc oxide	Article	余雁	江泽慧	2011, 46	Journal of Materials Science	SCI	16	2.015	
10	A comparative study of thermal properties of sinocalamus affinis and moso bamboo	Article	刘志佳	费本华	2013, 111（1）	Journal of Thermal Analysis and Calorimetry	SCI	2	2.206	
11	Studies on the nanostructure of the cell wall of bamboo using X-ray scattering	Article	王玉荣	费本华	2012, 46（1）	Wood Science and Technology	SCI	6	1.884	

序号	论文名称	论文类型	第一作者	通讯作者	发表刊次（卷期）	发表刊物名称	收录类型	他引次数	期刊SCI影响因子	备注
12	Plant Age Effect on the Mechanical Properties of Moso Bamboo (*Phyllostachys heterocycla* var. *pubescens*) Single Fibers	Article	黄艳辉	费本华	2012, 42（2）	Wood Science and Technology	SCI	3	0.717	
13	Mechanical Properties of Moso Bamboo Treated with Chemical Agents	Article	费本华	刘志佳	2013, 45（1）	Wood and Fiber Science	SCI	1	1.875	
14	Compression properties of vascular bundles and parenchyma of rattan (*Plectocomia assamica* Griff)	Article	刘杏娥	江泽慧	Doi: 10.1515/ hf-2013-0194	Holzforschung	SCI	—	2.339	
15	Surface functionalization of bamboo with nanostructured ZnO	Article	余雁	江泽慧	2012, 46（4）	Wood Science and Technology	SCI	9	1.884	
16	Longitudinal mechanical properties of cell wall of Masson pine (*Pinus massoniana* Lamb) as related to moisture content: A nanoindentation study	Article	余雁	费本华	2011, 65	Holzforschung	SCI	6	1.748	
17	Characterization of different informs of the light-harvesting chlorophyll *a/b* complexes of photosystem II in bamboo	Article	江泽慧	江泽慧	2012, 50（1）	Photosynthetica	SCI	2	0.862	
18	Sensitivity of several selected mechanical properties of moso bamboo to moisture content change under the fibre saturation point	Article	江泽慧	余雁	2012, 7（4）	Bioresources	SCI	3	1.309	
19	The circumferential mechanical properties of bamboo with uniaxial and biaxial compression tests	Article	江泽慧	王戈	2012, 7（4）	Bioresources	SCI	2	1.309	
20	Bamboo Bundle Corrugated Laminated Composites (BCLC). Part II. Damage analysis under low velocity impact loading	Article	江泽慧	王戈	2013, 8（1）	Bioresources	SCI	4	1.549	
21	Comparative Properties of Bamboo and Rice Straw Pellets	Article	刘贤淼	费本华	2013, 8（1）	Bioresources	SCI	—	1.549	

（续）

序号	论文名称	论文类型	第一作者	通讯作者	发表刊次（卷期）	发表刊物名称	收录类型	他引次数	期刊SCI影响因子	备注
22	Dynamic Mechanical Thermal Analysis of Moso Bamboo (Phyllostachys heterocycla) at Different Moisture Content	Article	刘志佳	江泽慧	2012, 7 (2)	Bioresources	SCI	2	1.309	
23	Bioconversion of bamboo to bioethanol using the two-stage organosolv and alkali pretreatment	Article	李志强	江泽慧	2012, 7 (4)	Bioresources	SCI	3	1.309	
24	Changes in chemical composition and microstructure of bamboo after gamma rayirradiation	Article	孙丰波	江泽慧	2014 9 (4)	Bioresources	SCI	—	2.339	
25	Comparison of dilute organic acid and sulfuric acid pretreatment for enzymatic hydrolysis of bamboo	Article	李志强	江泽慧	2014, 9 (3)	Bioresources	SCI	—	1.549	
26	Effect of fiber on tensile properties of moso bamboo	Article	刘焕荣	江泽慧	2014, 9 (4)	Bioresources	SCI	—	1.549	
27	Ethanol Organosolv Pretreatment of Bamboo for Efficient Enzymatic Saccharification	Article	李志强	江泽慧	2012, 7 (3)	Bioresources	SCI	1	1.309	
28	Evaluation of the uniformity of density and mechanical properties of Bamboo-bundle Laminated Veneer Lumber (BLVL) with different density levels	Article	陈复明	江泽慧	2014, 9 (1)	Bioresources	SCI	3	1.549	
29	Contact angles of single bamboo fibers measured in different environments and compared with other plant fibers and bamboo strips	Article	陈　红	费本华	2013 (2)	Bioresources	SCI	—	1.549	
30	Comparison of Bending Creep Behavior of Bamboo-based Composites Manufactured by Two Types of Stacking Sequences	Article	马欣欣	江泽慧	2014, 9 (3)	Bioresources	SCI	—	1.549	
合计			SCI 影响因子	90.987			他引次数		104	

Ⅱ-5　已转化或应用的专利（2012—2014 年）

序号	专利名称	第一发明人	专利申请号	专利号	授权（颁证）年月	专利受让单位	专利转让合同金额（万元）
1	一种铜离子的回收方法	江泽慧	201210215319.7	ZL201210215319.7	201411	—	—
2	一种竹产品防霉的 γ 射线处理方法	江泽慧	201010240461.8	ZL201010240461.8	201405	—	—
3	连续胶合竹层合板的制造方法	江泽慧	201210321015.9	ZL201210321015.9	201412	—	—
4	一种新型的木框架剪刀墙	费本华	201110305852.8	ZL201110305852.8	201406	—	—
5	一种太阳能圆竹预制房屋的制造方法	王戈	201010247310.5	ZL201010247310.5	201201	湖北楚风竹韵科技有限公司	10
6	一种太阳能圆竹预制房屋的供热系统	王戈	201010265245.9	ZL201010265245.9	201209	—	—
7	一种含竹醋农药组合物及其制备方法和应用	汤锋	200910076701.2	ZL200910076701.2	201304	—	—
8	一种茶树油的杀菌复配制剂、制备方法及应用	汤锋	201210164566.9	ZL201210164566.9	201404	—	—
9	一种茶树油杀菌水乳剂、制备方法及应用	汤锋	201210163790.6	ZL201210163790.6	201408	—	—
10	一种黄酮磁性分子印迹聚合物、制备方法及其在竹叶黄酮分离中的应用	汤锋	201210164569.2	ZL201210164569.2	201409	—	—
11	一种竹用肥料组合物	汤锋	201010261787.9	ZL201010261787.9	201212	—	—
12	一种缓释肥及其制备方法	汤锋	201010261779.4	ZL201010261779.4	201212	—	—
13	毛竹紫质脱环氧化酶 PeVDE 蛋白、编码该蛋白的基因和应用	高志民	201210166838.9	ZL201210166838.9	201410	—	—
14	体外表达的中国水仙凝集素及其应用	高志民	201010128973.5	ZL201010128973.5	201303	—	—
15	毛竹苯丙氨酸解氨酶、其编码基因及体外表达方法	高志民	200910261205.4	ZL200910261205.4	201211	—	—
合计	专利转让合同金额（万元）						10

Ⅲ 人才培养质量

<table>
<tr><td colspan="7" align="center">Ⅲ-2 研究生教材（2012—2014 年）</td></tr>
<tr><td>序号</td><td>教材名称</td><td>第一主编姓名</td><td>出版年月</td><td>出版单位</td><td>参与单位数</td><td>是否精品教材</td></tr>
<tr><td>1</td><td>木结构建筑材料学</td><td>费本华</td><td>201308</td><td>中国林业出版社</td><td>13</td><td></td></tr>
<tr><td>合计</td><td>国家级规划教材数量</td><td colspan="2" align="center">1</td><td>精品教材数量</td><td colspan="2" align="center">—</td></tr>
</table>

<table>
<tr><td colspan="6" align="center">Ⅲ-4 学生国际交流情况（2012—2014 年）</td></tr>
<tr><td>序号</td><td>姓名</td><td>出国（境）时间</td><td>回国（境）时间</td><td>地点（国家/地区及高校）</td><td>国际交流项目名称或主要交流目的</td></tr>
<tr><td>1</td><td>田根林</td><td>201401</td><td>201404</td><td>荷兰莱登国家生物多样性中心</td><td>国际交流项目：北京市重点实验室项目
主要交流目的：植物细胞壁超微结构研究</td></tr>
<tr><td>合计</td><td colspan="4" align="center">学生国际交流人数</td><td align="center">1</td></tr>
</table>

2.7.2 学科简介

1. 学科基本情况与学科特色

　　林业工程以研究竹藤资源定向培育与可持续高效利用，竹藤制品的开发、设计、先进加工方法及相关支撑等理论与技术的综合性学科。下设 3 个学科方向，包括木材科学与技术、林产化学加工工程、生物质能源与材料。木材科学与技术主要研究以竹藤等木质纤维素材料为主的生物质材料的性质、高附加值利用、新产品研发、装备现代化和标准规范等，开发生物质材料性质与高效综合利用技术，竹藤功能性材料制造技术，生物质复合材料制造技术。与该学科方向相关的材料加工工程于 2006 年被评为国家林业局重点学科。林产化学加工工程以竹藤生物质资源为研究对象，探索和研发生物资源化学利用研究新领域新技术，重点开展天然产物化学、生物制药、食用林产品化学等研究。生物质能源与材料主要通过物理加工、化学与生物化学加工和热化学转化等途径制备竹藤生物质能源材料，主要开展固体成型燃料及应用、竹藤/煤高效清洁燃烧技术、竹藤基能源储存与转化新材料开发、生物燃料乙醇制备技术及生物质化学品的研究。

　　该学科团队主持多项国家科技支撑计划项目、林业行业公益项目、国家自然科学基金、"948"等国家和省部级科研项目 118 项，在竹木复合风电叶片研制技术，圆竹太阳能预制房制造技术，竹、木单根纤维力学性能测试技术，竹材高强高韧的生物力学机理，纺织用竹纤维鉴别技术，竹、木环保防护技术，竹基生物模板制备高性能无机纳米材料，竹木材料纳米改性，竹材射线辐照机理及应用等领域取得重大科研成果，先后与多家国内外研究单位建立长期的合作关系。

　　研究成果先后在国内外刊物上发表论文 430 余篇，主、参编著作 12 部。申请与授权专利 70 余件。认定和鉴定科技成果 17 件。获省部级以上成果 14 项。获国家科学技术进步一等奖 1 项、二等奖 1 项，中国林业青年奖 1 项，茅以升木材科研奖一等奖 2 项、二等奖 2 项，梁希林业科学技术奖一等奖 1 项、三等奖 2 项，全国优秀科技工作者获得者 1 人，全国生态建设突出贡献奖获得者 1 人。被授予"科技服务林改先进单位"荣誉称号。

　　该学科现有教授、研究员、副研究员、助理研究员组成的研究队伍 28 人，博士、硕士导师共 12 人，其中国际木材科学院院士 2 人，已经形成了一支年龄结构合理、专业优势互补的研究团队。同时，还培养博、硕士研究生 72 余名，有 22 位博士研究生和 50 位硕士研究生获得学位。已出站博士后 11 人，在站博士后 3 人。每年派 20 余人次科研人员参加国际学术会议，派出访问学者 10 余人次到国外进行短期国际交流和合作。

2. 社会贡献

在学科带头人江泽慧教授和首席专家费本华研究员的领导下，多年来本学科团队按照中央重大决策和林业工作的总体部署，紧密围绕国家经济社会发展和现代林业建设的科技前沿和所需要的关键技术开展研究工作，在高效利用竹藤等生物质材料、推广先进竹藤产品加工制造技术、服务行业和国家需求等方面取得了显著的成效，为合理利用竹藤资源，保护生态环境，缓解我国森林资源供需矛盾，促进农村结构调整和农民增收，推进现代林业建设以及林业又好又快发展做出了杰出贡献。

（1）大力推动竹藤科技创新，为产业发展提供支撑

"十五"期间，"竹质工程材料制造关键技术研究与示范"项目实现了基础理论、结构设计、制造工艺和产品开发的创新与突破，建立 14 条生产线，不仅带动了我国竹产业的高速发展，而且为山区竹农开拓了致富途径，同时也为进一步推动世界竹资源可持续利用、显著提高我国竹产业国际地位做出了巨大的贡献。"十一五"期间，本学科团队以前期研究成果为基础，开展多项竹藤材加工利用方面的林业科技推广工作，将成熟、先进的林业科技成果大规模地应用于林业生产中，在竹产区建立了 10 余个科研推广示范基地，积极地将科技转化为生产力，加快了林业科技成果推广应用和普及的步伐，促进了竹藤产业的发展。"十二五"期间，学科团队再次发挥自己的专业特色和优势，重点解决制约我国竹藤产业可持续发展的技术瓶颈问题，带动行业的技术进步，增加竹藤产区农民收入，改善农民生活水平，为促进社会经济协调发展做出积极的贡献。

（2）积极推进科技产业化进程，将知识转化为生产力

学科团队以科研成果为基础，积极将成熟、先进的林业科技成果大规模地应用于林业生产中，完成多项林业科技推广工作，在竹产区建立了 10 余个科研推广示范基地，直接促进了我国竹藤产业的发展。特别是在汶川大地震之后，学科团队以拥有自主知识产权的科研成果为基础，联合相关企业，成功研制出抗震竹质预制板房。学科团队的青年科技专家组成抗震竹质预制板房援建执行小组，奔赴灾区开展预制板房建造工作，顺利完成了 70 套竹质抗震预制板房的援建任务。该批抗震竹质预制板房的建造不仅解决了灾区群众的燃眉之急，而且为竹材利用开辟出一片新天地。

（3）广泛开展林业技术培训，科技服务林农

本学科团队的科研骨干充分发挥勇挑重担、甘于吃苦、勇于奉献的精神，在承担繁重的科研工作同时，在中心为广西、贵州等十多个省区举办的 20 多期 "竹资源培育与加工利用技术" 培训班上，为受训学员讲授了竹基人造板的加工与利用技术，竹材防护技术，竹炭、竹醋液的应用与制备技术等课程。特别是在 2008 年抗击南方雨雪冰冻灾害期间，学科团队骨干组成专家组，在第一时间深入安徽等受灾省区，考察竹材和竹加工企业的受损情况，并现场向广大竹农和竹加工企业提出了就受灾竹材利用等相关的技术要点和建议，为挽救竹农的经济损失作出了积极的贡献。

学科团队成员还在全国政协人口资源环境委员会、全国木材标准化委员会、全国竹藤标准化委员会、林学会竹藤资源利用分会等机构兼任要职。

2.8　内蒙古农业大学

2.8.1　清单表

Ⅰ　师资队伍与资源

序号	专家类别	专家姓名	出生年月	获批年月	备注
Ⅰ-1　突出专家					
1	政府特殊津贴	王喜明	19640426	2012	
2	教育部新世纪人才	李国靖	19720923	2008	
合计	突出专家数量（人）		2		

Ⅰ-3　专职教师与学生情况					
类型	数量	类型	数量	类型	数量
专职教师数	36	其中，教授数	12	副教授数	10
研究生导师总数	17	其中，博士生导师数	4	硕士生导师数	13
目前在校研究生数	80	其中，博士生数	10	硕士生数	70
生师比	2.2	博士生师比	2.5	硕士生师比	5.4
近三年授予学位数	25	其中，博士学位数	3	硕士学位数	22

Ⅰ-4　重点学科					
序号	重点学科名称	重点学科类型	学科代码	批准部门	批准年月
1	木材科学与技术	国家林业局重点学科	080902	国家林业局	200601

Ⅰ-5　重点实验室				
序号	实验室类别	实验室名称	批准部门	批准年月
1	省部级重点实验室／中心	内蒙古自治区沙生灌木资源开发利用工程技术研究中心	内蒙古自治区科学技术厅	200401
2	省部级重点实验室／中心	内蒙古沙生灌木纤维化呢能源化利用重点实验室	内蒙古自治区科学技术厅	201409
3	省部级重点实验室／中心	内蒙古森林文化研究示范基地	内蒙古自治区科学文化厅	201210
合计	重点实验数量（个）	国家级	—	省部级　3

II 科学研究

II-1 近五年（2010—2014年）科研获奖

序号	奖励名称	获奖项目名称	证书编号	完成人	获奖年度	获奖等级	参与单位数	本单位参与学科数
1	省级科技进步奖	甜高粱秸秆固态发酵乙醇技术及其产业化推广示范	201102012	王瑞刚	2011	二等奖	1	1

合计	科研获奖数量（个）		特等奖	一等奖	二等奖	三等奖
		国家级	—	—	—	—
		省部级	—	—	1	—

II-2 代表性科研项目（2012—2014年）

II-2-1 国家级、省部级、境外合作科研项目

序号	项目来源	项目下达部门	项目级别	项目编号	项目名称	负责人姓名	项目开始年月	项目结束年月	项目合同总经费（万元）	属本单位本学科的到账经费（万元）
1	国家自然科学基金	国家自然科学基金委员会信息科学部	地区科学基金	30960303	木材纹理美学的数字化表征	多化琼	200901	201312	24	24
2	国家自然科学基金	国家自然科学基金委员会信息科学部	地区科学基金	31060097	超低密度生物质基发泡材料泡孔形成与强化机理的研究	张桂兰	201101	201312	27	27
3	国家自然科学基金	国家自然科学基金委员会信息科学部	地区科学基金	31360160	沙生灌木枝条／液体化产物新型材料研究	安　珍	201301	201512	55	55
4	国家林业局	国家林业局	林业公益	2010004006-3	优质沙生灌木纤维板先进生产技术	王喜明	201004	201312	92	92
5	国家林业局	国家林业局	林业公益	2011040004	木纤维－蒙脱土纳米复合吸附材料	王喜明	201004	201312	71	71
6	国家自然科学基金	国家自然科学基金委员会信息科学部	一般项目	50962010	掺杂的TiO_2纳米纤维的制备及其光催化性能	盛显良	201001	201212	24	24
7	国家自然科学基金	国家自然科学基金委员会信息科学部	一般项目	309603305	木材彩色耐磨复合镀层的形成机理及其性能研究	黄金田	201001	201212	23	23

（续）

序号	项目来源	项目下达部门	项目级别	项目编号	项目名称	负责人姓名	项目开始年月	项目结束年月	项目合同总经费（万元）	属本单位本学科的到账经费（万元）
8	国家林业局	国家林业局	林业公益	201104089	新型木基金属功能材料制备技术研究	黄金田	201104	201312	150	150
9	科技部	科技部	农转项目	2010GB2A400071	木质电磁屏蔽材料料制备技术中试	黄金田	201004	201212	50	50
10	科技部	科技部	农转项目	2011GB2A400012	人工林木材无皱缩干燥技术中间试验	王喜明	201104	201312	60	60
11	国家自然科学基金	国家自然科学基金委信息科学部	一般项目	21467021	基于重金属离子治理的巯基质纤维素／蒙脱土纳米复合吸附材料的制备	张晓涛	201501	201512	50	50
12	国家自然科学基金	国家自然科学基金委信息科学部	一般项目	20867004	纤维素基环境友好复合吸附剂的吸附机理	王 丽	201001	201312	29	29
13	国家自然科学基金	国家自然科学基金委信息科学部	地区项目	31360169	柠条锦鸡儿干旱和冷胁迫差减库候选基因筛选及功能鉴定	王瑞刚	201301	201512	53	53
14	引进国外技术管理人才项目	国家外专局	一般项目	20131500039	农林资源植物木质素代谢分子调节及其饲用品质改良	王瑞刚	201301	201512	9	9
15	农业转化	科技部	一般项目	2012GB2A400069	甜高粱秸秆综合利用产业化示范	王瑞刚	201201	201512	60	60
16	国家林业局	国家林业局	一般项目	2011-4-07	木材液化产物化学合成再生纤维关键技术引进	黄金田	201004	201212	50	50
17	博士点基金	教育部	一般项目	2009151512003	超低密度生物质基发泡复合材料泡孔增强机理研究	张桂兰	201001	201201	3.6	3.6
18	国际合作	科技部	一般项目	2013DFA32000	真空蒸汽处理灭杀原木中光肩星天牛的合作研究	王喜明	201304	201604	258	258
19	国家自然科学基金	国家自然科学基金委信息科学部	一般项目	31460170	厚度0.10～0.30毫米微薄木无压干旋切制备基础理论的研究	青 龙	201501	201812	45	45

（续）

序号	项目来源	项目下达部门	项目级别	项目编号	项目名称	负责人姓名	项目开始年月	项目结束年月	项目合同总经费（万元）	属本单位本学科的到账经费（万元）
20	国家自然科学基金	国家自然科学基金委员会信息科学部	一般项目	31460168	不同尺度下木材构造美学元素的数字化提取与视觉评价	多化琼	201501	201812	50	50
21	国家自然科学基金	国家自然科学基金委员会信息科学部	一般项目	31260157	木材纤维素非结晶区示范分布及其结合关系研究	薛振华	201201	201612	50	50
22	国家自然科学基金	国家自然科学基金委员会信息科学部	面上项目	31170519	基于蒸腾作用的活立木生理干燥机理和过程的研究	王喜明	201101	201112	10	10
23	国家自然科学基金	国家自然科学基金委员会信息科学部	地区项目	31160141	基于质子探针的木质材料地像特性的研究	张明辉	201101	201412	55	55
24	国家自然科学基金	国家自然科学基金委员会信息科学部	地区项目	31260158	沙柳细胞壁形成机理及细胞壁力学模型研究	姚利洪	201201	201512	50	50
25	国家自然科学基金	国家自然科学基金委员会信息科学部	青年项目	30800866/C0403	基于质子探针的木材水分关系的研究	张明辉	200801	201012	18	18
26	国家自然科学基金	国家自然科学基金委员会信息科学部	地区项目	31160142	炭化防腐木材的过程控制微防腐机理研究	王雅梅	201101	201412	47	47
27	引进国外技术管理项目	国家外专局	一般项目	20121500003	旱生资源灌木柠条饲鸡儿高抗新种质创制与应用	李国靖	201201	201212	9	9
28	"863" 计划	科技部	子课题	2011AA100203	落叶松、马尾松、杉木分子育种及品种创制与开发利用	李国靖	201101	201512	50	50
合计	国家级科研项目		数量（个）	36	项目合同总经费（万元）	1 604		属本单位本学科的到账经费（万元）		1 604

II-2-2 其他重要科研项目

序号	项目来源	合同签订/项目下达时间	项目名称	负责人姓名	项目开始年月	项目结束年月	项目合同总经费（万元）	属本单位本学科的到账经费（万元）
1	北京林业大学	201109	长纤维增强沙生灌木纤维板的机理及工艺研究	李 奇	201101	201312	3	3
2	内蒙古科技厅	200806	基于图像处理的木材纹理数字化表征	多化琼	200806	201012	3	3
3	内蒙古科委	200806	新型功能木材／金属装饰材料的制备	黄金田	200901	201012	20	20
4	内蒙古科委	200806	农村废弃秸秆资源化利用关键技术研究	黄金田	200901	200912	10	10
5	内蒙古自然科学基金	200906	稀土掺杂半导体 TiO_2 纳米纤维的制备及其光催化性能	盛显良	201001	201212	3	3
6	内蒙古科技厅	200806	农村废弃秸秆资源化利用关键技术研究	黄金田	200901	200912	10	10
7	内蒙古科技厅	200806	文冠果生物柴油动力性能与环保性能评价	薛振华	200901	201212	40	40
8	内蒙古科技厅	201106	特色经济植物产业化基地建设——文冠果林－油一体化关键技术集成及其产业化示范	王喜明	201106	201206	150	150
9	国家林业局	201104	"森林营建与利用的高效低耗现代技术装备研发"子课题"多功能沙生灌木集材装备研发"	朱守林	201104	201304	40	40
10	内蒙古科技厅	201406	农作物秸秆和农业加工剩余物综合利用关键技术集成与示范	王喜明	2014	2015	60	60
11	内蒙古科技厅	2014	沙生灌木纤维化和能源化利用创新团队	王喜明	2014	2016	40	40
12	内蒙古党委	2014	沙生灌木纤维化和能源化利用创新团队	王喜明	2014	2016	50	50
13	东达蒙古王	2014	竹柳材刨花板	王喜明	2014	2014	30	30

II-2-3 人均科研经费

人均科研经费（万元／人）
59.5

II-3 本学科代表性学术论文质量

II-3-1 近五年（2010—2014 年）国内收录的本学科代表性学术论文

序号	论文名称	第一作者	通讯作者	发表刊次（卷期）	发表刊物名称	收录类型	中文影响因子	他引次数
1	木质纤维素－蒙脱土纳米复合材料的制备	王 丽	—	2010	功能高分子学报	CSCD	0.517	6
2	纳米 SiO₂ 改性氰酸酯／聚丙烯腈聚合物性能研究	李亚斌	—	2010	化工新型材料	CSCD	0.728	2
3	沙柳树霉菌及最适培养基的筛选	贺 荣	冯利群	2010（2）	内蒙古农业大学学报（自然科学版）	CSCD	0.481	—
4	脲醛树脂的纳米级改性研究	曹振宁	—	2011（2）	林产工业	CSCD	0.603	2
5	奥古曼胶合板的需求短期内没有任何复苏的迹象	王雅梅	王雅梅	2011（1）	国际木业	CSCD	0.358	—
6	ADC 发泡的生物质纤维复合材料制备工艺及性能研究	张桂兰	王 正	2010（1）	内蒙古农业大学学报（自然科学版）	CSCD	0.481	—
7	E1 级沙柳材刨花板研制及效益分析	于晓芳	王喜明	2010（3）	内蒙古农业大学学报（自然科学版）	CSCD	0.481	2
8	木材多尺度空隙结构表征方法研究进展	王 哲	王喜明	2014（10）	林业科学	—	1.512	—
9	木材科学研究中的化学问题	张晓涛	王喜明	2014（4）	世界林业研究	—	1.103	—
10	木质纤维素／纳米蒙脱土复合材料对废水中 Cu（II）的吸附及吸附性能	张晓涛	王喜明	2014（6）	复合材料学报	—	1.129	—
11	木质纤维素 -g- 丙烯酸／蒙脱土水凝胶制备及吸附性能研究	王 丽	—	2012（3）	功能材料	—	0.849	10
12	有机蒙脱土改性脲醛树脂胶黏剂的制备及性能研究	于晓芳	王喜明	2014（2）	中国胶黏剂	—	0.754	—
13	文冠果生物柴油的生产工艺及其理化性能	郝一男	王喜明	2014（3）	农业工程学报	—	2.329	1
14	羧甲基纤维素／有机蒙脱土纳米复合材料对刚果红的吸附与解吸性能	王敏敏	薛振华	2014（3）	环境工程学报	—	0.994	1
15	利用时域核磁共振研究脲醛树脂的固化过程	邵朱伟	张明辉	2014（9）	木材工业	—	1.023	—
16	利用 X 射线衍射法探究木材含水率与结晶度的关系	李新宇	张明辉	2014（2）	东北林业大学学报	—	0.902	1
17	沙柳平茬机的设计	韩瑞娟，安 珍	安 珍	2014（1）	中国农机化学报	—	0.569	—
合计					中文影响因子		16.256	他引次数 136

Ⅱ-3-2　近五年（2010—2014 年）国外收录的本学科代表性学术论文

序号	论文名称	论文类型	第一作者	通讯作者	发表刊次（卷期）	发表刊物名称	收录类型	他引次数	期刊SCI影响因子	备注
1	Fast removal methylene blue from aqueous solution by adsorption onto chitosan-q-poly/attapulgite composite	Article	Sheng Xianliang	Sheng Xianliang	2011	Desalination	SCI	48	1.851	
2	Adsorption and Desorption of Nickel(II) Ions from Aqueous Solution by a Lignocellulose/Montmorillonite Nanocomposite	Article	Zhang Xiaotao	Wang Ximing	2014	Plos one	SCI	62	3.53	
3	Lignocellulose-Montmorillonite Nanocomposite as Adsorbents of Pb(II) in AqueousSolution: The Capacity for Desorption and Regeneration	Article	Zhang Xiaotao	Wang Ximing	2014	Asian Journal of Chemistry	SCI	95	012	
4	Adsorption of cationic dye on N, w O-carboxymethyl-chitosan from aqueous solutions: equilibrium, kinetics, and adsorption mechanism	Article	Wang Li	—	2010	Polymer Bulletin	SCI	103	1.25	
5	Preparation and Structure Characterization of UF Resins Modified with Organic Montmorillonite	Article	Yu Xiaofang	Wang Ximing	2014	Acta Polymerica Sinica	SCI	23	1.28	
6	The Influence of Oil Heat Treatment on Wood Decay Resistance by Fourier Infrared Spectrum Analysis	Article	Wang Yamei	Feng Liqun	2014	Spectroscopy and Spectral Analysis	SCI	56	0.21	
7	Fast removal of methylene blue from aqueous solution by adsorption onto chitosan-g-poly (acrylic acid)/attapulgite composite.	Article	Wang Li	Wang Aiqin	2011	Desalination	SCI	48	1.851	
8	Adsorption characteristics of methylene blue onto the N-succinyl-chitosan-g-polyacrylamide/attapulgite composite.	Article	Li Qi	Wang Li	2011	Korean Journal of Chemical Engineering	SCI	50	0.748	
9	Ultrasonic Effect on Wood Electroless Ni-P/nano-SiC Composite Coatings	Article	Huang Jintian	—	2014	Asian Journal of Chemistry	SCI	21	0.12	
10	Numerical Modeling of Heat and Moisture Transfer during Microwave Drying of Wood	Article	Yu Jianfang	Wang Ximing	2011	Lecture Notes in Information Technology	SCI	59	0.15	
11	Fast removal of methylene blue from aqueous solution by adsorption onto chitosan-g-poly (acrylic acid)/attapulgite composite	Article	Wang Li	—	2011	Desalination	SCI	88	1.23	
12	Characterization and Congo Red uptake capacity of a new lignocellulose/organic-montmorillonite composite	Article	Wang Li	—	2012	Desalination and Water Treatment	SCI	126	2.31	

（续）

序号	论文名称	论文类型	第一作者	通讯作者	发表刊次（卷期）	发表刊物名称	收录类型	他引次数	期刊SCI影响因子	备注
13	Adsorption characteristics of methylene blue onto the N-succinyl-chitosan-g-polyacrylamide/attapulgite composite	Article	Wang Li	—	2011	Korean Journal of Chemical Engineering	SCI	52	1.24	
14	Optimum Roundness of Tool Edge in Veneer Cutting of Sugi	Article	Qing Long	—	2010	Mokuzai Gakkaishi	SCI	56	0.46	
15	Optimum Cutting Tool Locus in Veneer Cutting of Sugi	Article	Qing Long	—	2011	Mokuzai Gakkaishi	SCI	12	0.46	
16	Decay and leach resistances of bamboo treated with CuAz preservatives	Article	Wang YaMei	Wang Ximing	2011	Advances in Biomedical Engineering	SCI	85	0.12	
17	Study on Fixation mechanism of CuAz preservatives in Moso bamboo	Article	Wang Yamei	Wang Yamei	2011	Lecture Notes in Information Technology	SCI	63	0.21	
18	Arabidopsis cysteine-rich receptor-like kinase 45 positively regulates disease resistance to *Pseudomonas syringae*	Article	Zhang Xiujuan	Li Guojing	2013	Plant Physiology and Biochemistry	SCI	86	2.83	
19	Investigation of Morphology of Vetier (*Vetiveria zizanioides*) cellulose micro/nano fibrils isolated by high intensity ultrasonication	Article	Wang Xin	Wang Xin	2011	Advanced Materials Research	EI	—	—	
20	MtROP8 is involved in root hair development and the establishment of symbiotic interaction between *Medicago truncatula* and *Sinorhizobium meliloti*	Article	Wang Qi	Wang Ruigang	2014	Chinese Science Bulletin	SCI	96	1.83	
21	Reference gene selection for qRT-PCR in *Caragana korshinkii* Kom. under different stress conditions	Article	Wang Qi	Wang Ruigang	2014	Molecular Biology Reports	SCI	145	2.27	
22	Research on Melamine Formaldehyde Resin Modified by Vetier (*Vetiveria zizanioides*) Micro/Nano Fibrils	Article	Wang Xin	Wang Xin	2011	Advanced Materials Research	EI	—	—	
23	Performance of *Salix* Cellulose in the Process of Micro/Nano	Article	Huang Jingtian	—	2014	Journal of Applied Science	EI	—	—	
24	Study on the wear-resisting property of wood Cu/Ni electroplate coating	Article	Huang Jingtian	Huang Jingtian	2010	Advanced Materials Research	EI	—	—	
25	Preparation and Microscopic Analysis of Polyurethane Elastomer Made by *Salix psammophila*	Article	Huang Jingtian	Huang Jingtian	2011	Advanced Materials Research	EI	—	—	

（续）

序号	论文名称	论文类型	第一作者	通讯作者	发表刊次（卷期）	发表刊物名称	收录类型	他引次数	期刊SCI影响因子	备注
26	Study on Permeability Coefficient of Different Bamboo/Fir Veneer Surface	Article	Yao Lihong	—	2011	Advanced Materials and Processes	EI	—	—	
27	Study on Adsorption Properties of Lignocellulose/Organic Montmorillonite Nanocomposites	Article	Wang Minmin	Wang Li	2012	Advance Material Research	EI	—	—	
28	Adsorption characteristics of Congo red from aqueous solution on the carboxymethylcellulose/montmorillonite nanocomposite	Article	Zhao Yahong	Wang Li	2012	Advance Material Research	EI	—	—	
29	Preparation of biodiesel from Xanthoceras sorbiflia Bunge seed oil	Article	Hao Yinan	Wang Ximing	2011	Advanced Materials Research	EI	—	—	
30	Adosorption of Basic Fuchsin onto *Xanthoceras sorbifolia* Bunge crust activated carbon developed by sodium hydroxide	Article	Hao Yinan	Wang Ximing	2011	Advanced Materials Research	EI	—	—	
31	Removal of cationic dye from aqueous solution by adsorption on activated carbon developed from *Xanthoceras sorbifolia* Bunge hull	Article	Hao Yinan	Wang Ximing	2010	Advanced Materials Research	EI	—	—	
32	Maybe Absolutely Green-with traditional chinese medicine as wood preservative	Article	Wang Yamei	Wang Yamei	2011	Advanced Materials Research	EI	—	—	
33	Preperties of esterficated wood with oxalic acid and cetyl alcohol	Article	Wang Xiangjun	Wang Ximing	2010	Advanced materials research	EI	—	—	
34	Growth rate of the driver's rate about different temperamenttypes based on prairie highway landscape environment	Article	Li Xianghong	Zhu Shoulin	2011	Journal of Beijing institute of Technology	EI	—	—	
35	Driver's heart rate variability about different temperament types based on prairie highway landscape environment indoor and outdoor	Article	Li Xianghong	Zhu Shoulin	2011	Journal of Beijing institute of Technology	EI	—	—	
合计	SCI 影响因子	—				他引次数			—	

II-5 已转化或应用的专利（2012—2014年）

序号	专利名称	第一发明人	专利申请号	专利号	授权（颁证）年月	专利受让单位	专利转让合同金额（万元）
1	新型木材防腐剂	王雅梅、王喜明	200910147579.3	ZL200910147579.3	2009	内蒙古联合木业	10
2	一种木质纤维素与有机钙基蒙脱土复合的染料废水吸附剂	王喜明、王丽、薛振华等	201110273121.x	ZL201110273121.x	2011	呼和浩特金程板业	50
合计	专利转让合同金额（万元）			60			

Ⅲ 人才培养质量

Ⅲ-1　优秀教学成果奖（2012—2014 年）

序号	获奖级别	项目名称	证书编号	完成人	获奖等级	获奖年度	参与单位数	本单位参与学科数
1	省级	以引进国外优质资源为动力促进本科教育质量的提高	20140101	李畅游	一等奖	2014	1	10（5）
2	省级	创新实践基地建设途径稳步提高实践教学水平	20140105	杜建民	一等奖	2014	1	10（5）
合计	国家级	一等奖（个）　—	二等奖（个）　—		三等奖（个）　—		—	
	省级	一等奖（个）　2	二等奖（个）　—		三等奖（个）　—		—	

Ⅲ-3　本学科获得的全国、省级优秀博士学位论文情况（2010—2014 年）

序号	类型	学位论文名称	获奖年月	论文作者	指导教师	备注
1	省级	木材微波干燥热质转移及其数值模拟	2012	于建芳	王喜明	
2	省级	文冠果种仁油的提取及其生物柴油合成研究	2014	郝一男	王喜明	
合计	全国优秀博士论文（篇）　—		提名奖（篇）　—			
	省优秀博士论文（篇）		2			

Ⅲ-4　学生国际交流情况（2012—2014 年）

序号	姓名	出国（境）时间	回国（境）时间	地点（国家 / 地区及高校）	国际交流项目名称或主要交流目的
1	王　哲	201407	201508	美国弗吉尼亚理工大学	国际合作培养
合计	学生国际交流人数			1	

2.8.2　学科简介

1. 学科基本情况与学科特色

（1）学科基本情况

林业工程学科是以森林资源的高效利用和可持续发展为目标开展研究的综合性学科，为我国林业工程领域培养应用型、学术型、复合型高层次科技、工程技术和管理人才。林业工程学科是以森林资源的培育、高效利用和可持续发展为主线，研究森林资源的抚育、开发利用和林产品加工理论与技术的应用型学科。本一级学科包括：森林工程、木材科学与技术、林产化学加工工程、生物质能源与材料、家具设计与工程、林业装备与信息化等主要二级学科。具体内容可涉及：林区作业、林业机械装备开发和运用、林区道路桥梁建筑规划设计与施工、林区物流、树木提取物化学、植物纤维化学、生物质能源、森林资源化学深加工与生物利用、制浆造纸、家具设计与制造、木材保护、人造板生产、胶黏剂、木材无损检测、木基复合材料、森林资源与环境监测、森林资源信息化管理等领域。

（续）

林业工程是伴随人类发展进程最具历史渊源的工程技术之一，是我国经济建设和环境建设的基础建设工程，具有与其他行业不同的特点与功能。森林作为一种可再生的生物资源，具有直接和间接的经济价值，具有净化空气和水源涵养、水土保持以及资源利用等重要的环境效益和森林游憩等社会效益，以及资源利用等重要的经济效益。进入 20 世纪 30 年代，随着木材生产和林产品加工业的迅速发展和机械化程度的不断提高，森林利用学的内容日益扩展，工业体系日益成熟，逐步从林学学科中分离出来，组成林业工程学科。与发达国家相比，我国的林业工程学科发展较晚，是 50 年代初期建立起来的，当时在高等林业院校中先后设置了森林采运、木材机械加工、林产化学加工、林业与木工机械等专业，主要招收本科生，并举办过研究生班。1981 年实行学位制度后，林业工程成为首批具有硕士和博士学位授予权学科，并逐步发展成七个二级学科，即森林采运工程、林区道路与桥梁工程、林业与木工机械、木材学、木材加工与人造板工艺、林产化学加工和林业自动化。1997 年在国家学科专业调整中，将以上七个学科进行了合并、调整，组成了森林工程，木材科学与技术和林产化学加工工程三个二级学科，学科在此期间稳步发展，逐步形成了自身学科特色，为我国林业工程建设提供了极其重要的理论基础、技术支持和人才储备。

我校林业工程学科首设于 1958 年，专业有"森林工程""木材加工"和"林产化工"。1998 年获"木材科学与技术"学科硕士学位授予权，2001 年获"森林工程"学科硕士学位授予权，2006 年获"林业工程"一级学科博士学位授予权，包括森林工程（082901）、木材科学与技术（082902）、林产化学加工工程（082903）三个二级学科博士学位授权点。我校林业工程学科重点针对我国西部干旱和半干旱地区沙生灌木林、内蒙古东部森林的采伐、开发利用及其产业化开展学科建设。

（2）学科特色

林业工程学科包含森林工程、木材科学与技术、林产化学加工工程、家具设计与工程、生物质能源与材料及林业装备与信息化六个二级学科，各二级学科紧紧围绕森林资源的高效利用、可持续发展这个主题，并相互渗透、相互支撑、相互影响，即紧密联系，又分工明确。

林业工程学科是研究森林资源开发利用和林产品加工的应用学科，属工科门类，含森林工程（082901）、木材科学与技术（082902）、林产化学加工工程（082903）三个二级学科博士点。在近 50 年的林业工程学科建设中，我们围绕西部沙生灌木林和东部森林资源特点形成 6 个有鲜明特色的学科方向：沙生灌木纤维化利用基础理论与关键技术、木材解剖与物理学、森林作用与环境、蒙古族家具研究、生物质材料化学及能源化利用技术、森林工程。

2. 社会贡献

林业工程学科为我国培养林业领域的应用型、学术型、复合型高层次科技、工程技术和管理人才。我校林业工程学科以西部大开发为契机，正在为创建自治区和国家林业局重点学科而努力奋斗，不断为社会主义新农村建设、内蒙古自治区经济发展和西部大开发培育更多的高级专门人才、提供高科技的科研成果和技术服务。林业工程已形成完整的学科体系，彰显出明显的区域特色、民族特色和文化特色，学生就业率高达 99% 以上，已为社会培养输送了 3 500 余名各类优秀人才。

近年来，我校林业工程学科制定行业标准 3 项，发表论文 150 余篇（其中 SCI EI 收录 35 篇），申请专利 15 项，授权 8 项，成功举办"第二届中国林学会生物质材料"学术研讨会 1 次，获得 10 余项研究成果，例如沙生灌木人造板制造、木材干燥及木质材料电磁屏蔽等新技术在区内外多家企业得到推广和应用。其中，在内蒙古西部鄂尔多斯地区建成投产沙生灌木人造板生产线 17 条（其中中密度纤维板生产线 9 条，年生产能力为 17.00 万 m^3；刨花板生产线 6 条，年生产能力为 34.50 万 m^3；石膏刨花板生产线 2 条，年生产能力为 3 万 m^3），年消耗沙生灌木 87.20 万 t，实现直接经济效益 3.49 亿元，提供就业岗位 3 000 余人，为当地的农牧民开拓了就业途径，这些企业的投产，不仅极大地促进了沙生灌木资源的培育和利用，而且也使当地广大农牧民在沙生灌木生产经营中得到最大的经济效益。同时，可以充分调动沙区人民种植和管护沙生灌木的积极性和主动性，促进沙区生态环境建设，实现生态效益和经济效益的协调发展，在防沙、治沙方面起到了积极的作用，为改善西部地区生态环境方面做出了重要的贡献。

此外，该学科除了新技术的推广和应用外，还为当地政府部门和相关企业提供了大量的技术咨询服务，为政府在做出当地经济发展决策及制定生态保护计划过程中提供了有力的科学指导，为当地企业的生产和发展提供了强有力的技术支撑和指导。

总之，我校林业工程学科为发展内蒙古经济提供了重要的学术指导，为自治区增加了就业岗位，在西北地区的"防沙""治沙"等环境保护中起到了积极作用，该学科具有极大的学术贡献和社会服务贡献。

2.9 福建农林大学

2.9.1 清单表

I 师资队伍与资源

I-1 突出专家

序号	专家类别	专家姓名	出生年月	获批年月	备注
1	享受政府特殊津贴人员	周新年	195102	199303	
2	享受政府特殊津贴人员	陈礼辉	196602	201103	
3	享受政府特殊津贴人员	黄六莲	196502	201503	
合计	突出专家数量（人）			3	

I-3 专职教师与学生情况

类型	数量	类型	数量	类型	数量
专职教师数	98	其中，教授数	26	副教授数	33
研究生导师总数	40	其中，博士生导师数	15	硕士生导师数	40
目前在校研究生数	130	其中，博士生数	22	硕士生数	108
生师比	3.25	博士生师比	1.46	硕士生师比	2.7
近三年授予学位数	83	其中，博士学位数	9	硕士学位数	74

I-4 重点学科

序号	重点学科名称	重点学科类型	学科代码	批准部门	批准年月
1	林业工程	特色重点学科	0829	福建省教育厅	201210
合计	二级重点学科数量（个）	国家级	—	省部级	3

I-5 重点实验室

序号	实验室类别	实验室名称	批准部门	批准年月
1	省部级重点实验室	中央与地方共建高校特色优势学科生物质材料实验室	财政部	200710
2	省部级重点实验室	福建省生物质材料工程技术研究中心	福建省科技厅	200612
3	省部级重点实验室	福建省植物资源化学与材料技术开发基地	福建省经济与信息化委员会	200810
4	省部级重点实验室	福建省普通高等学校实验教学示范中心"植物纤维材料工程实验教学中心"	福建省教育厅	201012
合计	重点实验数量（个）	国家级	—	省部级	4

II 科学研究

II-1 近五年（2010—2014年）科研获奖

序号	奖励名称	获奖项目名称	证书编号	完成人	获奖年度	获奖等级	参与单位数	本单位参与学科数
1	国家科技进步奖	竹纤维制备关键技术及功能化应用	2014-J-202-2-02-R01	陈礼辉（1）	2014	二等奖	8（1）	2（1）
2	国家科技进步奖	农林剩余物多途径气化联产炭材料关键技术开发	2013-J-202-2-02-R04	黄彪（4）	2013	二等奖	4（3）	1
3	福建省技术发明奖	利用三聚氰胺树脂高氧脱除木素的脱除率及白度和粘度的方法	2011-F-1-01-1	黄六莲（1）	2011	一等奖	1	1
4	福建省技术发明奖	竹塑复合材料制备关键技术及其工程应用	2012-F-2-001-1	邱仁辉（1）	2012	二等奖	2（1）	1
5	福建省科技进步奖	中低温固化重组竹的研发与产业化	2014-F-2-001-1	杨文斌（1）	2014	二等奖	2（1）	1
6	福建省科技进步奖	木质原料热解气化联产活性炭关键技术与装备开发	2012-J-2-031-5	黄彪（4）	2012	二等奖	4（3）	1
7	福建省科技进步奖	竹集成材家具的开发与应用研究	2012-J-3-045-1	李吉庆（1）	2012	三等奖	1	1
8	福建省科学技术奖	中亚热带天然次生林择伐后生态恢复动态与作业系统研究	2011-J-3-60-1	周新年（1）	2011	三等奖	2（1）	1
9	福建省科学技术奖	锥栗加工产业化关键技术	2010-F-3-03-1	邹双全（1）	2010	三等奖	2（1）	1
10	福建省科学技术奖	覆膜厚竹竹金刚板模板工艺技术的研究	2010-J-3-024-2	林金国（2）	2010	三等奖	3（2）	1

合计	科研获奖数量（个）	国家级	特等奖 —	一等奖 1	二等奖 —	三等奖 2
		省部级		一等奖	二等奖 1	三等奖 3

II-2 代表性科研项目（2012—2014年）

II-2-1 国家级、省部级、境外合作科研项目

序号	项目来源	项目下达部门	项目级别	项目编号	项目名称	负责人姓名	项目开始年月	项目结束年月	项目合同总经费（万元）	属本单位本学科的到账经费（万元）
1	国家自然科学基金	国家自然科学基金委员会生命科学部	面上项目	30972312	机械力化学法制备活性炭的作用及其机制	黄彪	201001	201212	33	33
2	国家自然科学基金	国家自然科学基金委员会生命科学部	面上项目	30972359	中亚热带典型天然次生林对采伐干扰的长期响应机理与仿真研究	周新年	201001	201312	32	32

（续）

序号	项目来源	项目下达部门	项目级别	项目编号	项目名称	负责人姓名	项目开始年月	项目结束年月	项目合同总经费（万元）	属本单位本学科的到账经费（万元）
3	国家自然科学基金	国家自然科学基金委员会生命科学学部	面上项目	30571461	改性竹纤维/不饱和聚酯复合材料的制备及其界面相容机理	邱仁辉	201101	201312	31	31
4	国家自然科学基金	国家自然科学基金委员会生命科学学部	青年项目	31000276	脉冲激光法连续制备纳米纤维素及其功能化设计	陈燕丹	201101	201312	22	22
5	国家自然科学基金	国家自然科学基金委员会生命科学学部	青年项目	31000269	离子液体介质中纤维素模板合成介孔功能材料及合成机理研究	陈孝云	201101	201312	19	19
6	国家自然科学基金	国家自然科学基金委员会生命科学学部	面上项目	31070567	常绿阔叶林择伐作业的环境成本利择伐强度阈值的研究	郑丽凤	201101	201312	34	34
7	国家自然科学基金	国家自然科学基金委员会生命科学学部	面上项目	31170520	基于机械力化学作用的纤维素功能材料纳米结构体系的定向设计与构筑	黄 彪	201201	201512	70	70
8	国家自然科学基金	国家自然科学基金委员会生命科学学部	面上项目	31170535	智能型热致变色木塑复合材料的研究	杨文斌	201201	201512	60	60
9	国家自然科学基金	国家自然科学基金委员会生命科学学部	青年项目	31100444	杨木BCTMP制浆过程中溶解干胶体物质的产生机制及控制研究	苗庆显	201201	201412	22	22
10	国家自然科学基金	国家自然科学基金委员会生命科学学部	青年项目	31100431	磁性纳米固体酸/离子液体协同液化木材及其机理研究	卢泽湘	201201	201412	21	21
11	国家自然科学基金	国家自然科学基金委员会生命科学学部	面上项目	31270638	纸浆氧脱木素过程纤维素保护剂反应与传质机制研究	曹石林	201301	201612	85	85
12	国家自然科学基金	国家自然科学基金委员会生命科学学部	面上项目	31250007	基于无苯乙烯不饱和聚酯的大麻纤维增强复合材料的制备及其机理	邱仁辉	201301	201312	15	15
13	国家自然科学基金	国家自然基金委员会	青年项目	41201100	基于生态服务功能的土地利用空间变异特征研究	胡喜生	201301	201512	23	23

（续）

序号	项目来源	项目下达部门	项目级别	项目编号	项目名称	负责人姓名	项目开始年月	项目结束年月	项目合同总经费（万元）	属本单位本学科的到账经费（万元）
14	国家自然科学基金	国家自然科学基金委生命科学部	面上项目	31370560	纳米纤维素在生物质复合材料中的分子桥偶联作用及其机制	黄 彪	201401	201712	80	80
15	国家自然科学基金	国家自然科学基金委生命科学部	青年项目	31300488	杂原子修饰增强金属/竹基活性炭纳米储氢材料氢溢流效应的研究	赵伟刚	201401	201612	26	26
16	国家自然科学基金	国家自然科学基金委生命科学部	青年项目	31300495	木质纤维高固酶解体系的糖化机制及其过程的分析与调控	罗小林	201401	201612	25	25
17	国家自然科学基金	国家自然科学基金委生命科学部	青年项目	21306024	多功能聚羧酸-NHS酯改性溶液态胶原及其构效机理	张 敏	201401	201612	25	25
18	国家自然科学基金	国家自然科学基金委生命科学部	青年项目	21303244	不同晶面 TiO_2-C 界面结构的构建及其在可见光催化过程中的行为研究	庄建东	201401	201612	25	25
19	国家自然科学基金	国家自然科学基金委生命科学部	面上项目	31470598	改性纤维素微球包裹液体制备液体弹珠及其结构特性研究	吴 慧	201410	201810	86	38.7
20	国家自然科学基金	国家自然科学基金委生命科学部	青年项目	21402027	钯催化下降冰片烯介导的烯胺选择性碳－氢键官能团化反应研究	卢贝丽	201410	201710	25	15
21	国家自然科学基金	国家自然科学基金委生命科学部	青年项目	11404057	Au/Ag 团簇紫外－可见光吸收谱调控规律和物理机制的理论研究	高海丽	201410	201710	25	15
22	国家级星火计划重大项目	科技部	重大项目	2012GA720001	竹材高效利用关键技术开发与示范	林金国	201201	201412	315	315
23	"十二五"科技支撑计划子课题	科技部	重大项目	2012BAD54G01	耐候防霉型竹塑复合材料制造关键技术研究	陈礼辉	201301	201412	23.11	23.11
24	国家公益性行业科研专题	国家林业局	重点项目	201204801	高品质生物基燃料油定向催化合成产业化技术	黄 彪	201101	201312	28	28

（续）

序号	项目来源	项目下达部门	项目级别	项目编号	项目名称	负责人姓名	项目开始年月	项目结束年月	项目合同总经费（万元）	属本单位的本学科的到账经费（万元）
25	境外合作科研项目	加拿大国家林产品创新研究院	重大项目	—	植物纤维保温墙体材料制备及产业化研发	谢拥群	201101	201412	30	30
26	中央财政林业科技推广示范项目	国家林业局	重大项目	K4314203A	林木"三剩物"预汽蒸硫酸盐木浆料生产技术示范	黄六莲	201401	201612	100	100
27	中央财政林业科技推广示范项目	国家林业局	重大项目	K4314202A	竹原纤维树脂基复合材料工程化推广示范	邱仁辉	201401	201612	100	100
28	国家林业局"948"项目	国家林业局	重点项目	2012-4-01	二次纤维薄页包装纸生产中酶处理关键技术引进	陈礼辉	201101	201312	50	50
29	国家林业局	国家林业局	重点项目	CAFINT2011C07-01	阻燃型保温材料用植物纤维骨化机的研制	谢拥群	201101	201312	8	8
30	福建省科技重大专项	福建省科技厅	重大项目	2014NZ01080009	竹材节能加工及高值化利用关键技术研究与产业化	林金国	201401	201712	130	130
31	福建省科技厅产学研重大项目	福建省科技厅	重大项目	2012H6004	高速纸机上化学机械浆配抄壁纸原纸的研发	陈礼辉	201201	201412	50	50
32	福建省科技厅高校产学研重大项目	福建省科技厅	重大项目	2014H61010119	全竹高效利用制造竹质混凝土模板关键技术的研究	林金国	201401	201612	30	30
33	福建省高校产学研合作重大项目	福建省科技厅	重大项目	2013H0006	植物纤维基超轻质工程材料制备及产业化研发	谢拥群	201301	201612	50	50
34	福建省科技厅	福建省科技厅	重大项目	2011H6101	高速纸机上二次纤维生产薄页纸的研究	黄六莲	201101	201412	50	50
35	福建省科技厅	福建省科技厅	重大项目	2010N5001	中低温固化型重组竹产业化关键技术研究	杨文斌	201001	201312	40	40
36	福建省高校产学合作重大项目	福建省科技厅	重大项目	2013H6004	植物纤维基超轻质工程材料制备及产业化研发	谢拥群	201301	201612	40	40
37	福建省高校产学合作重大项目	福建省科技厅	重大项目	2013H6005	竹原纤维增强树脂复合材料制备关键技术及其产业化应用	邱仁辉	201301	201612	50	50

（续）

序号	项目来源	项目下达部门	项目级别	项目编号	项目名称	负责人姓名	项目开始年月	项目结束年月	项目合同总经费（万元）	属本单位本学科的到账经费（万元）
38	福建省科技厅重点项目	福建省科技厅	重点项目	2013H0004	纳米纤维素多功能造纸助剂研究与开发	黄彪	201301	201612	10	10
39	福建省科技厅重点项目	福建省科技厅	重点项目	2013H003	平压法热压低密度木塑复合板的研究与开发	饶久平	201301	201612	10	10
40	福建省科技厅重点项目	福建省科技厅	重点项目	2014H0001	壳聚糖载药纳米微球的制备及其在生活用纸中的应用	刘凯	201401	201712	15	15
41	福建省科技厅重点项目	福建省科技厅	重点项目	2014N0021	紫穗废弃物改性酚醛胶及其在竹板材运用中的研究	侯伦灯	201401	201712	15	15
42	省科技厅项目	福建省科技厅	重点项目	2014H0010	基于物联网的智慧木材供应链关键技术与示范应用	邱荣祖	201401	201612	15	15
43	福建省科技厅项目	福建省科技厅	重点项目	2012H0003	胶囊型碳酸钙造纸工程填料的制备及在复印纸中的应用	曹石林	201201	201512	10	10
44	福建省自然科学基金	福建省科技厅	面上项目	2011J01282	麻纤维/不饱和聚酯复合材料界面结合机制的研究	邱仁辉	201101	201312	5	5
45	福建省自然科学基金	福建省科技厅	面上项目	2011J01283	造纸黑液为活化剂制备活性炭的作用与机制	谭非	201101	201412	4	4
46	教育部留学回国人员启动基金	教育部	面上项目	jyblxjj03	竹纤维/不饱和聚酯复合材料的制备及界面特性	邱仁辉	201101	201312	3	3
47	福建省自然科学基金	福建省科技厅	面上项目	2012J0101	用于风电叶片的毛竹青片热处理机理研究	黄晓东	201101	201312	6	6
48	福建省科技厅	福建省科技厅	重大项目	2010H6003	桥梁结构缆索吊装施工理论及成套技术的研究与开发	吴能森	201001	201312	30	30
49	福建自然科学基金	福建省科技厅	面上项目	2010J01270	离子交换树脂催化制备纳米纤维素作用及其机制	黄彪	201001	201212	5	5

（续）

序号	项目来源	项目下达部门	项目级别	项目编号	项目名称	负责人姓名	项目开始年月	项目结束年月	项目合同总经费（万元）	属本单位本学科的到账经费（万元）
50	福建省自然科学基金	福建省科技厅	面上项目	2010J01271	制浆造纸白泥/聚乙烯（PE）共混复合材料的研究	陈礼辉	201001	201312	5	5
51	福建省自然科学基金	福建省科技厅	青年项目	2010J05105	马尾松热磨机械浆中DCS产生机制及控制技术的研究	苗庆显	201001	201212	3	3
合计	数量（个）	26			国家级科研项目	项目合同总经费（万元） 1260.11	属本单位本学科的到账经费（万元） 1148.81			

Ⅱ-2-2 其他重要科研项目

序号	项目来源	合同签订/项目下达时间	项目名称	负责人姓名	项目开始年月	项目结束年月	项目合同总经费（万元）	属本单位本学科的到账经费（万元）
1	福建省发展和改革委员会科技重大专项	2014	竹（木）溶解浆粕及其纤维素膜的研发与产业化	黄六莲	201411	201711	200	100
2	福建省发展和改革委员会科技重大专项	2012	环保型多功能室内墙体装饰新材料的研发	陈礼辉	201201	201312	70	70
3	福建省发展和改革委员会科技重大专项	2013	环境友好竹原纤维增强生物质改性树脂基复合材料开发与应用	邱仁辉	201401	201612	50	50
4	福建省发改委科技重大专项	2011	农林剩余物热化学催化制备精细化学品和清洁能源关键技术开发及应用	黄彪	201101	201312	30	30
5	福建省人才引进基金	2014	福建省创业创新人才科研经费	范珍仔	201401	2019132	200	200
6	福建省人才引进基金	2014	闽江学者人才科研经费	吴慧	201401	201712	200	200
7	福建省经济和信息化委员会	2011	福建省植物资源化学与材料技术开发平台建设	陈礼辉	201101	201412	50	50
8	福建省经济和信息化委员会	2012	福建省植物资源化学与材料技术开发平台建设	陈礼辉	201201	201512	50	50
9	福建省经济和信息化委员会	2012	林产品加工产业企业技术诊断辅导提升	陈礼辉	201201	201212	25	25

（续）

序号	项目来源	合同签订/项目下达时间	项目名称	负责人姓名	项目开始年月	项目结束年月	项目合同总经费（万元）	属本单位本学科的到账经费（万元）
10	福建省经济和信息化委员会	2013	林产品加工产业企业技术诊断辅导提升	陈礼辉	201301	201312	25	25
11	福建省经济和信息化委员会	2014	林产品加工产业企业技术诊断辅导提升	陈礼辉	201401	201412	25	25
12	福建省教育厅科学基金	2010	抢险救灾遥控索道研制	周新年	201001	201312	20	20
13	福建省林业厅科研基金	2012	油茶籽多功能化妆品的开发	郑德勇	201201	201512	10	10
14	福建省农科教结合项目	2011	毛竹纸浆材专用林定向培育技术推广	林金国	201104	201312	10	10
15	福建省林业厅科研基金	2009	高等级茶素油提取关键技术研究	陈礼辉	200903	201212	16	16
16	福建希源纸业有限公司	2014	AIP型非离子表面活性剂的制备及在废纸脱墨中的应用	曹石林	201412	201512	120	120
17	福建青山纸业有限责任公司	201011	氧脱木素脱除新工艺的研究	黄六莲	201012	201412	150	130
18	福建佰安纸业有限公司	201011	改善纸巾纸性能新工艺的开发	陈礼辉	201012	201412	150	140
19	福建优兰发集团实业有限公司	201101	装饰壁纸原纸生产关键技术的开发	陈礼辉	201102	201412	150	150
20	福建建瓯市芝星活性炭有限公司	201108	竹质活性炭磷酸法清洁生产技术的开发	郑德勇	201109	201412	160	90
21	福建农林大学	2014	校"生物质材料重大科技创新与平台支撑计划"重点项目	陈礼辉	201401	201612	1 170	470
22	福建农林大学	2014	校"人才队伍与人才培养质量提升计划"项目	陈礼辉	201401	201612	830	360
23	福建农林大学	2012	校"生物质能源与材料校级科技创新团队"建设项目	黄彪	201201	201506	300	300
24	福建农林大学	2012	校杰出青年科研人才科研专项基金	罗小林	201301	201512	30	30
25	福建农林大学	2012	校杰出青年科研人才科研专项基金	陈燕丹	201301	201512	30	30
26	福建农林大学	2012	校杰出青年科研人才科研专项基金	张敏	201301	201512	30	30
27	福建农林大学	2012	校杰出青年科研人才科研专项基金	刘凯	201301	201512	30	30
28	福建农林大学	2014	校杰出青年科研人才科研专项基金	吴慧	201401	201712	30	30
29	福建农林大学	2014	校杰出青年科研人才科研专项基金	庄建东	201401	201712	30	30
30	福建农林大学	2014	校杰出青年科研人才科研专项基金	赵伟刚	201401	201712	30	30

II-2-3　人均科研经费

人均科研经费（万元/人）
49.63

II-3　本学科代表性学术论文质量

II-3-1　近五年（2010—2014年）国内收录的本学科代表性学术论文

序号	论文名称	第一作者	通讯作者	发表刊次（卷期）	发表刊物名称	收录类型	中文影响因子	他引次数
1	竹粉／高密度聚乙烯复合材料动态流变特性	杨文斌	杨文斌	2012, 28 (7)	农业工程学报	CSCD	2.296	17
2	改性豆胶胶合板热压工艺优化及固化机理分析	陈奶荣	林巧佳	2012, 28 (11)	农业工程学报	CSCD	2.296	8
3	竹粉／聚丙烯发泡复合材料的增韧效果	周吓星	陈礼辉	2013, 29 (2)	农业工程学报	CSCD	2.121	7
4	竹材草酸预水解过程木质素的溶出现律	曹石林	曹石林	2014, 30 (5)	农业工程学报	CSCD	2.121	1
5	冻融循环老化降低竹粉／聚丙烯发泡复合材料性能	周吓星	陈礼辉	2014, 30 (10)	农业工程学报	CSCD	2.121	—
6	碱法纳米纤维素模板合成介孔 TiO_2 及其性能	陈孝云	陈孝云	2011, 32 (11)	催化学报	CSCD	1.458	8
7	南方林区林产品运输监管系统的研发	林宇洪	邱荣祖	2011, 33 (5)	北京林业大学学报	CSCD	1.346	31
8	S 掺杂 S-TiO_2/SiO_2 可见光响应光催化剂的制备及性能	陈孝云	陈孝云	2012, 33 (6)	催化学报	CSCD	1.292	12
9	纳米纤维素碱法制备及光谱性质	唐丽荣	黄彪	2010, 30 (7)	光谱学与光谱分析	CSCD	1.241	17
10	机械力辅助氯化锌活化法制备甘蔗渣活性炭	黄锦锋	黄彪	2012, 49 (10)	林业科学	CSCD	1.169	—
11	集材索道遥控跑车及其液压系统设计	沈嵘枫	周新年	2013, 49 (10)	林业科学	CSCD	1.169	—
12	离子液体／水混合介质中合成 N，F 共掺杂宽光域响应多孔 TiO_2 光催化剂及性能	陈孝云	陈孝云	2012, 28 (1)	物理化学学报	CSCD	1.15	7
13	酸法纳米纤维素模板合成介孔 TiO_2 及光催化活性	陈孝云	陈孝云	2013, 29 (3)	无机化学学报	CSCD	0.979	1
14	基于 XRD 和 FTIR 的香樟木质部提取物处理材褐腐的光谱学分析	李权	林金国	2014, 3 (3)	光谱学与光谱分析	CSCD	0.903	1
15	竹粉接枝改性及其对竹粉／PETG 复合材料流变行为的影响	余方兵	杨文斌	2014, 31 (3)	复合材料学报	CSCD	0.889	—
16	SiO_2 负载氮掺杂 TiO_2 可见光响应光催化剂的制备及性能	陈孝云	陈孝云	2012, 28 (2)	无机化学学报	CSCD	0.872	15
17	绿竹蒸汽处理过程中戊聚糖溶出的新模型	罗小林	黄六莲	2013, 64 (5)	化工学报	CSCD	0.803	—
18	改性大麻纤维／不饱和聚酯复合材料的力学性能及界面表征	陈婷婷	邱仁辉	2013, 29 (9)	高分子材料科学与工程	CSCD	0.717	—
19	均相条件下纳米纤维素晶体接枝丙烯酸的研究	胡阳	黄彪	2014, 30 (10)	高分子材料科学与工程	CSCD	0.717	—
20	天然林不同强度择伐后林分空间结构变化动态	陈辉荣	周新年	2012, 30 (3)	植物科学学报	CSCD	0.705	13
合计							中文影响因子　26.365	他引次数　138

II-3-2 近五年（2010—2014年）国外收录的本学科代表性学术论文

序号	论文名称	论文类型	第一作者	通讯作者	发表刊次（卷期）	发表刊物名称	收录类型	他引次数	期刊SCI影响因子	备注
1	Precursor morphology controlled formation of perovskites CaTiO$_3$ and their photo-activity for As(III) removal	Article	Zhuang Jiandong	Liu Ping	2014, 156-157	Applied Catalysis B:Environmental	SCI	1	6.007	第一署名单位
2	Liquefaction of sawdust in 1-octanol using acidic ionic liquids as catalyst	Article	卢泽湘	卢泽湘	2013, 142	Bioresource Technology	SCI	—	5.039	第一署名单位
3	Preparation, characterization and optimization of nanocellulose whiskers by simultaneously ultrasonic wave and microwave assisted	Article	卢泽湘	卢泽湘	2013, 146	Bioresource Technology	SCI	3	5.039	第一署名单位
4	Surface Characterizations of Bamboo Substrates Treated by Hot Water Extraction	Article	马晓娟	黄六莲	2013, 136	Bioresource Technology	SCI	6	5.039	第一署名单位
5	Hydrothermal pretreatment of bamboo and cellulose degradation	Article	马晓娟	黄六莲	2013, 148	Bioresource Technology	SCI	6	5.039	第一署名单位
6	Lignin removal and benzene–alcohol extraction effects on lignin measurements of the hydrothermal pretreated bamboo substrate	Article	马晓娟	黄六莲	2014, 151	Bioresource Technology	SCI	1	5.039	第一署名单位
7	Kinetic study of pentosan solubility during heating and reacting processes of steam treatment of green bamboo	Article	罗小林	陈礼辉	2013, 130	Bioresource Technology	SCI	5	5.039	第一署名单位
8	Ultrasonication-assisted manufacture of cellulose nanocrystals esterified with acetic acid	Article	唐丽荣	Huang Biao	2013, 127	Bioresource Technology	SCI	8	5.039	第一署名单位
9	A process for enhancing the accessibility and reactivity of hardwood kraft-based dissolving pulp for viscose rayon production by cellulase treatment	Article	Miao Qingxian	Ni Yonghao	2014, 154	Bioresource Technology	SCI	6	5.039	第一署名单位

（续）

序号	论文名称	论文类型	第一作者	通讯作者	发表刊次（卷期）	发表刊物名称	收录类型	他引次数	期刊SCI影响因子	备注
10	Degradation and dissolution of hemicelluloses during bamboo hydrothermal pretreatment	Article	X J Ma	Cao Shilin	2014, 161	Bioresource Technology	SCI	1	5.039	第一署名单位
11	Manufacture of cellulose nanocrystals by cation exchange resin-catalyzed hydrolysis of cellulose	Article	Tang Lirong	Huang Biao	2011, 102	Bioresource Technology	SCI	11	4.98	第一署名单位
12	Immobilization of pectinase and lipase on macroporous resin coated with chitosan for treatment of whitewater from papermaking	Article	Liu Kai	Liu Kai	2012, 123	Bioresource Technology	SCI	5	4.75	第一署名单位
13	Water resistances and bonding strengths of soy-based adhesives containing different carbohydrates	Article	Chen Nairong	Lin Qiaojia	2013, 50	Industrial Crops and Products	SCI	1	3.208	第一署名单位
14	Optimization of preparation conditions of soy flour adhesive for plywood by response surface methodology	Article	Chen Nairong	Lin Qiaojia	2013, 51	Industrial Crops and Products	SCI	2	3.208	第一署名单位
15	Preparation of Microfibrillated Cellulose/Chitosan–Benzalkonium Chloride Biocomposite for Enhancing Antibacterium and Strength of Sodium Alginate Films	Article	Liu Kai	Huang Liulian	2013, 61	Journal of agricultural and food chemistry	SCI	1	3.107	第一署名单位
16	Dual-functional chitosan–methylisothiazolinone/microfibrillated cellulose biocomposites for enhancing antibacterial and mechanical properties of agar films	Article	Liu Kai	Huang Liulian	2014, 21	Cellulose	SCI	3	3.033	第一署名单位
17	Comparison of hot-water extraction and steam treatment for production of high purity-grade dissolving pulp from green bamboo	Article	Luo Xiaolin	Chen Lihui	2014, 21	Cellulose	SCI	—	3.033	第一署名单位
18	Interactions of collagen and cellulose in their blends with 1-ethyl-3-methylimidazolium acetate as solvent	Article	Zhang Min	Chen Lihui	2014, 21	Cellulose	SCI	4	3.033	第一署名单位

（续）

序号	论文名称	论文类型	第一作者	通讯作者	发表刊次（卷期）	发表刊物名称	收录类型	他引次数	期刊SCI影响因子	备注
19	Electron beam irradiation of bamboo chips: degradation of cellulose and hemicelluloses	Article	Ma Xiaojuan	Cao Shilin	2014, 21	Cellulose	SCI	—	3.033	第一署名单位
20	Preparation and characterization of cellulose nanocrystals via ultrasonication-assisted FeCl$_3$-catalyzed hydrolysis	Article	Lu Qilin	Huang Biao	2014, 21	Cellulose	SCI	2	3.033	第一署名单位
21	Preparation of cellulose nanocrystals and carboxylated cellulose nanocrystals from borer powder of bamboo	Article	Hu Yang	Huang Biao	2014, 21	Cellulose	SCI	—	3.033	第一署名单位
22	Organic solvent-free and efficient manufacture of functionalized cellulose nanocrystals via one-pot tandem reactions	Article	Tang Lirong	Huang Biao	2013, 15	Green Chemistry	SCI	2	6.852	第一署名单位
23	Synergistic effects of guanidine-grafted CMC on enhancingantimicrobial activity and dry strength of paper	Article	Liu Kai	Chen Lihui	2014, 110	Carbohydrate Polymers	SCI	1	3.916	第一署名单位
24	Acidic ionic liquid catalyzed crosslinking of oxycellulose with chitosan for advanced biocomposites	Article	Zhou Yonghui	Chen Lihui	2014, 113	Carbohydrate Polymers	SCI	1	3.916	第一署名单位
25	Direct liquefaction of biomass in 1-(4-sulfobutyl)-3-methylmidazolium hydrosulfate ionic liquid/1-octanol catalytic system	Article	Lu Zexiang	Lu Zexiang	2014, 28	Energy & Fuels	SCI	—	2.733	第一署名单位
26	Effect of fiber modification with TMI on the mechanical properties and water absorption of hemp-unsaturated polyester (UPE) composites	Article	Liu Wendi	Qiu Renhui	2013	Holzforschung	SCI	1	2.339	第一署名单位
27	Influence of Alkaline Treatment and Alkaline Peroxide Bleaching of Aspen Chemithermomechanical Pulp on Dissolved and Colloidal Substances	Article	Miao Qingxian	Miao Qingxian	2014, 53	Industrial & Engineering Chemistry Research	SCI	—	2.235	第一署名单位

（续）

序号	论文名称	论文类型	第一作者	通讯作者	发表刊次（卷期）	发表刊物名称	收录类型	他引次数	期刊SCI影响因子	备注
28	Hydrogen Ion Catalytic Kinetic Model of Hot Water Preextraction for Production of Biochemicals Derived from Hemicellulose using Moso Bamboo (*Phyllostachys pubescens*)	Article	Hu Huichao	Chen Lihui	2014，53	Industrial & Engineering Chemistry Research	SCI	2	2.235	第一署名单位
29	Development and mechanism characterization of high performance soy-based bio-adhesives	Article	Lin Qiaojia	Fan Mizi	2012（4）	International Journal of Adhesion and Adhesives	SCI	15	2.170	第一署名单位
30	Investigation on hydrophobic modification of bamboo flour surface by means of atom transfer radical polymerization method	Article	Yu Fangbing	Yang Wenbin	2014，48	Wood Sci.and Technol	SCI	—	1.873	第一署名单位
合计					SCI影响因子	117.08		他引次数	88	

Ⅱ－5　已转化或应用的专利（2012—2014年）

序号	专利名称	第一发明人	专利申请号	专利号	授权（颁证）年月	专利受让单位	专利转让合同金额（万元）
1	中密度纤维板生产中的废水引入磨室的回用方法	谢拥群	201010138508.X	ZL201010138508.X	201201	福人集团有限公司	30
2	一种轻质木塑复合材料及其制造方法	饶久平	201110002811.1	ZL201110002811.1	201204	福建泉州丰泽甬和礼品有限公司	30
3	一种装饰贴面胶合板与杉木制造豪华实木复合地板的方法	马世春	201010301383.8	ZL201010301383.8	201204	福建华捷集团	20
4	一种竹材溶解制浆的制备方法	陈礼辉	201010555001.4	ZL201010555001.4	201207	福建南纸股份有限公司	40
5	一种高效利用竹材制造优质竹胶合模板的加工方法	黄晓东	201010547699.5	ZL201010547699.5	201207	永安市兴国人造板有限公司	30
6	一种仿红木竹板材料及其制作方法	李吉庆	201110009018.4	ZL201110009018.4	201209	福建茗匠竹艺科技有限公司	20
7	一种难燃型植物纤维建筑墙体材料及其制备	谢拥群	201010509241.0	ZL201010509241.0	201301	福人集团有限公司	70

（续）

序号	专利名称	第一发明人	专利申请号	专利号	授权（颁证）年月	专利受让单位	专利转让合同金额（万元）
8	负载离子液体活性炭及其制备方法和应用	陈孝云	201110004590.1	ZL201110004590.1	201301	福建省将乐县乐洪活性炭有限公司	20
9	改性化学竹浆纤维复合材料及其制备方法	邱仁辉	201110270460.2	ZL201110270460.2	201301	福建弘景木塑有限公司	20
10	一种斑纹装饰薄竹及其制作方法	李吉庆	201110101947.8	ZL201110101947.8	201304	福建茗匠竹艺科技有限公司	30
11	一种食用健康活性炭的制备方法	黄彪	201110285852.6	ZL201110285852.6	201304	福建省元力活性炭有限公司	30
12	一种表面改性大麻纤维增强不饱和聚酯复合材料	邱仁辉	201210217259.2	ZL201210217259.2	201310	惠州绿能实业有限公司	30
13	浸渍纸复合薄竹的生产方法	侯伦灯	201110343333.0	ZL201110343333.0	201312	三明市一品红竹木业有限公司	30
14	一种纳米材料改性竹薄竹的生产方法	侯伦灯	201110343347.2	ZL201110343347.2	201312	永安市大地竹业有限公司	15
15	一种有效提高竹材纤维素酶水解产可发酵糖率的预处理方法	罗小林	201310221519.8	ZL201310221519.8	201405	福建青山纸业有限公司	20
16	一种中温固化酚醛树脂及其制备方法	林巧佳	201210541988.3	ZL201210541988.3	201405	福建省建瓯市华宇竹业有限公司	55
17	一种竹家具弯曲构件的制作方法	李吉庆	201110023738.6	ZL201110023738.6	201405	福建茗匠竹艺科技有限公司	30
18	一种毛竹的展平加工方法	黄晓东	201110423292.6	ZL201110423292.6	201410	福州恒顺金属机械有限公司	50
19	顶空气相色谱快速测定纸张中碳酸钙含量的方法	曹石林	201310605846.3	ZL2013 10605846.3	201411	福建优兰发集团实业有限公司	50
20	茶梗碎料板的生产工艺	侯伦灯	201110007926.X	ZL201110007926.X	201304	福建冠林木业有限公司	—
21	一种正丁烷－乙醇－水双相溶剂低温提取植物油脂的方法	郑德勇	201310298843.X	ZL201310298843.X	201407	福建云弗莱油茶科技有限公司	—
22	利用杉木精头制造细木工板芯板及细木工板的加工方法	黄晓东	201110450414.0	ZL201110450414.0	201406	三明市盛隆木业有限公司	—
23	浸渍纸复合杉木细木工板及其生产方法	侯伦灯	201110343332.6	ZL201110343332.6	201312	福建省瑞森家居有限公司	—
24	一种茶硬工艺品的制作方法	侯伦灯	201110354774.0	ZL201110354774.0	201402	福建冠林竹木业有限公司	—
25	一种多孔二氧化钛－碳纳米复合空心微球的制备方法	庄建东	201110321227.2	ZL201110321227.2	201401	福建元力活性炭股份有限公司	—
合计	专利转让合同金额（万元）						620

Ⅲ 人才培养质量

Ⅲ-1 优秀教学成果奖（2012—2014年）

序号	获奖级别	项目名称	证书编号	完成人	获奖等级	获奖年度	参与单位数	本单位参与学科数
1	省级	以培养创新能力为导向的森林工程专业综合改革试点研究与实践	闽教高〔2014〕13号	周新年	一等奖	2014	1	1
2	省级	农林院校材料类工科实践教学体系的构建与实践	闽教高〔2014〕13号	邱仁辉	二等奖	2014	1	1
合计	国家级	一等奖（个）　—		二等奖（个）　—		三等奖（个）　—		
	省级	一等奖（个）　1		二等奖（个）　1		三等奖（个）　—		

Ⅲ-2 研究生教材（2012—2014年）

序号	教材名称	第一主编姓名	出版年月	出版单位	参与单位数	是否精品教材
1	科学研究方法与学术论文写作——理论·技巧·案例（普通高等教育"十二五"规划教材）	周新年	201203	科学出版社	1	否
2	竹纤维制备技术	陈礼辉	201311	科学出版社	1	否
3	竹质家具设计与制造	李吉庆	201412	中国农业出版社	1	否
4	室内与家具材料应用	林金国	201308	北京大学出版社	1	否
合计	国家级规划教材数量		2	精品教材数量	—	

Ⅲ-3 本学科获得的全国、省级优秀博士学位论文情况（2010—2014年）

序号	类型	学位论文名称	获奖年月	论文作者	指导教师	备注
1	省级	高压脉冲电场杀菌动力学及处理室改进研究	201001	方　婷	陈锦权	三等奖
合计	全国优秀博士论文（篇）　—			提名奖（篇）　—		
	省优秀博士论文（篇）		1			

Ⅲ-4 学生国际交流情况（2012—2014年）

序号	姓名	出国（境）时间	回国（境）时间	地点（国家/地区及高校）	国际交流项目名称或主要交流目的
1	马晓娟	201407	201507	加拿大新不伦威克大学	联合博士培养项目
2	傅七兰	201307	201407	加拿大拉瓦尔大学	联合博士培养项目
3	周永辉	201407	201507	英国布鲁内尔大学	联合博士培养项目
4	张丽兵	201207	201307	美国华盛顿州立大学	联合博士培养项目
5	刘文地	201412	201512	英国布鲁内尔大学	联合博士培养项目
6	戴达松	200802	201212	英国布鲁内尔大学	联合博士培养项目
7	陈　诚	201209	201303	美国德州农工大学	联合博士培养项目
合计	学生国际交流人数			7	

2.9.2 学科简介

1. 学科基本情况与学科特色

福建农林大学林业工程一级学科 2011 年 3 月获得博士学位授予权，2009 年由国家人事部批准设立博士后科研流动站，现有齐全的森林工程、木材科学与技术、林产化学加工工程 3 个二级学科博士点和硕士点，拥有工程硕士（林业工程领域）专业学位硕士点。学科历史悠久，我校老一代林业工程学科著名专家袁同功教授、葛冲霄教授于 1958 年开始创办森林工程、木材科学与工程、林产化学加工工程 3 个本科专业，1979 年开始招收硕士研究生，2006 年获得木材科学与技术二级学科博士学位授予权。学科已建立"学士—硕士—博士—博士后"完整的多层次人才培养体系。毕业研究生在林业工程科研、管理、教学和工程建设等部门发挥着重要作用。

福建农林大学林业工程一级学科拥有一支学历层次高、结构合理、学术水平高的师资队伍，拥有双聘院士 1 人、国务院学位委员会学科评议组成员 1 人、享受国务院特殊津贴专家 3 人、全国林业工程学科教学指导委员会委员 1 人、福建省百人计划人才 2 人、福建省百千万工程领军人才 1 人、闽江学者 3 人、博士学位教师比例 75%，留学回国教师比例 45%，有 21 名教师在全国性学术机构担任职务。

学科积极开展国际交流与合作，与加拿大妞朗什维克大学、加拿大国家林产品创新研究院、UBC 大学、Alberta 大学、美国佐治亚理工学院、俄勒冈州立大学、田纳西大学、路易斯安那州立大学、华盛顿州立大学、密西西比州立大学、英国布鲁内尔大学、英国纽卡斯尔大学、日本早稻田大学、新加坡南洋理工大学、瑞典吕勒奥理工大学等国外高校及研究机构建立了合作交流关系，招收尼日利亚等国来华留学生。

学科已建立生物质能源与材料校级科技创新团队，立足南方林区，围绕建设绿色海峡西岸的目标，积极开展植物纤维功能材料、生物质复合材料、生物质吸附材料、生物质化学品、森林生态采伐、工程索道等独具特色的研究，形成以植物资源化学与材料方向为优势，木材科学与技术、森林工程、林产化学加工工程、生物质能源与材料等多学科方向协调发展的良好局面。2012—2014 年间，主持科研项目 106 项，其中国家自然科学基金项目、国家星火计划重大项目、国家"十二五"科技支撑专题、林业行业公益性专题、国家"948"项目、福建省科技重大专项，科研经费达到 4 000 多万元；获国家科技进步二等奖 2 项、福建省科学技术奖 8 项；授权发明专利 68 件；发表论文 500 多篇，其中 SCI、EI 收录 130 多篇（JCR 一区 19 篇、二区 31 篇）；出版著作 11 部。

学科除拥有 4 个省部级重点实验室外，还拥有福建竹加工产业国家科技特派员创业链、福建省林业工程学科研究生教育创新基地、福建省竹加工产业技术创新重点战略联盟等省部级教学和技术服务平台，具有先进水平的实验室和先进完备的科研仪器设备、中试设备和图书资料，实验室面积达到 10 216 m²，拥有 30 万元以上先进仪器设备 38 台（件），仪器设备总值达到 4 650 万元。

2. 社会贡献

福建农林大学林业工程一级学科借助福建竹加工产业国家科技特派员创业链、福建省竹加工产业技术创新重点战略联盟、福建省植物资源化学与材料技术开发基地等技术服务平台，大力开展技术研发、成果转化、技术诊断和技术咨询，积极为林产加工企业、森工部门开展技术服务，为福人集团有限公司、福建恒安集团、福建元力活性炭股份有限公司、福建青山纸业股份有限公司、福建优兰发集团实业有限公司、福建永安林业集团公司等 38 家企业开展技术诊断辅导提升。完成了湖北省丹江市武当山玄帝殿吊装索道、泉三高速公路下岸特人桥吊装索道、三明市瑞云山森林公园旅游索道工程、武夷山自然保护区桃源浴悬索吊桥工程、三明市莘口果场客货两用索道以及湖南矮寨特大悬索桥（其主跨长度 1 176 m，位居世界第三、亚洲第一）主梁多跨索道运梁架设施工方案等 60 余项设计和技术咨询项目。

面向学科国际科技前沿，开展创新性研究，将具有重要市场价值的科技成果进行工程化研究和系统集成、转化，直接服务于林产加工企业和森工企业。积极参加福建省"6·18"项目成果对接，完成并推出了一批具有产业化价值的科研成果。"竹纤维制备关键技术及功能化应用"以低值中小径级竹材为原料，研发竹纤维制备及其功能化应用关键技术，开发出竹浆和竹溶解浆及其环保型纺织材料、低定量包装材料和多功能墙体装饰材料，项目技术在全国重点竹产区 10 多家大型企业、上市公司推广应用，节能、减排和降耗效果显著，推动竹加工产业升级，取得显著经济、生态和社会效益。"环保型耐水性大豆胶黏剂生产技术"转让给福建尤溪三林木业有限公司的相关技术服务，建成了环保型耐水性大豆胶黏剂的生产线，将环保型耐水性大豆胶黏剂取代甲醛系胶黏剂生产人造板，使人造板产品达到无醛级，市

（续）

场应用前景广阔。本学科的 30 项研发成果已在 30 多家企业推广应用，使企业新增产值 200 亿元，新增利润 40 亿元，新增就业 1 800 多人，在技术诊断 50 多家企业等服务社会方面也取得了显著成效，产生显著的经济、社会、生态效益，为促进福建省林业工程现代化、闽台学术交流、促进海峡西岸经济区建设做出重要的贡献。

本学科黄彪教授担任国务院学位委员会学科评议组成员，福建省百人计划人才范毡仔教授为英国木材科学研究院院士、英国工程材料研究院院士、特聘欧盟框架研究计划首席专家、欧委会欧洲研究区首席专家，谢拥群教授担任全国林业工程学科教学指导委员会委员，陈礼辉教授、谢拥群教授、杨文斌教授担任中国林学会木材科学分会常务委员，陈礼辉教授、谢拥群教授担任中国林学会生物质材料科学分会常务委员，陈礼辉教授担任中国林学会竹藤科学分会常务委员，黄彪教授、林金国教授、杨文斌教授担任中国林学会生物质材料科学分会委员，林金国教授、黄彪教授、林巧佳教授、陈瑞英教授担任中国林学会木材科学分会委员，林金国教授、李吉庆副教授担任中国林学会竹子分会委员，黄晓东副教授担任中国林学会竹藤科学分会委员，他们在全国均有一定的知名度。